U0702387

河 南 省
教育统计年鉴

2020

河南省教育厅 编

河南大学出版社
HENAN UNIVERSITY PRESS

· 郑州 ·

图书在版编目（C I P）数据

河南省教育统计年鉴. 2020 / 河南省教育厅编. --
郑州 : 河南大学出版社，2021.12
ISBN 978-7-5649-4926-6

Ⅰ. ①河… Ⅱ. ①河… Ⅲ. ①教育统计 – 统计资料 –
河南 – 2020 – 年鉴 Ⅳ. ①G527.61-54

中国版本图书馆CIP数据核字(2021)第253891号

责任编辑 郑　鑫
责任校对 陈　巧
封面设计 郭　灿

出版发行 河南大学出版社
地址：郑州市郑东新区商务外环中华大厦2401号　邮编：450046
电话：0371-86059750（高等教育与职业教育出版分社）
0371-86059701（营销部）　　网址：hupress.henu.edu.cn

排　　版 济源佳彩印务传媒设计有限公司
印　　刷 济源佳彩印务传媒设计有限公司
版　　次 2021年12月第1版
印　　次 2021年12月第1次印刷
开　　本 890*1240mm　1/16
印　　张 55
字　　数 1030千字
定　　价 180.00元

（本书如有印装质量问题，请与印刷厂联系调换）

《河南省教育统计年鉴》
编纂委员会

主 任: 宋争辉

副 主 任: 刁玉华　朱俊峰　刘昭阳　毛 杰

陈垠亭　张传广　李金川　何秀敏

吕 冰　朱自锋　刘 刚

主 审: 宋 振　王 磊

主 编: 杨 冰　张 琳

参编人员: 吴 江　李辰光　陈婷婷　撒学治

姚 庚　宋国华　史 璞　段冬梅

编 辑 说 明

一、《河南省教育统计年鉴(2020年)》是一部全面反映全省教育事业发展情况的资料性年刊,由省教育厅发展规划处根据全省教育事业统计年报及其他相关资料整理汇编而成的。河南省教育信息中心承担了数据的计算机处理汇总工作。

二、本书详细地反映了2020年全省各级各类教育事业发展的规模、速度、结构、比例等方面的基本情况。全书共分七部分:一、综合部分;二、高等教育;三、中等职业教育;四、基础教育;五、各省辖市直管县教育基本情况;六、各县(市)区教育基本情况;七、全国及各省区市教育基本情况。

三、书中所用的"-"号表示该数字实际中不存在;"…"号表示数字不详;加"( )"号的数字表示按规定不计入相应合计数中;学校名称前标注"○"号者,表示按统计规定该学校不计算校数。凡未注明计算单位的表格、栏目,计算单位一律为"人"。凡未注明年份的均为2020年数据。

为便于使用,书中第五部分即各省辖市直管县教育基本情况均把10个省直管县有关数据进行单列。

四、本书是各有关部门研究教育改革和发展的必备资料工具书,是教育界各机关、学校指导部门制定教育计划,指导教育改革必不可少的依据。

二〇二一年十一月

目　　录

2020 年河南省教育事业发展统计公报 ···（1）

一、综合部分

各级各类教育基本情况 ···（6）

各级各类教育基本指标变化情况 ···（8）

各级各类民办教育基本情况 ···（10）

各级各类教育中女性基本情况 ···（11）

2010－2020 年各级各类教育基本指标变化情况 ·························（12）

二、高等教育

高等教育学校（机构）数 ··（21）

高等教育学校（机构）学生数（总计）···（22）

高等教育学校（机构）学生数（普通高等学校）·······························（23）

高等教育学校（机构）学生数（成人高等学校）·······························（24）

高等教育学校（机构）学生数（科研机构）·····································（25）

普通专科分形式、分举办者学生数 ···（26）

普通专科分学科学生数 ···（28）

普通本科分形式、分学科学生数 ···（30）

普通本科、专科学生数（普通高等学校分类型、性质类别）···············（32）

成人专科分形式、分学科学生数 ···（34）

成人本科分形式、分学科学生数 ···（36）

成人本科、专科分举办者、成人高等学校分类型学生数 ···················（38）

网络专科分学科学生数（普通高等学校）·······································（40）

网络本科分学科学生数（普通高等学校）·······································（41）

分部门、分计划研究生数（总计）···（42）

分部门、分计划研究生数（普通高等学校）·····································（44）

分部门、分计划研究生数（科研机构）···（46）

分学科研究生数（总计）···（48）

分学科研究生数（普通高等学校）···（50）

— 1 —

分学科研究生数（科研机构） ·· (52)

分学位类型、分学科研究生数（总计） ······································· (54)

分学位类型、分学科研究生数（普通高等学校） ····························· (56)

分学位类型、分学科研究生数（科研机构） ··································· (58)

在校生年龄情况（总计） ·· (60)

在校生年龄情况（普通高等学校） ·· (62)

在校生年龄情况（成人高等学校） ·· (64)

在校生年龄情况（科研机构） ·· (66)

招生、在校生来源情况（总计） ·· (68)

招生、在校生来源情况（普通高等学校） ······································ (70)

招生、在校生来源情况（成人高等学校） ······································ (72)

招生、在校生来源情况（科研机构） ·· (74)

学生休退学的主要原因（总计） ·· (76)

学生休退学的主要原因（普通高等学校） ······································ (77)

学生休退学的主要原因（成人高等学校） ······································ (77)

学生变动情况（总计） ·· (78)

学生变动情况（普通高等学校） ·· (78)

学生变动情况（成人高等学校） ·· (80)

学生变动情况（科研机构） ·· (80)

在校生中其他情况（总计） ·· (82)

在校生中其他情况（普通高等学校） ·· (82)

在校生中其他情况（成人高等学校） ·· (83)

在校生中其他情况（科研机构） ·· (83)

在职人员攻读硕士学位分学科学生数 ·· (84)

在职人员攻读硕士学位分学位学生数 ·· (85)

其他学生情况（总计） ·· (86)

其他学生情况（普通高等学校） ·· (88)

其他学生情况（成人高等学校） ·· (90)

外国留学生情况（普通高等学校） ·· (92)

教职工情况（总计） ·· (92)

教职工情况（普通高等学校） ·· (94)

教职工情况（成人高等学校） ·· (96)

教职工情况中另有其他人员 ·· (98)

专任教师、聘请校外教师岗位分类情况（总计） ···················· (98)

专任教师、聘请校外教师岗位分类情况（普通高等学校） ·········· (100)

专任教师、聘请校外教师岗位分类情况（成人高等学校） ·········· (100)

专任教师、聘请校外教师学历（位）情况（总计） ···················· (102)

专任教师、聘请校外教师学历（位）情况（普通高等学校） ·········· (104)

专任教师、聘请校外教师学历（位）情况（成人高等学校） ·········· (106)

专任教师年龄情况（总计） ·· (108)

专任教师年龄情况（普通高等学校） ···································· (110)

专任教师年龄情况（成人高等学校） ···································· (112)

分学科专任教师数（总计） ·· (114)

分学科专任教师数（普通高等学校） ···································· (114)

分学科专任教师数（成人高等学校） ···································· (115)

专任教师变动情况 ··· (116)

专任教师分专业技术职务培训情况（总计） ··························· (116)

专任教师分专业技术职务培训情况（普通高等学校） ················ (118)

专任教师分专业技术职务培训情况（成人高等学校） ················ (118)

研究生指导教师情况（总计） ··· (120)

研究生指导教师情况（普通高等学校） ·································· (120)

研究生指导教师情况（科研机构） ······································· (121)

教职工中其他情况 ··· (121)

校舍情况（总计） ··· (122)

校舍情况（普通高等学校） ··· (124)

校舍情况（成人高等学校） ··· (124)

资产情况 ·· (126)

信息化建设情况 ·· (126)

民办的其他高等教育机构学生、教师情况 ······························ (128)

民办的其他高等教育机构办学条件情况 ································· (128)

三、中等职业教育

中等职业学校机构数 ·· (132)

中等职业学校（机构）各类学生数及女生数 ···························· (132)

中等职业学校分办学类型及举办者的中职学生及教职工情况 ················ （134）

中职学生分科类情况（总计） ················ （136）

中职学生分科类情况（普通中专学生） ················ （137）

中职学生分科类情况（成人中专全日制学生） ················ （138）

中职学生分科类情况（成人中专非全日制学生） ················ （139）

中职学生分科类情况（职业高中学生） ················ （140）

中职在校生分年龄情况 ················ （141）

招生、在校生来源情况 ················ （142）

中职学生变动情况 ················ （144）

在校生中其他情况 ················ （144）

培训学生情况（总计） ················ （146）

培训学生情况（普通中专学校） ················ （146）

培训学生情况（成人中专学校） ················ （148）

培训学生情况（职业高中学校） ················ （148）

培训学生情况（其他机构） ················ （150）

培训学生情况（附设中职班） ················ （150）

教职工情况（总计） ················ （152）

教职工情况（普通中专学校） ················ （152）

教职工情况（成人中专学校） ················ （154）

教职工情况（职业高中学校） ················ （154）

教职工情况（其他机构） ················ （156）

专任教师、聘请校外教师岗位分类情况 ················ （156）

专任教师、聘请校外教师学历情况 ················ （160）

专任教师分年龄情况 ················ （162）

分科专任教师情况（总计） ················ （164）

分科专任教师情况（普通中专学校） ················ （165）

分科专任教师情况（成人中专学校） ················ （166）

分科专任教师情况（职业高中学校） ················ （167）

分科专任教师情况（其他机构） ················ （168）

专任教师变动情况 ················ （170）

教职工中其他情况 ················ （170）

专任教师接受培训情况 ················ （172）

校舍情况（总计） ……………………………………………………………… （174）

校舍情况（普通中专学校） ……………………………………………………… （174）

校舍情况（成人中专学校） ……………………………………………………… （176）

校舍情况（职业高中学校） ……………………………………………………… （176）

校舍情况（其他机构） …………………………………………………………… （178）

资产情况 …………………………………………………………………………… （180）

信息化建设情况 …………………………………………………………………… （182）

附设中职班情况 …………………………………………………………………… （182）

成人职业技术培训学生及教职工情况 ………………………………………… （184）

成人职业技术培训资产情况 ……………………………………………………… （186）

四、基础教育

基础教育校（园）数 ……………………………………………………………… （189）

基础教育校（园）数（分城乡、分办别） …………………………………………… （190）

基础教育班数 ……………………………………………………………………… （192）

学前教育班数 ……………………………………………………………………… （193）

小学班数 …………………………………………………………………………… （194）

小学班额情况 ……………………………………………………………………… （195）

中学班数 …………………………………………………………………………… （196）

中学班额情况 ……………………………………………………………………… （197）

特殊教育班数 ……………………………………………………………………… （198）

基础教育学生数 …………………………………………………………………… （200）

学前教育幼儿数（总计） ………………………………………………………… （202）

学前教育幼儿数（幼儿园） ……………………………………………………… （204）

学前教育幼儿数（附设幼儿班） ………………………………………………… （206）

学前教育分年龄幼儿数（总计） ………………………………………………… （208）

学前教育分年龄幼儿数（城区） ………………………………………………… （212）

学前教育分年龄幼儿数（镇区） ………………………………………………… （216）

学前教育分年龄幼儿数（乡村） ………………………………………………… （220）

学前教育分年龄幼儿数（幼儿园） ……………………………………………… （224）

学前教育分年龄幼儿数（附设幼儿班） ………………………………………… （228）

小学学龄人口入学及在校学生情况（总计） …………………………………… （232）

小学学龄人口入学及在校学生情况(城区) ……………………………………………………… (232)

小学学龄人口入学及在校学生情况(镇区) ……………………………………………………… (234)

小学学龄人口入学及在校学生情况(乡村) ……………………………………………………… (234)

小学分办别、分城乡学生情况……………………………………………………………………… (236)

小学进城务工人员随迁子女、农村留守儿童分城乡、分办别学生情况 ………………………… (238)

初级中学学龄人口入学及在校学生情况(总计) ………………………………………………… (242)

初级中学学龄人口入学及在校学生情况(城区) ………………………………………………… (242)

初级中学学龄人口入学及在校学生情况(镇区) ………………………………………………… (244)

初级中学学龄人口入学及在校学生情况(乡村) ………………………………………………… (244)

初中分办别、分城乡学生情况……………………………………………………………………… (246)

初中进城务工人员随迁子女、农村留守儿童分城乡、分办别学生情况 ………………………… (248)

普通高中分年龄在校生情况(总计) ……………………………………………………………… (252)

普通高中分年龄在校生情况(城区) ……………………………………………………………… (252)

普通高中分年龄在校生情况(镇区) ……………………………………………………………… (253)

普通高中分年龄在校生情况(乡村) ……………………………………………………………… (253)

普通高中分办别、分城乡学生情况………………………………………………………………… (254)

特殊教育学生数(总计) …………………………………………………………………………… (256)

特殊教育学生数(城区) …………………………………………………………………………… (260)

特殊教育学生数(镇区) …………………………………………………………………………… (264)

特殊教育学生数(乡村) …………………………………………………………………………… (268)

中小学校学生体质健康情况 ……………………………………………………………………… (272)

中小学、特殊教育学生变动情况…………………………………………………………………… (274)

在校生中死亡的主要原因(总计) ………………………………………………………………… (278)

在校生中死亡的主要原因(城区) ………………………………………………………………… (278)

在校生中死亡的主要原因(镇区) ………………………………………………………………… (280)

在校生中死亡的主要原因(乡村) ………………………………………………………………… (280)

中小学、特殊教育学生退学的主要原因…………………………………………………………… (282)

在校生中其他情况及外国籍学生情况 …………………………………………………………… (282)

基础教育学校教职工数 …………………………………………………………………………… (284)

幼儿园教职工数 …………………………………………………………………………………… (285)

小学学校教职工数(小学、教学点) ……………………………………………………………… (286)

中学学校教职工数(初级中学、九年一贯制学校、职业初中、完全中学、高级中学、十二年一
贯制学校) ……………………………………………………………………………………… (287)

— 6 —

特殊教育学校教职工数 ·· (288)

基础教育专任教师数 ·· (289)

幼儿园园长、专任教师学历、职务情况 ·· (290)

幼儿园园长、专任教师年龄情况 ··· (290)

中小学专任教师专业技术职务、年龄结构情况(总计) ·································· (292)

中小学专任教师专业技术职务、年龄结构情况(城区) ·································· (293)

中小学专任教师专业技术职务、年龄结构情况(镇区) ·································· (294)

中小学专任教师专业技术职务、年龄结构情况(乡村) ·································· (295)

小学分课程专任教师学历情况(总计) ·· (296)

小学分课程专任教师学历情况(城区) ·· (296)

小学分课程专任教师学历情况(镇区) ·· (298)

小学分课程专任教师学历情况(乡村) ·· (298)

中学分课程专任教师学历情况(总计) ·· (300)

中学分课程专任教师学历情况(城区) ·· (302)

中学分课程专任教师学历情况(镇区) ·· (304)

中学分课程专任教师学历情况(乡村) ·· (306)

中小学县级及以上骨干教师情况 ·· (308)

特殊教育专任教师学历、职务情况 ··· (308)

中小学、特殊教育专任教师变动情况 ·· (310)

教职工其他情况 ·· (314)

专任教师其他情况 ··· (316)

专任教师接受培训情况(总计) ·· (318)

专任教师接受培训情况(城区) ·· (320)

专任教师接受培训情况(镇区) ·· (322)

专任教师接受培训情况(乡村) ·· (324)

基础教育学校办学条件(总计) ·· (326)

基础教育学校办学条件(城区) ·· (326)

基础教育学校办学条件(镇区) ·· (328)

基础教育学校办学条件(乡村) ·· (328)

幼儿园校舍情况 ·· (330)

小学学校校舍情况(小学、教学点) ·· (332)

中学学校校舍情况(初级中学、九年一贯制学校、职业初中、完全中学、高级中学、十二年一
贯制学校) ·· (336)

— 7 —

初中学校校舍情况（初级中学、九年一贯制学校） ································ （340）

普通高中学校校舍情况（完全中学、高级中学、十二年一贯制学校） ·············· （344）

特殊教育学校校舍情况 ·· （348）

幼儿园、特殊教育学校占地面积及其他办学条件 ···························· （350）

小学学校占地面积及其他办学条件（小学、教学点） ························ （350）

中学学校占地面积及其他办学条件（初级中学、九年一贯制学校、完全中学、高级中学、十

　　二年一贯制学校） ·· （352）

小学学校办学条件 ·· （354）

中学学校办学条件（初级中学、九年一贯制学校、完全中学、高级中学、十二年一贯制学校）

　　··· （354）

基础教育学校卫生、通电情况（总计） ·· （356）

基础教育学校卫生、通电情况（城区） ·· （356）

基础教育学校卫生、通电情况（镇区） ·· （358）

基础教育学校卫生、通电情况（乡村） ·· （358）

小学学校信息化建设情况（小学、教学点） ···································· （360）

中学学校信息化建设情况（初级中学、九年一贯制学校、完全中学、高级中学、十二年一贯

　　制学校） ··· （362）

附设班情况 ·· （364）

成人中、小学基本情况 ·· （364）

五、各省辖市直管县教育基本情况

小学基本情况（总计） ·· （368）

小学基本情况（城区） ·· （370）

小学基本情况（镇区） ·· （372）

小学基本情况（乡村） ·· （374）

初中基本情况（总计） ·· （376）

初中基本情况（城区） ·· （378）

初中基本情况（镇区） ·· （380）

初中基本情况（乡村） ·· （382）

普通高中基本情况（总计） ·· （384）

普通高中基本情况（城区） ·· （386）

普通高中基本情况（镇区） ·· （388）

普通高中基本情况（乡村）·································（390）

学前教育基本情况（总计）·································（392）

学前教育基本情况（城区）·································（394）

学前教育基本情况（镇区）·································（396）

学前教育基本情况（乡村）·································（398）

特殊教育基本情况···（400）

义务教育阶段学校基本情况表·······························（402）

义务教育阶段在校生分年级情况（总计）······················（406）

义务教育阶段在校生分年级情况（城区）······················（408）

义务教育阶段在校生分年级情况（镇区）······················（410）

义务教育阶段在校生分年级情况（乡村）······················（412）

义务教育阶段在校生分年级情况（其中:女）···················（414）

义务教育阶段在校生分年级情况（其中:男）···················（416）

中小学在校生、专任教师分学校类型和学生类型情况···············（418）

小学班额及构成情况（总计）·······························（420）

小学班额及构成情况（城区）·······························（422）

小学班额及构成情况（镇区）·······························（424）

小学班额及构成情况（乡村）·······························（426）

初中班额及构成情况（总计）·······························（428）

初中班额及构成情况（城区）·······························（430）

初中班额及构成情况（镇区）·······························（432）

初中班额及构成情况（乡村）·······························（434）

普通高中班额及构成情况···································（436）

中小学在校生中随迁子女和农村留守儿童情况···················（438）

小学和初中专任教师职称及构成情况·························（440）

普通高中和幼儿园专任教师职称及构成情况·····················（442）

小学和初中专任教师学历及构成情况·························（444）

普通高中和幼儿园专任教师学历及构成情况·····················（446）

小学专任教师年龄及构成情况·······························（448）

初中专任教师年龄及构成情况·······························（450）

普通高中专任教师年龄及构成情况···························（452）

幼儿园专任教师年龄及构成情况·····························（454）

— 9 —

小学专任教师分课程情况 ·· （456）

初中专任教师分课程情况 ·· （458）

普通高中专任教师分课程情况 ······································ （460）

小学占地面积及其他办学条件 ······································ （462）

初中占地面积及其他办学条件 ······································ （464）

普通高中占地面积及其他办学条件 ································ （466）

幼儿园占地面积、校舍建筑面积及其他办学条件 ·············· （468）

特殊教育占地面积、校舍建筑面积及其他办学条件 ············ （472）

小学校舍建筑面积 ·· （476）

初中校舍建筑面积 ·· （480）

普通高中校舍建筑面积 ·· （484）

小学学校办学条件达标及配套设施情况 ·························· （488）

初中学校办学条件达标及配套设施情况 ·························· （492）

普通高中学校办学条件达标及配套设施情况 ···················· （496）

小学学校信息化建设情况 ·· （500）

初中学校信息化建设情况 ·· （502）

普通高中学校信息化建设情况 ······································ （504）

小学净入学率 ··· （506）

初中净入学率 ··· （508）

小学毛入学率 ··· （510）

初中毛入学率 ··· （512）

小学毕业生升学率 ·· （514）

初中毕业生升学率 ·· （516）

中初等教育校均规模 ··· （518）

中初等教育平均班额 ··· （520）

中初等教育平均每一教职工负担学生数情况 ···················· （522）

中初等教育生师比情况 ·· （524）

中初等教育生均占地面积 ·· （526）

中初等教育生均校舍建筑面积 ······································ （528）

中初等教育生均固定资产总值 ······································ （530）

中初等教育生均教学仪器设备值 ···································· （532）

中初等教育生均图书 ··· （534）

中初等教育危房比例情况 ································ (536)

小学其他生均办学条件及相关比例情况 ··············· (538)

初中其他生均办学条件及相关比例情况 ··············· (540)

普通高中其他生均办学条件及相关比例情况 ·········· (542)

中初等教育每万人口在校生数 ························ (544)

高中阶段教育在校生和招生结构情况 ················· (546)

中等职业教育基本情况(总计) ························ (548)

中等职业教育基本情况(普通中专学校) ·············· (550)

中等职业教育基本情况(成人中专学校) ·············· (552)

中等职业教育基本情况(职业高中学校) ·············· (554)

中等职业教育学生数(总计) ·························· (556)

中等职业教育学生数(普通中专学生) ················ (558)

中等职业教育学生数(成人中专学生) ················ (560)

中等职业教育学生数(职业高中学生) ················ (562)

中等职业教育在校生中其他情况 ····················· (564)

中等职业教育专任教师专业技术职务、学历及构成情况 ···· (566)

中等职业教育专任教师年龄及构成情况 ··············· (568)

中等职业教育分科专任教师情况 ····················· (570)

中等职业教育专任教师授课和教职工、专任教师其他情况 ··· (572)

中等职业教育专任教师接受培训情况 ················· (574)

中等职业学校占地面积及其他办学条件(总计:学校产权+非学校产权独立使用) ·········· (576)

中等职业学校占地面积及其他办学条件(学校产权) ······· (578)

中等职业学校占地面积及其他办学条件(非学校产权独立使用) ······· (580)

中等职业学校占地面积及其他办学条件(普通中专学校:学校产权+非学校产权独立使用)

································ (582)

中等职业学校占地面积及其他办学条件(成人中专学校:学校产权+非学校产权独立使用)

································ (584)

中等职业学校占地面积及其他办学条件(职业高中学校:学校产权+非学校产权独立使用)

································ (586)

中等职业学校校舍建筑面积(总计:学校产权+非学校产权独立使用) ···· (588)

中等职业学校校舍建筑面积(学校产权) ·············· (592)

中等职业学校校舍建筑面积(非学校产权独立使用) ····· (594)

— 11 —

中等职业学校校舍建筑面积(普通中专学校:学校产权＋非学校产权独立使用) …………(596)

中等职业学校校舍建筑面积(成人中专学校:学校产权＋非学校产权独立使用) …………(600)

中等职业学校校舍建筑面积(职业高中学校:学校产权＋非学校产权独立使用) …………(604)

中等职业学校信息化建设情况(总计和普通中专学校) ………………………………………(608)

中等职业学校信息化建设情况(成人中专和职业高中学校) ………………………………(610)

中等职业教育其他基本情况 ……………………………………………………………………(612)

职业技术培训学校(机构)基本情况 …………………………………………………………(614)

成人中小学基本情况 ……………………………………………………………………………(616)

成人小学中扫盲班基本情况 ……………………………………………………………………(618)

技工学校基本情况 ………………………………………………………………………………(620)

六、各县(市)区教育基本情况

学前教育基本情况(总计) ……………………………………………………………………(622)

学前教育基本情况(城区) ……………………………………………………………………(630)

学前教育基本情况(镇区) ……………………………………………………………………(638)

学前教育基本情况(乡村) ……………………………………………………………………(646)

小学基本情况(总计) …………………………………………………………………………(654)

小学基本情况(城区) …………………………………………………………………………(662)

小学基本情况(镇区) …………………………………………………………………………(670)

小学基本情况(乡村) …………………………………………………………………………(678)

初中基本情况(总计) …………………………………………………………………………(686)

初中基本情况(城区) …………………………………………………………………………(694)

初中基本情况(镇区) …………………………………………………………………………(702)

初中基本情况(乡村) …………………………………………………………………………(710)

普通高中基本情况(总计) ……………………………………………………………………(718)

普通高中基本情况(城区) ……………………………………………………………………(726)

普通高中基本情况(镇区) ……………………………………………………………………(734)

普通高中基本情况(乡村) ……………………………………………………………………(742)

中小学在校生中随迁子女和农村留守儿童情况 ……………………………………………(750)

中等职业教育基本情况 …………………………………………………………………………(758)

特殊教育基本情况 ………………………………………………………………………………(766)

七、全国及各省区市教育基本情况

高等教育学校（机构）数	（777）
高等学校（机构）研究生数	（778）
高等教育普通本、专科学生数	（780）
高等教育成人本、专科学生数	（782）
高等教育网络本科、专科生学生数	（784）
高等教育学校（机构）教职工情况	（786）
专任教师学历、职称情况	（788）
资产情况（学校产权）	（790）
资产情况（非学校产权独立使用）	（792）
校舍情况	（794）
普通高中校数、班数	（795）
普通高中学生数	（796）
普通中学教职工数	（797）
普通高中专任教师学历、职称情况	（798）
普通高中办学条件	（800）
中等职业学校（机构）数	（806）
中等职业学校（机构）学生数	（808）
中等职业学校（机构）教职工数	（810）
中等职业学校（机构）专任教师职称、学历情况	（812）
中等职业学校（机构）资产情况（学校产权）	（814）
中等职业学校（机构）资产情况（非学校产权中独立使用）	（816）
中等职业学校（机构）校舍情况	（818）
初中校数、班数	（819）
初中学生数	（820）
初中专任教师学历、职称情况	（822）
初中办学条件	（824）
小学校数、教学点数及班数	（830）
小学学生数	（832）
小学教职工数	（834）
小学专任教师学历、职称情况	（836）

小学办学条件 ··· (838)

工读学校基本情况 ··· (844)

特殊教育基本情况 ··· (846)

特殊教育学校教职工数 ··· (848)

特殊教育学校专任教师学历、职称情况 ············· (850)

特殊教育学校办学条件 ··· (852)

幼儿园基本情况 ·· (855)

幼儿园教职工数 ·· (856)

幼儿园园长、专任教师学历、职称情况 ·············· (858)

幼儿园校舍及其他情况 ··· (860)

幼儿园办学条件 ·· (862)

2020 年河南省教育事业发展统计公报

2020 年,全省教育系统坚持以习近平新时代中国特色社会主义思想为指导,全面落实习近平总书记关于河南工作的重要讲话和指示批示精神,进一步深化教育改革,办好人民满意的教育,为谱写新时代中原更加出彩的绚丽篇章作出了贡献。

一、综　　合

全省共有各级各类学校(机构)5.42 万所,教育人口 2873.39 万人,其中,在校生 2689.67 万人,教职工 183.72 万人,教育人口占总人口 26.20%。

二、学前教育

全省共有幼儿园 2.43 万所,其中普惠性幼儿园 1.66 万所。入园幼儿 126.58 万人,在园幼儿 425.58 万人,普惠性幼儿园覆盖率 73.7%,学前教育毛入园率 90.3%。

幼儿园教职工 40.77 万人,其中,园长 2.78 万人,专任教师 23.41 万人。专任教师学历合格率 97.77%,其中,专科及以上学历占 76.99%;副高级及以上专业技术职务占 0.43%;学前教育专业毕业占 79.84%,幼儿园生师比 16.28∶1。幼儿园占地 8.69 万亩,校舍建筑面积 3050.02 万平方米,图书 3028.38 万册。

三、义务教育

全省共有义务教育阶段学校 2.24 万所,在校生 1493.73 万人。共有班数 38.37 万个,其中 56－65 人的大班 1.23 万个,占总班数的 3.19%,66 人及以上的超大班 292 个,占总班数的 0.08%。教职工 97.02 万人,其中专任教师 90.21 万人。义务教育巩固率 96%。

小学 1.77 万所,另有教学点 1.33 万个。毕业生 154.17 万人,招生 165.99 万人,在校生 1021.59 万人(其中,教学点 67.57 万人)。共有 28.63 万个班,其中,56－65 人的大班 0.82 万个,占 2.88%,66 人及以上的超大班 234 个,占 0.08%。小学学龄儿童净入学率 100%;小学毕业生升学率99.92%。小学教职工55.4万人。专任教师58.66万人,生师比17.42∶1。专任教师学历合格率100%,专任教师中具有专科及以上学历占97.47%,具有副高级及以上专业技术职务占5.24%。另有代课教师2.82万人,兼任教师0.21万人。

普通初中4695所,其中九年一贯制学校1194所。毕业生148.46万人,招生154.05万人,在校生472.14万人。共有9.75万个班,其中,56-65人的大班0.4万个,占总班数的4.12%,66人及以上的超大班58个,占总班数的0.06%。初中阶段毛入学率107.17%。普通初中教职工41.63万人。专任教师34.05万人,生师比13.87∶1。专任教师学历合格率99.68%,专任教师中具有本科及以上学历的比例占82.82%,具有副高级及以上专业技术职务占17.09%。另有,代课教师0.86万人,兼任教师0.18万人。

义务教育阶段学校寄宿生503.59万人,占义务教育阶段在校生总数的33.71%。其中,小学寄宿生189.84万人,占小学在校生的18.58%;初中寄宿生313.75万人,占初中在校生的66.45%。

义务教育阶段随迁子女在校生85.84万人,占义务教育阶段在校生总数的5.75%,其中,小学60.35万人,初中25.49万人。进城务工人员随迁子女67.52万人,占随迁子女总数的78.66%,其中,小学47.82万人,初中19.7万人。

义务教育阶段农村留守儿童在校生172.95万人,占义务教育阶段在校生总数的11.58%,其中,小学117.87万人,初中55.08万人。

小学和普通初中学校占地分别为33.23万亩和20.77万亩;校舍建筑面积分别为7460.59万平方米和6243.34万平方米,图书分别为20882.56万册和14730.2万册,教学仪器设备值分别为91.35亿元和70.56亿元。

四、高中阶段教育

全省高中阶段教育学校1564所,招生130.99万人,在校生368.6万人。高中阶段毛入学率92.01%。

普通高中925所,其中十二年一贯制学校134所。毕业生69.03万人,招生78.44万人,在校生224.86万人。共有4.22万个班,其中,56-65人的大班0.91万个,占总班数的21.48%,66人及以上的超大班0.25万个,占总班数的5.87%。普通高中教职工19.69万人。专任教师14.81万人,生师比15.18∶1。专任教师学历合格率98.27%,专任教师中具有硕士研究生及以上学历占11.49%,具有副高级及以上专业技术职务占20.66%。普通高中学校占地 10.92 万亩,校舍建筑面积 3828.53 万平方米,图书 3950.86 万册,教育仪器设备值 36.8 亿元。

中等职业学校 639 所,其中技工学校 95 所。毕业生 40.92 万人,招生 52.56 万人,在校生 143.74 万人。中等职业教育招生数和在校生数分别占高中阶段教育的 40.12% 和 39%。教职工 6.87 万人,其中专任教师 4.61 万人,生师比 22.13∶1。学校产权和非学校产权独立使用占地 4.75 万亩(不含技校,下同),校舍建筑面积 1576.96 万平方米,图书 2071.22 万册,教育、实习仪器设备值 40.3 亿元。

五、特殊教育

全省共有特殊教育学校 149 所,共招收各种形式特殊教育学生 1.01 万人,在校生 6.3 万人。教职工 0.47 万人,其中,专任教师 0.43 万人。特殊教育学校占地 1907.39 亩,校舍建筑面积 63.51 万平方米,图书 54.97 万册。

六、高等教育

全省研究生培养机构 27 处;普通高等学校 151 所(含 4 所独立学院),其中,本科院校 57 所(其中公办 38 所),高职(专科)院校 94 所,(其中公办 69 所,中外合作办学 1 所);独立设置成人高等学校 10 所。

全省拥有博士学位授权普通高等学校 9 所,硕士学位授权普通高等学校 19 所;博士一级学科授权点 87 个,硕士一级学科授权点 334 个。

全省高等教育毛入学率 51.86%。

普通高等学校和科研机构研究生毕业 16189 人(其中,博士研究生 495 人),招生 28228 人(其中,博士研究生 1082 人);在学研究生 69359 人(其中,博士研究生 4017 人)。

普通本专科毕业生 63.82 万人,本专科分别为 30.28 万人和 33.54 万人,本专科之比为 4.7∶5.3。招生 82.86 万人,本专科分别为 36.02 万人和 46.84 万人,本专科之比为 4.3∶5.7。在校生 249.22 万人,本专科分别为 125.07 万人和 124.15 万人,本专科之比为 5.02∶4.98。普通本专科学校校均规模 16499 人,其中,本科院校校均规模 25919 人;高职(专科)院校校均规模 10787 人。

普通高等学校教职工 17.21 万人,其中专任教师 13.34 万人。生师比 18.71∶1。专任教师中副高级及以上专业技术职务 4.42 万人(其中,正高级 1.05 万人),占总数的 33.17%;具有硕士研究生及以上学历7.63万人(其中,博士生2.14万人),占总数的57.22%;硕士及以上学位9.20万人(其中,博士学位2.20万人),占总数的69.01%。

普通高等学校占地面积21.05万亩(办学条件指标为学校产权加非学校产权独立使用,以下均同);校舍建筑面积7479.31万平方米,其中,教学行政用房面积3876.03万平方米,学生宿舍面积2025.75万平方米;图书20213.49万册;教学、科研仪器设备值313.12亿元。

成人本专科毕业生17.11万人,招生29.57万人,在校生54.57万人。成人高等学校教职工841人,其中专任教师531人。专任教师中副高级及以上专业技术职务184人,占总数的34.65%;硕士研究生及以上学历185人,占总数的34.84%;硕士及以上学位248人,占总数的46.7%。

七、成人培训与扫盲教育

全省职业技术培训机构5199所,结业学生73.91万人次,注册学生72.11万人次,教职工13242人,其中专任教师8611人。成人中学67所,结业人数4.17万人次,注册学生3.41万人次,教职工784人,其中专任教师588人。成人小学322所,结业生1.26万人次,注册学生2.1万人次,教职工452人,其中专任教师427人。

八、民办教育

全省各级各类民办学校2.17万所,在校生总数715.15万人,教职工总数61.57万人。其中,民办幼儿园1.82万所,在园幼儿283万人;民办小学1894所,在校生180.22万人;民办普通初中941所,在校生101.27万人;民办普通高中366所,在校生52.6万人;民办中等职业学校144所,在校生30.65万人;民办普通高等学校43所,其中本科院校19所,高职(专科)院校24所;普通本专科在校生67.12万人,其中本科37.74万人,专科29.38万人,占全省普通本专科在校生总数的26.93%。

一、综合部分

各级各类教育基本情况（一）

	学校数（所、处）	学 生 数				教职工数	
		毕业生数	招生数	在校生数	预 计毕业生数	计	其中：专任教师
总　计	54179	7438096	6962520	26896682	5242016	1837175	1504164
一、高等教育	219	893665	1183014	3217148	924120	174451	134800
（一）研 究 生	8	16189	28228	67503	20419	266	266
1.高等学校	（19）	16122	28150	67301	20370	（19624）	（19624）
2.科研机构	8	67	78	202	49	266	266
（二）普通本专科教育	151	638155	828634	2492185	692569	172105	133367
1.普通高等学校	151	638039	827973	2491363	692439	172105	133367
本科院校	57	386897	432133	1477359	390718	106183	80574
其中:独立学院	4	19706	19662	73249	20324	4023	3212
专科院校	94	251142	395840	1014004	301721	65922	52793
其中:高等职业学校	83	219734	348014	888652	263213	54187	45857
2.成人高校普通专科班	（1）	116	661	822	130	–	–
（三）成人本专科教育	10	171093	295842	545677	211132	841	531
1.职工高校	8	1917	1546	3847	2290	494	309
2.教育学院	1	10	–	–	–	–	–
3.广播电视大学	1	–	60	76	16	255	176
4.其他机构	（4）	–	–	–	–	92	46
5.普通高等学校成人班	（80）	169166	294236	541754	208826	–	–
（四）网络本专科	–	50204	30310	107432	–	–	–
（五）在职人员攻读硕士学位	–	–	–	1856	–	–	–
（六）民办的其他高教机构	50	18024	–	2495	–	1239	636
二、中等职业教育	639	409792	525571	1437379	359769	68735	46091
（一）普通中等专业学校	131	129188	149423	417676	126987	17804	13896
（二）成人中等专业学校	157	32568	51456	137725	42567	10816	8059
（三）职业高中	256	122740	165576	460019	139280	26347	23132
（四）其他机构	（20）	1562	1642	4702	1255	1242	1004
（五）附设中职班	（103）	39375	41516	129563	49680	–	–
（六）技工学校	95	84359	115958	287694	–	12526	–
三、基础教育	47733	5341158	5253935	21465943	3958127	1579511	1313647
（一）普通中学	5620	2174886	2324911	6970006	2300560	613104	551317
1.普通高中	925	690268	784377	2248585	716500	196853	173106
完全中学	132	83538	90350	261856	84275	31231	27403
高级中学	659	571587	636962	1846225	595220	136744	123489
十二年一贯制学校	134	27986	50276	121450	31255	28878	22214
附设普通高中班	（26）	7157	6789	19054	5750	–	–

— 6 —

各级各类教育基本情况（二）

	学校数 （所、处）	学 生 数				教职工数	
		毕业 生数	招生数	在校 生数	预 计 毕业生数	计	其 中： 专任教师
2.普通初中	4695	1484618	1540534	4721421	1584060	416251	378211
其中:随班就读特教生	–	1081	2486	8196	–	–	–
送教上门特教生	–	140	461	1330	–	–	–
初级中学	3501	1150611	1151064	3579499	1220980	282992	269266
九年一贯制学校	1194	230442	285816	828525	257503	133259	108945
附设普通初中班	(19)	2792	3174	10263	3991	–	–
完全中学（初中部）	–	62801	56629	170779	57693	–	–
十二年一贯制（初中部）	–	37972	43851	132355	43893	–	–
（二）小　学	17687	1541747	1659936	10215856	1657567	553975	523856
其中:随班就读特教生	–	975	3348	25056	–	–	–
送教上门特教生	–	176	555	4393	–	–	–
1.小　学	17687	1243260	1336119	8261352	1330860	480882	452435
2.小学教学点	(13307)	53623	146971	675738	56593	73093	71421
3.附设小学班	(374)	37602	3206	63303	41139	–	–
4.九年一贯制（小学部）	–	186411	157036	1093902	204861	–	–
5.十二年一贯制（小学部）	–	20851	16604	121561	24114	–	–
（三）幼儿教育	24274	1622537	1265795	4255848	–	407690	234130
1.幼 儿 园	24274	1353013	1083875	3811688	–	407690	234130
2.附设幼儿班	(12322)	269524	181920	444160	–	–	–
（四）特殊教育	149	1925	3228	24015	–	4679	4287
1.特殊教育学校	149	1923	3228	24015	–	4679	4287
2.附设特教班	(1)	2	–	–	–	–	–
（五）工读学校	3	63	65	218	–	63	57
四、成人技术培训学校	**5199**	**739138**	**–**	**721053**	**–**	**13242**	**8611**
（一）职工技术培训学校	69	60394	–	53465	–	2036	1757
（二）农民技术培训学校	4339	591857	–	571372	–	5942	3478
（三）其他培训机构	791	86887	–	96216	–	5264	3376
五、成人中小学	**389**	**54343**	**–**	**55159**	**–**	**1236**	**1015**
（一）成人中学	67	41722	–	34131	–	784	588
1.职工中学	–	–	–	–	–	–	–
2.农民中学	67	41722	–	34131	–	784	588
（二）成人小学	322	12621	–	21028	–	452	427
1.职工小学	–	–	–	–	–	–	–
2.农民小学	322	12621	–	21028	–	452	427
其中:扫 盲 班	20	–	–	2856	–	78	73

注:技工学校暂用2019年数据。

各 级 各 类 教 育 基

	学校数（所、处）			毕业生数			招生数	
	上年	本年	本年比上年增减	上年	本年	本年比上年增减	上年	本年
一、研究生教育	27	27	—	16107	16189	82	20962	28228
二、普通高等教育	141	151	10	593363	638155	44792	778724	828634
其中：民　办	39	43	4	133563	156909	23346	221220	237866
（一）本　科	57	57	—	276666	302728	26062	337741	360176
（二）专　科	84	94	10	316697	335427	18730	451159	468420
三、普通中等专业学校	145	131	−14	231604	235500	3896	290185	303488
四、普通中学	5492	5620	128	2091721	2174735	83014	2328471	2324911
（一）普通初中	4603	4695	92	1411868	1484618	72750	1578686	1540534
（二）普通高中	889	925	36	679853	690268	10415	749785	784377
五、职业高中	270	256	−14	70773	68559	−2214	85004	72800
六、小　　学	18117	17687	−430	1581313	1541747	−39566	1737602	1659936
七、幼儿教育	23181	24274	1093	1646408	1622537	−23871	1253449	1265795
八、特殊教育	150	149	−1	1316	1925	609	4498	3228
九、成人高等教育	10	10	—	124199	171093	46894	212846	295714
十、成人中专	159	157	−2	41498	20794	−20704	45673	33325
十一、成人技培学校	4602	5199	597	987540	739138	−248402	—	—
十二、成人中学	101	67	−34	61912	41722	−20190	—	—
十三、成人小学	864	322	−542	136983	12621	−124362	—	—

本 指 标 变 化 情 况

	在校生数			教职工数			其中：专任教师		
本 年 比 上年增减	上年	本年	本 年 比 上年增减	上年	本年	本 年 比 上年增减	上年	本年	本 年 比 上年增减
7266	55395	67503	12108	17512	19890	2378	17512	19890	2378
49910	2309477	2492185	182708	162050	172105	10055	123977	133367	9390
16646	594736	671199	76463	39984	44642	4658	31005	34904	3899
22435	1197185	1250704	53519	102357	106183	3826	77089	80574	3485
17261	1122468	1241481	119013	59693	65922	6229	46888	52793	5905
13303	795994	840271	44277	19427	17804	－1623	15044	13896	－1148
－3560	6843555	6970006	126451	580081	613106	33025	520379	551319	30940
－38152	4684765	4721421	36656	394337	416251	21914	357366	378211	20845
34592	2158790	2248585	89795	185744	196853	11109	163013	173106	10093
－12204	228567	216337	－12230	27243	26347	－896	23683	23132	－551
－77666	10124818	10215856	91038	539350	553975	14625	510350	523856	13506
12346	4308701	4255848	－52853	390652	407690	17038	226163	234130	7967
－1270	22623	24015	1392	4505	4679	174	4158	4287	129
82868	420347	545677	125330	895	841	－54	570	531	－39
－12348	86076	93077	7001	11081	10816	－265	7983	8059	76
－	982688	721053	－261635	11883	13242	1359	7001	8611	1610
－	55012	34131	－20881	765	784	19	712	588	－124
－	124337	21028	－103309	1631	452	－1179	1204	427	－777

各级各类民办教育基本情况

	学校数（所）	学生数			教职工数	
		毕业生数	招生数	在校生数	计	其中：专任教师
总　　计	**21670**	**2047908**	**1900986**	**7151483**	**615737**	**402323**
一、民办高等教育	**93**	**174933**	**237866**	**673694**	**45881**	**35540**
（一）普通高等学校	43	156909	237866	671199	44642	34904
（二）民办的其他高等教育机构	50	18024	–	2495	1239	636
二、民办中等教育机构	**1451**	**515313**	**651471**	**1845222**	**176946**	**134476**
（一）高中阶段教育	510	207029	314690	832503	71918	56382
其中：民办普通高中	366	132410	198702	525984	61454	48796
民办中等职业学校	144	74619	115988	306519	10464	7586
（二）初中阶段教育	941	308284	336781	1012719	105028	78094
其中：民办普通初中	941	308284	336781	1012719	105028	78094
三、民办普通小学	**1894**	**311338**	**247439**	**1802214**	**73978**	**54921**
四、民办幼儿园	**18228**	**1046307**	**764128**	**2830042**	**318833**	**177324**
五、特殊教育	**4**	**17**	**82**	**311**	**99**	**62**

注：民办普通高校学生数含郑州西亚斯学院学生。

各级各类教育中女性基本情况

	学 生 数				教职工数	
	毕业生数	招生数	在校生数	预 计 毕业生数	计	其 中： 专任教师
总　　计	**3117023**	**3292851**	**12265459**	**2501531**	**1301953**	**1087230**
一、研究生教育	9246	16479	39482	11578	34	34
二、普通本专科教育	344119	425210	1303237	364126	88341	70414
三、成人本专科教育	113417	188399	347173	131545	464	315
四、普通中等专业学生	113999	134926	379087	116922	9234	7651
五、成人中等专业学生	8935	11042	33572	10622	5426	4358
六、职业高中	29335	29250	89382	26230	13845	12721
七、普通高中	354418	390656	1127538	359206	116341	105095
八、普通初中	670485	702835	2143103	718827	278269	259035
九、小　　学	700997	783436	4749740	762475	408015	392594
十、幼儿教育	770559	606762	2029820	–	378599	231797
十一、特殊教育	1513	3856	23325	–	3385	3216

2010－2020 年各级各类

指 标 名 称	单位	2010 年	2011 年	2012 年	2013 年	2014 年
一、研 究 生						
1. 校 数	处	23	23	26	27	27
2. 毕 业 生	人	7750	8856	10331	10660	11172
3. 招 生	人	10704	10891	11683	12185	12805
4. 在 校 生	人	29021	30908	31965	33317	34760
5. 毕业班学生	人	9450	10913	11813	10773	11114
6. 专任教师	人	7491	7367	8893	9738	10269
二、普通高等学校						
1. 校 数	所	107	117	120	127	129
其中:本 科	所	45	47	47	50	52
其中:民 办	所	28	33	34	35	37
2. 毕 业 生	万人	38.25	43.30	43.53	45.02	44.53
其中:本 科	万人	13.76	15.40	16.78	18.42	20.89
3. 招 生	万人	47.83	47.14	49.82	50.84	51.43
其中:本 科	万人	21.13	22.65	24.92	25.94	25.76
4. 在 校 生	万人	145.67	150.01	155.90	161.83	167.97
其中:本 科	万人	68.72	75.88	83.71	91.02	95.52
5. 预计毕业生	万人	42.78	43.68	44.76	44.70	47.17
其中:本 科	万人	15.50	17.03	18.68	20.96	22.59
6. 教 职 工	万人	11.04	11.71	12.02	12.52	13.00
其中:专任教师	万人	7.75	8.20	8.60	9.09	9.51
副高以上所占比例	%	33.00	33.86	34.15	35.04	34.98
研究生以上学历所占比例	%	43.65	46.14	47.97	49.63	51.21
7. 占地面积	万平方米	9352.04	9837.98	10231.61	10612.45	10840.65
8. 校舍建筑面积	万平方米	4237.21	4688.79	5010.89	5395.75	5467.39
其中:教学及辅助用房	万平方米	1923.07	2143.53	2298.50	2454.65	2503.20
学生公寓	万平方米	1080.91	1213.16	1288.22	1362.16	1404.72
学生食堂	万平方米	162.59	180.91	189.24	208.33	218.42
9. 一般图书	万册	11038.59	11921.80	12506.98	13343.50	14092.05
10. 固定资产总值	万元	4606275.68	5475394.03	6202397.36	6393432.27	7003997.57
其中:教学、科研仪器设备值	万元	865786.55	953317.33	1088421.78	1223079.49	1405624.31
三、成人高等学校						
1. 校 数	所	15	14	14	13	12
2. 毕 业 生	万人	12.33	11.51	10.39	10.59	13.77
其中:本 科	万人	4.74	4.46	4.07	4.27	5.20
3. 招 生	万人	10.72	11.94	14.87	15.41	16.51
其中:本 科	万人	4.22	5.23	5.48	6.31	7.01
4. 在 校 生	万人	25.89	25.65	29.81	33.64	35.89
其中:本 科	万人	10.25	11.04	12.30	13.93	15.59
5. 预计毕业生数	万人	11.22	10.09	10.86	13.61	15.37

教育基本指标变化情况（一）

2015 年	2016 年	2017 年	2018 年	2019 年	2020 年	2020 比 2019 年增减情况（＋、－）	2020 年比 2019 年增减比例（％）
27	27	27	27	27	27	－	－
10607	11954	12933	13556	16107	16189	82	0.51
13561	14206	18352	20043	20962	28228	7266	34.66
37559	39525	44830	50999	55395	67503	12108	21.86
12501	13386	14084	16454	18244	20419	2175	11.92
11324	11638	13242	15343	17512	19890	2378	13.58
129	129	134	140	141	151	10	7.09
52	55	55	57	57	57	－	－
37	37	37	39	39	43	4	10.26
46.58	48.30	50.41	55.99	59.34	63.82	4.48	7.54
22.27	24.28	25.38	26.20	27.67	30.27	2.60	9.41
55.92	60.60	63.57	70.87	78.89	82.86	3.97	5.04
26.72	28.72	29.78	32.97	33.77	36.02	2.25	6.66
176.69	187.48	200.47	214.08	231.97	249.22	17.25	7.44
99.55	103.42	107.71	114.08	119.72	125.07	5.35	4.47
49.56	51.50	57.06	60.68	65.05	69.26	4.21	6.47
24.87	25.94	26.76	28.33	30.84	31.14	0.30	0.97
13.34	13.88	14.58	15.37	16.21	17.21	1.00	6.17
9.80	10.27	10.84	11.54	12.40	13.34	0.94	7.55
34.56	34.54	34.03	33.63	33.13	33.17	0.04	0.12
52.81	53.46	54.89	55.76	56.38	57.22	0.84	1.48
10946.46	10837.53	11079.40	11575.85	11925.44	12003.39	77.95	0.65
5705.10	5663.93	5920.64	6162.42	6294.80	6291.67	－ 3.13	－ 0.05
2599.23	2536.56	3031.93	2812.28	2879.18	2903.96	24.78	0.86
1448.32	1414.80	1514.24	1552.88	1605.63	1600.32	－ 5.31	－ 0.33
220.95	216.17	221.11	227.02	237.68	238.08	0.40	0.17
14818.68	15740.95	16444.31	17561.66	18373.46	19529.53	1156.08	6.29
7778844.16	8440264.35	9244773.69	11029914.29	10992334.63	12128709.55	1136374.92	10.34
1645904.47	1921751.50	2190288.38	2480697.59	2759185.08	3062878.92	303693.85	11.01
12	11	11	10	10	10	－	－
14.54	15.65	15.92	12.30	12.42	17.11	4.69	37.76
5.61	6.49	6.77	6.09	6.43	8.59	2.16	33.61
15.20	11.78	12.50	18.17	21.28	29.57	8.29	38.93
6.21	5.86	6.36	9.39	11.15	14.15	3.00	26.94
35.91	31.55	28.22	33.86	42.03	54.57	12.53	29.82
15.94	15.19	15.16	18.46	22.77	28.47	5.71	25.06
16.25	15.70	12.47	12.70	17.85	21.11	3.26	18.28

2010－2020 年各级各类

指　标　名　称	单位	2010 年	2011 年	2012 年	2013 年	2014 年
其中:本　科	万人	4.19	3.82	4.28	4.97	5.97
6.教　职　工	万人	0.46	0.43	0.43	0.34	0.28
其中:专任教师	万人	0.31	0.29	0.29	0.22	0.19
副高以上所占比例	%	30.80	30.80	29.81	31.14	33.53
7.占地面积	万平方米	288.55	269.13	269.14	219.93	197.20
8.校舍建筑面积	万平方米	160.27	159.62	157.68	120.47	94.17
其中:教学及辅助用房	万平方米	74.14	75.88	77.72	56.76	47.79
学生公寓	万平方米	35.10	35.53	33.48	27.63	19.22
学生食堂	万平方米	6.26	5.79	5.65	4.83	3.41
9.一般图书	万册	374.52	407.69	433.48	349.51	297.63
10.固定资产总值	万元	128241.27	114039.70	118200.00	86511.36	79859.04
其中:教学、科研仪器设备值	万元	28368.81	26826.02	26985.90	25743.78	20978.76
四、高中阶段教育						
1.校　　数	所	1955	1753	1705	1675	1659
2.招　　生	万人	135.32	132.65	129.87	119.17	113.88
3.在　校　生	万人	381.47	374.23	366.50	336.42	327.13
4.高中阶段毛入学率	%	89.08	90.00	90.00	90.20	90.30
五、中等职业教育						
1.校　　数	所	1130	961	920	899	885
2.毕　业　生	－	59.24	60.40	59.99	59.64	50.69
3.招　　生	万人	72.47	68.02	63.30	53.06	49.39
4.在　校　生	万人	189.31	184.72	173.87	147.19	137.58
5.招生数占高中阶段教育的比例	%	53.56	51.28	48.74	44.53	43.37
6.在校生数占高中阶段教育的比例	%	49.63	49.36	47.44	43.75	42.06
六、基础教育						
（一）小　　学						
1.校　　数	所	28603	27793	27452	26086	25578
2.毕　业　生	万人	165.35	167.61	170.44	164.48	140.81
3.招　　生	万人	187.76	193.44	190.97	181.06	159.44
4.在　校　生	万人	1070.53	1092.90	1079.21	939.98	928.60
5.教　职　工	万人	51.82	50.47	50.49	49.94	49.67
6.专任教师	万人	49.04	47.97	47.95	47.42	46.99
7.专任教师学历合格率	%	99.64	99.98	99.98	99.99	99.99
8.入　学　率	%	99.94	99.91	99.93	99.87	99.97
其中:女	%	99.94	99.96	99.93	99.88	99.99
9.升　学　率	%	96.05	96.43	92.79	92.80	98.36
其中:女	%	97.46	97.92	94.47	94.50	94.52
（二）普通初中						
1.校　　数	所	4616	4596	4551	4550	4566

教育基本指标变化情况（二）

2015 年	2016 年	2017 年	2018 年	2019 年	2020 年	2020比2019年增减情况（＋、－）	2020 年比2019年增减比例（％）
6.74	6.51	6.09	6.49	8.98	10.92	1.94	21.57
0.29	0.23	0.15	0.09	0.09	0.08	－0.01	－6.03
0.20	0.16	0.11	0.06	0.06	0.05	0.00	－6.84
31.88	28.56	28.17	33.80	36.32	34.65	－1.66	－4.58
140.40	72.80	66.40	54.23	54.23	34.94	－19.29	－35.57
94.31	67.96	57.02	34.90	34.90	31.07	－3.83	－10.97
47.95	35.23	36.62	18.22	18.22	15.94	－2.28	－12.54
19.54	10.88	8.82	5.56	5.56	5.35	－0.21	－3.76
3.28	2.09	1.66	0.89	0.89	0.81	－0.08	－9.17
296.54	203.06	138.56	81.47	82.25	64.35	－17.90	－21.77
84987.96	49172.48	43472.76	36010.13	35658.49	25791.10	－9867.39	－27.67
21914.55	16306.86	13480.90	10986.23	11692.59	8942.01	－2750.58	－23.52
1645	1592	1602	1607	1558	1564	6	0.39
115.87	117.32	123.84	122.69	127.92	130.99	3.07	2.40
325.79	327.85	338.72	346.69	353.75	368.60	14.85	4.20
90.30	90.40	90.61	91.23	91.62	92.01	0.39	0.43
875	800	789	755	669	639	－30	－4.48
47.28	42.37	40.38	39.94	42.94	40.98	－1.96	－4.57
47.89	47.79	52.87	50.03	52.94	52.56	－0.38	－0.72
131.48	128.25	133.23	136.63	137.87	143.74	5.87	4.26
41.33	40.73	42.69	40.77	41.39	40.12	－1.26	－3.05
40.36	39.11	39.33	39.41	38.97	39.00	0.02	0.06
24673	22822	20372	18622	18117	17687	－430	－2.37
140.55	144.16	150.31	160.70	158.13	154.17	－3.96	－2.50
169.30	173.16	172.38	173.56	173.76	165.99	－7.77	－4.47
937.05	965.59	982.06	994.60	1012.48	1021.59	9.10	0.90
50.20	50.23	51.77	52.93	53.94	55.40	1.46	2.71
47.21	47.42	48.86	50.02	51.04	52.39	1.35	2.65
100.00	99.99	99.99	100.00	100.00	100.00	－	－
100.00	100.00	100.00	100.00	100.00	100.00	－	－
100.00	100.00	100.00	99.99	100.00	100.00	－	－
98.35	99.98	99.42	99.47	99.83	99.92	0.09	0.09
98.84	99.98	99.44	99.63	99.36	100.26	0.90	0.91
4565	4557	4515	4519	4603	4695	92	2.00

2010－2020年各级各类

指　标　名　称	单位	2010 年	2011 年	2012 年	2013 年	2014 年
2.毕　业　生	万人	154.92	155.45	149.80	140.34	114.66
3.招　　生	万人	158.81	161.62	158.16	137.71	138.40
4.在　校　生	万人	469.40	467.98	453.79	385.05	399.36
5.教　职　工	万人	–	31.66	31.61	31.65	32.34
6.专任教师	万人	27.67	28.22	28.24	28.57	28.35
7.专任教师学历合格率	％	98.64	98.93	98.88	99.05	99.20
8.入　学　率	％	99.62	99.60	99.70	99.14	99.96
其中:女	％	99.65	99.45	99.70	99.29	99.96
（三）普通高中						
1.校　　数	所	825	792	785	776	774
2.毕　业　生	万人	70.43	66.55	63.98	63.13	60.28
3.招　　生	万人	62.85	64.63	66.57	66.11	64.49
4.在　校　生	万人	192.16	189.51	192.63	189.23	189.55
5.教　职　工	万人	–	13.85	14.28	14.33	14.73
6.专任教师	万人	10.43	10.43	10.73	12.26	11.08
7.专任教师学历合格率	％	94.99	95.47	96.53	96.50	96.34
（四）幼　儿　园						
1.校　　数	所	7698	10304	12912	14485	15821
2.入园人数	万人	111.96	175.56	195.10	202.60	207.80
3.在园人数	万人	196.67	282.21	319.82	346.95	369.22
4.教　职　工	万人	11.06	15.10	18.36	21.54	23.75
5.专任教师	万人	7.20	9.36	11.26	12.94	14.28
6.学前教育毛入园率	％	52.80	55.50	66.63	75.43	78.56
（五）特殊教育						
1.校　　数	所	120	127	132	137	142
2.毕　业　生	万人	0.23	0.17	0.24	0.17	0.12
3.招　　生	万人	0.32	0.32	0.30	0.33	0.36
4.在　校　生	万人	2.19	1.95	1.67	1.67	1.83
5.教　职　工	万人	0.34	0.35	0.38	0.38	0.40
6.专任教师	万人	0.29	0.30	0.32	0.33	0.35
七、每万人口中各级教育平均在校学生数						
1.普通高等教育	人	146	144	149	153	178
2.普通中专	人	68	66	63	60	70
3.普通高中	人	193	182	184	179	201
4.普通初中	人	471	448	433	363	424
5.小　　学	人	1074	1047	1029	887	987
6.幼　儿　园	人	197	270	305	327	392
八、九年义务教育巩固率	**％**	**90.35**	**90.80**	**91.20**	**92.00**	**93.00**
九、高等教育毛入学率	**％**	**23.66**	**24.63**	**27.22**	**30.10**	**34.00**

教育基本指标变化情况（三）

2015 年	2016 年	2017 年	2018 年	2019 年	2020 年	2020 比 2019 年增减情况（＋、－）	2020 年比 2019 年增减比例（％）
123.62	129.50	132.29	133.63	141.19	148.46	7.27	5.15
138.23	144.13	149.45	159.86	157.87	154.05	－3.82	－2.42
404.81	415.83	429.16	451.88	468.48	472.14	3.67	0.78
33.15	33.21	34.91	37.14	39.43	41.63	2.19	5.56
28.59	28.64	31.76	33.90	35.74	37.82	2.08	5.83
99.31	99.47	99.60	99.69	99.62	99.68	0.06	0.06
99.95	99.98	99.99	100.00	99.99	100.00	0.01	0.01
99.95	99.99	99.99	100.00	99.99	100.00	0.01	0.01
770	792	813	852	889	925	36	4.05
61.05	63.31	63.14	66.08	67.99	69.03	1.04	1.53
67.98	69.53	70.97	72.65	74.98	78.44	3.46	4.61
194.31	199.60	205.49	210.06	215.88	224.86	8.98	4.16
15.07	15.55	16.49	17.44	18.57	19.69	1.11	5.98
11.40	11.79	14.45	15.33	16.30	17.31	1.01	6.19
97.11	97.09	97.56	98.23	98.18	98.27	0.09	0.09
17481	18695	20613	22128	23181	24274	1093	4.72
207.22	157.92	151.62	140.57	125.34	126.58	1.23	0.98
393.37	408.68	424.93	437.99	430.87	425.58	－5.29	－1.23
27.33	29.70	33.23	36.77	39.07	40.77	1.70	4.36
16.53	17.82	19.78	21.45	22.62	23.41	0.80	3.52
83.18	85.14	86.45	88.13	89.50	90.30	0.80	0.89
144	146	148.00	149	150	149	－1	－0.67
0.18	0.14	0.21	0.24	0.30	0.43	0.13	43.23
0.39	0.50	0.65	0.99	1.05	1.01	－0.04	－4.02
2.01	2.39	3.07	4.39	5.48	6.30	0.82	14.95
0.40	0.40	0.42	0.44	0.45	0.47	0.02	4.44
0.35	0.36	0.38	0.40	0.42	0.43	0.01	2.38
187	197	210.00	224	247	259	11.53	4.67
73	73	76	81	83	87	4.29	5.18
206	209	217	220	225	233	8.51	3.78
429	436	450	473	488	490	2.05	0.42
993	1013	1030	1040	1054	1060	5.65	0.54
417	429	446	458	449	441	－7.10	－1.58
94.00	**94.05**	**94.25**	**94.62**	**95.45**	**96.00**	**0.55**	**0.58**
36.49	**38.80**	**41.78**	**45.60**	**49.28**	**51.50**	**2.22**	**4.50**

二、高等教育

高等教育学校（机构）数

	合计	中央部门			地 方				民办	中 外合作办
		计	教育部	其他部门	计	教育部门	其他部门	地方企业		
1.研究生培养机构	**27**	**8**	**–**	**8**	**19**	**19**	**–**	**–**	**–**	**–**
普通高等学校	19	–	–	–	19	19	–	–	–	–
科研机构	8	8	–	8	–	–	–	–	–	–
2.普通高等学校	**151**	**1**	**–**	**1**	**106**	**83**	**22**	**1**	**43**	**1**
本科院校	57	1	–	1	37	35	2	–	19	–
其中:独立学院	4	–	–	–	–	–	–	–	4	–
专科院校	94	–	–	–	69	48	20	1	24	1
其中:高等职业学校	83	–	–	–	59	40	18	1	23	1
3.成人高等学校	**10**	**–**	**–**	**–**	**10**	**4**	**3**	**3**	**–**	**–**
4.民办的其他高等教育机构	**50**	**–**	**–**	**–**	**–**	**–**	**–**	**–**	**50**	**–**

高等教育学校（机构）学生数（总计）

	毕(结)业生数	授予学位数	招生数 计	其中: 应届毕业生	其中: 春季招生	其中: 预科生转入	在校生数	预计毕业生数
1. 普通本科、专科生	638155	300535	828596	712539	19794	901	2492185	692569
专　科	335427	–	468420	410731	19794	7	1241481	381167
本　科	302728	300535	360176	301808	–	894	1250704	311402
2. 成人本科、专科生	171093	8158	295714	–	–	–	545677	211132
专　科	85172	–	154166	–	–	–	260934	101945
本　科	85921	8158	141548	–	–	–	284743	109187
3. 网络本科、专科生	50204	2266	30310	–	11271	–	107432	–
专　科	32777	–	–	–	–	–	28603	–
本　科	17427	2266	30310	–	11271	–	78829	–
4. 研　究　生	16189	16040	28228	17106	–	–	67503	20419
硕　士	15694	15552	27146	16661	–	–	63486	18959
博　士	495	488	1082	445	–	–	4017	1460
5. 在职人员攻读硕士学位	–	1030	–	–	–	–	1856	–
6. 自考助学班	–	–	–	–	–	–	188	–
7. 普通预科生	–	–	–	–	–	–	601	–
8. 研究生课程进修班	–	–	–	–	–	–	–	–
9. 进修及培训	262697	–	–	–	–	–	–	–
10. 留学生	1252	150	1739	–	59	–	5217	–

高等教育学校（机构）学生数（普通高等学校）

	毕（结）业生数	授予学位数	招生数				在校生数	预计毕业生数
			计	其中				
				应届毕业生	春季招生	预科生转入		
1.普通本科、专科生	638039	300535	827935	711878	19794	901	2491363	692439
专科	335311	–	467759	410070	19794	7	1240659	381037
本科	302728	300535	360176	301808	–	894	1250704	311402
2.成人本科、专科生	169166	8158	294108	–	–	–	541754	208826
专科	83245	–	152571	–	–	–	257030	99647
本科	85921	8158	141537	–	–	–	284724	109179
3.网络本科、专科生	50204	2266	30310	–	11271	–	107432	–
专科	32777	–	–	–	–	–	28603	–
本科	17427	2266	30310	–	11271	–	78829	–
4.研究生	16122	15974	28150	17046	–	–	67301	20370
硕士	15628	15487	27071	16601	–	–	63297	18915
博士	494	487	1079	445	–	–	4004	1455
5.在职人员攻读硕士学位	–	1030	–	–	–	–	1856	–
6.自考助学班	–	–	–	–	–	–	188	–
7.普通预科生	–	–	–	–	–	–	601	–
8.研究生课程进修班	–	–	–	–	–	–	–	–
9.进修及培训	249553	–	–	–	–	–	–	–
10.留学生	1252	150	1739	–	59	–	5217	–

高等教育学校（机构）学生数（成人高等学校）

	毕(结)业生数	授予学位数	招生数				在校生数	预计毕业生数
			计	其中				
				应届毕业生	春季招生	预科生转入		
1.普通本科、专科生	116	－	661	661	－	－	822	130
专　科	116	－	661	661	－	－	822	130
本　科	－	－	－	－	－	－	－	－
2.成人本科、专科生	1927	－	1606	－	－	－	3923	2306
专　科	1927	－	1595	－	－	－	3904	2298
本　科	－	－	11	－	－	－	19	8
3.网络本科、专科生	－	－	－	－	－	－	－	－
专　科	－	－	－	－	－	－	－	－
本　科	－	－	－	－	－	－	－	－
4.研　究　生	－	－	－	－	－	－	－	－
硕　士	－	－	－	－	－	－	－	－
博　士	－	－	－	－	－	－	－	－
5.在职人员攻读硕士学位	－	－	－	－	－	－	－	－
6.自考助学班	－	－	－	－	－	－	－	－
7.普通预科生	－	－	－	－	－	－	－	－
8.研究生课程进修班	－	－	－	－	－	－	－	－
9.进修及培训	13144	－	－	－	－	－	－	－
10.留　学　生	－	－	－	－	－	－	－	－

高等教育学校（机构）学生数（科研机构）

	毕(结)业生数	授予学位数	招生数				在校生数	预计毕业生数
			计	其中				
				应届毕业生	春季招生	预科生转入		
1.普通本科、专科生	–	–	–	–	–	–	–	–
专　科	–	–	–	–	–	–	–	–
本　科	–	–	–	–	–	–	–	–
2.成人本科、专科生	–	–	–	–	–	–	–	–
专　科	–	–	–	–	–	–	–	–
本　科	–	–	–	–	–	–	–	–
3.网络本科、专科生	–	–	–	–	–	–	–	–
专　科	–	–	–	–	–	–	–	–
本　科	–	–	–	–	–	–	–	–
4.研　究　生	**67**	**66**	**78**	**60**	**–**	**–**	**202**	**49**
硕　士	66	65	75	60	–	–	189	44
博　士	1	1	3	–	–	–	13	5
5.在职人员攻读硕士学位	–	–	–	–	–	–	–	–
6.自考助学班	–	–	–	–	–	–	–	–
7.普通预科生	–	–	–	–	–	–	–	–
8.研究生课程进修班	–	–	–	–	–	–	–	–
9.进修及培训	–	–	–	–	–	–	–	–
10.留　学　生	–	–	–	–	–	–	–	–

普 通 专 科 分 形 式 、

	合 计				毕业生数
	毕业生数	招生数	在校生数	预 计 毕业生数	
总　计	**335427**	**468420**	**1241481**	**381167**	**335311**
其中:女	169421	226069	609266	192547	169410
一、按形式分					
高中起点	282592	366156	1053188	320904	282533
对口招收中职生	17935	59485	103715	18517	17935
五年制高职转入	34900	42779	84578	41746	34843
二、按举办者分					
1.中央部门	378	137	625	291	378
教 育 部	–	–	–	–	–
其他部门	378	137	625	291	378
2.地　方	268977	352761	948023	301372	268861
教育部门	200369	268266	710888	223447	200369
其他部门	62847	77908	218763	71922	62847
地方企业	5761	6587	18372	6003	5645
3.民　办	66072	115263	292375	79504	66072
4.中外合作办	–	259	458	–	–

分举办者学生数

普通高等学校			成人高等学校			
招生数	在校生数	预 计 毕业生数	毕业生数	招生数	在校生数	预 计 毕业生数
467759	**1240659**	**381037**	**116**	**661**	**822**	**130**
225885	609061	192535	11	184	205	12
366156	1053123	320870	59	–	65	34
59485	103715	18517	–	–	–	–
42118	83821	41650	57	661	757	96
137	625	291	–	–	–	–
–	–	–	–	–	–	–
137	625	291	–	–	–	–
352100	947201	301242	116	661	822	130
268266	710888	223447	–	–	–	–
77908	218763	71922	–	–	–	–
5926	17550	5873	116	661	822	130
115263	292375	79504	–	–	–	–
259	458	–	–	–	–	–

普 通 专 科 分

	合 计				毕业生数
	毕业生数	招生数	在校生数	预 计 毕业生数	
总 计	335427	468420	1241481	381167	335311
其中:女	169421	226069	609266	192547	169410
农林牧渔大类	3437	4908	13516	4261	3437
交通运输大类	2776	5542	14335	4012	2776
生化与药品大类	2548	2550	8263	2950	2548
资源开发与测绘大类	22268	32337	85938	25661	22268
材料与能源大类	974	1058	3306	1042	974
土建大类	36504	47793	127364	41308	36415
水利大类	1273	1528	4343	1384	1273
制造大类	625	1292	3563	942	625
电子信息大类	4491	4694	13575	4493	4491
环保、气象与安全大类	15592	19385	56787	18219	15592
轻纺食品大类	48292	87200	207594	59291	48284
财经大类	52705	70781	201013	59234	52705
医药卫生大类	62103	74082	208260	67456	62089
旅游大类	10722	11220	35144	11707	10717
公共事业大类	16992	27959	75736	22863	16992
文化教育大类	2530	3345	9681	3095	2530
艺术设计传媒大类	44222	62754	145836	45740	44222
公安大类	5164	3805	12137	4735	5164
法律大类	2209	6187	15090	2774	2209
总计中:师范生	33810	48632	110616	35315	33810

学 科 学 生 数

普 通 高 等 学 校			成 人 高 等 学 校			
招生数	在校生数	预 计 毕业生数	毕业生数	招生数	在校生数	预 计 毕业生数
467759	**1240659**	**381037**	**116**	**661**	**822**	**130**
225885	609061	192535	11	184	205	12
4908	13516	4261	–	–	–	–
5542	14335	4012	–	–	–	–
2550	8263	2950	–	–	–	–
32337	85938	25661	–	–	–	–
1058	3306	1042	–	–	–	–
47577	127046	41210	89	216	318	98
1528	4343	1384	–	–	–	–
1292	3563	942	–	–	–	–
4694	13575	4493	–	–	–	–
19385	56770	18208	–	–	17	11
87015	207395	59289	8	185	199	2
70781	201013	59234	–	–	–	–
74043	208196	67437	14	39	64	19
10999	34922	11707	5	221	222	–
27959	75734	22863	–	–	2	–
3345	9681	3095	–	–	–	–
62754	145836	45740	–	–	–	–
3805	12137	4735	–	–	–	–
6187	15090	2774	–	–	–	–
48632	110616	35315	–	–	–	–

普 通 本 科 分 形 式 、

	合 计			
	毕业生数	招生数	在校生数	预 计 毕业生数
总 计	**302728**	**360176**	**1250704**	**311402**
其中:女	174698	199141	693971	171579
一、按形式分				
高中起点	248934	288859	1114972	255937
专科起点	49889	67292	121011	52447
第二学士学位	–	166	166	–
对口招收中职生	3905	3859	14555	3018
二、按学科分				
哲 学	49	176	527	108
经 济 学	15668	15761	62669	15463
法 学	10643	11285	42636	10780
教 育 学	14072	22987	66930	15454
文 学	25182	29032	106810	25923
其中:外 语	12944	15341	57506	13894
历 史 学	1328	1650	6050	1347
理 学	17414	19442	74176	18063
工 学	95915	123085	425440	100236
农 学	6955	8261	26930	6731
医 学	23752	22271	85056	23174
管 理 学	61846	66288	221448	62235
艺 术 学	29904	36749	127090	31888
职业本科	–	3189	4942	–
三、按举办者				
1.中央部门	771	1466	4662	916
教 育 部	–	–	–	–
其他部门	771	1466	4662	916
2.地 方	220009	236107	880332	219807
教育部门	217498	230390	862633	216685
其他部门	2511	5717	17699	3122
地方企业	–	–	–	–
3.民 办	81948	122603	365710	90679
4.中外合作办	–	–	–	–
总计中:师范生	36973	44789	153407	37204

分学科学生数

其中：普通高等学校			
毕业生数	招生数	在校生数	预计毕业生数
302728	**360176**	**1250704**	**311402**
174698	199141	693971	171579
248934	288859	1114972	255937
49889	67292	121011	52447
–	166	166	–
3905	3859	14555	3018
49	176	527	108
15668	15761	62669	15463
10643	11285	42636	10780
14072	22987	66930	15454
25182	29032	106810	25923
12944	15341	57506	13894
1328	1650	6050	1347
17414	19442	74176	18063
95915	123085	425440	100236
6955	8261	26930	6731
23752	22271	85056	23174
61846	66288	221448	62235
29904	36749	127090	31888
–	3189	4942	–
771	1466	4662	916
–	–	–	–
771	1466	4662	916
220009	236107	880332	219807
217498	230390	862633	216685
2511	5717	17699	3122
–	–	–	–
81948	122603	365710	90679
–	–	–	–
36973	44789	153407	37204

普 通 本 科 、专 科

	学校数（所）		毕 业 生 数		
	计	其中: 中 央	合 计	专科	本科
总　　计	**152**	**1**	**638155**	**335427**	**302728**
一、普通高等学校	**151**	**1**	**638039**	**335311**	**302728**
1.按类型分					
本科院校	57	1	386897	84169	302728
其中:独立学院	4	–	19706	1898	17808
其中:职业本科	1	–	1606	1606	–
专科院校	94	–	251142	251142	–
其中:高等职业学校	83	–	219734	219734	–
其他机构(不计校数)	–	–	–	–	–
2.按性质类别分					
综合大学	10	–	82680	15138	67542
理工院校	77	–	290900	195389	95511
农业院校	5	–	27603	13831	13772
林业院校	1	–	2187	2187	–
医药院校	13	–	43681	29358	14323
师范院校	14	–	84108	22843	61265
语文院校	–	–	–	–	–
财经院校	22	–	90746	42658	48088
政法院校	4	1	7733	5506	2227
体育院校	2	–	1724	1724	–
艺术院校	3	–	6677	6677	–
民族院校	–	–	–	–	–
3.按举办者分					
(1)中央部门	1	1	1149	378	771
教 育 部	–	–	–	–	–
其他部门	1	1	1149	378	771
(2)地　　方	106	–	488870	268861	220009
教育部门	83	–	417867	200369	217498
其他部门	22	–	65358	62847	2511
地方企业	1	–	5645	5645	–
(3)民　　办	43	–	148020	66072	81948
(4)中外合作办	1	–	–	–	–
二、成人高等学校	**1**	**–**	**116**	**116**	**–**

学 生 数（普通高等学校分类型、性质类别）

招　生　数			在校生数			预计毕业生数		
合计	专科	本科	合计	专科	本科	合计	专科	本科
828596	**468420**	**360176**	**2492185**	**1241481**	**1250704**	**692569**	**381167**	**311402**
827935	467759	360176	2491363	1240659	1250704	692439	381037	311402
432097	71921	360176	1477359	226655	1250704	390718	79316	311402
19662	1339	18323	73249	7092	66157	20324	2252	18072
6533	3344	3189	15701	10759	4942	3603	3603	–
395838	395838	–	1014004	1014004	–	301721	301721	–
348014	348014	–	888652	888652	–	263213	263213	–
–	–	–	–	–	–	–	–	–
79687	13718	65969	295853	42619	253234	81915	15233	66682
410180	289495	120685	1171228	762662	408566	333206	232536	100670
32280	13746	18534	107145	42863	64282	29965	15119	14846
2731	2731	–	7878	7878	–	2759	2759	–
57863	45045	12818	174446	120909	53537	48134	34392	13742
87125	22180	64945	292216	58416	233800	79303	20595	58708
–	–	–	–	–	–	–	–	–
137728	63363	74365	390750	163922	226828	101033	46614	54419
6595	3735	2860	23312	12855	10457	7656	5321	2335
2885	2885	–	4743	4743	–	811	811	–
10861	10861	–	23792	23792	–	7657	7657	–
–	–	–	–	–	–	–	–	–
1603	137	1466	5287	625	4662	1207	291	916
–	–	–	–	–	–	–	–	–
1603	137	1466	5287	625	4662	1207	291	916
588207	352100	236107	1827533	947201	880332	521049	301242	219807
498656	268266	230390	1573521	710888	862633	440132	223447	216685
83625	77908	5717	236462	218763	17699	75044	71922	3122
5926	5926	–	17550	17550	–	5873	5873	–
237866	115263	122603	658085	292375	365710	170183	79504	90679
259	259	–	458	458	–	–	–	–
661	**661**	**–**	**822**	**822**	**–**	**130**	**130**	**–**

成人专科分形式、

	合 计				毕业生数
	毕业生数	招生数	在校生数	预 计 毕业生数	
总 计	**85172**	**154166**	**260934**	**101945**	**83245**
其中：女	56844	100551	168493	64301	55832
一、按形式分					
（一）函 授	71753	134643	221834	85650	71743
高中起点	71745	134633	221821	85647	71735
专科第二学历	8	10	13	3	8
（二）业 余	11344	18264	35770	14235	11324
高中起点	11172	17906	35227	14193	11152
专科第二学历	172	358	543	42	172
（三）脱 产	2075	1259	3330	2060	178
高中起点	2075	1259	3330	2060	178
专科第二学历	－	－	－	－	－
二、按学科分					
农林牧渔大类	803	1376	2680	1304	803
交通运输大类	458	915	1820	905	458
生化与药品大类	575	343	901	534	478
资源开发与测绘大类类	6496	13624	22114	8430	6472
材料与能源大类	119	731	1093	362	119
土建大类	5729	8386	14720	6311	5551
水利大类	178	366	519	153	178
制造大类	1	－	－	－	1
电子信息大类	176	422	760	336	176
环保、气象与安全大类	1565	807	1939	1013	1565
轻纺食品大类	5424	11008	18046	6996	5126
财经大类	7232	12898	25943	9162	5991
医药卫生大类	24941	52214	83791	30982	24858
旅游大类	442	893	1466	498	442
公共事业大类	129	193	365	172	129
文化教育大类	4	－	6	6	4
艺术设计传媒大类	25321	39854	66599	26745	25321
公安大类	836	1293	2502	1209	836
法律大类	4743	8843	15670	6827	4737
总计中：师范生	22873	33017	56502	23485	22873

分学科学生数

普通高等学校			成人高等学校			
招生数	在校生数	预计毕业生数	毕业生数	招生数	在校生数	预计毕业生数
152571	**257030**	**99647**	**1927**	**1595**	**3904**	**2298**
99700	166369	62976	1012	851	2124	1325
134643	221834	85650	10	–	–	–
134633	221821	85647	10	–	–	–
10	13	3	–	–	–	–
17928	35196	13997	20	336	574	238
17570	34653	13955	20	336	574	238
358	543	42	–	–	–	–
–	–	–	1897	1259	3330	2060
–	–	–	1897	1259	3330	2060
–	–	–	–	–	–	–
1376	2680	1304	–	–	–	–
915	1816	901	–	–	4	4
318	799	457	97	25	102	77
13615	22101	8426	24	9	13	4
731	1093	362	–	–	–	–
8382	14665	6271	178	4	55	40
366	519	153	–	–	–	–
–	–	–	–	–	–	–
422	760	336	–	–	–	–
807	1939	1013	–	–	–	–
10809	17526	6675	298	199	520	321
11607	22814	7324	1241	1291	3129	1838
52176	83743	30972	83	38	48	10
893	1466	498	–	–	–	–
193	365	172	–	–	–	–
–	6	6	–	–	–	–
39851	66596	26745	–	3	3	–
1289	2498	1209	–	4	4	–
8821	15644	6823	6	22	26	4
33017	56502	23485	–	–	–	–

成 人 本 科 分 形 式 、

	合 计				毕业生数
	毕业生数	招生数	在校生数	预 计 毕业生数	
总　　计	**85921**	**141548**	**284743**	**109187**	**85921**
其中:女	56573	87848	178680	67244	56573
一、按形式分					
（一）函　授	58980	103671	193865	77826	58980
高中起点	1604	6000	18114	1369	1604
专科起点	57376	97671	175751	76457	57376
（二）业　余	26941	37877	90870	31353	26941
高中起点	1822	2802	12289	1861	1822
专科起点	25119	35075	78581	29492	25119
（三）脱　产	–	–	8	8	–
高中起点	–	–	–	–	–
专科起点	–	–	8	8	–
二、按学科分					
哲　学	–	–	–	–	–
经济学	1331	2258	4003	1711	1331
法　学	3131	5931	10834	4233	3131
教育学	9588	18720	32271	13115	9588
文　学	7198	9909	18879	8176	7198
其中:外　语	1878	2162	3966	1783	1878
其中:艺　术	85	165	267	102	85
历史学	3183	3189	6202	3013	3183
理　学	17947	26633	50931	20878	17947
工　学	990	1344	2375	1000	990
农　学	24791	39079	96991	33950	24791
医　学	17079	33374	60265	22230	17079
管理学	598	946	1725	779	598
总计中:师范生	18519	30933	54938	23207	18519

分学科学生数

普通高等学校			成人高等学校			
招生数	在校生数	预　计 毕业生数	毕业生数	招生数	在校生数	预　计 毕业生数
141537	**284724**	**109179**	**–**	**11**	**19**	**8**
87843	178672	67241	–	5	8	3
103671	193865	77826	–	–	–	–
6000	18114	1369	–	–	–	–
97671	175751	76457	–	–	–	–
37866	90859	31353	–	11	11	–
2802	12289	1861	–	–	–	–
35064	78570	29492	–	11	11	–
–	–	–	–	–	8	8
–	–	–	–	–	–	–
–	–	–	–	–	8	8
–	–	–	–	–	–	–
2258	4003	1711	–	–	–	–
5925	10824	4229	–	6	10	4
18720	32271	13115	–	–	–	–
9907	18873	8172	–	2	6	4
2162	3966	1783	–	–	–	–
165	267	102	–	–	–	–
3189	6202	3013	–	–	–	–
26633	50931	20878	–	–	–	–
1344	2375	1000	–	–	–	–
39079	96991	33950	–	–	–	–
33371	60262	22230	–	3	3	–
946	1725	779	–	–	–	–
30933	54938	23207	–	–	–	–

成人本科、专科分举办者、

	学校数（所）		毕 业 生 数		
	计	其中： 中 央	合计	专科	本科
总　　计	90	–	171093	85172	85921
一、按举办者分					
（一）普通高等学校	80	–	169166	83245	85921
1.中央部门	–	–	–	–	–
教 育 部	–	–	–	–	–
其他部门	–	–	–	–	–
2.地　　方	62	–	159726	77886	81840
教育部门	55	–	157574	75908	81666
其他部门	6	–	2092	1918	174
地方企业	1	–	60	60	–
3.民　　办	18	–	9440	5359	4081
4.中外合作办	–	–	–	–	–
（二）成人高等学校	10	–	1927	1927	–
1.中央部门	–	–	–	–	–
教 育 部	–	–	–	–	–
其他部门	–	–	–	–	–
2.地　　方	10	–	1927	1927	–
教育部门	4	–	343	343	–
其他部门	3	–	1487	1487	–
地方企业	3	–	97	97	–
3.民　　办	–	–	–	–	–
4.中外合作办	–	–	–	–	–
二、按类型分					
职工高等学校	8	–	1917	1917	–
农民高等学校	–	–	–	–	–
管理干部学院	–	–	–	–	–
教育学院	1	–	10	10	–
独立函授学院	–	–	–	–	–
广播电视大学	1	–	–	–	–
其他机构	4	–	–	–	–

— 38 —

成人高等学校分类型学生数

招生数			在校生数			预计毕业生数		
合计	专科	本科	合计	专科	本科	合计	专科	本科
295714	**154166**	**141548**	**545677**	**260934**	**284743**	**211132**	**101945**	**109187**
294108	152571	141537	541754	257030	284724	208826	99647	109179
—	—	—	—	—	—	—	—	—
—	—	—	—	—	—	—	—	—
254274	124223	130051	480081	217527	262554	192539	90316	102223
250044	120344	129700	473802	212010	261792	190822	88949	101873
4174	3823	351	6138	5376	762	1632	1282	350
56	56	—	141	141	—	85	85	—
39834	28348	11486	61673	39503	22170	16287	9331	6956
—	—	—	—	—	—	—	—	—
1606	1595	11	3923	3904	19	2306	2298	8
—	—	—	—	—	—	—	—	—
—	—	—	—	—	—	—	—	—
1606	1595	11	3923	3904	19	2306	2298	8
274	263	11	684	665	19	410	402	8
1332	1332	—	3209	3209	—	1877	1877	—
—	—	—	30	30	—	19	19	—
—	—	—	—	—	—	—	—	—
—	—	—	—	—	—	—	—	—
1546	1546	—	3847	3847	—	2290	2290	—
—	—	—	—	—	—	—	—	—
—	—	—	—	—	—	—	—	—
—	—	—	—	—	—	—	—	—
—	—	—	—	—	—	—	—	—
60	49	11	76	57	19	16	8	8
—	—	—	—	—	—	—	—	—

网络专科分学科学生数（普通高等学校）

	毕业生数	招生数	在校生数
总　　计	**32777**	–	**28603**
其中:女	16189	–	11426
农林牧渔大类	–	–	–
交通运输大类	–	–	–
生化与药品大类	652	–	548
资源开发与测绘大类	3929	–	3674
材料与能源大类	–	–	–
土建大类	2073	–	3283
水利大类	–	–	–
制造大类	–	–	–
电子信息大类	–	–	–
环保、气象与安全大类	–	–	–
轻纺食品大类	3008	–	3400
财经大类	4312	–	2956
医药卫生大类	12645	–	10056
旅游大类	384	–	576
公共事业大类	15	–	88
文化教育大类	–	–	–
艺术设计传媒大类	1565	–	1245
公安大类	919	–	910
法律大类	3275	–	1867
总计中:师范生	–	–	–

网络本科分学科学生数（普通高等学校）

	毕业生数	招生数	在校生数
总　　计	**17427**	**30310**	**78829**
其中:女	10586	15141	40829
哲　　学	－	－	－
经 济 学	731	746	2622
法　　学	795	1714	4231
教 育 学	649	2391	4904
文　　学	774	1431	3410
其中:外　　语	180	356	898
历 史 学	－	－	－
理　　学	108	－	69
工　　学	4262	10688	25930
农　　学	－	－	－
医　　学	6131	4678	16140
管 理 学	3977	8662	21523
艺 术 学	－	－	－
总计中:师 范 生	－	－	－

分部门、分计划

	学校（机构）数（所）	毕业生数			
		合计	硕士	博士	合计
总　计	**27**	**16189**	**15694**	**495**	**28228**
全日制	–	14549	14054	495	25770
其中:非定向	–	13935	13561	374	25111
定　向	–	614	493	121	659
非全日制	–	1640	1640	–	2458
其中:非定向	–	1392	1392	–	651
定　向	–	248	248	–	1807
一、中央部门办	**8**	**67**	**66**	**1**	**78**
全日制	–	67	66	1	78
非全日制	–	–	–	–	–
1.教育部	–	–	–	–	–
全日制	–	–	–	–	–
非全日制	–	–	–	–	–
2.其他部门	–	67	66	1	78
全日制	–	67	66	1	78
非全日制	–	–	–	–	–
二、地方公办	**19**	**16122**	**15628**	**494**	**28150**
全日制	–	14482	13988	494	25692
非全日制	–	1640	1640	–	2458
1.教育部门	19	16122	15628	494	28150
全日制	–	14482	13988	494	25692
非全日制	–	1640	1640	–	2458
2.其他部门	–	–	–	–	–
全日制	–	–	–	–	–
非全日制	–	–	–	–	–
3.地方企业	–	–	–	–	–
全日制	–	–	–	–	–
非全日制	–	–	–	–	–
三、民　办	**–**	**–**	**–**	**–**	**–**
全日制	–	–	–	–	–
非全日制	–	–	–	–	–
四、中外合作办	**–**	**–**	**–**	**–**	**–**
全日制	–	–	–	–	–
非全日制	–	–	–	–	–

研 究 生 数(总计)

| 招生数 | | 在校生数 | | | 预计毕业生数 | | |
硕士	博士	合计	硕士	博士	合计	硕士	博士
27146	**1082**	**67503**	**63486**	**4017**	**20419**	**18959**	**1460**
24688	1082	59816	55804	4012	17576	16116	1460
24171	940	57551	54301	3250	16734	15657	1077
517	142	2265	1503	762	842	459	383
2458	–	7687	7682	5	2843	2843	–
651	–	5228	5226	2	2391	2391	–
1807	–	2459	2456	3	452	452	–
75	**3**	**202**	**189**	**13**	**49**	**44**	**5**
75	3	202	189	13	49	44	5
–	–	–	–	–	–	–	–
–	–	–	–	–	–	–	–
–	–	–	–	–	–	–	–
75	3	202	189	13	49	44	5
75	3	202	189	13	49	44	5
–	–	–	–	–	–	–	–
27071	**1079**	**67301**	**63297**	**4004**	**20370**	**18915**	**1455**
24613	1079	59614	55615	3999	17527	16072	1455
2458	–	7687	7682	5	2843	2843	–
27071	1079	67301	63297	4004	20370	18915	1455
24613	1079	59614	55615	3999	17527	16072	1455
2458	–	7687	7682	5	2843	2843	–
–	–	–	–	–	–	–	–
–	–	–	–	–	–	–	–
–	–	–	–	–	–	–	–
–	–	–	–	–	–	–	–
–	–	–	–	–	–	–	–
–	–	–	–	–	–	–	–
–	–	–	–	–	–	–	–
–	–	–	–	–	–	–	–
–	–	–	–	–	–	–	–
–	–	–	–	–	–	–	–
–	–	–	–	–	–	–	–
–	–	–	–	–	–	–	–

分部门、分计划

	学校(机构)数(所)	毕业生数			
		合计	硕士	博士	合计
总计	**19**	**16122**	**15628**	**494**	**28150**
全日制	–	14482	13988	494	25692
其中:非定向	–	13900	13526	374	25069
定向	–	582	462	120	623
非全日制	–	1640	1640	–	2458
其中:非定向	–	1392	1392	–	651
定向	–	248	248	–	1807
一、中央部门办	**–**	**–**	**–**	**–**	**–**
全日制	–	–	–	–	–
非全日制	–	–	–	–	–
1.教育部	–	–	–	–	–
全日制	–	–	–	–	–
非全日制	–	–	–	–	–
2.其他部门	–	–	–	–	–
全日制	–	–	–	–	–
非全日制	–	–	–	–	–
二、地方公办	**19**	**16122**	**15628**	**494**	**28150**
全日制	–	14482	13988	494	25692
非全日制	–	1640	1640	–	2458
1.教育部门	19	16122	15628	494	28150
全日制	–	14482	13988	494	25692
非全日制	–	1640	1640	–	2458
2.其他部门	–	–	–	–	–
全日制	–	–	–	–	–
非全日制	–	–	–	–	–
3.地方企业	–	–	–	–	–
全日制	–	–	–	–	–
非全日制	–	–	–	–	–
三、民办	**–**	**–**	**–**	**–**	**–**
全日制	–	–	–	–	–
非全日制	–	–	–	–	–
四、中外合作办	**–**	**–**	**–**	**–**	**–**
全日制	–	–	–	–	–
非全日制	–	–	–	–	–

研 究 生 数 (普通高等学校)

招 生 数		在校生数			预计毕业生数		
硕士	博士	合计	硕士	博士	合计	硕士	博士
27071	**1079**	**67301**	**63297**	**4004**	**20370**	**18915**	**1455**
24613	1079	59614	55615	3999	17527	16072	1455
24129	940	57446	54196	3250	16708	15631	1077
484	139	2168	1419	749	819	441	378
2458	–	7687	7682	5	2843	2843	–
651	–	5228	5226	2	2391	2391	–
1807	–	2459	2456	3	452	452	–
–	–	–	–	–	–	–	–
–	–	–	–	–	–	–	–
–	–	–	–	–	–	–	–
–	–	–	–	–	–	–	–
–	–	–	–	–	–	–	–
–	–	–	–	–	–	–	–
–	–	–	–	–	–	–	–
27071	**1079**	**67301**	**63297**	**4004**	**20370**	**18915**	**1455**
24613	1079	59614	55615	3999	17527	16072	1455
2458	–	7687	7682	5	2843	2843	–
27071	1079	67301	63297	4004	20370	18915	1455
24613	1079	59614	55615	3999	17527	16072	1455
2458	–	7687	7682	5	2843	2843	–
–	–	–	–	–	–	–	–
–	–	–	–	–	–	–	–
–	–	–	–	–	–	–	–
–	–	–	–	–	–	–	–
–	–	–	–	–	–	–	–
–	–	–	–	–	–	–	–
–	–	–	–	–	–	–	–

分部门、分计划

	学校（机构）数（所）	毕业生数			
		合计	硕士	博士	合计
总　　计	**8**	**67**	**66**	**1**	**78**
全日制	–	67	66	1	78
其中:非定向	–	35	35	–	42
定　　向	–	32	31	1	36
非全日制	–	–	–	–	–
其中:非定向	–	–	–	–	–
定　　向	–	–	–	–	–
一、中央部门办	**8**	**67**	**66**	**1**	**78**
全日制	–	67	66	1	78
非全日制	–	–	–	–	–
1. 教育部	–	–	–	–	–
全日制	–	–	–	–	–
非全日制	–	–	–	–	–
2. 其他部门	8	67	66	1	78
全日制	–	67	66	1	78
非全日制	–	–	–	–	–
二、地方公办	**–**	**–**	**–**	**–**	**–**
全日制	–	–	–	–	–
非全日制	–	–	–	–	–
1. 教育部门	–	–	–	–	–
全日制	–	–	–	–	–
非全日制	–	–	–	–	–
2. 其他部门	–	–	–	–	–
全日制	–	–	–	–	–
非全日制	–	–	–	–	–
3. 地方企业	–	–	–	–	–
全日制	–	–	–	–	–
非全日制	–	–	–	–	–
三、民　　办	**–**	**–**	**–**	**–**	**–**
全日制	–	–	–	–	–
非全日制	–	–	–	–	–
四、中外合作办	**–**	**–**	**–**	**–**	**–**
全日制	–	–	–	–	–
非全日制	–	–	–	–	–

研 究 生 数 (科研机构)

招 生 数		在校生数			预计毕业生数		
硕士	博士	合计	硕士	博士	合计	硕士	博士
75	**3**	**202**	**189**	**13**	**49**	**44**	**5**
75	3	202	189	13	49	44	5
42	–	105	105	–	26	26	–
33	3	97	84	13	23	18	5
–	–	–	–	–	–	–	–
–	–	–	–	–	–	–	–
–	–	–	–	–	–	–	–
75	**3**	**202**	**189**	**13**	**49**	**44**	**5**
75	3	202	189	13	49	44	5
–	–	–	–	–	–	–	–
–	–	–	–	–	–	–	–
–	–	–	–	–	–	–	–
75	3	202	189	13	49	44	5
75	3	202	189	13	49	44	5
–	–	–	–	–	–	–	–
–	–	–	–	–	–	–	–
–	–	–	–	–	–	–	–
–	–	–	–	–	–	–	–
–	–	–	–	–	–	–	–
–	–	–	–	–	–	–	–
–	–	–	–	–	–	–	–
–	–	–	–	–	–	–	–
–	–	–	–	–	–	–	–
–	–	–	–	–	–	–	–
–	–	–	–	–	–	–	–
–	–	–	–	–	–	–	–
–	–	–	–	–	–	–	–
–	–	–	–	–	–	–	–
–	–	–	–	–	–	–	–

分 学 科 研

	毕业生数			招 生 数		
	合计	硕士	博士	合计	硕士	博士
总　　计	**16189**	**15694**	**495**	**28228**	**27146**	**1082**
其中:女	9246	9020	226	16479	15946	533
哲　　学	82	82	–	105	105	–
经 济 学	396	388	8	718	708	10
法　　学	908	887	21	1498	1446	52
教 育 学	2055	2046	9	2941	2910	31
文　　学	748	733	15	1151	1106	45
历 史 学	228	210	18	364	340	24
理　　学	1347	1233	114	2299	2057	242
工　　学	4067	3923	144	8382	8019	363
农　　学	698	667	31	2104	2019	85
医　　学	2792	2676	116	4409	4213	196
军 事 学	–	–	–	–	–	–
管 理 学	2451	2432	19	3476	3444	32
艺 术 学	417	417	–	781	779	2
总计中:学术型学位	6781	6286	495	10440	9488	952
专业学位	9408	9408	–	17788	17658	130

究 生 数（总计）

在 校 生 数			预计毕业生数		
合计	硕士	博士	合计	硕士	博士
67503	**63486**	**4017**	**20419**	**18959**	**1460**
39482	37478	2004	11578	10883	695
275	275	–	84	84	–
1516	1454	62	550	513	37
3452	3273	179	997	940	57
6677	6579	98	2480	2444	36
2626	2453	173	937	871	66
1010	878	132	336	262	74
5756	4894	862	1674	1314	360
19394	18092	1302	5101	4662	439
4866	4537	329	1317	1201	116
11292	10610	682	3251	3063	188
–	–	–	–	–	–
8725	8531	194	3127	3040	87
1914	1910	4	565	565	–
27406	23653	3753	8257	6807	1450
40097	39833	264	12162	12152	10

分 学 科 研

	毕业生数			招 生 数		
	合计	硕士	博士	合计	硕士	博士
总　计	16122	15628	494	28150	27071	1079
其中:女	9233	9007	226	16459	15926	533
哲　学	82	82	–	105	105	–
经 济 学	396	388	8	718	708	10
法　学	908	887	21	1498	1446	52
教 育 学	2055	2046	9	2941	2910	31
文　学	748	733	15	1151	1106	45
历 史 学	228	210	18	364	340	24
理　学	1346	1232	114	2298	2056	242
工　学	4001	3858	143	8308	7948	360
农　学	698	667	31	2104	2019	85
医　学	2792	2676	116	4409	4213	196
军 事 学	–	–	–	–	–	–
管 理 学	2451	2432	19	3473	3441	32
艺 术 学	417	417	–	781	779	2
总计中:学术型学位	6714	6220	494	10362	9413	949
专业学位	9408	9408	–	17788	17658	130

— 50 —

究 生 数（普通高等学校）

在 校 生 数			预计毕业生数		
合计	硕士	博士	合计	硕士	博士
67301	**63297**	**4004**	**20370**	**18915**	**1455**
39431	37428	2003	11565	10871	694
275	275	–	84	84	–
1516	1454	62	550	513	37
3452	3273	179	997	940	57
6677	6579	98	2480	2444	36
2626	2453	173	937	871	66
1010	878	132	336	262	74
5753	4891	862	1674	1314	360
19199	17910	1289	5052	4618	434
4866	4537	329	1317	1201	116
11292	10610	682	3251	3063	188
–	–	–	–	–	–
8721	8527	194	3127	3040	87
1914	1910	4	565	565	–
27204	23464	3740	8208	6763	1445
40097	39833	264	12162	12152	10

分 学 科 研

	毕业生数			招 生 数		
	合计	硕士	博士	合计	硕士	博士
总　　计	**67**	**66**	**1**	**78**	**75**	**3**
其中:女	13	13	–	20	20	–
哲　　学	–	–	–	–	–	–
经 济 学	–	–	–	–	–	–
法　　学	–	–	–	–	–	–
教 育 学	–	–	–	–	–	–
文　　学	–	–	–	–	–	–
历 史 学	–	–	–	–	–	–
理　　学	1	1	–	1	1	–
工　　学	66	65	1	74	71	3
农　　学	–	–	–	–	–	–
医　　学	–	–	–	–	–	–
军 事 学	–	–	–	–	–	–
管 理 学	–	–	–	3	3	–
艺 术 学	–	–	–	–	–	–
总计中:学术型学位	67	66	1	78	75	3
专业学位	–	–	–	–	–	–

究　生　数 (科研机构)

在　校　生　数			预计毕业生数		
合计	硕士	博士	合计	硕士	博士
202	**189**	**13**	**49**	**44**	**5**
51	50	1	13	12	1
－	－	－	－	－	－
－	－	－	－	－	－
－	－	－	－	－	－
－	－	－	－	－	－
－	－	－	－	－	－
－	－	－	－	－	－
3	3	－	－	－	－
195	182	13	49	44	5
－	－	－	－	－	－
－	－	－	－	－	－
－	－	－	－	－	－
4	4	－	－	－	－
－	－	－	－	－	－
202	189	13	49	44	5
－	－	－	－	－	－

分 学 位 类 型 、

	毕业生数			招 生 数		
	合计	硕士	博士	合计	硕士	博士
总　　计	**16189**	**15694**	**495**	**28228**	**27146**	**1082**
其中:女	9246	9020	226	16479	15946	533
一、学术型学位						
小　　计	**6781**	**6286**	**495**	**10440**	**9488**	**952**
哲　　学	82	82	–	105	105	–
经 济 学	200	192	8	271	261	10
法　　学	555	534	21	802	750	52
教 育 学	239	230	9	362	349	13
文　　学	358	343	15	551	506	45
历 史 学	197	179	18	255	231	24
理　　学	1347	1233	114	2299	2057	242
工　　学	1917	1773	144	2933	2622	311
农　　学	347	316	31	660	575	85
医　　学	859	743	116	1377	1241	136
军 事 学	–	–	–	–	–	–
管 理 学	530	511	19	663	631	32
艺 术 学	150	150	–	162	160	2
二、专业学位						
小　　计	**9408**	**9408**	**–**	**17788**	**17658**	**130**
哲　　学	–	–	–	–	–	–
经 济 学	196	196	–	447	447	–
法　　学	353	353	–	696	696	–
教 育 学	1816	1816	–	2579	2561	18
文　　学	390	390	–	600	600	–
历 史 学	31	31	–	109	109	–
理　　学	–	–	–	–	–	–
工　　学	2150	2150	–	5449	5397	52
农　　学	351	351	–	1444	1444	–
医　　学	1933	1933	–	3032	2972	60
军 事 学	–	–	–	–	–	–
管 理 学	1921	1921	–	2813	2813	–
艺 术 学	267	267	–	619	619	–

分学科研究生数(总计)

在 校 生 数			预计毕业生数		
合计	硕士	博士	合计	硕士	博士
67503	**63486**	**4017**	**20419**	**18959**	**1460**
39482	37478	2004	11578	10883	695
27406	**23653**	**3753**	**8257**	**6807**	**1450**
275	275	–	84	84	–
774	712	62	271	234	37
2070	1891	179	604	547	57
1018	958	60	359	323	36
1477	1304	173	466	400	66
749	617	132	264	190	74
5756	4894	862	1674	1314	360
7661	6455	1206	2241	1802	439
1662	1333	329	480	364	116
3645	3093	552	1057	879	178
–	–	–	–	–	–
1863	1669	194	614	527	87
456	452	4	143	143	–
40097	**39833**	**264**	**12162**	**12152**	**10**
–	–	–	–	–	–
742	742	–	279	279	–
1382	1382	–	393	393	–
5659	5621	38	2121	2121	–
1149	1149	–	471	471	–
261	261	–	72	72	–
–	–	–	–	–	–
11733	11637	96	2860	2860	–
3204	3204	–	837	837	–
7647	7517	130	2194	2184	10
–	–	–	–	–	–
6862	6862	–	2513	2513	–
1458	1458	–	422	422	–

分学位类型、

	毕业生数			招 生 数		
	合计	硕士	博士	合计	硕士	博士
总　计	**16122**	**15628**	**494**	**28150**	**27071**	**1079**
其中:女	9233	9007	226	16459	15926	533
一、学术型学位						
小　计	**6714**	**6220**	**494**	**10362**	**9413**	**949**
哲　学	82	82	–	105	105	–
经济学	200	192	8	271	261	10
法　学	555	534	21	802	750	52
教育学	239	230	9	362	349	13
文　学	358	343	15	551	506	45
历史学	197	179	18	255	231	24
理　学	1346	1232	114	2298	2056	242
工　学	1851	1708	143	2859	2551	308
农　学	347	316	31	660	575	85
医　学	859	743	116	1377	1241	136
军事学	–	–	–	–	–	–
管理学	530	511	19	660	628	32
艺术学	150	150	–	162	160	2
二、专业学位						
小　计	**9408**	**9408**	**–**	**17788**	**17658**	**130**
哲　学	–	–	–	–	–	–
经济学	196	196	–	447	447	–
法　学	353	353	–	696	696	–
教育学	1816	1816	–	2579	2561	18
文　学	390	390	–	600	600	–
历史学	31	31	–	109	109	–
理　学	–	–	–	–	–	–
工　学	2150	2150	–	5449	5397	52
农　学	351	351	–	1444	1444	–
医　学	1933	1933	–	3032	2972	60
军事学	–	–	–	–	–	–
管理学	1921	1921	–	2813	2813	–
艺术学	267	267	–	619	619	–

分学科研究生数（普通高等学校）

在校生数			预计毕业生数		
合计	硕士	博士	合计	硕士	博士
67301	**63297**	**4004**	**20370**	**18915**	**1455**
39431	37428	2003	11565	10871	694
27204	**23464**	**3740**	**8208**	**6763**	**1445**
275	275	–	84	84	–
774	712	62	271	234	37
2070	1891	179	604	547	57
1018	958	60	359	323	36
1477	1304	173	466	400	66
749	617	132	264	190	74
5753	4891	862	1674	1314	360
7466	6273	1193	2192	1758	434
1662	1333	329	480	364	116
3645	3093	552	1057	879	178
–	–	–	–	–	–
1859	1665	194	614	527	87
456	452	4	143	143	–
40097	**39833**	**264**	**12162**	**12152**	**10**
–	–	–	–	–	–
742	742	–	279	279	–
1382	1382	–	393	393	–
5659	5621	38	2121	2121	–
1149	1149	–	471	471	–
261	261	–	72	72	–
–	–	–	–	–	–
11733	11637	96	2860	2860	–
3204	3204	–	837	837	–
7647	7517	130	2194	2184	10
–	–	–	–	–	–
6862	6862	–	2513	2513	–
1458	1458	–	422	422	–

分 学 位 类 型 、

	毕业生数			招 生 数		
	合计	硕士	博士	合计	硕士	博士
总　　计	**67**	**66**	**1**	**78**	**75**	**3**
其中:女	13	13	－	20	20	－
一、学术型学位						
小　　计	**67**	**66**	**1**	**78**	**75**	**3**
哲　　学	－	－	－	－	－	－
经 济 学	－	－	－	－	－	－
法　　学	－	－	－	－	－	－
教 育 学	－	－	－	－	－	－
文　　学	－	－	－	－	－	－
历 史 学	－	－	－	－	－	－
理　　学	1	1	－	1	1	－
工　　学	66	65	1	74	71	3
农　　学	－	－	－	－	－	－
医　　学	－	－	－	－	－	－
军 事 学	－	－	－	－	－	－
管 理 学	－	－	－	3	3	－
艺 术 学	－	－	－	－	－	－
二、专业学位						
小　　计	－	－	－	－	－	－
哲　　学	－	－	－	－	－	－
经 济 学	－	－	－	－	－	－
法　　学	－	－	－	－	－	－
教 育 学	－	－	－	－	－	－
文　　学	－	－	－	－	－	－
历 史 学	－	－	－	－	－	－
理　　学	－	－	－	－	－	－
工　　学	－	－	－	－	－	－
农　　学	－	－	－	－	－	－
医　　学	－	－	－	－	－	－
军 事 学	－	－	－	－	－	－
管 理 学	－	－	－	－	－	－
艺 术 学	－	－	－	－	－	－

分 学 科 研 究 生 数 (科研机构)

在　校　生　数			预计毕业生数		
合计	硕士	博士	合计	硕士	博士
202	**189**	**13**	**49**	**44**	**5**
51	50	1	13	12	1
202	**189**	**13**	**49**	**44**	**5**
—	—	—	—	—	—
—	—	—	—	—	—
—	—	—	—	—	—
—	—	—	—	—	—
—	—	—	—	—	—
—	—	—	—	—	—
3	3	—	—	—	—
195	182	13	49	44	5
—	—	—	—	—	—
—	—	—	—	—	—
—	—	—	—	—	—
4	4	—	—	—	—
—	—	—	—	—	—
—	—	—	—	—	—
—	—	—	—	—	—
—	—	—	—	—	—
—	—	—	—	—	—
—	—	—	—	—	—
—	—	—	—	—	—
—	—	—	—	—	—
—	—	—	—	—	—
—	—	—	—	—	—
—	—	—	—	—	—

在　校　生

	合计	17岁 及以下	18岁	19岁	20岁	21岁	22岁
总　计	3212797	87023	414589	612760	614251	439783	262867
其中:女	1742147	51182	221359	320064	324115	234598	142305
普通专科生	1241481	46694	238081	348697	317537	167360	63196
其中:女	609266	26125	121644	173402	157992	81317	30292
普通本科生	1250704	39958	172995	252804	278394	250900	162085
其中:女	693971	24787	97299	139220	154257	139582	88194
成人专科生	260934	350	2065	7851	13019	12206	11287
其中:女	168493	256	1302	5400	8759	7992	7140
成人本科生	284743	20	1329	1977	2710	5372	14051
其中:女	178680	13	1061	1404	1991	3742	9638
网络专科生	28603	–	114	1410	2328	1948	1676
其中:女	11426	–	51	623	958	746	655
网络本科生	78829	–	1	11	111	768	3173
其中:女	40829	–	–	8	56	447	1771
硕　士　生	63486	1	4	10	152	1228	7396
其中:女	37478	1	2	7	102	771	4614
博　士　生	4017	–	–	–	–	1	3
其中:女	2004	–	–	–	–	1	1

年　　龄　　情　　况（总计）

23 岁	24 岁	25 岁	26 岁	27 岁	28 岁	29 岁	30 岁	31 岁及以上
133733	**81529**	**59969**	**47889**	**43458**	**43604**	**44937**	**54147**	**272258**
75016	46661	34614	27628	25751	25072	26299	31798	155685
19529	8269	4512	3008	2545	2231	2105	3059	14658
8364	3079	1397	761	559	480	424	645	2785
64132	20409	6265	1844	550	214	56	32	66
34976	10893	3305	998	262	121	26	20	31
10017	9881	10027	10681	12283	14249	15909	20027	111082
6430	6069	6177	6615	7738	8713	10176	13135	72591
21227	22453	20890	19174	17475	17883	18914	22016	99252
14534	15073	13611	12082	11538	11029	11528	13313	58123
1342	1275	1227	1140	1165	1209	1164	1455	11150
509	495	490	419	441	488	462	621	4468
5465	6534	6555	5437	5206	4965	4710	5680	30213
2906	3500	3626	3027	2818	2629	2506	2994	14541
12004	12625	10265	6259	3810	2441	1703	1478	4110
7283	7509	5877	3543	2169	1415	1006	887	2292
17	83	228	346	424	412	376	400	1727
14	43	131	183	226	197	171	183	854

在　校　生

	合计	17岁 及以下	18岁	19岁	20岁	21岁	22岁
总　计	3207850	86822	414064	612213	613832	439401	262624
其中:女	1739759	51047	221173	319831	323948	234479	142206
普通专科生	1240659	46664	237691	348406	317458	167338	63186
其中:女	609061	26115	121541	173327	157987	81309	30288
普通本科生	1250704	39958	172995	252804	278394	250900	162085
其中:女	693971	24787	97299	139220	154257	139582	88194
成人专科生	257030	179	1931	7595	12679	11858	11087
其中:女	166369	131	1219	5242	8597	7887	7060
成人本科生	284724	20	1329	1977	2710	5371	14050
其中:女	178672	13	1061	1404	1991	3742	9638
网络专科生	28603	–	114	1410	2328	1948	1676
其中:女	11426	–	51	623	958	746	655
网络本科生	78829	–	1	11	111	768	3173
其中:女	40829	–	–	8	56	447	1771
硕士生	63297	1	3	10	152	1217	7364
其中:女	37428	1	2	7	102	765	4599
博士生	4004	–	–	–	–	1	3
其中:女	2003	–	–	–	–	1	1

年 龄 情 况（普通高等学校）

23岁	24岁	25岁	26岁	27岁	28岁	29岁	30岁	31岁及以上
133487	**81232**	**59737**	**47625**	**43138**	**43316**	**44718**	**53945**	**271696**
74915	46497	34495	27469	25578	24948	26162	31722	155289
19529	8269	4512	3008	2545	2231	2105	3059	14658
8364	3079	1397	761	559	480	424	645	2785
64132	20409	6265	1844	550	214	56	32	66
34976	10893	3305	998	262	121	26	20	31
9819	9627	9829	10434	11969	13963	15691	19827	110542
6334	5917	6067	6461	7567	8590	10039	13059	72199
21225	22451	20890	19172	17474	17882	18914	22016	99243
14534	15072	13611	12080	11537	11028	11528	13313	58120
1342	1275	1227	1140	1165	1209	1164	1455	11150
509	495	490	419	441	488	462	621	4468
5465	6534	6555	5437	5206	4965	4710	5680	30213
2906	3500	3626	3027	2818	2629	2506	2994	14541
11958	12584	10231	6244	3806	2440	1703	1478	4106
7278	7498	5868	3540	2168	1415	1006	887	2292
17	83	228	346	423	412	375	398	1718
14	43	131	183	226	197	171	183	853

在 校 生

	合计	17岁及以下	18岁	19岁	20岁	21岁	22岁
总　计	**4745**	**201**	**524**	**547**	**419**	**371**	**211**
其中:女	2337	135	186	233	167	113	84
普通专科生	822	30	390	291	79	22	10
其中:女	205	10	103	75	5	8	4
普通本科生	-	-	-	-	-	-	-
其中:女	-	-	-	-	-	-	-
成人专科生	3904	171	134	256	340	348	200
其中:女	2124	125	83	158	162	105	80
成人本科生	19	-	-	-	-	1	1
其中:女	8	-	-	-	-	-	-
网络专科生	-	-	-	-	-	-	-
其中:女	-	-	-	-	-	-	-
网络本科生	-	-	-	-	-	-	-
其中:女	-	-	-	-	-	-	-
硕　士　生	-	-	-	-	-	-	-
其中:女	-	-	-	-	-	-	-
博　士　生	-	-	-	-	-	-	-
其中:女	-	-	-	-	-	-	-

年　龄　情　况(成人高等学校)

23 岁	24 岁	25 岁	26 岁	27 岁	28 岁	29 岁	30 岁	31 岁及以上
200	**256**	**198**	**249**	**315**	**287**	**218**	**200**	**549**
96	153	110	156	172	124	137	76	395
–	–	–	–	–	–	–	–	–
–	–	–	–	–	–	–	–	–
–	–	–	–	–	–	–	–	–
–	–	–	–	–	–	–	–	–
198	254	198	247	314	286	218	200	540
96	152	110	154	171	123	137	76	392
2	2	–	2	1	1	–	–	9
–	1	–	2	1	1	–	–	3
–	–	–	–	–	–	–	–	–
–	–	–	–	–	–	–	–	–
–	–	–	–	–	–	–	–	–
–	–	–	–	–	–	–	–	–
–	–	–	–	–	–	–	–	–
–	–	–	–	–	–	–	–	–
–	–	–	–	–	–	–	–	–
–	–	–	–	–	–	–	–	–

在　校　生

	合计	17岁及以下	18岁	19岁	20岁	21岁	22岁
总　　计	202	–	1	–	–	11	32
其中:女	51	–	–	–	–	6	15
普通专科生	–	–	–	–	–	–	–
其中:女	–	–	–	–	–	–	–
普通本科生	–	–	–	–	–	–	–
其中:女	–	–	–	–	–	–	–
成人专科生	–	–	–	–	–	–	–
其中:女	–	–	–	–	–	–	–
成人本科生	–	–	–	–	–	–	–
其中:女	–	–	–	–	–	–	–
网络专科生	–	–	–	–	–	–	–
其中:女	–	–	–	–	–	–	–
网络本科生	–	–	–	–	–	–	–
其中:女	–	–	–	–	–	–	–
硕　士　生	189	–	1	–	–	11	32
其中:女	50	–	–	–	–	6	15
博　士　生	13	–	–	–	–	–	–
其中:女	1	–	–	–	–	–	–

年　龄　情　况（科研机构）

23 岁	24 岁	25 岁	26 岁	27 岁	28 岁	29 岁	30 岁	3 1 岁 及以上
46	**41**	**34**	**15**	**5**	**1**	**1**	**2**	**13**
5	11	9	3	1	–	–	–	1
–	–	–	–	–	–	–	–	–
–	–	–	–	–	–	–	–	–
–	–	–	–	–	–	–	–	–
–	–	–	–	–	–	–	–	–
–	–	–	–	–	–	–	–	–
–	–	–	–	–	–	–	–	–
–	–	–	–	–	–	–	–	–
–	–	–	–	–	–	–	–	–
–	–	–	–	–	–	–	–	–
–	–	–	–	–	–	–	–	–
–	–	–	–	–	–	–	–	–
46	41	34	15	4	1	–	–	4
5	11	9	3	1	–	–	–	–
–	–	–	–	1	–	1	2	9
–	–	–	–	–	–	–	–	1

招 生 、 在 校 生

地　　区	招　生　数			合　计	普　通专科生
	合　计	普　通专科生	普　通本科生		
总　　计	**828596**	**468420**	**360176**	**3212797**	**1241481**
北 京 市	192	–	192	688	31
天 津 市	1124	21	1103	4507	79
河 北 省	6742	1785	4957	29641	3346
山 西 省	3987	873	3114	20092	2431
内 蒙 古	1829	305	1524	9832	797
辽 宁 省	1429	68	1361	5747	249
吉 林 省	1441	122	1319	5844	356
黑 龙 江	1754	144	1610	7297	398
上 海 市	329	2	327	1366	3
江 苏 省	2503	49	2454	17487	135
浙 江 省	2101	158	1943	11696	452
安 徽 省	4205	583	3622	24329	1712
福 建 省	2562	81	2481	9679	212
江 西 省	2780	239	2541	16916	731
山 东 省	5666	1251	4415	27325	3292
河 南 省	**763935**	**458211**	**305724**	**2913528**	**1213602**
湖 北 省	1838	153	1685	7871	484
湖 南 省	3041	187	2854	13987	442
广 东 省	1466	118	1348	5350	307
广 　 西	2053	157	1896	7687	425
海 南 省	1394	95	1299	5697	288
重 庆 市	1223	151	1072	4686	408
四 川 省	2433	615	1818	9253	2174
贵 州 省	2118	633	1485	8890	1895
云 南 省	1601	397	1204	7966	1101
西 　 藏	196	22	174	657	64
陕 西 省	1925	259	1666	8387	746
甘 肃 省	2315	652	1663	9913	2263
青 海 省	1240	606	634	4186	1619
宁 　 夏	1095	226	869	4048	681
新 　 疆	2048	257	1791	8144	758
港 澳 台 侨	31	–	31	101	–

— 68 —

来　源　情　况（总计）

在　校　生　数						
普通本科生	成人专科生	成人本科生	网络专科生	网络本科生	硕士研究生	博士研究生
1250704	**260934**	**284743**	**28603**	**78829**	**63486**	**4017**
595	5	5	–	–	48	4
4318	1	3	–	–	101	5
19342	97	144	2797	2854	996	65
12734	358	280	1149	1804	1252	84
6167	138	167	403	1926	216	18
5224	14	18	–	–	218	24
5253	6	32	–	–	180	17
6572	25	41	–	–	234	27
1337	–	1	–	–	25	–
9486	25	51	4412	2891	468	19
7865	261	526	1178	1199	207	8
14086	562	92	3220	3736	888	33
9331	8	13	–	–	113	2
10078	15	16	5115	640	313	8
17408	1138	2417	809	665	1481	115
1038316	**256510**	**279622**	**7139**	**61355**	**53575**	**3409**
6615	87	109	–	–	543	33
10992	706	375	871	224	361	16
4444	41	12	21	359	161	5
7019	23	121	–	–	89	10
5263	1	2	–	85	56	2
4046	21	8	–	–	194	9
6516	38	37	–	35	434	19
6138	398	300	–	–	149	10
4779	22	23	1313	609	112	7
581	–	1	–	–	11	–
6659	75	103	87	211	475	31
6809	341	97	13	54	319	17
2495	6	12	–	–	52	2
3220	2	47	–	16	75	7
6916	10	68	76	166	140	10
100	–	–	–	–	–	1

招 生 、 在 校 生

地 区	招 生 数			合计	普 通专科生
	合计	普 通专科生	普 通本科生		
总　计	827935	467759	360176	3207850	1240659
北 京 市	192	–	192	686	31
天 津 市	1124	21	1103	4506	79
河 北 省	6742	1785	4957	29620	3346
山 西 省	3987	873	3114	19814	2431
内 蒙 古	1829	305	1524	9828	797
辽 宁 省	1429	68	1361	5742	249
吉 林 省	1441	122	1319	5842	356
黑 龙 江	1754	144	1610	7293	398
上 海 市	329	2	327	1366	3
江 苏 省	2503	49	2454	17480	135
浙 江 省	2101	158	1943	11695	452
安 徽 省	4205	583	3622	23845	1712
福 建 省	2562	81	2481	9678	212
江 西 省	2780	239	2541	16915	731
山 东 省	5666	1251	4415	27312	3292
河 南 省	763274	457550	305724	2910182	1212780
湖 北 省	1838	153	1685	7866	484
湖 南 省	3041	187	2854	13457	442
广 东 省	1466	118	1348	5317	307
广 西	2053	157	1896	7674	425
海 南 省	1394	95	1299	5696	288
重 庆 市	1223	151	1072	4684	408
四 川 省	2433	615	1818	9248	2174
贵 州 省	2118	633	1485	8887	1895
云 南 省	1601	397	1204	7965	1101
西 藏	196	22	174	657	64
陕 西 省	1925	259	1666	8348	746
甘 肃 省	2315	652	1663	9770	2263
青 海 省	1240	606	634	4186	1619
宁 夏	1095	226	869	4046	681
新 疆	2048	257	1791	8144	758
港澳台侨	31	–	31	101	–

来源情况（普通高等学校）

		在 校 生 数				
普通本科生	成人专科生	成人本科生	网络专科生	网络本科生	硕士研究生	博士研究生
1250704	**257030**	**284724**	**28603**	**78829**	**63297**	**4004**
595	5	5	–	–	46	4
4318	1	3	–	–	100	5
19342	83	144	2797	2854	991	63
12734	87	280	1149	1804	1245	84
6167	138	167	403	1926	213	17
5224	14	18	–	–	213	24
5253	6	32	–	–	179	16
6572	25	41	–	–	230	27
1337	–	1	–	–	25	–
9486	25	51	4412	2891	461	19
7865	261	526	1178	1199	206	8
14086	82	92	3220	3736	884	33
9331	8	13	–	–	112	2
10078	15	16	5115	640	312	8
17408	1136	2417	809	665	1470	115
1038316	**254105**	**279603**	**7139**	**61355**	**53483**	**3401**
6615	87	109	–	–	538	33
10992	185	375	871	224	352	16
4444	9	12	21	359	160	5
7019	10	121	–	–	89	10
5263	–	2	–	85	56	2
4046	21	8	–	–	192	9
6516	38	37	–	35	429	19
6138	398	300	–	–	146	10
4779	22	23	1313	609	111	7
581	–	1	–	–	11	–
6659	50	103	87	211	461	31
6809	201	97	13	54	316	17
2495	6	12	–	–	52	2
3220	2	47	–	16	74	6
6916	10	68	76	166	140	10
100	–	–	–	–	–	1

招 生、在 校 生

地　区	招　生　数			合计	普通专科生
	合计	普通专科生	普通本科生		
总　　计	**661**	**661**	**－**	**4745**	**822**
北 京 市	－	－	－	－	－
天 津 市	－	－	－	－	－
河 北 省	－	－	－	14	－
山 西 省	－	－	－	271	－
内 蒙 古	－	－	－	－	－
辽 宁 省	－	－	－	－	－
吉 林 省	－	－	－	－	－
黑 龙 江	－	－	－	－	－
上 海 市	－	－	－	－	－
江 苏 省	－	－	－	－	－
浙 江 省	－	－	－	－	－
安 徽 省	－	－	－	480	－
福 建 省	－	－	－	－	－
江 西 省	－	－	－	－	－
山 东 省	－	－	－	2	－
河 南 省	**661**	**661**	**－**	**3246**	**822**
湖 北 省	－	－	－	－	－
湖 南 省	－	－	－	521	－
广 东 省	－	－	－	32	－
广 　 西	－	－	－	13	－
海 南 省	－	－	－	1	－
重 庆 市	－	－	－	－	－
四 川 省	－	－	－	－	－
贵 州 省	－	－	－	－	－
云 南 省	－	－	－	－	－
西 　 藏	－	－	－	－	－
陕 西 省	－	－	－	25	－
甘 肃 省	－	－	－	140	－
青 海 省	－	－	－	－	－
宁 　 夏	－	－	－	－	－
新 　 疆	－	－	－	－	－
港澳台侨	－	－	－	－	－

来 源 情 况 (成人高等学校)

		在　校　生　数				
普　通 本科生	成　人 专科生	成　人 本科生	网　络 专科生	网　络 本科生	硕　士 研究生	博　士 研究生
–	**3904**	**19**	–	–	–	–
–	–	–	–	–	–	–
–	–	–	–	–	–	–
–	14	–	–	–	–	–
–	271	–	–	–	–	–
–	–	–	–	–	–	–
–	–	–	–	–	–	–
–	–	–	–	–	–	–
–	–	–	–	–	–	–
–	–	–	–	–	–	–
–	480	–	–	–	–	–
–	–	–	–	–	–	–
–	–	–	–	–	–	–
–	2	–	–	–	–	–
–	**2405**	**19**	–	–	–	–
–	–	–	–	–	–	–
–	521	–	–	–	–	–
–	32	–	–	–	–	–
–	13	–	–	–	–	–
–	1	–	–	–	–	–
–	–	–	–	–	–	–
–	–	–	–	–	–	–
–	25	–	–	–	–	–
–	140	–	–	–	–	–
–	–	–	–	–	–	–
–	–	–	–	–	–	–

招 生 、 在 校 生

地　　区	招　生　数			合计	普　通专科生
	合计	普　通专科生	普　通本科生		
总　　计	–	–	–	**202**	–
北 京 市	–	–	–	2	–
天 津 市	–	–	–	1	–
河 北 省	–	–	–	7	–
山 西 省	–	–	–	7	–
内 蒙 古	–	–	–	4	–
辽 宁 省	–	–	–	5	–
吉 林 省	–	–	–	2	–
黑 龙 江	–	–	–	4	–
上 海 市	–	–	–	–	–
江 苏 省	–	–	–	7	–
浙 江 省	–	–	–	1	–
安 徽 省	–	–	–	4	–
福 建 省	–	–	–	1	–
江 西 省	–	–	–	1	–
山 东 省	–	–	–	11	–
河 南 省	–	–	–	**100**	–
湖 北 省	–	–	–	5	–
湖 南 省	–	–	–	9	–
广 东 省	–	–	–	1	–
广 　 西	–	–	–	–	–
海 南 省	–	–	–	–	–
重 庆 市	–	–	–	2	–
四 川 省	–	–	–	5	–
贵 州 省	–	–	–	3	–
云 南 省	–	–	–	1	–
西 　 藏	–	–	–	–	–
陕 西 省	–	–	–	14	–
甘 肃 省	–	–	–	3	–
青 海 省	–	–	–	–	–
宁 　 夏	–	–	–	2	–
新 　 疆	–	–	–	–	–
港澳台侨	–	–	–	–	–

来　源　情　况（科研机构）

在　　　校　　　生　　　数						
普　通 本科生	成　人 专科生	成　人 本科生	网　络 专科生	网　络 本科生	硕　士 研究生	博　士 研究生
—	—	—	—	—	**189**	**13**
—	—	—	—	—	2	—
—	—	—	—	—	1	—
—	—	—	—	—	5	2
—	—	—	—	—	7	—
—	—	—	—	—	3	1
—	—	—	—	—	5	—
—	—	—	—	—	1	1
—	—	—	—	—	4	—
—	—	—	—	—	—	—
—	—	—	—	—	7	—
—	—	—	—	—	1	—
—	—	—	—	—	4	—
—	—	—	—	—	1	—
—	—	—	—	—	1	—
—	—	—	—	—	11	—
—	—	—	—	—	**92**	**8**
—	—	—	—	—	5	—
—	—	—	—	—	9	—
—	—	—	—	—	1	—
—	—	—	—	—	—	—
—	—	—	—	—	—	—
—	—	—	—	—	2	—
—	—	—	—	—	5	—
—	—	—	—	—	3	—
—	—	—	—	—	1	—
—	—	—	—	—	—	—
—	—	—	—	—	14	—
—	—	—	—	—	3	—
—	—	—	—	—	—	—
—	—	—	—	—	1	1
—	—	—	—	—	—	—
—	—	—	—	—	—	—

学生休退学的主要原因（总计）

	合计	患病	停学实践（求职）	贫困	学习成绩不好	出国	其他
总　　计	19666	3044	3898	5	1627	578	10514
1. 普通本科、专科生	17133	3013	2878	5	1304	572	9361
普通专科生	12462	1671	2403	3	886	103	7396
普通本科生	4671	1342	475	2	418	469	1965
2. 成人本科、专科生	2122	5	987	–	295	–	835
成人专科生	1200	3	557	–	181	–	459
成人本科生	922	2	430	–	114	–	376
3. 网络本科、专科生	204	–	–		6	–	198
网络专科生	103	–	–	–	2	–	101
网络本科生	101	–	–	–	4	–	97
4. 研　究　生	207	26	33	–	22	6	120
硕　士　生	186	23	26	–	20	5	112
博　士　生	21	3	7	–	2	1	8

学生休退学的主要原因（普通高等学校）

	合计	患病	停学实践（求职）	贫困	学习成绩不好	出国	其他
总　计	**19664**	**3044**	**3897**	**5**	**1627**	**578**	**10513**
1.普通本科、专科生	17133	3013	2878	5	1304	572	9361
普通专科生	12462	1671	2403	3	886	103	7396
普通本科生	4671	1342	475	2	418	469	1965
2.成人本科、专科生	2120	5	986	–	295	–	834
成人专科生	1198	3	556	–	181	–	458
成人本科生	922	2	430	–	114	–	376
3.网络本科、专科生	204	–	–	–	6	–	198
网络专科生	103	–	–	–	2	–	101
网络本科生	101	–	–	–	4	–	97
4.研　究　生	207	26	33	–	22	6	120
硕　士　生	186	23	26	–	20	5	112
博　士　生	21	3	7	–	2	1	8

学生休退学的主要原因（成人高等学校）

	合计	患病	停学实践（求职）	贫困	学习成绩不好	出国	其他
总　计	**2**	**–**	**1**	**–**	**–**	**–**	**1**
1.普通本科、专科生	–	–	–	–	–	–	–
普通专科生	–	–	–	–	–	–	–
普通本科生	–	–	–	–	–	–	–
2.成人本科、专科生	2	–	1	–	–	–	1
成人专科生	2	–	1	–	–	–	1
成人本科生	–	–	–	–	–	–	–
3.网络本科、专科生	–	–	–	–	–	–	–
网络专科生	–	–	–	–	–	–	–
网络本科生	–	–	–	–	–	–	–
4.研　究　生	–	–	–	–	–	–	–
硕　士　生	–	–	–	–	–	–	–
博　士　生	–	–	–	–	–	–	–

学　生　变

	上学年初报表在校生数	增　加　学　生　数				
		合计	招生	复学	转入	其他
总　计	**2922327**	**1199543**	**1182848**	**8292**	**162**	**8241**
1.普通本科、专科生	2319653	837666	828596	7405	158	1507
普通专科生	1122468	473541	468420	3914	98	1109
普通本科生	1197185	364125	360176	3491	60	398
2.成人本科、专科生	420347	302167	295714	180	－	6273
成人专科生	192668	156153	154166	80	－	1907
成人本科生	227679	146014	141548	100	－	4366
3.网络本科、专科生	126932	30908	30310	598	－	－
网络专科生	61101	382	－	382	－	－
网络本科生	65831	30526	30310	216	－	－
4.研　究　生	55395	28802	28228	109	4	461
硕　士　生	52124	27534	27146	103	4	281
博　士　生	3271	1268	1082	6	－	180

学　生　变

	上学年初报表在校生数	增　加　学　生　数				
		合计	招生	复学	转入	其他
总　计	**2917519**	**1197198**	**1180503**	**8292**	**162**	**8241**
1.普通本科、专科生	2319376	837005	827935	7405	158	1507
普通专科生	1122191	472880	467759	3914	98	1109
普通本科生	1197185	364125	360176	3491	60	398
2.成人本科、专科生	416007	300561	294108	180	－	6273
成人专科生	188336	154558	152571	80	－	1907
成人本科生	227671	146003	141537	100	－	4366
3.网络本科、专科生	126932	30908	30310	598	－	－
网络专科生	61101	382	－	382	－	－
网络本科生	65831	30526	30310	216	－	－
4.研　究　生	55204	28724	28150	109	4	461
硕　士　生	51944	27459	27071	103	4	281
博　士　生	3260	1265	1079	6	－	180

动 情 况（总计）

减少学生数									本学年初报表在校生数
合计	毕业	结业	休学	退学	开除	死亡	转出	其他	
909073	**875641**	**5250**	**9942**	**9724**	**44**	**142**	**77**	**8253**	**3212797**
665134	638155	5076	9451	7682	44	136	72	4518	2492185
354528	335427	3344	6091	6371	30	61	41	3163	1241481
310606	302728	1732	3360	1311	14	75	31	1355	1250704
176837	171093	155	387	1735	–	–	1	3466	545677
87887	85172	154	191	1009	–	–	1	1360	260934
88950	85921	1	196	726	–	–	–	2106	284743
50408	50204	–	–	204	–	–	–	–	107432
32880	32777	–	–	103	–	–	–	–	28603
17528	17427	–	–	101	–	–	–	–	78829
16694	16189	19	104	103	–	6	4	269	67503
16172	15694	16	96	90	–	5	4	267	63486
522	495	3	8	13	–	1	–	2	4017

动 情 况（普通高等学校）

减少学生数									本学年初报表在校生数
合计	毕业	结业	休学	退学	开除	死亡	转出	其他	
906867	**873531**	**5250**	**9942**	**9722**	**44**	**142**	**77**	**8159**	**3207850**
665018	638039	5076	9451	7682	44	136	72	4518	2491363
354412	335311	3344	6091	6371	30	61	41	3163	1240659
310606	302728	1732	3360	1311	14	75	31	1355	1250704
174814	169166	155	387	1733	–	–	1	3372	541754
85864	83245	154	191	1007	–	–	1	1266	257030
88950	85921	1	196	726	–	–	–	2106	284724
50408	50204	–	–	204	–	–	–	–	107432
32880	32777	–	–	103	–	–	–	–	28603
17528	17427	–	–	101	–	–	–	–	78829
16627	16122	19	104	103	–	6	4	269	67301
16106	15628	16	96	90	–	5	4	267	63297
521	494	3	8	13	–	1	–	2	4004

学　生　变

	上学年初报表在校生数	增加学生数				
		合计	招生	复学	转入	其他
总　计	**4617**	**2267**	**2267**	—	—	—
1.普通本科、专科生	277	661	661	—	—	—
普通专科生	277	661	661	—	—	—
普通本科生	—	—	—	—	—	—
2.成人本科、专科生	4340	1606	1606	—	—	—
成人专科生	4332	1595	1595	—	—	—
成人本科生	8	11	11	—	—	—
3.网络本科、专科生	—	—	—	—	—	—
网络专科生	—	—	—	—	—	—
网络本科生	—	—	—	—	—	—
4.研　究　生	—	—	—	—	—	—
硕　士　生	—	—	—	—	—	—
博　士　生	—	—	—	—	—	—

学　生　变

	上学年初报表在校生数	增加学生数				
		合计	招生	复学	转入	其他
总　计	**191**	**78**	**78**	—	—	—
1.普通本科、专科生	—	—	—	—	—	—
普通专科生	—	—	—	—	—	—
普通本科生	—	—	—	—	—	—
2.成人本科、专科生	—	—	—	—	—	—
成人专科生	—	—	—	—	—	—
成人本科生	—	—	—	—	—	—
3.网络本科、专科生	—	—	—	—	—	—
网络专科生	—	—	—	—	—	—
网络本科生	—	—	—	—	—	—
4.研　究　生	191	78	78	—	—	—
硕　士　生	180	75	75	—	—	—
博　士　生	11	3	3	—	—	—

动　　情　　况（成人高等学校）

减　少　学　生　数									本学年初报表在校生数
合计	毕业	结业	休学	退学	开除	死亡	转出	其他	
2139	**2043**	–	–	**2**	–	–	–	94	**4745**
116	116	–	–	–	–	–	–	–	822
116	116	–	–	–	–	–	–	–	822
–	–	–	–	–	–	–	–	–	–
2023	1927	–	–	2	–	–	–	94	3923
2023	1927	–	–	2	–	–	–	94	3904
–	–	–	–	–	–	–	–	–	19
–	–	–	–	–	–	–	–	–	–
–	–	–	–	–	–	–	–	–	–
–	–	–	–	–	–	–	–	–	–
–	–	–	–	–	–	–	–	–	–
–	–	–	–	–	–	–	–	–	–
–	–	–	–	–	–	–	–	–	–

动　　情　　况（科研机构）

减　少　学　生　数									本学年初报表在校生数
合计	毕业	结业	休学	退学	开除	死亡	转出	其他	
67	**67**	–	–	–	–	–	–	–	**202**
–	–	–	–	–	–	–	–	–	–
–	–	–	–	–	–	–	–	–	–
–	–	–	–	–	–	–	–	–	–
–	–	–	–	–	–	–	–	–	–
–	–	–	–	–	–	–	–	–	–
–	–	–	–	–	–	–	–	–	–
–	–	–	–	–	–	–	–	–	–
–	–	–	–	–	–	–	–	–	–
67	67	–	–	–	–	–	–	–	202
66	66	–	–	–	–	–	–	–	189
1	1	–	–	–	–	–	–	–	13

在 校 生 中 其 他 情 况（总计）

	共产党员	共青团员	民主党派	华侨	港澳台	少数民族	残疾人
总　　计	**129095**	**2153390**	**492**	**5**	**97**	**66045**	**4083**
一、普通本科、专科生	84620	2019440	3	5	96	52892	4060
普通专科生	22895	909695	3	－	－	20212	2189
普通本科生	61725	1109745	－	5	96	32680	1871
二、成人本科、专科生	27389	88847	448	－	－	8660	10
成人专科生	9726	34749	226	－	－	3802	6
成人本科生	17663	54098	222	－	－	4858	4
三、网络本科、专科生	1968	3608	－	－	－	2750	－
网络专科生	854	1699	－	－	－	949	－
网络本科生	1114	1909	－	－	－	1801	－
四、研　究　生	15118	41495	41	－	1	1743	13
硕士研究生	13511	40491	19	－	－	1637	11
博士研究生	1607	1004	22	－	1	106	2

在 校 生 中 其 他 情 况（普通高等学校）

	共产党员	共青团员	民主党派	华侨	港澳台	少数民族	残疾人
总　　计	**128908**	**2151208**	**491**	**5**	**97**	**65954**	**4083**
一、普通本科、专科生	84620	2018661	3	5	96	52892	4060
普通专科生	22895	908916	3	－	－	20212	2189
普通本科生	61725	1109745	－	5	96	32680	1871
二、成人本科、专科生	27251	87583	447	－	－	8574	10
成人专科生	9590	33493	225	－	－	3716	6
成人本科生	17661	54090	222	－	－	4858	4
三、网络本科、专科生	1968	3608	－	－	－	2750	－
网络专科生	854	1699	－	－	－	949	－
网络本科生	1114	1909	－	－	－	1801	－
四、研　究　生	15069	41356	41	－	1	1738	13
硕士研究生	13467	40353	19	－	－	1633	11
博士研究生	1602	1003	22	－	1	105	2

在 校 生 中 其 他 情 况 (成人高等学校)

	共产党员	共青团员	民主党派	华侨	港澳台	少数民族	残疾人
总　计	138	2043	1	–	–	86	–
一、普通本科、专科生	–	779	–	–	–	–	–
普通专科生	–	779	–	–	–	–	–
普通本科生	–	–	–	–	–	–	–
二、成人本科、专科生	138	1264	1	–	–	86	–
成人专科生	136	1256	1	–	–	86	–
成人本科生	2	8	–	–	–	–	–
三、网络本科、专科生	–	–	–	–	–	–	–
网络专科生	–	–	–	–	–	–	–
网络本科生	–	–	–	–	–	–	–
四、研 究 生	–	–	–	–	–	–	–
硕士研究生	–	–	–	–	–	–	–
博士研究生	–	–	–	–	–	–	–

在 校 生 中 其 他 情 况 (科研机构)

	共产党员	共青团员	民主党派	华侨	港澳台	少数民族	残疾人
总　计	49	139	–	–	–	5	–
一、普通本科、专科生	–	–	–	–	–	–	–
普通专科生	–	–	–	–	–	–	–
普通本科生	–	–	–	–	–	–	–
二、成人本科、专科生	–	–	–	–	–	–	–
成人专科生	–	–	–	–	–	–	–
成人本科生	–	–	–	–	–	–	–
三、网络本科、专科生	–	–	–	–	–	–	–
网络专科生	–	–	–	–	–	–	–
网络本科生	–	–	–	–	–	–	–
四、研 究 生	49	139	–	–	–	5	–
硕士研究生	44	138	–	–	–	4	–
博士研究生	5	1	–	–	–	1	–

在职人员攻读硕士学位分学科学生数

	授予学位数	招生数	在 校 生 数			
			合计	一年级	二年级	三年级及以上
总　计	**1030**	－	**1856**	－	－	**1856**
其中:女	473	－	515	－	－	515
哲　学	－	－	－	－	－	－
经济学	－	－	－	－	－	－
法　学	44	－	－	－	－	－
教育学	92	－	181	－	－	181
文　学	－	－	－	－	－	－
历史学	－	－	－	－	－	－
理　学	－	－	－	－	－	－
工　学	696	－	996	－	－	996
农　学	93	－	653	－	－	653
医　学	29	－	－	－	－	－
军事学	－	－	－	－	－	－
管理学	76	－	26	－	－	26
艺术学	－	－	－	－	－	－
总计中:学术型学位	3	－	31	－	－	31
专业学位	1027	－	1825	－	－	1825

注:在职人员攻读硕士学位分学科学生数仅指普通高等学校。

在职人员攻读硕士学位分学位学生数

	授予学位数	招生数	在 校 生 数			
			合计	一年级	二年级	三年级及以上
总　　计	**1030**	－	**1856**	－	－	**1856**
其中:女	473	－	515	－	－	515
一、学术型学位	**3**	－	**31**	－	－	**31**
哲　　学	－	－	－	－	－	－
经 济 学	－	－	－	－	－	－
法　　学	－	－	－	－	－	－
教 育 学	－	－	－	－	－	－
文　　学	－	－	－	－	－	－
历 史 学	－	－	－	－	－	－
理　　学	－	－	－	－	－	－
工　　学	－	－	4	－	－	4
农　　学	3	－	27	－	－	27
医　　学	－	－	－	－	－	－
军 事 学	－	－	－	－	－	－
管 理 学	－	－	－	－	－	－
艺 术 学	－	－	－	－	－	－
二、专业学位	**1027**	－	**1825**	－	－	**1825**
哲　　学	－	－	－	－	－	－
经 济 学	－	－	－	－	－	－
法　　学	44	－	－	－	－	－
教 育 学	92	－	181	－	－	181
文　　学	－	－	－	－	－	－
历 史 学	－	－	－	－	－	－
理　　学	－	－	－	－	－	－
工　　学	696	－	992	－	－	992
农　　学	90	－	626	－	－	626
医　　学	29	－	－	－	－	－
军 事 学	－	－	－	－	－	－
管 理 学	76	－	26	－	－	26
艺 术 学	－	－	－	－	－	－

注:在职人员攻读硕士学位分学位学生数仅指普通高等学校。

其　　他　　学

	集中培训（班数）	培训时间（学时）				
		计	集中培训	远程培训	跟岗实践	计
自考助学班	–	–	–	–	–	–
普通预科生	–	–	–	–	–	–
研究生课程进修班	–	–	–	–	–	–
进修及培训	2243	12544801	9369222	2722766	452813	262697
其中:资格证书培训	–	1472146	1139079	318855	14212	33744
岗位证书培训	–	956031	868231	87800	–	12011
一年以上	–	86716	86716	–	–	496
党政管理培训	180	2307082	1732818	574232	32	21617
企业经营管理培训	117	237013	221774	14818	421	12517
专业技术培训	714	3893146	2512859	1173855	206432	106208
其中:幼儿园教师	78	340092	319866	10400	9826	5734
中小学教师	332	1414729	1273699	63250	77780	39964
中职学校教师	38	289219	122084	123815	43320	2935
高等教育学校教师	91	332787	77261	238030	17496	10422
职业技能培训	688	3890081	3221608	459211	209262	62536
其中:农村劳动者	95	466116	273716	29040	163360	7693
进城务工人员	44	724310	713570	10740	–	2888
其他培训	544	2217479	1680163	500650	36666	59819
其中:学　　生	191	662598	627198	19710	15690	14889
老　年　人	73	59782	59782	–	–	1697

生 　 情 　 况（总计）

结　业　生　数							注册学生数	
计			其中：女				计	其中：女
集中培训	远程培训	跟岗实践	计	集中培训	远程培训	跟岗实践		
–	–	–	–	–	–	–	188	167
–	–	–	–	–	–	–	601	340
–	–	–	–	–	–	–	–	–
184566	62560	15571	113499	83188	24275	6036	–	–
29034	3664	1046	13960	11618	1422	920	–	–
11510	501	–	6055	5823	232	–	–	–
496	–	–	440	440	–	–	199	145
13115	8500	2	6688	2843	3843	2	–	–
8299	4130	88	1848	1587	220	41	–	–
75002	23005	8201	54242	40820	9581	3841	–	–
5365	220	149	4740	4407	216	117	–	–
35056	2436	2472	26436	23679	1311	1446	–	–
1610	1151	174	1649	936	666	47	–	–
3030	7375	17	4995	1725	3258	12	–	–
48607	8406	5523	23846	18524	3586	1736	–	–
5433	1500	760	2741	2104	391	246	–	–
2552	336	–	687	589	98	–	–	–
39543	18519	1757	26875	19414	7045	416	–	–
12439	969	1481	5042	4717	21	304	–	–
1697	–	–	1127	1127	–	–	–	–

其　　他　　学

	集中培训（班数）	培训时间（学时）				
		计	集中培训	远程培训	跟岗实践	计
自考助学班	–	–	–	–	–	–
普通预科生	–	–	–	–	–	–
研究生课程进修班	–	–	–	–	–	–
进修及培训	2201	11595385	9323002	1819570	452813	249553
其中：资格证书培训	–	1466906	1133839	318855	14212	33482
岗位证书培训	–	948431	860631	87800	–	11631
一年以上	–	86716	86716	–	–	496
党政管理培训	180	1742286	1732818	9436	32	13277
企业经营管理培训	117	237013	221774	14818	421	12517
专业技术培训	702	3532346	2490459	835455	206432	102168
其中：幼儿园教师	78	340092	319866	10400	9826	5734
中小学教师	332	1414729	1273699	63250	77780	39964
中职学校教师	38	289219	122084	123815	43320	2935
高等教育学校教师	91	332787	77261	238030	17496	10422
职业技能培训	668	3877241	3208768	459211	209262	61894
其中：农村劳动者	95	466116	273716	29040	163360	7693
进城务工人员	44	724310	713570	10740	–	2888
其他培训	534	2206499	1669183	500650	36666	59697
其中：学　　生	191	662598	627198	19710	15690	14889
老 年 人	63	48802	48802	–	–	1575

生 情 况（普通高等学校）

结业生数							注册学生数	
计			其中：女				计	其中：女
集中培训	远程培训	跟岗实践	计	集中培训	远程培训	跟岗实践		
–	–	–	–	–	–	–	188	167
–	–	–	–	–	–	–	601	340
–	–	–	–	–	–	–	–	–
183522	50460	15571	107247	82936	18275	6036	–	–
28772	3664	1046	13957	11615	1422	920	–	–
11130	501	–	6041	5809	232	–	–	–
496	–	–	440	440	–	–	199	145
13115	160	2	2938	2843	93	2	–	–
8299	4130	88	1848	1587	220	41	–	–
74722	19245	8201	51832	40660	7331	3841	–	–
5365	220	149	4740	4407	216	117	–	–
35056	2436	2472	26436	23679	1311	1446	–	–
1610	1151	174	1649	936	666	47	–	–
3030	7375	17	4995	1725	3258	12	–	–
47965	8406	5523	23829	18507	3586	1736	–	–
5433	1500	760	2741	2104	391	246	–	–
2552	336	–	687	589	98	–	–	–
39421	18519	1757	26800	19339	7045	416	–	–
12439	969	1481	5042	4717	21	304	–	–
1575	–	–	1052	1052	–	–	–	–

其　　他　　学

	集中培训（班数）	培训时间（学时）				
		计	集中培训	远程培训	跟岗实践	计
自考助学班	–	–	–	–	–	–
普通预科生	–	–	–	–	–	–
研究生课程进修班	–	–	–	–	–	–
进修及培训	42	949416	46220	903196	–	13144
其中：资格证书培训	–	5240	5240	–	–	262
岗位证书培训	–	7600	7600	–	–	380
一年以上	–	–	–	–	–	–
党政管理培训	–	564796	–	564796	–	8340
企业经营管理培训	–	–	–	–	–	–
专业技术培训	12	360800	22400	338400	–	4040
其中：幼儿园教师	–	–	–	–	–	–
中小学教师	–	–	–	–	–	–
中职学校教师	–	–	–	–	–	–
高等教育学校教师	–	–	–	–	–	–
职业技能培训	20	12840	12840	–	–	642
其中：农村劳动者	–	–	–	–	–	–
进城务工人员	–	–	–	–	–	–
其他培训	10	10980	10980	–	–	122
其中：学　　生	–	–	–	–	–	–
老 年 人	10	10980	10980	–	–	122

生　　　情　　　况（成人高等学校）

结　　业　　生　　数							注册学生数	
计			其中:女				计	其中:女
集中培训	远程培训	跟岗实践	计	集中培训	远程培训	跟岗实践		
–	–	–	–	–	–	–	–	–
–	–	–	–	–	–	–	–	–
–	–	–	–	–	–	–	–	–
1044	12100	–	6252	252	6000	–	–	–
262	–	–	3	3	–	–	–	–
380	–	–	14	14	–	–	–	–
–	–	–	–	–	–	–	–	–
–	8340	–	3750	–	3750	–	–	–
–	–	–	–	–	–	–	–	–
280	3760	–	2410	160	2250	–	–	–
–	–	–	–	–	–	–	–	–
–	–	–	–	–	–	–	–	–
–	–	–	–	–	–	–	–	–
–	–	–	–	–	–	–	–	–
642	–	–	17	17	–	–	–	–
–	–	–	–	–	–	–	–	–
–	–	–	–	–	–	–	–	–
122	–	–	75	75	–	–	–	–
–	–	–	–	–	–	–	–	–
122	–	–	75	75	–	–	–	–

外 国 留

		毕(结)业生数	授予学位数	招生数	
				计	其中：春季招生
总 计		1252	150	1739	59
其中:女		445	53	571	17
按学历分	小 计	247	150	1050	37
	专 科	25	–	9	–
	本 科	111	67	710	16
	硕士研究生	110	82	203	15
	博士研究生	1	1	128	6
	培 训	1005	–	689	22
按大洲分	亚 洲	653	122	1092	34
	非 洲	443	20	480	23
	欧 洲	97	1	108	–
	北 美 洲	31	6	28	2
	南 美 洲	28	1	29	–
	大 洋 洲	–	–	2	–
按经费来源分	国际组织资助	–	–	–	–
	中国政府资助	568	87	942	36
	本国政府资助	231	–	111	22
	学校间交换	39	–	14	–
	自 费	414	63	672	1

教 职 工

		教 职				
			校 本 部			
	合计	计	专 任 教 师			
			计	正高级	副高级	中级
总 计	172946	167925	133898	10491	33931	53491
其中:女	88805	85799	70729	3869	16303	29001
普通高等学校	172105	167084	133367	10468	33770	53267
成人高等学校	841	841	531	23	161	224

学　　生　　情　　况（普通高等学校）

在校生数					
合　计	第一年	第二年	第三年	第四年	第五年及以上
5217	**1861**	**1390**	**962**	**596**	**408**
1789	589	494	360	206	140
4268	**1081**	**1226**	**960**	**593**	**408**
111	9	61	41	–	–
3100	728	782	666	529	395
641	216	209	167	45	4
416	128	174	86	19	9
949	**780**	**164**	**2**	**3**	**–**
3862	1197	1056	723	522	364
1084	490	280	211	67	36
176	114	36	21	4	1
42	29	7	2	1	3
40	29	4	5	1	1
13	2	7	–	1	3
–	–	–	–	–	
2285	957	734	398	176	20
124	111	11	–	–	2
50	33	10	–	7	–
2758	760	635	564	413	386

情　　况（总计）

工数							
教职工					科研机构人员	校办企业职工	其他附设机构人员
初级	未定职级	行政人员	教辅人员	工勤人员			
23744	**12241**	**16381**	**9333**	**8313**	**607**	**523**	**3891**
14333	7223	7147	5418	2505	214	122	2670
23653	12209	16208	9237	8272	607	523	3891
91	32	173	96	41	–	–	–

教 职 工

	合计	教 职				
			校 本 部			
		计	专 任 教 师			
			计	正高级	副高级	中级
总　　计	172105	167084	133367	10468	33770	53267
其中:女	88341	85335	70414	3857	16207	28883
一、按类型分						
本科院校	106183	104917	80574	8409	22521	33699
其中:独立学院	4023	4023	3212	376	550	918
其中:职业本科	1091	1091	874	83	180	275
专科院校	65922	62167	52793	2059	11249	19568
其中:高等职业学校	54187	53973	45857	1495	9451	16789
其他机构	–	–	–	–	–	–
二、按性质类别分						
综合大学	25550	25036	18586	2332	5135	7322
理工院校	76000	75432	61248	3797	15013	24290
农业院校	7082	6933	5575	456	1374	2254
林业院校	422	422	369	6	63	94
医药院校	15872	12194	9759	1010	2381	3655
师范院校	19593	19545	16240	1351	4279	7707
语文院校	–	–	–	–	–	–
财经院校	23492	23433	18626	1382	4940	6848
政法院校	1862	1857	1083	51	291	501
体育院校	635	635	526	41	66	126
艺术院校	1597	1597	1355	42	228	470
民族院校	–	–	–	–	–	–
三、按举办者分						
1.中央部门	406	406	242	21	94	111
教 育 部	–	–	–	–	–	–
其他部门	406	406	242	21	94	111
2.地　　方	127875	122997	98805	7583	25900	43405
教育部门	113019	108182	86682	7149	23288	38399
其他部门	13914	13879	11367	406	2453	4640
地方企业	942	936	756	28	159	366
3.民　　办	43795	43652	34297	2863	7769	9741
4.中外合作办	29	29	23	1	7	10

情　　　　况（普通高等学校）

工　　　　数							
教　职　工					科研机构人　员	校办企业职　工	其他附设机构人员
		行政人员	教辅人员	工勤人员			
初级	未定职级						
23653	**12209**	**16208**	**9237**	**8272**	**607**	**523**	**3891**
14264	7203	7064	5356	2501	214	122	2670
10360	5585	11801	6833	5709	562	384	320
1234	134	417	197	197	–	–	–
188	148	115	39	63	–	–	–
13293	6624	4407	2404	2563	45	139	3571
11972	6150	3735	2166	2215	45	139	30
–	–	–	–	–	–	–	–
1994	1803	2889	1920	1641	280	32	202
11877	6271	6528	4193	3463	171	332	65
1021	470	618	435	305	40	102	7
188	18	12	16	25	–	–	–
2198	515	1236	595	604	95	14	3569
1925	978	1741	841	723	16	–	32
–	–	–	–	–	–	–	–
3724	1732	2473	1062	1272	–	43	16
200	40	564	108	102	5	–	–
135	158	55	17	37	–	–	–
391	224	92	50	100	–	–	–
–	–	–	–	–	–	–	–
13	3	109	14	41	–	–	–
–	–	–	–	–	–	–	–
13	3	109	14	41	–	–	–
15275	6642	11951	6674	5567	521	501	3856
12038	5808	10461	6009	5030	516	495	3826
3056	812	1435	617	460	5	–	30
181	22	55	48	77	–	6	–
8360	5564	4145	2546	2664	86	22	35
5	–	3	3	–	–	–	–

教　职　工

	教职					
	合计	校本部				
		计	专任教师			
			计	正高级	副高级	中级
总　计	**841**	**841**	**531**	**23**	**161**	**224**
其中:女	464	464	315	12	96	118
一、按类型分						
职工高等学校	494	494	309	9	117	162
农民高等学校	–	–	–	–	–	–
管理干部学院	–	–	–	–	–	–
教育学院	–	–	–	–	–	–
独立函授学院	–	–	–	–	–	–
广播电视大学	255	255	176	13	34	54
其他机构	92	92	46	1	10	8
二、按举办者分						
1. 中央部门	–	–	–	–	–	–
教育部	–	–	–	–	–	–
其他部门	–	–	–	–	–	–
2. 地　方	841	841	531	23	161	224
教育部门	269	269	176	13	34	54
其他部门	429	429	272	10	113	113
地方企业	143	143	83	–	14	57
3. 民　办	–	–	–	–	–	–
4. 中外合作办	–	–	–	–	–	–

情　　　况（成人高等学校）

工　　　数					科研机构 人　　员	校办企业 职　　工	其他附设 机构人员
教　职　工							
		行政人员	教辅人员	工勤人员			
初级	未定职级						
91	**32**	**173**	**96**	**41**	－	－	－
69	20	83	62	4	－	－	－
19	2	84	69	32	－	－	－
－	－	－	－	－	－	－	－
－	－	－	－	－	－	－	－
－	－	－	－	－	－	－	－
－	－	－	－	－	－	－	－
50	25	52	22	5	－	－	－
22	5	37	5	4	－	－	－
－	－	－	－	－	－	－	－
－	－	－	－	－	－	－	－
－	－	－	－	－	－	－	－
91	32	173	96	41	－	－	－
50	25	58	30	5	－	－	－
29	7	78	50	29	－	－	－
12	－	37	16	7	－	－	－
－	－	－	－	－	－	－	－
－	－	－	－	－	－	－	－

教 职 工 情 况 中

	普 通 高 等 学 校				聘请校外 教　师 （人次）
	聘请校外 教　师 （人次）	离退休 人　员	附属中小 学幼儿园 教 职 工	集体所有 制 人 员	
总　　计	34291	36386	866	100	2479
其中:女	14764	16695	625	43	1259
正 高 级	4115	3387	3	–	93
副 高 级	10141	8591	223	–	600
中　　级	11590	–	–	–	1213
初　　级	4466	–	–	–	499
未定职级	3979	–	–	–	74

专任教师、聘请校外

	专任教师中按授课内容分				聘请校外教师	
	合计	公共课 基础课	专业课		合计	公共课 基础课
			计	其中: 双师型		
总　　计	129448	32715	96733	33559	36770	7578
其中:女	68344	17928	50416	17341	16023	3895
正 高 级	10147	1756	8391	3271	4208	567
副 高 级	33003	7789	25214	12468	10741	1918
中　　级	51573	12710	38863	17820	12803	2878
初　　级	23111	6807	16304	–	4965	1269
未定职级	11614	3653	7961	–	4053	946

另有其他人员

成人高等学校			民办的其他高等教育机构			
离退休人员	附属中小学幼儿园教职工	集体所有制人员	聘请校外教师（人次）	离退休人员	附属中小学幼儿园教职工	集体所有制人员
776	–	–	**398**	–	–	–
343	–	–	124	–	–	–
14	–	–	9	–	–	–
102	–	–	42	–	–	–
–	–	–	64	–	–	–
–	–	–	23	–	–	–
–	–	–	260	–	–	–

教师岗位分类情况（总计）

按授课内容分		专任教师中不任课人数				
专业课		合　计	进　修	科　研	病　休	其　他
计	其中：双师型					
29192	**7784**	**4450**	**1528**	**565**	**216**	**2141**
12128	3405	2385	821	300	121	1143
3641	1142	344	59	126	27	132
8823	3078	928	268	198	75	387
9925	3564	1918	896	142	74	806
3696	–	633	216	34	31	352
3107	–	627	89	65	9	464

专任教师、聘请校外

	专任教师中按授课内容分				聘请校外教师	
	合计	公共课基础课	专业课		合计	公共课基础课
			计	其中:双师型		
总 计	**128940**	**32554**	**96386**	**33480**	**34291**	**6528**
其中:女	68042	17824	50218	17300	14764	3304
正 高 级	10124	1752	8372	3269	4115	537
副 高 级	32854	7733	25121	12430	10141	1665
中 级	51359	12635	38724	17781	11590	2380
初 级	23021	6783	16238	–	4466	1028
未定职级	11582	3651	7931	–	3979	918

专任教师、聘请校外

	专任教师中按授课内容分				聘请校外教师	
	合计	公共课基础课	专业课		合计	公共课基础课
			计	其中:双师型		
总 计	**508**	**161**	**347**	**79**	**2479**	**1050**
其中:女	302	104	198	41	1259	591
正 高 级	23	4	19	2	93	30
副 高 级	149	56	93	38	600	253
中 级	214	75	139	39	1213	498
初 级	90	24	66	–	499	241
未定职级	32	2	30	–	74	28

教师岗位分类情况（普通高等学校）

按授课内容分		专 任 教 师 中 不 任 课 人 数				
专 业 课		合 计	进 修	科 研	病 休	其 他
计	其中：双师型					
27763	**7355**	**4427**	**1526**	**565**	**214**	**2122**
11460	3181	2372	819	300	119	1134
3578	1115	344	59	126	27	132
8476	2925	916	267	198	74	377
9210	3315	1908	895	142	73	798
3438	–	632	216	34	31	351
3061	–	627	89	65	9	464

教师岗位分类情况（成人高等学校）

按授课内容分		专 任 教 师 中 不 任 课 人 数				
专 业 课		合 计	进 修	科 研	病 休	其 他
计	其中：双师型					
1429	**429**	**23**	**2**	**–**	**2**	**19**
668	224	13	2	–	2	9
63	27	–	–	–	–	–
347	153	12	1	–	1	10
715	249	10	1	–	1	8
258	–	1	–	–	–	1
46	–	–	–	–	–	–

专任教师、聘请校外

	合　　计			博士研究生		
	计	其中:获学位		计	其中:获学位	
		博士	硕士		博士	硕士
1. 专任教师	**133898**	**22015**	**70266**	**21387**	**21351**	**23**
其中:女	70729	8202	40880	7952	7943	8
正　高　级	10491	3941	3405	3692	3686	3
副　高　级	33931	6682	16198	6490	6479	6
中　　级	53491	10488	29262	10329	10322	7
初　　级	23744	36	14655	19	16	3
未定职级	12241	868	6746	857	848	4
2. 聘请校外教师	**36770**	**3178**	**14961**	**2840**	**2796**	**26**
其中:女	16023	915	7159	770	756	9
外籍教师	547	177	195	183	176	7
其他高校教师	12418	2088	6220	1847	1831	14
正　高　级	4208	1172	1238	1048	1039	8
副　高　级	10741	1414	4406	1222	1204	8
中　　级	12803	532	6128	509	494	9
初　　级	4965	5	1798	5	5	–
未定职级	4053	55	1391	56	54	1

教师学历（位）情况（总计）

硕士研究生			本　科			专科及以下		
计	其中:获学位		计	其中:获学位		计	其中:获学位	
	博士	硕士		博士	硕士		博士	硕士
55104	**489**	**54009**	**55836**	**174**	**16158**	**1571**	**1**	**76**
33109	183	32739	28917	76	8104	751	–	29
2151	153	1944	4613	101	1446	35	1	12
10115	151	9817	17109	52	6341	217	–	34
22699	154	22327	19944	12	6911	519	–	17
13450	19	13338	9826	1	1302	449	–	12
6689	12	6583	4344	8	158	351	–	1
13045	**290**	**12211**	**19356**	**92**	**2719**	**1529**	**–**	**5**
6286	120	5953	8551	39	1194	416	–	3
182	1	181	182	–	7	–	–	–
5488	201	5246	4929	56	959	154	–	1
1107	101	951	2013	32	279	40	–	–
3743	157	3397	5673	53	999	103	–	2
5162	32	4982	6673	6	1137	459	–	–
1671	–	1611	2903	–	187	386	–	–
1362	–	1270	2094	1	117	541	–	3

专任教师、聘请校外

	合　　计			博士研究生		
	计	其中:获学位		计	其中:获学位	
		博士	硕士		博士	硕士
1.专任教师	**133367**	**22010**	**70023**	**21383**	**21347**	**23**
其中:女	70414	8200	40727	7951	7942	8
正 高 级	10468	3940	3400	3692	3686	3
副 高 级	33770	6680	16141	6488	6477	6
中　　级	53267	10486	29182	10327	10320	7
初　　级	23653	36	14584	19	16	3
未定职级	12209	868	6716	857	848	4
2.聘请校外教师	**34291**	**3165**	**14527**	**2827**	**2783**	**26**
其中:女	14764	911	6935	766	752	9
外籍教师	547	177	195	183	176	7
其他高校教师	12352	2080	6194	1839	1823	14
正 高 级	4115	1169	1215	1045	1036	8
副 高 级	10141	1408	4297	1216	1198	8
中　　级	11590	528	5937	505	490	9
初　　级	4466	5	1710	5	5	–
未定职级	3979	55	1368	56	54	1

教师学历（位）情况（普通高等学校）

硕士研究生			本　科			专科及以下		
计	其中:获学位		计	其中:获学位		计	其中:获学位	
	博士	硕士		博士	硕士		博士	硕士
54923	**489**	**53838**	**55500**	**173**	**16086**	**1561**	**1**	**76**
32990	183	32625	28724	75	8065	749	–	29
2148	153	1941	4593	100	1444	35	1	12
10092	151	9796	16974	52	6305	216	–	34
22645	154	22281	19782	12	6877	513	–	17
13379	19	13267	9809	1	1302	446	–	12
6659	12	6553	4342	8	158	351	–	1
12644	**290**	**11859**	**17414**	**92**	**2637**	**1406**	**–**	**5**
6092	120	5768	7526	39	1155	380	–	3
182	1	181	182	–	7	–	–	–
5460	201	5220	4899	56	959	154	–	1
1084	101	930	1946	32	277	40	–	–
3632	157	3302	5190	53	985	103	–	2
5004	32	4842	5665	6	1086	416	–	–
1585	–	1538	2554	–	172	322	–	–
1339	–	1247	2059	1	117	525	–	3

专任教师、聘请校外

	合　计			博士研究生		
	计	其中:获学位		计	其中:获学位	
		博士	硕士		博士	硕士
1.专任教师	**531**	**5**	**243**	**4**	**4**	**-**
其中:女	315	2	153	1	1	-
正 高 级	23	1	5	-	-	-
副 高 级	161	2	57	2	2	-
中 级	224	2	80	2	2	-
初 级	91	-	71			
未定职级	32	-	30	-	-	-
2.聘请校外教师	**2479**	**13**	**434**	**13**	**13**	**-**
其中:女	1259	4	224	4	4	-
外籍教师	-	-	-	-	-	-
其他高校教师	66	8	26	8	8	-
正 高 级	93	3	23	3	3	-
副 高 级	600	6	109	6	6	-
中 级	1213	4	191	4	4	-
初 级	499	-	88	-	-	-
未定职级	74	-	23	-	-	-

教师学历（位）情况（成人高等学校）

硕士研究生			本　科			专科及以下		
计	其中:获学位		计	其中:获学位		计	其中:获学位	
	博士	硕士		博士	硕士		博士	硕士
181	–	**171**	**336**	**1**	**72**	**10**	–	–
119	–	114	193	1	39	2	–	–
3	–	3	20	1	2	–	–	–
23	–	21	135	–	36	1	–	–
54	–	46	162	–	34	6	–	–
71	–	71	17	–	–	3	–	–
30	–	30	2	–	–	–	–	–
401	–	**352**	**1942**	–	**82**	**123**	–	–
194	–	185	1025	–	39	36	–	–
–	–	–	–	–	–	–	–	–
28	–	26	30	–	–	–	–	–
23	–	21	67	–	2	–	–	–
111	–	95	483	–	14	–	–	–
158	–	140	1008	–	51	43	–	–
86	–	73	349	–	15	64	–	–
23	–	23	35	–	–	16	–	–

专 任 教 师

		合　计	29 岁及以下	30－34 岁	35－39 岁
总　计		**133898**	**20552**	**27465**	**27781**
其中:女		70729	13142	16128	15647
获博士学位		22015	893	5141	5258
硕士学位		70266	13378	16476	15974
按专业技术职务分	正 高 级	10491	－	4	166
	副 高 级	33931	2	641	5592
	中 级	53491	3052	14475	18085
	初 级	23744	10158	9020	3019
	未定职级	12241	7340	3325	919
按学历（学位）分	博士研究生	21387	860	5064	5173
	其中:获博士学位	21351	860	5061	5166
	硕士学位	23	－	3	6
	硕士研究生	55104	12370	14932	11985
	其中:获博士学位	489	32	75	82
	硕士学位	54009	12235	14777	11802
	本 科	55836	7095	7344	10472
	其中:获博士学位	174	1	5	10
	硕士学位	16158	1143	1696	4154
	专科及以下	1571	227	125	151
	其中:获博士学位	1	－	－	－
	硕士学位	76	－	－	12

年　龄　情　况（总计）

40－44 岁	45－49 岁	50－54 岁	55－59 岁	60－64 岁	65 岁 及以上
21705	**13357**	**10329**	**9120**	**2542**	**1047**
10700	6027	4565	3198	955	367
4699	2815	1614	1350	198	47
12025	5765	3582	2317	564	185
930	1814	2556	3320	1144	557
8973	6872	5487	4590	1323	451
10556	4154	2020	1058	59	32
948	354	170	71	4	－
298	163	96	81	12	7
4575	2682	1539	1268	178	48
4569	2680	1530	1264	176	45
6	2	2	3	1	－
8239	3680	1911	1355	490	142
94	86	57	44	17	2
8036	3544	1798	1240	443	134
8726	6767	6587	6232	1798	815
36	49	27	41	5	－
3970	2204	1766	1059	116	50
165	228	292	265	76	42
－	－	－	1	－	－
13	15	16	15	4	1

专 任 教 师

		合 计	29 岁及以下	30 – 34 岁	35 – 39 岁
总　计		**133367**	**20504**	**27383**	**27729**
其中:女		70414	13107	16072	15613
获博士学位		22010	893	5139	5257
硕士学位		70023	13332	16411	15947
按专业技术职务分	正 高 级	10468	–	4	166
	副 高 级	33770	2	641	5587
	中 级	53267	3052	14448	18053
	初 级	23653	10137	8969	3005
	未定职级	12209	7313	3321	918
按学历（学位）分	博士研究生	21383	860	5062	5172
	其中:获博士学位	21347	860	5059	5165
	硕士学位	23	–	3	6
	硕士研究生	54923	12324	14867	11966
	其中:获博士学位	489	32	75	82
	硕士学位	53838	12189	14712	11783
	本　科	55500	7093	7329	10440
	其中:获博士学位	173	1	5	10
	硕士学位	16086	1143	1696	4146
	专科及以下	1561	227	125	151
	其中:获博士学位	1	–	–	–
	硕士学位	76	–	–	12

年 龄 情 况（普通高等学校）

40－44 岁	45－49 岁	50－54 岁	55－59 岁	60－64 岁	65 岁 及以上
21641	13287	10177	9057	2542	1047
10658	5986	4476	3180	955	367
4699	2813	1614	1350	198	47
11982	5742	3553	2307	564	185
930	1811	2545	3311	1144	557
8953	6842	5415	4556	1323	451
10515	4119	1951	1038	59	32
945	352	170	71	4	－
298	163	96	81	12	7
4575	2681	1539	1268	178	48
4569	2679	1530	1264	176	45
6	2	2	3	1	－
8216	3673	1893	1352	490	142
94	86	57	44	17	2
8014	3537	1789	1237	443	134
8685	6709	6456	6175	1798	815
36	48	27	41	5	－
3949	2188	1746	1052	116	50
165	224	289	262	76	42
－	－	－	1	－	－
13	15	16	15	4	1

专 任 教 师

		合　计	29 岁及以下	30－34 岁	35－39 岁
总　　计		**531**	**48**	**82**	**52**
其中:女		315	35	56	34
获博士学位		5	－	2	1
硕士学位		243	46	65	27
按专业技术职务分	正 高 级	23	－	－	－
	副 高 级	161	－	－	5
	中 级	224	－	27	32
	初 级	91	21	51	14
	未定职级	32	27	4	1
按学历（学位）分	博士研究生	4	－	2	1
	其中:获博士学位	4	－	2	1
	硕士学位	－	－	－	－
	硕士研究生	181	46	65	19
	其中:获博士学位	－	－	－	－
	硕士学位	171	46	65	19
	本　　科	336	2	15	32
	其中:获博士学位	1	－	－	－
	硕士学位	72	－	－	8
	专科及以下	10	－	－	－
	其中:获博士学位	－	－	－	－
	硕士学位	－	－	－	－

年 龄 情 况（成人高等学校）

40－44 岁	45－49 岁	50－54 岁	55－59 岁	60－64 岁	65 岁 及以上
64	**70**	**152**	**63**	－	－
42	41	89	18	－	－
－	2	－	－	－	－
43	23	29	10	－	－
－	3	11	9	－	－
20	30	72	34	－	－
41	35	69	20	－	－
3	2	－	－	－	－
－	－	－	－	－	－
－	1	－	－	－	－
－	1	－	－	－	－
－	－	－	－	－	－
23	7	18	3	－	－
－	－	－	－	－	－
22	7	9	3	－	－
41	58	131	57	－	－
－	1	－	－	－	－
21	16	20	7	－	－
－	4	3	3	－	－
－	－	－	－	－	－
－	－	－	－	－	－

分学科专任教师数（总计）

	合 计	正高级	副高级	中 级	初 级	未定职级
总　　计	133898	10491	33931	53491	23744	12241
其中:女	70729	3869	16303	29001	14333	7223
哲　学	4100	350	1042	1498	743	467
经 济 学	7794	618	2231	2835	1391	719
法　学	5938	439	1503	2552	960	484
教 育 学	12457	762	3082	4665	2568	1380
其中:体　育	5382	349	1442	2166	927	498
文　学	16341	962	4111	6948	2929	1391
其中:外　语	7882	366	1944	3551	1412	609
历 史 学	1800	210	478	772	197	143
理　学	15102	1497	4188	6340	2065	1012
工　学	34358	2762	8930	14026	5606	3034
其中:计算机	8423	463	2223	3603	1361	773
农　学	3455	424	1058	1383	406	184
其中:林　学	612	79	191	238	78	26
医　学	10420	1352	2796	3934	1793	545
管 理 学	11805	736	2564	4336	2710	1459
艺 术 学	10328	379	1948	4202	2376	1423

分学科专任教师数（普通高等学校）（一）

	合 计	正高级	副高级	中 级	初 级	未定职级
总　　计	133367	10468	33770	53267	23653	12209
其中:女	70414	3857	16207	28883	14264	7203
哲　学	4087	350	1038	1492	741	466
经 济 学	7776	617	2227	2831	1385	716
法　学	5925	439	1499	2547	959	481
教 育 学	12416	759	3071	4650	2560	1376
其中:体　育	5370	349	1437	2163	923	498
文　学	16294	960	4097	6932	2914	1391
其中:外　语	7867	364	1941	3547	1406	609

分学科专任教师数（普通高等学校）（二）

	合 计	正高级	副高级	中 级	初 级	未定职级
历 史 学	1799	210	478	771	197	143
理 学	15071	1496	4171	6333	2060	1011
工 学	34239	2757	8897	13968	5590	3027
其中:计 算 机	8396	462	2219	3591	1351	773
农 学	3454	424	1057	1383	406	184
其中:林 学	612	79	191	238	78	26
医 学	10224	1343	2730	3842	1769	540
管 理 学	11769	736	2561	4319	2699	1454
艺 术 学	10313	377	1944	4199	2373	1420

分学科专任教师数（成人高等学校）

	合 计	正高级	副高级	中 级	初 级	未定职级
总 计	**531**	**23**	**161**	**224**	**91**	**32**
其中:女	315	12	96	118	69	20
哲 学	13	–	4	6	2	1
经 济 学	18	1	4	4	6	3
法 学	13	–	4	5	1	3
教 育 学	41	3	11	15	8	4
其中:体 育	12	–	5	3	4	–
文 学	47	2	14	16	15	–
其中:外 语	15	2	3	4	6	–
历 史 学	1	–	–	1	–	–
理 学	31	1	17	7	5	1
工 学	119	5	33	58	16	7
其中:计 算 机	27	1	4	12	10	–
农 学	1	–	1	–	–	–
其中:林 学	–	–	–	–	–	–
医 学	196	9	66	92	24	5
管 理 学	36	–	3	17	11	5
艺 术 学	15	2	4	3	3	3

专 任 教 师

	上学年初报表专任教师数	增 加 教 师 数					
		合 计	录用毕业生			外单位教师调入	
			计	其中:研究生		计	其 中:高校调入
				计	本校毕业		
总　计	124547	14617	6955	5816	82	1710	910
其中:女	64661	8517	4250	3590	45	866	463
一、普通高等学校	123977	14581	6924	5791	82	1707	907
其中:女	64324	8496	4230	3575	45	865	462
二、成人高等学校	570	36	31	25	－	3	3
其中:女	337	21	20	15	－	1	1

专 任 教 师 分 专 业

	接受培训专任教师	合 计		国 内			
		接受培训专任教师（人次）	培训时间（学时）	集中培训		远程培训	
				接受培训专任教师（人次）	培训时间（学时）	接受培训专任教师（人次）	培训时间（学时）
总　计	63971	217303	6481727	77747	2056799	131487	2295585
其中:女	34563	114771	3441822	40092	1078680	70468	1245008
正 高 级	3387	7200	244471	3145	69454	3856	98388
副 高 级	14723	43918	1414629	15937	382113	26767	541731
中 级	25995	73977	2895764	28008	919619	42922	901047
初 级	13692	49483	1312568	17312	431360	29925	495026
未定职级	6174	42725	614295	13345	254253	28017	259393

变 动 情 况

校内外非教师调入		减 少 教 师 数						本学年初报表专任教师数
计	其中：本校调整	合计	自然减员	调出	校内变动	辞职	其他	
1801	**4151**	**5266**	**980**	**613**	**964**	**1854**	**855**	**133898**
988	2413	2449	436	347	409	874	383	70729
1799	**4151**	**5191**	**973**	**550**	**959**	**1854**	**855**	**133367**
988	2413	2406	433	311	405	874	383	70414
2	**–**	**75**	**7**	**63**	**5**	**–**	**–**	**531**
–	–	43	3	36	4	–	–	315

技 术 职 务 培 训 情 况 （总计）

跟岗实践		国 （境） 外					
		集中培训		远程培训		跟岗实践	
接受培训专任教师（人次）	培训时间（学时）	接受培训专任教师（人次）	培训时间（学时）	接受培训专任教师（人次）	培训时间（学时）	接受培训专任教师（人次）	培训时间（学时）
7418	**1774999**	**493**	**208588**	**58**	**17964**	**100**	**127792**
3903	950149	225	106782	40	11742	43	49461
112	41253	76	22046	1	528	10	12802
973	341578	188	94435	18	7386	35	47386
2754	915083	211	86001	29	8250	53	65764
2219	376672	15	5870	10	1800	2	1840
1360	100413	3	236	–	–	–	–

专 任 教 师 分 专 业

	接受培训专任教师	合计		国内			
		接受培训专任教师（人次）	培训时间（学时）	集中培训		远程培训	
				接受培训专任教师（人次）	培训时间（学时）	接受培训专任教师（人次）	培训时间（学时）
总　计	63664	216801	6465753	77422	2047495	131358	2292283
其中:女	34368	114447	3431822	39876	1072592	70385	1242960
正 高 级	3373	7179	243335	3131	69102	3856	98388
副 高 级	14642	43818	1411575	15856	379577	26750	541313
中　级	25896	73823	2891704	27914	917443	42876	900107
初　级	13611	49321	1306794	17212	428160	29888	493992
未定职级	6142	42660	612345	13309	253213	27988	258483

专 任 教 师 分 专 业

	接受培训专任教师	合计		国内			
		接受培训专任教师（人次）	培训时间（学时）	集中培训		远程培训	
				接受培训专任教师（人次）	培训时间（学时）	接受培训专任教师（人次）	培训时间（学时）
总　计	307	502	15974	325	9304	129	3302
其中:女	195	324	10000	216	6088	83	2048
正 高 级	14	21	1136	14	352	－	－
副 高 级	81	100	3054	81	2536	17	418
中　级	99	154	4060	94	2176	46	940
初　级	81	162	5774	100	3200	37	1034
未定职级	32	65	1950	36	1040	29	910

技 术 职 务 培 训 情 况（普通高等学校）

		国（境）外					
跟岗实践		集中培训		远程培训		跟岗实践	
接受培训专任教师（人次）	培训时间（学时）	接受培训专任教师（人次）	培训时间（学时）	接受培训专任教师（人次）	培训时间（学时）	接受培训专任教师（人次）	培训时间（学时）
7370	**1771631**	**493**	**208588**	**58**	**17964**	**100**	**127792**
3878	948285	225	106782	40	11742	43	49461
105	40469	76	22046	1	528	10	12802
971	341478	188	94435	18	7386	35	47386
2740	914139	211	86001	29	8250	53	65764
2194	375132	15	5870	10	1800	2	1840
1360	100413	3	236	–	–	–	–

技 术 职 务 培 训 情 况（成人高等学校）

		国（境）外					
跟岗实践		集中培训		远程培训		跟岗实践	
接受培训专任教师（人次）	培训时间（学时）	接受培训专任教师（人次）	培训时间（学时）	接受培训专任教师（人次）	培训时间（学时）	接受培训专任教师（人次）	培训时间（学时）
48	**3368**	**–**	**–**	**–**	**–**	**–**	**–**
25	1864	–	–	–	–	–	–
7	784	–	–	–	–	–	–
2	100	–	–	–	–	–	–
14	944	–	–	–	–	–	–
25	1540	–	–	–	–	–	–
–	–	–	–	–	–	–	–

研究生指导教师情况（总计）

	合计	29岁及以下	30 – 34岁	35 – 39岁	40 – 44岁	45 – 49岁	50 – 54岁	55 – 59岁	60 – 64岁	65岁及以上
总　　计	19890	108	1692	3413	4212	3396	3073	3089	637	270
其中:女	6591	44	616	1243	1580	1176	952	777	150	53
一、按专业技术职务分										
正 高 级	7897	–	44	329	863	1512	2031	2381	521	216
副 高 级	9006	13	509	2129	2933	1725	965	617	81	34
中 级	2987	95	1139	955	416	159	77	91	35	20
二、按指导关系分										
博士导师	590	–	9	48	99	101	114	140	41	38
其中:女	122	–	4	13	24	24	27	21	6	3
硕士导师	17852	108	1664	3256	3893	3052	2704	2553	470	152
其中:女	6206	44	610	1215	1508	1093	876	695	123	42
博士、硕士导师	1448	–	19	109	220	243	255	396	126	80
其中:女	263	–	2	15	48	59	49	61	21	8

研究生指导教师情况（普通高等学校）

	合计	29岁及以下	30 – 34岁	35 – 39岁	40 – 44岁	45 – 49岁	50 – 54岁	55 – 59岁	60 – 64岁	65岁及以上
总　　计	19624	108	1685	3369	4171	3348	3025	3013	635	270
其中:女	6557	44	613	1234	1575	1171	946	771	150	53
一、按专业技术职务分										
正 高 级	7687	–	44	320	833	1466	1984	2305	519	216
副 高 级	8950	13	502	2094	2922	1723	964	617	81	34
中 级	2987	95	1139	955	416	159	77	91	35	20
二、按指导关系分										
博士导师	590	–	9	48	99	101	114	140	41	38
其中:女	122	–	4	13	24	24	27	21	6	3
硕士导师	17601	108	1657	3212	3852	3005	2660	2486	469	152
其中:女	6173	44	607	1206	1503	1088	871	689	123	42
博士、硕士导师	1433	–	19	109	220	242	251	387	125	80
其中:女	262	–	2	15	48	59	48	61	21	8

研究生指导教师情况（科研机构）

	合计	29 岁及以下	30 – 34 岁	35 – 39 岁	40 – 44 岁	45 – 49 岁	50 – 54 岁	55 – 59 岁	60 – 64 岁	65 岁及以上
总　计	266	–	7	44	41	48	48	76	2	–
其中：女	34	–	3	9	5	5	6	6	–	–
一、按专业技术职务分										
正　高　级	210	–	–	9	30	46	47	76	2	–
副　高　级	56	–	7	35	11	2	1	–	–	–
中　　级	–	–	–	–	–	–	–	–	–	–
二、按指导关系分										
博士导师	–	–	–	–	–	–	–	–	–	–
其中：女	–	–	–	–	–	–	–	–	–	–
硕士导师	251	–	7	44	41	47	44	67	1	–
其中：女	33	–	3	9	5	5	5	6	–	–
博士、硕士导师	15	–	–	–	–	1	4	9	1	–
其中：女	1	–	–	–	–	–	1	–	–	–

教 职 工 中 其 他 情 况

	共产党员	共青团员	民主党派	华侨	港澳台	少数民族
总　计						
教　职　工	91571	8183	5130	11	34	3962
其中：女	45628	4795	2379	7	14	2182
专任教师	70042	6153	3953	10	24	2878
其中：女	35748	3760	1800	6	12	1693
一、普通高等学校						
教　职　工	91084	8151	5117	11	34	3954
其中：女	45385	4773	2373	7	14	2179
专任教师	69751	6139	3942	10	24	2874
其中：女	35583	3749	1796	6	12	1690
二、成人高等学校						
教　职　工	487	32	13	–	–	8
其中：女	243	22	6	–	–	3
专任教师	291	14	11	–	–	4
其中：女	165	11	4	–	–	3

校　　舍

	学校产权校舍建筑面积			
	计	其　中		
		危　房	当年新增	被外单位借　用
总　　计	63227397.69	39949.00	1941619.27	152182.08
一、教学科研及辅助用房	29198949.02	7578.00	1071093.52	43945.78
教　　室	11056657.31	5683.00	418897.73	25572.08
图　书　馆	3510195.84	－	76914.85	2934.00
实验室、实习场所	11407705.88	1895.00	471022.46	11079.70
专用科研用房	1090761.46	－	25033.56	－
体　育　馆	1638812.85	－	51837.22	4360.00
会　　堂	494815.68	－	27387.70	－
二、行政办公用房	3578664.45	2800.00	52689.23	21705.29
三、生活用房	21008850.46	24821.00	779840.73	76653.26
学生宿舍（公寓）	16056661.38	9567.00	529248.48	68335.10
学生食堂	2388915.59	3369.00	87169.69	5934.96
教工宿舍（公寓）	1471014.42	9868.00	111659.29	－
教工食堂	76866.60	－	5021.63	－
生活福利及附属用房	1015392.47	2017.00	46741.64	2383.20
四、教工住宅	8889309.86	4750.00	21884.90	2442.90
五、其他用房	551623.90	－	16110.89	7434.85

情 况(总计)

单位:平方米

正在施工 校 舍 建筑面积	非学校产权校舍建筑面积		
	合 计	独立使用	共同使用
3936248.87	**15507359.03**	**12272366.60**	**3234992.43**
1940872.92	**7370548.20**	**5648159.32**	**1722388.88**
448088.19	2810774.55	2338889.42	471885.13
174055.32	777394.71	612835.86	164558.85
727785.02	3178884.46	2307406.45	871478.01
292164.83	84726.53	73624.53	11102.00
252370.62	314797.38	200383.62	114413.76
46408.94	203970.57	115019.44	88951.13
120036.35	**1018582.91**	**817858.73**	**200724.18**
1050315.79	**6961397.90**	**5697262.74**	**1264135.16**
620689.12	5215690.86	4315318.21	900372.65
95658.33	686070.71	494555.38	191515.33
293769.20	797465.42	715049.06	82416.36
–	38310.79	17061.32	21249.47
40199.14	223860.12	155278.77	68581.35
749843.42	**–**	**–**	**–**
75180.39	**156830.02**	**109085.81**	**47744.21**

校 舍

	学 校 产 权 校 舍 建 筑 面 积			
	计	其 中		被外单位借用
		危 房	当年新增	
总　　计	**62916695.24**	**39949.00**	**1941619.27**	**152182.08**
一、教学科研及辅助用房	**29039596.97**	**7578.00**	**1071093.52**	**43945.78**
教　室	10997447.02	5683.00	418897.73	25572.08
图 书 馆	3506621.14	–	76914.85	2934.00
实验室、实习场所	11333511.98	1895.00	471022.46	11079.70
专用科研用房	1089935.31	–	25033.56	–
体 育 馆	1619586.36	–	51837.22	4360.00
会　堂	492495.16	–	27387.70	–
二、行政办公用房	**3552165.61**	**2800.00**	**52689.23**	**21705.29**
三、生活用房	**20930678.51**	**24821.00**	**779840.73**	**76653.26**
学生宿舍（公寓）	16003150.25	9567.00	529248.48	68335.10
学生食堂	2380831.44	3369.00	87169.69	5934.96
教工宿舍（公寓）	1470324.09	9868.00	111659.29	–
教工食堂	76176.60	–	5021.63	–
生活福利及附属用房	1000196.13	2017.00	46741.64	2383.20
四、教工住宅	**8853110.86**	**4750.00**	**21884.90**	**2442.90**
五、其他用房	**541143.29**	–	**16110.89**	**7434.85**

校 舍

	学 校 产 权 校 舍 建 筑 面 积			
	计	其 中		被外单位借用
		危 房	当年新增	
总　　计	**310702.45**	–	–	–
一、教学科研及辅助用房	**159352.05**	–	–	–
教　室	59210.29	–	–	–
图 书 馆	3574.70	–	–	–
实验室、实习场所	74193.90	–	–	–
专用科研用房	826.15	–	–	–
体 育 馆	19226.49	–	–	–
会　堂	2320.52	–	–	–
二、行政办公用房	**26498.84**	–	–	–
三、生活用房	**78171.95**	–	–	–
学生宿舍（公寓）	53511.13	–	–	–
学生食堂	8084.15	–	–	–
教工宿舍（公寓）	690.33	–	–	–
教工食堂	690.00	–	–	–
生活福利及附属用房	15196.34	–	–	–
四、教工住宅	**36199.00**	–	–	–
五、其他用房	**10480.61**	–	–	–

情　　况（普通高等学校）

单位：平方米

正在施工 校　舍 建筑面积	非学校产权校舍建筑面积		
	合　计	独立使用	共同使用
3936248.87	**13729447.87**	**11876377.40**	**1853070.47**
1940872.92	**6401833.68**	**5396194.52**	**1005639.16**
448088.19	2344306.18	2154442.42	189863.76
174055.32	671930.40	599469.06	72461.34
727785.02	2901703.49	2277632.45	624071.04
292164.83	76267.53	69938.53	6329.00
252370.62	264022.78	188128.62	75894.16
46408.94	143603.30	106583.44	37019.86
120036.35	**851571.29**	**772297.73**	**79273.56**
1050315.79	**6338802.73**	**5598799.34**	**740003.39**
620689.12	4786664.01	4254300.81	532363.20
95658.33	603773.71	477458.38	126315.33
293769.20	751513.40	700999.06	50514.34
—	28201.32	15549.32	12652.00
40199.14	168650.29	150491.77	18158.52
749843.42	**—**	**—**	**—**
75180.39	**137240.17**	**109085.81**	**28154.36**

情　　况（成人高等学校）

单位：平方米

正在施工 校　舍 建筑面积	非学校产权校舍建筑面积		
	合　计	独立使用	共同使用
—	**1777911.16**	**395989.20**	**1381921.96**
—	**968714.52**	**251964.80**	**716749.72**
—	466468.37	184447.00	282021.37
—	105464.31	13366.80	92097.51
—	277180.97	29774.00	247406.97
—	8459.00	3686.00	4773.00
—	50774.60	12255.00	38519.60
—	60367.27	8436.00	51931.27
—	**167011.62**	**45561.00**	**121450.62**
—	**622595.17**	**98463.40**	**524131.77**
—	429026.85	61017.40	368009.45
—	82297.00	17097.00	65200.00
—	45952.02	14050.00	31902.02
—	10109.47	1512.00	8597.47
—	55209.83	4787.00	50422.83
—	—	—	—
—	**19589.85**	**—**	**19589.85**

— 125 —

资　　产

	占地面积（平方米）			图书（万册）		计算机数	其中：教
	计	其　中		计	其中：	计	计
		绿化用地面　积	运动场地面　积		当年新增		
合　计							
学校产权	120383359	35866080	9130995	19593.88	1389.28	805424	656295
非学校产权中独立使用	20990783	2930575	959008	813.30	40.01	34204	28048
一、普通高等学校							
学校产权	120033944	35796960	9096992	19529.53	1388.39	799777	652635
非学校产权中独立使用	20284270	2762919	908921	593.95	40.01	24330	20144
二、成人高等学校							
学校产权	349415	69120	34002	64.35	0.89	5647	3660
非学校产权中独立使用	706513	167656	50087	219.34	–	9874	7904

信　息　化

	网络信息点数（个）		上　网课程数（门）	电子邮件系　统用户数（个）	管理信息系统数据总　量（GB）
	计	其　中：无线接入			
总　计	**1616683**	**391719**	**68972**	**793014**	**2534227.37**
普通高等学校	1607926	391103	67917	792600	2433102.87
成人高等学校	8757	616	1055	414	101124.50

情　　况

（台） 学用计算机 其中：平板电脑	教室（间） 计	其中：网络多媒体教室	固定资产总值（万元） 计	其中:教学、科研仪器设备资产值 计	当年新增	其中:信息化设备资产值 计	其中：软件
10876	54349	32237	12154500.65	3071820.93	354626.36	916177.46	230526.99
1159	11962	4724	1512152.45	88459.45	13824.14	−	−
10709	53865	32035	12128709.55	3062878.92	354477.31	911992.63	230154.21
514	10647	4207	1434710.83	68303.80	13824.14	−	−
167	484	202	25791.10	8942.01	149.05	4184.83	372.78
645	1315	517	77441.62	20155.66	−	−	−

建　设　情　况

数　字　资　源　量				信息化 培训人次 （人次）	信息化 工　作 人员数
电子图书 （册）	电子期刊 （册）	学位论文 （册）	音视频 （小时）		
135981267	**35525692**	**441079912**	**6054348.45**	**79546**	**2585**
134733200	34501780	431493706	5794026.45	78858	2537
1248067	1023912	9586206	260322.00	688	48

民办的其他高等教育

	自考助学班		进修及
	结业生数	注 册 学生数	结业生数
总　计	**2462**	**2495**	**15562**
其中:女	1156	1197	6438

民办的其他高等教育

	占地面积 （平方米）	图 书 （万册）	计算机数（台）			教室（间）	
			计	其中:教学用计算机		计	其中： 网络多 媒体教室
				计	其中： 平板电脑		
一、学校产权	**172345**	**79.48**	**2897**	**2561**	**101**	**413**	**150**
二、非学校产权	**899606**	**44.75**	**1669**	**1272**	**293**	**923**	**377**
独立使用	692512	16.07	1531	1192	279	644	291
共同使用	207093	28.68	138	80	14	279	86

机构学生、教师情况

培训学生 注册学生数	教职工	专任教师	聘请校外教师
–	**1239**	**636**	**398**
–	656	359	124

机构办学条件情况

固定资产总值(万元)		校舍建筑面积(平方米)			数字资源量			
计	教学、科研仪器设备资产值	计	其中		电子图书(册)	电子期刊(册)	学位论文(册)	音视频(小时)
			教学科研及辅助用房	行政办公用房				
15662.79	**6481.71**	**208305**	**96229**	**18340**	**127064**	**6791**	**377**	**7130**
23739.70	**3468.05**	**410048**	**200521**	**22401**	–	–	–	–
20790.55	3174.71	355216	156827	18871	–	–	–	–
2949.15	293.35	54831	43693	3530	–	–	–	–

三、中等职业教育

中　等　职　业

	合　计	中央部门	计
一、中等职业学校	**544**	**1**	**399**
其中：调整后中等职业学校	–	–	–
中等技术学校	123	1	104
中等师范学校	8	–	8
成人中等专业学校	157	–	108
职业高中学校	256	–	179
二、其他机构（不计校数）	**20**	**–**	**20**
三、附设中职班	**103**	**–**	**72**

注：本表数据不含技工学校，下同。

中等职业学校（机构）

		毕（结）业生数		招生数			
					其中：应届毕业		
		计	其中：获得职业资格证书	计	计	其中：初中毕业生	其中：五年制高职中职段
总计	**一、中职学生计**	**324853**	**202421**	**409613**	**382590**	**372917**	**44171**
	其中：中职全日制学生	313307	198108	390768	376647	367024	44171
	中职非全日制学生	11546	4313	18845	5943	5893	–
	1. 调整后中职学生	–	–	–	–	–	–
	其中：全日制学生	–	–	–	–	–	–
	非全日制学生	–	–	–	–	–	–
	2. 普通中专学生	235500	131836	303488	291903	284144	44084
	3. 成人中专学生	20794	12362	33325	20037	18809	–
	其中：全日制学生	9248	8049	14480	14094	12916	–
	非全日制学生	11546	4313	18845	5943	5893	–
	4. 职业高中学生	68559	58223	72800	70650	69964	87
	二、培训学生	**551581**	**–**	**–**	**–**	**–**	**–**
	三、外国留学生	**–**	**–**	**–**	**–**	**–**	**–**
其中：女	**一、中职学生计**	**152269**	**90731**	**175218**	**162814**	**160450**	**21191**
	其中：中职全日制学生	145056	88375	165345	159481	157135	21191
	中职非全日制学生	7213	2356	9873	3333	3315	–
	1. 调整后中职学生	–	–	–	–	–	–
	其中：全日制学生	–	–	–	–	–	–
	非全日制学生	–	–	–	–	–	–
	2. 普通中专学生	113999	62449	134926	129748	127764	21149
	3. 成人中专学生	8935	3854	11042	4403	4316	–
	其中：全日制学生	1722	1498	1169	1070	1001	–
	非全日制学生	7213	2356	9873	3333	3315	–
	4. 职业高中学生	29335	24428	29250	28663	28370	42
	二、培训学生	**306747**	**–**	**–**	**–**	**–**	**–**
	三、外国留学生	**–**	**–**	**–**	**–**	**–**	**–**

学 校 机 构 数

单位:所

地	方		民 办	中 外 合作办
教育部门	其他部门	地方企业		
321	**76**	**2**	**144**	**－**
－	－	－	－	－
57	46	1	18	－
7	1	－	－	－
99	8	1	49	－
158	21	－	77	－
17	3	－	－	－
52	18	2	31	－

各类学生数及女生数

在 校 生 数					预计毕业生数	
合计	一年级	二年级	三年级	四年级及以上	计	其中:五年制高职中职段
1149685	**409614**	**395999**	**342259**	**1813**	**359769**	**45264**
1093754	390769	370381	330791	1813	338529	45264
55931	18845	25618	11468	－	21240	
－	－	－	－	－	－	
－	－	－	－	－	－	
－	－	－	－	－	－	
840271	303489	280388	254581	1813	261852	45264
93077	33325	39046	20706	－	30760	
37146	14480	13428	9238	－	9520	
55931	18845	25618	11468	－	21240	
216337	72800	76565	66972	－	67157	
－	－	－	－	－	－	
－	－	－	－	－	－	
502041	**175218**	**172666**	**153428**	**729**	**153774**	**20881**
472604	165345	157688	148842	729	144812	20881
29437	9873	14978	4586	－	8962	
－	－	－	－	－	－	
－	－	－	－	－	－	
－	－	－	－	－	－	
379087	134926	124330	119102	729	116922	20881
33572	11042	16369	6161	－	10622	
4135	1169	1391	1575	－	1660	
29437	9873	14978	4586	－	8962	
89382	29250	31967	28165	－	26230	
－	－	－	－	－	－	
－	－	－	－	－	－	

中等职业学校分办学类型及

		学生数						
		合计			其中:全日制			其
		毕业生数	招生数	在校生数	毕业生数	招生数	在校生数	毕业生数
总计		**324853**	**409613**	**1149685**	**313307**	**390768**	**1093754**	**11546**
其中:女		152269	175218	502041	145056	165345	472604	7213
按办学类型分	普通中专学校	128608	149423	417676	122402	144273	395494	6206
	成人中专学校	32568	51456	137725	31164	44318	120918	1404
	职业高中学校	122740	165576	460019	119306	159019	443077	3434
	其他机构	1562	1642	4702	1060	1642	4702	502
	附设中职班	39375	41516	129563	39375	41516	129563	–
按举办者分	1. 中央部门(机构)	242	535	1251	242	535	1251	–
	2. 地　方	249992	293090	834685	240281	278221	788567	9711
	教育部门	188065	223740	629861	180471	215395	605383	7594
	其他部门	60520	69307	203345	58403	62783	181705	2117
	地方企业	1407	43	1479	1407	43	1479	–
	3. 民　办	74619	115988	313749	72784	112012	303936	1835
	4. 中外合作办	–	–	–	–	–	–	–

举办者的中职学生及教职工情况

中:非全日制		教职工数	其中:专任教师						聘请校外教师
招生数	在校生数	计	计	正高级	副高级	中级	初级	未定职级	
18845	**55931**	**56209**	**46091**	**130**	**9634**	**18132**	**12261**	**5934**	**8082**
9873	29437	29246	25368	52	4487	9791	7516	3522	3880
5150	22182	17804	13896	86	3369	5363	3496	1582	2232
7138	16807	10816	8059	19	1418	2948	1643	2031	3903
6557	16942	26347	23132	24	4628	9417	6839	2224	1822
–	–	1242	1004	1	219	404	283	97	125
–	–	–	–	–	–	–	–	–	–
–	–	69	47	–	18	11	14	4	8
14869	46118	45629	38431	101	9063	16121	10811	2335	6971
8345	24478	36370	31700	51	7569	13321	9148	1611	2613
6524	21640	9223	6721	50	1489	2796	1662	724	4356
–	–	36	10	–	5	4	1	–	2
3976	9813	10511	7613	29	553	2000	1436	3595	1103
–	–	–	–	–	–	–	–	–	–

中职学生分科类情况（总计）

	毕业生数		招 生 数			在校生数	预 计毕业生数
	计	其 中：获得职业资格证书	计	其中：应届毕业生			
				计	其 中：初中毕业		
总 计	324853	202421	409613	382590	372917	1149685	359769
其中:女	152269	90731	175218	162814	160450	502041	153774
农林牧渔类	18432	11481	23535	19865	17234	77297	30561
资源环境类	1579	1371	955	870	870	3162	1200
能源与新能源类	459	312	1950	1950	1950	3109	811
土木水利类	12443	8705	18028	17510	17228	48495	14201
加工制造类	25135	15849	31665	30362	30051	89287	27310
石油化工类	348	300	334	334	334	1084	403
轻纺食品类	1928	1047	997	997	997	3848	1613
交通运输类	39390	27899	42552	41638	39936	124686	39072
信息技术类	54943	34881	80835	74172	73089	222891	68542
医药卫生类	28253	10767	26879	24795	24615	73757	24403
休闲保健类	3450	2216	6453	6116	6082	15738	3919
财经商贸类	38116	23799	51769	45189	44730	142423	46115
旅游服务类	13322	9196	17702	17377	17327	49075	12736
文化艺术类	28994	16243	41488	39683	38967	106289	30010
体育与健身	7426	5637	17925	17187	16028	38563	7929
教 育 类	45715	29711	44277	42287	41479	132857	44268
司法服务类	308	–	1	1	1	162	160
公共管理与服务类	3827	2494	1656	1656	1400	15064	5818
其 他	785	513	612	601	599	1898	698

中职学生分科类情况（普通中专学生）

	毕业生数		招　生　数			在校生数	预　计毕业生数
	计	其中：获得职业资格证书	计	其中:应届毕业生			
				计	其中：初中毕业		
总　　计	235500	131836	303488	291903	284144	840271	261852
其中:女	113999	62449	134926	129748	127764	379087	116922
农林牧渔类	10890	7000	13852	13431	10858	39202	13246
资源环境类	811	605	955	870	870	3132	1170
能源与新能源类	239	207	1853	1853	1853	2745	679
土木水利类	9399	5961	14315	14093	13831	38622	11456
加工制造类	18257	10036	22428	22076	21813	63462	19618
石油化工类	131	98	176	176	176	591	241
轻纺食品类	1800	931	598	598	598	2822	1482
交通运输类	31898	21336	34400	33771	32108	101050	31913
信息技术类	37340	20499	59064	56076	55120	160942	47858
医药卫生类	23707	8468	24918	22851	22682	66760	21101
休闲保健类	2553	1442	4472	4422	4392	11551	3108
财经商贸类	26907	14508	39226	36266	35902	105253	34584
旅游服务类	7215	3955	13006	12815	12768	33124	8653
文化艺术类	20303	10128	29827	28646	27997	77658	22028
体育与健身	2117	1140	4937	4703	4615	11539	2292
教　育　类	37861	22960	38213	38019	37351	114085	37957
司法服务类	308	–	1	1	1	162	160
公共管理与服务类	2979	2049	1033	1033	1008	6071	3608
其　　他	785	513	214	203	201	1500	698

中职学生分科类情况（成人中专全日制学生）

	毕业生数		招 生 数			在校生数	预 计 毕业生数
	计	其 中： 获得职业 资格证书	计	其中：应届毕业生			
				计	其 中： 初中毕业		
总　　计	9248	8049	14480	14094	12916	37146	9520
其中：女	1722	1498	1169	1070	1001	4135	1660
农林牧渔类	236	236	98	98	98	998	500
资源环境类	－	－	－	－	－	－	－
能源与新能源类	－	－	－	－	－	－	－
土木水利类	541	435	208	183	183	907	408
加工制造类	269	269	320	320	299	660	234
石油化工类	－	－	－	－	－	－	－
轻纺食品类	－	－	－	－	－	－	－
交通运输类	256	240	126	126	95	1608	930
信息技术类	889	652	1840	1633	1589	3915	741
医药卫生类	93	79	135	118	107	509	157
休闲保健类	－	－	－	－	－	－	－
财经商贸类	376	376	143	141	141	1034	682
旅游服务类	1132	1132	217	217	217	2527	119
文化艺术类	400	78	85	57	57	376	228
体育与健身	4330	3830	10887	10781	9710	22939	4722
教育类	726	722	421	420	420	1673	799
司法服务类	－	－	－	－	－	－	－
公共管理与服务类	－	－	－	－	－	－	－
其　　他	－	－	－	－	－	－	－

中职学生分科类情况（成人中专非全日制学生）

	毕业生数		招 生 数			在校生数	预 计 毕业生数
	计	其 中：获得职业资格证书	计	其中:应届毕业生			
				计	其 中：初中毕业		
总　　计	**11546**	**4313**	**18845**	**5943**	**5893**	**55931**	**21240**
其中:女	7213	2356	9873	3333	3315	29437	8962
农林牧渔类	2594	68	4094	845	841	18749	10612
资源环境类	685	685	–	–	–	–	–
能源与新能源类	–	–	–	–	–	–	–
土木水利类	319	319	331	223	203	565	119
加工制造类	120	120	575	–	–	2123	516
石油化工类	–	–	–	–	–	–	–
轻纺食品类	–	–	–	–	–	–	–
交通运输类	72	72	530	429	429	717	86
信息技术类	1280	387	3500	542	542	10060	4558
医药卫生类	2316	199	–	–	–	1511	1511
休闲保健类	43	43	473	186	186	473	–
财经商贸类	1226	443	3366	84	58	8082	2163
旅游服务类	59	59	–	–	–	8	–
文化艺术类	883	71	3820	3440	3440	4202	–
体育与健身	–	–	398	–	–	398	–
教育类	1936	1834	1758	194	194	2057	175
司法服务类	–	–	–	–	–	–	–
公共管理与服务类	13	13	–	–	–	6986	1500
其　　他	–	–	–	–	–	–	–

中职学生分科类情况（职业高中学生）

	毕业生数		招 生 数			在校生数	预 计毕业生数
	计	其 中：获得职业资格证书	计	其中:应届毕业生			
				计	其 中：初中毕业		
总　　计	**68559**	**58223**	**72800**	**70650**	**69964**	**216337**	**67157**
其中:女	29335	24428	29250	28663	28370	89382	26230
农林牧渔类	4712	4177	5491	5491	5437	18348	6203
资源环境类	83	81	－	－	－	30	30
能源与新能源类	220	105	97	97	97	364	132
土木水利类	2184	1990	3174	3011	3011	8401	2218
加工制造类	6489	5424	8342	7966	7939	23042	6942
石油化工类	217	202	158	158	158	493	162
轻纺食品类	128	116	399	399	399	1026	131
交通运输类	7164	6251	7496	7312	7304	21311	6143
信息技术类	15434	13343	16431	15921	15838	47974	15385
医药卫生类	2137	2021	1826	1826	1826	4977	1634
休闲保健类	854	731	1508	1508	1504	3714	811
财经商贸类	9607	8472	9034	8698	8629	28054	8686
旅游服务类	4916	4050	4479	4345	4342	13416	3964
文化艺术类	7408	5966	7756	7540	7473	24053	7754
体育与健身	979	667	1703	1703	1703	3687	915
教育类	5192	4195	3885	3654	3514	15042	5337
司法服务类	－	－	－	－	－	－	－
公共管理与服务类	835	432	623	623	392	2007	710
其　　他	－	－	398	398	398	398	－

中职在校生分年龄情况

	合计	14岁及以下	15岁	16岁	17岁	18岁	19岁	20岁	21岁	22岁及以上
总　　计	1149685	15233	238830	334415	280351	143639	44180	15779	9419	67839
其中:中职全日制学生	1093754	15219	238146	333269	279242	142927	43115	15046	7231	19559
中职非全日制学生	55931	14	684	1146	1109	712	1065	733	2188	48280
1.调整后中职学生	-	-	-	-	-	-	-	-	-	-
其中:全日制学生	-	-	-	-	-	-	-	-	-	-
非全日制学生	-	-	-	-	-	-	-	-	-	-
2.普通中专学生	840271	13309	180053	257099	211140	113154	33787	11922	4280	15527
3.成人中专学生	93077	163	9519	12693	10495	5062	2304	1315	2495	49031
其中:全日制学生	37146	149	8835	11547	9386	4350	1239	582	307	751
非全日制学生	55931	14	684	1146	1109	712	1065	733	2188	48280
4.职业高中学生	216337	1761	49258	64623	58716	25423	8089	2542	2644	3281
其中:女	502041	7975	106887	144368	117457	60226	18459	6904	4261	35504
其中:全日制学生	472604	7970	106513	143896	116912	60021	18029	6643	2657	9963
非全日制学生	29437	5	374	472	545	205	430	261	1604	25541
1.调整后中职学生	-	-	-	-	-	-	-	-	-	-
其中:全日制学生	-	-	-	-	-	-	-	-	-	-
非全日制学生	-	-	-	-	-	-	-	-	-	-
2.普通中专学生	379087	7183	85167	116018	91038	49330	14951	5792	1751	7857
3.成人中专学生	33572	20	1116	1554	1776	867	553	321	1645	25720
其中:全日制学生	4135	15	742	1082	1231	662	123	60	41	179
非全日制学生	29437	5	374	472	545	205	430	261	1604	25541
4.职业高中学生	89382	772	20604	26796	24643	10029	2955	791	865	1927

招 生 、 在 校

地 区	招 生 数				
	合计	普通中专	成人中专	成 人中专非全日制	职业高中
总　　计	409613	303488	14480	18845	72800
北 京 市	62	5	56	–	1
天 津 市	69	8	61	–	–
河 北 省	843	313	508	–	22
山 西 省	419	190	213	1	15
内 蒙 古	73	15	52	–	6
辽 宁 省	211	18	155	–	38
吉 林 省	122	7	108	–	7
黑 龙 江	147	20	122	–	5
上 海 市	74	2	71	–	1
江 苏 省	531	50	471	–	10
浙 江 省	353	23	217	1	112
安 徽 省	1014	258	693	4	59
福 建 省	183	16	163	–	4
江 西 省	534	34	487	–	13
山 东 省	1951	464	1212	–	275
河 南 省	397614	300993	6023	18839	71759
湖 北 省	1840	735	739	–	366
湖 南 省	782	34	708	–	40
广 东 省	197	22	168	–	7
广 　 西	141	9	128	–	4
海 南 省	54	2	51	–	1
重 庆 市	537	18	512	–	7
四 川 省	813	46	760	–	7
贵 州 省	256	41	211	–	4
云 南 省	132	15	117	–	–
西 　 藏	27	–	22	–	5
陕 西 省	264	64	188	–	12
甘 肃 省	147	46	96	–	5
青 海 省	82	8	63	–	11
宁 　 夏	60	1	58	–	1
新 　 疆	81	31	47	–	3
港 澳 台	–	–	–	–	–

生 来 源 情 况

	在 校 生 数			
合 计	普通中专	成人中专	成 人中专非全日制	职业高中
1149685	**840271**	**37146**	**55931**	**216337**
157	9	146	–	2
163	13	149	–	1
1720	639	1051	1	29
1228	707	495	1	25
191	30	150	–	11
414	35	338	–	41
281	25	247	1	8
333	54	272	1	6
194	5	188	–	1
1360	145	902	52	261
862	52	694	1	115
2362	795	1455	7	105
387	35	344	–	8
1235	66	1146	1	22
6457	3720	2439	–	298
1119571	**830733**	**18627**	**55842**	**214369**
4697	2246	1603	10	838
1696	106	1539	5	46
420	47	362	1	10
265	21	238	–	6
108	4	103	–	1
1321	40	1271	–	10
1618	242	1344	–	32
696	122	558	–	16
289	27	260	1	1
128	1	122	–	5
602	153	414	3	32
361	127	218	3	13
200	15	171	–	14
161	12	146	–	3
208	45	154	1	8
–	–	–		–

中　职　学　生

	上学年初报表在校生数	增加学生数					
		计	招生	复学	转入	其他	计
总　计	**1110637**	**447823**	**409613**	**676**	**26905**	**10629**	**408775**
调整后中职学生	–	–	–	–	–	–	–
其中:全日制学生	–	–	–	–	–	–	–
非全日制学生	–	–	–	–	–	–	–
普通中专学生	795994	332035	303488	140	20213	8194	287758
成人中专学生	86076	37026	33325	50	1708	1943	30025
其中:全日制学生	35675	14969	14480	50	439	–	13498
非全日制学生	50401	22057	18845	–	1269	1943	16527
职业高中学生	228567	78762	72800	486	4984	492	90992
其中:女	**494596**	**191525**	**175218**	**281**	**11180**	**4846**	**184080**
调整后中职学生	–	–	–	–	–	–	–
其中:全日制学生	–	–	–	–	–	–	–
非全日制学生	–	–	–	–	–	–	–
普通中专学生	365688	147152	134926	48	8481	3697	133753
成人中专学生	32969	12687	11042	–	617	1028	12084
其中:全日制学生	5442	1175	1169	–	6	–	2482
非全日制学生	27527	11512	9873	–	611	1028	9602
职业高中学生	95939	31686	29250	233	2082	121	38243

在　校　生　中

	共产党员	共青团员	华　侨	港澳台
总　计	**242**	**341463**	**–**	**–**
其中:女	70	148820	–	–
调整后中职全日制学生	–	–	–	–
调整后中职非全日制学生	–	–	–	–
普通中专学生	85	235837	–	–
成人中专学生	1	12333	–	–
成人中专非全日制学生	153	7026	–	–
职业高中学生	3	86267	–	–

变 动 情 况

减 少 学 生 数								本学年初报表在校生数
毕业	结业	休学	退学	开除	死亡	转出	其他	
324853	**999**	**1321**	**29302**	**600**	**18**	**50694**	**988**	**1149685**
–	–	–	–	–	–	–	–	–
–	–	–	–	–	–	–	–	–
235500	748	571	23495	505	18	25933	988	840271
20794	60	559	1311	–	–	7301	–	93077
9248	60	559	1288	–	–	2343	–	37146
11546	–	–	23	–	–	4958	–	55931
68559	191	191	4496	95	–	17460	–	216337
152269	**403**	**264**	**10826**	**185**	**7**	**19592**	**534**	**502041**
–	–	–	–	–	–	–	–	–
–	–	–	–	–	–	–	–	–
113999	338	207	9053	166	7	9449	534	379087
8935	5	–	128	–	–	3016	–	33572
1722	5	–	122	–	–	633	–	4135
7213	–	–	6	–	–	2383	–	29437
29335	60	57	1645	19	–	7127	–	89382

其 他 情 况

少数民族	残疾人	五 年 制 高 职 中 职 段 学 生			
		合　计	一年级	二年级	三年级
6936	**997**	**135631**	**44171**	**46196**	**45264**
2468	327	62819	21191	20747	20881
–	–	–	–	–	–
–	–	–	–	–	–
5536	626	135523	44084	46175	45264
684	157	–	–	–	–
12	–	21	–	21	–
704	214	87	87	–	–

培　　训　　学

	集中培训（班数）	培训时间（学时）				
		计	集中培训	远程培训	跟岗实践	计
合　　计	**4098**	**17122655**	**10617642**	**5809105**	**695908**	**551581**
其中:少数民族	–	13614	10234	3380	–	815
资格证书培训	–	1370652	1312640	45413	12599	26723
岗位证书培训	–	3085827	1573376	1479555	32896	60064
党政管理培训	8	31853	28633	3220	–	8607
企业经营管理培训	32	1695	1290	373	32	1246
专业技术培训	2079	12404679	6693924	5566066	144689	437428
其中:幼儿园教师	152	315442	179207	109994	26241	17371
中小学教师	1553	11141491	6240000	4800243	101248	350897
中职学校教师	58	69427	30513	36914	2000	4355
高等教育学校教师	–	–	–	–	–	–
职业技能培训	985	2826827	2414539	56508	355780	66098
其中:农村劳动者	352	1105430	953660	4672	147098	31331
进城务工人员	85	106831	84849	20100	1882	5741
其他培训	994	1857601	1479256	182938	195407	38202
其中:学　　生	944	1257457	882064	180286	195107	33802
老 年 人	–	–	–	–	–	–

培　　训　　学

	集中培训（班数）	培训时间（学时）				
		计	集中培训	远程培训	跟岗实践	计
合　　计	**1503**	**1201226**	**1119215**	**71599**	**10412**	**57590**
其中:少数民族	–	555	555	–	–	555
资格证书培训	–	324836	324836	–	–	4406
岗位证书培训	–	10154	10154	–	–	3134
党政管理培训	4	9290	9270	20	–	184
企业经营管理培训	2	587	182	373	32	138
专业技术培训	273	115547	82377	23090	10080	17507
其中:幼儿园教师	8	48592	34592	14000	–	1181
中小学教师	6	6612	6612	–	–	3095
中职学校教师	6	26538	17448	8370	720	548
高等教育学校教师	–	–	–	–	–	–
职业技能培训	529	802124	795828	6296	–	26700
其中:农村劳动者	80	81542	81542	–	–	3736
进城务工人员	25	20129	20129	–	–	886
其他培训	695	273678	231558	41820	300	13061
其中:学　　生	658	249774	210606	39168	–	9301
老 年 人	–	–	–	–	–	–

生　　情　　况（总计）

单位：人次

结 业 生 数						
计			其 中 ：女			
集中培训	远程培训	跟岗实践	计	集中培训	远程培训	跟岗实践
312259	**229508**	**9814**	**306747**	**155776**	**146420**	**4551**
762	53	–	466	432	34	–
25372	1164	187	12956	12601	306	49
38093	20376	1595	37472	22511	14600	361
5407	3200	–	2570	1562	1008	–
1173	73	–	537	505	32	–
215383	218449	3596	260843	116002	142373	2468
9523	7125	723	15925	8293	6931	701
139649	209796	1452	233498	97698	134656	1144
3431	897	27	2213	1626	569	18
–	–	–	–	–	–	–
59574	4288	2236	24748	22671	1289	788
28844	1181	1306	12595	11557	480	558
4514	758	469	2245	2050	161	34
30722	3498	3982	18049	15036	1718	1295
26934	3056	3812	15669	12776	1628	1265
–	–	–	–	–	–	–

生　　情　　况（普通中专学校）

单位：人次

结 业 生 数						
计			其 中 ：女			
集中培训	远程培训	跟岗实践	计	集中培训	远程培训	跟岗实践
52851	**3749**	**990**	**21093**	**18904**	**1587**	**602**
555	–	–	300	300	–	–
4406	–	–	1454	1454	–	–
3134	–	–	1200	1200	–	–
184	–	–	64	64	–	–
65	73	–	87	55	32	–
15766	921	820	5945	4550	823	572
681	500	–	1143	654	489	–
3095	–	–	234	234	–	–
369	169	10	400	239	158	3
–	–	–	–	–	–	–
24531	2169	–	8571	8028	543	–
3736	–	–	1194	1194	–	–
886	–	–	470	470	–	–
12305	586	170	6426	6207	189	30
9157	144	–	4357	4258	99	–
–	–	–	–	–	–	–

培　　训　　学

	集中培训（班数）	培训时间（学时）				
		计	集中培训	远程培训	跟岗实践	计
合　计	**1278**	**9779436**	**5099595**	**4582647**	**97194**	**216929**
其中:少数民族	–	12279	8899	3380	–	247
资格证书培训	–	164844	145332	9912	9600	9930
岗位证书培训	–	2078358	717358	1358000	3000	23329
党政管理培训	1	3248	3248	–	–	203
企业经营管理培训	–	–	–	–	–	–
专业技术培训	1189	9668868	4989882	4581807	97179	213402
其中:幼儿园教师	98	208293	106248	91674	10371	7572
中小学教师	1062	8603366	4669575	3847343	86448	158817
中职学校教师	17	33745	4995	28390	360	1237
高等教育学校教师	–	–	–	–	–	–
职业技能培训	41	56056	56056	–	–	1943
其中:农村劳动者	21	36976	36976	–	–	1171
进城务工人员	–	–	–	–	–	–
其他培训	47	51264	50409	840	15	1381
其中:学　生	47	51264	50409	840	15	1381
老年人	–	–	–	–	–	–

培　　训　　学

	集中培训（班数）	培训时间（学时）				
		计	集中培训	远程培训	跟岗实践	计
合　计	**809**	**3832135**	**2868094**	**375739**	**588302**	**73299**
其中:少数民族	–	–	–	–	–	–
资格证书培训	–	820086	781586	35501	2999	11033
岗位证书培训	–	582815	438484	114435	29896	9049
党政管理培训	1	12915	12915	–	–	1820
企业经营管理培训	30	1108	1108	–	–	1108
专业技术培训	166	443014	220335	185249	37430	11668
其中:幼儿园教师	27	18090	2220	–	15870	982
中小学教师	58	394730	198630	181300	14800	1770
中职学校教师	35	9144	8070	154	920	2570
高等教育学校教师	–	–	–	–	–	–
职业技能培训	367	1842669	1436677	50212	355780	35168
其中:农村劳动者	250	982452	830682	4672	147098	26413
进城务工人员	51	53642	31660	20100	1882	4651
其他培训	245	1532429	1197059	140278	195092	23535
其中:学　生	232	956189	620819	140278	195092	22895
老年人	–	–	–	–	–	–

生 情 况（成人中专学校）

单位：人次

结 业 生 数						
计			其 中 ：女			
集中培训	远程培训	跟岗实践	计	集中培训	远程培训	跟岗实践
140562	**74689**	**1678**	**127034**	**71648**	**54027**	**1359**
194	53	–	163	129	34	–
9812	118	–	6555	6530	25	–
11849	11380	100	17514	8196	9258	60
203	–	–	37	37	–	–
–	–	–	–	–	–	–
137452	74287	1663	125089	70028	53717	1344
5073	2305	194	7025	4718	2122	185
85981	71384	1452	115555	63148	51263	1144
622	598	17	779	432	332	15
–	–	–	–	–	–	–
1943	–	–	1067	1067	–	–
1171	–	–	998	998	–	–
–	–	–	–	–	–	–
964	402	15	841	516	310	15
964	402	15	841	516	310	15
–	–	–	–	–	–	–

生 情 况（职业高中学校）

单位：人次

结 业 生 数						
计			其 中 ：女			
集中培训	远程培训	跟岗实践	计	集中培训	远程培训	跟岗实践
60985	**5168**	**7146**	**31996**	**27309**	**2097**	**2590**
–	–	–	–	–	–	–
9800	1046	187	4549	4219	281	49
5678	1876	1495	3139	2238	600	301
1820	–	–	453	453	–	–
1108	–	–	450	450	–	–
10016	539	1113	6327	5643	132	552
453	–	529	806	290	–	516
1740	30	–	1178	1166	12	–
2440	130	–	1034	955	79	–
–	–	–	–	–	–	–
30813	2119	2236	14094	12560	746	788
23926	1181	1306	10401	9363	480	558
3424	758	469	1624	1429	161	34
17228	2510	3797	10672	8203	1219	1250
16588	2510	3797	10361	7892	1219	1250
–	–	–	–	–	–	–

培　训　学

	集中培训（班数）	培训时间（学时）				
		计	集中培训	远程培训	跟岗实践	计
合　计	**453**	**2183650**	**1404530**	**779120**	**–**	**201251**
其中:少数民族	–	–	–	–	–	–
资格证书培训	–	150	150	–	–	100
岗位证书培训	–	414500	407380	7120	–	24552
党政管理培训	2	6400	3200	3200	–	6400
企业经营管理培训	–	–	–	–	–	–
专业技术培训	451	2177250	1401330	775920	–	194851
其中:幼儿园教师	19	40467	36147	4320	–	7636
中小学教师	427	2136783	1365183	771600	–	187215
中职学校教师	–	–	–	–	–	–
高等教育学校教师	–	–	–	–	–	–
职业技能培训	–	–	–	–	–	–
其中:农村劳动者	–	–	–	–	–	–
进城务工人员	–	–	–	–	–	–
其他培训	–	–	–	–	–	–
其中:学　生	–	–	–	–	–	–
老年人	–	–	–	–	–	–

培　训　学

	集中培训（班数）	培训时间（学时）				
		计	集中培训	远程培训	跟岗实践	计
合　计	**55**	**126208**	**126208**	**–**	**–**	**2512**
其中:少数民族	–	780	780	–	–	13
资格证书培训	–	60736	60736	–	–	1254
岗位证书培训	–	–	–	–	–	–
党政管理培训	–	–	–	–	–	–
企业经营管理培训	–	–	–	–	–	–
专业技术培训	–	–	–	–	–	–
其中:幼儿园教师	–	–	–	–	–	–
中小学教师	–	–	–	–	–	–
中职学校教师	–	–	–	–	–	–
高等教育学校教师	–	–	–	–	–	–
职业技能培训	48	125978	125978	–	–	2287
其中:农村劳动者	1	4460	4460	–	–	11
进城务工人员	9	33060	33060	–	–	204
其他培训	7	230	230	–	–	225
其中:学　生	7	230	230	–	–	225
老年人	–	–	–	–	–	–

生　　情　　况（其他机构）

单位：人次

结　　业　　生　　数						
计			其中：女			
集中培训	远程培训	跟岗实践	计	集中培训	远程培训	跟岗实践
55349	**145902**	–	**125498**	**36789**	**88709**	–
–	–	–	–	–	–	–
100	–	–	80	80	–	–
17432	7120	–	15619	10877	4742	–
3200	3200	–	2016	1008	1008	–
–	–	–	–	–	–	–
52149	142702	–	123482	35781	87701	–
3316	4320	–	6951	2631	4320	–
48833	138382	–	116531	33150	83381	–
–	–	–	–	–	–	–
–	–	–	–	–	–	–
–	–	–	–	–	–	–
–	–	–	–	–	–	–
–	–	–	–	–	–	–
–	–	–	–	–	–	–
–	–	–	–	–	–	–

生　　情　　况（附设中职班）

单位：人次

结　　业　　生　　数						
计			其中：女			
集中培训	远程培训	跟岗实践	计	集中培训	远程培训	跟岗实践
2512	–	–	**1126**	**1126**	–	–
13	–	–	3	3	–	–
1254	–	–	318	318	–	–
–	–	–	–	–	–	–
–	–	–	–	–	–	–
–	–	–	–	–	–	–
–	–	–	–	–	–	–
–	–	–	–	–	–	–
–	–	–	–	–	–	–
–	–	–	–	–	–	–
2287	–	–	1016	1016	–	–
11	–	–	2	2	–	–
204	–	–	151	151	–	–
225	–	–	110	110	–	–
225	–	–	110	110	–	–
–	–	–	–	–	–	–

教　职　工

| | 合　计 | 教　职 | | |
| | | 校　本　部　教 | | |
		计	专任教师	行政人员
总　计	**56209**	**55692**	**46091**	**3826**
其中:女	29246	28969	25368	1400
正　高　级	177	177	130	40
副　高　级	10885	10885	9634	848
中　级	20105	20096	18132	962
初　级	13702	13653	12261	518
未定职级	11340	10881	5934	1458
总计中：聘任制　小　计	**12407**	**12407**	**10399**	**829**
其中:女	6923	6923	6059	353
正　高　级	27	27	19	7
副　高　级	2049	2049	1866	131
中　级	4066	4066	3772	159
初　级	3130	3130	2893	99
未定职级	3135	3135	1849	433

教　职　工

| | 合　计 | 教　职 | | |
| | | 校　本　部　教 | | |
		计	专任教师	行政人员
总　计	**17804**	**17392**	**13896**	**1513**
其中:女	9234	9016	7651	579
正　高　级	116	116	86	23
副　高　级	3827	3827	3369	313
中　级	6140	6131	5363	341
初　级	4101	4052	3496	209
未定职级	3620	3266	1582	627
总计中：聘任制　小　计	**1794**	**1794**	**1494**	**131**
其中:女	1034	1034	884	62
正　高　级	5	5	2	2
副　高　级	333	333	289	25
中　级	642	642	555	33
初　级	541	541	464	27
未定职级	273	273	184	44

情　　况（总计）

工　　数		校办企业职　工	其他附设机构人员	聘请校外教　师
职　工				
教辅人员	工勤人员			
3087	**2688**	**388**	**129**	**8082**
1464	737	196	81	3880
7	–	–	–	256
373	30	–	–	1760
930	72	–	9	3523
823	51	–	49	1110
954	2535	388	71	1433
799	**380**	**–**	**–**	**–**
373	138	–	–	–
1	–	–	–	–
51	1	–	–	–
132	3	–	–	–
137	1	–	–	–
478	375	–	–	–

情　　况（普通中专学校）

工　　数		校办企业职　工	其他附设机构人员	聘请校外教　师
职　工				
教辅人员	工勤人员			
956	**1027**	**332**	**80**	**2232**
532	254	172	46	1252
7	–	–	–	15
122	23	–	–	421
370	57	–	9	876
315	32	–	49	512
142	915	332	22	408
132	**37**	**–**	**–**	**–**
79	9	–	–	–
1	–	–	–	–
19	–	–	–	–
52	2	–	–	–
49	1	–	–	–
11	34	–	–	–

教 职 工

	合 计	教 职		
		校 本 部 教		
		计	专任教师	行政人员
总 计	**10816**	**10793**	**8059**	**1021**
其中:女	5426	5412	4358	418
正 高 级	23	23	19	4
副 高 级	1671	1671	1418	163
中 级	3403	3403	2948	225
初 级	1985	1985	1643	117
未定职级	3734	3711	2031	512
总计中： 聘任制 小 计	**2892**	**2892**	**1978**	**367**
其中:女	1593	1593	1196	170
正 高 级	11	11	8	3
副 高 级	360	360	331	18
中 级	718	718	628	45
初 级	425	425	360	28
未定职级	1378	1378	651	273

教 职 工

	合 计	教 职		
		校 本 部 教		
		计	专任教师	行政人员
总 计	**26347**	**26265**	**23132**	**1216**
其中:女	13845	13800	12721	372
正 高 级	36	36	24	12
副 高 级	5139	5139	4628	351
中 级	10127	10127	9417	385
初 级	7301	7301	6839	182
未定职级	3744	3662	2224	286
总计中： 聘任制 小 计	**7251**	**7251**	**6553**	**297**
其中:女	3972	3972	3712	104
正 高 级	11	11	9	2
副 高 级	1317	1317	1207	88
中 级	2602	2602	2487	79
初 级	2010	2010	1919	41
未定职级	1311	1311	931	87

情　　　况（成人中专学校）

工　　数		校办企业职工	其他附设机构人员	聘请校外教师
职　工				
教辅人员	工勤人员			
1042	**671**	–	**23**	**3903**
408	228	–	14	1572
–	–	–	–	213
89	1	–	–	1114
228	2	–	–	2123
223	2	–	–	248
502	666	–	23	205
408	**139**	–	–	–
160	67	–	–	–
–	–	–	–	–
11	–	–	–	–
45	–	–	–	–
37	–	–	–	–
315	139	–	–	–

情　　　况（职业高中学校）

工　　数		校办企业职工	其他附设机构人员	聘请校外教师
职　工				
教辅人员	工勤人员			
982	**935**	**56**	**26**	**1822**
463	244	24	21	996
–	–	–	–	3
154	6	–	–	163
313	12	–	–	516
263	17	–	–	329
252	900	56	26	811
203	**198**	–	–	–
94	62	–	–	–
–	–	–	–	–
21	1	–	–	–
35	1	–	–	–
50	–	–	–	–
97	196	–	–	–

教　职　工

	合　计	教　　职		
		校　本　部　教		
		计	专任教师	行政人员
总　　计	1242	1242	1004	76
其中:女	741	741	638	31
正 高 级	2	2	1	1
副 高 级	248	248	219	21
中　　级	435	435	404	11
初　　级	315	315	283	10
未定职级	242	242	97	33
总计中：聘任制　小　　计	470	470	374	34
其中:女	324	324	267	17
正 高 级	–	–	–	–
副 高 级	39	39	39	–
中　　级	104	104	102	2
初　　级	154	154	150	3
未定职级	173	173	83	29

专 任 教 师 、聘 请 校 外

	本 学 年 授 课 专 任 教 师			
	合　　计	文　化基础课	专业课、实习指导课	
			计	其中:双师型
总　　计	45881	20950	24931	11590
其中:女	25260	12105	13155	6157
正 高 级	128	47	81	56
副 高 级	9592	4898	4694	2763
中　　级	18066	8087	9979	5435
初　　级	12219	5347	6872	2912
未定职级	5876	2571	3305	424
其中:普通中专学校	13805	5274	8531	4145
其中:女	7607	2971	4636	2244
正 高 级	84	30	54	42
副 高 级	3342	1457	1885	1147
中　　级	5331	2058	3273	1900
初　　级	3479	1314	2165	930
未定职级	1569	415	1154	126

情　　况（其他机构）

工　数		校办企业	其他附设	聘请校外
职　工				
教辅人员	工勤人员	职　工	机构人员	教　师
107	**55**	–	–	**125**
61	11	–	–	60
–	–	–	–	25
8	–	–	–	62
19	1	–	–	8
22	–	–	–	21
58	54	–	–	9
56	**6**	–	–	–
40	–	–	–	–
–	–	–	–	–
–	–	–	–	–
1	–	–	–	–
55	6	–	–	–

教 师 岗 位 分 类 情 况（一）

本学年授课聘请校外教师				本学年不授课专任教师			
合 计	文化 基础课	专业课、实习指导课		合 计	进 修	病 休	其 他
		计	其中： 双师型				
8082	**2393**	**5689**	**1960**	**210**	**39**	**28**	**143**
3880	1389	2491	921	108	10	14	84
256	105	151	47	2	–	–	2
1760	385	1375	532	42	4	15	23
3523	891	2632	909	66	18	8	40
1110	417	693	301	42	12	5	25
1433	595	838	171	58	5	–	53
2232	**723**	**1509**	**590**	**91**	**5**	**20**	**66**
1252	494	758	332	44	–	10	34
15	4	11	2	2	–	–	2
421	99	322	159	27	–	11	16
876	253	623	268	32	–	7	25
512	159	353	117	17	–	2	15
408	208	200	44	13	5	–	8

专任教师、聘请校外

	本学年授课专任教师			
	合计	文化基础课	专业课、实习指导课	
			计	其中：双师型
其中：成人中专学校	**8057**	**4430**	**3627**	**1063**
其中：女	4357	2623	1734	519
正 高 级	19	8	11	4
副 高 级	1418	935	483	201
中 级	2946	1635	1311	418
初 级	1643	768	875	272
未定职级	2031	1084	947	168
其中：职业高中学校	**23015**	**10633**	**12382**	**6221**
其中：女	12658	6145	6513	3262
正 高 级	24	8	16	10
副 高 级	4613	2351	2262	1385
中 级	9385	4141	5244	3052
初 级	6814	3092	3722	1651
未定职级	2179	1041	1138	123
其中：其他机构	**1004**	**613**	**391**	**161**
其中：女	638	366	272	132
正 高 级	1	1	–	–
副 高 级	219	155	64	30
中 级	404	253	151	65
初 级	283	173	110	59
未定职级	97	31	66	7

教 师 岗 位 分 类 情 况 (二)

本学年授课聘请校外教师				本学年不授课专任教师			
合　计	文　化基础课	专业课、实习指导课		合　计	进　修	病　休	其　他
		计	其中：双师型				
3903	**1004**	**2899**	**906**	**2**	**－**	**－**	**2**
1572	503	1069	353	1	－	－	1
213	75	138	43	－	－	－	－
1114	208	906	295	－	－	－	－
2123	533	1590	457	2	－	－	2
248	108	140	76	－	－	－	－
205	80	125	35	－	－	－	－
1822	**579**	**1243**	**453**	**117**	**34**	**8**	**75**
996	350	646	231	63	10	4	49
3	1	2	2	－	－	－	－
163	26	137	71	15	4	4	7
516	102	414	183	32	18	1	13
329	143	186	106	25	12	3	10
811	307	504	91	45	－	－	45
125	**87**	**38**	**11**	**－**	**－**	**－**	**－**
60	42	18	5	－	－	－	－
25	25	－	－	－	－	－	－
62	52	10	7	－	－	－	－
8	3	5	1	－	－	－	－
21	7	14	2	－	－	－	－
9	－	9	1	－	－	－	－

专 任 教 师 、聘 请 校 外

	总 计				
	合 计	博 士 研究生	硕 士 研究生	本 科	专 科
1.专任教师	**46091**	**23**	**3292**	**38505**	**4230**
其中:女	25368	9	2096	21450	1799
实习指导课教师	913	–	89	699	116
正 高 级	130	10	44	73	1
副 高 级	9634	7	693	8667	262
中 级	18132	4	1160	15433	1522
初 级	12261	1	963	10009	1283
未定职级	5934	1	432	4323	1162
2.聘请校外教师	**8082**	**3**	**767**	**5867**	**1433**
其中:女	3880	–	377	2853	649
实习指导课教师	493	–	98	248	142
外籍教师	–		–	–	–
正 高 级	256	–	63	180	13
副 高 级	1760	2	254	1238	266
中 级	3523	1	288	2422	812
初 级	1110	–	95	916	96
未定职级	1433	–	67	1111	246

专 任 教 师 、聘 请 校 外

	其中:成人中专学校							
	合 计	博 士 研究生	硕 士 研究生	本 科	专 科	高中阶段 及 以 下	合 计	博 士 研究生
1.专任教师	**8059**	**4**	**583**	**5720**	**1746**	**6**	**23132**	**6**
其中:女	4358	3	344	3280	729	2	12721	1
实习指导课教师	256	–	33	176	42	5	320	–
正 高 级	19	1	9	8	–	1	24	3
副 高 级	1418	2	162	1150	104	–	4628	1
中 级	2948	–	197	2173	577	1	9417	2
初 级	1643	1	125	1095	422	–	6839	–
未定职级	2031	–	90	1294	643	4	2224	–
2.聘请校外教师	**3903**	**1**	**306**	**2450**	**1141**	**5**	**1822**	**2**
其中:女	1572	–	120	945	507	–	996	–
实习指导课教师	337	–	42	159	132	4	62	–
外籍教师	–	–	–	–	–		–	
正 高 级	213	–	46	154	13		3	
副 高 级	1114	1	92	776	245	–	163	1
中 级	2123	–	125	1240	758	–	516	1
初 级	248	–	28	175	45	–	329	
未定职级	205	–	15	105	80	5	811	–

教 师 学 历 情 况（一）

高中阶段及以下	其中：普通中专学校					
	合　计	博　士研究生	硕　士研究生	本　科	专　科	高中阶段及以下
41	**13896**	**13**	**1518**	**11526**	**818**	**21**
14	7651	5	1008	6282	347	9
9	309	–	14	279	13	3
2	86	6	23	55	1	1
5	3369	4	293	3012	55	5
13	5363	2	533	4490	328	10
5	3496	–	507	2747	239	3
16	1582	1	162	1222	195	2
12	**2232**	**–**	**253**	**1880**	**92**	**7**
1	1252	–	135	1072	44	1
5	84	–	37	45	1	1
–	–	–	–	–	–	–
–	15	–	4	11	–	–
–	421	–	90	320	11	–
–	876	–	70	780	26	–
3	512	–	55	444	10	3
9	408	–	34	325	45	4

教 师 学 历 情 况（二）

其中：职业高中学校				其中：其他机构					
硕　士研究生	本科	专科	高中阶段及以下	合　计	博　士研究生	硕　士研究生	本科	专科	高中阶段及以下
1043	**20452**	**1618**	**13**	**1004**	**–**	**148**	**807**	**48**	**1**
619	11403	696	2	638	–	125	485	27	1
42	226	51	1	28	–	–	18	10	–
12	9	–	–	1	–	–	1	–	–
222	4305	100	–	219	–	16	200	3	–
382	8432	600	1	404	–	48	338	17	1
282	5946	609	2	283	–	49	221	13	–
145	1760	309	10	97	–	35	47	15	–
161	**1469**	**190**	**–**	**125**	**–**	**47**	**68**	**10**	**–**
98	805	93	–	60	–	24	31	5	–
13	40	9	–	10	–	6	4	–	–
–	–	–	–	–	–	–	–	–	–
1	2	–	–	25	–	12	13	–	–
38	114	10	–	62	–	34	28	–	–
93	396	26	–	8	–	–	6	2	–
11	277	41	–	21	–	1	20	–	–
18	680	113	–	9	–	–	1	8	–

专任教师分年龄情况(一)

	合计	29岁及以下	30-34岁	35-39岁	40-44岁	45-49岁	50-54岁	55-59岁	60岁及以上
总　计	**46091**	**7477**	**7325**	**8850**	**7421**	**7595**	**5246**	**2134**	**43**
其中:女	25368	4831	4525	5263	4195	3763	2426	358	7
正高级	130	–	–	1	4	29	54	33	9
副高级	9634	–	35	456	1446	2997	3195	1478	27
中　级	18132	537	1922	4612	4831	3849	1806	570	5
初　级	12261	3153	3990	3344	954	598	171	51	–
未定职级	5934	3787	1378	437	186	122	20	2	2
其中:普通中专学校	**13896**	**1942**	**2232**	**2563**	**2195**	**2237**	**1785**	**937**	**5**
其中:女	7651	1265	1393	1536	1261	1135	837	223	1
正高级	86	–	–	–	–	19	36	26	5
副高级	3369	–	15	154	473	934	1122	671	–
中　级	5363	177	619	1457	1316	1034	544	216	–
初　级	3496	892	1175	810	323	205	67	24	–
未定职级	1582	873	423	142	83	45	16	–	–

专任教师分年龄情况（二）

	合计	29岁及以下	30 – 34岁	35 – 39岁	40 – 44岁	45 – 49岁	50 – 54岁	55 – 59岁	60岁及以上
其中:成人中专学校	8059	1762	1375	1371	1140	1157	882	349	23
其中:女	4358	1011	709	813	692	624	437	66	6
正 高 级	19	–	–	1	2	4	8	2	2
副 高 级	1418	–	13	96	176	397	479	238	19
中 级	2948	102	341	614	772	646	370	101	2
初 级	1643	416	510	483	129	76	23	6	–
未定职级	2031	1244	511	177	61	34	2	2	–
其中:职业高中学校	23132	3701	3536	4696	3894	4053	2427	810	15
其中:女	12721	2495	2269	2750	2128	1925	1086	68	–
正 高 级	24	–	–	–	2	6	9	5	2
副 高 级	4628	–	3	197	770	1618	1489	543	8
中 级	9417	258	933	2444	2609	2082	847	241	3
初 级	6839	1810	2196	1952	474	306	80	21	–
未定职级	2224	1633	404	103	39	41	2	–	2
其中:其他机构	1004	72	182	220	192	148	152	38	–
其中:女	638	60	154	164	114	79	66	1	–
正 高 级	1	–	–	–	–	–	1	–	–
副 高 级	219	–	4	9	27	48	105	26	–
中 级	404	–	29	97	134	87	45	12	–
初 级	283	35	109	99	28	11	1	–	–
未定职级	97	37	40	15	3	2	–	–	–

分科专任教师情况（总计）

		合计	其中：女	正高级	副高级	中级	初级	未定职级
总　　计		46091	25368	130	9634	18132	12261	5934
其中:女		25368	–	52	4487	9791	7516	3522
文化基础课		21048	12171	47	4916	8105	5360	2620
专业课	小　　计	24130	12761	80	4607	9745	6587	3111
	农林牧渔类	2123	983	11	564	976	462	110
	资源环境类	68	17	–	13	27	11	17
	能源与新能源类	208	97	1	50	89	21	47
	土木水利类	678	286	3	147	237	187	104
	加工制造类	1883	710	12	381	787	509	194
	石油化工类	101	42	–	20	52	19	10
	轻纺食品类	363	179	3	82	172	80	26
	交通运输类	1402	576	3	177	437	446	339
	信息技术类	4047	2186	12	706	1715	1122	492
	医药卫生类	1837	1209	20	392	845	379	201
	休闲保健类	182	96	–	17	68	46	51
	财经商贸类	1900	1185	5	426	737	488	244
	旅游服务类	985	610	1	140	387	312	145
	文化艺术类	2758	1819	4	437	1067	875	375
	体育与健身	1452	424	–	205	502	402	343
	教　育　类	3213	1856	5	707	1275	946	280
	司法服务类	134	59	–	17	57	50	10
	公共管理与服务类	309	157	–	47	123	84	55
	其　　他	487	270	–	79	192	148	68
实习指导课		913	436	3	111	282	314	203

分科专任教师情况（普通中专学校）

		合计	其中：女	正高级	副高级	中级	初级	未定职级
总 计		13896	7651	86	3369	5363	3496	1582
其中:女		7651	–	38	1664	2994	2062	893
文化基础课		5309	2991	30	1470	2070	1320	419
专业课	小 计	8278	4510	55	1838	3174	2077	1134
	农林牧渔类	287	122	2	92	101	60	32
	资源环境类	28	8	–	9	13	4	2
	能源与新能源类	144	59	1	43	59	12	29
	土木水利类	296	113	3	84	104	65	40
	加工制造类	702	276	7	166	267	178	84
	石油化工类	42	14	–	8	26	7	1
	轻纺食品类	47	21	–	14	22	7	4
	交通运输类	392	148	2	75	105	101	109
	信息技术类	1381	749	10	261	552	330	228
	医药卫生类	1131	751	18	266	502	227	118
	休闲保健类	49	31	–	5	18	12	14
	财经商贸类	817	531	5	228	303	192	89
	旅游服务类	319	217	1	52	124	92	50
	文化艺术类	958	646	3	164	373	295	123
	体育与健身	488	176	–	92	202	140	54
	教 育 类	854	495	3	213	282	258	98
	司法服务类	67	21	–	13	24	23	7
	公共管理与服务类	118	68	–	19	50	27	22
	其 他	158	64	–	34	47	47	30
实习指导课		309	150	1	61	119	99	29

分科专任教师情况（成人中专学校）

	合计	其中:女	正高级	副高级	中级	初级	未定职级
总　计	8059	4358	19	1418	2948	1643	2031
其中:女	4358	–	10	704	1628	917	1099
文化基础课	4430	2623	8	935	1635	768	1084
专业课 小　计	3373	1572	10	473	1275	795	820
农林牧渔类	765	342	6	175	404	165	15
资源环境类	11	1	–	3	3	2	3
能源与新能源类	19	14	–	3	5	2	9
土木水利类	55	19	–	10	14	10	21
加工制造类	124	40	–	9	51	31	33
石油化工类	–	–	–	–	–	–	–
轻纺食品类	5	3	–	1	3	1	–
交通运输类	272	150	–	11	60	83	118
信息技术类	231	119	–	18	108	76	29
医药卫生类	185	142	2	39	66	27	51
休闲保健类	34	12	–	1	6	9	18
财经商贸类	119	61	–	21	33	18	47
旅游服务类	77	37	–	1	16	21	39
文化艺术类	272	139	1	17	80	77	97
体育与健身	390	62	–	3	56	78	253
教育类	635	350	1	146	301	137	50
司法服务类	10	6	–	1	4	4	1
公共管理与服务类	56	18	–	4	19	13	20
其　他	113	57	–	10	46	41	16
实习指导课	256	163	1	10	38	80	127

分科专任教师情况（职业高中学校）

		合计	其中：女	正高级	副高级	中级	初级	未定职级
总　计		23132	12721	24	4628	9417	6839	2224
其中:女		12721	－	4	2024	4903	4334	1456
文化基础课		10696	6191	8	2356	4147	3099	1086
专业课	小　计	12116	6424	15	2239	5152	3605	1105
	农林牧渔类	1071	519	3	297	471	237	63
	资源环境类	29	8	－	1	11	5	12
	能源与新能源类	45	24	－	4	25	7	9
	土木水利类	327	154	－	53	119	112	43
	加工制造类	1057	394	5	206	469	300	77
	石油化工类	59	28	－	12	26	12	9
	轻纺食品类	283	131	3	66	142	54	18
	交通运输类	705	260	1	89	262	252	101
	信息技术类	2380	1280	2	422	1036	695	225
	医药卫生类	521	316	－	87	277	125	32
	休闲保健类	99	53	－	11	44	25	19
	财经商贸类	898	534	－	171	386	244	97
	旅游服务类	575	344	－	85	244	197	49
	文化艺术类	1512	1018	－	252	604	501	155
	体育与健身	573	186	－	110	243	184	36
	教　育　类	1576	924	1	311	612	529	123
	司法服务类	57	32	－	3	29	23	2
	公共管理与服务类	135	71	－	24	54	44	13
	其　他	214	148	－	35	98	59	22
实习指导课		320	106	1	33	118	135	33

分　科　专　任

		合　计	其中：女	正高级
总　　计		**1004**	**638**	**1**
其中:女		638	–	–
文化基础课		**613**	**366**	**1**
专 业 课	小　计	363	255	–
	农林牧渔类	–	–	–
	资源环境类	–	–	–
	能源与新能源类	–	–	–
	土木水利类	–	–	–
	加工制造类	–	–	–
	石油化工类	–	–	–
	轻纺食品类	28	24	–
	交通运输类	33	18	–
	信息技术类	55	38	–
	医药卫生类	–	–	–
	休闲保健类	–	–	–
	财经商贸类	66	59	–
	旅游服务类	14	12	–
	文化艺术类	16	16	–
	体育与健身	1	–	–
	教　育　类	148	87	–
	司法服务类	–	–	–
	公共管理与服务类	–	–	–
	其　他	2	1	–
实习指导课		**28**	**17**	**–**

— 168 —

教 师 情 况 (其他机构)

副高级	中 级	初 级	未定职级
219	**404**	**283**	**97**
95	266	203	74
155	**253**	**173**	**31**
57	**144**	**110**	**52**
－	－	－	－
－	－	－	－
－	－	－	－
－	－	－	－
－	－	－	－
－	－	－	－
1	5	18	4
2	10	10	11
5	19	21	10
－	－	－	－
－	－	－	－
6	15	34	11
2	3	2	7
4	10	2	－
－	1	－	－
37	80	22	9
－	－	－	－
－	－	－	－
－	1	1	－
7	**7**	**－**	**14**

专 任 教 师

		上学年初报表专任教师数	增加教师数					
			合计	录用毕业生			调入	
				计	其中		计	其中：外校
					研究生	本科		
总　计	合　计	**48216**	**3450**	**1864**	**306**	**1294**	**1183**	**788**
	其中:女	26197	2101	1216	215	858	694	475
普通中专学　校	合　计	15337	1355	806	152	534	400	346
	其中:女	8490	747	499	119	298	192	158
成人中专学　校	合　计	8115	586	306	48	153	237	132
	其中:女	4392	326	165	17	114	141	85
职业高中学　校	合　计	23767	1428	735	98	605	493	289
	其中:女	12711	982	540	74	446	330	216
其他机构	合　计	997	81	17	8	2	53	21
	其中:女	604	46	12	5	–	31	16

教 职 工 中

		共产党员	共青团员
总　　计	**教　职　工**	**17948**	**2054**
	其中:女	7768	1209
	专任教师	**14204**	**1489**
	其中:女	6719	953
普通中专学　校	教　职　工	7133	345
	其中:女	3392	199
	专任教师	5359	240
	其中:女	2852	152
成人中专学　校	教　职　工	3313	702
	其中:女	1367	376
	专任教师	2432	392
	其中:女	1115	237
职业高中学　校	教　职　工	7104	1007
	其中:女	2831	634
	专任教师	6091	857
	其中:女	2600	564
其他机构	教　职　工	398	–
	其中:女	178	–
	专任教师	322	–
	其中:女	152	–

变　动　情　况

校内变动	其他	减 少 教 师 数						本学年初报表专任教师数
		合计	自然减员	调出	校内变动	辞职	其他	
347	**56**	**3956**	**404**	**1999**	**858**	**682**	**13**	**47710**
155	36	2095	194	1024	460	414	3	26203
149	–	1648	161	1083	317	84	3	15044
56	–	902	89	580	188	44	1	8335
43	–	718	75	102	183	358	–	7983
20	–	385	40	39	101	205	–	4333
144	56	1512	161	775	326	240	10	23683
76	36	780	64	394	155	165	2	12913
11	–	78	7	39	32	–	–	1000
3	–	28	1	11	16	–	–	622

其　他　情　况

民主党派	华　侨	港澳台	少数民族
315	–	–	**338**
170	–	–	193
262	–	–	**233**
145	–	–	152
180	–	–	164
89	–	–	91
151	–	–	105
78	–	–	66
51	–	–	42
28	–	–	17
37	–	–	26
21	–	–	15
84	–	–	132
53	–	–	85
74	–	–	102
46	–	–	71
–	–	–	–
–	–	–	–
–	–	–	–
–	–	–	–

专 任 教 师 接

	接受培训专任教师	合 计		计		国 家 级	
		接受培训专任教师（人次）	培训时间（学时）				
总　计	35697	94383	2965533	94379	2964761	2647	206251
女	19640	51542	1560927	51538	1560155	1447	111297
集中培训	–	63980	1676441	63976	1675669	1038	115432
远程培训	–	27336	1114997	27336	1114997	1553	85847
跟岗实践	–	3067	174095	3067	174095	56	4972
普通中专学校	9843	24770	727733	24766	726961	590	29872
女	5370	13026	404351	13022	403579	356	19315
集中培训	–	17045	453589	17041	452817	335	25836
远程培训	–	7101	237418	7101	237418	243	2908
跟岗实践	–	624	36726	624	36726	12	1128

专 任 教 师 接

	接受培训专任教师	合 计		计		国 家 级	
		接受培训专任教师（人次）	培训时间（学时）				
成人中专学校	6431	23725	496194	23725	496194	691	45595
女	3625	12919	247112	12919	247112	361	30715
集中培训	–	16478	230609	16478	230609	302	17923
远程培训	–	5591	188764	5591	188764	350	24998
跟岗实践	–	1656	76821	1656	76821	39	2674
职业高中学校	18806	44333	1674525	44333	1674525	1241	117126
女	10311	24780	880342	24780	880342	670	55054
集中培训	–	29182	948748	29182	948748	329	66129
远程培训	–	14382	667349	14382	667349	907	49827
跟岗实践	–	769	58428	769	58428	5	1170
其他机构	617	1555	67081	1555	67081	125	13658
女	334	817	29122	817	29122	60	6213
集中培训	–	1275	43495	1275	43495	72	5544
远程培训	–	262	21466	262	21466	53	8114
跟岗实践	–	18	2120	18	2120	–	–

受　培　训　情　况(一)

单位:人次

国内								国(境)外	
省级		地市级		县级		校级		接受培训专任教师(人次)	培训时间(学时)
11976	**884775**	**11554**	**558490**	**12409**	**378291**	**55793**	**936954**	**4**	**772**
6174	476421	6179	310944	7112	201554	30626	459939	4	772
4433	442557	4512	195679	7025	254477	46968	667524	4	772
7289	412803	6512	329578	5261	122112	6721	164657	–	–
254	29415	530	33233	123	1702	2104	104773	–	–
3361	**281054**	**2103**	**127260**	**2051**	**62202**	**16661**	**226573**	**4**	**772**
1678	156089	1056	75726	827	32236	9105	120213	4	772
1233	143273	737	51546	1079	41030	13657	191132	4	772
2062	120981	1288	68886	967	20752	2541	23891	–	–
66	16800	78	6828	5	420	463	11550	–	–

受　培　训　情　况(二)

单位:人次

国内								国(境)外	
省级		地市级		县级		校级		接受培训专任教师(人次)	培训时间(学时)
2404	**105826**	**2097**	**68873**	**2676**	**79412**	**15857**	**196488**	**–**	**–**
1320	61043	1112	36869	1425	44084	8701	74401	–	–
600	32554	1023	23087	1548	47892	13005	109153	–	–
1759	72927	986	44991	1019	30400	1477	15448	–	–
45	345	88	795	109	1120	1375	71887	–	–
5909	**477591**	**7277**	**358025**	**7435**	**218976**	**22471**	**502807**	**–**	**–**
3064	250463	3976	196345	4719	118651	12351	259829	–	–
2493	258954	2707	119658	4151	147854	19502	356153	–	–
3291	208487	4206	212757	3275	70960	2703	125318	–	–
125	10150	364	25610	9	162	266	21336	–	–
302	**20304**	**77**	**4332**	**247**	**17701**	**804**	**11086**	**–**	**–**
112	8826	35	2004	141	6583	469	5496	–	–
107	7776	45	1388	247	17701	804	11086	–	–
177	10408	32	2944	–	–	–	–	–	–
18	2120	–	–	–	–	–	–	–	–

校　　舍

	学校产权校舍建筑面积			
	计	其中		
		危　房	当年新增	被外单位借　用
总　计	**14172750.15**	**50051.32**	**648617.46**	**59753.85**
一、教学及辅助用房	**6428377.87**	**27344.00**	**353241.28**	**20535.96**
教　室	3047387.50	14366.00	125812.91	11887.59
图书馆	491700.44	780.00	48482.98	222.00
实验室、实习场所	2455949.16	12198.00	168742.05	6083.33
体育馆	255053.83	–	5157.34	2100.00
会　堂	178286.94	–	5046.00	243.04
二、行政办公用房	**947548.93**	**5514.69**	**43415.53**	**1094.22**
三、生活用房	**5639426.37**	**14223.63**	**236748.09**	**34200.97**
学生宿舍(公寓)	3869171.80	13423.63	156158.48	17152.01
学生食堂	908008.76	800.00	48565.84	5250.00
教工宿舍(公寓)	493094.65	–	12617.97	8562.00
教工食堂	61523.12	–	5044.36	–
生活福利及附属用房	307628.04	–	14361.44	3236.96
四、教工住宅	**752744.89**	**527.00**	**9998.56**	**–**
五、其他用房	**404652.09**	**2442.00**	**5214.00**	**3922.70**

校　　舍

	学校产权校舍建筑面积			
	计	其中		
		危　房	当年新增	被外单位借　用
总　计	**5520227.86**	**8328.00**	**60718.51**	**24060.84**
一、教学及辅助用房	**2511801.88**	**1528.00**	**35860.38**	**11099.91**
教　室	1159857.99	1528.00	9520.00	3106.58
图书馆	176382.60	–	–	110.00
实验室、实习场所	963199.99	–	26340.38	5883.33
体育馆	146397.56	–	–	2000.00
会　堂	65963.74	–	–	–
二、行政办公用房	**322968.89**	**–**	**1764.80**	**694.22**
三、生活用房	**2043518.35**	**5600.00**	**20090.33**	**8344.01**
学生宿舍(公寓)	1468136.40	5600.00	16255.50	7052.01
学生食堂	304611.22	–	2709.00	450.00
教工宿舍(公寓)	119557.09	–	880.00	842.00
教工食堂	19803.75	–	132.00	–
生活福利及附属用房	131409.89	–	113.83	–
四、教工住宅	**447075.87**	**–**	**–**	**–**
五、其他用房	**194862.87**	**1200.00**	**3003.00**	**3922.70**

情　　况（总计）

单位：平方米

正在施工校舍建筑面积	非学校产权校舍建筑面积		
	合　计	独立使用	共同使用
636764.16	**2430057.20**	**1596873.71**	**833183.49**
278792.55	**1182587.91**	**768564.49**	**414023.42**
123076.35	482764.92	336193.41	146571.51
2304.00	135363.48	72562.53	62800.95
119148.20	423130.29	281931.55	141198.74
31509.00	90550.77	40751.34	49799.43
2755.00	50778.45	37125.66	13652.79
24693.00	**172308.71**	**92418.70**	**79890.01**
308278.61	**1006227.42**	**670491.51**	**335735.91**
196172.22	662599.16	460844.50	201754.66
28289.95	179120.13	117316.01	61804.12
83316.44	118333.81	58162.33	60171.48
500.00	16912.26	9212.26	7700.00
–	29262.06	24956.41	4305.65
25000.00	**–**	**–**	**–**
–	**68933.16**	**65399.01**	**3534.15**

情　　况（普通中专学校）

单位：平方米

正在施工校舍建筑面积	非学校产权校舍建筑面积		
	合　计	独立使用	共同使用
317325.63	**766883.72**	**563295.47**	**203588.25**
137980.59	**382678.50**	**264513.25**	**118165.25**
45697.39	122857.30	102197.30	20660.00
2304.00	46339.30	40471.30	5868.00
60517.20	191748.90	105704.65	86044.25
27707.00	11213.00	5620.00	5593.00
1755.00	10520.00	10520.00	–
10387.00	**75305.90**	**36821.90**	**38484.00**
168958.04	**289254.32**	**242315.32**	**46939.00**
65409.60	181353.95	150712.95	30641.00
22539.00	60057.00	50294.00	9763.00
80509.44	27020.00	21220.00	5800.00
500.00	4406.00	4156.00	250.00
–	16417.37	15932.37	485.00
–	–	–	–
–	**19645.00**	**19645.00**	**–**

校 舍

	学校产权校舍建筑面积			
	计	其 中		
		危 房	当年新增	被外单位借用
总　计	**2054915.90**	－	**2965.00**	**4000.00**
一、教学及辅助用房	**878681.20**	－	**2649.00**	**1243.04**
教　室	458108.86	－	1544.00	600.00
图 书 馆	51697.01	－	85.00	100.00
实验室、实习场所	308751.83	－	220.00	200.00
体 育 馆	24893.10	－	－	100.00
会　堂	35230.40	－	800.00	243.04
二、行政办公用房	**136835.19**	－	**316.00**	**400.00**
三、生活用房	**918317.00**	－	－	**2356.96**
学生宿舍（公寓）	669436.25	－	－	1100.00
学生食堂	127901.36	－	－	－
教工宿舍（公寓）	78980.64	－	－	720.00
教工食堂	6903.79	－	－	－
生活福利及附属用房	35094.96	－	－	536.96
四、教工住宅	**79958.82**	－	－	－
五、其他用房	**41123.69**	－	－	－

校 舍

	学校产权校舍建筑面积			
	计	其 中		
		危 房	当年新增	被外单位借用
总　计	**6377760.97**	**41723.32**	**584933.95**	**31693.01**
一、教学及辅助用房	**2949481.84**	**25816.00**	**314731.90**	**8193.01**
教　室	1379526.58	12838.00	114748.91	8181.01
图 书 馆	258023.83	780.00	48397.98	12.00
实验室、实习场所	1158894.51	12198.00	142181.67	－
体 育 馆	79413.17	－	5157.34	－
会　堂	73623.75	－	4246.00	－
二、行政办公用房	**464215.04**	**5514.69**	**41334.73**	－
三、生活用房	**2582249.95**	**8623.63**	**216657.76**	**23500.00**
学生宿舍（公寓）	1687580.20	7823.63	139902.98	9000.00
学生食堂	446649.60	800.00	45856.84	4800.00
教工宿舍（公寓）	278396.18	－	11737.97	7000.00
教工食堂	30464.78	－	4912.36	－
生活福利及附属用房	139159.19	－	14247.61	2700.00
四、教工住宅	**224917.20**	**527.00**	**9998.56**	－
五、其他用房	**156896.94**	**1242.00**	**2211.00**	－

情　　　况（成人中专学校）

单位:平方米

正在施工校舍建筑面积	非学校产权校舍建筑面积		
	合　计	独立使用	共同使用
16676.34	**820256.29**	**512066.78**	**308189.51**
12610.48	**407688.41**	**230902.77**	**176785.64**
8950.48	199823.80	118467.89	81355.91
–	52260.02	11738.93	40521.09
2660.00	106358.97	76606.95	29752.02
–	28542.75	13698.34	14844.41
1000.00	20702.87	10390.66	10312.21
306.00	**40685.34**	**29139.31**	**11546.03**
3759.86	**328870.39**	**210596.69**	**118273.70**
2725.02	215964.75	147943.49	68021.26
1034.84	56557.53	37870.10	18687.43
–	45861.08	18521.07	27340.01
–	2782.26	1632.26	1150.00
–	7704.77	4629.77	3075.00
–	–	–	–
–	**43012.15**	**41428.01**	**1584.14**

情　　　况（职业高中学校）

单位:平方米

正在施工校舍建筑面积	非学校产权校舍建筑面积		
	合　计	独立使用	共同使用
302762.19	**804757.10**	**519269.46**	**285487.64**
128201.48	**374962.79**	**272187.47**	**102775.32**
68428.48	146965.61	115042.22	31923.39
–	36232.16	20352.30	15879.86
55971.00	123879.42	99459.95	24419.47
3802.00	48645.02	21433.00	27212.02
–	19240.58	15900.00	3340.58
14000.00	**53506.82**	**26262.49**	**27244.33**
135560.71	**370011.48**	**216493.50**	**153517.98**
128037.60	254899.59	161558.06	93341.53
4716.11	58480.24	28695.91	29784.33
2807.00	42252.73	18421.26	23831.47
–	9724.00	3424.00	6300.00
–	4654.92	4394.27	260.65
25000.00	–	–	–
–	**6276.01**	**4326.00**	**1950.01**

校 舍

| | 学 校 产 权 校 舍 建 筑 面 积 | | | |
| | 计 | 其 中 | | |
		危 房	当年新增	被外单位借用
总　　计	**219845.42**	－	－	－
一、教学及辅助用房	**88412.95**	－	－	－
教　　室	49894.07	－	－	－
图 书 馆	5597.00	－	－	－
实验室、实习场所	25102.83	－	－	－
体 育 馆	4350.00	－	－	－
会　　堂	3469.05	－	－	－
二、行政办公用房	**23529.81**	－	－	－
三、生活用房	**95341.07**	－	－	－
学生宿舍（公寓）	44018.95	－	－	－
学生食堂	28846.58	－	－	－
教工宿舍（公寓）	16160.74	－	－	－
教工食堂	4350.80	－	－	－
生活福利及附属用房	1964.00	－	－	－
四、教工住宅	**793.00**	－	－	－
五、其他用房	**11768.59**			

情 况（其他机构）

单位：平方米

正在施工校舍建筑面积	非学校产权校舍建筑面积		
	合　计	独立使用	共同使用
-	**38160.09**	**2242.00**	**35918.09**
-	**17258.21**	**961.00**	**16297.21**
-	13118.21	486.00	12632.21
-	532.00	-	532.00
-	1143.00	160.00	983.00
-	2150.00	-	2150.00
-	315.00	315.00	-
-	**2810.65**	**195.00**	**2615.65**
-	**18091.23**	**1086.00**	**17005.23**
-	10380.87	630.00	9750.87
-	4025.36	456.00	3569.36
-	3200.00	-	3200.00
-	-	-	-
-	485.00	-	485.00
-	-	-	-
-	-	-	-

资　　产

		占地面积(平方米)			图书(册)	
		计	其中：绿化用地面积	其中：运动场地面积	计	其中：当年新增
总计	**总计:学校产权**	**28476012.44**	**5813951.11**	**3900251.50**	**19612256**	**486522**
	非学校产权	**5460335.96**	**1017441.96**	**739380.39**	**1676555**	**62949**
	1.独立使用	**3160978.20**	**594416.36**	**377261.63**	**1099938**	**55429**
	2.共同使用	**2299357.76**	**423025.60**	**362118.76**	**576617**	**7520**
普通中专学校	学校产权	10462567.92	2551591.76	1410122.70	7715495	192924
	非学校产权	1603828.61	527306.00	233221.01	801790	4720
	1.独立使用	955051.60	304090.00	101504.00	684790	4220
	2.共同使用	648777.01	223216.00	131717.01	117000	500
成人中专学校	学校产权	3508073.11	582142.34	495592.60	3037860	98277
	非学校产权	1935560.50	269321.85	206828.15	581452	55389
	1.独立使用	1032330.47	156436.78	121631.03	302016	48889
	2.共同使用	903230.03	112885.07	85197.12	279436	6500
职业高中学校	学校产权	14162166.51	2613952.01	1952655.40	8612529	193083
	非学校产权	1832454.65	202818.61	289664.63	168413	2740
	1.独立使用	1170790.13	132909.58	154126.60	113132	2320
	2.共同使用	661664.52	69909.03	135538.03	55281	420
其他机构	学校产权	343204.90	66265.00	41880.80	246372	2238
	非学校产权	88492.20	17995.50	9666.60	124900	100
	1.独立使用	2806.00	980.00	–	–	–
	2.共同使用	85686.20	17015.50	9666.60	124900	100

情　　　况

计算机数（台）			教室（间）		固定资产总值（万元）		
计	其中：教学用计算机		计	其中：网络多媒体教室	计	其中：教学、实习仪器设备资产值	
	计	其中：平板电脑				计	当年新增
200244	**162334**	**7974**	**27766**	**14101**	**1878956.53**	**386309.40**	**45359.47**
18304	**12295**	**162**	**5314**	**1737**	**253222.07**	**27267.32**	**2522.04**
9457	**7533**	**155**	**3675**	**1247**	**121730.24**	**16641.60**	**1763.50**
8847	**4762**	**7**	**1639**	**490**	**131491.83**	**10625.72**	**758.54**
72942	56925	2133	10218	5402	740911.83	151192.64	16025.26
8359	4920	5	1139	465	68080.01	6900.20	478.90
5248	4435	5	873	411	55229.09	6066.30	439.00
3111	485	–	266	54	12850.92	833.90	39.90
29192	24163	924	4342	1949	238731.09	37540.41	2830.28
5677	3878	95	2557	715	98901.10	12379.21	1255.64
1598	1058	95	1623	422	20821.71	5661.73	717.00
4079	2820	–	934	293	78079.39	6717.48	538.64
93177	77510	4885	12826	6580	859064.98	189469.28	25943.34
3665	2926	62	1505	535	77195.95	6460.92	687.50
2611	2040	55	1174	411	45399.44	4889.57	607.50
1054	886	7	331	124	31796.51	1571.35	80.00
4933	3736	32	380	170	40248.63	8107.07	560.59
603	571	–	113	22	9045.00	1527.00	100.00
–	–	–	5	3	280.00	24.00	–
603	571	–	108	19	8765.00	1503.00	100.00

信 息 化

	网络信息点数（个）		上 网 课程数（门）
	计	其 中：无线接入	
总　　计	**122484**	**33815**	**3509**
普通中专学校	51507	11462	1330
成人中专学校	13037	5017	414
职业高中学校	56793	16997	1700
其他机构	1147	339	65

附 设 中 职

	校 数（所）	班 数（个）	毕业生数	招生数
总　　计	**102**	－	**39375**	**41516**
幼 儿 园	－	－	－	－
小 学	－	－	－	－
小 学	－	－	－	－
小学教学点	－	－	－	－
初 中	1	－	34	43
初级中学	－	－	－	－
九年一贯制学校	1	－	34	43
职业初中	－	－	－	－
高 中	2	－	－	－
完全中学	1	－	－	－
高级中学	1	－	－	－
十二年一贯制学校	－	－	－	－
工读学校	－	－	－	－
普通高等学校	91	－	37516	39994
成人高等学校	3	－	1719	1341
特殊教育学校	5	－	106	138
培养研究生的科研机构	－	－	－	－
民办的其他高等教育机构	－	－	－	－

建 设 情 况

数 字 资 源 量				接受过信息技术相关培训的专任教师（人次）	信息化工作人员数
电子图书（册）	电子期刊（册）	学位论文（册）	音 视 频（小时）		
5484546	**307334**	**581293**	**225852.60**	**18530**	**5125**
2799643	149592	225	93618.00	5013	1636
732954	8310	2620	71568.60	1910	597
1945559	149432	578448	55058.00	11346	2780
6390	–	–	5608.00	261	112

班 情 况

在校生数	专 任 教 师					
	合计	研究生毕业	本科毕业	专科毕业	高中阶段毕业	高中阶段毕业以下
129563	**7944**	**3096**	**4533**	**313**	**2**	**–**
–	–	–	–	–	–	–
–	–	–	–	–	–	–
–	–	–	–	–	–	–
104	–	–	–	–	–	–
–	–	–	–	–	–	–
104	–	–	–	–	–	–
–	–	–	–	–	–	–
–	–	–	–	–	–	–
–	–	–	–	–	–	–
–	–	–	–	–	–	–
–	–	–	–	–	–	–
124994	7762	3063	4386	311	2	–
4103	131	32	99	–	–	–
362	51	1	48	2	–	–
–	–	–	–	–	–	–
–	–	–	–	–	–	–

成人职业技术培训

	学校数 （所）	教学班 （点） （个）	培训时间 （学时）
总　　计	**5199**	**10780**	**9249115**
一、职工技术培训学校（机构）	**69**	**641**	**1711036**
教育部门办	36	493	1551799
其他部门办	16	92	114648
民　　办	17	56	44589
中外合作办	–	–	–
二、农村成人文化技术培训学校（机构）	**4339**	**7263**	**5142444**
教育部门办	4287	7167	4933940
其中:县　　办	47	159	220019
乡　　办	521	2820	2137761
村　　办	3719	4188	2576160
其他部门办	42	62	206768
民　　办	10	34	1736
中外合作办	–	–	–
三、其他培训机构（含社会培训机构）	**791**	**2876**	**2395635**
教育部门办	20	100	256436
其他部门办	99	249	68297
民　　办	672	2527	2070902
中外合作办	–	–	–
总计中:少数民族	–	–	1284
培训形式:资格证书培训	–	–	1636357
岗位证书培训	–	–	2152919
培训对象:党政管理培训	–	–	270
企业经营管理培训	–	–	240
专业技术培训	–	–	862855
其中:幼儿园教师	–	–	11100
中小学教师	–	–	418318
中职学校教师	–	–	2696
高等教育学校教师	–	–	–
职业技能培训	–	–	7785552
其中:农村劳动者	–	–	4848439
进城务工人员	–	–	1386219
其他培训	–	–	600198
其中:学　　生	–	–	524797
老 年 人	–	–	42393

学生及教职工情况

单位：人次

结业生数		注册学生数		教职工数		聘请校外教师
计	其中：女	计	其中：女	计	其中：专任教师	
739138	**352430**	**721053**	**366232**	**13242**	**8611**	**5800**
60394	**37905**	**53465**	**31156**	**2036**	**1757**	**370**
49855	32879	46223	27649	1757	1545	257
7596	3756	5391	2518	138	103	74
2943	1270	1851	989	141	109	39
–	–	–	–	–	–	–
591857	**261869**	**571372**	**283410**	**5942**	**3478**	**4312**
585248	258888	562920	280067	5671	3273	4192
7833	5105	7916	4041	252	151	80
349584	145638	334992	171567	2268	1121	922
227831	108145	220012	104459	3151	2001	3190
5084	2496	5914	2732	198	140	120
1525	485	2538	611	73	65	–
–	–	–	–	–	–	–
86887	**52656**	**96216**	**51666**	**5264**	**3376**	**1118**
8170	6290	4831	3194	135	104	105
10674	4709	10544	5059	631	250	113
68043	41657	80841	43413	4498	3022	900
–	–	–	–	–	–	–
1955	1079	2152	916	59	33	–
79468	34373	–	–	–	–	–
159427	78857	–	–	–	–	–
3412	1503	–	–	–	–	–
580	129	–	–	–	–	–
41322	26014	–	–	–	–	–
5127	4577	–	–	–	–	–
28343	17933	–	–	–	–	–
535	201	–	–	–	–	–
–	–	–	–	–	–	–
586015	268689	–	–	–	–	–
338859	149094	–	–	–	–	–
148957	83831	–	–	–	–	–
107809	56095	–	–	–	–	–
58310	32193	–	–	–	–	–
13924	7462	–	–	–	–	–

成人职业技术培训资产情况（一）

	占地面积 （平方米）	教学行政 用　　房 建筑面积 （平方米）	图　书 （册）	教学用计算机（台）		
				计	其中:教学用计算机	
					计	其　中： 平板电脑
总　　计	**3848839.30**	**1876927.32**	**4284566**	**28667**	**14864**	**1282**
职工技术培训学校（机构）	1502539.65	856010.87	590947	5410	4921	134
农村成人文化技术培训学校（机构）	1917894.61	678625.34	3346430	19714	7003	723
其他培训机构（含社会培训机构）	428405.04	342291.11	347189	3543	2940	425

成人职业技术培训资产情况（二）

	教室（间）		固定资产总值（万元）	
	计	其　中： 网　络　多 媒体教室	计	其　中： 教学、实习 仪器设备 资　产　值
总　　计	**20129**	**9996**	**100477.05**	**24190.02**
职工技术培训学校（机构）	4085	2497	42887.84	9560.29
农村成人文化技术培训学校（机构）	10838	4829	27846.36	5353.23
其他培训机构（含社会培训机构）	5206	2670	29742.85	9276.50

四、基础教育

基 础 教 育 校 （ 园 ） 数

单位:所

	合　计	城　区	镇　区	乡　村
总　　计	47733	8419	16381	22933
幼 儿 园	24274	5144	8693	10437
义务教育	22382	2820	7130	12432
小　　学	17687	1901	4855	10931
初　　中	4695	919	2275	1501
初级中学	3501	613	1707	1181
九年一贯制学校	1194	306	568	320
职业初中	-	-	-	-
高　　中	925	388	478	59
完全中学	132	61	64	7
高级中学	659	278	343	38
十二年一贯制学校	134	49	71	14
特殊教育学校	149	64	80	5
工读学校	3	3	-	-

基 础 教 育 校

	合计	城					
		计	教育部门	其他部门	地方企业	事业单位	部队
幼 儿 园	24274	5144	596	39	102	32	22
其中:少数民族幼儿园	37	14	6	–	–	–	–
其中:普惠性民办幼儿园	10536	–	–	–	–	–	–
小 学	17687	1901	1703	1	–	–	–
其中:独立设置少数民族学校	135	29	29	–	–	–	–
教学点数(个)	13307	236	236	–	–	–	–
普通中学	5620	1307	916	4	1	–	–
其中:独立设置少数民族学校	30	7	7	–	–	–	–
初级中学	3501	613	550	1	–	–	–
九年一贯制学校	1194	306	142	1	1	–	–
职业初中	–	–	–	–	–	–	–
完全中学	132	61	37	2	–	–	–
高级中学	659	278	184	–	–	–	–
十二年一贯制学校	134	49	3	–	–	–	–
特殊教育	149	64	59	2	–	–	–
盲人学校	1	1	1	–	–	–	–
聋人学校	52	11	11	–	–	–	–
弱智学校	25	18	17	–	–	–	–
其他学校	71	34	30	2	–	–	–

基 础 教 育 校

	镇 区			民办		中外合作办	计
	事业单位	部队	集体	计	其中:普惠性民办幼儿园		
幼 儿 园	1	1	47	6760	3912	–	10437
其中:少数民族幼儿园	–	–	2	9	5	–	9
其中:普惠性民办幼儿园	–	–	–	–	3912	–	–
小 学	–	–	–	731	–	–	10931
其中:独立设置少数民族学校	–	–	–	–	–	–	54
教学点数(个)	–	–	–	2	–	–	11314
普通中学	–	–	–	686	–	1	1560
其中:独立设置少数民族学校	–	–	–	–	–	–	9
初级中学	–	–	–	117	–	–	1181
九年一贯制学校	–	–	–	389	–	–	320
职业初中	–	–	–	–	–	–	–
完全中学	–	–	–	35	–	–	7
高级中学	–	–	–	80	–	1	38
十二年一贯制学校	–	–	–	65	–	–	14
特殊教育	–	–	–	1	–	–	5
盲人学校	–	–	–	–	–	–	–
聋人学校	–	–	–	–	–	–	1
弱智学校	–	–	–	–	–	–	2
其他学校	–	–	–	1	–	–	2

（园） 数（分城乡、分办别）（一）

单位：所

区				镇 区			
集体	民 办		中 外 合作办	计	教育 部门	其他 部门	地方 企业
	计	其中：普惠性民办幼儿园					
39	**4314**	**2220**	–	**8693**	**1871**	**10**	**3**
–	8	4	–	14	3	–	–
–	–	2220	–	–	–	–	–
–	**198**	**–**	–	**4855**	**4124**	–	–
–	–	–	–	52	52	–	–
–	–	–	–	1757	1755	–	–
–	**385**	**–**	1	**2753**	**2065**	**1**	–
–	–	–	–	14	14	–	–
–	62	–	–	1707	1589	1	–
–	162	–	–	568	179	–	–
–	–	–	–	–	–	–	–
–	22	–	–	64	29	–	–
–	93	–	1	343	262	–	–
–	46	–	–	71	6	–	–
–	**3**	**–**	–	**80**	**79**	–	–
–	–	–	–	–	–	–	–
–	–	–	–	40	40	–	–
–	1	–	–	5	5	–	–
–	2	–	–	35	34	–	–

（园） 数（分城乡、分办别）（二）

单位：所

乡					村			中 外 合作办
教育 部门	其他 部门	地方 企业	事业 单位	部队	集体	民 办		
						计	其中：普惠性民办幼儿园	
3215	**2**	**2**	**2**	**1**	**61**	**7154**	**4404**	–
2	–	–	–	–	–	7	2	–
–	–	–	–	–	–	–	4404	–
9965	–	**1**	–	–	–	**965**	–	–
54	–	–	–	–	–	–	–	–
11306	–	–	–	–	–	8	–	–
1324	–	–	–	–	–	**236**	–	–
9	–	–	–	–	–	–	–	–
1148	–	–	–	–	–	33	–	–
142	–	–	–	–	–	178	–	–
–	–	–	–	–	–	–	–	–
4	–	–	–	–	–	3	–	–
27	–	–	–	–	–	11	–	–
3	–	–	–	–	–	11	–	–
5	–	–	–	–	–	–	–	–
–	–	–	–	–	–	–	–	–
1	–	–	–	–	–	–	–	–
2	–	–	–	–	–	–	–	–
2	–	–	–	–	–	–	–	–

基 础 教 育 班 数

单位:个

	合　计	城　区	镇　区	乡　村
总　　计	594556	141028	245457	208071
学前教育	166760	41202	61645	63913
义务教育	383772	83125	158173	142474
小　　学	286260	57043	104957	124260
小　　学	257986	48270	90273	119443
九年一贯制学校	25319	7803	13056	4460
十二年一贯制学校	2955	970	1628	357
初　　中	97512	26082	53216	18214
初级中学	73830	18099	40677	15054
九年一贯制学校	17535	5716	9167	2652
十二年一贯制学校	2801	892	1641	268
完全中学	3346	1375	1731	240
职业初中	–	–	–	–
高　　中	42170	15940	24610	1620
完全中学	5048	2120	2645	283
高级中学	34594	12857	20585	1152
十二年一贯制学校	2528	963	1380	185
特殊教育	1841	748	1029	64
工读学校	13	13	–	–

学 前 教 育 班 数

单位:个

	计	托 班	小 班	中 班	大 班
总 计	**166760**	**6688**	**46431**	**49667**	**63974**
教育部门	52664	956	14335	14755	22618
其他部门	761	27	284	238	212
地方企业	1193	73	367	378	375
事业单位	391	9	142	126	114
部 队	186	9	70	58	49
集 体	767	49	230	230	258
民 办	110798	5565	31003	33882	40348
其中:普惠性民办幼儿园	64947	3138	18095	19778	23936
中外合作办	–	–	–	–	–
城 区	**41202**	**2172**	**11930**	**12563**	**14537**
教育部门	7520	169	2436	2331	2584
其他部门	658	24	246	206	182
地方企业	1144	71	353	365	355
事业单位	371	9	136	119	107
部 队	179	9	67	56	47
集 体	278	14	85	88	91
民 办	31052	1876	8607	9398	11171
其中:普惠性民办幼儿园	15762	893	4260	4717	5892
中外合作办	–	–	–	–	–
镇 区	**61645**	**2720**	**17222**	**18521**	**23182**
教育部门	17032	368	4788	4927	6949
其他部门	92	3	34	29	26
地方企业	30	2	8	9	11
事业单位	12	–	3	4	5
部 队	3	–	1	1	1
集 体	273	20	76	81	96
民 办	44203	2327	12312	13470	16094
其中:普惠性民办幼儿园	26193	1318	7317	7952	9606
中外合作办	–	–	–	–	–
乡 村	**63913**	**1796**	**17279**	**18583**	**26255**
教育部门	28112	419	7111	7497	13085
其他部门	11	–	4	3	4
地方企业	19	–	6	4	9
事业单位	8	–	3	3	2
部 队	4	–	2	1	1
集 体	216	15	69	61	71
民 办	35543	1362	10084	11014	13083
其中:普惠性民办幼儿园	22992	927	6518	7109	8438
中外合作办	–	–	–	–	–

小 学 班 数

单位:个

		合计	一年级	二年级	三年级	四年级	五年级	六年级	复式班
	总　计	286260	51228	51601	49470	47082	45089	41702	88
其中	五 年 制	645	147	146	124	115	109	–	4
	九年一贯制学校	25319	3826	3982	4136	4287	4509	4579	–
	十二年一贯制学校	2955	431	462	475	499	525	563	–
	其他学校附设班	1541	86	87	103	119	187	959	–
	独立设置少数民族学校	1828	302	308	306	306	309	297	–
	教育部门	241477	44548	44533	42007	39373	37192	33736	88
	其他部门	12	2	2	2	2	2	2	–
	地方企业	26	4	5	5	4	4	4	–
	民　办	44745	6674	7061	7456	7703	7891	7960	–
	中外合作办	–	–	–	–	–	–	–	
城　区		57043	9930	10020	9688	9408	9275	8721	1
	教育部门	47941	8547	8543	8175	7875	7696	7104	1
	其他部门	12	2	2	2	2	2	2	–
	地方企业	23	3	4	4	4	4	4	–
	民　办	9067	1378	1471	1507	1527	1573	1611	–
	中外合作办	–	–	–	–	–	–	–	
镇　区		104957	17281	17727	17680	17402	17494	17369	4
	教育部门	82623	14143	14364	13994	13500	13427	13191	4
	其他部门	49	16	9	6	7	6	5	–
	地方企业	49	14	10	8	7	6	4	–
	民　办	22334	3138	3363	3686	3902	4067	4178	–
	中外合作办	–	–	–	–	–	–	–	
乡　村		124260	24017	23854	22102	20272	18320	15612	83
	教育部门	110913	21858	21626	19838	17998	16069	13441	83
	其他部门	13	3	2	2	2	2	2	–
	地方企业	3	1	1	1	–	–	–	–
	民　办	13344	2158	2227	2263	2274	2251	2171	–
	中外合作办	–	–	–	–	–	–	–	

小 学 班 额 情 况

单位:个

		合计	一年级	二年级	三年级	四年级	五年级	六年级	复式班
	总　　计	286260	51228	51601	49470	47082	45089	41702	88
	25 人及以下	74010	17547	16109	13455	11330	9090	6391	88
	26－30 人	20963	3751	3739	3686	3583	3339	2865	－
	31－35 人	23461	3980	4143	3981	4002	3847	3508	－
	36－40 人	30575	5070	4954	5185	5243	5193	4930	－
	41－45 人	51051	7882	8523	8628	8485	8536	8997	－
	46－50 人	34776	5109	5523	5841	5800	6141	6362	－
	51－55 人	43185	7539	7559	7226	6910	7134	6817	－
	56－60 人	4206	257	530	692	905	934	888	－
	61－65 人	3799	93	497	726	771	819	893	－
	66 人及以上	234	－	24	50	53	56	51	－
城区	25 人及以下	2802	634	529	455	448	396	339	1
	26－30 人	1714	306	250	250	293	325	290	－
	31－35 人	2233	344	416	390	336	372	375	－
	36－40 人	4249	758	738	728	677	650	698	－
	41－45 人	9445	1620	1712	1603	1611	1398	1501	－
	46－50 人	10648	1800	1653	1747	1762	1830	1856	－
	51－55 人	21261	4260	4031	3662	3304	3305	2699	－
	56－60 人	2072	137	315	349	435	461	375	－
	61－65 人	2457	71	352	460	513	504	557	－
	66 人及以上	162	－	24	44	29	34	31	－
镇区	25 人及以下	11681	2699	2453	2078	1767	1529	1151	4
	26－30 人	5160	966	951	882	841	804	716	－
	31－35 人	7473	1423	1271	1219	1317	1170	1073	－
	36－40 人	13486	2311	2164	2204	2320	2279	2208	－
	41－45 人	29174	4488	4847	4971	4736	4909	5223	－
	46－50 人	17193	2474	2794	2880	2889	3040	3116	－
	51－55 人	17755	2803	2937	2921	2877	3074	3143	－
	56－60 人	1738	95	184	275	393	384	407	－
	61－65 人	1226	22	126	244	238	283	313	－
	66 人及以上	71	－	－	6	24	22	19	－
乡村	25 人及以下	59527	14214	13127	10922	9115	7165	4901	83
	26－30 人	14089	2479	2538	2554	2449	2210	1859	－
	31－35 人	13755	2213	2456	2372	2349	2305	2060	－
	36－40 人	12840	2001	2052	2253	2246	2264	2024	－
	41－45 人	12432	1774	1964	2054	2138	2229	2273	－
	46－50 人	6935	835	1076	1214	1149	1271	1390	－
	51－55 人	4169	476	591	643	729	755	975	－
	56－60 人	396	25	31	68	77	89	106	－
	61－65 人	116	－	19	22	20	32	23	－
	66 人及以上	1	－	－	－	－	－	1	－

中 学 班 数

单位：个

	合计	初中					高中			
		计	一年级	二年级	三年级	四年级	计	一年级	二年级	三年级
总 计	**139682**	**97512**	**32172**	**32567**	**32448**	**325**	**42170**	**14963**	**14043**	**13164**
其中 四年制初中	1435	1435	409	353	348	325	–	–	–	–
其中 九年一贯制学校	17535	17535	6103	5918	5422	92	–	–	–	–
其中 十二年一贯制学校	5329	2801	933	950	918	–	2528	1046	838	644
其中 其他学校附设班	609	213	68	61	82	2	396	135	132	129
其中 独立设置少数民族学校	384	281	96	95	90	–	103	36	34	33
教育部门	108223	76443	25072	25509	25552	310	31780	10982	10559	10239
其他部门	47	39	10	11	18	–	8	4	4	–
地方企业	12	12	4	4	4	–	–	–	–	–
民　办	31374	21018	7086	7043	6874	15	10356	3967	3472	2917
中外合作办	26	–	–	–	–	–	26	10	8	8
城　区	**42022**	**26082**	**8681**	**8703**	**8494**	**204**	**15940**	**5692**	**5329**	**4919**
教育部门	31490	19678	6551	6531	6397	199	11812	4129	3913	3770
其他部门	43	35	9	10	16	–	8	4	4	–
地方企业	12	12	4	4	4	–	–	–	–	–
民　办	10458	6357	2117	2158	2077	5	4101	1552	1406	1143
中外合作办	19	–	–	–	–	–	19	7	6	6
镇　区	**77826**	**53216**	**17631**	**17757**	**17735**	**93**	**24610**	**8596**	**8201**	**7813**
教育部门	59499	40693	13384	13587	13635	87	18806	6406	6263	6137
其他部门	4	4	1	1	2	–	–	–	–	–
地方企业	–	–	–	–	–	–	–	–	–	–
民　办	18316	12519	4246	4169	4098	6	5797	2187	1936	1674
中外合作办	7	–	–	–	–	–	7	3	2	2
乡　村	**19834**	**18214**	**5860**	**6107**	**6219**	**28**	**1620**	**675**	**513**	**432**
教育部门	17234	16072	5137	5391	5520	24	1162	447	383	332
其他部门	–	–	–	–	–	–	–	–	–	–
地方企业	–	–	–	–	–	–	–	–	–	–
民　办	2600	2142	723	716	699	4	458	228	130	100
中外合作办	–	–	–	–	–	–	–	–	–	–

中 学 班 额 情 况

单位:个

		合计	初 中					高 中			
			计	一年级	二年级	三年级	四年级	计	一年级	二年级	三年级
总 计		139682	97512	32172	32567	32448	325	42170	14963	14043	13164
	25 人及以下	1257	921	370	309	239	3	336	111	116	109
	26－30 人	1865	1529	612	489	419	9	336	127	109	100
	31－35 人	3104	2568	1013	798	746	11	536	182	167	187
	36－40 人	6167	5310	1815	1826	1658	11	857	347	283	227
	41－45 人	14633	12541	4288	4110	4116	27	2092	761	729	602
	46－50 人	44105	36296	12099	11858	12243	96	7809	3067	2638	2104
	51－55 人	55471	34326	11352	11864	10976	134	21145	8079	6998	6068
	56－60 人	5650	2154	386	709	1045	14	3496	890	1146	1460
	61－65 人	4898	1809	228	588	973	20	3089	814	1002	1273
	66 人及以上	2532	58	9	16	33	－	2474	585	855	1034
城 区	25 人及以下	379	200	72	65	62	1	179	54	69	56
	26－30 人	679	469	174	154	141	－	210	77	69	64
	31－35 人	1036	726	266	238	222	－	310	94	92	124
	36－40 人	1710	1282	441	423	416	2	428	150	154	124
	41－45 人	3578	2569	864	819	871	15	1009	361	355	293
	46－50 人	9943	6833	2345	2222	2216	50	3110	1257	1042	811
	51－55 人	19602	12313	4311	4238	3662	102	7289	2945	2430	1914
	56－60 人	2223	729	109	240	366	14	1494	343	468	683
	61－65 人	2029	922	99	288	515	20	1107	297	343	467
	66 人及以上	843	39	－	16	23	－	804	114	307	383
镇 区	25 人及以下	474	329	124	114	89	2	145	54	39	52
	26－30 人	610	519	244	159	113	3	91	24	35	32
	31－35 人	1184	990	403	319	268	－	194	72	61	61
	36－40 人	2662	2299	783	791	718	7	363	174	109	80
	41－45 人	7174	6193	2113	2031	2045	4	981	364	323	294
	46－50 人	27199	23017	7702	7532	7737	46	4182	1600	1427	1155
	51－55 人	31111	17963	5906	6183	5843	31	13148	4821	4364	3963
	56－60 人	3093	1158	235	395	528	－	1935	522	658	755
	61－65 人	2648	729	112	233	384	－	1919	498	639	782
	66 人及以上	1671	19	9	－	10	－	1652	467	546	639
乡 村	25 人及以下	404	392	174	130	88	－	12	3	8	1
	26－30 人	576	541	194	176	165	6	35	26	5	4
	31－35 人	884	852	344	241	256	11	32	16	14	2
	36－40 人	1795	1729	591	612	524	2	66	23	20	23
	41－45 人	3881	3779	1311	1260	1200	8	102	36	51	15
	46－50 人	6963	6446	2052	2104	2290	－	517	210	169	138
	51－55 人	4758	4050	1135	1443	1471	1	708	313	204	191
	56－60 人	334	267	42	74	151	－	67	25	20	22
	61－65 人	221	158	17	67	74	－	63	19	20	24
	66 人及以上	18	－	－	－	－	－	18	4	2	12

特 殊 教

	合 计	学前教育 阶　段	小　学　阶　段			
			一年级	二年级	三年级	四年级
总　　计	**1841**	**15**	**237**	**254**	**260**	**235**
视力残疾班	84	1	9	8	8	11
听力残疾班	436	6	24	36	42	44
言语残疾班	49	–	5	7	8	5
肢体残疾班	27	–	3	4	3	3
智力残疾班	1117	5	166	180	184	156
精神残疾班	7	–	1	2	–	1
多重残疾班	121	3	29	17	15	15
特殊教育学校	**1841**	**15**	**237**	**254**	**260**	**235**
视力残疾班	84	1	9	8	8	11
听力残疾班	436	6	24	36	42	44
言语残疾班	49	–	5	7	8	5
肢体残疾班	27	–	3	4	3	3
智力残疾班	1117	5	166	180	184	156
精神残疾班	7	–	1	2	–	1
多重残疾班	121	3	29	17	15	15
小学附设特教班	**–**	**–**	**–**	**–**	**–**	**–**
视力残疾班	–	–	–	–	–	–
听力残疾班	–	–	–	–	–	–
言语残疾班	–	–	–	–	–	–
肢体残疾班	–	–	–	–	–	–
智力残疾班	–	–	–	–	–	–
精神残疾班	–	–	–	–	–	–
多重残疾班	–	–	–	–	–	–
初中附设特教班	**–**	**–**	**–**	**–**	**–**	**–**
视力残疾班	–	–	–	–	–	–
听力残疾班	–	–	–	–	–	–
言语残疾班	–	–	–	–	–	–
肢体残疾班	–	–	–	–	–	–
智力残疾班	–	–	–	–	–	–
精神残疾班	–	–	–	–	–	–
多重残疾班	–	–	–	–	–	–
其他学校附设特教班	**–**	**–**	**–**	**–**	**–**	**–**
视力残疾班	–	–	–	–	–	–
听力残疾班	–	–	–	–	–	–
言语残疾班	–	–	–	–	–	–
肢体残疾班	–	–	–	–	–	–
智力残疾班	–	–	–	–	–	–
精神残疾班	–	–	–	–	–	–
多重残疾班	–	–	–	–	–	–

育　　　班　　　数

单位：个

		初中阶段				高中阶段		
五年级	六年级	一年级	二年级	三年级	四年级	一年级	二年级	三年级及以上
193	**181**	**148**	**149**	**140**	**5**	**14**	**5**	**5**
12	6	7	8	8	–	4	1	1
46	63	50	52	55	3	7	4	4
5	5	4	6	4	–	–	–	–
5	3	2	3	1	–	–	–	–
113	96	75	71	66	2	3	–	–
–	–	1	2	–	–	–	–	–
12	8	9	7	6	–	–	–	–
193	**181**	**148**	**149**	**140**	**5**	**14**	**5**	**5**
12	6	7	8	8	–	4	1	1
46	63	50	52	55	3	7	4	4
5	5	4	6	4	–	–	–	–
5	3	2	3	1	–	–	–	–
113	96	75	71	66	2	3	–	–
–	–	1	2	–	–	–	–	–
12	8	9	7	6	–	–	–	–
–	**–**	**–**	**–**	**–**	**–**	**–**	**–**	**–**
–	–	–	–	–	–	–	–	–
–	–	–	–	–	–	–	–	–
–	–	–	–	–	–	–	–	–
–	–	–	–	–	–	–	–	–
–	–	–	–	–	–	–	–	–
–	–	–	–	–	–	–	–	–
–	–	–	–	–	–	–	–	–
–	**–**	**–**	**–**	**–**	**–**	**–**	**–**	**–**
–	–	–	–	–	–	–	–	–
–	–	–	–	–	–	–	–	–
–	–	–	–	–	–	–	–	–
–	–	–	–	–	–	–	–	–
–	–	–	–	–	–	–	–	–
–	–	–	–	–	–	–	–	–
–	–	–	–	–	–	–	–	–
–	**–**	**–**	**–**	**–**	**–**	**–**	**–**	**–**
–	–	–	–	–	–	–	–	–
–	–	–	–	–	–	–	–	–
–	–	–	–	–	–	–	–	–
–	–	–	–	–	–	–	–	–
–	–	–	–	–	–	–	–	–
–	–	–	–	–	–	–	–	–
–	–	–	–	–	–	–	–	–

基 础 教 育

	毕 业 生 数				
	合计	城区	镇区	乡村	合计
总　计	5341158	1413279	2540092	1387787	5253935
学前教育	1622537	362604	628272	631661	1265795
义务教育	3026365	789163	1495597	741605	3200470
小　学	1541747	390984	679604	471159	1659936
小　学	1334485	331679	566220	436586	1486296
九年一贯制学校	186411	53789	100913	31709	157036
十二年一贯制学校	20851	5516	12471	2864	16604
初　中	1484618	398179	815993	270446	1540534
初级中学	1153403	277386	644126	231891	1154238
九年一贯制学校	230442	78359	120133	31950	285816
十二年一贯制学校	37972	11523	23057	3392	43851
完全中学	62801	30911	28677	3213	56629
职业初中	–	–	–	–	–
高　中	690268	260509	415388	14371	784377
完全中学	83538	37053	42213	4272	90350
高级中学	578744	212667	356807	9270	643751
十二年一贯制学校	27986	10789	16368	829	50276
特殊教育	1925	940	835	150	3228
工读学校	63	63	–	–	65

学　生　数

招　生　数			在　校　生　数			
城区	镇区	乡村	合计	城区	镇区	乡村
1508649	**2472783**	**1272503**	**21465943**	**5910845**	**9927181**	**5627917**
334082	**489850**	**441863**	**4255848**	**1102029**	**1685079**	**1468740**
880566	**1523381**	**796523**	**14937277**	**3965808**	**6895011**	**4076458**
454933	**670338**	**534665**	**10215856**	**2672101**	**4299095**	**3244660**
391665	585353	509278	9000393	2282708	3661957	3055728
57441	76063	23532	1093902	351785	568803	173314
5827	8922	1855	121561	37608	68335	15618
425633	**853043**	**261858**	**4721421**	**1293707**	**2595916**	**831798**
296468	643432	214338	3589762	906703	1992293	690766
91576	154983	39257	828525	274467	438181	115877
13668	26134	4049	132355	41335	78259	12761
23921	28494	4214	170779	71202	87183	12394
−	−	−	−	−	−	−
292484	**457951**	**33942**	**2248585**	**834224**	**1332633**	**81728**
38153	47241	4956	261856	109567	136957	15332
237137	383082	23532	1865279	681064	1126657	57558
17194	27628	5454	121450	43593	69019	8838
1452	**1601**	**175**	**24015**	**8566**	**14458**	**991**
65	−	−	**218**	**218**	−	−

学 前 教 育

	入 园 （ 班 ） 人 数				
	合计	托班	小班	中班	大班
总　计	**1265795**	**114813**	**891773**	**95735**	**163474**
其中：女	606762	54988	428133	45846	77795
教育部门	469253	18066	312816	31495	106876
其他部门	9700	642	8257	549	252
地方企业	10371	1385	7673	964	349
事业单位	4665	246	4298	85	36
部　队	2027	193	1731	81	22
集　体	5651	572	4027	498	554
民　办	764128	93709	552971	62063	55385
其中：普惠性民办幼儿园	446459	55102	330269	33589	27499
中外合作办	－	－	－	－	－
城　区	**334082**	**34394**	**232980**	**33849**	**32859**
教育部门	88355	3234	69809	5603	9709
其他部门	8321	572	7195	386	168
地方企业	9996	1327	7452	904	313
事业单位	4516	246	4187	68	15
部　队	1963	193	1667	81	22
集　体	2542	163	1883	257	239
民　办	218389	28659	140787	26550	22393
其中：普惠性民办幼儿园	111502	14197	70840	14914	11551
中外合作办	－	－	－	－	－
镇　区	**489850**	**49576**	**346835**	**35742**	**57697**
教育部门	171165	7745	119849	11111	32460
其他部门	1300	70	983	163	84
地方企业	214	58	92	44	20
事业单位	94	－	64	11	19
部　队	40	－	40	－	－
集　体	1950	260	1352	133	205
民　办	315087	41443	224455	24280	24909
其中：普惠性民办幼儿园	184758	24393	136254	12356	11755
中外合作办	－	－	－	－	－
乡　村	**441863**	**30843**	**311958**	**26144**	**72918**
教育部门	209733	7087	123158	14781	64707
其他部门	79	－	79	－	－
地方企业	161	－	129	16	16
事业单位	55	－	47	6	2
部　队	24	－	24	－	－
集　体	1159	149	792	108	110
民　办	230652	23607	187729	11233	8083
其中：普惠性民办幼儿园	150199	16512	123175	6319	4193
中外合作办	－	－	－	－	－

幼 儿 数（总计）

在 园 （班） 人 数						离园（班）人数
合计	其中：女	托班	小班	中班	大班	
4255848	**2029820**	**120205**	**1083790**	**1308452**	**1743401**	**1622537**
2029820	–	57304	518736	626442	827338	770559
1324254	634636	18543	341788	386644	577279	543556
27380	13028	643	9528	9074	8135	8393
35885	17072	1523	10336	12064	11962	11715
13917	6760	246	4788	4652	4231	4361
5379	2553	193	1980	1722	1484	1710
18991	9027	652	5411	5957	6971	6495
2830042	1346744	98405	709959	888339	1133339	1046307
1710595	815340	57749	426026	533861	692959	644991
–	–	–	–	–	–	–
1102029	**521287**	**36474**	**294210**	**349358**	**421987**	**362604**
248565	118185	3299	75898	79507	89861	82279
23663	11240	573	8250	7838	7002	7318
34591	16454	1465	10004	11694	11428	10963
13400	6526	246	4652	4475	4027	4220
5214	2478	193	1916	1664	1441	1661
7836	3714	177	2352	2615	2692	2643
768760	362690	30521	191138	241565	305536	253520
404014	190698	15029	97098	125435	166452	138510
–	–	–	–	–	–	–
1685079	**801546**	**51774**	**426985**	**517255**	**689065**	**628272**
508675	242453	7950	131580	150222	218923	195128
3393	1626	70	1187	1133	1003	1002
825	395	58	203	258	306	431
325	150	–	64	112	149	101
111	47	–	40	40	31	31
6990	3324	309	1851	2076	2754	2535
1164760	553551	43387	292060	363414	465899	429044
709663	337940	25563	177752	220169	286179	264503
–	–	–	–	–	–	–
1468740	**706987**	**31957**	**362595**	**441839**	**632349**	**631661**
567014	273998	7294	134310	156915	268495	266149
324	162	–	91	103	130	73
469	223	–	129	112	228	321
192	84	–	72	65	55	40
54	28	–	24	18	12	18
4165	1989	166	1208	1266	1525	1317
896522	430503	24497	226761	283360	361904	363743
596918	286702	17157	151176	188257	240328	241978
–	–	–	–	–	–	–

学 前 教 育

	入 园 （ 班 ） 人 数				
	合计	托班	小班	中班	大班
总　计	**1083875**	**109861**	**808109**	**83397**	**82508**
其中：女	519111	52551	387763	39887	38910
教育部门	303312	14539	240531	19729	28513
其他部门	9700	642	8257	549	252
地方企业	10362	1385	7664	964	349
事业单位	4665	246	4298	85	36
部　队	2027	193	1731	81	22
集　体	5651	572	4027	498	554
民　办	748158	92284	541601	61491	52782
其中：普惠性民办幼儿园	446459	55102	330269	33589	27499
中外合作办	–	–	–	–	–
城　区	**323902**	**34022**	**229073**	**33074**	**27733**
教育部门	78866	2906	66381	4899	4680
其他部门	8321	572	7195	386	168
地方企业	9996	1327	7452	904	313
事业单位	4516	246	4187	68	15
部　队	1963	193	1667	81	22
集　体	2542	163	1883	257	239
民　办	217698	28615	140308	26479	22296
其中：普惠性民办幼儿园	111502	14197	70840	14914	11551
中外合作办	–	–	–	–	–
镇　区	**444430**	**47556**	**326735**	**32641**	**37498**
教育部门	134644	6798	105272	8391	14183
其他部门	1300	70	983	163	84
地方企业	214	58	92	44	20
事业单位	94	–	64	11	19
部　队	40	–	40	–	–
集　体	1950	260	1352	133	205
民　办	306188	40370	218932	23899	22987
其中：普惠性民办幼儿园	184758	24393	136254	12356	11755
中外合作办	–	–	–	–	–
乡　村	**315543**	**28283**	**252301**	**17682**	**17277**
教育部门	89802	4835	68878	6439	9650
其他部门	79	–	79	–	–
地方企业	152	–	120	16	16
事业单位	55	–	47	6	2
部　队	24	–	24	–	–
集　体	1159	149	792	108	110
民　办	224272	23299	182361	11113	7499
其中：普惠性民办幼儿园	150199	16512	123175	6319	4193
中外合作办	–	–	–	–	–

幼　　儿　　数（幼儿园）

在园（班）人数						离园（班）人数
合计	其中：女	托班	小班	中班	大班	
3811688	**1815991**	**115194**	**991913**	**1199407**	**1505174**	**1353013**
1815991	–	54836	474479	573840	712836	640632
933346	446298	14961	263038	293395	361952	301096
27380	13028	643	9528	9074	8135	8393
35865	17062	1523	10327	12064	11951	11708
13917	6760	246	4788	4652	4231	4361
5379	2553	193	1980	1722	1484	1710
18991	9027	652	5411	5957	6971	6495
2776810	1321263	96976	696841	872543	1110450	1019250
1710595	815340	57749	426026	533861	692959	644991
–	–	–	–	–	–	–
1075247	**508557**	**36098**	**289549**	**343158**	**406442**	**345661**
223839	106417	2971	71778	73882	75208	66370
23663	11240	573	8250	7838	7002	7318
34591	16454	1465	10004	11694	11428	10963
13400	6526	246	4652	4475	4027	4220
5214	2478	193	1916	1664	1441	1661
7836	3714	177	2352	2615	2692	2643
766704	361728	30473	190597	240990	304644	252486
404014	190698	15029	97098	125435	166452	138510
–	–	–	–	–	–	–
1568095	**745550**	**49751**	**404081**	**488419**	**625844**	**557409**
420701	200231	7000	115411	129621	168669	139034
3393	1626	70	1187	1133	1003	1002
825	395	58	203	258	306	431
325	150	–	64	112	149	101
111	47	–	40	40	31	31
6990	3324	309	1851	2076	2754	2535
1135750	539777	42314	285325	355179	452932	414275
709663	337940	25563	177752	220169	286179	264503
–	–	–	–	–	–	–
1168346	**561884**	**29345**	**298283**	**367830**	**472888**	**449943**
288806	139650	4990	75849	89892	118075	95692
324	162	–	91	103	130	73
449	213	–	120	112	217	314
192	84	–	72	65	55	40
54	28	–	24	18	12	18
4165	1989	166	1208	1266	1525	1317
874356	419758	24189	220919	276374	352874	352489
596918	286702	17157	151176	188257	240328	241978
–	–	–	–	–	–	–

学 前 教 育

	入 园 （班） 人 数				
	合计	托班	小班	中班	大班
总　计	**181920**	**4952**	**83664**	**12338**	**80966**
其中:女	87651	2437	40370	5959	38885
教育部门	165941	3527	72285	11766	78363
其他部门	–	–	–	–	–
地方企业	9	–	9	–	–
事业单位	–	–	–	–	–
部　　队	–	–	–	–	–
集　　体	–	–	–	–	–
民　　办	15970	1425	11370	572	2603
其中:普惠性民办幼儿园	–	–	–	–	–
中外合作办	–	–	–	–	–
城　区	**10180**	**372**	**3907**	**775**	**5126**
教育部门	9489	328	3428	704	5029
其他部门	–	–	–	–	–
地方企业	–	–	–	–	–
事业单位	–	–	–	–	–
部　　队	–	–	–	–	–
集　　体	–	–	–	–	–
民　　办	691	44	479	71	97
其中:普惠性民办幼儿园	–	–	–	–	–
中外合作办	–	–	–	–	–
镇　区	**45420**	**2020**	**20100**	**3101**	**20199**
教育部门	36521	947	14577	2720	18277
其他部门	–	–	–	–	–
地方企业	–	–	–	–	–
事业单位	–	–	–	–	–
部　　队	–	–	–	–	–
集　　体	–	–	–	–	–
民　　办	8899	1073	5523	381	1922
其中:普惠性民办幼儿园	–	–	–	–	–
中外合作办	–	–	–	–	–
乡　村	**126320**	**2560**	**59657**	**8462**	**55641**
教育部门	119931	2252	54280	8342	55057
其他部门	–	–	–	–	–
地方企业	9	–	9	–	–
事业单位	–	–	–	–	–
部　　队	–	–	–	–	–
集　　体	–	–	–	–	–
民　　办	6380	308	5368	120	584
其中:普惠性民办幼儿园	–	–	–	–	–
中外合作办	–	–	–	–	–

幼 儿 数（附设幼儿班）

在 园 （班） 人 数						离 园（班）人 数
合计	其中：女	托班	小班	中班	大班	
444160	**213829**	**5011**	**91877**	**109045**	**238227**	**269524**
213829	–	2468	44257	52602	114502	129927
390908	188338	3582	78750	93249	215327	242460
–			–	–		–
20	10	–	9	–	11	7
–	–	–	–	–	–	–
–	–	–	–	–	–	–
53232	25481	1429	13118	15796	22889	27057
–	–	–	–	–	–	–
26782	**12730**	**376**	**4661**	**6200**	**15545**	**16943**
24726	11768	328	4120	5625	14653	15909
–	–	–	–	–	–	–
–	–	–	–	–	–	–
–	–	–	–	–	–	–
2056	962	48	541	575	892	1034
–	–	–	–	–	–	–
116984	**55996**	**2023**	**22904**	**28836**	**63221**	**70863**
87974	42222	950	16169	20601	50254	56094
–	–	–	–	–	–	–
–	–	–	–	–	–	–
–	–	–	–	–	–	–
–	–	–	–	–	–	–
29010	13774	1073	6735	8235	12967	14769
–	–	–	–	–	–	–
–	–	–	–	–	–	–
300394	**145103**	**2612**	**64312**	**74009**	**159461**	**181718**
278208	134348	2304	58461	67023	150420	170457
–	–	–	–	–	–	–
20	10	–	9	–	11	7
–	–	–	–	–	–	–
–	–	–	–	–	–	–
22166	10745	308	5842	6986	9030	11254
–	–	–	–	–	–	–

学 前 教 育 分

	入 园 （ 班 ） 人 数				
	合计	托班	小班	中班	大班
总　　计	1265795	114813	891773	95735	163474
女	606762	54988	428133	45846	77795
少数民族	10820	1010	7665	858	1287
总计中:残疾人	394	14	209	64	107
2 岁及以下	110101	103101	6976	20	4
3 岁	878187	11460	862587	3209	931
4 岁	116034	198	21906	90309	3621
5 岁	155319	53	286	2150	152830
6 岁及以上	6154	1	18	47	6088
教育部门	469253	18066	312816	31495	106876
2 岁及以下	17731	15498	2221	8	4
3 岁	304943	2449	300677	932	885
4 岁	42271	67	9784	29880	2540
5 岁	100961	52	122	673	100114
6 岁及以上	3347	–	12	2	3333
其他部门	9700	642	8257	549	252
2 岁及以下	634	626	8	–	–
3 岁	8117	16	8086	15	–
4 岁	634	–	143	481	10
5 岁	262	–	20	33	209
6 岁及以上	53	–	–	20	33
地方企业	10371	1385	7673	964	349
2 岁及以下	1298	1277	21	–	–
3 岁	7886	103	7617	166	–
4 岁	842	5	35	798	4
5 岁	319	–	–	–	319
6 岁及以上	26	–	–	–	26
事业单位	4665	246	4298	85	36
2 岁及以下	277	228	49	–	–
3 岁	4000	18	3979	3	–
4 岁	345	–	267	77	1
5 岁	42	–	3	5	34

年　龄　幼　儿　数（总计）（一）

在园（班）人数						离园（班）人数
合计	其中：女	托班	小班	中班	大班	
4255848	**2029820**	**120205**	**1083790**	**1308452**	**1743401**	**1622537**
2029820	–	57304	518736	626442	827338	770559
33785	13730	1066	9193	10781	12745	11865
1066	272	19	235	315	497	216
115209	54498	107682	7498	25	4	–
1072965	514751	12211	1039738	19687	1329	–
1317995	630664	217	35987	1252672	29119	–
1673214	797588	53	539	35696	1636926	353162
76465	32319	42	28	372	76023	1269375
1324254	**634636**	**18543**	**341788**	**386644**	**577279**	**543556**
18235	8778	15929	2293	9	4	–
335323	161441	2493	326157	5402	1271	–
393539	188632	69	13161	369353	10956	–
552291	265298	52	162	11771	540306	135310
24866	10487	–	15	109	24742	408246
27380	**13028**	**643**	**9528**	**9074**	**8135**	**8393**
657	330	627	30	–	–	–
9296	4537	16	9256	24	–	–
9117	4259	–	222	8880	15	–
7987	3748	–	20	150	7817	1593
323	154	–	–	20	303	6800
35885	**17072**	**1523**	**10336**	**12064**	**11962**	**11715**
1423	703	1402	21	–	–	–
10865	5131	116	10175	574	–	–
12225	5811	5	137	11409	674	–
11021	5297	–	3	76	10942	1950
351	130	–	–	5	346	9765
13917	**6760**	**246**	**4788**	**4652**	**4231**	**4361**
281	143	228	53	–	–	–
4634	2311	18	4452	164	–	–
4774	2312	–	280	4329	165	–
3881	1848	–	3	158	3720	1631

学 前 教 育 分

	入 园 （ 班 ） 人 数				
	合计	托班	小班	中班	大班
6 岁及以上	1	–	–	–	1
部　　队	**2027**	**193**	**1731**	**81**	**22**
2 岁及以下	168	168	–	–	–
3 岁	1699	25	1673	1	–
4 岁	129	–	58	71	–
5 岁	28	–	–	9	19
6 岁及以上	3	–	–	–	3
集　　体	**5651**	**572**	**4027**	**498**	**554**
2 岁及以下	574	527	47	–	–
3 岁	3866	45	3792	29	–
4 岁	638	–	188	447	3
5 岁	546	–	–	22	524
6 岁及以上	27	–	–	–	27
民　　办	**764128**	**93709**	**552971**	**62063**	**55385**
2 岁及以下	89419	84777	4630	12	–
3 岁	547676	8804	536763	2063	46
4 岁	71175	126	11431	58555	1063
5 岁	53161	1	141	1408	51611
6 岁及以上	2697	1	6	25	2665
其中:普惠性民办幼儿园	**446459**	**55102**	**330269**	**33589**	**27499**
2 岁及以下	53060	49855	3205	–	–
3 岁	325945	5190	319674	1071	10
4 岁	39619	57	7257	31863	442
5 岁	26489	–	127	651	25711
6 岁及以上	1346	–	6	4	1336
中外合作办	**–**	**–**	**–**	**–**	**–**
2 岁及以下	–	–	–	–	–
3 岁	–	–	–	–	–
4 岁	–	–	–	–	–
5 岁	–	–	–	–	–
6 岁及以上	–	–	–	–	–

年 龄 幼 儿 数 (总计)(二)

在 园 （班） 人 数						离 园（班）人 数
合计	其中：女	托班	小班	中班	大班	
347	146	–	–	1	346	2730
5379	**2553**	**193**	**1980**	**1722**	**1484**	**1710**
168	73	168	–	–	–	–
1950	928	25	1912	13	–	–
1770	837	–	68	1663	39	–
1418	671	–	–	46	1372	346
73	44	–	–	–	73	1364
18991	**9027**	**652**	**5411**	**5957**	**6971**	**6495**
626	300	578	48	–	–	–
5452	2589	74	5122	256	–	–
5900	2930	–	241	5528	131	–
6511	2974	–	–	173	6338	1542
502	234	–	–	–	502	4953
2830042	**1346744**	**98405**	**709959**	**888339**	**1133339**	**1046307**
93819	44171	88750	5053	16	–	–
705445	337814	9469	682664	13254	58	–
890670	425883	143	21878	851510	17139	–
1090105	517752	1	351	23322	1066431	210790
50003	21124	42	13	237	49711	835517
1710595	**815340**	**57749**	**426026**	**533861**	**692959**	**644991**
55550	26006	52136	3411	3	–	–
422379	202550	5514	408710	8144	11	–
535773	256409	58	13689	510550	11476	–
664436	316766	–	203	15024	649209	122165
32457	13609	41	13	140	32263	522826
–	–	–	–	–	–	–
–	–	–	–	–	–	–
–	–	–	–	–	–	–
–	–	–	–	–	–	–
–	–	–	–	–	–	–

学 前 教 育 分

	入 园 （班） 人 数				
	合计	托班	小班	中班	大班
总　计	**334082**	**34394**	**232980**	**33849**	**32859**
女	159789	16222	111735	16425	15407
少数民族	5103	449	3646	508	500
总计中:残疾人	69	7	35	9	18
2 岁及以下	32158	30572	1574	12	–
3 岁	230968	3763	225831	1362	12
4 岁	37738	59	5526	31704	449
5 岁	30302	–	49	749	29504
6 岁及以上	2916	–	–	22	2894
教育部门	**88355**	**3234**	**69809**	**5603**	**9709**
2 岁及以下	2721	2417	304	–	–
3 岁	67960	815	67033	110	2
4 岁	7826	2	2466	5312	46
5 岁	8450	–	6	181	8263
6 岁及以上	1398	–	–	–	1398
其他部门	**8321**	**572**	**7195**	**386**	**168**
2 岁及以下	564	556	8	–	–
3 岁	7120	16	7099	5	–
4 岁	466	–	88	378	–
5 岁	163	–	–	3	160
6 岁及以上	8	–	–	–	8
地方企业	**9996**	**1327**	**7452**	**904**	**313**
2 岁及以下	1240	1219	21	–	–
3 岁	7665	103	7396	166	–
4 岁	782	5	35	738	4
5 岁	291	–	–	–	291
6 岁及以上	18	–	–	–	18
事业单位	**4516**	**246**	**4187**	**68**	**15**
2 岁及以下	277	228	49	–	–
3 岁	3889	18	3868	3	–
4 岁	328	–	267	60	1
5 岁	21	–	3	5	13

年　龄　幼　儿　数 (城区)(一)

在　园　(班)　人　数						离　园(班)人　数
合计	其中:女	托班	小班	中班	大班	
1102029	**521287**	**36474**	**294210**	**349358**	**421987**	**362604**
521287	–	17109	140097	166384	197697	169805
15033	6005	488	4315	5015	5215	4754
323	59	12	50	110	151	129
34114	15869	32308	1793	13	–	–
292521	139709	4093	282123	6291	14	–
350740	166727	73	10176	333129	7362	–
399395	188414	–	118	9799	389478	64235
25259	10568	–	–	126	25133	298369
248565	**118185**	**3299**	**75898**	**79507**	**89861**	**82279**
2784	1305	2467	317	–	–	–
73701	35433	830	71969	900	2	–
80217	38052	2	3606	75593	1016	–
85431	40694	–	6	2992	82433	18169
6432	2701	–	–	22	6410	64110
23663	**11240**	**573**	**8250**	**7838**	**7002**	**7318**
587	293	557	30	–	–	–
8082	3960	16	8053	13	–	–
7892	3663	–	167	7720	5	–
6873	3227	–	–	105	6768	1302
229	97	–	–	–	229	6016
34591	**16454**	**1465**	**10004**	**11694**	**11428**	**10963**
1365	674	1344	21	–	–	–
10533	4966	116	9843	574	–	–
11854	5648	5	137	11039	673	–
10578	5086	–	3	76	10499	1884
261	80	–	–	5	256	9079
13400	**6526**	**246**	**4652**	**4475**	**4027**	**4220**
281	143	228	53	–	–	–
4498	2247	18	4316	164	–	–
4597	2233	–	280	4152	165	–
3677	1757	–	3	158	3516	1530

学 前 教 育 分

	入 园 （班） 人 数				
	合计	托班	小班	中班	大班
6 岁及以上	1	–	–	–	1
部　队	**1963**	**193**	**1667**	**81**	**22**
2 岁及以下	168	168	–	–	–
3 岁	1635	25	1609	1	–
4 岁	129	–	58	71	–
5 岁	28	–	–	9	19
6 岁及以上	3	–	–	–	3
集　体	**2542**	**163**	**1883**	**257**	**239**
2 岁及以下	181	162	19	–	–
3 岁	1819	1	1796	22	–
4 岁	289	–	68	220	1
5 岁	243	–	–	15	228
6 岁及以上	10	–	–	–	10
民　办	**218389**	**28659**	**140787**	**26550**	**22393**
2 岁及以下	27007	25822	1173	12	–
3 岁	140880	2785	137030	1055	10
4 岁	27918	52	2544	24925	397
5 岁	21106	–	40	536	20530
6 岁及以上	1478	–	–	22	1456
其中:普惠性民办幼儿园	**111502**	**14197**	**70840**	**14914**	**11551**
2 岁及以下	13377	12695	682	–	–
3 岁	71246	1479	69136	621	10
4 岁	15289	23	992	14111	163
5 岁	10828	–	30	179	10619
6 岁及以上	762	–	–	3	759
中外合作办	**–**	**–**	**–**	**–**	**–**
2 岁及以下	–	–	–	–	–
3 岁	–	–	–	–	–
4 岁	–	–	–	–	–
5 岁	–	–	–	–	–
6 岁及以上	–	–	–	–	–

年 龄 幼 儿 数 (城区)(二)

在 园 (班) 人 数						离 园 (班) 人 数
合计	其中:女	托班	小班	中班	大班	
347	146	–	–	1	346	2690
5214	**2478**	**193**	**1916**	**1664**	**1441**	**1661**
168	73	168	–	–	–	–
1886	897	25	1848	13	–	–
1712	809	–	68	1605	39	–
1375	655	–	–	46	1329	346
73	44	–	–	–	73	1315
7836	**3714**	**177**	**2352**	**2615**	**2692**	**2643**
196	95	176	20	–	–	–
2440	1123	1	2260	179	–	–
2537	1295	–	72	2407	58	–
2567	1164	–	–	29	2538	803
96	37	–	–	–	96	1840
768760	**362690**	**30521**	**191138**	**241565**	**305536**	**253520**
28733	13286	27368	1352	13	–	–
191381	91083	3087	183834	4448	12	–
241931	115027	66	5846	230613	5406	–
288894	135831	–	106	6393	282395	40201
17821	7463	–	–	98	17723	213319
404014	**190698**	**15029**	**97098**	**125435**	**166452**	**138510**
14177	6524	13401	776	–	–	–
97647	46232	1605	93583	2448	11	–
125920	59746	23	2686	119925	3286	–
156407	74132	–	53	3034	153320	22166
9863	4064	–	–	28	9835	116344
–	–	–	–	–	–	
–	–	–	–	–	–	
–	–	–	–	–	–	
–	–	–	–	–	–	
–	–	–	–	–	–	

学 前 教 育 分

	入 园 （班） 人 数				
	合计	托班	小班	中班	大班
总　　计	489850	49576	346835	35742	57697
女	233963	23789	166021	16897	27256
少数民族	4400	428	3084	269	619
总计中:残疾人	264	3	132	53	76
2 岁及以下	48528	45007	3520	1	–
3 岁	340840	4432	335256	989	163
4 岁	42690	83	7956	33845	806
5 岁	55485	53	99	884	54449
6 岁及以上	2307	1	4	23	2279
教育部门	171165	7745	119849	11111	32460
2 岁及以下	7607	6575	1031	1	–
3 岁	117193	1059	115712	259	163
4 岁	14148	59	3093	10646	350
5 岁	30907	52	12	204	30639
6 岁及以上	1310	–	1	1	1308
其他部门	1300	70	983	163	84
2 岁及以下	70	70	–	–	–
3 岁	918	–	908	10	–
4 岁	168	–	55	103	10
5 岁	99	–	20	30	49
6 岁及以上	45	–	–	20	25
地方企业	214	58	92	44	20
2 岁及以下	58	58	–	–	–
3 岁	92	–	92	–	–
4 岁	44	–	–	44	–
5 岁	20	–	–	–	20
6 岁及以上	–	–	–	–	–
事业单位	94	–	64	11	19
2 岁及以下	–	–	–	–	–
3 岁	64	–	64	–	–
4 岁	11	–	–	11	–
5 岁	19	–	–	–	19

年 龄 幼 儿 数（镇区）（一）

在园（班）人数						离园（班）人数
合计	其中：女	托班	小班	中班	大班	
1685079	801546	51774	426985	517255	689065	628272
801546	–	24694	204086	246939	325827	297004
14062	5869	443	3707	4358	5554	5013
490	170	3	140	137	210	67
50632	24045	46900	3731	1	–	–
423265	202627	4694	409813	8564	194	–
519674	247709	85	13224	495324	11041	–
662453	314857	53	212	13223	648965	150376
29055	12308	42	5	143	28865	477896
508675	242453	7950	131580	150222	218923	195128
7810	3735	6761	1048	1	–	–
129660	62236	1078	126276	2112	194	–
151462	72209	59	4241	144057	3105	–
210671	100637	52	14	4019	206586	51749
9072	3636	–	1	33	9038	143379
3393	1626	70	1187	1133	1003	1002
70	37	70	–	–	–	–
1123	527	–	1112	11	–	–
1122	540	–	55	1057	10	–
984	465	–	20	45	919	261
94	57	–	–	20	74	741
825	395	58	203	258	306	431
58	29	58	–	–	–	–
203	106	–	203	–	–	–
258	119	–	–	258	–	–
306	141	–	–	–	306	–
–	–	–	–	–	–	431
325	150	–	64	112	149	101
–	–	–	–	–	–	–
64	30	–	64	–	–	–
112	51	–	–	112	–	–
149	69	–	–	–	149	101

学 前 教 育 分

	入 园 （ 班 ） 人 数				
	合计	托班	小班	中班	大班
6 岁及以上	–	–	–	–	–
部　　队	**40**	**–**	**40**	**–**	**–**
2 岁及以下	–	–	–	–	–
3 岁	40	–	40	–	–
4 岁	–	–	–	–	–
5 岁	–	–	–	–	–
6 岁及以上	–	–	–	–	–
集　　体	**1950**	**260**	**1352**	**133**	**205**
2 岁及以下	255	234	21	–	–
3 岁	1311	26	1279	6	–
4 岁	176	–	52	124	–
5 岁	205	–	–	3	202
6 岁及以上	3	–	–	–	3
民　　办	**315087**	**41443**	**224455**	**24280**	**24909**
2 岁及以下	40538	38070	2468	–	–
3 岁	221222	3347	217161	714	–
4 岁	28143	24	4756	22917	446
5 岁	24235	1	67	647	23520
6 岁及以上	949	1	3	2	943
其中:普惠性民办幼儿园	**184758**	**24393**	**136254**	**12356**	**11755**
2 岁及以下	24322	22440	1882	–	–
3 岁	133311	1943	131052	316	–
4 岁	15103	10	3253	11667	173
5 岁	11591	–	64	373	11154
6 岁及以上	431	–	3	–	428
中外合作办	**–**	**–**	**–**	**–**	**–**
2 岁及以下	–	–	–	–	–
3 岁	–	–	–	–	–
4 岁	–	–	–	–	–
5 岁	–	–	–	–	–
6 岁及以上	–	–	–	–	–

年 龄 幼 儿 数 (镇区)(二)

在 园 （班） 人 数						离 园 （班） 人 数
合计	其中:女	托班	小班	中班	大班	
–	–	–	–	–	–	–
111	**47**	–	**40**	**40**	**31**	**31**
–	–	–	–	–	–	–
40	18	–	40	–	–	–
40	18	–	–	40	–	–
31	11	–	–	–	31	–
–	–	–	–	–	–	31
6990	**3324**	**309**	**1851**	**2076**	**2754**	**2535**
275	137	254	21	–	–	–
1875	907	55	1744	76	–	–
2089	1022	–	86	1932	71	–
2453	1117	–	–	68	2385	560
298	141	–	–	–	298	1975
1164760	**553551**	**43387**	**292060**	**363414**	**465899**	**429044**
42419	20107	39757	2662	–	–	–
290300	138803	3561	280374	6365	–	–
364591	173750	26	8842	347868	7855	–
447859	212417	1	178	9091	438589	97705
19591	8474	42	4	90	19455	331339
709663	**337940**	**25563**	**177752**	**220169**	**286179**	**264503**
25428	11886	23463	1965	–	–	–
176140	84608	2049	169956	4135	–	–
220701	105266	10	5742	209658	5291	–
273849	130254	–	85	6298	267466	54449
13545	5926	41	4	78	13422	210054
–	–	–	–	–	–	–
–	–	–	–	–	–	–
–	–	–	–	–	–	–
–	–	–	–	–	–	–
–	–	–	–	–	–	–
–	–	–	–	–	–	–

学 前 教 育 分

	入 园 （班） 人 数				
	合计	托班	小班	中班	大班
总　计	**441863**	**30843**	**311958**	**26144**	**72918**
女	213010	14977	150377	12524	35132
少数民族	1317	133	935	81	168
总计中:残疾人	61	4	42	2	13
2 岁及以下	29415	27522	1882	7	4
3 岁	306379	3265	301500	858	756
4 岁	35606	56	8424	24760	2366
5 岁	69532	–	138	517	68877
6 岁及以上	931	–	14	2	915
教育部门	**209733**	**7087**	**123158**	**14781**	**64707**
2 岁及以下	7403	6506	886	7	4
3 岁	119790	575	117932	563	720
4 岁	20297	6	4225	13922	2144
5 岁	61604	–	104	288	61212
6 岁及以上	639	–	11	1	627
其他部门	**79**	**–**	**79**	**–**	**–**
2 岁及以下	–	–	–	–	–
3 岁	79	–	79	–	–
4 岁	–	–	–	–	–
5 岁	–	–	–	–	–
6 岁及以上	–	–	–	–	–
地方企业	**161**	**–**	**129**	**16**	**16**
2 岁及以下	–	–	–	–	–
3 岁	129	–	129	–	–
4 岁	16	–	–	16	–
5 岁	8	–	–	–	8
6 岁及以上	8	–	–	–	8
事业单位	**55**	**–**	**47**	**6**	**2**
2 岁及以下	–	–	–	–	–
3 岁	47	–	47	–	–
4 岁	6	–	–	6	–
5 岁	2	–	–	–	2

年 龄 幼 儿 数(乡村)(一)

在 园 （ 班 ） 人 数						离 园（班）人 数
合计	其中：女	托班	小班	中班	大班	
1468740	**706987**	**31957**	**362595**	**441839**	**632349**	**631661**
706987	–	15501	174553	213119	303814	303750
4690	1856	135	1171	1408	1976	2098
253	43	4	45	68	136	20
30463	14584	28474	1974	11	4	–
357179	172415	3424	347802	4832	1121	–
447581	216228	59	12587	424219	10716	–
611366	294317	–	209	12674	598483	138551
22151	9443	–	23	103	22025	493110
567014	**273998**	**7294**	**134310**	**156915**	**268495**	**266149**
7641	3738	6701	928	8	4	–
131962	63772	585	127912	2390	1075	–
161860	78371	8	5314	149703	6835	–
256189	123967	–	142	4760	251287	65392
9362	4150	–	14	54	9294	200757
324	**162**	**–**	**91**	**103**	**130**	**73**
–	–	–	–	–	–	–
91	50	–	91	–	–	–
103	56	–	–	103	–	–
130	56	–	–	–	130	30
–	–	–	–	–	–	43
469	**223**	**–**	**129**	**112**	**228**	**321**
–	–	–	–	–	–	–
129	59	–	129	–	–	–
113	44	–	–	112	1	–
137	70	–	–	–	137	66
90	50	–	–	–	90	255
192	**84**	**–**	**72**	**65**	**55**	**40**
–	–	–	–	–	–	–
72	34	–	72	–	–	–
65	28	–	–	65	–	–
55	22	–	–	–	55	–

学 前 教 育 分

	入 园 （班） 人 数				
	合计	托班	小班	中班	大班
6 岁及以上	–	–	–	–	–
部 队	**24**	**–**	**24**	**–**	**–**
2 岁及以下	–	–	–	–	–
3 岁	24	–	24	–	–
4 岁	–	–	–	–	–
5 岁	–	–	–	–	–
6 岁及以上	–	–	–	–	–
集 体	**1159**	**149**	**792**	**108**	**110**
2 岁及以下	138	131	7	–	–
3 岁	736	18	717	1	–
4 岁	173	–	68	103	2
5 岁	98	–	–	4	94
6 岁及以上	14	–	–	–	14
民 办	**230652**	**23607**	**187729**	**11233**	**8083**
2 岁及以下	21874	20885	989	–	–
3 岁	185574	2672	182572	294	36
4 岁	15114	50	4131	10713	220
5 岁	7820	–	34	225	7561
6 岁及以上	270	–	3	1	266
其中：普惠性民办幼儿园	**150199**	**16512**	**123175**	**6319**	**4193**
2 岁及以下	15361	14720	641	–	–
3 岁	121388	1768	119486	134	–
4 岁	9227	24	3012	6085	106
5 岁	4070	–	33	99	3938
6 岁及以上	153	–	3	1	149
中外合作办	**–**	**–**	**–**	**–**	**–**
2 岁及以下	–	–	–	–	–
3 岁	–	–	–	–	–
4 岁	–	–	–	–	–
5 岁	–	–	–	–	–
6 岁及以上	–	–	–	–	–

年 龄 幼 儿 数 (乡村)(二)

| 在 园 （班） 人 数 | | | | | | 离 园（班）人 数 |
合计	其中:女	托班	小班	中班	大班	
–	–	–	–	–	–	40
54	**28**	–	**24**	**18**	**12**	**18**
–	–	–	–	–	–	–
24	13	–	24	–	–	–
18	10	–	–	18	–	–
12	5	–	–	–	12	–
–	–	–	–	–	–	18
4165	**1989**	**166**	**1208**	**1266**	**1525**	**1317**
155	68	148	7	–	–	–
1137	559	18	1118	1	–	–
1274	613	–	83	1189	2	–
1491	693	–	–	76	1415	179
108	56	–	–	–	108	1138
896522	**430503**	**24497**	**226761**	**283360**	**361904**	**363743**
22667	10778	21625	1039	3	–	–
223764	107928	2821	218456	2441	46	–
284148	137106	51	7190	273029	3878	–
353352	169504	–	67	7838	345447	72884
12591	5187	–	9	49	12533	290859
596918	**286702**	**17157**	**151176**	**188257**	**240328**	**241978**
15945	7596	15272	670	3	–	–
148592	71710	1860	145171	1561	–	–
189152	91397	25	5261	180967	2899	–
234180	112380	–	65	5692	228423	45550
9049	3619	–	9	34	9006	196428
–	–	–	–	–	–	–
–	–	–	–	–	–	–
–	–	–	–	–	–	–
–	–	–	–	–	–	–
–	–	–	–	–	–	–

学 前 教 育 分

	入 园 （ 班 ） 人 数				
	合计	托班	小班	中班	大班
总　计	1083875	109861	808109	83397	82508
女	519111	52551	387763	39887	38910
少数民族	10017	969	7373	806	869
总计中:残疾人	365	11	200	61	93
2 岁及以下	105337	98676	6644	16	1
3 岁	796404	10951	782719	2698	36
4 岁	98986	188	18541	78909	1348
5 岁	79343	45	197	1728	77373
6 岁及以上	3805	1	8	46	3750
教育部门	303312	14539	240531	19729	28513
2 岁及以下	14271	12347	1919	4	1
3 岁	234454	2085	231854	492	23
4 岁	26115	63	6723	18971	358
5 岁	27380	44	33	261	27042
6 岁及以上	1092	–	2	1	1089
其他部门	9700	642	8257	549	252
2 岁及以下	634	626	8	–	–
3 岁	8117	16	8086	15	–
4 岁	634	–	143	481	10
5 岁	262	–	20	33	209
6 岁及以上	53	–	–	20	33
地方企业	10362	1385	7664	964	349
2 岁及以下	1298	1277	21	–	–
3 岁	7877	103	7608	166	–
4 岁	842	5	35	798	4
5 岁	319	–	–	–	319
6 岁及以上	26	–	–	–	26
事业单位	4665	246	4298	85	36
2 岁及以下	277	228	49	–	–
3 岁	4000	18	3979	3	–
4 岁	345	–	267	77	1
5 岁	42	–	3	5	34

年 龄 幼 儿 数 (幼儿园)(一)

在 园 （班） 人 数						离 园（班）人 数
合计	其中：女	托班	小班	中班	大班	
3811688	**1815991**	**115194**	**991913**	**1199407**	**1505174**	**1353013**
1815991	–	54836	474479	573840	712836	640632
31904	12921	1025	8837	10302	11740	10869
950	243	12	216	278	444	193
110359	52098	103200	7137	21	1	–
982692	471147	11700	952653	18262	77	–
1203812	575643	207	31686	1149060	22859	–
1447794	688891	45	421	31744	1415584	273796
67031	28212	42	16	320	66653	1079217
933346	**446298**	**14961**	**263038**	**293395**	**361952**	**301096**
14691	7011	12723	1962	5	1	–
258040	124121	2129	251753	4106	52	–
295391	141214	65	9276	280993	5057	–
349010	167237	44	44	8234	340688	68470
16214	6715	–	3	57	16154	232626
27380	**13028**	**643**	**9528**	**9074**	**8135**	**8393**
657	330	627	30	–	–	–
9296	4537	16	9256	24	–	–
9117	4259	–	222	8880	15	–
7987	3748	–	20	150	7817	1593
323	154	–	–	20	303	6800
35865	**17062**	**1523**	**10327**	**12064**	**11951**	**11708**
1423	703	1402	21	–	–	–
10856	5128	116	10166	574	–	–
12225	5811	5	137	11409	674	–
11010	5290	–	3	76	10931	1950
351	130	–	–	5	346	9758
13917	**6760**	**246**	**4788**	**4652**	**4231**	**4361**
281	143	228	53	–	–	–
4634	2311	18	4452	164	–	–
4774	2312	–	280	4329	165	–
3881	1848	–	3	158	3720	1631

学 前 教 育 分

	入 园 （ 班 ） 人 数				
	合计	托班	小班	中班	大班
6 岁及以上	1	–	–	–	1
部　队	**2027**	**193**	**1731**	**81**	**22**
2 岁及以下	168	168	–	–	–
3 岁	1699	25	1673	1	–
4 岁	129	–	58	71	–
5 岁	28	–	–	9	19
6 岁及以上	3	–	–	–	3
集　体	**5651**	**572**	**4027**	**498**	**554**
2 岁及以下	574	527	47	–	–
3 岁	3866	45	3792	29	–
4 岁	638	–	188	447	3
5 岁	546	–	–	22	524
6 岁及以上	27	–	–	–	27
民　办	**748158**	**92284**	**541601**	**61491**	**52782**
2 岁及以下	88115	83503	4600	12	–
3 岁	536391	8659	525727	1992	13
4 岁	70283	120	11127	58064	972
5 岁	50766	1	141	1398	49226
6 岁及以上	2603	1	6	25	2571
其中:普惠性民办幼儿园	**446459**	**55102**	**330269**	**33589**	**27499**
2 岁及以下	53060	49855	3205	–	–
3 岁	325945	5190	319674	1071	10
4 岁	39619	57	7257	31863	442
5 岁	26489	–	127	651	25711
6 岁及以上	1346	–	6	4	1336
中外合作办	**–**	**–**	**–**	**–**	**–**
2 岁及以下	–	–	–	–	–
3 岁	–	–	–	–	–
4 岁	–	–	–	–	–
5 岁	–	–	–	–	–
6 岁及以上	–	–	–	–	–

年　龄　幼　儿　数（幼儿园）（二）

在　园　（班）　人　数						离　园（班）人　数
合计	其中：女	托班	小班	中班	大班	
347	146	–	–	1	346	2730
5379	**2553**	**193**	**1980**	**1722**	**1484**	**1710**
168	73	168	–	–	–	–
1950	928	25	1912	13	–	–
1770	837	–	68	1663	39	–
1418	671	–	–	46	1372	346
73	44	–	–	–	73	1364
18991	**9027**	**652**	**5411**	**5957**	**6971**	**6495**
626	300	578	48	–	–	–
5452	2589	74	5122	256	–	–
5900	2930	–	241	5528	131	–
6511	2974	–	–	173	6338	1542
502	234	–	–	–	502	4953
2776810	**1321263**	**96976**	**696841**	**872543**	**1110450**	**1019250**
92513	43538	87474	5023	16	–	–
692464	331533	9322	669992	13125	25	–
874635	418280	137	21462	836258	16778	–
1067977	507123	1	351	22907	1044718	198264
49221	20789	42	13	237	48929	820986
1710595	**815340**	**57749**	**426026**	**533861**	**692959**	**644991**
55550	26006	52136	3411	3	–	–
422379	202550	5514	408710	8144	11	–
535773	256409	58	13689	510550	11476	–
664436	316766	–	203	15024	649209	122165
32457	13609	41	13	140	32263	522826
–	–	–	–	–	–	–
–	–	–	–	–	–	–
–	–	–	–	–	–	–
–	–	–	–	–	–	–
–	–	–	–	–	–	–

学　前　教　育　分

	入　园　（班）　人　数				
	合计	托班	小班	中班	大班
总　　计	181920	4952	83664	12338	80966
女	87651	2437	40370	5959	38885
少数民族	803	41	292	52	418
总计中:残疾人	29	3	9	3	14
2 岁及以下	4764	4425	332	4	3
3 岁	81783	509	79868	511	895
4 岁	17048	10	3365	11400	2273
5 岁	75976	8	89	422	75457
6 岁及以上	2349	–	10	1	2338
教育部门	165941	3527	72285	11766	78363
2 岁及以下	3460	3151	302	4	3
3 岁	70489	364	68823	440	862
4 岁	16156	4	3061	10909	2182
5 岁	73581	8	89	412	73072
6 岁及以上	2255	–	10	1	2244
其他部门	–	–	–	–	–
2 岁及以下	–	–	–	–	–
3 岁	–	–	–	–	–
4 岁	–	–	–	–	–
5 岁	–	–	–	–	–
6 岁及以上	–	–	–	–	–
地方企业	9	–	9	–	–
2 岁及以下	–	–	–	–	–
3 岁	9	–	9	–	–
4 岁	–	–	–	–	–
5 岁	–	–	–	–	–
6 岁及以上	–	–	–	–	–
事业单位	–	–	–	–	–
2 岁及以下	–	–	–	–	–
3 岁	–	–	–	–	–
4 岁	–	–	–	–	–
5 岁	–	–	–	–	–

年 龄 幼 儿 数（附设幼儿班）（一）

在 园 （ 班 ） 人 数						离 园（ 班 ）人 数
合计	其中：女	托班	小班	中班	大班	
444160	**213829**	**5011**	**91877**	**109045**	**238227**	**269524**
213829	–	2468	44257	52602	114502	129927
1881	809	41	356	479	1005	996
116	29	7	19	37	53	23
4850	2400	4482	361	4	3	–
90273	43604	511	87085	1425	1252	–
114183	55021	10	4301	103612	6260	–
225420	108697	8	118	3952	221342	79366
9434	4107	–	12	52	9370	190158
390908	**188338**	**3582**	**78750**	**93249**	**215327**	**242460**
3544	1767	3206	331	4	3	–
77283	37320	364	74404	1296	1219	–
98148	47418	4	3885	88360	5899	–
203281	98061	8	118	3537	199618	66840
8652	3772	–	12	52	8588	175620
–	–	–	–	–	–	–
–	–	–	–	–	–	–
–	–	–	–	–	–	–
–	–	–	–	–	–	–
–	–	–	–	–	–	–
–	–	–	–	–	–	–
20	**10**	–	**9**	–	**11**	**7**
–	–	–	–	–	–	–
9	3	–	9	–	–	–
–	–	–	–	–	–	–
11	7	–	–	–	11	–
–	–	–	–	–	–	7
–	–	–	–	–	–	–
–	–	–	–	–	–	–
–	–	–	–	–	–	–

学 前 教 育 分

	入 园 （ 班 ） 人 数				
	合计	托班	小班	中班	大班
6 岁及以上	–	–	–	–	–
部　队	–	–	–	–	–
2 岁及以下	–	–	–	–	–
3 岁	–	–	–	–	–
4 岁	–	–	–	–	–
5 岁	–	–	–	–	–
6 岁及以上	–	–	–	–	–
集　体	–	–	–	–	–
2 岁及以下	–	–	–	–	–
3 岁	–	–	–	–	–
4 岁	–	–	–	–	–
5 岁	–	–	–	–	–
6 岁及以上	–	–	–	–	–
民　办	**15970**	**1425**	**11370**	**572**	**2603**
2 岁及以下	1304	1274	30	–	–
3 岁	11285	145	11036	71	33
4 岁	892	6	304	491	91
5 岁	2395	–	–	10	2385
6 岁及以上	94	–	–	–	94
其中:普惠性民办幼儿园	–	–	–	–	–
2 岁及以下	–	–	–	–	–
3 岁	–	–	–	–	–
4 岁	–	–	–	–	–
5 岁	–	–	–	–	–
6 岁及以上	–	–	–	–	–
中外合作办	–	–	–	–	–
2 岁及以下	–	–	–	–	–
3 岁	–	–	–	–	–
4 岁	–	–	–	–	–
5 岁	–	–	–	–	–
6 岁及以上	–	–	–	–	–

年 龄 幼 儿 数(附设幼儿班)(二)

在　园　（班）　人　数						离　园（班）人　数
合计	其中:女	托班	小班	中班	大班	
–	–	–	–	–	–	–
–	–	–	–	–	–	
–	–	–	–	–	–	
–	–	–	–	–	–	
–	–	–	–	–	–	
–	–	–	–	–	–	
–	–	–	–	–	–	
–	–	–	–	–	–	
–	–	–	–	–	–	
–	–	–	–	–	–	
–	–	–	–	–	–	
–	–	–	–	–	–	
53232	**25481**	**1429**	**13118**	**15796**	**22889**	**27057**
1306	633	1276	30	–	–	–
12981	6281	147	12672	129	33	–
16035	7603	6	416	15252	361	–
22128	10629	–	–	415	21713	12526
782	335	–	–	–	782	14531
–	–	–	–	–	–	–
–	–	–	–	–	–	
–	–	–	–	–	–	
–	–	–	–	–	–	
–	–	–	–	–	–	
–	–	–	–	–	–	
–	–	–	–	–	–	
–	–	–	–	–	–	

— 231 —

小学学龄人口入学

	校内外学龄人口数		在校学龄人口数		招 生 数	
	计	其中:女	计	其中:女	计	其中:受过学前教育
总　计	**10035213**	**4672476**	**10035213**	**4672476**	**1659936**	**1658979**
女	4672476	–	4672476	–	783436	783191
少数民族	110497	49841	–	–	19161	19144
总计中　寄宿生	–	–	–	–	142296	142287
重读生	–	–	–	–	–	–
其中:女	–	–	–	–	–	–
5 岁及以下	–	–	–	–	–	–
6 岁	1498444	714119	1498444	714119	1496801	–
7 岁	1713756	801028	1713756	801028	159830	–
8 岁	1756313	818987	1756313	818987	3064	–
9 岁	1708097	792821	1708097	792821	155	–
10 岁	1709208	789132	1709208	789132	41	–
11 岁	1649395	756389	1649395	756389	13	–
12 岁	–	–	–	–	14	–
13 岁	–	–	–	–	8	–
14 岁	–	–	–	–	8	–
15 岁及以上	–	–	–	–	2	–

小学学龄人口入学

	校内外学龄人口数		在校学龄人口数		招 生 数	
	计	其中:女	计	其中:女	计	其中:受过学前教育
总　计	**2615333**	**1198060**	**2615333**	**1198060**	**454933**	**454608**
女	1198060	–	1198060	–	212344	212215
少数民族	50143	22915	–	–	9036	9029
总计中　寄宿生	–	–	–	–	26902	26901
重读生	–	–	–	–	–	–
其中:女	–	–	–	–	–	–
5 岁及以下	–	–	–	–	–	–
6 岁	393288	186679	393288	186679	392916	–
7 岁	462674	212338	462674	212338	61284	–
8 岁	465824	213866	465824	213866	692	–
9 岁	441197	201344	441197	201344	29	–
10 岁	442432	200112	442432	200112	8	–
11 岁	409918	183721	409918	183721	2	–
12 岁	–	–	–	–	–	–
13 岁	–	–	–	–	–	–
14 岁	–	–	–	–	1	–
15 岁及以上	–	–	–	–	1	–

及 在 校 学 生 情 况 (总计)

		在	校	生	数		
合计	其中：女	一年级	二年级	三年级	四年级	五年级	六年级
10215856	**4749740**	**1659942**	**1736839**	**1744617**	**1712649**	**1708735**	**1653074**
4749740	–	783436	809739	812971	794069	789231	760294
110497	49841	19161	19581	19096	18242	17673	16744
1898405	827018	142296	186318	274370	346016	421105	528300
8	1	6	–	–	1	1	–
1	–	–	–	–	–	1	–
		–	–	–	–	–	–
1498444	714119	1496804	1619	20	1	–	–
1713756	801028	159833	1550010	3832	79	2	–
1756313	818987	3064	179919	1567924	5274	128	4
1708097	792821	155	4744	165889	1529860	7143	306
1709208	789132	41	351	6294	168984	1523158	10380
1651550	757295	13	91	440	7720	169747	1473539
168619	72654	14	51	112	555	7857	160030
8760	3291	8	22	58	99	556	8017
958	353	8	22	28	56	112	732
151	60	2	10	20	21	32	66

及 在 校 学 生 情 况 (城区)

		在	校	生	数		
合计	其中：女	一年级	二年级	三年级	四年级	五年级	六年级
2672101	**1221943**	**454934**	**468740**	**456935**	**442869**	**438145**	**410478**
1221943	–	212344	214980	210024	201615	198957	184023
50143	22915	9036	9266	8698	7971	7929	7243
264428	105187	26902	33481	40709	47370	53774	62192
2	–	1	–	–	1	–	–
–	–	–	–	–	–	–	–
–	–	–	–	–	–	–	–
393288	186679	392917	367	3	1	–	–
462674	212338	61284	399949	1403	37	1	–
465824	213866	692	67434	396269	1394	33	2
441197	201344	29	890	58001	380191	1950	136
442432	200112	8	68	1163	59405	377635	4153
411355	184360	2	13	70	1737	56764	352769
53705	22712	–	9	10	86	1657	51943
1451	473	–	8	6	9	78	1350
131	45	1	1	7	5	16	101
44	14	1	1	3	4	11	24

小 学 学 龄 人 口 入 学

		校内外学龄人口数		在校学龄人口数		招 生 数	
		计	其中：女	计	其中：女	计	其中：受过学前教育
总　计		**4219441**	**1937404**	**4219441**	**1937404**	**670338**	**670107**
女		1937404	—	1937404	—	313629	313576
少数民族		44662	19970	—	—	7466	7457
总计中	寄 宿 生	—	—	—	—	70663	70655
	重 读 生	—	—	—	—	—	—
	其中：女	—	—	—	—	—	—
5 岁及以下		—	—	—	—	—	—
6 岁		609766	287133	609766	287133	609130	—
7 岁		695342	321777	695342	321777	60048	—
8 岁		723199	332556	723199	332556	1102	—
9 岁		716551	326715	716551	326715	39	—
10 岁		731829	333006	731829	333006	12	—
11 岁		742754	336217	742754	336217	2	—
12 岁		—	—	—	—	5	—
13 岁		—	—	—	—	—	—
14 岁		—	—	—	—	—	—
15 岁及以上		—	—	—	—	—	—

小 学 学 龄 人 口 入 学

		校内外学龄人口数		在校学龄人口数		招 生 数	
		计	其中：女	计	其中：女	计	其中：受过学前教育
总　计		**3200439**	**1537012**	**3200439**	**1537012**	**534665**	**534264**
女		1537012	—	1537012	—	257463	257400
少数民族		15692	6956	—	—	2659	2658
总计中	寄 宿 生	—	—	—	—	44731	44731
	重 读 生	—	—	—	—	—	—
	其中：女	—	—	—	—	—	—
5 岁及以下		—	—	—	—	—	—
6 岁		495390	240307	495390	240307	494755	—
7 岁		555740	266913	555740	266913	38498	—
8 岁		567290	272565	567290	272565	1270	—
9 岁		550349	264762	550349	264762	87	—
10 岁		534947	256014	534947	256014	21	—
11 岁		496723	236451	496723	236451	9	—
12 岁		—	—	—	—	9	—
13 岁		—	—	—	—	8	—
14 岁		—	—	—	—	7	—
15 岁及以上		—	—	—	—	1	—

及 在 校 学 生 情 况 (镇区)

		在 校 生 数					
合计	其中：女	一年级	二年级	三年级	四年级	五年级	六年级
4299095	**1971679**	**670338**	**705262**	**720874**	**719500**	**736597**	**746524**
1971679	–	313629	325314	330609	327738	334726	339663
44662	19970	7466	7628	7674	7513	7210	7171
956571	413073	70663	91812	132688	171376	214233	275799
1	1	–	–	–	–	1	–
1	–	–	–	–	–	1	–
		–	–	–	–	–	–
609766	287133	609130	631	5	–	–	–
695342	321777	60048	633927	1359	7	1	–
723199	332556	1102	68841	650812	2405	37	2
716551	326715	39	1731	66064	645149	3499	69
731829	333006	12	101	2445	68593	656793	3885
743400	336454	2	12	138	3139	72549	667560
74078	32115	5	7	28	162	3446	70430
4505	1759	–	5	12	31	230	4227
401	151	–	6	8	13	39	335
24	13	–	1	3	1	3	16

及 在 校 学 生 情 况 (乡村)

		在 校 生 数					
合计	其中：女	一年级	二年级	三年级	四年级	五年级	六年级
3244660	**1556118**	**534670**	**562837**	**566808**	**550280**	**533993**	**496072**
1556118	–	257463	269445	272338	264716	255548	236608
15692	6956	2659	2687	2724	2758	2534	2330
677406	308758	44731	61025	100973	127270	153098	190309
5	–	5	–	–	–	–	–
–		–	–	–	–	–	–
		–	–	–	–	–	–
495390	240307	494757	621	12	–	–	–
555740	266913	38501	516134	1070	35	–	–
567290	272565	1270	43644	520843	1475	58	–
550349	264762	87	2123	41824	504520	1694	101
534947	256014	21	182	2686	40986	488730	2342
496795	236481	9	66	232	2844	40434	453210
40836	17827	9	35	74	307	2754	37657
2804	1059	8	9	40	59	248	2440
426	157	7	15	13	38	57	296
83	33	1	8	14	16	18	26

小 学 分 办 别 、

		毕业生数	招 生 数		合计	其中：女
			计	其中：受过学前教育		
总　计		**1541747**	**1659936**	**1658979**	**10215856**	**4749740**
	女	700997	783436	783191	4749740	–
	少数民族	16261	19161	19144	110497	49841
总计中	五 年 制	12890	4572	4572	23180	11093
	九年一贯制学校	186411	157036	156915	1093902	470538
	十二年一贯制学校	20851	16604	16592	121561	48952
	附设小学班	37602	3206	3206	63303	30101
	复 式 班	7	193	193	588	285
	小学教学点	53623	146971	146887	675738	329782
	独立设置少数民族学校	11669	11351	11349	71915	33635
	随迁子女	74365	99754	99729	603508	273332
	其中：外省迁入	7265	9343	9341	57527	25756
	本省外县迁入	67100	90411	90388	545981	247576
	进城务工人员随迁子女	60248	78412	78392	478251	216559
	其中：外省迁入	5202	6404	6403	40308	18304
	本省外县迁入	55046	72008	71989	437943	198255
	农村留守儿童	134210	177779	177748	1178659	548854
	送教上门	176	555	463	4393	1462
	教育部门	1230108	1412313	1411573	8412115	3988012
	其他部门	94	91	91	542	271
	地方企业	207	93	93	985	407
	民　办	311338	247439	247222	1802214	761050
	中外合作办	–	–	–	–	–
城　区		**390984**	**454933**	**454608**	**2672101**	**1221943**
	教育部门	327554	402046	401811	2296246	1069279
	其他部门	94	91	91	542	271
	地方企业	207	84	84	964	400
	民　办	63129	52712	52622	374349	151993
	中外合作办	–	–	–	–	–
镇　区		**679604**	**670338**	**670107**	**4299095**	**1971679**
	教育部门	512052	551047	550870	3372366	1582988
	其他部门	–	–	–	–	–
	地方企业	–	–	–	–	–
	民　办	167552	119291	119237	926729	388691
	中外合作办	–	–	–	–	–
乡　村		**471159**	**534665**	**534264**	**3244660**	**1556118**
	教育部门	390502	459220	458892	2743503	1335745
	其他部门	–	–	–	–	–
	地方企业	–	9	9	21	7
	民　办	80657	75436	75363	501136	220366
	中外合作办	–	–	–	–	–

分城乡学生情况

在　校　生　数						预　计 毕业生数
一年级	二年级	三年级	四年级	五年级	六年级	
1659942	**1736839**	**1744617**	**1712649**	**1708735**	**1653074**	**1657567**
783436	809739	812971	794069	789231	760294	762475
19161	19581	19096	18242	17673	16744	16778
4572	4774	4786	4555	4493	–	4493
157036	167057	179230	187522	198388	204669	204861
16604	18309	19501	20672	22361	24114	24114
3206	3249	3935	4600	7174	41139	41139
193	211	88	56	34	6	6
146975	148785	131276	107690	84419	56593	56593
11351	11996	11978	12184	12460	11946	12041
99754	102622	103595	102553	102530	92454	92518
9343	9943	9941	9715	9627	8958	8977
90411	92679	93654	92838	92903	83496	83541
78412	80299	81971	82502	81693	73374	73422
6404	6828	7022	6953	6812	6289	6298
72008	73471	74949	75549	74881	67085	67124
177780	193838	202503	205063	203988	195487	195730
555	764	959	811	750	554	560
1412319	1462845	1442883	1397118	1380172	1316778	1321079
91	92	89	80	98	92	92
93	148	166	200	220	158	158
247439	273754	301479	315251	328245	336046	336238
–	–	–	–	–	–	–
454934	**468740**	**456935**	**442869**	**438145**	**410478**	**410478**
402047	409875	394122	378618	370870	340714	340714
91	92	89	80	98	92	92
84	142	160	200	220	158	158
52712	58631	62564	63971	66957	69514	69514
–	–	–	–	–	–	–
670338	**705262**	**720874**	**719500**	**736597**	**746524**	**750138**
551047	571678	567806	554954	562516	564365	567787
–	–	–	–	–	–	–
–	–	–	–	–	–	–
119291	133584	153068	164546	174081	182159	182351
–	–	–	–	–	–	–
534670	**562837**	**566808**	**550280**	**533993**	**496072**	**496951**
459225	481292	480955	463546	446786	411699	412578
–	–	–	–	–	–	–
9	6	6	–	–	–	–
75436	81539	85847	86734	87207	84373	84373
–	–	–	–	–	–	–

小学进城务工人员随迁子女、农村

			毕业生数	招生数		合计	其中：女
				计	其中：受过学前教育		
总 计		随迁子女	74365	99754	99729	603508	273332
		其中:外省迁入	7265	9343	9341	57527	25756
		本省外县迁入	67100	90411	90388	545981	247576
		进城务工人员随迁子女	60248	78412	78392	478251	216559
		其中:外省迁入	5202	6404	6403	40308	18304
		本省外县迁入	55046	72008	71989	437943	198255
		农村留守儿童	134210	177779	177748	1178659	548854
		送教上门	176	555	463	4393	1462
分 城 乡	城 区	随迁子女	54237	66513	66493	415461	188199
		其中:外省迁入	5253	5930	5929	37031	16671
		本省外县迁入	48984	60583	60564	378430	171528
		进城务工人员随迁子女	47040	57010	56990	356532	161537
		其中:外省迁入	4078	4503	4502	28870	13156
		本省外县迁入	42962	52507	52488	327662	148381
		农村留守儿童	2192	2226	2220	15452	6606
		送教上门	41	81	62	636	215
	镇 区	随迁子女	17061	26661	26656	154416	69512
		其中:外省迁入	1639	2656	2655	16420	7217
		本省外县迁入	15422	24005	24001	137996	62295
		进城务工人员随迁子女	13208	21402	21402	121719	55022
		其中:外省迁入	1124	1901	1901	11438	5148
		本省外县迁入	12084	19501	19501	110281	49874
		农村留守儿童	62534	63721	63715	483064	220447
		送教上门	54	155	131	1098	370
	乡 村	随迁子女	3067	6580	6580	33631	15621
		其中:外省迁入	373	757	757	4076	1868
		本省外县迁入	2694	5823	5823	29555	13753
		进城务工人员随迁子女	–	–	–	–	–
		其中:外省迁入	–	–	–	–	–
		本省外县迁入	–	–	–	–	–
		农村留守儿童	69484	111832	111813	680143	321801
		送教上门	81	319	270	2659	877
分办别	教育部门	随迁子女	68734	92697	92677	550999	250950
		其中:外省迁入	6418	8181	8181	49367	22241
		本省外县迁入	62316	84516	84496	501632	228709
		进城务工人员随迁子女	57086	74005	73988	446673	203310

留守儿童分城乡、分办别学生情况（一）

在 校 生 数						预 计 毕业生数
一年级	二年级	三年级	四年级	五年级	六年级	
99754	102622	103595	102553	102530	92454	92518
9343	9943	9941	9715	9627	8958	8977
90411	92679	93654	92838	92903	83496	83541
78412	80299	81971	82502	81693	73374	73422
6404	6828	7022	6953	6812	6289	6298
72008	73471	74949	75549	74881	67085	67124
177780	193838	202503	205063	203988	195487	195730
555	764	959	811	750	554	560
66513	69691	70981	71973	71755	64548	64548
5930	6358	6223	6333	6295	5892	5892
60583	63333	64758	65640	65460	58656	58656
57010	59555	60731	62108	61590	55538	55538
4503	4901	4857	5005	4955	4649	4649
52507	54654	55874	57103	56635	50889	50889
2226	2478	2520	2697	2656	2875	2875
81	86	147	119	109	94	94
26661	26398	26895	25734	25557	23171	23235
2656	2708	3012	2762	2707	2575	2594
24005	23690	23883	22972	22850	20596	20641
21402	20744	21240	20394	20103	17836	17884
1901	1927	2165	1948	1857	1640	1649
19501	18817	19075	18446	18246	16196	16235
63721	71204	78768	84185	90380	94806	94979
155	182	211	214	190	146	147
6580	6533	5719	4846	5218	4735	4735
757	877	706	620	625	491	491
5823	5656	5013	4226	4593	4244	4244
—	—	—	—	—	—	—
—	—	—	—	—	—	—
—	—	—	—	—	—	—
111833	120156	121215	118181	110952	97806	97876
319	496	601	478	451	314	319
92697	94488	94937	93212	92829	82836	82893
8181	8640	8603	8289	8272	7382	7397
84516	85848	86334	84923	84557	75454	75496
74005	75378	76726	76648	75974	67942	67990

小学进城务工人员随迁子女、农村

			毕业生数	招生数		合计	其中:女
				计	其中:受过学前教育		
分	教育部门	其中:外省迁入	4674	5685	5685	35438	16195
		本省外县迁入	52412	68320	68303	411235	187115
		农村留守儿童	89190	135949	135934	842230	399835
		送教上门	173	547	455	4316	1438
	其他部门	随迁子女	15	16	16	108	46
		其中:外省迁入	5	2	2	20	11
		本省外县迁入	10	14	14	88	35
		进城务工人员随迁子女	7	13	13	73	31
		其中:外省迁入	5	1	1	9	3
办		本省外县迁入	2	12	12	64	28
		农村留守儿童	－	－	－	－	－
		送教上门	－	－	－	－	－
	地方企业	随迁子女	－	－	－	1	－
		其中:外省迁入	－	－	－	－	－
		本省外县迁入	－	－	－	1	－
		进城务工人员随迁子女	－	－	－	1	－
		其中:外省迁入	－	－	－	－	－
		本省外县迁入	－	－	－	1	－
		农村留守儿童	－	－	－	2	1
		送教上门	－	－	－	－	－
别	民办	随迁子女	5616	7041	7036	52400	22336
		其中:外省迁入	842	1160	1158	8140	3504
		本省外县迁入	4774	5881	5878	44260	18832
		进城务工人员随迁子女	3155	4394	4391	31504	13218
		其中:外省迁入	523	718	717	4861	2106
		本省外县迁入	2632	3676	3674	26643	11112
		农村留守儿童	45020	41830	41814	336427	149018
		送教上门	3	8	8	77	24
	中外合作办	随迁子女	－	－	－	－	－
		其中:外省迁入	－	－	－	－	－
		本省外县迁入	－	－	－	－	－
		进城务工人员随迁子女	－	－	－	－	－
		其中:外省迁入	－	－	－	－	－
		本省外县迁入	－	－	－	－	－
		农村留守儿童	－	－	－	－	－
		送教上门	－	－	－	－	－

留守儿童分城乡、分办别学生情况(二)

在 校 生 数						预 计
一年级	二年级	三年级	四年级	五年级	六年级	毕业生数
5685	6011	6229	6120	5995	5398	5407
68320	69367	70497	70528	69979	62544	62583
135950	145847	147263	144928	139448	128794	129028
547	738	940	801	740	550	556
16	28	17	16	15	16	16
2	8	3	3	1	3	3
14	20	14	13	14	13	13
13	19	13	11	6	11	11
1	4	2	–	–	2	2
12	15	11	11	6	9	9
–	–	–	–	–	–	–
–	–	–	–	–	–	–
–	–	1	–	–	–	–
–	–	1	–	–	–	–
–	–	1	–	–	–	–
–	–	–	–	–	–	–
–	–	1	–	–	–	–
–	1	1	–	–	–	–
–	–	–	–	–	–	–
7041	8106	8640	9325	9686	9602	9609
1160	1295	1335	1423	1354	1573	1577
5881	6811	7305	7902	8332	8029	8032
4394	4902	5231	5843	5713	5421	5421
718	813	791	833	817	889	889
3676	4089	4440	5010	4896	4532	4532
41830	47990	55239	60135	64540	66693	66702
8	26	19	10	10	4	4
–	–	–	–	–	–	–
–	–	–	–	–	–	–
–	–	–	–	–	–	–
–	–	–	–	–	–	–
–	–	–	–	–	–	–
–	–	–	–	–	–	–
–	–	–	–	–	–	–

初级中学学龄人口入学

		校内外学龄人口数		在校学龄人口数	
		计	其中:女	计	其中:女
总　计		**4405573**	**2009413**	**4405573**	**2009413**
女		2009413	–	2009413	–
少数民族		51842	22803	–	–
总计中	寄宿生	–	–	–	–
	重读生	–	–	–	–
	其中:女	–	–	–	–
	10岁及以下	–	–	–	–
	11岁	15685	7206	15685	7206
	12岁	1291406	599481	1291406	599481
	13岁	1577986	718040	1577986	718040
	14岁	1520496	684686	1520496	684686
	15岁	–	–	–	–
	16岁	–	–	–	–
	17岁	–	–	–	–
	18岁及以上	–	–	–	–

初级中学学龄人口入学

		校内外学龄人口数		在校学龄人口数	
		计	其中:女	计	其中:女
总　计		**1185358**	**531354**	**1185358**	**531354**
女		531354	–	531354	–
少数民族		23679	10265	–	–
总计中	寄宿生	–	–	–	–
	重读生	–	–	–	–
	其中:女	–	–	–	–
	10岁及以下	–	–	–	–
	11岁	8544	3875	8544	3875
	12岁	338819	156152	338819	156152
	13岁	433529	194640	433529	194640
	14岁	404466	176687	404466	176687
	15岁	–	–	–	–
	16岁	–	–	–	–
	17岁	–	–	–	–
	18岁及以上	–	–	–	–

及在校学生情况（总计）

招生数	在 校 生 数					
	合计	其中：女	一年级	二年级	三年级	四年级
1540534	**4721421**	**2143103**	**1540545**	**1579443**	**1585312**	**16121**
702835	2143103	–	702840	713648	719288	7327
16941	51842	22803	16941	17472	17317	112
1021177	3137462	1420913	1021182	1043199	1069090	3991
–	13	5	11	2	–	–
–	5	–	5	–	–	–
146	196	123	146	40	10	–
35231	38218	18067	35231	2765	221	1
1233600	1291406	599481	1233601	53741	4055	9
253052	1577986	718040	253060	1254554	69960	412
17136	1520496	684686	17138	243811	1248290	11257
1179	262220	110713	1179	22570	234549	3922
172	28311	10998	172	1747	25915	477
17	2511	966	17	203	2253	38
1	77	29	1	12	59	5

及在校学生情况（城区）

招生数	在 校 生 数					
	合计	其中：女	一年级	二年级	三年级	四年级
425633	**1293707**	**574934**	**425639**	**432655**	**424708**	**10705**
190256	574934	–	190260	192395	187450	4829
7592	23679	10265	7592	8075	7948	64
175054	532700	223763	175058	177729	179425	488
–	6	4	6	–	–	–
–	4	–	4	–	–	–
81	106	62	81	21	4	–
15609	17636	7873	15609	1935	91	1
313217	338819	156152	313217	23636	1957	9
91673	433529	194640	91678	314594	26920	337
4729	404466	176687	4730	84800	307998	6938
290	90776	36580	290	7228	80258	3000
28	7771	2756	28	389	6969	385
6	566	168	6	45	485	30
–	38	16	–	7	26	5

初级中学学龄人口入学

	校内外学龄人口数		在校学龄人口数	
	计	其中：女	计	其中：女
总　　计	**2440691**	**1116585**	**2440691**	**1116585**
女	1116585	–	1116585	–
少数民族	22882	10275	–	–
总计中　寄　宿　生	–	–	–	–
重　读　生	–	–	–	–
其中:女	–	–	–	–
10 岁及以下	–		–	
11 岁	5736	2727	5736	2727
12 岁	726698	336932	726698	336932
13 岁	867566	395579	867566	395579
14 岁	840691	381347	840691	381347
15 岁	–	–	–	–
16 岁	–	–	–	–
17 岁	–	–	–	–
18 岁及以上	–	–	–	–

初级中学学龄人口入学

	校内外学龄人口数		在校学龄人口数	
	计	其中：女	计	其中：女
总　　计	**779524**	**361474**	**779524**	**361474**
女	361474	–	361474	–
少数民族	5281	2263	–	–
总计中　寄　宿　生	–	–	–	–
重　读　生	–	–	–	–
其中:女	–	–	–	–
10 岁及以下	–	–	–	
11 岁	1405	604	1405	604
12 岁	225889	106397	225889	106397
13 岁	276891	127821	276891	127821
14 岁	275339	126652	275339	126652
15 岁	–	–	–	–
16 岁	–	–	–	–
17 岁	–	–	–	–
18 岁及以上	–	–	–	–

及在校学生情况(镇区)

招生数	在 校 生 数					
	合计	其中:女	一年级	二年级	三年级	四年级
853043	**2595916**	**1184333**	**853045**	**866718**	**871751**	**4402**
391145	1184333	–	391145	392871	398274	2043
7689	22882	10275	7689	7577	7568	48
626057	1903989	871227	626057	630331	644917	2684
–	3	–	2	1	–	–
–	–	–	–	–	–	–
57	77	50	57	15	5	–
15232	15966	7956	15232	634	100	–
701972	726698	336932	701972	23131	1595	–
125489	867566	395579	125490	709950	32080	46
9570	840691	381347	9571	121029	706522	3569
628	128717	55936	628	10992	116387	710
89	14849	5997	89	851	13839	70
6	1327	528	6	112	1202	7
–	25	8	–	4	21	–

及在校学生情况(乡村)

招生数	在 校 生 数					
	合计	其中:女	一年级	二年级	三年级	四年级
261858	**831798**	**383836**	**261861**	**280070**	**288853**	**1014**
121434	383836	–	121435	128382	133564	455
1660	5281	2263	1660	1820	1801	–
220066	700773	325923	220067	235139	244748	819
–	4	1	3	1	–	–
–	1	–	1	–	–	–
8	13	11	8	4	1	–
4390	4616	2238	4390	196	30	–
218411	225889	106397	218412	6974	503	–
35890	276891	127821	35892	230010	10960	29
2837	275339	126652	2837	37982	233770	750
261	42727	18197	261	4350	37904	212
55	5691	2245	55	507	5107	22
5	618	270	5	46	566	1
1	14	5	1	1	12	–

初 中 分 办 别 、分

		毕业生数	招生数	合 计
总　　计		**1484618**	**1540534**	**4721421**
	女	670485	702835	2143103
	少数民族	16141	16941	51842
总计中	四 年 制	15426	20743	71799
	九年一贯制学校	230442	285816	828525
	十二年一贯制学校	37972	43851	132355
	完全中学	62801	56629	170779
	附设普通初中班	2792	3174	10263
	附设职业初中班	–	–	–
	独立设置少数民族学校	4115	4230	12367
	随迁子女	63944	82365	254890
	其中:外省迁入	6091	6778	20947
	本省外县迁入	57853	75587	233943
	进城务工人员随迁子女	51001	63763	196996
	其中:外省迁入	4964	4679	14551
	本省外县迁入	46037	59084	182445
	农村留守儿童	145076	177843	550844
	送教上门	140	461	1330
	教育部门	1175350	1203266	3706365
	其他部门	782	310	1768
	地方企业	202	177	569
	民　　办	308284	336781	1012719
	中外合作办	–	–	–
城　　区		**398179**	**425633**	**1293707**
	教育部门	303828	325794	987414
	其他部门	679	295	1595
	地方企业	202	177	569
	民　　办	93470	99367	304129
	中外合作办	–	–	–
镇　　区		**815993**	**853043**	**2595916**
	教育部门	628459	647135	1983480
	其他部门	75	15	173
	地方企业	–	–	–
	民　　办	187459	205893	612263
	中外合作办	–	–	–
乡　　村		**270446**	**261858**	**831798**
	教育部门	243063	230337	735471
	其他部门	28		
	地方企业	–	–	–
	民　　办	27355	31521	96327
	中外合作办	–	–	–

城 乡 学 生 情 况

| 在 校 生 数 | | | | | 预 计 |
其中:女	一年级	二年级	三年级	四年级	毕业生数
2143103	**1540545**	**1579443**	**1585312**	**16121**	**1584060**
–	702840	713648	719288	7327	718827
22803	16941	17472	17317	112	17308
32136	20743	17562	17373	16121	16121
345587	285817	280415	257868	4425	257503
55474	43851	44611	43893	–	43893
75788	56629	55700	57553	897	57693
4303	3174	2984	3988	117	3991
–	–	–	–	–	–
5726	4230	4133	4004	–	4004
112909	82365	83569	84268	4688	84570
8868	6778	6949	7071	149	7115
104041	75587	76620	77197	4539	77455
87870	63763	64700	64615	3918	64720
6316	4679	4784	4959	129	5018
81554	59084	59916	59656	3789	59702
259774	177843	185299	187534	168	187505
456	461	516	351	2	352
1732549	1203276	1238676	1248975	15438	1247783
461	310	546	912	–	912
219	177	201	191	–	191
409874	336782	340020	335234	683	335174
–	–	–	–	–	–
574934	**425639**	**432655**	**424708**	**10705**	**423967**
457799	325800	328234	322947	10433	322209
425	295	496	804	–	804
219	177	201	191	–	191
116491	99367	103724	100766	272	100763
–	–	–	–	–	–
1184333	**853045**	**866718**	**871751**	**4402**	**871512**
929269	647137	662846	669340	4157	669139
36	15	50	108	–	108
–	–	–	–	–	–
255028	205893	203822	202303	245	202265
–	–	–	–	–	–
383836	**261861**	**280070**	**288853**	**1014**	**288581**
345481	230339	247596	256688	848	256435
–	–	–	–	–	–
–	–	–	–	–	–
38355	31522	32474	32165	166	32146
–	–	–	–	–	–

初中进城务工人员随迁子女、农村

			毕业生数	招生数	合　计
总计		随迁子女	63944	82365	254890
		其中:外省迁入	6091	6778	20947
		本省外县迁入	57853	75587	233943
		进城务工人员随迁子女	51001	63763	196996
		其中:外省迁入	4964	4679	14551
		本省外县迁入	46037	59084	182445
		农村留守儿童	145076	177843	550844
		送教上门	140	461	1330
分城乡	城区	随迁子女	47038	55527	176039
		其中:外省迁入	4799	4260	13618
		本省外县迁入	42239	51267	162421
		进城务工人员随迁子女	39618	46222	146304
		其中:外省迁入	4131	3316	10472
		本省外县迁入	35487	42906	135832
		农村留守儿童	1944	4933	10222
		送教上门	32	68	184
	镇区	随迁子女	15792	23684	70070
		其中:外省迁入	1209	2167	6443
		本省外县迁入	14583	21517	63627
		进城务工人员随迁子女	11209	17096	49936
		其中:外省迁入	819	1332	4024
		本省外县迁入	10390	15764	45912
		农村留守儿童	99489	120510	375385
		送教上门	54	249	693
	乡村	随迁子女	1114	3154	8781
		其中:外省迁入	83	351	886
		本省外县迁入	1031	2803	7895
		进城务工人员随迁子女	174	445	756
		其中:外省迁入	14	31	55
		本省外县迁入	160	414	701
		农村留守儿童	43643	52400	165237
		送教上门	54	144	453
分办别	教育部门	随迁子女	55917	70467	218559
		其中:外省迁入	5180	5389	16495
		本省外县迁入	50737	65078	202064
		进城务工人员随迁子女	45126	56013	172846

留守儿童分城乡、分办别学生情况（一）

	在 校 生 数				预 计
其中：女	一年级	二年级	三年级	四年级	毕业生数
112909	82365	83569	84268	4688	84570
8868	6778	6949	7071	149	7115
104041	75587	76620	77197	4539	77455
87870	63763	64700	64615	3918	64720
6316	4679	4784	4959	129	5018
81554	59084	59916	59656	3789	59702
259774	177843	185299	187534	168	187505
456	461	516	351	2	352
78027	55527	57268	59040	4204	59336
5835	4260	4651	4587	120	4626
72192	51267	52617	54453	4084	54710
65022	46222	47871	48777	3434	48863
4513	3316	3506	3550	100	3599
60509	42906	44365	45227	3334	45264
3940	4933	2734	2555	–	2555
52	68	66	50	–	50
31129	23684	23324	22578	484	22584
2697	2167	2001	2246	29	2251
28432	21517	21323	20332	455	20333
22485	17096	16652	15704	484	15723
1776	1332	1265	1398	29	1408
20709	15764	15387	14306	455	14315
177118	120510	125735	129012	128	128992
248	249	264	179	1	180
3753	3154	2977	2650	–	2650
336	351	297	238	–	238
3417	2803	2680	2412	–	2412
363	445	177	134	–	134
27	31	13	11	–	11
336	414	164	123	–	123
78716	52400	56830	55967	40	55958
156	144	186	122	1	122
98777	70467	71871	71573	4648	71891
7353	5389	5491	5471	144	5523
91424	65078	66380	66102	4504	66368
78350	56013	56717	56222	3894	56318

初中进城务工人员随迁子女、农村

			毕业生数	招生数	合计
分办别	教育部门	其中:外省迁入	4243	3845	11768
		本省外县迁入	40883	52168	161078
		农村留守儿童	114263	128044	404569
		送教上门	140	460	1324
	其他部门	随迁子女	7	3	151
		其中:外省迁入	1	–	14
		本省外县迁入	6	3	137
		进城务工人员随迁子女	1	2	148
		其中:外省迁入	1	–	14
		本省外县迁入	–	2	134
		农村留守儿童	–	–	–
		送教上门	–	–	–
	地方企业	随迁子女	–	–	1
		其中:外省迁入	–	–	–
		本省外县迁入	–	–	1
		进城务工人员随迁子女	–	–	1
		其中:外省迁入	–	–	–
		本省外县迁入	–	–	1
		农村留守儿童	–	–	–
		送教上门	–	–	–
	民办	随迁子女	8020	11895	36179
		其中:外省迁入	910	1389	4438
		本省外县迁入	7110	10506	31741
		进城务工人员随迁子女	5874	7748	24001
		其中:外省迁入	720	834	2769
		本省外县迁入	5154	6914	21232
		农村留守儿童	30813	49799	146275
		送教上门	–	1	6
	中外合作办	随迁子女	–	–	–
		其中:外省迁入	–	–	–
		本省外县迁入	–	–	–
		进城务工人员随迁子女	–	–	–
		其中:外省迁入	–	–	–
		本省外县迁入	–	–	–
		农村留守儿童	–	–	–
		送教上门	–	–	–

留守儿童分城乡、分办别学生情况(二)

在校生数					预计毕业生数
其中：女	一年级	二年级	三年级	四年级	
5315	3845	3832	3966	125	4022
73035	52168	52885	52256	3769	52296
195090	128044	137147	139225	153	139200
456	460	515	347	2	348
58	3	5	143	–	143
5	–	1	13	–	13
53	3	4	130	–	130
57	2	4	142	–	142
5	–	1	13	–	13
52	2	3	129	–	129
–	–	–	–	–	–
–	–	–	–	–	–
–	–	–	1	–	1
–	–	–	–	–	–
–	–	–	1	–	1
–	–	–	1	–	1
–	–	–	–	–	–
–	–	–	1	–	1
–	–	–	–	–	–
–	–	–	–	–	–
14074	11895	11693	12551	40	12535
1510	1389	1457	1587	5	1579
12564	10506	10236	10964	35	10956
9463	7748	7979	8250	24	8259
996	834	951	980	4	983
8467	6914	7028	7270	20	7276
64684	49799	48152	48309	15	48305
–	1	1	4	–	4
–	–	–	–	–	–
–	–	–	–	–	–
–	–	–	–	–	–
–	–	–	–	–	–
–	–	–	–	–	–
–	–	–	–	–	–
–	–	–	–	–	–
–	–	–	–	–	–

普通高中分年龄在校生情况（总计）

		招生数	在 校 生 数				
			合计	其中：女	一年级	二年级	三年级
总 计		**784377**	**2248585**	**1127538**	**784384**	**747701**	**716500**
其中	寄 宿 生	696287	1967440	992862	696293	657210	613937
	重 读 生	–	21	10	7	14	–
	其中：女	–	10	–	–	10	–
14 岁及以下		40227	41027	24461	40231	675	121
15 岁		507160	552725	283467	507161	45025	539
16 岁		207121	729205	366565	207123	474366	47716
17 岁		25902	651070	323924	25902	191230	433938
18 岁		3349	230062	109291	3349	30854	195859
19 岁		542	36335	16409	542	4751	31042
20 岁		61	6915	2927	61	712	6142
21 岁		15	1185	469	15	81	1089
22 岁及以上		–	61	25	–	7	54

普通高中分年龄在校生情况（城区）

		招生数	在 校 生 数				
			合计	其中：女	一年级	二年级	三年级
总 计		**292484**	**834224**	**417225**	**292486**	**278136**	**263602**
其中	寄 宿 生	240655	666700	335513	240656	224138	201906
	重 读 生	–	16	10	2	14	–
	其中：女	–	10	–	–	10	–
14 岁及以下		14159	14505	8778	14159	300	46
15 岁		188114	203865	104415	188114	15526	225
16 岁		81335	271210	136878	81337	175565	14308
17 岁		7802	241641	119283	7802	74842	158997
18 岁		877	88159	41291	877	10459	76823
19 岁		175	12156	5436	175	1213	10768
20 岁		19	2326	1020	19	197	2110
21 岁		3	320	105	3	30	287
22 岁及以上		–	42	19	–	4	38

普通高中分年龄在校生情况（镇区）

		招生数	在 校 生 数				
			合计	其中：女	一年级	二年级	三年级
总　　计		457951	1332633	668947	457956	444001	430676
其中	寄 宿 生	422509	1220885	616777	422514	408384	389987
	重 读 生	–	5	–	5	–	–
	其中:女	–	–	–	–	–	–
14 岁及以下		24053	24476	14500	24057	346	73
15 岁		298039	326304	167484	298040	27960	304
16 岁		115808	430519	215850	115808	283097	31614
17 岁		17308	388263	193983	17308	109251	261704
18 岁		2346	134549	64415	2346	19405	112798
19 岁		347	23223	10522	347	3404	19472
20 岁		38	4422	1827	38	485	3899
21 岁		12	859	361	12	51	796
22 岁及以上		–	18	5	–	2	16

普通高中分年龄在校生情况（乡村）

		招生数	在 校 生 数				
			合计	其中：女	一年级	二年级	三年级
总　　计		33942	81728	41366	33942	25564	22222
其中	寄 宿 生	33123	79855	40572	33123	24688	22044
	重 读 生	–	–	–	–	–	–
	其中:女	–	–	–	–	–	–
14 岁及以下		2015	2046	1183	2015	29	2
15 岁		21007	22556	11568	21007	1539	10
16 岁		9978	27476	13837	9978	15704	1794
17 岁		792	21166	10658	792	7137	13237
18 岁		126	7354	3585	126	990	6238
19 岁		20	956	451	20	134	802
20 岁		4	167	80	4	30	133
21 岁		–	6	3	–	–	6
22 岁及以上		–	1	1	–	1	–

普 通 高 中 分 办 别 、

		毕业生数	招生数	合　计
总　　　计		**690268**	**784377**	**2248585**
女		354418	390656	1127538
少数民族		9426	10291	29993
总 计 中	十二年一贯制学校	27986	50276	121450
	完全中学	83538	90350	261856
	附设普通高中班	7157	6789	19054
	独立设置少数民族学校	1071	1669	4560
	残　疾　人	358	509	1652
	随迁子女	8088	10486	32591
	其中:外省迁入	1017	1051	3521
	本省外县迁入	7071	9435	29070
教育部门		557826	585156	1721405
其他部门		–	214	431
地方企业		–	–	–
民　　办		132410	198702	525984
中外合作办		32	305	765
城　　区		**260509**	**292484**	**834224**
教育部门		205769	215142	629007
其他部门		–	214	431
地方企业		–	–	–
民　　办		54740	76886	204148
中外合作办		–	242	638
镇　　区		**415388**	**457951**	**1332633**
教育部门		340246	346530	1031861
其他部门		–	–	–
地方企业		–	–	–
民　　办		75110	111358	300645
中外合作办		32	63	127
乡　　村		**14371**	**33942**	**81728**
教育部门		11811	23484	60537
其他部门		–	–	–
地方企业		–	–	–
民　　办		2560	10458	21191
中外合作办		–	–	–

分城乡学生情况

在校生数 其中：女	一年级	二年级	三年级	预计毕业生数
1127538	**784384**	**747701**	**716500**	**716500**
–	390656	377676	359206	359206
14652	10291	10081	9621	9621
55427	50276	39919	31255	31255
128518	90351	87230	84275	84275
8985	6790	6514	5750	5750
2200	1669	1460	1431	1431
636	509	574	569	569
14924	10486	11508	10597	10597
1788	1051	1266	1204	1204
13136	9435	10242	9393	9393
881702	585162	572287	563956	563956
108	214	217	–	–
–	–	–	–	–
245403	198703	174962	152319	152319
325	305	235	225	225
417225	**292486**	**278136**	**263602**	**263602**
322538	215143	208031	205833	205833
108	214	217	–	–
–	–	–	–	–
94303	76887	69689	57572	57572
276	242	199	197	197
668947	**457956**	**444001**	**430676**	**430676**
527714	346535	344590	340736	340736
–	–	–	–	–
–	–	–	–	–
141184	111358	99375	89912	89912
49	63	36	28	28
41366	**33942**	**25564**	**22222**	**22222**
31450	23484	19666	17387	17387
–	–	–	–	–
–	–	–	–	–
9916	10458	5898	4835	4835
–	–	–	–	–

特 殊 教 育

		毕业生数	招生数	合计	其中：女	学前教育阶段	在 一年级	二年级
总 计		**4297**	**10078**	**62990**	**23325**	**180**	**6932**	**8701**
女		1513	3856	23325	–	69	2648	3184
少数民族		22	45	245	66	1	23	38
总计中	寄宿生	–	2171	16045	5596	63	1074	1369
	特殊教育学校中:寄宿生	–	984	10765	3652	63	985	1200
	职业技术班	15	16	65	27	–	–	–
	送教上门	868	2155	15059	5310	54	1961	2440
视力残疾		284	590	3449	1063	6	316	433
听力残疾		982	1213	8289	3373	36	775	892
言语残疾		135	429	2823	963	1	309	405
肢体残疾		1157	2585	15086	5506	7	1232	1669
智力残疾		1542	4579	28789	10843	67	3727	4530
精神残疾		72	165	1044	346	–	110	169
多重残疾		125	517	3510	1231	63	463	603
特殊教育学校		**1923**	**3228**	**24015**	**9095**	**180**	**3027**	**3393**
视力残疾		109	114	675	244	6	71	88
听力残疾		733	443	4053	1742	36	291	281
言语残疾		20	52	492	180	1	72	57
肢体残疾		13	105	814	291	7	132	154
智力残疾		990	2355	16217	6002	67	2240	2500
精神残疾		4	7	79	26	–	22	14
多重残疾		54	152	1685	610	63	199	299
特殊教育学校中:送教上门		**552**	**1139**	**9336**	**3392**	**54**	**1406**	**1676**
视力残疾		5	3	42	22	–	–	6
听力残疾		104	52	135	28	–	50	14
言语残疾		7	35	280	98	–	51	42
肢体残疾		11	95	618	217	–	118	140
智力残疾		393	880	7231	2641	34	1059	1268
精神残疾		1	4	33	11	–	11	2
多重残疾		31	70	997	375	20	117	204
小学附设特教班		**2**	**–**	**–**	**–**	**–**	**–**	**–**
视力残疾		–	–	–	–	–	–	–
听力残疾		–	–	–	–	–	–	–
言语残疾		–	–	–	–	–	–	–
肢体残疾		–	–	–	–	–	–	–
智力残疾		2	–	–	–	–	–	–
精神残疾		–	–	–	–	–	–	–
多重残疾		–	–	–	–	–	–	–
小学随班就读		**975**	**3348**	**25056**	**9228**	**–**	**3350**	**4544**
视力残疾		73	228	1882	530	–	228	328
听力残疾		125	451	3113	1212	–	453	568
言语残疾		56	205	1568	519	–	205	296
肢体残疾		405	950	8319	3069	–	950	1309

学　生　数（总计）（一）

校 生 数										
小 学 阶 段				初中阶段				高中阶段		
三年级	四年级	五年级	六年级	一年级	二年级	三年级	四年级	一年级	二年级	三年级及以上
9678	**8734**	**7527**	**6404**	**4708**	**5200**	**4586**	**75**	**143**	**66**	**56**
3484	3251	2649	2334	1774	2044	1738	30	63	31	26
36	32	23	17	22	27	25	–	1	–	–
1766	1645	1557	1780	2075	2311	2128	30	128	63	56
1535	1382	1188	1207	976	995	965	22	128	63	56
–	–	–	–	–	–	–	–	35	14	16
2821	2303	1635	1184	927	953	749	32	–	–	
419	421	479	365	309	342	306	2	29	7	15
1019	928	925	1064	765	844	825	33	83	59	41
486	380	370	277	165	225	202	3	–	–	–
1863	1909	1925	1677	1430	1739	1621	14	–	–	–
5055	4441	3344	2622	1742	1778	1431	21	31	–	–
139	152	120	121	75	100	58	–	–	–	–
697	503	364	278	222	172	143	2	–	–	–
3985	**3427**	**2494**	**2201**	**1760**	**1679**	**1544**	**60**	**143**	**66**	**56**
64	81	91	56	78	54	35	–	29	7	15
381	363	384	596	477	510	520	31	83	59	41
97	62	58	50	25	28	39	3	–	–	–
97	129	81	55	49	55	45	10	–	–	–
2972	2554	1729	1324	1005	944	837	14	31	–	–
8	9	5	7	5	7	2	–	–	–	–
366	229	146	113	121	81	66	2	–	–	–
1862	**1492**	**885**	**630**	**466**	**437**	**398**	**30**	**–**	**–**	**–**
6	8	6	3	7	3	3	–	–	–	–
8	7	11	7	21	14	2	1	–	–	–
69	28	30	19	11	13	14	3	–	–	–
71	92	62	30	33	40	22	10	–	–	–
1460	1206	693	513	329	324	331	14	–	–	–
4	2	2	3	5	4	–	–	–	–	–
244	149	81	55	60	39	26	2	–	–	–
–	–	–	–	–	–	–	–	–	–	–
–	–	–	–	–	–	–	–	–	–	–
–	–	–	–	–	–	–	–	–	–	–
–	–	–	–	–	–	–	–	–	–	–
–	–	–	–	–	–	–	–	–	–	–
–	–	–	–	–	–	–	–	–	–	–
4734	**4496**	**4283**	**3649**	**–**	**–**	**–**	**–**	**–**	**–**	**–**
337	326	368	295	–	–	–	–	–	–	–
599	530	511	452	–	–	–	–	–	–	–
324	271	269	203	–	–	–	–	–	–	–
1470	1540	1613	1437	–	–	–	–	–	–	–

特 殊 教 育

	毕业生数	招生数	在[校生]		学前教育阶段	一年级	二年级
			合计	其中：女			
智力残疾	254	1247	8500	3353	－	1247	1710
精神残疾	35	78	624	187	－	78	122
多重残疾	27	189	1050	358	－	189	211
小学送教上门	**176**	**555**	**4393**	**1462**	**－**	**555**	**764**
视力残疾	7	17	100	33	－	17	17
听力残疾	9	31	194	59	－	31	43
言语残疾	7	32	263	84	－	32	52
肢体残疾	60	150	1308	406	－	150	206
智力残疾	70	240	1900	667	－	240	320
精神残疾	9	10	122	44	－	10	33
多重残疾	14	75	506	169	－	75	93
初中附设特教班	**－**	**－**	**－**	**－**	**－**	**－**	**－**
视力残疾	－	－	－	－	－	－	－
听力残疾	－	－	－	－	－	－	－
言语残疾	－	－	－	－	－	－	－
肢体残疾	－	－	－	－	－	－	－
智力残疾	－	－	－	－	－	－	－
精神残疾	－	－	－	－	－	－	－
多重残疾	－	－	－	－	－	－	－
初中随班就读	**1081**	**2486**	**8196**	**3084**	**－**	**－**	**－**
视力残疾	93	225	767	250	－	－	－
听力残疾	110	279	894	349	－	－	－
言语残疾	46	119	438	163	－	－	－
肢体残疾	626	1234	4214	1612	－	－	－
智力残疾	167	509	1536	573	－	－	－
精神残疾	15	54	168	73	－	－	－
多重残疾	24	66	179	64	－	－	－
初中送教上门	**140**	**461**	**1330**	**456**	**－**	**－**	**－**
视力残疾	2	6	25	6	－	－	－
听力残疾	5	9	35	11	－	－	－
言语残疾	6	21	62	17	－	－	－
肢体残疾	53	146	431	128	－	－	－
智力残疾	59	228	636	248	－	－	－
精神残疾	9	16	51	16	－	－	－
多重残疾	6	35	90	30	－	－	－
其他学校附设特教班	**－**	**－**	**－**	**－**	**－**	**－**	**－**
视力残疾	－	－	－	－	－	－	－
听力残疾	－	－	－	－	－	－	－
言语残疾	－	－	－	－	－	－	－
肢体残疾	－	－	－	－	－	－	－
智力残疾	－	－	－	－	－	－	－
精神残疾	－	－	－	－	－	－	－
多重残疾	－	－	－	－	－	－	－

学　生　数（总计）（二）

校　　生　　数										
小　学　阶　段				初中阶段				高中阶段		
三年级	四年级	五年级	六年级	一年级	二年级	三年级	四年级	一年级	二年级	三年级及以上
1686	1530	1280	1047	–	–	–	–	–	–	–
113	115	93	103	–	–	–	–	–	–	–
205	184	149	112	–	–	–	–	–	–	–
959	**811**	**750**	**554**	**–**	**–**	**–**	**–**	**–**	**–**	**–**
18	14	20	14	–	–	–	–	–	–	–
39	35	30	16	–	–	–	–	–	–	–
65	47	43	24	–	–	–	–	–	–	–
296	240	231	185	–	–	–	–	–	–	–
397	357	335	251	–	–	–	–	–	–	–
18	28	22	11	–	–	–	–	–	–	–
126	90	69	53	–	–	–	–	–	–	–
–	–	–	–	–	–	–	–	–	–	–
–	–	–	–	–	–	–	–	–	–	–
–	–	–	–	–	–	–	–	–	–	–
–	–	–	–	–	–	–	–	–	–	–
–	–	–	–	–	–	–	–	–	–	–
–	–	–	–	–	–	–	–	–	–	–
–	–	–	–	**2487**	**3005**	**2691**	**13**	**–**	**–**	**–**
–	–	–	–	225	274	266	2	–	–	–
–	–	–	–	279	315	299	1	–	–	–
–	–	–	–	119	171	148	–	–	–	–
–	–	–	–	1235	1528	1448	3	–	–	–
–	–	–	–	509	590	430	7	–	–	–
–	–	–	–	54	69	45	–	–	–	–
–	–	–	–	66	58	55	–	–	–	–
–	–	–	–	**461**	**516**	**351**	**2**	**–**	**–**	**–**
–	–	–	–	6	14	5	–	–	–	–
–	–	–	–	9	19	6	1	–	–	–
–	–	–	–	21	26	15	–	–	–	–
–	–	–	–	146	156	128	1	–	–	–
–	–	–	–	228	244	164	–	–	–	–
–	–	–	–	16	24	11	–	–	–	–
–	–	–	–	35	33	22	–	–	–	–
–	–	–	–	–	–	–	–	–	–	–
–	–	–	–	–	–	–	–	–	–	–
–	–	–	–	–	–	–	–	–	–	–
–	–	–	–	–	–	–	–	–	–	–
–	–	–	–	–	–	–	–	–	–	–
–	–	–	–	–	–	–	–	–	–	–

特 殊 教 育

	毕业生数	招生数	在				
			合计	其中：女	学前教育阶段	一年级	二年级
总　　计	1418	2313	13392	4978	115	1600	1728
女	529	870	4978	–	47	547	634
少数民族	11	24	111	26	1	13	18
总计中　寄宿生	–	648	4430	1470	55	387	550
特殊教育学校中:寄宿生	–	558	4066	1326	55	379	540
职业技术班	15	16	65	27	–	–	–
送教上门	279	493	2727	967	20	390	317
视力残疾	122	165	895	329	6	95	98
听力残疾	471	501	2815	1207	27	299	293
言语残疾	28	36	304	108	–	21	28
肢体残疾	234	318	1960	711	–	125	203
智力残疾	488	1152	6521	2328	19	939	946
精神残疾	23	34	188	51	–	27	39
多重残疾	52	107	709	244	63	94	121
特殊教育学校	**938**	**1452**	**8566**	**3213**	**115**	**1155**	**1104**
视力残疾	90	111	622	219	6	70	81
听力残疾	421	349	1962	859	27	203	168
言语残疾	–	3	84	35	–	6	3
肢体残疾	1	9	75	28	–	7	2
智力残疾	392	923	5286	1891	19	797	744
精神残疾	3	2	26	4	–	10	9
多重残疾	31	55	511	177	63	62	97
特殊教育学校中:送教上门	**206**	**344**	**1907**	**700**	**20**	**309**	**231**
视力残疾	–	1	4	4	–	–	–
听力残疾	92	43	49	4	–	42	5
言语残疾	–	3	39	14	–	1	–
肢体残疾	–	9	64	21	–	3	–
智力残疾	103	271	1628	602	–	237	203
精神残疾	–	–	3	–	–	–	–
多重残疾	11	17	120	55	20	26	23
小学附设特教班	**2**	**–**	**–**	**–**	**–**	**–**	**–**
视力残疾	–	–	–	–	–	–	–
听力残疾	–	–	–	–	–	–	–
言语残疾	–	–	–	–	–	–	–
肢体残疾	–	–	–	–	–	–	–
智力残疾	2	–	–	–	–	–	–
精神残疾	–	–	–	–	–	–	–
多重残疾	–	–	–	–	–	–	–
小学随班就读	**174**	**364**	**2838**	**1019**	**–**	**364**	**538**
视力残疾	12	23	157	62	–	23	15
听力残疾	21	90	628	257	–	90	116
言语残疾	10	12	128	39	–	12	21
肢体残疾	70	99	980	350	–	99	172

学　　生　　数(城区)(一)

校　　生　　数										
小　学　阶　段				初中阶段				高中阶段		
三年级	四年级	五年级	六年级	一年级	二年级	三年级	四年级	一年级	二年级	三年级及以上
1733	**1791**	**1444**	**1343**	**1119**	**1166**	**1029**	**59**	**143**	**66**	**56**
610	695	496	485	442	467	412	23	63	31	26
12	18	7	5	12	13	11	–	1	–	–
434	447	383	398	496	520	493	20	128	63	56
423	435	377	384	413	402	391	20	128	63	56
–	–	–	–	–	–	–	–	35	14	16
448	502	330	293	135	145	117	30	–	–	–
80	94	129	90	100	86	66	–	29	7	15
305	266	262	317	265	291	278	29	83	59	41
45	49	57	34	18	19	30	3	–	–	–
205	270	216	224	192	273	241	11	–	–	–
951	1018	718	583	475	450	377	14	31	–	–
22	25	13	25	15	16	6	–	–	–	–
125	69	49	70	54	31	31	2	–	–	–
1094	**1147**	**866**	**799**	**702**	**665**	**596**	**58**	**143**	**66**	**56**
57	71	85	53	71	48	29	–	29	7	15
167	156	159	217	209	225	219	29	83	59	41
10	18	22	14	–	–	8	3	–	–	–
1	14	14	17	–	1	9	10	–	–	–
766	843	558	452	388	368	306	14	31	–	–
1	2	–	4	–	–	–	–	–	–	–
92	43	28	42	34	23	25	2	–	–	–
301	**383**	**221**	**199**	**67**	**79**	**67**	**30**	–	–	–
–	1	1	1	–	–	1	–	–	–	–
–	–	–	1	–	–	–	1	–	–	–
4	9	12	8	–	–	2	3	–	–	–
–	13	14	15	–	–	9	10	–	–	–
275	351	193	163	67	79	46	14	–	–	–
–	–	–	3	–	–	–	–	–	–	–
22	9	1	8	–	–	9	2	–	–	–
–	–	–	–	–	–	–	–	–	–	–
–	–	–	–	–	–	–	–	–	–	–
–	–	–	–	–	–	–	–	–	–	–
–	–	–	–	–	–	–	–	–	–	–
–	–	–	–	–	–	–	–	–	–	–
–	–	–	–	–	–	–	–	–	–	–
492	**525**	**469**	**450**	–	–	–	–	–	–	–
23	23	37	36	–	–	–	–	–	–	–
123	106	94	99	–	–	–	–	–	–	–
29	20	29	17	–	–	–	–	–	–	–
161	213	165	170	–	–	–	–	–	–	–

特 殊 教 育

	毕业生数	招生数	在				
			合计	其中：女	学前教育阶段	一年级	二年级
智力残疾	41	105	738	250	–	105	170
精神残疾	12	15	106	25	–	15	27
多重残疾	8	20	101	36	–	20	17
小学送教上门	**41**	**81**	**636**	**215**	**–**	**81**	**86**
视力残疾	1	2	12	1	–	2	2
听力残疾	1	6	44	16	–	6	9
言语残疾	1	3	33	12	–	3	4
肢体残疾	16	19	208	64	–	19	29
智力残疾	12	37	257	94	–	37	32
精神残疾	3	2	19	8	–	2	3
多重残疾	7	12	63	20	–	12	7
初中附设特教班	**–**	**–**	**–**	**–**	**–**	**–**	**–**
视力残疾	–	–	–	–	–	–	–
听力残疾	–	–	–	–	–	–	–
言语残疾	–	–	–	–	–	–	–
肢体残疾	–	–	–	–	–	–	–
智力残疾	–	–	–	–	–	–	–
精神残疾	–	–	–	–	–	–	–
多重残疾	–	–	–	–	–	–	–
初中随班就读	**231**	**348**	**1168**	**479**	**–**	**–**	**–**
视力残疾	18	29	101	47	–	–	–
听力残疾	25	53	175	72	–	–	–
言语残疾	16	17	57	22	–	–	–
肢体残疾	133	166	623	251	–	–	–
智力残疾	32	61	162	67	–	–	–
精神残疾	3	13	31	12	–	–	–
多重残疾	4	9	19	8	–	–	–
初中送教上门	**32**	**68**	**184**	**52**	**–**	**–**	**–**
视力残疾	1	–	3	–	–	–	–
听力残疾	3	3	6	3	–	–	–
言语残疾	1	1	2	–	–	–	–
肢体残疾	14	25	74	18	–	–	–
智力残疾	9	26	78	26	–	–	–
精神残疾	2	2	6	2	–	–	–
多重残疾	2	11	15	3	–	–	–
其他学校附设特教班	**–**	**–**	**–**	**–**	**–**	**–**	**–**
视力残疾	–	–	–	–	–	–	–
听力残疾	–	–	–	–	–	–	–
言语残疾	–	–	–	–	–	–	–
肢体残疾	–	–	–	–	–	–	–
智力残疾	–	–	–	–	–	–	–
精神残疾	–	–	–	–	–	–	–
多重残疾	–	–	–	–	–	–	–

学 生 数 (城区)(二)

校 生 数										
小 学 阶 段				初中阶段				高中阶段		
三年级	四年级	五年级	六年级	一年级	二年级	三年级	四年级	一年级	二年级	三年级及以上
120	133	118	92	–	–	–	–	–	–	–
17	17	12	18	–	–	–	–	–	–	–
19	13	14	18	–	–	–	–	–	–	–
147	**119**	**109**	**94**	–	–	–	–	–	–	–
–	–	7	1	–	–	–	–	–	–	–
15	4	9	1	–	–	–	–	–	–	–
6	11	6	3	–	–	–	–	–	–	–
43	43	37	37	–	–	–	–	–	–	–
65	42	42	39	–	–	–	–	–	–	–
4	6	1	3	–	–	–	–	–	–	–
14	13	7	10	–	–	–	–	–	–	–
–	–	–	–	–	–	–	–	–	–	–
–	–	–	–	–	–	–	–	–	–	–
–	–	–	–	–	–	–	–	–	–	–
–	–	–	–	–	–	–	–	–	–	–
–	–	–	–	–	–	–	–	–	–	–
–	–	–	–	–	–	–	–	–	–	–
–	–	–	–	**349**	**435**	**383**	**1**	–	–	–
–	–	–	–	29	36	36	–	–	–	–
–	–	–	–	53	64	58	–	–	–	–
–	–	–	–	17	19	21	–	–	–	–
–	–	–	–	167	245	210	1	–	–	–
–	–	–	–	61	55	46	–	–	–	–
–	–	–	–	13	12	6	–	–	–	–
–	–	–	–	9	4	6	–	–	–	–
–	–	–	–	**68**	**66**	**50**	–	–	–	–
–	–	–	–	–	2	1	–	–	–	–
–	–	–	–	3	2	1	–	–	–	–
–	–	–	–	1	–	1	–	–	–	–
–	–	–	–	25	27	22	–	–	–	–
–	–	–	–	26	27	25	–	–	–	–
–	–	–	–	2	4	–	–	–	–	–
–	–	–	–	11	4	–	–	–	–	–
–	–	–	–	–	–	–	–	–	–	–
–	–	–	–	–	–	–	–	–	–	–
–	–	–	–	–	–	–	–	–	–	–
–	–	–	–	–	–	–	–	–	–	–
–	–	–	–	–	–	–	–	–	–	–
–	–	–	–	–	–	–	–	–	–	–
–	–	–	–	–	–	–	–	–	–	–
–	–	–	–	–	–	–	–	–	–	–

特 殊 教 育

	毕业生数	招生数	在校生数 合计	其中:女	学前教育阶段	一年级	二年级
总　计	**1877**	**4206**	**28173**	**10486**	**65**	**2789**	**3648**
女	666	1593	10486	–	22	1088	1370
少数民族	6	9	79	24	–	3	13
总计中 寄宿生	–	1054	8939	3140	8	588	676
特殊教育学校中:寄宿生	–	400	6335	2183	8	553	607
职业技术班	–	–	–	–	–	–	–
送教上门	348	1128	8642	3061	34	1210	1572
视力残疾	108	192	1070	336	–	61	117
听力残疾	432	394	3746	1497	9	238	331
言语残疾	57	182	1171	396	1	119	139
肢体残疾	547	1185	6428	2388	7	463	626
智力残疾	655	2004	13731	5135	48	1685	2141
精神残疾	26	46	346	123	–	29	33
多重残疾	52	203	1681	611	–	194	261
特殊教育学校	**835**	**1601**	**14458**	**5478**	**65**	**1774**	**2177**
视力残疾	19	2	51	24	–	1	7
听力残疾	310	93	2057	865	9	86	107
言语残疾	20	48	404	144	1	66	53
肢体残疾	12	77	697	246	7	124	152
智力残疾	450	1293	10090	3766	48	1360	1663
精神残疾	1	3	48	19	–	12	5
多重残疾	23	85	1111	414	–	125	190
特殊教育学校中:送教上门	**240**	**724**	**6851**	**2443**	**34**	**1055**	**1390**
视力残疾	5	1	36	17	–	–	6
听力残疾	12	9	81	23	–	8	9
言语残疾	7	32	239	84	–	50	42
肢体残疾	11	70	516	180	–	115	140
智力残疾	184	556	5079	1814	34	780	1010
精神残疾	1	3	26	8	–	11	2
多重残疾	20	53	874	317	–	91	181
小学附设特教班	**–**	**–**	**–**	**–**	**–**	**–**	**–**
视力残疾	–	–	–	–	–	–	–
听力残疾	–	–	–	–	–	–	–
言语残疾	–	–	–	–	–	–	–
肢体残疾	–	–	–	–	–	–	–
智力残疾	–	–	–	–	–	–	–
精神残疾	–	–	–	–	–	–	–
多重残疾	–	–	–	–	–	–	–
小学随班就读	**350**	**860**	**7496**	**2745**	**–**	**860**	**1289**
视力残疾	30	54	552	175	–	54	102
听力残疾	55	143	1128	421	–	143	211
言语残疾	14	44	451	152	–	44	74
肢体残疾	158	303	2866	1058	–	303	430

学　　生　　数 (镇区)(一)

校　　　　生　　　　数										
小　学　阶　段				初中阶段				高中阶段		
三年级	四年级	五年级	六年级	一年级	二年级	三年级	四年级	一年级	二年级	三年级及以上
4313	**3695**	**3100**	**2688**	**2543**	**2774**	**2546**	**12**	**-**	**-**	**-**
1563	1358	1108	959	936	1112	965	5	-	-	-
11	9	9	10	6	8	10	-	-	-	-
1138	976	911	1014	1165	1268	1188	7	-	-	-
1055	894	755	790	546	561	564	2	-	-	-
-	-	-	-	-	-	-	-	-	-	-
1696	1265	787	492	568	558	459	1	-	-	-
115	98	123	107	135	158	154	2	-	-	-
425	419	432	546	411	462	469	4	-	-	-
195	132	137	110	106	115	117	-	-	-	-
632	680	727	636	798	932	925	2	-	-	-
2560	2065	1447	1124	929	955	773	4	-	-	-
44	46	51	36	29	50	28	-	-	-	-
342	255	183	129	135	102	80	-	-	-	-
2753	**2166**	**1496**	**1273**	**953**	**915**	**884**	**2**	**-**	**-**	**-**
7	10	6	3	5	6	6	-	-	-	-
214	202	220	374	262	280	301	2	-	-	-
87	44	35	36	25	26	31	-	-	-	-
93	115	67	38	29	36	36	-	-	-	-
2085	1612	1058	748	543	506	467	-	-	-	-
7	6	5	3	3	5	2	-	-	-	-
260	177	105	71	86	56	41	-	-	-	-
1485	**1051**	**597**	**346**	**319**	**294**	**280**	**-**	**-**	**-**	**-**
6	7	5	2	5	3	2	-	-	-	-
8	7	11	6	21	9	2	-	-	-	-
65	19	18	11	11	11	12	-	-	-	-
71	79	48	15	13	22	13	-	-	-	-
1109	797	433	265	207	210	234	-	-	-	-
4	2	2	-	3	2	-	-	-	-	-
222	140	80	47	59	37	17	-	-	-	-
-	-	-	-	-	-	-	-	-	-	-
-	-	-	-	-	-	-	-	-	-	-
-	-	-	-	-	-	-	-	-	-	-
-	-	-	-	-	-	-	-	-	-	-
-	-	-	-	-	-	-	-	-	-	-
-	-	-	-	-	-	-	-	-	-	-
-	-	-	-	-	-	-	-	-	-	-
1349	**1315**	**1414**	**1269**	**-**	**-**	**-**	**-**	**-**	**-**	**-**
102	84	113	97	-	-	-	-	-	-	-
204	203	203	164	-	-	-	-	-	-	-
97	79	91	66	-	-	-	-	-	-	-
473	497	609	554	-	-	-	-	-	-	-

特　殊　教　育

	毕业生数	招生数	在校				
			合计	其中：女	学前教育阶段	一年级	二年级
智力残疾	74	252	2020	769	–	252	395
精神残疾	9	15	163	52	–	15	22
多重残疾	10	49	316	118	–	49	55
小学送教上门	**54**	**155**	**1098**	**370**	**–**	**155**	**182**
视力残疾	4	6	35	14	–	6	8
听力残疾	4	9	60	19	–	9	13
言语残疾	3	9	60	13	–	9	12
肢体残疾	15	36	309	101	–	36	44
智力残疾	22	73	476	169	–	73	83
精神残疾	4	2	38	14	–	2	6
多重残疾	2	20	120	40	–	20	16
初中附设特教班	**–**	**–**	**–**	**–**	**–**	**–**	**–**
视力残疾	–	–	–	–	–	–	–
听力残疾	–	–	–	–	–	–	–
言语残疾	–	–	–	–	–	–	–
肢体残疾	–	–	–	–	–	–	–
智力残疾	–	–	–	–	–	–	–
精神残疾	–	–	–	–	–	–	–
多重残疾	–	–	–	–	–	–	–
初中随班就读	**584**	**1341**	**4428**	**1645**	**–**	**–**	**–**
视力残疾	55	126	420	119	–	–	–
听力残疾	62	145	480	187	–	–	–
言语残疾	17	68	222	77	–	–	–
肢体残疾	340	695	2334	914	–	–	–
智力残疾	88	256	811	289	–	–	–
精神残疾	6	18	70	31	–	–	–
多重残疾	16	33	91	28	–	–	–
初中送教上门	**54**	**249**	**693**	**248**	**–**	**–**	**–**
视力残疾	–	4	12	4	–	–	–
听力残疾	1	4	21	5	–	–	–
言语残疾	3	13	34	10	–	–	–
肢体残疾	22	74	222	69	–	–	–
智力残疾	21	130	334	142	–	–	–
精神残疾	6	8	27	7	–	–	–
多重残疾	1	16	43	11	–	–	–
其他学校附设特教班	**–**	**–**	**–**	**–**	**–**	**–**	**–**
视力残疾	–	–	–	–	–	–	–
听力残疾	–	–	–	–	–	–	–
言语残疾	–	–	–	–	–	–	–
肢体残疾	–	–	–	–	–	–	–
智力残疾	–	–	–	–	–	–	–
精神残疾	–	–	–	–	–	–	–
多重残疾	–	–	–	–	–	–	–

学　　生　　数（镇区）（二）

校　生　数										
小　学　阶　段				初中阶段				高中阶段		
三年级	四年级	五年级	六年级	一年级	二年级	三年级	四年级	一年级	二年级	三年级及以上
386	366	309	312	–	–	–	–	–	–	–
32	31	34	29	–	–	–	–	–	–	–
55	55	55	47	–	–	–	–	–	–	–
211	**214**	**190**	**146**	–	–	–	–	–	–	–
6	4	4	7	–	–	–	–	–	–	–
7	14	9	8	–	–	–	–	–	–	–
11	9	11	8	–	–	–	–	–	–	–
66	68	51	44	–	–	–	–	–	–	–
89	87	80	64	–	–	–	–	–	–	–
5	9	12	4	–	–	–	–	–	–	–
27	23	23	11	–	–	–	–	–	–	–
–	–	–	–	–	–	–	–	–	–	–
–	–	–	–	–	–	–	–	–	–	–
–	–	–	–	–	–	–	–	–	–	–
–	–	–	–	–	–	–	–	–	–	–
–	–	–	–	–	–	–	–	–	–	–
–	–	–	–	–	–	–	–	–	–	–
–	–	–	–	–	–	–	–	–	–	–
–	–	–	–	**1341**	**1595**	**1483**	**9**	–	–	–
–	–	–	–	126	147	145	2	–	–	–
–	–	–	–	145	171	163	1	–	–	–
–	–	–	–	68	76	78	–	–	–	–
–	–	–	–	695	818	819	2	–	–	–
–	–	–	–	256	323	228	4	–	–	–
–	–	–	–	18	30	22	–	–	–	–
–	–	–	–	33	30	28	–	–	–	–
–	–	–	–	**249**	**264**	**179**	**1**	–	–	–
–	–	–	–	4	5	3	–	–	–	–
–	–	–	–	4	11	5	1	–	–	–
–	–	–	–	13	13	8	–	–	–	–
–	–	–	–	74	78	70	–	–	–	–
–	–	–	–	130	126	78	–	–	–	–
–	–	–	–	8	15	4	–	–	–	–
–	–	–	–	16	16	11	–	–	–	–
–	–	–	–	–	–	–	–	–	–	–
–	–	–	–	–	–	–	–	–	–	–
–	–	–	–	–	–	–	–	–	–	–
–	–	–	–	–	–	–	–	–	–	–
–	–	–	–	–	–	–	–	–	–	–
–	–	–	–	–	–	–	–	–	–	–
–	–	–	–	–	–	–	–	–	–	–
–	–	–	–	–	–	–	–	–	–	–

特 殊 教 育

	毕业生数	招生数	在校生数合计	其中：女	学前教育阶段	一年级	二年级
总　计	1002	3559	21425	7861	–	2543	3325
女	318	1393	7861	–	–	1013	1180
少数民族	5	12	55	16	–	7	7
总计中　寄宿生	–	469	2676	986	–	99	143
特殊教育学校中:寄宿生	–	26	364	143	–	53	53
职业技术班	–	–	–	–	–	–	–
送教上门	241	534	3690	1282	–	361	551
视力残疾	54	233	1484	398	–	160	218
听力残疾	79	318	1728	669	–	238	268
言语残疾	50	211	1348	459	–	169	238
肢体残疾	376	1082	6698	2407	–	644	840
智力残疾	399	1423	8537	3380	–	1103	1443
精神残疾	23	85	510	172	–	54	97
多重残疾	21	207	1120	376	–	175	221
特殊教育学校	**150**	**175**	**991**	**404**	–	**98**	**112**
视力残疾	–	1	2	1	–	–	–
听力残疾	2	1	34	18	–	2	6
言语残疾	–	1	4	1	–	–	1
肢体残疾	–	19	42	17	–	1	–
智力残疾	148	139	841	345	–	83	93
精神残疾	–	2	5	3	–	–	–
多重残疾	–	12	63	19	–	12	12
特殊教育学校中:送教上门	**106**	**71**	**578**	**249**	–	**42**	**55**
视力残疾	–	1	2	1	–	–	–
听力残疾	–	–	5	1	–	–	–
言语残疾	–	–	2	–	–	–	–
肢体残疾	–	16	38	16	–	–	–
智力残疾	106	53	524	225	–	42	55
精神残疾	–	1	4	3	–	–	–
多重残疾	–	–	3	3	–	–	–
小学附设特教班	**–**	**–**	**–**	**–**	**–**	**–**	**–**
视力残疾	–	–	–	–	–	–	–
听力残疾	–	–	–	–	–	–	–
言语残疾	–	–	–	–	–	–	–
肢体残疾	–	–	–	–	–	–	–
智力残疾	–	–	–	–	–	–	–
精神残疾	–	–	–	–	–	–	–
多重残疾	–	–	–	–	–	–	–
小学随班就读	**451**	**2124**	**14722**	**5464**	–	**2126**	**2717**
视力残疾	31	151	1173	293	–	151	211
听力残疾	49	218	1357	534	–	220	241
言语残疾	32	149	989	328	–	149	201
肢体残疾	177	548	4473	1661		548	707

学　　生　　数(乡村)(一)

校　　　　生　　　　数										
小　学　阶　段				初中阶段				高中阶段		
三年级	四年级	五年级	六年级	一年级	二年级	三年级	四年级	一年级	二年级	三年级及以上
3632	**3248**	**2983**	**2373**	**1046**	**1260**	**1011**	**4**	**–**	**–**	**–**
1311	1198	1045	890	396	465	361	2	–	–	–
13	5	7	2	4	6	4	–	–	–	–
194	222	263	368	414	523	447	3	–	–	–
57	53	56	33	17	32	10	–	–	–	–
–	–	–	–	–	–	–	–	–	–	–
677	536	518	399	224	250	173	1	–	–	–
224	229	227	168	74	98	86	–	–	–	–
289	243	231	201	89	91	78	–	–	–	–
246	199	176	133	41	91	55	–	–	–	–
1026	959	982	817	440	534	455	1	–	–	–
1544	1358	1179	915	338	373	281	3	–	–	–
73	81	56	60	31	34	24	–	–	–	–
230	179	132	79	33	39	32	–	–	–	–
138	**114**	**132**	**129**	**105**	**99**	**64**	**–**	**–**	**–**	**–**
–	–	–	–	2	–	–	–	–	–	–
–	5	5	5	6	5	–	–	–	–	–
–	–	1	–	–	2	–	–	–	–	–
3	–	–	–	20	18	–	–	–	–	–
121	99	113	124	74	70	64	–	–	–	–
–	1	–	–	2	2	–	–	–	–	–
14	9	13	–	1	2	–	–	–	–	–
76	**58**	**67**	**85**	**80**	**64**	**51**	**–**	**–**	**–**	**–**
–	–	–	–	2	–	–	–	–	–	–
–	–	–	–	–	5	–	–	–	–	–
–	–	–	–	–	2	–	–	–	–	–
–	–	–	–	20	18	–	–	–	–	–
76	58	67	85	55	35	51	–	–	–	–
–	–	–	–	2	2	–	–	–	–	–
–	–	–	–	1	2	–	–	–	–	–
–	–	–	–	–	–	–	–	–	–	–
–	–	–	–	–	–	–	–	–	–	–
–	–	–	–	–	–	–	–	–	–	–
–	–	–	–	–	–	–	–	–	–	–
–	–	–	–	–	–	–	–	–	–	–
2893	**2656**	**2400**	**1930**	**–**	**–**	**–**	**–**	**–**	**–**	**–**
212	219	218	162	–	–	–	–	–	–	–
272	221	214	189	–	–	–	–	–	–	–
198	172	149	120	–	–	–	–	–	–	–
836	830	839	713	–	–	–	–	–	–	–

特　殊　教　育

	毕业生数	招生数	在				
			合计	其中：女	学前教育阶段	一年级	二年级
智力残疾	139	890	5742	2334	–	890	1145
精神残疾	14	48	355	110	–	48	73
多重残疾	9	120	633	204	–	120	139
小学送教上门	**81**	**319**	**2659**	**877**	**–**	**319**	**496**
视力残疾	2	9	53	18	–	9	7
听力残疾	4	16	90	24	–	16	21
言语残疾	3	20	170	59	–	20	36
肢体残疾	29	95	791	241	–	95	133
智力残疾	36	130	1167	404	–	130	205
精神残疾	2	6	65	22	–	6	24
多重残疾	5	43	323	109	–	43	70
初中附设特教班	**–**	**–**	**–**	**–**	**–**	**–**	**–**
视力残疾	–	–	–	–	–	–	–
听力残疾	–	–	–	–	–	–	–
言语残疾	–	–	–	–	–	–	–
肢体残疾	–	–	–	–	–	–	–
智力残疾	–	–	–	–	–	–	–
精神残疾	–	–	–	–	–	–	–
多重残疾	–	–	–	–	–	–	–
初中随班就读	**266**	**797**	**2600**	**960**	**–**	**–**	**–**
视力残疾	20	70	246	84	–	–	–
听力残疾	23	81	239	90	–	–	–
言语残疾	13	34	159	64	–	–	–
肢体残疾	153	373	1257	447	–	–	–
智力残疾	47	192	563	217	–	–	–
精神残疾	6	23	67	30	–	–	–
多重残疾	4	24	69	28	–	–	–
初中送教上门	**54**	**144**	**453**	**156**	**–**	**–**	**–**
视力残疾	1	2	10	2	–	–	–
听力残疾	1	2	8	3	–	–	–
言语残疾	2	7	26	7	–	–	–
肢体残疾	17	47	135	41	–	–	–
智力残疾	29	72	224	80	–	–	–
精神残疾	1	6	18	7	–	–	–
多重残疾	3	8	32	16	–	–	–
其他学校附设特教班	**–**	**–**	**–**	**–**	**–**	**–**	**–**
视力残疾	–	–	–	–	–	–	–
听力残疾	–	–	–	–	–	–	–
言语残疾	–	–	–	–	–	–	–
肢体残疾	–	–	–	–	–	–	–
智力残疾	–	–	–	–	–	–	–
精神残疾	–	–	–	–	–	–	–
多重残疾	–	–	–	–	–	–	–

学　　生　　数（乡村）（二）

校　　生　　数										
小　学　阶　段				初中阶段				高中阶段		
三年级	四年级	五年级	六年级	一年级	二年级	三年级	四年级	一年级	二年级	三年级及以上
1180	1031	853	643	–	–	–	–	–	–	–
64	67	47	56	–	–	–	–	–	–	–
131	116	80	47	–	–	–	–	–	–	–
601	**478**	**451**	**314**	–	–	–	–	–	–	–
12	10	9	6	–	–	–	–	–	–	–
17	17	12	7	–	–	–	–	–	–	–
48	27	26	13	–	–	–	–	–	–	–
187	129	143	104	–	–	–	–	–	–	–
243	228	213	148	–	–	–	–	–	–	–
9	13	9	4	–	–	–	–	–	–	–
85	54	39	32	–	–	–	–	–	–	–
–	–	–	–	–	–	–	–	–	–	–
–	–	–	–	–	–	–	–	–	–	–
–	–	–	–	–	–	–	–	–	–	–
–	–	–	–	–	–	–	–	–	–	–
–	–	–	–	–	–	–	–	–	–	–
–	–	–	–	–	–	–	–	–	–	–
–	–	–	–	–	–	–	–	–	–	–
–	–	–	–	797	975	825	3	–	–	–
–	–	–	–	70	91	85	–	–	–	–
–	–	–	–	81	80	78	–	–	–	–
–	–	–	–	34	76	49	–	–	–	–
–	–	–	–	373	465	419	–	–	–	–
–	–	–	–	192	212	156	3	–	–	–
–	–	–	–	23	27	17	–	–	–	–
–	–	–	–	24	24	21	–	–	–	–
–	–	–	–	**144**	**186**	**122**	**1**	–	–	–
–	–	–	–	2	7	1	–	–	–	–
–	–	–	–	2	6	–	–	–	–	–
–	–	–	–	7	13	6	–	–	–	–
–	–	–	–	47	51	36	1	–	–	–
–	–	–	–	72	91	61	–	–	–	–
–	–	–	–	6	5	7	–	–	–	–
–	–	–	–	8	13	11	–	–	–	–
–	–	–	–	–	–	–	–	–	–	–
–	–	–	–	–	–	–	–	–	–	–
–	–	–	–	–	–	–	–	–	–	–
–	–	–	–	–	–	–	–	–	–	–
–	–	–	–	–	–	–	–	–	–	–
–	–	–	–	–	–	–	–	–	–	–

中 小 学 校 学 生

	上学年 体 检 学生数	合 计
总 计	**15985263**	**16409853**
小 学	8643999	8874166
初级中学	3422896	3515297
九年一贯制学校	1632198	1672691
职业初中	–	–
完全中学	364352	376813
高级中学	1635686	1670548
十二年一贯制学校	286132	300338
城 区	**4287136**	**4453638**
小 学	2083693	2177258
初级中学	808170	848116
九年一贯制学校	536964	554471
职业初中	–	–
完全中学	158065	153167
高级中学	604122	617434
十二年一贯制学校	96122	103192
镇 区	**7597562**	**7756671**
小 学	3484147	3547490
初级中学	1928406	1963816
九年一贯制学校	849407	863885
职业初中	–	–
完全中学	181208	198509
高级中学	991787	1013734
十二年一贯制学校	162607	169237
乡 村	**4100565**	**4199544**
小 学	3076159	3149418
初级中学	686320	703365
九年一贯制学校	245827	254335
职业初中	–	–
完全中学	25079	25137
高级中学	39777	39380
十二年一贯制学校	27403	27909

体 质 健 康 情 况

上 学 年 参 加 国 家 学 生 体 质 健 康 标 准 测 试 人 数

优 秀	良 好	及 格	不及格
4515933	**6470220**	**5072329**	**351371**
2434209	3473267	2792154	174536
932243	1372669	1106207	104178
500559	668985	476785	26362
—	—	—	—
99232	135811	133187	8583
475652	693914	472094	28888
74038	125574	91902	8824
1019198	**1569224**	**1699072**	**166144**
453627	742265	900291	81075
190329	292013	320094	45680
165044	207317	169948	12162
—	—	—	—
31198	49290	68064	4615
152219	242104	204368	18743
26781	36235	36307	3869
2233478	**3161490**	**2229933**	**131770**
1023978	1416849	1048897	57766
538851	793082	586209	45674
263578	357225	231958	11124
—	—	—	—
55886	80480	58894	3249
312223	434533	257381	9597
38962	79321	46594	4360
1263257	**1739506**	**1143324**	**53457**
956604	1314153	842966	35695
203063	287574	199904	12824
71937	104443	74879	3076
—	—	—	—
12148	6041	6229	719
11210	17277	10345	548
8295	10018	9001	595

中 小 学 、 特 殊 教

		上学年初报表在校生数	增 加 学 生 数				
			合计	招生	复学	转入	其他
总 计	幼 儿 园	4308701	1918144	1265795	5794	646551	4
	女	2045317	915716	606762	2586	306367	1
	少数民族	33138	15804	10820	25	4959	–
	小 学	10124818	2353205	1659936	2541	690716	12
	女	4684355	1094074	783436	806	309825	7
	少数民族	107860	26967	19161	60	7746	–
	初 中	4684765	1697752	1540534	4094	153122	2
	女	2120991	767075	702835	1615	62625	–
	少数民族	50877	20303	16941	164	3198	–
	高 中	2158790	835722	784377	2102	49201	42
	女	1091719	413604	390656	769	22137	42
	少数民族	28792	11419	10291	120	1008	–
	特殊教育	22623	4477	3228	4	1245	–
	女	8612	1717	1202	2	513	–
	少数民族	87	27	17	–	10	–
城 区	幼 儿 园	1056282	469424	334082	2641	132697	4
	女	496384	222581	159789	1179	61612	1
	少数民族	14227	6878	5103	16	1759	–
	小 学	2573704	567243	454933	1291	111017	2
	女	1167346	261591	212344	331	48914	2
	少数民族	48059	11188	9036	38	2114	–
	初 中	1266845	482591	425633	2900	54056	2
	女	560355	212508	190256	1243	21009	–
	少数民族	23438	9487	7592	108	1787	–
	高 中	804972	307310	292484	1002	13824	–
	女	408240	151369	145200	345	5824	–
	少数民族	14180	5383	4953	62	368	–
	特殊教育	7923	1823	1452	4	367	–
	女	2990	705	536	2	167	–
	少数民族	70	20	16	–	4	–

育 学 生 变 动 情 况 (一)

减 少 学 生 数								本学年初报表在校生数
合计	毕业	结业	休学	退学	死亡	转出	其他	
1970997	**1622537**	–	**263**	**1710**	**9**	**346050**	**428**	**4255848**
931213	770559	–	88	879	2	159482	203	2029820
15157	11865	–	4	27	–	3259	2	33785
2262167	**1541747**	–	**1471**	**6**	**129**	**718811**	**3**	**10215856**
1028689	700997	–	497	4	54	327134	3	4749740
24330	16261	–	18	–	2	8049	–	110497
1661096	**1484618**	–	**2142**	**86**	**51**	**174133**	**66**	**4721421**
744963	670485	–	811	31	17	73600	19	2143103
19338	16141	–	55	4	–	3137	1	51842
745927	**690268**	**290**	**1806**	**2971**	**14**	**50533**	**45**	**2248585**
377785	354418	112	754	1127	2	21371	1	1127538
10218	9426	14	69	36	–	673	–	29993
3085	**1925**	–	**3**	**15**	**34**	**1108**	–	**24015**
1234	739	–	2	11	6	476	–	9095
18	7	–	–	–	–	11	–	96
423677	**362604**	–	**91**	**1201**	**2**	**59772**	**7**	**1102029**
197678	169805	–	17	643	1	27209	3	521287
6072	4754	–	1	20	–	1297	–	15033
468846	**390984**	–	**504**	**5**	**43**	**77309**	**1**	**2672101**
206994	173195	–	149	3	16	33630	1	1221943
9104	7177	–	9	–	2	1916	–	50143
455729	**398179**	–	**1358**	**60**	**19**	**56047**	**66**	**1293707**
197929	174396	–	545	24	7	22938	19	574934
9246	7612	–	46	4	–	1583	1	23679
278058	**260509**	**218**	**925**	**1028**	**6**	**15369**	**3**	**834224**
142384	134933	72	426	351	1	6600	1	417225
5098	4723	9	46	12	–	308	–	14465
1180	**940**	–	**2**	**15**	**13**	**210**	–	**8566**
482	377	–	2	11	5	87	–	3213
17	6	–	–	–	–	11	–	73

中 小 学 、特 殊 教

		上学年初报表在校生数	增 加 学 生 数				
			合计	招生	复学	转入	其他
镇 区	幼 儿 园	1678261	765389	489850	1423	274116	-
	女	794731	364129	233963	579	129587	-
	少数民族	13539	6750	4400	9	2341	-
	小 学	4179960	1030813	670338	588	359886	1
	女	1905781	474877	313629	223	161025	-
	少数民族	43575	11574	7466	16	4092	-
	初 中	2574704	927285	853043	865	73377	-
	女	1173075	422240	391145	268	30827	-
	少数民族	22352	8859	7689	52	1118	-
	高 中	1292868	488583	457951	1073	29517	42
	女	652436	242319	228416	419	13442	42
	少数民族	14136	5684	5037	58	589	-
	特殊教育	13820	2371	1601	-	770	-
	女	5301	894	601	-	293	-
	少数民族	14	4	-	-	4	-
乡 村	幼 儿 园	1574158	683331	441863	1730	239738	-
	女	754202	329006	213010	828	115168	-
	少数民族	5372	2176	1317	-	859	-
	小 学	3371154	755149	534665	662	219813	9
	女	1611228	357606	257463	252	99886	5
	少数民族	16226	4205	2659	6	1540	-
	初 中	843216	287876	261858	329	25689	-
	女	387561	132327	121434	104	10789	-
	少数民族	5087	1957	1660	4	293	-
	高 中	60950	39829	33942	27	5860	-
	女	31043	19916	17040	5	2871	-
	少数民族	476	352	301	-	51	-
	特殊教育	880	283	175	-	108	-
	女	321	118	65	-	53	-
	少数民族	3	3	1	-	2	-

育学生变动情况(二)

减少学生数								本学年初报表在校生数
合计	毕业	结业	休学	退学	死亡	转出	其他	
758571	**628272**	–	**151**	**374**	**2**	**129351**	**421**	**1685079**
357314	297004	–	61	169	1	59879	200	801546
6227	5013	–	3	7	–	1202	2	14062
911678	**679604**	–	**486**	–	**27**	**231561**	–	**4299095**
408979	305870	–	177	–	13	102919	–	1971679
10487	6810	–	8	–	–	3669	–	44662
906073	**815993**	–	**593**	**17**	**26**	**89444**	–	**2595916**
410982	372404	–	198	4	7	38369	–	1184333
8329	6949	–	9	–	–	1371	–	22882
448818	**415388**	**72**	**818**	**1835**	**8**	**30655**	**42**	**1332633**
225808	212201	40	308	725	1	12533	–	668947
4964	4578	5	22	23	–	336	–	14856
1733	**835**	–	**1**	–	**15**	**882**	–	**14458**
717	333	–	–	–	1	383	–	5478
1	1	–	–	–	–	–	–	17
788749	**631661**	–	**21**	**135**	**5**	**156927**	–	**1468740**
376221	303750	–	10	67	–	72394	–	706987
2858	2098	–	–	–	–	760	–	4690
881643	**471159**	–	**481**	**1**	**59**	**409941**	**2**	**3244660**
412716	221932	–	171	1	25	190585	2	1556118
4739	2274	–	1	–	–	2464	–	15692
299294	**270446**	–	**191**	**9**	**6**	**28642**	–	**831798**
136052	123685	–	68	3	3	12293	–	383836
1763	1580	–	–	–	–	183	–	5281
19051	**14371**	–	**63**	**108**	–	**4509**	–	**81728**
9593	7284	–	20	51	–	2238	–	41366
156	125	–	1	1	–	29	–	672
172	**150**	–	–	–	**6**	**16**	–	**991**
35	29	–	–	–	–	6	–	404
–	–	–	–	–	–	–	–	6

在校生中死亡

	合计	事故灾难类								社会
		溺水	交通	拥挤踩踏	房屋倒塌	坠楼坠崖	中毒	爆炸	火灾	打架斗殴
幼儿园	**9**	**–**	**5**	**–**	**–**	**1**	**1**	**–**	**–**	**–**
校园内	–	–	–	–	–	–	–	–	–	–
校园外	9	–	5	–	–	1	1	–	–	–
小　学	**129**	**12**	**24**	**–**	**1**	**2**	**3**	**–**	**2**	**–**
校园内	2	–	–	–	–	–	–	–	–	–
校园外	127	12	24	–	1	2	3	–	2	–
初　中	**51**	**13**	**9**	**–**	**–**	**1**	**2**	**–**	**–**	**–**
校园内	5	–	–	–	–	–	–	–	–	–
校园外	46	13	9	–	–	1	2	–	–	–
高　中	**14**	**1**	**3**	**–**	**–**	**1**	**–**	**–**	**–**	**–**
校园内	5	–	–	–	–	1	–	–	–	–
校园外	9	1	3	–	–	–	–	–	–	–
特殊教育	**34**	**1**	**–**	**–**	**–**	**1**	**–**	**–**	**1**	**–**
校园内	1	–	–	–	–	–	–	–	–	–
校园外	33	1	–	–	–	1	–	–	1	–

在校生中死亡

	合计	事故灾难类								社会
		溺水	交通	拥挤踩踏	房屋倒塌	坠楼坠崖	中毒	爆炸	火灾	打架斗殴
幼儿园	**2**	**–**	**–**	**–**	**–**	**1**	**–**	**–**	**–**	**–**
校园内	–	–	–	–	–	–	–	–	–	–
校园外	2	–	–	–	–	1	–	–	–	–
小　学	**43**	**2**	**7**	**–**	**1**	**1**	**2**	**–**	**2**	**–**
校园内	1	–	–	–	–	–	–	–	–	–
校园外	42	2	7	–	1	1	2	–	2	–
初　中	**19**	**4**	**3**	**–**	**–**	**1**	**1**	**–**	**–**	**–**
校园内	1	–	–	–	–	–	–	–	–	–
校园外	18	4	3	–	–	1	1	–	–	–
高　中	**6**	**1**	**–**	**–**	**–**	**1**	**–**	**–**	**–**	**–**
校园内	4	–	–	–	–	1	–	–	–	–
校园外	2	1	–	–	–	–	–	–	–	–
特殊教育	**13**	**–**	**–**	**–**	**–**	**1**	**–**	**–**	**–**	**–**
校园内	1	–	–	–	–	–	–	–	–	–
校园外	12	–	–	–	–	1	–	–	–	–

的 主 要 原 因（总计）

安全类		自然灾害类								其他			
校园伤害	刑事案件	山体滑坡	泥石流	洪水	地震	暴雨	冰雹	雪灾	龙卷风	自杀	猝死	传染病	其他
—	—	—	—	—	—	—	—	—	—	—	1	—	1
—	—	—	—	—	—	—	—	—	—	—	—	—	—
—	—	—	—	—	—	—	—	—	—	—	1	—	1
—	4	—	—	—	—	1	—	—	—	1	17	1	61
—	—	—	—	—	—	—	—	—	—	—	—	—	2
—	4	—	—	—	—	1	—	—	—	1	17	1	59
—	—	—	—	—	—	—	—	—	—	4	9	—	13
—	—	—	—	—	—	—	—	—	—	1	4	—	—
—	—	—	—	—	—	—	—	—	—	3	5	—	13
—	—	—	—	—	—	—	—	—	—	6	3	—	—
—	—	—	—	—	—	—	—	—	—	2	2	—	—
—	—	—	—	—	—	—	—	—	—	4	1	—	—
—	—	—	—	—	—	—	—	—	—	—	9	—	22
—	—	—	—	—	—	—	—	—	—	—	1	—	—
—	—	—	—	—	—	—	—	—	—	—	8	—	22

的 主 要 原 因（城区）

安全类		自然灾害类								其他			
校园伤害	刑事案件	山体滑坡	泥石流	洪水	地震	暴雨	冰雹	雪灾	龙卷风	自杀	猝死	传染病	其他
—	—	—	—	—	—	—	—	—	—	—	1	—	—
—	—	—	—	—	—	—	—	—	—	—	—	—	—
—	—	—	—	—	—	—	—	—	—	—	1	—	—
—	1	—	—	—	—	—	—	—	—	—	6	1	20
—	—	—	—	—	—	—	—	—	—	—	—	—	1
—	1	—	—	—	—	—	—	—	—	—	6	1	19
—	—	—	—	—	—	—	—	—	—	1	3	—	6
—	—	—	—	—	—	—	—	—	—	—	1	—	—
—	—	—	—	—	—	—	—	—	—	1	2	—	6
—	—	—	—	—	—	—	—	—	—	2	2	—	—
—	—	—	—	—	—	—	—	—	—	2	1	—	—
—	—	—	—	—	—	—	—	—	—	—	1	—	—
—	—	—	—	—	—	—	—	—	—	—	5	—	7
—	—	—	—	—	—	—	—	—	—	—	1	—	—
—	—	—	—	—	—	—	—	—	—	—	4	—	7

在 校 生 中 死 亡

	合计	事 故 灾 难 类								社会
		溺水	交通	拥挤踩踏	房屋倒塌	坠楼坠崖	中毒	爆炸	火灾	打架斗殴
幼 儿 园	2	–	1	–	–	–	–	–	–	–
校 园 内	–	–	–	–	–	–	–	–	–	–
校 园 外	2	–	1	–	–	–	–	–	–	–
小 学	27	5	5	–	–	–	–	–	–	–
校 园 内	–	–	–	–	–	–	–	–	–	–
校 园 外	27	5	5	–	–	–	–	–	–	–
初 中	26	7	5	–	–	–	–	–	1	–
校 园 内	3	–	–	–	–	–	–	–	–	–
校 园 外	23	7	5	–	–	–	–	–	1	–
高 中	8	–	3	–	–	–	–	–	–	–
校 园 内	1	–	–	–	–	–	–	–	–	–
校 园 外	7	–	3	–	–	–	–	–	–	–
特殊教育	15	–	–	–	–	–	–	–	1	–
校 园 内	–	–	–	–	–	–	–	–	–	–
校 园 外	15	–	–	–	–	–	–	–	1	–

在 校 生 中 死 亡

	合计	事 故 灾 难 类								社会
		溺水	交通	拥挤踩踏	房屋倒塌	坠楼坠崖	中毒	爆炸	火灾	打架斗殴
幼 儿 园	5	–	4	–	–	–	1	–	–	–
校 园 内	–	–	–	–	–	–	–	–	–	–
校 园 外	5	–	4	–	–	–	1	–	–	–
小 学	59	5	12	–	–	1	1	–	–	–
校 园 内	1	–	–	–	–	–	–	–	–	–
校 园 外	58	5	12	–	–	1	1	–	–	–
初 中	6	2	1	–	–	–	–	–	–	–
校 园 内	1	–	–	–	–	–	–	–	–	–
校 园 外	5	2	1	–	–	–	–	–	–	–
高 中	–	–	–	–	–	–	–	–	–	–
校 园 内	–	–	–	–	–	–	–	–	–	–
校 园 外	–	–	–	–	–	–	–	–	–	–
特殊教育	6	1	–	–	–	–	–	–	–	–
校 园 内	–	–	–	–	–	–	–	–	–	–
校 园 外	6	1	–	–	–	–	–	–	–	–

的 主 要 原 因 (镇区)

安全类		自然灾害类								其他			
校园伤害	刑事案件	山体滑坡	泥石流	洪水	地震	暴雨	冰雹	雪灾	龙卷风	自杀	猝死	传染病	其他
—	—	—	—	—	—	—	—	—	—	—	—	—	1
—	—	—	—	—	—	—	—	—	—	—	—	—	—
—	—	—	—	—	—	—	—	—	—	—	—	—	1
—	1	—	—	—	—	—	—	—	—	1	2	—	13
—	1	—	—	—	—	—	—	—	—	1	2	—	13
—	—	—	—	—	—	—	—	—	—	3	5	—	5
—	—	—	—	—	—	—	—	—	—	1	2	—	—
—	—	—	—	—	—	—	—	—	—	2	3	—	5
—	—	—	—	—	—	—	—	—	—	4	1	—	—
—	—	—	—	—	—	—	—	—	—	—	1	—	—
—	—	—	—	—	—	—	—	—	—	4	—	—	—
—	—	—	—	—	—	—	—	—	—	—	4	—	10
—	—	—	—	—	—	—	—	—	—	—	4	—	10

的 主 要 原 因 (乡村)

安全类		自然灾害类								其他			
校园伤害	刑事案件	山体滑坡	泥石流	洪水	地震	暴雨	冰雹	雪灾	龙卷风	自杀	猝死	传染病	其他
—	—	—	—	—	—	—	—	—	—	—	—	—	—
—	—	—	—	—	—	—	—	—	—	—	—	—	—
—	—	—	—	—	—	—	—	—	—	—	—	—	—
—	2	—	—	—	—	1	—	—	—	—	9	—	28
—	—	—	—	—	—	—	—	—	—	—	—	—	1
—	2	—	—	—	—	1	—	—	—	—	9	—	27
—	—	—	—	—	—	—	—	—	—	—	1	—	2
—	—	—	—	—	—	—	—	—	—	—	1	—	—
—	—	—	—	—	—	—	—	—	—	—	—	—	2
—	—	—	—	—	—	—	—	—	—	—	—	—	—
—	—	—	—	—	—	—	—	—	—	—	—	—	—
—	—	—	—	—	—	—	—	—	—	—	—	—	5
—	—	—	—	—	—	—	—	—	—	—	—	—	—
—	—	—	—	—	—	—	—	—	—	—	—	—	5

中小学、特殊教育

	总计							城区				
	合计	失能	家庭	厌学	路途遥远	出国	其他	合计	失能	家庭	厌学	路途遥远
小　学	6	–	4	1	–	1	–	5	–	4	–	–
女	4	–	2	1	–	1	–	3	–	2	–	–
少数民族	–	–	–	–	–	–	–	–	–	–	–	–
初　中	86	1	25	26	–	17	17	60	–	25	3	–
女	31	–	6	9	–	5	11	24	–	6	3	–
少数民族	4	–	4	–	–	–	–	4	–	4	–	–
高　中	2971	1	273	1640	165	63	829	1028	1	178	492	5
女	1127	–	86	669	68	24	280	351	–	47	217	2
少数民族	36	–	10	22	1	–	3	12	–	3	6	1
特殊教育	15	–	2	12	1	–	–	15	–	2	12	1
女	11	–	–	10	1	–	–	11	–	–	10	1
少数民族	–	–	–	–	–	–	–	–	–	–	–	–

在校生中其他情况

	总计				另有：外国籍学生	城区			
	合计					在校生数中			
	共产党员	共青团员	华侨	港澳台		共产党员	共青团员	华侨	港澳台
幼儿园	–	–	15	37	291	–	–	15	31
其中:女	–	–	7	17	119	–	–	7	15
小　学	–	–	46	406	241	–	–	39	325
其中:女	–	–	23	183	111	–	–	20	150
初　中	–	458449	2	47	27	–	87283	1	33
其中:女	–	219325	–	24	16	–	40748	–	19
高　中	20	1370705	3	13	71	4	490092	2	10
其中:女	7	707059	3	9	34	2	256294	2	7
特殊教育	–	97	–	1	1	–	97	–	1
其中:女	–	36	–	–	1	–	36	–	–

学生退学的主要原因

出国	其他	镇　　区							乡　　村						
		合计	失能	家庭	厌学	路途遥远	出国	其他	合计	失能	家庭	厌学	路途遥远	出国	其他
1	–	–	–	–	–	–	–	–	**1**	–	–	**1**	–	–	–
1	–	–	–	–	–	–	–	–	1	–	–	1	–	–	–
–	–	–	–	–	–	–	–	–	–	–	–	–	–	–	–
17	**15**	**17**	–	–	**17**	–	–	–	**9**	**1**	–	**6**	–	–	**2**
5	10	4	–	–	4	–	–	–	3	–	–	2	–	–	1
–	–	–	–	–	–	–	–	–	–	–	–	–	–	–	–
59	**293**	**1835**	–	**85**	**1134**	**103**	**4**	**509**	**108**	–	**10**	**14**	**57**	–	**27**
22	63	725	–	39	449	32	2	203	51	–	–	3	34	–	14
–	2	23	–	7	16	–	–	–	1	–	–	–	–	–	1
–	–	–	–	–	–	–	–	–	–	–	–	–	–	–	–
–	–	–	–	–	–	–	–	–	–	–	–	–	–	–	–
–	–	–	–	–	–	–	–	–	–	–	–	–	–	–	–

及外国籍学生情况

另有:外国籍学生	镇　　区				另有:外国籍学生	乡　　村				另有:外国籍学生
	在校生数中					在校生数中				
	共产党员	共青团员	华侨	港澳台		共产党员	共青团员	华侨	港澳台	
269	–	–	–	**5**	**22**	–	–	–	**1**	–
111	–	–	–	2	8	–	–	–	–	–
210	–	–	**7**	**69**	**28**	–	–	–	**12**	**3**
97	–	–	3	27	12	–	–	–	6	2
17	–	**270743**	–	**11**	**8**	–	**100423**	**1**	**3**	**2**
11	–	129323	–	5	5	–	49254	–	–	–
70	**16**	**839632**	**1**	**3**	**1**	–	**40981**	–	–	–
33	5	429445	1	2	1	–	21320	–	–	–
1	–	–	–	–	–	–	–	–	–	–
1	–	–	–	–	–	–	–	–	–	–

基础教育学校教职工数

	教 职 工				专 任 教 师			
	合计	城区	镇区	乡村	合计	城区	镇区	乡村
总　　计	**1579511**	**452385**	**697689**	**429437**	**1313647**	**361795**	**589208**	**362644**
幼 儿 园	407690	143517	155315	108858	234130	80594	92339	61197
小　　学	553975	119772	206625	227578	523856	113518	194049	216289
初级中学	282992	68576	154104	60312	269266	64226	147114	57926
九年一贯制学校	133259	41385	69132	22742	108945	34367	55885	18693
职业初中	–	–	–	–	–	–	–	–
完全中学	31231	13623	15393	2215	27403	11987	13438	1978
高级中学	136744	52729	79397	4618	123489	47253	72040	4196
十二年一贯制学校	28878	10477	15444	2957	22214	7770	12205	2239
特殊教育	4679	2243	2279	157	4287	2023	2138	126
工读学校	63	63	–	–	57	57	–	–

幼 儿 园 教 职 工 数

	教 职 工 数						代课教师	兼任教师
	合计	园长	专任教师	保健医	保育员	其他		
总　　计	**407690**	**27751**	**234130**	**13291**	**86158**	**46360**	**14404**	**1263**
女	378599	24094	231797	11824	84328	26556	13504	1054
少数民族	2428	283	1491	58	314	282	86	6
编制人员	36277	5277	26949	515	1599	1937	–	–
其中:学前教育专业	220026	16495	186921	1690	12536	2384	5265	501
教育部门	75869	5665	49652	1651	12196	6705	14015	213
其他部门	3199	102	1802	84	633	578	145	30
地方企业	5002	166	2732	133	1031	940	30	–
事业单位	1565	54	855	49	313	294	87	15
部　　队	830	33	456	29	147	165	–	–
集　　体	2392	167	1309	83	457	376	110	3
民　　办	318833	21564	177324	11262	71381	37302	17	1002
其中:普惠性民办幼儿园	183656	12716	101928	6588	41805	20619	17	782
中外合作办	–	–	–	–	–	–	–	–
城　　区	**143517**	**7042**	**80594**	**4646**	**30109**	**21126**	**3870**	**387**
教育部门	23582	860	14948	610	3847	3317	3553	15
其他部门	2872	81	1595	73	582	541	105	2
地方企业	4813	160	2633	128	985	907	30	–
事业单位	1479	50	811	46	300	272	87	15
部　　队	800	29	443	28	140	160	–	–
集　　体	1005	55	554	32	192	172	95	3
民　　办	108966	5807	59610	3729	24063	15757	–	352
其中:普惠性民办幼儿园	53054	3071	28989	1880	12005	7109	–	281
中外合作办	–	–	–	–	–	–	–	–
镇　　区	**155315**	**10163**	**92339**	**4866**	**32589**	**15358**	**6941**	**608**
教育部门	30138	1967	20667	603	4826	2075	6880	151
其他部门	293	18	190	10	46	29	36	28
地方企业	120	3	66	2	29	20	–	–
事业单位	54	1	25	2	12	14	–	–
部　　队	16	3	6	–	3	4	–	–
集　　体	834	55	450	27	179	123	8	–
民　　办	123860	8116	70935	4222	27494	13093	17	429
其中:普惠性民办幼儿园	73427	4790	41616	2500	16720	7801	17	340
中外合作办	–	–	–	–	–	–	–	–
乡　　村	**108858**	**10546**	**61197**	**3779**	**23460**	**9876**	**3593**	**268**
教育部门	22149	2838	14037	438	3523	1313	3582	47
其他部门	34	3	17	1	5	8	4	–
地方企业	69	3	33	3	17	13	–	–
事业单位	32	3	19	1	1	8	–	–
部　　队	14	1	7	1	4	1	–	–
集　　体	553	57	305	24	86	81	7	–
民　　办	86007	7641	46779	3311	19824	8452	–	221
其中:普惠性民办幼儿园	57175	4855	31323	2208	13080	5709	–	161
中外合作办	–	–	–	–	–	–	–	–

小学学校教职工数（小学、教学点）

	教职工数						代课教师	兼任教师
	合计	专任教师	行政人员	教辅人员	工勤人员	校办企业职工		
总　计	**553975**	**523856**	**9723**	**4492**	**15881**	**23**	**28220**	**2051**
女	408015	392594	2877	3053	9471	20	24725	1702
少数民族	5051	4882	82	29	58	－	146	3
编制人员	442005	432538	6258	1422	1787	－	－	－
教育部门	479993	468931	6704	1767	2591	－	28220	1178
其他部门	－	－	－	－	－	－	－	－
地方企业	4	4	－	－	－	－	－	－
民　办	73978	54921	3019	2725	13290	23	－	873
中外合作办	－	－	－	－	－	－	－	－
城　区	**119772**	**113518**	**1829**	**1193**	**3232**	－	**8397**	**830**
教育部门	104983	102775	1142	370	696	－	8397	374
其他部门	－	－	－	－	－	－	－	－
地方企业	－	－	－	－	－	－	－	－
民　办	14789	10743	687	823	2536	－	－	456
中外合作办	－	－	－	－	－	－	－	－
镇　区	**206625**	**194049**	**3518**	**1716**	**7319**	**23**	**9285**	**717**
教育部门	173231	169392	2181	683	975	－	9285	445
其他部门	－	－	－	－	－	－	－	－
地方企业	－	－	－	－	－	－	－	－
民　办	33394	24657	1337	1033	6344	23	－	272
中外合作办	－	－	－	－	－	－	－	－
乡　村	**227578**	**216289**	**4376**	**1583**	**5330**	－	**10538**	**504**
教育部门	201779	196764	3381	714	920	－	10538	359
其他部门	－	－	－	－	－	－	－	－
地方企业	4	4	－	－	－	－	－	－
民　办	25795	19521	995	869	4410	－	－	145
中外合作办	－	－	－	－	－	－	－	－

中 学 学 校 教 职 工 数

（初级中学、九年一贯制学校、职业初中、完全中学、高级中学、十二年一贯制学校）

	教职工数						代课教师	兼任教师
	合计	专任教师	行政人员	教辅人员	工勤人员	校办企业职　工		
总　　计	613104	551317	14822	13232	33683	50	11269	3310
女	394610	364130	4615	6906	18919	40	8614	1985
少数民族	5813	5400	149	88	176	–	95	51
编制人员	431715	411952	7005	7710	5048	–	–	–
教育部门	446095	424111	7351	8388	6245	–	11046	742
其他部门	265	129	86	43	7	–	4	28
地方企业	142	78	1	–	63	–	–	–
民　　办	166482	126890	7377	4801	27364	50	219	2540
中外合作办	120	109	7	–	4	–	–	–
城　　区	186790	165603	6274	4341	10522	50	4432	1787
教育部门	133724	126030	3177	2631	1886	–	4209	395
其他部门	265	129	86	43	7	–	4	–
地方企业	142	78	1	–	63	–	–	–
民　　办	52582	39297	3006	1667	8562	50	219	1392
中外合作办	77	69	4	–	4	–	–	–
镇　　区	333470	300682	6667	7595	18526	–	5594	1271
教育部门	239205	227625	3082	4995	3503	–	5594	300
其他部门	–	–	–	–	–	–	–	28
地方企业	–	–	–	–	–	–	–	–
民　　办	94222	73017	3582	2600	15023	–	–	943
中外合作办	43	40	3	–	–	–	–	–
乡　　村	92844	85032	1881	1296	4635	–	1243	252
教育部门	73166	70456	1092	762	856	–	1243	47
其他部门	–	–	–	–	–	–	–	–
地方企业	–	–	–	–	–	–	–	–
民　　办	19678	14576	789	534	3779	–	–	205
中外合作办	–	–	–	–	–	–	–	–

特殊教育学校教职工数

	教职工数					代课教师	兼任教师
	合计	专任教师	行政人员	教辅人员	工勤人员		
总　计	**4679**	**4287**	**123**	**101**	**168**	**211**	**193**
女	3385	3216	44	59	66	188	46
少数民族	57	52	2	–	3	1	–
编制人员	4209	3948	114	35	112	–	–

基础教育专任教师数

	专 任 教 师			
	合 计	城 区	镇 区	乡 村
总　计	1313647	361795	589208	362644
幼 儿 园	234130	80594	92339	61197
义务教育	927078	221237	410540	295301
小　学	586578	132780	226885	226913
小　学	523856	113518	194049	216289
九年一贯制学校	55469	16933	28707	9829
十二年一贯制学校	7253	2329	4129	795
初　中	340500	88457	183655	68388
初级中学	269266	64226	147114	57926
九年一贯制学校	53476	17434	27178	8864
十二年一贯制学校	7398	2567	4077	754
完全中学	10360	4230	5286	844
职业初中	–	–	–	–
高　中	148095	57884	84191	6020
完全中学	17043	7757	8152	1134
高级中学	123489	47253	72040	4196
十二年一贯制学校	7563	2874	3999	690
特殊教育	4287	2023	2138	126
工读学校	57	57	–	–

幼 儿 园 园 长 、 专 任

	合计	按 学 历 分			
		研究生毕业	本科毕业	专科毕业	高中阶段毕业
总　　计	261881	448	40941	164326	50772
园　　长	27751	235	9040	16180	2117
专任教师	234130	213	31901	148146	48655
城　　区	87636	285	18963	56578	11114
园　　长	7042	147	3036	3560	280
专任教师	80594	138	15927	53018	10834
镇　　区	102502	114	14645	65654	20094
园　　长	10163	70	3240	6022	784
专任教师	92339	44	11405	59632	19310
乡　　村	71743	49	7333	42094	19564
园　　长	10546	18	2764	6598	1053
专任教师	61197	31	4569	35496	18511

幼 儿 园 园 长 、 专 任

	合计	其中：女	24岁及以下	25－29岁	30－34岁
总　　计	261881	255891	65355	77153	62090
园　　长	27751	24094	396	2600	6099
专任教师	234130	231797	64959	74553	55991
城　　区	87636	86522	26630	23788	18591
园　　长	7042	6602	66	542	1527
专任教师	80594	79920	26564	23246	17064
镇　　区	102502	100458	26859	30668	23848
园　　长	10163	8993	183	1069	2362
专任教师	92339	91465	26676	29599	21486
乡　　村	71743	68911	11866	22697	19651
园　　长	10546	8499	147	989	2210
专任教师	61197	60412	11719	21708	17441

教师学历、职务情况

高中阶段以下毕业	按专业技术职务分					
	中学高级	小学高级	小学一级	小学二级	小学三级	未定职级
5394	**19**	**2339**	**13481**	**17953**	**5373**	**222716**
179	16	1331	3442	1268	305	21389
5215	3	1008	10039	16685	5068	201327
696	**15**	**951**	**5523**	**7421**	**2493**	**71233**
19	13	470	805	298	107	5349
677	2	481	4718	7123	2386	65884
1995	**4**	**922**	**5181**	**7098**	**1889**	**87408**
47	3	489	1140	375	100	8056
1948	1	433	4041	6723	1789	79352
2703	**–**	**466**	**2777**	**3434**	**991**	**64075**
113	–	372	1497	595	98	7984
2590	–	94	1280	2839	893	56091

教师年龄情况

35－39岁	40－44岁	45－49岁	50－54岁	55－59岁	60岁及以上
29352	**14463**	**7700**	**4266**	**1239**	**263**
6719	5304	3519	2093	784	237
22633	9159	4181	2173	455	26
8976	**4618**	**2918**	**1642**	**377**	**96**
1659	1261	1004	637	252	94
7317	3357	1914	1005	125	2
11121	**5377**	**2706**	**1432**	**390**	**101**
2410	1916	1243	670	224	86
8711	3461	1463	762	166	15
9255	**4468**	**2076**	**1192**	**472**	**66**
2650	2127	1272	786	308	57
6605	2341	804	406	164	9

中小学专任教师专业技术职务、年龄结构情况（总计）

	合计	其中：女	24岁及以下	25－29岁	30－34岁	35－39岁	40－44岁	45－49岁	50－54岁	55－59岁	60岁及以上
小　学	586578	445184	37358	103708	100534	108539	107002	64298	42883	21895	361
其中：女	445184	－	33565	92882	87307	85584	77118	42528	25209	871	120
其中：少数民族	5433	4140	275	958	984	1045	1045	620	405	98	3
正高级	29	23	－	－	－	－	1	3	12	12	1
副高级	30733	16949	－	－	2	1471	6693	9679	8667	4184	37
中　级	225255	153373	－	3245	15149	50069	70385	42765	28047	15463	132
助理级	193839	155450	4336	48113	59616	44255	23945	8315	3904	1350	5
员　级	14913	12776	2331	7639	3644	1191	57	33	14	4	－
未定职级	121809	106613	30691	44711	22123	11553	5921	3503	2239	882	186
初　　中	340500	224929	20640	59361	56857	51632	58670	49073	31560	12449	258
其中：女	224929	－	16757	48154	43719	35310	36769	26881	16084	1199	56
其中：少数民族	3139	2146	179	591	647	505	519	360	239	97	2
正高级	63	41	－	－	－	－	3	11	32	15	2
副高级	58141	28799	－	－	－	1771	9848	19731	18515	8191	85
中　　级	117769	71952	－	2568	12054	27119	37475	24196	10848	3461	48
助理级	101812	76635	3387	30759	34675	18413	9191	3737	1287	361	2
员　级	6026	4583	1134	3283	1182	337	41	26	18	3	2
未定职级	56689	42919	16119	22751	8946	3992	2112	1372	860	418	119
高　　中	148095	86611	8991	24567	25469	30172	22352	17337	13562	5308	337
其中：女	86611	－	6906	18098	17713	18138	11753	7845	5467	644	47
其中：少数民族	1710	1093	94	359	371	350	206	170	116	43	1
正高级	69	18	－	－	－	－	1	9	33	26	－
副高级	30521	12001	－	－	1	1483	5255	9050	10069	4441	222
中　　级	47442	25818	－	1107	6043	16196	13376	7085	2909	681	45
助理级	46559	32206	1657	13275	15941	11309	3122	836	348	68	3
员　级	1975	1420	450	921	405	150	40	7	2	－	－
未定职级	21529	15148	6884	9264	3079	1034	558	350	201	92	67

中小学专任教师专业技术职务、年龄结构情况（城区）

	合计	其中：女	24岁及以下	25-29岁	30-34岁	35-39岁	40-44岁	45-49岁	50-54岁	55-59岁	60岁及以上
小　学	132780	112272	7473	22326	24458	24195	24233	17512	10657	1867	59
其中:女	112272	—	6658	20278	21881	20701	20226	14043	8189	262	34
其中:少数民族	2307	1874	93	362	425	443	444	314	194	29	3
正　高　级	22	16	—	—	—	—	1	1	9	11	—
副　高　级	6703	5021	—	—	—	253	1369	2440	2107	519	15
中　　级	52530	42920	—	477	2832	10634	16822	13002	7616	1131	16
助　理　级	47490	41145	1107	10788	16501	11337	5314	1650	667	126	—
员　　级	2779	2482	423	1431	703	174	14	20	12	2	—
未定职级	23256	20688	5943	9630	4422	1797	713	399	246	78	28
初　　中	88457	61700	4413	12766	14624	14118	15318	13400	10222	3510	86
其中:女	61700	—	3299	10272	11691	10378	10515	8539	6277	707	22
其中:少数民族	1337	968	55	223	286	244	207	149	124	47	2
正　高　级	53	37	—	—	—	—	2	9	29	12	1
副　高　级	17046	10278	—	—	—	381	2306	5401	6384	2530	44
中　　级	30618	20434	—	418	2590	7222	9778	6634	3205	764	7
助　理　级	25902	20225	600	6426	9102	5405	2778	1087	394	109	1
员　　级	953	705	118	513	235	58	8	10	9	1	1
未定职级	13885	10021	3695	5409	2697	1052	446	259	201	94	32
高　　中	57884	34586	2838	8423	10142	12259	9097	6728	5574	2644	179
其中:女	34586	—	2173	6419	7276	7654	5024	3225	2388	402	25
其中:少数民族	832	535	25	141	193	184	110	93	59	27	—
正　高　级	40	13	—	—	—	—	—	7	17	16	—
副　高　级	13420	5616	—	—	—	628	2296	3799	4333	2241	123
中　　级	19792	11466	—	425	2723	7204	5534	2510	1048	323	25
助　理　级	16502	11712	550	4443	6126	3907	1055	280	109	31	1
员　　级	747	528	175	356	144	67	3	2	—	—	—
未定职级	7383	5251	2113	3199	1149	453	209	130	67	33	30

中小学专任教师专业技术职务、年龄结构情况（镇区）

	合计	其中：女	24岁及以下	25—29岁	30—34岁	35—39岁	40—44岁	45—49岁	50—54岁	55—59岁	60岁及以上
小　学	226885	182739	16102	40788	41012	43817	40723	23729	14801	5751	162
其中：女	182739	–	14599	36625	36204	36527	31775	17043	9559	349	58
其中：少数民族	1991	1532	132	379	346	373	377	201	151	32	–
正 高 级	4	4	–	–	–	–	–	2	2	–	–
副 高 级	11761	7157	–	–	–	515	2598	3907	3351	1374	16
中 级	83168	62786	–	1331	6585	20553	26520	15181	9240	3699	59
助 理 级	74096	61899	1784	19084	23428	16691	8568	2957	1245	335	4
员 级	4928	4279	957	2482	1112	339	28	8	1	1	–
未定职级	52928	46614	13361	17891	9887	5719	3009	1674	962	342	83
初　中	183655	121588	11761	32990	31244	27664	31484	26365	15861	6150	136
其中：女	121588	–	9727	26702	23861	18803	19869	14316	7890	387	33
其中：少数民族	1393	923	88	271	273	210	258	163	88	42	–
正 高 级	10	4	–	–	–	–	1	2	3	3	1
副 高 级	29418	14254	–	–	–	988	5247	10309	8928	3915	31
中 级	63314	38768	–	1609	6985	14258	19866	13002	5747	1818	29
助 理 级	55943	41784	2052	17050	18867	9893	5049	2151	683	197	1
员 级	3495	2659	718	1831	662	226	31	15	9	2	1
未定职级	31475	24119	8991	12500	4730	2299	1290	886	491	215	73
高　中	84191	48170	5316	14377	14116	17066	12671	10198	7760	2537	150
其中：女	48170	–	4059	10364	9606	9981	6443	4458	3010	227	22
其中：少数民族	825	522	63	201	162	163	92	73	55	15	1
正 高 级	28	5	–	–	–	–	1	2	15	10	–
副 高 级	16402	6121	–	–	1	832	2814	5014	5563	2084	94
中 级	26418	13718	–	651	3134	8502	7515	4426	1824	349	17
助 理 级	28167	19142	1027	8068	9146	7138	1981	536	232	37	2
员 级	1035	744	208	520	196	67	37	5	2	–	–
未定职级	12141	8440	4081	5138	1639	527	323	215	124	57	37

中小学专任教师专业技术职务、年龄结构情况（乡村）

	合计	其中：女	24岁及以下	25－29岁	30－34岁	35－39岁	40－44岁	45－49岁	50－54岁	55－59岁	60岁及以上
小　学	**226913**	**150173**	**13783**	**40594**	**35064**	**40527**	**42046**	**23057**	**17425**	**14277**	**140**
其中:女	150173	－	12308	35979	29222	28356	25117	11442	7461	260	28
其中:少数民族	1135	734	50	217	213	229	224	105	60	37	－
正 高 级	3	3	－	－	－	－	－	－	1	1	1
副 高 级	12269	4771	－	－	2	703	2726	3332	3209	2291	6
中 级	89557	47667	－	1437	5732	18882	27043	14582	11191	10633	57
助 理 级	72253	52406	1445	18241	19687	16227	10063	3708	1992	889	1
员 级	7206	6015	951	3726	1829	678	15	5	1	1	－
未定职级	45625	39311	11387	17190	7814	4037	2199	1430	1031	462	75
初　中	**68388**	**41641**	**4466**	**13605**	**10989**	**9850**	**11868**	**9308**	**5477**	**2789**	**36**
其中:女	41641	－	3731	11180	8167	6129	6385	4026	1917	105	1
其中:少数民族	409	255	36	97	88	51	54	48	27	8	－
正 高 级	－										
副 高 级	11677	4267	－	－	－	402	2295	4021	3203	1746	10
中 级	23837	12750	－	541	2479	5639	7831	4560	1896	879	12
助 理 级	19967	14626	735	7283	6706	3115	1364	499	210	55	－
员 级	1578	1219	298	939	285	53	2	1	－	－	－
未定职级	11329	8779	3433	4842	1519	641	376	227	168	109	14
高　中	**6020**	**3855**	**837**	**1767**	**1211**	**847**	**584**	**411**	**228**	**127**	**8**
其中:女	3855	－	674	1315	831	503	286	162	69	15	－
其中:少数民族	53	36	6	17	16	3	4	4	2	1	－
正 高 级	1	－	－	－	－	－	－	－	1	－	－
副 高 级	699	264	－	－	－	23	145	237	173	116	5
中 级	1232	634	－	31	186	490	327	149	37	9	3
助 理 级	1890	1352	80	764	669	264	86	20	7	－	－
员 级	193	148	67	45	65	16	－	－	－	－	－
未定职级	2005	1457	690	927	291	54	26	5	10	2	－

小 学 分 课 程 专 任

	合计	其中：女	品 德 与 生 活（社会）	语文	数学	外 语		
						计	其 中	
							英语	日语
总　计	**586578**	**445184**	**17980**	**228814**	**191413**	**45496**	**45496**	–
女	445184	–	10990	191232	143671	39483	39483	–
少数民族	5433	4140	185	2203	1505	421	421	–
研究生毕业	4612	3781	122	1494	974	609	609	–
本科毕业	347324	280479	8464	141350	111329	30804	30804	–
专科毕业	219805	153114	8514	81150	73995	13596	13596	–
高中阶段毕业	14837	7810	880	4820	5115	487	487	–
高中阶段以下毕业	–	–	–	–	–	–	–	–

小 学 分 课 程 专 任

	合计	其中：女	品 德 与 生 活（社会）	语文	数学	外 语		
						计	其 中	
							英语	日语
总　计	**132780**	**112272**	**4459**	**49149**	**38558**	**10876**	**10876**	–
女	112272	–	3336	45528	33315	10158	10158	–
少数民族	2307	1874	75	867	536	191	191	–
研究生毕业	2630	2281	55	892	506	325	325	–
本科毕业	94254	82114	2799	36266	27148	8405	8405	–
专科毕业	34559	27074	1526	11661	10579	2086	2086	–
高中阶段毕业	1337	803	79	330	325	60	60	–
高中阶段以下毕业	–	–	–	–	–	–	–	–

教 师 学 历 情 况（总计）

| 俄语 | 体育 | 科学 | 艺术 | 音乐 | 美术 | 综合实践活动 | | | 其他 | 本学年不授课专任教师 |
| | | | | | | 计 | 其中 | | | |
							信息技术	劳动与技术		
－	25147	13218	2600	17889	16545	24878	20305	4359	2373	225
－	8058	8033	1897	15228	13389	11553	8936	2517	1495	155
－	371	118	17	262	194	129	89	40	25	3
－	488	174	16	217	276	189	163	22	46	7
－	13098	6460	1199	10979	10018	12306	10253	1956	1170	147
－	10360	6118	1295	6358	5933	11462	9232	2125	963	61
－	1201	466	90	335	318	921	657	256	194	10
－	－	－	－	－	－	－	－	－	－	－

教 师 学 历 情 况（城区）

| 俄语 | 体育 | 科学 | 艺术 | 音乐 | 美术 | 综合实践活动 | | | 其他 | 本学年不授课专任教师 |
| | | | | | | 计 | 其中 | | | |
							信息技术	劳动与技术		
－	7797	4225	724	5816	5530	4524	3009	1436	985	137
－	3079	2954	535	5228	4719	2615	1606	967	701	104
－	215	60	13	168	114	50	27	23	16	2
－	299	116	10	133	171	82	65	15	36	5
－	4955	2557	408	4264	3966	2776	1943	787	615	95
－	2324	1479	296	1384	1342	1563	962	574	290	29
－	219	73	10	35	51	103	39	60	44	8
－	－	－	－	－	－	－	－	－	－	－

小 学 分 课 程 专 任

	合计	其中：女	品德与生活（社会）	语文	数学	外语		
						计	其　中	
							英语	日语
总　　计	226885	182739	7431	85446	74659	18424	18424	–
女	182739	–	4828	75046	61094	16351	16351	–
少数民族	1991	1532	84	810	607	156	156	–
研究生毕业	1097	882	41	306	250	167	167	–
本科毕业	134049	111707	3374	53038	44519	12180	12180	–
专科毕业	86652	66838	3692	30527	28250	5872	5872	–
高中阶段毕业	5087	3312	324	1575	1640	205	205	–
高中阶段以下毕业	–	–	–	–	–	–	–	–

小 学 分 课 程 专 任

	合计	其中：女	品德与生活（社会）	语文	数学	外语		
						计	其　中	
							英语	日语
总　　计	226913	150173	6090	94219	78196	16196	16196	–
女	150173	–	2826	70658	49262	12974	12974	–
少数民族	1135	734	26	526	362	74	74	–
研究生毕业	885	618	26	296	218	117	117	–
本科毕业	119021	86658	2291	52046	39662	10219	10219	–
专科毕业	98594	59202	3296	38962	35166	5638	5638	–
高中阶段毕业	8413	3695	477	2915	3150	222	222	–
高中阶段以下毕业	–	–	–	–	–	–	–	–

教 师 学 历 情 况（镇区）

俄语	体育	科学	艺术	音乐	美术	综合实践活动			其他	本学年不授课专任教师
						计	其　中			
							信息技术	劳动与技术		
－	**9939**	**5748**	**1243**	**7663**	**7074**	**8391**	**6217**	**2077**	**805**	**62**
－	3396	3659	933	6619	5804	4508	3235	1225	462	39
－	107	39	4	73	59	44	32	12	7	1
－	125	38	4	55	66	40	32	7	4	1
－	4986	2664	522	4351	3927	4082	3176	873	363	43
－	4381	2863	678	3100	2937	3987	2844	1083	347	18
－	447	183	39	157	144	282	165	114	91	－
－	－	－	－	－	－	－	－	－	－	－

教 师 学 历 情 况（乡村）

俄语	体育	科学	艺术	音乐	美术	综合实践活动			其他	本学年不授课专任教师
						计	其　中			
							信息技术	劳动与技术		
－	**7411**	**3245**	**633**	**4410**	**3941**	**11963**	**11079**	**846**	**583**	**26**
－	1583	1420	429	3381	2866	4430	4095	325	332	12
－	49	19	－	21	21	35	30	5	2	－
－	64	20	2	29	39	67	66	－	6	1
－	3157	1239	269	2364	2125	5448	5134	296	192	9
－	3655	1776	321	1874	1654	5912	5426	468	326	14
－	535	210	41	143	123	536	453	82	59	2
－	－	－	－	－	－	－	－	－	－	－

中 学 分 课 程 专 任

| | 合计 | 其中：女 | 思想品德（政治） | 语文 | 数学 | 外语 | | | | 科学 | 物理 | 化学 |
| | | | | | | 计 | 其 中 | | | | | |
							英语	日语	俄语			
总　　计	488595	311540	30358	93450	89395	79980	79851	54	71	1025	33401	25304
女	311540	–	18669	67732	57053	64376	64272	44	59	493	15488	14623
少数民族	4849	3239	309	993	729	953	950	1	2	7	269	207
研究生毕业	26211	18893	2001	4064	3927	4530	4493	17	19	2	1810	2222
本科毕业	401342	260660	24320	79184	74581	67886	67795	36	52	655	27786	20812
专科毕业	59925	31598	3980	10082	10767	7506	7505	1	–	361	3769	2249
高中阶段毕业	1116	389	57	120	120	58	58	–	–	7	36	21
高中阶段以下毕业	1	–	–	–	–	–	–	–	–	–	–	–
初　　中	340500	224929	20719	69290	65879	57266	57258	4	2	1025	20997	13076
女	224929	–	12893	51747	44247	47452	47447	2	2	493	10303	7691
少数民族	3139	2146	198	666	491	634	633	1	–	7	161	101
研究生毕业	9201	7239	697	1533	1446	1799	1796	1	1	2	574	505
本科毕业	272813	186879	16158	58005	53956	48215	48211	2	1	655	16787	10454
专科毕业	57382	30424	3808	9634	10359	7195	7194	1	–	361	3600	2096
高中阶段毕业	1103	387	56	118	118	57	57	–	–	7	36	21
高中阶段以下毕业	1	–	–	–	–	–	–	–	–	–	–	–
高　　中	148095	86611	9639	24160	23516	22714	22593	50	69	–	12404	12228
女	86611	–	5776	15985	12806	16924	16825	42	57	–	5185	6932
少数民族	1710	1093	111	327	238	319	317	–	2	–	108	106
研究生毕业	17010	11654	1304	2531	2481	2731	2697	16	18	–	1236	1717
本科毕业	128529	73781	8162	21179	20625	19671	19584	34	51	–	10999	10358
专科毕业	2543	1174	172	448	408	311	311	–	–	–	169	153
高中阶段毕业	13	2	1	2	2	1	1	–	–	–	–	–
高中阶段以下毕业	–	–	–	–	–	–	–	–	–	–	–	–

教师学历情况（总计）

生物	历史与社会	地理	历史	信息技术	通用技术	体育与健康	艺术	音乐	美术	综合实践活动			其他	本学年不授课专任教师
										计	其中			
											信息技术	劳动与技术		
24377	2030	22089	26676	3069	338	21986	1141	10776	10774	9821	6676	2732	2141	464
15508	1067	12649	15253	1533	137	5262	676	8143	7304	4184	3064	986	1162	228
214	12	166	232	43	2	321	10	155	115	85	66	19	24	3
2088	32	1192	1832	232	18	1113	16	324	434	196	167	13	155	23
19278	1410	17691	21173	2761	312	16937	841	8547	8515	6875	4955	1612	1417	361
2973	574	3160	3620	76	8	3624	277	1879	1782	2655	1511	1061	507	76
38	14	46	51	–	–	312	7	26	43	94	43	45	62	4
–	–	–	–	–	–	–	–	–	–	1	–	1	–	–
14022	2030	13696	17847	–	–	15828	843	8462	8105	9608	6676	2732	1524	283
8969	1067	8008	10441	–	–	3899	503	6498	5680	4099	3064	986	795	144
114	12	95	150	–	–	219	6	104	78	85	66	19	16	2
480	32	325	588	–	–	588	2	163	208	181	167	13	73	5
10653	1410	10313	13736	–	–	11417	588	6471	6164	6682	4955	1612	933	216
2851	574	3012	3472	–	–	3512	246	1802	1690	2650	1511	1061	462	58
38	14	46	51	–	–	311	7	26	43	94	43	45	56	4
–	–	–	–	–	–	–	–	–	–	1	–	1	–	–
10355	–	8393	8829	3069	338	6158	298	2314	2669	213	–	–	617	181
6539	–	4641	4812	1533	137	1363	173	1645	1624	85	–	–	367	84
100	–	71	82	43	2	102	4	51	37	–	–	–	8	1
1608	–	867	1244	232	18	525	14	161	226	15	–	–	82	18
8625	–	7378	7437	2761	312	5520	253	2076	2351	193	–	–	484	145
122	–	148	148	76	8	112	31	77	92	5	–	–	45	18
–	–	–	–	–	–	1	–	–	–	–	–	–	6	–
–	–	–	–	–	–	–	–	–	–	–	–	–	–	–

中学分课程专任

	合计	其中：女	思想品德（政治）	语文	数学	外语				科学	物理	化学
						计	其中					
							英语	日语	俄语			
总　　计	146341	96286	9435	26128	25106	23751	23692	30	27	122	10598	8325
女	96286	–	6405	19511	16014	19490	19440	24	25	66	5082	5126
少数民族	2169	1503	149	403	288	435	433	1	1	4	109	97
研究生毕业	13779	10085	1071	2127	2075	2257	2237	12	7	–	966	1140
本科毕业	121885	80945	7713	22348	21153	20084	20046	17	20	83	8943	6802
专科毕业	10300	5144	642	1620	1851	1401	1400	1	–	39	681	381
高中阶段毕业	376	112	9	33	27	9	9	–	–	–	8	2
高中阶段以下毕业	1	–	–	–	–	–	–	–	–	–	–	–
初　　中	88457	61700	5569	16908	16035	14974	14966	4	2	122	5776	3606
女	61700	–	4002	13163	11073	12771	12766	2	2	66	3037	2380
少数民族	1337	968	92	256	178	286	285	1	–	4	59	49
研究生毕业	5141	4114	396	841	814	942	939	1	1	–	333	305
本科毕业	73255	52585	4563	14496	13434	12703	12699	2	1	83	4789	2946
专科毕业	9690	4889	601	1538	1762	1320	1319	1	–	39	646	353
高中阶段毕业	370	112	9	33	25	9	9	–	–	–	8	2
高中阶段以下毕业	1	–	–	–	–	–	–	–	–	–	–	–
高　　中	57884	34586	3866	9220	9071	8777	8726	26	25	–	4822	4719
女	34586	–	2403	6348	4941	6719	6674	22	23	–	2045	2746
少数民族	832	535	57	147	110	149	148	–	1	–	50	48
研究生毕业	8638	5971	675	1286	1261	1315	1298	11	6	–	633	835
本科毕业	48630	28360	3150	7852	7719	7381	7347	15	19	–	4154	3856
专科毕业	610	255	41	82	89	81	81	–	–	–	35	28
高中阶段毕业	6	–	–	–	2	–	–	–	–	–	–	–
高中阶段以下毕业	–	–	–	–	–	–	–	–	–	–	–	–

教 师 学 历 情 况 （城区）

生物	历史与社会	地理	历史	信息技术	通用技术	体育与健康	艺术	音乐	美术	综合实践活动			其他	本学年不授课专任教师
										计	其中			
											信息技术	劳动与技术		
7677	**351**	**6878**	**8412**	**1257**	**143**	**7910**	**216**	**3180**	**3387**	**2513**	**1854**	**552**	**652**	**300**
5214	217	4268	5360	630	57	1999	139	2512	2309	1291	995	255	436	160
92	5	90	100	25	1	177	3	78	62	41	34	7	7	3
1072	16	662	1005	121	12	645	10	172	229	118	97	11	67	14
6211	277	5753	6883	1107	126	6096	174	2673	2814	1939	1490	365	463	243
389	58	457	515	29	5	934	32	331	337	439	258	168	117	42
5	–	6	9	–	–	235	–	4	7	16	9	7	5	1
–	–	–	–	–	–	–	–	–	–	1	–	1	–	–
3722	**351**	**3544**	**4905**	**–**	**–**	**5345**	**100**	**2214**	**2188**	**2451**	**1854**	**552**	**453**	**194**
2666	217	2384	3382	–	–	1419	69	1790	1601	1265	995	255	303	112
47	5	46	63	–	–	117	–	48	39	41	34	7	5	2
264	16	188	348	–	–	350	–	84	114	108	97	11	34	4
3085	277	2929	4079	–	–	3859	73	1815	1761	1887	1490	365	312	164
368	58	421	469	–	–	901	27	311	306	439	258	168	106	25
5	–	6	9	–	–	235	–	4	7	16	9	7	1	1
–	–	–	–	–	–	–	–	–	–	1	–	1	–	–
3955	**–**	**3334**	**3507**	**1257**	**143**	**2565**	**116**	**966**	**1199**	**62**	**–**	**–**	**199**	**106**
2548	–	1884	1978	630	57	580	70	722	708	26	–	–	133	48
45	–	44	37	25	1	60	3	30	23	–	–	–	2	1
808	–	474	657	121	12	295	10	88	115	10	–	–	33	10
3126	–	2824	2804	1107	126	2237	101	858	1053	52	–	–	151	79
21	–	36	46	29	5	33	5	20	31	–	–	–	11	17
–	–	–	–	–	–	–	–	–	–	–	–	–	4	–
–	–	–	–	–	–	–	–	–	–	–	–	–	–	–

中学分课程专任

	合计	其中：女	思想品德（政治）	语文	数学	外语				科学	物理	化学
						计	其中					
							英语	日语	俄语			
总　　计	267846	169758	16425	52058	50041	44220	44152	22	44	580	18240	13959
女	169785	－	9825	37405	32023	35132	35079	19	34	284	8379	7858
少数民族	2218	1445	127	503	364	431	430	－	1	3	132	96
研究生毕业	10184	7115	797	1585	1531	1860	1845	3	12	2	700	908
本科毕业	221279	142567	13191	44293	41897	37816	37763	19	32	369	15243	11651
专科毕业	35907	19885	2402	6132	6558	4509	4509	－	－	206	2280	1389
高中阶段毕业	476	191	35	48	55	35	35	－	－	3	17	11
高中阶段以下毕业	－	－	－	－	－	－	－	－	－	－	－	－
初　　中	183655	121588	11051	38059	36525	31176	31176	－	－	580	11121	6920
女	121588	－	6721	28449	24755	25647	25647	－	－	284	5449	3973
少数民族	1393	923	77	330	244	273	273	－	－	3	77	41
研究生毕业	3037	2346	246	520	484	650	650	－	－	2	178	140
本科毕业	146118	100069	8495	31719	29743	26209	26209	－	－	369	8778	5498
专科毕业	34031	18984	2276	5774	6243	4283	4283	－	－	206	2148	1271
高中阶段毕业	469	189	34	46	55	34	34	－	－	3	17	11
高中阶段以下毕业	－	－	－	－	－	－	－	－	－	－	－	－
高　　中	84191	48170	5374	13999	13516	13044	12976	22	44	－	7119	7039
女	48170	－	3104	8956	7268	9485	9432	19	34	－	2930	3885
少数民族	825	522	50	173	120	158	157	－	1	－	55	55
研究生毕业	7147	4769	551	1065	1047	1210	1195	3	12	－	522	768
本科毕业	75161	42498	4696	12574	12154	11607	11554	19	32	－	6465	6153
专科毕业	1876	901	126	358	315	226	226	－	－	－	132	118
高中阶段毕业	7	2	1	2	－	1	1	－	－	－	－	－
高中阶段以下毕业	－	－	－	－	－	－	－	－	－	－	－	－

教师学历情况(镇区)

生物	历史与社会	地理	历史	信息技术	通用技术	体育与健康	艺术	音乐	美术	综合实践活动			其他	本学年不授课专任教师
										计	其中			
											信息技术	劳动与技术		
13459	**1131**	**12091**	**14447**	**1682**	**188**	**10916**	**684**	**5757**	**5589**	**5120**	**3339**	**1524**	**1154**	**105**
8449	595	6822	8066	837	78	2619	404	4323	3843	2175	1536	557	588	53
104	6	62	107	17	1	111	5	62	42	35	24	11	10	–
854	12	428	686	91	5	357	6	104	140	57	49	2	53	8
10753	771	9703	11524	1545	180	8599	492	4516	4383	3520	2439	885	749	84
1833	339	1931	2210	46	3	1909	182	1123	1042	1500	833	613	301	12
19	9	29	27	–	–	51	4	14	24	43	18	24	51	1
–	–	–	–	–	–	–	–	–	–	–	–	–	–	–
7490	**1131**	**7397**	**9506**	**–**	**–**	**7579**	**512**	**4500**	**4265**	**4975**	**3339**	**1524**	**817**	**51**
4759	595	4284	5441	–	–	1911	308	3456	3018	2116	1536	557	397	25
54	6	36	64	–	–	71	4	43	31	35	24	11	4	–
162	12	101	179	–	–	172	2	49	59	52	49	2	28	1
5573	771	5443	7186	–	–	5523	349	3368	3200	3383	2439	885	473	38
1736	339	1824	2114	–	–	1834	157	1069	982	1497	833	613	267	11
19	9	29	27	–	–	50	4	14	24	43	18	24	49	1
–	–	–	–	–	–	–	–	–	–	–	–	–	–	–
5969	**–**	**4694**	**4941**	**1682**	**188**	**3337**	**172**	**1257**	**1324**	**145**	**–**	**–**	**337**	**54**
3690	–	2538	2625	837	78	708	96	867	825	59	–	–	191	28
50	–	26	43	17	1	40	1	19	11	–	–	–	6	–
692	–	327	507	91	5	185	4	55	81	5	–	–	25	7
5180	–	4260	4338	1545	180	3076	143	1148	1183	137	–	–	276	46
97	–	107	96	46	3	75	25	54	60	3	–	–	34	1
–	–	–	–	–	–	1	–	–	–	–	–	–	2	–
–	–	–	–	–	–	–	–	–	–	–	–	–	–	–

中 学 分 课 程 专 任

| | 合计 | 其中：女 | 思想品德（政治） | 语文 | 数学 | 外语 | | | | 科学 | 物理 | 化学 |
| | | | | | | 计 | 其中 | | | | | |
							英语	日语	俄语			
总　计	74408	45496	4498	15264	14248	12009	12007	2	－	323	4563	3020
女	45496	－	2439	10816	9016	9754	9753	1	－	143	2027	1639
少数民族	462	291	33	87	77	87	87	－	－	－	28	14
研究生毕业	2248	1693	133	352	321	413	411	2	－	－	144	174
本科毕业	58178	37148	3416	12543	11531	9986	9986	－	－	203	3600	2359
专科毕业	13718	6569	936	2330	2358	1596	1596	－	－	116	808	479
高中阶段毕业	264	86	13	39	38	14	14	－	－	4	11	8
高中阶段以下毕业	－	－	－	－	－	－	－	－	－	－	－	－
初　中	68388	41641	4099	14323	13319	11116	11116	－	－	323	4100	2550
女	41641	－	2170	10135	8419	9034	9034	－	－	143	1817	1338
少数民族	409	255	29	80	69	75	75	－	－	－	25	11
研究生毕业	1023	779	55	172	148	207	207	－	－	－	63	60
本科毕业	53440	34225	3100	11790	10779	9303	9303	－	－	203	3220	2010
专科毕业	13661	6551	931	2322	2354	1592	1592	－	－	116	806	472
高中阶段毕业	264	86	13	39	38	14	14	－	－	4	11	8
高中阶段以下毕业	－	－	－	－	－	－	－	－	－	－	－	－
高　中	6020	3855	399	941	929	893	891	2	－	－	463	470
女	3855	－	269	681	597	720	719	1	－	－	210	301
少数民族	53	36	4	7	8	12	12	－	－	－	3	3
研究生毕业	1225	914	78	180	173	206	204	2	－	－	81	114
本科毕业	4738	2923	316	753	752	683	683	－	－	－	380	349
专科毕业	57	18	5	8	4	4	4	－	－	－	2	7
高中阶段毕业	－	－	－	－	－	－	－	－	－	－	－	－
高中阶段以下毕业	－	－	－	－	－	－	－	－	－	－	－	－

教师学历情况(乡村)

生物	历史与社会	地理	历史	信息技术	通用技术	体育与健康	艺术	音乐	美术	综合实践活动			其他	本学年不授课专任教师
										计	其中			
											信息技术	劳动与技术		
3241	548	3120	3817	130	7	3160	241	1839	1798	2188	1483	656	335	59
1845	255	1559	1827	66	2	644	133	1308	1152	718	533	174	138	15
18	1	14	25	1	–	33	2	15	11	9	8	1	7	–
162	4	102	141	20	1	111	–	48	65	21	21	–	35	1
2314	362	2235	2766	109	6	2242	175	1358	1318	1416	1026	362	205	34
751	177	772	895	1	–	781	63	425	403	716	420	280	89	22
14	5	11	15	–	–	26	3	8	12	35	16	14	6	2
–	–	–	–	–	–	–	–	–	–	–	–	–	–	–
2810	548	2755	3436	–	–	2904	231	1748	1652	2182	1483	656	254	38
1544	255	1340	1618	–	–	569	126	1252	1061	718	533	174	95	7
13	1	13	23	–	–	31	2	13	8	9	8	1	7	–
54	4	36	61	–	–	66	–	30	35	21	21	–	11	–
1995	362	1941	2471	–	–	2035	166	1288	1203	1412	1026	362	148	14
747	177	767	889	–	–	777	62	422	402	714	420	280	89	22
14	5	11	15	–	–	26	3	8	12	35	16	14	6	2
–	–	–	–	–	–	–	–	–	–	–	–	–	–	–
431	–	365	381	130	7	256	10	91	146	6	–	–	81	21
301	–	219	209	66	2	75	7	56	91	–	–	–	43	8
5	–	1	2	1	–	2	–	2	3	–	–	–	–	–
108	–	66	80	20	1	45	–	18	30	–	–	–	24	1
319	–	294	295	109	6	207	9	70	115	4	–	–	57	20
4	–	5	6	1	–	4	1	3	1	2	–	–	–	–
–	–	–	–	–	–	–	–	–	–	–	–	–	–	–
–	–	–	–	–	–	–	–	–	–	–	–	–	–	–

中 小 学 县 级 及 以

	合 计	小 学
总 计	**162064**	**78534**
城 区	51460	23772
镇 区	75163	31014
乡 村	35441	23748

特 殊 教 育 专 任 教 师

	合计	按 学 历 分				
		研究生毕 业	本科毕业	专科毕业	高中阶段毕 业	高中阶段以下毕业
总 计	**4287**	**40**	**2646**	**1533**	**68**	－
女	3216	34	2032	1098	52	－
受过特教专业培训	3278	31	2081	1140	26	－

上 骨 干 教 师 情 况

初　中	高　中
59123	**24407**
17600	10088
30477	13672
11046	647

学 历 、 职 务 情 况

按 专 业 技 术 职 务 分					
中学高级	小学高级	小学一级	小学二级	小学三级	未定职级
2	**771**	**1968**	**1203**	**73**	**270**
1	510	1493	927	54	231
2	580	1510	929	57	200

中 小 学 、 特 殊 教 育

| | | 上学年初报表专任教师数 | 增加教师数 | | | | | | |
| | | | 合计 | 录用毕业生 | | 调入 | | 校内变动 | |
				计	其中：师范生	计	其中：外校	计	其中：学段调整
总计	幼儿园	226163	39280	18653	11217	16212	6292	1109	－
	女	223811	38215	18248	10975	15684	6075	1058	－
	小 学	565248	78033	22775	13810	50447	29826	1927	334
	女	420233	59426	20121	12286	35649	21323	1270	230
	初 中	327211	41494	15463	8780	22758	12909	1784	628
	女	211044	30368	12717	7293	15670	8915	1050	432
	高 中	138269	18160	9469	6465	6926	3762	856	209
	女	78920	12351	7029	4926	4215	2370	516	149
	特殊教育	4156	297	69	56	205	133	6	－
	女	3102	221	62	50	140	90	4	－
城区	幼儿园	77017	13952	7484	5315	4911	2069	308	－
	女	76406	13637	7290	5192	4833	2036	297	－
	小 学	124638	16121	5276	3490	9068	5975	508	65
	其中:女	104821	13126	4669	3117	7013	4855	390	47
	初 中	84732	11139	3461	2117	6179	3843	832	200
	其中:女	58471	7999	2788	1701	4377	2740	479	138
	高 中	54921	6003	2900	1928	2261	1077	305	97
	其中:女	32385	3989	2118	1443	1332	627	187	78
	特殊教育	1948	145	45	43	78	56	5	－
	其中:女	1493	112	43	41	50	33	4	－

专任教师变动情况（一）

| 其他 | 减少教师数 | | | | | | | 本学年初报表专任教师数 |
| | 合计 | 自然减员 | 调出 | 校内变动 | | 辞职 | 其他 | |
				计	其中：学段调整			
3306	31313	1432	12462	1037	–	15006	1376	234130
3225	30229	1377	11884	1001	–	14641	1326	231797
2884	56703	6191	42000	2060	354	5224	1228	586578
2386	34475	2954	25621	1209	230	3856	835	445184
1489	28205	2233	20563	1524	542	3331	554	340500
931	16483	968	12043	867	381	2238	367	224929
909	8334	623	4038	845	275	2367	461	148095
591	4660	321	2133	398	200	1528	280	86611
17	166	59	69	8	–	15	15	4287
15	107	34	48	4	–	15	6	3216
1249	10375	595	3060	451	–	5765	504	80594
1217	10123	582	2970	440	–	5634	497	79920
1269	7979	964	4947	342	41	1355	371	132780
1054	5675	670	3484	211	31	1021	289	112272
667	7414	759	4655	525	170	1255	220	88457
355	4770	413	2975	342	133	874	166	61700
537	3040	350	1163	356	151	1020	151	57884
352	1788	195	714	158	99	646	75	34586
17	70	24	20	3	–	9	14	2023
15	48	18	14	1	–	9	6	1557

中小学、特殊教育

| | | 上学年初报表专任教师数 | 增加教师数 | | | | | | | |
| | | | 合计 | 录用毕业生 | | 调入 | | 校内变动 | |
				计	其中:师范生	计	其中:外校	计	其中:学段调整
镇区	幼儿园	88010	15895	7630	4449	6375	2398	523	–
	女	87111	15503	7501	4367	6171	2322	502	–
	小学	214582	31078	8798	5342	20569	12043	614	147
	女	170685	24554	7761	4753	15455	9178	428	107
	初中	175867	22200	8558	4820	12400	6762	645	286
	女	113323	16534	7039	4031	8667	4743	419	206
	高中	79042	9768	5447	3838	3717	1986	425	101
	女	43948	6656	4021	2914	2269	1291	256	63
	特殊教育	2112	120	22	11	97	77	1	–
	女	1540	85	17	7	68	57	–	–
乡村	幼儿园	61136	9433	3539	1453	4926	1825	278	–
	女	60294	9075	3457	1416	4680	1717	259	–
	小学	226028	30834	8701	4978	20810	11808	805	122
	其中:女	144727	21746	7691	4416	13181	7290	452	76
	初中	66612	8155	3444	1843	4179	2304	307	142
	其中:女	39250	5835	2890	1561	2626	1432	152	88
	高中	4306	2389	1122	699	948	699	126	11
	其中:女	2587	1706	890	569	614	452	73	8
	特殊教育	96	32	2	2	30	–	–	–
	其中:女	69	24	2	2	22	–	–	–

专 任 教 师 变 动 情 况 (二)

| 其他 | 减 少 教 师 数 | | | | | | | 本学年初报表专任教师数 |
| | 合计 | 自然减员 | 调出 | 校内变动 | | 辞职 | 其他 | |
				计	其中：学段调整			
1367	**11566**	**458**	**5109**	**362**	**–**	**5179**	**458**	**92339**
1329	11149	433	4868	351	–	5065	432	91465
1097	**18775**	**1729**	**13570**	**759**	**196**	**2224**	**493**	**226885**
910	12500	988	9008	503	129	1654	347	182739
597	**14412**	**1027**	**10881**	**696**	**238**	**1589**	**219**	**183655**
409	8269	425	6247	373	164	1080	144	121588
179	**4619**	**264**	**2416**	**460**	**100**	**1211**	**268**	**84191**
110	2434	120	1124	220	83	799	171	48170
–	**94**	**34**	**49**	**4**	**–**	**6**	**1**	**2138**
–	59	16	34	3	–	6	–	1566
690	**9372**	**379**	**4293**	**224**	**–**	**4062**	**414**	**61197**
679	8957	362	4046	210	–	3942	397	60412
518	**29949**	**3498**	**23483**	**959**	**117**	**1645**	**364**	**226913**
422	16300	1296	13129	495	70	1181	199	150173
225	**6379**	**447**	**5027**	**303**	**134**	**487**	**115**	**68388**
167	3444	130	2821	152	84	284	57	41641
193	**675**	**9**	**459**	**29**	**24**	**136**	**42**	**6020**
129	438	6	295	20	18	83	34	3855
–	**2**	**1**	**–**	**1**	**–**	**–**	**–**	**126**
–	–	–	–	–	–	–	–	93

教　职　工

	总　计							
	共产党员		共青团员		民主党派		华　侨	
	计	其中:女	计	其中:女	计	其中:女	计	其中:女
总　　计	232998	125890	60162	55372	2184	1490	1	1
幼 儿 园	13782	11638	27899	27496	355	340	1	1
小　　学	91213	52902	12251	11311	374	290	－	－
初级中学	61556	27935	6929	5977	480	291	－	－
九年一贯制学校	15845	9314	5660	4741	97	56	－	－
职业初中	－	－	－	－	－	－	－	－
完全中学	7487	3818	935	730	191	99	－	－
高级中学	38435	17413	3971	3044	666	398	－	－
十二年一贯制学校	3238	2017	2370	1942	4	3	－	－
特殊教育	1442	853	147	131	17	13	－	－

教　职　工

	镇　区							
	共产党员		共青团员		民主党派		华　侨	
	计	其中:女	计	其中:女	计	其中:女	计	其中:女
总　　计	94485	47866	21199	19082	470	380	－	－
幼 儿 园	4265	3548	8471	8354	71	65	－	－
小　　学	29952	17831	3199	2975	40	35	－	－
初级中学	28712	11923	3506	3007	61	31	－	－
九年一贯制学校	6742	3810	2754	2267	11	9	－	－
职业初中	－	－	－	－	－	－	－	－
完全中学	2951	1419	485	386	28	15	－	－
高级中学	19750	8121	1873	1395	258	225	－	－
十二年一贯制学校	1566	924	846	644	－	－	－	－
特殊教育	547	290	65	54	1	－	－	－

其 他 情 况 (一)

城			区				
共产党员		共青团员		民主党派		华 侨	
计	其中：女	计	其中：女	计	其中：女	计	其中：女
89713	**58618**	**30548**	**28576**	**1664**	**1076**	**–**	**–**
7198	6557	16765	16526	272	263	–	–
31013	23377	6270	5781	311	243	–	–
20980	12007	1888	1642	412	257	–	–
6724	4435	2346	1996	83	44	–	–
–	–	–	–	–	–	–	–
4054	2101	334	253	163	84	–	–
17527	8681	1594	1228	405	171	–	–
1343	904	1281	1085	3	2	–	–
874	556	70	65	15	12	–	–

其 他 情 况 (二)

乡			村				
共产党员		共青团员		民主党派		华 侨	
计	其中：女	计	其中：女	计	其中：女	计	其中：女
48800	**19406**	**8415**	**7714**	**50**	**34**	**1**	**1**
2319	1533	2663	2616	12	12	1	1
30248	11694	2782	2555	23	12	–	–
11864	4005	1535	1328	7	3	–	–
2379	1069	560	478	3	3	–	–
–	–	–	–	–	–	–	–
482	298	116	91	–	–	–	–
1158	611	504	421	3	2	–	–
329	189	243	213	1	1	–	–
21	7	12	12	1	1	–	–

专 任 教 师

		共 产 党 员		共 青
		计	其中：女	计
总计	幼 儿 园	8943	8500	23720
	小 学	94806	56970	15617
	初 中	71442	34204	10299
	高 中	41183	19246	4842
	特殊教育	1352	830	143
城区	幼 儿 园	4912	4761	14326
	小 学	33254	25402	7737
	初 中	25192	14860	3333
	高 中	18919	9624	2029
	特殊教育	809	540	70
镇区	幼 儿 园	2873	2700	7154
	小 学	31676	19490	4674
	初 中	33172	14625	5084
	高 中	20845	8844	2257
	特殊教育	523	283	61
乡村	幼 儿 园	1158	1039	2240
	小 学	29876	12078	3206
	初 中	13078	4719	1882
	高 中	1419	778	556
	特殊教育	20	7	12

其 他 情 况

团 员	民 主 党 派		华 侨	
其中:女	计	其中:女	计	其中:女
23531	197	197	1	1
14371	386	299	–	–
8715	578	346	–	–
3737	735	450	–	–
129	17	13	–	–
14204	163	163	–	–
7142	320	249	–	–
2841	507	310	–	–
1580	455	210	–	–
65	15	12	–	–
7104	28	28	–	–
4301	42	37	–	–
4254	62	31	–	–
1689	277	238	–	–
52	1	–	–	–
2223	6	6	1	1
2928	24	13	–	–
1620	9	5	–	–
468	3	2	–	–
12	1	1	–	–

专 任 教 师 接

	接受培训专任教师	合计		国				
				计		国家级		省
		接受培训专任教师（人次）	培训时间（学时）	接受培训专任教师（人次）	培训时间（学时）	接受培训专任教师（人次）	培训时间（学时）	接受培训专任教师（人次）
幼 儿 园	**227496**	**836355**	**12534826**	**836355**	**12534826**	**11950**	**447465**	**26857**
女	225345	812130	12076270	812130	12076270	11397	424845	24341
集中培训	–	696815	10132912	696815	10132912	6793	226152	12703
远程培训	–	117881	2113697	117881	2113697	4681	208522	13578
跟岗实践	–	21659	288217	21659	288217	476	12791	576
小 学	**563974**	**1997504**	**49277188**	**1997504**	**49277188**	**69942**	**3097180**	**133291**
女	428415	1396594	33602185	1396594	33602185	47208	2114999	93100
集中培训	–	1383564	28936229	1383564	28936229	19309	612697	26709
远程培训	–	568835	19457640	568835	19457640	48910	2400446	104541
跟岗实践	–	45105	883319	45105	883319	1723	84037	2041
初 中	**324353**	**1099910**	**29776731**	**1099909**	**29776611**	**47022**	**2421098**	**90954**
女	214170	677856	17735312	677855	17735192	27391	1407957	53342
集中培训	–	739798	16121969	739797	16121849	12132	487521	18795
远程培训	–	331669	12961167	331669	12961167	33617	1883751	70155
跟岗实践	–	28443	693595	28443	693595	1273	49826	2004
高 中	**138816**	**417529**	**12471202**	**417528**	**12470102**	**10904**	**384364**	**49753**
女	81189	230484	6521255	230483	6520155	5282	175285	24457
集中培训	–	252513	5757467	252513	5757467	3392	81132	9277
远程培训	–	155434	6494390	155433	6493290	7218	298541	39751
跟岗实践	–	9582	219345	9582	219345	294	4691	725

受 培 训 情 况(总计)

单位:人次

内							国(境)外	
级	地市级		县 级		校 级		接受培训专任教师(人次)	培训时间(学时)
培训时间(学时)	接受培训专任教师(人次)	培训时间(学时)	接受培训专任教师(人次)	培训时间(学时)	接受培训专任教师(人次)	培训时间(学时)		
657407	**56350**	**1063011**	**167534**	**3090124**	**573664**	**7276819**	**–**	**–**
604988	54039	990687	163759	2995194	558594	7060556	–	–
313299	39584	601405	139698	2504429	498037	6487627	–	–
327123	15091	428047	24557	550487	59974	599518	–	–
16985	1675	33559	3279	35208	15653	189674	–	–
4890881	**215124**	**6968693**	**541839**	**15273489**	**1037308**	**19046945**	**–**	**–**
3345470	147675	4814544	367990	10254105	740621	13073067	–	–
897416	84844	1778524	366304	9417687	886398	16229905	–	–
3930546	127121	5117916	167502	5685938	120761	2322794	–	–
62919	3159	72253	8033	169864	30149	494246	–	–
3800223	**150595**	**5455087**	**264717**	**7361332**	**546621**	**10738871**	**1**	**120**
2104329	87980	3239107	160223	4362554	348919	6621245	1	120
602507	58329	1516088	179220	4426797	471321	9088936	1	120
3114039	89245	3869054	80092	2838097	58560	1256226	–	–
83677	3021	69945	5405	96438	16740	393709	–	–
2265521	**89818**	**3442543**	**73570**	**2075049**	**193483**	**4302625**	**1**	**1100**
1121152	47431	1784101	40273	1101810	113040	2337807	1	1100
279569	31780	857313	46047	975000	162017	3564453	–	–
1965475	56343	2559363	26358	1060500	25763	609411	1	1100
20477	1695	25867	1165	39549	5703	128761	–	–

专 任 教 师 接

| | 接受培训专任教师 | 合 计 | | 国 | | | | |
| | | 接受培训专任教师（人次） | 培训时间（学时） | 计 | | 国家级 | | 省 |
				接受培训专任教师（人次）	培训时间（学时）	接受培训专任教师（人次）	培训时间（学时）	接受培训专任教师（人次）
幼 儿 园	78374	351843	4062543	351843	4062543	4863	163958	11775
女	77774	338507	3829767	338507	3829767	4601	154083	9991
集中培训	–	281485	3109034	281485	3109034	2656	83008	5504
远程培训	–	61136	855750	61136	855750	1911	75164	6041
跟岗实践	–	9222	97759	9222	97759	296	5786	230
小 学	128492	584951	11606315	584951	11606315	12456	436738	37031
女	109168	444552	8638152	444552	8638152	8321	310148	27646
集中培训	–	388989	6484065	388989	6484065	3680	142127	9627
远程培训	–	180196	4919386	180196	4919386	8167	278930	26362
跟岗实践	–	15766	202864	15766	202864	609	15681	1042
初 中	84682	334161	8283395	334160	8283275	6469	262178	25421
女	59187	213488	5192348	213487	5192228	3874	168842	15193
集中培训	–	221979	4248573	221978	4248453	1934	96817	5821
远程培训	–	102781	3906921	102781	3906921	4331	161551	19006
跟岗实践	–	9401	127901	9401	127901	204	3810	594
高 中	55664	179569	5347764	179569	5347764	3052	96838	19422
女	33306	99639	2725587	99639	2725587	1482	43911	9599
集中培训	–	110839	2376409	110839	2376409	1097	30576	3270
远程培训	–	65419	2874185	65419	2874185	1783	64278	15478
跟岗实践	–	3311	97170	3311	97170	172	1984	674

受 培 训 情 况 (城区)

单位：人次

内							国(境)外	
级	地市级		县级		校级		接受培训专任教师（人次）	培训时间（学时）
培训时间（学时）	接受培训专任教师（人次）	培训时间（学时）	接受培训专任教师（人次）	培训时间（学时）	接受培训专任教师（人次）	培训时间（学时）		
246762	**25722**	**460586**	**43237**	**558177**	**266246**	**2633060**	–	–
219766	24304	410239	42226	537286	257385	2508393	–	–
121866	17189	221567	33373	417364	222763	2265229	–	–
118575	7741	220834	8631	133182	36812	307995	–	–
6321	792	18185	1233	7631	6671	59836	–	–
1167079	**83115**	**2603526**	**129899**	**2713557**	**322450**	**4685415**	–	–
866545	60815	1844502	98124	2035098	249646	3581859	–	–
281973	31902	630253	78952	1433875	264828	3995837	–	–
865522	49473	1941808	47836	1226421	48358	606705	–	–
19584	1740	31465	3111	53261	9264	82873	–	–
1042455	**58651**	**2209841**	**62588**	**1522598**	**181031**	**3246203**	**1**	**120**
594801	34721	1347818	39648	965987	120051	2114780	1	120
166449	21322	541228	37259	681194	155642	2762765	1	120
858455	35840	1645977	23311	813666	20293	427272	–	–
17551	1489	22636	2018	27738	5096	56166	–	–
845786	**45002**	**1797596**	**23499**	**651930**	**88594**	**1955614**	–	–
385671	23530	922050	12428	331150	52600	1042805	–	–
88449	16017	354728	14684	316917	75771	1585739	–	–
740490	28566	1432708	8464	314100	11128	322609	–	–
16847	419	10160	351	20913	1695	47266	–	–

专 任 教 师 接

	接受培训专任教师	合 计		国				
		接受培训专任教师（人次）	培训时间（学时）	计		国家级		省
				接受培训专任教师（人次）	培训时间（学时）	接受培训专任教师（人次）	培训时间（学时）	接受培训专任教师（人次）
幼 儿 园	89057	294789	4907306	294789	4907306	4815	201092	11051
女	88272	287916	4768709	287916	4768709	4606	191351	10512
集中培训	–	249075	3989899	249075	3989899	2551	91033	5347
远程培训	–	37921	792608	37921	792608	2110	103863	5393
跟岗实践	–	7793	124799	7793	124799	154	6196	311
小 学	215041	688262	17734025	688262	17734025	29009	1359234	50728
女	173525	511683	12908939	511683	12908939	21777	1015614	37077
集中培训	–	480335	10409842	480335	10409842	7256	229734	10041
远程培训	–	195679	6966559	195679	6966559	21241	1080463	40186
跟岗实践	–	12248	357624	12248	357624	512	49037	501
初 中	173924	550870	15635682	550870	15635682	29626	1616599	47854
女	114842	343094	9254184	343094	9254184	17293	926948	28233
集中培训	–	374878	8645618	374878	8645618	7160	270329	9374
远程培训	–	164418	6585090	164418	6585090	21502	1304928	37738
跟岗实践	–	11574	404974	11574	404974	964	41342	742
高 中	77925	222828	6580011	222827	6578911	7211	269954	28327
女	44678	121643	3474763	121642	3473663	3460	122200	13654
集中培训	–	132894	3125060	132894	3125060	2102	49554	5943
远程培训	–	83960	3338881	83959	3337781	4987	217693	22348
跟岗实践	–	5974	116070	5974	116070	122	2707	36

受 培 训 情 况(镇区)

单位:人次

内							国(境)外	
级	地市级		县 级		校 级			
培训时间(学时)	接受培训专任教师(人次)	培训时间(学时)	接受培训专任教师(人次)	培训时间(学时)	接受培训专任教师(人次)	培训时间(学时)	接受培训专任教师(人次)	培训时间(学时)
274866	**20390**	**386001**	**71927**	**1346808**	**186606**	**2698539**	**–**	**–**
257584	19804	372218	70224	1302997	182770	2644559	–	–
127024	14592	239059	61360	1104740	165225	2428043	–	–
138807	5062	134673	9332	230250	16024	185015	–	–
9035	736	12269	1235	11818	5357	85481	–	–
1874762	**67312**	**2215373**	**192232**	**5488185**	**348981**	**6796471**	**–**	**–**
1342970	48791	1673940	139282	3965978	264756	4910437	–	–
357263	28475	649653	132605	3470751	301958	5702441	–	–
1491657	38147	1545292	57124	1959859	38981	889288	–	–
25842	690	20428	2503	57575	8042	204742	–	–
2014932	**64549**	**2338003**	**143227**	**4156621**	**265614**	**5509527**	**–**	**–**
1124743	38039	1392629	87280	2441497	172249	3368367	–	–
309520	26761	713553	101161	2705442	230422	4646774	–	–
1661863	36747	1586794	40063	1405805	28368	625700	–	–
43549	1041	37656	2003	45374	6824	237053	–	–
1356587	**42721**	**1494475**	**47525**	**1314197**	**97043**	**2143698**	**1**	**1100**
698935	22684	772216	26229	707066	55615	1173246	1	1100
189688	15344	488723	30076	589112	79429	1807983	–	–
1165729	26106	990085	16678	706551	13840	257723	1	1100
1170	1271	15667	771	18534	3774	77992	–	–

专 任 教 师 接

	接受培训专任教师	合计		国				
		接受培训专任教师（人次）	培训时间（学时）	计		国家级		省
				接受培训专任教师（人次）	培训时间（学时）	接受培训专任教师（人次）	培训时间（学时）	接受培训专任教师（人次）
幼 儿 园	60065	189723	3564977	189723	3564977	2272	82415	4031
女	59299	185707	3477794	185707	3477794	2190	79411	3838
集中培训	–	166255	3033979	166255	3033979	1586	52111	1852
远程培训	–	18824	465339	18824	465339	660	29495	2144
跟岗实践	–	4644	65659	4644	65659	26	809	35
小 学	220441	724291	19936848	724291	19936848	28477	1301208	45532
女	145722	440359	12055094	440359	12055094	17110	789237	28377
集中培训	–	514240	12042322	514240	12042322	8373	240836	7041
远程培训	–	192960	7571695	192960	7571695	19502	1041053	37993
跟岗实践	–	17091	322831	17091	322831	602	19319	498
初 中	65747	214879	5857654	214879	5857654	10927	542321	17679
女	40141	121274	3288780	121274	3288780	6224	312167	9916
集中培训	–	142941	3227778	142941	3227778	3038	120375	3600
远程培训	–	64470	2469156	64470	2469156	7784	417272	13411
跟岗实践	–	7468	160720	7468	160720	105	4674	668
高 中	5227	15132	543427	15132	543427	641	17572	2004
女	3205	9202	320905	9202	320905	340	9174	1204
集中培训	–	8780	255998	8780	255998	193	1002	64
远程培训	–	6055	281324	6055	281324	448	16570	1925
跟岗实践	–	297	6105	297	6105	–	–	15

受培训情况(乡村)

单位:人次

内							国(境)外	
级	地市级		县级		校级			
培训时间（学时）	接受培训专任教师（人次）	培训时间（学时）	接受培训专任教师（人次）	培训时间（学时）	接受培训专任教师（人次）	培训时间（学时）	接受培训专任教师（人次）	培训时间（学时）
135779	**10238**	**216424**	**52370**	**1185139**	**120812**	**1945220**	**–**	**–**
127638	9931	208230	51309	1154911	118439	1907604	–	–
64409	7803	140779	44965	982325	110049	1794355	–	–
69741	2288	72540	6594	187055	7138	106508	–	–
1629	147	3105	811	15759	3625	44357	–	–
1849040	**64697**	**2149794**	**219708**	**7071747**	**365877**	**7565059**	**–**	**–**
1135955	38069	1296102	130584	4253029	226219	4580771	–	–
258180	24467	498618	154747	4513061	319612	6531627	–	–
1573367	39501	1630816	62542	2499658	33422	826801	–	–
17493	729	20360	2419	59028	12843	206631	–	–
742836	**27395**	**907243**	**58902**	**1682113**	**99976**	**1983141**	**–**	**–**
384785	15220	498660	33295	955070	56619	1138098	–	–
126538	10246	261307	40800	1040161	85257	1679397	–	–
593721	16658	636283	16718	618626	9899	203254	–	–
22577	491	9653	1384	23326	4820	100490	–	–
63148	**2095**	**150472**	**2546**	**108922**	**7846**	**203313**	**–**	**–**
36546	1217	89835	1616	63594	4825	121756	–	–
1432	419	13862	1287	68971	6817	170731	–	–
59256	1671	136570	1216	39849	795	29079	–	–
2460	5	40	43	102	234	3503	–	–

基 础 教 育 学

	学校占地面积（平方米）	校 舍 建 筑 面 积		
		计	教 学 及辅助用房	行政办公用 房
总　　计	**492055201.27**	**206459934.44**	**98089966.14**	**19030680.22**
幼 儿 园	57928018.35	30500235.25	22497656.70	2267240.06
小　　学	221564469.64	74605947.00	40106332.41	7970852.61
初级中学	99537033.81	42170467.18	15071437.96	4040475.34
九年一贯制学校	38938756.57	20262916.92	7240935.06	1597231.08
职业初中	–	–	–	–
完全中学	9597767.41	5892694.09	2001758.67	515287.66
高级中学	52527853.88	26585980.78	9048765.52	2171976.31
十二年一贯制学校	10689700.06	5806594.91	1834833.51	395518.80
特殊教育	1271601.55	635098.31	288246.31	72098.36
工读学校	–	–	–	–

基 础 教 育 学

	学校占地面积（平方米）	校 舍 建 筑 面 积		
		计	教 学 及辅助用房	行政办公用 房
总　　计	**94071040.04**	**52755334.92**	**25489968.02**	**5304167.91**
幼 儿 园	13436790.68	9117361.75	6669852.75	618852.00
小　　学	25531481.74	13435770.66	7288686.12	1660917.11
初级中学	17473781.79	8938162.67	3835778.39	1203179.76
九年一贯制学校	10560784.70	6043270.20	2316199.46	512058.03
职业初中	–	–	–	–
完全中学	3582802.65	2128884.21	874217.86	183103.10
高级中学	19002062.18	10541919.31	3637848.43	925461.80
十二年一贯制学校	3876898.84	2229822.66	722480.46	162512.67
特殊教育	606437.46	320143.46	144904.55	38083.44
工读学校	–	–	–	–

校办学条件(总计)

(平方米)		校舍建筑面积中:租借面积(平方米)		图书(册)	固定资产总值(万元)	
生活用房	其他用房	计	租借公办的基础教育学校的校舍建筑面积		计	其中:仪器设备总值
72602515.88	**16736772.20**	**4546791.25**	**1736846.98**	**426469713.00**	**21094688.58**	**1987078.34**
2665072.35	3070266.14	1602633.79	395259.40	30283767.00	–	–
19354254.78	7174507.20	591739.63	261049.31	208825638.00	8169380.72	913504.89
20044924.22	3013629.66	380415.66	217601.75	115715474.00	4357537.99	462682.50
9990385.69	1434365.09	478767.65	270395.48	31586551.00	3358906.57	242940.53
–	–	–	–	–	–	–
2967355.42	408292.34	254497.27	78060.00	7847830.00	695716.64	52598.43
14135598.14	1229640.81	1017465.83	484568.86	27804615.00	3555024.16	251758.75
3263661.53	312581.07	212376.42	21017.18	3856111.00	958122.51	63593.24
181263.75	93489.89	8895.00	8895.00	549727.00	–	–
–	–	–	–	–	–	–

校办学条件(城区)

(平方米)		校舍建筑面积中:租借面积(平方米)		图书(册)	固定资产总值(万元)	
生活用房	其他用房	计	租借公办的基础教育学校的校舍建筑面积		计	其中:仪器设备总值
16389884.57	**5571314.42**	**2469157.56**	**1064995.81**	**113140270.00**	**5877707.79**	**613734.85**
782971.13	1045685.87	1033900.33	263719.67	8970981.00	–	–
2463527.66	2022639.77	284887.82	136634.76	47977008.00	1792117.53	232197.14
2935130.35	964074.17	273570.01	185733.94	27522778.00	1192923.33	143246.59
2679902.62	535110.09	188114.31	91188.14	10718407.00	952574.40	84500.28
–	–	–	–	–	–	–
939013.75	132549.50	149210.37	69960.00	3853344.00	245238.80	27934.75
5282433.32	696175.76	400065.43	292639.92	12331021.00	1408148.82	105178.07
1212778.91	132050.62	130514.29	16224.38	1460460.00	286704.92	20678.02
94126.83	43028.64	8895.00	8895.00	306271.00	–	–
–	–	–	–	–	–	–

基 础 教 育 学

	学校占地 面 积 （平方米）	校 舍 建 筑 面 积		
		计	教 学 及 辅助用房	行政办公 用 房
总　计	**204288665.86**	**93388637.86**	**41203723.06**	**8057482.64**
幼 儿 园	21769479.45	11909659.19	8846306.74	883501.82
小　学	67200991.22	26138925.10	13703074.08	2706245.00
初级中学	53207778.88	23196634.12	7964172.39	2008582.87
九年一贯制学校	20103051.41	10747360.89	3675200.98	822017.01
职业初中	－	－	－	－
完全中学	4975398.27	3142350.34	957434.05	243799.03
高级中学	30690666.22	14897910.64	4991511.56	1167658.39
十二年一贯制学校	5727834.34	3054930.25	927857.10	193152.36
特殊教育	613466.07	300867.33	138166.16	32526.16
工读学校	－	－	－	－

基 础 教 育 学

	学校占地 面 积 （平方米）	校 舍 建 筑 面 积		
		计	教 学 及 辅助用房	行政办公 用 房
总　计	**193695495.37**	**60315961.66**	**31396275.06**	**5669029.67**
幼 儿 园	22721748.22	9473214.31	6981497.21	764886.24
小　学	128831996.68	35031251.24	19114572.21	3603690.50
初级中学	28855473.14	10035670.39	3271487.18	828712.71
九年一贯制学校	8274920.46	3472285.83	1249534.62	263156.04
职业初中	－	－	－	－
完全中学	1039566.49	621459.54	170106.76	88385.53
高级中学	2835125.48	1146150.83	419405.53	78856.12
十二年一贯制学校	1084966.88	521842.00	184495.95	39853.77
特殊教育	51698.02	14087.52	5175.60	1488.76
工读学校	－	－	－	－

校　办　学　条　件（镇区）

（平方米）		校舍建筑面积中:租借面积（平方米）		图　书（册）	固定资产总值（万元）	
生活用房	其他用房	计	租借公办的基础教育学校的校舍建筑面积		计	其中：仪器设备总值
37551482.60	**6575949.56**	**1640227.16**	**568820.83**	**188332739.00**	**10003081.67**	**855798.29**
1013234.47	1166616.16	447561.10	74276.46	11450822.00	–	–
7396680.72	2332925.30	276535.99	109618.39	78196268.00	2973798.98	316019.08
11798398.62	1425480.24	82248.20	10760.36	62937350.00	2296058.01	225925.88
5551605.68	698537.22	240700.88	175084.88	15355797.00	1897217.72	124710.44
–	–	–	–	–	–	–
1692966.01	248151.25	105286.90	8100.00	3400941.00	376281.69	19857.05
8258239.48	480501.21	470601.29	186187.94	14834193.00	1882024.49	130961.51
1756140.28	177780.51	17292.80	4792.80	1923045.00	577700.78	38324.34
84217.34	45957.67	–	–	234323.00	–	–
–	–	–	–	–	–	–

校　办　学　条　件（乡村）

（平方米）		校舍建筑面积中:租借面积（平方米）		图　书（册）	固定资产总值（万元）	
生活用房	其他用房	计	租借公办的基础教育学校的校舍建筑面积		计	其中：仪器设备总值
18661148.71	**4589508.22**	**437406.53**	**103030.34**	**124996704.00**	**5213899.11**	**517545.20**
868866.75	857964.11	121172.36	57263.27	9861964.00	–	–
9494046.40	2818942.13	30315.82	14796.16	82652362.00	3403464.21	365288.67
5311395.25	624075.25	24597.45	21107.45	25255346.00	868556.65	93510.04
1758877.39	200717.78	49952.46	4122.46	5512347.00	509114.45	33729.81
–	–	–	–	–	–	–
335375.66	27591.59	–	–	593545.00	74196.14	4806.63
594925.34	52963.84	146799.11	5741.00	639401.00	264850.85	15619.17
294742.34	2749.94	64569.33	–	472606.00	93716.82	4590.89
2919.58	4503.58	–	–	9133.00	–	–
–	–	–	–	–	–	–

幼　　儿　　园

	总计					
	校舍建筑面积					校舍建筑面
	合计	框架结构	砖混结构	砖木结构	土木结构	计
总　　计	**30500235.25**	**10987077.35**	**18886932.63**	**626225.27**	**–**	**1602633.79**
其中　危　　房	190970.11	4710.00	180318.11	5942.00	–	–
其中　当年新增校舍	529650.50	300214.00	224223.94	5212.56	–	–
一、教学及辅助用房	**22497656.70**	**8036991.32**	**14010766.75**	**449898.63**	**–**	**1209777.73**
活动室	13460896.60	4784942.83	8412023.86	263929.91	–	723312.60
洗手间	2299215.59	842662.51	1402151.15	54401.93	–	113813.32
睡眠室	4971133.22	1881162.77	3000372.61	89597.84	–	297850.99
保健室	741468.98	210032.47	513077.37	18359.14	–	29068.53
图书室	1024942.31	318190.74	683141.76	23609.81	–	45732.29
二、行政办公用房	**2267240.06**	**768480.24**	**1445254.22**	**53505.60**	**–**	**94881.33**
其中:教师办公室	1386769.80	428008.23	920185.89	38575.68	–	55401.19
三、生活用房	**2665072.35**	**883456.44**	**1710307.46**	**71308.45**	**–**	**137081.16**
其中:厨　　房	1485117.58	491655.77	955102.11	38359.70	–	82507.17
四、其他用房	**3070266.14**	**1298149.35**	**1720604.20**	**51512.59**	**–**	**160893.57**

幼　　儿　　园

	镇区					
	校舍建筑面积					校舍建筑面
	合计	框架结构	砖混结构	砖木结构	土木结构	计
总　　计	**11909659.19**	**4482092.35**	**7221551.72**	**206015.12**	**–**	**447561.10**
其中　危　　房	43847.37	–	43442.37	405.00	–	–
其中　当年新增校舍	215514.18	122992.22	90491.10	2030.86	–	–
一、教学及辅助用房	**8846306.74**	**3320410.83**	**5377303.17**	**148592.74**	**–**	**337883.56**
活动室	5333789.84	1982369.07	3263464.85	87955.92	–	206193.53
洗手间	910798.97	356961.05	536769.07	17068.85	–	31110.58
睡眠室	1916410.15	765224.97	1121656.87	29528.31	–	79398.12
保健室	287878.98	87434.58	194405.07	6039.33	–	8439.32
图书室	397428.80	128421.16	261007.31	8000.33	–	12742.01
二、行政办公用房	**883501.82**	**321702.87**	**543883.35**	**17915.60**	**–**	**26543.72**
其中:教师办公室	547858.65	190369.12	345036.26	12453.27	–	17015.62
三、生活用房	**1013234.47**	**339925.51**	**648451.94**	**24857.02**	**–**	**37285.26**
其中:厨　　房	552979.32	188067.13	353250.74	11661.45	–	22331.67
四、其他用房	**1166616.16**	**500053.14**	**651913.26**	**14649.76**	**–**	**45848.56**

校　舍　情　况(一)

单位:平方米

积中:租借面积	城区						
	校舍建筑面积					校舍建筑面积中:租借面积	
租借公办的基础教育学校的校舍建筑面积	合计	框架结构	砖混结构	砖木结构	土木结构	计	租借公办的基础教育学校的校舍建筑面积
395259.40	**9117361.75**	**4122394.76**	**4912231.57**	**82735.42**	**–**	**1033900.33**	**263719.67**
–	98532.66	4710.00	92012.66	1810.00	–	–	–
–	150215.36	97415.79	52799.57	–	–	–	–
303335.74	**6669852.75**	**2969703.73**	**3639165.76**	**60983.26**	**–**	**782073.49**	**205461.37**
178192.35	3924044.44	1774185.88	2115867.83	33990.73	–	466588.25	120838.22
28143.95	660829.29	301484.56	354017.63	5327.10	–	73671.99	17797.64
79243.42	1682700.96	728675.24	936030.51	17995.21	–	195296.56	56471.18
7363.53	156646.55	60425.65	94720.58	1500.32	–	17621.62	4225.07
10392.49	245631.51	104932.40	138529.21	2169.90	–	28895.07	6129.26
23344.91	**618852.00**	**274562.16**	**338981.01**	**5308.83**	**–**	**59906.69**	**14475.11**
14879.15	311804.72	126288.27	182862.49	2653.96	–	33037.26	8798.65
31128.65	**782971.13**	**344405.28**	**430813.05**	**7752.80**	**–**	**87806.10**	**19806.52**
20113.15	443638.19	194702.21	244671.11	4264.87	–	53452.11	13333.97
37450.10	**1045685.87**	**533723.59**	**503271.75**	**8690.53**	**–**	**104114.05**	**23976.67**

校　舍　情　况(二)

单位:平方米

积中:租借面积	乡村						
	校舍建筑面积					校舍建筑面积中:租借面积	
租借公办的基础教育学校的校舍建筑面积	合计	框架结构	砖混结构	砖木结构	土木结构	计	租借公办的基础教育学校的校舍建筑面积
74276.46	**9473214.31**	**2382590.24**	**6753149.34**	**337474.73**	**–**	**121172.36**	**57263.27**
–	48590.08	–	44863.08	3727.00	–	–	–
–	163920.96	79805.99	80933.27	3181.70	–	–	–
54788.95	**6981497.21**	**1746876.76**	**4994297.82**	**240322.63**	**–**	**89820.68**	**43085.42**
33281.48	4203062.32	1028387.88	3032691.18	141983.26	–	50530.82	24072.65
5425.54	727587.33	184216.90	511364.45	32005.98	–	9030.75	4920.77
12214.12	1372022.11	387262.56	942685.23	42074.32	–	23156.31	10558.12
1521.73	296943.45	62172.24	223951.72	10819.49	–	3007.59	1616.73
2346.08	381882.00	84837.18	283605.24	13439.58	–	4095.21	1917.15
4167.10	**764886.24**	**172215.21**	**562389.86**	**30281.17**	**–**	**8430.92**	**4702.70**
2929.09	527106.43	111350.84	392287.14	23468.45	–	5348.31	3151.41
6349.39	**868866.75**	**199125.65**	**631042.47**	**38698.63**	**–**	**11989.80**	**4972.74**
3556.31	488500.07	108886.43	357180.26	22433.38	–	6723.39	3222.87
8971.02	**857964.11**	**264372.62**	**565419.19**	**28172.30**	**–**	**10930.96**	**4502.41**

小　学　学　校

	总			计		校舍建筑面
	合　计	框架结构	砖混结构	砖木结构	土木结构	计
总　计	**74605947.00**	**26789777.97**	**45645547.07**	**2169240.96**	**1381.00**	**591739.63**
其中 危　房	117332.27	3146.00	111161.97	3024.30	–	–
其中 当年新增校舍	3700253.43	2525739.80	1171433.21	3080.42	–	–
一、教学及辅助用房	**40106332.41**	**13970022.14**	**25282774.49**	**853495.78**	**40.00**	**295235.67**
教　室	33427560.92	11680867.86	21060181.67	686511.39	–	265164.29
实验室	2205730.17	676170.90	1470420.59	59138.68	–	7387.24
图书室	2108387.81	666489.11	1376695.46	65163.24	40.00	8234.24
微机室	1635304.39	531424.71	1069382.48	34497.20	–	5784.57
语音室	447870.24	182879.05	256805.92	8185.27	–	1597.90
体育馆	281478.88	232190.51	49288.37	–	–	7067.43
二、行政办公用房	**7970852.61**	**2616501.76**	**5079252.03**	**274594.82**	**504.00**	**56100.91**
其中:教师办公室	5723868.23	1675027.57	3820115.51	228271.15	454.00	46165.10
三、生活用房	**19354254.78**	**6816535.99**	**11710889.51**	**826154.28**	**675.00**	**177981.08**
教工宿舍	3630124.67	838068.70	2591911.03	199839.94	305.00	14517.95
其中:教师周转宿舍	1065440.59	341698.75	700862.52	22879.32	–	3664.85
学生宿舍	5005756.73	1731345.99	3199359.66	75051.08	–	83470.72
食　堂	4355522.04	2243082.91	2033339.89	79036.24	63.00	41416.34
厕　所	3848764.11	1062406.60	2441038.20	345026.31	293.00	25631.97
其　他	2514087.23	941631.79	1445240.73	127200.71	14.00	12944.10
四、其他用房	**7174507.20**	**3386718.08**	**3572631.04**	**214996.08**	**162.00**	**62421.97**

校　舍　情　况（小学、教学点）（一）

单位：平方米

积中：租借面积 租借公办的基础教育学校的校舍建筑面积	城 区					校舍建筑面积中：租借面积	
	合　计	框架结构	砖混结构	砖木结构	土木结构	计	租借公办的基础教育学校的校舍建筑面积
261049.31	13435770.66	7143764.67	6213061.28	78904.71	40.00	284887.82	136634.76
–	77564.26	3146.00	74211.26	207.00	–	–	–
–	677570.67	528879.94	148690.73	–	–	–	–
134739.88	7288686.12	3685689.73	3573404.84	29591.55	–	146223.12	75694.83
120666.49	6215964.40	3095012.11	3094502.54	26449.75	–	129300.41	67903.46
2571.43	306819.69	146590.52	158939.79	1289.38	–	3575.77	1586.22
2931.07	298302.66	163068.92	134139.80	1093.94	–	4740.97	1794.52
2208.78	235325.68	118712.62	115989.58	623.48	–	3747.99	1559.65
1022.68	71937.12	42159.76	29642.36	135.00	–	862.55	583.55
5339.43	160336.57	120145.80	40190.77	–	–	3995.43	2267.43
38203.35	1660917.11	816100.31	835847.48	8969.32	–	26250.80	16307.99
32839.69	1089370.70	492593.86	589200.60	7576.24	–	19227.74	11691.34
56947.56	2463527.66	1287095.81	1150111.39	26280.46	40.00	79732.82	29452.80
5272.75	347777.44	121211.13	217435.28	9131.03	–	4470.20	1247.00
2391.95	67330.43	31025.40	36089.16	215.87	–	1457.20	1044.00
23437.95	516485.07	235201.11	276629.72	4654.24	–	35024.48	11051.16
9613.96	438343.90	296665.14	138181.30	3497.46	–	21262.54	6998.64
12138.46	624470.01	337355.21	281368.04	5706.76	40.00	14952.44	8568.36
6484.44	536451.24	296663.22	236497.05	3290.97	–	4023.16	1587.64
31158.52	2022639.77	1354878.82	653697.57	14063.38	–	32681.08	15179.14

小　学　学　校

	镇区					校舍建筑面
	合　计	框架结构	砖混结构	砖木结构	土木结构	计
总　　计	**26138925.10**	**10514703.17**	**15155400.99**	**468656.94**	**164.00**	**276535.99**
其中　危　　房	15342.20	–	14661.20	681.00	–	–
其中　当年新增校舍	1645276.83	1166679.72	478165.11	432.00	–	–
一、教学及辅助用房	**13703074.08**	**5526816.23**	**8012554.16**	**163703.69**	**–**	**135330.94**
教　　室	11576423.51	4668912.05	6772767.27	134744.19	–	123052.27
实 验 室	698497.97	254017.24	435237.99	9242.74	–	3472.47
图 书 室	640528.84	237393.54	391381.04	11754.26	–	3094.27
微 机 室	520563.50	199236.02	315353.86	5973.62	–	1904.58
语 音 室	175629.06	84653.78	88986.40	1988.88	–	735.35
体 育 馆	91431.20	82603.60	8827.60	–	–	3072.00
二、行政办公用房	**2706245.00**	**1067399.38**	**1581416.30**	**57429.32**	**–**	**27822.10**
其中:教师办公室	1902253.85	671605.11	1181800.26	48848.48	–	25706.35
三、生活用房	**7396680.72**	**2765045.12**	**4427754.49**	**203717.11**	**164.00**	**86263.07**
教工宿舍	1311399.28	337025.52	925953.74	48420.02	–	8445.15
其中:教师周转宿舍	364991.45	137956.07	220184.80	6850.58	–	1833.64
学生宿舍	2324241.92	768662.88	1529200.33	26378.71	–	42290.97
食　　堂	1637502.12	855088.33	761729.56	20684.23	–	18106.50
厕　　所	1259413.86	452606.38	734261.39	72396.09	150.00	9280.51
其　　他	864123.54	351662.01	476609.47	35838.06	14.00	8139.94
四、其他用房	**2332925.30**	**1155442.44**	**1133676.04**	**43806.82**	**–**	**27119.88**

校　舍　情　况（小学、教学点）（二）

单位：平方米

积中:租借面积 租借公办的基础教育学校的校舍建筑面积	乡 村					校舍建筑面积中:租借面积	
	合　计	框架结构	砖混结构	砖木结构	土木结构	计	租借公办的基础教育学校的校舍建筑面积
109618.39	35031251.24	9131310.13	24277084.80	1621679.31	1177.00	30315.82	14796.16
–	24425.81	–	22289.51	2136.30	–	–	–
–	1377405.93	830180.14	544577.37	2648.42	–	–	–
52484.04	19114572.21	4757516.18	13696815.49	660200.54	40.00	13681.61	6561.01
46418.02	15635173.01	3916943.70	11192911.86	525317.45	–	12811.61	6345.01
877.21	1200412.51	275563.14	876242.81	48606.56	–	339.00	108.00
1028.55	1169556.31	266026.65	851174.62	52315.04	40.00	399.00	108.00
649.13	879415.21	213476.07	638039.04	27900.10	–	132.00	–
439.13	200304.06	56065.51	138177.16	6061.39	–	–	–
3072.00	29711.11	29441.11	270.00	–	–	–	–
21248.35	3603690.50	733002.07	2661988.25	208196.18	504.00	2028.01	647.01
20660.34	2732243.68	510828.60	2049114.65	171846.43	454.00	1231.01	488.01
20776.63	9494046.40	2764395.06	6133023.63	596156.71	471.00	11985.19	6718.13
2815.15	1970947.95	379832.05	1448522.01	142288.89	305.00	1602.60	1210.60
1137.94	633118.71	172717.28	444588.56	15812.87	–	374.01	210.01
8433.28	2165029.74	727482.00	1393529.61	44018.13	–	6155.27	3953.51
1872.32	2279676.02	1091329.44	1133429.03	54854.55	63.00	2047.30	743.00
3048.08	1964880.24	272445.01	1425408.77	266923.46	103.00	1399.02	522.02
4607.80	1113512.45	293306.56	732134.21	88071.68	–	781.00	289.00
15109.37	2818942.13	876396.82	1785257.43	157125.88	162.00	2621.01	870.01

中学学校校舍情况

	总计					校舍建筑面
	合计	框架结构	砖混结构	砖木结构	土木结构	计
总计	**100718653.88**	**51312453.54**	**48691070.46**	**709951.82**	**5178.06**	**2343522.83**
其中 危房	223714.36	67477.31	153725.59	2511.46	–	–
其中 当年新增校舍	6544750.38	5149168.26	1395582.12	–	–	–
一、教学及辅助用房	**35197730.72**	**19398854.08**	**15679240.42**	**119488.22**	**148.00**	**848171.65**
教室	25402529.43	13709352.30	11611155.07	82022.06	–	579089.11
实验室	4764581.78	2535794.57	2208694.30	20092.91	–	93356.64
图书室	2213291.53	1330648.99	875110.25	7384.29	148.00	77122.88
微机室	1320586.52	664700.00	650245.10	5641.42	–	24700.47
语音室	447126.18	241255.40	202647.24	3223.54	–	4522.55
体育馆	1049615.28	917102.82	131388.46	1124.00	–	69380.00
二、行政办公用房	**8720489.19**	**4589189.16**	**4060065.32**	**70001.68**	**1233.03**	**183639.41**
其中:教师办公室	5523393.21	2692371.32	2774895.64	54933.22	1193.03	106551.70
三、生活用房	**50401925.00**	**23597173.83**	**26350863.63**	**453351.51**	**536.03**	**1190462.75**
教工宿舍	7910896.74	2600620.98	5152034.33	157865.40	376.03	121003.76
其中:教师周转宿舍	1986724.27	737448.67	1236956.71	12318.89	–	24334.52
学生宿舍	27051136.38	11724057.90	15196922.13	130156.35	–	720098.10
食堂	9899787.43	6545791.14	3306365.81	47470.48	160.00	249846.13
厕所	3013453.35	1485679.87	1453107.01	74666.47	–	72526.83
其他	2526651.10	1241023.94	1242434.35	43192.81	–	26987.93
四、其他用房	**6398508.97**	**3727236.47**	**2600901.09**	**67110.41**	**3261.00**	**121249.02**

（初级中学、九年一贯制学校、职业初中、完全中学、高级中学、十二年一贯制学校）（一）

单位：平方米

| 积中：租借面积 | 城区 | | | | | 校舍建筑面积中：租借面积 | |
租借公办的基础教育学校的校舍建筑面积	合计	框架结构	砖混结构	砖木结构	土木结构	计	租借公办的基础教育学校的校舍建筑面积
1071643.27	29882059.05	17654940.18	12076930.72	150013.15	175.00	1141474.41	655746.38
–	171006.20	65761.31	103259.89	1985.00	–	–	–
–	2005951.15	1663348.28	342602.87	–	–	–	–
374043.05	11386524.60	7231514.35	4108503.57	46506.68	–	450329.04	237451.91
285160.18	7843506.63	4823646.09	2988423.06	31437.48	–	303389.15	176115.42
36570.07	1693151.63	1035394.40	649264.23	8493.00	–	44831.61	25434.47
25025.02	748574.44	536213.46	210170.78	2190.20	–	42296.61	18873.94
12530.73	388760.91	245541.79	141847.12	1372.00	–	9637.12	6864.03
2589.05	137276.37	87832.12	47554.25	1890.00	–	2458.55	1920.05
12168.00	575254.62	502886.49	71244.13	1124.00	–	47716.00	8244.00
91513.54	2986315.36	1867260.18	1097871.18	21009.00	175.00	89641.53	58201.19
51930.58	1817214.60	1074886.60	726583.00	15570.00	175.00	56747.77	37804.60
525012.47	13049258.95	6885018.34	6096370.19	67870.42	–	536865.96	315115.85
30556.64	1532182.72	655136.96	869940.70	7105.06	–	53585.06	23039.25
6923.77	231055.06	98608.42	130516.18	1930.46	–	11293.19	3644.44
333705.30	7112538.22	3341130.18	3734610.44	36797.60	–	320839.32	186220.62
113152.92	2644684.85	1864666.87	772710.36	7307.62	–	114754.67	76314.93
31138.83	929590.90	561852.31	357598.97	10139.62	–	30987.78	18558.97
16458.78	830262.26	462232.02	361509.72	6520.52	–	16699.13	10982.08
81074.21	2459960.14	1671147.31	774185.78	14627.05	–	64637.88	44977.43

中学学校校舍情况

	镇区					校舍建筑面
	合计	框架结构	砖混结构	砖木结构	土木结构	计
总计	**55039186.24**	**26916528.21**	**27758824.24**	**358830.73**	**5003.06**	**916130.07**
其中 危房	31613.88	–	31445.47	168.41	–	–
其中 当年新增校舍	3454425.91	2634695.56	819730.35	–	–	–
一、教学及辅助用房	**18516176.08**	**9877987.04**	**8586635.08**	**51405.96**	**148.00**	**298589.26**
教室	13667196.05	7223425.23	6405181.74	38589.08	–	201552.05
实验室	2345462.92	1194389.10	1144188.63	6885.19	–	34896.53
图书室	1163980.47	659443.05	501158.88	3230.54	148.00	29594.68
微机室	704655.96	338639.55	363823.80	2192.61	–	9658.00
语音室	240871.72	122761.40	117601.78	508.54	–	1624.00
体育馆	394008.96	339328.71	54680.25	–	–	21264.00
二、行政办公用房	**4435209.66**	**2181116.68**	**2229833.22**	**23201.73**	**1058.03**	**65068.31**
其中:教师办公室	2889768.14	1319594.08	1552717.20	16438.83	1018.03	35323.17
三、生活用房	**29057350.07**	**13249882.75**	**15558769.37**	**248161.92**	**536.03**	**500180.72**
教工宿舍	4800457.07	1484035.32	3222078.11	93967.61	376.03	51205.73
其中:教师周转宿舍	1239614.44	440781.43	790086.01	8747.00	–	11550.00
学生宿舍	15768714.63	6694807.70	9003606.33	70300.60	–	309850.00
食堂	5536024.12	3649632.05	1857542.51	28689.56	160.00	103637.51
厕所	1583070.33	753353.97	796407.64	33308.72	–	26536.13
其他	1369083.92	668053.71	679134.78	21895.43	–	8951.35
四、其他用房	**3030450.43**	**1607541.74**	**1383586.57**	**36061.12**	**3261.00**	**52291.78**

（初级中学、九年一贯制学校、职业初中、完全中学、高级中学、十二年一贯制学校）（二）

单位：平方米

| 积中：租借面积 | 乡 村 | | | | | 校舍建筑面积中：租借面积 | |
租借公办的基础教育学校的校舍建筑面积	合计	框架结构	砖混结构	砖木结构	土木结构	计	租借公办的基础教育学校的校舍建筑面积
384925.98	15797408.59	6740985.15	8855315.50	201107.94	–	285918.35	30970.91
–	21094.28	1716.00	19020.23	358.05	–	–	–
–	1084373.32	851124.42	233248.90	–	–	–	–
129908.14	5295030.04	2289352.69	2984101.77	21575.58	–	99253.35	6683.00
103193.76	3891826.75	1662280.98	2217550.27	11995.50	–	74147.91	5851.00
10929.60	725967.23	306011.07	415241.44	4714.72	–	13628.50	206.00
5945.08	300736.62	134992.48	163780.59	1963.55	–	5231.59	206.00
5486.70	227169.65	80518.66	144574.18	2076.81	–	5405.35	180.00
429.00	68978.09	30661.88	37491.21	825.00	–	440.00	240.00
3924.00	80351.70	74887.62	5464.08	–	–	400.00	–
30741.70	1298964.17	540812.30	732360.92	25790.95	–	28929.57	2570.65
13525.50	816410.47	297890.64	495595.44	22924.39	–	14480.76	600.48
188952.36	8295315.98	3462272.74	4695724.07	137319.17	–	153416.07	20944.26
5930.23	1578256.95	461448.70	1060015.52	56792.73	–	16212.97	1587.16
1902.00	516054.77	198058.82	316354.52	1641.43	–	1491.33	1377.33
131999.90	4169883.53	1688120.02	2458705.36	23058.15	–	89408.78	15484.78
34917.67	1719078.46	1031492.22	676112.94	11473.30	–	31453.95	1920.32
11505.31	500792.12	170473.59	299100.40	31218.13	–	15002.92	1074.55
4599.25	327304.92	110738.21	201789.85	14776.86	–	1337.45	877.45
35323.78	908098.40	448547.42	443128.74	16422.24	–	4319.36	773.00

初　中　学　校

	总计					校舍建筑面
	合计	框架结构	砖混结构	砖木结构	土木结构	计
总　计	**62433384.10**	**29454212.99**	**32504756.47**	**474131.64**	**283.00**	**859183.31**
其中 危　房	151877.99	39110.00	112097.31	670.68	–	–
其中 当年新增校舍	3673481.33	2716594.77	956886.56	–	–	–
一、教学及辅助用房	**22312373.02**	**11025570.52**	**11223132.76**	**63561.74**	**108.00**	**309597.28**
教　室	16671776.66	8202742.50	8425133.58	43900.58	–	239585.51
实验室	2918015.75	1356151.23	1551667.61	10196.91	–	26824.12
图书室	1165506.17	591477.33	569128.55	4792.29	108.00	13672.50
微机室	841244.88	358163.33	479563.13	3518.42	–	7328.47
语音室	283611.67	132073.20	150384.93	1153.54	–	1914.68
体育馆	432217.89	384962.93	47254.96	–	–	20272.00
二、行政办公用房	**5637706.42**	**2689734.72**	**2903323.02**	**44473.68**	**175.00**	**65653.20**
其中:教师办公室	3584838.49	1581365.90	1968198.37	35099.22	175.00	37335.48
三、生活用房	**30035309.91**	**13353529.80**	**16360845.70**	**320934.41**	**–**	**429188.58**
教工宿舍	4879694.38	1426904.51	3328315.77	124474.10	–	55097.85
其中:教师周转宿舍	1406531.05	503263.28	895331.88	7935.89	–	10224.12
学生宿舍	15192887.63	6378744.60	8748595.23	65547.80	–	246849.08
食　堂	6157720.25	3780712.25	2343473.37	33534.63	–	83571.36
厕　所	2084357.94	947683.44	1074590.09	62084.41	–	29295.51
其　他	1720649.71	819485.00	865871.24	35293.47	–	14374.78
四、其他用房	**4447994.75**	**2385377.95**	**2017454.99**	**45161.81**	**–**	**54744.25**

校　舍　情　况（初级中学、九年一贯制学校）（一）

单位：平方米

积中：租借面积	城区						
租借公办的基础教育学校的校舍建筑面积	合计	框架结构	砖混结构	砖木结构	土木结构	校舍建筑面积中：租借面积 计	校舍建筑面积中：租借面积 租借公办的基础教育学校的校舍建筑面积
487997.23	**14981432.87**	**9006985.29**	**5949186.36**	**25086.22**	**175.00**	**461684.32**	**276922.08**
–	100904.84	37394.00	63315.84	195.00	–	–	–
–	1052868.48	883855.60	169012.88	–	–	–	–
180830.45	**6151977.85**	**3813409.58**	**2334292.07**	**4276.20**	**–**	**173115.60**	**107338.41**
145538.25	4433462.91	2665024.49	1765082.42	3356.00	–	136428.95	88085.69
13533.48	858835.92	521829.32	336790.60	216.00	–	13780.48	8008.48
9169.37	328215.94	221996.48	105623.26	596.20	–	7105.02	5074.89
4499.17	209738.90	130840.92	78789.98	108.00	–	3749.47	2482.17
1255.18	68897.18	43353.59	25543.59	–	–	1135.68	776.18
6835.00	252827.00	230364.78	22462.22	–	–	10916.00	2911.00
38898.02	**1715237.79**	**1053259.76**	**658342.03**	**3461.00**	**175.00**	**41360.55**	**23143.37**
21566.85	1051357.84	617902.61	429819.23	3461.00	175.00	26782.50	16265.87
222486.32	**5615032.97**	**3112237.41**	**2487271.54**	**15524.02**	**–**	**210701.00**	**118079.94**
13049.81	575573.62	249667.27	322484.29	3422.06	–	33274.98	8842.42
4459.62	102773.95	58761.03	43452.46	560.46	–	3816.79	1370.29
140201.58	2714448.74	1363858.04	1347540.18	3050.52	–	109176.26	65540.92
44194.70	1212522.80	824759.05	385285.13	2478.62	–	46147.51	29102.41
13362.45	546630.97	338507.91	205965.44	2157.62	–	14066.17	7873.11
11677.78	565856.84	335445.14	225996.50	4415.20	–	8036.08	6721.08
45782.44	**1499184.26**	**1028078.54**	**469280.72**	**1825.00**	**–**	**36507.17**	**28360.36**

初 中 学 校

	镇区					校舍建筑面
	合计	框架结构	砖混结构	砖木结构	土木结构	计
总　计	**33943995.01**	**15592810.68**	**18100376.85**	**250699.48**	**108.00**	**322949.08**
其中 危　房	30129.10	–	30011.47	117.63	–	–
其中 当年新增校舍	2061376.74	1472118.96	589257.78	–	–	–
一、教学及辅助用房	**11639373.37**	**5574816.29**	**6026739.12**	**37709.96**	**108.00**	**118477.68**
教　室	8877194.82	4302369.34	4546276.40	28549.08	–	87936.56
实验室	1436935.54	624292.31	807377.04	5266.19	–	12255.64
图书室	585964.69	278675.41	304948.74	2232.54	108.00	5759.48
微机室	435807.65	173445.90	261028.14	1333.61	–	3071.00
语音室	157410.20	69301.52	87780.14	328.54	–	499.00
体育馆	146060.47	126731.81	19328.66	–	–	8956.00
二、行政办公用房	**2830599.88**	**1261382.11**	**1551380.04**	**17837.73**	**–**	**21072.00**
其中:教师办公室	1815200.20	742338.66	1061531.71	11329.83	–	9072.50
三、生活用房	**17350004.30**	**7779810.95**	**9401956.13**	**168237.22**	**–**	**166495.32**
教工宿舍	2878906.31	820783.49	1993863.51	64259.31	–	12235.71
其中:教师周转宿舍	818461.27	274280.12	538447.15	5734.00	–	5066.00
学生宿舍	9035886.74	3909879.07	5086568.54	39439.13	–	109388.04
食　堂	3482501.57	2163927.31	1298991.55	19582.71	–	29081.53
厕　所	1096936.93	491970.93	576247.34	28718.66	–	10328.79
其　他	855772.75	393250.15	446285.19	16237.41	–	5461.25
四、其他用房	**2124017.46**	**976801.33**	**1120301.56**	**26914.57**	**–**	**16904.08**

校 舍 情 况(初级中学、九年一贯制学校)(二)

单位:平方米

积中:租借面积	乡 村					校舍建筑面积中:租借面积	
租借公办的基础教育学校的校舍建筑面积	合计	框架结构	砖混结构	砖木结构	土木结构	计	租借公办的基础教育学校的校舍建筑面积
185845.24	**13507956.22**	**4854417.02**	**8455193.26**	**198345.94**	**–**	**74549.91**	**25229.91**
–	20844.05	1716.00	18770.00	358.05	–	–	–
–	559236.11	360620.21	198615.90	–	–	–	–
68896.04	**4521021.80**	**1637344.65**	**2862101.57**	**21575.58**	**–**	**18004.00**	**4596.00**
53176.56	3361118.93	1235348.67	2113774.76	11995.50	–	15220.00	4276.00
5445.00	622244.29	210029.60	407499.97	4714.72	–	788.00	80.00
4014.48	251325.54	90805.44	158556.55	1963.55	–	808.00	80.00
1937.00	195698.33	53876.51	139745.01	2076.81	–	508.00	80.00
399.00	57304.29	19418.09	37061.20	825.00	–	280.00	80.00
3924.00	33330.42	27866.34	5464.08	–	–	400.00	–
14434.00	**1091868.75**	**375092.85**	**693600.95**	**23174.95**	**–**	**3220.65**	**1320.65**
4900.50	718280.45	221124.63	476847.43	20308.39	–	1480.48	400.48
85866.12	**7070272.64**	**2461481.44**	**4471618.03**	**137173.17**	**–**	**51992.26**	**18540.26**
2880.23	1425214.45	356453.75	1011967.97	56792.73	–	9587.16	1327.16
1862.00	485295.83	170222.13	313432.27	1641.43	–	1341.33	1227.33
61075.88	3442552.15	1105007.49	2314486.51	23058.15	–	28284.78	13584.78
13311.97	1462695.88	792025.89	659196.69	11473.30	–	8342.32	1780.32
4518.79	440790.04	117204.60	292377.31	31208.13	–	4900.55	970.55
4079.25	299020.12	90789.71	193589.55	14640.86	–	877.45	877.45
16649.08	**824793.03**	**380498.08**	**427872.71**	**16422.24**	**–**	**1333.00**	**773.00**

普通高中学校

	总计					校舍建筑面
	合计	框架结构	砖混结构	砖木结构	土木结构	计
总　　计	**38285269.78**	**21858240.55**	**16186313.99**	**235820.18**	**4895.06**	**1484339.52**
其中 危　　房	71836.37	28367.31	41628.28	1840.78	–	–
其中 当年新增校舍	2871269.05	2432573.49	438695.56	–	–	–
一、教学及辅助用房	**12885357.70**	**8373283.56**	**4456107.66**	**55926.48**	**40.00**	**538574.37**
教　　室	8730752.77	5506609.80	3186021.49	38121.48	–	339503.60
实 验 室	1846566.03	1179643.34	657026.69	9896.00	–	66532.52
图 书 室	1047785.36	739171.66	305981.70	2592.00	40.00	63450.38
微 机 室	479341.64	306536.67	170681.97	2123.00	–	17372.00
语 音 室	163514.51	109182.20	52262.31	2070.00	–	2607.87
体 育 馆	617397.39	532139.89	84133.50	1124.00	–	49108.00
二、行政办公用房	**3082782.77**	**1899454.44**	**1156742.30**	**25528.00**	**1058.03**	**117986.21**
其中:教师办公室	1938554.72	1111005.42	806697.27	19834.00	1018.03	69216.22
三、生活用房	**20366615.09**	**10243644.03**	**9990017.93**	**132417.10**	**536.03**	**761274.17**
教工宿舍	3031202.36	1173716.47	1823718.56	33391.30	376.03	65905.91
其中:教师周转宿舍	580193.22	234185.39	341624.83	4383.00	–	14110.40
学生宿舍	11858248.75	5345313.30	6448326.90	64608.55	–	473249.02
食　　堂	3742067.18	2765078.89	962892.44	13935.85	160.00	166274.77
厕　　所	929095.41	537996.43	378516.92	12582.06	–	43231.32
其　　他	806001.39	421538.94	376563.11	7899.34	–	12613.15
四、其他用房	**1950514.22**	**1341858.52**	**583446.10**	**21948.60**	**3261.00**	**66504.77**

校 舍 情 况（完全中学、高级中学、十二年一贯制学校）（一）

单位：平方米

| 积中:租借面积 | 城 | | | | 区 | 校舍建筑面积中:租借面积 | |
租借公办的基础教育学校的校舍建筑面积	合计	框架结构	砖混结构	砖木结构	土木结构	计	租借公办的基础教育学校的校舍建筑面积
583646.04	14900626.18	8647954.89	6127744.36	124926.93	–	679790.09	378824.30
–	70101.36	28367.31	39944.05	1790.00	–	–	–
–	953082.67	779492.68	173589.99	–	–	–	–
193212.60	5234546.75	3418104.77	1774211.50	42230.48	–	277213.44	130113.50
139621.93	3410043.72	2158621.60	1223340.64	28081.48	–	166960.20	88029.73
23036.59	834315.71	513565.08	312473.63	8277.00	–	31051.13	17425.99
15855.65	420358.50	314216.98	104547.52	1594.00	–	35191.59	13799.05
8031.56	179022.01	114700.87	63057.14	1264.00	–	5887.65	4381.86
1333.87	68379.19	44478.53	22010.66	1890.00	–	1322.87	1143.87
5333.00	322427.62	272521.71	48781.91	1124.00	–	36800.00	5333.00
52615.52	1271077.57	814000.42	439529.15	17548.00	–	48280.98	35057.82
30363.73	765856.76	456983.99	296763.77	12109.00	–	29965.27	21538.73
302526.15	7434225.98	3772780.93	3609098.65	52346.40	–	326164.96	197035.91
17506.83	956609.10	405469.69	547456.41	3683.00	–	20310.08	14196.83
2464.15	128281.11	39847.39	87063.72	1370.00	–	7476.40	2274.15
193503.72	4398089.48	1977272.14	2387070.26	33747.08	–	211663.06	120679.70
68958.22	1432162.05	1039907.82	387425.23	4829.00	–	68607.16	47212.52
17776.38	382959.93	223344.40	151633.53	7982.00	–	16921.61	10685.86
4781.00	264405.42	126786.88	135513.22	2105.32	–	8663.05	4261.00
35291.77	960775.88	643068.77	304905.06	12802.05	–	28130.71	16617.07

普通高中学校

	镇区					校舍建筑面
	合计	框架结构	砖混结构	砖木结构	土木结构	计
总计	**21095191.23**	**11323717.53**	**9658447.39**	**108131.25**	**4895.06**	**593180.99**
其中 危房	1484.78	–	1434.00	50.78	–	–
其中 当年新增校舍	1393049.17	1162576.60	230472.57	–	–	–
一、教学及辅助用房	**6876802.71**	**4303170.75**	**2559895.96**	**13696.00**	**40.00**	**180111.58**
教室	4790001.23	2921055.89	1858905.34	10040.00	–	113615.49
实验室	908527.38	570096.79	336811.59	1619.00	–	22640.89
图书室	578015.78	380767.64	196210.14	998.00	40.00	23835.20
微机室	268848.31	165193.65	102795.66	859.00	–	6587.00
语音室	83461.52	53459.88	29821.64	180.00	–	1125.00
体育馆	247948.49	212596.90	35351.59	–	–	12308.00
二、行政办公用房	**1604609.78**	**919734.57**	**678453.18**	**5364.00**	**1058.03**	**43996.31**
其中:教师办公室	1074567.94	577255.42	491185.49	5109.00	1018.03	26250.67
三、生活用房	**11707345.77**	**5470071.80**	**6156813.24**	**79924.70**	**536.03**	**333685.40**
教工宿舍	1921550.76	663251.83	1228214.60	29708.30	376.03	38970.02
其中:教师周转宿舍	421153.17	166501.31	251638.86	3013.00	–	6484.00
学生宿舍	6732827.89	2784928.63	3917037.79	30861.47	–	200461.96
食堂	2053522.55	1485704.74	558550.96	9106.85	160.00	74555.98
厕所	486133.40	261383.04	220160.30	4590.06	–	16207.34
其他	513311.17	274803.56	232849.59	5658.02	–	3490.10
四、其他用房	**906432.97**	**630740.41**	**263285.01**	**9146.55**	**3261.00**	**35387.70**

校 舍 情 况（完全中学、高级中学、十二年一贯制学校）（二）

单位：平方米

积中：租借面积	乡村					校舍建筑面积中：租借面积	
租借公办的基础教育学校的校舍建筑面积	合计	框架结构	砖混结构	砖木结构	土木结构	计	租借公办的基础教育学校的校舍建筑面积
199080.74	**2289452.37**	**1886568.13**	**400122.24**	**2762.00**	**–**	**211368.44**	**5741.00**
–	250.23	–	250.23	–	–	–	–
–	525137.21	490504.21	34633.00	–	–	–	–
61012.10	**774008.24**	**652008.04**	**122000.20**	**–**	**–**	**81249.35**	**2087.00**
50017.20	530707.82	426932.31	103775.51	–	–	58927.91	1575.00
5484.60	103722.94	95981.47	7741.47	–	–	12840.50	126.00
1930.60	49411.08	44187.04	5224.04	–	–	4423.59	126.00
3549.70	31471.32	26642.15	4829.17	–	–	4897.35	100.00
30.00	11673.80	11243.79	430.01	–	–	160.00	160.00
–	47021.28	47021.28	–	–	–	–	–
16307.70	**207095.42**	**165719.45**	**38759.97**	**2616.00**	**–**	**25708.92**	**1250.00**
8625.00	98130.02	76766.01	18748.01	2616.00	–	13000.28	200.00
103086.24	**1225043.34**	**1000791.30**	**224106.04**	**146.00**	**–**	**101423.81**	**2404.00**
3050.00	153042.50	104994.95	48047.55	–	–	6625.81	260.00
40.00	30758.94	27836.69	2922.25	–	–	150.00	150.00
70924.02	727331.38	583112.53	144218.85	–	–	61124.00	1900.00
21605.70	256382.58	239466.33	16916.25	–	–	23111.63	140.00
6986.52	60002.08	53268.99	6723.09	10.00	–	10102.37	104.00
520.00	28284.80	19948.50	8200.30	136.00	–	460.00	–
18674.70	**83305.37**	**68049.34**	**15256.03**	**–**	**–**	**2986.36**	**–**

特　殊　教　育　学

	总计					校舍建筑面
	合计	框架结构	砖混结构	砖木结构	土木结构	计
总　　计	**635098.31**	**316928.21**	**309050.95**	**9119.15**	**–**	**8895.00**
其中 危　　房	2219.90	476.00	1743.90	–	–	–
其中 当年新增校舍	4973.00	–	4973.00	–	–	–
一、教学及辅助用房	**288246.31**	**142607.34**	**142360.97**	**3278.00**	**–**	**5410.00**
普通教室	148594.18	74752.02	72555.16	1287.00	–	2721.00
专用教室	102370.19	50398.30	50270.89	1701.00	–	1436.00
实 验 室	12828.84	5361.41	7385.43	82.00	–	1242.00
微 机 室	11066.74	5604.54	5359.20	103.00	–	–
图 书 室	13386.36	6491.07	6790.29	105.00	–	11.00
二、行政办公用房	**72098.36**	**32240.22**	**39075.14**	**783.00**	**–**	**585.00**
其中:教师办公室	46286.15	21261.33	24314.82	710.00	–	305.00
三、生活用房	**181263.75**	**83432.78**	**93359.82**	**4471.15**	**–**	**782.00**
四、其他用房	**93489.89**	**58647.87**	**34255.02**	**587.00**	**–**	**2118.00**

特　殊　教　育　学

	镇区					校舍建筑面
	合计	框架结构	砖混结构	砖木结构	土木结构	计
总　　计	**300867.33**	**152174.89**	**140575.29**	**8117.15**	**–**	**–**
其中 危　　房	1093.90	–	1093.90	–	–	–
其中 当年新增校舍	–	–	–	–	–	–
一、教学及辅助用房	**138166.16**	**67957.01**	**66931.15**	**3278.00**	**–**	
普通教室	74556.61	37679.26	35590.35	1287.00	–	–
专用教室	43647.09	20085.89	21860.20	1701.00	–	–
实 验 室	6011.88	3470.75	2459.13	82.00	–	–
微 机 室	.6575.48	3364.33	3108.15	103.00	–	–
图 书 室	7375.10	3356.78	3913.32	105.00	–	–
二、行政办公用房	**32526.16**	**16528.62**	**15214.54**	**783.00**	**–**	**–**
其中:教师办公室	22749.13	10650.67	11388.46	710.00	–	–
三、生活用房	**84217.34**	**39627.44**	**41120.75**	**3469.15**	**–**	**–**
四、其他用房	**45957.67**	**28061.82**	**17308.85**	**587.00**	**–**	**–**

校　校　舍　情　况（一）

单位:平方米

积中:租借面积 租借公办的基础教育学校的校舍建筑面积	城				区	校舍建筑面积中:租借面积	
	合计	框架结构	砖混结构	砖木结构	土木结构	计	租借公办的基础教育学校的校舍建筑面积
8895.00	320143.46	155359.24	163782.22	1002.00	–	8895.00	8895.00
–	1126.00	476.00	650.00	–	–	–	–
–	4973.00	–	4973.00	–	–	–	–
5410.00	144904.55	71971.28	72933.27	–	–	5410.00	5410.00
2721.00	71379.70	35746.75	35632.95	–	–	2721.00	2721.00
1436.00	56929.40	29404.40	27525.00	–	–	1436.00	1436.00
1242.00	6684.65	1827.65	4857.00	–	–	1242.00	1242.00
–	4181.40	2054.20	2127.20	–	–	–	–
11.00	5729.40	2938.28	2791.12	–	–	11.00	11.00
585.00	38083.44	14561.59	23521.85	–	–	585.00	585.00
305.00	22824.46	10100.65	12723.81	–	–	305.00	305.00
782.00	94126.83	41770.33	51354.50	1002.00	–	782.00	782.00
2118.00	43028.64	27056.04	15972.60	–	–	2118.00	2118.00

校　校　舍　情　况（二）

单位:平方米

积中:租借面积 租借公办的基础教育学校的校舍建筑面积	乡				村	校舍建筑面积中:租借面积	
	合计	框架结构	砖混结构	砖木结构	土木结构	计	租借公办的基础教育学校的校舍建筑面积
–	14087.52	9394.08	4693.44	–	–	–	–
–	–	–	–	–	–	–	–
–	–	–	–	–	–	–	–
–	5175.60	2679.05	2496.55	–	–	–	–
–	2657.87	1326.01	1331.86	–	–	–	–
–	1793.70	908.01	885.69	–	–	–	–
–	132.31	63.01	69.30	–	–	–	–
–	309.86	186.01	123.85	–	–	–	–
–	281.86	196.01	85.85	–	–	–	–
–	1488.76	1150.01	338.75	–	–	–	–
–	712.56	510.01	202.55	–	–	–	–
–	2919.58	2035.01	884.57	–	–	–	–
–	4503.58	3530.01	973.57	–	–	–	–

幼儿园、特殊教育学校

	占 地 面 积 （平方米）		
	计	其　中：	
		绿化用地 面　积	运动场地 面　积
幼 儿 园	**57928018.35**	**8843411.54**	**18931115.10**
城　　区	13436790.68	2105100.03	4753254.57
镇　　区	21769479.45	3279239.36	6930475.71
乡　　村	22721748.22	3459072.15	7247384.82
特殊教育	**1271601.55**	**214354.33**	**276233.56**
城　　区	606437.46	117638.76	125486.81
镇　　区	613466.07	87689.56	139652.74
乡　　村	51698.02	9026.01	11094.01

小 学 学 校 占 地 面 积

	占地面积(平方米)			图　书	计算机数（台）	
	合计	其　　中		（册）	计	其中:教
		绿化用地 面　积	运动场地 面　积			计
总　　计	**221564469.64**	**29000841.56**	**60198924.15**	**208825638**	**995116**	**843559**
城　　区	25531481.74	3609266.78	8463512.24	47977008	229254	193650
镇　　区	67200991.22	8536965.65	19256265.04	78196268	350890	302733
乡　　村	128831996.68	16854609.13	32479146.87	82652362	414972	347176

占地面积及其他办学条件

图书（册）	数字资源			
	电子图书（册）	电子期刊（册）	学位论文（册）	音视频（小时）
30283767	**2687106**	**295647**	**73268**	**4267511.79**
8970981	745841	122017	36404	1297747.11
11450822	1061376	119982	24760	1609947.74
9861964	879889	53648	12104	1359816.94
549727	**32520**	**728**	**230**	**15006.40**
306271	23803	459	172	7021.00
234323	8396	268	58	7327.40
9133	321	1	–	658.00

及其他办学条件(小学、教学点)

	教室（间）		教室中：普通教室（间）		固定资产总值（万元）		
学用计算机						其中：教学仪器设备资产值	
其中：平板电脑	计	其中：网络多媒体教室	计	其中：网络多媒体教室	计	计	其中：实验设备
51174	**420351**	**206778**	**361226**	**195946**	**8169380.72**	**913504.89**	**218875.29**
19035	65173	47887	55041	44523	1792117.53	232197.14	40622.89
15286	133423	74747	117228	71779	2973798.98	316019.08	77037.84
16853	221755	84144	188957	79644	3403464.21	365288.67	101214.56

中学学校占地面积及其他办学条件

	占地面积（平方米）			图　书	计算机数（台）	
	合计	其　中		（册）	计	其中：教学
		绿化用地面积	运动场地面积			计
总　　计	211291111.73	36194372.53	48735207.27	186810581	880600	738771
初　中	138475790.38	20754667.63	34783215.18	147302025	630958	531353
初级中学	99537033.81	14431536.75	25581394.00	115715474	482995	407207
九年一贯制学校	38938756.57	6323130.88	9201821.18	31586551	147963	124146
职业初中	－	－	－	－	－	－
高　中	72815321.35	15439704.90	13951992.09	39508556	249642	207418
完全中学	9597767.41	2012384.57	2192647.55	7847830	43425	36507
高级中学	52527853.88	11244082.58	10069624.70	27804615	178903	149276
十二年一贯制学校	10689700.06	2183237.75	1689719.84	3856111	27314	21635
城　区	54496330.16	10785769.69	13702868.85	55886010	295850	244210
初　中	28034566.49	4963261.01	8075492.40	38241185	185849	154179
初级中学	17473781.79	3114574.97	5213649.55	27522778	133784	110514
九年一贯制学校	10560784.70	1848686.04	2861842.85	10718407	52065	43665
职业初中	－	－	－	－	－	－
高　中	26461763.67	5822508.68	5627376.45	17644825	110001	90031
完全中学	3582802.65	784570.67	1085249.87	3853344	20839	17077
高级中学	19002062.18	4151700.21	3927860.42	12331021	78286	64402
十二年一贯制学校	3876898.84	886237.80	614266.16	1460460	10876	8552
镇　区	114704729.12	19278221.07	25753899.23	98451326	444862	377699
初　中	73310830.29	10700894.74	18225858.52	78293147	317347	270149
初级中学	53207778.88	7360618.74	13787991.35	62937350	246246	210284
九年一贯制学校	20103051.41	3340276.00	4437867.17	15355797	71101	59865
职业初中	－	－	－	－	－	－
高　中	41393898.83	8577326.33	7528040.71	20158179	127515	107550
完全中学	4975398.27	939448.29	940528.36	3400941	19455	16796
高级中学	30690666.22	6582500.11	5675911.62	14834193	94787	79983
十二年一贯制学校	5727834.34	1055377.93	911600.73	1923045	13273	10771
乡　村	42090052.45	6130381.77	9278439.19	32473245	139888	116862
初　中	37130393.60	5090511.88	8481864.26	30767693	127762	107025
初级中学	28855473.14	3956343.04	6579753.10	25255346	102965	86409
九年一贯制学校	8274920.46	1134168.84	1902111.16	5512347	24797	20616
职业初中	－	－	－	－	－	－
高　中	4959658.85	1039869.89	796574.93	1705552	12126	9837
完全中学	1039566.49	288365.61	166869.32	593545	3131	2634
高级中学	2835125.48	509882.26	465852.66	639401	5830	4891
十二年一贯制学校	1084966.88	241622.02	163852.95	472606	3165	2312

（初级中学、九年一贯制学校、完全中学、高级中学、十二年一贯制学校）

用计算机其中：平板电脑	教室（间）计	教室（间）其中：网络多媒体教室	教室中：普通教室（间）计	教室中：普通教室（间）其中：网络多媒体教室	固定资产总值（万元）计	其中：教学仪器设备资产值 计	其中：教学仪器设备资产值 其中：实验设备
61263	**253238**	**165397**	**217015**	**156101**	**12925307.86**	**1073573.45**	**356059.55**
42727	**178134**	**116417**	**151761**	**109834**	**7716444.55**	**705623.03**	**232235.54**
30511	116625	76846	97180	71919	4357537.99	462682.50	161807.61
12216	61509	39571	54581	37915	3358906.57	242940.53	70427.93
–	–	–	–	–	–	–	–
18536	**75104**	**48980**	**65254**	**46267**	**5208863.31**	**367950.42**	**123824.01**
6004	12342	8708	10703	8249	695716.64	52598.43	17450.43
10883	50330	32013	43795	30254	3555024.16	251758.75	84137.47
1649	12432	8259	10756	7764	958122.51	63593.24	22236.11
28075	**74054**	**52810**	**61912**	**49075**	**4085590.26**	**381537.71**	**119694.80**
19424	**45248**	**33005**	**37678**	**30554**	**2145497.73**	**227746.87**	**66522.75**
14693	26750	20075	21669	18363	1192923.33	143246.59	42739.78
4731	18498	12930	16009	12191	952574.40	84500.28	23782.97
–	–	–	–	–	–	–	–
8651	**28806**	**19805**	**24234**	**18521**	**1940092.53**	**153790.84**	**53172.05**
3041	5264	3859	4439	3590	245238.80	27934.75	8014.87
5139	19170	12828	16164	12028	1408148.82	105178.07	36938.40
471	4372	3118	3631	2903	286704.92	20678.02	8218.78
26739	**136189**	**87640**	**119492**	**83748**	**7029282.69**	**539779.21**	**180132.05**
18145	**94095**	**61285**	**81869**	**58551**	**4193275.73**	**350636.31**	**115819.27**
12312	62600	41369	53322	39236	2296058.01	225925.88	81515.86
5833	31495	19916	28547	19315	1897217.72	124710.44	34303.41
–	–	–	–	–	–	–	–
8594	**42094**	**26355**	**37623**	**25197**	**2836006.96**	**189142.90**	**64312.78**
2430	6379	4223	5633	4084	376281.69	19857.05	7397.10
5363	28862	17825	25918	17048	1882024.49	130961.51	43646.22
801	6853	4307	6072	4065	577700.78	38324.34	13269.46
6449	**42995**	**24947**	**35611**	**23278**	**1810434.91**	**152256.53**	**56232.70**
5158	**38791**	**22127**	**32214**	**20729**	**1377671.10**	**127239.85**	**49893.52**
3506	27275	15402	22189	14320	868556.65	93510.04	37551.97
1652	11516	6725	10025	6409	509114.45	33729.81	12341.55
–	–	–	–	–	–	–	–
1291	**4204**	**2820**	**3397**	**2549**	**432763.81**	**25016.68**	**6339.18**
533	699	626	631	575	74196.14	4806.63	2038.46
381	2298	1360	1713	1178	264850.85	15619.17	3552.85
377	1207	834	1053	796	93716.82	4590.89	747.87

小 学 学 校

	体育运动场 （馆）面积 达 标 校 数	体育器械 配备达标 校 数	音乐器材 配备达标 校 数	美术器材 配备达标 校 数
总　　计	**15066**	**16594**	**16515**	**16463**
城　　区	1514	1774	1771	1766
镇　　区	4105	4529	4521	4504
乡　　村	9447	10291	10223	10193

中 学 学 校 办 学 条 件

	体育运动场 （馆）面积 达 标 校 数	体育器械 配备达标 校 数	音乐器材 配备达标 校 数	美术器材 配备达标 校 数
总　　计	**4957**	**5302**	**5239**	**5216**
初级中学	3114	3373	3371	3354
九年一贯制学校	1037	1095	1071	1062
职业初中	—	—	—	—
完全中学	119	123	121	120
高级中学	563	582	551	553
十二年一贯制学校	124	129	125	127
城　　区	**1109**	**1218**	**1196**	**1188**
初级中学	504	574	573	566
九年一贯制学校	265	282	273	271
职业初中	—	—	—	—
完全中学	54	57	55	55
高级中学	239	257	249	249
十二年一贯制学校	47	48	46	47
镇　　区	**2451**	**2598**	**2565**	**2556**
初级中学	1537	1651	1649	1645
九年一贯制学校	499	525	517	511
职业初中	—	—	—	—
完全中学	58	59	59	58
高级中学	293	296	275	276
十二年一贯制学校	64	67	65	66
乡　　村	**1397**	**1486**	**1478**	**1472**
初级中学	1073	1148	1149	1143
九年一贯制学校	273	288	281	280
职业初中	—	—	—	—
完全中学	7	7	7	7
高级中学	31	29	27	28
十二年一贯制学校	13	14	14	14

办 学 条 件

单位:所

数学自然 实验仪器 达标校数	有校医院 （卫生室） 校　数	有 专 职 校医校数	有 专 职 保健人员 校　数	有心理 辅导室 校　数
16328	**6133**	**1155**	**1627**	**8877**
1731	1043	290	372	1450
4459	1888	434	573	2783
10138	3202	431	682	4644

（初级中学、九年一贯制学校、完全中学、高级中学、十二年一贯制学校）

单位:所

理科实验 仪器达标 校　数	有校医院 （卫生室） 校　数	有 专 职 校医校数	有 专 职 保健人员 校　数	有心理 辅导室 校　数	有预防艾滋病 教育和性教育 相 关 课 程 和 活 动 的 校 数
5240	**3397**	**1773**	**1737**	**4990**	**4934**
3391	1941	708	747	3205	3113
1056	735	432	459	967	1003
－	－	－	－	－	－
120	110	100	78	116	118
549	514	448	372	588	580
124	97	85	81	114	120
1189	**952**	**637**	**621**	**1202**	**1172**
579	432	237	234	582	554
267	201	125	142	264	268
－	－	－	－	－	－
55	50	44	39	55	54
243	231	198	174	258	251
45	38	33	32	43	45
2575	**1716**	**906**	**850**	**2431**	**2435**
1662	986	354	364	1562	1532
510	366	227	229	456	482
－	－	－	－	－	－
58	54	50	35	54	57
280	262	232	181	300	302
65	48	43	41	59	62
1476	**729**	**230**	**266**	**1357**	**1327**
1150	523	117	149	1061	1027
279	168	80	88	247	253
－	－	－	－	－	－
7	6	6	4	7	7
26	21	18	17	30	27
14	11	9	8	12	13

基 础 教 育 学 校

	按学校供水方式分			按学校厕所情况分		
	自备水源	网管供水	无水源	卫生厕所	非卫生厕所	无厕所
总　　计	**10980**	**36647**	**103**	**44332**	**3197**	**201**
幼儿园	4640	19579	55	23236	922	116
小　　学	4642	13018	27	15602	2040	45
初级中学	1133	2358	10	3320	159	22
九年一贯制学校	314	875	5	1119	67	8
职业初中	–	–	–	–	–	–
完全中学	27	104	1	130	–	2
高级中学	163	491	5	647	5	7
十二年一贯制学校	36	98	–	132	1	1
特殊教育	25	124	–	146	3	–
工读学校	–	–	–	–	–	–

基 础 教 育 学 校

	按学校供水方式分			按学校厕所情况分		
	自备水源	网管供水	无水源	卫生厕所	非卫生厕所	无厕所
总　　计	**779**	**7585**	**52**	**8250**	**86**	**80**
幼儿园	339	4781	24	5077	27	40
小　　学	256	1629	16	1836	44	21
初级中学	81	525	7	596	6	11
九年一贯制学校	45	260	1	298	6	2
职业初中	–	–	–	–	–	–
完全中学	8	52	1	60	–	1
高级中学	31	244	3	272	1	5
十二年一贯制学校	13	36	–	49	–	–
特殊教育	6	58	–	62	2	–
工读学校	–	–	–	–	–	–

卫生、通电情况（总计）

单位：所

洗 手 设 施			通电	校 园 足 球 场（个）			
有水和肥皂	只有水	既没有水也没有肥皂		计	11人制足球场	7人制足球场	5人制足球场
41324	**6090**	**316**	**47615**	**8760**	**1514**	**2071**	**5175**
22766	1342	166	24212	–	–	–	–
14146	3440	101	17658	5165	265	931	3969
2650	824	27	3489	2030	522	756	752
941	241	12	1188	761	246	222	293
–	–	–	–	–	–	–	–
106	24	2	131	130	65	32	33
474	180	5	654	545	346	94	105
106	26	2	134	129	70	36	23
135	13	1	149	–	–	–	–
–	–	–	–	–	–	–	–

卫生、通电情况（城区）

单位：所

洗 手 设 施			通电	校 园 足 球 场（个）			
有水和肥皂	只有水	既没有水也没有肥皂		计	11人制足球场	7人制足球场	5人制足球场
7802	**522**	**92**	**8361**	**2174**	**466**	**618**	**1090**
5032	69	43	5119	–	–	–	–
1639	231	31	1883	1077	74	279	724
504	97	12	606	469	121	174	174
243	61	2	305	261	81	81	99
–	–	–	–	–	–	–	–
54	6	1	60	71	28	19	24
229	46	3	275	247	141	48	58
39	10	–	49	49	21	17	11
62	2	–	64	–	–	–	–
–	–	–	–	–	–	–	–

基 础 教 育 学 校

	按学校供水方式分			按学校厕所情况分		
	自备水源	网管供水	无水源	卫生厕所	非卫生厕所	无厕所
总　　计	**3812**	**12548**	**21**	**15618**	**693**	**70**
幼 儿 园	1629	7051	13	8419	231	43
小　　学	1239	3614	2	4479	365	11
初级中学	617	1089	1	1633	67	7
九年一贯制学校	150	415	3	538	25	5
职业初中	–	–	–	–	–	–
完全中学	18	46	–	63	–	1
高级中学	122	219	2	338	3	2
十二年一贯制学校	20	51	–	69	1	1
特殊教育	17	63	–	79	1	–
工读学校	–	–	–	–	–	–

基 础 教 育 学 校

	按学校供水方式分			按学校厕所情况分		
	自备水源	网管供水	无水源	卫生厕所	非卫生厕所	无厕所
总　　计	**6389**	**16514**	**30**	**20464**	**2418**	**51**
幼 儿 园	2672	7747	18	9740	664	33
小　　学	3147	7775	9	9287	1631	13
初级中学	435	744	2	1091	86	4
九年一贯制学校	119	200	1	283	36	1
职业初中	–	–	–	–	–	–
完全中学	1	6	–	7	–	–
高级中学	10	28	–	37	1	–
十二年一贯制学校	3	11	–	14	–	–
特殊教育	2	3	–	5	–	–
工读学校	–	–	–	–	–	–

卫 生 、通 电 情 况 (镇区)

单位:所

洗 手 设 施			通电	校 园 足 球 场(个)			
有水和肥皂	只有水	既没有水也没有肥皂		计	11人制足球场	7人制足球场	5人制足球场
14180	**2121**	**80**	**16353**	**3476**	**797**	**935**	**1744**
8188	466	39	8677	–	–	–	–
3910	926	19	4851	1716	126	379	1211
1255	443	9	1705	1025	284	390	351
435	126	7	564	349	126	97	126
–	–	–	–	–	–	–	–
45	18	1	64	50	32	11	7
221	120	2	341	269	187	42	40
57	12	2	71	67	42	16	9
69	10	1	80	–	–	–	–
–	–	–	–	–	–	–	–

卫 生 、通 电 情 况 (乡村)

单位:所

洗 手 设 施			通电	校 园 足 球 场(个)			
有水和肥皂	只有水	既没有水也没有肥皂		计	11人制足球场	7人制足球场	5人制足球场
19342	**3447**	**144**	**22901**	**3110**	**251**	**518**	**2341**
9546	807	84	10416	–	–	–	–
8597	2283	51	10924	2372	65	273	2034
891	284	6	1178	536	117	192	227
263	54	3	319	151	39	44	68
–	–	–	–	–	–	–	–
7	–	–	7	9	5	2	2
24	14	–	38	29	18	4	7
10	4	–	14	13	7	3	3
4	1	–	5	–	–	–	–
–	–	–	–	–	–	–	–

小 学 学 校 信 息

	建立校园网校数（所）	接 入 互 联 网 校 数（所）				
		计	按 接 入 方 式 分			
			拨号	ADSL	光纤	无线
总　计	7216	17605	–	–	17509	96
城　区	883	1874	–	–	1863	11
镇　区	2069	4832	–	–	4809	23
乡　村	4264	10899	–	–	10837	62

化 建 设 情 况 (小学、教学点)

其它	接入互联网出口带宽（Mbps）	数 字 资 源 量				接受过信息技术相关培训的专任教师（人次）	信息化工作人员数（人）
		电子图书（册）	电子期刊（册）	学位论文（册）	音视频（小时）		
—	4286039	6049906	223141	18554	4301522.67	219760	26170
—	393785	1904327	39562	3543	775127.70	64854	3327
—	1012452	1821106	80379	5576	1194082.48	75733	7247
—	2879802	2324473	103200	9435	2332312.49	79173	15596

中学学校信息化建设情况

	建立校园网校数（所）	接入互联网校数（所）				
		计	按接入方式分			
			拨号	ADSL	光纤	无线
总　计	**3019**	**5571**	**－**	**－**	**5535**	**36**
初　中	2376	4659	－	－	4634	25
初级中学	1734	3474	－	－	3459	15
九年一贯制学校	642	1185	－	－	1175	10
职业初中	－	－	－	－	－	－
高　中	643	912	－	－	901	11
完全中学	93	131	－	－	131	－
高级中学	458	649	－	－	639	10
十二年一贯制学校	92	132	－	－	131	1
城　区	**842**	**1286**	**－**	**－**	**1271**	**15**
初　中	555	904	－	－	896	8
初级中学	372	600	－	－	596	4
九年一贯制学校	183	304	－	－	300	4
职业初中	－	－	－	－	－	－
高　中	287	382	－	－	375	7
完全中学	40	60	－	－	60	－
高级中学	212	273	－	－	266	7
十二年一贯制学校	35	49	－	－	49	－
镇　区	**1487**	**2735**	**－**	**－**	**2720**	**15**
初　中	1167	2263	－	－	2252	11
初级中学	854	1700	－	－	1693	7
九年一贯制学校	313	563	－	－	559	4
职业初中	－	－	－	－	－	－
高　中	320	472	－	－	468	4
完全中学	47	64	－	－	64	－
高级中学	224	339	－	－	336	3
十二年一贯制学校	49	69	－	－	68	1
乡　村	**690**	**1550**	**－**	**－**	**1544**	**6**
初　中	654	1492	－	－	1486	6
初级中学	508	1174	－	－	1170	4
九年一贯制学校	146	318	－	－	316	2
职业初中	－	－	－	－	－	－
高　中	36	58	－	－	58	－
完全中学	6	7	－	－	7	－
高级中学	22	37	－	－	37	－
十二年一贯制学校	8	14	－	－	14	－

（初级中学、九年一贯制学校、完全中学、高级中学、十二年一贯制学校）

其它	接入互联网出口带宽（Mbps）	数字资源量				接受过信息技术相关培训的专任教师（人次）	信息化工作人员数（人）
		电子图书（册）	电子期刊（册）	学位论文（册）	音视频（小时）		
–	1101558	5981450	224306	14202	2420893.76	240635	14618
–	906537	3557616	139928	10079	1801134.32	171170	10341
–	679234	2563435	107322	7661	1430916.72	130903	7295
–	227303	994181	32606	2418	370217.60	40267	3046
–	–	–	–	–	–	–	–
–	195021	2423834	84378	4123	619759.44	69465	4277
–	25065	438777	7775	305	77453.00	10692	634
–	146911	1631103	63301	3411	489736.69	55170	3114
–	23045	353954	13302	407	52569.75	3603	529
–	281175	3580642	103344	5469	811321.10	81114	4405
–	194555	1970790	44764	2205	498741.32	51271	2631
–	130454	1377732	36127	1860	366108.32	38742	1756
–	64101	593058	8637	345	132633.00	12529	875
–	–	–	–	–	–	–	–
–	86620	1609852	58580	3264	312579.78	29843	1774
–	11840	363518	5210	227	40790.00	6016	287
–	65180	1092347	45692	2768	255483.53	22770	1291
–	9600	153987	7678	269	16306.25	1057	196
–	530841	1895942	101015	6108	1164034.16	123483	7560
–	435710	1168024	75872	5253	876601.50	87724	5264
–	332699	916239	56239	3573	719937.90	66139	3737
–	103011	251785	19633	1680	156663.60	21585	1527
–	–	–	–	–	–	–	–
–	95131	727918	25143	855	287432.66	35759	2296
–	11125	68903	2405	78	27301.00	4001	299
–	72781	529563	17550	639	225694.16	29764	1723
–	11225	129452	5188	138	34437.50	1994	274
–	289542	504866	19947	2625	445538.50	36038	2653
–	276272	418802	19292	2621	425791.50	32175	2446
–	216081	269464	14956	2228	344870.50	26022	1802
–	60191	149338	4336	393	80921.00	6153	644
–	–	–	–	–	–	–	–
–	13270	86064	655	4	19747.00	3863	207
–	2100	6356	160	–	9362.00	675	48
–	8950	9193	59	4	8559.00	2636	100
–	2220	70515	436	–	1826.00	552	59

附　设　班

	校 数 （所）	班 数 （个）	毕业生数	入班人数	在园人数
附设幼儿班情况	12322	22617	268929	181920	444160
附设小学班情况	374	1541	37602	3206	63303
附设普通初中班情况	19	213	2792	3174	10263
附设普通高中班情况	26	396	7157	6789	19054
附设特教班情况	1	－	2	－	－

成　人　中、小　学

	合　计	教学班 （点） （个）	毕（结）业生数	
			计	其中：女
一、成人中学	**67**	**182**	**41722**	**18820**
其中:少数民族	－	－	－	－
（一）职工中学	－	－	－	－
高　　中	－	－	－	－
初　　中	－	－	－	－
（二）农民中学	67	182	41722	18820
高　　中	－	－	－	－
初　　中	67	182	41722	18820
二、成人小学	**322**	**322**	**12621**	**5427**
其中:少数民族	－	－	－	－
职工小学	－	－	－	－
农民小学	322	322	12621	5427
小　学　班	302	302	12621	5427
扫　盲　班	20	20	－	－

情　况

	专　任　教　师				
合计	研究生毕业	本科毕业	专科毕业	高中阶段毕业	高中阶段毕业以下
20938	16	2263	11441	7211	7
2516	7	1659	837	13	–
970	38	867	65	–	–
648	69	554	23	2	–
–	–	–	–	–	–

基　本　情　况

单位：人次

注册学生数		教职工数		专任教师		聘请校外教师
计	其中:女	计	其中:女	计	其中:女	
34131	**16199**	**784**	**542**	**588**	**434**	**358**
–	–	–	–	–	–	–
–	–	–	–	–	–	–
–	–	–	–	–	–	–
–	–	–	–	–	–	–
34131	16199	784	542	588	434	358
–	–	–	–	–	–	–
34131	16199	784	542	588	434	358
21028	**10356**	**452**	**280**	**427**	**272**	**451**
–	–	–	–	–	–	–
–	–	–	–	–	–	–
21028	10356	452	280	427	272	451
18172	8728	374	237	354	233	348
2856	1628	78	43	73	39	103

五、各省辖市直管县
教育基本情况

小 学 基 本

省辖市直管县	校数(所)			教学点数(个)	乡镇中心小学校数	班数(个)	毕业生数	招生数	
	计	公办	民办					计	其中:受过学前教育
河南省	17687	15793	1894	13307	3114	286260	1541747	1659936	1658979
郑州市	894	824	70	130	104	20559	140629	170376	170135
开封市	637	556	81	666	89	12174	63231	66456	66429
洛阳市	764	717	47	1043	140	17382	94267	104577	104526
平顶山市	777	685	92	701	233	11574	63065	65025	64991
安阳市	940	894	46	318	179	12892	76293	71522	71499
鹤壁市	302	269	33	156	78	4400	24859	23325	23318
新乡市	1045	969	76	483	165	15109	79109	84601	84571
焦作市	514	485	29	142	136	7765	41641	46710	46682
濮阳市	768	643	125	347	168	12111	70109	72944	72919
许昌市	813	664	149	346	191	11815	67134	67632	67631
漯河市	445	424	21	103	52	5790	33187	34129	34119
三门峡市	232	227	5	317	64	4317	25617	26334	26329
南阳市	1477	1302	175	2455	460	29881	174886	151195	151049
商丘市	1534	1387	147	801	166	21701	91024	132366	132352
信阳市	856	801	55	1228	202	16114	76008	87731	87712
周口市	1639	1326	313	1834	136	25944	127853	148487	148330
驻马店市	1683	1551	132	910	154	21466	101675	108818	108787
济源示范区	91	91	–	25	23	1463	8885	10381	10362
巩义市	72	71	1	41	17	1332	9092	9192	9192
兰考县	171	160	11	62	9	2706	12663	15996	15987
汝州市	380	353	27	65	20	3687	19135	19021	19015
滑县	296	270	26	175	26	4168	24776	23284	23271
长垣市	226	221	5	17	72	2694	12542	17628	17627
邓州市	183	168	15	425	139	5089	29817	24111	24109
永城市	326	282	44	13	19	4121	23773	25250	25220
固始县	180	153	27	137	30	3394	20045	18801	18786
鹿邑县	194	133	61	189	19	3235	14595	17673	17660
新蔡县	248	167	81	178	23	3377	15837	16371	16371

注:本表直管县单列,下同。

情　　况（总计）

在校学生数		预计毕业学生	教职工（按办学类型）				教小学学生的专任教师	代课教师	兼任教师
					其中：专任教师				
计	其中：寄宿生		计	其中：女	计	其中：女			
10215856	**1898405**	**1657567**	**553975**	**408015**	**523856**	**392594**	**586578**	**28220**	**2051**
948181	112058	144463	46674	38161	44477	36745	49531	5833	113
416576	82971	67513	23948	17587	21462	16313	23926	1126	37
618865	119214	100448	30523	22284	29476	21788	34006	2475	6
423992	92368	74729	22756	17267	21726	16730	23839	1297	42
467208	42074	80473	22092	17049	21047	16724	23431	1439	228
154501	25057	26500	8445	6425	7621	5900	8160	845	101
544573	75731	91545	25282	19856	24169	19196	27559	2310	207
280119	56836	44309	16274	12520	15488	12106	18350	382	8
436653	60191	59208	23754	18102	22128	17305	24564	441	162
428215	118005	67365	24553	18237	22375	16807	26287	210	1
210514	45230	35143	10577	7649	9756	7326	11647	502	1
158780	35012	27402	9754	7080	9478	6978	10604	261	10
1019564	219137	178285	52472	37753	50949	37006	57790	2949	202
729543	117709	106654	42330	28585	39003	27351	43778	216	66
559582	54753	94067	33692	23818	32627	23511	35662	1358	25
870007	298168	132896	52599	36774	50070	35230	56838	250	414
710395	117389	119618	43068	31387	40953	30262	43640	1012	84
58334	4786	9521	2556	1851	2489	1844	2853	25	1
55467	9401	9111	3414	2687	3286	2622	3716	–	–
91880	15788	14395	5035	3957	4899	3905	5075	5	–
125261	25245	21677	5398	4029	5035	3836	5472	856	–
158359	27084	28411	7402	5655	6779	5237	7104	2115	4
104478	21289	15740	5042	4422	4635	4123	5462	698	27
165213	37765	29131	7980	5422	7671	5274	8339	1378	312
157037	27155	25842	8230	5751	7326	5382	7436	82	–
119956	5949	21343	7709	5436	7438	5328	7867	155	–
100847	28578	15672	5957	4058	5778	3956	7123	–	–
101756	23462	16106	6459	4213	5715	3809	6519	–	–

小 学 基 本

省辖市直管县	校数（所）			教学点数（个）	乡镇中心小学校数	班数（个）	毕业生数	招生数	
	计	公办	民办					计	其中：受过学前教育
河 南 省	1901	1703	198	236	211	57043	390984	454933	454608
郑 州 市	344	302	42	3	14	10991	80348	97738	97634
开 封 市	104	97	7	14	7	2683	15651	19988	19987
洛 阳 市	142	135	7	22	14	3968	25838	32552	32535
平顶山市	93	87	6	20	7	2234	13788	17761	17741
安 阳 市	127	113	14	6	14	3804	26126	28914	28912
鹤 壁 市	46	46	－	3	15	1163	9054	8265	8264
新 乡 市	148	142	6	5	8	3607	22915	28362	28362
焦 作 市	74	71	3	14	15	2081	14262	17276	17251
濮 阳 市	33	31	2	7	4	1557	13565	15190	15189
许 昌 市	151	125	26	23	29	3915	25242	28757	28756
漯 河 市	54	49	5	2	7	1716	10694	13453	13450
三门峡市	61	59	2	6	8	1625	10668	12768	12766
南 阳 市	48	44	4	10	2	2394	18787	18968	18868
商 丘 市	73	65	8	5	10	1968	11745	16109	16109
信 阳 市	49	44	5	16	10	1788	10676	14793	14793
周 口 市	99	72	27	54	8	3544	28058	23614	23573
驻马店市	36	35	1	－	2	1345	8713	10185	10182
济源示范区	27	27	－	2	3	858	5949	7536	7532
巩 义 市	20	19	1	5	3	575	4113	4960	4960
兰 考 县	－	－	－	－	－	－	－	－	－
汝 州 市	38	30	8	1	6	975	6359	7196	7196
滑 县	－	－	－	－	－	－	－	－	－
长 垣 市	56	52	4	1	13	1329	7587	10472	10472
邓 州 市	31	26	5	16	9	1239	9214	8283	8283
永 城 市	47	32	15	1	3	1684	11632	11793	11793
固 始 县	－	－	－	－	－	－	－	－	－
鹿 邑 县	－	－	－	－	－	－	－	－	－
新 蔡 县	－	－	－	－	－	－	－	－	－

情　况（城区）

在校学生数		预计毕业学生	教职工（按办学类型）				教小学学生的专任教师	代课教师	兼任教师
计	其中：寄宿生		计	其中：女	其中:专任教师 计	其中：女			
2672101	**264428**	**410478**	**119772**	**99448**	**113518**	**95783**	**132780**	**8397**	**830**
543014	35750	82080	27728	23656	26325	22700	29394	1970	109
114966	9908	17588	5283	4298	4990	4152	5608	698	25
178880	13723	26735	7806	6600	7531	6433	8862	1189	1
103464	5469	16094	5118	4080	4994	4033	5459	222	–
174316	11993	28427	7096	6010	6812	5863	8126	648	213
54516	2597	9344	2735	2132	2585	2079	2727	49	98
170397	7591	27405	6307	5286	6088	5140	6848	1250	179
97825	9150	14846	4623	3700	4471	3623	5359	18	–
75392	3233	1857	2390	1978	2206	1863	3137	117	4
174058	37844	25734	6956	5791	6483	5510	9333	208	–
77090	7186	11965	3162	2592	2968	2502	3495	225	–
73934	7189	11457	4287	3498	4182	3446	4591	136	4
119134	4971	18893	4377	3534	4127	3350	4729	644	–
90225	5462	13623	4716	3688	4257	3496	4608	57	15
88382	2560	14340	4175	3542	4097	3501	4525	35	–
166244	48332	29632	6226	5039	5795	4777	8009	73	155
62353	332	9834	3203	2658	3144	2642	3355	170	–
40888	1108	6301	1426	1186	1411	1183	1728	18	–
27743	2975	4192	1477	1264	1414	1218	1819	–	–
–	–	–	–	–	–	–	–	–	–
44179	7881	7315	2137	1773	1933	1655	2090	99	–
–	–	–	–	–	–	–	–	–	–
61155	15350	9424	2204	2014	1880	1756	2573	447	27
55807	8998	10104	2364	1919	2295	1891	2795	124	–
78139	14826	13288	3976	3210	3530	2970	3610	–	–
–	–	–	–	–	–	–	–	–	–
–	–	–	–	–	–	–	–	–	–
–	–	–	–	–	–	–	–	–	–

小 学 基 本

省辖市直管县	校数(所)			教学点数(个)	乡镇中心小学校数	班数(个)	毕业生数	招生数	
	计	公办	民办					计	其中:受过学前教育
河 南 省	4855	4124	731	1757	1422	104957	679604	670338	670107
郑 州 市	223	206	17	16	54	5278	34833	44606	44537
开 封 市	157	127	30	135	35	3945	25510	23221	23196
洛 阳 市	300	278	22	116	96	7775	49068	52010	51987
平顶山市	211	180	31	73	74	4042	26956	25213	25211
安 阳 市	209	200	9	38	59	3786	25695	23127	23116
鹤 壁 市	82	70	12	29	33	1631	10200	10409	10409
新 乡 市	251	218	33	59	69	4587	26356	28765	28754
焦 作 市	178	163	15	19	55	3344	18918	21069	21069
濮 阳 市	242	194	48	58	60	5171	33578	33916	33905
许 昌 市	197	156	41	60	61	3101	19443	17249	17249
漯 河 市	109	101	8	14	31	1807	13504	10315	10312
三门峡市	73	71	2	26	31	1360	10074	9169	9169
南 阳 市	603	513	90	328	248	14994	114173	88613	88603
商 丘 市	407	336	71	134	66	8664	45795	56492	56489
信 阳 市	224	198	26	88	94	6267	37323	45127	45121
周 口 市	425	322	103	353	81	8871	55972	53553	53525
驻马店市	369	312	57	58	100	8558	56026	54007	53999
济源示范区	26	26	–	3	12	336	1931	2107	2102
巩 义 市	37	37	–	12	13	547	3998	3273	3273
兰 考 县	69	61	8	24	6	1565	7885	9778	9778
汝 州 市	58	52	6	4	9	667	4236	3802	3800
滑 县	66	51	15	13	21	1663	11678	11137	11131
长 垣 市	36	36	–	2	18	378	1958	2238	2238
邓 州 市	47	40	7	33	37	1068	8881	5305	5305
永 城 市	65	53	12	2	14	839	5221	5740	5739
固 始 县	69	53	16	9	19	1820	12528	13359	13353
鹿 邑 县	66	42	24	29	13	1627	10341	8855	8854
新 蔡 县	56	28	28	22	13	1266	7523	7883	7883

情　况（镇区）

| 在校学生数 | | 预计毕业学生 | 教职工（按办学类型） | | | | 教小学学生的专任教师 | 代课教师 | 兼任教师 |
| 计 | 其中：寄宿生 | | 计 | 其中：女 | 其中：专任教师 | | | | |
					计	其中：女			
4299095	**956571**	**750138**	**206625**	**161822**	**194049**	**155016**	**226885**	**9285**	**717**
248023	41717	37437	10904	8750	10343	8386	11154	2577	–
146127	35971	25457	7540	5864	6679	5394	8274	258	1
317164	72124	53696	14020	10668	13585	10481	16370	877	5
174121	40414	33104	8284	6733	7760	6414	9010	522	26
152069	16380	27420	6670	5345	6363	5280	6976	421	–
67538	13309	11353	3227	2641	2771	2292	3083	209	1
182265	31531	30236	8630	7174	8124	6849	9418	398	20
129156	34352	20685	6778	5503	6354	5243	8020	172	1
207810	31815	33808	11022	8748	10195	8357	11488	154	108
116109	36993	19183	7162	5688	6366	5124	6872	–	–
70722	19253	13740	3016	2288	2787	2176	3728	57	–
56704	12827	10745	3167	2340	3101	2325	3447	103	6
622133	154312	118473	27541	21512	26749	21112	32351	1124	114
340958	81947	55327	16514	12432	14977	11728	18681	76	14
281547	25608	47706	13212	10120	12740	9947	14633	472	1
340983	117388	57901	17796	13684	16776	13084	20206	78	246
370952	85625	69781	17733	14285	16691	13694	18983	280	53
12371	2187	2170	645	400	620	398	654	3	–
22085	4964	4022	1495	1144	1442	1128	1442	–	–
57340	13119	9392	2817	2333	2711	2294	2887	–	–
26327	5365	4863	1038	820	953	774	953	207	–
75367	17765	13462	3327	2757	2920	2480	3205	889	1
14044	3364	2330	752	643	740	639	859	59	–
41070	16327	8837	2109	1541	1944	1431	2072	188	120
32847	5622	5772	1428	1017	1275	967	1275	24	–
81593	2641	13887	4597	3503	4385	3415	4538	137	–
60959	20467	11176	2829	2194	2743	2144	3729	–	–
50711	13184	8175	2372	1695	1955	1460	2577	–	–

小 学 基 本

省辖市直管县	校数（所）			教学点数（个）	乡镇中心小学校数	班数（个）	毕业生数	招生数	
	计	公办	民办					计	其中：受过学前教育
河南省	10931	9966	965	11314	1481	124260	471159	534665	534264
郑州市	327	316	11	111	36	4290	25448	28032	27964
开封市	376	332	44	517	47	5546	22070	23247	23246
洛阳市	322	304	18	905	30	5639	19361	20015	20004
平顶山市	473	418	55	608	152	5298	22321	22051	22039
安阳市	604	581	23	274	106	5302	24472	19481	19471
鹤壁市	174	153	21	124	30	1606	5605	4651	4645
新乡市	646	609	37	419	88	6915	29838	27474	27455
焦作市	262	251	11	109	66	2340	8461	8365	8362
濮阳市	493	418	75	282	104	5383	22966	23838	23825
许昌市	465	383	82	263	101	4799	22449	21626	21626
漯河市	282	274	8	87	14	2267	8989	10361	10357
三门峡市	98	97	1	285	25	1332	4875	4397	4394
南阳市	826	745	81	2117	210	12493	41926	43614	43578
商丘市	1054	986	68	662	90	11069	33484	59765	59754
信阳市	583	559	24	1124	98	8059	28009	27811	27798
周口市	1115	932	183	1427	47	13529	43823	71320	71232
驻马店市	1278	1204	74	852	52	11563	36936	44626	44606
济源示范区	38	38	–	20	8	269	1005	738	728
巩义市	15	15	–	24	1	210	981	959	959
兰考县	102	99	3	38	3	1141	4778	6218	6209
汝州市	284	271	13	60	5	2045	8540	8023	8019
滑县	230	219	11	162	5	2505	13098	12147	12140
长垣市	134	133	1	14	41	987	2997	4918	4917
邓州市	105	102	3	376	93	2782	11722	10523	10521
永城市	214	197	17	10	2	1598	6920	7717	7688
固始县	111	100	11	128	11	1574	7517	5442	5433
鹿邑县	128	91	37	160	6	1608	4254	8818	8806
新蔡县	192	139	53	156	10	2111	8314	8488	8488

情　况（乡村）

在校学生数		预计毕业学生	教职工（按办学类型）				教小学学生的专任教师	代课教师	兼任教师
计	其中:寄宿生		计	其中:女	其中:专任教师 计	其中:女			
3244660	**677406**	**496951**	**227578**	**146745**	**216289**	**141795**	**226913**	**10538**	**504**
157144	34591	24946	8042	5755	7809	5659	8983	1286	4
155483	37092	24468	11125	7425	9793	6767	10044	170	11
122821	33367	20017	8697	5016	8360	4874	8774	409	–
146407	46485	25531	9354	6454	8972	6283	9370	553	16
140823	13701	24626	8326	5694	7872	5581	8329	370	15
32447	9151	5803	2483	1652	2265	1529	2350	587	2
191911	36609	33904	10345	7396	9957	7207	11293	662	8
53138	13334	8778	4873	3317	4663	3240	4971	192	7
153451	25143	23543	10342	7376	9727	7085	9939	170	50
138048	43168	22448	10435	6758	9526	6173	10082	2	1
62702	18791	9438	4399	2769	4001	2648	4424	220	1
28142	14996	5200	2300	1242	2195	1207	2566	22	–
278297	59854	40919	20554	12707	20073	12544	20710	1181	88
298360	30300	37704	21100	12465	19769	12127	20489	83	37
189653	26585	32021	16305	10156	15790	10063	16504	851	24
362780	132448	45363	28577	18051	27499	17369	28623	99	13
277090	31432	40003	22132	14444	21118	13926	21302	562	31
5075	1491	1050	485	265	458	263	471	4	1
5639	1462	897	442	279	430	276	455	–	–
34540	2669	5003	2218	1624	2188	1611	2188	5	–
54755	11999	9499	2223	1436	2149	1407	2429	550	–
82992	9319	14949	4075	2898	3859	2757	3899	1226	3
29279	2575	3986	2086	1765	2015	1728	2030	192	–
68336	12440	10190	3507	1962	3432	1952	3472	1066	192
46051	6707	6782	2826	1524	2521	1445	2551	58	–
38363	3308	7456	3112	1933	3053	1913	3329	18	–
39888	8111	4496	3128	1864	3035	1812	3394	–	–
51045	10278	7931	4087	2518	3760	2349	3942	–	–

初 中 基 本

省辖市直管县	校数（所）			班数（个）	毕业生数	招生数	在 校		
	计	公办	民办				计	其中：寄宿生	一年级
河 南 省	4695	3754	941	97512	1484618	1540534	4721421	3137462	1540545
郑 州 市	366	272	94	8670	130107	144132	423395	239628	144140
开 封 市	173	131	42	3913	61061	61536	184324	135598	61536
洛 阳 市	323	256	67	6173	90873	93394	284155	174283	93395
平顶山市	179	149	30	4038	65922	61998	203607	132678	61998
安 阳 市	220	188	32	4669	69782	75218	225793	117702	75218
鹤 壁 市	63	53	10	1458	25626	25197	71252	41269	25197
新 乡 市	296	242	54	5437	82623	78458	257825	151125	78458
焦 作 市	186	145	41	2701	37293	40958	119808	68264	40958
濮 阳 市	158	139	19	4209	58451	68783	204471	109486	68783
许 昌 市	206	145	61	4141	65437	66099	206275	162907	66099
漯 河 市	107	100	7	2061	32431	33806	102054	68398	33806
三门峡市	117	104	13	1629	21732	24589	73824	51292	24589
南 阳 市	405	344	61	10779	152880	177079	530109	373237	177079
商 丘 市	363	296	67	5987	86760	90902	281485	184194	90902
信 阳 市	276	238	38	5512	91944	76830	272681	154649	76830
周 口 市	431	290	141	7968	131137	130303	395468	329823	130303
驻马店市	272	234	38	6580	102515	102864	321395	216758	102864
济源示范区	32	29	3	559	8248	8681	24850	9142	8683
巩 义 市	27	25	2	500	8010	9073	25249	18507	9073
兰 考 县	56	41	15	797	12412	12727	35886	31780	12727
汝 州 市	59	48	11	1066	16391	18594	52762	47553	18594
滑 县	53	45	8	1274	18681	23180	63643	55673	23180
长 垣 市	39	32	7	940	16163	13494	46686	46384	13494
邓 州 市	67	58	9	1675	25454	27623	82614	63094	27623
永 城 市	61	46	15	1520	22216	24696	77699	44880	24696
固 始 县	57	45	12	1337	22312	20381	65295	39945	20381
鹿 邑 县	55	30	25	878	13294	13587	40240	28683	13587
新 蔡 县	48	29	19	1041	14863	16352	48576	40530	16352

情　况（总计）

学生数			预计毕业生数	教职工（按办学类型）				教初中学生的专任教师	代课教师	兼任教师
分年级				计	其中:女	其中:专任教师				
二年级	三年级	四年级				计	其中:女			
1579443	**1585312**	**16121**	**1584060**	**416251**	**278269**	**378211**	**259035**	**340500**	**8574**	**1798**
142548	136707	–	136707	38157	26544	33485	24426	30112	1994	255
60885	61903	–	61903	16037	11013	14183	9998	12685	315	12
96542	94218	–	94218	26140	17407	23954	16255	21835	542	244
70015	71594	–	71594	16559	11251	15079	10532	13352	690	20
74320	76255	–	76255	17709	12052	15827	11127	14380	357	–
19794	26261	–	26261	5422	3553	4982	3366	4982	119	–
86588	92779	–	92779	19945	13570	18243	12672	17421	1096	81
39957	38893	–	38893	13746	9679	12401	8945	10392	91	4
59179	64033	12476	62803	16945	11983	15457	11311	14563	656	16
70459	69717	–	69717	19287	13214	17496	12286	14937	104	–
33496	34752	–	34752	9972	6812	9203	6464	7503	291	–
22985	22605	3645	22583	8328	5273	7585	4894	6901	81	60
178991	174039	–	174039	42188	28878	39431	27327	35183	671	161
98592	91991	–	91991	29281	18491	25159	16275	22074	54	4
97890	97961	–	97961	25382	14890	23512	14096	21574	403	65
133346	131819	–	131819	37762	25831	34508	24027	29003	50	756
107908	110623	–	110623	27153	17290	25388	16487	24321	140	21
7860	8307	–	8307	2569	1704	2363	1597	1999	2	4
8164	8012	–	8012	3089	2271	2885	2152	2455	–	–
10261	12898	–	12898	3182	2248	3038	2183	2862	–	–
16708	17460	–	17460	4366	3096	3921	2830	3575	78	–
19466	20997	–	20997	4010	2926	3768	2782	3811	267	–
16476	16716	–	16716	3615	2813	3218	2583	3063	150	15
27785	27206	–	27206	6907	4695	6372	4380	5830	416	78
26766	26237	–	26237	4951	2965	4407	2768	4297	5	–
22697	22217	–	22217	5137	2672	4898	2587	5071	2	–
13302	13351	–	13351	4635	3019	4175	2805	3322	–	2
16463	15761	–	15761	3777	2129	3273	1880	2997	–	–

初 中 基 本

省辖市直管县	校数(所)			班数(个)	毕业生数	招生数	在 校		
	计	公办	民办				计	其中:寄宿生	一年级
河南省	919	695	224	23704	353481	386552	1175941	458877	386558
郑 州 市	188	128	60	4730	66735	76482	228636	90528	76488
开 封 市	34	27	7	1117	16625	16678	51066	30159	16678
洛 阳 市	60	48	12	1429	20884	21690	65728	17313	21690
平顶山市	41	34	7	885	14092	14298	44364	9634	14298
安 阳 市	61	48	13	1428	21797	23525	69679	13029	23525
鹤 壁 市	20	20	–	543	9725	9115	27537	7206	9115
新 乡 市	48	40	8	1169	16558	17911	59711	13767	17911
焦 作 市	47	33	14	855	12635	13646	40169	12401	13646
濮 阳 市	30	29	1	1038	12919	15296	53213	10121	15296
许 昌 市	83	54	29	1556	23818	25844	78120	46372	25844
漯 河 市	28	26	2	711	11653	12422	36444	11024	12422
三门峡市	32	23	9	620	8951	9927	28495	17208	9927
南 阳 市	23	20	3	1138	17514	19510	59748	14403	19510
商 丘 市	23	18	5	550	7940	9545	28563	7005	9545
信 阳 市	25	22	3	744	11302	12106	38695	11015	12106
周 口 市	66	40	26	1697	27070	29067	87864	60841	29067
驻马店市	19	19	–	610	9402	10188	29909	3849	10188
济源示范区	10	8	2	341	5515	5830	16842	3490	5830
巩 义 市	11	9	2	252	3881	4619	12942	6224	4619
兰 考 县	–	–	–	–	–	–	–	–	–
汝 州 市	16	11	5	306	4221	5135	15177	11566	5135
滑 县	–	–	–	–	–	–	–	–	–
长 垣 市	14	10	4	552	9127	9041	28685	28671	9041
邓 州 市	18	14	4	523	7570	9496	27147	13699	9496
永 城 市	22	14	8	910	13547	15181	47207	19352	15181
固 始 县	–	–	–	–	–	–	–	–	–
鹿 邑 县	–	–	–	–	–	–	–	–	–
新 蔡 县	–	–	–	–	–	–	–	–	–

情　　况(城区)

学生数			预计毕业生数	教职工(按办学类型)				教初中学生的专任教师	代课教师	兼任教师
分年级				计	其中:女	其中:专任教师				
二年级	三年级	四年级				计	其中:女			
393294	**386398**	**9691**	**385514**	**109961**	**77072**	**98593**	**71334**	**88457**	**3109**	**947**
76333	75815	–	75815	22901	15778	19703	14448	17132	661	75
17444	16944	–	16944	4505	3306	3745	2795	3784	231	4
22380	21658	–	21658	6345	4532	5970	4349	5906	137	–
15135	14931	–	14931	4153	2788	3728	2583	3324	111	–
22581	23573	–	23573	6042	4217	5368	3816	4626	96	–
8311	10111	–	10111	2085	1352	1942	1302	1953	43	–
21599	20201	–	20201	4324	2892	4049	2770	4395	641	78
13562	12961	–	12961	4707	3439	4258	3225	3656	11	4
13842	14384	9691	13500	4146	2996	3913	2909	3544	202	15
26679	25597	–	25597	9443	6845	8350	6266	6375	89	–
11967	12055	–	12055	3123	2236	2931	2134	2499	83	–
9242	9326	–	9326	3384	2324	3026	2109	2715	37	60
20318	19920	–	19920	4166	3022	3882	2872	3814	223	1
10061	8957	–	8957	2672	1687	2469	1647	2654	30	–
13807	12782	–	12782	3459	2373	3333	2307	2962	46	–
30635	28162	–	28162	9228	6409	8146	5769	6986	41	706
9604	10117	–	10117	2528	1713	2471	1702	2345	–	–
5456	5556	–	5556	1682	1171	1509	1068	1192	2	4
4300	4023	–	4023	1818	1445	1636	1331	1231	–	–
–	–	–	–	–	–	–	–	–	–	–
5138	4904	–	4904	1379	960	1264	890	1107	18	–
–	–	–	–	–	–	–	–	–	–	–
10010	9634	–	9634	2214	1794	2006	1658	1832	145	–
9048	8603	–	8603	2545	1858	2144	1596	1755	262	–
15842	16184	–	16184	3112	1935	2750	1788	2670	–	–
–	–	–	–	–	–	–	–	–	–	–
–	–	–	–	–	–	–	–	–	–	–
–	–	–	–	–	–	–	–	–	–	–

初 中 基 本

省辖市直管县	校数（所）			班数（个）	毕业生数	招生数	在 校		
	计	公办	民办				计	其中：寄宿生	一年级
河 南 省	2275	1769	506	53216	815993	853043	2595916	1903989	853045
郑 州 市	105	90	15	2680	37867	47957	135282	106982	47957
开 封 市	79	51	28	1845	29543	31021	90521	68948	31021
洛 阳 市	193	148	45	3812	56415	58584	178163	127041	58584
平顶山市	85	70	15	2159	35700	34033	110185	75983	34033
安 阳 市	79	67	12	2089	32471	34140	101512	69536	34140
鹤 壁 市	28	25	3	773	13490	14018	37656	28455	14018
新 乡 市	115	94	21	2465	37720	36133	115212	81060	36133
焦 作 市	87	66	21	1375	18980	21116	61291	41685	21116
濮 阳 市	81	65	16	2270	33033	39076	108993	72141	39076
许 昌 市	70	51	19	1617	25488	26164	81050	73932	26164
漯 河 市	52	48	4	995	15540	15866	48788	41143	15866
三门峡市	44	42	2	721	9638	10946	34114	23939	10946
南 阳 市	298	244	54	8080	113823	132945	395214	292609	132945
商 丘 市	168	118	50	3732	55285	57461	178779	125475	57461
信 阳 市	131	104	27	3301	56873	46580	166766	90292	46580
周 口 市	214	132	82	4225	71824	68289	210345	176191	68289
驻马店市	178	145	33	4720	74307	74638	234277	161890	74638
济源示范区	17	16	1	176	2282	2455	6757	4728	2457
巩 义 市	13	13	–	204	3319	3648	10161	10139	3648
兰 考 县	32	21	11	606	9148	10075	27764	24168	10075
汝 州 市	12	12	–	316	5486	5692	16560	15298	5692
滑 县	26	20	6	901	13500	17034	46002	40475	17034
长 垣 市	12	11	1	182	3167	2196	8510	8498	2196
邓 州 市	36	32	4	902	14501	14073	43329	39016	14073
永 城 市	22	20	2	397	5600	6284	20096	16393	6284
固 始 县	36	27	9	1047	17051	16714	51848	28861	16714
鹿 邑 县	33	19	14	758	11522	12145	35631	24937	12145
新 蔡 县	29	18	11	868	12420	13760	41110	34174	13760

情 况（镇区）

学生数			预计毕业生数	教职工（按办学类型）				教初中学生的专任教师	代课教师	兼任教师
分年级				计	其中：女	其中：专任教师				
二年级	三年级	四年级				计	其中：女			
866718	**871751**	**4402**	**871512**	**223236**	**150203**	**202999**	**139547**	**183655**	**4245**	**610**
46084	41241	–	41241	9735	7045	9043	6654	9044	994	9
29093	30407	–	30407	8209	5675	7298	5217	6012	46	8
60454	59125	–	59125	16691	11006	15032	10088	13391	247	244
37291	38861	–	38861	8813	6072	7997	5681	6877	403	20
33163	34209	–	34209	7686	5294	6823	4908	6464	180	–
9823	13815	–	13815	2733	1809	2549	1721	2623	75	–
37328	41751	–	41751	9223	6527	8420	6089	8044	357	3
20214	19961	–	19961	6857	4910	6129	4460	5030	59	–
32240	36210	1467	36103	9572	6869	8608	6418	8295	442	1
27449	27437	–	27437	6409	4164	5877	3896	5470	–	–
16223	16699	–	16699	4960	3359	4491	3133	3581	180	–
10224	10009	2935	9877	3457	2124	3170	2015	2899	29	–
133549	128720	–	128720	32633	22442	30391	21148	26553	405	160
62787	58531	–	58531	18716	12526	15442	10613	12892	19	4
59651	60535	–	60535	14653	8850	13454	8249	12601	333	20
70454	71602	–	71602	20223	13993	18616	13118	15363	7	50
79677	79962	–	79962	19479	12620	18049	11914	17292	91	11
1993	2307	–	2307	725	438	695	434	661	–	–
3213	3300	–	3300	1038	675	1021	672	1021	–	–
7877	9812	–	9812	2401	1742	2280	1684	2104	–	–
5085	5783	–	5783	969	692	926	689	988	39	–
14268	14700	–	14700	2756	2098	2565	1969	2648	203	–
3063	3251	–	3251	746	548	653	504	687	–	–
14517	14739	–	14739	3489	2273	3388	2238	3260	129	78
7118	6694	–	6694	1140	619	1032	597	1032	5	–
18078	17056	–	17056	3624	1842	3430	1768	3791	2	–
11682	11804	–	11804	3696	2440	3333	2274	2839	–	2
14120	13230	–	13230	2603	1551	2287	1396	2193	–	–

初 中 基 本

省辖市直管县	校数（所）			班数（个）	毕业生数	招生数	在 校		
	计	公办	民办				计	其中：寄宿生	一年级
河 南 省	1501	1290	211	18513	270446	261858	831798	700773	261861
郑 州 市	73	54	19	982	14007	17331	52719	40592	17333
开 封 市	60	53	7	780	12317	10805	34429	33094	10805
洛 阳 市	70	60	10	728	9929	9777	30034	23031	9778
平顶山市	53	45	8	1025	15905	13528	48404	46960	13528
安 阳 市	80	73	7	984	14162	14722	46662	29994	14722
鹤 壁 市	15	8	7	119	2092	1679	5039	4588	1679
新 乡 市	133	108	25	1450	22816	19108	65996	51444	19108
焦 作 市	52	46	6	408	4403	4744	14134	10112	4744
濮 阳 市	47	45	2	688	9405	11183	31258	22357	11183
许 昌 市	53	40	13	841	13655	11261	38214	34741	11261
漯 河 市	27	26	1	317	4922	5226	15826	15577	5226
三门峡市	41	39	2	264	2858	3383	10304	9234	3383
南 阳 市	84	80	4	1397	19576	22483	68684	60837	22483
商 丘 市	172	160	12	1572	20857	21288	66093	48218	21288
信 阳 市	120	112	8	1529	23754	18084	67160	53311	18084
周 口 市	151	118	33	1673	26405	25333	75650	72700	25333
驻马店市	75	70	5	1366	18703	17874	56667	50647	17874
济源示范区	5	5	－	42	451	396	1251	924	396
巩 义 市	3	3	－	40	748	806	2146	2144	806
兰 考 县	24	20	4	226	3264	2652	8122	7612	2652
汝 州 市	31	25	6	442	6684	7767	21025	20689	7767
滑 县	27	25	2	362	5181	6146	17641	15198	6146
长 垣 市	13	11	2	186	2999	1665	7132	6856	1665
邓 州 市	13	12	1	249	3044	3685	11290	9592	3685
永 城 市	17	12	5	216	2833	3231	10396	9135	3231
固 始 县	21	18	3	288	5261	3667	13447	11084	3667
鹿 邑 县	22	11	11	133	1772	1442	4609	3746	1442
新 蔡 县	19	11	8	206	2443	2592	7466	6356	2592

情　况（乡村）

学生数			预计毕业生数	教职工（按办学类型）				教初中学生的专任教师	代课教师	兼任教师
分年级				计	其中:女	其中:专任教师				
二年级	三年级	四年级				计	其中:女			
280070	**288853**	**1014**	**288581**	**83054**	**50994**	**76619**	**48154**	**68388**	**1220**	**241**
17686	17700	–	17700	5521	3721	4739	3324	3936	339	171
11553	12071	–	12071	3323	2032	3140	1986	2889	38	–
10236	10020	–	10020	3104	1869	2952	1818	2538	158	–
17346	17530	–	17530	3593	2391	3354	2268	3151	176	–
15376	16564	–	16564	3981	2541	3636	2403	3290	81	–
1398	1962	–	1962	604	392	491	343	406	1	–
22095	24793	–	24793	6398	4151	5774	3813	4982	98	–
4777	4613	–	4613	2182	1330	2014	1260	1706	21	–
9530	10241	304	9859	3227	2118	2936	1984	2724	12	–
13434	13519	–	13519	3435	2205	3269	2124	3092	15	–
4997	5603	–	5603	1889	1217	1781	1197	1423	28	–
3239	2972	710	3082	1487	825	1389	770	1287	15	–
23373	22828	–	22828	5389	3414	5158	3307	4816	43	–
23008	21797	–	21797	7893	4278	7248	4015	6528	5	–
24432	24644	–	24644	7270	3667	6725	3540	6011	24	45
25080	25237	–	25237	8311	5429	7746	5140	6654	2	–
18474	20319	–	20319	5146	2957	4868	2871	4684	49	10
411	444	–	444	162	95	159	95	146	–	–
651	689	–	689	233	151	228	149	203	–	–
2384	3086	–	3086	781	506	758	499	758	–	–
6485	6773	–	6773	2018	1444	1731	1251	1480	21	–
5198	6297	–	6297	1254	828	1203	813	1163	64	–
2584	2883	–	2883	655	471	559	421	544	5	15
3935	3670	–	3670	873	564	840	546	815	25	–
3806	3359	–	3359	699	411	625	383	595	–	–
4619	5161	–	5161	1513	830	1468	819	1280	–	–
1620	1547	–	1547	939	579	842	531	483	–	–
2343	2531	–	2531	1174	578	986	484	804	–	–

普 通 高 中

省辖市直管县	校数(所)			班数(个)	毕业生数	招生数	在 校		
	计	公办	民办				计	其中:女	其中:寄宿生
河 南 省	925	557	366	42170	690268	784377	2248585	1127538	1967440
郑 州 市	123	67	54	3918	59815	70997	199383	98634	178264
开 封 市	46	25	21	1998	30048	36181	105864	51743	91453
洛 阳 市	81	56	25	2817	46006	50751	149319	79334	139648
平顶山市	35	24	11	1642	24068	31809	85624	44086	82398
安 阳 市	48	25	23	1826	27469	35511	96309	49012	76662
鹤 壁 市	18	9	9	695	11267	12762	36778	17962	31241
新 乡 市	64	38	26	2140	30884	42132	113662	57649	95991
焦 作 市	32	16	16	1392	25224	23895	72952	36502	65037
濮 阳 市	41	20	21	1686	26876	29752	85895	43781	65060
许 昌 市	35	18	17	1622	24153	31547	87188	43531	80672
漯 河 市	17	13	4	927	15616	16839	47936	24266	37898
三门峡市	21	17	4	871	13558	12802	39199	20905	36433
南 阳 市	93	57	36	4263	64273	81345	218558	109460	205787
商 丘 市	33	23	10	2510	43432	46470	135092	66871	114467
信 阳 市	54	43	11	2767	48505	53038	154817	73547	118519
周 口 市	55	31	24	3514	69673	61553	200057	100291	189743
驻马店市	38	25	13	2584	49525	51427	150797	75605	121868
济源示范区	7	5	2	302	5284	5411	15771	7934	15714
巩 义 市	8	6	2	274	4897	4627	14383	7516	14383
兰 考 县	5	3	2	327	6860	6384	20803	10643	19499
汝 州 市	9	6	3	446	6266	8744	23687	11915	23686
滑 县	11	6	5	500	7192	9593	26331	13629	25717
长 垣 市	9	2	7	402	6697	7348	21519	10428	21519
邓 州 市	12	8	4	587	8489	13002	33659	17038	32424
永 城 市	7	4	3	504	7151	10434	26523	13575	18454
固 始 县	12	5	7	788	11791	14943	41772	18831	31011
鹿 邑 县	6	2	4	442	8090	7833	23745	11751	18364
新 蔡 县	5	3	2	426	7159	7247	20962	11099	15528

注:郑州市除公办、民办外还有两所具有法人资格的中外合作办学校。

基 本 情 况(总计)

| 学 生 数 | | | 毕业班 | 教职工(按办学类型) | | | | 教 高 中学 生 的专任教师 | 代课教师 | 兼任教师 |
| 分 年 级 | | | 学生数 | | 其中：女 | 其中：专任教师 | | | | |
一年级	二年级	三年级		计		计	其中：女			
784384	**747701**	**716500**	**716500**	**196853**	**116341**	**173106**	**105095**	**148095**	**2695**	**1512**
70997	66198	62188	62188	19593	12151	16669	10772	14988	226	47
36181	35133	34550	34550	7564	4546	6509	4032	5543	274	–
50751	49434	49134	49134	14948	9367	13352	8545	10941	51	–
31809	28355	25460	25460	7047	4132	6235	3799	5849	7	–
35511	31445	29353	29353	8314	5123	6934	4415	5997	268	–
12767	12278	11733	11733	3507	2193	2740	1722	2201	89	31
42132	37729	33801	33801	11573	7079	10049	6317	7481	64	310
23895	24319	24738	24738	6764	4278	6000	3938	5147	27	250
29752	29642	26501	26501	8593	5067	7218	4438	5676	208	322
31547	29343	26298	26298	8253	5148	7536	4741	6183	75	2
16840	15604	15492	15492	3865	2124	3404	1913	3213	29	3
12802	12966	13431	13431	4866	2908	4299	2519	3857	72	–
81346	72762	64450	64450	19053	11498	17052	10661	14459	146	37
46470	44886	43736	43736	11302	6236	9774	5552	8084	203	–
53038	50878	50901	50901	12701	6303	11634	5925	10537	287	20
61553	66622	71882	71882	15945	8997	14449	8364	13186	133	466
51427	49809	49561	49561	11426	6462	10434	6080	8814	115	13
5411	5251	5109	5109	1323	709	1211	685	1211	–	–
4627	4772	4984	4984	1392	853	1351	830	1351	–	–
6384	7190	7229	7229	1349	775	1223	726	1223	8	–
8744	8043	6900	6900	1771	1054	1658	1022	1567	24	–
9593	9178	7560	7560	2393	1533	1986	1306	1618	44	11
7348	7392	6779	6779	2618	1892	1743	1281	1071	279	–
13002	11112	9545	9545	2246	1207	1940	1116	1814	66	–
10434	8347	7742	7742	1460	779	1360	754	1360	–	–
14943	14078	12751	12751	2905	1516	2751	1468	2149	–	–
7833	8022	7890	7890	2164	1237	1936	1144	1444	–	–
7247	6913	6802	6802	1918	1174	1659	1030	1131	–	–

普 通 高 中

省辖市直管县	校数（所）			班数（个）	毕业生数	招生数	在 校		
	计	公办	民办				计	其中：女	其中：寄宿生
河南省	388	226	161	15940	260509	292484	834224	417225	666700
郑州市	92	52	39	3039	47983	54374	155515	77152	135059
开封市	23	12	11	874	14205	16622	46682	22715	34259
洛阳市	34	21	13	1069	16711	17457	51273	26099	43482
平顶山市	13	11	2	507	7767	9707	26037	13127	23425
安阳市	23	11	12	852	13276	16359	44910	22168	30928
鹤壁市	7	4	3	260	4080	4784	13795	6416	9383
新乡市	23	15	8	936	13819	17526	48314	25043	34137
焦作市	13	8	5	534	10183	9695	29453	15156	22623
濮阳市	19	8	11	495	8602	8680	25078	12350	12258
许昌市	23	12	11	1156	17512	21621	61628	30654	55269
漯河市	7	5	2	413	7193	7305	21101	10678	13172
三门峡市	12	10	2	481	7425	6675	20669	10838	17941
南阳市	17	9	8	571	7445	10652	28270	13797	20560
商丘市	9	6	3	661	11399	12052	34178	16931	24796
信阳市	11	8	3	512	8831	10217	28988	14408	19886
周口市	20	9	11	1175	24674	20590	66104	32532	60430
驻马店市	6	4	2	353	6948	7581	21080	10414	7045
济源示范区	3	2	1	218	3769	3924	11485	5875	11485
巩义市	7	5	2	259	4625	4398	13673	7181	13673
兰考县	–	–	–	–	–	–	–	–	–
汝州市	3	3	–	181	3475	3582	9799	5186	9799
滑县	–	–	–	–	–	–	–	–	–
长垣市	8	2	6	402	6697	7348	21519	10428	21519
邓州市	8	5	3	488	6739	10901	28150	14502	27117
永城市	7	4	3	504	7151	10434	26523	13575	18454
固始县	–	–	–	–	–	–	–	–	–
鹿邑县	–	–	–	–	–	–	–	–	–
新蔡县	–	–	–	–	–	–	–	–	–

基 本 情 况（城区）

| 学生数 | | | 毕业班学生数 | 教职工（按办学类型） | | | | 教高中学生的专任教师 | 代课教师 | 兼任教师 |
| 分年级 | | | | 计 | 其中：女 | 其中：专任教师 | | | | |
一年级	二年级	三年级				计	其中：女			
292486	**278136**	**263602**	**263602**	**76829**	**46192**	**67010**	**41441**	**57884**	**1323**	**840**
54374	52302	48839	48839	13832	8300	11854	7447	11356	120	34
16622	15061	14999	14999	3917	2388	3258	2025	2601	23	–
17457	17107	16709	16709	5947	3938	5204	3520	3937	22	–
9707	8608	7722	7722	2032	1159	1805	1065	1744	4	–
16359	15116	13435	13435	4008	2533	3303	2141	2731	232	–
4784	4744	4267	4267	1408	889	1014	647	861	89	31
17526	16157	14631	14631	4859	2910	4328	2675	3222	32	182
9695	9694	10064	10064	2428	1529	2147	1407	1861	4	97
8680	8871	7527	7527	3011	1791	2518	1543	1956	134	29
21621	20962	19045	19045	5707	3632	5170	3316	4295	59	2
7306	7085	6710	6710	1842	1052	1546	900	1451	–	–
6675	6915	7079	7079	2553	1412	2368	1324	2270	20	–
10653	9245	8372	8372	2741	1677	2559	1611	2025	79	–
12052	11114	11012	11012	3307	1923	3102	1864	2566	102	–
10217	9826	8945	8945	2366	1299	2192	1249	2135	–	–
20590	21831	23683	23683	6220	3376	5532	3069	4478	91	465
7581	6684	6815	6815	1846	1072	1616	1024	1531	–	–
3924	3829	3732	3732	936	504	868	486	868	–	–
4398	4548	4727	4727	1324	817	1284	794	1284	–	–
–	–	–	–	–	–	–	–	–	–	–
3582	3272	2945	2945	709	427	678	419	678	5	–
–	–	–	–	–	–	–	–	–	–	–
7348	7392	6779	6779	2393	1681	1590	1141	1071	279	–
10901	9426	7823	7823	1983	1104	1714	1020	1603	28	–
10434	8347	7742	7742	1460	779	1360	754	1360	–	–
–	–	–	–	–	–	–	–	–	–	–
–	–	–	–	–	–	–	–	–	–	–
–	–	–	–	–	–	–	–	–	–	–

普 通 高 中

省辖市直管县	校数(所)			班数(个)	毕业生数	招生数	在 校		
	计	公办	民办				计	其中:女	其中:寄宿生
河 南 省	478	297	180	24610	415388	457951	1332633	668947	1220885
郑 州 市	19	8	10	631	9368	10602	31875	15130	31565
开 封 市	23	13	10	1124	15843	19559	59182	29028	57194
洛 阳 市	47	35	12	1748	29295	33294	98046	53235	96166
平顶山市	18	10	8	925	13428	17958	48469	24950	47904
安 阳 市	21	12	9	929	14193	17600	49047	25676	43599
鹤 壁 市	10	5	5	407	6831	7486	21505	10769	20448
新 乡 市	33	17	16	1093	16078	21642	59474	29539	55980
焦 作 市	19	8	11	858	15041	14200	43499	21346	42414
濮 阳 市	22	12	10	1191	18274	21072	60817	31431	52802
许 昌 市	9	5	4	336	4810	7792	19062	9765	18977
漯 河 市	9	8	1	500	8423	8881	26182	13306	24073
三门峡市	6	6	–	350	5883	5636	17323	9478	17285
南 阳 市	70	44	26	3650	56709	69540	188625	94899	183588
商 丘 市	24	17	7	1849	32033	34418	100914	49940	89671
信 阳 市	39	31	8	1972	37984	37796	111347	51708	84292
周 口 市	31	19	12	2236	43524	39053	128279	65000	124573
驻马店市	32	21	11	2231	42577	43846	129717	65191	114823
济源示范区	3	2	1	48	867	853	2506	1187	2463
巩 义 市	1	1	–	15	272	229	710	335	710
兰 考 县	5	3	2	327	6860	6384	20803	10643	19499
汝 州 市	2	2	–	63	1113	1012	3235	1599	3235
滑 县	10	6	4	486	7192	9297	25666	13320	25052
长 垣 市	1	–	1	–	–	–	–	–	–
邓 州 市	3	3	–	95	1750	1914	5322	2453	5120
永 城 市	–	–	–	–	–	–	–	–	–
固 始 县	10	4	6	678	11791	12807	36321	16169	25560
鹿 邑 县	6	2	4	442	8090	7833	23745	11751	18364
新 蔡 县	5	3	2	426	7159	7247	20962	11099	15528

— 388 —

基 本 情 况 (镇区)

学生数			毕业班学生数	教职工（按办学类型）				教高中学生的专任教师	代课教师	兼任教师
分年级				计	其中：女	其中：专任教师				
一年级	二年级	三年级				计	其中：女			
457956	**444001**	**430676**	**430676**	**110234**	**63636**	**97683**	**57934**	**84191**	**1349**	**661**
10602	10385	10888	10888	4075	2700	3434	2331	2622	103	13
19559	20072	19551	19551	3647	2158	3251	2007	2942	251	–
33294	32327	32425	32425	9001	5429	8148	5025	7004	29	–
17958	16059	14452	14452	4018	2336	3498	2111	3368	–	–
17600	15859	15588	15588	3953	2341	3350	2069	3096	36	–
7491	7138	6876	6876	2001	1237	1638	1014	1252	–	–
21642	19868	17964	17964	5538	3319	4762	2928	3844	32	128
14200	14625	14674	14674	4336	2749	3853	2531	3286	23	153
21072	20771	18974	18974	5582	3276	4700	2895	3720	74	293
7792	6125	5145	5145	1628	927	1466	840	1367	16	–
8881	8519	8782	8782	1908	979	1747	920	1716	29	–
5636	5671	6016	6016	1558	891	1479	863	1404	52	–
69540	63267	55818	55818	15711	9416	14012	8721	12248	63	37
34418	33772	32724	32724	7995	4313	6672	3688	5518	101	–
37796	36445	37106	37106	9269	4334	8389	4006	7349	287	20
39053	42652	46574	46574	9161	5251	8433	4966	8256	29	1
43846	43125	42746	42746	9580	5390	8818	5056	7283	115	13
853	828	825	825	232	114	198	110	198	–	–
229	224	257	257	68	36	67	36	67	–	–
6384	7190	7229	7229	1349	775	1223	726	1223	8	–
1012	1214	1009	1009	239	132	237	132	175	19	–
9297	8963	7406	7406	2332	1509	1951	1282	1583	44	3
–	–	–	–	225	211	153	140	–	–	–
1914	1686	1722	1722	228	88	201	85	201	38	–
–	–	–	–	–	–	–	–	–	–	–
12807	12281	11233	11233	2518	1314	2408	1278	1894	–	–
7833	8022	7890	7890	2164	1237	1936	1144	1444	–	–
7247	6913	6802	6802	1918	1174	1659	1030	1131	–	–

普 通 高 中

省辖市直管县	校数（所）			班数（个）	毕业生数	招生数	在 校		
	计	公办	民办				计	其中：女	其中：寄宿生
河 南 省	**59**	**34**	**25**	**1620**	**14371**	**33942**	**81728**	**41366**	**79855**
郑 州 市	12	7	5	248	2464	6021	11993	6352	11640
开 封 市	-	-	-	-	-	-	-	-	-
洛 阳 市	-	-	-	-	-	-	-	-	-
平顶山市	4	3	1	210	2873	4144	11118	6009	11069
安 阳 市	4	2	2	45	-	1552	2352	1168	2135
鹤 壁 市	1	-	1	28	356	492	1478	777	1410
新 乡 市	8	6	2	111	987	2964	5874	3067	5874
焦 作 市	-	-	-	-	-	-	-	-	-
濮 阳 市	-	-	-	-	-	-	-	-	-
许 昌 市	3	1	2	130	1831	2134	6498	3112	6426
漯 河 市	1	-	1	14	-	653	653	282	653
三门峡市	3	1	2	40	250	491	1207	589	1207
南 阳 市	6	4	2	42	119	1153	1663	764	1639
商 丘 市	-	-	-	-	-	-	-	-	-
信 阳 市	4	4	-	283	1690	5025	14482	7431	14341
周 口 市	4	3	1	103	1475	1910	5674	2759	4740
驻马店市	-	-	-	-	-	-	-	-	-
济源示范区	1	1	-	36	648	634	1780	872	1766
巩 义 市	-	-	-	-	-	-	-	-	-
兰 考 县	-	-	-	-	-	-	-	-	-
汝 州 市	4	1	3	202	1678	4150	10653	5130	10652
滑 县	1	-	1	14	-	296	665	309	665
长 垣 市	-	-	-	-	-	-	-	-	-
邓 州 市	1	-	1	4	-	187	187	83	187
永 城 市	-	-	-	-	-	-	-	-	-
固 始 县	2	1	1	110	-	2136	5451	2662	5451
鹿 邑 县	-	-	-	-	-	-	-	-	-
新 蔡 县	-	-	-	-	-	-	-	-	-

基 本 情 况（乡村）

学生数 分年级			毕业班学生数	教职工（按办学类型）				教高中学生的专任教师	代课教师	兼任教师
一年级	二年级	三年级		计	其中:女	其中:专任教师 计	其中:女			
33942	25564	22222	22222	9790	6513	8413	5720	6020	23	11
6021	3511	2461	2461	1686	1151	1381	994	1010	3	–
–	–	–	–	–	–	–	–	–	–	–
–	–	–	–	–	–	–	–	–	–	–
4144	3688	3286	3286	997	637	932	623	737	3	–
1552	470	330	330	353	249	281	205	170	–	–
492	396	590	590	98	67	88	61	88	–	–
2964	1704	1206	1206	1176	850	959	714	415	–	–
–	–	–	–	–	–	–	–	–	–	–
–	–	–	–	–	–	–	–	–	–	–
2134	2256	2108	2108	918	589	900	585	521	–	–
653	–	–	–	115	93	111	93	46	–	3
491	380	336	336	755	605	452	332	183	–	–
1153	250	260	260	601	405	481	329	186	4	–
–	–	–	–	–	–	–	–	–	–	–
5025	4607	4850	4850	1066	670	1053	670	1053	–	–
1910	2139	1625	1625	564	370	484	329	452	13	–
–	–	–	–	–	–	–	–	–	–	–
634	594	552	552	155	91	145	89	145	–	–
–	–	–	–	–	–	–	–	–	–	–
–	–	–	–	–	–	–	–	–	–	–
4150	3557	2946	2946	823	495	743	471	714	–	–
296	215	154	154	61	24	35	24	35	–	8
–	–	–	–	–	–	–	–	–	–	–
187	–	–	–	35	15	25	11	10	–	–
–	–	–	–	–	–	–	–	–	–	–
2136	1797	1518	1518	387	202	343	190	255	–	–
–	–	–	–	–	–	–	–	–	–	–
–	–	–	–	–	–	–	–	–	–	–

学　前　教　育

省辖市直管县	园数（所）			班数（个）	入园（班）人数		在 园		
	计	公办	民办		计	其中：女	计	其中：女	托班
河南省	24274	6046	18228	166760	1265795	606762	4255848	2029820	120205
郑州市	1727	431	1296	14231	125936	60082	403695	190618	5879
开封市	1023	221	802	6435	47505	22574	166710	78980	5391
洛阳市	1371	236	1135	10431	65865	31977	272534	131692	17391
平顶山市	1246	318	928	6715	47686	22755	174779	83409	1975
安阳市	1415	280	1135	7387	49024	23646	164543	78685	8229
鹤壁市	477	94	383	2693	16934	8225	59487	28733	3041
新乡市	1830	367	1463	9749	58516	28162	225720	106843	9636
焦作市	853	147	706	6331	38660	18707	150949	72724	11145
濮阳市	1079	305	774	6977	58485	27588	175831	83187	6614
许昌市	1221	211	1010	7441	52032	25587	190704	92043	3830
漯河市	582	226	356	3516	30643	14962	98424	47482	1662
三门峡市	446	126	320	3097	26646	13048	80512	39042	2519
南阳市	1905	500	1405	13986	112680	53465	340369	160290	13073
商丘市	1484	523	961	12532	82088	39361	327687	156327	3539
信阳市	1310	451	859	8807	80017	37678	237452	111662	4991
周口市	2201	670	1531	14805	121343	58914	374824	181902	2953
驻马店市	1143	119	1024	10765	95591	45842	280186	133500	6542
济源示范区	199	85	114	1163	11233	5439	33053	15954	657
巩义市	121	41	80	1210	10470	4973	34985	16693	118
兰考县	267	79	188	1513	13460	6408	39160	18591	588
汝州市	451	90	361	2286	13040	6184	53958	25586	23
滑县	386	32	354	2631	14407	6918	59518	28540	1037
长垣市	284	63	221	1778	9701	4545	43053	20408	990
邓州市	396	199	197	2670	21846	10258	63081	29846	1781
永城市	273	36	237	2573	16934	8012	68901	32315	1864
固始县	264	20	244	1903	18367	8421	54531	25063	3506
鹿邑县	262	168	94	1750	12903	6214	41026	20031	244
新蔡县	58	8	50	1385	13783	6817	40176	19674	987

— 392 —

基 本 情 况（总计）

（班）人 数			离园（班）人数		教 职 工				代课教师	兼任教师
小班	中班	大班	计	其中：女	计	其中：女	园长	专任教师		
1083790	**1308452**	**1743401**	**1622537**	**770559**	**407690**	**378599**	**27751**	**234130**	**14404**	**1263**
111502	132336	153978	125231	59106	55021	50495	2194	29606	2168	149
43768	51687	65864	65273	30919	17832	16389	1172	9648	215	26
71529	82116	101498	88474	43113	28861	26930	1818	15573	864	41
43982	55300	73522	66524	31262	18960	17547	1429	10486	773	18
44047	50279	61988	63152	29638	18463	17325	1528	9568	948	71
16023	18416	22007	21938	10203	7170	6641	581	3853	319	9
57692	70197	88195	76612	35967	24853	23143	2056	13734	847	43
42490	46415	50899	46497	22032	16969	15719	1061	8869	655	23
49693	55998	63526	65256	30156	17448	16448	1346	9887	705	9
46908	59000	80966	72645	33950	21126	19414	1145	11688	79	25
22689	29549	44524	37336	17938	10142	9221	661	5592	531	25
25457	24802	27734	25759	12627	9563	8842	580	5563	524	7
82253	100683	144360	137437	65109	25956	24519	1965	17040	1728	229
72751	100914	150483	130678	62212	26990	24856	1817	16111	687	4
58150	71688	102623	103264	49093	17902	16458	1373	11074	1246	104
97356	115866	158649	156290	75571	28438	26889	2473	18687	124	285
65477	81240	126927	120006	56827	19866	18357	1329	12077	546	66
11052	10694	10650	10358	4981	4197	3854	265	1904	185	1
9793	10416	14658	10165	4852	4345	3870	179	2111	—	—
9496	12488	16588	17295	8105	3503	3259	290	1896	21	4
12611	16672	24652	21374	10160	4931	4603	469	3058	83	1
15721	18946	23814	23204	10939	3923	3698	406	2344	418	—
9729	13568	18766	16683	7634	4240	4067	304	2661	59	1
15364	19164	26772	28174	13540	3444	3238	363	2362	636	93
14051	20428	32558	32970	15803	5987	5698	325	3781	3	—
13568	15773	21684	22280	10094	3932	3772	285	2406	3	1
10661	12679	17442	17146	8458	2370	2151	270	1680	37	28
9977	11138	18074	20516	10270	1258	1196	67	871	—	—

学 前 教 育

省辖市直管县	园数(所)			班数	入园(班)人数		在 园		
	计	公办	民办	(个)	计	其中:女	计	其中:女	托班
河南省	**5144**	**830**	**4314**	**41202**	**334082**	**159789**	**1102029**	**521287**	**36474**
郑州市	910	165	745	8410	78269	37488	234363	110727	4086
开封市	231	50	181	1739	14603	6844	45978	21429	2804
洛阳市	350	88	262	3026	19950	9683	78945	37895	4626
平顶山市	267	51	216	1880	12552	6051	48911	23260	516
安阳市	351	33	318	2393	17378	8338	58738	27645	3310
鹤壁市	133	36	97	900	6792	3281	20288	9791	656
新乡市	367	46	321	2840	17954	8600	69859	32614	3917
焦作市	237	31	206	1986	13484	6613	50767	24580	2775
濮阳市	136	30	106	1041	9339	4399	27286	12667	1040
许昌市	336	33	303	2719	22419	10975	71494	34365	1808
漯河市	124	35	89	1140	10356	5016	34877	16679	329
三门峡市	155	31	124	1401	13302	6484	39399	19044	1539
南阳市	195	25	170	1483	12640	5966	38565	17907	2464
商丘市	122	12	110	1070	7733	3688	29262	13497	351
信阳市	255	18	237	1572	9422	4385	39951	18592	2108
周口市	238	26	212	2034	20679	9905	57814	27744	692
驻马店市	105	7	98	805	9968	4673	24085	11127	542
济源示范区	97	28	69	679	7706	3755	20849	10106	211
巩义市	53	14	39	581	5751	2691	16994	8053	87
兰考县	–	–	–	–	–	–	–	–	–
汝州市	122	13	109	708	3964	1838	17342	8121	7
滑县	–	–	–	–	–	–	–	–	–
长垣市	116	19	97	825	3909	1771	20578	9551	579
邓州市	93	28	65	659	7222	3300	19819	9196	736
永城市	151	11	140	1311	8690	4045	35865	16697	1291
固始县	–	–	–	–	–	–	–	–	–
鹿邑县	–	–	–	–	–	–	–	–	–
新蔡县	–	–	–	–	–	–	–	–	–

基 本 情 况（城区）

（班）人 数			离园（班）人数		教 职 工				代课教师	兼任教师
小班	中班	大班	计	其中：女	计	其中：女	园长	专任教师		
294210	**349358**	**421987**	**362604**	**169805**	**143517**	**134015**	**7042**	**80594**	**3870**	**387**
66468	78809	85000	71538	33615	34655	31924	1262	18750	759	64
13665	13998	15511	15366	6998	6629	6177	304	3483	113	16
22326	25480	26513	23040	11054	11157	10430	530	5902	97	8
12586	16043	19766	14383	6582	6821	6389	371	3797	90	1
16817	18064	20547	19706	9231	7383	6960	470	3826	423	31
5280	6135	8217	7196	3299	3141	2954	203	1581	121	5
17887	22029	26026	22246	10368	9335	8681	557	5253	236	10
13865	16239	17888	13830	6416	6849	6373	351	3474	221	17
8121	8732	9393	9345	4240	3731	3544	224	2095	313	2
19080	22228	28378	24344	11270	9195	8527	327	5212	64	4
7715	10573	16260	11131	5222	3965	3722	188	2383	295	11
12913	12154	12793	11699	5732	5104	4760	237	2926	68	4
10942	11772	13387	12440	5790	4650	4379	253	2746	165	3
5219	9013	14679	11941	5500	3759	3475	165	2106	91	–
10146	12127	15570	12210	5758	4777	4465	337	2902	222	12
12764	18301	26057	22940	10850	5171	4952	340	3676	57	196
5430	7029	11084	8392	3851	2766	2627	150	1692	157	–
7080	6768	6790	6386	3091	2621	2463	136	1319	154	–
5190	5292	6425	5062	2412	2050	1833	75	1114	–	–
–	–	–	–	–	–	–	–	–	–	–
4009	5482	7844	6663	3137	2014	1918	143	1282	7	1
–	–	–	–	–	–	–	–	–	–	–
4252	6329	9418	8330	3763	2168	2081	129	1343	31	1
4796	6073	8214	8217	3885	1551	1505	105	1119	186	1
7659	10688	16227	16199	7741	4025	3876	185	2613	–	–
–	–	–	–	–	–	–	–	–	–	–
–	–	–	–	–	–	–	–	–	–	–
–	–	–	–	–	–	–	–	–	–	–

学　前　教　育

省辖市直管县	园数(所)			班数	入园(班)人数		在　园		
	计	公办	民办	(个)	计	其中:女	计	其中:女	托班
河 南 省	**8693**	**1933**	**6760**	**61645**	**489850**	**233963**	**1685079**	**801546**	**51774**
郑 州 市	427	115	312	3610	29705	14071	106158	50038	1128
开 封 市	318	58	260	2030	14402	6926	53290	25493	1390
洛 阳 市	625	101	524	4929	32660	15844	135549	65464	8652
平顶山市	406	87	319	2355	18497	8782	64551	30937	1184
安 阳 市	427	76	351	2288	15429	7444	51908	24898	2335
鹤 壁 市	169	31	138	899	5514	2708	20016	9639	1275
新 乡 市	501	103	398	2940	20133	9751	72037	33981	2960
焦 作 市	328	51	277	2437	15733	7547	59805	28705	4304
濮 阳 市	401	99	302	2552	22399	10465	66498	31309	2481
许 昌 市	293	63	230	1878	13170	6372	51018	24745	865
漯 河 市	170	60	110	1135	11077	5466	33120	16022	633
三门峡市	155	38	117	1092	9431	4649	29642	14390	820
南 阳 市	1090	250	840	7666	65927	31309	208641	97983	7614
商 丘 市	536	158	378	5067	34229	16314	140043	66507	1861
信 阳 市	535	129	406	3835	38060	17828	119848	56283	2275
周 口 市	808	194	614	5145	41933	20306	135510	65547	1162
驻马店市	532	75	457	4614	43895	21005	137502	65226	4538
济源示范区	48	22	26	283	2460	1166	8264	3949	316
巩 义 市	45	19	26	476	3667	1765	13737	6618	31
兰 考 县	137	28	109	872	8340	3929	23100	10856	480
汝 州 市	76	17	59	450	2652	1250	11567	5421	–
滑　　县	137	15	122	951	5301	2615	23049	10903	572
长 垣 市	49	15	34	319	1964	943	8233	3989	160
邓 州 市	96	49	47	611	5033	2402	16856	8077	534
永 城 市	55	9	46	553	4050	1915	16599	7823	315
固 始 县	195	16	179	1311	13156	5962	39897	18159	2923
鹿 邑 县	101	50	51	735	5839	2682	18641	8874	58
新 蔡 县	33	5	28	612	5194	2547	20000	9710	908

基 本 情 况 (镇区)

（班）人数			离园（班）人数		教 职 工				代课教师	兼任教师
小班	中班	大班	计	其中：女	计	其中：女	园长	专任教师		
426985	**517255**	**689065**	**628272**	**297004**	**155315**	**145410**	**10163**	**92339**	**6941**	**608**
27997	33831	43202	33571	15801	13125	12059	510	7070	630	69
13014	16664	22222	20851	9917	5326	4917	367	3079	66	2
34743	39961	52193	42965	20923	12977	12202	852	7276	674	26
16719	20132	26516	24375	11581	6557	6114	480	3729	340	2
13656	15980	19937	19466	8957	5930	5589	448	3083	368	11
5838	6172	6731	7370	3397	2366	2165	200	1314	188	–
18521	22239	28317	23725	10944	7881	7384	568	4334	329	31
17193	18532	19776	19140	9073	6466	6038	404	3490	271	5
18539	21413	24065	26252	11797	6893	6541	496	4001	258	3
11971	15591	22591	19628	9129	4942	4645	278	2907	11	16
7933	9869	14685	13067	6390	3228	2955	200	1795	130	–
8988	9077	10757	9620	4738	3121	2887	206	1841	343	3
51218	62600	87209	81323	38566	16631	15869	1180	11302	1361	164
31495	43160	63527	54585	25992	11656	10916	690	7298	285	2
30090	37285	50198	49101	23221	9014	8319	612	5529	733	77
36300	42614	55434	54122	25966	12195	11627	920	8027	41	60
33269	41356	58339	51012	23806	11128	10363	640	7113	325	32
2692	2664	2592	2677	1281	1010	900	68	382	15	–
3608	4014	6084	3865	1913	1720	1529	70	772	–	–
5846	7469	9305	9533	4437	2322	2169	159	1221	3	2
2497	3373	5697	4633	2107	846	790	79	532	29	–
5948	7268	9261	8604	3996	1846	1749	151	1063	302	–
1941	2614	3518	2935	1335	782	733	54	474	7	–
4383	5235	6704	6564	3053	903	832	94	569	217	79
3305	5153	7826	7973	3884	1088	1007	66	652	3	–
10213	11571	15190	14099	6319	3112	3010	214	1885	3	–
3995	5391	9197	8595	4140	1323	1222	116	933	9	24
5073	6027	7992	8621	4341	927	879	41	668	–	–

学前教育

省辖市直管县	园数(所)			班数	入园(班)人数		在园		
	计	公办	民办	(个)	计	其中：女	计	其中：女	托班
河南省	**10437**	**3283**	**7154**	**63913**	**441863**	**213010**	**1468740**	**706987**	**31957**
郑州市	390	151	239	2211	17962	8523	63174	29853	665
开封市	474	113	361	2666	18500	8804	67442	32058	1197
洛阳市	396	47	349	2476	13255	6450	58040	28333	4113
平顶山市	573	180	393	2480	16637	7922	61317	29212	275
安阳市	637	171	466	2706	16217	7864	53897	26142	2584
鹤壁市	175	27	148	894	4628	2236	19183	9303	1110
新乡市	962	218	744	3969	20429	9811	83824	40248	2759
焦作市	288	65	223	1908	9443	4547	40377	19439	4066
濮阳市	542	176	366	3384	26747	12724	82047	39211	3093
许昌市	592	115	477	2844	16443	8240	68192	32933	1157
漯河市	288	131	157	1241	9210	4480	30427	14781	700
三门峡市	136	57	79	604	3913	1915	11471	5608	160
南阳市	620	225	395	4837	34113	16190	93163	44400	2995
商丘市	826	353	473	6395	40126	19359	158382	76323	1327
信阳市	520	304	216	3400	32535	15465	77653	36787	608
周口市	1155	450	705	7626	58731	28703	181500	88611	1099
驻马店市	506	37	469	5346	41728	20164	118599	57147	1462
济源示范区	54	35	19	201	1067	518	3940	1899	130
巩义市	23	8	15	153	1052	517	4254	2022	–
兰考县	130	51	79	641	5120	2479	16060	7735	108
汝州市	253	60	193	1128	6424	3096	25049	12044	16
滑县	249	17	232	1680	9106	4303	36469	17637	465
长垣市	119	29	90	634	3828	1831	14242	6868	251
邓州市	207	122	85	1400	9591	4556	26406	12573	511
永城市	67	16	51	709	4194	2052	16437	7795	258
固始县	69	4	65	592	5211	2459	14634	6904	583
鹿邑县	161	118	43	1015	7064	3532	22385	11157	186
新蔡县	25	3	22	773	8589	4270	20176	9964	79

基 本 情 况 (乡村)

（班）人数			离园（班）人数		教 职 工				代课教师	兼任教师
小班	中班	大班	计	其中：女	计	其中：女	园长	专任教师		
362595	**441839**	**632349**	**631661**	**303750**	**108858**	**99174**	**10546**	**61197**	**3593**	**268**
17037	19696	25776	20122	9690	7241	6512	422	3786	779	16
17089	21025	28131	29056	14004	5877	5295	501	3086	36	8
14460	16675	22792	22469	11136	4727	4298	436	2395	93	7
14677	19125	27240	27766	13099	5582	5044	578	2960	343	15
13574	16235	21504	23980	11450	5150	4776	610	2659	157	29
4905	6109	7059	7372	3507	1663	1522	178	958	10	4
21284	25929	33852	30641	14655	7637	7078	931	4147	282	2
11432	11644	13235	13527	6543	3654	3308	306	1905	163	1
23033	25853	30068	29659	14119	6824	6363	626	3791	134	4
15857	21181	29997	28673	13551	6989	6242	540	3569	4	5
7041	9107	13579	13138	6326	2949	2544	273	1414	106	14
3556	3571	4184	4440	2157	1338	1195	137	796	113	–
20093	26311	43764	43674	20753	4675	4271	532	2992	202	62
36037	48741	72277	64152	30720	11575	10465	962	6707	311	2
17914	22276	36855	41953	20114	4111	3674	424	2643	291	15
48292	54951	77158	79228	38755	11072	10310	1213	6984	26	29
26778	32855	57504	60602	29170	5972	5367	539	3272	64	34
1280	1262	1268	1295	609	566	491	61	203	16	1
995	1110	2149	1238	527	575	508	34	225	–	–
3650	5019	7283	7762	3668	1181	1090	131	675	18	2
6105	7817	11111	10078	4916	2071	1895	247	1244	47	–
9773	11678	14553	14600	6943	2077	1949	255	1281	116	–
3536	4625	5830	5418	2536	1290	1253	121	844	21	–
6185	7856	11854	13393	6602	990	901	164	674	233	13
3087	4587	8505	8798	4178	874	815	74	516	–	–
3355	4202	6494	8181	3775	820	762	71	521	–	1
6666	7288	8245	8551	4318	1047	929	154	747	28	4
4904	5111	10082	11895	5929	331	317	26	203	–	–

特　殊　教　育

省辖市直管县	校数(所)			班数(个)	特殊教育总计					毕业生数
	计	公办	民办		毕业生数	招生数	在校学生数			
							计	其中：女	其中：寄宿生	
河南省	**149**	**145**	**4**	**1841**	**4297**	**10078**	**62990**	**23325**	**16045**	**1923**
郑州市	12	12	-	127	343	658	3666	1285	1088	177
开封市	8	8	-	67	103	407	2030	742	641	66
洛阳市	14	14	-	146	331	637	4305	1714	1325	132
平顶山市	8	8	-	101	139	500	3088	1247	975	55
安阳市	7	6	1	94	332	434	2605	949	519	216
鹤壁市	2	2	-	20	90	180	1153	410	229	28
新乡市	7	7	-	72	293	587	3862	1499	865	86
焦作市	8	8	-	97	197	287	2107	824	360	83
濮阳市	7	6	1	92	121	322	2562	981	364	14
许昌市	5	5	-	51	166	193	1506	532	471	40
漯河市	6	4	2	61	111	368	1666	630	658	32
三门峡市	5	5	-	58	120	231	1416	551	441	45
南阳市	13	13	-	163	275	893	5924	2270	1863	104
商丘市	9	9	-	137	284	616	4315	1597	913	220
信阳市	9	9	-	81	159	538	3418	1225	599	44
周口市	9	9	-	127	189	744	4965	1777	1370	84
驻马店市	9	9	-	121	294	974	5438	2099	1538	125
济源示范区	1	1	-	17	73	126	472	175	200	43
巩义市	1	1	-	20	49	78	359	141	131	25
兰考县	1	1	-	24	59	134	686	273	121	44
汝州市	1	1	-	14	63	180	1075	396	247	12
滑县	1	1	-	35	222	226	1276	494	232	84
长垣市	1	1	-	18	91	144	836	296	267	51
邓州市	1	1	-	20	54	141	1247	475	198	6
永城市	1	1	-	12	5	86	507	174	64	-
固始县	1	1	-	10	52	188	1073	323	116	38
鹿邑县	1	1	-	10	77	49	345	110	80	69
新蔡县	1	1	-	46	5	157	1088	136	170	-

— 400 —

基 本 情 况

特殊教育学校（机构）				初中、小学随班就读学生					教职工		代课教师	兼任教师
招生数	在校学生数			毕业生数	招生数	在校学生数			计	其中：专任教师		
	计	其中：女	其中：寄宿生			计	其中：女	其中：寄宿生				
3228	24015	9095	10765	2056	5834	33252	12312	5280	4679	4287	211	193
245	1745	630	762	141	294	1518	525	326	465	431	6	4
223	919	348	435	36	161	999	358	206	185	169	11	–
225	1954	778	945	182	372	2096	854	380	351	334	6	–
202	1314	561	512	75	267	1573	611	463	215	207	30	–
147	1062	408	476	72	180	991	344	43	241	193	2	–
18	157	51	111	43	115	708	262	118	56	46	9	–
100	928	346	642	156	395	2306	922	223	201	176	–	–
89	944	367	266	103	160	910	378	94	207	161	12	–
131	1178	439	263	89	181	1210	490	101	206	185	22	2
45	382	138	262	107	134	956	338	209	121	109	–	–
136	582	181	453	72	175	853	351	205	165	134	6	–
71	564	231	305	53	129	672	261	136	121	117	7	–
332	2606	1035	1364	157	470	2829	1081	499	383	376	21	–
242	2081	817	733	60	343	2040	718	180	361	337	–	–
212	1340	451	450	99	279	1701	645	149	231	214	7	187
180	1722	594	689	94	502	2873	1060	681	430	409	–	–
248	2012	769	1105	162	693	3288	1295	433	349	322	17	–
68	174	60	174	16	33	207	83	26	58	58	–	–
46	206	90	90	22	19	128	43	41	25	22	–	–
64	282	107	59	15	68	364	154	62	26	21	–	–
38	307	108	118	51	128	715	272	129	18	17	–	–
17	278	113	100	138	173	885	333	132	27	26	55	–
61	310	113	123	38	65	425	156	144	69	69	–	–
15	274	100	64	46	121	924	360	134	31	30	–	–
11	115	42	55	2	52	285	94	9	44	37	–	–
29	113	31	82	14	156	851	269	34	23	22	–	–
27	231	75	72	8	19	97	31	8	46	41	–	–
6	235	112	55	5	150	848	24	115	24	24	–	–

义 务 教 育 阶 段

省辖市直管县	机　构　数　（所）					
	学　校　数				小　学 教学点	附　设 小学班
	计	小学	初中	九　年 一贯制		
河 南 省	22382	17687	3501	1194	13307	374
郑 州 市	1260	894	281	85	130	1
开 封 市	810	637	129	44	666	26
洛 阳 市	1087	764	227	96	1043	4
平顶山市	956	777	138	41	701	7
安 阳 市	1160	940	182	38	318	24
鹤 壁 市	365	302	52	11	156	5
新 乡 市	1341	1045	205	91	483	5
焦 作 市	700	514	125	61	142	–
濮 阳 市	926	768	119	39	347	36
许 昌 市	1019	813	124	82	346	10
漯 河 市	552	445	71	36	103	10
三门峡市	349	232	90	27	317	9
南 阳 市	1882	1477	303	102	2455	39
商 丘 市	1897	1534	294	69	801	4
信 阳 市	1132	856	210	66	1228	19
周 口 市	2070	1639	278	153	1834	76
驻马店市	1955	1683	226	46	910	23
济源示范区	123	91	25	7	25	–
巩 义 市	99	72	22	5	41	–
兰 考 县	227	171	53	3	62	13
汝 州 市	439	380	49	10	65	5
滑 县	349	296	49	4	175	1
长 垣 市	265	226	32	7	17	11
邓 州 市	250	183	52	15	425	2
永 城 市	387	326	59	2	13	26
固 始 县	237	180	47	10	137	–
鹿 邑 县	249	194	29	26	189	18
新 蔡 县	296	248	30	18	178	–

— 402 —

学校基本情况表(一)

附设初中班	在校生数						
	计	小学学生数					
		计	小学	小学教学点	附设小学班	九年一贯制学校	十二年一贯制学校
19	**14937277**	**10215856**	**8261352**	**675738**	**63303**	**1093902**	**121561**
–	1371576	948181	848909	12758	784	82316	3414
1	600900	416576	309013	60411	7170	36279	3703
1	903020	618865	483330	48902	918	68323	17392
2	627599	423992	353441	30653	398	37406	2094
1	693001	467208	407024	10448	5594	37345	6797
–	225753	154501	138273	4366	547	10113	1202
3	802398	544573	447059	23175	402	66999	6938
2	399927	280119	229390	5518	–	39018	6193
1	641124	436653	358566	15891	8264	51133	2799
–	634490	428215	343437	15861	465	63644	4808
3	312568	210514	164850	5375	2218	36386	1685
–	232604	158780	134620	5274	1309	14006	3571
1	1549673	1019564	758065	108926	3691	125961	22921
2	1011028	729543	575688	64521	1368	79920	8046
–	832263	559582	463491	34810	1815	57787	1679
1	1265475	870007	629081	87627	9223	143041	1035
1	1031790	710395	601335	51289	3848	44689	9234
–	83184	58334	52050	284	–	6000	–
–	80716	55467	45326	3430	–	6711	–
–	127766	91880	72882	8461	6563	3974	–
–	178023	125261	115286	1506	639	7830	–
–	222002	158359	146790	6045	–	4018	1506
–	151164	104478	85615	465	1527	9267	7604
–	247827	165213	103816	44236	435	15904	822
–	234736	157037	148702	1160	4771	2404	–
–	185251	119956	103739	8283	–	7198	736
–	141087	100847	62120	8613	1354	25910	2850
–	150332	101756	79454	7450	–	10320	4532

义 务 教 育 阶 段

省辖市直管县	在 校				
		初　中　学　生　数			
	计	初　中	九　年 一贯制 学　校	附　设 初中班	十二年 一贯制 学　校
河 南 省	**4721421**	**3579499**	**828525**	**10263**	**132355**
郑 州 市	423395	322657	81491	–	4217
开 封 市	184324	136142	35659	249	3269
洛 阳 市	284155	214069	52504	140	10867
平顶山市	203607	175977	21560	3324	1433
安 阳 市	225793	187245	27070	288	5118
鹤 壁 市	71252	55166	7293	–	1020
新 乡 市	257825	169384	47532	1381	11520
焦 作 市	119808	90428	22244	1087	4409
濮 阳 市	204471	141480	42076	1971	6407
许 昌 市	206275	143693	46278	–	5018
漯 河 市	102054	79365	20964	903	822
三门峡市	73824	63310	7781	–	1402
南 阳 市	530109	396327	103941	–	26280
商 丘 市	281485	220069	40500	126	10333
信 阳 市	272681	216394	44366	–	2158
周 口 市	395468	251581	116349	548	5481
驻马店市	321395	261678	38798	246	9326
济源示范区	24850	21224	3626	–	–
巩 义 市	25249	22174	3075	–	–
兰 考 县	35886	31888	3998	–	–
汝 州 市	52762	43512	7896	–	–
滑　　县	63643	57386	1453	–	3555
长 垣 市	46686	37804	5979	–	2903
邓 州 市	82614	70198	11485	–	880
永 城 市	77699	75883	1816	–	–
固 始 县	65295	48809	7069	–	1338
鹿 邑 县	40240	18951	15323	–	3127
新 蔡 县	48576	26705	10399	–	11472

学 校 基 本 情 况 表（二）

生	数			专任教师（按教授学生分）		
	其中：寄宿生					
完全中学	计	小 学	初 中	计	小 学	初 中
170779	**5035867**	**1898405**	**3137462**	**927078**	**586578**	**340500**
15030	351686	112058	239628	79643	49531	30112
9005	218569	82971	135598	36611	23926	12685
6575	293497	119214	174283	55841	34006	21835
1313	225046	92368	132678	37191	23839	13352
6072	159776	42074	117702	37811	23431	14380
7773	66326	25057	41269	13142	8160	4982
28008	226856	75731	151125	44980	27559	17421
1640	125100	56836	68264	28742	18350	10392
12537	169677	60191	109486	39127	24564	14563
11286	280912	118005	162907	41224	26287	14937
－	113628	45230	68398	19150	11647	7503
1331	86304	35012	51292	17505	10604	6901
3561	592374	219137	373237	92973	57790	35183
10457	301903	117709	184194	65852	43778	22074
9763	209402	54753	154649	57236	35662	21574
21509	627991	298168	329823	85841	56838	29003
11347	334147	117389	216758	67961	43640	24321
－	13928	4786	9142	4852	2853	1999
－	27908	9401	18507	6171	3716	2455
－	47568	15788	31780	7937	5075	2862
1354	72798	25245	47553	9047	5472	3575
1249	82757	27084	55673	10915	7104	3811
－	67673	21289	46384	8525	5462	3063
51	100859	37765	63094	14169	8339	5830
－	72035	27155	44880	11733	7436	4297
8079	45894	5949	39945	12938	7867	5071
2839	57261	28578	28683	10445	7123	3322
－	63992	23462	40530	9516	6519	2997

义务教育阶段在

省辖市直管县	总计	小						学
		计	一年级	二年级	三年级	四年级	五年级	六年级
河 南 省	14937277	10215856	1659942	1736839	1744617	1712649	1708735	1653074
郑 州 市	1371576	948181	170377	171961	158190	152933	150257	144463
开 封 市	600900	416576	66456	70799	71556	70303	69949	67513
洛 阳 市	903020	618865	104578	106736	104181	101494	101428	100448
平顶山市	627599	423992	65025	69228	70941	70705	73364	74729
安 阳 市	693001	467208	71522	74970	79627	79369	81247	80473
鹤 壁 市	225753	154501	23325	25493	25915	26785	26483	26500
新 乡 市	802398	544573	84601	89829	93118	93340	92140	91545
焦 作 市	399927	280119	46710	47997	48379	47067	45657	44309
濮 阳 市	641124	436653	72944	76170	76724	76717	74890	59208
许 昌 市	634490	428215	67632	73082	74456	73259	72421	67365
漯 河 市	312568	210514	34129	36010	35312	34451	35469	35143
三门峡市	232604	158780	26334	26986	27417	27350	27784	22909
南 阳 市	1549673	1019564	151198	163614	172951	173617	179899	178285
商 丘 市	1011028	729543	132366	131916	126333	119426	112848	106654
信 阳 市	832263	559582	87731	92963	96235	93768	94818	94067
周 口 市	1265475	870007	148487	153351	152012	144028	139233	132896
驻马店市	1031790	710395	108819	118551	121109	119810	122488	119618
济源示范区	83184	58334	10381	9752	9667	9502	9511	9521
巩 义 市	80716	55467	9192	9612	9171	9306	9075	9111
兰 考 县	127766	91880	15996	16115	15645	15060	14669	14395
汝 州 市	178023	125261	19021	20762	20551	21171	22079	21677
滑 县	222002	158359	23284	25332	26383	27363	27586	28411
长 垣 市	151164	104478	17628	18514	18168	17751	16677	15740
邓 州 市	247827	165213	24111	26452	28277	28201	29041	29131
永 城 市	234736	157037	25250	26919	26688	26353	25985	25842
固 始 县	185251	119956	18801	19253	20358	19483	20718	21343
鹿 邑 县	141087	100847	17673	17615	17782	16406	15699	15672
新 蔡 县	150332	101756	16371	16857	17471	17631	17320	16106

校 生 分 年 级 情 况 (总计)

	其 中		初 中					其 中	
五年制	复式班	少数民族	计	一年级	二年级	三年级	四年级	四年制	少数民族
23180	588	110497	4721421	1540545	1579443	1585312	16121	71799	51842
–	–	17821	423395	144140	142548	136707	–	–	8561
–	–	5438	184324	61536	60885	61903	–	–	2522
–	242	6300	284155	93395	96542	94218	–	–	2542
–	90	7039	203607	61998	70015	71594	–	–	3161
–	–	358	225793	75218	74320	76255	–	–	214
–	2	195	71252	25197	19794	26261	–	–	118
–	4	5118	257825	78458	86588	92779	–	–	2279
–	–	6260	119808	40958	39957	38893	–	–	2553
–	–	654	204471	68783	59179	64033	12476	56296	373
–	3	4786	206275	66099	70459	69717	–	–	2212
–	–	2432	102054	33806	33496	34752	–	–	1076
23180	146	946	73824	24589	22985	22605	3645	15503	505
–	65	20265	530109	177079	178991	174039	–	–	11321
–	–	9779	281485	90902	98592	91991	–	–	4290
–	–	1089	272681	76830	97890	97961	–	–	504
–	–	10915	395468	130303	133346	131819	–	–	4919
–	–	4507	321395	102864	107908	110623	–	–	2152
–	2	621	24850	8683	7860	8307	–	–	357
–	–	79	25249	9073	8164	8012	–	–	44
–	–	560	35886	12727	10261	12898	–	–	178
–	34	352	52762	18594	16708	17460	–	–	113
–	–	74	63643	23180	19466	20997	–	–	48
–	–	96	46686	13494	16476	16716	–	–	26
–	–	2549	82614	27623	27785	27206	–	–	1001
–	–	20	77699	24696	26766	26237	–	–	7
–	–	1477	65295	20381	22697	22217	–	–	498
–	–	303	40240	13587	13302	13351	–	–	105
–	–	464	48576	16352	16463	15761	–	–	163

义 务 教 育 阶 段 在

省辖市直管县	总计	小						学
		计	一年级	二年级	三年级	四年级	五年级	六年级
河 南 省	**3965808**	**2672101**	**454934**	**468740**	**456935**	**442869**	**438145**	**410478**
郑 州 市	778408	543014	97739	98621	90608	88208	85758	82080
开 封 市	174340	114966	19988	20221	20010	18728	18431	17588
洛 阳 市	254838	178880	32552	32505	30544	28670	27874	26735
平顶山市	148482	103464	17761	18248	17888	16660	16813	16094
安 阳 市	251935	174316	28914	28837	29658	29285	29195	28427
鹤 壁 市	83073	54516	8265	9057	9074	9477	9299	9344
新 乡 市	247014	170397	28362	29226	29101	27845	28458	27405
焦 作 市	142208	97825	17276	17214	16919	16127	15443	14846
濮 阳 市	139612	75392	15190	14606	15323	14397	14019	1857
许 昌 市	261069	174058	28757	30558	30601	29660	28748	25734
漯 河 市	114530	77090	13453	13894	12895	12501	12382	11965
三门峡市	103340	73934	12768	12863	12580	12113	12153	11457
南 阳 市	185345	119134	18968	20774	20612	19971	19916	18893
商 丘 市	126838	90225	16109	16411	15124	14506	14452	13623
信 阳 市	127137	88382	14793	15332	15279	14216	14422	14340
周 口 市	275717	166244	23614	26992	27963	28653	29390	29632
驻马店市	92804	62353	10185	10849	10774	10277	10434	9834
济源示范区	57730	40888	7536	7139	6861	6539	6512	6301
巩 义 市	40685	27743	4960	5056	4542	4679	4314	4192
兰 考 县	–	–	–	–	–	–	–	–
汝 州 市	59356	44179	7196	7637	7367	7275	7389	7315
滑 县	–	–	–	–	–	–	–	–
长 垣 市	92199	61155	10472	10584	10463	10336	9876	9424
邓 州 市	83802	55807	8283	8933	9444	9398	9645	10104
永 城 市	125346	78139	11793	13183	13305	13348	13222	13288
固 始 县	–	–	–	–	–	–	–	–
鹿 邑 县	–	–	–	–	–	–	–	–
新 蔡 县	–	–	–	–	–	–	–	–

校生分年级情况(城区)

其中			初中						
			计	一年级	二年级	三年级	四年级	其中	
五年制	复式班	少数民族						四年制	少数民族
–	**3**	**50143**	**1293707**	**425639**	**432655**	**424708**	**10705**	**45534**	**23679**
–	–	13013	235394	78850	78778	77766	–	–	6061
–	–	3863	59374	19710	20239	19425	–	–	1928
–	–	4260	75958	25033	25852	25073	–	–	1765
–	–	2805	45018	14437	15378	15203	–	–	1199
–	–	295	77619	26356	25781	25482	–	–	151
–	–	117	28557	9500	8573	10484	–	–	90
–	–	2154	76617	23217	27165	26235	–	–	908
–	–	2800	44383	15098	14966	14319	–	–	1237
–	–	354	64220	18524	17409	17582	10705	45534	300
–	–	2628	87011	28674	29576	28761	–	–	1147
–	–	1671	37440	12714	12276	12450	–	–	789
–	3	441	29406	10260	9522	9624	–	–	177
–	–	4460	66211	21651	22069	22491	–	–	2669
–	–	2647	36613	12153	12797	11663	–	–	1144
–	–	694	38755	12166	13807	12782	–	–	284
–	–	4425	109473	36681	37812	34980	–	–	2338
–	–	991	30451	10352	9757	10342	–	–	414
–	–	466	16842	5830	5456	5556	–	–	295
–	–	34	12942	4619	4300	4023	–	–	24
–	–	–	–	–	–	–	–	–	–
–	–	202	15177	5135	5138	4904	–	–	51
–	–	–	–	–	–	–	–	–	–
–	–	68	31044	9633	10829	10582	–	–	9
–	–	1749	27995	9865	9333	8797	–	–	699
–	–	6	47207	15181	15842	16184	–	–	–
–	–	–	–	–	–	–	–	–	–
–	–	–	–	–	–	–	–	–	–
–	–	–	–	–	–	–	–	–	–

义 务 教 育 阶 段 在

省辖市直管县	总计	小						学
		计	一年级	二年级	三年级	四年级	五年级	六年级
河 南 省	6895011	4299095	670338	705262	720874	719500	736597	746524
郑 州 市	383305	248023	44606	44859	41620	40041	39460	37437
开 封 市	236648	146127	23221	24201	24054	24381	24813	25457
洛 阳 市	495327	317164	52010	53701	52752	51952	53053	53696
平顶山市	284306	174121	25213	26929	28514	29382	30979	33104
安 阳 市	253581	152069	23127	23873	25330	25622	26697	27420
鹤 壁 市	105194	67538	10409	11352	11323	11554	11547	11353
新 乡 市	297477	182265	28765	30087	31027	31678	30472	30236
焦 作 市	190447	129156	21069	21978	22434	21840	21150	20685
濮 阳 市	316803	207810	33916	35159	34844	35191	34892	33808
许 昌 市	197159	116109	17249	19387	19940	20224	20126	19183
漯 河 市	119510	70722	10315	11209	11241	11320	12897	13740
三门峡市	90818	56704	9169	9600	10142	10190	10472	7131
南 阳 市	1017347	622133	88613	95261	102361	104343	113082	118473
商 丘 市	519737	340958	56492	58037	58463	57045	55594	55327
信 阳 市	448313	281547	45127	46948	48380	46316	47070	47706
周 口 市	551328	340983	53553	56328	57831	57591	57779	57901
驻马店市	605229	370952	54007	59490	60855	61188	65631	69781
济源示范区	19128	12371	2107	1892	2011	2097	2094	2170
巩 义 市	32246	22085	3273	3555	3610	3694	3931	4022
兰 考 县	85104	57340	9778	9757	9680	9325	9408	9392
汝 州 市	42887	26327	3802	4325	4200	4474	4663	4863
滑 县	121369	75367	11137	11749	12480	13233	13306	13462
长 垣 市	22554	14044	2238	2573	2396	2342	2165	2330
邓 州 市	84399	41070	5305	6026	6718	6869	7315	8837
永 城 市	52943	32847	5740	5755	5527	5127	4926	5772
固 始 县	133441	81593	13359	13538	13919	13178	13712	13887
鹿 邑 县	96590	60959	8855	9512	10474	10452	10490	11176
新 蔡 县	91821	50711	7883	8181	8748	8851	8873	8175

校生分年级情况(镇区)

其中			初中						
五年制	复式班	少数民族	计	一年级	二年级	三年级	四年级	其中 四年制	其中 少数民族
18453	**38**	**44662**	**2595916**	**853045**	**866718**	**871751**	**4402**	**20592**	**22882**
–	–	2779	135282	47957	46084	41241	–	–	1821
–	–	1306	90521	31021	29093	30407	–	–	538
–	27	1764	178163	58584	60454	59125	–	–	722
–	–	3426	110185	34033	37291	38861	–	–	1587
–	–	50	101512	34140	33163	34209	–	–	61
–	–	71	37656	14018	9823	13815	–	–	28
–	–	1900	115212	36133	37328	41751	–	–	984
–	–	2901	61291	21116	20214	19961	–	–	1078
–	–	191	108993	39076	32240	36210	1467	7680	55
–	–	1010	81050	26164	27449	27437	–	–	601
–	–	659	48788	15866	16223	16699	–	–	274
18453	–	440	34114	10946	10224	10009	2935	12912	305
–	11	12246	395214	132945	133549	128720	–	–	7221
–	–	4946	178779	57461	62787	58531	–	–	2524
–	–	341	166766	46580	59651	60535	–	–	178
–	–	5225	210345	68289	70454	71602	–	–	2331
–	–	2654	234277	74638	79677	79962	–	–	1427
–	–	153	6757	2457	1993	2307	–	–	62
–	–	20	10161	3648	3213	3300	–	–	12
–	–	415	27764	10075	7877	9812	–	–	112
–	–	103	16560	5692	5085	5783	–	–	43
–	–	18	46002	17034	14268	14700	–	–	29
–	–	20	8510	2196	3063	3251	–	–	12
–	–	614	43329	14073	14517	14739	–	–	298
–	–	14	20096	6284	7118	6694	–	–	7
–	–	896	51848	16714	18078	17056	–	–	304
–	–	126	35631	12145	11682	11804	–	–	105
–	–	374	41110	13760	14120	13230	–	–	163

义 务 教 育 阶 段 在

省辖市直管县	总计	小						学
		计	一年级	二年级	三年级	四年级	五年级	六年级
河南省	4076458	3244660	534670	562837	566808	550280	533993	496072
郑州市	209863	157144	28032	28481	25962	24684	25039	24946
开封市	189912	155483	23247	26377	27492	27194	26705	24468
洛阳市	152855	122821	20016	20530	20885	20872	20501	20017
平顶山市	194811	146407	22051	24051	24539	24663	25572	25531
安阳市	187485	140823	19481	22260	24639	24462	25355	24626
鹤壁市	37486	32447	4651	5084	5518	5754	5637	5803
新乡市	257907	191911	27474	30516	32990	33817	33210	33904
焦作市	67272	53138	8365	8805	9026	9100	9064	8778
濮阳市	184709	153451	23838	26405	26557	27129	25979	23543
许昌市	176262	138048	21626	23137	23915	23375	23547	22448
漯河市	78528	62702	10361	10907	11176	10630	10190	9438
三门峡市	38446	28142	4397	4523	4695	5047	5159	4321
南阳市	346981	278297	43617	47579	49978	49303	46901	40919
商丘市	364453	298360	59765	57468	52746	47875	42802	37704
信阳市	256813	189653	27811	30683	32576	33236	33326	32021
周口市	438430	362780	71320	70031	66218	57784	52064	45363
驻马店市	333757	277090	44627	48212	49480	48345	46423	40003
济源示范区	6326	5075	738	721	795	866	905	1050
巩义市	7785	5639	959	1001	1019	933	830	897
兰考县	42662	34540	6218	6358	5965	5735	5261	5003
汝州市	75780	54755	8023	8800	8984	9422	10027	9499
滑县	100633	82992	12147	13583	13903	14130	14280	14949
长垣市	36411	29279	4918	5357	5309	5073	4636	3986
邓州市	79626	68336	10523	11493	12115	11934	12081	10190
永城市	56447	46051	7717	7981	7856	7878	7837	6782
固始县	51810	38363	5442	5715	6439	6305	7006	7456
鹿邑县	44497	39888	8818	8103	7308	5954	5209	4496
新蔡县	58511	51045	8488	8676	8723	8780	8447	7931

校 生 分 年 级 情 况（乡村）

| | 其 中 | | | 初 中 | | | | 其 中 | |
五年制	复式班	少数民族	计	一年级	二年级	三年级	四年级	四年制	少数民族
4727	**547**	**15692**	**831798**	**261861**	**280070**	**288853**	**1014**	**5673**	**5281**
–	–	2029	52719	17333	17686	17700	–	–	679
–	–	269	34429	10805	11553	12071	–	–	56
–	215	276	30034	9778	10236	10020	–	–	55
–	90	808	48404	13528	17346	17530	–	–	375
–	–	13	46662	14722	15376	16564	–	–	2
–	2	7	5039	1679	1398	1962	–	–	–
–	4	1064	65996	19108	22095	24793	–	–	387
–	–	559	14134	4744	4777	4613	–	–	238
–	–	109	31258	11183	9530	10241	304	3082	18
–	3	1148	38214	11261	13434	13519	–	–	464
–	–	102	15826	5226	4997	5603	–	–	13
4727	143	65	10304	3383	3239	2972	710	2591	23
–	54	3559	68684	22483	23373	22828	–	–	1431
–	–	2186	66093	21288	23008	21797	–	–	622
–	–	54	67160	18084	24432	24644	–	–	42
–	–	1265	75650	25333	25080	25237	–	–	250
–	–	862	56667	17874	18474	20319	–	–	311
–	2	2	1251	396	411	444	–	–	–
–	–	25	2146	806	651	689	–	–	8
–	–	145	8122	2652	2384	3086	–	–	66
–	34	47	21025	7767	6485	6773	–	–	19
–	–	56	17641	6146	5198	6297	–	–	19
–	–	8	7132	1665	2584	2883	–	–	5
–	–	186	11290	3685	3935	3670	–	–	4
–	–	–	10396	3231	3806	3359	–	–	–
–	–	581	13447	3667	4619	5161	–	–	194
–	–	177	4609	1442	1620	1547	–	–	–
–	–	90	7466	2592	2343	2531	–	–	–

义 务 教 育 阶 段 在

省辖市直管县	总计	小 学						
		计	一年级	二年级	三年级	四年级	五年级	六年级
河南省	**6892843**	**4749740**	**783436**	**809739**	**812971**	**794069**	**789231**	**760294**
郑 州 市	613086	432975	79435	79417	73190	69487	67472	63974
开 封 市	272681	191114	31079	32522	32807	32255	31846	30605
洛 阳 市	433282	298433	50772	51404	50698	48516	48975	48068
平顶山市	293485	199033	30713	32463	33613	33164	34392	34688
安 阳 市	317246	214870	33638	34571	36745	35954	37099	36863
鹤 壁 市	102909	71402	11059	11696	11942	12440	12213	12052
新 乡 市	365996	250267	39651	41486	42913	42940	42039	41238
焦 作 市	186901	132054	22323	22679	22718	22327	21458	20549
濮 阳 市	293573	201415	34126	35181	34948	35176	34388	27596
许 昌 市	292260	198567	32388	33924	34613	33826	32965	30851
漯 河 市	144783	98330	16466	16831	16422	16033	16447	16131
三门峡市	112337	76660	12972	12843	13116	13213	13360	11156
南 阳 市	716940	470848	70143	75769	79925	79981	82806	82224
商 丘 市	465469	338848	62340	61402	59129	55410	51984	48583
信 阳 市	378890	257100	40705	42949	44361	43035	43184	42866
周 口 市	594356	411451	71603	72843	72058	67518	65473	61956
驻马店市	475712	330997	51355	55399	56339	55577	57090	55237
济源示范区	39446	27789	5003	4652	4529	4580	4505	4520
巩 义 市	37988	26174	4279	4460	4366	4455	4237	4377
兰 考 县	58527	42494	7577	7485	7182	7036	6618	6596
汝 州 市	82804	58486	9099	9748	9593	9864	10249	9933
滑 县	100379	72350	10927	11608	12054	12574	12440	12747
长 垣 市	66645	46987	8188	8416	8162	7929	7455	6837
邓 州 市	116565	77503	11281	12287	13224	13328	13664	13719
永 城 市	107864	72461	11547	12514	12327	12222	11845	12006
固 始 县	81526	53264	8232	8502	8987	8708	9261	9574
鹿 邑 县	67523	48346	8587	8484	8534	7879	7405	7457
新 蔡 县	73670	49522	7948	8204	8476	8642	8361	7891

校生分年级情况(其中:女)

其中			初中							
五年制	复式班	少数民族	计	一年级	二年级	三年级	四年级	其中 四年制	其中 少数民族
11093	**285**	**49841**	**2143103**	**702840**	**713648**	**719288**	**7327**	**32136**	**22803**
–	–	7935	180111	62654	60698	56759	–	–	3371
–	–	2503	81567	27711	26556	27300	–	–	1134
–	118	2926	134849	43663	45897	45289	–	–	1155
–	41	3216	94452	28826	32415	33211	–	–	1402
–	–	148	102376	34528	33464	34384	–	–	73
–	2	82	31507	11463	8516	11528	–	–	44
–	2	2200	115729	35266	38507	41956	–	–	1002
–	–	2830	54847	19007	18131	17709	–	–	1161
–	–	277	92158	31589	26069	28947	5553	24640	151
–	3	2328	93693	30433	31703	31557	–	–	961
–	–	1090	46453	15292	15167	15994	–	–	450
11093	68	408	35677	12003	11065	10835	1774	7496	222
–	35	9030	246092	81696	83082	81314	–	–	5203
–	–	4487	126621	40529	44740	41352	–	–	1911
–	–	487	121790	34316	43771	43703	–	–	200
–	–	5024	182905	60670	61532	60703	–	–	2244
–	–	1871	144715	46857	47743	50115	–	–	948
–	–	323	11657	4130	3585	3942	–	–	155
–	–	32	11814	4217	3914	3683	–	–	25
–	–	237	16033	5855	4514	5664	–	–	73
–	16	140	24318	8621	7552	8145	–	–	33
–	–	38	28029	10201	8427	9401	–	–	19
–	–	34	19658	5518	7006	7134	–	–	13
–	–	1192	39062	13159	12944	12959	–	–	494
–	–	10	35403	11225	12232	11946	–	–	2
–	–	625	28262	8815	9925	9522	–	–	222
–	–	139	19177	6548	6315	6314	–	–	51
–	–	229	24148	8048	8178	7922	–	–	84

义 务 教 育 阶 段 在

省辖市直管县	总计	小 学						
		计	一年级	二年级	三年级	四年级	五年级	六年级
河南省	8044434	5466116	876506	927100	931646	918580	919504	892780
郑州市	758490	515206	90942	92544	85000	83446	82785	80489
开封市	328219	225462	35377	38277	38749	38048	38103	36908
洛阳市	469738	320432	53806	55332	53483	52978	52453	52380
平顶山市	334114	224959	34312	36765	37328	37541	38972	40041
安阳市	375755	252338	37884	40399	42882	43415	44148	43610
鹤壁市	122844	83099	12266	13797	13973	14345	14270	14448
新乡市	436402	294306	44950	48343	50205	50400	50101	50307
焦作市	213026	148065	24387	25318	25661	24740	24199	23760
濮阳市	347551	235238	38818	40989	41776	41541	40502	31612
许昌市	342230	229648	35244	39158	39843	39433	39456	36514
漯河市	167785	112184	17663	19179	18890	18418	19022	19012
三门峡市	120267	82120	13362	14143	14301	14137	14424	11753
南阳市	832733	548716	81055	87845	93026	93636	97093	96061
商丘市	545559	390695	70026	70514	67204	64016	60864	58071
信阳市	453373	302482	47026	50014	51874	50733	51634	51201
周口市	671119	458556	76884	80508	79954	76510	73760	70940
驻马店市	556078	379398	57464	63152	64770	64233	65398	64381
济源示范区	43738	30545	5378	5100	5138	4922	5006	5001
巩义市	42728	29293	4913	5152	4805	4851	4838	4734
兰考县	69239	49386	8419	8630	8463	8024	8051	7799
汝州市	95219	66775	9922	11014	10958	11307	11830	11744
滑县	121623	86009	12357	13724	14329	14789	15146	15664
长垣市	84519	57491	9440	10098	10006	9822	9222	8903
邓州市	131262	87710	12830	14165	15053	14873	15377	15412
永城市	126872	84576	13703	14405	14361	14131	14140	13836
固始县	103725	66692	10569	10751	11371	10775	11457	11769
鹿邑县	73564	52501	9086	9131	9248	8527	8294	8215
新蔡县	76662	52234	8423	8653	8995	8989	8959	8215

校生分年级情况（其中：男）

	其 中		初 中					其 中	
五年制	复式班	少数民族	计	一年级	二年级	三年级	四年级	四年制	少数民族
12087	**303**	**60656**	**2578318**	**837705**	**865795**	**866024**	**8794**	**39663**	**29039**
－	－	9886	243284	81486	81850	79948	－	－	5190
－	－	2935	102757	33825	34329	34603	－	－	1388
－	124	3374	149306	49732	50645	48929	－	－	1387
－	49	3823	109155	33172	37600	38383	－	－	1759
－	－	210	123417	40690	40856	41871	－	－	141
－	－	113	39745	13734	11278	14733	－	－	74
－	2	2918	142096	43192	48081	50823	－	－	1277
－	－	3430	64961	21951	21826	21184	－	－	1392
－	－	377	112313	37194	33110	35086	6923	31656	222
－	－	2458	112582	35666	38756	38160	－	－	1251
－	－	1342	55601	18514	18329	18758	－	－	626
12087	78	538	38147	12586	11920	11770	1871	8007	283
－	30	11235	284017	95383	95909	92725	－	－	6118
－	－	5292	154864	50373	53852	50639	－	－	2379
－	－	602	150891	42514	54119	54258	－	－	304
－	－	5891	212563	69633	71814	71116	－	－	2675
－	－	2636	176680	56007	60165	60508	－	－	1204
－	2	298	13193	4553	4275	4365	－	－	202
－	－	47	13435	4856	4250	4329	－	－	19
－	－	323	19853	6872	5747	7234	－	－	105
－	18	212	28444	9973	9156	9315	－	－	80
－	－	36	35614	12979	11039	11596	－	－	29
－	－	62	27028	7976	9470	9582	－	－	13
－	－	1357	43552	14464	14841	14247	－	－	507
－	－	10	42296	13471	14534	14291	－	－	5
－	－	852	37033	11566	12772	12695	－	－	276
－	－	164	21063	7039	6987	7037	－	－	54
－	－	235	24428	8304	8285	7839	－	－	79

中小学在校生、专任教师分

省辖市直管县	在 校 生 数						
	计	按学校类型分			按学生类型分		
		普通高中	初中	小学	普通高中	初中	小学
河 南 省	**17185862**	**2673280**	**5512189**	**9000393**	**2248585**	**4721421**	**10215856**
郑 州 市	1570959	222044	486464	862451	199383	423395	948181
开 封 市	706764	121841	208329	376594	105864	184324	416576
洛 阳 市	1052339	184153	335036	533150	149319	284155	618865
平顶山市	713223	90464	238267	384492	85624	203607	423992
安 阳 市	789310	114296	251948	423066	96309	225793	467208
鹤 壁 市	262531	46773	72572	143186	36778	71252	154501
新 乡 市	916060	160128	285296	470636	113662	257825	544573
焦 作 市	472879	85194	152777	234908	72952	119808	280119
濮 阳 市	727019	107638	236660	382721	85895	204471	436653
许 昌 市	721678	108300	253615	359763	87188	206275	428215
漯 河 市	360504	50443	137618	172443	47936	102054	210514
三门峡市	271803	45503	85097	141203	39199	73824	158780
南 阳 市	1768231	271320	626229	870682	218558	530109	1019564
商 丘 市	1146120	163928	340615	641577	135092	281485	729543
信 阳 市	987080	168417	318547	500116	154817	272681	559582
周 口 市	1465532	228082	511519	725931	200057	395468	870007
驻马店市	1182587	180704	345411	656472	150797	321395	710395
济源示范区	98955	15771	30850	52334	15771	24850	58334
巩 义 市	95099	14383	31960	48756	14383	25249	55467
兰 考 县	148569	20803	39860	87906	20803	35886	91880
汝 州 市	201710	25041	59238	117431	23687	52762	125261
滑 县	248333	32641	62857	152835	26331	63643	158359
长 垣 市	172683	32026	53050	87607	21519	46686	104478
邓 州 市	281486	35412	97587	148487	33659	82614	165213
永 城 市	261259	26523	80103	154633	26523	77699	157037
固 始 县	227023	51925	63076	112022	41772	65295	119956
鹿 邑 县	164832	32561	60184	72087	23745	40240	100847
新 蔡 县	171294	36966	47424	86904	20962	48576	101756

学校类型和学生类型情况

	专 任 教 师 数					
计	按学校类型分			按授课学生类型分		
	普通高中	初中	小学	普通高中	初中	小学
1075173	**173106**	**378211**	**523856**	**148095**	**340500**	**586578**
94631	16669	33485	44477	14988	30112	49531
42154	6509	14183	21462	5543	12685	23926
66782	13352	23954	29476	10941	21835	34006
43040	6235	15079	21726	5849	13352	23839
43808	6934	15827	21047	5997	14380	23431
15343	2740	4982	7621	2201	4982	8160
52461	10049	18243	24169	7481	17421	27559
33889	6000	12401	15488	5147	10392	18350
44803	7218	15457	22128	5676	14563	24564
47407	7536	17496	22375	6183	14937	26287
22363	3404	9203	9756	3213	7503	11647
21362	4299	7585	9478	3857	6901	10604
107432	17052	39431	50949	14459	35183	57790
73936	9774	25159	39003	8084	22074	43778
67773	11634	23512	32627	10537	21574	35662
99027	14449	34508	50070	13186	29003	56838
76775	10434	25388	40953	8814	24321	43640
6063	1211	2363	2489	1211	1999	2853
7522	1351	2885	3286	1351	2455	3716
9160	1223	3038	4899	1223	2862	5075
10614	1658	3921	5035	1567	3575	5472
12533	1986	3768	6779	1618	3811	7104
9596	1743	3218	4635	1071	3063	5462
15983	1940	6372	7671	1814	5830	8339
13093	1360	4407	7326	1360	4297	7436
15087	2751	4898	7438	2149	5071	7867
11889	1936	4175	5778	1444	3322	7123
10647	1659	3273	5715	1131	2997	6519

小 学 班 额 及

省辖市直管县	班 额 情 况 （个）									
	计	25人及以下	26－30人	31－35人	36－40人	41－45人	46－50人	51－55人	56－60人	61－65人	66人及以上
河 南 省	286260	74010	20963	23461	30575	51051	34776	43185	4206	3799	234
郑 州 市	20559	1244	1057	1231	1761	2282	3672	7225	785	1256	46
开 封 市	12174	3316	1035	1146	1271	2411	1436	1527	32	－	－
洛 阳 市	17382	4293	1036	1178	2016	3787	2562	2424	68	17	1
平顶山市	11574	2911	859	1006	1055	1301	1752	2351	151	188	－
安 阳 市	12892	2978	1060	1120	1304	2613	1593	2122	53	49	－
鹤 壁 市	4400	1336	262	298	289	476	623	971	34	111	－
新 乡 市	15109	3477	1335	1507	1819	2547	2045	2030	271	78	－
焦 作 市	7765	1994	523	631	813	1397	716	1472	60	159	－
濮 阳 市	12111	2618	1088	1144	1381	3014	1201	1486	127	52	－
许 昌 市	11815	2643	1133	1263	1439	1657	1775	1646	159	74	26
漯 河 市	5790	1429	426	442	529	1133	852	948	24	7	－
三门峡市	4317	1044	172	267	454	687	693	942	54	4	－
南 阳 市	29881	8990	1688	1973	2967	6325	3156	4190	329	263	－
商 丘 市	21701	6235	2016	2092	2936	4253	1794	2052	256	67	－
信 阳 市	16114	5235	646	834	1135	1993	2292	3030	523	416	10
周 口 市	25944	8187	1963	2367	2855	5221	2271	1381	670	878	151
驻马店市	21466	7047	1742	1661	2002	3927	2245	2626	188	28	－
济源示范区	1463	292	78	64	127	177	238	411	68	8	－
巩 义 市	1332	177	93	124	112	193	146	412	28	47	－
兰 考 县	2706	498	433	403	520	808	35	9	－	－	－
汝 州 市	3687	1036	363	370	428	506	369	600	11	4	－
滑 县	4168	664	354	481	644	662	566	797	－	－	－
长 垣 市	2694	458	257	248	335	365	461	446	78	46	－
邓 州 市	5089	1728	365	424	579	1056	432	313	145	47	－
永 城 市	4121	884	299	325	502	434	521	1091	65	－	－
固 始 县	3394	983	148	193	314	652	523	555	26	－	－
鹿 邑 县	3235	1069	213	345	528	888	133	58	1	－	－
新 蔡 县	3377	1244	319	324	460	286	674	70	－	－	－

— 420 —

构 成 情 况(总计)

			占 总 班 数 的 比 例 （%）							大班额比例（%）
25人及以下	26－30人	31－35人	36－40人	41－45人	46－50人	51－55人	56－60人	61－65人	66人及以上	
25.85	**7.32**	**8.20**	**10.68**	**17.83**	**12.15**	**15.09**	**1.47**	**1.33**	**0.08**	**2.88**
6.05	5.14	5.99	8.57	11.10	17.86	35.14	3.82	6.11	0.22	10.15
27.24	8.50	9.41	10.44	19.80	11.80	12.54	0.26	–	–	0.26
24.70	5.96	6.78	11.60	21.79	14.74	13.95	0.39	0.10	0.01	0.49
25.15	7.42	8.69	9.12	11.24	15.14	20.31	1.30	1.62	–	2.93
23.10	8.22	8.69	10.11	20.27	12.36	16.46	0.41	0.38	–	0.79
30.36	5.95	6.77	6.57	10.82	14.16	22.07	0.77	2.52	–	3.30
23.01	8.84	9.97	12.04	16.86	13.53	13.44	1.79	0.52	–	2.31
25.68	6.74	8.13	10.47	17.99	9.22	18.96	0.77	2.05	–	2.82
21.62	8.98	9.45	11.40	24.89	9.92	12.27	1.05	0.43	–	1.48
22.37	9.59	10.69	12.18	14.02	15.02	13.93	1.35	0.63	0.22	2.19
24.68	7.36	7.63	9.14	19.57	14.72	16.37	0.41	0.12	–	0.54
24.18	3.98	6.18	10.52	15.91	16.05	21.82	1.25	0.09	–	1.34
30.09	5.65	6.60	9.93	21.17	10.56	14.02	1.10	0.88	–	1.98
28.73	9.29	9.64	13.53	19.60	8.27	9.46	1.18	0.31	–	1.49
32.49	4.01	5.18	7.04	12.37	14.22	18.80	3.25	2.58	0.06	5.89
31.56	7.57	9.12	11.00	20.12	8.75	5.32	2.58	3.38	0.58	6.55
32.83	8.12	7.74	9.33	18.29	10.46	12.23	0.88	0.13	–	1.01
19.96	5.33	4.37	8.68	12.10	16.27	28.09	4.65	0.55	–	5.19
13.29	6.98	9.31	8.41	14.49	10.96	30.93	2.10	3.53	–	5.63
18.40	16.00	14.89	19.22	29.86	1.29	0.33	–	–	–	–
28.10	9.85	10.04	11.61	13.72	10.01	16.27	0.30	0.11	–	0.41
15.93	8.49	11.54	15.45	15.88	13.58	19.12	–	–	–	–
17.00	9.54	9.21	12.44	13.55	17.11	16.56	2.90	1.71	–	4.60
33.96	7.17	8.33	11.38	20.75	8.49	6.15	2.85	0.92	–	3.77
21.45	7.26	7.89	12.18	10.53	12.64	26.47	1.58	–	–	1.58
28.96	4.36	5.69	9.25	19.21	15.41	16.35	0.77	–	–	0.77
33.04	6.58	10.66	16.32	27.45	4.11	1.79	0.03	–	–	0.03
36.84	9.45	9.59	13.62	8.47	19.96	2.07	–	–	–	–

小 学 班 额 及

省辖市直管县	班 额 情 况 （个）									
	计	25人 及以下	26－ 30人	31－ 35人	36－ 40人	41－ 45人	46－ 50人	51－ 55人	56－ 60人	61－ 65人	66人 及以上
河南省	57043	2802	1714	2233	4249	9445	10648	21261	2072	2457	162
郑州市	10991	200	425	438	746	865	1886	4930	515	986	－
开封市	2683	230	109	149	230	689	603	666	7	－	－
洛阳市	3968	169	115	201	397	826	1051	1180	20	8	1
平顶山市	2234	193	54	65	132	209	485	987	33	76	－
安阳市	3804	139	98	144	253	1069	804	1231	35	31	－
鹤壁市	1163	88	28	41	75	101	246	477	5	102	－
新乡市	3607	99	134	129	316	379	909	1497	127	17	－
焦作市	2081	169	41	60	123	253	324	917	55	139	－
濮阳市	1557	76	7	31	88	157	251	833	73	41	－
许昌市	3915	310	184	285	366	492	793	1246	140	73	26
漯河市	1716	59	42	61	139	640	284	470	14	7	－
三门峡市	1625	97	36	74	156	266	266	675	51	4	－
南阳市	2394	39	50	45	89	207	358	1553	28	25	－
商丘市	1968	112	23	48	79	622	380	547	115	42	－
信阳市	1788	111	31	60	98	88	231	744	179	242	4
周口市	3544	340	100	145	263	881	547	300	319	518	131
驻马店市	1345	26	14	19	75	628	120	462	1	－	－
济源示范区	858	39	17	13	78	89	187	361	66	8	－
巩义市	575	30	27	32	28	63	41	279	28	47	－
兰考县	－	－	－	－	－	－	－	－	－	－	－
汝州市	975	56	45	44	80	172	118	460	－	－	－
滑县	－	－	－	－	－	－	－	－	－	－	－
长垣市	1329	55	43	40	162	213	321	371	78	46	－
邓州市	1239	75	45	39	96	438	144	217	140	45	－
永城市	1684	90	46	70	180	98	299	858	43	－	－
固始县	－	－	－	－	－	－	－	－	－	－	－
鹿邑县	－	－	－	－	－	－	－	－	－	－	－
新蔡县	－	－	－	－	－	－	－	－	－	－	－

— 422 —

构 成 情 况 (城区)

	占 总 班 数 的 比 例 （ % ）									大班额比例（%）
25人及以下	26-30人	31-35人	36-40人	41-45人	46-50人	51-55人	56-60人	61-65人	66人及以上	
4.91	**3.00**	**3.91**	**7.45**	**16.56**	**18.67**	**37.27**	**3.63**	**4.31**	**0.28**	**8.22**
1.82	3.87	3.99	6.79	7.87	17.16	44.85	4.69	8.97	–	13.66
8.57	4.06	5.55	8.57	25.68	22.47	24.82	0.26	–	–	0.26
4.26	2.90	5.07	10.01	20.82	26.49	29.74	0.50	0.20	0.03	0.73
8.64	2.42	2.91	5.91	9.36	21.71	44.18	1.48	3.40	–	4.88
3.65	2.58	3.79	6.65	28.10	21.14	32.36	0.92	0.81	–	1.74
7.57	2.41	3.53	6.45	8.68	21.15	41.01	0.43	8.77	–	9.20
2.74	3.71	3.58	8.76	10.51	25.20	41.50	3.52	0.47	–	3.99
8.12	1.97	2.88	5.91	12.16	15.57	44.07	2.64	6.68	–	9.32
4.88	0.45	1.99	5.65	10.08	16.12	53.50	4.69	2.63	–	7.32
7.92	4.70	7.28	9.35	12.57	20.26	31.83	3.58	1.86	0.66	6.10
3.44	2.45	3.55	8.10	37.30	16.55	27.39	0.82	0.41	–	1.22
5.97	2.22	4.55	9.60	16.37	16.37	41.54	3.14	0.25	–	3.38
1.63	2.09	1.88	3.72	8.65	14.95	64.87	1.17	1.04	–	2.21
5.69	1.17	2.44	4.01	31.61	19.31	27.79	5.84	2.13	–	7.98
6.21	1.73	3.36	5.48	4.92	12.92	41.61	10.01	13.53	0.22	23.77
9.59	2.82	4.09	7.42	24.86	15.43	8.47	9.00	14.62	3.70	27.31
1.93	1.04	1.41	5.58	46.69	8.92	34.35	0.07	–	–	0.07
4.55	1.98	1.52	9.09	10.37	21.79	42.07	7.69	0.93	–	8.62
5.22	4.70	5.57	4.87	10.96	7.13	48.52	4.87	8.17	–	13.04
–	–	–	–	–	–	–	–	–	–	–
5.74	4.62	4.51	8.21	17.64	12.10	47.18	–	–	–	–
–	–	–	–	–	–	–	–	–	–	–
–	–	–	–	–	–	–	–	–	–	–
6.05	3.63	3.15	7.75	35.35	11.62	17.51	11.30	3.63	–	14.93
5.34	2.73	4.16	10.69	5.82	17.76	50.95	2.55	–	–	2.55
–	–	–	–	–	–	–	–	–	–	–
–	–	–	–	–	–	–	–	–	–	–
–	–	–	–	–	–	–	–	–	–	–

小 学 班 额 及

省辖市直管县	班 额 情 况 （个）									
	计	25人及以下	26－30人	31－35人	36－40人	41－45人	46－50人	51－55人	56－60人	61－65人	66人及以上
河南省	104957	11681	5160	7473	13486	29174	17193	17755	1738	1226	71
郑州市	5278	259	166	253	418	754	1108	1770	253	251	46
开封市	3945	738	300	340	427	1148	459	531	2	－	－
洛阳市	7775	748	357	520	1156	2514	1276	1155	41	8	－
平顶山市	4042	373	221	332	389	587	869	1071	94	106	－
安阳市	3786	427	234	334	465	1124	473	693	18	18	－
鹤壁市	1631	227	68	119	124	284	293	478	29	9	－
新乡市	4587	505	305	396	681	1421	759	331	130	59	－
焦作市	3344	499	205	308	461	976	334	538	4	19	－
濮阳市	5171	532	275	373	619	2136	623	549	53	11	－
许昌市	3101	515	243	316	452	666	686	208	15	－	－
漯河市	1807	308	112	146	171	304	404	353	9	－	－
三门峡市	1360	131	34	83	201	305	366	237	3	－	－
南阳市	14994	1537	498	849	1877	5014	2362	2347	277	233	－
商丘市	8664	1146	493	619	1505	2502	1004	1250	122	23	－
信阳市	6267	474	135	236	471	1249	1432	1866	254	145	5
周口市	8871	1519	519	740	1162	2640	991	731	234	315	20
驻马店市	8558	550	308	495	966	2403	1677	1964	168	27	－
济源示范区	336	65	31	23	37	84	47	49	－	－	－
巩义市	547	53	50	65	61	105	91	122	－	－	－
兰考县	1565	192	160	175	343	654	33	8	－	－	－
汝州市	667	66	53	76	131	111	141	82	7	－	－
滑县	1663	74	51	85	202	296	308	647	－	－	－
长垣市	378	55	36	55	60	75	71	26	－	－	－
邓州市	1068	114	57	104	245	347	158	41	－	2	－
永城市	839	113	56	76	146	173	131	135	9	－	－
固始县	1820	88	40	84	184	482	440	487	15	－	－
鹿邑县	1627	216	76	183	313	666	118	54	1	－	－
新蔡县	1266	157	77	88	219	154	539	32	－	－	－

构 成 情 况 (镇区)

		占 总 班 数 的 比 例 （%）								大班额比例（%）
25人及以下	26-30人	31-35人	36-40人	41-45人	46-50人	51-55人	56-60人	61-65人	66人及以上	
11.13	**4.92**	**7.12**	**12.85**	**27.80**	**16.38**	**16.92**	**1.66**	**1.17**	**0.07**	**2.89**
4.91	3.15	4.79	7.92	14.29	20.99	33.54	4.79	4.76	0.87	10.42
18.71	7.60	8.62	10.82	29.10	11.63	13.46	0.05	–	–	0.05
9.62	4.59	6.69	14.87	32.33	16.41	14.86	0.53	0.10	–	0.63
9.23	5.47	8.21	9.62	14.52	21.50	26.50	2.33	2.62	–	4.95
11.28	6.18	8.82	12.28	29.69	12.49	18.30	0.48	0.48	–	0.95
13.92	4.17	7.30	7.60	17.41	17.96	29.31	1.78	0.55	–	2.33
11.01	6.65	8.63	14.85	30.98	16.55	7.22	2.83	1.29	–	4.12
14.92	6.13	9.21	13.79	29.19	9.99	16.09	0.12	0.57	–	0.69
10.29	5.32	7.21	11.97	41.31	12.05	10.62	1.02	0.21	–	1.24
16.61	7.84	10.19	14.58	21.48	22.12	6.71	0.48	–	–	0.48
17.04	6.20	8.08	9.46	16.82	22.36	19.54	0.50	–	–	0.50
9.63	2.50	6.10	14.78	22.43	26.91	17.43	0.22	–	–	0.22
10.25	3.32	5.66	12.52	33.44	15.75	15.65	1.85	1.55	–	3.40
13.23	5.69	7.14	17.37	28.88	11.59	14.43	1.41	0.27	–	1.67
7.56	2.15	3.77	7.52	19.93	22.85	29.78	4.05	2.31	0.08	6.45
17.12	5.85	8.34	13.10	29.76	11.17	8.24	2.64	3.55	0.23	6.41
6.43	3.60	5.78	11.29	28.08	19.60	22.95	1.96	0.32	–	2.28
19.35	9.23	6.85	11.01	25.00	13.99	14.58	–	–	–	–
9.69	9.14	11.88	11.15	19.20	16.64	22.30	–	–	–	–
12.27	10.22	11.18	21.92	41.79	2.11	0.51	–	–	–	–
9.90	7.95	11.39	19.64	16.64	21.14	12.29	1.05	–	–	1.05
4.45	3.07	5.11	12.15	17.80	18.52	38.91	–	–	–	–
14.55	9.52	14.55	15.87	19.84	18.78	6.88	–	–	–	–
10.67	5.34	9.74	22.94	32.49	14.79	3.84	–	0.19	–	0.19
13.47	6.67	9.06	17.40	20.62	15.61	16.09	1.07	–	–	1.07
4.84	2.20	4.62	10.11	26.48	24.18	26.76	0.82	–	–	0.82
13.28	4.67	11.25	19.24	40.93	7.25	3.32	0.06	–	–	0.06
12.40	6.08	6.95	17.30	12.16	42.58	2.53	–	–	–	–

小 学 班 额 及

省辖市直管县	班 额 情 况 （个）									
	计	25人及以下	26－30人	31－35人	36－40人	41－45人	46－50人	51－55人	56－60人	61－65人	66人及以上
河南省	124260	59527	14089	13755	12840	12432	6935	4169	396	116	1
郑州市	4290	785	466	540	597	663	678	525	17	19	－
开封市	5546	2348	626	657	614	574	374	330	23	－	－
洛阳市	5639	3376	564	457	463	447	235	89	7	1	－
平顶山市	5298	2345	584	609	534	505	398	293	24	6	－
安阳市	5302	2412	728	642	586	420	316	198	－	－	－
鹤壁市	1606	1021	166	138	90	91	84	16	－	－	－
新乡市	6915	2873	896	982	822	747	377	202	14	2	－
焦作市	2340	1326	277	263	229	168	58	17	1	1	－
濮阳市	5383	2010	806	740	674	721	327	104	1	－	－
许昌市	4799	1818	706	662	621	499	296	192	4	1	－
漯河市	2267	1062	272	235	219	189	164	125	1	－	－
三门峡市	1332	816	102	110	97	116	61	30	－	－	－
南阳市	12493	7414	1140	1079	1001	1104	436	290	24	5	－
商丘市	11069	4977	1500	1425	1352	1129	410	255	19	2	－
信阳市	8059	4650	480	538	566	656	629	420	90	29	1
周口市	13529	6328	1344	1482	1430	1700	733	350	117	45	－
驻马店市	11563	6471	1420	1147	961	896	448	200	19	1	－
济源示范区	269	188	30	28	12	4	4	1	2	－	－
巩义市	210	94	16	27	23	25	14	11	－	－	－
兰考县	1141	306	273	228	177	154	2	1	－	－	－
汝州市	2045	914	265	250	217	223	110	58	4	4	－
滑县	2505	590	303	396	442	366	258	150	－	－	－
长垣市	987	348	178	153	113	77	69	49	－	－	－
邓州市	2782	1539	263	281	238	271	130	55	5	－	－
永城市	1598	681	197	179	176	163	91	98	13	－	－
固始县	1574	895	108	109	130	170	83	68	11	－	－
鹿邑县	1608	853	137	162	215	222	15	4	－	－	－
新蔡县	2111	1087	242	236	241	132	135	38	－	－	－

构 成 情 况 (乡村)

占 总 班 数 的 比 例 （%）										大班额比例（%）
25人及以下	26－30人	31－35人	36－40人	41－45人	46－50人	51－55人	56－60人	61－65人	66人及以上	
47.91	**11.34**	**11.07**	**10.33**	**10.00**	**5.58**	**3.36**	**0.32**	**0.09**	**0.01**	**0.41**
18.30	10.86	12.59	13.92	15.45	15.80	12.24	0.40	0.44	－	0.84
42.34	11.29	11.85	11.07	10.35	6.74	5.95	0.41	－	－	0.41
59.87	10.00	8.10	8.21	7.93	4.17	1.58	0.12	0.02	－	0.14
44.26	11.02	11.49	10.08	9.53	7.51	5.53	0.45	0.11	－	0.57
45.49	13.73	12.11	11.05	7.92	5.96	3.73	－	－	－	－
63.57	10.34	8.59	5.60	5.67	5.23	1.00	－	－	－	－
41.55	12.96	14.20	11.89	10.80	5.45	2.92	0.20	0.03	－	0.23
56.67	11.84	11.24	9.79	7.18	2.48	0.73	0.04	0.04	－	0.09
37.34	14.97	13.75	12.52	13.39	6.07	1.93	0.02	－	－	0.02
37.88	14.71	13.79	12.94	10.40	6.17	4.00	0.08	0.02	－	0.10
46.85	12.00	10.37	9.66	8.34	7.23	5.51	0.04	－	－	0.04
61.26	7.66	8.26	7.28	8.71	4.58	2.25	－	－	－	－
59.35	9.13	8.64	8.01	8.84	3.49	2.32	0.19	0.04	－	0.23
44.96	13.55	12.87	12.21	10.20	3.70	2.30	0.17	0.02	－	0.19
57.70	5.96	6.68	7.02	8.14	7.80	5.21	1.12	0.36	0.01	1.49
46.77	9.93	10.95	10.57	12.57	5.42	2.59	0.86	0.33	－	1.20
55.96	12.28	9.92	8.31	7.75	3.87	1.73	0.16	0.01	－	0.17
69.89	11.15	10.41	4.46	1.49	1.49	0.37	0.74	－	－	0.74
44.76	7.62	12.86	10.95	11.90	6.67	5.24	－	－	－	－
26.82	23.93	19.98	15.51	13.50	0.18	0.09	－	－	－	－
44.69	12.96	12.22	10.61	10.90	5.38	2.84	0.20	0.20	－	0.39
23.55	12.10	15.81	17.64	14.61	10.30	5.99	－	－	－	－
35.26	18.03	15.50	11.45	7.80	6.99	4.96	－	－	－	－
55.32	9.45	10.10	8.55	9.74	4.67	1.98	0.18	－	－	0.18
42.62	12.33	11.20	11.01	10.20	5.69	6.13	0.81	－	－	0.81
56.86	6.86	6.93	8.26	10.80	5.27	4.32	0.70	－	－	0.70
53.05	8.52	10.07	13.37	13.81	0.93	0.25	－	－	－	－
51.49	11.46	11.18	11.42	6.25	6.40	1.80	－	－	－	－

初 中 班 额 及

省辖市直管县	班 额 情 况 （个）									
	计	25人及以下	26－30人	31－35人	36－40人	41－45人	46－50人	51－55人	56－60人	61－65人	66人及以上
河 南 省	97512	921	1529	2568	5310	12541	36296	34326	2154	1809	58
郑 州 市	8670	75	237	334	572	972	2040	3844	236	360	－
开 封 市	3913	35	189	235	291	409	1031	1658	48	17	－
洛 阳 市	6173	125	133	226	572	1051	2705	1257	67	37	－
平顶山市	4038	24	31	57	129	258	1143	2288	48	60	－
安 阳 市	4669	31	33	66	221	565	2257	1447	49	－	－
鹤 壁 市	1458	16	11	50	84	133	405	724	21	14	－
新 乡 市	5437	61	59	213	379	870	2187	1483	108	77	－
焦 作 市	2701	105	129	216	292	431	796	723	7	2	－
濮 阳 市	4209	25	32	89	158	508	1957	1379	35	26	－
许 昌 市	4141	19	14	55	137	524	1209	2038	62	81	2
漯 河 市	2061	17	11	28	56	140	868	875	50	16	－
三门峡市	1629	54	59	102	160	268	428	558	－	－	－
南 阳 市	10779	24	49	92	308	1355	4971	3701	222	57	－
商 丘 市	5987	45	113	197	488	1148	2185	1749	56	6	－
信 阳 市	5512	43	73	93	271	608	1538	2561	229	96	－
周 口 市	7968	70	124	187	381	1163	2990	1625	616	775	37
驻马店市	6580	36	50	61	234	831	3106	2062	139	42	19
济源示范区	559	27	39	40	77	77	54	245	－	－	－
巩 义 市	500	－	2	5	16	46	114	317	－	－	－
兰 考 县	797	3	22	42	78	180	461	11	－	－	－
汝 州 市	1066	16	13	7	45	113	326	513	11	22	－
滑 县	1274	－	2	7	46	148	363	708	－	－	－
长 垣 市	940	1	2	21	46	118	270	399	60	23	－
邓 州 市	1675	3	19	22	26	172	920	407	14	92	－
永 城 市	1520	8	3	10	35	118	225	1052	64	5	－
固 始 县	1337	14	26	41	67	163	362	651	12	1	－
鹿 邑 县	878	10	27	37	63	128	579	34	－	－	－
新 蔡 县	1041	34	27	35	78	44	806	17	－	－	－

构 成 情 况 (总计)

占 总 班 数 的 比 例 （%）										大班额比例（%）
25人及以下	26–30人	31–35人	36–40人	41–45人	46–50人	51–55人	56–60人	61–65人	66人及以上	
0.94	**1.57**	**2.63**	**5.45**	**12.86**	**37.22**	**35.20**	**2.21**	**1.86**	**0.06**	**4.12**
0.87	2.73	3.85	6.60	11.21	23.53	44.34	2.72	4.15	–	6.87
0.89	4.83	6.01	7.44	10.45	26.35	42.37	1.23	0.43	–	1.66
2.02	2.15	3.66	9.27	17.03	43.82	20.36	1.09	0.60	–	1.68
0.59	0.77	1.41	3.19	6.39	28.31	56.66	1.19	1.49	–	2.67
0.66	0.71	1.41	4.73	12.10	48.34	30.99	1.05	–	–	1.05
1.10	0.75	3.43	5.76	9.12	27.78	49.66	1.44	0.96	–	2.40
1.12	1.09	3.92	6.97	16.00	40.22	27.28	1.99	1.42	–	3.40
3.89	4.78	8.00	10.81	15.96	29.47	26.77	0.26	0.07	–	0.33
0.59	0.76	2.11	3.75	12.07	46.50	32.76	0.83	0.62	–	1.45
0.46	0.34	1.33	3.31	12.65	29.20	49.22	1.50	1.96	0.05	3.50
0.82	0.53	1.36	2.72	6.79	42.12	42.46	2.43	0.78	–	3.20
3.31	3.62	6.26	9.82	16.45	26.27	34.25	–	–	–	–
0.22	0.45	0.85	2.86	12.57	46.12	34.34	2.06	0.53	–	2.59
0.75	1.89	3.29	8.15	19.17	36.50	29.21	0.94	0.10	–	1.04
0.78	1.32	1.69	4.92	11.03	27.90	46.46	4.15	1.74	–	5.90
0.88	1.56	2.35	4.78	14.60	37.53	20.39	7.73	9.73	0.46	17.92
0.55	0.76	0.93	3.56	12.63	47.20	31.34	2.11	0.64	0.29	3.04
4.83	6.98	7.16	13.77	13.77	9.66	43.83	–	–	–	–
–	0.40	1.00	3.20	9.20	22.80	63.40	–	–	–	–
0.38	2.76	5.27	9.79	22.58	57.84	1.38	–	–	–	–
1.50	1.22	0.66	4.22	10.60	30.58	48.12	1.03	2.06	–	3.10
–	0.16	0.55	3.61	11.62	28.49	55.57	–	–	–	–
0.11	0.21	2.23	4.89	12.55	28.72	42.45	6.38	2.45	–	8.83
0.18	1.13	1.31	1.55	10.27	54.93	24.30	0.84	5.49	–	6.33
0.53	0.20	0.66	2.30	7.76	14.80	69.21	4.21	0.33	–	4.54
1.05	1.94	3.07	5.01	12.19	27.08	48.69	0.90	0.07	–	0.97
1.14	3.08	4.21	7.18	14.58	65.95	3.87	–	–	–	–
3.27	2.59	3.36	7.49	4.23	77.43	1.63	–	–	–	–

初 中 班 额 及

省辖市直管县	班 额 情 况 （个）									
	计	25人及以下	26 – 30人	31 – 35人	36 – 40人	41 – 45人	46 – 50人	51 – 55人	56 – 60人	61 – 65人	66人及以上
河南省	26082	200	469	726	1282	2569	6833	12313	729	922	39
郑州市	4859	31	181	216	411	627	1023	1955	130	285	–
开封市	1293	1	129	139	64	132	226	563	22	17	–
洛阳市	1663	46	48	63	165	356	494	462	24	5	–
平顶山市	902	8	7	24	28	70	249	504	12	–	–
安阳市	1582	11	6	20	93	159	612	654	27	–	–
鹤壁市	568	2	3	16	37	38	113	336	12	11	–
新乡市	1508	8	6	36	43	95	357	885	43	35	–
焦作市	939	11	24	55	101	103	220	417	6	2	–
濮阳市	1252	4	–	3	9	75	384	731	20	26	–
许昌市	1740	7	1	27	68	183	532	840	43	37	2
漯河市	732	7	4	5	10	20	258	383	29	16	–
三门峡市	639	15	19	46	73	92	113	281	–	–	–
南阳市	1270	–	2	8	14	25	257	915	42	7	–
商丘市	704	–	–	4	12	24	156	470	34	4	–
信阳市	746	7	2	7	10	33	149	469	9	60	–
周口市	2102	25	20	24	49	244	697	530	149	327	37
驻马店市	624	3	1	7	7	47	439	118	1	1	–
济源示范区	341	3	4	–	32	44	41	217	–	–	–
巩义市	252	–	–	4	11	26	19	192	–	–	–
兰考县	–	–	–	–	–	–	–	–	–	–	–
汝州市	306	5	8	1	2	30	101	159	–	–	–
滑县	–	–	–	–	–	–	–	–	–	–	–
长垣市	607	1	1	8	21	33	170	290	60	23	–
邓州市	543	2	–	12	9	46	154	245	10	65	–
永城市	910	3	3	1	13	67	69	697	56	1	–
固始县	–	–	–	–	–	–	–	–	–	–	–
鹿邑县	–	–	–	–	–	–	–	–	–	–	–
新蔡县	–	–	–	–	–	–	–	–	–	–	–

构 成 情 况（城区）

占 总 班 数 的 比 例 （％）										大班额比例（％）
25人及以下	26－30人	31－35人	36－40人	41－45人	46－50人	51－55人	56－60人	61－65人	66人及以上	
1.30	**1.70**	**2.83**	**5.91**	**10.21**	**18.13**	**22.09**	**12.12**	**9.64**	**16.07**	**6.48**
1.21	1.75	2.68	7.15	10.27	16.84	19.48	13.86	14.46	12.30	8.54
3.66	3.66	4.42	6.06	8.46	19.95	24.50	6.94	13.13	9.22	3.02
2.40	2.78	6.44	11.86	18.68	27.56	24.86	4.79	0.50	0.13	1.74
1.75	1.60	1.31	2.48	6.12	9.18	18.95	13.12	12.97	32.52	1.33
1.72	0.74	1.64	6.46	13.49	40.22	28.62	6.95	0.16	－	1.71
0.36	2.90	1.81	1.81	16.30	21.20	28.45	10.51	5.25	11.41	4.05
0.39	4.06	2.51	5.99	10.63	17.78	26.85	14.98	2.80	14.01	5.17
0.93	1.40	3.72	7.67	14.65	20.93	25.35	12.91	9.53	2.91	0.85
0.54	0.76	2.07	3.27	4.79	18.95	9.04	10.68	12.96	36.94	3.67
0.75	1.00	3.59	7.35	10.10	17.28	25.80	18.78	10.68	4.67	4.71
－	0.19	1.71	3.23	9.13	7.79	9.70	15.02	28.13	25.10	6.15
2.42	2.22	3.43	10.10	9.90	30.52	24.04	8.89	7.47	1.01	－
－	－	－	0.72	1.08	2.17	6.14	11.73	20.94	57.22	3.86
1.34	1.00	3.67	4.17	11.52	14.86	26.04	23.71	－	13.69	5.40
1.88	2.50	2.08	7.71	7.92	8.54	6.88	6.67	8.13	47.69	9.25
2.61	2.51	3.34	3.45	6.48	5.75	9.93	8.15	10.45	47.33	24.41
0.56	－	2.52	1.40	2.52	4.76	12.61	18.49	14.01	43.13	0.32
－	－	2.56	12.50	19.23	9.94	44.23	11.54	－	－	－
－	0.52	5.24	6.28	6.28	3.14	27.76	22.51	24.61	3.66	－
－	－	－	－	－	－	－	－	－	－	－
2.80	2.34	1.40	0.47	7.01	16.82	26.17	11.21	30.85	0.93	－
－	－	－	－	－	－	－	－	－	－	－
－	－	－	－	－	－	－	－	－	－	－
－	－	0.67	0.67	1.00	9.67	10.33	7.00	12.33	58.33	13.81
0.67	0.50	0.17	0.67	7.33	9.00	61.49	20.17	－	－	6.26
－	－	－	－	－	－	－	－	－	－	－
－	－	－	－	－	－	－	－	－	－	－
－	1.28	－	－	7.05	76.29	15.38	－	－	－	－

初 中 班 额 及

省辖市直管县	班 额 情 况 （个）									
	计	25人及以下	26－30人	31－35人	36－40人	41－45人	46－50人	51－55人	56－60人	61－65人	66人及以上
河南省	53197	329	519	990	2299	6193	23017	17963	1158	729	19
郑州市	2680	20	16	54	69	167	776	1425	93	60	－
开封市	1845	10	18	59	108	165	578	886	21	－	－
洛阳市	3812	45	47	110	306	582	1987	664	39	32	－
平顶山市	2159	15	16	25	63	97	486	1372	35	50	－
安阳市	2089	9	14	20	35	222	1205	566	18	－	－
鹤壁市	773	2	7	30	40	74	252	356	9	3	－
新乡市	2465	24	18	85	162	425	1321	388	25	17	－
焦作市	1375	39	55	83	146	256	506	290	－	－	－
濮阳市	2270	15	22	46	96	259	1297	521	14	－	－
许昌市	1617	7	8	12	50	188	431	878	3	40	－
漯河市	995	6	1	12	34	61	472	395	14	－	－
三门峡市	721	8	16	19	38	119	271	250	－	－	－
南阳市	8080	18	35	57	231	1004	4200	2351	152	32	－
商丘市	3732	9	31	81	224	607	1612	1152	16	－	－
信阳市	3301	16	23	35	113	262	821	1825	187	19	－
周口市	4225	24	55	89	194	505	1733	836	374	415	－
驻马店市	4701	18	28	24	132	536	1985	1809	128	41	19
济源示范区	176	8	27	40	38	22	13	28	－	－	－
巩义市	204	－	－	－	5	20	73	106	－	－	－
兰考县	606	1	12	22	53	108	399	11	－	－	－
汝州市	316	－	1	1	6	8	50	222	11	17	－
滑县	901	－	2	2	7	67	234	589	－	－	－
长垣市	182	－	1	10	9	49	53	60	－	－	－
邓州市	902	－	16	9	3	95	636	139	4	－	－
永城市	397	2	－	3	11	33	86	254	6	2	－
固始县	1047	9	16	19	43	136	267	547	9	1	－
鹿邑县	758	－	16	22	41	86	559	34	－	－	－
新蔡县	868	24	18	21	42	40	714	9	－	－	－

构 成 情 况（镇区）

占 总 班 数 的 比 例 （ % ）										大班额比例（%）
25人及以下	26－30人	31－35人	36－40人	41－45人	46－50人	51－55人	56－60人	61－65人	66人及以上	
0.62	**0.98**	**1.86**	**4.32**	**11.64**	**43.27**	**33.77**	**2.18**	**1.37**	**0.04**	**3.58**
0.75	0.60	2.01	2.57	6.23	28.96	53.17	3.47	2.24	－	5.71
0.54	0.98	3.20	5.85	8.94	31.33	48.02	1.14	－	－	1.14
1.18	1.23	2.89	8.03	15.27	52.12	17.42	1.02	0.84	－	1.86
0.69	0.74	1.16	2.92	4.49	22.51	63.55	1.62	2.32	－	3.94
0.43	0.67	0.96	1.68	10.63	57.68	27.09	0.86	－	－	0.86
0.26	0.91	3.88	5.17	9.57	32.60	46.05	1.16	0.39	－	1.55
0.97	0.73	3.45	6.57	17.24	53.59	15.74	1.01	0.69	－	1.70
2.84	4.00	6.04	10.62	18.62	36.80	21.09	－	－	－	－
0.66	0.97	2.03	4.23	11.41	57.14	22.95	0.62	－	－	0.62
0.43	0.49	0.74	3.09	11.63	26.65	54.30	0.19	2.47	－	2.66
0.60	0.10	1.21	3.42	6.13	47.44	39.70	1.41	－	－	1.41
1.11	2.22	2.64	5.27	16.50	37.59	34.67	－	－	－	－
0.22	0.43	0.71	2.86	12.43	51.98	29.10	1.88	0.40	－	2.28
0.24	0.83	2.17	6.00	16.26	43.19	30.87	0.43	－	－	0.43
0.48	0.70	1.06	3.42	7.94	24.87	55.29	5.66	0.58	－	6.24
0.57	1.30	2.11	4.59	11.95	41.02	19.79	8.85	9.82	－	18.67
0.38	0.60	0.51	2.81	11.40	42.23	38.48	2.72	0.87	0.40	4.00
4.55	15.34	22.73	21.59	12.50	7.39	15.91	－	－	－	－
－	－	－	2.45	9.80	35.78	51.96	－	－	－	－
0.17	1.98	3.63	8.75	17.82	65.84	1.82	－	－	－	－
－	0.32	0.32	1.90	2.53	15.82	70.25	3.48	5.38	－	8.86
－	0.22	0.22	0.78	7.44	25.97	65.37	－	－	－	－
－	0.55	5.49	4.95	26.92	29.12	32.97	－	－	－	－
－	1.77	1.00	0.33	10.53	70.51	15.41	0.44	－	－	0.44
0.50	－	0.76	2.77	8.31	21.66	63.98	1.51	0.50	－	2.02
0.86	1.53	1.81	4.11	12.99	25.50	52.24	0.86	0.10	－	0.96
－	2.11	2.90	5.41	11.35	73.75	4.49	－	－	－	－
2.76	2.07	2.42	4.84	4.61	82.26	1.04	－	－	－	－

初 中 班 额 及

省辖市直管县	班 额 情 况 （个）									
	计	25人及以下	26－30人	31－35人	36－40人	41－45人	46－50人	51－55人	56－60人	61－65人	66人及以上
河南省	18214	392	541	852	1729	3779	6446	4050	267	158	－
郑州市	1131	24	40	64	92	178	241	464	13	15	－
开封市	775	24	42	37	119	112	227	209	5	－	－
洛阳市	698	34	38	53	101	113	224	131	4	－	－
平顶山市	977	1	8	8	38	91	408	412	1	10	－
安阳市	998	11	13	26	93	184	440	227	4	－	－
鹤壁市	117	12	1	4	7	21	40	32	－	－	－
新乡市	1464	29	35	92	174	350	509	210	40	25	－
焦作市	387	55	50	78	45	72	70	16	1	－	－
濮阳市	687	6	10	40	53	174	276	127	1	－	－
许昌市	784	5	5	16	19	153	246	320	16	4	－
漯河市	334	4	6	11	12	59	138	97	7	－	－
三门峡市	269	31	24	37	49	57	44	27	－	－	－
南阳市	1429	6	12	27	63	326	514	435	28	18	－
商丘市	1551	36	82	112	252	517	417	127	6	2	－
信阳市	1465	20	48	51	148	313	568	267	33	17	－
周口市	1641	21	49	74	138	414	560	259	93	33	－
驻马店市	1236	15	21	30	95	248	682	135	10	－	－
济源示范区	42	16	8	－	7	11	－	－	－	－	－
巩义市	44	－	2	1	－	－	22	19	－	－	－
兰考县	191	2	10	20	25	72	62	－	－	－	－
汝州市	444	11	4	5	37	75	175	132	－	5	－
滑县	373	－	－	5	39	81	129	119	－	－	－
长垣市	151	－	－	3	16	36	47	49	－	－	－
邓州市	230	1	3	1	14	31	130	23	－	27	－
永城市	213	3	－	6	11	18	70	101	2	2	－
固始县	290	5	10	22	24	27	95	104	3	－	－
鹿邑县	120	10	11	15	22	42	20	－	－	－	－
新蔡县	173	10	9	14	36	4	92	8	－	－	－

构 成 情 况 (乡村)

占 总 班 数 的 比 例 （%）										大班额比例（%）
25人及以下	26–30人	31–35人	36–40人	41–45人	46–50人	51–55人	56–60人	61–65人	66人及以上	
2.15	**2.97**	**4.68**	**9.49**	**20.75**	**35.39**	**22.24**	**1.47**	**0.87**	–	**2.33**
2.12	3.54	5.66	8.13	15.74	21.31	41.03	1.15	1.33	–	2.48
3.10	5.42	4.77	15.35	14.45	29.29	26.97	0.65	–	–	0.65
4.87	5.44	7.59	14.47	16.19	32.09	18.77	0.57	–	–	0.57
0.10	0.82	0.82	3.89	9.31	41.76	42.17	0.10	1.02	–	1.13
1.10	1.30	2.61	9.32	18.44	44.09	22.75	0.40	–	–	0.40
10.26	0.85	3.42	5.98	17.95	34.19	27.35	–	–	–	–
1.98	2.39	6.28	11.89	23.91	34.77	14.34	2.73	1.71	–	4.44
14.21	12.92	20.16	11.63	18.60	18.09	4.13	0.26	–	–	0.26
0.87	1.46	5.82	7.71	25.33	40.17	18.49	0.15	–	–	0.15
0.64	0.64	2.04	2.42	19.52	31.38	40.82	2.04	0.51	–	2.55
1.20	1.80	3.29	3.59	17.66	41.32	29.04	2.10	–	–	2.10
11.52	8.92	13.75	18.22	21.19	16.36	10.04	–	–	–	–
0.42	0.84	1.89	4.41	22.81	35.97	30.44	1.96	1.26	–	3.22
2.32	5.29	7.22	16.25	33.33	26.89	8.19	0.39	0.13	–	0.52
1.37	3.28	3.48	10.10	21.37	38.77	18.23	2.25	1.16	–	3.41
1.28	2.99	4.51	8.41	25.23	34.13	15.78	5.67	2.01	–	7.68
1.21	1.70	2.43	7.69	20.06	55.18	10.92	0.81	–	–	0.81
38.10	19.05	–	16.67	26.19	–	–	–	–	–	–
–	4.55	2.27	–	–	50.00	43.18	–	–	–	–
1.05	5.24	10.47	13.09	37.70	32.46	–	–	–	–	–
2.48	0.90	1.13	8.33	16.89	39.41	29.73	–	1.13	–	1.13
–	–	1.34	10.46	21.72	34.58	31.90	–	–	–	–
–	–	1.99	10.60	23.84	31.13	32.45	–	–	–	–
0.43	1.30	0.43	6.09	13.48	56.52	10.00	–	11.74	–	11.74
1.41	–	2.82	5.16	8.45	32.86	47.42	0.94	0.94	–	1.88
1.72	3.45	7.59	8.28	9.31	32.76	35.86	1.03	–	–	1.03
8.33	9.17	12.50	18.33	35.00	16.67	–	–	–	–	–
5.78	5.20	8.09	20.81	2.31	53.18	4.62	–	–	–	–

普 通 高 中 班 额

省辖市直管县	班 额 情 况 （个）									
	计	25人及以下	26－30人	31－35人	36－40人	41－45人	46－50人	51－55人	56－60人	61－65人	66人及以上
河南省	42170	336	336	536	857	2092	7809	21145	3496	3089	2474
郑州市	3918	93	65	117	146	275	911	1431	485	256	139
开封市	1998	5	1	5	72	89	332	1082	211	200	1
洛阳市	2817	74	51	61	56	138	636	811	378	450	162
平顶山市	1642	5	2	13	35	114	164	1192	104	13	–
安阳市	1826	4	6	4	6	42	259	1351	87	60	7
鹤壁市	695	12	2	11	11	25	50	517	33	12	22
新乡市	2140	8	29	35	59	182	433	975	80	125	214
焦作市	1392	4	3	35	31	152	267	484	243	127	46
濮阳市	1686	11	12	29	23	42	484	975	97	7	6
许昌市	1622	3	11	52	29	64	356	629	185	157	136
漯河市	927	1	7	10	10	21	173	689	3	13	–
三门峡市	871	25	41	42	77	231	219	207	2	9	18
南阳市	4263	2	29	80	154	239	755	2924	74	6	–
商丘市	2510	6	1	3	11	83	405	1694	130	–	177
信阳市	2767	1	20	18	62	71	418	1086	384	360	347
周口市	3514	66	46	10	48	149	866	672	382	691	584
驻马店市	2584	4	7	2	5	20	165	1197	367	420	397
济源示范区	302	1	–	3	1	4	40	231	22	–	–
巩义市	274	–	–	–	–	22	15	237	–	–	–
兰考县	327	–	–	–	–	–	1	168	9	25	124
汝州市	446	–	–	–	2	28	50	351	–	15	–
滑县	500	5	–	1	4	16	49	416	2	7	–
长垣市	402	–	–	–	3	16	42	288	29	2	22
邓州市	587	1	1	–	4	6	108	190	98	107	72
永城市	504	–	–	1	–	32	22	449	–	–	–
固始县	788	–	–	1	7	12	189	461	91	27	–
鹿邑县	442	–	–	–	–	10	18	414	–	–	–
新蔡县	426	5	2	3	1	9	382	24	–	–	–

及 构 成 情 况

占总班数的比例（%）										大班额比例（%）
25人及以下	26-30人	31-35人	36-40人	41-45人	46-50人	51-55人	56-60人	61-65人	66人及以上	
0.80	**0.80**	**1.27**	**2.03**	**4.96**	**18.52**	**50.14**	**8.29**	**7.33**	**5.87**	**21.48**
2.37	1.66	2.99	3.73	7.02	23.25	36.52	12.38	6.53	3.55	22.46
0.25	0.05	0.25	3.60	4.45	16.62	54.15	10.56	10.01	0.05	20.62
2.63	1.81	2.17	1.99	4.90	22.58	28.79	13.42	15.97	5.75	35.14
0.30	0.12	0.79	2.13	6.94	9.99	72.59	6.33	0.79	–	7.13
0.22	0.33	0.22	0.33	2.30	14.18	73.99	4.76	3.29	0.38	8.43
1.73	0.29	1.58	1.58	3.60	7.19	74.39	4.75	1.73	3.17	9.64
0.37	1.36	1.64	2.76	8.50	20.23	45.56	3.74	5.84	10.00	19.58
0.29	0.22	2.51	2.23	10.92	19.18	34.77	17.46	9.12	3.30	29.89
0.65	0.71	1.72	1.36	2.49	28.71	57.83	5.75	0.42	0.36	6.52
0.18	0.68	3.21	1.79	3.95	21.95	38.78	11.41	9.68	8.38	29.47
0.11	0.76	1.08	1.08	2.27	18.66	74.33	0.32	1.40	–	1.73
2.87	4.71	4.82	8.84	26.52	25.14	23.77	0.23	1.03	2.07	3.33
0.05	0.68	1.88	3.61	5.61	17.71	68.59	1.74	0.14	–	1.88
0.24	0.04	0.12	0.44	3.31	16.14	67.49	5.18	–	7.05	12.23
0.04	0.72	0.65	2.24	2.57	15.11	39.25	13.88	13.01	12.54	39.43
1.88	1.31	0.28	1.37	4.24	24.64	19.12	10.87	19.66	16.62	47.15
0.15	0.27	0.08	0.19	0.77	6.39	46.32	14.20	16.25	15.36	45.82
0.33	–	0.99	0.33	1.32	13.25	76.49	7.28	–	–	7.28
–	–	–	–	8.03	5.47	86.50	–	–	–	
–	–	–	–	–	0.31	51.38	2.75	7.65	37.92	48.32
–	–	–	0.45	6.28	11.21	78.70	–	3.36	–	3.36
1.00	–	0.20	0.80	3.20	9.80	83.20	0.40	1.40	–	1.80
–	–	–	0.75	3.98	10.45	71.64	7.21	0.50	5.47	13.18
0.17	0.17	–	0.68	1.02	18.40	32.37	16.70	18.23	12.27	47.19
–	–	0.20	–	6.35	4.37	89.09	–	–	–	–
–	–	0.13	0.89	1.52	23.98	58.50	11.55	3.43	–	14.97
–	–	–	–	2.26	4.07	93.67	–	–	–	–
1.17	0.47	0.70	0.23	2.11	89.67	5.63	–	–	–	–

中小学在校生中随迁子女

省辖市直管县	高 中			初 中				
	随迁子女			随迁子女			其中:进城务工人员	
	计	外省迁入	本省外县迁入	计	外省迁入	本省外县迁入	计	外省迁入
河 南 省	32591	3521	29070	254890	20947	233943	196996	14551
郑 州 市	19308	2069	17239	94183	8163	86020	72932	6331
开 封 市	480	17	463	2849	222	2627	2276	178
洛 阳 市	2345	328	2017	19451	2158	17293	13311	1207
平顶山市	1046	22	1024	11020	490	10530	8823	332
安 阳 市	369	97	272	7950	1333	6617	6939	1183
鹤 壁 市	106	13	93	1768	94	1674	1434	54
新 乡 市	253	14	239	7525	638	6887	5516	362
焦 作 市	1514	55	1459	5136	810	4326	4032	557
濮 阳 市	338	113	225	22931	1064	21867	19996	634
许 昌 市	301	78	223	3570	374	3196	2626	226
漯 河 市	175	11	164	6833	235	6598	4544	124
三门峡市	742	185	557	5531	648	4883	4429	415
南 阳 市	1776	185	1591	23367	867	22500	17344	531
商 丘 市	877	27	850	1594	97	1497	1149	62
信 阳 市	248	32	216	7288	805	6483	6085	578
周 口 市	959	70	889	11638	839	10799	9127	615
驻马店市	1232	118	1114	15275	580	14695	11983	380
济源示范区	3	–	3	1463	480	983	845	211
巩 义 市	50	2	48	1534	260	1274	1265	166
兰 考 县	31	5	26	431	56	375	366	40
汝 州 市	109	16	93	205	61	144	88	37
滑 县	10	–	10	244	48	196	9	3
长 垣 市	3	3	–	878	120	758	680	66
邓 州 市	153	–	153	707	115	592	368	45
永 城 市	84	16	68	955	275	680	591	201
固 始 县	41	18	23	269	112	157	102	10
鹿 邑 县	38	27	11	295	3	292	136	3
新 蔡 县	–	–	–	–	–	–	–	–

和农村留守儿童情况

随迁子女 本省外县迁入	农村留守儿童	小学						农村留守儿童
		随迁子女			其中:进城务工人员随迁子女			
		计	外省迁入	本省外县迁入	计	外省迁入	本省外县迁入	
182445	**550844**	**603508**	**57527**	**545981**	**478251**	**40308**	**437943**	**1178659**
66601	3557	241699	26681	215018	186180	19248	166932	2722
2098	12111	13054	1208	11846	9453	865	8588	31297
12104	12782	53099	5776	47323	37825	3433	34392	33091
8491	17099	20000	672	19328	16666	462	16204	37706
5756	6450	21726	2197	19529	18867	1914	16953	10835
1380	1572	4525	276	4249	3724	178	3546	4777
5154	5555	16765	1651	15114	13706	1145	12561	11121
3475	1615	10551	1614	8937	8247	1124	7123	3629
19362	13109	35176	1995	33181	30965	1592	29373	38466
2400	14154	7819	747	7072	5301	430	4871	30118
4420	8543	11961	498	11463	10446	377	10069	23100
4014	1637	14564	2071	12493	11316	1476	9840	4923
16813	70307	59527	2799	56728	50577	1847	48730	151918
1087	45401	5810	462	5348	4309	204	4105	108216
5507	80979	23932	2874	21058	19458	2107	17351	133974
8512	98864	18515	1496	17019	14721	1044	13677	214064
11603	78530	29540	1945	27595	25887	1176	24711	154832
634	231	2319	582	1737	1742	455	1287	536
1099	93	2150	388	1762	1585	274	1311	275
326	4058	1041	260	781	944	227	717	11155
51	4060	670	222	448	432	167	265	10398
6	2206	902	82	820	755	50	705	5162
614	526	2696	354	2342	1677	212	1465	1363
323	18303	2188	307	1881	1694	153	1541	49113
390	10563	2273	150	2123	1304	41	1263	23449
92	20266	641	213	428	341	104	237	32767
133	8223	362	7	355	129	3	126	24129
–	10050	3	–	3	–	–	–	25523

小 学 和 初 中 专 任

省辖市直管县	小 学											
	专任教师职称情况							占专任教师总数的比例（%）				
	计	正高级	副高级	中级	助理级	员级	未定职级	正高级	副高级	中级	助理级	员级
河 南 省	586578	29	30733	225255	193839	14913	121809	0.005	5.24	38.40	33.05	2.54
郑 州 市	49531	6	1883	16561	19445	1300	10336	0.01	3.80	33.44	39.26	2.62
开 封 市	23926	1	1147	10608	5671	888	5611	0.004	4.79	44.34	23.70	3.71
洛 阳 市	34006	1	1410	13119	13038	427	6011	–	4.15	38.58	38.34	1.26
平顶山市	23839	1	1159	9670	6774	812	5423	–	4.86	40.56	28.42	3.41
安 阳 市	23431	1	1371	9271	7269	310	5209	–	5.85	39.57	31.02	1.32
鹤 壁 市	8160	1	643	3722	1754	131	1909	0.01	7.88	45.61	21.50	1.61
新 乡 市	27559	2	1651	9252	9877	905	5872	0.01	5.99	33.57	35.84	3.28
焦 作 市	18350	–	1009	6282	6564	374	4121	–	5.50	34.23	35.77	2.04
濮 阳 市	24564	7	1261	9627	8212	492	4965	0.03	5.13	39.19	33.43	2.00
许 昌 市	26287	3	1460	9657	7552	772	6843	0.01	5.55	36.74	28.73	2.94
漯 河 市	11647	1	886	5957	2956	342	1505	0.01	7.61	51.15	25.38	2.94
三门峡市	10604	1	595	4228	4612	158	1010	0.01	5.61	39.87	43.49	1.49
南 阳 市	57790	1	2639	20934	19602	2543	12071	–	4.57	36.22	33.92	4.40
商 丘 市	43778	1	2880	19923	13647	153	7174	0.002	6.58	45.51	31.17	0.35
信 阳 市	35662	–	1901	13075	13946	877	5863	–	5.33	36.66	39.11	2.46
周 口 市	56838	–	2870	21631	16282	1773	14282	–	5.05	38.06	28.65	3.12
驻马店市	43640	2	2407	17241	14994	959	8037	0.005	5.52	39.51	34.36	2.20
济源示范区	2853	–	186	1037	1390	10	230	–	6.52	36.35	48.72	0.35
巩 义 市	3716	–	196	1545	1272	123	580	–	5.27	41.58	34.23	3.31
兰 考 县	5075	–	357	2161	1223	328	1006	–	7.03	42.58	24.10	6.46
汝 州 市	5472	–	237	1997	1356	207	1675	–	4.33	36.49	24.78	3.78
滑 县	7104	–	267	1901	2703	164	2069	–	3.76	26.76	38.05	2.31
长 垣 市	5462	–	331	1920	2045	113	1053	–	6.06	35.15	37.44	2.07
邓 州 市	8339	–	348	4037	2810	188	956	–	4.17	48.41	33.70	2.25
永 城 市	7436	–	450	2780	2490	258	1458	–	6.05	37.39	33.49	3.47
固 始 县	7867	–	674	2689	2813	72	1619	–	8.57	34.18	35.76	0.92
鹿 邑 县	7123	–	239	2825	1446	93	2520	–	3.36	39.66	20.30	1.31
新 蔡 县	6519	–	276	1605	2096	141	2401	–	4.23	24.62	32.15	2.16

教 师 职 称 及 构 成 情 况

	初					中						
	专任教师职称情况						占专任教师总数的比例（%）					
未定职级	计	正高级	副高级	中级	助理级	员级	未定职级	正高级	副高级	中级	助理级	员级	未定职级
20.77	**340500**	**63**	**58141**	**117769**	**101812**	**6026**	**56689**	**0.02**	**17.08**	**34.59**	**29.90**	**1.77**	**16.65**
20.87	30112	22	4095	8791	11050	364	5790	0.07	13.60	29.19	36.70	1.21	19.23
23.45	12685	1	2008	4863	3080	201	2532	0.01	15.83	38.34	24.28	1.58	19.96
17.68	21835	5	3173	7779	7262	265	3351	0.02	14.53	35.63	33.26	1.21	15.35
22.75	13352	–	2573	4631	3532	154	2462	–	19.27	34.68	26.45	1.15	18.44
22.23	14380	2	2766	4867	3870	138	2737	0.01	19.24	33.85	26.91	0.96	19.03
23.39	4982	1	1105	1839	1240	5	792	0.02	22.18	36.91	24.89	0.10	15.90
21.31	17421	6	3205	5650	5077	288	3195	0.03	18.40	32.43	29.14	1.65	18.34
22.46	10392	1	1876	3597	3382	167	1369	0.01	18.05	34.61	32.54	1.61	13.17
20.21	14563	4	2588	4968	4537	287	2179	0.03	17.77	34.11	31.15	1.97	14.96
26.03	14937	2	2544	5090	3701	473	3127	0.01	17.03	34.08	24.78	3.17	20.93
12.92	7503	–	1908	3067	1676	124	728	–	25.43	40.88	22.34	1.65	9.70
9.52	6901	1	1244	2468	2696	19	473	0.01	18.03	35.76	39.07	0.28	6.85
20.89	35183	1	4925	11484	11232	1341	6200	0.003	14.00	32.64	31.92	3.81	17.62
16.39	22074	3	4538	9133	5557	163	2680	0.014	20.56	41.37	25.17	0.74	12.14
16.44	21574	6	4509	7453	7031	370	2205	0.03	20.90	34.55	32.59	1.72	10.22
25.13	29003	3	3790	9103	8210	925	6972	0.01	13.07	31.39	28.31	3.19	24.04
18.42	24321	1	5435	9457	6950	103	2375	–	22.35	38.88	28.58	0.42	9.77
8.06	1999	1	326	713	792	5	162	0.05	16.31	35.67	39.62	0.25	8.10
15.61	2455	–	442	933	650	80	350	–	18.00	38.00	26.48	3.26	14.26
19.82	2862	–	356	1053	740	88	625	–	12.44	36.79	25.86	3.07	21.84
30.61	3575	–	356	881	1122	128	1088	–	9.96	24.64	31.38	3.58	30.43
29.12	3811	1	559	1028	1093	11	1119	0.03	14.67	26.97	28.68	0.29	29.36
19.28	3063	–	513	864	1139	33	514	–	16.75	28.21	37.19	1.08	16.78
11.46	5830	–	843	2298	1866	154	669	–	14.46	39.42	32.01	2.64	11.48
19.61	4297	–	587	1457	1490	76	687	–	13.66	33.91	34.68	1.77	15.99
20.58	5071	1	924	1833	1247	37	1029	0.02	18.22	36.15	24.59	0.73	20.29
35.38	3322	–	387	1449	764	12	710	–	11.65	43.62	23.00	0.36	21.37
36.83	2997	1	566	1020	826	15	569	0.03	18.89	34.03	27.56	0.50	18.99

普通高中和幼儿园专任

省辖市直管县	普 通 高 中											
	专任教师职称情况							占专任教师总数的比例（%）				
	计	正高级	副高级	中级	助理级	员级	未定职级	正高级	副高级	中级	助理级	员级
河 南 省	148095	69	30521	47442	46559	1975	21529	0.05	20.61	32.03	31.44	1.33
郑 州 市	14988	12	2724	4553	5222	227	2250	0.08	18.17	30.38	34.84	1.51
开 封 市	5543	2	1084	1709	1634	57	1057	0.04	19.56	30.83	29.48	1.03
洛 阳 市	10941	4	2111	3536	4054	123	1113	0.04	19.29	32.32	37.05	1.12
平顶山市	5849	1	1112	1783	1473	109	1371	0.02	19.01	30.48	25.18	1.86
安 阳 市	5997	1	1170	1869	1696	44	1217	0.02	19.51	31.17	28.28	0.73
鹤 壁 市	2201	2	442	652	431	1	673	0.09	20.08	29.62	19.58	0.05
新 乡 市	7481	7	1511	2319	2375	85	1184	0.09	20.20	31.00	31.75	1.14
焦 作 市	5147	1	1068	1616	1759	116	587	0.02	20.75	31.40	34.18	2.25
濮 阳 市	5676	1	1318	1925	1386	146	900	0.02	23.22	33.91	24.42	2.57
许 昌 市	6183	6	1281	1783	1992	201	920	0.10	20.72	28.84	32.22	3.25
漯 河 市	3213	3	995	1217	688	11	299	0.09	30.97	37.88	21.41	0.34
三门峡市	3857	1	900	1410	1436	4	106	0.03	23.33	36.56	37.23	0.10
南 阳 市	14459	3	2703	3783	4693	256	3021	0.02	18.69	26.16	32.46	1.77
商 丘 市	8084	2	2030	3085	2443	24	500	0.02	25.11	38.16	30.22	0.30
信 阳 市	10537	8	2260	3625	3354	76	1214	0.08	21.45	34.40	31.83	0.72
周 口 市	13186	8	2655	4633	3920	223	1747	0.06	20.13	35.14	29.73	1.69
驻马店市	8814	3	2329	2853	2823	34	772	0.03	26.42	32.37	32.03	0.39
济源示范区	1211	–	320	408	430	–	53	–	26.42	33.69	35.51	–
巩 义 市	1351	–	242	475	413	79	142	–	17.91	35.16	30.57	5.85
兰 考 县	1223	–	172	402	564	10	75	–	14.06	32.87	46.12	0.82
汝 州 市	1567	–	268	369	587	20	323	–	17.10	23.55	37.46	1.28
滑 县	1618	3	244	360	568	–	443	0.19	15.08	22.25	35.11	–
长 垣 市	1071	–	199	473	138	104	157	–	18.58	44.16	12.89	9.71
邓 州 市	1814	–	350	632	310	22	500	–	19.29	34.84	17.09	1.21
永 城 市	1360	–	270	514	448	3	125	–	19.85	37.79	32.94	0.22
固 始 县	2149	–	405	706	648	–	390	–	18.85	32.85	30.15	–
鹿 邑 县	1444	1	198	436	590	–	219	0.07	13.71	30.19	40.86	–
新 蔡 县	1131	–	160	316	484	–	171	–	14.15	27.94	42.79	–

教师职称及构成情况

| | 幼 儿 园 | | | | | | | | | | | | |
| | 专任教师职称情况 | | | | | | | 占专任教师总数的比例（％） | | | | | |
未定职级	计	正高级	副高级	中级	助理级	员级	未定职级	正高级	副高级	中级	助理级	员级	未定职级
14.54	**261881**	**19**	**2339**	**13481**	**17953**	**5373**	**222716**	**0.0073**	**0.89**	**5.15**	**6.86**	**2.05**	**85.04**
15.01	31800	6	302	2007	3590	1224	24671	0.02	0.95	6.31	11.29	3.85	77.58
19.07	10820	1	91	589	784	400	8955	0.01	0.84	5.44	7.25	3.70	82.76
10.17	17391	–	107	714	714	160	15696	–	0.62	4.11	4.11	0.92	90.25
23.44	11915	–	136	750	1183	351	9495	–	1.14	6.29	9.93	2.95	79.69
20.29	11096	–	113	542	556	184	9701	–	1.02	4.88	5.01	1.66	87.43
30.58	4434	–	31	133	99	4	4167	–	0.70	3.00	2.23	0.09	93.98
15.83	15790	–	119	506	788	174	14203	–	0.75	3.20	4.99	1.10	89.95
11.40	9930	1	59	360	943	191	8376	0.01	0.59	3.63	9.50	1.92	84.35
15.86	11233	2	111	637	396	108	9979	0.02	0.99	5.67	3.53	0.96	88.84
14.88	12833	–	69	421	553	83	11707	–	0.54	3.28	4.31	0.65	91.23
9.31	6253	1	57	483	352	76	5284	0.02	0.91	7.72	5.63	1.22	84.50
2.75	6143	–	52	437	759	355	4540	–	0.85	7.11	12.36	5.78	73.91
20.89	19005	4	242	1089	1613	451	15606	0.02	1.27	5.73	8.49	2.37	82.12
6.19	17928	2	192	1042	943	67	15682	0.01	1.07	5.81	5.26	0.37	87.47
11.52	12447	–	124	792	1010	207	10314	–	1.00	6.36	8.11	1.66	82.86
13.25	21160	1	214	969	1289	597	18090	–	1.01	4.58	6.09	2.82	85.49
8.76	13406	1	135	707	784	137	11642	0.01	1.01	5.27	5.85	1.02	86.84
4.38	2169	–	26	81	180	2	1880	–	1.20	3.73	8.30	0.09	86.68
10.51	2290	–	13	76	70	126	2005	–	0.57	3.32	3.06	5.50	87.55
6.13	2186	–	13	50	18	4	2101	–	0.59	2.29	0.82	0.18	96.11
20.61	3527	–	17	129	194	204	2983	–	0.48	3.66	5.50	5.78	84.58
27.38	2750	–	9	31	30	4	2676	–	0.33	1.13	1.09	0.15	97.31
14.66	2965	–	12	56	100	58	2739	–	0.40	1.89	3.37	1.96	92.38
27.56	2725	–	29	248	342	51	2055	–	1.06	9.10	12.55	1.87	75.41
9.19	4106	–	15	105	224	37	3725	–	0.37	2.56	5.46	0.90	90.72
18.15	2691	–	27	86	152	26	2400	–	1.00	3.20	5.65	0.97	89.19
15.17	1950	–	22	408	256	65	1199	–	1.13	20.92	13.13	3.33	61.49
15.12	938	–	2	33	31	27	845	–	0.21	3.52	3.30	2.88	90.09

小 学 和 初 中 专 任

省辖市直管县	小					学				
	专任教师学历情况					占专任教师总数的比例（％）				
	计	研究生毕业	本科毕业	专科毕业	高中阶段毕业	高中阶段毕业以下	研究生毕业	本科毕业	专科毕业	高中阶段毕业	高中阶段毕业以下
河南省	586578	4612	347324	219805	14837	–	0.79	59.21	37.47	2.53	–
郑 州 市	49531	1942	37164	9884	541	–	3.92	75.03	19.96	1.09	–
开 封 市	23926	140	11444	11768	574	–	0.59	47.83	49.18	2.40	–
洛 阳 市	34006	383	22422	10462	739	–	1.13	65.94	30.77	2.17	–
平顶山市	23839	96	12392	10648	703	–	0.40	51.98	44.67	2.95	–
安 阳 市	23431	130	17361	5307	633	–	0.55	74.09	22.65	2.70	–
鹤 壁 市	8160	71	5213	2756	120	–	0.87	63.88	33.77	1.47	–
新 乡 市	27559	385	16847	9759	568	–	1.40	61.13	35.41	2.06	–
焦 作 市	18350	90	11462	6255	543	–	0.49	62.46	34.09	2.96	–
濮 阳 市	24564	136	15066	8753	609	–	0.55	61.33	35.63	2.48	–
许 昌 市	26287	113	13269	12150	755	–	0.43	50.48	46.22	2.87	–
漯 河 市	11647	64	6908	4513	162	–	0.55	59.31	38.75	1.39	–
三门峡市	10604	59	7153	3258	134	–	0.56	67.46	30.72	1.26	–
南 阳 市	57790	253	32196	23627	1714	–	0.44	55.71	40.88	2.97	–
商 丘 市	43778	100	19275	23466	937	–	0.23	44.03	53.60	2.14	–
信 阳 市	35662	175	22420	11802	1265	–	0.49	62.87	33.09	3.55	–
周 口 市	56838	183	30609	24323	1723	–	0.32	53.85	42.79	3.03	–
驻马店市	43640	83	26164	16653	740	–	0.19	59.95	38.16	1.70	–
济源示范区	2853	32	2192	608	21	–	1.12	76.83	21.31	0.74	–
巩 义 市	3716	13	2878	798	27	–	0.35	77.45	21.47	0.73	–
兰 考 县	5075	19	3107	1881	68	–	0.37	61.22	37.06	1.34	–
汝 州 市	5472	22	2835	2231	384	–	0.40	51.81	40.77	7.02	–
滑 县	7104	17	3926	2890	271	–	0.24	55.26	40.68	3.81	–
长 垣 市	5462	20	3475	1855	112	–	0.37	63.62	33.96	2.05	–
邓 州 市	8339	20	3924	4069	326	–	0.24	47.06	48.79	3.91	–
永 城 市	7436	24	5016	2253	143	–	0.32	67.46	30.30	1.92	–
固 始 县	7867	15	5171	2417	264	–	0.19	65.73	30.72	3.36	–
鹿 邑 县	7123	21	3293	3353	456	–	0.29	46.23	47.07	6.40	–
新 蔡 县	6519	6	4142	2066	305	–	0.09	63.54	31.69	4.68	–

教 师 学 历 及 构 成 情 况

				初		中				
	专任教师学历情况					占专任教师总数的比例（%）				
计	研究生毕业	本科毕业	专科毕业	高中阶段毕业	高中阶段毕业以下	研究生毕业	本科毕业	专科毕业	高中阶段毕业	高中阶段毕业以下
340500	**9201**	**272813**	**57382**	**1103**	**1**	**2.70**	**80.12**	**16.85**	**0.32**	**0.0003**
30112	3939	22662	3200	311	–	13.08	75.26	10.63	1.03	–
12685	270	9453	2905	57	–	2.13	74.52	22.90	0.45	–
21835	868	17816	3086	65	–	3.98	81.59	14.13	0.30	–
13352	207	10549	2572	24	–	1.55	79.01	19.26	0.18	–
14380	263	12774	1321	22	–	1.83	88.83	9.19	0.15	–
4982	107	4068	800	7	–	2.15	81.65	16.06	0.14	–
17421	624	13859	2869	69	–	3.58	79.55	16.47	0.40	–
10392	151	8628	1585	27	1	1.45	83.03	15.25	0.26	0.01
14563	347	12845	1366	5	–	2.38	88.20	9.38	0.03	–
14937	292	11327	3284	34	–	1.95	75.83	21.99	0.23	–
7503	116	6251	1133	3	–	1.55	83.31	15.10	0.04	–
6901	67	5913	911	10	–	0.97	85.68	13.20	0.14	–
35183	369	27543	7164	107	–	1.05	78.28	20.36	0.30	–
22074	211	16515	5284	64	–	0.96	74.82	23.94	0.29	–
21574	331	17473	3735	35	–	1.53	80.99	17.31	0.16	–
29003	301	23252	5369	81	–	1.04	80.17	18.51	0.28	–
24321	292	19988	4020	21	–	1.20	82.18	16.53	0.09	–
1999	72	1669	258	–	–	3.60	83.49	12.91	–	–
2455	32	2223	191	9	–	1.30	90.55	7.78	0.37	–
2862	29	2243	575	15	–	1.01	78.37	20.09	0.52	–
3575	52	2854	631	38	–	1.45	79.83	17.65	1.06	–
3811	22	2922	853	14	–	0.58	76.67	22.38	0.37	–
3063	80	2518	456	9	–	2.61	82.21	14.89	0.29	–
5830	35	4297	1462	36	–	0.60	73.70	25.08	0.62	–
4297	69	4017	203	8	–	1.61	93.48	4.72	0.19	–
5071	21	4291	753	6	–	0.41	84.62	14.85	0.12	–
3322	25	2492	784	21	–	0.75	75.02	23.60	0.63	–
2997	9	2371	612	5	–	0.30	79.11	20.42	0.17	–

普通高中和幼儿园专任

省辖市直管县	普 通 高 中									
	专任教师学历情况					占专任教师总数的比例（%）				
	计	研究生毕业	本科毕业	专科毕业	高中阶段毕业	高中阶段毕业以下	研究生毕业	本科毕业	专科毕业	高中阶段毕业	高中阶段毕业以下
河南省	148095	17010	128529	2543	13	–	11.49	86.79	1.72	0.01	–
郑州市	14988	3616	11193	179	–	–	24.13	74.68	1.19	–	–
开封市	5543	529	4905	106	–	–	9.54	88.49	1.91	–	–
洛阳市	10941	1088	9689	164	–	–	9.94	88.56	1.50	–	–
平顶山市	5849	501	5255	93	–	–	8.57	89.84	1.59	–	–
安阳市	5997	558	5382	57	–	–	9.30	89.74	0.95	–	–
鹤壁市	2201	273	1893	35	–	–	12.40	86.01	1.59	–	–
新乡市	7481	830	6549	102	–	–	11.09	87.54	1.36	–	–
焦作市	5147	407	4700	40	–	–	7.91	91.32	0.78	–	–
濮阳市	5676	694	4966	16	–	–	12.23	87.49	0.28	–	–
许昌市	6183	504	5557	122	–	–	8.15	89.88	1.97	–	–
漯河市	3213	250	2938	25	–	–	7.78	91.44	0.78	–	–
三门峡市	3857	335	3456	66	–	–	8.69	89.60	1.71	–	–
南阳市	14459	1708	12647	103	–	–	11.81	87.47	0.71	–	–
商丘市	8084	749	6852	481	3	–	9.27	84.76	5.95	0.04	–
信阳市	10537	1370	8969	198	–	–	13.00	85.12	1.88	–	–
周口市	13186	1433	11629	124	–	–	10.87	88.19	0.94	–	–
驻马店市	8814	627	7819	365	–	–	7.11	88.71	4.14	–	–
济源示范区	1211	90	1121	–	–	–	7.43	92.57	–	–	–
巩义市	1351	240	1107	4	3	–	17.76	81.94	0.30	0.22	–
兰考县	1223	69	1150	4	–	–	5.64	94.03	0.33	–	–
汝州市	1567	128	1435	4	–	–	8.17	91.58	0.26	–	–
滑县	1618	197	1415	6	–	–	12.18	87.45	0.37	–	–
长垣市	1071	98	963	10	–	–	9.15	89.92	0.93	–	–
邓州市	1814	170	1616	24	–	–	9.37	89.08	1.32	–	–
永城市	1360	218	1134	8	–	–	16.03	83.38	0.59	–	–
固始县	2149	180	1903	66	–	–	8.38	88.55	3.07	–	–
鹿邑县	1444	79	1286	79	–	–	5.47	89.06	5.47	–	–
新蔡县	1131	69	1000	62	–	–	6.10	88.42	5.48	–	–

— 446 —

教师学历及构成情况

幼 儿 园									
专任教师学历情况						占专任教师总数的比例（%）			
计	研究生毕业	本科毕业	专科毕业	高中阶段毕业	高中阶段毕业以下	研究生毕业	本科毕业	专科毕业	高中阶段毕业	高中阶段毕业以下
261881	**448**	**40941**	**164326**	**50772**	**5394**	**0.17**	**15.63**	**62.75**	**19.39**	**2.06**
31800	192	8147	19760	3382	319	0.60	25.62	62.14	10.64	1.00
10820	20	1745	7114	1827	114	0.18	16.13	65.75	16.89	1.05
17391	39	2553	10502	3930	367	0.22	14.68	60.39	22.60	2.11
11915	12	1960	7327	2317	299	0.10	16.45	61.49	19.45	2.51
11096	15	1415	6448	2781	437	0.14	12.75	58.11	25.06	3.94
4434	7	593	2984	733	117	0.16	13.37	67.30	16.53	2.64
15790	28	2545	10104	2846	267	0.18	16.12	63.99	18.02	1.69
9930	8	1840	6332	1668	82	0.08	18.53	63.77	16.80	0.83
11233	8	1604	6974	2368	279	0.07	14.28	62.08	21.08	2.48
12833	7	1472	8360	2847	147	0.05	11.47	65.14	22.18	1.15
6253	3	1073	3795	1219	163	0.05	17.16	60.69	19.49	2.61
6143	6	1308	3597	1065	167	0.10	21.29	58.55	17.34	2.72
19005	13	2410	10861	4924	797	0.07	12.68	57.15	25.91	4.19
17928	20	1874	12075	3604	355	0.11	10.45	67.35	20.10	1.98
12447	27	2158	7558	2446	258	0.22	17.34	60.72	19.65	2.07
21160	18	2863	13958	3966	355	0.09	13.53	65.96	18.74	1.68
13406	6	1632	9021	2547	200	0.04	12.17	67.29	19.00	1.49
2169	4	510	1368	275	12	0.18	23.51	63.07	12.68	0.55
2290	–	333	1468	455	34	–	14.54	64.10	19.87	1.48
2186	1	210	1529	410	36	0.05	9.61	69.95	18.76	1.65
3527	2	448	1819	1125	133	0.06	12.70	51.57	31.90	3.77
2750	–	203	1278	1032	237	–	7.38	46.47	37.53	8.62
2965	–	291	1846	774	54	–	9.81	62.26	26.10	1.82
2725	–	333	1644	705	43	–	12.22	60.33	25.87	1.58
4106	7	592	2899	572	36	0.17	14.42	70.60	13.93	0.88
2691	2	315	1786	524	64	0.07	11.71	66.37	19.47	2.38
1950	1	366	1283	282	18	0.05	18.77	65.79	14.46	0.92
938	2	148	636	148	4	0.21	15.78	67.80	15.78	0.43

小 学 专 任 教 师

省辖市直管县			专 任 教 师 年 龄 情 况						
	计	其中：女	24岁及以下	25－29岁	30－34岁	35－39岁	40－44岁	45－49岁	50－54岁
河南省	586578	445184	37358	103708	100534	108539	107002	64298	42883
郑州市	49531	40917	4029	12168	10067	8557	6781	4297	2633
开封市	23926	18430	1230	3239	4120	4731	4822	3160	1900
洛阳市	34006	25592	2018	5471	5191	5748	6154	4561	3367
平顶山市	23839	18502	1446	4040	3763	3155	5392	3209	1894
安阳市	23431	18767	1259	4281	4209	3866	4316	3046	1725
鹤壁市	8160	6371	461	1336	1436	1326	1431	959	835
新乡市	27559	22018	1656	5104	5401	4108	4282	3201	2678
焦作市	18350	14595	867	3106	3131	3398	3693	2472	1215
濮阳市	24564	19411	1461	4359	4998	4764	4061	2639	1708
许昌市	26287	20215	1745	4055	4455	5144	5048	2649	2067
漯河市	11647	8946	466	1622	1525	2323	2819	1512	917
三门峡市	10604	7913	307	1194	1220	1955	2818	1652	1015
南阳市	57790	42717	5032	10038	9826	9909	11044	6361	3683
商丘市	43778	31318	2007	4923	5060	10700	10120	5526	3780
信阳市	35662	25930	2747	8384	6897	6028	4075	2607	2307
周口市	56838	40834	3012	9081	9345	12683	11088	5547	3903
驻马店市	43640	32462	3176	9767	8107	7210	6635	4006	2986
济源示范区	2853	2112	80	368	474	549	640	399	235
巩义市	3716	2996	157	690	463	566	870	562	306
兰考县	5075	4058	297	1063	883	1043	933	454	272
汝州市	5472	4204	453	969	961	772	1028	639	370
滑县	7104	5527	543	1093	1260	1381	1361	826	408
长垣市	5462	4876	377	1003	928	1203	936	497	434
邓州市	8339	5822	464	1113	1140	1812	2053	1057	555
永城市	7436	5476	390	1394	1286	1509	1415	723	393
固始县	7867	5668	551	1660	1970	1293	673	466	495
鹿邑县	7123	5010	437	963	1203	1662	1487	681	415
新蔡县	6519	4497	690	1224	1215	1144	1027	590	387

年 龄 及 构 成 情 况

55－59岁	60岁及以上	占 专 任 教 师 总 数 的 比 例 (%)								
		24岁及以下	25－29岁	30－34岁	35－39岁	40－44岁	45－49岁	50－54岁	55－59岁	60岁及以上
21895	**361**	**6.37**	**17.68**	**17.14**	**18.50**	**18.24**	**10.96**	**7.31**	**3.73**	**0.06**
982	17	8.13	24.57	20.32	17.28	13.69	8.68	5.32	1.98	0.03
702	22	5.14	13.54	17.22	19.77	20.15	13.21	7.94	2.93	0.09
1474	22	5.93	16.09	15.26	16.90	18.10	13.41	9.90	4.33	0.06
908	32	6.07	16.95	15.79	13.23	22.62	13.46	7.94	3.81	0.13
725	4	5.37	18.27	17.96	16.50	18.42	13.00	7.36	3.09	0.02
371	5	5.65	16.37	17.60	16.25	17.54	11.75	10.23	4.55	0.06
1103	26	6.01	18.52	19.60	14.91	15.54	11.62	9.72	4.00	0.09
462	6	4.72	16.93	17.06	18.52	20.13	13.47	6.62	2.52	0.03
571	3	5.95	17.75	20.35	19.39	16.53	10.74	6.95	2.32	0.01
1080	44	6.64	15.43	16.95	19.57	19.20	10.08	7.86	4.11	0.17
454	9	4.00	13.93	13.09	19.95	24.20	12.98	7.87	3.90	0.08
442	1	2.90	11.26	11.51	18.44	26.57	15.58	9.57	4.17	0.01
1859	38	8.71	17.37	17.00	17.15	19.11	11.01	6.37	3.22	0.07
1654	8	4.58	11.25	11.56	24.44	23.12	12.62	8.63	3.78	0.02
2602	15	7.70	23.51	19.34	16.90	11.43	7.31	6.47	7.30	0.04
2134	45	5.30	15.98	16.44	22.31	19.51	9.76	6.87	3.75	0.08
1734	19	7.28	22.38	18.58	16.52	15.20	9.18	6.84	3.97	0.04
107	1	2.80	12.90	16.61	19.24	22.43	13.99	8.24	3.75	0.04
102	－	4.22	18.57	12.46	15.23	23.41	15.12	8.23	2.74	－
130	－	5.85	20.95	17.40	20.55	18.38	8.95	5.36	2.56	－
270	10	8.28	17.71	17.56	14.11	18.79	11.68	6.76	4.93	0.18
220	12	7.64	15.39	17.74	19.44	19.16	11.63	5.74	3.10	0.17
84	－	6.90	18.36	16.99	22.02	17.14	9.10	7.95	1.54	－
144	1	5.56	13.35	13.67	21.73	24.62	12.68	6.66	1.73	0.01
321	5	5.24	18.75	17.29	20.29	19.03	9.72	5.29	4.32	0.07
753	6	7.00	21.10	25.04	16.44	8.55	5.92	6.29	9.57	0.08
267	8	6.14	13.52	16.89	23.33	20.88	9.56	5.83	3.75	0.11
240	2	10.58	18.78	18.64	17.55	15.75	9.05	5.94	3.68	0.03

初中专任教师

省辖市直管县	专任教师年龄情况								
	计	其中：女	24岁及以下	25－29岁	30－34岁	35－39岁	40－44岁	45－49岁	50－54岁
河南省	**340500**	**224929**	**20640**	**59361**	**56857**	**51632**	**58670**	**49073**	**31560**
郑州市	30112	21561	2313	6672	5675	5002	4367	3199	2109
开封市	12685	8584	555	1780	2363	2031	2343	2032	1153
洛阳市	21835	14409	1190	3576	3474	3131	3254	3481	2674
平顶山市	13352	9044	850	2438	2065	1539	2161	2190	1499
安阳市	14380	9843	765	2483	2552	1863	2484	2341	1389
鹤壁市	4982	3277	184	684	977	678	863	682	632
新乡市	17421	11730	975	2838	2690	2139	3111	2802	2024
焦作市	10392	7165	351	1253	1523	1461	2070	2058	1242
濮阳市	14563	10332	852	2389	2793	2274	2773	1987	1138
许昌市	14937	9922	997	2713	2528	2361	2444	1895	1377
漯河市	7503	5000	313	1016	952	1008	1602	1481	790
三门峡市	6901	4321	177	791	980	1087	1470	1419	749
南阳市	35183	23482	3330	6882	5731	4101	5814	4976	3142
商丘市	22074	13601	893	3242	3190	4067	4652	3321	1911
信阳市	21574	12354	1251	3654	3442	3606	3492	2914	2052
周口市	29003	19210	1616	5957	5199	5411	5044	3106	1925
驻马店市	24321	15389	1188	3900	4079	4115	4148	3623	2270
济源示范区	1999	1329	69	290	301	225	466	380	179
巩义市	2455	1778	110	447	326	301	478	409	276
兰考县	2862	2030	164	573	591	465	461	362	185
汝州市	3575	2522	488	982	569	300	445	381	278
滑县	3811	2761	298	625	616	393	531	737	443
长垣市	3063	2407	242	619	506	395	564	430	265
邓州市	5830	3917	514	968	952	920	991	863	493
永城市	4297	2674	223	769	803	684	798	575	319
固始县	5071	2617	414	933	841	848	657	575	507
鹿邑县	3322	2071	121	433	695	753	696	360	204
新蔡县	2997	1599	197	454	444	474	491	494	335

年 龄 及 构 成 情 况

		占 专 任 教 师 总 数 的 比 例（%）								
55－ 59岁	60岁 及以上	24岁 及以下	25－ 29岁	30－ 34岁	35－ 39岁	40－ 44岁	45－ 49岁	50－ 54岁	55－ 59岁	60岁 及以上
12449	**258**	**6.06**	**17.43**	**16.70**	**15.16**	**17.23**	**14.41**	**9.27**	**3.66**	**0.08**
752	23	7.68	22.16	18.85	16.61	14.50	10.62	7.00	2.50	0.08
416	12	4.38	14.03	18.63	16.01	18.47	16.02	9.09	3.28	0.09
1015	40	5.45	16.38	15.91	14.34	14.90	15.94	12.25	4.65	0.18
593	17	6.37	18.26	15.47	11.53	16.18	16.40	11.23	4.44	0.13
496	7	5.32	17.27	17.75	12.96	17.27	16.28	9.66	3.45	0.05
278	4	3.69	13.73	19.61	13.61	17.32	13.69	12.69	5.58	0.08
820	22	5.60	16.29	15.44	12.28	17.86	16.08	11.62	4.71	0.13
418	16	3.38	12.06	14.66	14.06	19.92	19.80	11.95	4.02	0.15
352	5	5.85	16.40	19.18	15.61	19.04	13.64	7.81	2.42	0.03
594	28	6.67	18.16	16.92	15.81	16.36	12.69	9.22	3.98	0.19
332	9	4.17	13.54	12.69	13.43	21.35	19.74	10.53	4.42	0.12
226	2	2.56	11.46	14.20	15.75	21.30	20.56	10.85	3.27	0.03
1198	9	9.46	19.56	16.29	11.66	16.53	14.14	8.93	3.41	0.03
794	4	4.05	14.69	14.45	18.42	21.07	15.04	8.66	3.60	0.02
1153	10	5.80	16.94	15.95	16.71	16.19	13.51	9.51	5.34	0.05
732	13	5.57	20.54	17.93	18.66	17.39	10.71	6.64	2.52	0.04
977	21	4.88	16.04	16.77	16.92	17.06	14.90	9.33	4.02	0.09
89	－	3.45	14.51	15.06	11.26	23.31	19.01	8.95	4.45	－
107	1	4.48	18.21	13.28	12.26	19.47	16.66	11.24	4.36	0.04
61	－	5.73	20.02	20.65	16.25	16.11	12.65	6.46	2.13	－
129	3	13.65	27.47	15.92	8.39	12.45	10.66	7.78	3.61	0.08
166	2	7.82	16.40	16.16	10.31	13.93	19.34	11.62	4.36	0.05
42	－	7.90	20.21	16.52	12.90	18.41	14.04	8.65	1.37	－
123	6	8.82	16.60	16.33	15.78	17.00	14.80	8.46	2.11	0.10
126	－	5.19	17.90	18.69	15.92	18.57	13.38	7.42	2.93	－
292	4	8.16	18.40	16.58	16.72	12.96	11.34	10.00	5.76	0.08
60	－	3.64	13.03	20.92	22.67	20.95	10.84	6.14	1.81	－
108	－	6.57	15.15	14.81	15.82	16.38	16.48	11.18	3.60	－

普通高中专任教师

省辖市直管县	专任教师年龄情况							
	计	其中：女	24岁及以下	25－29岁	30－34岁	35－39岁	40－44岁	45－49岁	50－54岁
河南省	148095	86611	8991	24567	25469	30172	22352	17337	13562
郑州市	14988	9465	946	2804	2832	3177	2195	1446	1098
开封市	5543	3329	243	994	865	1259	914	629	483
洛阳市	10941	6587	543	1803	1913	2389	1536	1262	1030
平顶山市	5849	3515	607	1115	849	1131	811	579	558
安阳市	5997	3656	280	843	1042	1528	1039	630	441
鹤壁市	2201	1340	259	390	381	355	238	205	256
新乡市	7481	4437	432	980	1195	1440	1231	1047	802
焦作市	5147	3229	226	713	931	1172	711	623	522
濮阳市	5676	3311	328	926	958	1001	979	695	582
许昌市	6183	3697	442	1046	1178	1151	876	682	548
漯河市	3213	1757	182	439	474	541	558	515	334
三门峡市	3857	2157	61	379	574	1012	726	584	381
南阳市	14459	8795	1655	2987	2230	2233	1613	1683	1536
商丘市	8084	4259	139	1042	1558	1796	1448	1103	791
信阳市	10537	5248	532	1769	2220	1972	1592	1204	903
周口市	13186	7577	450	2222	2381	2855	2202	1584	1048
驻马店市	8814	4978	407	1244	1387	1819	1263	1149	985
济源示范区	1211	685	21	136	153	291	284	182	100
巩义市	1351	830	70	226	217	323	215	101	116
兰考县	1223	726	36	246	245	274	186	131	81
汝州市	1567	962	239	386	207	202	133	175	133
滑县	1618	1037	113	362	244	321	238	127	126
长垣市	1071	704	147	152	127	200	193	146	94
邓州市	1814	1031	242	359	213	174	252	262	196
永城市	1360	754	8	142	304	432	175	178	81
固始县	2149	1098	153	352	336	502	397	200	187
鹿邑县	1444	824	177	305	276	279	202	123	71
新蔡县	1131	623	53	205	179	343	145	92	79

年 龄 及 构 成 情 况

55－59岁	60岁及以上	占专任教师总数的比例（%）								
		24岁及以下	25－29岁	30－34岁	35－39岁	40－44岁	45－49岁	50－54岁	55－59岁	60岁及以上
5308	**337**	**6.07**	**16.59**	**17.20**	**20.37**	**15.09**	**11.71**	**9.16**	**3.58**	**0.23**
444	46	6.31	18.71	18.90	21.20	14.65	9.65	7.33	2.96	0.31
147	9	4.38	17.93	15.61	22.71	16.49	11.35	8.71	2.65	0.16
440	25	4.96	16.48	17.48	21.84	14.04	11.53	9.41	4.02	0.23
195	4	10.38	19.06	14.52	19.34	13.87	9.90	9.54	3.33	0.07
175	19	4.67	14.06	17.38	25.48	17.33	10.51	7.35	2.92	0.32
112	5	11.77	17.72	17.31	16.13	10.81	9.31	11.63	5.09	0.23
304	50	5.77	13.10	15.97	19.25	16.46	14.00	10.72	4.06	0.67
218	31	4.39	13.85	18.09	22.77	13.81	12.10	10.14	4.24	0.60
189	18	5.78	16.31	16.88	17.64	17.25	12.24	10.25	3.33	0.32
241	19	7.15	16.92	19.05	18.62	14.17	11.03	8.86	3.90	0.31
166	4	5.66	13.66	14.75	16.84	17.37	16.03	10.40	5.17	0.12
138	2	1.58	9.83	14.88	26.24	18.82	15.14	9.88	3.58	0.05
506	16	11.45	20.66	15.42	15.44	11.16	11.64	10.62	3.50	0.11
203	4	1.72	12.89	19.27	22.22	17.91	13.64	9.78	2.51	0.05
343	2	5.05	16.79	21.07	18.72	15.11	11.43	8.57	3.26	0.02
436	8	3.41	16.85	18.06	21.65	16.70	12.01	7.95	3.31	0.06
554	6	4.62	14.11	15.74	20.64	14.33	13.04	11.18	6.29	0.07
40	4	1.73	11.23	12.63	24.03	23.45	15.03	8.26	3.30	0.33
68	15	5.18	16.73	16.06	23.91	15.91	7.48	8.59	5.03	1.11
10	14	2.94	20.11	20.03	22.40	15.21	10.71	6.62	0.82	1.14
92	－	15.25	24.63	13.21	12.89	8.49	11.17	8.49	5.87	－
77	10	6.98	22.37	15.08	19.84	14.71	7.85	7.79	4.76	0.62
11	1	13.73	14.19	11.86	18.67	18.02	13.63	8.78	1.03	0.09
91	25	13.34	19.79	11.74	9.59	13.89	14.44	10.80	5.02	1.38
40	－	0.59	10.44	22.35	31.76	12.87	13.09	5.96	2.94	－
22	－	7.12	16.38	15.64	23.36	18.47	9.31	8.70	1.02	－
11	－	12.26	21.12	19.11	19.32	13.99	8.52	4.92	0.76	－
35	－	4.69	18.13	15.83	30.33	12.82	8.13	6.98	3.09	－

幼 儿 园 专 任 教 师

省辖市直管县	计	其中：女	专 任 教 师 年 龄 情 况						
			24岁及以下	25－29岁	30－34岁	35－39岁	40－44岁	45－49岁	50－54岁
河 南 省	234130	231797	64959	74553	55991	22633	9159	4181	2173
郑 州 市	29606	29137	10747	8617	6028	2424	951	490	286
开 封 市	9648	9583	1957	3308	2683	1070	325	196	95
洛 阳 市	15573	15490	4450	4710	3625	1515	646	398	206
平顶山市	10486	10377	2564	3044	2709	1184	560	273	131
安 阳 市	9568	9504	1973	3231	2756	899	394	195	101
鹤 壁 市	3853	3819	1536	1162	762	224	94	48	20
新 乡 市	13734	13627	3028	4601	3926	1385	456	180	136
焦 作 市	8869	8789	1814	2801	2345	1205	439	167	78
濮 阳 市	9887	9836	2704	3294	2315	901	394	188	79
许 昌 市	11688	11630	3256	3971	2696	1053	443	184	75
漯 河 市	5592	5535	1265	1519	1480	732	396	128	63
三门峡市	5563	5506	1173	1512	1467	680	460	181	72
南 阳 市	17040	16850	5508	4808	3557	1756	815	389	172
商 丘 市	16111	15956	4307	5718	3816	1451	468	217	104
信 阳 市	11074	10854	2786	3464	2775	1214	433	188	149
周 口 市	18687	18536	4612	6849	4690	1677	492	224	119
驻马店市	12077	11949	4245	3725	2290	960	470	224	131
济源示范区	1904	1862	377	543	571	268	103	22	15
巩 义 市	2111	2085	282	689	626	290	144	51	22
兰 考 县	1896	1894	464	713	512	140	44	16	5
汝 州 市	3058	3037	860	911	790	299	119	50	19
滑 县	2344	2336	700	677	621	215	83	35	11
长 垣 市	2661	2655	879	861	635	211	47	18	10
邓 州 市	2362	2328	782	735	469	232	95	30	18
永 城 市	3781	3772	1224	1469	785	218	58	15	12
固 始 县	2406	2380	745	859	505	166	80	28	12
鹿 邑 县	1680	1603	350	501	411	210	130	33	27
新 蔡 县	871	867	371	261	146	54	20	13	5

年 龄 及 构 成 情 况

		占 专 任 教 师 总 数 的 比 例 （ ％ ）								
55－59岁	60岁及以上	24岁及以下	25－29岁	30－34岁	35－39岁	40－44岁	45－49岁	50－54岁	55－59岁	60岁及以上
455	**26**	**27.74**	**31.84**	**23.91**	**9.67**	**3.91**	**1.79**	**0.93**	**0.19**	**0.01**
61	2	36.30	29.11	20.36	8.19	3.21	1.66	0.97	0.21	0.01
14	–	20.28	34.29	27.81	11.09	3.37	2.03	0.98	0.15	–
20	3	28.58	30.24	23.28	9.73	4.15	2.56	1.32	0.13	0.02
20	1	24.45	29.03	25.83	11.29	5.34	2.60	1.25	0.19	0.01
18	1	20.62	33.77	28.80	9.40	4.12	2.04	1.06	0.19	0.01
7	–	39.87	30.16	19.78	5.81	2.44	1.25	0.52	0.18	–
22	–	22.05	33.50	28.59	10.08	3.32	1.31	0.99	0.16	–
20	–	20.45	31.58	26.44	13.59	4.95	1.88	0.88	0.23	–
11	1	27.35	33.32	23.41	9.11	3.99	1.90	0.80	0.11	0.01
10	–	27.86	33.98	23.07	9.01	3.79	1.57	0.64	0.09	–
9	–	22.62	27.16	26.47	13.09	7.08	2.29	1.13	0.16	–
17	1	21.09	27.18	26.37	12.22	8.27	3.25	1.29	0.31	0.02
34	1	32.32	28.22	20.87	10.31	4.78	2.28	1.01	0.20	0.01
30	–	26.73	35.49	23.69	9.01	2.90	1.35	0.65	0.19	–
62	3	25.16	31.28	25.06	10.96	3.91	1.70	1.35	0.56	0.03
23	1	24.68	36.65	25.10	8.97	2.63	1.20	0.64	0.12	0.01
29	3	35.15	30.84	18.96	7.95	3.89	1.85	1.08	0.24	0.02
5	–	19.80	28.52	29.99	14.08	5.41	1.16	0.79	0.26	–
7	–	13.36	32.64	29.65	13.74	6.82	2.42	1.04	0.33	–
2	–	24.47	37.61	27.00	7.38	2.32	0.84	0.26	0.11	–
8	2	28.12	29.79	25.83	9.78	3.89	1.64	0.62	0.26	0.07
1	1	29.86	28.88	26.49	9.17	3.54	1.49	0.47	0.04	0.04
–	–	33.03	32.36	23.86	7.93	1.77	0.68	0.38	–	–
1	–	33.11	31.12	19.86	9.82	4.02	1.27	0.76	0.04	–
–	–	32.37	38.85	20.76	5.77	1.53	0.40	0.32	–	–
5	6	30.96	35.70	20.99	6.90	3.33	1.16	0.50	0.21	0.25
18	–	20.83	29.82	24.46	12.50	7.74	1.96	1.61	1.07	
1	–	42.59	29.97	16.76	6.20	2.30	1.49	0.57	0.11	–

小学专任教师

省辖市直管县	计	其中：女	品德与生活（社会）	语文	数学	外语		体育
						计	其中：英语	
河南省	**586578**	**445184**	**17980**	**228814**	**191413**	**45496**	**45496**	**25147**
郑州市	49531	40917	1720	17743	13343	4906	4906	3131
开封市	23926	18430	781	9616	7565	1659	1659	1181
洛阳市	34006	25592	1039	12959	9946	3571	3571	1627
平顶山市	23839	18502	730	9221	7938	1839	1839	938
安阳市	23431	18767	648	9732	7354	1756	1756	966
鹤壁市	8160	6371	196	3486	2387	546	546	379
新乡市	27559	22018	741	10997	8414	2286	2286	1403
焦作市	18350	14595	603	6801	5515	1511	1511	960
濮阳市	24564	19411	735	10250	8182	1300	1300	1024
许昌市	26287	20215	658	10111	8589	2053	2053	1275
漯河市	11647	8946	281	4731	4017	680	680	484
三门峡市	10604	7913	412	3715	3191	1136	1136	539
南阳市	57790	42717	1468	22729	20530	4259	4259	2044
商丘市	43778	31318	1541	16991	14508	3604	3604	1616
信阳市	35662	25930	1241	13468	12273	2923	2923	1350
周口市	56838	40834	1879	22342	18858	4900	4900	2256
驻马店市	43640	32462	1168	17968	16091	1611	1611	1520
济源示范区	2853	2112	132	1058	801	199	199	158
巩义市	3716	2996	162	1306	1067	390	390	197
兰考县	5075	4058	183	2018	1565	364	364	246
汝州市	5472	4204	116	2228	1801	531	531	119
滑县	7104	5527	152	3002	2642	320	320	230
长垣市	5462	4876	122	2211	1948	352	352	209
邓州市	8339	5822	195	3262	2871	542	542	315
永城市	7436	5476	208	2898	2490	706	706	233
固始县	7867	5668	297	2887	2739	615	615	284
鹿邑县	7123	5010	371	2496	2318	715	715	284
新蔡县	6519	4497	201	2588	2470	222	222	179

分　课　程　情　况

科学	艺术	音乐	美术	综合实践活动			其他	本学年不授课专任教师
				计	其中			
					信息技术	劳动与技术		
13218	**2600**	**17889**	**16545**	**24878**	**20305**	**4359**	**2373**	**225**
1846	278	2154	2162	1726	1207	479	486	36
531	140	770	714	879	694	167	72	18
858	147	1258	1161	1322	1030	282	112	6
533	103	700	610	1071	863	189	133	23
450	101	664	593	1127	991	127	32	8
169	20	350	261	297	230	66	42	27
520	87	880	783	1330	1119	204	114	4
510	126	713	632	868	612	251	104	7
553	87	753	718	885	709	174	69	8
507	90	939	928	1094	932	151	37	6
202	54	330	318	515	417	96	26	9
328	44	390	334	439	314	122	61	15
1154	184	1557	1394	2333	1932	371	133	5
908	260	1070	1004	2207	1825	368	69	–
826	177	970	911	1315	1055	245	190	18
1098	280	1451	1376	2122	1679	435	248	28
720	132	1030	937	2176	1931	233	286	1
108	8	131	114	118	90	26	21	5
142	12	163	133	119	95	24	25	–
105	23	182	174	192	168	24	23	–
72	33	104	123	308	288	19	37	–
119	16	151	137	335	308	27	–	–
76	6	160	142	222	195	27	13	1
288	40	257	222	341	300	40	6	–
117	33	174	174	401	365	36	2	–
209	57	227	183	358	279	76	11	–
187	33	205	181	332	264	67	1	–
82	29	156	126	446	413	33	20	–

初中专任教师

省辖市直管县	合计	其中：女	思想品德（政治）	语文	数学	外语				科学	物理	化学
						计	其中					
							英语	日语	俄语			
河南省	**340500**	**224929**	**20719**	**69290**	**65879**	**57266**	**57258**	**4**	**2**	**1025**	**20997**	**13076**
郑州市	30112	21561	1902	5648	5473	5091	5090	1	–	49	1873	1145
开封市	12685	8584	714	2576	2448	2155	2155	–	–	59	744	467
洛阳市	21835	14409	1446	4330	3979	3584	3577	3	2	29	1425	893
平顶山市	13352	9044	826	2691	2542	2284	2284	–	–	34	832	502
安阳市	14380	9843	878	2878	2751	2535	2535	–	–	42	932	585
鹤壁市	4982	3277	327	1006	896	853	853	–	–	6	311	202
新乡市	17421	11730	1160	3332	3132	2918	2918	–	–	26	1082	708
焦作市	10392	7165	653	1891	1893	1622	1622	–	–	4	744	435
濮阳市	14563	10332	967	2722	2554	2316	2316	–	–	91	834	561
许昌市	14937	9922	864	3146	2913	2408	2408	–	–	27	920	585
漯河市	7503	5000	435	1629	1484	1361	1361	–	–	25	466	281
三门峡市	6901	4321	458	1312	1218	1151	1151	–	–	28	444	240
南阳市	35183	23482	2091	7566	7416	5932	5932	–	–	58	2255	1297
商丘市	22074	13601	1256	4690	4367	3463	3463	–	–	125	1335	851
信阳市	21574	12354	1400	4361	4225	3737	3737	–	–	79	1321	816
周口市	29003	19210	1653	6103	5832	4940	4940	–	–	125	1691	1072
驻马店市	24321	15389	1321	5268	5102	4483	4483	–	–	80	1432	915
济源示范区	1999	1329	125	357	329	313	313	–	–	3	146	97
巩义市	2455	1778	160	490	470	399	399	–	–	2	160	89
兰考县	2862	2030	155	639	543	471	471	–	–	11	172	133
汝州市	3575	2522	219	822	763	636	636	–	–	6	179	127
滑县	3811	2761	234	807	790	662	662	–	–	8	236	150
长垣市	3063	2407	205	646	532	505	505	–	–	5	194	116
邓州市	5830	3917	345	1199	1177	937	937	–	–	17	354	228
永城市	4297	2674	228	910	858	724	724	–	–	26	252	161
固始县	5071	2617	328	1004	981	837	837	–	–	20	297	186
鹿邑县	3322	2071	171	702	684	503	503	–	–	29	180	123
新蔡县	2997	1599	198	565	527	446	446	–	–	11	186	111

分课程情况

生物	历史与社会	地理	历史	信息技术	通用技术	体育与健康	艺术	音乐	美术	综合实践活动			其他	本学年不授课专任教师
										计	其中：信息技术	其中：劳动与技术		
14022	**2030**	**13696**	**17847**	**–**	**–**	**15828**	**843**	**8462**	**8105**	**9608**	**6676**	**2732**	**1524**	**283**
1287	83	1186	1685	–	–	2198	36	686	705	762	593	156	245	58
498	84	492	646	–	–	627	56	351	327	372	243	120	63	6
941	99	871	1210	–	–	1123	29	557	543	726	571	144	49	1
540	90	569	711	–	–	586	32	361	318	330	218	104	75	29
581	77	561	733	–	–	711	32	364	344	344	236	103	26	6
192	20	187	268	–	–	306	8	143	125	91	74	15	26	15
754	98	713	996	–	–	936	22	461	436	558	377	168	85	4
469	34	442	618	–	–	547	14	278	275	389	263	121	84	–
666	112	672	865	–	–	746	45	428	418	472	340	129	73	21
623	51	623	783	–	–	701	20	436	425	379	295	80	31	2
257	29	266	349	–	–	349	17	167	170	183	130	51	28	7
297	35	296	419	–	–	341	17	173	150	222	149	68	77	23
1400	168	1360	1790	–	–	1314	76	724	667	927	606	297	137	5
925	228	886	1055	–	–	892	87	554	534	750	504	241	76	–
894	123	896	1112	–	–	885	72	543	517	553	395	153	39	1
1164	273	1187	1470	–	–	1036	106	678	664	802	495	270	193	14
876	168	882	1144	–	–	913	41	510	493	615	444	158	71	7
87	22	92	109	–	–	98	2	67	59	68	53	14	8	17
104	–	101	127	–	–	119	–	52	56	84	47	32	34	8
118	9	107	126	–	–	120	9	96	94	57	41	16	2	–
132	28	145	156	–	–	121	5	74	58	48	37	11	6	50
156	5	145	213	–	–	157	13	79	72	84	49	27	–	–
128	8	127	176	–	–	156	7	72	73	83	54	27	21	9
259	49	236	290	–	–	209	35	159	152	173	106	65	11	–
179	35	175	193	–	–	203	7	114	115	115	83	31	2	–
217	39	208	271	–	–	186	24	149	144	158	92	53	22	–
140	31	135	147	–	–	128	22	99	92	123	77	43	13	–
138	32	136	185	–	–	120	9	87	79	140	104	35	27	–

普 通 高 中 专 任

省辖市直管县	合计	其中：女	思想品德（政治）	语文	数学	外语				科学	物理	化学
						计	其 中					
							英语	日语	俄语			
河南省	148095	86611	9639	24160	23516	22714	22593	50	69	—	12404	12228
郑 州 市	14988	9465	925	2310	2346	2264	2248	12	4	—	1279	1254
开 封 市	5543	3329	332	869	878	850	849	1	—	—	496	477
洛 阳 市	10941	6587	761	1705	1641	1632	1621	8	3	—	916	942
平顶山市	5849	3515	370	910	890	871	871	—	—	—	480	480
安 阳 市	5997	3656	378	930	945	921	919	2	—	—	494	490
鹤 壁 市	2201	1340	148	359	358	336	335	1	—	—	174	167
新 乡 市	7481	4437	458	1248	1238	1176	1175	—	1	—	644	630
焦 作 市	5147	3229	362	842	787	756	755	1	—	—	392	397
濮 阳 市	5676	3311	370	898	891	872	867	—	5	—	522	478
许 昌 市	6183	3697	417	1029	941	916	911	—	5	—	501	503
漯 河 市	3213	1757	205	544	525	486	486	—	—	—	290	271
三门峡市	3857	2157	261	639	555	542	541	1	—	—	320	322
南 阳 市	14459	8795	942	2281	2227	2203	2189	11	1	—	1278	1291
商 丘 市	8084	4259	484	1440	1352	1279	1272	—	7	—	631	615
信 阳 市	10537	5248	731	1757	1712	1688	1688	—	—	—	899	840
周 口 市	13186	7577	839	2248	2159	2080	2053	4	23	—	1128	1123
驻马店市	8814	4978	566	1526	1485	1432	1422	6	4	—	659	689
济源示范区	1211	685	83	198	169	170	168	2	—	—	105	89
巩 义 市	1351	830	102	194	195	188	188	—	—	—	123	113
兰 考 县	1223	726	90	185	182	171	171	—	—	—	111	107
汝 州 市	1567	962	121	241	216	209	209	—	—	—	131	131
滑 县	1618	1037	116	252	265	227	226	1	—	—	136	124
长 垣 市	1071	704	68	187	178	164	164	—	—	—	89	85
邓 州 市	1814	1031	124	298	295	289	289	—	—	—	162	166
永 城 市	1360	754	94	226	237	217	213	—	4	—	109	99
固 始 县	2149	1098	144	359	354	356	356	—	—	—	172	174
鹿 邑 县	1444	824	79	274	278	231	219	—	12	—	94	106
新 蔡 县	1131	623	69	211	217	188	188	—	—	—	69	65

教 师 分 课 程 情 况

生物	历史与社会	地理	历史	信息技术	通用技术	体育与健康	艺术	音乐	美术	综合实践活动 计	其中 信息技术	其中 劳动与技术	其他	本学年不授课专任教师
10355	–	**8393**	**8829**	**3069**	**338**	**6158**	**298**	**2314**	**2669**	**213**	–	–	**617**	**181**
1069	–	835	885	283	50	655	46	220	377	18	–	–	139	33
411	–	333	329	131	16	238	16	71	78	7	–	–	11	–
769	–	677	701	240	24	468	3	189	198	8	–	–	67	–
417	–	343	364	119	14	289	13	96	126	10	–	–	20	37
396	–	330	355	121	27	273	10	121	163	21	–	–	19	3
153	–	133	142	31	4	103	9	38	40	3	–	–	3	–
485	–	405	443	134	22	330	9	120	125	9	–	–	5	–
375	–	325	352	130	3	222	3	90	92	1	–	–	18	–
409	–	307	335	99	16	229	7	97	118	11	–	–	17	–
401	–	370	371	156	1	327	6	109	126	2	–	–	7	–
185	–	161	175	64	12	143	3	62	66	6	–	–	11	4
287	–	224	218	88	–	176	10	100	98	2	–	–	5	10
1097	–	814	855	339	28	569	25	220	225	17	–	–	25	23
524	–	398	444	178	12	328	36	125	142	12	–	–	84	–
763	–	616	639	182	17	363	22	133	134	9	–	–	23	9
918	–	717	766	234	27	482	25	148	167	36	–	–	76	13
555	–	493	498	206	14	325	16	145	149	10	–	–	17	29
74	–	76	74	34	2	70	–	26	27	1	–	–	13	–
107	–	87	96	38	6	59	–	16	22	–	–	–	5	–
94	–	79	81	30	1	51	–	19	21	1	–	–	–	–
119	–	103	100	30	3	53	11	34	39	–	–	–	6	20
116	–	105	109	33	5	56	5	23	29	5	–	–	12	–
82	–	55	57	15	–	42	9	16	21	1	–	–	2	–
131	–	95	94	43	2	68	2	10	11	3	–	–	21	–
97	–	82	85	18	18	56	1	11	7	3	–	–	–	–
165	–	112	130	36	8	75	10	21	25	2	–	–	6	–
86	–	61	66	28	2	65	–	38	29	2	–	–	5	–
70	–	57	65	29	4	43	1	16	14	13	–	–	–	–

小 学 占 地 面 积

省辖市直管县	占地面积（平方米）			图 书	计算机数	
	计	其中		（册）	计	其中:教
		绿化用地面积	运动场地面积			计
河 南 省	**221564470**	**29000842**	**60198924**	**208825638**	**995116**	**843559**
郑 州 市	12742501	2098277	3362119	20647705	100557	82154
开 封 市	9735839	1513161	2524981	8206448	34820	30349
洛 阳 市	12336686	1323477	3760745	12958967	70336	59469
平顶山市	7477921	903739	1989118	8066608	33704	28860
安 阳 市	7214976	756225	2172620	9813043	32981	27421
鹤 壁 市	3755914	478150	1004873	3106832	13206	11280
新 乡 市	10312330	1573170	3372959	11720118	72871	61251
焦 作 市	6468546	941280	1954778	5675798	28406	24879
濮 阳 市	9855039	1488900	2693237	8604623	35000	28294
许 昌 市	10470380	1489879	2609736	7866113	30739	24152
漯 河 市	4462805	565186	1202732	4120372	12953	10535
三门峡市	3377069	498372	899034	3487581	18562	15063
南 阳 市	24005130	2784052	6486667	21709144	94990	79907
商 丘 市	16897115	1831755	5101274	14564597	78372	72407
信 阳 市	13870013	1794271	3582551	12372016	50444	42231
周 口 市	21406112	2963070	4676802	14562479	69157	59009
驻马店市	20238648	2798390	5289992	16617453	97344	81243
济源示范区	1317565	185476	317678	1066558	5644	4555
巩 义 市	1092870	118657	342603	1516329	6465	5332
兰 考 县	2117965	174028	906974	1720318	7282	5551
汝 州 市	2244887	306248	522051	2021468	10007	8683
滑 县	3512218	514070	846537	3193536	13783	12233
长 垣 市	1819494	335284	490949	1922369	15575	14869
邓 州 市	4294059	507580	1026691	3463435	17690	14637
永 城 市	3210355	243367	1275963	3723167	15577	14467
固 始 县	2715371	329015	816541	2583088	12812	10743
鹿 邑 县	1996150	202724	509523	1536600	7903	7692
新 蔡 县	2616510	283039	459198	1978873	7936	6293

及 其 他 办 学 条 件

（台）	教室（个）		教室中：普通教室（个）		固定资产总值（万元）		
学用计算机		其中：网络多媒体教室		其中：网络多媒体教室		其中：教学仪器设备资产值	
其中：平板电脑	计		计		计	计	其中：实验设备
51174	**420351**	**206778**	**361226**	**195946**	**8169380.72**	**913504.89**	**218875.29**
10853	25378	21136	21194	19172	956002.96	105682.76	20815.64
599	16864	5913	14632	5599	264216.48	44241.78	10983.03
3007	24431	14300	20499	13404	484427.61	59207.91	14734.17
1006	15520	7542	13884	7250	299889.52	30975.30	6762.81
1298	17864	8518	15335	8180	233964.63	29729.22	8181.79
619	5990	3635	5108	3468	149064.11	12418.06	2709.02
2155	21583	13420	16753	12162	398764.34	51841.74	11943.21
672	10443	7182	7941	6622	186494.58	26067.13	5677.58
1390	18880	8581	17061	8392	327127.05	30640.47	7667.15
1324	17197	9305	13461	8682	287195.87	30749.77	8733.47
596	7661	4017	6390	3814	163647.18	16288.64	4020.85
894	6352	4142	5019	3670	169172.58	16090.97	3036.08
7296	45650	17337	40368	16670	771829.32	63711.45	19428.07
1257	33991	13565	29581	13267	533009.55	88194.33	18397.04
3662	26568	9633	23380	9232	548998.84	47264.50	12728.23
3322	37156	14112	33775	13749	774969.95	73753.95	14864.82
3978	36612	18962	31434	17940	572564.53	68874.48	19151.11
49	1739	1358	1485	1308	46287.67	5818.53	985.19
274	1865	1376	1388	1260	60557.62	7365.55	1972.45
167	3540	873	2892	829	73174.64	11358.68	2620.58
776	5146	2163	4589	2054	98668.48	9506.06	2805.67
100	6875	3125	5540	3061	100801.09	5836.43	1538.48
3661	3941	2551	2764	2441	89496.08	6793.70	1486.47
819	7539	2886	6318	2790	125466.79	12923.84	5135.51
–	6195	3922	6092	3900	132126.37	17142.13	3019.76
441	5656	3115	4983	2958	137544.44	18324.80	4293.41
192	4247	2210	3907	2173	101802.79	16184.01	2947.10
767	5468	1899	5453	1899	82115.64	6518.72	2236.59

初 中 占 地 面 积 及

省辖市直管县	占地面积（平方米）			图 书（册）	计算机数	
	计	其 中			计	其中：教
		绿化用地面 积	运动场地面 积			计
河 南 省	138475790	20754668	34783215	147302025	630958	531353
郑 州 市	11107810	2129625	2974980	12779956	70563	55777
开 封 市	5193863	736945	1253211	5685057	22490	19052
洛 阳 市	9008709	1304554	2721745	9592232	50783	43619
平顶山市	4563839	695246	1021811	6107545	21376	18636
安 阳 市	5541416	828861	1407359	6845338	22726	18524
鹤 壁 市	2059879	301050	565894	2110244	8539	7037
新 乡 市	7547583	1384499	2164429	8859259	36791	31236
焦 作 市	5077841	953968	1407184	5017328	23207	20086
濮 阳 市	5615250	934065	1573974	6339502	25598	21265
许 昌 市	6726284	1055154	1539518	5904503	19465	15733
漯 河 市	3540169	492986	994359	3923378	13196	10955
三门峡市	2692965	426636	708091	3056432	13875	11511
南 阳 市	13199057	1900282	3311253	15581121	60860	49737
商 丘 市	9760794	1128282	2554356	9525758	39848	36784
信 阳 市	8858982	1466439	1814880	9243751	33848	28022
周 口 市	12223102	1872875	2409812	10747663	47935	39849
驻马店市	8980433	1002837	2012769	10110890	52189	44548
济源示范区	1284405	245279	393953	909615	4705	3909
巩 义 市	827914	85800	195821	1036004	3718	3424
兰 考 县	1542996	195341	486422	1207292	3411	2727
汝 州 市	1226469	178320	258516	1141711	4191	3420
滑 县	1507077	211371	277184	1449464	4810	3976
长 垣 市	1579922	331399	457028	1446649	10880	10587
邓 州 市	2174000	226364	507415	2581452	10162	7881
永 城 市	1854331	140446	694922	2335998	9613	8863
固 始 县	1948228	171790	495876	1495257	6585	5710
鹿 邑 县	1274019	190252	347303	1133273	4392	4029
新 蔡 县	1558451	164004	233148	1135353	5202	4456

— 464 —

其 他 办 学 条 件

(台)	教室(个)		教室中:普通教室(个)		固定资产总值(万元)		
学用计算机						其中:教学仪器设备资产值	
其中:平板电脑	计	其中:网络多媒体教室	计	其中:网络多媒体教室	计	计	其中:实验设备
42727	**178134**	**116417**	**151761**	**109834**	**7716444.55**	**705623.03**	**232235.54**
5866	15632	12111	12747	10664	875178.85	101205.07	31734.54
1062	6970	3361	5972	3213	247966.82	26588.04	8200.05
2785	11631	8267	9720	7728	502010.31	49929.89	20691.12
778	6130	4367	5639	4229	216413.26	18296.88	5691.33
1611	7978	4904	6639	4672	267155.84	22726.79	7487.60
778	2481	1601	1918	1491	125421.78	7715.97	2554.03
1529	9897	7310	7778	6724	345758.12	40860.19	14597.05
672	5878	4122	4192	3640	213904.22	22036.10	6547.90
922	7937	5534	7215	5369	265681.31	21631.29	7901.69
245	8110	5310	6868	5088	308942.37	25987.32	10032.69
1495	3864	2703	3484	2650	206862.34	14940.00	4674.40
794	3630	2463	2449	1995	172131.11	14302.58	3773.73
5154	16720	11339	15056	10960	743645.54	67166.79	22165.24
454	13323	7189	11432	6850	495021.18	53418.93	14290.52
2801	10961	6015	9289	5773	448464.80	35821.83	14372.98
4026	15614	9486	14059	9220	807659.11	62798.53	18107.98
3185	10966	7413	9342	7042	466457.03	39751.25	13687.93
37	1062	837	827	808	44277.18	4783.96	1279.96
564	840	745	700	688	53474.69	7053.37	2502.89
295	1839	639	1464	577	102447.77	4347.27	1524.46
384	1771	1125	1634	1092	86424.06	7199.98	3648.45
114	1785	1169	1526	1149	51081.51	2335.98	981.95
5376	1664	1224	1278	1180	111958.24	4668.35	1453.34
462	2676	1564	2248	1528	115584.64	10084.46	4577.29
–	2230	1626	2208	1621	90444.75	12936.42	2162.15
509	2481	1565	2172	1487	121718.09	11034.61	3091.18
199	2052	1367	1913	1335	108196.74	10694.74	2393.33
630	2012	1061	1992	1061	122162.87	5306.44	2109.77

普 通 高 中 占 地 面 积

省辖市直管县	占地面积（平方米）			图书（册）	计算机数	
	计	其　中			计	其中：教
		绿化用地面　积	运动场地面　积			计
河 南 省	72815321	15439705	13951992	39508556	249642	207418
郑 州 市	7149546	1783046	1541670	5304895	33686	27363
开 封 市	2208625	337835	542334	1650251	8818	7454
洛 阳 市	5646232	1028377	1174965	3494493	21488	18885
平顶山市	2926215	731868	499481	1232527	9795	7801
安 阳 市	3357114	787299	728961	1989551	9981	8211
鹤 壁 市	1437900	365449	258894	482465	6181	4787
新 乡 市	4364831	916185	898252	3015248	17843	14604
焦 作 市	2958633	520935	572717	1663126	9001	7321
濮 阳 市	3654548	862935	660803	1508234	10164	7579
许 昌 市	3337327	678967	628816	1470923	9223	7110
漯 河 市	1650182	443243	285605	801391	4403	3531
三门峡市	1752173	548342	391644	898308	7252	6151
南 阳 市	6891056	1494144	1147372	3384564	23954	19085
商 丘 市	3502570	486241	621668	2084783	12455	10977
信 阳 市	4988072	1171610	844254	2776282	12162	11019
周 口 市	4431685	714026	920427	2517043	16194	14538
驻马店市	3812479	823947	799606	1369770	12340	10033
济源示范区	657786	168540	111766	551371	2933	2716
巩 义 市	621196	71960	88872	299049	2171	1155
兰 考 县	375489	99972	85714	190330	1341	1325
汝 州 市	929023	252391	101623	449103	2145	1715
滑 县	1110677	345097	129332	454427	2604	2101
长 垣 市	1051865	177299	192001	314575	2868	2640
邓 州 市	1074589	146508	218288	430900	2759	2359
永 城 市	683053	67935	114031	282937	2051	1787
固 始 县	1028044	164973	184354	321761	2785	2337
鹿 邑 县	551795	121740	92877	302194	1524	1413
新 蔡 县	662616	128841	115665	268055	1521	1421

及其他办学条件

（台）	教室（个）		教室中：普通教室（个）		固定资产总值（万元）		
学用计算机 其中：平板电脑	计	其中：网络多媒体教室	计	其中：网络多媒体教室	计	其中：教学仪器设备资产值 计	其中：实验设备
18536	**75104**	**48980**	**65254**	**46267**	**5208863.31**	**367950.42**	**123824.01**
3735	6845	5301	5722	4737	617775.07	57305.92	20177.87
512	3150	1686	2738	1552	131302.22	9656.68	3605.03
888	5808	3876	4847	3682	377869.16	28601.65	8467.62
995	2939	1854	2709	1789	213171.56	13053.09	2721.14
114	3378	2351	2913	2157	236065.89	17337.17	4433.08
1717	1273	951	1043	828	132104.19	11258.96	3645.34
1620	4921	3442	4260	3262	256552.21	23961.60	8411.66
81	2441	1649	1948	1532	129199.57	7709.69	3541.51
242	3780	2516	3360	2446	197423.20	8900.42	3241.08
452	3359	1937	2575	1857	233366.20	14562.28	6468.23
491	1426	562	1166	553	143237.44	5716.12	1855.62
378	1654	1116	1241	1019	107689.15	6739.95	2403.44
1515	7170	4873	6432	4731	524828.93	29969.58	11318.76
577	4501	2028	4091	1958	179322.51	19109.62	4678.57
1819	4368	2062	3586	1922	282246.10	18177.36	6497.98
2346	5495	4066	5163	3875	442991.84	26872.20	8956.82
549	4261	2661	3985	2643	278910.12	14620.85	5346.14
4	375	334	339	307	44595.39	3399.61	1361.63
141	361	292	321	286	34000.46	3423.93	922.23
50	369	246	367	246	43442.60	1939.50	523.55
3	761	535	602	498	71201.34	2050.53	742.89
5	801	480	728	433	61674.13	1875.19	562.72
171	950	878	867	830	89595.73	4499.51	1779.30
–	1101	720	726	601	81081.20	4802.20	1566.30
–	649	342	649	342	36082.51	4024.80	1833.20
31	1204	1009	1139	973	116099.50	7525.13	1414.62
–	821	570	794	565	65268.72	3804.30	1352.10
100	943	643	943	643	81766.37	17052.58	5995.58

幼儿园占地面积、校舍

省辖市直管县	占地面积（平方米）			
	计	其中 绿化用地面积	其中 运动场地面积	计
河南省	**57928018**	**8843412**	**18931115**	**30500235**
郑州市	5430875	909487	1946290	3621643
开封市	2808105	538635	915883	1241619
洛阳市	3226595	467226	1124274	1940923
平顶山市	2352606	306497	760783	1307553
安阳市	2297356	336140	840268	1248206
鹤壁市	987096	110367	332170	557113
新乡市	3620235	520577	1280258	1961761
焦作市	2410783	408366	808794	1258389
濮阳市	3141402	447241	1004785	1312283
许昌市	3720642	616950	1175339	1759303
漯河市	1614911	268604	548181	772216
三门峡市	1304578	197730	430506	723841
南阳市	3966637	562734	1324797	2262154
商丘市	4165518	609098	1239152	1930002
信阳市	2544799	403919	739877	1419931
周口市	4853271	716360	1500381	2331773
驻马店市	2657037	411154	829103	1474406
济源示范区	623567	115973	205444	283559
巩义市	521484	95735	181634	296090
兰考县	600038	78602	194831	272023
汝州市	857129	127917	260249	443516
滑县	770498	105698	288363	338698
长垣市	564894	99074	193793	334711
邓州市	767779	123130	230268	374560
永城市	872644	107729	238236	423155
固始县	501854	67681	160618	311531
鹿邑县	550161	59437	132694	205151
新蔡县	195527	31350	44144	94124

建筑面积及其他办学条件(一)

校 舍 建 筑 面 积（平方米）					
其　中			① 教 学 及 辅 助 用 房		
当年新增校　舍	危　房	计	其　中		
			活动室	洗手间	睡眠室
529651	**190970**	**22497657**	**13460897**	**2299216**	**4971133**
60740	17631	2518087	1411985	272022	690558
19725	7597	930895	547495	100336	208704
64433	2420	1365297	815691	138230	321326
17398	–	969519	562275	101344	238510
13682	16143	918124	544211	90135	203158
9742	–	411944	260453	42455	78625
29264	108664	1513998	985713	151001	267902
23832	3987	900231	524637	90534	217914
16932	–	963831	573187	104305	206322
30360	–	1322740	786029	139625	292142
22715	2996	564719	318478	59419	141361
14920	465	505792	300098	49224	125286
52480	12254	1707976	1047961	159262	361474
32210	2222	1515159	912965	151425	326155
11918	–	1063731	638572	106411	220977
26583	11667	1715078	1020923	178955	350832
26771	2728	1120110	664622	113547	238189
4977	1335	193683	113897	19628	45893
8490	–	202416	122047	21832	48101
2498	248	205671	109902	19010	58342
13245	613	319943	214071	32752	50050
4964	–	264391	179940	26327	35434
6653	–	248105	145910	25889	54349
6372	–	276655	178644	27691	43549
925	–	323151	195580	34176	58710
750	–	247858	158686	21130	49063
7073	–	145458	88631	16256	25877
–	–	63097	38295	6296	12329

幼儿园占地面积、校舍

省辖市直管县	校 舍 建 筑 面 积（平方米）			
	②行政办公用房		③生活用房	
	计	教师办公室	计	厨 房
河 南 省	**2267240**	**1386770**	**2665072**	**1485118**
郑 州 市	232558	113846	320233	174194
开 封 市	85132	51997	117305	69052
洛 阳 市	143247	83825	170930	89735
平顶山市	104090	64306	119133	77252
安 阳 市	90957	57713	107624	60903
鹤 壁 市	47522	31949	50502	28251
新 乡 市	135932	81234	161777	82163
焦 作 市	94330	52103	100643	62020
濮 阳 市	94943	59150	102852	62914
许 昌 市	139511	90088	156931	87506
漯 河 市	59449	36295	64624	38511
三门峡市	59351	33181	66961	34577
南 阳 市	181532	112287	181996	99836
商 丘 市	131505	93004	164321	102415
信 阳 市	111379	63573	151472	69272
周 口 市	190626	126835	204498	113403
驻马店市	106161	63163	127999	77332
济源示范区	24847	13230	28066	14537
巩 义 市	21282	11964	29043	13190
兰 考 县	16909	12024	23022	15066
汝 州 市	38481	25143	30206	17203
滑 县	25000	17486	22957	14014
长 垣 市	25042	16270	26523	15222
邓 州 市	32683	23171	33465	13124
永 城 市	29731	20785	35726	19881
固 始 县	20545	14812	30015	15865
鹿 邑 县	16837	12553	24019	11606
新 蔡 县	7660	4785	12229	6073

建筑面积及其他办学条件(二)

④ 其他用房	图书 （册）	数字资源量			
		电子图书 （册）	电子期刊 （册）	学位论文 （册）	音视频 （小时）
3070266	**30283767**	**2687106**	**295647**	**73268**	**4267512**
550766	4502052	406963	74738	32834	631731
108286	1302551	32045	7816	–	181363
261449	1567178	109165	–	–	176366
114811	1008747	–	–	–	189412
131502	1409202	118934	19757	1082	284873
47146	387346	31660	1396	166	46596
150055	1563786	119264	19130	6476	235689
163185	1160208	52806	2337	123	207259
150657	1290679	113552	13568	771	145724
140121	1624504	254436	–	–	147439
83424	733460	50519	8243	1360	79838
91738	497353	53240	8557	991	83860
190651	2349989	300211	82015	21504	339540
119017	1963660	242421	3419	957	209588
93349	1742784	283152	3052	–	391036
221572	2287081	211791	19749	1673	323455
120136	1624143	132200	13990	661	183132
36963	193209	10197	573	–	21374
43349	241626	21188	2198	480	22384
26422	206920	4513	100	–	51516
54886	303635	61132	8304	2432	109605
26350	286285	–	–	–	46589
35040	214963	4171	–	–	24943
31757	646103	31260	5624	1705	25202
34547	442006	17198	410	1	68104
13113	458791	18010	93	–	28637
18837	164327	4574	346	–	8439
11138	111179	2504	232	52	3820

特殊教育占地面积、校舍

省辖市直管县	占地面积（平方米）			
	计	其中		计
		绿化用地面积	运动场地面积	
河南省	**1271602**	**214354**	**276234**	**635098**
郑州市	114279	19423	19692	65174
开封市	38528	10007	9227	19551
洛阳市	56585	5993	13036	47675
平顶山市	65777	14633	22782	31682
安阳市	79652	8482	13530	28063
鹤壁市	23949	1790	5987	12351
新乡市	39228	5210	11735	25089
焦作市	93339	15533	24020	32710
濮阳市	104400	20350	13490	37696
许昌市	31857	6830	4970	14172
漯河市	20271	2736	5985	17824
三门峡市	27650	3139	8627	15642
南阳市	122814	19289	24296	52533
商丘市	94079	18689	16107	50907
信阳市	98558	24372	19709	46229
周口市	82877	17110	16459	43172
驻马店市	66463	6362	17109	34885
济源示范区	15850	6181	3440	7055
巩义市	11015	2600	3600	9740
兰考县	1435	20	928	1388
汝州市	5285	462	1320	4044
滑县	3000	160	400	2950
长垣市	13400	1856	3000	10038
邓州市	15000	1200	540	4676
永城市	20677	446	6125	6805
固始县	10000	1120	4700	4107
鹿邑县	9995	160	4420	5100
新蔡县	5640	200	1000	3842

建筑面积及其他办学条件(一)

	校 舍 建 筑 面 积 （平方米）				
其 中		① 教 学 及 辅 助 用 房			
当年新增校舍	危 房	计	普通教室	专用教室	实验室
4973	**2220**	**288246**	**148594**	**102370**	**12829**
－	－	33389	10571	18709	2124
123	－	8909	5687	2510	128
－	1126	20544	9579	8130	923
－	－	12571	6554	3419	388
－	－	12629	6200	3966	1534
－	－	5039	4237	610	－
－	1094	11704	7281	3437	300
－	－	12484	6040	4671	478
－	－	19143	10977	7366	200
－	－	5984	3493	1405	388
500	－	8530	6268	1284	140
－	－	9426	2590	6048	148
－	－	20847	11001	6228	1317
－	－	22432	11450	5402	2078
－	－	19707	9835	7416	784
－	－	18972	11555	5471	455
－	－	20217	12718	5649	566
－	－	3226	2178	1008	－
－	－	3010	1585	1180	－
－	－	475	237	198	－
－	－	1923	1591	181	50
－	－	1600	1000	400	－
4350	－	5345	900	3725	600
－	－	2205	1104	825	138
－	－	2380	1885	375	－
－	－	960	540	150	90
－	－	3450	850	2300	－
－	－	1146	688	306	－

特殊教育占地面积、校舍

省辖市直管县	校 舍 建 筑 面 积（平方米）				
	①教学及辅助用房		②行政办公用房		③
	微机室	图书室	计	教 师办公室	生活用房
河 南 省	**11067**	**13386**	**72098**	**46286**	**181264**
郑 州 市	876	1109	10641	4099	12437
开 封 市	186	398	3685	2468	5376
洛 阳 市	1058	854	5484	3882	11341
平顶山市	1088	1122	3797	2957	8644
安 阳 市	363	565	3920	1747	5025
鹤 壁 市	118	74	775	643	1724
新 乡 市	391	295	2378	1172	8279
焦 作 市	655	640	3919	1886	9348
濮 阳 市	380	220	3297	2315	7623
许 昌 市	352	346	1755	1535	5873
漯 河 市	294	544	1545	1315	5772
三门峡市	330	311	1130	994	4373
南 阳 市	1100	1201	4526	3209	17917
商 丘 市	1059	2442	5954	4170	17221
信 阳 市	821	851	5041	2400	16421
周 口 市	563	928	4877	4147	13422
驻马店市	644	640	3614	3371	7951
济源示范区	–	40	950	760	2176
巩 义 市	85	160	600	600	4534
兰 考 县	–	40	204	198	340
汝 州 市	50	50	404	339	1664
滑 县	100	100	600	400	710
长 垣 市	60	60	622	45	4021
邓 州 市	69	69	851	475	1375
永 城 市	60	60	320	285	4105
固 始 县	90	90	450	270	1360
鹿 邑 县	200	100	300	300	950
新 蔡 县	76	76	459	305	1281

建筑面积及其他办学条件（二）

④ 其他用房	图书 （册）	数字资源量			
		电子图书 （册）	电子期刊 （册）	学位论文 （册）	音视频 （小时）
93490	**549727**	**32520**	**728**	**230**	**15006**
8707	82256	972	158	2	746
1581	12355	2	–	–	870
10305	47037	818	–	–	2214
6670	37588	–	–	–	1124
6489	15109	–	–	–	401
4813	6151	–	50	–	–
2728	26214	3	–	1	900
6959	19664	23	–	–	501
7633	28890	570	10	–	1230
560	22870	5080	–	–	670
1978	12982	10	–	–	555
712	15782	28	70	–	1261
9243	33347	3439	76	2	454
5300	43420	1170	32	20	668
5059	33269	1414	–	–	376
5900	32298	18340	27	22	1146
3102	36772	387	105	33	897
703	3230	1	–	–	3
1596	3500	15	–	–	–
369	560	20	–	–	80
53	4160	2	200	150	–
40	4460	–	–	–	40
50	7500	–	–	–	10
245	6680	25	–	–	48
–	3836	66	–	–	514
1337	2375	10	–	–	100
400	5110	120	–	–	178
956	2312	5	–	–	20

小 学 校 舍

省辖市直管县	计	其 中		其中：按	
		当年新增校舍	危 房	框架结构	砖混结构
河 南 省	74605947	3700253	117332	26789778	45645547
郑 州 市	6748033	543014	464	4345527	2380078
开 封 市	2632624	208861	–	1105552	1468265
洛 阳 市	4820800	242554	–	1823493	2948738
平顶山市	2726183	108977	1456	823881	1821330
安 阳 市	2774108	156948	430	902397	1757298
鹤 壁 市	1201278	35574	35	503633	638910
新 乡 市	3674644	198122	102232	2099032	1562370
焦 作 市	2033964	50935	–	629355	1366703
濮 阳 市	2886016	150848	3292	1362616	1282266
许 昌 市	3097076	176402	–	1037435	2036576
漯 河 市	1465538	54388	–	386428	1073026
三门峡市	1485883	46566	–	668524	790470
南 阳 市	8044613	383714	7361	1887976	6081796
商 丘 市	5110052	406369	–	1990173	2823828
信 阳 市	4216281	157774	1383	1387145	2711025
周 口 市	7123031	211103	680	2002968	4544600
驻马店市	5705161	226954	–	1063992	4561158
济源示范区	445210	8863	–	164879	272187
巩 义 市	492930	3412	–	135230	357700
兰 考 县	647526	45589	–	265438	370362
汝 州 市	853062	15952	–	182001	660283
滑 县	1090612	50768	–	182688	856442
长 垣 市	635740	33947	–	289856	337609
邓 州 市	1232743	41038	–	358983	872932
永 城 市	1084421	55921	–	490162	570345
固 始 县	889414	50957	–	477311	412005
鹿 邑 县	727132	13500	–	149969	510140
新 蔡 县	761873	21204	–	73133	577107

建 筑 面 积 (一)

结构类型分		① 教 学 及 辅 助 用 房			
砖木结构	土木结构	计	其 中		
			教 室	实验室	图书室
2169241	**1381**	**40106332**	**33427561**	**2205730**	**2108388**
22428	–	2851736	2306031	143174	135806
58806	–	1466307	1213938	94592	87707
48569	–	2386621	2044032	111704	104518
80972	–	1406420	1188576	71376	65382
114413	–	1713012	1463267	93733	75361
58736	–	629032	522109	36598	30653
13078	164	2241234	1869516	129288	114506
37906	–	986726	812826	68690	51455
241095	40	1718675	1443483	88973	89604
23065	–	1625908	1372034	89241	84418
6084	–	716951	600426	42329	35787
25992	897	659221	559222	32106	30707
74561	280	4209033	3513024	239669	220903
296051	–	3290184	2720839	181108	183146
118112	–	2354195	1960446	120551	132143
575463	–	3454837	2891387	191123	193559
80011	–	3452456	2825528	204114	195260
8144	–	182042	150489	10276	9735
–	–	236881	198219	15239	9924
11726	–	355729	277709	21432	24335
10778	–	488251	418282	26385	22525
51482	–	608807	515494	28147	33578
8275	–	362143	304247	18651	18843
828	–	661573	536221	37408	41225
23914	–	700706	567604	44610	48963
97	–	560803	479267	25416	25684
67023	–	368207	315236	17961	20717
111633	–	418644	358109	21838	21942

小 学 校 舍

省辖市直管县	②行政办公用房		计	教工宿舍
	计	其中：教师办公室		
河 南 省	**7970853**	**5723868**	**19354255**	**3630125**
郑 州 市	729129	444922	1435454	238785
开 封 市	234708	177544	613835	74486
洛 阳 市	630450	432987	1308151	356290
平顶山市	344687	269538	748993	108071
安 阳 市	359398	270762	449079	111621
鹤 壁 市	179046	136983	273394	37389
新 乡 市	332717	228699	829002	95536
焦 作 市	281310	215773	421773	51458
濮 阳 市	264995	181926	614930	101272
许 昌 市	396438	292719	848374	118417
漯 河 市	178994	143303	426246	95523
三门峡市	201500	134051	448640	88720
南 阳 市	1027276	714006	2209944	552935
商 丘 市	384219	295554	1140014	89510
信 阳 市	362431	255532	1286047	422295
周 口 市	669817	510859	2547702	276757
驻马店市	520484	387833	1369273	379017
济源示范区	63031	35269	125154	29314
巩 义 市	75170	49876	115934	23458
兰 考 县	54366	34040	193761	26793
汝 州 市	111842	91015	202962	28758
滑 县	121602	96813	254819	48467
长 垣 市	77500	62833	174222	37579
邓 州 市	117269	83293	343872	61945
永 城 市	87685	57001	249753	20966
固 始 县	69548	48707	217520	62789
鹿 邑 县	44610	32145	254510	34811
新 蔡 县	50633	39886	250896	57163

建 筑 面 积 (二)

③ 生 活 用 房			④
其 中			
其中:教师周转宿舍	学生宿舍	食 堂	其他用房
1065441	**5005757**	**4355522**	**7174507**
85683	332852	287450	1731714
19095	214081	120899	317775
112677	306615	237497	495579
25928	244844	167347	226083
45089	73478	50527	252619
6081	98542	45367	119806
22008	170558	126419	271690
9870	124592	86419	344154
31855	146723	121284	287416
29919	303039	201072	226356
30956	132392	79708	143347
22330	136549	85923	176523
131417	528429	509401	598360
29664	256544	386449	295635
197532	161335	265567	213609
58755	874928	758506	450675
100121	315946	206998	362947
3656	26695	28719	74983
2634	34510	25604	64945
14047	29006	80852	43671
6172	59515	37023	50007
5804	75315	41129	105384
4126	43690	32122	21874
5066	107623	71972	110029
2169	78994	73009	46277
47827	17795	65823	41543
6144	65914	76995	59804
8817	45252	85442	41701

初 中 校 舍

省辖市直管县	计	其　中		其中：按	
		当年新增校　舍	危　房	框架结构	砖混结构
河 南 省	**62433384**	**3673481**	**151878**	**29454213**	**32504756**
郑 州 市	6498749	519859	10113	4239029	2221475
开 封 市	2179823	276954	–	1150144	1018336
洛 阳 市	4202649	159068	–	2140508	2058326
平顶山市	2323765	171925	–	858325	1452369
安 阳 市	2408666	176523	–	1114125	1258784
鹤 壁 市	976825	48675	2481	579947	389287
新 乡 市	3011119	155037	136748	1575365	1431214
焦 作 市	2031767	66517	–	742768	1284414
濮 阳 市	2228158	120365	–	1252189	934792
许 昌 市	2885641	202243	–	1500311	1370617
漯 河 市	1474587	86597	–	621144	852152
三门峡市	1404686	96200	–	707879	692997
南 阳 市	6269757	425635	1943	2578965	3666421
商 丘 市	3840907	226896	–	1932028	1844606
信 阳 市	3504862	171379	344	1406302	2061184
周 口 市	5800506	207406	–	2465905	3246411
驻马店市	3839437	94514	–	1387592	2424481
济源示范区	489941	10794	–	242889	247053
巩 义 市	458754	4226	–	201830	256924
兰 考 县	762760	130249	–	391654	366586
汝 州 市	615164	19766	–	154578	453089
滑 县	593800	27869	–	120638	458253
长 垣 市	756996	87671	–	427976	325483
邓 州 市	975926	32215	–	394509	581417
永 城 市	652182	38073	–	262991	385926
固 始 县	778735	10754	–	417944	360791
鹿 邑 县	691087	20636	249	309151	376334
新 蔡 县	776135	85437	–	277528	485034

建 筑 面 积 (一)

结构类型分		① 教 学 及 辅 助 用 房			
砖木结构	土木结构	计	其 中		
			教 室	实验室	图书室
474132	**283**	**22312373**	**16671777**	**2918016**	**1165506**
38136	108	2232808	1468843	357683	138467
11342	–	779097	618996	82959	41523
3816	–	1493038	1082051	234780	72504
13071	–	777759	572004	111540	51425
35757	–	950756	703413	142308	43444
7592	–	355591	268489	46506	16686
4365	175	1331981	1035951	169868	59078
4585	–	693434	491355	113077	38224
41177	–	864374	654776	104288	41649
14713	–	1007101	779126	113159	51961
1292	–	500759	374936	74475	24021
3811	–	495284	366499	75215	21301
24370	–	2120483	1532491	302430	116173
64273	–	1628953	1265309	178029	91507
37376	–	1258055	966819	136822	67750
88190	–	1823622	1420951	205661	78749
27364	–	1396222	1055448	166782	76720
–	–	142323	98498	24745	7379
–	–	135900	95942	24078	9654
4520	–	279857	204212	33179	16614
7497	–	206103	165560	22575	7946
14908	–	200006	155194	23414	10304
3537	–	207759	160176	28430	9561
–	–	346988	262247	39858	20675
3265	–	300463	230722	34439	16365
–	–	310934	250483	28972	14744
5602	–	239836	198122	22233	10428
13572	–	232886	193163	20513	10654

初 中 校 舍

省辖市直管县	②行政办公用房		计	教工宿舍
	计	其中：教师办公室		
河 南 省	**5637706**	**3584838**	**30035310**	**4879694**
郑 州 市	652453	377514	2702509	333906
开 封 市	162064	114807	1021708	146739
洛 阳 市	455147	279718	1894262	365061
平顶山市	217549	143756	1163423	243474
安 阳 市	267502	167772	1030424	189680
鹤 壁 市	120225	72902	427486	25233
新 乡 市	261617	167113	1294888	149754
焦 作 市	217650	137526	850159	101870
濮 阳 市	192158	124314	1005159	141352
许 昌 市	273458	182871	1440680	196434
漯 河 市	155813	104774	723372	125957
三门峡市	149867	91714	652139	115213
南 阳 市	568318	356577	3119534	632627
商 丘 市	269756	189944	1735019	208671
信 阳 市	304441	176970	1837658	445524
周 口 市	424527	293274	3224298	485078
驻马店市	341859	212649	1958306	363546
济源示范区	45818	30641	235229	37154
巩 义 市	56082	32677	231983	31954
兰 考 县	48084	27414	392287	43421
汝 州 市	67055	44879	325108	49923
滑 县	57086	40606	313965	45891
长 垣 市	63271	41633	470934	61164
邓 州 市	64431	40524	512489	89270
永 城 市	40540	27474	293458	31141
固 始 县	50602	36269	407816	86058
鹿 邑 县	43652	28225	368432	45827
新 蔡 县	66684	40302	402585	87772

建 筑 面 积(二)

③ 生 活 用 房			④
其 中			
其中:教师周转宿舍	学 生 宿 舍	食 堂	其他用房
1406531	**15192888**	**6157720**	**4447995**
97381	1318754	527779	910979
48863	544975	219611	216953
102577	930469	342738	360202
72531	566009	222359	165033
61591	510936	208053	159984
2597	250243	105647	73523
46991	653799	275355	122633
14896	431782	181780	270524
62475	512661	210543	166468
57310	775741	322181	164403
33107	352140	160725	94644
20771	305168	119532	107396
193670	1498607	587466	461422
71887	935922	406499	207179
135895	802430	352888	104708
151243	1765952	652092	328060
97584	991484	402996	143050
3086	96711	60136	66572
6320	104431	50921	34789
9413	231418	81079	42533
11618	159006	70072	16898
20063	175279	62371	22742
28763	271996	109480	15032
4605	255372	120095	52018
7112	165668	61496	17720
25708	203273	77483	9383
14617	184871	96371	39167
3857	197790	69972	73980

普 通 高 中 校

省辖市直管县	计	其 中		
		当年新增校舍	危 房	框架结构
河 南 省	38285270	2871269	71836	21858241
郑 州 市	4422374	486785	4871	2779624
开 封 市	1071390	38401	–	475864
洛 阳 市	3058168	276424	4470	1750132
平顶山市	1453479	226887	7857	729636
安 阳 市	1729878	67599	1306	1067860
鹤 壁 市	643892	12785	–	319726
新 乡 市	2415623	312099	51636	1472201
焦 作 市	1387567	14755	–	563281
濮 阳 市	1653110	32268	–	1002156
许 昌 市	1813051	92560	–	1141457
漯 河 市	787697	70852	–	365914
三门峡市	1072737	134757	–	635775
南 阳 市	3427489	224311	–	2101732
商 丘 市	1721686	38392	–	689527
信 阳 市	2398374	256773	301	1250430
周 口 市	2551452	171202	36	1309153
驻马店市	2034502	122534	1360	964531
济源示范区	327784	–	–	200221
巩 义 市	268534	4000	–	221682
兰 考 县	198291	2470	–	139157
汝 州 市	422053	61894	–	307374
滑 县	582315	2595	–	406091
长 垣 市	637346	69704	–	416117
邓 州 市	476706	116819	–	366928
永 城 市	225946	–	–	147716
固 始 县	643651	18300	–	383649
鹿 邑 县	389172	2158	–	245840
新 蔡 县	471002	13945	–	404468

— 484 —

舍 建 筑 面 积(一)

其中:按结构类型分			① 教学及辅助用房			
砖混结构	砖木结构	土木结构	计	其中		
				教 室	实验室	图书室
16186314	**235820**	**4895**	**12885358**	**8730753**	**1846566**	**1047785**
1580084	62665	–	1464828	815414	206194	185422
593660	1865	–	391587	310251	41967	18374
1301044	6991	–	971082	666044	155007	65918
716125	7718	–	502654	355924	66748	46105
653996	8022	–	579434	384781	95025	48530
299513	24653	–	231720	157545	34736	15156
939267	146	4009	848973	590810	98700	72832
824139	148	–	428942	300682	59665	25668
610617	40336	–	614464	431338	70262	60918
669795	1800	–	674638	439118	126200	47844
399645	22139	–	268013	191676	40542	20982
436163	798	–	389245	246415	79660	35406
1315640	9232	886	1053511	732584	152728	71716
1028844	3315	–	714335	500609	89657	49444
1141740	6205	–	844463	550021	134635	88440
1239136	3163	–	889141	679162	113531	46891
1068442	1529	–	612244	478569	60133	23717
127563	–	–	77663	38393	25363	5031
46852	–	–	84076	39909	25030	13735
59134	–	–	66504	37964	13092	6290
114679	–	–	156629	91198	20960	10783
171671	4553	–	148398	88091	29766	11573
221230	–	–	203721	112480	43985	18257
102597	7181	–	117992	82724	13397	10782
70390	7840	–	96005	68159	14334	6224
260002	–	–	197163	143742	20014	15192
132343	10989	–	134564	102368	8210	21012
62003	4531	–	123371	94780	7024	5544

普 通 高 中 校

省辖市直管县	②行政办公用房		计	教工宿舍
	计	其中: 教 师 办公室		
河 南 省	3082783	1938555	20366615	3031202
郑 州 市	417751	239409	2060725	291363
开 封 市	93448	58125	525398	77394
洛 阳 市	262024	161258	1682033	267997
平顶山市	93969	65371	803164	150629
安 阳 市	143588	93791	890972	148634
鹤 壁 市	68745	46383	326595	20510
新 乡 市	233442	105912	1261104	108897
焦 作 市	116810	97639	723186	63839
濮 阳 市	113653	69949	821925	85260
许 昌 市	135750	71016	947149	178023
漯 河 市	41381	32834	454407	63610
三门峡市	98029	89424	548391	59475
南 阳 市	325872	173824	1876302	299264
商 丘 市	108321	77911	797474	75403
信 阳 市	153524	100092	1373765	374773
周 口 市	165492	117005	1439291	200164
驻马店市	143545	81141	1219174	215469
济源示范区	31496	21357	198648	21652
巩 义 市	33210	26328	127414	21128
兰 考 县	29659	22385	101169	21957
汝 州 市	30417	26056	219839	11901
滑 县	54142	31133	342771	30734
长 垣 市	59349	34703	359760	61066
邓 州 市	34882	27232	250237	41117
永 城 市	16778	8066	109956	12441
固 始 县	43111	35156	402582	70201
鹿 邑 县	16146	12775	199022	11030
新 蔡 县	18247	12280	304163	47272

舍 建 筑 面 积 (二)

③ 生 活 用 房 其 中			④
其中：教师周转宿舍	学生宿舍	食 堂	其他用房
580193	**11858249**	**3742067**	**806001**
92924	1194059	386966	66637
7183	301525	100835	15190
35634	969759	288163	90310
59002	456042	150145	16330
8781	447648	155865	95123
3028	208922	71043	9190
31940	690808	249378	147547
2423	477345	130174	17998
11220	500093	182838	13055
3738	520540	184323	22955
7777	283445	78497	10606
2766	339377	111204	17971
112876	1116449	329488	43304
10808	521163	155086	14235
90692	684355	208547	62575
46816	900191	251362	17968
14351	719479	204898	36339
6335	109843	29378	20245
5915	73106	30493	192
108	50410	21874	620
8424	118926	57863	9136
2041	219346	68102	16648
–	217874	60587	4143
–	124220	72142	3937
–	71008	19132	652
10750	239860	59421	10194
4259	121834	34309	20814
400	180622	49956	22089

小学学校办学条件

省辖市直管县	机构数	建立校园网校数	体育运动场(馆)面积达标校数	体育器械配备达标校数	音乐器材配备达标校数
河南省	30994	7216	15066	16594	16515
郑州市	1024	580	776	836	829
开封市	1303	32	531	602	605
洛阳市	1807	124	646	738	732
平顶山市	1478	305	597	716	715
安阳市	1258	241	874	925	922
鹤壁市	458	37	230	263	260
新乡市	1528	456	893	1007	1007
焦作市	656	283	483	506	501
濮阳市	1115	592	646	681	689
许昌市	1159	263	546	720	712
漯河市	548	139	399	437	436
三门峡市	549	97	182	222	221
南阳市	3932	633	1269	1319	1308
商丘市	2335	179	1398	1453	1444
信阳市	2084	435	691	806	804
周口市	3473	829	1299	1485	1469
驻马店市	2593	902	1532	1627	1619
济源示范区	116	–	67	85	87
巩义市	113	44	66	71	69
兰考县	233	–	171	171	171
汝州市	445	104	316	341	330
滑县	471	276	267	286	285
长垣市	243	98	159	220	222
邓州市	608	88	168	176	175
永城市	339	33	326	326	326
固始县	317	54	163	169	170
鹿邑县	383	146	126	158	160
新蔡县	426	246	245	248	247

达标及配套设施情况（一）

美术器材配备达标校数	数学自然实验仪器达标校数	有校医院（卫生室）校数	有专职校医校数	有专职保健人员校数	有心理辅导室校数	安全保卫人员	
						校数（所）	人数
16463	**16328**	**6133**	**1155**	**1627**	**8877**	**17576**	**26092**
828	806	554	174	188	618	873	2580
601	597	154	37	55	297	636	881
729	727	335	40	68	476	763	1444
706	707	210	43	53	346	770	1080
925	918	178	24	36	733	939	1214
254	260	49	14	16	119	299	441
998	982	518	40	73	454	1033	1522
500	500	246	65	121	431	510	955
678	669	256	84	81	384	763	985
710	697	229	39	60	367	806	1203
436	431	42	12	12	209	445	587
218	213	114	10	14	167	231	432
1298	1294	732	144	182	870	1460	2033
1452	1429	245	41	78	643	1531	1965
803	795	220	53	74	356	854	1219
1468	1468	321	95	107	586	1634	2098
1614	1608	1127	121	249	804	1670	2073
87	88	33	1	3	81	89	156
71	71	48	2	3	44	72	161
171	170	92	40	48	115	171	193
335	331	94	15	27	136	378	546
285	282	79	6	13	132	296	395
219	211	48	–	2	181	226	308
176	178	64	22	23	118	183	223
326	326	78	15	15	105	326	393
171	170	24	6	10	49	180	260
157	153	37	9	12	48	192	250
247	247	6	3	4	8	246	495

小学学校办学条件

省辖市直管县	心理健康教育教师				学校供水方式		
	校　数（所）	人数	其中：专职		自备水源	网管供水	无水源
			校　数（所）	人数			
河 南 省	**10686**	**16274**	**1347**	**1616**	**4642**	**13018**	**27**
郑 州 市	672	1024	172	202	185	695	14
开 封 市	389	643	57	75	69	568	–
洛 阳 市	601	916	63	74	303	461	–
平顶山市	488	750	65	72	402	375	–
安 阳 市	738	1655	80	95	245	695	–
鹤 壁 市	150	266	21	28	82	220	–
新 乡 市	605	1155	59	90	130	913	2
焦 作 市	419	573	46	51	104	408	2
濮 阳 市	438	572	64	76	164	604	–
许 昌 市	381	512	45	57	304	508	1
漯 河 市	267	393	30	31	81	364	–
三门峡市	194	355	22	33	54	178	–
南 阳 市	1000	1282	127	144	875	602	–
商 丘 市	911	1125	87	97	82	1452	–
信 阳 市	443	777	86	107	310	546	–
周 口 市	843	1020	97	110	193	1446	–
驻马店市	997	1730	106	131	399	1278	6
济源示范区	74	142	5	6	18	73	–
巩 义 市	67	105	9	11	9	63	–
兰 考 县	142	146	23	26	–	171	–
汝 州 市	171	244	13	15	279	101	–
滑 县	172	186	6	6	13	283	–
长 垣 市	146	167	7	7	11	215	–
邓 州 市	128	182	16	18	55	128	–
永 城 市	97	125	8	17	26	300	–
固 始 县	72	133	16	18	34	146	–
鹿 邑 县	74	81	15	17	18	176	–
新 蔡 县	7	15	2	2	197	49	2

— 490 —

达标及配套设施情况 (二)

学校厕所情况			洗手设施			通电	校园足球场（个）			
卫生厕所	非卫生厕所	无厕所	有水和肥皂	只有水	既没有水也没有肥皂		计	11人制足球场	7人制足球场	5人制足球场
15602	**2040**	**45**	**14146**	**3440**	**101**	**17658**	**5165**	**265**	**931**	**3969**
807	73	14	831	45	18	880	492	43	172	277
637	–	–	557	77	3	637	245	8	29	208
632	132	–	657	107	–	764	502	20	101	381
774	–	3	659	118	–	777	147	11	20	116
939	–	1	757	180	3	940	164	8	25	131
167	135	–	231	69	2	302	71	6	22	43
1038	5	2	892	141	12	1044	453	18	73	362
501	11	2	422	82	10	512	236	7	27	202
765	1	2	758	9	1	768	243	26	48	169
792	19	2	606	201	6	812	211	12	44	155
371	74	–	348	95	2	445	177	7	11	159
190	41	1	205	23	4	232	97	9	21	67
1366	108	3	1046	422	9	1477	492	21	97	374
1532	–	2	1400	133	1	1533	134	16	21	97
847	9	–	618	238	–	856	162	17	29	116
899	740	–	963	664	12	1639	272	6	32	234
1197	476	10	1400	273	10	1675	546	8	54	484
91	–	–	86	5	–	91	28	3	9	16
69	3	–	70	2	–	72	19	2	5	12
171	–	–	170	1	–	171	111	5	20	86
379	–	1	338	42	–	380	50	1	6	43
165	131	–	226	70	–	296	41	1	13	27
226	–	–	129	97	–	226	55	1	6	48
183	–	–	125	52	6	183	31	2	6	23
326	–	–	326	–	–	326	101	4	23	74
180	–	–	133	47	–	180	52	2	13	37
112	82	–	157	37	–	194	33	1	4	28
246	–	2	36	210	2	246	–	–	–	–

初中学校办学条件

省辖市直管县	校数	建立校园网校数	体育运动场（馆）面积达标校数	体育器械配备达标校数	音乐器材配备达标校数	美术器材配备达标校数
河 南 省	4695	2376	4151	4468	4442	4416
郑 州 市	366	264	327	346	337	335
开 封 市	173	25	149	167	169	170
洛 阳 市	323	70	286	310	309	301
平顶山市	179	87	145	169	174	171
安 阳 市	220	65	198	210	207	207
鹤 壁 市	63	22	48	53	56	55
新 乡 市	296	159	253	282	281	280
焦 作 市	186	99	181	183	177	178
濮 阳 市	158	155	137	146	144	144
许 昌 市	206	89	156	179	178	172
漯 河 市	107	70	97	104	102	101
三门峡市	117	56	103	115	114	114
南 阳 市	405	238	374	385	384	383
商 丘 市	363	74	336	355	349	346
信 阳 市	276	183	240	270	267	266
周 口 市	431	265	353	397	401	402
驻马店市	272	165	252	262	259	258
济源示范区	32	2	29	32	32	32
巩 义 市	27	19	24	27	27	26
兰 考 县	56	14	54	55	55	55
汝 州 市	59	19	55	58	58	56
滑 县	53	47	48	50	51	50
长 垣 市	39	17	36	39	39	39
邓 州 市	67	33	62	64	62	63
永 城 市	61	29	61	61	61	61
固 始 县	57	15	54	56	53	55
鹿 邑 县	55	48	46	46	48	48
新 蔡 县	48	47	47	47	48	48

达标及配套设施情况（一）

理科实验仪器达标校数	有校医院（卫生室）校数	有专职校医校数	有专职保健人员校数	有心理辅导室校数	有预防艾滋病教育和性教育相关课程和活动的校数	安全保卫人员	
						校数（所）	人数
4447	2676	1140	1206	4172	4116	4656	12604
334	294	172	168	339	339	360	1574
167	77	43	46	143	150	172	413
306	196	52	54	296	302	323	895
168	81	49	53	159	160	177	464
217	89	46	44	205	207	218	584
57	25	17	15	51	58	60	183
278	182	51	64	264	216	294	707
175	131	48	57	174	172	184	574
149	94	46	47	144	143	156	432
177	96	36	44	165	171	201	558
103	51	32	26	104	85	107	298
114	79	15	19	114	105	116	279
390	300	128	128	386	373	404	1111
347	124	53	55	319	331	363	752
268	129	49	65	244	276	275	675
404	203	111	114	360	323	430	1035
261	225	76	95	252	248	265	665
31	12	1	4	32	32	32	104
27	25	5	6	26	25	27	76
55	42	25	27	55	51	56	101
56	32	13	11	49	51	59	189
50	38	9	8	52	53	53	132
38	24	13	6	34	30	39	163
63	47	15	18	61	51	64	132
61	39	15	11	55	61	61	114
55	19	6	9	46	57	57	144
48	22	14	12	40	41	55	116
48	–	–	–	3	5	48	134

初中学校办学条件

省辖市直管县	心理健康教育教师				学校供水方式		
	校 数（所）	人数	其中:专职		自备水源	网管供水	无水源
			校 数（所）	人数			
河 南 省	**4043**	**7718**	**1234**	**1557**	**1447**	**3233**	**15**
郑 州 市	321	517	185	221	78	283	5
开 封 市	136	200	44	57	18	154	1
洛 阳 市	294	548	56	72	130	193	—
平顶山市	159	254	54	59	96	83	—
安 阳 市	200	495	58	65	91	129	—
鹤 壁 市	52	139	16	23	21	42	—
新 乡 市	253	451	52	69	73	223	—
焦 作 市	168	317	39	49	59	127	—
濮 阳 市	143	284	54	73	40	118	—
许 昌 市	162	276	52	64	75	128	3
漯 河 市	105	227	26	31	38	69	—
三门峡市	112	208	32	41	39	78	—
南 阳 市	370	664	119	143	235	170	—
商 丘 市	295	454	69	86	15	348	—
信 阳 市	242	466	74	102	93	183	—
周 口 市	353	613	104	140	72	359	—
驻马店市	248	846	84	116	100	167	5
济源示范区	29	67	8	16	10	22	—
巩 义 市	26	60	10	12	9	18	—
兰 考 县	52	67	19	23	—	56	—
汝 州 市	43	85	11	12	48	11	—
滑 县	51	67	6	6	4	49	—
长 垣 市	28	48	2	2	5	34	—
邓 州 市	60	157	19	25	33	33	1
永 城 市	46	64	7	9	4	57	—
固 始 县	47	70	18	22	16	41	—
鹿 邑 县	45	70	16	19	7	48	—
新 蔡 县	3	4	—	—	38	10	—

达标及配套设施情况(二)

学校厕所情况			洗手设施			通电	校园足球场(个)			
卫生厕所	非卫生厕所	无厕所	有水和肥皂	只有水	既没有水也没有肥皂		计	11人制足球场	7人制足球场	5人制足球场
4439	**226**	**30**	**3591**	**1065**	**39**	**4677**	**2791**	**768**	**978**	**1045**
355	6	5	328	33	5	361	292	84	110	98
172	–	1	156	15	2	172	103	23	30	50
295	28	–	268	55	–	323	292	65	100	127
178	–	1	145	34	–	179	95	21	34	40
218	–	2	157	62	1	220	115	32	32	51
55	6	2	43	19	1	63	40	14	17	9
294	2	–	235	59	2	295	183	48	60	75
184	1	1	150	34	2	186	142	26	54	62
156	–	2	146	10	2	158	107	37	32	38
203	–	3	139	64	3	203	123	34	38	51
94	12	1	78	29	–	107	90	26	45	19
96	18	3	96	18	3	117	84	21	27	36
391	13	1	284	118	3	405	249	79	73	97
363	–	–	309	54	–	363	122	39	38	45
276	–	–	198	78	–	276	147	54	46	47
331	100	–	233	191	7	431	162	37	69	56
249	16	7	220	45	7	265	152	32	61	59
32	–	–	28	4	–	32	25	13	6	6
27	–	–	23	4	–	27	15	4	7	4
56	–	–	49	7	–	56	44	16	15	13
59	–	–	47	12	–	59	25	6	12	7
42	11	–	41	12	–	53	20	5	9	6
39	–	–	20	19	–	39	26	14	8	4
66	–	1	45	21	1	66	36	12	14	10
61	–	–	61	–	–	61	43	14	17	12
57	–	–	36	21	–	57	32	10	14	8
42	13	–	49	6	–	55	27	2	10	15
48	–	–	7	41	–	48	–	–	–	–

普通高中学校办学条件

省辖市直管县	校数	建立校园网校数	体育运动场(馆)面积达标校数	体育器械配备达标校数	音乐器材配备达标校数	美术器材配备达标校数
河 南 省	925	643	806	834	797	800
郑 州 市	123	105	114	120	115	116
开 封 市	46	26	42	44	40	38
洛 阳 市	81	32	66	71	67	66
平 顶 山 市	35	20	27	27	25	26
安 阳 市	48	21	46	45	45	45
鹤 壁 市	18	13	12	14	15	15
新 乡 市	64	49	52	53	53	52
焦 作 市	32	21	31	30	28	29
濮 阳 市	41	36	40	39	36	36
许 昌 市	35	18	26	29	28	29
漯 河 市	17	16	15	16	15	16
三 门 峡 市	21	15	18	20	20	19
南 阳 市	93	67	85	85	85	84
商 丘 市	33	9	30	31	30	30
信 阳 市	54	44	45	43	40	40
周 口 市	55	52	40	47	45	45
驻 马 店 市	38	28	37	37	35	35
济 源 示 范 区	7	3	7	7	6	7
巩 义 市	8	8	7	7	7	7
兰 考 县	5	5	5	5	5	5
汝 州 市	9	7	8	8	8	8
滑 县	11	6	7	9	7	8
长 垣 市	9	8	9	9	9	9
邓 州 市	12	8	9	8	8	8
永 城 市	7	7	7	7	7	7
固 始 县	12	9	10	12	10	10
鹿 邑 县	6	5	6	6	3	5
新 蔡 县	5	5	5	5	5	5

达标及配套设施情况（一）

理科实验仪器达标校数	有校医院（卫生室）校数	有专职校医校数	有专职保健人员校数	有心理辅导室校数	有预防艾滋病教育和性教育相关课程和活动的校数	安全保卫人员	
						校数（所）	人数
793	721	633	531	818	818	907	5325
113	110	104	92	111	109	120	773
42	41	38	35	44	43	46	191
67	55	43	36	71	71	81	399
26	23	22	19	29	32	34	206
42	35	31	26	43	46	46	240
14	11	10	8	14	18	18	114
51	46	41	35	51	46	63	358
27	27	18	21	29	26	30	210
36	31	27	23	36	38	40	221
28	25	24	15	28	32	34	185
15	13	13	11	17	16	17	120
19	14	12	7	21	21	21	112
84	70	53	47	84	80	89	515
31	29	28	20	31	29	33	178
40	39	34	27	51	54	54	322
45	49	47	34	48	40	55	415
35	36	35	25	36	36	37	257
7	2	1	1	7	7	6	52
7	6	3	2	7	7	7	44
5	5	5	5	5	5	5	20
8	6	5	6	9	7	9	69
5	11	7	5	9	11	11	55
9	7	7	8	5	5	9	71
8	10	6	7	10	10	12	53
7	7	5	5	7	7	7	19
11	8	8	6	10	12	12	60
6	5	6	5	5	5	6	37
5	—	—	—	—	5	5	29

普通高中学校办学条件

省辖市直管县	心理健康教育教师				学校供水方式		
	校数（所）	人数	其中:专职		自备水源	网管供水	无水源
			校数（所）	人数			
河 南 省	**813**	**2515**	**565**	**967**	**226**	**693**	**6**
郑 州 市	115	229	101	153	11	109	3
开 封 市	38	87	26	35	9	37	–
洛 阳 市	72	179	37	48	18	63	–
平顶山市	28	67	19	32	15	20	–
安 阳 市	42	150	33	48	14	34	–
鹤 壁 市	15	40	8	13	1	17	–
新 乡 市	53	189	32	63	15	49	–
焦 作 市	30	100	21	39	9	23	–
濮 阳 市	35	84	24	35	7	33	1
许 昌 市	25	55	22	30	9	25	1
漯 河 市	17	84	14	21	3	14	–
三门峡市	21	64	12	20	–	21	–
南 阳 市	81	182	45	66	39	54	–
商 丘 市	27	131	25	55	3	30	–
信 阳 市	50	166	33	66	11	43	–
周 口 市	51	163	40	100	21	34	–
驻马店市	36	325	23	42	10	27	1
济源示范区	6	27	5	10	2	5	–
巩 义 市	6	20	3	4	2	6	–
兰 考 县	5	15	4	5	5	–	–
汝 州 市	9	26	6	15	6	3	–
滑 县	9	27	5	16	4	7	–
长 垣 市	7	21	4	7	–	9	–
邓 州 市	11	18	6	6	7	5	–
永 城 市	7	11	3	6	–	7	–
固 始 县	12	26	9	14	5	7	–
鹿 邑 县	5	29	5	18	–	6	–
新 蔡 县	–	–	–	–		5	

达标及配套设施情况（二）

学校厕所情况			洗手设施			通电	校园足球场（个）			
卫生厕所	非卫生厕所	无厕所	有水和肥皂	只有水	既没有水也没有肥皂		计	11人制足球场	7人制足球场	5人制足球场
909	**6**	**10**	**686**	**230**	**9**	**919**	**804**	**481**	**162**	**161**
119	1	3	111	9	3	120	108	63	16	29
46	–	–	37	9	–	46	40	18	17	5
80	1	–	66	15	–	81	74	43	16	15
33	–	2	28	7	–	35	23	19	3	1
47	–	1	37	11	–	48	46	25	9	12
18	–	–	10	8	–	18	18	12	3	3
64	–	–	46	17	1	64	62	37	9	16
31	1	–	21	10	1	32	27	14	6	7
40	–	1	36	4	1	40	35	18	8	9
34	–	1	26	8	1	34	34	20	5	9
17	–	–	12	5	–	17	14	10	3	1
21	–	–	13	8	–	21	16	12	1	3
91	1	1	54	38	1	93	71	42	11	18
33	–	–	26	7	–	33	34	17	12	5
54	–	–	41	13	–	54	40	27	7	6
55	–	–	30	25	–	55	38	26	6	6
37	–	1	31	6	1	37	55	34	13	8
7	–	–	6	1	–	7	6	4	2	–
8	–	–	8	–	–	8	5	4	1	–
5	–	–	3	2	–	5	5	5	–	–
9	–	–	7	2	–	9	10	5	2	3
10	1	–	4	7	–	11	4	3	–	1
9	–	–	5	4	–	9	6	3	2	1
11	1	–	8	4	–	12	9	5	4	–
7	–	–	7	–	–	7	7	4	3	–
12	–	–	8	4	–	12	11	6	2	3
6	–	–	3	3	–	6	6	5	1	–
5	–	–	2	3	–	5	–	–	–	–

小 学 学 校 信 息

省辖市直管县	机构数（所）	建立校园网校数（所）	接 入 互 联 网 校 数（所）					
			计	按 接 入 方 式 分				
				拨号	ADSL	光纤	无线	其它
河 南 省	**30994**	**7216**	**17605**	–	–	**17509**	**96**	–
郑 州 市	1024	580	873	–	–	866	7	–
开 封 市	1303	32	634	–	–	634	–	–
洛 阳 市	1807	124	763	–	–	763	–	–
平顶山市	1478	305	772	–	–	763	9	–
安 阳 市	1258	241	939	–	–	935	4	–
鹤 壁 市	458	37	300	–	–	296	4	–
新 乡 市	1528	456	1038	–	–	1033	5	–
焦 作 市	656	283	510	–	–	510	–	–
濮 阳 市	1115	592	764	–	–	756	8	–
许 昌 市	1159	263	809	–	–	802	7	–
漯 河 市	548	139	444	–	–	441	3	–
三门峡市	549	97	231	–	–	230	1	–
南 阳 市	3932	633	1467	–	–	1458	9	–
商 丘 市	2335	179	1531	–	–	1526	5	–
信 阳 市	2084	435	856	–	–	849	7	–
周 口 市	3473	829	1637	–	–	1622	15	–
驻马店市	2593	902	1675	–	–	1671	4	–
济源示范区	116	–	90	–	–	89	1	–
巩 义 市	113	44	72	–	–	71	1	–
兰 考 县	233	–	171	–	–	171	–	–
汝 州 市	445	104	379	–	–	378	1	–
滑 县	471	276	296	–	–	296	–	–
长 垣 市	243	98	226	–	–	225	1	–
邓 州 市	608	88	183	–	–	183	–	–
永 城 市	339	33	326	–	–	326	–	–
固 始 县	317	54	180	–	–	178	2	–
鹿 邑 县	383	146	193	–	–	191	2	–
新 蔡 县	426	246	246	–	–	246	–	–

化 建 设 情 况

接入互联网出口带宽（Mbps）	数 字 资 源 量				接受过信息技术相关培训的专任教师（人次）	信息化工作人员数
	电子图书（册）	电子期刊（册）	学位论文（册）	音视频（小时）		
4286039	**6049906**	**223141**	**18554**	**4301523**	**219760**	**26170**
274943	1005560	35393	3358	585057	31947	1441
160297	3372	–	–	191607	6252	875
297180	391296	–	–	203075	14040	1488
170689	–	–	–	206426	11320	1165
215702	347910	5997	143	354414	11605	1315
54386	74099	500	49	64909	3473	312
280521	228530	2981	488	160687	12618	1358
174317	89116	129	5	210503	12389	680
138249	160716	17892	182	106813	8664	961
132914	786080	–	–	143262	7738	1072
75987	43987	3960	100	53357	2733	459
57114	173158	2306	324	70405	7196	442
567476	1221917	127668	12131	420688	25793	2906
277501	421579	18	–	238663	6416	2030
275506	286317	635	–	283966	12069	1453
409080	254706	9699	1312	320933	11858	2184
291176	296935	1342	80	280191	16647	2575
18206	5174	65	–	15141	277	101
18625	19489	3009	49	23952	1815	129
49300	–	–	–	89049	884	208
65227	89068	7200	331	53202	2575	385
49930	–	–	–	48930	713	381
22445	1000	1	–	16615	2483	245
75923	48428	3314	2	44258	2563	470
33400	47218	73	–	67789	1415	410
40915	23136	287	–	30159	2249	357
28960	23258	672	–	12800	613	281
30070	7857	–	–	4673	1415	487

初 中 学 校 信 息

省辖市直管县	校数 （所）	建立校园 网校数 （所）	接 入 互 联 网 校 数（所）					
			计	按 接 入 方 式 分				
				拨号	ADSL	光纤	无线	其它
河 南 省	**4695**	**2376**	**4659**	－	－	**4634**	**25**	－
郑 州 市	366	264	359	－	－	352	7	－
开 封 市	173	25	171	－	－	171	－	－
洛 阳 市	323	70	323	－	－	323	－	－
平顶山市	179	87	177	－	－	173	4	－
安 阳 市	220	65	218	－	－	216	2	－
鹤 壁 市	63	22	61	－	－	60	1	－
新 乡 市	296	159	294	－	－	294	－	－
焦 作 市	186	99	186	－	－	186	－	－
濮 阳 市	158	155	156	－	－	154	2	－
许 昌 市	206	89	202	－	－	202	－	－
漯 河 市	107	70	106	－	－	106	－	－
三门峡市	117	56	115	－	－	115	－	－
南 阳 市	405	238	405	－	－	404	1	－
商 丘 市	363	74	363	－	－	362	1	－
信 阳 市	276	183	276	－	－	276	－	－
周 口 市	431	265	430	－	－	430	－	－
驻马店市	272	165	265	－	－	263	2	－
济源示范区	32	2	32	－	－	31	1	－
巩 义 市	27	19	27	－	－	27	－	－
兰 考 县	56	14	56	－	－	56	－	－
汝 州 市	59	19	59	－	－	59	－	－
滑 县	53	47	53	－	－	53	－	－
长 垣 市	39	17	39	－	－	39	－	－
邓 州 市	67	33	65	－	－	64	1	－
永 城 市	61	29	61	－	－	61	－	－
固 始 县	57	15	57	－	－	54	3	－
鹿 邑 县	55	48	55	－	－	55	－	－
新 蔡 县	48	47	48	－	－	48	－	－

化 建 设 情 况

接入互联网出口带宽（Mbps）	数 字 资 源 量				接受过信息技术相关培训的专任教师（人次）	信息化工作人员数
	电子图书（册）	电子期刊（册）	学位论文（册）	音视频（小时）		
906537	**3557616**	**139928**	**10079**	**1801134.32**	**171170**	**10341**
105036	1094928	40315	1806	246029.12	20435	896
23960	67455	–	–	56937	2326	359
71179	396201	–	–	117066	8451	765
24120	–	–	–	70869	7007	385
43452	170964	4200	155	130745	7985	397
9385	48605	309	24	35949.5	3111	123
75523	65409	6065	929	76960.9	9801	576
68538	50288	639	60	139038.1	10434	388
23125	251700	6367	353	75450	8353	437
32940	228140	–	–	62764	6855	459
18075	33476	737	20	41934	3145	233
18155	77429	3198	464	55039.8	5196	232
81138	297056	44954	5443	161500	19086	990
51127	201599	–	–	93753	12309	743
54665	59461	49	–	59003	9386	624
81175	195163	23172	401	130384.5	11521	876
37785	106583	639	150	80935.2	12756	655
4958	27861	836	–	14825	356	69
6000	68528	3219	153	13187	1843	64
13150	4900	–	–	40139	879	76
13611	28262	1343	115	16613	2104	101
7100	–	–	–	19278	127	82
4160	248	–	–	6251	1674	82
10900	36028	510	6	15184	2644	176
6740	18194	–	–	22317	547	110
10930	5794	44	–	7422	1767	148
6140	8897	3332	–	10456.2	261	125
3470	14447	–	–	1104	811	170

普 通 高 中 学 校

省辖市直管县	校数 （所）	建立校园 网校数 （所）	接入互联网校数（所）					
			计	按接入方式分				
				拨号	ADSL	光纤	无线	其它
河 南 省	**925**	**643**	**912**	－	－	**901**	**11**	－
郑 州 市	123	105	120	－	－	115	5	－
开 封 市	46	26	46	－	－	46	－	－
洛 阳 市	81	32	80	－	－	80	－	－
平顶山市	35	20	33	－	－	31	2	－
安 阳 市	48	21	46	－	－	46	－	－
鹤 壁 市	18	13	18	－	－	18	－	－
新 乡 市	64	49	64	－	－	64	－	－
焦 作 市	32	21	31	－	－	31	－	－
濮 阳 市	41	36	40	－	－	40	－	－
许 昌 市	35	18	34	－	－	33	1	－
漯 河 市	17	16	17	－	－	17	－	－
三门峡市	21	15	21	－	－	21	－	－
南 阳 市	93	67	92	－	－	91	1	－
商 丘 市	33	9	33	－	－	33	－	－
信 阳 市	54	44	54	－	－	54	－	－
周 口 市	55	52	55	－	－	54	1	－
驻马店市	38	28	37	－	－	36	1	－
济源示范区	7	3	7	－	－	7	－	－
巩 义 市	8	8	8	－	－	8	－	－
兰 考 县	5	5	5	－	－	5	－	－
汝 州 市	9	7	9	－	－	9	－	－
滑 县	11	6	11	－	－	11	－	－
长 垣 市	9	8	9	－	－	9	－	－
邓 州 市	12	8	12	－	－	12	－	－
永 城 市	7	7	7	－	－	7	－	－
固 始 县	12	9	12	－	－	12	－	－
鹿 邑 县	6	5	6	－	－	6	－	－
新 蔡 县	5	5	5	－	－	5	－	－

信 息 化 建 设 情 况

接入互联网出口带宽（Mbps）	数 字 资 源 量				接受过信息技术相关培训的专任教师（人次）	信息化工作人员数
	电子图书（册）	电子期刊（册）	学位论文（册）	音视频（小时）		
195021	**2423834**	**84378**	**4123**	**619759.44**	**69465**	**4277**
36223	547351	26197	1648	113823.53	11154	415
7820	20919	–	–	27396	1337	179
20148	189989	5	–	60396	4013	343
5930	3	–	–	26534	2013	139
9960	183870	3404	–	21177	2508	202
3800	5297	84	–	7885	1080	62
12562	311805	3236	15	27197.25	3258	233
9010	12225	904	–	38968.16	3242	165
7470	117555	14959	786	38649	4156	173
6550	87286	–	–	20822	1289	199
2600	6968	807	10	5780	769	81
2850	115623	826	9	9594	3062	125
21751	306319	24354	1486	76824	5820	425
4800	91566	–	–	32904	3466	247
13112	10030	–	–	11400	4836	240
8885	256445	3974	127	19369	4946	332
5100	83825	74	29	27511.5	6687	261
1200	3925	527	–	5659	661	38
1020	6678	2516	–	5208	535	40
1250	12089	–	–	1310	92	31
2480	13610	410	–	6377	875	35
1700	24000	–	–	2428	176	44
1610	63	–	–	9250	392	49
2020	1945	660	13	6250	1008	57
700	2964	216	–	7411	85	27
3300	497	20	–	3847	616	53
670	8881	1205	–	1362	1352	40
500	2106	–	–	4427	37	42

小 学 净

省辖市直管县	计			其中:女			其中:男	
	校内外学龄人口总数	在 校学龄人口总数	入学率（％）	校内外学龄人口总数	在 校学龄人口总数	入学率（％）	校内外学龄人口总数	在 校学龄人口总数
河南省	**10035213**	**10035213**	**100.00**	**4672476**	**4672476**	**100.00**	**5362737**	**5362737**
郑州市	915036	915036	100.00	418994	418994	100.00	496042	496042
开封市	413149	413149	100.00	189727	189727	100.00	223422	223422
洛阳市	598867	598867	100.00	289453	289453	100.00	309414	309414
平顶山市	415376	415376	100.00	195315	195315	100.00	220061	220061
安阳市	460893	460893	100.00	211963	211963	100.00	248930	248930
鹤壁市	150912	150912	100.00	70013	70013	100.00	80899	80899
新乡市	541062	541062	100.00	248717	248717	100.00	292345	292345
焦作市	275625	275625	100.00	130147	130147	100.00	145478	145478
濮阳市	426921	426921	100.00	197106	197106	100.00	229815	229815
许昌市	425453	425453	100.00	197376	197376	100.00	228077	228077
漯河市	204803	204803	100.00	95915	95915	100.00	108888	108888
三门峡市	153010	153010	100.00	73985	73985	100.00	79025	79025
南阳市	1001844	1001844	100.00	463611	463611	100.00	538233	538233
商丘市	728831	728831	100.00	338543	338543	100.00	390288	390288
信阳市	557889	557889	100.00	256334	256334	100.00	301555	301555
周口市	839824	839824	100.00	398593	398593	100.00	441231	441231
驻马店市	705739	705739	100.00	328992	328992	100.00	376747	376747
济源示范区	57853	57853	100.00	27567	27567	100.00	30286	30286
巩义市	55016	55016	100.00	25970	25970	100.00	29046	29046
兰考县	91813	91813	100.00	42468	42468	100.00	49345	49345
汝州市	120979	120979	100.00	56609	56609	100.00	64370	64370
滑县	155751	155751	100.00	71331	71331	100.00	84420	84420
长垣市	101416	101416	100.00	45900	45900	100.00	55516	55516
邓州市	164178	164178	100.00	77084	77084	100.00	87094	87094
永城市	157037	157037	100.00	72461	72461	100.00	84576	84576
固始县	116982	116982	100.00	52018	52018	100.00	64964	64964
鹿邑县	97198	97198	100.00	46762	46762	100.00	50436	50436
新蔡县	101756	101756	100.00	49522	49522	100.00	52234	52234

入　学　率

入学率 （％）	城　区			镇　区			乡　村		
	校内外学龄人口总数	在校学龄人口总数	入学率 （％）	校内外学龄人口总数	在校学龄人口总数	入学率 （％）	校内外学龄人口总数	在校学龄人口总数	入学率 （％）
100.00	**2615333**	**2615333**	**100.00**	**4219441**	**4219441**	**100.00**	**3200439**	**3200439**	**100.00**
100.00	525422	525422	100.00	237974	237974	100.00	151640	151640	100.00
100.00	112830	112830	100.00	145925	145925	100.00	154394	154394	100.00
100.00	174525	174525	100.00	306052	306052	100.00	118290	118290	100.00
100.00	101150	101150	100.00	170016	170016	100.00	144210	144210	100.00
100.00	170855	170855	100.00	150056	150056	100.00	139982	139982	100.00
100.00	52654	52654	100.00	66329	66329	100.00	31929	31929	100.00
100.00	168880	168880	100.00	181100	181100	100.00	191082	191082	100.00
100.00	95985	95985	100.00	126851	126851	100.00	52789	52789	100.00
100.00	73692	73692	100.00	202278	202278	100.00	150951	150951	100.00
100.00	173014	173014	100.00	115716	115716	100.00	136723	136723	100.00
100.00	74859	74859	100.00	68747	68747	100.00	61197	61197	100.00
100.00	71536	71536	100.00	54671	54671	100.00	26803	26803	100.00
100.00	118215	118215	100.00	609765	609765	100.00	273864	273864	100.00
100.00	89800	89800	100.00	340774	340774	100.00	298257	298257	100.00
100.00	88303	88303	100.00	280253	280253	100.00	189333	189333	100.00
100.00	159084	159084	100.00	328024	328024	100.00	352716	352716	100.00
100.00	61596	61596	100.00	367530	367530	100.00	276613	276613	100.00
100.00	40451	40451	100.00	12347	12347	100.00	5055	5055	100.00
100.00	27638	27638	100.00	21828	21828	100.00	5550	5550	100.00
100.00	–	–	–	57286	57286	100.00	34527	34527	100.00
100.00	42079	42079	100.00	25208	25208	100.00	53692	53692	100.00
100.00	–	–	–	74022	74022	100.00	81729	81729	100.00
100.00	59247	59247	100.00	13725	13725	100.00	28444	28444	100.00
100.00	55379	55379	100.00	40925	40925	100.00	67874	67874	100.00
100.00	78139	78139	100.00	32847	32847	100.00	46051	46051	100.00
100.00	–	–	–	80086	80086	100.00	36896	36896	100.00
100.00	–	–	–	58395	58395	100.00	38803	38803	100.00
100.00	–	–	–	50711	50711	100.00	51045	51045	100.00

初　中　净

省辖市直管县	计			其中:女			其中:男	
	校内外学龄人口总数	在校学龄人口总数	入学率（%）	校内外学龄人口总数	在校学龄人口总数	入学率（%）	校内外学龄人口总数	在校学龄人口总数
河南省	**4405573**	**4405573**	**100.00**	**2009413**	**2009413**	**100.00**	**2396160**	**2396160**
郑州市	376906	376906	100.00	163259	163259	100.00	213647	213647
开封市	177200	177200	100.00	78656	78656	100.00	98544	98544
洛阳市	256519	256519	100.00	122444	122444	100.00	134075	134075
平顶山市	183120	183120	100.00	85523	85523	100.00	97597	97597
安阳市	211133	211133	100.00	96308	96308	100.00	114825	114825
鹤壁市	65907	65907	100.00	29447	29447	100.00	36460	36460
新乡市	245993	245993	100.00	111067	111067	100.00	134926	134926
焦作市	112406	112406	100.00	51595	51595	100.00	60811	60811
濮阳市	186962	186962	100.00	84824	84824	100.00	102138	102138
许昌市	198703	198703	100.00	90245	90245	100.00	108458	108458
漯河市	93595	93595	100.00	42812	42812	100.00	50783	50783
三门峡市	66233	66233	100.00	32277	32277	100.00	33956	33956
南阳市	499771	499771	100.00	232730	232730	100.00	267041	267041
商丘市	277017	277017	100.00	124601	124601	100.00	152416	152416
信阳市	261284	261284	100.00	117061	117061	100.00	144223	144223
周口市	346694	346694	100.00	161028	161028	100.00	185666	185666
驻马店市	309993	309993	100.00	139845	139845	100.00	170148	170148
济源示范区	23630	23630	100.00	11095	11095	100.00	12535	12535
巩义市	24739	24739	100.00	11616	11616	100.00	13123	13123
兰考县	35228	35228	100.00	15750	15750	100.00	19478	19478
汝州市	47342	47342	100.00	21943	21943	100.00	25399	25399
滑县	60477	60477	100.00	26756	26756	100.00	33721	33721
长垣市	42347	42347	100.00	17861	17861	100.00	24486	24486
邓州市	80143	80143	100.00	37856	37856	100.00	42287	42287
永城市	77699	77699	100.00	35403	35403	100.00	42296	42296
固始县	61001	61001	100.00	26573	26573	100.00	34428	34428
鹿邑县	34955	34955	100.00	16690	16690	100.00	18265	18265
新蔡县	48576	48576	100.00	24148	24148	100.00	24428	24428

入　　学　　率

入学率（％）	城　区			镇　区			乡　村		
	校内外学龄人口总数	在校学龄人口总数	入学率（％）	校内外学龄人口总数	在校学龄人口总数	入学率（％）	校内外学龄人口总数	在校学龄人口总数	入学率（％）
100.00	**1185358**	**1185358**	**100.00**	**2440691**	**2440691**	**100.00**	**779524**	**779524**	**100.00**
100.00	209433	209433	100.00	120968	120968	100.00	46505	46505	100.00
100.00	54098	54098	100.00	89795	89795	100.00	33307	33307	100.00
100.00	69609	69609	100.00	160485	160485	100.00	26425	26425	100.00
100.00	39678	39678	100.00	99539	99539	100.00	43903	43903	100.00
100.00	70396	70396	100.00	96447	96447	100.00	44290	44290	100.00
100.00	25842	25842	100.00	35433	35433	100.00	4632	4632	100.00
100.00	73351	73351	100.00	109395	109395	100.00	63247	63247	100.00
100.00	40446	40446	100.00	58341	58341	100.00	13619	13619	100.00
100.00	58635	58635	100.00	99888	99888	100.00	28439	28439	100.00
100.00	83709	83709	100.00	77661	77661	100.00	37333	37333	100.00
100.00	34290	34290	100.00	44596	44596	100.00	14709	14709	100.00
100.00	25735	25735	100.00	31180	31180	100.00	9318	9318	100.00
100.00	62531	62531	100.00	372917	372917	100.00	64323	64323	100.00
100.00	34210	34210	100.00	176914	176914	100.00	65893	65893	100.00
100.00	38265	38265	100.00	159044	159044	100.00	63975	63975	100.00
100.00	94107	94107	100.00	186252	186252	100.00	66335	66335	100.00
100.00	28125	28125	100.00	226737	226737	100.00	55131	55131	100.00
100.00	15690	15690	100.00	6689	6689	100.00	1251	1251	100.00
100.00	12761	12761	100.00	10129	10129	100.00	1849	1849	100.00
100.00	－	－	－	27345	27345	100.00	7883	7883	100.00
100.00	12844	12844	100.00	15377	15377	100.00	19121	19121	100.00
100.00	－	－	－	44018	44018	100.00	16459	16459	100.00
100.00	28334	28334	100.00	7768	7768	100.00	6245	6245	100.00
100.00	26062	26062	100.00	42972	42972	100.00	11109	11109	100.00
100.00	47207	47207	100.00	20096	20096	100.00	10396	10396	100.00
100.00	－	－	－	48646	48646	100.00	12355	12355	100.00
100.00	－	－	－	30949	30949	100.00	4006	4006	100.00
100.00	－	－	－	41110	41110	100.00	7466	7466	100.00

小 学 毛

省辖市直管县	计			其中:女			其中:男	
	校内外学龄人口总数	在校生总数	毛入学率（%）	校内外学龄人口总数	在校生总数	毛入学率（%）	校内外学龄人口总数	在校生总数
河 南 省	**10035213**	**10215856**	**101.80**	**4672476**	**4749740**	**101.65**	**5362737**	**5466116**
郑 州 市	915036	948181	103.62	418994	432975	103.34	496042	515206
开 封 市	413149	416576	100.83	189727	191114	100.73	223422	225462
洛 阳 市	598867	618865	103.34	289453	298433	103.10	309414	320432
平顶山市	415376	423992	102.07	195315	199033	101.90	220061	224959
安 阳 市	460893	467208	101.37	211963	214870	101.37	248930	252338
鹤 壁 市	150912	154501	102.38	70013	71402	101.98	80899	83099
新 乡 市	541062	544573	100.65	248717	250267	100.62	292345	294306
焦 作 市	275625	280119	101.63	130147	132054	101.47	145478	148065
濮 阳 市	426921	436653	102.28	197106	201415	102.19	229815	235238
许 昌 市	425453	428215	100.65	197376	198567	100.60	228077	229648
漯 河 市	204803	210514	102.79	95915	98330	102.52	108888	112184
三门峡市	153010	158780	103.77	73985	76660	103.62	79025	82120
南 阳 市	1001844	1019564	101.77	463611	470848	101.56	538233	548716
商 丘 市	728831	729543	100.10	338543	338848	100.09	390288	390695
信 阳 市	557889	559582	100.30	256334	257100	100.30	301555	302482
周 口 市	839824	870007	103.59	398593	411451	103.23	441231	458556
驻马店市	705739	710395	100.66	328992	330997	100.61	376747	379398
济源示范区	57853	58334	100.83	27567	27789	100.81	30286	30545
巩 义 市	55016	55467	100.82	25970	26174	100.79	29046	29293
兰 考 县	91813	91880	100.07	42468	42494	100.06	49345	49386
汝 州 市	120979	125261	103.54	56609	58486	103.32	64370	66775
滑 县	155751	158359	101.67	71331	72350	101.43	84420	86009
长 垣 市	101416	104478	103.02	45900	46987	102.37	55516	57491
邓 州 市	164178	165213	100.63	77084	77503	100.54	87094	87710
永 城 市	157037	157037	100.00	72461	72461	100.00	84576	84576
固 始 县	116982	119956	102.54	52018	53264	102.40	64964	66692
鹿 邑 县	97198	100847	103.75	46762	48346	103.39	50436	52501
新 蔡 县	101756	101756	100.00	49522	49522	100.00	52234	52234

— 510 —

入 学 率

毛入学率(%)	城 区			镇 区			乡 村		
	校内外学龄人口总数	在校生总数	毛入学率(%)	校内外学龄人口总数	在校生总数	毛入学率(%)	校内外学龄人口总数	在校生总数	毛入学率(%)
101.93	**2615333**	**2672101**	**102.17**	**4219441**	**4299095**	**101.89**	**3200439**	**3244660**	**101.38**
103.86	525422	543014	103.35	237974	248023	104.22	151640	157144	103.63
100.91	112830	114966	101.89	145925	146127	100.14	154394	155483	100.71
103.56	174525	178880	102.50	306052	317164	103.63	118290	122821	103.83
102.23	101150	103464	102.29	170016	174121	102.41	144210	146407	101.52
101.37	170855	174316	102.03	150056	152069	101.34	139982	140823	100.60
102.72	52654	54516	103.54	66329	67538	101.82	31929	32447	101.62
100.67	168880	170397	100.90	181100	182265	100.64	191082	191911	100.43
101.78	95985	97825	101.92	126851	129156	101.82	52789	53138	100.66
102.36	73692	75392	102.31	202278	207810	102.73	150951	153451	101.66
100.69	173014	174058	100.60	115716	116109	100.34	136723	138048	100.97
103.03	74859	77090	102.98	68747	70722	102.87	61197	62702	102.46
103.92	71536	73934	103.35	54671	56704	103.72	26803	28142	105.00
101.95	118215	119134	100.78	609765	622133	102.03	273864	278297	101.62
100.10	89800	90225	100.47	340774	340958	100.05	298257	298360	100.03
100.31	88303	88382	100.09	280253	281547	100.46	189333	189653	100.17
103.93	159084	166244	104.50	328024	340983	103.95	352716	362780	102.85
100.70	61596	62353	101.23	367530	370952	100.93	276613	277090	100.17
100.86	40451	40888	101.08	12347	12371	100.19	5055	5075	100.40
100.85	27638	27743	100.38	21828	22085	101.18	5550	5639	101.60
100.08	–	–	–	57286	57340	100.09	34527	34540	100.04
103.74	42079	44179	104.99	25208	26327	104.44	53692	54755	101.98
101.88	–	–	–	74022	75367	101.82	81729	82992	101.55
103.56	59247	61155	103.22	13725	14044	102.32	28444	29279	102.94
100.71	55379	55807	100.77	40925	41070	100.35	67874	68336	100.68
100.00	78139	78139	100.00	32847	32847	100.00	46051	46051	100.00
102.66	–	–	–	80086	81593	101.88	36896	38363	103.98
104.09	–	–	–	58395	60959	104.39	38803	39888	102.80
100.00	–	–	–	50711	50711	100.00	51045	51045	100.00

初 中 毛

省辖市直管县	计			其中:女			其中:男	
	校内外学龄人口总数	在校生总数	毛入学率(%)	校内外学龄人口总数	在校生总数	毛入学率(%)	校内外学龄人口总数	在校生总数
河 南 省	**4405573**	**4721421**	**107.17**	**2009413**	**2143103**	**106.65**	**2396160**	**2578318**
郑 州 市	376906	423395	112.33	163259	180111	110.32	213647	243284
开 封 市	177200	184324	104.02	78656	81567	103.70	98544	102757
洛 阳 市	256519	284155	110.77	122444	134849	110.13	134075	149306
平顶山市	183120	203607	111.19	85523	94452	110.44	97597	109155
安 阳 市	211133	225793	106.94	96308	102376	106.30	114825	123417
鹤 壁 市	65907	71252	108.11	29447	31507	107.00	36460	39745
新 乡 市	245993	257825	104.81	111067	115729	104.20	134926	142096
焦 作 市	112406	119808	106.59	51595	54847	106.30	60811	64961
濮 阳 市	186962	204471	109.37	84824	92158	108.65	102138	112313
许 昌 市	198703	206275	103.81	90245	93693	103.82	108458	112582
漯 河 市	93595	102054	109.04	42812	46453	108.50	50783	55601
三门峡市	66233	73824	111.46	32277	35677	110.53	33956	38147
南 阳 市	499771	530109	106.07	232730	246092	105.74	267041	284017
商 丘 市	277017	281485	101.61	124601	126621	101.62	152416	154864
信 阳 市	261284	272681	104.36	117061	121790	104.04	144223	150891
周 口 市	346694	395468	114.07	161028	182905	113.59	185666	212563
驻马店市	309993	321395	103.68	139845	144715	103.48	170148	176680
济源示范区	23630	24850	105.16	11095	11657	105.07	12535	13193
巩 义 市	24739	25249	102.06	11616	11814	101.70	13123	13435
兰 考 县	35228	35886	101.87	15750	16033	101.80	19478	19853
汝 州 市	47342	52762	111.45	21943	24318	110.82	25399	28444
滑 县	60477	63643	105.24	26756	28029	104.76	33721	35614
长 垣 市	42347	46686	110.25	17861	19658	110.06	24486	27028
邓 州 市	80143	82614	103.08	37856	39062	103.19	42287	43552
永 城 市	77699	77699	100.00	35403	35403	100.00	42296	42296
固 始 县	61001	65295	107.04	26573	28262	106.36	34428	37033
鹿 邑 县	34955	40240	115.12	16690	19177	114.90	18265	21063
新 蔡 县	48576	48576	100.00	24148	24148	100.00	24428	24428

入　　学　　率

毛入学率（%）	城　区			镇　区			乡　村		
	校内外学龄人口总数	在校生总数	毛入学率（%）	校内外学龄人口总数	在校生总数	毛入学率（%）	校内外学龄人口总数	在校生总数	毛入学率（%）
107.60	**1185358**	**1293707**	**109.14**	**2440691**	**2595916**	**106.36**	**779524**	**831798**	**106.71**
113.87	209433	235394	112.40	120968	135282	111.83	46505	52719	113.36
104.28	54098	59374	109.75	89795	90521	100.81	33307	34429	103.37
111.36	69609	75958	109.12	160485	178163	111.02	26425	30034	113.66
111.84	39678	45018	113.46	99539	110185	110.70	43903	48404	110.25
107.48	70396	77619	110.26	96447	101512	105.25	44290	46662	105.36
109.01	25842	28557	110.51	35433	37656	106.27	4632	5039	108.79
105.31	73351	76617	104.45	109395	115212	105.32	63247	65996	104.35
106.82	40446	44383	109.73	58341	61291	105.06	13619	14134	103.78
109.96	58635	64220	109.53	99888	108993	109.12	28439	31258	109.91
103.80	83709	87011	103.94	77661	81050	104.36	37333	38214	102.36
109.49	34290	37440	109.19	44596	48788	109.40	14709	15826	107.59
112.34	25735	29406	114.26	31180	34114	109.41	9318	10304	110.58
106.36	62531	66211	105.89	372917	395214	105.98	64323	68684	106.78
101.61	34210	36613	107.02	176914	178779	101.05	65893	66093	100.30
104.62	38265	38755	101.28	159044	166766	104.86	63975	67160	104.98
114.49	94107	109473	116.33	186252	210345	112.94	66335	75650	114.04
103.84	28125	30451	108.27	226737	234277	103.33	55131	56667	102.79
105.25	15690	16842	107.34	6689	6757	101.02	1251	1251	100.00
102.38	12761	12942	101.42	10129	10161	100.32	1849	2146	116.06
101.93	–	–	–	27345	27764	101.53	7883	8122	103.03
111.99	12844	15177	118.16	15377	16560	107.69	19121	21025	109.96
105.61	–	–	–	44018	46002	104.51	16459	17641	107.18
110.38	28334	31044	109.56	7768	8510	109.55	6245	7132	114.20
102.99	26062	27995	107.42	42972	43329	100.83	11109	11290	101.63
100.00	47207	47207	100.00	20096	20096	100.00	10396	10396	100.00
107.57	–	–	–	48646	51848	106.58	12355	13447	108.84
115.32	–	–	–	30949	35631	115.13	4006	4609	115.05
100.00	–	–	–	41110	41110	100.00	7466	7466	100.00

小 学 毕 业

省辖市直管县	总 计			其中：女			其中：男	
	小学毕业生数	升入初中阶段学生	升学率（％）	小学毕业生数	升入初中阶段学生	升学率（％）	小学毕业生数	升入初中阶段学生
河 南 省	**1541747**	**1540534**	**99.92**	**700997**	**702835**	**100.26**	**840750**	**837699**
郑 州 市	140629	144132	102.49	61896	62650	101.22	78733	81482
开 封 市	63231	61536	97.32	28360	27711	97.71	34871	33825
洛 阳 市	94267	93394	99.07	44113	43662	98.98	50154	49732
平顶山市	63065	61998	98.31	28647	28826	100.62	34418	33172
安 阳 市	76293	75218	98.59	34921	34528	98.87	41372	40690
鹤 壁 市	24859	25197	101.36	11230	11463	102.07	13629	13734
新 乡 市	79109	78458	99.18	35362	35266	99.73	43747	43192
焦 作 市	41641	40958	98.36	19344	19007	98.26	22297	21951
濮 阳 市	70109	68783	98.11	31857	31589	99.16	38252	37194
许 昌 市	67134	66099	98.46	30576	30433	99.53	36558	35666
漯 河 市	33187	33806	101.87	15160	15292	100.87	18027	18514
三门峡市	25617	24589	95.99	12430	12003	96.56	13187	12586
南 阳 市	174886	177079	101.25	79878	81696	102.28	95008	95383
商 丘 市	91024	90902	99.87	40874	40529	99.16	50150	50373
信 阳 市	76008	76830	101.08	34011	34316	100.90	41997	42514
周 口 市	127853	130303	101.92	58958	60670	102.90	68895	69633
驻马店市	101675	102864	101.17	45833	46857	102.23	55842	56007
济源示范区	8885	8681	97.70	4159	4130	99.30	4726	4551
巩 义 市	9092	9073	99.79	4255	4217	99.11	4837	4856
兰 考 县	12663	12727	100.51	5678	5855	103.12	6985	6872
汝 州 市	19135	18594	97.17	8808	8621	97.88	10327	9973
滑 县	24776	23180	93.56	10930	10201	93.33	13846	12979
长 垣 市	12542	13494	107.59	5108	5518	108.03	7434	7976
邓 州 市	29817	27623	92.64	13987	13159	94.08	15830	14464
永 城 市	23773	24696	103.88	11018	11225	101.88	12755	13471
固 始 县	20045	20381	101.68	8935	8815	98.66	11110	11566
鹿 邑 县	14595	13587	93.09	6910	6548	94.76	7685	7039
新 蔡 县	15837	16352	103.25	7759	8048	103.72	8078	8304

— 514 —

生 升 学 率

升学率 （%）	城 区			镇 区			乡 村		
	小学毕业生数	升入初中阶段学生	升学率 （%）	小学毕业生数	升入初中阶段学生	升学率 （%）	小学毕业生数	升入初中阶段学生	升学率 （%）
99.64	**390984**	**425633**	**108.86**	**679604**	**853043**	**125.52**	**471159**	**261858**	**55.58**
103.49	80348	78844	98.13	34833	47957	137.68	25448	17331	68.10
97.00	15651	19710	125.93	25510	31021	121.60	22070	10805	48.96
99.16	25838	25033	96.88	49068	58584	119.39	19361	9777	50.50
96.38	13788	14437	104.71	26956	34033	126.25	22321	13528	60.61
98.35	26126	26356	100.88	25695	34140	132.87	24472	14722	60.16
100.77	9054	9500	104.93	10200	14018	137.43	5605	1679	29.96
98.73	22915	23217	101.32	26356	36133	137.10	29838	19108	64.04
98.45	14262	15098	105.86	18918	21116	111.62	8461	4744	56.07
97.23	13565	18524	136.56	33578	39076	116.37	22966	11183	48.69
97.56	25242	28674	113.60	19443	26164	134.57	22449	11261	50.16
102.70	10694	12714	118.89	13504	15866	117.49	8989	5226	58.14
95.44	10668	10260	96.18	10074	10946	108.66	4875	3383	69.39
100.39	18787	21651	115.24	114173	132945	116.44	41926	22483	53.63
100.44	11745	12153	103.47	45795	57461	125.47	33484	21288	63.58
101.23	10676	12166	113.96	37323	46580	124.80	28009	18084	64.56
101.07	28058	36681	130.73	55972	68289	122.01	43823	25333	57.81
100.30	8713	10352	118.81	56026	74638	133.22	36936	17874	48.39
96.30	5949	5830	98.00	1931	2455	127.14	1005	396	39.40
100.39	4113	4619	112.30	3998	3648	91.25	981	806	82.16
98.38	–	–	–	7885	10075	127.77	4778	2652	55.50
96.57	6359	5135	80.75	4236	5692	134.37	8540	7767	90.95
93.74	–	–	–	11678	17034	145.86	13098	6146	46.92
107.29	7587	9633	–	1958	2196	112.16	2997	1665	55.56
91.37	9214	9865	107.07	8881	14073	158.46	11722	3685	31.44
105.61	11632	15181	130.51	5221	6284	120.36	6920	3231	46.69
104.10	–	–	–	12528	16714	133.41	7517	3667	48.78
91.59	–	–	–	10341	12145	117.45	4254	1442	33.90
102.80	–	–	–	7523	13760	182.91	8314	2592	31.18

初 中 毕 业

省辖市直管县	总　　计						初中毕业生数	计
	初中毕业生数	升入高中阶段学校				升学率（%）		
		计	普通高中	中职学校	技工学校			
河南省	**1484618**	**1273259**	**784377**	**372917**	**115965**	**85.76**	**670485**	**585267**
郑州市	130107	216528	70997	109982	35549	166.42	52876	83521
开封市	61061	63889	36181	12612	15096	104.63	26500	27950
洛阳市	90873	89079	50751	30938	7390	98.03	43364	42503
平顶山市	65922	49470	31809	9474	8187	75.04	30654	23993
安阳市	69782	50296	35511	13369	1416	72.08	30979	24507
鹤壁市	25626	21690	12762	7069	1859	84.64	11171	9636
新乡市	82623	64395	42132	18128	4135	77.94	37053	29511
焦作市	37293	37304	23895	9420	3989	100.03	16702	17323
濮阳市	58451	45322	29752	11956	3614	77.54	26525	22099
许昌市	65437	46440	31547	11961	2932	70.97	29178	22245
漯河市	32431	28268	16839	8336	3093	87.16	14418	13218
三门峡市	21732	21497	12802	3333	5362	98.92	10393	9973
南阳市	152880	114296	81345	29102	3849	74.76	71333	54967
商丘市	86760	65500	46470	16544	2486	75.50	39412	31295
信阳市	91944	71815	53038	18256	521	78.11	41989	33201
周口市	131137	84062	61553	16594	5915	64.10	60868	41731
驻马店市	102515	74305	51427	16420	6458	72.48	46124	34780
济源示范区	8248	8805	5411	2111	1283	106.75	3804	3955
巩义市	8010	5993	4627	1366	－	74.82	3643	2943
兰考县	12412	7322	6384	300	638	58.99	5495	3610
汝州市	16391	13133	8744	2888	1501	80.12	7700	6566
滑县	18681	12489	9593	2896	－	66.85	8434	5972
长垣市	16163	13118	7348	5101	669	81.16	6712	5582
邓州市	25454	19019	13002	5994	23	74.72	11767	10870
永城市	22216	13160	10434	2726	－	59.24	10296	6425
固始县	22312	18422	14943	3479	－	82.57	9616	8139
鹿邑县	13294	8649	7833	816	－	65.06	6286	4119
新蔡县	14863	8993	7247	1746	－	60.51	7193	4633

生 升 学 率

其中:女				其中:男					
升入高中阶段学校			升学率	初中毕业生数	升入高中阶段学校				升学率
普通高中	中职学校	技工学校	(%)		计	普通高中	中职学校	技工学校	(%)
390656	**160450**	**34161**	**87.29**	**814133**	**687992**	**393721**	**212467**	**81804**	**84.51**
35132	37917	10472	157.96	77231	133007	35865	72065	25077	172.22
17409	6094	4447	105.47	34561	35939	18772	6518	10649	103.99
26748	13578	2177	98.01	47509	46576	24003	17360	5213	98.04
16494	5087	2412	78.27	35268	25477	15315	4387	5775	72.24
17549	6541	417	79.11	38803	25789	17962	6828	999	66.46
6165	2923	548	86.26	14455	12054	6597	4146	1311	83.39
20925	7368	1218	79.65	45570	34884	21207	10760	2917	76.55
11690	4458	1175	103.72	20591	19981	12205	4962	2814	97.04
15399	5635	1065	83.31	31926	23223	14353	6321	2549	72.74
15507	5874	864	76.24	36259	24195	16040	6087	2068	66.73
8538	3769	911	91.68	18013	15050	8301	4567	2182	83.55
6759	1634	1580	95.95	11339	11524	6043	1699	3782	101.64
40599	13234	1134	77.06	81547	59329	40746	15868	2715	72.75
22521	8042	732	79.41	47348	34205	23949	8502	1754	72.24
24916	8132	153	79.07	49955	38614	28122	10124	368	77.30
31220	8769	1742	68.56	70269	42331	30333	7825	4173	60.24
25802	7076	1902	75.41	56391	39525	25625	9344	4556	70.09
2717	860	378	103.97	4444	4850	2694	1251	905	109.14
2362	581	–	80.79	4367	3050	2265	785	–	69.84
3301	121	188	65.70	6917	3712	3083	179	450	53.67
4414	1710	442	85.27	8691	6567	4330	1178	1059	75.56
4901	1071	–	70.81	10247	6517	4692	1825	–	63.60
3563	1822	197	83.17	9451	7536	3785	3279	472	79.74
6464	4399	7	92.38	13687	8149	6538	1595	16	59.54
5313	1112	–	62.40	11920	6735	5121	1614	–	56.50
6615	1524	–	84.64	12696	10283	8328	1955	–	80.99
3842	277	–	65.53	7008	4530	3991	539	–	64.64
3791	842	–	64.41	7670	4360	3456	904	–	56.84

中 初 等 教 育

省辖市直管县	总　　　计						其中：	
	中职学校	普通高中	初中	小学	幼儿园	特殊教育	普通高中	初中
河 南 省	**1867**	**2410**	**939**	**467**	**157**	**161**	**2129**	**1280**
郑 州 市	2756	1611	1104	950	233	145	1677	1216
开 封 市	1453	2301	993	485	153	115	2030	1502
洛 阳 市	2282	1843	825	633	185	140	1508	1095
平顶山市	1282	2383	1104	455	139	164	1833	1082
安 阳 市	2049	2006	974	433	109	152	1953	1142
鹤 壁 市	3356	2043	991	458	115	79	1971	1377
新 乡 市	1805	1762	733	428	119	133	2063	1244
焦 作 市	1131	2280	606	446	164	118	2266	855
濮 阳 市	1769	2011	1162	467	147	168	1272	1774
许 昌 市	1377	2446	922	422	154	76	2644	941
漯 河 市	1454	2642	938	370	162	97	2884	1302
三门峡市	627	1834	608	580	179	113	1666	890
南 阳 市	977	2288	1235	513	148	200	1626	2598
商 丘 市	1483	4094	718	375	196	231	3798	1242
信 阳 市	2545	2862	945	541	156	149	2635	1548
周 口 市	1987	3637	854	384	143	191	3305	1331
驻马店市	1772	3968	1105	357	179	224	3513	1574
济源示范区	1105	2253	777	572	166	174	3828	1684
巩 义 市	1681	1798	935	630	289	206	1953	1177
兰 考 县	416	4161	641	426	136	282	－	－
汝 州 市	4445	2632	871	303	113	307	3266	949
滑 县	2808	2394	1110	496	119	278	－	－
长 垣 市	4916	2391	1123	379	135	310	2690	2049
邓 州 市	7593	2805	1219	567	127	274	3519	1508
永 城 市	1113	3789	1274	456	217	115	3789	2146
固 始 县	2307	3481	980	576	191	113	－	－
鹿 邑 县	380	3958	623	320	102	231	－	－
新 蔡 县	3591	4192	773	320	289	235	－	－

校 均 规 模

城区		其中:镇区				其中:乡村			
小学	幼儿园	普通高中	初中	小学	幼儿园	普通高中	初中	小学	幼儿园
1188	**209**	**2765**	**1066**	**720**	**180**	**1384**	**537**	**229**	**112**
1431	256	1678	1202	1023	249	999	675	392	162
960	199	2573	1092	669	157	–	574	277	128
1078	217	2086	885	841	207	–	429	242	123
1011	180	2693	1248	683	159	2780	889	244	105
1177	163	2336	1250	641	117	588	573	205	74
1124	152	2151	1067	706	111	1478	336	165	89
1009	186	1802	845	595	141	734	452	230	82
1099	213	2289	671	579	168	–	272	172	118
1511	200	2648	1223	725	156	–	665	270	126
801	212	2035	1151	535	171	2166	590	252	113
1225	277	2674	926	449	184	653	583	176	100
1096	254	2887	761	671	190	402	222	192	81
2028	190	2622	1259	796	172	266	779	219	93
1145	232	4205	988	635	243	–	384	222	160
1646	151	2848	1182	1059	209	3621	560	250	103
1053	209	4138	958	591	159	1419	498	245	117
1636	222	4054	1202	855	217	–	756	177	130
1308	215	835	397	467	172	1780	250	120	73
1031	321	710	782	566	305	–	715	251	184
–	–	4161	868	642	161	–	338	280	109
1109	140	1618	1313	449	143	2663	661	166	91
–	–	2567	1585	1062	148	665	653	334	103
831	153	–	664	310	161	–	549	208	107
1251	200	1774	1204	715	161	187	862	299	79
1609	233	–	913	468	248	–	612	199	155
–	–	3632	1210	1124	201	2726	587	236	163
–	–	3958	899	544	140	–	210	205	78
–	–	4192	1022	685	354	–	393	214	203

中 初 等 教 育

省辖市直管县	总　　　计					其中：城区		
	普通高中	初中	小学	学前教育	特殊教育	普通高中	初中	小学
河 南 省	**53**	**48**	**36**	**26**	**34**	**52**	**50**	**47**
郑 州 市	51	49	46	28	29	51	48	49
开 封 市	53	47	34	26	30	53	46	43
洛 阳 市	53	46	36	26	29	48	46	45
平顶山市	52	50	37	26	31	51	50	46
安 阳 市	53	48	36	22	28	53	49	46
鹤 壁 市	53	49	35	22	58	53	50	47
新 乡 市	53	47	36	23	54	52	51	47
焦 作 市	52	44	36	24	22	55	47	47
濮 阳 市	51	49	36	25	28	51	51	48
许 昌 市	54	50	36	26	30	53	50	44
漯 河 市	52	50	36	28	27	51	51	45
三门峡市	45	45	37	26	24	43	46	45
南 阳 市	51	49	34	24	36	50	52	50
商 丘 市	54	47	34	26	31	52	52	46
信 阳 市	56	49	35	27	42	57	52	49
周 口 市	57	50	34	25	39	56	52	47
驻马店市	58	49	33	26	45	60	49	46
济源示范区	52	44	40	28	28	53	49	48
巩 义 市	52	50	42	29	18	53	51	48
兰 考 县	64	45	34	26	29	–	–	–
汝 州 市	53	49	34	24	77	54	50	45
滑 县	53	50	38	23	36	–	–	–
长 垣 市	54	50	39	24	46	54	51	46
邓 州 市	57	49	32	24	62	58	52	45
永 城 市	53	51	38	27	42	53	52	46
固 始 县	53	49	35	29	107	–	–	–
鹿 邑 县	54	46	31	23	35	–	–	–
新 蔡 县	49	47	30	29	24	–	–	–

平 均 班 额

	其中:镇区				其中:乡村			
学前教育	普通高中	初中	小学	学前教育	普通高中	初中	小学	学前教育
27	**54**	**49**	**41**	**27**	**50**	**46**	**26**	**23**
28	51	50	47	29	48	47	37	29
26	53	49	37	26	–	44	28	25
26	56	47	41	28	–	43	22	23
26	52	51	43	27	53	50	28	25
25	53	49	40	23	52	47	27	20
23	53	49	41	22	53	43	20	21
25	54	47	40	25	53	45	28	21
26	51	45	39	25	–	37	23	21
26	51	48	40	26	–	45	29	24
26	57	50	37	27	50	49	29	24
31	52	49	39	29	47	47	28	25
28	49	47	42	27	30	38	21	19
26	52	49	41	27	40	48	22	19
27	55	48	39	28	–	43	27	25
25	56	51	45	31	51	46	24	23
28	57	50	38	26	55	46	27	24
30	58	50	43	30	–	46	24	22
31	52	38	37	29	49	30	19	20
29	47	50	40	29	–	49	27	28
–	64	46	37	26	–	43	30	25
24	51	52	39	26	53	47	27	22
–	53	51	45	24	48	47	33	22
25	–	47	37	26	–	47	30	22
30	56	48	38	28	47	49	25	19
27	–	51	39	30	–	49	29	23
–	54	50	45	30	50	46	24	25
–	54	47	37	25	–	38	25	22
–	49	47	40	33	–	43	24	26

中初等教育平均每一教

省辖市直管县	总 计						其 中:	
	中职学校	普通高中	初中	小学	幼儿园	特殊教育	普通高中	初中
河 南 省	**18.47**	**13.48**	**13.22**	**16.13**	**9.35**	**5.13**	**12.70**	**13.89**
郑 州 市	22.62	11.27	12.75	18.46	7.32	3.75	11.70	12.12
开 封 市	17.42	16.11	12.97	15.43	8.78	4.97	14.66	13.58
洛 阳 市	23.11	12.32	12.81	17.44	8.80	5.57	11.73	12.75
平顶山市	13.50	12.52	14.19	16.88	9.11	6.11	12.00	12.76
安 阳 市	13.73	13.75	14.21	18.90	8.36	4.41	14.10	14.69
鹤 壁 市	19.53	13.34	13.38	16.89	7.62	2.80	11.38	13.97
新 乡 市	18.76	13.76	14.23	18.60	8.77	4.62	13.66	18.00
焦 作 市	11.82	12.60	11.04	14.43	8.23	4.56	14.46	11.30
濮 阳 市	18.62	12.12	13.85	15.76	9.06	5.72	11.53	18.46
许 昌 市	13.36	12.93	13.15	14.63	8.91	3.16	12.82	13.38
漯 河 市	15.05	12.27	13.71	16.09	9.32	3.53	11.66	14.96
三门峡市	8.96	9.21	10.22	14.34	8.34	4.66	8.28	10.40
南 阳 市	15.44	13.94	14.84	16.52	10.89	6.80	13.00	18.61
商 丘 市	14.29	14.50	11.63	15.12	10.78	5.76	12.97	12.87
信 阳 市	19.98	13.24	12.55	14.79	11.39	5.80	12.29	13.04
周 口 市	16.37	14.30	13.53	13.63	11.03	4.00	14.11	15.76
驻马店市	18.87	15.82	12.71	15.15	10.28	5.77	12.10	12.82
济源示范区	6.59	11.92	12.01	20.47	7.88	3.00	12.27	13.32
巩 义 市	11.67	10.33	10.35	14.28	8.04	8.24	10.33	10.66
兰 考 县	11.08	15.42	12.53	16.16	10.33	10.85	–	–
汝 州 市	54.34	14.14	13.57	21.64	10.35	17.06	13.82	12.48
滑 县	18.23	13.64	15.68	20.65	11.70	10.30	–	–
长 垣 市	19.24	12.23	14.67	17.07	9.04	4.49	12.30	17.05
邓 州 市	38.44	15.77	14.13	18.55	14.65	8.84	14.95	15.98
永 城 市	12.86	18.17	16.18	18.21	9.89	2.61	18.17	15.75
固 始 县	15.95	17.87	12.28	14.53	12.81	4.91	–	–
鹿 邑 县	10.15	15.05	12.98	11.87	11.27	5.02	–	–
新 蔡 县	71.82	19.27	12.56	13.45	13.33	9.79	–	–

职工负担学生数情况

城 区		其中：镇区				其中：乡村			
小学	幼儿园	普通高中	初中	小学	幼儿园	普通高中	初中	小学	幼儿园
19.01	**7.49**	**14.11**	**13.41**	**17.55**	**10.10**	**12.51**	**11.80**	**13.33**	**10.73**
17.76	6.73	10.63	14.46	21.20	8.09	9.29	12.35	17.16	8.72
19.02	6.92	17.67	13.28	15.90	9.36	–	11.40	13.40	10.36
19.90	6.82	12.71	12.88	18.79	9.96	–	12.59	13.05	10.30
18.53	7.06	12.45	14.59	18.19	9.82	13.90	14.85	14.81	10.77
21.13	7.74	13.57	14.31	20.40	8.41	11.76	13.29	15.79	9.19
18.91	6.46	14.63	13.52	18.59	7.92	15.08	10.77	12.45	9.40
23.78	7.30	14.09	13.47	17.80	8.99	12.64	12.79	16.11	10.33
17.80	7.38	11.55	11.61	15.38	8.54	–	8.66	9.93	9.29
20.95	7.27	12.44	12.88	16.19	9.09	–	10.81	14.12	10.01
17.58	7.76	12.16	13.60	15.12	10.12	14.97	11.67	12.33	9.58
20.93	8.67	12.81	13.59	16.46	9.67	13.01	11.94	12.36	9.81
15.63	7.72	11.51	11.30	15.89	9.41	7.61	7.28	9.81	8.23
22.80	7.96	14.02	14.54	18.29	11.29	16.08	13.74	12.82	12.37
17.76	7.52	15.14	12.14	16.43	11.16	–	10.00	13.51	11.45
19.54	8.07	13.44	13.25	18.18	12.43	13.59	10.90	10.83	12.98
17.28	9.63	14.65	13.35	15.19	10.53	10.94	11.50	11.85	12.25
18.39	8.41	16.53	12.99	18.04	10.35	–	11.61	12.37	11.02
24.77	7.95	10.80	9.55	18.93	8.18	11.48	9.38	9.91	6.96
14.43	8.29	10.44	9.79	14.77	7.97	–	10.40	12.13	7.34
–	–	15.42	13.22	16.86	9.48	–	10.40	15.26	12.00
19.72	8.50	16.92	16.25	25.36	12.89	13.61	13.02	21.74	11.11
–	–	13.71	16.16	21.19	11.01	10.90	14.60	20.20	12.32
21.12	8.19	11.57	10.68	14.84	10.07	–	11.20	13.60	9.83
17.61	12.01	23.34	12.95	18.38	17.09	12.51	13.43	19.29	16.56
19.04	8.75	–	17.63	21.39	12.52	–	15.72	15.43	11.88
–	–	17.83	12.80	17.07	12.57	18.15	11.04	10.78	13.72
–	–	15.05	13.23	13.39	10.69	–	12.03	10.50	12.01
–	–	19.27	14.13	16.46	12.61	–	9.07	11.71	15.34

中 初 等 教 育

省辖市直管县	总　计						其　中：	
	中职学校	普通高中	初中	小学	幼儿园	特殊教育	普通高中	初中
河 南 省	**20.35**	**15.18**	**13.87**	**17.42**	**16.28**	**5.60**	**14.41**	**14.63**
郑 州 市	24.17	13.30	14.06	19.14	13.60	4.05	13.69	13.74
开 封 市	21.22	19.10	14.53	17.41	16.23	5.44	17.95	15.69
洛 阳 市	25.28	13.65	13.01	18.20	16.31	5.85	13.02	12.86
平顶山市	16.29	14.64	15.25	17.79	16.47	6.35	14.93	13.54
安 阳 市	15.55	16.06	15.70	19.94	16.14	5.50	16.44	16.78
鹤 壁 市	22.31	16.71	14.30	18.93	14.18	3.41	16.02	14.62
新 乡 市	20.31	15.19	14.80	19.76	15.86	5.27	15.00	17.43
焦 作 市	14.20	14.17	11.53	15.27	15.75	5.86	15.83	12.14
濮 阳 市	19.97	15.13	14.04	17.78	15.99	6.37	12.82	18.12
许 昌 市	16.60	14.10	13.81	16.29	16.11	3.50	14.35	13.65
漯 河 市	16.01	14.92	13.60	18.07	16.90	4.34	14.54	14.98
三门峡市	10.34	10.16	10.70	14.97	14.34	4.82	9.11	10.83
南 阳 市	17.91	15.12	15.07	17.64	16.58	6.93	13.96	17.36
商 丘 市	15.86	16.71	12.75	16.66	18.06	6.18	13.32	13.80
信 阳 市	21.63	14.69	12.64	15.69	18.42	6.26	13.58	13.08
周 口 市	15.83	15.17	13.64	15.31	16.79	4.21	14.76	15.67
驻马店市	21.32	17.11	13.21	16.28	16.91	6.25	13.77	12.99
济源示范区	8.67	13.02	12.43	20.45	17.36	3.00	13.23	14.13
巩 义 市	12.23	10.65	10.28	14.93	16.54	9.36	10.65	10.51
兰 考 县	9.18	17.01	12.54	18.10	19.09	13.43	–	–
汝 州 市	58.65	15.12	14.76	22.89	16.69	18.06	14.45	13.71
滑　　县	19.10	16.27	16.70	22.29	19.58	10.69	–	–
长 垣 市	20.19	20.09	15.24	19.13	14.40	4.49	20.09	16.95
邓 州 市	37.22	18.56	14.17	19.81	21.36	9.13	17.56	15.95
永 城 市	13.24	19.50	18.08	21.12	15.67	3.11	19.50	17.68
固 始 县	16.60	19.44	12.88	15.25	20.94	5.14	–	–
鹿 邑 县	7.44	16.44	12.11	14.16	15.90	5.63	–	–
新 蔡 县	72.18	18.53	16.21	15.61	19.25	9.79	–	–

— 524 —

生 师 比 情 况

城 区		其中:镇区				其中:乡村			
小学	幼儿园	普通高中	初中	小学	幼儿园	普通高中	初中	小学	幼儿园
20.12	**13.34**	**15.83**	**14.13**	**18.95**	**16.98**	**13.58**	**12.16**	**14.30**	**19.09**
18.47	12.44	12.16	14.96	22.24	15.02	11.87	13.39	17.49	16.69
20.50	13.17	20.12	15.06	17.66	16.18	–	11.92	15.48	19.73
20.19	12.89	14.00	13.30	19.37	17.76	–	11.83	14.00	20.34
18.95	12.69	14.39	16.02	19.33	17.27	15.09	15.36	15.63	20.31
21.45	14.94	15.84	15.70	21.80	16.19	13.84	14.18	16.91	17.80
19.99	12.83	17.18	14.36	21.91	14.25	16.80	12.41	13.81	16.32
24.88	12.98	15.47	14.32	19.35	16.34	14.15	13.25	16.99	19.03
18.25	14.56	13.24	12.19	16.10	15.82	–	8.28	10.69	17.82
24.03	12.95	16.35	13.14	18.09	15.66	–	11.48	15.44	18.02
18.65	13.69	13.94	14.82	16.90	17.20	12.47	12.36	13.69	18.76
22.06	14.43	15.26	13.62	18.97	17.38	14.20	11.12	14.17	20.46
16.10	13.47	12.34	11.77	16.45	15.96	6.60	8.01	10.97	13.84
25.19	13.48	15.40	14.88	19.23	16.61	8.94	14.26	13.44	19.33
19.58	13.43	18.29	13.87	18.25	17.83	–	10.12	14.56	19.76
19.53	13.28	15.15	13.23	19.24	20.26	13.75	11.17	11.49	20.19
20.76	13.54	15.54	13.69	16.88	16.00	12.55	11.37	12.67	19.41
18.59	13.75	17.81	13.55	19.54	16.20	–	12.10	13.01	20.11
23.66	15.81	12.66	10.22	18.92	21.63	12.28	8.57	10.77	19.41
15.25	15.25	10.60	9.95	15.32	17.76	–	10.57	12.39	18.77
–	–	17.01	13.20	19.86	18.03	–	10.72	15.79	21.00
21.14	13.35	18.49	16.76	27.63	20.49	14.92	14.21	22.54	18.49
–	–	16.21	17.37	23.52	19.11	19.00	15.17	21.29	19.97
23.77	13.23	–	12.39	16.35	16.62	–	13.11	14.42	15.02
19.97	16.65	26.48	13.29	19.82	27.13	18.70	13.85	19.68	24.32
21.65	13.48	–	19.47	25.76	20.90	–	17.47	18.05	20.13
–	–	19.18	13.68	17.98	20.76	21.38	10.51	11.52	21.59
–	–	16.44	12.55	16.35	15.16	–	9.54	11.75	16.83
–	–	18.53	18.75	19.68	17.49	–	9.29	12.95	25.01

中 初 等 教 育

省辖市直管县	总　　计						其　中：	
	中职学校	普通高中	初中	小学	幼儿园	特殊教育	普通高中	初中
河南省	**31.01**	**27.43**	**25.17**	**24.79**	**15.20**	**52.95**	**27.11**	**18.35**
郑 州 市	19.98	32.38	22.83	14.79	13.49	65.49	29.28	19.76
开 封 市	28.63	18.13	24.96	26.35	17.93	41.92	18.04	19.78
洛 阳 市	25.31	30.66	26.90	23.18	12.70	28.96	28.75	21.60
平顶山市	39.76	33.15	19.43	19.47	13.62	50.06	28.27	18.92
安 阳 市	55.63	29.37	22.02	17.28	14.88	75.00	26.37	17.03
鹤 壁 市	14.82	30.74	28.38	26.33	18.07	152.54	37.14	21.58
新 乡 市	52.51	27.41	26.58	21.93	16.62	42.27	24.29	15.22
焦 作 市	53.09	34.73	33.48	27.54	17.25	98.88	28.65	23.47
濮 阳 市	29.59	35.08	23.93	26.32	19.87	88.62	24.52	14.11
许 昌 市	48.23	31.27	26.52	29.14	19.76	83.40	31.93	22.46
漯 河 市	33.97	34.80	25.89	26.22	17.09	34.83	39.88	18.04
三门峡市	49.74	39.09	31.65	24.14	16.35	49.02	34.00	25.58
南 阳 市	29.36	25.95	21.08	27.69	14.04	47.13	23.89	8.75
商 丘 市	41.89	21.37	28.67	26.39	14.32	45.21	22.57	16.99
信 阳 市	33.66	29.66	27.81	27.83	12.48	73.55	33.30	19.54
周 口 市	43.05	19.43	23.92	29.87	15.47	48.13	16.01	13.66
驻马店市	37.28	21.10	26.02	31.01	13.01	33.03	23.48	18.35
济源示范区	63.54	41.71	41.63	25.18	18.87	91.09	38.40	28.45
巩 义 市	35.50	43.19	25.90	22.42	14.93	53.47	40.56	19.59
兰 考 县	26.46	18.05	38.71	26.04	16.58	5.09	–	–
汝 州 市	13.65	37.10	20.70	19.22	16.80	17.21	26.52	19.76
滑　　县	33.28	34.03	23.98	22.98	16.79	10.79	–	–
长 垣 市	18.52	32.84	29.78	21.14	14.74	43.23	33.19	21.23
邓 州 市	42.62	30.35	22.28	29.00	15.22	54.74	30.21	16.06
永 城 市	24.67	25.75	23.15	21.42	14.73	179.80	25.75	16.68
固 始 县	22.84	19.80	30.89	24.24	9.96	88.50	–	–
鹿 邑 县	157.56	16.95	21.17	28.22	20.59	43.27	–	–
新 蔡 县	14.72	17.93	32.86	30.11	11.66	24.00	–	–

生 均 占 地 面 积

单位：平方米

城 区		其中：镇区				其中：乡村			
小学	幼儿园	普通高中	初中	小学	幼儿园	普通高中	初中	小学	幼儿园
11.21	**12.50**	**26.61**	**24.48**	**18.53**	**13.88**	**40.51**	**37.89**	**42.46**	**19.45**
10.01	11.78	37.20	24.78	16.40	13.95	51.09	31.32	29.14	19.03
13.31	11.49	18.20	21.88	22.33	18.63	–	42.20	38.38	22.21
12.65	12.09	31.82	26.98	17.03	11.68	–	37.42	51.88	16.38
11.12	12.14	33.61	17.69	14.44	12.19	40.10	24.12	30.65	16.34
8.68	11.58	30.53	21.62	14.84	14.01	55.22	31.22	29.62	19.78
16.51	15.50	26.47	27.15	20.96	19.25	46.03	65.82	53.21	19.98
10.54	12.57	28.67	27.24	18.37	16.46	34.70	36.39	35.45	20.25
12.59	14.75	38.99	33.45	24.34	16.53	–	61.73	59.87	22.16
9.58	15.94	40.36	25.92	21.76	18.54	–	38.42	37.63	22.65
16.12	15.27	35.10	28.42	25.58	20.32	22.22	35.22	44.51	24.13
9.78	11.71	29.75	26.90	21.96	16.24	44.56	39.15	50.09	24.39
13.11	13.24	47.62	29.89	21.21	14.46	31.22	57.69	63.42	32.50
6.01	11.76	26.86	21.74	19.15	12.62	12.81	29.75	52.22	20.11
12.76	11.51	20.94	23.46	19.26	12.13	–	48.74	37.19	17.06
9.06	11.76	25.47	24.13	14.15	10.02	58.46	41.53	55.13	18.17
10.27	11.25	19.27	23.84	20.20	15.26	71.46	39.75	43.81	17.21
14.03	9.23	20.76	23.90	16.52	12.06	–	39.17	51.61	15.99
11.11	13.56	49.49	74.86	36.08	24.16	52.11	84.67	100.90	35.84
15.02	13.26	93.83	36.19	23.27	14.99	–	33.23	48.31	21.46
–	–	18.05	34.79	22.07	14.04	–	54.04	31.60	20.53
12.21	12.37	19.79	20.16	14.84	16.82	52.61	21.65	27.72	20.08
–	–	34.43	17.93	13.78	13.63	14.43	38.69	30.86	19.29
14.37	14.05	28.99	43.13	24.76	14.12	–	59.32	30.81	16.10
11.23	11.48	27.33	24.69	20.79	14.14	76.14	34.54	44.65	20.47
10.47	13.07	–	34.82	21.19	14.91	–	30.65	40.59	20.12
–	–	20.61	27.00	15.23	9.51	14.60	41.66	45.32	11.53
–	–	16.95	17.83	18.90	14.24	–	35.60	38.98	27.74
–	–	17.93	29.37	15.54	10.30	–	44.93	41.99	14.80

中初等教育生

省辖市直管县	总计						其中:	
	中职学校	普通高中	初中	小学	幼儿园	特殊教育	普通高中	初中
河南省	**15.46**	**14.42**	**11.35**	**8.35**	**8.00**	**26.45**	**15.27**	**9.81**
郑州市	12.51	20.03	13.36	7.83	9.00	37.35	18.06	12.49
开封市	14.27	8.79	10.48	7.13	7.93	21.27	10.19	10.58
洛阳市	15.61	16.61	12.55	9.06	7.64	24.40	18.91	11.82
平顶山市	15.62	16.47	9.89	7.10	7.57	24.11	16.12	8.92
安阳市	18.84	15.14	9.57	6.65	8.08	26.42	14.80	7.98
鹤壁市	9.46	13.77	13.46	8.42	10.20	78.67	15.59	9.77
新乡市	15.30	15.17	10.61	7.81	9.00	27.04	13.69	7.66
焦作市	31.34	16.29	13.39	8.66	9.01	34.65	13.33	10.80
濮阳市	14.01	15.87	9.49	7.71	8.30	32.00	11.64	6.42
许昌市	21.94	16.99	11.38	8.62	9.34	37.10	18.11	10.09
漯河市	14.33	16.61	10.79	8.61	8.17	30.62	18.15	9.26
三门峡市	27.77	23.93	16.51	10.62	9.07	27.73	18.05	14.50
南阳市	15.73	12.91	10.01	9.28	8.01	20.16	13.44	5.86
商丘市	19.41	10.50	11.28	7.98	6.63	24.46	13.18	8.08
信阳市	13.45	14.26	11.00	8.46	6.96	34.50	17.39	10.42
周口市	22.23	11.19	11.35	9.94	7.43	25.07	11.32	8.55
驻马店市	12.59	11.26	11.12	8.74	7.22	17.34	13.48	8.41
济源示范区	35.95	20.78	15.88	8.51	8.58	40.55	21.87	13.21
巩义市	23.12	18.67	14.35	10.11	8.48	47.28	18.20	11.83
兰考县	10.81	9.53	19.14	7.96	7.52	4.92	–	–
汝州市	12.17	16.85	10.38	7.30	8.69	13.17	14.15	11.45
滑县	10.68	17.84	9.45	7.14	7.38	10.61	–	–
长垣市	16.87	19.90	14.27	7.39	8.73	32.38	19.80	12.80
邓州市	19.72	13.46	10.00	8.33	7.42	17.07	14.38	8.05
永城市	16.69	8.52	8.14	7.24	7.14	59.17	8.52	6.44
固始县	17.31	12.40	12.35	7.94	6.18	36.35	–	–
鹿邑县	59.02	11.95	11.48	10.28	7.68	22.08	–	–
新蔡县	3.36	12.74	16.37	8.77	5.61	16.35	–	–

均校舍建筑面积

单位:平方米

城区		其中:镇区				其中:乡村			
小学	幼儿园	普通高中	初中	小学	幼儿园	普通高中	初中	小学	幼儿园
5.90	**8.48**	**13.56**	**11.34**	**7.21**	**7.59**	**18.70**	**13.78**	**11.54**	**8.11**
6.60	8.62	24.98	14.01	8.60	8.97	26.66	15.57	10.94	10.44
5.46	7.95	7.55	9.74	6.63	8.01	-	12.43	8.65	7.84
6.67	8.93	15.20	12.53	7.27	6.90	-	14.19	16.47	7.58
5.12	8.42	18.15	9.43	6.20	7.26	11.01	11.98	9.43	7.22
4.45	7.65	14.80	10.37	6.11	7.43	24.08	10.57	9.71	9.30
5.87	9.87	12.14	14.01	7.62	10.85	26.32	26.86	14.26	9.84
5.11	8.94	15.63	11.12	7.15	9.01	19.29	12.62	10.86	9.05
6.07	9.11	18.36	13.59	7.85	9.06	-	19.87	14.80	8.76
4.72	9.73	17.98	10.51	7.22	8.44	-	12.65	9.32	7.60
6.50	9.16	15.95	12.79	7.75	8.99	12.50	12.37	11.37	9.80
6.09	6.97	14.29	11.24	7.59	8.17	32.48	12.58	12.61	9.60
7.18	8.09	32.33	15.20	9.80	8.67	19.38	27.75	22.66	13.66
4.70	8.87	13.09	10.29	7.64	7.73	6.78	12.56	14.14	8.36
6.63	9.27	9.55	10.60	6.87	6.29	-	14.65	9.43	6.41
5.02	9.03	12.68	10.13	5.80	6.00	21.61	13.47	13.67	7.49
5.66	7.56	9.92	11.70	7.93	7.55	36.93	14.63	12.90	7.27
6.37	6.31	10.95	10.90	6.64	7.25	-	13.54	11.71	7.48
4.91	7.81	19.36	23.33	11.33	9.30	15.79	21.35	27.81	11.14
7.55	8.08	27.78	19.20	10.81	8.40	-	14.22	17.40	10.33
-	-	9.53	18.91	7.24	7.27	-	20.01	8.97	7.90
6.25	8.98	6.89	8.75	6.23	7.70	22.82	10.67	8.80	8.95
-	-	17.99	8.73	5.96	7.30	10.43	11.18	8.14	7.44
6.40	10.25	21.01	17.77	7.90	7.86	-	18.05	8.81	7.16
5.38	7.23	8.57	10.95	7.49	7.16	10.95	13.11	10.62	7.90
5.64	6.85	-	10.75	7.16	6.98	-	10.97	10.07	8.36
-	-	13.00	10.95	6.33	6.31	8.55	16.21	11.70	5.75
-	-	11.95	10.67	7.89	6.68	-	15.00	13.04	8.81
-	-	12.74	15.81	5.89	5.11	-	18.27	11.11	6.78

中 初 等 教 育 生

省辖市直管县	总计				其中：城区	
	中职学校	普通高中	初中	小学	普通高中	初中
河 南 省	**19612**	**19625**	**14025**	**9141**	**19876**	**14044**
郑 州 市	14464	27980	17991	11095	24345	19234
开 封 市	16349	10777	11917	7152	12139	12021
洛 阳 市	25029	20519	14990	9102	24549	15039
平顶山市	20556	24153	9211	7808	21860	8593
安 阳 市	37475	20654	10616	5604	21278	11311
鹤 壁 市	12524	28244	17282	10450	19944	14284
新 乡 市	14920	16109	12178	8480	16090	7758
焦 作 市	31515	15165	14101	7939	10477	12126
濮 阳 市	13537	18951	11321	8736	10725	9506
许 昌 市	14332	21864	12182	7993	26430	13992
漯 河 市	15148	30209	15131	9614	37966	17194
三门峡市	44452	24025	20228	12093	23660	23331
南 阳 市	14452	19762	11875	8902	14511	7128
商 丘 市	25489	10939	14539	8326	11099	12209
信 阳 市	21299	16784	14078	11017	16021	17865
周 口 市	28976	19422	15806	10813	14949	13678
驻马店市	22943	15435	13514	8773	19296	10230
济源示范区	45380	28277	14352	8845	29061	11034
巩 义 市	28457	23639	16732	12421	24233	19845
兰 考 县	23394	20883	25702	8996	–	–
汝 州 市	34722	28434	14589	8448	22669	13006
滑 县	14703	18895	8127	6595	–	–
长 垣 市	13775	27976	21104	10397	25353	23390
邓 州 市	35375	22897	11844	8475	25098	12796
永 城 市	22416	13604	11291	8817	13604	11450
固 始 县	16673	22359	19297	12278	–	–
鹿 邑 县	117652	20045	17978	14393	–	–
新 蔡 县	2615	22119	25760	9449	–	–

均 固 定 资 产 总 值

单位:元

	其中:镇区			其中:乡村		
小学	普通高中	初中	小学	普通高中	初中	小学
7871	**18230**	**14004**	**8202**	**35347**	**14058**	**11216**
10704	32866	14917	10552	52028	19271	13397
4714	9562	12292	7952	–	10669	8152
7659	18063	14899	7919	–	15390	13823
5617	24744	10309	7812	26054	7179	9302
4001	20251	11165	5648	17363	8308	7388
7662	29400	15159	10355	95281	42766	15302
5617	16156	13321	8005	15941	14648	11494
6649	18452	15120	7832	–	15369	10366
6653	23062	12162	9269	–	12330	8799
6566	11831	11311	7252	12006	8368	9974
10551	17381	14167	6480	128543	13737	11334
10029	29834	16904	10967	7240	22136	20734
3842	20886	12554	8177	13497	12497	12205
6984	10883	14741	7644	–	14971	9369
10764	16023	13901	7194	24871	12359	16336
7407	16651	16850	9393	143267	16096	13028
8440	14890	14303	7183	–	11955	10704
6253	18772	24566	10694	36600	16770	23194
17704	12205	11697	8357	–	12956	8160
–	20883	28731	8802	–	13864	9268
9215	1902	6899	6541	43061	20236	8818
–	19266	7964	6185	1018	8522	6947
10581	57610	17985	9380	–	12727	10495
6604	3120	10367	8672	114155	14236	9513
8812	–	9953	6229	–	13032	10637
–	18510	17559	11717	46968	24121	13592
–	20045	17586	10726	–	19673	18623
–	22119	24344	7080	–	30648	11382

中 初 等 教 育 生 均

省辖市直管县	总计				其中:城区	
	中职学校	普通高中	初中	小学	普通高中	初中
河 南 省	3950	1386	1283	1022	1576	1491
郑 州 市	3881	2595	2080	1226	2500	2441
开 封 市	3447	793	1278	1198	788	1026
洛 阳 市	3819	1553	1491	1112	1857	1632
平顶山市	4922	1479	779	806	1321	1385
安 阳 市	6873	1517	903	712	1500	961
鹤 壁 市	5537	2407	1063	871	1578	1202
新 乡 市	5218	1505	1439	1102	1906	1544
焦 作 市	5649	905	1453	1110	723	1779
濮 阳 市	4197	854	922	818	975	844
许 昌 市	3162	1364	1025	856	1402	1180
漯 河 市	3966	1206	1093	957	1732	1429
三门峡市	8708	1504	1681	1150	1963	1847
南 阳 市	3809	1128	1073	735	2429	726
商 丘 市	3372	1166	1569	1378	1451	2321
信 阳 市	2711	1081	1125	949	630	1573
周 口 市	4532	1178	1229	1029	869	1082
驻马店市	3278	809	1152	1055	680	1222
济源示范区	18896	2156	1551	1112	2238	1233
巩 义 市	8703	2381	2207	1511	2450	2480
兰 考 县	1312	932	1091	1396	–	–
汝 州 市	875	819	1215	814	504	1615
滑 县	953	574	372	382	–	–
长 垣 市	5374	1405	880	789	1334	760
邓 州 市	2214	1356	1033	873	1590	1145
永 城 市	3785	1517	1615	1144	1517	1391
固 始 县	1831	1449	1749	1636	–	–
鹿 邑 县	6091	1168	1777	2288	–	–
新 蔡 县	536	4613	1119	750	–	–

教 学 仪 器 设 备 值

单位:元

	其中:镇区			其中:乡村		
小学	普通高中	初中	小学	普通高中	初中	小学
1020	**1216**	**1171**	**872**	**2043**	**1298**	**1204**
1373	3139	1580	913	2081	1643	1228
1075	797	1350	1264	–	1477	1227
1214	1368	1305	910	–	2222	1444
630	1790	603	739	637	601	1000
623	1579	931	642	936	748	886
933	2863	948	714	2360	1093	1069
1034	1061	1410	941	2039	1384	1313
1288	1032	1218	885	–	1524	1291
549	794	896	777	–	1184	962
771	927	852	788	1794	910	994
984	755	874	765	1003	1050	1099
1287	1190	1485	853	793	1847	1408
369	951	1153	662	381	919	1012
1243	1065	1361	1275	–	1841	1515
902	1031	958	770	2415	1279	1213
850	1007	1303	899	9285	1244	1190
1011	827	1158	868	–	1085	1284
959	2961	2318	1134	493	2742	2182
1934	1038	1906	1065	–	1289	1666
–	932	926	1068	–	1733	1857
924	617	567	633	1167	1342	816
–	579	300	262	376	545	485
587	2207	1131	925	–	1227	1067
787	147	945	839	183	987	945
978	–	1821	1040	–	2240	1505
–	1005	1698	1398	4287	1893	2193
–	1168	1668	1608	–	2249	3073
–	4613	1224	542	–	755	920

中 初 等 教 育

省辖市直管县	总　　　　　计						其　中：	
	中职学校	普通高中	初中	小学	幼儿园	特殊教育	普通高中	初中
河 南 省	**20.30**	**14.89**	**26.77**	**23.37**	**7.94**	**22.89**	**18.08**	**25.03**
郑 州 市	16.95	24.03	26.27	23.96	11.18	47.14	25.29	26.22
开 封 市	26.34	13.54	27.32	22.21	8.32	13.44	15.99	25.92
洛 阳 市	14.01	18.98	28.64	24.35	6.17	24.07	27.06	27.77
平顶山市	22.65	13.96	26.00	21.00	5.84	28.61	16.97	28.51
安 阳 市	20.45	17.41	27.20	23.51	9.13	14.23	18.42	26.35
鹤 壁 市	9.58	10.32	29.08	21.78	7.09	39.18	11.32	31.44
新 乡 市	22.44	18.93	31.20	24.92	7.18	28.25	25.51	30.18
焦 作 市	43.34	19.52	33.08	24.16	8.30	20.83	19.47	33.04
濮 阳 市	22.07	14.48	27.01	22.98	8.16	24.52	15.01	22.98
许 昌 市	22.61	13.78	23.28	21.89	8.63	59.87	14.39	20.86
漯 河 市	25.91	16.90	28.70	24.21	7.76	22.31	15.98	28.67
三门峡市	52.42	20.04	35.92	24.93	6.23	27.98	22.45	30.46
南 阳 市	30.49	12.74	24.88	25.04	8.32	12.80	15.28	20.60
商 丘 市	22.94	12.72	27.98	22.75	6.75	20.86	15.21	31.52
信 阳 市	22.43	16.51	29.02	24.83	8.55	24.83	11.77	25.27
周 口 市	21.86	11.04	21.03	20.32	7.29	18.76	9.31	15.30
驻马店市	12.90	7.58	29.29	25.46	7.95	18.28	9.35	30.46
济源示范区	8.11	34.96	29.49	20.38	5.85	18.56	37.00	22.41
巩 义 市	48.56	20.79	32.42	31.10	6.92	16.99	19.45	29.14
兰 考 县	0.31	9.15	30.29	21.15	5.72	1.99	–	–
汝 州 市	7.02	17.93	19.27	17.31	5.95	13.55	24.70	20.13
滑 县	14.03	13.92	23.06	20.90	6.24	16.04	–	–
长 垣 市	13.29	9.82	27.27	22.33	5.61	24.19	9.17	24.09
邓 州 市	23.13	12.17	26.45	23.39	12.80	24.38	9.90	21.01
永 城 市	13.02	10.67	29.16	24.84	7.46	33.36	10.67	25.32
固 始 县	10.03	6.20	23.71	23.06	9.11	21.02	–	–
鹿 邑 县	32.32	9.28	18.83	21.72	6.15	22.12	–	–
新 蔡 县	5.98	7.25	23.94	22.77	6.63	9.84	–	–

生 均 图 书

单位:册

城 区		其中:镇区				其中:乡村			
小学	幼儿园	普通高中	初中	小学	幼儿园	普通高中	初中	小学	幼儿园
21.07	**8.34**	**12.96**	**26.15**	**21.57**	**7.30**	**13.93**	**31.40**	**27.24**	**8.44**
23.73	12.32	21.98	26.85	22.95	8.42	16.69	25.27	26.50	11.61
22.30	9.16	11.37	24.44	20.76	7.49	–	37.89	23.32	8.36
23.96	7.28	14.05	28.15	21.77	5.42	–	33.14	30.85	6.43
19.44	6.22	13.31	24.80	20.19	5.47	11.02	26.38	22.95	5.93
19.63	7.22	15.63	26.85	23.25	8.49	26.68	29.34	28.20	12.09
21.12	6.06	10.28	27.96	20.29	8.13	0.13	24.88	25.78	7.19
23.76	6.39	14.15	31.51	23.31	7.49	14.65	31.70	27.46	7.57
22.69	8.32	19.56	32.00	22.49	8.32	–	37.73	30.27	8.26
13.74	7.45	14.21	26.84	22.70	8.33	–	36.47	26.49	8.29
20.06	7.24	12.05	23.93	20.45	8.88	13.02	29.52	24.85	9.91
20.74	6.55	18.29	28.52	23.75	8.76	7.53	29.28	28.83	8.13
20.02	6.10	19.77	36.08	25.51	6.02	12.02	53.05	38.21	7.28
17.29	7.27	12.53	24.76	23.35	8.14	8.32	30.16	31.21	9.55
18.45	6.11	11.83	24.21	21.10	6.00	–	37.29	25.58	7.62
20.07	9.74	18.56	27.60	20.68	7.25	8.42	34.63	32.68	10.41
15.98	7.96	11.30	21.82	18.59	6.89	29.94	27.54	23.08	7.42
21.83	7.45	7.33	27.82	20.57	7.19	–	34.89	31.96	9.47
17.44	4.67	27.28	43.21	21.42	6.79	32.58	71.27	39.33	10.09
27.50	6.72	46.73	37.29	30.81	6.94	–	38.16	46.63	7.65
–	–	9.15	27.98	19.80	5.43	–	39.29	23.04	6.17
12.76	6.06	6.67	20.63	17.13	6.22	16.09	17.90	21.38	5.74
–	–	14.12	20.04	18.60	5.46	4.51	30.41	22.86	6.86
18.97	5.64	17.20	37.64	26.75	5.07	–	32.39	26.11	5.90
23.23	12.25	24.45	30.44	21.81	11.44	16.64	29.97	24.40	14.72
21.96	6.13	–	36.17	24.75	8.87	–	33.51	29.91	10.12
–	–	5.66	21.85	20.26	9.74	9.64	28.86	29.60	6.91
–	–	9.28	17.89	18.27	6.09	–	22.91	25.70	6.22
–	–	7.25	22.44	18.00	5.22	–	29.11	26.66	9.88

中 初 等 教 育

省辖市直管县	总　计						其中:	
	中职学校	普通高中	初中	小学	幼儿园	特殊教育	普通高中	初中
河南省	**0.35**	**0.19**	**0.24**	**0.16**	**0.63**	**0.35**	**0.47**	**0.67**
郑 州 市	0.34	0.11	0.16	0.01	0.49	–	0.17	0.17
开 封 市	–	–	–	–	0.61	–	–	–
洛 阳 市	–	0.15	–	–	0.12	2.36	0.34	–
平顶山市	–	0.54	–	0.05	–	–	2.00	–
安 阳 市	–	0.08	–	0.02	1.29	–	0.16	–
鹤 壁 市	–	–	0.25	–	–	–	–	0.87
新 乡 市	5.68	2.14	4.54	2.78	5.54	4.36	5.53	15.49
焦 作 市	–	–	–	–	0.32	–	–	–
濮 阳 市	–	–	–	0.11	–	–	–	–
许 昌 市	–	–	–	–	–	–	–	–
漯 河 市	–	–	–	–	0.39	–	–	–
三门峡市	–	–	–	–	0.06	–	–	–
南 阳 市	0.11	–	0.03	0.09	0.54	–	–	–
商 丘 市	–	–	–	–	0.12	–	–	–
信 阳 市	–	0.01	0.01	0.03	–	–	–	–
周 口 市	–	–	–	0.01	0.50	–	–	–
驻马店市	–	0.07	–	–	0.19	–	0.45	–
济源示范区	–	–	–	–	0.47	–	–	–
巩 义 市	–	–	–	–	–	–	–	–
兰 考 县	–	–	–	–	0.09	–	–	–
汝 州 市	–	–	–	–	0.14	–	–	–
滑 　 县	–	–	–	–	–	–	–	–
长 垣 市	–	–	–	–	–	–	–	–
邓 州 市	–	–	–	–	–	–	–	–
永 城 市	–	–	–	–	–	–	–	–
固 始 县	–	–	–	–	–	–	–	–
鹿 邑 县	–	–	0.04	–	–	–	–	–
新 蔡 县	–	–	–	–	–	–	–	–

危 房 比 例 情 况

单位:%

城区		其中:镇区				其中:乡村			
小学	幼儿园	普通高中	初中	小学	幼儿园	普通高中	初中	小学	幼儿园
0.58	**1.08**	**0.01**	**0.09**	**0.06**	**0.37**	**0.01**	**0.15**	**0.07**	**0.51**
0.01	0.22	–	0.21	–	0.77	–	–	–	0.90
–	1.10	–	–	–	–	–	–	–	0.75
–	0.12	–	–	–	0.18	–	–	–	–
0.30	–	–	–	–	–	–	–	–	–
–	1.85	–	–	0.04	0.58	–	–	0.01	1.33
–	–	–	–	–	–	–	–	0.01	–
9.73	11.33	0.11	1.82	0.59	2.55	–	1.87	1.17	3.26
–	0.38	–	–	–	0.29	–	–	–	0.26
–	–	–	–	0.26	–	–	–	–	–
–	–	–	–	–	–	–	–	–	–
–	0.35	–	–	–	0.85	–	–	–	–
–	0.15	–	–	–	–	–	–	–	–
0.23	–	–	0.02	0.13	0.74	–	0.13	0.03	0.32
–	0.47	–	–	–	0.10	–	–	–	0.02
–	–	–	0.01	0.01	–	0.08	0.01	0.05	–
–	1.89	–	–	–	0.06	–	–	0.02	0.41
–	0.49	–	–	–	0.10	–	–	–	0.23
–	–	–	–	–	–	–	–	–	3.04
–	–	–	–	–	–	–	–	–	–
–	–	–	–	–	–	–	–	–	0.22
–	–	–	–	–	–	–	–	–	0.30
–	–	–	–	–	–	–	–	–	–
–	–	–	–	–	–	–	–	–	–
–	–	–	–	–	–	–	–	–	–
–	–	–	–	–	–	–	–	–	–
–	–	–	–	–	–	–	0.15	–	–

小学其他生均办学

省辖市直管县	生均绿化用地面积（平方米）	生均运动场面积（平方米）	每百名学生拥有计算机台数（台）	每百名学生拥有教学用计算机台数（台）	每百名学生拥有心理健康教师数	每百名学生拥有专职心理健康教师数	每百名学生拥有县级及以上骨干教师数
河南省	3.24	6.74	11.13	9.44	0.23	0.02	0.82
郑州市	2.44	3.90	11.67	9.53	0.12	0.02	0.68
开封市	4.10	6.83	9.43	8.22	0.22	0.02	0.76
洛阳市	2.49	7.07	13.22	11.17	0.24	0.02	0.82
平顶山市	2.35	5.18	8.77	7.51	0.27	0.02	0.75
安阳市	1.81	5.20	7.90	6.57	0.45	0.02	0.99
鹤壁市	3.35	7.04	9.26	7.91	0.20	0.02	0.83
新乡市	3.35	7.17	15.50	13.03	0.27	0.02	0.76
焦作市	4.01	8.32	12.09	10.59	0.27	0.02	1.25
濮阳市	3.98	7.19	9.35	7.56	0.17	0.02	0.92
许昌市	4.15	7.26	8.56	6.72	0.16	0.02	1.10
漯河市	3.32	7.07	7.61	6.19	0.25	0.02	0.88
三门峡市	3.56	6.43	13.27	10.77	0.32	0.02	1.43
南阳市	3.21	7.48	10.96	9.22	0.22	0.02	0.79
商丘市	2.86	7.97	12.24	11.31	0.24	0.02	0.59
信阳市	3.60	7.19	10.12	8.47	0.20	0.02	1.22
周口市	4.13	6.53	9.65	8.23	0.21	0.02	0.71
驻马店市	4.29	8.11	14.92	12.45	0.33	0.02	0.96
济源示范区	3.54	6.07	10.78	8.70	0.28	0.01	0.54
巩义市	2.43	7.03	13.26	10.94	0.27	0.02	1.48
兰考县	2.14	11.15	8.95	6.82	0.24	0.04	1.00
汝州市	2.62	4.47	8.57	7.43	0.22	0.01	0.35
滑县	3.36	5.54	9.02	8.00	0.14	–	0.41
长垣市	3.90	5.70	18.09	17.27	0.20	0.01	0.84
邓州市	3.43	6.93	11.95	9.89	0.25	0.02	0.31
永城市	1.62	8.51	10.39	9.65	0.09	0.01	0.67
固始县	2.94	7.29	11.44	9.59	0.14	0.02	1.02
鹿邑县	2.87	7.20	11.17	10.87	0.15	0.02	0.56
新蔡县	3.26	5.28	9.13	7.24	0.03	–	0.09

条件及相关比例情况

平均每个普通教室中学生数	教室中网络多媒体教室比例（％）	普通教室中网络多媒体教室比例（％）	建立校园网学校的比例（％）	有校医院（卫生室）学校比例（％）	有专职校医学校比例（％）	有专职保健人员学校比例（％）	有网管供水学校比例（％）	有卫生厕所学校比例（％）
24.74	**49.19**	**54.24**	**35.55**	**23.84**	**4.10**	**6.08**	**69.70**	**82.28**
40.66	83.28	90.46	61.72	57.03	17.58	18.65	76.27	87.40
25.25	35.06	38.27	2.46	12.74	3.07	4.30	92.56	100.00
25.96	58.53	65.39	10.85	21.42	2.55	4.32	51.52	61.48
27.66	48.60	52.22	31.73	15.97	3.18	3.99	49.05	99.80
27.22	47.68	53.34	23.45	16.53	1.99	3.42	72.42	99.36
27.92	60.68	67.89	9.17	10.92	3.28	3.49	72.49	43.01
28.07	62.18	72.60	39.86	38.09	2.95	4.97	86.06	99.35
29.58	68.77	83.39	54.12	43.60	11.43	19.97	78.35	96.65
21.95	45.45	49.19	72.11	26.91	8.43	7.53	80.18	99.73
26.69	54.11	64.50	29.42	21.57	3.45	5.35	59.19	96.46
26.64	52.43	59.69	31.93	7.66	2.19	2.19	82.48	84.12
27.87	65.21	73.12	17.67	24.77	2.00	2.91	64.48	57.74
21.48	37.98	41.30	30.26	24.29	4.04	5.24	39.73	79.63
21.64	39.91	44.85	12.03	13.49	1.93	4.15	94.86	99.91
21.31	36.26	39.49	43.95	13.05	2.78	3.89	57.39	97.50
21.22	37.98	40.71	43.51	10.91	2.97	3.71	87.39	43.13
20.76	51.79	57.07	50.87	59.81	5.44	13.96	73.08	73.93
35.24	78.09	88.08	–	29.31	0.86	2.59	80.17	100.00
35.13	73.78	90.78	53.98	46.90	1.77	2.65	89.38	88.50
28.13	24.66	28.67	–	49.79	21.03	25.75	100.00	100.00
25.45	42.03	44.76	27.64	23.60	3.60	6.52	26.07	99.78
27.59	45.45	55.25	95.33	16.99	1.27	3.61	96.39	48.83
31.14	64.73	88.31	44.03	20.99	0.41	1.23	95.06	100.00
23.43	38.28	44.16	33.72	15.79	3.95	4.28	68.91	99.34
24.60	63.31	64.02	9.73	23.89	5.01	4.42	91.15	100.00
22.48	55.07	59.36	26.81	8.52	2.21	3.47	71.61	100.00
18.10	52.04	55.62	71.02	9.92	2.35	3.39	88.51	39.95
15.94	34.73	34.82	98.59	1.88	0.94	1.17	18.08	98.83

初 中 其 他 生 均 办 学

省辖市直管县	生均绿化用地面积（平方米）	生均运动场面积（平方米）	每百名学生拥有计算机台数（台）	每百名学生拥有教学用计算机台数（台）	每百名学生拥有心理健康教师数	每百名学生拥有专职心理健康教师数	每百名学生拥有县级及以上骨干教师数
河 南 省	**3.77**	**6.32**	**11.47**	**9.66**	**0.14**	**0.03**	**1.04**
郑 州 市	4.38	6.12	14.51	11.47	0.11	0.05	0.92
开 封 市	3.54	6.02	10.81	9.16	0.10	0.03	0.79
洛 阳 市	3.90	8.13	15.16	13.02	0.16	0.02	1.01
平顶山市	2.96	4.35	9.10	7.93	0.11	0.03	0.75
安 阳 市	3.29	5.59	9.03	7.36	0.20	0.03	1.27
鹤 壁 市	4.15	7.80	11.77	9.70	0.19	0.03	1.24
新 乡 市	4.88	7.62	12.96	11.00	0.16	0.02	0.92
焦 作 市	6.29	9.28	15.30	13.24	0.21	0.03	1.45
濮 阳 市	3.98	6.71	10.91	9.06	0.12	0.03	1.15
许 昌 市	4.16	6.07	7.68	6.20	0.11	0.03	1.15
漯 河 市	3.61	7.27	9.65	8.01	0.17	0.02	1.07
三门峡市	5.01	8.32	16.30	13.53	0.24	0.05	1.89
南 阳 市	3.03	5.29	9.72	7.94	0.11	0.02	0.97
商 丘 市	3.31	7.50	11.70	10.80	0.13	0.03	0.89
信 阳 市	4.60	5.70	10.63	8.80	0.15	0.03	1.58
周 口 市	3.67	4.72	9.38	7.80	0.12	0.03	0.79
驻马店市	2.91	5.83	15.12	12.91	0.25	0.03	1.43
济源示范区	7.95	12.77	15.25	12.67	0.22	0.05	0.88
巩 义 市	2.68	6.13	11.63	10.71	0.19	0.04	1.95
兰 考 县	4.90	12.20	8.56	6.84	0.17	0.06	1.11
汝 州 市	3.01	4.36	7.07	5.77	0.14	0.02	0.64
滑 县	3.36	4.41	7.65	6.33	0.11	0.01	0.85
长 垣 市	6.25	8.62	20.51	19.96	0.09	—	0.77
邓 州 市	2.32	5.20	10.41	8.08	0.16	0.03	0.53
永 城 市	1.75	8.68	12.00	11.06	0.08	0.01	0.90
固 始 县	2.72	7.86	10.44	9.05	0.11	0.03	1.25
鹿 邑 县	3.16	5.77	7.30	6.69	0.12	0.03	0.77
新 蔡 县	3.46	4.92	10.97	9.40	0.01	—	0.25

条 件 及 相 关 比 例 情 况

平均每个普通教室中学生数	教室中网络多媒体教室比例（%）	普通教室中网络多媒体教室比例（%）	建立校园网学校的比例（%）	有校医院（卫生室）学校比例（%）	有专职校医学校比例（%）	有专职保健人员学校比例（%）	有网管供水学校比例（%）	有卫生厕所学校比例（%）
36.25	**65.35**	**72.37**	**50.61**	**57.00**	**24.28**	**25.69**	**68.86**	**94.55**
38.16	77.48	83.66	72.13	80.33	46.99	45.90	77.32	96.99
34.84	48.22	53.80	14.45	44.51	24.86	26.59	89.02	99.42
34.45	71.08	79.51	21.67	60.68	16.10	16.72	59.75	91.33
41.66	71.24	75.00	48.60	45.25	27.37	29.61	46.37	99.44
37.91	61.47	70.37	29.55	40.45	20.91	20.00	58.64	99.09
37.84	64.53	77.74	34.92	39.68	26.98	23.81	66.67	87.30
36.50	73.86	86.45	53.72	61.49	17.23	21.62	75.34	99.32
36.19	70.13	86.83	53.23	70.43	25.81	30.65	68.28	98.92
32.53	69.72	74.41	98.10	59.49	29.11	29.75	74.68	98.73
36.93	65.47	74.08	43.20	46.60	17.48	21.36	62.14	98.54
39.24	69.95	76.06	65.42	47.66	29.91	24.30	64.49	87.85
34.75	67.85	81.46	47.86	67.52	12.82	16.24	66.67	82.05
41.59	67.82	72.79	58.77	74.07	31.60	31.60	41.98	96.54
29.78	53.96	59.92	20.39	34.16	14.60	15.15	95.87	100.00
34.29	54.88	62.15	66.30	46.74	17.75	23.55	66.30	100.00
36.34	60.75	65.58	61.48	47.10	25.75	26.45	83.29	76.80
36.95	67.60	75.38	60.66	82.72	27.94	34.93	61.40	91.54
37.30	78.81	97.70	6.25	37.50	3.13	12.50	68.75	100.00
45.66	88.69	98.29	70.37	92.59	18.52	22.22	66.67	100.00
27.23	34.75	39.41	25.00	75.00	44.64	48.21	100.00	100.00
36.25	63.52	66.83	32.20	54.24	22.03	18.64	18.64	100.00
41.19	65.49	75.29	88.68	71.70	16.98	15.09	92.45	79.25
41.51	73.56	92.33	43.59	61.54	33.33	15.38	87.18	100.00
43.41	58.45	67.97	49.25	70.15	22.39	26.87	49.25	98.51
36.28	72.91	73.41	47.54	63.93	24.59	18.03	93.44	100.00
29.04	63.08	68.46	26.32	33.33	10.53	15.79	71.93	100.00
31.46	66.62	69.79	87.27	40.00	25.45	21.82	87.27	76.36
23.81	52.73	53.26	97.92	—	—	—	20.83	100.00

普通高中其他生均办学

省辖市直管县	生均绿化用地面积（平方米）	生均运动场面积（平方米）	每百名学生拥有计算机台数（台）	每百名学生拥有教学用计算机台数（台）	每百名学生拥有心理健康教师数	每百名学生拥有专职心理健康教师数	每百名学生拥有县级及以上骨干教师数
河南省	5.82	5.26	9.41	7.81	0.09	0.04	0.92
郑州市	8.08	6.98	15.26	12.39	0.10	0.07	0.96
开封市	2.77	4.45	7.24	6.12	0.07	0.03	0.68
洛阳市	5.58	6.38	11.67	10.26	0.10	0.03	0.66
平顶山市	8.29	5.66	11.10	8.84	0.08	0.04	0.79
安阳市	6.89	6.38	8.73	7.18	0.13	0.04	1.09
鹤壁市	7.81	5.54	13.21	10.23	0.09	0.03	0.78
新乡市	5.75	5.64	11.20	9.17	0.12	0.04	0.95
焦作市	6.11	6.72	10.57	8.59	0.12	0.05	0.87
濮阳市	8.28	6.34	9.76	7.28	0.08	0.03	1.06
许昌市	6.36	5.89	8.64	6.66	0.05	0.03	1.11
漯河市	9.35	6.02	9.29	7.45	0.18	0.04	1.62
三门峡市	12.23	8.74	16.18	13.72	0.14	0.04	1.65
南阳市	5.63	4.32	9.02	7.19	0.07	0.02	0.99
商丘市	2.97	3.79	7.60	6.70	0.08	0.03	0.68
信阳市	6.97	5.02	7.23	6.55	0.10	0.04	1.39
周口市	3.13	4.04	7.10	6.37	0.07	0.04	0.94
驻马店市	4.56	4.42	6.83	5.55	0.18	0.02	0.86
济源示范区	10.69	7.09	18.60	17.22	0.17	0.06	1.25
巩义市	5.00	6.18	15.09	8.03	0.14	0.03	1.52
兰考县	4.81	4.12	6.45	6.37	0.07	0.02	0.43
汝州市	10.08	4.06	8.57	6.85	0.10	0.06	0.62
滑县	10.57	3.96	7.98	6.44	0.08	0.05	0.70
长垣市	5.54	6.00	8.96	8.24	0.07	0.02	0.63
邓州市	4.14	6.16	7.79	6.66	0.05	0.02	0.45
永城市	2.56	4.30	7.73	6.74	0.04	0.02	0.41
固始县	3.18	3.55	5.36	4.50	0.05	0.03	0.71
鹿邑县	3.74	2.85	4.68	4.34	0.09	0.06	1.03
新蔡县	3.49	3.13	4.11	3.84	–	–	0.07

条件及相关比例情况

平均每个普通教室中学生数	教室中网络多媒体教室比例（%）	普通教室中网络多媒体教室比例（%）	建立校园网学校的比例（%）	有校医院（卫生室）学校比例（%）	有专职校医学校比例（%）	有专职保健人员学校比例（%）	有网管供水学校比例（%）	有卫生厕所学校比例（%）
40.68	**65.22**	**70.90**	**65.15**	**73.05**	**64.13**	**53.80**	**70.21**	**92.10**
38.59	77.44	82.79	67.74	70.97	67.10	59.35	70.32	76.77
44.50	53.52	56.68	56.52	89.13	82.61	76.09	80.43	100.00
37.99	66.74	75.96	35.96	61.80	48.31	40.45	70.79	89.89
32.58	63.08	66.04	55.56	63.89	61.11	52.78	55.56	91.67
39.24	69.60	74.05	42.86	71.43	63.27	53.06	69.39	95.92
44.84	74.71	79.39	72.22	61.11	55.56	44.44	94.44	100.00
37.39	69.95	76.57	76.56	71.88	64.06	54.69	76.56	100.00
43.73	67.55	78.64	65.63	84.38	56.25	65.63	71.88	96.88
31.01	66.56	72.80	87.80	75.61	65.85	56.10	80.49	97.56
41.45	57.67	72.12	48.65	67.57	64.86	40.54	67.57	91.89
40.67	39.41	47.43	80.00	65.00	65.00	55.00	70.00	85.00
36.12	67.47	82.11	71.43	66.67	57.14	33.33	100.00	100.00
41.29	67.96	73.55	70.53	73.68	55.79	49.47	56.84	95.79
40.07	45.06	47.86	27.27	87.88	84.85	60.61	90.91	100.00
46.89	47.21	53.60	73.33	65.00	56.67	45.00	71.67	90.00
44.18	73.99	75.05	94.55	89.09	85.45	61.82	61.82	100.00
45.35	62.45	66.32	73.68	94.74	92.11	65.79	71.05	97.37
46.52	89.07	90.56	42.86	28.57	14.29	14.29	71.43	100.00
44.81	80.89	89.10	100.00	75.00	37.50	25.00	75.00	100.00
56.68	66.67	67.03	83.33	83.33	83.33	83.33	–	83.33
41.60	70.30	82.72	70.00	60.00	50.00	60.00	30.00	90.00
44.84	59.93	59.48	54.55	100.00	63.64	45.45	63.64	90.91
36.94	92.42	95.73	80.00	70.00	70.00	80.00	90.00	90.00
48.78	65.40	82.78	66.67	83.33	50.00	58.33	41.67	91.67
40.87	52.70	52.70	87.50	87.50	62.50	62.50	87.50	87.50
45.59	83.80	85.43	60.00	53.33	53.33	40.00	46.67	80.00
41.01	69.43	71.16	83.33	83.33	100.00	83.33	100.00	100.00
39.20	68.19	68.19	100.00	–	–	–	100.00	100.00

中初等教育每

省辖市直管县	上年度常住人口总数（万人）	高中阶段				段
		计		中等职业教育		普通
		在校生数	每万人口在校生	在校生数	每万人口在校生	在校生数
河南省	**9936.55**	**3713416**	**374**	**1149685**	**116**	**2248585**
郑州市	1181.53	644423	545	341137	289	199383
开封市	404.67	183608	454	37564	93	105864
洛阳市	705.67	266993	378	97770	139	149319
平顶山市	401.26	132128	329	26522	66	85624
安阳市	430.85	135664	315	35600	83	96309
鹤壁市	156.60	64775	414	21176	135	36778
新乡市	534.65	179187	335	48650	91	113662
焦作市	352.11	111091	316	28730	82	72952
濮阳市	377.21	134038	355	41100	109	85895
许昌市	438.00	130631	298	37535	86	87188
漯河市	236.75	89789	379	30820	130	47936
三门峡市	203.49	62462	307	12570	62	39199
南阳市	846.53	310967	367	84562	100	218558
商丘市	656.04	189353	289	47801	73	135092
信阳市	519.30	213372	411	57126	110	154817
周口市	806.74	264043	327	51485	64	200057
驻马店市	618.46	211938	343	45580	74	150797
济源示范区	72.73	29017	399	5254	72	15771
巩义市	78.52	18311	233	3928	50	14383
兰考县	77.73	22619	291	831	11	20803
汝州市	97.45	52043	534	22227	228	23687
滑县	116.91	34754	297	8423	72	26331
长垣市	90.54	34945	386	12757	141	21519
邓州市	124.78	48911	392	15185	122	33659
永城市	125.64	34079	271	7556	60	26523
固始县	104.14	53307	512	11535	111	41772
鹿邑县	95.86	25643	267	1898	20	23745
新蔡县	82.38	35325	429	14363	174	20962

万 人 口 在 校 生 数

高中	技工学校	初 中		小 学		学前教育	
每万人口在校生	在校生数	在校生数	每万人口在校生	在校生数	每万人口在校生	在校生数	每万人口在校生
226	**315146**	**4721421**	**475**	**10215856**	**1028**	**4255848**	**428**
169	103903	423395	358	948181	803	403695	342
262	40180	184324	455	416576	1029	166710	412
212	19904	284155	403	618865	877	272534	386
213	19982	203607	507	423992	1057	174779	436
224	3755	225793	524	467208	1084	164543	382
235	6821	71252	455	154501	987	59487	380
213	16875	257825	482	544573	1019	225720	422
207	9409	119808	340	280119	796	150949	429
228	7043	204471	542	436653	1158	175831	466
199	5908	206275	471	428215	978	190704	435
202	11033	102054	431	210514	889	98424	416
193	10693	73824	363	158780	780	80512	396
258	7847	530109	626	1019564	1204	340369	402
206	6460	281485	429	729543	1112	327687	499
298	1429	272681	525	559582	1078	237452	457
248	12501	395468	490	870007	1078	374824	465
244	15561	321395	520	710395	1149	280186	453
217	7992	24850	342	58334	802	33053	454
183	–	25249	322	55467	706	34985	446
268	985	35886	462	91880	1182	39160	504
243	6129	52762	541	125261	1285	53958	554
225	–	63643	544	158359	1355	59518	509
238	669	46686	516	104478	1154	43053	475
270	67	82614	662	165213	1324	63081	506
211	–	77699	618	157037	1250	68901	548
401	–	65295	627	119956	1152	54531	524
248	–	40240	420	100847	1052	41026	428
254	–	48576	590	101756	1235	40176	488

高 中 阶 段 教 育 在 校

省辖市直管县	招 生 结 构						
	高 中 阶 段 教 育						
	计	普通高中	中 等 职 业 教 育				
			小计	普通中专	成人中专	职业高中	技工学校
河 南 省	**1309955**	**784377**	**525578**	**303488**	**33325**	**72800**	**115965**
郑 州 市	225387	70997	154390	92757	21637	4447	35549
开 封 市	65510	36181	29329	13131	125	977	15096
洛 阳 市	94053	50751	43302	30530	165	5217	7390
平顶山市	50077	31809	18268	9800	–	281	8187
安 阳 市	50697	35511	15186	11928	–	1842	1416
鹤 壁 市	21775	12762	9013	7154	–	–	1859
新 乡 市	64437	42132	22305	11850	–	6320	4135
焦 作 市	37544	23895	13649	8331	–	1329	3989
濮 阳 市	46608	29752	16856	9330	77	3835	3614
许 昌 市	48952	31547	17405	8721	2505	3247	2932
漯 河 市	32140	16839	15301	11014	–	1194	3093
三门峡市	22691	12802	9889	3373	86	1068	5362
南 阳 市	116379	81345	35034	24511	–	6674	3849
商 丘 市	65855	46470	19385	10531	402	5966	2486
信 阳 市	71883	53038	18845	6617	–	11707	521
周 口 市	84532	61553	22979	12945	–	4119	5915
驻马店市	76877	51427	25450	10395	3178	5419	6458
济源示范区	8805	5411	3394	2111	–	–	1283
巩 义 市	5997	4627	1370	143	–	1227	–
兰 考 县	7322	6384	938	300	–	–	638
汝 州 市	18560	8744	9816	3165	5150	–	1501
滑 县	12489	9593	2896	162	–	2734	–
长 垣 市	13118	7348	5770	4922	–	179	669
邓 州 市	19043	13002	6041	6018	–	–	23
永 城 市	13160	10434	2726	1185	–	1541	–
固 始 县	18422	14943	3479	2564	–	915	–
鹿 邑 县	8649	7833	816	–	–	816	–
新 蔡 县	8993	7247	1746	–	–	1746	–

生 和 招 生 结 构 情 况

中职占高中阶段的比例（%）	在校生结构							中职占高中阶段的比例（%）
	高中阶段教育							
	计	普通高中	中等职业教育					
			小计	普通中专	成人中专	职业高中	技工学校	
40.12	3713416	2248585	1464831	840271	93077	216337	315146	39.45
68.50	644423	199383	445040	269581	58951	12605	103903	69.06
44.77	183608	105864	77744	35101	412	2051	40180	42.34
46.04	266993	149319	117674	80767	460	16543	19904	44.07
36.48	132128	85624	46504	25673	–	849	19982	35.20
29.95	135664	96309	39355	30866	–	4734	3755	29.01
41.39	64775	36778	27997	21176	–	–	6821	43.22
34.62	179187	113662	65525	31565	–	17085	16875	36.57
36.35	111091	72952	38139	24125	21	4584	9409	34.33
36.17	134038	85895	48143	27887	380	12833	7043	35.92
35.56	130631	87188	43443	24283	3732	9520	5908	33.26
47.61	89789	47936	41853	26943	–	3877	11033	46.61
43.58	62462	39199	23263	8919	322	3329	10693	37.24
30.10	310967	218558	92409	66936	–	17626	7847	29.72
29.44	189353	135092	54261	30406	1016	16379	6460	28.66
26.22	213372	154817	58555	18367	–	38759	1429	27.44
27.18	264043	200057	63986	38228	–	13257	12501	24.23
33.10	211938	150797	61141	26487	3792	15301	15561	28.85
38.55	29017	15771	13246	5254	–	–	7992	45.65
22.84	18311	14383	3928	566	114	3248	–	21.45
12.81	22619	20803	1816	831	–	–	985	8.03
52.89	52043	23687	28356	7350	14877	–	6129	54.49
23.19	34754	26331	8423	396	–	8027	–	24.24
43.99	34945	21519	13426	12271	–	486	669	38.42
31.72	48911	33659	15252	15185	–	–	67	31.18
20.71	34079	26523	7556	3106	–	4450	–	22.17
18.89	53307	41772	11535	8002	–	3533	–	21.64
9.43	25643	23745	1898	–	–	1898	–	7.40
19.42	35325	20962	14363	–	9000	5363	–	40.66

中 等 职 业 教

省辖市直管县	校数(所)				学生				
	计	公办	民办	其中：中央部门	毕业生数	招生数	在校 计	在校 其中：女	在校 其中：寄宿生
河南省	**544**	**400**	**144**	**1**	**324853**	**409613**	**1149685**	**502041**	**837030**
郑州市	108	54	54	–	94283	118841	341137	131561	227410
开封市	25	20	5	–	11335	14233	37564	18776	24429
洛阳市	36	28	8	–	27844	35912	97770	41707	81505
平顶山市	17	16	1	–	8100	10081	26522	14693	21580
安阳市	13	11	2	–	9971	13770	35600	16903	29587
鹤壁市	5	5	–	–	5937	7154	21176	8359	14410
新乡市	25	20	5	–	12458	18170	48650	20743	32438
焦作市	22	19	3	–	10508	9660	28730	13299	26138
濮阳市	21	18	3	–	14111	13242	41100	18454	27695
许昌市	25	18	7	–	9197	14473	37535	17447	31289
漯河市	20	15	5	–	6864	12208	30820	12121	24427
三门峡市	18	15	3	–	4282	4527	12570	5589	9525
南阳市	78	51	27	1	21871	31185	84562	36684	67239
商丘市	26	24	2	–	11812	16899	47801	23433	37548
信阳市	21	17	4	–	19214	18324	57126	25983	42106
周口市	24	17	7	–	14747	17064	51485	24349	38940
驻马店市	23	23	–	–	12553	18992	45580	21787	33224
济源示范区	3	3	–	–	1452	2111	5254	1779	5182
巩义市	2	1	1	–	1370	1370	3928	1558	3814
兰考县	2	2	–	–	119	300	831	462	831
汝州市	5	4	1	–	9645	8315	22227	11804	6838
滑县	3	2	1	–	1611	2896	8423	3272	8423
长垣市	2	2	–	–	4596	5101	12757	4413	12757
邓州市	2	2	–	–	3095	6018	15185	11072	7598
永城市	4	3	1	–	1543	2726	7556	2976	4565
固始县	5	3	2	–	5220	3479	11535	5226	10663
鹿邑县	5	4	1	–	362	816	1898	853	1506
新蔡县	4	3	1	–	753	1746	14363	6738	5363

育 基 本 情 况 (总计)

数				预计毕业生数	教职工数					聘请校外教师
学 生 数					计	校本部教职工		校办企业职工	其他附设机构人员	
一年级	二年级	三年级	四年级及以上			计	专任教师			
409614	**395999**	**342259**	**1813**	**359769**	**56209**	**55692**	**46091**	**388**	**129**	**8082**
118841	117678	104298	320	106208	13638	13638	10187	–	–	4618
14233	12613	10718	–	11810	2085	2062	1623	–	23	178
35912	34722	27136	–	31742	3555	3555	3074	–	–	352
10081	9241	7200	–	7231	1615	1615	1273	–	–	130
13771	11969	9860	–	9860	1939	1939	1654	–	–	117
7154	7356	6137	529	6055	859	859	708	–	–	88
18170	16513	13967	–	13967	2428	2411	2114	–	17	216
9660	9735	9229	106	9231	2105	2042	1741	–	63	22
13242	13840	13254	764	12686	2018	2018	1688	–	–	357
14473	12659	10403	–	10552	2576	2244	2027	332	–	93
12208	11117	7495	–	7495	1932	1932	1692	–	–	250
4527	3971	4072	–	4120	1260	1260	1069	–	–	47
31185	28449	24834	94	25082	4935	4935	4073	–	–	363
16899	15155	15747	–	15781	2699	2699	2263	–	–	338
18324	20384	18418	–	18418	2747	2747	2367	–	–	208
17064	17320	17101	–	17484	3367	3285	2877	56	26	309
18992	13983	12605	–	13136	2159	2159	1848	–	–	126
2111	1646	1497	–	1497	503	503	377	–	–	11
1370	1345	1213	–	1213	288	288	269	–	–	12
300	192	339	–	339	75	75	71	–	–	39
8315	5847	8065	–	8065	409	409	363	–	–	32
2896	2651	2876	–	2876	462	462	441	–	–	–
5101	3966	3690	–	3690	511	511	487	–	–	–
6018	4852	4315	–	4329	395	395	364	–	–	88
2726	2574	2256	–	2256	346	346	331	–	–	10
3479	4672	3384	–	3496	814	814	695	–	–	–
816	397	685	–	685	289	289	255	–	–	–
1746	11152	1465	–	10465	200	200	160	–	–	78

中 等 职 业 教

省辖市直管县	校数（所）			学 生					
	计	公办	民办	毕业生数	招生数	在 校 学			
						计	其中：女	其中：寄宿生	一年级
河 南 省	**131**	**113**	**18**	**128608**	**149423**	**417676**	**209468**	**292883**	**149423**
郑 州 市	30	25	5	41733	36700	117662	53511	73261	36700
开 封 市	7	6	1	7312	9114	22570	12009	12294	9114
洛 阳 市	20	14	6	19826	24278	67087	29540	52251	24278
平顶山市	10	9	1	4475	8134	19985	9966	16172	8134
安 阳 市	1	1	–	184	206	526	116	320	206
鹤 壁 市	1	1	–	2009	2844	7298	2661	4100	2844
新 乡 市	4	4	–	4193	5346	14586	7030	7653	5346
焦 作 市	6	4	2	4957	4618	13058	7689	11541	4618
濮 阳 市	2	2	–	378	509	2895	1029	2895	509
许 昌 市	5	5	–	2343	3741	9507	5598	8382	3741
漯 河 市	1	1	–	931	763	1234	336	1170	763
三门峡市	8	8	–	3126	3733	10050	4442	7575	3733
南 阳 市	11	11	–	7825	11509	31203	15990	26542	11509
商 丘 市	5	5	–	3455	4931	14114	9917	14114	4931
信 阳 市	2	2	–	1617	1939	5071	4185	4016	1939
周 口 市	2	2	–	2913	5586	13265	8710	8831	5586
驻马店市	4	4	–	5979	6608	15612	8025	13875	6608
济源示范区	2	2	–	735	1260	3315	1030	3243	1260
巩 义 市	–	–	–	–	–	–	–	–	–
兰 考 县	–	–	–	–	–	–	–	–	–
汝 州 市	3	3	–	7910	8315	22227	11804	6838	8315
滑 县	–	–	–	–	–	–	–	–	–
长 垣 市	–	–	–	–	–	–	–	–	–
邓 州 市	2	2	–	3095	6018	15185	11072	7598	6018
永 城 市	1	–	1	175	55	927	305	785	55
固 始 县	4	2	2	3437	3216	10299	4503	9427	3216
鹿 邑 县	–	–	–	–	–	–	–	–	–
新 蔡 县	–	–	–	–	–	–	–	–	–

育　基　本　情　况（普通中专学校）

数				教职工数					聘请校外教师
生数			预计毕业生数	计	校本部教职工		校办企业职工	其他附设机构人员	
二年级	三年级	四年级及以上			计	专任教师			
142355	**124405**	**1493**	**126987**	**17804**	**17392**	**13896**	**332**	**80**	**2232**
45714	35248	–	36457	3616	3616	2692	–	–	898
7489	5967	–	7016	999	999	719	–	–	134
22505	20304	–	20610	2404	2404	2039	–	–	340
6842	5009	–	5040	1309	1309	1034	–	–	111
199	121	–	121	97	97	89	–	–	–
2011	1914	529	1832	302	302	231	–	–	–
5329	3911	–	3911	752	735	647	–	17	94
4347	3987	106	3989	948	885	670	–	63	18
404	1218	764	632	184	184	121	–	–	–
3018	2748	–	2748	1095	763	681	332	–	43
471	–	–	–	52	52	48	–	–	67
3284	3033	–	3081	1013	1013	855	–	–	5
10341	9259	94	9385	1286	1286	1001	–	–	167
3981	5202	–	5202	773	773	597	–	–	17
1556	1576	–	1576	286	286	264	–	–	–
3862	3817	–	4138	349	349	292	–	–	174
4757	4247	–	4279	438	438	312	–	–	39
1180	875	–	875	460	460	338	–	–	11
–	–	–	–	–	–	–	–	–	–
–	–	–	–	–	–	–	–	–	–
5847	8065	–	8065	326	326	284	–	–	26
–	–	–	–	–	–	–	–	–	–
–	–	–	–	–	–	–	–	–	–
4852	4315	–	4329	395	395	364	–	–	88
345	527	–	527	66	66	65	–	–	–
4021	3062	–	3174	654	654	553	–	–	–
–	–	–	–	–	–	–	–	–	–
–	–	–	–	–	–	–	–	–	–

中 等 职 业 教

省辖市直管县	校数（所）			学　生					
				毕业生数	招生数	在　校　学[生]			
	计	公办	民办			计	其中：女	其中：寄宿生	一年级
河南省	**157**	**108**	**49**	**32568**	**51456**	**137725**	**47065**	**86711**	**51456**
郑 州 市	57	10	47	29300	46270	125757	39769	79864	46270
开 封 市	6	6	–	158	125	412	38	150	125
洛 阳 市	9	8	1	514	165	707	536	644	165
平顶山市	7	7	–	1315	560	1810	1810	1771	560
安 阳 市	5	4	1	44	–	45	34	–	–
鹤 壁 市	–	–	–	–	–	–	–	–	–
新 乡 市	5	5	–	–	–	–	–	–	–
焦 作 市	6	6	–	–	–	–	–	–	–
濮 阳 市	5	5	–	–	–	–	–	–	–
许 昌 市	6	6	–	–	–	–	–	–	–
漯 河 市	4	4	–	–	–	–	–	–	–
三门峡市	5	5	–	358	86	322	180	–	86
南 阳 市	12	12	–	–	–	–	–	–	–
商 丘 市	9	9	–	418	402	1016	511	302	402
信 阳 市	4	4	–	461	1656	4464	1913	3980	1656
周 口 市	–	–	–	–	–	–	–	–	–
驻马店市	9	9	–	–	2192	2192	1812	–	2192
济源示范区	1	1	–	–	–	–	–	–	–
巩 义 市	–	–	–	–	–	–	–	–	–
兰 考 县	1	1	–	–	–	–	–	–	–
汝 州 市	1	1	–	–	–	–	–	–	–
滑　　县	1	1	–	–	–	–	–	–	–
长 垣 市	1	1	–	–	–	–	–	–	–
邓 州 市	–	–	–	–	–	–	–	–	–
永 城 市	1	1	–	–	–	–	–	–	–
固 始 县	–	–	–	–	–	–	–	–	–
鹿 邑 县	–	–	–	–	–	–	–	–	–
新 蔡 县	2	2	–	–	–	1000	462	–	–

育　基　本　情　况(成人中专学校)

数				教职工数					
生数			预计毕业生数	计	校本部教职工		校办企业职工	其他附设机构人员	聘请校外教师
二年级	三年级	四年级及以上			计	专任教师			
45086	**41183**	**–**	**42567**	**10816**	**10793**	**8059**	**–**	**23**	**3903**
41016	38471	–	38855	6725	6725	4695	–	–	3465
145	142	–	142	258	235	194	–	23	8
313	229	–	229	298	298	257	–	–	12
694	556	–	556	306	306	239	–	–	19
–	45	–	45	151	151	125	–	–	82
–	–	–	–	–	–	–	–	–	–
–	–	–	–	166	166	140	–	–	25
–	–	–	–	166	166	145	–	–	–
–	–	–	–	190	190	155	–	–	50
–	–	–	–	284	284	244	–	–	–
–	–	–	–	127	127	95	–	–	10
92	144	–	144	106	106	103	–	–	42
–	–	–	–	421	421	364	–	–	50
209	405	–	405	528	528	451	–	–	140
1617	1191	–	1191	350	350	192	–	–	–
–	–	–	–	–	–	–	–	–	–
–	–	–	–	347	347	315	–	–	–
–	–	–	–	43	43	39	–	–	–
–	–	–	–	–	–	–	–	–	–
–	–	–	–	52	52	48	–	–	–
–	–	–	–	55	55	53	–	–	–
–	–	–	–	112	112	101	–	–	–
–	–	–	–	28	28	16	–	–	–
–	–	–	–	–	–	–	–	–	–
–	–	–	–	54	54	50	–	–	–
–	–	–	–	–	–	–	–	–	–
–	–	–	–	–	–	–	–	–	–
1000	–	–	1000	49	49	38	–	–	–

中 等 职 业 教

省辖市直管县	校数（所）			毕业生数	招生数	学 生 在 校 学			
	计	公办	民办			计	其中：女	其中：寄宿生	一年级
河 南 省	**256**	**270**	**77**	**122740**	**165576**	**460019**	**189352**	**346886**	**165576**
郑 州 市	21	23	2	13179	23313	54257	22036	42231	23313
开 封 市	12	12	4	3318	4564	13339	5795	11228	4564
洛 阳 市	7	13	1	4009	5217	14370	5729	13823	5217
平顶山市	–	–	–	–	–	–	–	–	–
安 阳 市	7	7	1	7194	9766	26060	12080	20475	9766
鹤 壁 市	4	4	–	2008	3005	9481	4315	7304	3005
新 乡 市	16	16	5	6900	11899	30540	11734	21261	11899
焦 作 市	10	12	1	4078	3803	11822	4448	11246	3803
濮 阳 市	14	15	3	11779	11908	34261	15440	21890	11908
许 昌 市	14	14	7	5125	9910	24912	10760	19791	9910
漯 河 市	15	15	5	5933	10687	27848	11084	21801	10687
三门峡市	5	6	3	401	277	921	480	673	277
南 阳 市	55	55	27	10337	17435	45016	17487	32646	17435
商 丘 市	12	12	2	6429	8315	23430	9673	16677	8315
信 阳 市	15	15	4	13780	13715	43919	18151	31083	13715
周 口 市	22	22	7	10830	10460	34432	13621	26321	10460
驻马店市	10	10	–	5504	8779	22944	8486	15813	8779
济源示范区	–	–	–	–	–	–	–	–	–
巩 义 市	2	3	1	1188	1227	3362	1339	3248	1227
兰 考 县	1	1	–	119	300	831	462	831	300
汝 州 市	1	1	1	1735	–	–	–	–	–
滑 县	2	2	1	1611	2896	8423	3272	8423	2896
长 垣 市	1	1	–	3734	3789	9831	3641	9831	3789
邓 州 市	–	–	–	–	–	–	–	–	–
永 城 市	2	2	–	651	1486	3523	1467	2185	1486
固 始 县	1	3	–	1783	263	1236	723	1236	263
鹿 邑 县	5	4	1	362	816	1898	853	1506	816
新 蔡 县	2	2	1	753	1746	13363	6276	5363	1746

育 基 本 情 况（职业高中学校）

数 生 数			预计毕业生数	教职工数					聘请校外教师
				计	校本部教职工		校办企业职工	其 他附设机构人员	
二年级	三年级	四年级及以上			计	专任教师			
164177	**130266**	**－**	**139280**	**26347**	**26265**	**23132**	**56**	**26**	**1822**
16646	14298	－	14499	2818	2818	2445	－	－	240
4590	4185	－	4228	828	828	710	－	－	36
5537	3616	－	3616	853	853	778	－	－	－
－	－	－	－	－	－	－	－	－	－
9003	7291	－	7291	1691	1691	1440	－	－	35
3947	2529	－	2529	557	557	477	－	－	88
10161	8480	－	8480	1488	1488	1316	－	－	97
4130	3889	－	3889	991	991	926	－	－	4
12305	10048	－	10048	1621	1621	1389	－	－	307
8586	6416	－	6565	1197	1197	1102	－	－	50
9932	7229	－	7229	1753	1753	1549	－	－	173
173	471	－	471	141	141	111	－	－	－
15446	12135	－	12257	3228	3228	2708	－	－	125
7955	7160	－	7160	1398	1398	1215	－	－	181
15937	14267	－	14267	2040	2040	1848	－	－	146
12343	11629	－	11629	2564	2482	2191	56	26	108
7848	6317	－	6816	1374	1374	1221	－	－	87
－	－	－	－	－	－	－	－	－	－
1122	1013	－	1013	288	288	269	－	－	12
192	339	－	339	23	23	23	－	－	39
－	－	－	－	28	28	26	－	－	6
2651	2876	－	2876	350	350	340	－	－	－
3274	2768	－	2768	483	483	471	－	－	－
－	－	－	－	－	－	－	－	－	－
1199	838	－	838	226	226	216	－	－	10
651	322	－	322	69	69	60	－	－	－
397	685	－	685	187	187	179	－	－	－
10152	1465	－	9465	151	151	122	－	－	78

中 等 职 业 教

省辖市直管县	毕业生数		招 生 数			其 中：五年制高职中职段
	计	其 中：获得职业资格证书	计	其中：应届毕业生		
				计	其 中：初 中 毕业生	
河 南 省	**324853**	**202421**	**409613**	**382590**	**372917**	**44171**
郑 州 市	94283	59530	118841	113871	109982	14061
开 封 市	11335	8926	14233	12874	12612	771
洛 阳 市	27844	15563	35912	31109	30938	1595
平顶山市	8100	3134	10081	9566	9474	2301
安 阳 市	9971	2860	13770	13375	13369	2553
鹤 壁 市	5937	2463	7154	7074	7069	585
新 乡 市	12458	9144	18170	18138	18128	1434
焦 作 市	10508	3458	9660	9422	9420	782
濮 阳 市	14111	8695	13242	12243	11956	1023
许 昌 市	9197	8018	14473	11961	11961	822
漯 河 市	6864	4600	12208	11667	8336	2219
三门峡市	4282	1686	4527	3928	3333	467
南 阳 市	21871	10529	31185	29532	29102	4397
商 丘 市	11812	8777	16899	16578	16544	2290
信 阳 市	19214	17258	18324	18262	18256	1470
周 口 市	14747	12283	17064	17058	16594	884
驻马店市	12553	9280	18992	16432	16420	2089
济源示范区	1452	1060	2111	2111	2111	851
巩 义 市	1370	1162	1370	1366	1366	143
兰 考 县	119	119	300	300	300	—
汝 州 市	9645	230	8315	2941	2888	1200
滑 县	1611	1611	2896	2896	2896	—
长 垣 市	4596	4265	5101	5101	5101	139
邓 州 市	3095	666	6018	6018	5994	1014
永 城 市	1543	1527	2726	2726	2726	786
固 始 县	5220	5220	3479	3479	3479	295
鹿 邑 县	362	312	816	816	816	—
新 蔡 县	753	45	1746	1746	1746	—

育 学 生 数（总计）

在 校 生 数						预计毕业生数	
合计	其中：女	一年级	二年级	三年级	四年级及以上	计	其中：五年制高职中职段
1149685	**502041**	**409614**	**395999**	**342259**	**1813**	**359769**	**45264**
341137	131561	118841	117678	104298	320	106208	17360
37564	18776	14233	12613	10718	–	11810	549
97770	41707	35912	34722	27136	–	31742	1285
26522	14693	10081	9241	7200	–	7231	2274
35600	16903	13771	11969	9860	–	9860	2153
21176	8359	7154	7356	6137	529	6055	1405
48650	20743	18170	16513	13967	–	13967	2014
28730	13299	9660	9735	9229	106	9231	932
41100	18454	13242	13840	13254	764	12686	1110
37535	17447	14473	12659	10403	–	10552	1239
30820	12121	12208	11117	7495	–	7495	502
12570	5589	4527	3971	4072	–	4120	423
84562	36684	31185	28449	24834	94	25082	4034
47801	23433	16899	15155	15747	–	15781	2728
57126	25983	18324	20384	18418	–	18418	1669
51485	24349	17064	17320	17101	–	17484	786
45580	21787	18992	13983	12605	–	13136	2324
5254	1779	2111	1646	1497	–	1497	622
3928	1558	1370	1345	1213	–	1213	200
831	462	300	192	339	–	339	–
22227	11804	8315	5847	8065	–	8065	609
8423	3272	2896	2651	2876	–	2876	–
12757	4413	5101	3966	3690	–	3690	41
15185	11072	6018	4852	4315	–	4329	336
7556	2976	2726	2574	2256	–	2256	398
11535	5226	3479	4672	3384	–	3496	271
1898	853	816	397	685	–	685	–
14363	6738	1746	11152	1465	–	10465	–

中 等 职 业 教

省辖市直管县	毕业生数		招 生 数			其 中:五年制高职中职段
	计	其 中:获得职业资格证书	计	其中:应届毕业生		
				计	其 中:初 中毕业生	
河 南 省	**235500**	**131836**	**303488**	**291903**	**284144**	**44084**
郑 州 市	81024	48538	92757	91403	88760	14061
开 封 市	10714	8428	13131	11953	11734	771
洛 阳 市	21382	9578	30530	25744	25604	1595
平顶山市	6632	2206	9800	9285	9193	2301
安 阳 市	8730	2186	11928	11587	11581	2553
鹤 壁 市	5937	2463	7154	7074	7069	585
新 乡 市	8145	5713	11850	11818	11818	1434
焦 作 市	8722	2265	8331	8093	8091	782
濮 阳 市	7573	3325	9330	9154	9011	936
许 昌 市	6691	5647	8721	8721	8721	822
漯 河 市	5787	3645	11014	10553	7222	2219
三门峡市	2956	752	3373	2957	2362	467
南 阳 市	16781	7150	24511	23522	23411	4397
商 丘 市	6867	3834	10531	10210	10176	2290
信 阳 市	7092	6021	6617	6555	6549	1470
周 口 市	9241	7450	12945	12939	12592	884
驻马店市	8451	5330	10395	9989	9981	2089
济源示范区	1452	1060	2111	2111	2111	851
巩 义 市	182	–	143	143	143	143
兰 考 县	119	119	300	300	300	–
汝 州 市	2491	218	3165	2941	2888	1200
滑 县	118	118	162	162	162	–
长 垣 市	2596	2408	4922	4922	4922	139
邓 州 市	2643	214	6018	6018	5994	1014
永 城 市	717	711	1185	1185	1185	786
固 始 县	2457	2457	2564	2564	2564	295
鹿 邑 县	–	–	–	–	–	–
新 蔡 县	–	–	–	–	–	–

育　学　生　数（普通中专学生）

在 校 生 数						预计毕业生数	
合计	其中：女	一年级	二年级	三年级	四年级及以上	计	其中：五年制高职中职段
840271	379087	303489	280388	254581	1813	261852	45264
269581	109728	92757	88889	87615	320	89117	17360
35101	18042	13131	11872	10098	–	11147	549
80767	34668	30530	27684	22553	–	27159	1285
25673	14321	9800	8815	7058	–	7089	2274
30866	14430	11929	10532	8405	–	8405	2153
21176	8359	7154	7356	6137	529	6055	1405
31565	14063	11850	10677	9038	–	9038	2014
24125	11480	8331	8232	7456	106	7458	932
27887	12673	9330	8612	9181	764	8595	1110
24283	12270	8721	8415	7147	–	7147	1239
26943	10499	11014	9546	6383	–	6383	502
8919	3760	3373	2911	2635	–	2683	423
66936	29616	24511	22692	19639	94	19765	4034
30406	15921	10531	9602	10273	–	10307	2728
18367	10111	6617	5654	6096	–	6096	1669
38228	18955	12945	12899	12384	–	12767	786
26487	13164	10395	8418	7674	–	7706	2324
5254	1779	2111	1646	1497	–	1497	622
566	219	143	223	200	–	200	200
831	462	300	192	339	–	339	–
7350	4461	3165	2246	1939	–	1939	609
396	95	162	177	57	–	57	–
12271	4282	4922	3902	3447	–	3447	41
15185	11072	6018	4852	4315	–	4329	336
3106	1204	1185	1030	891	–	891	398
8002	3453	2564	3314	2124	–	2236	271
–	–	–	–	–		–	–
–	–	–	–	–		–	–

中 等 职 业 教

省辖市直管县	毕业生数		招 生 数			其 中：五年制高职中职段
	计	其 中：获得职业资格证书	计	其中：应届毕业生		
				计	其中：初中毕业生	
河 南 省	20794	12362	33325	20037	18809	－
郑 州 市	9176	7954	21637	18363	17146	－
开 封 市	158	158	125	100	100	－
洛 阳 市	401	391	165	148	137	－
平顶山市	928	928	－	－	－	－
安 阳 市	－	－	－	－	－	－
鹤 壁 市	－	－	－	－	－	－
新 乡 市	－	－	－	－	－	－
焦 作 市	－	－	－	－	－	－
濮 阳 市	194	130	77	－	－	－
许 昌 市	－	－	2505	－	－	－
漯 河 市	－	－	－	－	－	－
三门峡市	358	256	86	－	－	－
南 阳 市	－	－	－	－	－	－
商 丘 市	418	418	402	402	402	－
信 阳 市	502	502	－	－	－	－
周 口 市	－	－	－	－	－	－
驻马店市	－	－	3178	1024	1024	－
济源示范区	－	－	－	－	－	－
巩 义 市	－	－	－	－	－	－
兰 考 县	－	－	－	－	－	－
汝 州 市	7034	－	5150	－	－	－
滑 县	－	－	－	－	－	－
长 垣 市	1625	1625	－	－	－	－
邓 州 市	－	－	－	－	－	－
永 城 市	－	－	－	－	－	－
固 始 县	－	－	－	－	－	－
鹿 邑 县	－	－	－	－	－	－
新 蔡 县	－	－	－	－	－	－

育 学 生 数 (成人中专学生)

在 校 生 数						预计毕业生数	
合计	其中：女	一年级	二年级	三年级	四年级及以上	计	其中：五年制高职中职段
93077	**33572**	**33325**	**39046**	**20706**	**－**	**30760**	**－**
58951	16966	21637	24145	13169	－	13577	－
412	38	125	145	142	－	142	－
460	289	165	175	120	－	120	－
－	－	－	－	－	－	－	－
－	－	－	－	－	－	－	－
－	－	－	－	－	－	－	－
－	－	－	－	－	－	－	－
21	8	－	21	－	－	－	－
380	184	77	303	－	－	－	－
3732	1318	2505	733	494	－	641	－
－	－	－	－	－	－	－	－
322	180	86	92	144	－	144	－
－	－	－	－	－	－	－	－
1016	511	402	209	405	－	405	－
－	－	－	－	－	－	－	－
－	－	－	－	－	－	－	－
3792	2600	3178	559	55	－	554	－
－	－	－	－	－	－	－	－
114	94	－	63	51	－	51	－
－	－	－	－	－	－	－	－
14877	7343	5150	3601	6126	－	6126	－
－	－	－	－	－	－	－	－
－	－	－	－	－	－	－	－
－	－	－	－	－	－	－	－
－	－	－	－	－	－	－	－
－	－	－	－	－	－	－	－
9000	4041	－	9000	－	－	9000	－

中 等 职 业 教

省辖市直管县	毕业生数		招 生 数			其 中：五年制高职中职段
	计	其 中：获得职业资格证书	计	其中：应届毕业生		
				计	其 中：初 中毕业生	
河 南 省	**68559**	**58223**	**72800**	**70650**	**69964**	**87**
郑 州 市	4083	3038	4447	4105	4076	–
开 封 市	463	340	977	821	778	–
洛 阳 市	6061	5594	5217	5217	5197	–
平顶山市	540	–	281	281	281	–
安 阳 市	1241	674	1842	1788	1788	–
鹤 壁 市	–	–	–	–	–	–
新 乡 市	4313	3431	6320	6320	6310	–
焦 作 市	1786	1193	1329	1329	1329	–
濮 阳 市	6344	5240	3835	3089	2945	87
许 昌 市	2506	2371	3247	3240	3240	–
漯 河 市	1077	955	1194	1114	1114	–
三门峡市	968	678	1068	971	971	–
南 阳 市	5090	3379	6674	6010	5691	–
商 丘 市	4527	4525	5966	5966	5966	–
信 阳 市	11620	10735	11707	11707	11707	–
周 口 市	5506	4833	4119	4119	4002	–
驻马店市	4102	3950	5419	5419	5415	–
济源示范区	–	–	–	–	–	–
巩 义 市	1188	1162	1227	1223	1223	–
兰 考 县	–	–	–	–	–	–
汝 州 市	120	12	–	–	–	–
滑 县	1493	1493	2734	2734	2734	–
长 垣 市	375	232	179	179	179	–
邓 州 市	452	452	–	–	–	–
永 城 市	826	816	1541	1541	1541	–
固 始 县	2763	2763	915	915	915	–
鹿 邑 县	362	312	816	816	816	–
新 蔡 县	753	45	1746	1746	1746	–

育 学 生 数（职业高中学生）

在 校 生 数						预计毕业生数	
合计	其中：女	一年级	二年级	三年级	四年级及以上	计	其中：五年制高职中职段
216337	**89382**	**72800**	**76565**	**66972**	**–**	**67157**	**–**
12605	4867	4447	4644	3514	–	3514	–
2051	696	977	596	478	–	521	–
16543	6750	5217	6863	4463	–	4463	–
849	372	281	426	142	–	142	–
4734	2473	1842	1437	1455	–	1455	–
–	–	–	–	–	–	–	–
17085	6680	6320	5836	4929	–	4929	–
4584	1811	1329	1482	1773	–	1773	–
12833	5597	3835	4925	4073	–	4091	–
9520	3859	3247	3511	2762	–	2764	–
3877	1622	1194	1571	1112	–	1112	–
3329	1649	1068	968	1293	–	1293	–
17626	7068	6674	5757	5195	–	5317	–
16379	7001	5966	5344	5069	–	5069	–
38759	15872	11707	14730	12322	–	12322	–
13257	5394	4119	4421	4717	–	4717	–
15301	6023	5419	5006	4876	–	4876	–
–	–	–	–	–	–	–	–
3248	1245	1227	1059	962	–	962	–
–	–	–	–	–	–	–	–
–	–	–	–	–	–	–	–
8027	3177	2734	2474	2819	–	2819	–
486	131	179	64	243	–	243	–
–	–	–	–	–	–	–	–
4450	1772	1541	1544	1365	–	1365	–
3533	1773	915	1358	1260	–	1260	–
1898	853	816	397	685	–	685	–
5363	2697	1746	2152	1465	–	1465	–

中 等 职 业 教 育 在

省辖市直管县	总计						其中:普通中专学生				
	共产党员	共青团员	华侨	港澳台	少数民族	残疾人	共产党员	共青团员	华侨	港澳台	少数民族
河南省	**242**	**341463**	–	–	**6936**	**997**	**85**	**235837**	–	–	**5536**
郑州市	154	73539	–	–	2406	237	–	59234	–	–	1599
开封市	–	15373	–	–	178	33	–	14354	–	–	176
洛阳市	13	31273	–	–	410	173	13	25107	–	–	382
平顶山市	28	6425	–	–	383	35	28	6174	–	–	374
安阳市	9	6879	–	–	16	88	9	5201	–	–	16
鹤壁市	–	6185	–	–	8	32	–	6185	–	–	8
新乡市	–	12195	–	–	148	49	–	9486	–	–	123
焦作市	–	10885	–	–	242	63	–	8118	–	–	238
濮阳市	–	14859	–	–	20	13	–	8803	–	–	4
许昌市	–	12489	–	–	288	27	–	7502	–	–	219
漯河市	–	6108	–	–	251	13	–	5124	–	–	236
三门峡市	–	3713	–	–	96	7	–	1802	–	–	87
南阳市	9	28839	–	–	1479	40	6	22917	–	–	1274
商丘市	–	24360	–	–	255	5	–	15961	–	–	203
信阳市	–	23732	–	–	51	–	–	6035	–	–	47
周口市	29	21675	–	–	252	60	29	15879	–	–	245
驻马店市	–	18301	–	–	364	48	–	10441	–	–	230
济源示范区	–	487	–	–	53	16	–	487	–	–	53
巩义市	–	406	–	–	4	26	–	201	–	–	2
兰考县	–	380	–	–	–	3	–	380	–	–	–
汝州市	–	6805	–	–	14	2	–	1181	–	–	14
滑县	–	4423	–	–	7	2	–	166	–	–	–
长垣市	–	1389	–	–	8	–	–	1366	–	–	6
邓州市	–	1577	–	–	–	–	–	1577	–	–	–
永城市	–	2721	–	–	–	–	–	892	–	–	–
固始县	–	2588	–	–	–	17	–	1264	–	–	–
鹿邑县	–	346	–	–	3	8	–	–	–	–	–
新蔡县	–	3511	–	–							

校生中其他情况

	其中:成人中专学生						其中:职业高中学生					
残疾人	共产党员	共青团员	华侨	港澳台	少数民族	残疾人	共产党员	共青团员	华侨	港澳台	少数民族	残疾人
626	**154**	**19359**	**–**	**–**	**696**	**157**	**3**	**86267**	**–**	**–**	**704**	**214**
62	154	12723	–	–	695	157	–	1582	–	–	112	18
14	–	100	–	–	1	–	–	919	–	–	1	19
173	–	258	–	–	–	–	–	5908	–	–	28	–
35	–	–	–	–	–	–	–	251	–	–	9	–
30	–	–	–	–	–	–	–	1678	–	–	–	58
32	–	–	–	–	–	–	–	–	–	–	–	–
35	–	–	–	–	–	–	–	2709	–	–	25	14
22	–	10	–	–	–	–	–	2757	–	–	4	41
13	–	–	–	–	–	–	–	6056	–	–	16	–
27	–	–	–	–	–	–	–	4987	–	–	69	–
8	–	–	–	–	–	–	–	984	–	–	15	5
7	–	–	–	–	–	–	–	1911	–	–	9	–
40	–	–	–	–	–	–	3	5922	–	–	205	–
4	–	268	–	–	–	–	–	8131	–	–	52	1
–	–	–	–	–	–	–	–	17697	–	–	4	–
60	–	–	–	–	–	–	–	5796	–	–	7	–
24	–	156	–	–	–	–	–	7704	–	–	134	24
16	–	–	–	–	–	–	–	–	–	–	–	–
2	–	–	–	–	–	–	–	205	–	–	2	24
3	–	–	–	–	–	–	–	–	–	–	–	–
2	–	5624	–	–	–	–	–	–	–	–	–	–
–	–	–	–	–	–	–	–	4257	–	–	7	2
–	–	–	–	–	–	–	–	23	–	–	2	–
–	–	–	–	–	–	–	–	–	–	–	–	–
–	–	–	–	–	–	–	–	1829	–	–	–	–
17	–	–	–	–	–	–	–	1324	–	–	–	–
–	–	–	–	–	–	–	–	346	–	–	3	8
–	–	220	–	–	–	–	–	3291				

中等职业教育专任教师专业

省辖市直管县	专任教师数	专业技术职务情况					占专任教师总数的比例（%）			
		正高级	副高级	中级	初级	未定职级	正高级	副高级	中级	初级
河 南 省	**46091**	**130**	**9634**	**18132**	**12261**	**5934**	**0.28**	**20.90**	**39.34**	**26.60**
郑 州 市	10187	51	1509	3114	2452	3061	0.11	3.27	6.76	5.32
开 封 市	1623	5	373	786	409	50	0.01	0.81	1.71	0.89
洛 阳 市	3074	1	548	1087	977	461	–	1.19	2.36	2.12
平顶山市	1273	3	394	593	251	32	0.01	0.85	1.29	0.54
安 阳 市	1654	–	445	671	486	52	–	0.97	1.46	1.05
鹤 壁 市	708	1	201	322	118	66	–	0.44	0.70	0.26
新 乡 市	2114	1	508	889	562	154	–	1.10	1.93	1.22
焦 作 市	1741	5	414	714	575	33	0.01	0.90	1.55	1.25
濮 阳 市	1688	4	405	730	435	114	0.01	0.88	1.58	0.94
许 昌 市	2027	9	473	774	536	235	0.02	1.03	1.68	1.16
漯 河 市	1692	7	395	746	452	92	0.02	0.86	1.62	0.98
三门峡市	1069	–	283	471	300	15	–	0.61	1.02	0.65
南 阳 市	4073	15	858	1620	1002	578	0.03	1.86	3.51	2.17
商 丘 市	2263	1	456	1077	594	135	–	0.99	2.34	1.29
信 阳 市	2367	2	463	929	682	291	–	1.00	2.02	1.48
周 口 市	2877	14	580	1293	878	112	0.03	1.26	2.81	1.90
驻马店市	1848	6	511	818	426	87	0.01	1.11	1.77	0.92
济源示范区	377	1	106	181	89	–	–	0.23	0.39	0.19
巩 义 市	269	–	72	138	45	14	–	0.16	0.30	0.10
兰 考 县	71	–	15	28	11	17	–	0.03	0.06	0.02
汝 州 市	363	2	104	125	99	33	–	0.23	0.27	0.21
滑 县	441	1	84	178	174	4	–	0.18	0.39	0.38
长 垣 市	487	–	122	126	169	70	–	0.26	0.27	0.37
邓 州 市	364	1	70	84	117	92	–	0.15	0.18	0.25
永 城 市	331	–	63	106	93	69	–	0.14	0.23	0.20
固 始 县	695	–	99	289	245	62	–	0.21	0.63	0.53
鹿 邑 县	255	–	62	145	48	–	–	0.13	0.31	0.10
新 蔡 县	160	–	21	98	36	5	–	0.05	0.21	0.08

技术职务、学历及构成情况

未定职级	学历情况					占专任教师总数的比例(%)				
	博士研究生	硕士研究生	本科	专科	高中阶段及以下	博士研究生	硕士研究生	本科	专科	高中阶段及以下
12.87	**23**	**3292**	**38505**	**4230**	**41**	**0.05**	**7.14**	**83.54**	**9.18**	**0.09**
6.64	14	1363	7097	1706	7	0.03	2.96	15.40	3.70	0.02
0.11	–	107	1435	81	–	–	0.23	3.11	0.18	–
1.00	–	232	2617	225	–	–	0.50	5.68	0.49	–
0.07	–	75	1101	97	–	–	0.16	2.39	0.21	–
0.11	–	54	1578	22	–	–	0.12	3.42	0.05	–
0.14	–	40	621	47	–	–	0.09	1.35	0.10	–
0.33	–	95	1855	157	7	–	0.21	4.02	0.34	0.02
0.07	2	69	1574	92	4	–	0.15	3.41	0.20	0.01
0.25	–	57	1479	136	16	–	0.12	3.21	0.30	0.03
0.51	–	214	1737	76	–	–	0.46	3.77	0.16	–
0.20	2	156	1423	111	–	–	0.34	3.09	0.24	–
0.03	1	52	954	62	–	–	0.11	2.07	0.13	–
1.25	1	167	3579	320	6	–	0.36	7.77	0.69	0.01
0.29	–	152	1833	278	–	–	0.33	3.98	0.60	–
0.63	–	108	2086	173	–	–	0.23	4.53	0.38	–
0.24	3	142	2472	259	1	0.01	0.31	5.36	0.56	–
0.19	–	57	1709	82	–	–	0.12	3.71	0.18	–
–	–	7	355	15	–	–	0.02	0.77	0.03	–
0.03	–	5	262	2	–	–	0.01	0.57	–	–
0.04	–	1	70	–	–	–	–	0.15	–	–
0.07	–	17	322	24	–	–	0.04	0.70	0.05	–
0.01	–	6	435	–	–	–	0.01	0.94	–	–
0.15	–	18	458	11	–	–	0.04	0.99	0.02	–
0.20	–	55	305	4	–	–	0.12	0.66	0.01	–
0.15	–	5	315	11	–	–	0.01	0.68	0.02	–
0.13	–	30	511	154	–	–	0.07	1.11	0.33	–
–	–	8	209	38	–	–	0.02	0.45	0.08	–
0.01	–	–	113	47	–	–	–	0.25	0.10	–

中 等 职 业 教 育 专 任

省辖市直管县	专 任 教 师 分 年 龄 情 况							
	计	29岁 及以下	30 – 34 岁	35 – 39 岁	40 – 44 岁	45 – 49 岁	50 – 54 岁	55 – 59 岁
河南省	**46091**	**7477**	**7325**	**8850**	**7421**	**7595**	**5246**	**2134**
郑 州 市	10187	2550	2077	2167	1348	1108	645	264
开 封 市	1623	147	242	336	323	283	213	78
洛 阳 市	3074	527	494	593	464	453	371	172
平顶山市	1273	71	141	195	199	335	240	92
安 阳 市	1654	94	142	351	362	362	254	89
鹤 壁 市	708	83	125	101	92	131	124	52
新 乡 市	2114	224	294	309	394	366	355	170
焦 作 市	1741	158	215	294	254	377	324	117
濮 阳 市	1688	124	212	389	379	353	194	35
许 昌 市	2027	316	329	353	342	341	253	93
漯 河 市	1692	352	262	297	274	322	123	61
三门峡市	1069	39	116	163	210	297	185	59
南 阳 市	4073	751	524	516	601	830	576	271
商 丘 市	2263	401	473	500	341	284	201	63
信 阳 市	2367	564	384	461	357	297	220	84
周 口 市	2877	294	478	740	488	462	270	142
驻马店市	1848	264	260	321	274	372	244	113
济源示范区	377	15	30	71	112	97	40	12
巩 义 市	269	18	13	66	48	71	42	11
兰 考 县	71	17	1	12	23	13	2	3
汝 州 市	363	37	53	27	66	76	69	35
滑 县	441	11	32	120	92	103	67	16
长 垣 市	487	105	126	88	74	44	36	14
邓 州 市	364	121	60	38	33	23	48	41
永 城 市	331	102	59	54	35	40	34	7
固 始 县	695	68	148	211	97	78	73	20
鹿 邑 县	255	7	19	45	98	46	25	15
新 蔡 县	160	17	16	32	41	31	18	5

教师年龄及构成情况

	占 专 任 教 师 总 数 的 比 例（%）							
60岁 及以上	29岁 及以下	30 – 34 岁	35 – 39 岁	40 – 44 岁	45 – 49 岁	50 – 54 岁	55 – 59 岁	60岁 及以上
43	**16.22**	**15.89**	**19.20**	**16.10**	**16.48**	**11.38**	**4.63**	**0.09**
28	5.53	4.51	4.70	2.92	2.40	1.40	0.57	0.06
1	0.32	0.53	0.73	0.70	0.61	0.46	0.17	–
–	1.14	1.07	1.29	1.01	0.98	0.80	0.37	–
–	0.15	0.31	0.42	0.43	0.73	0.52	0.20	–
–	0.20	0.31	0.76	0.79	0.79	0.55	0.19	–
–	0.18	0.27	0.22	0.20	0.28	0.27	0.11	–
2	0.49	0.64	0.67	0.85	0.79	0.77	0.37	–
2	0.34	0.47	0.64	0.55	0.82	0.70	0.25	–
2	0.27	0.46	0.84	0.82	0.77	0.42	0.08	–
–	0.69	0.71	0.77	0.74	0.74	0.55	0.20	–
1	0.76	0.57	0.64	0.59	0.70	0.27	0.13	–
–	0.08	0.25	0.35	0.46	0.64	0.40	0.13	–
4	1.63	1.14	1.12	1.30	1.80	1.25	0.59	0.01
–	0.87	1.03	1.08	0.74	0.62	0.44	0.14	–
–	1.22	0.83	1.00	0.77	0.64	0.48	0.18	–
3	0.64	1.04	1.61	1.06	1.00	0.59	0.31	0.01
–	0.57	0.56	0.70	0.59	0.81	0.53	0.25	–
–	0.03	0.07	0.15	0.24	0.21	0.09	0.03	–
–	0.04	0.03	0.14	0.10	0.15	0.09	0.02	–
–	0.04	–	0.03	0.05	0.03	–	0.01	–
–	0.08	0.11	0.06	0.14	0.16	0.15	0.08	–
–	0.02	0.07	0.26	0.20	0.22	0.15	0.03	–
–	0.23	0.27	0.19	0.16	0.10	0.08	0.03	–
–	0.26	0.13	0.08	0.07	0.05	0.10	0.09	–
–	0.22	0.13	0.12	0.08	0.09	0.07	0.02	–
–	0.15	0.32	0.46	0.21	0.17	0.16	0.04	–
–	0.02	0.04	0.10	0.21	0.10	0.05	0.03	–
–	0.04	0.03	0.07	0.09	0.07	0.04	0.01	–

中等职业教育分

省辖市直管县	计	文化基础课	专								
			小计	农林牧渔类	资源环境类	能源与新能源类	土木水利类	加工制造类	石油化工类	轻纺食品类	交通运输类
河南省	46091	21048	24130	2123	68	208	678	1883	101	363	1402
郑州市	10187	3826	6045	809	11	108	107	430	8	52	530
开封市	1623	707	860	60	–	–	12	44	–	10	30
洛阳市	3074	1415	1641	99	2	33	54	107	15	5	112
平顶山市	1273	576	686	30	–	–	6	63	8	–	24
安阳市	1654	823	826	45	–	–	23	77	–	15	47
鹤壁市	708	226	482	34	7	9	15	32	15	13	24
新乡市	2114	937	1131	109	18	21	58	115	–	6	33
焦作市	1741	766	973	68	–	–	35	56	1	3	53
濮阳市	1688	846	766	61	–	6	11	35	6	–	50
许昌市	2027	936	1002	22	–	1	–	54	–	–	48
漯河市	1692	681	971	148	–	1	4	56	3	156	26
三门峡市	1069	460	584	39	16	–	21	60	1	7	11
南阳市	4073	1974	2093	121	–	2	56	177	6	22	55
商丘市	2263	1265	915	116	2	18	31	83	10	3	29
信阳市	2367	1215	1125	65	9	–	53	76	16	19	108
周口市	2877	1500	1289	75	–	4	81	127	–	14	84
驻马店市	1848	952	880	76	–	1	18	69	7	26	41
济源示范区	377	178	199	18	–	–	1	44	2	5	1
巩义市	269	107	154	8	–	–	–	32	3	–	8
兰考县	71	60	10	–	–	4	–	–	–	–	–
汝州市	363	156	207	21	–	–	8	7	–	–	14
滑县	441	315	126	15	–	–	13	3	–	–	9
长垣市	487	221	266	17	–	–	68	38	–	–	7
邓州市	364	169	195	4	–	–	–	28	–	–	8
永城市	331	167	164	28	–	–	3	33	–	–	25
固始县	695	345	350	8	3	–	–	32	–	5	17
鹿邑县	255	134	121	16	–	–	–	5	–	–	5
新蔡县	160	91	69	11	–	–	–	–	–	2	3

科专任教师情况

业　　　　课											实习指导课
信息技术类	医药卫生类	休闲保健类	财经商贸类	旅游服务类	文化艺术类	体育与健身	教育类	司法服务类	公共管理与服务类	其他	
4047	**1837**	**182**	**1900**	**985**	**2758**	**1452**	**3213**	**134**	**309**	**487**	**913**
971	318	57	631	206	603	509	378	19	117	181	316
124	159	10	32	25	79	51	170	3	3	48	56
305	86	15	87	93	243	153	75	9	34	114	18
94	75	1	53	17	64	33	183	20	14	1	11
200	4	–	77	80	155	58	31	10	2	2	5
52	6	2	39	24	52	29	114	5	9	1	–
157	87	5	123	45	101	36	173	2	17	25	46
120	147	1	60	73	166	82	89	–	4	15	2
160	–	3	59	14	101	68	185	–	7	–	76
269	100	5	85	41	70	33	274	–	–	–	89
68	140	–	65	31	39	73	144	–	11	6	40
87	39	2	62	35	85	55	54	5	5	–	25
340	291	2	131	60	347	96	323	42	11	11	6
166	61	10	50	35	60	29	184	–	10	18	83
162	75	15	93	68	129	23	126	15	35	38	27
272	77	38	47	57	204	36	154	–	5	14	88
149	26	4	72	34	66	27	243	4	8	9	16
26	46	–	15	6	30	3	2	–	–	–	–
29	–	–	18	12	25	11	8	–	–	–	8
4	–	–	–	–	–	–	2	–	–	–	1
31	19	–	31	–	43	11	19	–	–	3	–
27	–	1	13	17	11	–	17	–	–	–	–
58	7	–	24	–	30	–	17	–	–	–	–
30	70	–	9	–	22	–	18	–	5	1	–
43	2	–	3	5	7	7	8	–	–	–	–
75	–	8	19	2	12	4	160	–	5	–	–
16	–	3	2	3	13	23	35	–	–	–	–
12	2	–	–	2	1	2	27	–	7	–	–

中等职业教育专任教师授课

省辖市直管县	专任教师授课情况									
	总计	本学年授课专任教师				本学年不授课专任教师				
		计	文化基础课	专业课、实习指导课		计	进修	病休	其他	共产党员
				计	其中：双师型					
河南省	**46091**	**45881**	**20950**	**24931**	**11590**	**210**	**39**	**28**	**143**	**17948**
郑州市	10187	10127	3800	6327	2584	60	–	3	57	4658
开封市	1623	1623	707	916	463	–	–	–	–	628
洛阳市	3074	3069	1415	1654	618	5	5	–	–	1190
平顶山市	1273	1271	574	697	271	2	–	–	2	686
安阳市	1654	1646	819	827	522	8	–	2	6	651
鹤壁市	708	708	226	482	306	–	–	–	–	304
新乡市	2114	2098	925	1173	645	16	7	9	–	736
焦作市	1741	1741	766	975	516	–	–	–	–	707
濮阳市	1688	1688	846	842	452	–	–	–	–	493
许昌市	2027	1982	891	1091	509	45	–	–	45	985
漯河市	1692	1684	680	1004	558	8	5	3	–	635
三门峡市	1069	1069	460	609	351	–	–	–	–	516
南阳市	4073	4025	1968	2057	848	48	20	–	28	1529
商丘市	2263	2263	1265	998	451	–	–	–	–	686
信阳市	2367	2367	1215	1152	519	–	–	–	–	728
周口市	2877	2861	1498	1363	594	16	–	11	5	867
驻马店市	1848	1848	952	896	532	–	–	–	–	746
济源示范区	377	377	178	199	136	–	–	–	–	110
巩义市	269	267	107	160	94	2	2	–	–	87
兰考县	71	71	60	11	1	–	–	–	–	21
汝州市	363	363	156	207	114	–	–	–	–	195
滑县	441	441	315	126	72	–	–	–	–	121
长垣市	487	487	221	266	144	–	–	–	–	182
邓州市	364	364	169	195	62	–	–	–	–	115
永城市	331	331	167	164	80	–	–	–	–	76
固始县	695	695	345	350	66	–	–	–	–	162
鹿邑县	255	255	134	121	46	–	–	–	–	71
新蔡县	160	160	91	69	36	–	–	–	–	63

和教职工、专任教师其他情况

| 教职工和专任教师其他情况 | | | | | | | | | | |
| 教职工 | | | | | 专任教师 | | | | | |
共青团员	民主党派	华侨	港澳台	少数民族	共产党员	共青团员	民主党派	华侨	港澳台	少数民族
2054	**315**	–	–	**338**	**14204**	**1489**	**262**	–	–	**233**
897	102	–	–	148	3337	517	78	–	–	98
9	41	–	–	13	445	8	30	–	–	12
68	8	–	–	16	984	65	8	–	–	12
35	13	–	–	9	524	28	9	–	–	4
7	28	–	–	9	603	6	28	–	–	9
29	16	–	–	–	228	15	16	–	–	–
25	19	–	–	13	601	25	18	–	–	9
–	18	–	–	11	547	–	15	–	–	10
46	18	–	–	3	354	40	10	–	–	2
77	11	–	–	10	831	56	11	–	–	8
93	6	–	–	23	526	48	6	–	–	10
8	11	–	–	1	417	8	11	–	–	–
407	9	–	–	50	1231	340	9	–	–	35
33	–	–	–	1	533	31	–	–	–	1
84	2	–	–	–	621	82	1	–	–	–
182	2	–	–	26	736	168	1	–	–	20
16	9	–	–	3	630	16	9	–	–	2
–	2	–	–	2	93	–	2	–	–	1
3	–	–	–	–	86	3	–	–	–	–
7	–	–	–	–	19	7	–	–	–	–
14	–	–	–	–	173	12	–	–	–	–
–	–	–	–	–	112	–	–	–	–	–
–	–	–	–	–	167	–	–	–	–	–
–	–	–	–	–	100	–	–	–	–	–
–	–	–	–	–	71	–	–	–	–	–
–	–	–	–	–	140	–	–	–	–	–
–	–	–	–	–	56	–	–	–	–	–
14	–	–	–	–	39	14	–	–	–	–

中等职业教育专任

省辖市直管县	接受培训专任教师	合计		国				
				计		国家级		省
		接受培训专任教师（人次）	培训时间（学时）	接受培训专任教师（人次）	培训时间（学时）	接受培训专任教师（人次）	培训时间（学时）	接受培训专任教师（人次）
河南省	**35697**	**94383**	**2965533**	**94379**	**2964761**	**2647**	**206251**	**11976**
郑州市	7582	26171	520204	26168	519544	377	19459	2606
开封市	1154	4072	99974	4072	99974	22	2046	196
洛阳市	2611	6442	150626	6442	150626	32	2142	513
平顶山市	954	2396	102138	2395	102026	115	5600	463
安阳市	1321	2228	143062	2228	143062	47	17386	144
鹤壁市	385	440	58955	440	58955	8	520	116
新乡市	1472	3573	113529	3573	113529	153	12172	591
焦作市	1389	3202	145996	3202	145996	57	2268	490
濮阳市	1430	3218	131610	3218	131610	80	17592	795
许昌市	1656	2834	90758	2834	90758	82	2740	561
漯河市	1226	3878	136062	3878	136062	170	9890	562
三门峡市	934	2233	68335	2233	68335	86	5510	353
南阳市	3507	8143	300143	8143	300143	358	20486	1110
商丘市	1335	2985	94396	2985	94396	43	3728	454
信阳市	1627	3650	128106	3650	128106	413	31396	295
周口市	2144	3882	183419	3882	183419	139	11702	560
驻马店市	1737	3735	131000	3735	131000	262	20383	906
济源示范区	327	700	24804	700	24804	18	2272	105
巩义市	264	324	18980	324	18980	18	3412	33
兰考县	72	2032	4288	2032	4288	49	1960	–
汝州市	348	667	26591	667	26591	8	1680	37
滑县	438	1925	110094	1925	110094	35	6800	351
长垣市	477	753	61520	753	61520	–	–	206
邓州市	364	3382	47991	3382	47991	–	–	67
永城市	331	650	33961	650	33961	46	3007	38
固始县	229	394	8533	394	8533	5	500	93
鹿邑县	223	314	18586	314	18586	11	1210	210
新蔡县	160	160	11872	160	11872	13	390	121

教 师 接 受 培 训 情 况

内							国(境)外	
级	地市级		县 级		校 级			
培训时间（学时）	接受培训专任教师（人次）	培训时间（学时）	接受培训专任教师（人次）	培训时间（学时）	接受培训专任教师（人次）	培训时间（学时）	接受培训专任教师（人次）	培训时间（学时）
884775	**11554**	**558490**	**12409**	**378291**	**55793**	**936954**	**4**	**772**
201505	2278	124531	3460	59320	17447	114729	3	660
16366	496	24952	375	20950	2983	35660	–	–
32800	750	25618	1426	25906	3721	64160	–	–
31462	179	11634	442	23072	1196	30258	1	112
14688	321	9670	324	14080	1392	87238	–	–
19507	64	2560	226	36160	26	208	–	–
40663	459	17542	350	7696	2020	35456	–	–
32038	800	67075	904	28168	951	16447	–	–
55792	209	5330	502	12678	1632	40218	–	–
23752	554	31296	145	3344	1492	29626	–	–
36340	1139	57966	215	2488	1792	29378	–	–
30897	362	16328	62	1012	1370	14588	–	–
76654	1001	57523	1033	18752	4641	126728	–	–
26598	660	20817	339	6905	1489	36348	–	–
23672	611	26192	465	16754	1866	30092	–	–
48096	372	13415	743	48326	2068	61880	–	–
38932	921	28782	377	15370	1269	27533	–	–
9660	45	1728	–	–	532	11144	–	–
6944	7	384	36	1260	230	6980	–	–
–	–	–	–	–	1983	2328	–	–
4848	143	7640	136	1360	343	11063	–	–
31508	15	1200	377	18578	1147	52008	–	–
32592	–	–	122	2624	425	26304	–	–
10276	105	5917	20	1698	3190	30100	–	–
13680	–	–	119	4196	447	13078	–	–
1863	63	390	112	3030	121	2750	–	–
13720	–	–	73	3004	20	652	–	–
9922	–	–	26	1560	–	–	–	–

中等职业学校占地面积及

省辖市直管县	占地面积(平方米)			图书(册)		
	计	其中		计	其中：当年新增	计
		绿化用地面积	运动场地面积			
河南省	**31636991**	**6408367**	**4277513**	**20712194**	**541951**	**209701**
郑州市	6032385	1357627	891457	5118260	189264	57511
开封市	1039948	155305	198359	956754	6868	7866
洛阳市	2079174	345979	352072	1151224	49991	16195
平顶山市	866546	215357	113936	493720	7018	5615
安阳市	1481351	479375	141702	544612	2190	6508
鹤壁市	248747	56689	51113	160782	2335	4411
新乡市	2369763	476236	221876	1012772	17737	11343
焦作市	1320757	298404	240530	1078340	10479	7999
濮阳市	1102810	208436	178237	822421	3811	8166
许昌市	1660099	317104	191642	778378	14655	7715
漯河市	987918	98283	117090	753518	48801	6838
三门峡市	561726	105217	92760	591966	450	4647
南阳市	2237980	378586	444118	2324271	29702	15704
商丘市	1615429	205008	192561	884406	17599	8256
信阳市	1799022	315379	134830	1198761	37597	7535
周口市	2065615	404319	224453	1048957	36267	10386
驻马店市	1518986	303956	177235	525614	22040	8100
济源示范区	210646	75400	5500	26883	–	1665
巩义市	119367	21400	31140	163246	36700	1049
兰考县	21988	3000	2900	260	–	24
汝州市	303382	52775	20090	156057	5112	2031
滑县	280286	84783	29320	118200	–	1410
长垣市	182057	34360	62650	130695	–	823
邓州市	647187	268125	62392	351220	1220	2786
永城市	109789	6530	17143	57921	115	805
固始县	263502	63948	40300	115704	2000	2938
鹿邑县	299052	59988	26132	61352	–	694
新蔡县	211482	16800	15976	85900	–	681

其他办学条件（总计:学校产权＋非学校产权独立使用）

计算机数(台)		教室(间)		固定资产总值(万元)		
其中:教学用计算机		计	其中:网络多媒体教室	计	其中:教学、实习仪器设备资产值	
计	其中:平板电脑				计	当年新增
169867	**8129**	**31441**	**15348**	**2000686.77**	**402951.00**	**47122.97**
45251	1644	7154	3694	436785.42	117192.60	11498.50
6224	12	1198	529	59379.86	12520.20	1012.17
12761	268	2606	1102	205651.63	31379.37	7617.59
4685	86	835	334	44801.32	10727.72	1024.81
5610	228	994	496	99800.48	18303.46	1061.96
3362	43	384	178	21014.16	9289.84	2037.52
9769	174	1501	803	67326.64	23545.05	2374.44
6867	450	1308	645	78408.25	14055.87	1197.67
5561	159	1164	563	50449.24	15639.76	487.40
6437	310	1384	853	49330.82	10883.30	2609.12
5880	745	991	463	44054.81	11533.81	760.68
4019	7	612	241	50199.89	9833.70	1696.86
12927	986	2395	1314	110149.25	29033.98	4653.33
6891	1176	1911	597	98286.28	13003.67	587.29
5715	343	1271	358	113853.98	14492.23	1906.36
8903	582	1910	975	139036.47	21744.46	2708.86
6784	699	1189	742	93489.28	13357.00	1633.99
1533	28	136	102	15043.43	6264.06	531.94
976	–	119	79	9567.15	2926.05	200.88
19	–	23	10	1944.00	109.00	1.00
1518	50	515	255	77177.70	1945.58	136.00
1321	1	155	19	12384.00	803.00	21.00
676	–	182	104	13542.00	5283.00	–
2026	57	398	273	53716.63	3362.17	492.25
766	–	207	91	9974.91	1684.17	29.35
2140	10	456	296	19232.51	2112.45	140.00
596	57	239	127	22330.26	1156.10	337.00
650	14	204	105	3756.40	769.40	365.00

中等职业学校占地面积及

省辖市直管县	占地面积(平方米)			图书(册)		
	计	其中		计	其中：当年新增	计
		绿化用地面积	运动场地面积			
河南省	**28476012**	**5813951**	**3900252**	**19612256**	**486522**	**200244**
郑州市	4763710	1176192	740863	4555264	138375	53611
开封市	841673	125885	184534	956754	6868	7698
洛阳市	2002807	336591	336238	1122634	49991	16050
平顶山市	866546	215357	113936	493720	7018	5615
安阳市	1477076	478775	140202	544612	2190	6508
鹤壁市	248747	56689	51113	160782	2335	4411
新乡市	2349863	475256	219226	1003970	17617	10773
焦作市	1235618	296777	200020	1078340	10479	7999
濮阳市	1085381	201566	170467	822421	3811	8166
许昌市	1486262	283673	184642	750378	12655	7152
漯河市	964247	92342	116090	753518	48801	6838
三门峡市	516016	102397	68370	591966	450	4647
南阳市	2072033	364605	412462	2293471	29502	15514
商丘市	1537494	173987	187060	884406	17599	8256
信阳市	1512622	282779	129330	1198761	37597	6900
周口市	2031185	403253	202562	1047427	36267	10386
驻马店市	1508986	303456	176235	525614	22040	8100
济源示范区	210646	75400	5500	26883	–	1665
巩义市	119367	21400	31140	163246	36700	1049
兰考县	10000	1000	400	260	–	24
汝州市	303382	52775	20090	156057	5112	2031
滑县	191486	74571	23770	48200	–	790
长垣市	182057	34360	62650	130695	–	823
邓州市	79787	38200	25600	–	–	688
永城市	109789	6530	17143	57921	115	805
固始县	258702	63348	38500	97704	1000	2518
鹿邑县	299052	59988	26132	61352	–	546
新蔡县	211482	16800	15976	85900	–	681

其他办学条件(学校产权)

计算机数(台)		教室(间)		固定资产总值(万元)		
其中:教学用计算机		计	其中:网络多媒体教室	计	其中:教学、实习仪器设备资产值	
计	其中:平板电脑				计	当年新增
162334	**7974**	**27766**	**14101**	**1878956.53**	**386309.40**	**45359.47**
42089	1549	5226	3115	401062.45	108234.14	11280.00
6084	12	988	449	54857.86	12168.20	982.17
12631	268	2543	1091	205318.03	31219.07	7617.59
4685	86	835	334	44801.32	10727.72	1024.81
5610	228	986	496	99747.81	18303.46	1061.96
3362	43	384	178	21014.16	9289.84	2037.52
9317	164	1455	791	66608.64	23230.05	2094.44
6867	450	1204	632	75056.70	14055.87	1197.67
5561	159	1138	563	50421.24	15639.76	487.40
6014	310	1247	808	47380.82	10015.30	2047.12
5880	745	927	451	42264.32	11531.81	758.68
4019	7	580	230	49027.89	9613.70	1696.86
12778	941	2088	1210	100966.83	27284.78	4641.33
6891	1176	1763	534	88291.79	12581.06	587.29
5384	343	1201	335	112752.93	13992.21	1906.36
8903	582	1863	962	138142.47	21692.46	2708.86
6784	699	1176	740	93259.28	13357.00	1633.99
1533	28	136	102	15043.43	6264.06	531.94
976	–	119	79	9567.15	2926.05	200.88
19	–	8	3	596.00	63.00	1.00
1518	50	515	255	77177.70	1945.58	136.00
721	1	109	13	7645.00	418.00	21.00
676	–	182	104	13542.00	5283.00	–
378	57	42	30	10016.63	1036.17	100.25
766	–	207	91	9974.91	1684.17	29.35
1750	5	401	273	18922.51	2087.45	133.00
488	57	239	127	21740.26	896.10	77.00
650	14	204	105	3756.40	769.40	365.00

中等职业学校占地面积及

省辖市直管县	占地面积（平方米）			图书（册）		
	计	其中		计	其中：当年新增	计
		绿化用地面积	运动场地面积			
河南省	**3160978**	**594416**	**377262**	**1099938**	**55429**	**9457**
郑州市	1268675	181435	150594	562996	50889	3900
开封市	198275	29420	13824	–	–	168
洛阳市	76367	9388	15834	28590	–	145
平顶山市	–	–	–	–	–	–
安阳市	4275	600	1500	–	–	–
鹤壁市	–	–	–	–	–	–
新乡市	19900	980	2650	8802	120	570
焦作市	85139	1627	40510	–	–	–
濮阳市	17429	6870	7770	–	–	–
许昌市	173837	33431	7000	28000	2000	563
漯河市	23671	5941	1000	–	–	–
三门峡市	45710	2820	24390	–	–	–
南阳市	165947	13981	31656	30800	200	190
商丘市	77935	31020	5500	–	–	–
信阳市	286400	32600	5500	–	–	635
周口市	34430	1066	21891	1530	–	–
驻马店市	10000	500	1000	–	–	–
济源示范区	–	–	–	–	–	–
巩义市	–	–	–	–	–	–
兰考县	11988	2000	2500	–	–	–
汝州市	–	–	–	–	–	–
滑县	88800	10212	5550	70000	–	620
长垣市	–	–	–	–	–	–
邓州市	567400	229925	36792	351220	1220	2098
永城市	–	–	–	–	–	–
固始县	4800	600	1800	18000	1000	420
鹿邑县	–	–	–	–	–	148
新蔡县	–	–	–	–	–	–

其他办学条件(非学校产权独立使用)

计算机数(台)		教室(间)		固定资产总值(万元)		
其中:教学用计算机		计	其中:网络多媒体教室	计	其中:教学、实习仪器设备资产值	
计	其中:平板电脑				计	当年新增
7533	**155**	**3675**	**1247**	**121730.24**	**16641.60**	**1763.50**
3162	95	1928	579	35722.97	8958.46	218.50
140	–	210	80	4522.00	352.00	30.00
130	–	63	11	333.60	160.30	–
–	–	–	–	–	–	–
–	–	8	–	52.67	–	–
–	–	–	–	–	–	–
452	10	46	12	718.00	315.00	280.00
–	–	104	13	3351.55	–	–
–	–	26	–	28.00	–	–
423	–	137	45	1950.00	868.00	562.00
–	–	64	12	1790.49	2.00	2.00
–	–	32	11	1172.00	220.00	–
149	45	307	104	9182.42	1749.20	12.00
–	–	148	63	9994.49	422.62	–
331	–	70	23	1101.05	500.02	–
–	–	47	13	894.00	52.00	–
–	–	13	2	230.00	–	–
–	–	–	–	–	–	–
–	–	–	–	–	–	–
–	–	15	7	1348.00	46.00	–
–	–	–	–	–	–	–
600	–	46	6	4739.00	385.00	–
–	–	–	–	–	–	–
1648	–	356	243	43700.00	2326.00	392.00
–	–	–	–	–	–	–
390	5	55	23	310.00	25.00	7.00
108	–	–	–	590.00	260.00	260.00
–	–	–	–	–	–	–

中等职业学校占地面积及

省辖市直管县	占地面积(平方米)			图书(册)		
	计	其中		计	其中：当年新增	计
		绿化用地面积	运动场地面积			
河南省	**11417620**	**2855682**	**1511627**	**8400285**	**197144**	**78190**
郑州市	2118885	543811	251703	2183305	39117	22186
开封市	453816	82145	115283	391879	1755	2698
洛阳市	1612197	257605	282700	864637	21620	11306
平顶山市	610439	199067	97924	402506	5615	4759
安阳市	153410	49844	32565	19387	–	85
鹤壁市	84699	21000	11200	110146	1575	2269
新乡市	513197	237253	26276	393712	15397	3978
焦作市	627092	183630	58712	356671	6459	3987
濮阳市	248001	57953	40365	40650	200	289
许昌市	794064	114014	74743	333322	1470	2463
漯河市	18704	5741	–	58504	45780	177
三门峡市	358382	84695	76885	446996	100	3503
南阳市	828884	170169	147127	1086725	2100	4955
商丘市	688507	71105	54135	170941	4804	2166
信阳市	158996	73985	28018	274786	30000	964
周口市	366143	106994	34784	387996	11036	1325
驻马店市	423829	142811	54310	299133	3284	2542
济源示范区	209367	75400	5500	10842	–	1431
巩义市	–	–	–	–	–	–
兰考县	–	–	–	–	–	–
汝州市	270709	49474	18291	133589	3612	1591
滑县	–	–	–	–	–	–
长垣市	–	–	–	–	–	–
邓州市	647187	268125	62392	351220	1220	2786
永城市	7862	562	2254	2615	–	127
固始县	223250	60298	36460	80723	2000	2603
鹿邑县	–	–	–	–	–	–
新蔡县	–	–	–	–	–	–

其他办学条件（普通中专学校:学校产权 + 非学校产权独立使用）

计算机数（台）		教室（间）		固定资产总值（万元）		
	其中:教学用计算机		其中：		其中:教学、实习仪器设备资产值	
计	其中：平板电脑	计	网络多媒体教室	计	计	当年新增
61360	**2138**	**11091**	**5813**	**796140.92**	**157258.94**	**16464.26**
16726	735	2308	1036	130304.72	40923.81	2093.39
1595	4	614	331	36383.97	5774.06	560.17
8194	128	1560	764	129984.17	24107.02	2546.51
4064	39	678	302	40660.65	9646.99	822.49
60	–	85	16	7434.36	588.80	295.80
1868	–	104	85	8664.99	4025.13	458.87
3537	40	354	209	20082.77	7793.65	925.51
3802	445	695	416	37849.48	9102.24	598.16
104	9	251	35	2515.55	555.31	8.95
1755	100	521	401	29838.95	4563.10	1374.12
54	–	50	7	1923.25	49.84	1.41
3055	5	388	199	31190.31	8095.53	1267.22
4207	32	699	424	48071.03	11754.67	2284.80
1760	260	608	94	23712.28	2800.39	151.38
818	106	136	90	8568.00	1284.00	205.00
1070	–	335	299	31125.00	5727.00	566.00
2113	90	338	238	44528.42	7184.01	1004.62
1383	28	130	100	14567.99	6211.25	527.94
–	–	–	–	–	–	–
–	–	–	–	–	–	–
1208	50	425	208	75358.34	1400.28	136.00
–	–	–	–	–	–	–
–	–	–	–	–	–	–
2026	57	398	273	53716.63	3362.17	492.25
123	–	26	6	2284.36	362.25	3.68
1838	10	388	280	17375.71	1947.45	140.00
–	–	–	–	–	–	–
–	–	–	–	–	–	–

中等职业学校占地面积及

省辖市直管县	占地面积（平方米）			图书（册）		
	计	其　中		计	其　中：当年新增	计
		绿化用地面积	运动场地面积			
河 南 省	**4540404**	**738579**	**617224**	**3339876**	**147166**	**30790**
郑 州 市	2646648	528127	425583	1780183	110084	17556
开 封 市	82573	7266	27550	92361	1378	791
洛 阳 市	109338	7045	12160	173805	27971	948
平顶山市	256107	16289	16012	91214	1403	856
安 阳 市	202729	10650	9700	50470	490	294
鹤 壁 市	－	－	－	－	－	－
新 乡 市	184483	40462	28751	68338	－	1923
焦 作 市	40368	3511	3690	169328	129	794
濮 阳 市	58698	15670	16870	34990	－	288
许 昌 市	163290	30862	10449	147961	30	961
漯 河 市	53818	7230	7510	126824	－	318
三门峡市	18762	870	1542	69361	－	224
南 阳 市	119417	13103	12740	193066	889	1681
商 丘 市	165947	27002	22107	127119	3435	1307
信 阳 市	224257	9770	6680	72140	360	830
周 口 市	－	－	－	－	－	－
驻马店市	83175	10750	9500	54222	882	683
济源示范区	1279	－	－	16041	－	234
巩 义 市	－	－	－	－	－	－
兰 考 县	10000	1000	400	260	－	20
汝 州 市	12673	300	800	17468	－	140
滑　　县	2810	680	600	25200	－	340
长 垣 市	14674	160	1000	4500	－	50
邓 州 市	－	－	－	－	－	－
永 城 市	15340	1532	2879	4525	115	312
固 始 县	－	－	－	－	－	－
鹿 邑 县	－	－	－	－	－	－
新 蔡 县	74017	6300	700	20500	－	240

其他办学条件（成人中专学校：学校产权＋非学校产权独立使用）

计算机数（台）		教室（间）		固定资产总值（万元）		
其中：教学用计算机					其中：教学、实习仪器设备资产值	
计	其中：平板电脑	计	其中：网络多媒体教室	计	计	当年新增
25221	**1019**	**5965**	**2371**	**259552.80**	**43202.14**	**3547.28**
14420	348	3582	1674	145257.02	25163.06	1968.54
704	2	130	96	2685.39	446.15	24.00
844	30	254	37	5969.50	1447.41	3.69
621	47	157	32	4140.66	1080.73	202.32
265	10	66	7	7903.83	1156.67	15.78
–	–	–	–	–	–	–
1746	1	257	121	15398.92	6959.27	25.40
565	1	76	21	2522.15	356.43	6.19
160	4	63	5	640.29	118.30	3.40
693	–	145	54	3267.87	1629.20	1120.00
281	10	43	12	3550.02	509.82	2.93
158	1	40	10	564.31	143.50	–
1306	504	209	58	4187.10	1096.98	46.91
1104	20	396	89	16130.02	1195.18	81.23
730	20	172	64	39198.41	577.88	6.88
–	–	–	–	–	–	–
530	6	201	63	3523.16	460.08	15.34
150	–	6	2	475.44	52.81	4.00
–	–	–	–	–	–	–
19	–	8	3	490.00	42.00	1.00
80	–	45	2	893.37	245.31	–
316	1	24	10	648.00	167.00	–
–	–	10	–	318.00	58.00	–
–	–	–	–	–	–	–
296	–	29	9	1178.36	135.36	4.68
–	–	–	–	–	–	–
–	–	–	–	–	–	–
233	14	52	2	611.00	161.00	15.00

中等职业学校占地面积及

省辖市直管县	占地面积（平方米）			图书（册）		
	计	其中		计	其中：当年新增	计
		绿化用地面积	运动场地面积			
河南省	15332957	2746862	2106782	8725661	195403	95788
郑州市	1214653	283483	209434	1075346	39863	15669
开封市	503559	65894	55526	472514	3735	4377
洛阳市	357639	81330	57212	112782	400	3941
平顶山市	—	—	—	—	—	—
安阳市	1125212	418881	99437	474755	1700	6129
鹤壁市	164048	35689	39913	50636	760	2142
新乡市	1637576	193021	165349	543472	2340	5286
焦作市	653296	111263	178128	552341	3891	3218
濮阳市	748111	119813	116202	731921	3611	7282
许昌市	702745	172228	106450	297095	13155	4291
漯河市	915396	85312	109580	568190	3021	6343
三门峡市	184582	19652	14333	75609	350	920
南阳市	1289679	195314	284251	1044480	26713	9068
商丘市	760975	106901	116318	586346	9360	4783
信阳市	1395122	228824	97716	830752	5829	5527
周口市	1581767	270220	167097	575466	24601	7230
驻马店市	1011981	150394	113425	172259	17874	4875
济源示范区	—	—	—	—	—	—
巩义市	119367	21400	31140	163246	36700	1049
兰考县	11988	2000	2500	—	—	4
汝州市	20000	3001	999	5000	1500	300
滑县	277476	84103	28720	93000	—	1070
长垣市	167383	34200	61650	126195	—	773
邓州市	—	—	—	—	—	—
永城市	86587	4436	12010	50781	—	366
固始县	36252	3000	3000	18976	—	75
鹿邑县	230097	46004	21116	39099	—	629
新蔡县	137465	10500	15276	65400	—	441

其他办学条件（职业高中学校：学校产权＋非学校产权独立使用）

计算机数（台）		教室（间）		固定资产总值（万元）		
其中：教学用计算机		计	其中：网络多媒体教室	计	其中：教学、实习仪器设备资产值	
计	其中：平板电脑				计	当年新增
79550	**4940**	**14000**	**6991**	**904464.42**	**194358.85**	**26550.84**
12705	561	1181	901	140877.14	44987.84	7043.56
3925	6	454	102	20310.50	6299.99	428.00
3723	110	792	301	69697.97	5824.95	5067.40
—	—	—	—	—	—	—
5285	218	843	473	84462.30	16557.99	750.38
1494	43	280	93	12349.17	5264.71	1578.65
4390	133	858	461	30182.70	8561.53	1423.53
2500	4	537	208	38036.62	4597.20	593.32
5017	135	822	507	46190.91	14561.65	475.05
3989	210	718	398	16224.00	4691.00	115.00
5545	735	898	444	38581.54	10974.15	756.34
806	1	184	32	18445.27	1594.67	429.64
7414	450	1487	832	57891.12	16182.32	2321.62
4027	896	907	414	58443.99	9008.10	354.68
3967	213	943	201	65309.41	12335.22	1561.34
6376	565	1408	632	93774.76	15210.76	2110.42
4141	603	650	441	45437.70	5712.91	614.03
—	—	—	—	—	—	—
976	—	119	79	9567.15	2926.05	200.88
—	—	15	7	1454.00	67.00	—
230	—	45	45	925.99	299.99	—
1005	—	131	9	11736.00	636.00	21.00
676	—	172	104	13224.00	5225.00	—
—	—	—	—	—	—	—
347	—	152	76	6512.19	1186.56	20.99
62	—	46	6	132.34	43.76	—
533	57	206	122	21552.26	1001.10	335.00
417	—	152	103	3145.40	608.40	350.00

中 等 职 业 学 校 校 舍

省辖市直管县	总 计	其 中		
		当年新增校 舍	危 房	被外单位借 用
河 南 省	**15769624**	**50051**	**648617**	**59754**
郑 州 市	3778345	10246	69188	2040
开 封 市	518237	–	3580	–
洛 阳 市	1282192	–	291840	–
平顶山市	340378	–	–	–
安 阳 市	501832	–	6620	28620
鹤 壁 市	158690	–	216	–
新 乡 市	690339	38605	–	–
焦 作 市	779823	–	51492	–
濮 阳 市	522215	–	2804	9109
许 昌 市	755205	–	–	–
漯 河 市	416882	–	15286	–
三门峡市	313620	–	–	–
南 阳 市	1199274	1200	110131	6136
商 丘 市	748415	–	1000	–
信 阳 市	718774	–	–	3812
周 口 市	1066798	–	42500	–
驻马店市	512947	–	–	–
济源示范区	119187	–	–	10037
巩 义 市	77713	–	24908	–
兰 考 县	8987	–	–	–
汝 州 市	270466	–	–	–
滑 县	89937	–	–	–
长 垣 市	165807	–	–	–
邓 州 市	299382	–	26100	–
永 城 市	74260	–	–	–
固 始 县	199656	–	2953	–
鹿 邑 县	112024	–	–	–
新 蔡 县	48238	–	–	–

建 筑 面 积 (总计:学校产权＋非学校产权独立使用)(一)

① 教 学 及 辅 助 用 房					
计	教 室	图书馆	实验室 实习场所	体育馆	会 堂
7196942	**3383581**	**564263**	**2737881**	**295805**	**215413**
1677693	784872	141350	627139	68202	56130
244288	115676	20061	84223	13480	10848
620949	311472	60629	222746	13964	12138
153014	74309	5681	64392	5671	2960
276494	133123	9637	109742	18437	5555
75065	26618	1760	46686	–	–
344407	179666	11789	143675	5171	4106
345595	125409	29566	140119	24823	25679
220781	114095	13781	85009	6076	1820
337012	131445	27187	162540	8507	7333
166247	89322	6560	64674	3600	2090
148583	66748	4084	67694	5649	4408
484848	240685	42904	152549	29226	19485
379939	210125	40257	102592	7246	19719
284313	139099	22441	98460	13332	10981
484493	221875	30248	206430	17390	8550
231454	116151	15576	85368	5646	8714
51968	24190	1849	25929	–	–
50235	14840	480	29615	3900	1400
3500	2900	–	600	–	–
171509	71924	19503	44428	28000	7655
41983	19500	2729	3104	16650	–
54613	17650	22219	14084	–	660
172164	52533	22121	93920	–	3590
33323	22569	517	9582	–	655
79283	43209	7374	28700	–	–
50852	25619	3807	19778	836	813
12340	7957	154	4104	–	125

中 等 职 业 学 校 校 舍

省辖市直管县	② 行政办公 用　房	③　　　生		
		计	学生宿舍 （公寓）	学生食堂
河 南 省	1039968	6309918	4330016	1025325
郑 州 市	212085	1702637	1284943	226987
开 封 市	43708	201400	129870	25224
洛 阳 市	98547	516763	355568	90215
平顶山市	22199	144942	103330	25392
安 阳 市	37998	178889	93818	25137
鹤 壁 市	15711	67589	47062	12504
新 乡 市	48619	242916	158047	63541
焦 作 市	55864	286273	200513	42471
濮 阳 市	26841	208814	129226	46313
许 昌 市	49695	261786	170128	50208
漯 河 市	19727	209692	160325	25337
三门峡市	24849	102548	68236	16181
南 阳 市	79827	445839	302500	74684
商 丘 市	58089	280790	209983	52305
信 阳 市	42589	296659	194244	47262
周 口 市	61193	438695	248180	57360
驻马店市	47655	197420	121430	50876
济源示范区	13746	38428	23122	7159
巩 义 市	7315	17753	10212	1408
兰 考 县	1787	2900	2200	700
汝 州 市	5200	61522	45404	12397
滑 　 县	9259	36769	26430	7620
长 垣 市	16454	63349	43135	6436
邓 州 市	12997	107514	65833	26445
永 城 市	4621	34187	25990	7788
固 始 县	13602	89071	64847	15077
鹿 邑 县	6583	51295	32198	5388
新 蔡 县	3209	23477	13241	2910

建 筑 面 积(总计:学校产权+非学校产权独立使用)(二)

活用房			④	⑤
教工宿舍(公寓)	教工食堂	生活福利及附属用房	教工住宅	其他用房
551257	**70735**	**332584**	**752745**	**470051**
126868	9622	54217	115648	70282
14770	2276	29259	22252	6590
39378	5380	26223	30968	14965
10539	200	5480	11035	9189
39731	2523	17680	1720	6730
6197	–	1826	–	326
8138	4905	8286	45122	9275
16039	2287	24964	47656	44435
16989	1930	14356	43848	21930
22725	7292	11433	55617	51096
11061	1048	11921	8025	13191
3054	400	14677	27263	10377
28708	7698	32249	128295	60465
13024	1738	3741	16763	12834
35547	4006	15600	70200	25013
105117	4194	23844	43060	39358
14069	4207	6838	35414	1004
5266	1445	1436	1294	13751
2400	600	3133	2300	110
–	–	–	–	800
2000	600	1120	17355	14880
1093	537	1089	1000	927
5751	200	7827	593	30798
10420	2386	2430	6708	–
409	–	–	1582	547
700	3612	4835	14300	3401
5015	1651	7044	2711	582
6250	–	1076	2016	7196

中 等 职 业 学 校

省辖市直管县	总计	① 教 学 及 辅 助 用 房					
		计	教室	图书馆	实验室实习场所	体育馆	会堂
河 南 省	14172750	6428378	3047388	491700	2455949	255054	178287
郑 州 市	3018463	1323397	626663	111777	492444	52504	40009
开 封 市	425704	189196	92654	11531	67963	10400	6648
洛 阳 市	1249312	607205	303613	59649	220781	12344	10818
平顶山市	340378	153014	74309	5681	64392	5671	2960
安 阳 市	500132	275344	132523	9537	109642	18437	5205
鹤 壁 市	158690	75065	26618	1760	46686	–	–
新 乡 市	679874	339498	175617	11529	143125	5121	4106
焦 作 市	719481	321245	115099	27706	131939	24823	21679
濮 阳 市	520385	219936	113250	13781	85009	6076	1820
许 昌 市	679242	315447	117880	26657	156190	8507	6213
漯 河 市	384251	162201	86740	6560	63361	3600	1940
三门峡市	299262	139983	63222	3541	65463	3349	4408
南 阳 市	1091242	438338	217970	38823	138198	27873	15475
商 丘 市	668050	339718	189905	39957	84692	7246	17919
信 阳 市	691566	272297	131084	21440	95460	13332	10981
周 口 市	1060156	481532	219889	30198	205970	17390	8085
驻马店市	511403	230490	115393	15490	85248	5646	8714
济源示范区	119187	51968	24190	1849	25929	–	–
巩 义 市	77713	50235	14840	480	29615	3900	1400
兰 考 县	1500	500	500	–	–	–	–
汝 州 市	270466	171509	71924	19503	44428	28000	7655
滑 县	50395	15714	14659	340	715	–	–
长 垣 市	165807	54613	17650	22219	14084	–	660
邓 州 市	63773	27696	4043	–	23653	–	–
永 城 市	74260	33323	22569	517	9582	–	655
固 始 县	191796	75723	41009	7214	27500	–	–
鹿 邑 县	112024	50852	25619	3807	19778	836	813
新 蔡 县	48238	12340	7957	154	4104	–	125

校 舍 建 筑 面 积(学校产权)

单位:平方米

② 行政办公用房	③ 生活用房						④ 教工住宅	⑤ 其他用房
	计	学生宿舍(公寓)	学生食堂	教工宿舍(公寓)	教工食堂	生活福利及附属用房		
947549	5639426	3869172	908009	493095	61523	307628	752745	404652
165573	1349767	1030257	169835	98118	6360	45197	115648	64079
41293	167373	105198	21847	10220	1896	28212	22252	5590
96397	500177	342886	87561	38528	5280	25923	30968	14565
22199	144942	103330	25392	10539	200	5480	11035	9189
37598	178739	93818	25137	39581	2523	17680	1720	6730
15711	67589	47062	12504	6197	–	1826	–	326
48439	237540	153251	63361	7738	4905	8286	45122	9275
51238	270207	188167	38881	15999	2197	24964	47656	29135
25896	208774	129226	46313	16989	1890	14356	43848	21930
47565	244446	156288	48008	22225	6792	11133	55617	16167
18506	188069	151783	22758	10941	771	1816	8025	7450
22947	98988	66336	15281	2814	400	14157	27263	10081
72039	392735	268062	67647	20763	6218	30045	128295	59835
55288	243447	178562	47362	12424	1538	3561	16763	12834
41555	282501	186204	44144	32547	4006	15600	70200	25013
60648	435559	245850	56654	105017	4194	23844	43060	39358
47075	197420	121430	50876	14069	4207	6838	35414	1004
13746	38428	23122	7159	5266	1445	1436	1294	13751
7315	17753	10212	1408	2400	600	3133	2300	110
1000	–	–	–	–	–	–	–	–
5200	61522	45404	12397	2000	600	1120	17355	14880
6652	26103	19309	5499	596	40	659	1000	927
16454	63349	43135	6436	5751	200	7827	593	30798
–	29369	26203	1586	–	–	1580	6708	–
4621	34187	25990	7788	409	–	–	1582	547
12802	85671	62647	13877	700	3612	4835	14300	3301
6583	51295	32198	5388	5015	1651	7044	2711	582
3209	23477	13241	2910	6250	–	1076	2016	7196

中 等 职 业 学 校 校 舍

省辖市直管县	总计	① 教 学 及 辅 助 用 房					
		计	教室	图书馆	实验室实习场所	体育馆	会堂
河南省	1596874	768564	336193	72563	281932	40751	37126
郑 州 市	759882	354296	158210	29572	134695	15698	16121
开 封 市	92533	55092	23022	8530	16260	3080	4200
洛 阳 市	32880	13744	7859	980	1965	1620	1320
平 顶 山 市	–	–	–	–	–	–	–
安 阳 市	1700	1150	600	100	100	–	350
鹤 壁 市	–	–	–	–	–	–	–
新 乡 市	10465	4909	4049	260	550	50	–
焦 作 市	60342	24350	10310	1860	8180	–	4000
濮 阳 市	1830	845	845	–	–	–	–
许 昌 市	75964	21565	13565	530	6350	–	1120
漯 河 市	32631	4046	2583	–	1313	–	150
三 门 峡 市	14358	8600	3526	543	2231	2300	–
南 阳 市	108032	46510	22715	4081	14351	1353	4010
商 丘 市	80365	40221	20220	300	17901	–	1800
信 阳 市	27208	12016	8015	1000	3000	–	–
周 口 市	6642	2961	1986	50	460	–	465
驻 马 店 市	1544	964	758	86	120	–	–
济 源 示 范 区	–	–	–	–	–	–	–
巩 义 市	–	–	–	–	–	–	–
兰 考 县	7487	3000	2400	–	600	–	–
汝 州 市	–	–	–	–	–	–	–
滑 县	39542	26269	4841	2389	2389	16650	–
长 垣 市	–	–	–	–	–	–	–
邓 州 市	235609	144468	48490	22121	70267	–	3590
永 城 市	–	–	–	–	–	–	–
固 始 县	7860	3560	2200	160	1200	–	–
鹿 邑 县	–	–	–	–	–	–	–
新 蔡 县	–	–	–	–	–	–	–

建 筑 面 积 (非学校产权独立使用)

单位:平方米

② 行政办公用房	③ 生 活 用 房						④ 教工住宅	⑤ 其他用房
	计	学生宿舍（公寓）	学生食堂	教工宿舍（公寓）	教工食堂	生活福利及附属用房		
92419	**670492**	**460845**	**117316**	**58162**	**9212**	**24956**	**－**	**65399**
46512	352870	254686	57152	28750	3262	9020	－	6203
2414	34027	24673	3377	4550	380	1047	－	1000
2150	16586	12682	2654	850	100	300	－	400
－	－	－	－	－	－	－	－	－
400	150	－	－	150	－	－	－	－
－	－	－	－	－	－	－	－	－
180	5376	4796	180	400	－	－	－	－
4626	16066	12346	3590	40	90	－	－	15300
945	40	－	－	－	40	－	－	－
2130	17340	13840	2200	500	500	300	－	34929
1221	21624	8543	2579	120	277	10105	－	5741
1902	3560	1900	900	240	－	520	－	296
7788	53104	34438	7037	7945	1480	2204	－	630
2801	37344	31421	4942	600	200	180	－	－
1034	14158	8039	3118	3000	－	－	－	－
545	3136	2330	706	100	－	－	－	－
580	－	－	－	－	－	－	－	－
－	－	－	－	－	－	－	－	－
－	－	－	－	－	－	－	－	－
787	2900	2200	700	－	－	－	－	800
－	－	－	－	－	－	－	－	－
2607	10666	7121	2121	497	497	430	－	－
－	－	－	－	－	－	－	－	－
12997	78145	39630	24859	10420	2386	850	－	－
－	－	－	－	－	－	－	－	－
800	3400	2200	1200	－	－	－	－	100
－	－	－	－	－	－	－	－	－
－	－	－	－	－	－	－	－	－

中 等 职 业 学 校 校 舍

省辖市直管县	总计	其 中		
		危房	当年新增校舍	被外单位借用
河 南 省	6083523	8328	60719	24061
郑 州 市	1255303	2300	2700	2040
开 封 市	275832	–	–	–
洛 阳 市	791259	–	27732	–
平顶山市	286332	–	–	–
安 阳 市	39539	–	–	–
鹤 壁 市	62568	–	216	–
新 乡 市	207351	4828	–	–
焦 作 市	380516	–	–	–
濮 阳 市	105770	–	–	9109
许 昌 市	327998	–	–	–
漯 河 市	27664	–	–	–
三门峡市	223452	–	–	–
南 阳 市	523923	1200	18	2875
商 丘 市	262027	–	1000	–
信 阳 市	127161	–	–	–
周 口 市	195620	–	–	–
驻马店市	171959	–	–	–
济源示范区	116912	–	–	10037
巩 义 市	–	–	–	–
兰 考 县	–	–	–	–
汝 州 市	241192	–	–	–
滑 县	–	–	–	–
长 垣 市	–	–	–	–
邓 州 市	299382	–	26100	–
永 城 市	8007	–	–	–
固 始 县	153756	–	2953	–
鹿 邑 县	–	–	–	–
新 蔡 县	–	–	–	–

建 筑 面 积 (普通中专学校:学校产权 + 非学校产权独立使用)(一)

单位:平方米

① 教 学 及 辅 助 用 房					
计	教室	图书馆	实 验 室 实习场所	体育馆	会堂
2776315	**1262055**	**216854**	**1068905**	**152018**	**76484**
543611	266367	69691	168366	25203	13983
127265	59911	7570	45385	10100	4300
348074	183039	12535	134971	8007	9523
135476	61736	3420	61689	5671	2960
33336	17680	150	540	14966	–
27275	8088	1292	17895	–	–
107054	52765	5539	42147	4861	1741
163444	59992	11493	70866	16823	4271
33835	13082	400	18403	1750	200
138464	43727	4209	89686	512	330
2586	1583	–	1003	–	–
99442	41817	1883	51253	1500	2990
205067	88785	16972	65129	27335	6847
130989	80295	10773	26691	3700	9531
45275	19519	9128	12978	1000	2650
101890	45316	4753	44733	3590	3498
86823	41036	13150	28637	–	4000
51453	23804	1720	25929	–	–
–	–	–	–	–	–
–	–	–	–	–	–
155493	61794	17882	42747	27000	6070
–	–	–	–	–	–
–	–	–	–	–	–
172164	52533	22121	93920	–	3590
3916	2680	–	1236	–	–
63383	36509	2174	24700	–	–
–	–	–	–	–	–
–	–	–	–	–	–

中 等 职 业 学 校 校 舍

省辖市直管县	② 行政办公 用　房	③　　生		
		计	学生宿舍 （公寓）	学生食堂
河 南 省	**359791**	**2285834**	**1618849**	**354905**
郑 州 市	62890	538617	409021	54993
开 封 市	18886	109291	67695	15780
洛 阳 市	71487	336131	232045	60106
平顶山市	15090	116435	89869	21122
安 阳 市	–	6203	4179	2024
鹤 壁 市	5318	29975	18612	5070
新 乡 市	11168	57055	44312	11630
焦 作 市	16473	126772	93169	12875
濮 阳 市	3785	49662	35689	13173
许 昌 市	23973	113245	77624	25068
漯 河 市	921	18417	6543	2189
三门峡市	16217	71430	47432	8031
南 阳 市	22716	169259	123739	22867
商 丘 市	23617	90295	74340	12899
信 阳 市	2758	41091	23678	5016
周 口 市	16956	60855	41714	6343
驻马店市	10000	75137	44520	17263
济源示范区	11986	38428	23122	7159
巩 义 市	–	–	–	–
兰 考 县	–	–	–	–
汝 州 市	2300	54164	41604	11249
滑　　县	–	–	–	–
长 垣 市	–	–	–	–
邓 州 市	12997	107514	65833	26445
永 城 市	652	2789	2263	526
固 始 县	9602	73071	51847	13077
鹿 邑 县	–	–	–	–
新 蔡 县	–	–	–	–

建 筑 面 积 (普通中专学校:学校产权+非学校产权独立使用)(二)

单位:平方米

活 用 房			④	⑤
教工宿舍 (公寓)	教工食堂	生活福利 及附属用房	教工住宅	其他用房
140777	**23960**	**147342**	**447076**	**214508**
44560	2907	27136	76205	33980
4437	1236	20143	18890	1500
30768	5320	7892	27752	7815
2597	200	2646	10935	8396
－	－	－	－	－
6197	－	96	－	－
－	260	853	29236	2840
6525	1595	12609	43264	30563
800	－	－	－	18488
3077	992	6484	52316	－
－	－	9685	－	5741
1530	280	14157	27263	9100
1550	905	20197	78431	48449
2481	50	525	11165	5960
3269	240	8888	32382	5655
5173	106	7519	9930	5989
10428	2926	－	－	－
5266	1445	1436	1294	13751
－	－	－	－	－
－	－	－	－	－
1000	－	310	14355	14880
－	－	－	－	－
－	－	－	－	－
10420	2386	2430	6708	－
－	－	－	650	－
700	3112	4335	6300	1401
－	－	－	－	－
－	－	－	－	－

中 等 职 业 学 校 校 舍

省辖市直管县	总 计	其 中		
		危 房	当年新增校 舍	被外单位借 用
河 南 省	**2566983**	**—**	**2965**	**4000**
郑 州 市	1790290	—	—	—
开 封 市	39768	—	—	—
洛 阳 市	66877	—	880	—
平顶山市	54046	—	—	—
安 阳 市	60270	—	—	4000
鹤 壁 市	—	—	—	—
新 乡 市	112887	—	—	—
焦 作 市	28289	—	—	—
濮 阳 市	12375	—	2085	—
许 昌 市	73536	—	—	—
漯 河 市	19015	—	—	—
三门峡市	7228	—	—	—
南 阳 市	55300	—	—	—
商 丘 市	76561	—	—	—
信 阳 市	82790	—	—	—
周 口 市	—	—	—	—
驻马店市	41409	—	—	—
济源示范区	2275	—	—	—
巩 义 市	—	—	—	—
兰 考 县	1500	—	—	—
汝 州 市	9274	—	—	—
滑 县	5270	—	—	—
长 垣 市	5205	—	—	—
邓 州 市	—	—	—	—
永 城 市	17254	—	—	—
固 始 县	—	—	—	—
鹿 邑 县	—	—	—	—
新 蔡 县	5566	—	—	—

建 筑 面 积（成人中专学校:学校产权＋非学校产权独立使用）（一）

单位:平方米

① 教 学 及 辅 助 用 房					
计	教 室	图书馆	实 验 室 实习场所	体育馆	会 堂
1109584	**576577**	**63436**	**385359**	**38591**	**45621**
766424	360886	45099	298271	32388	29780
13285	10575	742	1730	–	238
36404	24902	1885	6202	800	2615
17537	12573	2261	2703	–	–
35762	4133	254	30682	100	593
–	–	–	–	–	–
58370	27334	1949	28887	–	200
9724	7776	487	1041	–	420
5979	4689	145	220	–	925
17735	14385	2751	293	–	306
9010	6232	1670	508	–	600
5030	3936	183	911	–	–
26285	22117	1186	1497	138	1347
44567	32234	2681	5872	1495	2285
25270	14513	210	2961	3670	3916
–	–	–	–	–	–
16987	13866	990	1101	–	1030
515	386	129	–	–	–
–	–	–	–	–	–
500	500	–	–	–	–
7016	6129	121	180	–	585
1579	1344	100	135	–	–
1673	1138	196	339	–	–
–	–	–	–	–	–
7307	4708	337	1607	–	655
–	–	–	–	–	–
–	–	–	–	–	–
2625	2220	60	220	–	125

中 等 职 业 学 校 校 舍

省辖市直管县	② 行政办公 用　房	③　　　生		
		计	学生宿舍 （公寓）	学生食堂
河 南 省	**165975**	**1128914**	**817380**	**165771**
郑 州 市	83171	902927	674012	131673
开 封 市	6816	19537	11581	2155
洛 阳 市	4833	21981	15297	3439
平顶山市	7108	28507	13461	4270
安 阳 市	6840	15948	8165	1960
鹤 壁 市	–	–	–	–
新 乡 市	6436	35275	27409	6221
焦 作 市	5673	5936	2693	353
濮 阳 市	1942	3160	1200	450
许 昌 市	5934	6832	5692	900
漯 河 市	2260	6105	3250	1105
三门峡市	982	920	400	–
南 阳 市	7537	15929	11282	2464
商 丘 市	5572	23096	12453	5796
信 阳 市	5634	21400	15390	2366
周 口 市	–	–	–	–
驻马店市	7033	8549	5395	930
济源示范区	1760	–	–	–
巩 义 市	–	–	–	–
兰 考 县	1000	–	–	–
汝 州 市	900	1358	800	148
滑　　县	554	2137	1162	339
长 垣 市	1454	1485	1030	80
邓 州 市	–	–	–	–
永 城 市	2115	7832	6709	1123
固 始 县	–	–	–	–
鹿 邑 县	–	–	–	–
新 蔡 县	420	–	–	–

建 筑 面 积（成人中专学校：学校产权＋非学校产权独立使用）（二）

单位：平方米

活 用 房			④	⑤
教工宿舍（公寓）	教工食堂	生 活 福 利及附属用房	教工住宅	其他用房
97502	**8536**	**39725**	**79959**	**82552**
70485	4897	21861	24376	13391
–	–	5802	–	130
2021	60	1164	225	3434
7942	–	2834	100	793
5286	–	537	1720	–
–	–	–	–	–
1580	–	65	10596	2210
1872	192	826	1980	4976
1380	130	–	950	344
240	–	–	2401	40634
550	–	1200	1557	83
240	–	280	–	296
1731	–	452	4532	1016
2561	471	1815	–	3325
478	2366	800	19512	10974
–	–	–	–	–
540	280	1404	8400	440
–	–	–	–	–
–	–	–	–	–
–	–	–	–	–
–	100	310	–	–
596	40	–	1000	–
–	–	375	593	–
–	–	–	–	–
–	–	–	–	–
–	–	–	–	–
–	–	–	–	–
–	–	–	2016	505

中 等 职 业 学 校 校 舍

省辖市直管县	总　计	其　中		
		危　房	当年新增校　舍	被外单位借　用
河 南 省	**6897030**	**41723**	**584934**	**31693**
郑 州 市	657886	7946	66488	–
开 封 市	202638	–	3580	–
洛 阳 市	424056	–	263228	–
平顶山市	–	–	–	–
安 阳 市	402023	–	6620	24620
鹤 壁 市	96123	–	–	–
新 乡 市	337618	33777	–	–
焦 作 市	371018	–	51492	–
濮 阳 市	399050	–	719	–
许 昌 市	353672	–	–	–
漯 河 市	370203	–	15286	–
三门峡市	82940	–	–	–
南 阳 市	620052	–	110113	3261
商 丘 市	409827	–	–	–
信 阳 市	501797	–	–	3812
周 口 市	786169	–	42500	–
驻马店市	299579	–	–	–
济源示范区	–	–	–	–
巩 义 市	77713	–	24908	–
兰 考 县	7487	–	–	–
汝 州 市	20000	–	–	–
滑　　县	84667	–	–	–
长 垣 市	160602	–	–	–
邓 州 市	–	–	–	–
永 城 市	48999	–	–	–
固 始 县	39000	–	–	–
鹿 邑 县	101241	–	–	–
新 蔡 县	42672	–	–	–

— 604 —

建 筑 面 积 (职业高中学校:学校产权＋非学校产权独立使用)(一)

单位:平方米

	① 教 学 及 辅 助 用 房				
计	教 室	图书馆	实验室实习场所	体育馆	会 堂
3221669	**1494569**	**278376**	**1258354**	**100846**	**89524**
333822	143433	24908	147938	6761	10783
103737	45190	11749	37109	3380	6309
236471	103531	46210	81573	5157	–
–	–	–	–	–	–
207396	111310	9233	78520	3371	4962
47789	18530	468	28791	–	–
174073	95557	4151	71891	310	2165
172427	57641	17586	68212	8000	20988
176147	93805	12836	64885	4226	395
180813	73333	20227	72561	7995	6697
154651	81508	4890	63163	3600	1490
44110	20995	2018	15530	4149	1418
253495	129782	24746	85923	1753	11291
204382	97597	26803	70029	2051	7903
210422	103087	12557	82301	8262	4215
351823	155165	24846	154660	13800	3352
127644	61249	1436	55630	5646	3684
–	–	–	–	–	–
50235	14840	480	29615	3900	1400
3000	2400	–	600	–	–
9000	4000	1500	1500	1000	1000
40404	18156	2629	2969	16650	–
52940	16512	22023	13745	–	660
–	–	–	–	–	–
22100	15181	180	6739	–	–
10000	5000	3000	2000	–	–
45071	21030	3807	18586	836	813
9715	5737	94	3884	–	–

— 605 —

中 等 职 业 学 校 校 舍

省辖市直管县	② 行政办公 用　房	③　　　生		
		计	学生宿舍 （公寓）	学生食堂
河 南 省	**490478**	**2798743**	**1849138**	**475346**
郑 州 市	59952	235947	181994	38213
开 封 市	18006	72572	50595	7290
洛 阳 市	22227	158651	108226	26670
平顶山市	–	–	–	–
安 阳 市	31158	156738	81474	21153
鹤 壁 市	10393	37614	28450	7434
新 乡 市	28670	125360	81333	25456
焦 作 市	33718	153565	104651	29243
濮 阳 市	20915	155992	92337	32690
许 昌 市	19788	141709	86812	24240
漯 河 市	16546	185171	150533	22043
三门峡市	7650	30198	20404	8150
南 阳 市	49573	260652	167480	49353
商 丘 市	28900	167399	123189	33610
信 阳 市	33293	233208	154492	39604
周 口 市	32226	336555	190341	45212
驻马店市	30622	113734	71515	32684
济源示范区	–	–	–	–
巩 义 市	7315	17753	10212	1408
兰 考 县	787	2900	2200	700
汝 州 市	2000	6000	3000	1000
滑 　 县	8705	34632	25268	7281
长 垣 市	15000	61864	42105	6356
邓 州 市	–	–	–	–
永 城 市	1854	23566	17018	6139
固 始 县	3000	16000	13000	2000
鹿 邑 县	5391	47485	29268	4508
新 蔡 县	2789	23477	13241	2910

建 筑 面 积（职业高中学校：学校产权＋非学校产权独立使用）（二）

单位：平方米

活 用 房			④	⑤
教工宿舍（公寓）	教工食堂	生 活 福 利及附属用房	教工住宅	其他用房
296817	**33889**	**143553**	**224917**	**161223**
9490	1031	5220	15067	13099
10333	1040	3314	3362	4960
6589	–	17167	2991	3716
–	–	–	–	–
34445	2523	17144	–	6730
–	–	1730	–	326
6558	4645	7368	5291	4225
7642	500	11529	2412	8896
14809	1800	14356	42898	3098
19408	6300	4949	900	10462
10511	1048	1036	6468	7367
1284	120	240	–	981
25427	6792	11600	45332	11000
7982	1217	1401	5598	3548
31800	1400	5912	17513	7361
86117	524	14361	33130	32435
3101	1001	5434	27014	564
–	–	–	–	–
2400	600	3133	2300	110
–	–	–	–	800
1000	500	500	3000	–
497	497	1089	–	927
5751	200	7452	–	30798
–	–	–	–	–
409	–	–	932	547
–	500	500	8000	2000
5015	1651	7044	2711	582
6250	–	1076	–	6691

中等职业学校信息

省辖市直管县	总计							
	网络信息点数(个)		上网课程数(门)	数字资源量				接受过信息技术相关培训的专任教师(人次)
	计	其中：无线接入		电子图书(册)	电子期刊(册)	学位论文(册)	音视频(小时)	
河南省	**122484**	**33815**	**3509**	**5484546**	**307334**	**581293**	**225853**	**18530**
郑州市	35981	9650	1030	1278287	234653	577764	94316	2830
开封市	2466	1146	117	402641	216	–	14469	484
洛阳市	6745	1184	344	184338	243	–	7210	1170
平顶山市	2874	554	71	270	30	–	5480	814
安阳市	7641	590	128	149625	419	990	2246	1063
鹤壁市	2563	341	53	140331	2531	–	4963	149
新乡市	6449	1558	351	490593	8600	40	9666	782
焦作市	2622	1027	88	194206	10030	2	6375	432
濮阳市	4244	272	101	1171	270	1000	4584	733
许昌市	3669	1588	114	36955	–	–	4559	1054
漯河市	3487	607	143	9807	2811	320	1546	618
三门峡市	3007	1207	89	324458	10	5	9375	374
南阳市	8410	1117	202	1097765	32795	783	15753	1522
商丘市	617	187	65	8703	32	5	5878	656
信阳市	2926	1264	81	9405	–	–	3099	1326
周口市	13916	9710	209	367388	7710	212	4348	1097
驻马店市	3085	636	145	505861	6312	110	16426	1551
济源示范区	1056	55	11	53	80	–	415	62
巩义市	1518	267	1	630	62	–	6300	147
兰考县	–	–	–	–	–	–	300	6
汝州市	125	19	13	25800	5	12	1070	182
滑县	23	8	7	–	–	–	2555	274
长垣市	579	272	122	43500	525	50	115	293
邓州市	8243	528	–	210000	–	–	2156	465
永城市	–	–	3	737	–	–	2217	60
固始县	43	28	15	90	–	–	288	91
鹿邑县	195	–	6	1782	–	–	144	135
新蔡县	–	–	–	150	–	–	–	160

化 建 设 情 况（总计和普通中专学校）

信息化工作人员数	网络信息点数（个）		上网课程数（门）	数字资源量				接受过信息技术相关培训的专任教师（人次）	信息化工作人员数
				其中：普通中专学校					
	计	其中：无线接入		电子图书（册）	电子期刊（册）	学位论文（册）	音视频（小时）		
5125	51507	11462	1330	2799643	149592	225	93618	5013	1636
1264	12737	3043	288	393785	115514	118	47584	597	497
185	1546	633	102	115326	210	–	9118	98	80
353	4887	1137	278	179430	243	–	4979	550	248
132	2851	552	55	270	30	–	3917	667	103
221	2	2	1	–	–	–	158	5	2
42	270	70	6	140000	–	–	350	1	1
230	3966	1048	241	152650	8500	40	6623	254	92
175	1417	527	39	20914	10000	2	640	61	63
195	–	–	–	–	–	–	–	–	–
328	914	63	46	6000	–	–	3215	298	67
106	630	210	40	2400	2300	–	–	6	2
106	2794	1188	19	318407	5	–	875	248	64
409	4317	419	39	751380	210	–	2137	460	77
188	132	7	1	2658	–	5	1719	44	42
200	824	256	12	280	–	–	280	528	30
388	2752	1132	30	200000	–	–	780	120	36
175	2015	552	96	301301	6300	60	7000	335	52
35	1056	55	11	53	80	–	415	62	33
34	–	–	–	–	–	–	–	–	–
7	–	–	–	–	–	–	–	–	–
41	117	14	13	4300	–	–	560	124	31
32	–	–	–	–	–	–	–	–	–
58	–	–	–	–	–	–	–	–	–
14	8243	528	–	210000	–	–	2156	465	14
48	–	–	–	411	–	–	856	22	18
111	37	26	13	78	–	–	256	68	84
32	–	–	–	–	–	–	–	–	–
16	–	–	–	–	–	–	–	–	–

中 等 职 业 学 校 信 息

| 省辖市直管县 | 网络信息点数（个） | | 上网课程数（门） | 其中：成人中专学校 数字资源量 | | | | 接受过信息技术相关培训的专任教师（人次） |
	计	其中：无线接入		电子图书（册）	电子期刊（册）	学位论文（册）	音视频（小时）	
河南省	13037	5017	414	732954	8310	2620	71568.6	1910
郑州市	11984	4928	243	299200	8142	1656	38074	877
开封市	67	–	–	45735	–	–	1823	46
洛阳市	318	24	10	1175	–	–	855	49
平顶山市	23	2	16	–	–	–	1563	147
安阳市	51	1	26	50	60	900	5	29
鹤壁市	–	–	–	–	–	–	–	–
新乡市	33	1	8	150050	–	–	1630	17
焦作市	14	6	5	12	10	–	5075	37
濮阳市	–	–	–	–	–	–	214	11
许昌市	2	1	8	1000	–	–	1324	6
漯河市	3	3	–	180	–	–	130	39
三门峡市	8	1	66	5283	–	–	8240	37
南阳市	486	24	16	4622	85	14	3901	114
商丘市	3	2	–	3434	1	–	2582	109
信阳市	10	4	2	982	–	–	317	158
周口市	–	–	–	–	–	–	–	–
驻马店市	26	15	14	200945	12	50	5015.6	124
济源示范区	–	–	–	–	–	–	–	–
巩义市	–	–	–	–	–	–	–	–
兰考县	–	–	–	–	–	–	180	6
汝州市	8	5	–	20000	–	–	80	53
滑县	–	–	–	–	–	–	75	–
长垣市	1	–	–	–	–	–	–	5
邓州市	–	–	–	–	–	–	–	–
永城市	–	–	–	186	–	–	485	8
固始县	–	–	–	–	–	–	–	–
鹿邑县	–	–	–	–	–	–	–	–
新蔡县	–	–	–	100	–	–	–	38

化建设情况（成人中专和职业高中学校）

信息化工作人员数	其中：职业高中学校 网络信息点数（个） 计	其中：无线接入	上网课程数（门）	数字资源量 电子图书（册）	电子期刊（册）	学位论文（册）	音视频（小时）	接受过信息技术相关培训的专任教师（人次）	信息化工作人员数
597	**56793**	**16997**	**1700**	**1945559**	**149432**	**578448**	**55058**	**11346**	**2780**
357	10360	1379	452	585302	110997	575990	6658	1336	366
12	853	513	15	241580	6	–	3528	340	93
14	1540	23	56	3733	–	–	1376	571	91
29	–	–	–	–	–	–	–	–	–
4	7588	587	101	149575	359	90	2083	1029	215
–	2293	271	47	331	2531	–	4613	148	41
10	2330	499	102	187893	100	–	1063	511	128
21	1191	494	44	173280	20	–	660	334	91
1	4203	260	97	1040	270	1000	4010	722	189
5	2753	1524	60	29955	–	–	20	750	256
3	2854	394	103	7227	511	320	1416	573	101
21	205	18	4	768	5	5	260	89	21
31	3607	674	147	341763	32500	769	9715	948	301
36	482	178	64	2611	31	–	1577	503	110
10	2090	1003	61	3143	–	–	902	581	154
–	11100	8563	172	166162	1510	212	2290	821	309
21	1044	69	35	3615	–	–	4410	1092	102
2	–	–	–	–	–	–	–	–	–
–	1518	267	1	630	62	–	6300	147	34
3	–	–	–	–	–	–	120	–	4
4	–	–	–	1500	5	12	430	5	6
3	23	8	7	–	–	–	2480	274	29
–	578	272	122	43500	525	50	115	288	58
–	–	–	–	–	–	–	–	–	–
5	–	–	3	140	–	–	876	30	25
–	3	1	1	2	–	–	12	3	17
–	178	–	6	1759	–	–	144	129	28
5	–	–	–	50	–	–	–	122	11

中 等 职 业 教 育

省辖市直管县	机构数	示范性、重点中职校数				其他办学条				
		国家级重点	省部级重点	国家示范性	省部级示范性	专业实习场（所）（所）	定期公开出版的专业刊物数（种）	建立校园网（所）	计	拨号
河南省	**544**	**115**	**106**	**43**	**49**	**2833**	**8**	**351**	**507**	**–**
郑州市	108	24	13	7	10	1072	–	70	88	–
开封市	25	7	8	1	1	96	–	12	25	–
洛阳市	36	6	7	–	5	101	–	16	35	–
平顶山市	17	5	–	–	–	60	–	11	17	–
安阳市	13	3	5	2	1	49	–	7	12	–
鹤壁市	5	2	4	–	1	18	–	5	5	–
新乡市	25	5	8	–	1	103	1	19	24	–
焦作市	22	8	5	–	3	161	–	17	22	–
濮阳市	21	5	7	1	2	144	1	17	21	–
许昌市	25	7	2	1	1	56	1	14	21	–
漯河市	20	5	5	1	2	110	–	9	19	–
三门峡市	18	4	4	1	2	59	–	13	18	–
南阳市	78	1	8	–	3	256	–	48	71	–
商丘市	26	6	7	1	8	37	–	14	26	–
信阳市	21	8	2	–	3	74	–	13	21	–
周口市	24	5	11	1	1	158	5	23	24	–
驻马店市	23	8	4	–	2	53	–	16	21	–
济源示范区	3	1	1	–	1	82	–	2	3	–
巩义市	2	1	–	–	1	6	–	2	2	–
兰考县	2	–	–	–	–	2	–	2	2	–
汝州市	5	1	1	–	1	21	–	3	5	–
滑县	3	–	–	–	–	6	–	1	3	–
长垣市	2	1	–	–	–	61	–	1	2	–
邓州市	2	1	1	2	–	21	–	1	2	–
永城市	4	–	–	–	–	5	–	4	4	–
固始县	5	1	3	–	–	8	–	5	5	–
鹿邑县	5	–	–	–	–	12	–	2	5	–
新蔡县	4	–	–	1	–	2	–	4	4	–

其 他 基 本 情 况

件 情 况				接入互联网出口带宽(Mbps)	安全保卫人员	应届毕业生		上学年参加国家学生体质健康标准测试的人数(人)				
接入互联网校数(所)						就业人数	升学人数	计	优秀	良好	及格	不及格
ADSL	光纤	无线	其它									
－	503	4	－	115528	2537	157602	138216	815541	147256	352721	287644	27920
－	87	1	－	25422	725	48722	39609	191733	48191	81325	54716	7501
－	25	－	－	5250	96	4856	4474	31084	5610	18694	6277	503
－	35	－	－	10566	133	15618	10262	82833	11330	31132	34344	6027
－	17	－	－	3120	86	4303	3682	21192	3400	9603	6931	1258
－	12	－	－	3655	46	2708	6903	22755	2611	7320	10654	2170
－	5	－	－	1800	37	2672	1798	15921	1067	3056	9393	2405
－	24	－	－	6290	113	5461	6737	29197	2410	7942	17470	1375
－	22	－	－	8610	123	3501	6142	22529	1777	5473	13730	1549
－	21	－	－	3420	87	8162	5881	26809	4706	11627	8950	1526
－	21	－	－	3200	83	4255	4294	29484	6241	15501	7710	32
－	18	1	－	2810	71	4132	2626	24122	2925	12067	8955	175
－	18	－	－	2570	65	1854	1697	9036	2409	3037	3358	232
－	71	－	－	13525	279	9571	8784	68337	9688	30180	27334	1135
－	25	1	－	3550	86	5983	4970	40651	8006	20976	11105	564
－	21	－	－	4500	82	9105	7825	57642	11745	28260	16699	938
－	23	1	－	5350	160	6158	7269	45180	8144	24278	12381	377
－	21	－	－	3870	78	7008	5385	32693	6722	16034	9892	45
－	3	－	－	950	17	532	910	4984	111	866	4002	5
－	2	－	－	400	7	544	824	3764	617	2645	477	25
－	2	－	－	700	3	101	18	384	84	210	90	－
－	5	－	－	1030	36	5225	715	5614	1488	2718	1408	－
－	3	－	－	400	11	902	701	7661	1571	3500	2516	74
－	2	－	－	400	19	1360	1931	8061	1902	3843	2312	4
－	2	－	－	600	30	506	1310	9847	637	2117	7093	－
－	4	－	－	400	9	1083	449	4953	1164	2774	1015	－
－	5	－	－	2300	22	3207	2001	13764	1894	6143	5727	－
－	5	－	－	340	22	73	266	827	177	448	202	－
－	4	－	－	500	11	－	753	4484	629	952	2903	－

职 业 技 术 培 训 学 校

省辖市直管县	校数（所）			结业生数			注册学生数		
	计	其中		计	其中		计	其中	
		职工技术培训学校	农民技术培训学校		职工技术培训学校	农民技术培训学校		职工技术培训学校	农民技术培训学校
河南省	**5199**	**69**	**4339**	**739138**	**60394**	**591857**	**721053**	**53465**	**571372**
郑州市	838	1	586	222556	12476	182509	208476	12476	167565
开封市	19	4	15	35425	－	35425	42585	－	42585
洛阳市	431	1	429	56948	3100	46044	57058	3100	46154
平顶山市	－	－	－	－	－	－	－	－	－
安阳市	－	－	－	－	－	－	－	－	－
鹤壁市	－	－	－	－	－	－	－	－	－
新乡市	623	7	411	14574	1564	9227	25521	7058	11577
焦作市	616	－	603	56927		48636	39905	－	31614
濮阳市	－	－	－	－	－	－	－	－	－
许昌市	－	－	－	－	－	－	－	－	－
漯河市	167	1	166	6261	4601	1660	6261	4601	1660
三门峡市	671	1	589	169021	123	159301	169063	165	159301
南阳市	444	27	377	67341	12239	49284	71603	12303	53418
商丘市	94	6	23	11638	605	5320	19444	4195	5320
信阳市	22	1	19	3836	1553	－	3653	1247	369
周口市	1086	19	1067	41133	5197	35936	42101	8320	33781
驻马店市	10	－	3	10050	－	596	4471	－	－
济源示范区	－	－	－	－	－	－	－	－	－
巩义市	16	－	16	14000	－	14000	14000	－	14000
兰考县	－	－	－	－	－	－	－	－	－
汝州市	126	－	－	6573	－	－	12884	－	－
滑县	－	－	－	－	－	－	－	－	－
长垣市	－	－	－	11761	11761	－	－	－	－
邓州市	1	1	－	7175	7175	－	－	－	－
永城市	12	－	12	1202	－	1202	1202	－	1202
固始县	－	－	－	－	－	－	－	－	－
鹿邑县	－	－	－	－	－	－	－	－	－
新蔡县	23	－	23	2717	－	2717	2826	－	2826

（机构）基本情况

教职工 计	教职工 其中 职工技术培训学校	教职工 其中 农民技术培训学校	其中：专任教师 计	其中：专任教师 其中 职工技术培训学校	其中：专任教师 其中 农民技术培训学校	聘请校外教师	占地面积（平方米）	教学行政用房建筑面积（平方米）	图书（册）	固定资产总值（万元）
13242	**2036**	**5942**	**8611**	**1757**	**3478**	**5800**	**1502539.65**	**856010.87**	**590947**	**42887.84**
2242	8	500	903	5	418	1200	6667.00	2000.00	3600	760.20
459	–	459	74	–	74	–	102637.00	50109.00	70766	3375.70
901	83	652	508	63	319	36	35845.00	10760.00	32000	4310.00
–	–	–	–	–	–	–	–	–	–	–
–	–	–	–	–	–	–	–	–	–	–
–	–	–	–	–	–	–	–	–	–	–
2062	300	808	1687	271	671	173	713850.65	44723.87	70650	6859.78
1351	–	1130	623	–	425	787	–	–	–	–
–	–	–	–	–	–	–	–	–	–	–
–	–	–	–	–	–	–	–	–	–	–
499	146	353	408	140	268	–	97500.00	514760.00	5200	4066.00
804	38	450	483	29	187	1202	59940.00	2500.00	15400	7703.00
1606	587	865	1364	485	751	743	166828.00	107338.00	144281	4673.90
937	267	99	758	222	89	44	81626.00	16260.00	46450	6495.06
80	10	41	62	3	38	17	1700.00	1400.00	2000	280.00
353	218	135	229	160	69	1468	232358.00	89880.00	40600	4364.20
159	–	9	101	–	9	64	–	–	–	–
–	–	–	–	–	–	–	–	–	–	–
312	–	312	54	–	54	50	–	–	–	–
–	–	–	–	–	–	–	–	–	–	–
969	–	–	872	–	–	–	–	–	–	–
–	–	–	–	–	–	–	–	–	–	–
–	–	–	–	–	–	–	–	–	–	–
379	379	–	379	379	–	–	3588.00	16280.00	160000	–
22	–	22	14	–	14	16	–	–	–	–
–	–	–	–	–	–	–	–	–	–	–
–	–	–	–	–	–	–	–	–	–	–
107	–	107	92	–	92	–	–	–	–	–

成 人 中 小 学

省辖市直管县	校 数 （所）					毕（结）业学生数				
	计	成人中学		成人小学		计	成人中学		成人小学	
		职工中学	农民中学	职工小学	农民小学		职工中学	农民中学	职工小学	农民小学
河 南 省	389	–	67	–	322	54343	–	41722	–	12621
郑 州 市	–	–	–	–	–	–	–	–	–	–
开 封 市	–	–	–	–	–	–	–	–	–	–
洛 阳 市	–	–	–	–	–	–	–	–	–	–
平顶山市	–	–	–	–	–	–	–	–	–	–
安 阳 市	–	–	–	–	–	–	–	–	–	–
鹤 壁 市	–	–	–	–	–	–	–	–	–	–
新 乡 市	–	–	–	–	–	–	–	–	–	–
焦 作 市	–	–	–	–	–	–	–	–	–	–
濮 阳 市	–	–	–	–	–	–	–	–	–	–
许 昌 市	–	–	–	–	–	–	–	–	–	–
漯 河 市	–	–	–	–	–	–	–	–	–	–
三门峡市	–	–	–	–	–	–	–	–	–	–
南 阳 市	283	–	18	–	265	11282	–	497	–	10785
商 丘 市	–	–	–	–	–	–	–	–	–	–
信 阳 市	17	–	–	–	17	1836	–	–	–	1836
周 口 市	62	–	22	–	40	3312	–	3312	–	–
驻马店市	–	–	–	–	–	–	–	–	–	–
济源示范区	–	–	–	–	–	–	–	–	–	–
巩 义 市	–	–	–	–	–	–	–	–	–	–
兰 考 县	–	–	–	–	–	–	–	–	–	–
汝 州 市	–	–	–	–	–	–	–	–	–	–
滑 县	–	–	–	–	–	–	–	–	–	–
长 垣 市	–	–	–	–	–	–	–	–	–	–
邓 州 市	27	–	27	–	–	37913	–	37913	–	–
永 城 市	–	–	–	–	–	–	–	–	–	–
固 始 县	–	–	–	–	–	–	–	–	–	–
鹿 邑 县	–	–	–	–	–	–	–	–	–	–
新 蔡 县	–	–	–	–	–	–	–	–	–	–

基 本 情 况

注 册 学 生 数						教 职 工						聘请校外教师
计	成人中学			成人小学		计	成人中学	成人小学	其中:专任教师			
	职工中学	农民中学	其中:成人高中	职工小学	农民小学				计	成人中学	成人小学	
55159	**－**	**34131**	**－**	**－**	**21028**	**1236**	**784**	**452**	**1015**	**588**	**427**	**809**
－	－	－	－	－	－	－	－	－	－	－	－	－
－	－	－	－	－	－	－	－	－	－	－	－	－
－	－	－	－	－	－	－	－	－	－	－	－	－
－	－	－	－	－	－	－	－	－	－	－	－	－
－	－	－	－	－	－	－	－	－	－	－	－	－
－	－	－	－	－	－	－	－	－	－	－	－	－
－	－	－	－	－	－	－	－	－	－	－	－	－
－	－	－	－	－	－	－	－	－	－	－	－	－
－	－	－	－	－	－	－	－	－	－	－	－	－
－	－	－	－	－	－	－	－	－	－	－	－	－
11282	－	497	－	－	10785	353	117	236	343	114	229	60
－	－	－	－	－	－	－	－	－	－	－	－	－
1744	－	－	－	－	1744	35	－	35	31	－	31	－
11655	－	3156	－	－	8499	291	110	181	275	108	167	558
－	－	－	－	－	－	－	－	－	－	－	－	－
－	－	－	－	－	－	－	－	－	－	－	－	－
－	－	－	－	－	－	－	－	－	－	－	－	－
－	－	－	－	－	－	－	－	－	－	－	－	－
30478	－	30478	－	－	－	557	557	－	366	366	－	191
－	－	－	－	－	－	－	－	－	－	－	－	－
－	－	－	－	－	－	－	－	－	－	－	－	－

成 人 小 学 中 扫

省辖市直管县	学校数（所）	教学班（点）（个）	毕(结)业生数		注册
			计	其中：女	计
河 南 省	**20**	**20**	－	－	**2856**
郑 州 市	－	－	－	－	－
开 封 市	－	－	－	－	－
洛 阳 市	－	－	－	－	－
平顶山市	－	－	－	－	－
安 阳 市	－	－	－	－	－
鹤 壁 市	－	－	－	－	－
新 乡 市	－	－	－	－	－
焦 作 市	－	－	－	－	－
濮 阳 市	－	－	－	－	－
许 昌 市	－	－	－	－	－
漯 河 市	－	－	－	－	－
三门峡市	－	－	－	－	－
南 阳 市	－	－	－	－	－
商 丘 市	－	－	－	－	－
信 阳 市	－	－	－	－	－
周 口 市	20	20	－	－	2856
驻马店市	－	－	－	－	－
济源示范区	－	－	－	－	－
巩 义 市	－	－	－	－	－
兰 考 县	－	－	－	－	－
汝 州 市	－	－	－	－	－
滑 县	－	－	－	－	－
长 垣 市	－	－	－	－	－
邓 州 市	－	－	－	－	－
永 城 市	－	－	－	－	－
固 始 县	－	－	－	－	－
鹿 邑 县	－	－	－	－	－
新 蔡 县	－	－	－	－	－

盲班基本情况

学生数	教职工				聘请校外教师
其中：女	计	其中：女	其中：专任教师 计	其中：专任教师 其中：女	
1628	**78**	**43**	**73**	**39**	**103**
–	–	–	–	–	–
–	–	–	–	–	–
–	–	–	–	–	–
–	–	–	–	–	–
–	–	–	–	–	–
–	–	–	–	–	–
–	–	–	–	–	–
–	–	–	–	–	–
–	–	–	–	–	–
–	–	–	–	–	–
–	–	–	–	–	–
–	–	–	–	–	–
–	–	–	–	–	–
–	–	–	–	–	–
–	–	–	–	–	–
1628	78	43	73	39	103
–	–	–	–	–	–
–	–	–	–	–	–
–	–	–	–	–	–
–	–	–	–	–	–
–	–	–	–	–	–
–	–	–	–	–	–
–	–	–	–	–	–
–	–	–	–	–	–
–	–	–	–	–	–
–	–	–	–	–	–
–	–	–	–	–	–
–	–	–	–	–	–

技 工 学 校 基 本 情 况

省 辖 市	校 数 （所）	毕业生	招 生	在校生	教职工
河 南 省	**95**	**95568**	**115965**	**315146**	**12925**
郑 州 市	19	34132	35549	103903	2896
开 封 市	8	11980	15734	41165	1231
洛 阳 市	9	3979	7390	19904	653
平顶山市	8	7649	9688	26111	1134
安 阳 市	4	630	1416	3755	238
鹤 壁 市	2	1674	1859	6821	489
新 乡 市	5	7995	4804	17544	999
焦 作 市	4	2304	3989	9409	660
濮 阳 市	4	1891	3614	7043	463
许 昌 市	2	1444	2932	5908	665
漯 河 市	3	2540	3093	11033	395
三门峡市	4	5203	5362	10693	523
南 阳 市	11	2324	3872	7914	564
商 丘 市	3	967	2486	6460	244
信 阳 市	2	362	521	1429	132
周 口 市	2	2705	5915	12501	733
驻马店市	3	6820	6458	15561	660
济源示范区	2	969	1283	7992	246

注:本表数据由省统计局提供。

六、各县（市）区教育基本情况

学 前 教 育

省、市、县 (市)区名称	园数（所）			班数（个）	入园（班）人数		在园		
	计	公办	民办		计	其中：女	计	其中：女	托班
河南省	24274	6046	18228	166760	1265795	606762	4255848	2029820	120205
郑州市	1848	472	1376	15441	136406	65055	438680	207311	5997
中原区	166	41	125	1562	13590	6506	42174	20173	424
二七区	161	18	143	1342	11416	5453	33917	15987	871
管城回族区	136	13	123	1258	9243	4267	31648	14696	610
金水区	227	50	177	2279	20622	9809	62649	29434	1700
上街区	37	13	24	336	3168	1564	9051	4387	199
惠济区	85	5	80	654	5423	2566	15510	7147	258
中牟县	210	95	115	1550	13910	6658	51698	24460	534
巩义市	121	41	80	1210	10470	4973	34985	16693	118
荥阳市	171	46	125	1210	11109	5340	33729	16036	870
新密市	169	46	123	1141	11522	5513	35943	16903	–
新郑市	230	56	174	1843	15226	7110	56806	26509	154
登封市	135	48	87	1056	10707	5296	30570	14886	259
开封市	1290	300	990	7948	60965	28982	205870	97571	5979
龙亭区	129	18	111	913	7785	3679	22947	10640	1518
顺河回族区	44	15	29	333	2760	1284	9602	4556	572
鼓楼区	29	10	19	182	1304	603	4865	2237	273
禹王台区	27	7	20	169	1370	657	4543	2110	311
祥符区	171	55	116	1061	7499	3468	26451	12421	988
杞县	198	41	157	1408	11413	5483	35293	16832	548
通许县	155	50	105	883	5769	2832	22111	10643	544
尉氏县	270	25	245	1486	9605	4568	40898	19541	637
兰考县	267	79	188	1513	13460	6408	39160	18591	588
洛阳市	1371	236	1135	10431	65865	31977	272534	131692	17391
老城区	39	2	37	318	1895	921	7919	3768	517
西工区	57	11	46	462	3229	1582	12952	6300	809
瀍河回族区	41	7	34	297	1577	772	6905	3270	155
涧西区	82	23	59	705	4748	2341	19261	9220	1186
吉利区	20	4	16	124	814	395	3290	1536	371
洛龙区	142	55	87	1239	8128	3916	31239	15030	1152
孟津县	75	24	51	563	3941	1927	15101	7384	517
新安县	68	16	52	533	2803	1353	13982	6709	514
栾川县	43	27	16	451	3813	1850	12872	6046	237
嵩县	142	16	126	951	6132	3020	24564	11877	1177
汝阳县	105	7	98	801	3804	1833	21287	10265	1168
宜阳县	159	18	141	1100	7066	3359	27253	13269	3217
洛宁县	106	3	103	599	4161	2000	15608	7548	2057
伊川县	190	15	175	1452	8706	4275	37844	18560	1776
偃师市	102	8	94	836	5048	2433	22457	10910	2538
平顶山市	1697	408	1289	9001	60726	28939	228737	108995	1998
新华区	102	14	88	664	4246	2043	17925	8468	239
卫东区	99	29	70	609	4404	2158	14892	7084	111
石龙区	16	1	15	80	402	193	1758	833	–

基　本　情　况(总计)(一)

(班)人数			离园(班)人数		教职工				代课教师	兼任教师
小班	中班	大班	计	其中：女	计	其中：女	园长	专任教师		
1083790	**1308452**	**1743401**	**1622537**	**770559**	**407690**	**378599**	**27751**	**234130**	**14404**	**1263**
121295	**142752**	**168636**	**135396**	**63958**	**59366**	**54365**	**2373**	**31717**	**2168**	**149**
10758	15241	15751	12237	5808	6429	6033	209	3467	19	7
8493	12049	12504	10924	5127	5275	4954	232	2855	24	17
7305	10937	12796	8854	4184	5221	4809	202	2861	–	31
18472	20782	21695	18260	8595	10067	9100	325	5320	128	17
2774	2863	3215	3062	1474	1373	1286	54	758	–	–
4497	5429	5326	4925	2288	2614	2381	113	1480	9	14
14034	15850	21280	15557	7381	4424	4133	233	2598	802	10
9793	10416	14658	10165	4852	4345	3870	179	2111	–	–
10771	10658	11430	9019	4295	4563	4170	253	2369	209	29
10627	11402	13914	11723	5650	4383	3941	166	2303	219	–
15027	17597	24028	19634	9044	6768	6117	245	3729	587	–
8744	9528	12039	11036	5260	3904	3571	162	1866	171	24
53264	**64175**	**82452**	**82568**	**39024**	**21335**	**19648**	**1462**	**11544**	**236**	**30**
6903	7010	7516	7647	3474	3441	3172	176	1736	47	14
2986	2860	3184	3146	1453	1407	1306	55	740	39	1
1478	1463	1651	1526	748	693	654	39	410	27	1
1370	1393	1469	1578	695	621	577	31	298	8	–
6843	8292	10328	10582	5021	2747	2539	195	1361	–	1
10188	11340	13217	14210	6840	2732	2541	223	1753	16	7
5137	6482	9948	9743	4663	2064	1837	169	1063	60	2
8863	12847	18551	16841	8025	4127	3763	284	2287	18	–
9496	12488	16588	17295	8105	3503	3259	290	1896	21	4
71529	**82116**	**101498**	**88474**	**43113**	**28861**	**26930**	**1818**	**15573**	**864**	**41**
2286	2401	2715	1565	799	1180	1113	59	631	21	–
3607	4270	4266	3797	1795	1764	1655	96	1020	58	–
1952	2421	2377	1583	733	1120	1042	67	580	3	1
5614	6453	6008	5379	2525	2955	2761	119	1611	7	3
1053	915	951	993	490	441	420	27	204	2	–
8173	9737	12177	11537	5649	4314	4017	212	2159	–	5
3989	4419	6176	5227	2590	1450	1379	91	824	21	4
3281	4282	5905	4367	2147	1343	1251	98	560	341	2
3800	4156	4679	4693	2224	1020	968	57	645	313	19
6328	7451	9608	9688	4761	1925	1827	177	1118	41	4
4732	6231	9156	6878	3428	1437	1369	129	945	7	–
7267	7460	9309	8135	3893	2512	2360	181	1340	2	1
4056	4479	5016	5183	2624	1538	1459	122	941	6	–
9099	10777	16192	13460	6604	3675	3353	251	1965	26	2
6292	6664	6963	5989	2851	2187	1956	132	1030	16	–
56593	**71972**	**98174**	**87898**	**41422**	**23891**	**22150**	**1898**	**13544**	**856**	**19**
4760	6051	6875	5488	2625	2716	2491	139	1452	–	3
3751	4779	6251	4071	1762	2151	2035	138	1191	–	–
402	571	785	657	313	190	179	22	123	–	–

学 前 教 育

省、市、县(市)区名称	园数(所)			班数(个)	入园(班)人数		在园		
	计	公办	民办		计	其中:女	计	其中:女	托班
湛 河 区	69	9	60	503	3250	1571	12797	6104	50
宝 丰 县	184	17	167	907	6161	2908	21695	10437	198
叶 县	322	127	195	1435	7926	3749	34603	16343	282
鲁 山 县	229	51	178	1192	10493	4994	34191	16365	451
郏 县	125	26	99	747	7535	3557	22433	10863	340
舞 钢 市	100	44	56	578	3269	1582	14485	6912	304
汝 州 市	451	90	361	2286	13040	6184	53958	25586	23
安 阳 市	**1801**	**312**	**1489**	**10018**	**63431**	**30564**	**224061**	**107225**	**9266**
文 峰 区	98	4	94	771	6568	3133	18991	8965	815
北 关 区	98	9	89	551	4061	1888	12200	5563	784
殷 都 区	226	33	193	1090	8383	4097	22765	10783	1140
龙 安 区	56	15	41	341	2458	1135	7989	3662	455
安 阳 县	206	26	180	924	4168	1999	18153	8701	1789
汤 阴 县	252	88	164	941	5752	2823	19525	9628	243
滑 县	386	32	354	2631	14407	6918	59518	28540	1037
内 黄 县	253	63	190	1292	8381	4013	30733	14789	1454
林 州 市	226	42	184	1477	9253	4558	34187	16594	1549
鹤 壁 市	**477**	**94**	**383**	**2693**	**16934**	**8225**	**59487**	**28733**	**3041**
鹤 山 区	14	7	7	62	274	136	1380	670	87
山 城 区	47	23	24	268	1523	746	5749	2738	97
淇 滨 区	108	21	87	754	5953	2863	16862	8206	480
浚 县	181	20	161	1157	6349	3064	25505	12317	1970
淇 县	127	23	104	452	2835	1416	9991	4802	407
新 乡 市	**2114**	**430**	**1684**	**11527**	**68217**	**32707**	**268773**	**127251**	**10626**
红 旗 区	114	14	100	915	8657	4234	22741	10667	1446
卫 滨 区	55	7	48	447	2438	1151	11318	5223	624
凤 泉 区	44	10	34	277	1104	524	6897	3223	416
牧 野 区	69	10	59	541	2852	1399	13323	6343	894
新 乡 县	112	37	75	639	3520	1659	14691	6868	1271
获 嘉 县	116	33	83	695	4111	1952	14642	6885	–
原 阳 县	273	70	203	1305	8399	4048	32131	15349	1713
延 津 县	204	49	155	831	4332	2063	17989	8616	714
封 丘 县	345	74	271	1504	9816	4782	36208	17328	62
卫 辉 市	250	18	232	908	4100	1959	18260	8616	210
辉 县 市	248	45	203	1687	9187	4391	37520	17725	2286
长 垣 市	284	63	221	1778	9701	4545	43053	20408	990
焦 作 市	**853**	**147**	**706**	**6331**	**38660**	**18707**	**150949**	**72724**	**11145**
解 放 区	70	3	67	510	2625	1245	12451	5925	365
中 站 区	20	2	18	192	1493	736	4659	2273	369
马 村 区	14	1	13	182	1045	527	4925	2373	511
山 阳 区	127	20	107	886	6530	3156	20603	9713	1404
修 武 县	73	14	59	496	2402	1144	11500	5430	1366
博 爱 县	100	22	78	653	3571	1716	14016	6766	1463
武 陟 县	197	37	160	1315	8350	3881	29816	14042	1093

基 本 情 况（总计）（二）

（班）人数			离园（班）人数		教 职 工				代课教师	兼任教师
小班	中班	大班	计	其中：女	计	其中：女	园长	专任教师		
3433	4295	5019	3409	1579	1796	1670	105	911	9	1
6111	6831	8555	9612	4496	2387	2144	217	1273	142	–
7434	10587	16300	14879	6965	3551	3305	316	1721	10	–
8334	11004	14402	14663	7000	2762	2557	243	1662	257	–
6402	7026	8665	8431	4046	2002	1858	147	1331	80	10
3355	4156	6670	5314	2476	1405	1308	102	822	275	4
12611	16672	24652	21374	10160	4931	4603	469	3058	83	1
59768	**69225**	**85802**	**86356**	**40577**	**22386**	**21023**	**1934**	**11912**	**1366**	**71**
5884	6049	6243	6199	2817	2941	2738	127	1538	99	–
3718	3775	3923	4402	2057	1874	1741	137	898	87	10
6100	6911	8614	9182	4243	2802	2644	240	1356	200	12
2434	2537	2563	2831	1297	1068	1010	59	546	91	–
4718	5398	6248	7899	3613	2124	1984	234	1023	19	23
5019	6182	8081	8294	3896	2116	1997	213	1070	150	2
15721	18946	23814	23204	10939	3923	3698	406	2344	418	–
8361	9647	11271	11257	5381	3276	3044	268	1820	42	6
7813	9780	15045	13088	6334	2262	2167	250	1317	260	18
16023	**18416**	**22007**	**21938**	**10203**	**7170**	**6641**	**581**	**3853**	**319**	**9**
336	374	583	588	277	169	161	17	66	–	2
1286	1723	2643	2123	1017	829	780	80	396	–	2
4800	5282	6300	5876	2632	2657	2475	151	1348	121	1
6787	7797	8951	8561	4069	2295	2096	202	1348	147	4
2814	3240	3530	4790	2208	1220	1129	131	695	51	–
67421	**83765**	**106961**	**93295**	**43601**	**29093**	**27210**	**2360**	**16395**	**906**	**44**
5966	7511	7818	6860	3233	3567	3297	175	1939	8	6
2818	3593	4283	4107	1967	1561	1439	89	832	133	–
1591	2036	2854	1944	892	841	794	48	440	14	–
3427	4372	4630	3762	1690	1879	1703	110	1032	–	–
3791	4306	5323	4649	2127	1886	1717	116	1002	–	–
4310	4660	5672	6441	2997	1137	1094	124	744	191	–
8628	9887	11903	10419	4815	2738	2541	267	1548	315	2
4789	5561	6925	6395	2985	1814	1674	209	1051	23	–
8676	11544	15926	12190	5810	3555	3351	335	1978	16	28
4469	5686	7895	6992	3345	1968	1854	266	845	–	–
9227	11041	14966	12853	6106	3907	3679	317	2323	147	7
9729	13568	18766	16683	7634	4240	4067	304	2661	59	1
42490	**46415**	**50899**	**46497**	**22032**	**16969**	**15719**	**1061**	**8869**	**655**	**23**
3055	4205	4826	3027	1438	2048	1904	106	1033	–	5
1238	1421	1631	1518	699	614	573	37	290	–	4
1405	1475	1534	1373	632	661	594	21	322	–	–
5207	6467	7525	5963	2873	2741	2579	179	1479	185	6
3178	3259	3697	3482	1652	1195	1075	96	642	138	4
3858	4128	4567	4436	2074	1777	1666	124	791	9	–
9219	9572	9932	10559	4874	3230	2993	209	1817	4	1

学 前 教 育

省、市、县(市)区名称	园数(所)			班数(个)	入园(班)人数		在园		
	计	公办	民办		计	其中:女	计	其中:女	托班
温 县	70	17	53	748	4496	2235	18129	8897	1662
沁 阳 市	101	4	97	820	4388	2260	20976	10501	2105
孟 州 市	81	27	54	529	3760	1807	13874	6804	807
濮 阳 市	**1079**	**305**	**774**	**6977**	**58485**	**27588**	**175831**	**83187**	**6614**
华 龙 区	244	39	205	1645	12448	5789	42210	19514	2488
清 丰 县	211	24	187	1296	9012	4298	28922	13849	1872
南 乐 县	136	28	108	990	8708	4139	24629	11771	918
范 县	142	50	92	801	8826	4161	21466	10293	446
台 前 县	63	27	36	450	4534	2128	13869	6426	26
濮 阳 县	283	137	146	1795	14957	7073	44735	21334	864
许 昌 市	**1221**	**211**	**1010**	**7441**	**52032**	**25587**	**190704**	**92043**	**3830**
魏 都 区	82	11	71	771	8960	4427	24266	11788	–
建 安 区	192	10	182	1205	8558	4303	31831	15591	175
鄢 陵 县	201	53	148	1066	6441	3136	28093	13326	437
襄 城 县	166	22	144	968	7228	3625	27018	13251	405
禹 州 市	388	90	298	2145	13851	6786	48224	23245	1198
长 葛 市	192	25	167	1286	6994	3310	31272	14842	1615
漯 河 市	**582**	**226**	**356**	**3516**	**30643**	**14962**	**98424**	**47482**	**1662**
源 汇 区	61	24	37	536	4584	2186	16555	7779	133
郾 城 区	104	42	62	722	6425	3157	20564	10160	188
召 陵 区	135	29	106	823	6723	3346	22210	10657	432
舞 阳 县	108	22	86	660	6328	3010	18098	8689	660
临 颍 县	174	109	65	775	6583	3263	20997	10197	249
三 门 峡 市	**446**	**126**	**320**	**3097**	**26646**	**13048**	**80512**	**39042**	**2519**
湖 滨 区	72	11	61	561	5621	2674	15982	7700	640
陕 州 区	45	30	15	319	2812	1380	8045	3945	313
渑 池 县	89	25	64	495	4330	2180	11782	5787	664
卢 氏 县	63	29	34	437	3876	1905	12138	5851	–
义 马 市	21	5	16	200	1401	698	5389	2618	501
灵 宝 市	156	26	130	1085	8606	4211	27176	13141	401
南 阳 市	**2301**	**699**	**1602**	**16656**	**134526**	**63723**	**403450**	**190136**	**14854**
宛 城 区	157	28	129	1406	12334	5803	35178	16182	2571
卧 龙 区	360	135	225	1832	13058	6151	45188	21068	3140
南 召 县	142	26	116	865	8293	4049	22979	10951	581
方 城 县	117	24	93	1578	10532	5034	40470	19619	1981
西 峡 县	113	37	76	902	6119	2864	18451	8573	–
镇 平 县	197	42	155	1419	12661	5995	33889	16115	562
内 乡 县	184	84	100	1026	8555	3942	23118	10615	1043
淅 川 县	121	24	97	980	8070	3762	24508	11353	391
社 旗 县	126	23	103	903	10353	4990	24503	11796	222
唐 河 县	219	24	195	1649	10348	4841	39443	18482	1780
新 野 县	85	23	62	852	7472	3636	18483	8700	310
桐 柏 县	84	30	54	574	4885	2398	14159	6836	492
邓 州 市	396	199	197	2670	21846	10258	63081	29846	1781

— 626 —

基 本 情 况 (总计) (三)

（班）人 数			离园（班）人数		教 职 工				代课教师	兼任教师
小班	中班	大班	计	其中：女	计	其中：女	园长	专任教师		
5003	5364	6100	5672	2717	1249	1160	79	777	70	1
6016	6333	6522	6281	3032	2168	2023	120	1100	197	—
4311	4191	4565	4186	2041	1286	1152	90	618	52	2
49693	**55998**	**63526**	**65256**	**30156**	**17448**	**16448**	**1346**	**9887**	**705**	**9**
12081	13030	14611	14042	6338	5698	5402	356	3035	313	3
8097	8811	10142	11588	5190	3018	2863	261	1738	196	2
6477	8182	9052	10641	5086	2062	1918	166	1153	53	—
6306	7005	7709	6972	3253	1902	1799	172	1203	38	—
4450	4631	4762	4574	2060	1053	996	78	564	35	1
12282	14339	17250	17439	8229	3715	3470	313	2194	70	3
46908	**59000**	**80966**	**72645**	**33950**	**21126**	**19414**	**1145**	**11688**	**79**	**25**
5879	7669	10718	9123	4167	3022	2759	79	1655	64	4
7350	9978	14328	11551	5312	3664	3256	183	1763	2	5
5988	8482	13186	11855	5503	2549	2367	192	1599	6	—
6585	8778	11250	10766	5092	2605	2413	150	1517	1	—
14048	14957	18021	18799	9057	5469	5114	361	3101	—	—
7058	9136	13463	10551	4819	3817	3505	180	2053	6	16
22689	**29549**	**44524**	**37336**	**17938**	**10142**	**9221**	**661**	**5592**	**531**	**25**
3324	4919	8179	5885	2847	1737	1584	86	974	12	—
4985	6228	9163	6950	3276	2291	2112	139	1330	302	18
4706	6496	10576	7523	3663	2329	2136	154	1315	77	7
4261	5346	7831	8148	3886	1748	1566	131	818	44	—
5413	6560	8775	8830	4266	2037	1823	151	1155	96	—
25457	**24802**	**27734**	**25759**	**12627**	**9563**	**8842**	**580**	**5563**	**524**	**7**
5143	5097	5102	4867	2403	2186	2057	126	1215	12	2
2702	2418	2612	2485	1208	933	846	52	560	71	2
3642	3709	3767	3296	1612	1324	1235	103	799	95	3
3242	3673	5223	4771	2388	981	914	77	536	346	—
1503	1577	1808	2010	964	609	588	30	332	—	—
9225	8328	9222	8330	4052	3530	3202	192	2121	—	—
97617	**119847**	**171132**	**165611**	**78649**	**29400**	**27757**	**2328**	**19402**	**2364**	**322**
9113	10138	13356	12590	5913	3715	3459	228	2007	140	4
12353	13863	15832	15949	7365	4725	4472	367	2753	283	1
4243	6512	11643	10119	4910	1694	1583	137	1092	109	2
9429	12945	16115	16264	7958	1630	1544	122	1123	194	103
4274	4975	9202	8769	4082	1141	1108	105	946	169	1
8231	10162	14934	14002	6687	2558	2451	201	1978	70	—
5789	6744	9542	10141	4641	2017	1859	156	1276	251	6
6335	7388	10394	10343	4928	1797	1722	152	1386	259	—
6070	6738	11473	7636	3785	1501	1437	132	1007	66	8
9362	11800	16501	16742	7870	3061	2893	210	1960	24	57
3609	5162	9402	9420	4404	878	809	79	673	47	47
3445	4256	5966	5462	2566	1239	1182	76	839	116	—
15364	19164	26772	28174	13540	3444	3238	363	2362	636	93

学 前 教 育

省、市、县 (市)区名称	园数(所)			班数 (个)	入园(班)人数		在 园		
	计	公办	民办		计	其中: 女	计	其中: 女	托班
商 丘 市	**1757**	**559**	**1198**	**15105**	**99022**	**47373**	**396588**	**188642**	**5403**
梁 园 区	117	15	102	1021	6624	3108	28020	13117	157
睢 阳 区	192	44	148	1423	9919	4677	39325	18144	385
民 权 县	229	105	124	1954	11855	5684	49577	23578	1070
睢 县	99	17	82	983	7044	3416	30193	14526	116
宁 陵 县	176	34	142	1471	6780	3169	35340	16950	39
柘 城 县	265	155	110	1755	12452	5973	42435	20258	399
虞 城 县	226	68	158	2098	12996	6277	55994	27028	1294
夏 邑 县	180	85	95	1827	14418	7057	46803	22726	79
永 城 市	273	36	237	2573	16934	8012	68901	32315	1864
信 阳 市	**1574**	**471**	**1103**	**10710**	**98384**	**46099**	**291983**	**136725**	**8497**
浉 河 区	181	18	163	1009	5912	2749	24086	11269	1729
平 桥 区	227	21	206	1443	8402	3953	36506	16886	1148
罗 山 县	147	96	51	841	10314	4832	27383	13025	527
光 山 县	132	26	106	933	10570	4801	24852	11530	726
新 县	125	34	91	536	3441	1657	12015	5758	59
商 城 县	83	30	53	1067	8698	4084	23902	11302	194
固 始 县	264	20	244	1903	18367	8421	54531	25063	3506
潢 川 县	69	38	31	1006	8848	4203	28926	13437	70
淮 滨 县	169	87	82	935	8370	4042	24417	11743	290
息 县	177	101	76	1037	15462	7357	35365	16712	248
周 口 市	**2463**	**838**	**1625**	**16555**	**134246**	**65128**	**415850**	**201933**	**3197**
川 汇 区	87	20	67	789	8945	4381	23928	11514	516
淮 阳 区	160	16	144	2107	16113	7691	53428	25949	637
扶 沟 县	189	85	104	943	7985	3907	23702	11636	28
西 华 县	124	21	103	1158	9036	4423	25738	12515	471
商 水 县	268	78	190	1503	12327	5865	41831	20224	507
沈 丘 县	408	170	238	1936	14595	7211	47536	23250	57
郸 城 县	231	51	180	2100	18504	8948	53763	25810	288
太 康 县	509	202	307	2320	18466	9037	57666	28244	287
鹿 邑 县	262	168	94	1750	12903	6214	41026	20031	244
项 城 市	225	27	198	1949	15372	7451	47232	22760	162
驻 马 店 市	**1201**	**127**	**1074**	**12150**	**109374**	**52659**	**320362**	**153174**	**7529**
驿 城 区	227	19	208	1451	17614	8364	39824	18684	1079
西 平 县	114	4	110	947	5951	2809	26198	12437	765
上 蔡 县	211	13	198	1847	19151	9261	48065	23209	148
平 舆 县	66	13	53	1358	9008	4427	32557	15816	35
正 阳 县	108	15	93	1092	9372	4421	28285	13304	221
确 山 县	64	8	56	656	6201	2966	17852	8279	299
泌 阳 县	152	6	146	1586	12621	6003	41443	19734	2626
汝 南 县	125	25	100	1035	10433	5092	27146	13098	386
遂 平 县	76	16	60	793	5240	2499	18816	8939	983
新 蔡 县	58	8	50	1385	13783	6817	40176	19674	987
济源示范区	**199**	**85**	**114**	**1163**	**11233**	**5439**	**33053**	**15954**	**657**

基 本 情 况（总计）（四）

（班）人数			离园（班）人数		教职工				代课教师	兼任教师
小班	中班	大班	计	其中:女	计	其中:女	园长	专任教师		
86802	**121342**	**183041**	**163648**	**78015**	**32977**	**30554**	**2142**	**19892**	**690**	**4**
4763	9577	13523	12011	5680	3473	3249	164	1852	17	1
7084	12576	19280	14895	6803	4160	3744	239	1987	91	–
12298	14966	21243	18446	8595	3360	3184	282	2368	112	2
6923	9573	13581	11554	5364	2138	1941	138	1201	61	1
5885	9880	19536	11636	5478	2708	2391	232	1471	260	–
10995	13176	17865	19531	9350	3497	3277	284	2327	9	–
13327	17672	23701	21346	10471	4515	4113	283	2725	3	–
11476	13494	21754	21259	10471	3139	2957	195	2180	134	–
14051	20428	32558	32970	15803	5987	5698	325	3781	3	–
71718	**87461**	**124307**	**125544**	**59187**	**21834**	**20230**	**1658**	**13480**	**1249**	**105**
6313	7221	8823	7078	3316	3037	2807	205	1793	51	14
8217	11066	16075	14019	6690	3762	3474	294	2119	219	45
4981	7366	14509	14641	7150	1324	1210	121	825	220	13
5230	6707	12189	12667	5730	2026	1789	140	1215	–	3
3820	3747	4389	4524	2169	1040	1009	102	792	37	3
6715	7310	9683	10310	4791	1255	1183	97	775	103	20
13568	15773	21684	22280	10094	3932	3772	285	2406	3	1
8006	9434	11416	12116	5656	1226	1126	93	759	511	1
5329	7148	11650	11543	5660	2266	2070	161	1462	82	3
9539	11689	13889	16366	7931	1966	1790	160	1334	23	2
108017	**128545**	**176091**	**173436**	**84029**	**30808**	**29040**	**2743**	**20367**	**161**	**313**
6881	8275	8256	8229	4020	2212	2095	123	1477	5	45
12420	15785	24586	23887	11379	2569	2448	195	1633	57	200
6974	7084	9616	10172	5011	1895	1777	180	1143	8	–
5190	7292	12785	13747	6703	1884	1770	134	1264	2	34
10752	13362	17210	14438	6909	3702	3352	303	2169	36	–
13369	15011	19099	19597	9393	3976	3834	446	2559	–	–
14375	15425	23675	23221	11316	3431	3254	259	2283	–	1
17363	19203	20813	22736	11021	5053	4741	535	3185	3	–
10661	12679	17442	17146	8458	2370	2151	270	1680	37	28
10032	14429	22609	20263	9819	3716	3618	298	2974	13	5
75454	**92378**	**145001**	**140522**	**67097**	**21124**	**19553**	**1396**	**12948**	**546**	**66**
9326	11793	17626	12360	5699	4787	4506	297	2883	189	–
5294	8198	11941	9828	4770	2290	2066	126	1320	24	7
12218	13932	21767	23033	10977	2838	2518	239	1623	45	1
8325	10355	13842	14504	6914	1569	1511	65	1194	92	–
7185	8038	12841	12578	5911	1363	1240	108	924	47	–
3960	4326	9267	8022	3657	985	901	71	611	10	–
10045	11997	16775	17285	8180	2643	2503	193	1484	36	45
4967	7175	14618	14916	7153	2152	1941	154	1172	96	13
4157	5426	8250	7480	3566	1239	1171	76	866	7	–
9977	11138	18074	20516	10270	1258	1196	67	871	–	–
11052	**10694**	**10650**	**10358**	**4981**	**4197**	**3854**	**265**	**1904**	**185**	**1**

学 前 教 育

省、市、县(市)区名称	园数(所)			班数(个)	入园(班)人数		在园		
	计	公办	民办		计	其中:女	计	其中:女	托班
河南省	**5144**	**830**	**4314**	**41202**	**334082**	**159789**	**1102029**	**521287**	**36474**
郑州市	**963**	**179**	**784**	**8991**	**84020**	**40179**	**251357**	**118780**	**4173**
中原区	119	27	92	1145	10380	5027	31212	14953	282
二七区	133	14	119	1163	9982	4786	29481	13913	819
管城回族区	95	10	85	836	6769	3160	21264	9909	288
金水区	219	44	175	2249	20340	9678	62008	29134	1665
上街区	37	13	24	336	3168	1564	9051	4387	199
惠济区	56	3	53	451	3961	1880	10663	4901	112
中牟县	—	—	—	—	—	—	—	—	—
巩义市	53	14	39	581	5751	2691	16994	8053	87
荥阳市	85	14	71	726	7131	3436	20728	9828	452
新密市	68	12	56	541	6080	2885	18447	8762	—
新郑市	49	16	33	505	5387	2526	18114	8438	106
登封市	49	12	37	458	5071	2546	13395	6502	163
开封市	**231**	**50**	**181**	**1739**	**14603**	**6844**	**45978**	**21429**	**2804**
龙亭区	96	11	85	769	6724	3180	19405	9008	1303
顺河回族区	41	15	26	318	2686	1258	9280	4391	535
鼓楼区	27	10	17	168	1261	583	4499	2075	261
禹王台区	19	7	12	131	1150	540	3564	1667	275
祥符区	48	7	41	353	2782	1283	9230	4288	430
杞县	—	—	—	—	—	—	—	—	—
通许县	—	—	—	—	—	—	—	—	—
尉氏县	—	—	—	—	—	—	—	—	—
兰考县	—	—	—	—	—	—	—	—	—
洛阳市	**350**	**88**	**262**	**3026**	**19950**	**9683**	**78945**	**37895**	**4626**
老城区	39	2	37	318	1895	921	7919	3768	517
西工区	53	10	43	440	3150	1541	12399	6038	760
瀍河回族区	41	7	34	297	1577	772	6905	3270	155
涧西区	54	23	31	497	3512	1715	13671	6501	856
吉利区	18	4	14	112	733	352	3001	1397	325
洛龙区	79	34	45	779	5595	2687	18949	9093	332
孟津县	1	—	1	4	18	5	99	39	8
新安县	8	1	7	58	253	123	1693	833	143
栾川县	—	—	—	—	—	—	—	—	—
嵩县	—	—	—	—	—	—	—	—	—
汝阳县	—	—	—	—	—	—	—	—	—
宜阳县	—	—	—	—	—	—	—	—	—
洛宁县	—	—	—	—	—	—	—	—	—
伊川县	—	—	—	—	—	—	—	—	—
偃师市	57	7	50	521	3217	1567	14309	6956	1530
平顶山市	**389**	**64**	**325**	**2588**	**16516**	**7889**	**66253**	**31381**	**523**
新华区	64	9	55	473	2834	1390	12992	6170	144
卫东区	93	27	66	586	4264	2086	14343	6812	95
石龙区	13	1	12	66	322	164	1463	692	—

基 本 情 况（城区）（一）

（班）人数			离园（班）人数		教 职 工				代课教师	兼任教师
小班	中班	大班	计	其中：女	计	其中：女	园长	专任教师		
294210	**349358**	**421987**	**362604**	**169805**	**143517**	**134015**	**7042**	**80594**	**3870**	**387**
71658	**84101**	**91425**	**76600**	**36027**	**36705**	**33757**	**1337**	**19864**	**759**	**64**
7982	11332	11616	9486	4495	4665	4379	150	2569	18	–
7327	10609	10726	9713	4523	4654	4376	197	2532	20	11
4960	7342	8674	6781	3155	3513	3239	137	1920	–	–
18191	20628	21524	18089	8506	9950	8995	322	5256	128	17
2774	2863	3215	3062	1474	1373	1286	54	758	–	–
3221	3817	3513	3277	1536	1855	1689	74	1057	8	13
–	–	–	–	–	–	–	–	–	–	–
5190	5292	6425	5062	2412	2050	1833	75	1114	–	–
6834	6560	6882	5319	2486	2810	2623	139	1488	63	23
5852	5952	6643	5435	2638	2034	1873	73	1089	219	–
5300	5468	7240	5964	2735	2004	1804	56	1177	191	–
4027	4238	4967	4412	2067	1797	1660	60	904	112	–
13665	**13998**	**15511**	**15366**	**6998**	**6629**	**6177**	**304**	**3483**	**113**	**16**
5910	5929	6263	6337	2836	2988	2766	138	1538	39	14
2909	2758	3078	2982	1370	1346	1253	51	710	39	1
1363	1355	1520	1420	686	652	615	34	390	27	1
1093	1081	1115	1243	542	476	442	23	245	8	–
2390	2875	3535	3384	1564	1167	1101	58	600	–	–
–	–	–	–	–	–	–	–	–	–	–
–	–	–	–	–	–	–	–	–	–	–
–	–	–	–	–	–	–	–	–	–	–
–	–	–	–	–	–	–	–	–	–	–
22326	**25480**	**26513**	**23040**	**11054**	**11157**	**10430**	**530**	**5902**	**97**	**8**
2286	2401	2715	1565	799	1180	1113	59	631	21	–
3476	4115	4048	3675	1743	1698	1593	91	984	51	–
1952	2421	2377	1583	733	1120	1042	67	580	3	1
4200	4659	3956	3451	1617	2140	1994	74	1178	7	3
987	833	856	875	435	412	394	25	190	2	–
4956	6153	7508	7391	3584	2966	2796	125	1540	–	4
27	30	34	31	13	13	11	1	4	–	–
488	537	525	719	342	191	179	10	77	6	–
–	–	–	–	–	–	–	–	–	–	–
–	–	–	–	–	–	–	–	–	–	–
–	–	–	–	–	–	–	–	–	–	–
–	–	–	–	–	–	–	–	–	–	–
3954	4331	4494	3750	1788	1437	1308	78	718	7	–
16595	**21525**	**27610**	**21046**	**9719**	**8835**	**8307**	**514**	**5079**	**97**	**2**
3352	4435	5061	4117	1947	1942	1780	87	1040	–	1
3623	4604	6021	3916	1687	2086	1974	132	1164	–	–
322	486	655	540	261	160	153	18	109	–	–

学 前 教 育

省、市、县(市)区名称	园数(所)			班数(个)	入园(班)人数		在 园		
	计	公办	民办		计	其中:女	计	其中:女	托班
湛 河 区	50	3	47	406	2651	1274	10289	4912	26
宝 丰 县	–	–	–	–	–	–	–	–	–
叶 县	13	2	11	74	576	239	1895	861	35
鲁 山 县	–	–	–	–	–	–	–	–	–
郏 县	–	–	–	–	–	–	–	–	–
舞 钢 市	34	9	25	275	1905	898	7929	3813	216
汝 州 市	122	13	109	708	3964	1838	17342	8121	7
安 阳 市	**351**	**33**	**318**	**2393**	**17378**	**8338**	**58738**	**27645**	**3310**
文 峰 区	69	4	65	516	4548	2159	12631	5952	497
北 关 区	84	8	76	496	3756	1750	11112	5080	673
殷 都 区	43	4	39	298	2203	1090	6936	3213	342
龙 安 区	34	6	28	230	1631	774	5627	2592	371
安 阳 县	14	1	13	74	488	211	1741	794	121
汤 阴 县	1	–	1	4	16	8	86	41	–
滑 县	–	–	–	–	–	–	–	–	–
内 黄 县	–	–	–	–	–	–	–	–	–
林 州 市	106	10	96	775	4736	2346	20605	9973	1306
鹤 壁 市	**133**	**36**	**97**	**900**	**6792**	**3281**	**20288**	**9791**	**656**
鹤 山 区	13	6	7	58	238	119	1293	629	79
山 城 区	39	18	21	238	1376	684	5220	2489	97
淇 滨 区	78	11	67	584	5047	2416	13197	6398	363
浚 县	–	–	–	–	–	–	–	–	–
淇 县	3	1	2	20	131	62	578	275	117
新 乡 市	**483**	**65**	**418**	**3665**	**21863**	**10371**	**90437**	**42165**	**4496**
红 旗 区	68	7	61	588	5284	2578	15038	6980	1019
卫 滨 区	55	7	48	447	2438	1151	11318	5223	624
凤 泉 区	13	3	10	125	552	253	3598	1689	205
牧 野 区	65	10	55	511	2770	1352	12603	6011	834
新 乡 县	–	–	–	–	–	–	–	–	–
获 嘉 县	–	–	–	–	–	–	–	–	–
原 阳 县	–	–	–	–	–	–	–	–	–
延 津 县	–	–	–	–	–	–	–	–	–
封 丘 县	–	–	–	–	–	–	–	–	–
卫 辉 市	44	4	40	282	1499	718	7229	3371	87
辉 县 市	122	15	107	887	5411	2548	20073	9340	1148
长 垣 市	116	19	97	825	3909	1771	20578	9551	579
焦 作 市	**237**	**31**	**206**	**1986**	**13484**	**6613**	**50767**	**24580**	**2775**
解 放 区	69	3	66	506	2615	1236	12323	5877	365
中 站 区	19	2	17	166	1305	639	4067	1990	291
马 村 区	10	1	9	158	988	501	4332	2088	446
山 阳 区	67	11	56	483	3724	1796	11695	5442	566
修 武 县	–	–	–	–	–	–	–	–	–
博 爱 县	–	–	–	–	–	–	–	–	–
武 陟 县	1	1	–	1	5	3	5	3	–

基 本 情 况 (城区)(二)

（班） 人 数			离园(班)人数		教 职 工				代课教师	兼任教师
小班	中班	大班	计	其中：女	计	其中：女	园长	专任教师		
2767	3502	3994	2540	1175	1493	1400	79	781	–	–
–	–	–	–	–	–	–	–	–	–	–
540	642	678	666	311	263	248	16	155	–	–
–	–	–	–	–	–	–	–	–	–	–
–	–	–	–	–	–	–	–	–	–	–
1982	2374	3357	2604	1201	877	834	39	548	90	–
4009	5482	7844	6663	3137	2014	1918	143	1282	7	1
16817	18064	20547	19706	9231	7383	6960	470	3826	423	31
3870	4042	4222	4168	1893	1917	1796	90	1017	99	–
3446	3449	3544	3927	1850	1709	1587	124	828	75	10
2176	2138	2280	2323	1102	1038	977	57	534	12	3
1783	1816	1657	1782	789	823	785	41	432	71	–
519	548	553	494	220	228	214	18	106	–	–
33	28	25	35	19	15	13	2	4	–	–
–	–	–	–	–	–	–	–	–	–	–
–	–	–	–	–	–	–	–	–	–	–
4990	6043	8266	6977	3358	1653	1588	138	905	166	18
5280	6135	8217	7196	3299	3141	2954	203	1581	121	5
311	348	555	538	252	162	154	17	62	–	2
1168	1531	2424	1917	933	743	704	69	365	–	2
3652	4097	5085	4671	2078	2184	2046	114	1129	121	1
–	–	–	–	–	–	–	–	–	–	–
149	159	153	70	36	52	50	3	25	–	–
22139	28358	35444	30576	14131	11503	10762	686	6596	267	11
4071	4934	5014	4928	2288	2310	2134	113	1263	8	6
2818	3593	4283	4107	1967	1561	1439	89	832	133	–
824	1129	1440	985	442	438	417	15	252	14	–
3213	4145	4411	3543	1594	1787	1621	104	993	–	–
–	–	–	–	–	–	–	–	–	–	–
–	–	–	–	–	–	–	–	–	–	–
–	–	–	–	–	–	–	–	–	–	–
1696	2331	3115	2323	1082	847	809	59	425	–	–
5265	5897	7763	6360	2995	2392	2261	177	1488	81	4
4252	6329	9418	8330	3763	2168	2081	129	1343	31	1
13865	16239	17888	13830	6416	6849	6373	351	3474	221	17
3036	4176	4746	2987	1408	2033	1891	105	1029	–	5
1084	1278	1414	1349	601	600	561	35	286	–	4
1280	1301	1305	1101	497	583	535	13	297	–	–
2779	3781	4569	3060	1402	1738	1629	109	919	48	6
–	–	–	–	–	–	–	–	–	–	–
–	–	–	–	–	–	–	–	–	–	–
5	–	–	–	–	2	1	–	2	–	–

学 前 教 育

省、市、县(市)区名称	园数(所)			班数(个)	入园(班)人数		在园		
	计	公办	民办		计	其中:女	计	其中:女	托班
温　　县	－	－	－	－	－	－	－	－	－
沁 阳 市	37	2	35	406	2633	1387	10669	5378	768
孟 州 市	34	11	23	266	2214	1051	7676	3802	339
濮 阳 市	**136**	**30**	**106**	**1041**	**9339**	**4399**	**27286**	**12667**	**1040**
华 龙 区	127	27	100	1009	9126	4296	26604	12350	997
清 丰 县	－	－	－	－	－	－	－	－	－
南 乐 县	－	－	－	－	－	－	－	－	－
范　　县	4	－	4	17	164	80	410	203	8
台 前 县	－	－	－	－	－	－	－	－	－
濮 阳 县	5	3	2	15	49	23	272	114	35
许 昌 市	**336**	**33**	**303**	**2719**	**22419**	**10975**	**71494**	**34365**	**1808**
魏 都 区	82	11	71	771	8960	4427	24266	11788	－
建 安 区	39	4	35	302	2598	1310	8166	3925	37
鄢 陵 县	1	－	1	6	17	11	178	91	－
襄 城 县	9	1	8	60	442	222	1655	841	84
禹 州 市	131	10	121	938	6441	3100	21259	10139	277
长 葛 市	74	7	67	642	3961	1905	15970	7581	1410
漯 河 市	**124**	**35**	**89**	**1140**	**10356**	**5016**	**34877**	**16679**	**329**
源 汇 区	37	15	22	396	3816	1826	13009	6090	108
郾 城 区	54	17	37	482	4451	2181	14396	7085	127
召 陵 区	33	3	30	262	2089	1009	7472	3504	94
舞 阳 县	－	－	－	－	－	－	－	－	－
临 颍 县	－	－	－	－	－	－	－	－	－
三 门 峡 市	**155**	**31**	**124**	**1401**	**13302**	**6484**	**39399**	**19044**	**1539**
湖 滨 区	61	7	54	498	5177	2476	14527	7024	564
陕 州 区	23	13	10	210	2262	1127	6252	3052	184
渑 池 县	－	－	－	－	－	－	－	－	－
卢 氏 县	－	－	－	－	－	－	－	－	－
义 马 市	21	5	16	200	1401	698	5389	2618	501
灵 宝 市	50	6	44	493	4462	2183	13231	6350	290
南 阳 市	**288**	**53**	**235**	**2142**	**19862**	**9266**	**58384**	**27103**	**3200**
宛 城 区	76	10	66	606	5443	2550	15356	7126	1104
卧 龙 区	119	15	104	877	7197	3416	23209	10781	1360
南 召 县	－	－	－	－	－	－	－	－	－
方 城 县	－	－	－	－	－	－	－	－	－
西 峡 县	－	－	－	－	－	－	－	－	－
镇 平 县	－	－	－	－	－	－	－	－	－
内 乡 县	－	－	－	－	－	－	－	－	－
淅 川 县	－	－	－	－	－	－	－	－	－
社 旗 县	－	－	－	－	－	－	－	－	－
唐 河 县	－	－	－	－	－	－	－	－	－
新 野 县	－	－	－	－	－	－	－	－	－
桐 柏 县	－	－	－	－	－	－	－	－	－
邓 州 市	93	28	65	659	7222	3300	19819	9196	736

基 本 情 况 （城区）（三）

（班）人数			离园（班）人数		教 职 工				代课教师	兼任教师
小班	中班	大班	计	其中:女	计	其中:女	园长	专任教师		
–	–	–	–	–	–	–	–	–	–	–
3210	3293	3398	3106	1453	1193	1120	48	586	160	–
2471	2410	2456	2227	1055	700	636	41	355	13	2
8121	**8732**	**9393**	**9345**	**4240**	**3731**	**3544**	**224**	**2095**	**313**	**2**
7943	8518	9146	9008	4067	3675	3490	216	2048	313	2
–	–	–	–	–	–	–	–	–	–	–
–	–	–	–	–	–	–	–	–	–	–
104	140	158	194	85	41	40	6	35	–	–
–	–	–	–	–	–	–	–	–	–	–
74	74	89	143	88	15	14	2	12	–	–
19080	**22228**	**28378**	**24344**	**11270**	**9195**	**8527**	**327**	**5212**	**64**	**4**
5879	7669	10718	9123	4167	3022	2759	79	1655	64	4
2051	2503	3575	2265	1025	1080	970	39	569	–	–
17	61	100	36	10	17	15	1	7	–	–
394	578	599	542	261	156	150	9	97	–	–
6478	6645	7859	7623	3605	2884	2734	127	1721	–	–
4261	4772	5527	4755	2202	2036	1899	72	1163	–	–
7715	**10573**	**16260**	**11131**	**5222**	**3965**	**3722**	**188**	**2383**	**295**	**11**
2759	3894	6248	4381	2106	1396	1306	60	821	–	–
3547	4427	6295	4355	1996	1644	1562	80	1028	273	10
1409	2252	3717	2395	1120	925	854	48	534	22	1
–	–	–	–	–	–	–	–	–	–	–
–	–	–	–	–	–	–	–	–	–	–
12913	**12154**	**12793**	**11699**	**5732**	**5104**	**4760**	**237**	**2926**	**68**	**4**
4614	4650	4699	4518	2234	1956	1844	109	1088	12	2
2133	1888	2047	1799	882	747	693	30	448	56	2
–	–	–	–	–	–	–	–	–	–	–
–	–	–	–	–	–	–	–	–	–	–
1503	1577	1808	1569	746	609	588	30	332	–	–
4663	4039	4239	3813	1870	1792	1635	68	1058	–	–
15738	**17845**	**21601**	**20657**	**9675**	**6201**	**5884**	**358**	**3865**	**351**	**4**
4274	4443	5535	5215	2508	2081	1930	110	1168	34	3
6668	7329	7852	7225	3282	2569	2449	143	1578	131	–
–	–	–	–	–	–	–	–	–	–	–
–	–	–	–	–	–	–	–	–	–	–
–	–	–	–	–	–	–	–	–	–	–
–	–	–	–	–	–	–	–	–	–	–
–	–	–	–	–	–	–	–	–	–	–
–	–	–	–	–	–	–	–	–	–	–
–	–	–	–	–	–	–	–	–	–	–
4796	6073	8214	8217	3885	1551	1505	105	1119	186	1

学 前 教 育

省、市、县(市)区名称	园数（所）			班数（个）	入园（班）人数		在园		
	计	公办	民办		计	其中：女	计	其中：女	托班
商 丘 市	**273**	**23**	**250**	**2381**	**16423**	**7733**	**65127**	**30194**	**1642**
梁 园 区	46	4	42	426	2937	1411	12010	5625	150
睢 阳 区	76	8	68	644	4796	2277	17252	7872	201
民 权 县	－	－	－	－	－	－	－	－	－
睢 县	－	－	－	－	－	－	－	－	－
宁 陵 县	－	－	－	－	－	－	－	－	－
柘 城 县	－	－	－	－	－	－	－	－	－
虞 城 县	－	－	－	－	－	－	－	－	－
夏 邑 县	－	－	－	－	－	－	－	－	－
永 城 市	151	11	140	1311	8690	4045	35865	16697	1291
信 阳 市	**255**	**18**	**237**	**1572**	**9422**	**4385**	**39951**	**18592**	**2108**
浉 河 区	125	9	116	743	4538	2102	18093	8459	1307
平 桥 区	130	9	121	829	4884	2283	21858	10133	801
罗 山 县	－	－	－	－	－	－	－	－	－
光 山 县	－	－	－	－	－	－	－	－	－
新 县	－	－	－	－	－	－	－	－	－
商 城 县	－	－	－	－	－	－	－	－	－
固 始 县	－	－	－	－	－	－	－	－	－
潢 川 县	－	－	－	－	－	－	－	－	－
淮 滨 县	－	－	－	－	－	－	－	－	－
息 县	－	－	－	－	－	－	－	－	－
周 口 市	**238**	**26**	**212**	**2034**	**20679**	**9905**	**57814**	**27744**	**692**
川 汇 区	59	10	49	457	5704	2831	13912	6703	496
淮 阳 区	53	5	48	598	6558	3055	18405	8819	159
扶 沟 县	－	－	－	2	10	8	28	20	－
西 华 县	－	－	－	－	－	－	－	－	－
商 水 县	3	－	3	28	206	100	877	433	－
沈 丘 县	1	－	1	4	15	10	80	47	－
郸 城 县	11	3	8	86	636	324	1931	973	15
太 康 县	－	－	－	－	－	－	－	－	－
鹿 邑 县	－	－	－	－	－	－	－	－	－
项 城 市	111	8	103	859	7550	3577	22581	10749	22
驻 马 店 市	**105**	**7**	**98**	**805**	**9968**	**4673**	**24085**	**11127**	**542**
驿 城 区	105	7	98	805	9968	4673	24085	11127	542
西 平 县	－	－	－	－	－	－	－	－	－
上 蔡 县	－	－	－	－	－	－	－	－	－
平 舆 县	－	－	－	－	－	－	－	－	－
正 阳 县	－	－	－	－	－	－	－	－	－
确 山 县	－	－	－	－	－	－	－	－	－
泌 阳 县	－	－	－	－	－	－	－	－	－
汝 南 县	－	－	－	－	－	－	－	－	－
遂 平 县	－	－	－	－	－	－	－	－	－
新 蔡 县	－	－	－	－	－	－	－	－	－
济源示范区	**97**	**28**	**69**	**679**	**7706**	**3755**	**20849**	**10106**	**211**

基 本 情 况 (城区)(四)

（班）人数			离园（班）人数		教 职 工				代课教师	兼任教师
小班	中班	大班	计	其中：女	计	其中：女	园长	专任教师		
12878	**19701**	**30906**	**28140**	**13241**	**7784**	**7351**	**350**	**4719**	**91**	—
2217	4052	5591	5200	2406	1750	1639	66	994	—	—
3002	4961	9088	6741	3094	2009	1836	99	1112	91	—
—	—	—	—	—	—	—	—	—	—	—
—	—	—	—	—	—	—	—	—	—	—
—	—	—	—	—	—	—	—	—	—	—
—	—	—	—	—	—	—	—	—	—	—
—	—	—	—	—	—	—	—	—	—	—
7659	10688	16227	16199	7741	4025	3876	185	2613	—	—
10146	**12127**	**15570**	**12210**	**5758**	**4777**	**4465**	**337**	**2902**	**222**	**12**
4882	5500	6404	5011	2312	2437	2272	149	1474	36	11
5264	6627	9166	7199	3446	2340	2193	188	1428	186	1
—	—	—	—	—	—	—	—	—	—	—
—	—	—	—	—	—	—	—	—	—	—
—	—	—	—	—	—	—	—	—	—	—
—	—	—	—	—	—	—	—	—	—	—
—	—	—	—	—	—	—	—	—	—	—
—	—	—	—	—	—	—	—	—	—	—
—	—	—	—	—	—	—	—	—	—	—
12764	**18301**	**26057**	**22940**	**10850**	**5171**	**4952**	**340**	**3676**	**57**	**196**
4138	4872	4406	4049	1991	1595	1514	89	1062	—	2
3863	5553	8830	8952	4152	1049	983	77	645	57	194
10	18	—	13	9	—	—	—	—	—	—
—	—	—	—	—	—	—	—	—	—	—
190	159	528	278	131	57	41	4	34	—	—
15	21	44	23	15	7	6	1	4	—	—
539	568	809	809	402	170	166	11	114	—	—
—	—	—	—	—	—	—	—	—	—	—
—	—	—	—	—	—	—	—	—	—	—
4009	7110	11440	8816	4150	2293	2242	158	1817	—	—
5430	**7029**	**11084**	**8392**	**3851**	**2766**	**2627**	**150**	**1692**	**157**	—
5430	7029	11084	8392	3851	2766	2627	150	1692	157	—
—	—	—	—	—	—	—	—	—	—	—
—	—	—	—	—	—	—	—	—	—	—
—	—	—	—	—	—	—	—	—	—	—
—	—	—	—	—	—	—	—	—	—	—
—	—	—	—	—	—	—	—	—	—	—
7080	**6768**	**6790**	**6386**	**3091**	**2621**	**2463**	**136**	**1319**	**154**	—

学 前 教 育

省、市、县(市)区名称	园数(所)			班数(个)	入园(班)人数		在园		
	计	公办	民办		计	其中:女	计	其中:女	托班
河南省	8693	1933	6760	61645	489850	233963	1685079	801546	51774
郑州市	472	134	338	4086	33372	15836	119895	56656	1159
中原区	39	10	29	348	2678	1243	9132	4358	142
二七区	14	1	13	95	672	318	2210	1043	13
管城回族区	34	2	32	369	1898	867	8845	4109	280
金水区	2	1	1	15	197	89	351	151	–
上街区	–	–	–	–	–	–	–	–	–
惠济区	10	–	10	52	294	159	1086	507	63
中牟县	113	40	73	972	8951	4326	32760	15463	477
巩义市	45	19	26	476	3667	1765	13737	6618	31
荥阳市	13	6	7	95	959	423	2561	1191	58
新密市	59	20	39	426	4086	1979	12800	5984	–
新郑市	104	15	89	900	6692	3092	26240	12246	48
登封市	39	20	19	338	3278	1575	10173	4986	47
开封市	455	86	369	2902	22742	10855	76390	36349	1870
龙亭区	2	1	1	7	34	18	170	76	15
顺河回族区	–	–	–	–	–	–	–	–	–
鼓楼区	–	–	–	–	–	–	–	–	–
禹王台区	–	–	–	–	–	–	–	–	–
祥符区	25	9	16	176	1296	619	4513	2163	178
杞县	88	17	71	625	5463	2612	16202	7641	172
通许县	73	21	52	451	2975	1474	11890	5727	388
尉氏县	130	10	120	771	4634	2203	20515	9886	637
兰考县	137	28	109	872	8340	3929	23100	10856	480
洛阳市	625	101	524	4929	32660	15844	135549	65464	8652
老城区	–	–	–	–	–	–	–	–	–
西工区	–	–	–	–	–	–	–	–	–
瀍河回族区	–	–	–	–	–	–	–	–	–
涧西区	24	–	24	172	970	496	4632	2210	268
吉利区	–	–	–	–	–	–	–	–	–
洛龙区	26	6	20	223	1176	566	6099	2944	460
孟津县	59	18	41	470	3467	1714	13254	6478	410
新安县	52	12	40	411	2280	1115	10994	5307	317
栾川县	36	22	14	387	3424	1657	11457	5368	237
嵩县	90	10	80	596	4387	2151	16844	8064	876
汝阳县	56	5	51	472	2190	1037	13059	6248	509
宜阳县	100	13	87	745	5043	2394	19230	9406	2369
洛宁县	49	3	46	381	3242	1552	11407	5505	1595
伊川县	117	11	106	947	5776	2833	25023	12250	1143
偃师市	16	1	15	125	705	329	3550	1684	468
平顶山市	482	104	378	2805	21149	10032	76118	36358	1184
新华区	27	5	22	150	1204	560	3988	1859	95
卫东区	3	–	3	12	63	33	333	166	16
石龙区	–	–	–	–	–	–	–	–	–

— 638 —

基 本 情 况 (镇区)(一)

(班) 人 数			离园(班)人数		教职工				代课教师	兼任教师
小班	中班	大班	计	其中：女	计	其中：女	园长	专任教师		
426985	**517255**	**689065**	**628272**	**297004**	**155315**	**145410**	**10163**	**92339**	**6941**	**608**
31605	**37845**	**49286**	**37436**	**17714**	**14845**	**13588**	**580**	**7842**	**630**	**69**
2296	3305	3389	2293	1105	1471	1379	48	743	1	6
496	678	1023	659	328	325	309	19	161	2	6
2017	3008	3540	1696	830	1546	1421	57	844	–	31
166	74	111	97	45	59	54	2	31	–	–
–	–	–	–	–	–	–	–	–	–	–
284	339	400	576	280	188	170	13	99	–	1
9047	10084	13152	9910	4672	3159	2954	135	1843	307	7
3608	4014	6084	3865	1913	1720	1529	70	772	–	–
820	772	911	759	362	293	264	16	148	34	1
3586	4037	5177	4564	2163	1664	1458	59	870	–	–
6461	8313	11418	9331	4294	3205	2938	112	1766	274	–
2824	3221	4081	3686	1722	1215	1112	49	565	12	17
18860	**24133**	**31527**	**30384**	**14354**	**7648**	**7086**	**526**	**4300**	**69**	**4**
48	55	52	31	14	19	19	2	8	–	–
–	–	–	–	–	–	–	–	–	–	–
–	–	–	–	–	–	–	–	–	–	–
–	–	–	–	–	–	–	–	–	–	–
1111	1462	1762	1806	904	386	361	30	210	–	–
4720	5356	5954	6085	2929	1504	1429	115	945	2	2
2778	3591	5133	4678	2151	1164	1069	82	619	46	–
4357	6200	9321	8251	3919	2253	2039	138	1297	18	–
5846	7469	9305	9533	4437	2322	2169	159	1221	3	2
34743	**39961**	**52193**	**42965**	**20923**	**12977**	**12202**	**852**	**7276**	**674**	**26**
–	–	–	–	–	–	–	–	–	–	–
–	–	–	–	–	–	–	–	–	–	–
–	–	–	–	–	–	–	–	–	–	–
1159	1478	1727	1557	751	685	645	39	367	–	–
–	–	–	–	–	–	–	–	–	–	–
1616	1630	2393	1906	940	633	569	41	271	–	–
3557	3915	5372	4390	2173	1297	1241	75	753	21	4
2516	3366	4795	3156	1570	1056	992	77	446	291	2
3431	3672	4117	4106	1945	911	865	49	572	289	19
4375	5280	6313	6109	2965	1451	1390	120	887	25	–
2891	3870	5789	3436	1706	978	942	75	656	7	–
5083	5380	6398	5487	2632	1884	1794	123	1024	–	–
2987	3190	3635	3590	1825	1092	1044	65	698	6	–
6151	7178	10551	8182	3938	2688	2453	168	1465	26	1
977	1002	1103	1046	478	302	267	20	137	9	–
19216	**23505**	**32213**	**29008**	**13688**	**7403**	**6904**	**559**	**4261**	**369**	**2**
1208	1303	1382	1097	550	620	563	41	338	–	2
70	111	136	89	48	38	37	3	16	–	–
–	–	–	–	–	–	–	–	–	–	–

学 前 教 育

省、市、县(市)区名称	园数(所)			班数(个)	入园(班)人数		在园		
	计	公办	民办		计	其中:女	计	其中:女	托班
湛 河 区	1	–	1	7	24	16	148	80	24
宝 丰 县	88	13	75	538	3932	1785	13962	6605	183
叶 县	108	25	83	560	3283	1599	14353	6798	189
鲁 山 县	110	24	86	573	5009	2454	16027	7833	330
郏 县	51	13	38	424	4547	2122	13550	6542	329
舞 钢 市	18	7	11	91	435	213	2190	1054	18
汝 州 市	76	17	59	450	2652	1250	11567	5421	–
安 阳 市	564	91	473	3239	20730	10059	74957	35801	2907
文 峰 区	26	–	26	237	1938	931	5990	2824	312
北 关 区	3	–	3	17	56	34	294	134	31
殷 都 区	108	15	93	469	3648	1788	9533	4628	439
龙 安 区	1	1	–	9	47	24	150	78	–
安 阳 县	65	6	59	314	1257	605	6521	3130	692
汤 阴 县	113	30	83	578	3873	1829	12984	6268	220
滑 县	137	15	122	951	5301	2615	23049	10903	572
内 黄 县	59	8	51	382	2501	1204	10171	4796	568
林 州 市	52	16	36	282	2109	1029	6265	3040	73
鹤 壁 市	169	31	138	899	5514	2708	20016	9639	1275
鹤 山 区	–	–	–	–	–	–	–	–	–
山 城 区	3	1	2	12	34	21	176	85	–
淇 滨 区	12	3	9	73	525	272	1641	806	6
浚 县	73	11	62	526	2829	1345	11676	5620	1102
淇 县	81	16	65	288	2126	1070	6523	3128	167
新 乡 市	550	118	432	3259	22097	10694	80270	37970	3120
红 旗 区	38	6	32	279	3066	1500	6643	3159	254
卫 滨 区	–	–	–	–	–	–	–	–	–
凤 泉 区	7	–	7	42	131	63	891	403	60
牧 野 区	–	–	–	–	–	–	–	–	–
新 乡 县	61	19	42	393	2355	1124	9368	4340	730
获 嘉 县	57	13	44	377	2642	1262	9247	4340	–
原 阳 县	86	17	69	544	3815	1853	14450	6864	1051
延 津 县	60	9	51	326	1831	859	8207	3881	499
封 丘 县	127	26	101	675	4779	2350	16271	7678	34
卫 辉 市	35	2	33	128	619	283	2776	1309	35
辉 县 市	30	11	19	176	895	457	4184	2007	297
长 垣 市	49	15	34	319	1964	943	8233	3989	160
焦 作 市	328	51	277	2437	15733	7547	59805	28705	4304
解 放 区	–	–	–	–	–	–	–	–	–
中 站 区	–	–	–	–	–	–	–	–	–
马 村 区	–	–	–	–	–	–	–	–	–
山 阳 区	23	4	19	184	1611	781	4849	2330	331
修 武 县	42	9	33	316	1727	825	7792	3654	911
博 爱 县	58	12	46	404	2257	1090	9120	4366	953
武 陟 县	111	15	96	715	5131	2353	17117	8027	304

基　本　情　况(镇区)(二)

(班)人数			离园(班)人数		教职工				代课教师	兼任教师
小班	中班	大班	计	其中:女	计	其中:女	园长	专任教师		
43	46	35	42	20	19	18	1	8	–	–
3893	4352	5534	5428	2568	1464	1338	111	813	111	–
3045	4395	6724	5496	2593	1501	1425	112	718	7	–
4134	5051	6512	6391	3037	1508	1414	122	890	90	–
3866	4242	5113	4996	2396	1227	1154	71	841	80	–
460	632	1080	836	369	180	165	19	105	52	–
2497	3373	5697	4633	2107	846	790	79	532	29	–
19604	**23248**	**29198**	**28070**	**12953**	**7776**	**7338**	**599**	**4146**	**670**	**11**
1890	1906	1882	1895	858	964	886	34	494	–	–
72	93	98	127	56	43	42	4	19	–	–
2406	2871	3817	4024	1831	1096	1043	112	494	161	3
42	47	61	93	44	16	14	1	11	–	–
1739	1937	2153	2678	1234	780	735	75	354	–	8
3193	4054	5517	4735	2162	1416	1346	100	736	111	–
5948	7268	9261	8604	3996	1846	1749	151	1063	302	–
2950	3253	3400	3148	1457	1287	1210	70	752	20	–
1364	1819	3009	2766	1315	328	313	52	223	76	–
5838	**6172**	**6731**	**7370**	**3397**	**2366**	**2165**	**200**	**1314**	**188**	**–**
–	–	–	–	–	–	–	–	–	–	–
27	65	84	71	32	30	24	3	12	–	–
606	543	486	420	176	227	208	18	111	–	–
3233	3487	3854	3563	1650	1262	1149	91	728	137	–
1972	2077	2307	3316	1539	847	784	88	463	51	–
20462	**24853**	**31835**	**26660**	**12279**	**8663**	**8117**	**622**	**4808**	**336**	**31**
1612	2274	2503	1609	802	1111	1032	48	607	–	–
–	–	–	–	–	–	–	–	–	–	–
174	249	408	253	110	119	110	7	47	–	–
–	–	–	–	–	–	–	–	–	–	–
2429	2796	3413	2991	1330	1250	1138	67	666	–	–
2714	2928	3605	3801	1771	760	728	66	511	138	–
3919	4270	5210	4265	1894	1420	1320	103	784	133	–
2173	2503	3032	2633	1205	817	784	61	480	13	–
3934	5124	7179	5450	2495	1765	1668	148	941	10	28
673	832	1236	1151	567	260	242	35	83	–	–
893	1263	1731	1572	770	379	362	33	215	35	3
1941	2614	3518	2935	1335	782	733	54	474	7	–
17193	**18532**	**19776**	**19140**	**9073**	**6466**	**6038**	**404**	**3490**	**271**	**5**
–	–	–	–	–	–	–	–	–	–	–
–	–	–	–	–	–	–	–	–	–	–
–	–	–	–	–	–	–	–	–	–	–
1339	1541	1638	1420	725	617	588	27	347	112	–
2240	2238	2403	2306	1093	822	741	61	441	125	4
2486	2708	2973	2810	1310	1250	1183	84	558	–	–
5344	5719	5750	6150	2809	1980	1861	117	1145	–	1

学 前 教 育

省、市、县(市)区名称	园数(所)			班数(个)	入园(班)人数		在 园		
	计	公办	民办		计	其中:女	计	其中:女	托班
温 县	41	6	35	486	3390	1698	12711	6255	987
沁 阳 市	33	–	33	207	828	424	4985	2496	594
孟 州 市	20	5	15	125	789	376	3231	1577	224
濮 阳 市	401	99	302	2552	22399	10465	66498	31309	2481
华 龙 区	58	5	53	333	1757	780	8433	3885	780
清 丰 县	85	12	73	600	4586	2225	13801	6531	792
南 乐 县	54	10	44	310	3166	1494	8965	4376	199
范 县	44	12	32	314	3627	1703	8624	4073	247
台 前 县	28	12	16	205	2099	992	6541	3061	–
濮 阳 县	132	48	84	790	7164	3271	20134	9383	463
许 昌 市	293	63	230	1878	13170	6372	51018	24745	865
魏 都 区	–	–	–	–	–	–	–	–	–
建 安 区	34	2	32	225	1802	866	6342	3143	40
鄢 陵 县	91	21	70	618	4125	1964	17482	8287	295
襄 城 县	50	2	48	397	3311	1650	11914	5858	109
禹 州 市	85	28	57	422	2739	1344	9810	4798	334
长 葛 市	33	10	23	216	1193	548	5470	2659	87
漯 河 市	170	60	110	1135	11077	5466	33120	16022	633
源 汇 区	6	3	3	32	170	83	897	423	–
郾 城 区	8	4	4	62	541	262	1930	963	–
召 陵 区	32	4	28	223	2137	1101	6258	3030	28
舞 阳 县	49	8	41	363	4010	1897	10659	5085	471
临 颍 县	75	41	34	455	4219	2123	13376	6521	134
三 门 峡 市	155	38	117	1092	9431	4649	29642	14390	820
湖 滨 区	8	1	7	52	382	167	1271	595	76
陕 州 区	6	1	5	42	324	142	900	437	110
渑 池 县	58	12	46	392	3683	1861	10076	4955	582
卢 氏 县	47	17	30	335	3202	1567	10379	4980	–
义 马 市	–	–	–	–	–	–	–	–	–
灵 宝 市	36	7	29	271	1840	912	7016	3423	52
南 阳 市	1186	299	887	8277	70960	33711	225497	106060	8148
宛 城 区	55	11	44	498	4565	2185	13451	6117	1027
卧 龙 区	86	20	66	554	3611	1663	13755	6394	1039
南 召 县	94	15	79	527	5638	2738	15412	7262	360
方 城 县	83	20	63	879	6418	3105	25117	12170	1255
西 峡 县	91	25	66	611	5217	2437	16007	7470	–
镇 平 县	122	21	101	853	7877	3752	22801	10820	508
内 乡 县	112	38	74	699	6259	2873	17922	8202	912
淅 川 县	104	20	84	762	6633	3109	21292	9862	391
社 旗 县	83	20	63	493	4988	2382	13751	6560	116
唐 河 县	135	19	116	936	6313	2973	25487	11907	1369
新 野 县	62	18	44	428	4564	2222	11643	5480	298
桐 柏 县	63	23	40	426	3844	1870	12003	5739	339
邓 州 市	96	49	47	611	5033	2402	16856	8077	534

基　本　情　况（镇区）（三）

（班）人数			离园（班）人数		教职工				代课教师	兼任教师
小班	中班	大班	计	其中：女	计	其中：女	园长	专任教师		
3438	3889	4397	3843	1843	958	891	52	594	22	–
1406	1478	1507	1601	785	523	492	39	270	–	–
940	959	1108	1010	508	316	282	24	135	12	–
18539	**21413**	**24065**	**26252**	**11797**	**6893**	**6541**	**496**	**4001**	**258**	**3**
2359	2464	2830	2745	1178	1141	1078	72	551	–	–
3806	4260	4943	5881	2485	1393	1341	107	903	155	2
2502	3279	2985	4179	2005	1002	951	70	550	47	–
2573	2803	3001	2849	1313	795	781	58	545	26	–
2078	2201	2262	2154	987	561	523	37	297	14	1
5221	6406	8044	8444	3829	2001	1867	152	1155	16	–
11971	**15591**	**22591**	**19628**	**9129**	**4942**	**4645**	**278**	**2907**	**11**	**16**
–	–	–	–	–	–	–	–	–	–	–
1472	1938	2892	2346	1118	676	616	32	330	–	–
3652	5116	8419	6931	3205	1605	1518	88	1018	5	–
3013	3948	4844	4442	2011	1172	1120	48	755	–	–
2764	3037	3675	3940	1932	884	832	80	490	–	–
1070	1552	2761	1969	863	605	559	30	314	6	16
7933	**9869**	**14685**	**13067**	**6390**	**3228**	**2955**	**200**	**1795**	**130**	**–**
154	265	478	405	205	83	74	6	33	–	–
367	512	1051	812	404	180	153	11	92	6	–
1487	1842	2901	1823	939	682	643	42	424	2	–
2495	2998	4695	4674	2241	997	916	66	516	26	–
3430	4252	5560	5353	2601	1286	1169	75	730	96	–
8988	**9077**	**10757**	**9620**	**4738**	**3121**	**2887**	**206**	**1841**	**343**	**3**
456	389	350	292	140	193	180	14	102	–	–
271	245	274	320	168	81	72	6	37	4	–
3207	3180	3107	2761	1358	1116	1048	75	670	90	3
2858	3140	4381	3773	1895	927	870	65	517	249	–
–	–	–	247	114	–	–	–	–	–	–
2196	2123	2645	2227	1063	804	717	46	515	–	–
55601	**67835**	**93913**	**87887**	**41619**	**17534**	**16701**	**1274**	**11871**	**1578**	**243**
3516	3934	4974	4404	2031	1252	1185	83	650	71	1
3716	4132	4868	5130	2465	1405	1345	107	766	98	1
2812	4358	7882	6532	3146	1215	1155	91	807	91	2
6242	7706	9914	9568	4607	1228	1165	93	821	164	71
3814	4353	7840	7597	3531	1089	1065	91	910	167	1
6048	7256	8989	8964	4246	2002	1941	130	1591	49	–
4563	5290	7157	7004	3209	1659	1556	108	1067	217	6
5700	6604	8597	8460	4062	1668	1602	137	1292	259	–
3685	4286	5664	4349	2186	1076	1035	88	688	66	–
5744	7656	10718	10047	4691	2241	2119	137	1434	21	49
2395	3338	5612	5056	2403	700	653	58	549	42	33
2983	3687	4994	4212	1989	1096	1048	57	727	116	–
4383	5235	6704	6564	3053	903	832	94	569	217	79

学 前 教 育

省、市、县(市)区名称	园数(所)			班数(个)	入园(班)人数		在园		
	计	公办	民办		计	其中:女	计	其中:女	托班
商丘市	**591**	**167**	**424**	**5620**	**38279**	**18229**	**156642**	**74330**	**2176**
梁园区	28	3	25	243	1182	548	6439	3013	7
睢阳区	37	8	29	310	2259	1078	9001	4267	—
民权县	98	32	66	968	5896	2801	25767	12123	534
睢县	43	6	37	412	3082	1532	13029	6180	88
宁陵县	72	12	60	656	3232	1485	17236	8118	20
柘城县	91	43	48	694	5065	2357	18283	8677	321
虞城县	88	23	65	880	5836	2771	24856	11909	812
夏邑县	79	31	48	904	7677	3742	25432	12220	79
永城市	55	9	46	553	4050	1915	16599	7823	315
信阳市	**730**	**145**	**585**	**5146**	**51216**	**23790**	**159745**	**74442**	**5198**
浉河区	12	1	11	80	447	208	2218	1007	129
平桥区	50	6	44	299	1752	831	8370	3859	307
罗山县	59	26	33	444	5554	2595	17325	8219	447
光山县	86	12	74	577	7574	3371	18252	8417	603
新县	87	7	80	377	2379	1153	9128	4418	59
商城县	59	15	44	474	5197	2435	14918	7026	194
固始县	195	16	179	1311	13156	5962	39897	18159	2923
潢川县	54	25	29	727	6922	3277	23243	10758	58
淮滨县	76	21	55	524	4475	2167	15190	7271	290
息县	52	16	36	333	3760	1791	11204	5308	188
周口市	**909**	**244**	**665**	**5880**	**47772**	**22988**	**154151**	**74421**	**1220**
川汇区	13	4	9	141	1852	886	4582	2151	20
淮阳区	22	2	20	211	1392	682	5559	2742	159
扶沟县	76	27	49	456	4260	2081	13215	6547	—
西华县	61	9	52	488	3679	1769	12071	5850	207
商水县	119	32	87	758	6537	3091	21316	10272	346
沈丘县	155	41	114	880	6489	3220	22390	10879	36
郸城县	97	16	81	757	6089	2932	19884	9394	127
太康县	214	51	163	1061	8353	4034	25575	12406	191
鹿邑县	101	50	51	735	5839	2682	18641	8874	58
项城市	51	12	39	393	3282	1611	10918	5306	76
驻马店市	**565**	**80**	**485**	**5226**	**49089**	**23552**	**157502**	**74936**	**5446**
驿城区	65	4	61	425	5803	2797	10937	5207	423
西平县	48	4	44	448	3282	1517	13885	6434	547
上蔡县	72	7	65	628	7603	3592	19590	9347	91
平舆县	51	9	42	693	5364	2632	19871	9599	35
正阳县	48	6	42	448	4226	1961	13963	6498	202
确山县	50	8	42	360	3732	1823	11176	5176	299
泌阳县	97	5	92	813	6724	3175	23273	11022	1941
汝南县	53	19	34	398	3914	1953	12664	6160	275
遂平县	48	13	35	401	3247	1555	12143	5783	725
新蔡县	33	5	28	612	5194	2547	20000	9710	908
济源示范区	**48**	**22**	**26**	**283**	**2460**	**1166**	**8264**	**3949**	**316**

基 本 情 况 (镇区)(四)

(班) 人 数			离园(班)人数		教职工				代课教师	兼任教师
小班	中班	大班	计	其中：女	计	其中：女	园长	专任教师		
34800	**48313**	**71353**	**62558**	**29876**	**12744**	**11923**	**756**	**7950**	**288**	**2**
1058	2322	3052	2899	1420	794	759	39	440	–	–
1738	3299	3964	3565	1595	859	763	51	335	–	–
6160	7726	11347	9620	4466	1886	1827	131	1324	45	2
3083	4270	5588	4855	2308	1062	965	64	610	41	–
2661	4720	9835	5814	2675	1425	1286	102	831	121	–
4493	5613	7856	8140	3906	1664	1605	100	1179	4	–
6042	7842	10160	8951	4312	2077	1913	115	1303	–	–
6260	7368	11725	10741	5310	1889	1798	88	1276	74	–
3305	5153	7826	7973	3884	1088	1007	66	652	3	–
40303	**48856**	**65388**	**63200**	**29540**	**12126**	**11329**	**826**	**7414**	**736**	**77**
510	646	933	693	341	200	184	13	96	4	–
1816	2692	3555	3211	1544	831	752	57	405	17	42
3266	5003	8609	8188	4022	952	887	62	579	124	8
3929	5023	8697	8772	3896	1550	1373	97	954	–	–
3110	3000	2959	3017	1462	826	801	80	629	26	3
4493	4736	5495	5326	2451	1038	983	74	614	97	20
10213	11571	15190	14099	6319	3112	3010	214	1885	3	–
6601	7806	8778	8763	4078	1152	1061	79	708	413	1
3507	4741	6652	6338	3070	1553	1434	92	958	48	3
2858	3638	4520	4793	2357	912	844	58	586	4	–
40295	**48005**	**64631**	**62717**	**30106**	**13518**	**12849**	**1036**	**8960**	**50**	**84**
1361	1572	1629	1744	837	358	339	15	244	5	43
1394	1642	2364	2369	1117	361	347	25	228	–	–
4050	4158	5007	5181	2543	1068	1022	68	677	–	–
2339	3500	6025	5926	2903	1156	1090	71	755	2	17
5382	6902	8686	7274	3400	1989	1854	144	1247	24	–
6191	7079	9084	9621	4534	2223	2172	180	1458	–	–
5490	5910	8357	7158	3322	1855	1775	112	1281	–	–
7598	8570	9216	9767	4752	2420	2293	238	1531	–	–
3995	5391	9197	8595	4140	1323	1222	116	933	9	24
2495	3281	5066	5082	2558	765	735	67	606	10	–
38342	**47383**	**66331**	**59633**	**28147**	**12055**	**11242**	**681**	**7781**	**325**	**32**
2708	3298	4508	2669	1294	1506	1409	91	878	24	–
2637	4196	6505	4614	2177	1288	1189	56	813	24	–
5212	5960	8327	8215	3839	1235	1074	88	756	38	–
4924	6251	8661	8074	3774	1384	1344	52	1062	76	–
3569	4356	5836	4944	2297	854	786	57	576	19	–
2888	3224	4765	4384	1918	829	768	59	530	10	–
5728	6750	8854	8879	4129	2014	1929	124	1169	36	32
2748	3755	5886	5149	2518	1084	978	65	652	93	–
2855	3566	4997	4084	1860	934	886	48	677	5	–
5073	6027	7992	8621	4341	927	879	41	668	–	–
2692	**2664**	**2592**	**2677**	**1281**	**1010**	**900**	**68**	**382**	**15**	**–**

学 前 教 育

省、市、县(市)区名称	园数(所)			班数(个)	入园(班)人数		在园		
	计	公办	民办		计	其中:女	计	其中:女	托班
河南省	10437	3283	7154	63913	441863	213010	1468740	706987	31957
郑州市	413	159	254	2364	19014	9040	67428	31875	665
中原区	8	4	4	69	532	236	1830	862	—
二七区	14	3	11	84	762	349	2226	1031	39
管城回族区	7	1	6	53	576	240	1539	678	42
金水区	6	5	1	15	85	42	290	149	35
上街区	—	—	—	—	—	—	—	—	—
惠济区	19	2	17	151	1168	527	3761	1739	83
中牟县	97	55	42	578	4959	2332	18938	8997	57
巩义市	23	8	15	153	1052	517	4254	2022	—
荥阳市	73	26	47	389	3019	1481	10440	5017	360
新密市	42	14	28	174	1356	649	4696	2157	—
新郑市	77	25	52	438	3147	1492	12452	5825	—
登封市	47	16	31	260	2358	1175	7002	3398	49
开封市	604	164	440	3307	23620	11283	83502	39793	1305
龙亭区	31	6	25	137	1027	481	3372	1556	200
顺河回族区	3	—	3	15	74	26	322	165	37
鼓楼区	2	—	2	14	43	20	366	162	12
禹王台区	8	—	8	38	220	117	979	443	36
祥符区	98	39	59	532	3421	1566	12708	5970	380
杞县	110	24	86	783	5950	2871	19091	9191	376
通许县	82	29	53	432	2794	1358	10221	4916	156
尉氏县	140	15	125	715	4971	2365	20383	9655	—
兰考县	130	51	79	641	5120	2479	16060	7735	108
洛阳市	396	47	349	2476	13255	6450	58040	28333	4113
老城区	—	—	—	—	—	—	—	—	—
西工区	4	1	3	22	79	41	553	262	49
瀍河回族区	—	—	—	—	—	—	—	—	—
涧西区	4	—	4	36	266	130	958	509	62
吉利区	2	—	2	12	81	43	289	139	46
洛龙区	37	15	22	237	1357	663	6191	2993	360
孟津县	15	6	9	89	456	208	1748	867	99
新安县	8	3	5	64	270	115	1295	569	54
栾川县	7	5	2	64	389	193	1415	678	—
嵩县	52	6	46	355	1745	869	7720	3813	301
汝阳县	49	2	47	329	1614	796	8228	4017	659
宜阳县	59	5	54	355	2023	965	8023	3863	848
洛宁县	57	—	57	218	919	448	4201	2043	462
伊川县	73	4	69	505	2930	1442	12821	6310	633
偃师市	29	—	29	190	1126	537	4598	2270	540
平顶山市	826	240	586	3608	23061	11018	86366	41256	291
新华区	11	—	11	41	208	93	945	439	—
卫东区	3	2	1	11	77	39	216	106	—
石龙区	3	—	3	14	80	29	295	141	—

基 本 情 况 (乡村)(一)

（班）人数			离园（班）人数		教职工				代课教师	兼任教师
小班	中班	大班	计	其中:女	计	其中:女	园长	专任教师		
362595	**441839**	**632349**	**631661**	**303750**	**108858**	**99174**	**10546**	**61197**	**3593**	**268**
18032	**20806**	**27925**	**21360**	**10217**	**7816**	**7020**	**456**	**4011**	**779**	**16**
480	604	746	458	208	293	275	11	155	–	1
670	762	755	552	276	296	269	16	162	2	–
328	587	582	377	199	162	149	8	97	–	–
115	80	60	74	44	58	51	1	33	–	–
–	–	–	–	–	–	–	–	–	–	–
992	1273	1413	1072	472	571	522	26	324	1	–
4987	5766	8128	5647	2709	1265	1179	98	755	495	3
995	1110	2149	1238	527	575	508	34	225	–	–
3117	3326	3637	2941	1447	1460	1283	98	733	112	5
1189	1413	2094	1724	849	685	610	34	344	–	–
3266	3816	5370	4339	2015	1559	1375	77	786	122	–
1893	2069	2991	2938	1471	892	799	53	397	47	7
20739	**26044**	**35414**	**36818**	**17672**	**7058**	**6385**	**632**	**3761**	**54**	**10**
945	1026	1201	1279	624	434	387	36	190	8	–
77	102	106	164	83	61	53	4	30	–	–
115	108	131	106	62	41	39	5	20	–	–
277	312	354	335	153	145	135	8	53	–	–
3342	3955	5031	5392	2553	1194	1077	107	551	–	1
5468	5984	7263	8125	3911	1228	1112	108	808	14	5
2359	2891	4815	5065	2512	900	768	87	444	14	2
4506	6647	9230	8590	4106	1874	1724	146	990	–	–
3650	5019	7283	7762	3668	1181	1090	131	675	18	2
14460	**16675**	**22792**	**22469**	**11136**	**4727**	**4298**	**436**	**2395**	**93**	**7**
–	–	–	–	–	–	–	–	–	–	–
131	155	218	122	52	66	62	5	36	7	–
–	–	–	–	–	–	–	–	–	–	–
255	316	325	371	157	130	122	6	66	–	–
66	82	95	118	55	29	26	2	14	–	–
1601	1954	2276	2240	1125	715	652	46	348	–	1
405	474	770	806	404	140	127	15	67	–	–
277	379	585	492	235	96	80	11	37	44	–
369	484	562	587	279	109	103	8	73	24	–
1953	2171	3295	3579	1796	474	437	57	231	16	4
1841	2361	3367	3442	1722	459	427	54	289	–	–
2184	2080	2911	2648	1261	628	566	58	316	2	1
1069	1289	1381	1593	799	446	415	57	243	–	–
2948	3599	5641	5278	2666	987	900	83	500	–	1
1361	1331	1366	1193	585	448	381	34	175	–	–
20782	**26942**	**38351**	**37844**	**18015**	**7653**	**6939**	**825**	**4204**	**390**	**15**
200	313	432	274	128	154	148	11	74	–	–
58	64	94	66	27	27	24	3	11	–	–
80	85	130	117	52	30	26	4	14	–	–

学　前　教　育

省、市、县(市)区名称	园数(所)			班数(个)	入园(班)人数		在园		
	计	公办	民办		计	其中:女	计	其中:女	托班
湛河区	18	6	12	90	575	281	2360	1112	—
宝丰县	96	4	92	369	2229	1123	7733	3832	15
叶县	201	100	101	801	4067	1911	18355	8684	58
鲁山县	119	27	92	619	5484	2540	18164	8532	121
郏县	74	13	61	323	2988	1435	8883	4321	11
舞钢市	48	28	20	212	929	471	4366	2045	70
汝州市	253	60	193	1128	6424	3096	25049	12044	16
安阳市	886	188	698	4386	25323	12167	90366	43779	3049
文峰区	3	—	3	18	82	43	370	189	6
北关区	11	1	10	38	249	104	794	349	80
殷都区	75	14	61	323	2532	1219	6296	2942	359
龙安区	21	8	13	102	780	337	2212	992	84
安阳县	127	19	108	536	2423	1183	9891	4777	976
汤阴县	138	58	80	359	1863	986	6455	3319	23
滑县	249	17	232	1680	9106	4303	36469	17637	465
内黄县	194	55	139	910	5880	2809	20562	9993	886
林州市	68	16	52	420	2408	1183	7317	3581	170
鹤壁市	175	27	148	894	4628	2236	19183	9303	1110
鹤山区	1	1	—	4	36	17	87	41	8
山城区	5	4	1	18	113	41	353	164	—
淇滨区	18	7	11	97	381	175	2024	1002	111
浚县	108	9	99	631	3520	1719	13829	6697	868
淇县	43	6	37	144	578	284	2890	1399	123
新乡市	1081	247	834	4603	24257	11642	98066	47116	3010
红旗区	8	1	7	48	307	156	1060	528	173
卫滨区	—	—	—	—	—	—	—	—	—
凤泉区	24	7	17	110	421	208	2408	1131	151
牧野区	4	—	4	30	82	47	720	332	60
新乡县	51	18	33	246	1165	535	5323	2528	541
获嘉县	59	20	39	318	1469	690	5395	2545	—
原阳县	187	53	134	761	4584	2195	17681	8485	662
延津县	144	40	104	505	2501	1204	9782	4735	215
封丘县	218	48	170	829	5037	2432	19937	9650	28
卫辉市	171	12	159	498	1982	958	8255	3936	88
辉县市	96	19	77	624	2881	1386	13263	6378	841
长垣市	119	29	90	634	3828	1831	14242	6868	251
焦作市	288	65	223	1908	9443	4547	40377	19439	4066
解放区	1	—	1	4	10	9	128	48	—
中站区	1	—	1	26	188	97	592	283	78
马村区	4	—	4	24	57	26	593	285	65
山阳区	37	5	32	219	1195	579	4059	1941	507
修武县	31	5	26	180	675	319	3708	1776	455
博爱县	42	10	32	249	1314	626	4896	2400	510
武陟县	85	21	64	599	3214	1525	12694	6012	789

基　本　情　况（乡村）（二）

（班）人数			离园（班）人数		教职工				代课教师	兼任教师
小班	中班	大班	计	其中：女	计	其中：女	园长	专任教师		
623	747	990	827	384	284	252	25	122	9	1
2218	2479	3021	4184	1928	923	806	106	460	31	–
3849	5550	8898	8717	4061	1787	1632	188	848	3	–
4200	5953	7890	8272	3963	1254	1143	121	772	167	–
2536	2784	3552	3435	1650	775	704	76	490	–	10
913	1150	2233	1874	906	348	309	44	169	133	4
6105	7817	11111	10078	4916	2071	1895	247	1244	47	–
23347	**27913**	**36057**	**38580**	**18393**	**7227**	**6725**	**865**	**3940**	**273**	**29**
124	101	139	136	66	60	56	3	27	–	–
200	233	281	348	151	122	112	9	51	12	–
1518	1902	2517	2835	1310	668	624	71	328	27	6
609	674	845	956	464	229	211	17	103	20	–
2460	2913	3542	4727	2159	1116	1035	141	563	19	15
1793	2100	2539	3524	1715	685	638	111	330	39	2
9773	11678	14553	14600	6943	2077	1949	255	1281	116	–
5411	6394	7871	8109	3924	1989	1834	198	1068	22	6
1459	1918	3770	3345	1661	281	266	60	189	18	–
4905	**6109**	**7059**	**7372**	**3507**	**1663**	**1522**	**178**	**958**	**10**	**4**
25	26	28	50	25	7	7	–	4	–	–
91	127	135	135	52	56	52	8	19	–	–
542	642	729	785	378	246	221	19	108	–	–
3554	4310	5097	4998	2419	1033	947	111	620	10	4
693	1004	1070	1404	633	321	295	40	207	–	–
24820	**30554**	**39682**	**36059**	**17191**	**8927**	**8331**	**1052**	**4991**	**303**	**2**
283	303	301	323	143	146	131	14	69	–	–
–	–	–	–	–	–	–	–	–	–	–
593	658	1006	706	340	284	267	26	141	–	–
214	227	219	219	96	92	82	6	39	–	–
1362	1510	1910	1658	797	636	579	49	336	–	–
1596	1732	2067	2640	1226	377	366	58	233	53	–
4709	5617	6693	6154	2921	1318	1221	164	764	182	2
2616	3058	3893	3762	1780	997	890	148	571	10	–
4742	6420	8747	6740	3315	1790	1683	187	1037	6	–
2100	2523	3544	3518	1696	861	803	172	337	–	–
3069	3881	5472	4921	2341	1136	1056	107	620	31	–
3536	4625	5830	5418	2536	1290	1253	121	844	21	–
11432	**11644**	**13235**	**13527**	**6543**	**3654**	**3308**	**306**	**1905**	**163**	**1**
19	29	80	40	30	15	13	1	4	–	–
154	143	217	169	98	14	12	2	4	–	–
125	174	229	272	135	78	59	8	25	–	–
1089	1145	1318	1483	746	386	362	43	213	25	–
938	1021	1294	1176	559	373	334	35	201	13	–
1372	1420	1594	1626	764	527	483	40	233	9	–
3870	3853	4182	4409	2065	1248	1131	92	670	4	–

学 前 教 育

省、市、县(市)区名称	园数(所)			班数(个)	入园(班)人数		在园		
	计	公办	民办		计	其中:女	计	其中:女	托班
温 县	29	11	18	262	1106	537	5418	2642	675
沁 阳 市	31	2	29	207	927	449	5322	2627	743
孟 州 市	27	11	16	138	757	380	2967	1425	244
濮 阳 市	**542**	**176**	**366**	**3384**	**26747**	**12724**	**82047**	**39211**	**3093**
华 龙 区	59	7	52	303	1565	713	7173	3279	711
清 丰 县	126	12	114	696	4426	2073	15121	7318	1080
南 乐 县	82	18	64	680	5542	2645	15664	7395	719
范 县	94	38	56	470	5035	2378	12432	6017	191
台 前 县	35	15	20	245	2435	1136	7328	3365	26
濮 阳 县	146	86	60	990	7744	3779	24329	11837	366
许 昌 市	**592**	**115**	**477**	**2844**	**16443**	**8240**	**68192**	**32933**	**1157**
魏 都 区	—	—	—	—	—	—	—	—	—
建 安 区	119	4	115	678	4158	2127	17323	8523	98
鄢 陵 县	109	32	77	442	2299	1161	10433	4948	142
襄 城 县	107	19	88	511	3475	1753	13449	6552	212
禹 州 市	172	52	120	785	4671	2342	17155	8308	587
长 葛 市	85	8	77	428	1840	857	9832	4602	118
漯 河 市	**288**	**131**	**157**	**1241**	**9210**	**4480**	**30427**	**14781**	**700**
源 汇 区	18	6	12	108	598	277	2649	1266	25
郾 城 区	42	21	21	178	1433	714	4238	2112	61
召 陵 区	70	22	48	338	2497	1236	8480	4123	310
舞 阳 县	59	14	45	297	2318	1113	7439	3604	189
临 颍 县	99	68	31	320	2364	1140	7621	3676	115
三 门 峡 市	**136**	**57**	**79**	**604**	**3913**	**1915**	**11471**	**5608**	**160**
湖 滨 区	3	3	—	11	62	31	184	81	—
陕 州 区	16	16	—	67	226	111	893	456	19
渑 池 县	31	13	18	103	647	319	1706	832	82
卢 氏 县	16	12	4	102	674	338	1759	871	—
义 马 市	—	—	—	—	—	—	—	—	—
灵 宝 市	70	13	57	321	2304	1116	6929	3368	59
南 阳 市	**827**	**347**	**480**	**6237**	**43704**	**20746**	**119569**	**56973**	**3506**
宛 城 区	26	7	19	302	2326	1068	6371	2939	440
卧 龙 区	155	100	55	401	2250	1072	8224	3893	741
南 召 县	48	11	37	338	2655	1311	7567	3689	221
方 城 县	34	4	30	699	4114	1929	15353	7449	726
西 峡 县	22	12	10	291	902	427	2444	1103	—
镇 平 县	75	21	54	566	4784	2243	11088	5295	54
内 乡 县	72	46	26	327	2296	1069	5196	2413	131
淅 川 县	17	4	13	218	1437	653	3216	1491	—
社 旗 县	43	3	40	410	5365	2608	10752	5236	106
唐 河 县	84	5	79	713	4035	1868	13956	6575	411
新 野 县	23	5	18	424	2908	1414	6840	3220	12
桐 柏 县	21	7	14	148	1041	528	2156	1097	153
邓 州 市	207	122	85	1400	9591	4556	26406	12573	511

基　本　情　况（乡村）（三）

（班）人数			离园（班）人数		教职工				代课教师	兼任教师
小班	中班	大班	计	其中：女	计	其中：女	园长	专任教师		
1565	1475	1703	1829	874	291	269	27	183	48	1
1400	1562	1617	1574	794	452	411	33	244	37	–
900	822	1001	949	478	270	234	25	128	27	–
23033	**25853**	**30068**	**29659**	**14119**	**6824**	**6363**	**626**	**3791**	**134**	**4**
1779	2048	2635	2289	1093	882	834	68	436	–	1
4291	4551	5199	5707	2705	1625	1522	154	835	41	–
3975	4903	6067	6462	3081	1060	967	96	603	6	–
3629	4062	4550	3929	1855	1066	978	108	623	12	–
2372	2430	2500	2420	1073	492	473	41	267	21	–
6987	7859	9117	8852	4312	1699	1589	159	1027	54	3
15857	**21181**	**29997**	**28673**	**13551**	**6989**	**6242**	**540**	**3569**	**4**	**5**
–	–	–	–	–	–	–	–	–	–	–
3827	5537	7861	6940	3169	1908	1670	112	864	2	5
2319	3305	4667	4888	2288	927	834	103	574	1	–
3178	4252	5807	5782	2820	1277	1143	93	665	1	–
4806	5275	6487	7236	3520	1701	1548	154	890	–	–
1727	2812	5175	3827	1754	1176	1047	78	576	–	–
7041	**9107**	**13579**	**13138**	**6326**	**2949**	**2544**	**273**	**1414**	**106**	**14**
411	760	1453	1099	536	258	204	20	120	12	–
1071	1289	1817	1783	876	467	397	48	210	23	8
1810	2402	3958	3305	1604	722	639	64	357	53	6
1766	2348	3136	3474	1645	751	650	65	302	18	–
1983	2308	3215	3477	1665	751	654	76	425	–	–
3556	**3571**	**4184**	**4440**	**2157**	**1338**	**1195**	**137**	**796**	**113**	**–**
73	58	53	57	29	37	33	3	25	–	–
298	285	291	366	158	105	81	16	75	11	–
435	529	660	535	254	208	187	28	129	5	–
384	533	842	998	493	54	44	12	19	97	–
–	–	–	194	104	–	–	–	–	–	–
2366	2166	2338	2290	1119	934	850	78	548	–	–
26278	**34167**	**55618**	**57067**	**27355**	**5665**	**5172**	**696**	**3666**	**435**	**75**
1323	1761	2847	2971	1374	382	344	35	189	35	–
1969	2402	3112	3594	1618	751	678	117	409	54	–
1431	2154	3761	3587	1764	479	428	46	285	18	–
3187	5239	6201	6696	3351	402	379	29	302	30	32
460	622	1362	1172	551	52	43	14	36	2	–
2183	2906	5945	5038	2441	556	510	71	387	21	–
1226	1454	2385	3137	1432	358	303	48	209	34	–
635	784	1797	1883	866	129	120	15	94	–	–
2385	2452	5809	3287	1599	425	402	44	319	–	8
3618	4144	5783	6695	3179	820	774	73	526	3	8
1214	1824	3790	4364	2001	178	156	21	124	5	14
462	569	972	1250	577	143	134	19	112	–	–
6185	7856	11854	13393	6602	990	901	164	674	233	13

学 前 教 育

省、市、县(市)区名称	园数(所)			班数(个)	入园(班)人数		在园		
	计	公办	民办		计	其中:女	计	其中:女	托班
商丘市	**893**	**369**	**524**	**7104**	**44320**	**21411**	**174819**	**84118**	**1585**
梁园区	43	8	35	352	2505	1149	9571	4479	–
睢阳区	79	28	51	469	2864	1322	13072	6005	184
民权县	131	73	58	986	5959	2883	23810	11455	536
睢县	56	11	45	571	3962	1884	17164	8346	28
宁陵县	104	22	82	815	3548	1684	18104	8832	19
柘城县	174	112	62	1061	7387	3616	24152	11581	78
虞城县	138	45	93	1218	7160	3506	31138	15119	482
夏邑县	101	54	47	923	6741	3315	21371	10506	–
永城市	67	16	51	709	4194	2052	16437	7795	258
信阳市	**589**	**308**	**281**	**3992**	**37746**	**17924**	**92287**	**43691**	**1191**
浉河区	44	8	36	186	927	439	3775	1803	293
平桥区	47	6	41	315	1766	839	6278	2894	40
罗山县	88	70	18	397	4760	2237	10058	4806	80
光山县	46	14	32	356	2996	1430	6600	3113	123
新县	38	27	11	159	1062	504	2887	1340	–
商城县	24	15	9	593	3501	1649	8984	4276	–
固始县	69	4	65	592	5211	2459	14634	6904	583
潢川县	15	13	2	279	1926	926	5683	2679	12
淮滨县	93	66	27	411	3895	1875	9227	4472	–
息县	125	85	40	704	11702	5566	24161	11404	60
周口市	**1316**	**568**	**748**	**8641**	**65795**	**32235**	**203885**	**99768**	**1285**
川汇区	15	6	9	191	1389	664	5434	2660	–
淮阳区	85	9	76	1298	8163	3954	29464	14388	319
扶沟县	113	58	55	485	3715	1818	10459	5069	28
西华县	63	12	51	670	5357	2654	13667	6665	264
商水县	146	46	100	717	5584	2674	19638	9519	161
沈丘县	252	129	123	1052	8091	3981	25066	12324	21
郸城县	123	32	91	1257	11779	5692	31948	15443	146
太康县	295	151	144	1259	10113	5003	32091	15838	96
鹿邑县	161	118	43	1015	7064	3532	22385	11157	186
项城市	63	7	56	697	4540	2263	13733	6705	64
驻马店市	**531**	**40**	**491**	**6119**	**50317**	**24434**	**138775**	**67111**	**1541**
驿城区	57	8	49	221	1843	894	4802	2350	114
西平县	66	–	66	499	2669	1292	12313	6003	218
上蔡县	139	6	133	1219	11548	5669	28475	13862	57
平舆县	15	4	11	665	3644	1795	12686	6217	–
正阳县	60	9	51	644	5146	2460	14322	6806	19
确山县	14	–	14	296	2469	1143	6676	3103	–
泌阳县	55	1	54	773	5897	2828	18170	8712	685
汝南县	72	6	66	637	6519	3139	14482	6938	111
遂平县	28	3	25	392	1993	944	6673	3156	258
新蔡县	25	3	22	773	8589	4270	20176	9964	79
济源示范区	**54**	**35**	**19**	**201**	**1067**	**518**	**3940**	**1899**	**130**

基 本 情 况 (乡村)(四)

(班) 人 数			离园(班)人数		教职工				代课教师	兼任教师
小班	中班	大班	计	其中:女	计	其中:女	园长	专任教师		
39124	**53328**	**80782**	**72950**	**34898**	**12449**	**11280**	**1036**	**7223**	**311**	**2**
1488	3203	4880	3912	1854	929	851	59	418	17	1
2344	4316	6228	4589	2114	1292	1145	89	540	–	–
6138	7240	9896	8826	4129	1474	1357	151	1044	67	–
3840	5303	7993	6699	3056	1076	976	74	591	20	1
3224	5160	9701	5822	2803	1283	1105	130	640	139	–
6502	7563	10009	11391	5444	1833	1672	184	1148	5	–
7285	9830	13541	12395	6159	2438	2200	168	1422	3	–
5216	6126	10029	10518	5161	1250	1159	107	904	60	–
3087	4587	8505	8798	4178	874	815	74	516	–	–
21269	**26478**	**43349**	**50134**	**23889**	**4931**	**4436**	**495**	**3164**	**291**	**16**
921	1075	1486	1374	663	400	351	43	223	11	3
1137	1747	3354	3609	1700	591	529	49	286	16	2
1715	2363	5900	6453	3128	372	323	59	246	96	5
1301	1684	3492	3895	1834	476	416	43	261	–	3
710	747	1430	1507	707	214	208	22	163	11	–
2222	2574	4188	4984	2340	217	200	23	161	6	–
3355	4202	6494	8181	3775	820	762	71	521	–	1
1405	1628	2638	3353	1578	74	65	14	51	98	–
1822	2407	4998	5205	2590	713	636	69	504	34	–
6681	8051	9369	11573	5574	1054	946	102	748	19	2
54958	**62239**	**85403**	**87779**	**43073**	**12119**	**11239**	**1367**	**7731**	**54**	**33**
1382	1831	2221	2436	1192	259	242	19	171	–	–
7163	8590	13392	12566	6110	1159	1118	93	760	–	6
2914	2908	4609	4978	2459	827	755	112	466	8	–
2851	3792	6760	7821	3800	728	680	63	509	–	17
5180	6301	7996	6886	3378	1656	1457	155	888	12	–
7163	7911	9971	9953	4844	1746	1656	265	1097	–	–
8346	8947	14509	15254	7592	1406	1313	136	888	–	1
9765	10633	11597	12969	6269	2633	2448	297	1654	3	–
6666	7288	8245	8551	4318	1047	929	154	747	28	4
3528	4038	6103	6365	3111	658	641	73	551	3	5
31682	**37966**	**67586**	**72497**	**35099**	**6303**	**5684**	**565**	**3475**	**64**	**34**
1188	1466	2034	1299	554	515	470	56	313	8	–
2657	4002	5436	5214	2593	1002	877	70	507	–	7
7006	7972	13440	14818	7138	1603	1444	151	867	7	1
3401	4104	5181	6430	3140	185	167	13	132	16	–
3616	3682	7005	7634	3614	509	454	51	348	28	–
1072	1102	4502	3638	1739	156	133	12	81	–	–
4317	5247	7921	8406	4051	629	574	69	315	–	13
2219	3420	8732	9767	4635	1068	963	89	520	3	13
1302	1860	3253	3396	1706	305	285	28	189	2	–
4904	5111	10082	11895	5929	331	317	26	203	–	–
1280	**1262**	**1268**	**1295**	**609**	**566**	**491**	**61**	**203**	**16**	**1**

— 653 —

小 学 基 本

省、市、县(市)区名称	校数(所)			教学点数(个)	班数(个)	毕业生数	招生数	
	计	公办	民办				计	其中:受过学前教育
河南省	17687	15793	1894	13307	286260	1541747	1659936	1658979
郑州市	966	895	71	171	21891	149721	179568	179327
中原区	75	73	2	–	2189	14287	22826	22735
二七区	77	72	5	–	1570	10584	14188	14188
管城回族区	69	65	4	–	1939	12182	17893	17852
金水区	95	77	18	–	3278	21756	29090	29043
上街区	10	10	–	–	251	1584	2513	2513
惠济区	39	36	3	5	989	6383	8174	8171
中牟县	139	133	6	59	2876	17831	21544	21544
巩义市	72	71	1	41	1332	9092	9192	9192
荥阳市	60	55	5	–	1131	7794	10482	10481
新密市	113	101	12	19	1686	11083	11538	11532
新郑市	126	120	6	27	2695	17923	21651	21641
登封市	91	82	9	20	1955	19222	10477	10435
开封市	808	716	92	728	14880	75894	82452	82416
龙亭区	56	55	1	–	1276	7197	9098	9097
顺河回族区	26	24	2	2	560	3273	4592	4592
鼓楼区	18	18	–	–	281	1804	1772	1772
禹王台区	18	18	–	–	243	1515	1584	1584
祥符区	146	140	6	128	2129	9439	9649	9647
杞县	142	86	56	273	3220	15497	15736	15736
通许县	64	58	6	139	1867	8878	9057	9045
尉氏县	167	157	10	124	2598	15628	14968	14956
兰考县	171	160	11	62	2706	12663	15996	15987
洛阳市	764	717	47	1043	17382	94267	104577	104526
老城区	18	18	–	2	241	1752	1853	1852
西工区	30	27	3	–	682	4842	5272	5272
瀍河回族区	16	16	–	–	381	2297	3088	3084
涧西区	49	47	2	4	1156	7994	9689	9677
吉利区	9	9	–	–	137	783	901	901
洛龙区	52	51	1	43	1922	10815	14651	14650
孟津县	63	63	–	52	924	5186	4968	4967
新安县	59	59	–	63	1154	6299	6247	6245
栾川县	40	39	1	64	775	4879	5016	5015
嵩县	82	79	3	270	1801	8438	8880	8880
汝阳县	59	52	7	97	1504	7915	8388	8386
宜阳县	62	60	2	194	1849	8350	8737	8726
洛宁县	61	56	5	103	1226	5521	6235	6222
伊川县	119	98	21	111	2574	13065	14358	14355
偃师市	45	43	2	40	1056	6131	6294	6294
平顶山市	1157	1038	119	766	15261	82200	84046	84006
新华区	46	43	3	10	960	5911	6968	6966
卫东区	25	24	1	–	616	4006	4703	4703
石龙区	11	11	–	3	122	544	603	603

情　况（总计）（一）

在校学生数		预计毕业学生	教职工（按办学类型）		其中:专任教师		教小学学生的专任教师	代课教师	兼任教师
计	其中:寄宿生		计	其中:女	计	其中:女			
10215856	**1898405**	**1657567**	**553975**	**408015**	**523856**	**392594**	**586578**	**28220**	**2051**
1003648	**121459**	**153574**	**50088**	**40848**	**47763**	**39367**	**53247**	**5833**	**113**
112338	4879	15214	5026	4454	4865	4326	5391	694	–
74954	1428	10831	3654	3106	3505	3018	3909	103	–
93726	2453	12176	5584	4699	5409	4599	5590	180	–
157872	3022	22331	8529	7339	7917	6942	8794	843	88
12840	–	1610	787	635	762	619	762	–	–
43041	4752	6625	2451	2154	2295	2046	2734	94	3
123315	15727	17717	5382	4194	5235	4116	5854	1144	1
55467	9401	9111	3414	2687	3286	2622	3716	–	–
53745	14823	7836	3071	2437	2969	2374	3132	68	–
69922	25175	12129	4454	3047	4110	2815	4267	45	–
124041	6610	19151	4454	3631	4253	3488	4592	2443	–
82387	33189	18843	3282	2465	3157	2402	4506	219	21
508456	**98759**	**81908**	**28983**	**21544**	**26361**	**20218**	**29001**	**1131**	**37**
51987	4030	7844	2043	1637	1966	1620	2473	286	11
24291	762	3522	1173	974	1096	928	1151	295	25
11426	834	1923	530	438	515	434	605	56	–
10243	–	1709	527	409	505	404	505	122	–
64317	11925	11083	4775	3375	4400	3233	4400	12	–
97429	23563	15256	6686	4838	5872	4462	6882	–	1
58991	25527	9403	3434	2448	2801	1963	3332	59	–
97892	16330	16773	4780	3468	4307	3269	4578	296	–
91880	15788	14395	5035	3957	4899	3905	5075	5	–
618865	**119214**	**100448**	**30523**	**22284**	**29476**	**21788**	**34006**	**2475**	**6**
10295	–	1694	529	431	523	430	572	17	–
31347	345	4954	1403	1232	1316	1176	1412	313	–
16823	3991	2362	777	664	755	650	1015	3	1
53537	105	8141	2439	2000	2401	1982	2550	237	–
4928	454	764	329	254	320	250	373	–	–
77889	10277	11361	2812	2145	2694	2100	3482	896	–
30161	6133	5143	1742	1276	1648	1243	1990	5	–
38385	5044	6528	1841	1222	1777	1210	1961	–	–
31200	14586	5367	1435	979	1389	963	1579	396	–
54442	13132	9383	2567	1729	2538	1714	2709	361	–
52992	7682	8796	2583	1760	2567	1752	2745	208	5
52542	12241	8852	2829	1970	2780	1939	3371	10	–
36741	7821	6030	2203	1581	2111	1518	2401	9	–
89009	30072	14785	4583	3082	4312	2962	4939	10	–
38574	7331	6288	2451	1959	2345	1899	2907	10	–
549253	**117613**	**96406**	**28154**	**21296**	**26761**	**20566**	**29311**	**2153**	**42**
41114	2801	6528	2329	1864	2308	1856	2678	40	–
29263	1023	4736	1473	1143	1450	1134	1627	122	–
4214	860	763	278	182	258	177	258	–	–

小　学　基　本

省、市、县(市)区名称	校数(所)			教学点数(个)	班数(个)	毕业生数	招生数	
	计	公办	民办				计	其中:受过学前教育
湛河区	42	42	–	8	651	3717	5062	5042
宝丰县	118	102	16	52	1532	7929	8088	8088
叶　县	153	119	34	208	2280	11221	12372	12367
鲁山县	237	224	13	202	2841	15403	14462	14458
郏　县	104	80	24	150	1647	9499	8093	8090
舞钢市	41	40	1	68	925	4835	4674	4674
汝州市	380	353	27	65	3687	19135	19021	19015
安阳市	**1236**	**1164**	**72**	**493**	**17060**	**101069**	**94806**	**94770**
文峰区	41	36	5	–	1225	8783	10737	10736
北关区	35	31	4	–	782	5382	6232	6232
殷都区	142	137	5	12	1634	10224	8855	8845
龙安区	54	52	2	23	648	3803	3421	3421
安阳县	156	151	5	12	1339	7137	5446	5442
汤阴县	132	131	1	36	1688	9234	7269	7265
滑　县	296	270	26	175	4168	24776	23284	23271
内黄县	198	176	22	45	2292	14069	12785	12785
林州市	182	180	2	190	3284	17661	16777	16773
鹤壁市	**302**	**269**	**33**	**156**	**4400**	**24859**	**23325**	**23318**
鹤山区	15	15	–	4	156	823	431	431
山城区	19	18	1	4	354	2446	1866	1866
淇滨区	34	33	1	3	963	6980	7753	7750
浚　县	169	146	23	85	2126	10167	9365	9361
淇　县	65	57	8	60	801	4443	3910	3910
新乡市	**1271**	**1190**	**81**	**500**	**17803**	**91651**	**102229**	**102198**
红旗区	54	44	10	5	1289	7527	10888	10888
卫滨区	26	24	2	–	471	3170	3672	3672
凤泉区	23	23	–	–	360	2338	2183	2183
牧野区	37	37	–	1	527	3645	4128	4128
新乡县	74	63	11	18	952	5533	5026	5024
获嘉县	106	104	2	20	1111	6357	5829	5826
原阳县	178	153	25	120	2511	10781	12535	12515
延津县	118	113	5	86	1613	7383	6860	6859
封丘县	179	162	17	132	2384	10831	12094	12093
卫辉市	105	102	3	58	1369	10305	6978	6976
辉县市	145	144	1	43	2522	11239	14408	14407
长垣市	226	221	5	17	2694	12542	17628	17627
焦作市	**514**	**485**	**29**	**142**	**7765**	**41641**	**46710**	**46682**
解放区	19	18	1	3	542	3868	4897	4873
中站区	10	10	–	–	186	1358	1295	1295
马村区	8	8	–	–	231	1574	1617	1617
山阳区	42	38	4	16	790	4927	5546	5546
修武县	51	49	2	7	575	3188	3135	3135
博爱县	45	45	–	12	894	4902	4976	4973
武陟县	135	118	17	37	1923	8913	9949	9949

情 况（总计）（二）

在校学生数		预计毕业学生	教职工（按办学类型）				教小学学生的专任教师	代课教师	兼任教师
计	其中：寄宿生		计	其中：女	其中：专任教师 计	其中：女			
28424	981	4522	1506	1114	1461	1095	1557	4	–
56619	9332	10050	2688	2060	2544	1979	2624	433	2
80735	33246	13784	4633	3557	4362	3371	4708	56	–
96902	20409	18012	4945	3669	4811	3628	5293	307	3
55759	15991	10299	3352	2507	3044	2328	3494	83	37
30962	7725	6035	1552	1171	1488	1162	1600	252	–
125261	25245	21677	5398	4029	5035	3836	5472	856	–
625567	**69158**	**108884**	**29494**	**22704**	**27826**	**21961**	**30535**	**3554**	**232**
62558	211	9737	3318	2876	3207	2811	3296	256	160
36495	377	5708	1905	1555	1772	1485	1857	416	–
63302	1451	11543	2641	1971	2538	1953	2785	84	–
21527	155	3866	1203	901	1187	895	1328	42	53
42270	766	8251	2305	1654	2106	1628	2162	149	13
50466	7650	9184	2396	1745	2242	1728	2614	218	–
158359	27084	28411	7402	5655	6779	5237	7104	2115	4
82192	14753	13216	4477	3559	4256	3463	4655	128	2
108398	16711	18968	3847	2788	3739	2761	4734	146	–
154501	**25057**	**26500**	**8445**	**6425**	**7621**	**5900**	**8160**	**845**	**101**
3808	1399	816	447	290	402	275	412	–	–
13596	505	2547	962	672	867	638	876	8	–
46161	2091	7345	1884	1537	1824	1515	2043	94	98
64090	17779	11084	3916	3015	3360	2597	3509	524	–
26846	3283	4708	1236	911	1168	875	1320	219	3
649051	**97020**	**107285**	**30324**	**24278**	**28804**	**23319**	**33021**	**3008**	**234**
57037	5125	8147	2471	2094	2180	1874	2493	491	15
21813	129	3054	1026	860	983	838	1020	215	–
13927	750	2399	620	475	620	475	771	71	–
23916	314	3971	1156	946	1153	945	1227	5	–
33564	6268	5645	1826	1408	1641	1288	1961	–	–
39431	1839	6779	1867	1527	1839	1511	2115	–	–
77975	21902	12791	4382	3321	4085	3156	4313	149	22
47086	11995	8531	2368	1737	2269	1691	2824	18	–
77623	15550	12071	4179	3354	4065	3303	4751	13	–
50825	3927	9763	2797	2181	2760	2167	2877	12	–
101376	7932	18394	2590	1953	2574	1948	3207	1336	170
104478	21289	15740	5042	4422	4635	4123	5462	698	27
280119	**56836**	**44309**	**16274**	**12520**	**15488**	**12106**	**18350**	**382**	**8**
26708	1059	3883	1387	1139	1330	1100	1529	5	–
7957	403	1330	499	366	480	358	552	–	–
9836	1297	1594	432	304	412	294	730	1	–
31748	2273	4975	1956	1524	1894	1489	2060	28	–
19809	1032	3304	1548	1179	1447	1150	1548	–	–
32174	9370	5407	1319	924	1307	922	2151	1	–
61080	29089	9911	3888	3150	3508	2895	3944	12	8

小 学 基 本

省、市、县（市）区名称	校数（所）			教学点数（个）	班数（个）	毕业生数	招生数	
	计	公办	民办				计	其中：受过学前教育
温 县	77	73	4	20	967	4377	5462	5462
沁 阳 市	85	85	–	33	1028	5314	5896	5895
孟 州 市	42	41	1	14	629	3220	3937	3937
濮 阳 市	**768**	**643**	**125**	**347**	**12111**	**70109**	**72944**	**72919**
华 龙 区	81	75	6	26	2428	20047	21625	21623
清 丰 县	131	123	8	93	1906	10381	9422	9422
南 乐 县	130	97	33	58	1762	9099	10006	10005
范 县	115	112	3	20	1374	7358	8292	8292
台 前 县	89	75	14	33	1215	7073	6143	6132
濮 阳 县	222	161	61	117	3426	16151	17456	17445
许 昌 市	**813**	**664**	**149**	**346**	**11815**	**67134**	**67632**	**67631**
魏 都 区	46	39	7	–	1280	8940	10384	10383
建 安 区	112	90	22	25	1616	9665	9062	9062
鄢 陵 县	140	117	23	52	1737	9274	9936	9936
襄 城 县	160	124	36	92	2088	11454	11133	11133
禹 州 市	226	176	50	149	3369	17765	16818	16818
长 葛 市	129	118	11	28	1725	10036	10299	10299
漯 河 市	**445**	**424**	**21**	**103**	**5790**	**33187**	**34129**	**34119**
源 汇 区	40	36	4	6	735	5017	5301	5301
郾 城 区	71	70	1	11	1199	6813	7889	7884
召 陵 区	73	61	12	32	1193	5543	7118	7114
舞 阳 县	98	97	1	18	1071	6618	5969	5969
临 颍 县	163	160	3	36	1592	9196	7852	7851
三 门 峡 市	**232**	**227**	**5**	**317**	**4317**	**25617**	**26334**	**26329**
湖 滨 区	30	29	1	1	614	4218	5105	5105
陕 州 区	27	27	–	44	506	2082	2271	2271
渑 池 县	43	43	–	106	857	5138	4373	4373
卢 氏 县	33	33	–	113	645	4513	4572	4572
义 马 市	10	10	–	4	235	1488	1409	1407
灵 宝 市	89	85	4	49	1460	8178	8604	8601
南 阳 市	**1660**	**1470**	**190**	**2880**	**34970**	**204703**	**175306**	**175158**
宛 城 区	170	157	13	80	3060	21824	18922	18921
卧 龙 区	76	72	4	147	2830	20461	18744	18644
南 召 县	59	54	5	230	2161	10845	9894	9890
方 城 县	235	199	36	247	3537	20110	16848	16845
西 峡 县	85	83	2	210	1569	7909	6138	6137
镇 平 县	154	131	23	288	3001	15942	14003	13994
内 乡 县	120	116	4	153	1970	12882	8440	8440
淅 川 县	114	108	6	305	2211	9375	10224	10224
社 旗 县	96	89	7	155	2093	11390	10422	10412
唐 河 县	223	179	44	284	3730	21969	19930	19929
新 野 县	97	76	21	204	2358	14137	11342	11330
桐 柏 县	48	38	10	152	1361	8042	6288	6283
邓 州 市	183	168	15	425	5089	29817	24111	24109

情　况（总计）（三）

在校学生数		预计毕业学生	教职工（按办学类型）				教小学学生的专任教师	代课教师	兼任教师
计	其中:寄宿生		计	其中:女	其中:专任教师 计	其中:女			
32568	4240	4893	2037	1582	1963	1556	2137	330	–
36157	6572	5744	1924	1378	1907	1378	2252	5	–
22082	1501	3268	1284	974	1240	964	1447	–	–
436653	**60191**	**59208**	**23754**	**18102**	**22128**	**17305**	**24564**	**441**	**162**
110394	9795	4955	3676	2941	3412	2799	5005	225	6
60831	5067	10533	3838	3013	3682	2964	3803	74	102
61459	13776	9611	4051	3196	3643	2964	3660	2	3
51333	1754	8328	2762	2062	2701	2045	2728	86	45
41219	4872	7555	2087	1660	2048	1647	2358	15	–
111417	24927	18226	7340	5230	6642	4886	7010	39	6
428215	**118005**	**67365**	**24553**	**18237**	**22375**	**16807**	**26287**	**210**	**1**
61301	6550	8882	2624	2187	2439	2077	2751	202	–
60052	14909	10168	3653	2546	3280	2311	3928	8	–
60703	17581	9195	4076	2998	3714	2739	3786	–	1
73124	33245	12303	5254	3800	4546	3304	4791	–	–
105207	31233	15172	5447	4056	5048	3808	6742	–	–
67828	14487	11645	3499	2650	3348	2568	4289	–	–
210514	**45230**	**35143**	**10577**	**7649**	**9756**	**7326**	**11647**	**502**	**1**
32295	4603	5386	1572	1188	1467	1135	1663	107	–
46666	5163	7534	2304	1794	2163	1740	2330	119	–
42835	15183	6801	2295	1717	2023	1572	2245	202	1
39057	10993	6872	1946	1316	1805	1294	2330	61	–
49661	9288	8550	2460	1634	2298	1585	3079	13	–
158780	**35012**	**27402**	**9754**	**7080**	**9478**	**6978**	**10604**	**261**	**10**
29288	1694	4445	1706	1410	1618	1363	1690	94	4
14271	3205	2407	1004	682	939	665	1209	19	–
30344	7535	5694	1583	1104	1558	1100	2065	4	–
23180	5340	4493	1432	918	1374	897	1441	33	–
8966	1197	1495	678	537	665	534	787	–	–
52731	16041	8868	3351	2429	3324	2419	3412	111	6
1184777	**256902**	**207416**	**60452**	**43175**	**58620**	**42280**	**66129**	**4327**	**514**
126276	12055	21497	5581	4172	5192	3894	5897	599	–
122929	6481	20660	4469	3388	4375	3343	4949	935	3
67082	15275	11927	3434	2271	3351	2246	3829	78	–
114236	30466	20418	5856	4065	5446	3865	5877	160	72
43363	9195	8257	2765	1996	2742	1988	2928	367	–
95480	25617	16706	5654	4074	5602	4037	6263	428	–
64328	20244	13055	3354	2338	3305	2321	3945	55	5
62248	15786	9908	3614	2415	3571	2400	4176	90	1
69144	11055	11507	3694	2834	3647	2826	4111	2	–
132953	35014	22518	6769	5026	6642	4968	7434	139	119
78492	29654	13776	4649	3284	4470	3245	5230	89	2
43033	8295	8056	2633	1890	2606	1873	3151	7	–
165213	37765	29131	7980	5422	7671	5274	8339	1378	312

小 学 基 本

省、市、县(市)区名称	校数(所)			教学点数(个)	班数(个)	毕业生数	招生数	
	计	公办	民办				计	其中:受过学前教育
商丘市	**1860**	**1669**	**191**	**814**	**25822**	**114797**	**157616**	**157572**
梁园区	153	152	1	53	2455	11527	17577	17573
睢阳区	177	158	19	96	2500	11358	16405	16405
民权县	145	120	25	130	2691	10511	15530	15528
睢县	244	238	6	28	2380	9902	13490	13490
宁陵县	130	108	22	64	1798	8632	11706	11704
柘城县	142	121	21	170	2894	10663	17577	17575
虞城县	273	250	23	139	3713	15931	20783	20780
夏邑县	270	240	30	121	3270	12500	19298	19297
永城市	326	282	44	13	4121	23773	25250	25220
信阳市	**1036**	**954**	**82**	**1365**	**19508**	**96053**	**106532**	**106498**
浉河区	62	57	5	86	1268	7611	8512	8512
平桥区	79	63	16	181	2478	12391	14252	14250
罗山县	127	126	1	98	1732	9533	7834	7832
光山县	135	129	6	148	2233	9127	10484	10483
新县	32	30	2	54	711	3685	4124	4123
商城县	96	95	1	225	1619	6253	8363	8355
固始县	180	153	27	137	3394	20045	18801	18786
潢川县	100	94	6	140	1761	6534	11089	11089
淮滨县	84	77	7	157	1885	7449	10371	10366
息县	141	130	11	139	2427	13425	12702	12702
周口市	**1833**	**1459**	**374**	**2023**	**29179**	**142448**	**166160**	**165990**
川汇区	67	53	14	37	1373	10010	12075	12074
淮阳区	158	98	60	296	3381	16760	19190	19161
扶沟县	109	103	6	148	1660	7097	9134	9134
西华县	153	144	9	208	1990	9859	11198	11196
商水县	192	163	29	299	3089	13758	17138	17134
沈丘县	199	162	37	227	3285	16149	16812	16812
郸城县	333	260	73	154	4010	19803	22173	22122
太康县	266	200	66	271	3874	17392	24076	24048
鹿邑县	194	133	61	189	3235	14595	17673	17660
项城市	162	143	19	194	3282	17025	16691	16649
驻马店市	**1931**	**1718**	**213**	**1088**	**24843**	**117512**	**125189**	**125158**
驿城区	191	184	7	12	2757	15779	16710	16705
西平县	191	188	3	65	1899	6714	9163	9163
上蔡县	391	341	50	149	4070	17892	18787	18786
平舆县	108	92	16	182	2526	12359	15787	15787
正阳县	208	189	19	88	2518	13919	11756	11750
确山县	132	124	8	65	1532	8879	5521	5521
泌阳县	149	129	20	184	2595	11562	14315	14303
汝南县	165	157	8	124	2049	7894	9667	9662
遂平县	148	147	1	41	1520	6677	7112	7110
新蔡县	248	167	81	178	3377	15837	16371	16371
济源示范区	**91**	**91**	**—**	**25**	**1463**	**8885**	**10381**	**10362**

情　　况（总计）（四）

在校学生数 计	其中：寄宿生	预计毕业学生	教职工（按办学类型）计	其中：女	其中：专任教师 计	其中：专任教师 其中：女	教小学学生的专任教师	代课教师	兼任教师
886580	**144864**	**132496**	**50560**	**34336**	**46329**	**32733**	**51214**	**298**	**66**
97779	8216	14662	4871	3391	4478	3281	5215	85	51
90381	11141	12849	4967	3269	4597	3099	5000	–	15
87566	12362	13157	4290	2779	3998	2640	4587	27	–
77210	9801	11484	3743	2674	3604	2612	3797	74	–
63996	11805	8881	3920	2606	3536	2468	3981	7	–
86618	19922	12232	6203	4116	5965	4022	6807	–	–
122302	32738	18543	7209	4720	6313	4398	7425	11	–
103691	11724	14846	7127	5030	6512	4831	6966	12	–
157037	27155	25842	8230	5751	7326	5382	7436	82	–
679538	**60702**	**115410**	**41401**	**29254**	**40065**	**28839**	**43529**	**1513**	**25**
55705	6975	10014	2732	2177	2675	2155	2946	38	–
90980	9427	15892	4623	3652	4488	3578	4781	360	16
56175	7651	10986	3900	2832	3763	2812	3883	63	1
66689	5487	11245	4428	3033	4327	2995	4937	–	–
25570	2078	4355	1530	1062	1524	1061	1831	1	–
49672	5914	8055	3636	2312	3534	2290	3640	5	1
119956	5949	21343	7709	5436	7438	5328	7867	155	–
65658	1061	9757	3788	2610	3488	2555	3710	497	–
64975	7151	9785	3974	2710	3937	2689	4414	157	7
84158	9009	13978	5081	3430	4891	3376	5520	237	–
970854	**326746**	**148568**	**58556**	**40832**	**55848**	**39186**	**63961**	**250**	**414**
68355	12693	10171	3303	2424	3169	2362	3760	31	–
111989	53902	17455	6788	4884	6024	4350	6912	147	166
53362	16341	7879	3442	2454	3418	2446	3680	–	12
67439	22303	10657	4084	2855	4061	2846	4796	8	–
96246	29623	14464	5815	3861	5712	3799	6704	32	2
101933	29890	15846	7373	4992	7022	4748	7554	–	–
128770	55777	20631	8413	5646	7939	5379	8323	9	228
132665	51861	17895	7456	5288	7028	5031	7893	20	3
100847	28578	15672	5957	4058	5778	3956	7123	–	–
109248	25778	17898	5925	4370	5697	4269	7216	3	3
812151	**140851**	**135724**	**49527**	**35600**	**46668**	**34071**	**50159**	**1012**	**84**
104038	1794	17379	5890	4735	5790	4705	6001	199	–
55966	13622	8894	4164	3189	3614	2848	4037	190	–
118943	19055	19052	7207	5196	6992	5071	7402	61	3
98764	20634	15612	5089	3425	4869	3315	5162	28	–
82260	9363	15001	4630	2893	4344	2755	4831	216	9
42856	6852	8651	3277	2527	3217	2495	3321	26	2
91292	28095	15127	5375	3839	4959	3676	5089	237	68
66003	9501	10876	4400	3333	4177	3175	4437	23	2
50273	8473	9026	3036	2250	2991	2222	3360	32	–
101756	23462	16106	6459	4213	5715	3809	6519	–	–
58334	**4786**	**9521**	**2556**	**1851**	**2489**	**1844**	**2853**	**25**	**1**

小 学 基 本

省、市、县(市)区名称	校数(所)			教学点数（个）	班数（个）	毕业生数	招生数	
	计	公办	民办				计	其中：受过学前教育
河南省	1901	1703	198	236	57043	390984	454933	454608
郑州市	364	321	43	8	11566	84461	102698	102594
中原区	52	51	1	–	1398	10057	14181	14173
二七区	49	47	2	–	1267	9024	11744	11744
管城回族区	34	32	2	–	1312	8516	12463	12463
金水区	84	66	18	–	3101	21444	26854	26807
上街区	10	10	–	–	251	1584	2513	2513
惠济区	16	13	3	1	515	2985	4825	4822
中牟县	–	–	–	–	–	–	–	–
巩义市	20	19	1	5	575	4113	4960	4960
荥阳市	23	18	5	–	719	4891	7438	7438
新密市	33	27	6	1	746	5093	6316	6315
新郑市	25	23	2	1	739	5924	6031	6028
登封市	18	15	3	–	943	10830	5373	5331
开封市	104	97	7	14	2683	15651	19988	19987
龙亭区	28	27	1	–	1050	5946	8289	8288
顺河回族区	24	22	2	2	549	3235	4584	4584
鼓楼区	15	15	–	–	261	1709	1702	1702
禹王台区	9	9	–	–	176	1180	1265	1265
祥符区	28	24	4	12	647	3581	4148	4148
杞县	–	–	–	–	–	–	–	–
通许县	–	–	–	–	–	–	–	–
尉氏县	–	–	–	–	–	–	–	–
兰考县	–	–	–	–	–	–	–	–
洛阳市	142	135	7	22	3968	25838	32552	32535
老城区	16	16	–	2	229	1708	1832	1831
西工区	26	23	3	–	670	4801	5243	5243
瀍河回族区	16	16	–	–	381	2297	3088	3084
涧西区	28	27	1	–	849	6264	7845	7834
吉利区	7	7	–	–	125	753	863	863
洛龙区	25	24	1	–	991	5785	8822	8821
孟津县	–	–	–	–	–	–	–	–
新安县	5	5	–	–	81	356	632	632
栾川县	–	–	–	–	–	–	–	–
嵩县	–	–	–	–	–	–	–	–
汝阳县	–	–	–	–	–	–	–	–
宜阳县	–	–	–	–	–	–	–	–
洛宁县	–	–	–	–	–	–	–	–
伊川县	–	–	–	–	–	–	–	–
偃师市	19	17	2	20	642	3874	4227	4227
平顶山市	131	117	14	21	3209	20147	24957	24937
新华区	24	21	3	6	619	4246	4824	4823
卫东区	23	22	1	–	560	3667	4432	4432
石龙区	8	8	–	1	99	512	549	549

— 662 —

情　　况（城区）（一）

在校学生数：计	在校学生数：其中：寄宿生	预计毕业学生	教职工（按办学类型）：计	教职工：其中：女	其中：专任教师：计	其中：专任教师：其中：女	教小学学生的专任教师	代课教师	兼任教师
2672101	**264428**	**410478**	**119772**	**99448**	**113518**	**95783**	**132780**	**8397**	**830**
570757	**38725**	**86272**	**29205**	**24920**	**27739**	**23918**	**31213**	**1970**	**109**
73833	1640	10511	3339	2941	3301	2919	3602	410	–
63307	226	9379	2932	2535	2836	2476	3206	85	–
66422	989	8487	3740	3185	3649	3124	3830	145	–
149757	3022	21753	8103	6999	7499	6605	8314	793	88
12840	–	1610	787	635	762	619	762	–	–
24755	649	3349	1560	1384	1435	1290	1527	29	–
–	–	–	–	–	–	–	–	–	–
27743	2975	4192	1477	1264	1414	1218	1819	–	–
36296	5495	4890	2001	1715	1919	1661	2027	17	–
36277	6487	5798	2247	1629	2057	1481	2155	4	–
35848	1219	5907	1652	1457	1575	1397	1637	336	–
43679	16023	10396	1367	1176	1292	1128	2334	151	21
114966	**9908**	**17588**	**5283**	**4298**	**4990**	**4152**	**5608**	**698**	**25**
45446	3217	6512	1547	1281	1487	1266	1960	257	–
24148	762	3486	1152	960	1077	915	1132	295	25
10856	834	1800	498	414	483	410	573	51	–
8035	–	1330	397	320	385	317	385	95	–
26481	5095	4460	1689	1323	1558	1244	1558	–	–
–	–	–	–	–	–	–	–	–	–
–	–	–	–	–	–	–	–	–	–
–	–	–	–	–	–	–	–	–	–
–	–	–	–	–	–	–	–	–	–
178880	**13723**	**26735**	**7806**	**6600**	**7531**	**6433**	**8862**	**1189**	**1**
10120	–	1651	503	417	498	416	547	15	–
31154	345	4927	1394	1226	1308	1171	1404	292	–
16823	3991	2362	777	664	755	650	1015	3	1
42417	4	6340	1899	1573	1891	1572	1981	130	–
4707	454	730	297	239	289	236	342	–	–
44936	3186	6279	1400	1178	1351	1145	1739	749	–
–	–	–	–	–	–	–	–	–	–
3216	825	460	109	87	105	86	148	–	–
–	–	–	–	–	–	–	–	–	–
–	–	–	–	–	–	–	–	–	–
–	–	–	–	–	–	–	–	–	–
–	–	–	–	–	–	–	–	–	–
–	–	–	–	–	–	–	–	–	–
–	–	–	–	–	–	–	–	–	–
25507	4918	3986	1427	1216	1334	1157	1686	–	–
147643	**13350**	**23409**	**7255**	**5853**	**6927**	**5688**	**7549**	**321**	**–**
28575	2009	4597	1441	1165	1422	1159	1681	32	–
27296	23	4317	1388	1084	1367	1076	1477	117	–
3889	860	714	236	161	223	158	223	–	–

小　学　基　本

省、市、县(市)区名称	校数(所)			教学点数(个)	班数(个)	毕业生数	招生数	
	计	公办	民办				计	其中:受过学前教育
湛河区	18	18	－	2	445	2763	3976	3957
宝丰县	－	－	－	－	－	－	－	－
叶　县	4	3	1	2	144	544	1269	1269
鲁山县	－	－	－	－	－	－	－	－
郏　县	－	－	－	－	－	－	－	－
舞钢市	16	15	1	9	367	2056	2711	2711
汝州市	38	30	8	1	975	6359	7196	7196
安阳市	**127**	**113**	**14**	**6**	**3804**	**26126**	**28914**	**28912**
文峰区	24	20	4	－	795	6103	6696	6696
北关区	26	22	4	－	690	4925	5830	5830
殷都区	17	15	2	－	413	3043	3317	3316
龙安区	13	12	1	1	235	1471	1947	1947
安阳县	10	9	1	－	105	385	650	650
汤阴县	－	－	－	－	－	－	－	－
滑　县	－	－	－	－	－	－	－	－
内黄县	－	－	－	－	－	－	－	－
林州市	37	35	2	5	1566	10199	10474	10473
鹤壁市	**46**	**46**	**－**	**3**	**1163**	**9054**	**8265**	**8264**
鹤山区	12	12	－	3	133	760	402	402
山城区	15	15	－	－	292	2186	1721	1721
淇滨区	17	17	－	－	726	6062	6082	6081
浚　县	－	－	－	－	－	－	－	－
淇　县	2	2	－	－	12	46	60	60
新乡市	**204**	**194**	**10**	**6**	**4936**	**30502**	**38834**	**38834**
红旗区	30	26	4	2	843	5564	7471	7471
卫滨区	25	23	2	－	457	3048	3579	3579
凤泉区	4	4	－	－	150	916	1224	1224
牧野区	35	35	－	－	515	3565	4093	4093
新乡县	－	－	－	－	－	－	－	－
获嘉县	－	－	－	－	－	－	－	－
原阳县	－	－	－	－	－	－	－	－
延津县	－	－	－	－	－	－	－	－
封丘县	－	－	－	－	－	－	－	－
卫辉市	17	17	－	－	421	3974	3329	3329
辉县市	37	37	－	3	1221	5848	8666	8666
长垣市	56	52	4	1	1329	7587	10472	10472
焦作市	**74**	**71**	**3**	**14**	**2081**	**14262**	**17276**	**17251**
解放区	19	18	1	3	542	3868	4897	4873
中站区	6	6	－	－	152	1194	1135	1135
马村区	5	5	－	－	173	1192	1371	1371
山阳区	13	12	1	8	433	3158	3561	3561
修武县	－	－	－	－	－	－	－	－
博爱县	－	－	－	－	－	－	－	－
武陟县	3	3	－	－	18	54	53	53

情　况(城区)(二)

在校学生数		预计毕业学生	教职工(按办学类型)				教小学学生的专任教师	代课教师	兼任教师
计	其中:寄宿生		计	其中:女	其中:专任教师 计	其中:专任教师 其中:女			
21438	509	3279	880	679	851	664	947	3	–
–	–	–	–	–	–	–	–	–	–
6893	476	702	413	340	395	332	395	–	–
–	–	–	–	–	–	–	–	–	–
–	–	–	–	–	–	–	–	–	–
15373	1592	2485	760	651	736	644	736	70	–
44179	7881	7315	2137	1773	1933	1655	2090	99	–
174316	**11993**	**28427**	**7096**	**6010**	**6812**	**5863**	**8126**	**648**	**213**
41390	82	6713	2190	1889	2129	1850	2129	222	160
33179	195	5066	1776	1469	1648	1399	1716	331	–
20416	–	3381	925	775	897	766	1016	31	–
9790	–	1460	445	376	438	372	544	14	53
3610	33	521	120	97	106	93	162	18	–
–	–	–	–	–	–	–	–	–	–
–	–	–	–	–	–	–	–	–	–
–	–	–	–	–	–	–	–	–	–
65931	11683	11286	1640	1404	1594	1383	2559	32	–
54516	**2597**	**9344**	**2735**	**2132**	**2585**	**2079**	**2727**	**49**	**98**
3569	1399	755	398	264	355	250	365	–	–
12399	26	2291	836	592	764	567	773	8	–
38150	1172	6219	1472	1251	1437	1237	1560	41	98
–	–	–	–	–	–	–	–	–	–
398	–	79	29	25	29	25	29	–	–
231552	**22941**	**36829**	**8511**	**7300**	**7968**	**6896**	**9421**	**1697**	**206**
39817	3841	5876	1526	1323	1372	1205	1571	365	15
21113	129	2919	1014	849	971	827	971	215	–
6729	750	1002	176	147	176	147	311	12	–
23608	314	3881	1132	928	1129	927	1203	5	–
–	–	–	–	–	–	–	–	–	–
–	–	–	–	–	–	–	–	–	–
–	–	–	–	–	–	–	–	–	–
–	–	–	–	–	–	–	–	–	–
–	–	–	–	–	–	–	–	–	–
20775	633	3673	1024	863	1016	862	1061	–	–
58355	1924	10054	1435	1176	1424	1172	1731	653	164
61155	15350	9424	2204	2014	1880	1756	2573	447	27
97825	**9150**	**14846**	**4623**	**3700**	**4471**	**3623**	**5359**	**18**	**–**
26708	1059	3883	1387	1139	1330	1100	1529	5	–
7048	403	1180	395	285	386	282	435	–	–
7917	474	1265	345	252	337	249	522	1	–
20212	196	3141	1146	928	1103	904	1130	12	–
–	–	–	–	–	–	–	–	–	–
–	–	–	–	–	–	–	–	–	–
300	–	57	32	25	31	25	31	–	–

小 学 基 本

省、市、县 (市)区名称	校数(所)			教学 点数 (个)	班数 (个)	毕业 生数	招生数	
	计	公办	民办				计	其中: 受过学 前教育
温 县	–	–	–	–	–	–	–	–
沁 阳 市	17	17	–	2	475	3182	3813	3812
孟 州 市	11	10	1	1	288	1614	2446	2446
濮 阳 市	**33**	**31**	**2**	**7**	**1557**	**13565**	**15190**	**15189**
华 龙 区	26	24	2	4	1463	13374	14579	14578
清 丰 县	–	–	–	–	–	–	–	–
南 乐 县	–	–	–	–	–	–	–	–
范 县	3	3	–	–	35	63	409	409
台 前 县	–	–	–	–	–	–	–	–
濮 阳 县	4	4	–	3	59	128	202	202
许 昌 市	**151**	**125**	**26**	**23**	**3915**	**25242**	**28757**	**28756**
魏 都 区	46	39	7	–	1280	8940	10384	10383
建 安 区	18	16	2	1	448	2553	3427	3427
鄢 陵 县	3	3	–	1	21	85	74	74
襄 城 县	7	7	–	2	116	562	789	789
禹 州 市	43	32	11	19	1210	7820	8103	8103
长 葛 市	34	28	6	–	840	5282	5980	5980
漯 河 市	**54**	**49**	**5**	**2**	**1716**	**10694**	**13453**	**13450**
源 汇 区	21	18	3	–	557	4035	4400	4400
郾 城 区	22	22	–	1	797	4952	6175	6173
召 陵 区	11	9	2	1	362	1707	2878	2877
舞 阳 县	–	–	–	–	–	–	–	–
临 颍 县	–	–	–	–	–	–	–	–
三门峡市	**61**	**59**	**2**	**6**	**1625**	**10668**	**12768**	**12766**
湖 滨 区	21	20	1	–	553	3934	4932	4932
陕 州 区	10	10	–	3	267	1312	1699	1699
渑 池 县	–	–	–	–	–	–	–	–
卢 氏 县	–	–	–	–	–	–	–	–
义 马 市	10	10	–	3	234	1484	1409	1407
灵 宝 市	20	19	1	–	571	3938	4728	4728
南 阳 市	**79**	**70**	**9**	**26**	**3633**	**28001**	**27251**	**27151**
宛 城 区	30	27	3	–	1133	9037	8491	8491
卧 龙 区	18	17	1	9	1256	9750	10465	10365
南 召 县	–	–	–	–	–	–	–	–
方 城 县	–	–	–	–	–	–	–	–
西 峡 县	–	–	–	–	–	–	–	–
镇 平 县	–	–	–	–	–	–	–	–
内 乡 县	–	–	–	–	–	–	–	–
淅 川 县	–	–	–	–	–	–	–	–
社 旗 县	–	–	–	–	–	–	–	–
唐 河 县	–	–	–	1	5	–	12	12
新 野 县	–	–	–	–	–	–	–	–
桐 柏 县	–	–	–	–	–	–	–	–
邓 州 市	31	26	5	16	1239	9214	8283	8283

情　况（城区）（三）

在校学生数		预计毕业学生	教职工（按办学类型）				教小学学生的专任教师	代课教师	兼任教师
计	其中：寄宿生		计	其中：女	其中：专任教师 计	其中：女			
—	—	—	—	—	—	—	—	—	—
23078	5586	3634	768	609	759	609	1034	—	—
12562	1432	1686	550	462	525	454	678	—	—
75392	**3233**	**1857**	**2390**	**1978**	**2206**	**1863**	**3137**	**117**	**4**
72838	2542	1698	2249	1884	2065	1769	2938	116	4
—	—	—	—	—	—	—	—	—	—
—	—	—	—	—	—	—	—	—	—
1342	—	64	51	39	51	39	51	—	—
—	—	—	—	—	—	—	—	—	—
1212	691	95	90	55	90	55	148	1	—
174058	**37844**	**25734**	**6956**	**5791**	**6483**	**5510**	**9333**	**208**	**—**
61301	6550	8882	2624	2187	2439	2077	2751	202	
20611	1880	2802	939	791	899	758	1137	6	
470	87	66	45	28	42	28	42	—	
4626	2008	747	212	178	211	178	297	—	
48097	15396	6598	1602	1339	1469	1257	2846	—	
38953	11923	6639	1534	1268	1423	1212	2260	—	
77090	**7186**	**11965**	**3162**	**2592**	**2968**	**2502**	**3495**	**225**	**—**
26008	2978	4364	1105	863	1030	829	1226	107	
35818	2147	5506	1463	1255	1420	1235	1529	104	
15264	2061	2095	594	474	518	438	740	14	
—	—	—	—	—	—	—	—	—	—
—	—	—	—	—	—	—	—	—	—
73934	**7189**	**11457**	**4287**	**3498**	**4182**	**3446**	**4591**	**136**	**4**
27497	1578	4092	1496	1260	1424	1220	1496	86	4
9965	1904	1585	521	418	509	412	689	18	—
—	—	—	—	—	—	—	—	—	—
—	—	—	—	—	—	—	—	—	—
8963	1197	1495	676	536	663	533	785	—	—
27509	2510	4285	1594	1284	1586	1281	1621	32	—
174941	**13969**	**28997**	**6741**	**5453**	**6422**	**5241**	**7524**	**768**	**—**
55267	4604	8976	2318	1841	2104	1674	2359	158	
63806	367	9917	2048	1685	2012	1668	2359	486	
—	—	—	—	—	—	—	—	—	—
—	—	—	—	—	—	—	—	—	—
—	—	—	—	—	—	—	—	—	—
—	—	—	—	—	—	—	—	—	—
61	—	—	11	8	11	8	11	—	—
—	—	—	—	—	—	—	—	—	—
55807	8998	10104	2364	1919	2295	1891	2795	124	

小 学 基 本

省、市、县(市)区名称	校数(所)			教学点数(个)	班数(个)	毕业生数	招生数	
	计	公办	民办				计	其中:受过学前教育
商 丘 市	**120**	**97**	**23**	**6**	**3652**	**23377**	**27902**	**27902**
梁 园 区	29	28	1	–	1011	6148	8672	8672
睢 阳 区	44	37	7	5	957	5597	7437	7437
民 权 县	–	–	–	–	–	–	–	–
睢 县	–	–	–	–	–	–	–	–
宁 陵 县	–	–	–	–	–	–	–	–
柘 城 县	–	–	–	–	–	–	–	–
虞 城 县	–	–	–	–	–	–	–	–
夏 邑 县	–	–	–	–	–	–	–	–
永 城 市	47	32	15	1	1684	11632	11793	11793
信 阳 市	**49**	**44**	**5**	**16**	**1788**	**10676**	**14793**	**14793**
浉 河 区	24	21	3	3	757	4958	6538	6538
平 桥 区	25	23	2	13	1031	5718	8255	8255
罗 山 县	–	–	–	–	–	–	–	–
光 山 县	–	–	–	–	–	–	–	–
新 县	–	–	–	–	–	–	–	–
商 城 县	–	–	–	–	–	–	–	–
固 始 县	–	–	–	–	–	–	–	–
潢 川 县	–	–	–	–	–	–	–	–
淮 滨 县	–	–	–	–	–	–	–	–
息 县	–	–	–	–	–	–	–	–
周 口 市	**99**	**72**	**27**	**54**	**3544**	**28058**	**23614**	**23573**
川 汇 区	22	19	3	2	798	7688	7001	7001
淮 阳 区	27	15	12	27	1152	8513	7690	7690
扶 沟 县	1	1	–	–	6	26	40	40
西 华 县	–	–	–	–	–	–	–	–
商 水 县	2	1	1	5	32	26	191	190
沈 丘 县	–	–	–	–	–	–	–	–
郸 城 县	7	4	3	8	132	672	496	496
太 康 县	–	–	–	–	–	–	–	–
鹿 邑 县	–	–	–	–	–	–	–	–
项 城 市	40	32	8	12	1424	11133	8196	8156
驻马店市	**36**	**35**	**1**	**–**	**1345**	**8713**	**10185**	**10182**
驿 城 区	36	35	1	–	1345	8713	10185	10182
西 平 县	–	–	–	–	–	–	–	–
上 蔡 县	–	–	–	–	–	–	–	–
平 舆 县	–	–	–	–	–	–	–	–
正 阳 县	–	–	–	–	–	–	–	–
确 山 县	–	–	–	–	–	–	–	–
泌 阳 县	–	–	–	–	–	–	–	–
汝 南 县	–	–	–	–	–	–	–	–
遂 平 县	–	–	–	–	–	–	–	–
新 蔡 县	–	–	–	–	–	–	–	–
济源示范区	**27**	**27**	**–**	**2**	**858**	**5949**	**7536**	**7532**

情　况(城区)(四)

在校学生数		预计毕业学生	教职工(按办学类型)				教小学学生的专任教师	代课教师	兼任教师
计	其中：寄宿生		计	其中：女	其中：专任教师 计	其中：专任教师 其中：女			
168364	**20288**	**26911**	**8692**	**6898**	**7787**	**6466**	**8218**	**57**	**15**
47700	400	7198	2548	2028	2356	1947	2425	57	–
42525	5062	6425	2168	1660	1901	1549	2183	–	15
–	–	–	–	–	–	–	–	–	–
–	–	–	–	–	–	–	–	–	–
–	–	–	–	–	–	–	–	–	–
–	–	–	–	–	–	–	–	–	–
–	–	–	–	–	–	–	–	–	–
–	–	–	–	–	–	–	–	–	–
78139	14826	13288	3976	3210	3530	2970	3610	–	–
88382	**2560**	**14340**	**4175**	**3542**	**4097**	**3501**	**4525**	**35**	**–**
40073	502	6670	1737	1483	1715	1470	1976	14	–
48309	2058	7670	2438	2059	2382	2031	2549	21	–
–	–	–	–	–	–	–	–	–	–
–	–	–	–	–	–	–	–	–	–
–	–	–	–	–	–	–	–	–	–
–	–	–	–	–	–	–	–	–	–
–	–	–	–	–	–	–	–	–	–
–	–	–	–	–	–	–	–	–	–
–	–	–	–	–	–	–	–	–	–
–	–	–	–	–	–	–	–	–	–
166244	**48332**	**29632**	**6226**	**5039**	**5795**	**4777**	**8009**	**73**	**155**
46773	9009	7588	1738	1360	1692	1345	2203	–	–
51511	22875	9009	2073	1674	1762	1472	2279	73	155
190	–	31	14	12	14	12	14	–	–
–	–	–	–	–	–	–	–	–	–
830	311	28	69	52	66	49	66	–	–
–	–	–	–	–	–	–	–	–	–
3478	2123	728	250	170	224	155	285	–	–
–	–	–	–	–	–	–	–	–	–
–	–	–	–	–	–	–	–	–	–
63462	14014	12248	2082	1771	2037	1744	3162	–	–
62353	**332**	**9834**	**3203**	**2658**	**3144**	**2642**	**3355**	**170**	**–**
62353	332	9834	3203	2658	3144	2642	3355	170	–
–	–	–	–	–	–	–	–	–	–
–	–	–	–	–	–	–	–	–	–
–	–	–	–	–	–	–	–	–	–
–	–	–	–	–	–	–	–	–	–
–	–	–	–	–	–	–	–	–	–
–	–	–	–	–	–	–	–	–	–
–	–	–	–	–	–	–	–	–	–
–	–	–	–	–	–	–	–	–	–
–	–	–	–	–	–	–	–	–	–
40888	**1108**	**6301**	**1426**	**1186**	**1411**	**1183**	**1728**	**18**	

小 学 基 本

省、市、县(市)区名称	校数(所)			教学点数(个)	班数(个)	毕业生数	招生数	
	计	公办	民办				计	其中：受过学前教育
河南省	4855	4124	731	1757	104957	679604	670338	670107
郑州市	260	243	17	28	5825	38831	47879	47810
中原区	20	19	1	—	687	3672	7389	7368
二七区	5	3	2	—	83	602	522	522
管城回族区	16	14	2	—	405	1950	3933	3894
金水区	1	1	—	—	30	—	537	537
上街区	—	—	—	—	96765	—	—	—
惠济区	4	4	—	—	73	497	640	640
中牟县	50	49	1	5	1574	10968	13443	13443
巩义市	37	37	—	12	547	3998	3273	3273
荥阳市	8	8	—	—	127	1113	859	859
新密市	45	40	5	7	595	3967	3545	3542
新郑市	41	38	3	1	1188	7859	10576	10570
登封市	33	30	3	3	516	4205	3162	3162
开封市	226	188	38	159	5510	33395	32999	32974
龙亭区	2	2	—	—	8	41	55	55
顺河回族区	—	—	—	—	96765	—	—	—
鼓楼区	—	—	—	—	96765	—	—	—
禹王台区	—	—	—	—	96765	—	—	—
祥符区	22	22	—	20	309	1234	1236	1234
杞县	53	30	23	53	1325	9930	7656	7656
通许县	24	22	2	32	977	5262	5969	5958
尉氏县	56	51	5	30	1326	9043	8305	8293
兰考县	69	61	8	24	1565	7885	9778	9778
洛阳市	300	278	22	116	7775	49068	52010	51987
老城区	—	—	—	—	96765	—	—	—
西工区	—	—	—	—	96765	—	—	—
瀍河回族区	—	—	—	—	96765	—	—	—
涧西区	10	10	—	2	185	1067	1344	1344
吉利区	—	—	—	—	96765	—	—	—
洛龙区	18	18	—	10	575	3328	4355	4355
孟津县	39	39	—	12	662	4467	4427	4426
新安县	34	34	—	12	761	5077	4795	4793
栾川县	29	28	1	5	663	4515	4630	4630
嵩县	27	25	2	9	839	5923	5870	5870
汝阳县	21	20	1	9	747	4972	4851	4850
宜阳县	30	29	1	25	985	5929	6085	6080
洛宁县	27	24	3	7	621	4008	4332	4319
伊川县	57	43	14	18	1560	8677	10241	10240
偃师市	8	8	—	7	177	1105	1080	1080
平顶山市	269	232	37	77	4709	31192	29015	29011
新华区	14	14	—	—	272	1432	1909	1908
卫东区	1	1	—	—	41	201	222	222
石龙区	—	—	—	—	96765	—	—	—

情　况（镇区）（一）

在校学生数		预计毕业学生	教职工（按办学类型）				教小学学生的专任教师	代课教师	兼任教师
计	其中:寄宿生		计	其中:女	其中:专任教师 计	其中:女			
4299095	956571	750138	206625	161822	194049	155016	226885	9285	717
270108	46681	41459	12399	9894	11785	9514	12596	2577	–
33415	3239	4153	1551	1396	1428	1290	1589	265	–
3304	814	498	224	189	182	161	186	–	–
18757	1464	2247	1133	968	1053	930	1053	28	–
1358	–	–	31	27	31	27	77	–	–
–	–	–	–	–	–	–	–	–	–
3417	–	539	227	189	219	185	219	–	–
76357	8135	11189	2912	2420	2868	2397	3196	756	–
22085	4964	4022	1495	1144	1442	1128	1442	–	–
5763	2269	1099	374	255	361	250	361	–	–
23289	13012	4273	1496	975	1371	900	1411	31	–
60035	3609	8823	1757	1491	1651	1412	1823	1461	–
22328	9175	4616	1199	840	1179	834	1239	36	–
203467	49090	34849	10357	8197	9390	7688	11161	258	1
161	–	24	23	14	20	14	20	–	–
–	–	–	–	–	–	–	–	–	–
–	–	–	–	–	–	–	–	–	–
–	–	–	–	–	–	–	–	–	–
8498	1375	1583	656	441	614	433	614	–	–
45821	12766	8139	2970	2362	2516	2110	3380	–	1
36425	11611	5924	1573	1197	1426	1093	1928	16	–
55222	10219	9787	2318	1850	2103	1744	2332	242	–
57340	13119	9392	2817	2333	2711	2294	2887	–	–
317164	72124	53696	14020	10668	13585	10481	16370	877	5
–	–	–	–	–	–	–	–	–	–
–	–	–	–	–	–	–	–	–	–
–	–	–	–	–	–	–	–	–	–
7662	–	1151	314	259	308	256	347	69	–
–	–	–	–	–	–	–	–	–	–
23436	5863	3494	960	704	927	694	1199	135	–
26776	5818	4543	1237	1007	1173	979	1515	5	–
29872	3239	5264	1238	931	1202	922	1343	–	–
28756	12777	5041	1219	879	1189	864	1379	371	–
36700	7753	6655	1447	1140	1430	1133	1579	231	–
31318	3971	5524	1414	1076	1413	1076	1591	46	5
37858	8311	6504	1519	1200	1479	1173	2070	9	–
25995	4949	4399	1236	972	1212	964	1461	–	–
62121	18971	10007	2985	2150	2804	2070	3324	7	–
6670	472	1114	451	350	448	350	562	4	–
200448	45779	37967	9322	7553	8713	7188	9963	729	26
10966	792	1644	675	552	673	550	784	7	–
1537	889	274	60	43	58	42	113	–	–
–	–	–	–	–	–	–	–	–	–

小 学 基 本

省、市、县 (市)区名称	校数(所)			教学 点数 (个)	班数 (个)	毕业 生数	招生数	
	计	公办	民办				计	其中: 受过学 前教育
湛 河 区	2	2	—	—	37	206	323	323
宝 丰 县	46	40	6	7	861	5204	5474	5474
叶 县	52	40	12	25	866	5969	4552	4551
鲁 山 县	47	46	1	26	933	6364	6483	6483
郏 县	43	31	12	11	893	6338	5530	5530
舞 钢 市	6	6	—	4	139	1242	720	720
汝 州 市	58	52	6	4	667	4236	3802	3800
安 阳 市	**275**	**251**	**24**	**51**	**5449**	**37373**	**34264**	**34247**
文 峰 区	8	7	1	—	350	2105	3669	3669
北 关 区	2	2	—	—	29	177	123	123
殷 都 区	51	49	2	1	638	4282	3664	3657
龙 安 区	6	6	—	1	50	309	165	165
安 阳 县	35	33	2	4	396	2392	1943	1941
汤 阴 县	46	45	1	6	1029	6350	5531	5529
滑 县	66	51	15	13	1663	11678	11137	11131
内 黄 县	24	21	3	1	709	5824	5336	5336
林 州 市	37	37	—	25	585	4256	2696	2696
鹤 壁 市	**82**	**70**	**12**	**29**	**1631**	**10200**	**10409**	**10409**
鹤 山 区	—	—	—	—	96765	—	—	—
山 城 区	2	1	1	1	32	171	132	132
淇 滨 区	5	5	—	1	129	374	1087	1087
浚 县	43	36	7	17	986	6198	6179	6179
淇 县	32	28	4	10	484	3457	3011	3011
新 乡 市	**287**	**254**	**33**	**61**	**4965**	**28314**	**31003**	**30992**
红 旗 区	16	10	6	—	354	1592	2994	2994
卫 滨 区	1	1	—	—	14	122	93	93
凤 泉 区	2	2	—	—	45	343	252	252
牧 野 区	—	—	—	—	96765	—	—	—
新 乡 县	34	27	7	4	560	3412	3345	3344
获 嘉 县	31	29	2	—	562	3730	3958	3958
原 阳 县	53	44	9	10	1018	5397	6283	6273
延 津 县	30	28	2	11	621	3532	3590	3590
封 丘 县	54	48	6	30	932	4954	5797	5797
卫 辉 市	18	17	1	3	203	1613	975	975
辉 县 市	12	12	—	1	278	1661	1478	1478
长 垣 市	36	36	—	2	378	1958	2238	2238
焦 作 市	**178**	**163**	**15**	**19**	**3344**	**18918**	**21069**	**21069**
解 放 区	—	—	—	—	96765	—	—	—
中 站 区	—	—	—	—	96765	—	—	—
马 村 区	—	—	—	—	6	32	28	28
山 阳 区	9	8	1	2	157	920	1073	1073
修 武 县	22	21	1	1	340	2193	2392	2392
博 爱 县	23	23	—	2	695	4210	4338	4338
武 陟 县	57	46	11	5	1158	6345	7133	7133

— 672 —

情　况（镇区）（二）

在校学生数		预计毕业学生	教职工（按办学类型）				教小学学生的专任教师	代课教师	兼任教师
计	其中：寄宿生		计	其中：女	其中：专任教师 计	其中：女			
1754	–	259	121	105	121	105	121	–	–
37207	5127	6717	1604	1307	1498	1245	1578	239	–
34972	14619	7477	1891	1544	1736	1434	1998	4	–
43506	8859	8032	1674	1394	1651	1384	2006	174	–
38208	8117	7120	2022	1605	1793	1471	2159	60	26
5971	2011	1581	237	183	230	183	251	38	–
26327	5365	4863	1038	820	953	774	953	207	–
227436	**34145**	**40882**	**9997**	**8102**	**9283**	**7760**	**10181**	**1310**	**1**
18311	129	2440	960	846	911	820	1000	14	–
1117	–	240	42	27	41	27	41	34	–
26242	362	4845	976	693	914	689	932	17	–
1429	–	319	95	72	95	72	95	–	–
14370	407	2724	719	552	660	540	660	69	–
37354	6361	6593	1435	1157	1366	1143	1678	196	–
75367	17765	13462	3327	2757	2920	2480	3205	889	1
33600	5360	5672	1608	1392	1574	1389	1768	70	–
19646	3761	4587	835	606	802	600	802	21	–
67538	**13309**	**11353**	**3227**	**2641**	**2771**	**2292**	**3083**	**209**	**1**
–	–	–	–	–	–	–	–	–	–
969	479	191	62	48	62	48	62	–	–
4883	–	557	173	144	169	143	255	3	–
41180	11471	6976	2274	1891	1839	1550	1913	89	–
20506	1359	3629	718	558	701	551	853	117	1
196309	**34895**	**32566**	**9382**	**7817**	**8864**	**7488**	**10277**	**457**	**20**
14722	1272	1848	822	684	687	582	787	106	–
700	–	135	12	11	12	11	49	–	–
1914	–	362	100	71	100	71	100	20	–
–	–	–	–	–	–	–	–	–	–
21901	4850	3535	1038	852	901	759	1172	–	–
25285	1168	4146	992	880	971	866	1180	–	–
38716	11065	6449	1948	1605	1820	1522	1934	112	20
23714	5136	4171	1059	838	1039	833	1283	9	–
35748	4700	5436	1990	1722	1932	1696	2107	3	–
7913	1131	1589	457	365	452	363	452	3	–
11652	2209	2565	212	146	210	146	354	145	–
14044	3364	2330	752	643	740	639	859	59	–
129156	**34352**	**20685**	**6778**	**5503**	**6354**	**5243**	**8020**	**172**	**1**
–	–	–	–	–	–	–	–	–	–
–	–	–	–	–	–	–	–	–	–
192	1	25	–	–	–	–	29	–	–
5950	1175	870	339	275	334	272	473	12	–
14198	743	2275	889	727	847	710	936	–	–
28183	8791	4747	903	709	895	707	1714	–	–
43261	19901	6965	2513	2153	2204	1933	2543	–	1

小 学 基 本

省、市、县(市)区名称	校数(所)			教学点数(个)	班数(个)	毕业生数	招生数	
	计	公办	民办				计	其中:受过学前教育
温　县	33	31	2	4	633	3328	4229	4229
沁阳市	23	23	－	5	232	1182	1212	1212
孟州市	11	11	－	－	123	708	664	664
濮阳市	**242**	**194**	**48**	**58**	**5171**	**33578**	**33916**	**33905**
华龙区	19	17	2	8	479	4011	4222	4222
清丰县	39	36	3	8	935	6154	6064	6064
南乐县	40	26	14	4	836	6047	5197	5197
范　县	25	23	2	－	579	3604	4278	4278
台前县	29	26	3	6	580	4069	3559	3559
濮阳县	90	66	24	32	1762	9693	10596	10585
许昌市	**197**	**156**	**41**	**60**	**3101**	**19443**	**17249**	**17249**
魏都区	－	－	－	－	96765	－	－	－
建安区	8	8	－	3	166	1046	905	905
鄢陵县	52	42	10	15	1003	6289	6361	6361
襄城县	44	32	12	12	813	5725	4525	4525
禹州市	66	48	18	27	826	4426	3896	3896
长葛市	27	26	1	3	293	1957	1562	1562
漯河市	**109**	**101**	**8**	**14**	**1807**	**13504**	**10315**	**10312**
源汇区	2	2	－	1	53	551	266	266
郾城区	5	5	－	－	79	554	454	453
召陵区	17	12	5	5	320	1697	1777	1776
舞阳县	28	27	1	1	587	4893	3517	3517
临颍县	57	55	2	7	768	5809	4301	4300
三门峡市	**73**	**71**	**2**	**26**	**1360**	**10074**	**9169**	**9169**
湖滨区	4	4	－	－	34	160	101	101
陕州区	5	5	－	1	70	368	329	329
渑池县	23	23	－	14	497	3686	3110	3110
卢氏县	19	19	－	9	420	3619	3624	3624
义马市	－	－	－	－	96765	－	－	－
灵宝市	22	20	2	2	339	2241	2005	2005
南阳市	**650**	**553**	**97**	**361**	**16062**	**123054**	**93918**	**93908**
宛城区	48	39	9	10	978	7904	6865	6865
卧龙区	26	23	3	13	865	7449	5338	5338
南召县	29	27	2	14	1025	7176	6193	6192
方城县	68	54	14	26	1546	12025	9691	9691
西峡县	41	39	2	22	912	6687	5153	5153
镇平县	59	46	13	35	1459	11637	8873	8868
内乡县	54	51	3	18	1165	9689	6643	6643
淅川县	61	58	3	58	1459	8198	8419	8419
社旗县	40	37	3	29	1142	9354	6522	6519
唐河县	102	82	20	49	2168	17332	12451	12450
新野县	42	31	11	41	1341	9848	7472	7472
桐柏县	33	26	7	13	934	6874	4993	4993
邓州市	47	40	7	33	1068	8881	5305	5305

情　况 (镇区) (三)

在校学生数		预计毕业学生	教职工(按办学类型)		其中:专任教师		教小学学生的专任教师	代课教师	兼任教师
计	其中:寄宿生		计	其中:女	计	其中:女			
25526	2854	3891	1384	1092	1331	1074	1486	160	–
7600	887	1227	501	350	496	350	550	–	–
4246	–	685	249	197	247	197	289	–	–
207810	**31815**	**33808**	**11022**	**8748**	**10195**	**8357**	**11488**	**154**	**108**
20437	2002	1099	564	424	526	413	1080	59	–
37884	3894	6492	2077	1689	1979	1650	2100	36	102
33955	8887	6491	1971	1659	1743	1522	1760	–	–
26382	–	4155	1272	1012	1222	996	1249	42	–
23239	4259	4532	1012	847	988	841	1274	–	–
65913	12773	11039	4126	3117	3737	2935	4025	17	6
116109	**36993**	**19183**	**7162**	**5688**	**6366**	**5124**	**6872**	**–**	**–**
–	–	–	–	–	–	–	–	–	–
5928	1945	1128	333	218	325	217	424	–	–
39800	10152	6224	2438	2024	2174	1817	2226	–	–
34142	16338	6066	2223	1789	1854	1532	2013	–	–
25426	7785	3706	1494	1132	1348	1040	1518	–	–
10813	773	2059	674	525	665	518	691	–	–
70722	**19253**	**13740**	**3016**	**2288**	**2787**	**2176**	**3728**	**57**	**–**
2168	1000	495	142	105	140	104	140	–	–
3050	693	582	150	112	145	110	153	6	–
12323	5025	2168	706	569	607	505	607	19	–
24518	7806	5102	929	699	880	686	1319	23	–
28663	4729	5393	1089	803	1015	771	1509	9	–
56704	**12827**	**10745**	**3167**	**2340**	**3101**	**2325**	**3447**	**103**	**6**
1159	–	237	92	84	92	84	92	8	–
2319	560	412	174	114	163	111	194	–	–
21346	2331	4066	1126	861	1111	859	1359	4	–
18453	3424	3614	1003	724	971	716	1038	14	–
–	–	–	–	–	–	–	–	–	–
13427	6512	2416	772	557	764	555	764	77	6
663203	**170639**	**127310**	**29650**	**23053**	**28693**	**22543**	**34423**	**1312**	**234**
44766	5214	7646	1813	1379	1670	1286	2040	317	–
39452	5789	7658	1333	1047	1303	1034	1530	215	–
42884	6350	7951	1807	1296	1766	1289	2065	14	–
65012	20048	12267	2799	2187	2586	2043	2857	17	28
36267	6344	7120	1710	1401	1697	1394	1883	248	–
63322	16691	12074	2972	2354	2944	2334	3566	153	–
50226	15158	10316	2107	1682	2066	1670	2659	42	5
52575	13327	8722	2594	1914	2555	1900	3160	55	–
45325	9117	9473	1990	1607	1966	1606	2421	–	–
93580	28035	18477	4146	3284	4048	3231	4840	43	79
52871	21206	9791	2438	1881	2340	1861	3100	15	2
35853	7033	6978	1832	1480	1808	1464	2230	5	–
41070	16327	8837	2109	1541	1944	1431	2072	188	120

小 学 基 本

省、市、县 (市)区名称	校数(所)			教学 点数 (个)	班数 (个)	毕业 生数	招生数	
	计	公办	民办				计	其中: 受过学 前教育
商丘市	**472**	**389**	**83**	**136**	**9503**	**51016**	**62232**	**62228**
梁园区	21	21	–	3	531	2606	4233	4233
睢阳区	25	22	3	17	371	1490	2290	2290
民权县	55	40	15	28	1363	6399	7980	7978
睢县	57	52	5	3	1043	5033	6329	6329
宁陵县	39	26	13	8	865	5677	6295	6294
柘城县	40	32	8	17	1196	6574	7855	7855
虞城县	83	74	9	31	1792	10900	11142	11142
夏邑县	87	69	18	27	1503	7116	10368	10368
永城市	65	53	12	2	839	5221	5740	5739
信阳市	**293**	**251**	**42**	**97**	**8087**	**49851**	**58486**	**58474**
浉河区	5	5	–	2	101	775	634	634
平桥区	23	18	5	4	511	2988	3289	3289
罗山县	25	24	1	7	774	6459	4917	4917
光山县	31	27	4	17	999	6120	7039	7039
新县	15	13	2	4	421	2821	3178	3178
商城县	29	28	1	11	649	3366	5071	5065
固始县	69	53	16	9	1820	12528	13359	13353
潢川县	41	36	5	13	1037	4435	8338	8338
淮滨县	26	22	4	28	942	4762	6564	6564
息县	29	25	4	2	833	5597	6097	6097
周口市	**491**	**364**	**127**	**382**	**10498**	**66313**	**62408**	**62379**
川汇区	15	14	1	5	207	941	2129	2129
淮阳区	15	7	8	34	288	1158	1647	1647
扶沟县	39	37	2	24	843	4816	5033	5033
西华县	36	33	3	38	852	6533	5369	5369
商水县	70	58	12	81	1335	7106	7653	7653
沈丘县	70	53	17	54	1696	12080	9683	9683
郸城县	62	34	28	20	1397	10871	8569	8563
太康县	91	64	27	74	1625	9237	9715	9693
鹿邑县	66	42	24	29	1627	10341	8855	8854
项城市	27	22	5	23	628	3230	3755	3755
驻马店市	**425**	**340**	**85**	**80**	**9824**	**63549**	**61890**	**61882**
驿城区	22	18	4	–	616	3335	4567	4567
西平县	44	42	2	4	811	4561	5092	5092
上蔡县	68	54	14	6	1184	7597	7293	7293
平舆县	47	39	8	25	1434	8642	10009	10009
正阳县	33	24	9	4	855	6134	5460	5460
确山县	32	29	3	1	653	6347	3345	3345
泌阳县	57	45	12	7	1401	7992	9073	9066
汝南县	36	32	4	6	802	5577	4384	4384
遂平县	30	29	1	5	802	5841	4784	4783
新蔡县	56	28	28	22	1266	7523	7883	7883
济源示范区	**26**	**26**	**–**	**3**	**336**	**1931**	**2107**	**2102**

— 676 —

情　况（镇区）（四）

在校学生数		预计毕业学生	教职工（按办学类型）				教小学学生的专任教师	代课教师	兼任教师
计	其中：寄宿生		计	其中：女	其中：专任教师 计	其中：女			
373805	87569	61099	17942	13449	16252	12695	19956	100	14
24515	7607	3777	698	508	677	505	1345	28	14
12965	916	1791	744	465	715	457	715	–	–
49783	9706	8113	2136	1530	1932	1437	2433	9	–
38142	8036	6191	1752	1445	1642	1384	1835	26	–
37450	7356	5834	1840	1353	1648	1270	1902	–	–
45484	13233	7619	2381	1780	2180	1693	2903	–	–
72954	26618	12688	3468	2534	2962	2297	4074	6	–
59665	8475	9314	3495	2817	3221	2685	3474	7	–
32847	5622	5772	1428	1017	1275	967	1275	24	–
363140	28249	61593	17809	13623	17125	13362	19171	609	1
4602	1653	968	259	195	257	194	257	7	–
22309	2405	4415	894	716	872	704	998	96	–
35209	4882	7614	1843	1437	1769	1421	1889	12	–
44332	4814	7519	1817	1397	1760	1372	2268	–	–
19644	646	3346	924	694	921	693	1072	1	–
29213	2359	4649	1481	1123	1444	1112	1550	–	–
81593	2641	13887	4597	3503	4385	3415	4538	137	–
46849	1022	6439	2183	1701	2045	1655	2267	223	–
41346	4836	6530	1934	1448	1912	1431	2309	70	1
38043	2991	6226	1877	1409	1760	1365	2023	63	–
401942	137855	69077	20625	15878	19519	15228	23935	78	246
8853	42	1028	513	346	503	343	583	22	–
8263	3592	1143	573	416	521	383	613	7	–
32666	10234	5468	1688	1371	1681	1370	1910	–	11
38826	14781	7383	1616	1287	1604	1282	2224	6	–
46719	11943	7624	2598	1949	2566	1934	3140	30	2
65218	21953	11642	3669	2787	3334	2557	3866	–	–
59508	23138	11228	3012	2412	2731	2227	2999	–	228
59750	23674	9349	2981	2279	2773	2153	3514	13	2
60959	20467	11176	2829	2194	2743	2144	3729	–	–
21180	8031	3036	1146	837	1063	835	1357	–	3
421663	98809	77956	20105	15980	18646	15154	21560	280	53
25401	738	4031	1392	1208	1373	1196	1373	5	–
32628	9781	5806	1589	1323	1439	1225	1862	54	–
49471	11184	8727	2370	1973	2288	1918	2583	21	–
66447	17186	11273	2640	2044	2484	1951	2777	28	–
37149	6461	6914	1637	1203	1471	1108	1889	89	–
26542	5667	6785	1495	1242	1459	1226	1563	14	–
61914	19484	10662	3288	2523	3039	2442	3169	37	51
34791	8212	7719	1629	1368	1487	1255	1747	18	2
36609	6912	7864	1693	1401	1651	1373	2020	14	–
50711	13184	8175	2372	1695	1955	1460	2577	–	–
12371	2187	2170	645	400	620	398	654	3	–

小 学 基 本

省、市、县(市)区名称	校数(所)			教学点数（个）	班数（个）	毕业生数	招生数	
	计	公办	民办				计	其中：受过学前教育
河南省	10931	9966	965	11314	124260	471159	534665	534264
郑州市	342	331	11	135	4500	26429	28991	28923
中原区	3	3	–	–	104	558	1256	1194
二七区	23	22	1	–	220	958	1922	1922
管城回族区	19	19	–	–	222	1716	1497	1495
金水区	10	10	–	–	147	312	1699	1699
上街区	–	–	–	–	131067	–	–	–
惠济区	19	19	–	4	401	2901	2709	2709
中牟县	89	84	5	54	1302	6863	8101	8101
巩义市	15	15	–	24	210	981	959	959
荥阳市	29	29	–	–	285	1790	2185	2184
新密市	35	34	1	11	345	2023	1677	1675
新郑市	60	59	1	25	768	4140	5044	5043
登封市	40	37	3	17	496	4187	1942	1942
开封市	478	431	47	555	6687	26848	29465	29455
龙亭区	26	26	–	–	218	1210	754	754
顺河回族区	2	2	–	–	11	38	8	8
鼓楼区	3	3	–	–	20	95	70	70
禹王台区	9	9	–	–	67	335	319	319
祥符区	96	94	2	96	1173	4624	4265	4265
杞县	89	56	33	220	1895	5567	8080	8080
通许县	40	36	4	107	890	3616	3088	3087
尉氏县	111	106	5	94	1272	6585	6663	6663
兰考县	102	99	3	38	1141	4778	6218	6209
洛阳市	322	304	18	905	5639	19361	20015	20004
老城区	2	2	–	–	12	44	21	21
西工区	4	4	–	–	12	41	29	29
瀍河回族区	–	–	–	–	131067	–	–	–
涧西区	11	10	1	2	122	663	500	499
吉利区	2	2	–	–	12	30	38	38
洛龙区	9	9	–	33	356	1702	1474	1474
孟津县	24	24	–	40	262	719	541	541
新安县	20	20	–	51	312	866	820	820
栾川县	11	11	–	59	112	364	386	385
嵩县	55	54	1	261	962	2515	3010	3010
汝阳县	38	32	6	88	757	2943	3537	3536
宜阳县	32	31	1	169	864	2421	2652	2646
洛宁县	34	32	2	96	605	1513	1903	1903
伊川县	62	55	7	93	1014	4388	4117	4115
偃师市	18	18	–	13	237	1152	987	987
平顶山市	757	689	68	668	7343	30861	30074	30058
新华区	8	8	–	4	69	233	235	235
卫东区	1	1	–	–	15	138	49	49
石龙区	3	3	–	2	23	32	54	54

情　况（乡村）（一）

在校学生数		预计毕业学生	教职工（按办学类型）		其中：专任教师		教小学学生的专任教师	代课教师	兼任教师
计	其中：寄宿生		计	其中：女	计	其中：女			
3244660	677406	496951	227578	146745	216289	141795	226913	10538	504
162783	36053	25843	8484	6034	8239	5935	9438	1286	4
5090	–	550	136	117	136	117	200	19	–
8343	388	954	498	382	487	381	517	18	–
8547	–	1442	711	546	707	545	707	7	–
6757	–	578	395	313	387	310	403	50	–
–	–	–	–	–	–	–	–	–	–
14869	4103	2737	664	581	641	571	988	65	3
46958	7592	6528	2470	1774	2367	1719	2658	388	1
5639	1462	897	442	279	430	276	455	–	–
11686	7059	1847	696	467	689	463	744	51	–
10356	5676	2058	711	443	682	434	701	10	–
28158	1782	4421	1045	683	1027	679	1132	646	–
16380	7991	3831	716	449	686	440	933	32	–
190023	39761	29471	13343	9049	11981	8378	12232	175	11
6380	813	1308	473	342	459	340	493	29	11
143	–	36	21	14	19	13	19	–	–
570	–	123	32	24	32	24	32	5	–
2208	–	379	130	89	120	87	120	27	–
29338	5455	5040	2430	1611	2228	1556	2228	12	–
51608	10797	7117	3716	2476	3356	2352	3502	–	–
22566	13916	3479	1861	1251	1375	870	1404	43	–
42670	6111	6986	2462	1618	2204	1525	2246	54	–
34540	2669	5003	2218	1624	2188	1611	2188	5	–
122821	33367	20017	8697	5016	8360	4874	8774	409	–
175	–	43	26	14	25	14	25	2	–
193	–	27	9	6	8	5	8	21	–
–	–	–	–	–	–	–	–	–	–
3458	101	650	226	168	202	154	222	38	–
221	–	34	32	15	31	14	31	–	–
9517	1228	1588	452	263	416	261	544	12	–
3385	315	600	505	269	475	264	475	–	–
5297	980	804	494	204	470	202	470	–	–
2444	1809	326	216	100	200	99	200	25	–
17742	5379	2728	1120	589	1108	581	1130	130	–
21674	3711	3272	1169	684	1154	676	1154	162	–
14684	3930	2348	1310	770	1301	766	1301	1	–
10746	2872	1631	967	609	899	554	940	9	–
26888	11101	4778	1598	932	1508	892	1615	3	–
6397	1941	1188	573	393	563	392	659	6	–
201162	58484	35030	11577	7890	11121	7690	11799	1103	16
1573	–	287	213	147	213	147	213	1	–
430	111	145	25	16	25	16	37	5	–
325	–	49	42	21	35	19	35	–	–

小 学 基 本

省、市、县 （市）区名称	校数（所）			教学 点数 （个）	班数 （个）	毕业 生数	招生数	
	计	公办	民办				计	其中： 受过学 前教育
湛 河 区	22	22	—	6	169	748	763	762
宝 丰 县	72	62	10	45	671	2725	2614	2614
叶 县	97	76	21	181	1270	4708	6551	6547
鲁 山 县	190	178	12	176	1908	9039	7979	7975
郏 县	61	49	12	139	754	3161	2563	2560
舞 钢 市	19	19	—	55	419	1537	1243	1243
汝 州 市	284	271	13	60	2045	8540	8023	8019
安 阳 市	**834**	**800**	**34**	**436**	**7807**	**37570**	**31628**	**31611**
文 峰 区	9	9	—	—	80	575	372	371
北 关 区	7	7	—	—	63	280	279	279
殷 都 区	74	73	1	11	583	2899	1874	1872
龙 安 区	35	34	1	21	363	2023	1309	1309
安 阳 县	111	109	2	8	838	4360	2853	2851
汤 阴 县	86	86	—	30	659	2884	1738	1736
滑 县	230	219	11	162	2505	13098	12147	12140
内 黄 县	174	155	19	44	1583	8245	7449	7449
林 州 市	108	108	—	160	1133	3206	3607	3604
鹤 壁 市	**174**	**153**	**21**	**124**	**1606**	**5605**	**4651**	**4645**
鹤 山 区	3	3	—	1	23	63	29	29
山 城 区	2	2	—	3	30	89	13	13
淇 滨 区	12	11	1	2	108	544	584	582
浚 县	126	110	16	68	1140	3969	3186	3182
淇 县	31	27	4	50	305	940	839	839
新 乡 市	**780**	**742**	**38**	**433**	**7902**	**32835**	**32392**	**32372**
红 旗 区	8	8	—	3	92	371	423	423
卫 滨 区	—	—	—	—	131067	—	—	—
凤 泉 区	17	17	—	—	165	1079	707	707
牧 野 区	2	2	—	1	12	80	35	35
新 乡 县	40	36	4	14	392	2121	1681	1680
获 嘉 县	75	75	—	20	549	2627	1871	1868
原 阳 县	125	109	16	110	1493	5384	6252	6242
延 津 县	88	85	3	75	992	3851	3270	3269
封 丘 县	125	114	11	102	1452	5877	6297	6296
卫 辉 市	70	68	2	55	745	4718	2674	2672
辉 县 市	96	95	1	39	1023	3730	4264	4263
长 垣 市	134	133	1	14	987	2997	4918	4917
焦 作 市	**262**	**251**	**11**	**109**	**2340**	**8461**	**8365**	**8362**
解 放 区	—	—	—	—	131067	—	—	—
中 站 区	4	4	—	—	34	164	160	160
马 村 区	3	3	—	—	52	350	218	218
山 阳 区	20	18	2	6	200	849	912	912
修 武 县	29	28	1	6	235	995	743	743
博 爱 县	22	22	—	10	199	692	638	635
武 陟 县	75	69	6	32	747	2514	2763	2763

情 况（乡村）（二）

在校学生数		预计毕业学生	教职工（按办学类型）				教小学学生的专任教师	代课教师	兼任教师
计	其中：寄宿生		计	其中：女	其中：专任教师 计	其中：女			
5232	472	984	505	330	489	326	489	1	–
19412	4205	3333	1084	753	1046	734	1046	194	2
38870	18151	5605	2329	1673	2231	1605	2315	52	–
53396	11550	9980	3271	2275	3160	2244	3287	133	3
17551	7874	3179	1330	902	1251	857	1335	23	11
9618	4122	1969	555	337	522	335	613	144	–
54755	11999	9499	2223	1436	2149	1407	2429	550	–
223815	**23020**	**39575**	**12401**	**8592**	**11731**	**8338**	**12228**	**1596**	**18**
2857	–	584	168	141	167	141	167	20	–
2199	182	402	87	59	83	59	100	51	–
16644	1089	3317	740	503	727	498	837	36	–
10308	155	2087	663	453	654	451	689	28	–
24290	326	5006	1466	1005	1340	995	1340	62	13
13112	1289	2591	961	588	876	585	936	22	–
82992	9319	14949	4075	2898	3859	2757	3899	1226	3
48592	9393	7544	2869	2167	2682	2074	2887	58	2
22821	1267	3095	1372	778	1343	778	1373	93	–
32447	**9151**	**5803**	**2483**	**1652**	**2265**	**1529**	**2350**	**587**	**2**
239	–	61	49	26	47	25	47	–	–
228	–	65	64	32	41	23	41	–	–
3128	919	569	239	142	218	135	228	50	–
22910	6308	4108	1642	1124	1521	1047	1596	435	–
5942	1924	1000	489	328	438	299	438	102	2
221190	**39184**	**37890**	**12431**	**9161**	**11972**	**8935**	**13323**	**854**	**8**
2498	12	423	123	87	121	87	135	20	–
–	–	–	–	–	–	–	–	–	–
5284	–	1035	344	257	344	257	360	39	–
308	–	90	24	18	24	18	24	–	–
11663	1418	2110	788	556	740	529	789	–	–
14146	671	2633	875	647	868	645	935	–	–
39259	10837	6342	2434	1716	2265	1634	2379	37	2
23372	6859	4360	1309	899	1230	858	1541	9	–
41875	10850	6635	2189	1632	2133	1607	2644	10	–
22137	2163	4501	1316	953	1292	942	1364	9	–
31369	3799	5775	943	631	940	630	1122	538	6
29279	2575	3986	2086	1765	2015	1728	2030	192	–
53138	**13334**	**8778**	**4873**	**3317**	**4663**	**3240**	**4971**	**192**	**7**
–	–	–	–	–	–	–	–	–	–
909	–	150	104	81	94	76	117	–	–
1727	822	304	87	52	75	45	179	–	–
5586	902	964	471	321	457	313	457	4	–
5611	289	1029	659	452	600	440	612	–	–
3991	579	660	416	215	412	215	437	1	–
17519	9188	2889	1343	972	1273	937	1370	12	7

小 学 基 本

省、市、县(市)区名称	校数(所)			教学点数(个)	班数(个)	毕业生数	招生数	
	计	公办	民办				计	其中:受过学前教育
温　县	44	42	2	16	334	1049	1233	1233
沁阳市	45	45	–	26	321	950	871	871
孟州市	20	20	–	13	218	898	827	827
濮阳市	493	418	75	282	5383	22966	23838	23825
华龙区	36	34	2	14	486	2662	2824	2823
清丰县	92	87	5	85	971	4227	3358	3358
南乐县	90	71	19	54	926	3052	4809	4808
范　县	87	86	1	20	760	3691	3605	3605
台前县	60	49	11	27	635	3004	2584	2573
濮阳县	128	91	37	82	1605	6330	6658	6658
许昌市	465	383	82	263	4799	22449	21626	21626
魏都区	–	–	–	–	131067	–	–	–
建安区	86	66	20	21	1002	6066	4730	4730
鄢陵县	85	72	13	36	713	2900	3501	3501
襄城县	109	85	24	78	1159	5167	5819	5819
禹州市	117	96	21	103	1333	5519	4819	4819
长葛市	68	64	4	25	592	2797	2757	2757
漯河市	282	274	8	87	2267	8989	10361	10357
源汇区	17	16	1	5	125	431	635	635
郾城区	44	43	1	10	323	1307	1260	1258
召陵区	45	40	5	26	511	2139	2463	2461
舞阳县	70	70	–	17	484	1725	2452	2452
临颍县	106	105	1	29	824	3387	3551	3551
三门峡市	98	97	1	285	1332	4875	4397	4394
湖滨区	5	5	–	1	27	124	72	72
陕州区	12	12	–	40	169	402	243	243
渑池县	20	20	–	92	360	1452	1263	1263
卢氏县	14	14	–	104	225	894	948	948
义马市	–	–	–	1	1	4	–	–
灵宝市	47	46	1	47	550	1999	1871	1868
南阳市	931	847	84	2493	15275	53648	54137	54099
宛城区	92	91	1	70	949	4883	3566	3565
卧龙区	32	32	–	125	709	3262	2941	2941
南召县	30	27	3	216	1136	3669	3701	3698
方城县	167	145	22	221	1991	8085	7157	7154
西峡县	44	44	–	188	657	1222	985	984
镇平县	95	85	10	253	1542	4305	5130	5126
内乡县	66	65	1	135	805	3193	1797	1797
淅川县	53	50	3	247	752	1177	1805	1805
社旗县	56	52	4	126	951	2036	3900	3893
唐河县	121	97	24	234	1557	4637	7467	7467
新野县	55	45	10	163	1017	4289	3870	3858
桐柏县	15	12	3	139	427	1168	1295	1290
邓州市	105	102	3	376	2782	11722	10523	10521

情 况(乡村)(三)

在校学生数		预 计毕 业学 生	教职工(按办学类型)				教 小 学学 生 的专任教师	代课教师	兼任教师
计	其中:寄宿生		计	其中:女	其中:专任教师				
					计	其中:女			
7042	1386	1002	653	490	632	482	651	170	—
5479	99	883	655	419	652	419	668	5	—
5274	69	897	485	315	468	313	480	—	—
153451	**25143**	**23543**	**10342**	**7376**	**9727**	**7085**	**9939**	**170**	**50**
17119	5251	2158	863	633	821	617	987	50	2
22947	1173	4041	1761	1324	1703	1314	1703	38	—
27504	4889	3120	2080	1537	1900	1442	1900	2	3
23609	1754	4109	1439	1011	1428	1010	1428	44	45
17980	613	3023	1075	813	1060	806	1084	15	—
44292	11463	7092	3124	2058	2815	1896	2837	21	—
138048	**43168**	**22448**	**10435**	**6758**	**9526**	**6173**	**10082**	**2**	**1**
—	—	—	—	—	—	—	—	—	—
33513	11084	6238	2381	1537	2056	1336	2367	2	—
20433	7342	2905	1593	946	1498	894	1518	—	1
34356	14899	5490	2819	1833	2481	1594	2481	—	—
31684	8052	4868	2351	1585	2231	1511	2378	—	—
18062	1791	2947	1291	857	1260	838	1338	—	—
62702	**18791**	**9438**	**4399**	**2769**	**4001**	**2648**	**4424**	**220**	**1**
4119	**625**	**527**	**325**	**220**	**297**	**202**	**297**	**—**	**—**
7798	2323	1446	691	427	598	395	648	9	—
15248	8097	2538	995	674	898	629	898	169	1
14539	3187	1770	1017	617	925	608	1011	38	—
20998	4559	3157	1371	831	1283	814	1570	4	—
28142	**14996**	**5200**	**2300**	**1242**	**2195**	**1207**	**2566**	**22**	—
632	116	116	118	66	102	59	102	—	—
1987	741	410	309	150	267	142	326	1	—
8998	5204	1628	457	243	447	241	706	—	—
4727	1916	879	429	194	403	181	403	19	—
3	—	—	2	1	2	1	2	—	—
11795	7019	2167	985	588	974	583	1027	2	—
346633	**72294**	**51109**	**24061**	**14669**	**23505**	**14496**	**24182**	**2247**	**280**
26243	2237	4875	1450	952	1418	934	1498	124	—
19671	325	3085	1088	656	1060	641	1060	234	3
24198	8925	3976	1627	975	1585	957	1764	64	—
49224	10418	8151	3057	1878	2860	1822	3020	143	44
7096	2851	1137	1055	595	1045	594	1045	119	—
32158	8926	4632	2682	1720	2658	1703	2697	275	—
14102	5086	2739	1247	656	1239	651	1286	13	—
9673	2459	1186	1020	501	1016	500	1016	35	1
23819	1938	2034	1704	1227	1681	1220	1690	2	—
39312	6979	4041	2612	1734	2583	1729	2583	96	40
25621	8448	3985	2211	1403	2130	1384	2130	74	—
7180	1262	1078	801	410	798	409	921	2	—
68336	12440	10190	3507	1962	3432	1952	3472	1066	192

小 学 基 本

省、市、县(市)区名称	校数(所)			教学点数(个)	班数(个)	毕业生数	招生数	
	计	公办	民办				计	其中:受过学前教育
商 丘 市	**1268**	**1183**	**85**	**672**	**12667**	**40404**	**67482**	**67442**
梁 园 区	103	103	–	50	913	2773	4672	4668
睢 阳 区	108	99	9	74	1172	4271	6678	6678
民 权 县	90	80	10	102	1328	4112	7550	7550
睢 县	187	186	1	25	1337	4869	7161	7161
宁 陵 县	91	82	9	56	933	2955	5411	5410
柘 城 县	102	89	13	153	1698	4089	9722	9720
虞 城 县	190	176	14	108	1921	5031	9641	9638
夏 邑 县	183	171	12	94	1767	5384	8930	8929
永 城 市	214	197	17	10	1598	6920	7717	7688
信 阳 市	**694**	**659**	**35**	**1252**	**9633**	**35526**	**33253**	**33231**
浉 河 区	33	31	2	81	410	1878	1340	1340
平 桥 区	31	22	9	164	936	3685	2708	2706
罗 山 县	102	102	–	91	958	3074	2917	2915
光 山 县	104	102	2	131	1234	3007	3445	3444
新 县	17	17	–	50	290	864	946	945
商 城 县	67	67	–	214	970	2887	3292	3290
固 始 县	111	100	11	128	1574	7517	5442	5433
潢 川 县	59	58	1	127	724	2099	2751	2751
淮 滨 县	58	55	3	129	943	2687	3807	3802
息 县	112	105	7	137	1594	7828	6605	6605
周 口 市	**1243**	**1023**	**220**	**1587**	**15137**	**48077**	**80138**	**80038**
川 汇 区	30	20	10	30	368	1381	2945	2944
淮 阳 区	116	76	40	235	1941	7089	9853	9824
扶 沟 县	69	65	4	124	811	2255	4061	4061
西 华 县	117	111	6	170	1138	3326	5829	5827
商 水 县	120	104	16	213	1722	6626	9294	9291
沈 丘 县	129	109	20	173	1589	4069	7129	7129
郸 城 县	264	222	42	126	2481	8260	13108	13063
太 康 县	175	136	39	197	2249	8155	14361	14355
鹿 邑 县	128	91	37	160	1608	4254	8818	8806
项 城 市	95	89	6	159	1230	2662	4740	4738
驻 马 店 市	**1470**	**1343**	**127**	**1008**	**13674**	**45250**	**53114**	**53094**
驿 城 区	133	131	2	12	796	3731	1958	1956
西 平 县	147	146	1	61	1088	2153	4071	4071
上 蔡 县	323	287	36	143	2886	10295	11494	11493
平 舆 县	61	53	8	157	1092	3717	5778	5778
正 阳 县	175	165	10	84	1663	7785	6296	6290
确 山 县	100	95	5	64	879	2532	2176	2176
泌 阳 县	92	84	8	177	1194	3570	5242	5237
汝 南 县	129	125	4	118	1247	2317	5283	5278
遂 平 县	118	118	–	36	718	836	2328	2327
新 蔡 县	192	139	53	156	2111	8314	8488	8488
济源示范区	**38**	**38**	**–**	**20**	**269**	**1005**	**738**	**728**

情 况（乡村）（四）

在校学生数		预计毕业学生	教职工（按办学类型）				教小学学生的专任教师	代课教师	兼任教师
计	其中：寄宿生		计	其中：女	其中：专任教师 计	其中：女			
344411	**37007**	**44486**	**23926**	**13989**	**22290**	**13572**	**23040**	**141**	**37**
25564	209	3687	1625	855	1445	829	1445	–	37
34891	5163	4633	2055	1144	1981	1093	2102	–	–
37783	2656	5044	2154	1249	2066	1203	2154	18	–
39068	1765	5293	1991	1229	1962	1228	1962	48	–
26546	4449	3047	2080	1253	1888	1198	2079	7	–
41134	6689	4613	3822	2336	3785	2329	3904	–	–
49348	6120	5855	3741	2186	3351	2101	3351	5	–
44026	3249	5532	3632	2213	3291	2146	3492	5	–
46051	6707	6782	2826	1524	2521	1445	2551	58	–
228016	**29893**	**39477**	**19417**	**12089**	**18843**	**11976**	**19833**	**869**	**24**
11030	4820	2376	736	499	703	491	713	17	–
20362	4964	3807	1291	877	1234	843	1234	243	16
20966	2769	3372	2057	1395	1994	1391	1994	51	1
22357	673	3726	2611	1636	2567	1623	2669	–	–
5926	1432	1009	606	368	603	368	759	–	–
20459	3555	3406	2155	1189	2090	1178	2090	5	1
38363	3308	7456	3112	1933	3053	1913	3329	18	–
18809	39	3318	1605	909	1443	900	1443	274	–
23629	2315	3255	2040	1262	2025	1258	2105	87	6
46115	6018	7752	3204	2021	3131	2011	3497	174	–
402668	**140559**	**49859**	**31705**	**19915**	**30534**	**19181**	**32017**	**99**	**13**
12729	3642	1555	1052	718	974	674	974	9	–
52215	27435	7303	4142	2794	3741	2495	4020	67	11
20506	6107	2380	1740	1071	1723	1064	1756	–	1
28613	7522	3274	2468	1568	2457	1564	2572	2	–
48697	17369	6812	3148	1860	3080	1816	3498	2	–
36715	7937	4204	3704	2205	3688	2191	3688	–	–
65784	30516	8675	5151	3064	4984	2997	5039	9	–
72915	28187	8546	4475	3009	4255	2878	4379	7	1
39888	8111	4496	3128	1864	3035	1812	3394	–	–
24606	3733	2614	2697	1762	2597	1690	2697	3	–
328135	**41710**	**47934**	**26219**	**16962**	**24878**	**16275**	**25244**	**562**	**31**
16284	724	3514	1295	869	1273	867	1273	24	–
23338	3841	3088	2575	1866	2175	1623	2175	136	–
69472	7871	10325	4837	3223	4704	3153	4819	40	3
32317	3448	4339	2449	1381	2385	1364	2385	–	–
45111	2902	8087	2993	1690	2873	1647	2942	127	9
16314	1185	1866	1782	1285	1758	1269	1758	12	2
29378	8611	4465	2087	1316	1920	1234	1920	200	17
31212	1289	3157	2771	1965	2690	1920	2690	5	–
13664	1561	1162	1343	849	1340	849	1340	18	–
51045	10278	7931	4087	2518	3760	2349	3942	–	–
5075	**1491**	**1050**	**485**	**265**	**458**	**263**	**471**	**4**	**1**

初 中 基 本

省、市、县 (市)区名称	校数(所)			班数 (个)	毕业 生数	招生数	在 校		
	计	公办	民办				计	其中: 寄宿生	一年级
河南省	4695	3754	941	97512	1484618	1540534	4721421	3137462	1540545
郑州市	393	297	96	9170	138117	153205	448644	258135	153213
中原区	47	33	14	1000	14553	16454	48254	21381	16454
二七区	38	23	15	760	12836	12507	36721	12898	12508
管城回族区	30	23	7	693	9744	11993	32438	14435	11993
金水区	50	38	12	1154	14918	19200	52707	9551	19200
上街区	3	3	—	96	1490	1617	5091	4780	1617
惠济区	12	7	5	324	4426	5640	16259	7837	5640
中牟县	39	36	3	1010	13875	18086	51132	36953	18086
巩义市	27	25	2	500	8010	9073	25249	18507	9073
荥阳市	23	19	4	472	7910	7820	23603	12102	7820
新密市	35	31	4	632	10181	10988	32474	24893	10988
新郑市	40	36	4	1033	14041	18750	52826	34420	18757
登封市	49	23	26	1496	26133	21077	71890	60378	21077
开封市	229	172	57	4710	73473	74263	220210	167378	74263
龙亭区	11	8	3	355	5950	5618	17596	6469	5618
顺河回族区	8	7	1	512	6275	6785	19974	13935	6785
鼓楼区	7	5	2	148	1986	2429	7091	3060	2429
禹王台区	3	3	—	102	1877	1624	5253	2181	1624
祥符区	30	28	2	553	8771	8252	26087	23774	8252
杞县	48	29	19	884	14580	14019	42259	32854	14019
通许县	29	20	9	491	8517	7895	23787	17756	7895
尉氏县	37	31	6	868	13105	14914	42277	35569	14914
兰考县	56	41	15	797	12412	12727	35886	31780	12727
洛阳市	323	256	67	6173	90873	93394	284155	174283	93395
老城区	3	3	—	61	1016	710	2324	93	710
西工区	9	8	1	307	4915	4570	14365	846	4570
瀍河回族区	7	6	1	164	2105	1953	6373	3131	1953
涧西区	18	18	—	509	7747	7825	24008	2535	7825
吉利区	3	2	1	50	656	705	2133	767	705
洛龙区	29	22	7	707	9716	11660	33282	25202	11660
孟津县	20	18	2	337	5303	5541	16672	9626	5541
新安县	24	23	1	424	6486	6501	19816	13457	6501
栾川县	17	16	1	309	4282	4869	14182	13659	4869
嵩县	20	19	1	563	8936	8525	27319	22189	8526
汝阳县	24	19	5	503	7285	7836	24049	17346	7836
宜阳县	37	25	12	603	8540	8620	26141	18032	8620
洛宁县	36	29	7	413	6353	5402	17929	11646	5402
伊川县	46	28	18	818	11891	12855	38000	26385	12855
偃师市	30	20	10	405	5642	5822	17562	9369	5822
平顶山市	238	197	41	5104	82313	80592	256369	180231	80592
新华区	23	17	6	473	7254	6756	22504	2091	6756
卫东区	13	8	5	235	3881	3823	11855	1447	3823
石龙区	1	1	—	16	269	171	818	766	171

情　况（总计）（一）

学生数 分年级			预计毕业生数	教职工（按办学类型）				教初中学生的专任教师	代课教师	兼任教师
二年级	三年级	四年级		计	其中:女	其中:专任教师 计	其中:女			
1579443	1585312	16121	1584060	416251	278269	378211	259035	340500	8574	1798
150712	144719	–	144719	41246	28815	36370	26578	32567	1994	255
16763	15037	–	15037	3949	3009	3626	2827	3606	183	26
12703	11510	–	11510	3616	2716	3083	2380	2711	54	15
10755	9690	–	9690	2954	2242	2779	2145	2690	58	9
17561	15946	–	15946	5087	3902	4577	3582	4130	320	8
1731	1743	–	1743	396	270	384	267	384	–	–
5352	5267	–	5267	1967	1465	1715	1320	1295	–	–
17524	15522	–	15522	4040	2927	3671	2717	3321	531	–
8164	8012	–	8012	3089	2271	2885	2152	2455	–	–
7642	8141	–	8141	2087	1431	1949	1384	1895	4	8
10847	10639	–	10639	2929	1935	2691	1780	2575	5	–
17408	16661	–	16661	3795	2785	3543	2655	3387	712	149
24262	26551	–	26551	7337	3862	5467	3369	4118	127	40
71146	74801	–	74801	19219	13261	17221	12181	15547	315	12
5882	6096	–	6096	1611	1189	1367	1032	1130	143	–
6928	6261	–	6261	1153	852	865	616	1114	70	–
2332	2330	–	2330	668	501	578	449	515	18	4
1858	1771	–	1771	342	218	312	209	347	–	–
8989	8846	–	8846	2151	1313	1971	1238	2030	–	–
14099	14141	–	14141	4375	3086	3875	2841	2865	–	–
7523	8369	–	8369	2425	1632	2048	1434	1682	6	–
13274	14089	–	14089	3312	2222	3167	2179	3002	78	8
10261	12898	–	12898	3182	2248	3038	2183	2862	–	–
96542	94218	–	94218	26140	17407	23954	16255	21835	542	244
668	946	–	946	289	197	280	190	231	1	–
5040	4755	–	4755	1029	765	988	737	1102	33	–
2198	2222	–	2222	430	275	389	261	563	–	–
8136	8047	–	8047	1855	1318	1801	1301	1763	19	–
721	707	–	707	347	236	290	203	237	–	–
11157	10465	–	10465	2620	1757	2386	1634	2277	287	–
5618	5513	–	5513	1917	1414	1664	1239	1322	–	–
6603	6712	–	6712	1664	1144	1565	1099	1455	–	–
4761	4552	–	4552	1438	900	1174	756	984	86	–
9658	9135	–	9135	1942	1192	1927	1192	1915	81	158
8243	7970	–	7970	1962	1242	1894	1222	1716	24	–
8862	8659	–	8659	2692	1720	2403	1565	2029	–	86
6130	6397	–	6397	2117	1421	1840	1244	1550	–	–
12735	12410	–	12410	3583	2210	3198	2036	2944	11	–
6012	5728	–	5728	2255	1616	2155	1576	1747	–	–
86723	89054	–	89054	20925	14347	19000	13362	16927	768	20
7717	8031	–	8031	2344	1582	2006	1411	1697	21	–
4084	3948	–	3948	1208	812	1080	754	903	71	–
330	317	–	317	79	41	71	38	71	–	–

初　中　基　本

省、市、县(市)区名称	校数(所)			班数(个)	毕业生数	招生数	在校		
	计	公办	民办				计	其中:寄宿生	一年级
湛河区	10	8	2	203	3114	3177	10057	4674	3177
宝丰县	21	19	2	535	9186	7963	27376	17574	7963
叶　县	26	21	5	651	11530	11054	33312	26683	11054
鲁山县	46	41	5	1103	17408	15604	57050	43998	15604
郏　县	26	22	4	567	9609	8674	28038	25933	8674
舞钢市	13	12	1	255	3671	4776	12597	9512	4776
汝州市	59	48	11	1066	16391	18594	52762	47553	18594
安阳市	**273**	**233**	**40**	**5943**	**88463**	**98398**	**289436**	**173375**	**98398**
文峰区	16	13	3	607	9304	11312	31819	10576	11312
北关区	12	8	4	255	3894	3989	11943	940	3989
殷都区	41	39	2	604	10175	8828	29124	6637	8828
龙安区	14	12	2	198	3248	3255	9543	2578	3255
安阳县	25	23	2	498	7477	6792	23297	11952	6792
汤阴县	25	17	8	578	8327	9388	26471	25314	9388
滑　县	53	45	8	1274	18681	23180	63643	55673	23180
内黄县	39	33	6	847	12165	13846	41703	28622	13846
林州市	48	43	5	1082	15192	17808	51893	31083	17808
鹤壁市	**63**	**53**	**10**	**1458**	**25626**	**25197**	**71252**	**41269**	**25197**
鹤山区	4	4	–	53	848	722	2270	1525	722
山城区	7	7	–	134	2312	2092	6125	1205	2092
淇滨区	15	13	2	480	8190	8785	24796	7485	8785
浚　县	24	16	8	556	10060	9604	26934	25412	9604
淇　县	13	13	–	235	4216	3994	11127	5642	3994
新乡市	**335**	**274**	**61**	**6377**	**98786**	**91952**	**304511**	**197509**	**91952**
红旗区	21	18	3	447	7288	7060	22040	6708	7060
卫滨区	6	5	1	173	2590	2921	8549	384	2921
凤泉区	7	7	–	147	2279	2454	7484	2225	2454
牧野区	10	8	2	268	4119	4322	13443	1942	4322
新乡县	21	17	4	379	5357	5872	16711	12498	5872
获嘉县	27	25	2	387	6479	6272	18203	11501	6272
原阳县	48	42	6	764	11757	10499	33958	26317	10499
延津县	35	21	14	559	9216	7516	25433	19542	7516
封丘县	51	37	14	734	11629	10514	34715	27390	10514
卫辉市	29	26	3	635	8785	9766	30653	16366	9766
辉县市	41	36	5	944	13124	11262	46636	26252	11262
长垣市	39	32	7	940	16163	13494	46686	46384	13494
焦作市	**186**	**145**	**41**	**2701**	**37293**	**40958**	**119808**	**68264**	**40958**
解放区	10	9	1	261	3848	4057	12148	1693	4057
中站区	7	5	2	109	1450	1863	5285	2942	1863
马村区	8	6	2	114	1438	1585	4715	2725	1585
山阳区	17	16	1	284	3842	4587	12778	5979	4587
修武县	16	12	4	195	2837	2943	8894	2407	2943
博爱县	22	15	7	287	4030	4461	13123	11692	4461
武陟县	31	24	7	537	6853	8337	23580	17713	8337

情 况 (总计)(二)

学生数			预计毕业生数	教职工(按办学类型)				教初中学生的专任教师	代课教师	兼任教师
分年级				计	其中:女	其中:专任教师				
二年级	三年级	四年级				计	其中:女			
3549	3331	–	3331	914	615	833	576	737	16	–
9469	9944	–	9944	1753	1241	1675	1218	1595	186	–
10808	11450	–	11450	2911	1957	2777	1901	2561	–	–
21062	20384	–	20384	3813	2618	3305	2316	2845	337	–
8949	10415	–	10415	2671	1813	2495	1755	2045	41	20
4047	3774	–	3774	866	572	837	563	898	18	–
16708	17460	–	17460	4366	3096	3921	2830	3575	78	–
93786	**97252**	**–**	**97252**	**21719**	**14978**	**19595**	**13909**	**18191**	**624**	**–**
10443	10064	–	10064	2154	1431	1878	1368	1867	80	–
3920	4034	–	4034	985	660	836	598	751	61	–
9533	10763	–	10763	2208	1434	2066	1398	1930	37	–
3035	3253	–	3253	867	543	831	526	690	2	–
7983	8522	–	8522	1451	954	1392	943	1411	86	–
8084	8999	–	8999	2121	1492	1827	1335	1709	13	–
19466	20997	–	20997	4010	2926	3768	2782	3811	267	–
13826	14031	–	14031	3851	2819	3330	2514	2931	47	–
17496	16589	–	16589	4072	2719	3667	2445	3091	31	–
19794	**26261**	**–**	**26261**	**5422**	**3553**	**4982**	**3366**	**4982**	**119**	**–**
734	814	–	814	249	139	223	132	213	–	–
1838	2195	–	2195	627	342	581	329	588	5	–
7165	8846	–	8846	1534	1086	1452	1049	1479	78	–
7098	10232	–	10232	1969	1245	1708	1121	1836	18	–
2959	4174	–	4174	1043	741	1018	735	866	18	–
103064	**109495**	**–**	**109495**	**23560**	**16383**	**21461**	**15255**	**20484**	**1246**	**96**
7382	7598	–	7598	1551	1044	1421	1008	1363	104	9
2878	2750	–	2750	376	267	349	249	601	16	–
2484	2546	–	2546	326	224	326	224	458	17	–
4517	4604	–	4604	583	391	483	333	864	–	–
5329	5510	–	5510	1463	1027	1360	988	1329	–	–
5396	6535	–	6535	1698	1256	1648	1234	1392	–	–
10993	12466	–	12466	2599	1824	2423	1726	2581	5	–
7937	9980	–	9980	2511	1761	2013	1457	1831	14	–
12128	12073	–	12073	3777	2712	3387	2487	2720	33	–
9749	11138	–	11138	1795	1078	1743	1059	1825	–	–
17795	17579	–	17579	3266	1986	3090	1907	2457	907	72
16476	16716	–	16716	3615	2813	3218	2583	3063	150	15
39957	**38893**	**–**	**38893**	**13746**	**9679**	**12401**	**8945**	**10392**	**91**	**4**
4110	3981	–	3981	1447	1067	1344	1024	1145	6	–
1884	1538	–	1538	673	470	514	388	442	–	–
1595	1535	–	1535	894	639	823	597	505	–	–
4069	4122	–	4122	1095	746	1053	731	1110	9	–
2923	3028	–	3028	967	666	874	627	773	–	–
4324	4338	–	4338	2096	1629	1756	1362	1017	–	–
7855	7388	–	7388	2438	1659	2226	1551	1865	10	–

初 中 基 本

省、市、县 (市)区名称	校数(所)			班数 (个)	毕业 生数	招生数	在 校		
	计	公办	民办				计	其中: 寄宿生	一年级
温 县	24	19	5	317	4405	4329	13609	9370	4329
沁 阳 市	29	21	8	374	5929	5795	17123	10205	5795
孟 州 市	22	18	4	223	2661	3001	8553	3538	3001
濮 阳 市	158	139	19	4209	58451	68783	204471	109486	68783
华 龙 区	49	44	5	1641	19686	25245	83330	23484	25245
清 丰 县	21	20	1	527	7257	9380	24950	13702	9380
南 乐 县	22	16	6	505	7514	8950	23572	14816	8950
范 县	20	20	—	449	7046	6712	21317	15850	6712
台 前 县	14	12	2	343	5510	6259	16544	11526	6259
濮 阳 县	32	27	5	744	11438	12237	34758	30108	12237
许 昌 市	206	145	61	4141	65437	66099	206275	162907	66099
魏 都 区	21	17	4	481	8199	7500	24252	8384	7500
建 安 区	25	19	6	651	9572	10738	32477	28948	10738
鄢 陵 县	24	17	7	575	8473	8970	28107	23425	8970
襄 城 县	25	17	8	734	12421	11823	38398	38117	11823
禹 州 市	76	47	29	1074	16838	17113	51463	41908	17113
长 葛 市	35	28	7	626	9934	9955	31578	22125	9955
漯 河 市	107	100	7	2061	32431	33806	102054	68398	33806
源 汇 区	15	14	1	305	4789	5004	15680	6290	5004
郾 城 区	18	16	2	470	8153	8231	23881	11487	8231
召 陵 区	17	17	—	360	5729	5211	17537	12650	5211
舞 阳 县	21	20	1	389	5226	6149	18455	15327	6149
临 颍 县	36	33	3	537	8534	9211	26501	22644	9211
三 门 峡 市	117	104	13	1629	21732	24589	73824	51292	24589
湖 滨 区	14	10	4	254	3682	3824	11374	3232	3824
陕 州 区	17	15	2	171	1970	2282	6478	5143	2282
渑 池 县	23	22	1	321	4486	5201	15497	9335	5201
卢 氏 县	28	27	1	343	3480	4509	15503	12632	4509
义 马 市	7	5	2	72	873	976	2730	2024	976
灵 宝 市	28	25	3	468	7241	7797	22242	18926	7797
南 阳 市	472	402	70	12454	178334	204702	612723	436331	204702
宛 城 区	46	36	10	1339	17764	23281	67410	43999	23281
卧 龙 区	35	33	2	1281	19946	21232	64832	34156	21232
南 召 县	34	31	3	661	9026	10653	31686	22465	10653
方 城 县	43	34	9	1248	20305	19655	60809	43061	19655
西 峡 县	31	30	1	516	7406	8368	24542	17609	8368
镇 平 县	38	35	3	921	12028	16487	45508	37221	16487
内 乡 县	25	21	4	756	10851	12831	39209	32131	12831
淅 川 县	25	21	4	666	10178	9904	31557	23358	9904
社 旗 县	30	23	7	694	9646	11077	32955	19796	11077
唐 河 县	46	36	10	1199	15758	21360	60975	46075	21360
新 野 县	25	20	5	896	11800	14088	42953	36647	14088
桐 柏 县	27	24	3	602	8172	8143	27673	16719	8143
邓 州 市	67	58	9	1675	25454	27623	82614	63094	27623

情　　况（总计）（三）

学生数 分年级 二年级	学生数 分年级 三年级	学生数 分年级 四年级	预计毕业生数	教职工（按办学类型） 计	教职工（按办学类型） 其中：女	教职工 其中：专任教师 计	教职工 其中：专任教师 其中：女	教初中学生的专任教师	代课教师	兼任教师
4696	4584	–	4584	1266	845	1180	814	1170	65	–
5709	5619	–	5619	1708	1181	1521	1090	1462	1	4
2792	2760	–	2760	1162	777	1110	761	903	–	–
59179	**64033**	**12476**	**62803**	**16945**	**11983**	**15457**	**11311**	**14563**	**656**	**16**
22954	22655	12476	21425	6401	4682	5864	4412	4920	595	16
7465	8105	–	8105	2139	1481	1982	1440	1861	30	–
6069	8553	–	8553	2211	1519	2015	1441	1998	–	–
7698	6907	–	6907	1483	1031	1422	1010	1535	14	–
4689	5596	–	5596	1649	1139	1493	1054	1276	–	–
10304	12217	–	12217	3062	2131	2681	1954	2973	17	–
70459	**69717**	**–**	**69717**	**19287**	**13214**	**17496**	**12286**	**14937**	**104**	**–**
8253	8499	–	8499	1845	1298	1730	1248	1683	89	–
11383	10356	–	10356	2589	1759	2477	1719	2483	15	–
9857	9280	–	9280	2122	1363	1987	1310	1915	–	–
13061	13514	–	13514	2781	1691	2546	1595	2562	–	–
17125	17225	–	17225	6360	4527	5454	4008	3779	–	–
10780	10843	–	10843	3590	2576	3302	2406	2515	–	–
33496	**34752**	**–**	**34752**	**9972**	**6812**	**9203**	**6464**	**7503**	**291**	**–**
5255	5421	–	5421	1191	832	1047	742	946	31	–
7517	8133	–	8133	1974	1337	1892	1313	1725	25	–
6087	6239	–	6239	1590	1085	1556	1081	1334	81	–
6421	5885	–	5885	1972	1389	1773	1268	1279	87	–
8216	9074	–	9074	3245	2169	2935	2060	2219	67	–
22985	**22605**	**3645**	**22583**	**8328**	**5273**	**7585**	**4894**	**6901**	**81**	**60**
3741	3809	–	3809	1029	671	856	593	833	33	60
2164	2032	–	2032	1153	769	1006	674	860	–	–
5389	4907	–	4907	1701	1123	1560	1037	1322	20	–
3682	3667	3645	3645	1429	744	1310	734	1243	4	–
944	810	–	810	591	425	519	370	397	–	–
7065	7380	–	7380	2425	1541	2334	1486	2246	24	–
206776	**201245**	**–**	**201245**	**49095**	**33573**	**45803**	**31707**	**41013**	**1087**	**239**
22603	21526	–	21526	4543	3059	4124	2850	3869	153	29
21415	22185	–	22185	3702	2594	3611	2571	3712	263	–
10826	10207	–	10207	2597	1605	2476	1559	2292	3	–
19902	21252	–	21252	4489	2915	4242	2794	3897	17	58
8121	8053	–	8053	1892	1245	1852	1228	1881	67	–
15937	13084	–	13084	3839	2637	3795	2625	3373	–	–
13703	12675	–	12675	3891	2866	3140	2256	2500	–	13
10833	10820	–	10820	3595	2546	3351	2373	2841	–	–
10636	11242	–	11242	2773	1934	2677	1906	2341	–	17
20762	18853	–	18853	5029	3420	4748	3317	4062	40	5
14514	14351	–	14351	3294	2226	2919	2036	2464	92	26
9739	9791	–	9791	2544	1831	2496	1812	1951	4	13
27785	27206	–	27206	6907	4695	6372	4380	5830	416	78

初　中　基　本

省、市、县(市)区名称	校数(所)			班数(个)	毕业生数	招生数	在校		
	计	公办	民办				计	其中:寄宿生	一年级
商丘市	**424**	**342**	**82**	**7507**	**108976**	**115598**	**359184**	**229074**	**115598**
梁园区	32	30	2	923	13983	15492	46892	24467	15492
睢阳区	39	32	7	508	8171	7911	24941	16893	7911
民权县	50	46	4	733	10225	10102	32367	20488	10102
睢县	57	49	8	738	10031	9756	32031	14622	9756
宁陵县	32	21	11	473	6585	7478	22389	15831	7478
柘城县	62	47	15	798	11041	10766	34507	24853	10766
虞城县	48	36	12	1027	15750	16184	49893	41533	16184
夏邑县	43	35	8	787	10974	13213	38465	25507	13213
永城市	61	46	15	1520	22216	24696	77699	44880	24696
信阳市	**333**	**283**	**50**	**6849**	**114256**	**97211**	**337976**	**194594**	**97211**
浉河区	23	22	1	482	7831	7900	25655	10313	7900
平桥区	34	30	4	835	12149	13098	41978	24497	13098
罗山县	27	23	4	656	9793	9757	32849	22577	9757
光山县	43	35	8	714	13263	9411	34366	23705	9411
新县	22	21	1	293	5140	4035	13985	8498	4035
商城县	31	29	2	547	9922	6610	26323	20469	6610
固始县	57	45	12	1337	22312	20381	65295	39945	20381
潢川县	29	26	3	565	9391	6679	26820	8122	6679
淮滨县	27	22	5	556	10585	7324	27407	13511	7324
息县	40	30	10	864	13870	12016	43298	22957	12016
周口市	**486**	**320**	**166**	**8846**	**144431**	**143890**	**435708**	**358506**	**143890**
川汇区	25	19	6	494	7754	8439	25046	14261	8439
淮阳区	50	34	16	1080	16848	17507	52898	51131	17507
扶沟县	25	19	6	527	9130	7839	25438	20224	7839
西华县	32	27	5	562	9425	9613	28868	24775	9613
商水县	57	32	25	938	15932	13492	43928	35467	13492
沈丘县	65	45	20	998	15866	15926	47074	40813	15926
郸城县	55	29	26	1238	22163	21856	65741	59168	21856
太康县	66	48	18	1130	18900	18870	56163	50763	18870
鹿邑县	55	30	25	878	13294	13587	40240	28683	13587
项城市	56	37	19	1001	15119	16761	50312	33221	16761
驻马店市	**320**	**263**	**57**	**7621**	**117378**	**119216**	**369971**	**257288**	**119216**
驿城区	34	34	–	1014	15820	16599	49051	12952	16599
西平县	29	24	5	460	7085	6688	21280	16012	6688
上蔡县	52	41	11	1214	20626	18420	58862	45225	18420
平舆县	29	21	8	758	11782	12309	38886	35530	12309
正阳县	31	26	5	811	11055	13975	39682	26903	13975
确山县	20	18	2	491	7767	8312	24012	19475	8312
泌阳县	33	29	4	839	13405	12273	41205	28035	12273
汝南县	25	22	3	561	8915	7555	27164	20306	7555
遂平县	19	19	–	432	6060	6733	21253	12320	6733
新蔡县	48	29	19	1041	14863	16352	48576	40530	16352
济源示范区	**32**	**29**	**3**	**559**	**8248**	**8681**	**24850**	**9142**	**8683**

情　　况（总计）（四）

学生数 分年级 二年级	三年级	四年级	预计毕业生数	教职工（按办学类型）计	其中：女	其中：专任教师 计	其中：专任教师 其中：女	教初中学生的专任教师	代课教师	兼任教师
125358	**118228**	**–**	**118228**	**34232**	**21456**	**29566**	**19043**	**26371**	**59**	**4**
16420	14980	–	14980	3149	1894	2736	1736	3269	30	–
8640	8390	–	8390	2461	1434	2260	1342	2053	–	–
11354	10911	–	10911	3526	2152	3324	2095	2762	1	–
11482	10793	–	10793	3051	2043	2831	1950	2638	19	–
7978	6933	–	6933	2542	1638	2146	1396	1701	–	–
11987	11754	–	11754	4547	2872	3841	2456	2999	–	–
17157	16552	–	16552	6217	4045	4563	3004	3569	–	4
13574	11678	–	11678	3788	2413	3458	2296	3083	4	–
26766	26237	–	26237	4951	2965	4407	2768	4297	5	–
120587	**120178**	**–**	**120178**	**30519**	**17562**	**28410**	**16683**	**26645**	**405**	**65**
9237	8518	–	8518	2423	1591	2392	1579	2152	15	–
14854	14026	–	14026	3487	2113	3331	2045	3064	62	4
11434	11658	–	11658	2433	1381	2243	1307	2123	88	–
12061	12894	–	12894	3575	2068	3332	1948	2852	–	–
4608	5342	–	5342	1646	979	1637	978	1330	9	–
9725	9988	–	9988	2557	1353	2334	1234	2228	–	–
22697	22217	–	22217	5137	2672	4898	2587	5071	2	–
10144	9997	–	9997	2733	1498	2262	1316	2484	44	8
9919	10164	–	10164	2410	1505	2290	1440	2279	49	–
15908	15374	–	15374	4118	2402	3691	2249	3062	136	53
146648	**145170**	**–**	**145170**	**42397**	**28850**	**38683**	**26832**	**32325**	**50**	**758**
8406	8201	–	8201	3090	2024	2738	1823	2309	24	–
18357	17034	–	17034	4192	2813	3428	2375	3464	17	706
8725	8874	–	8874	2713	1879	2493	1759	2231	–	50
9695	9560	–	9560	3279	2319	3020	2164	2285	–	–
15191	15245	–	15245	4722	3372	4371	3135	3444	–	–
15416	15732	–	15732	5020	3383	4708	3199	4185	–	–
21808	22077	–	22077	4420	2718	4071	2574	3687	–	–
18631	18662	–	18662	5079	3533	4656	3332	3894	9	–
13302	13351	–	13351	4635	3019	4175	2805	3322	–	2
17117	16434	–	16434	5247	3790	5023	3666	3504	–	–
124371	**126384**	**–**	**126384**	**30930**	**19419**	**28661**	**18367**	**27318**	**140**	**21**
15439	17013	–	17013	3946	2682	3869	2669	3783	1	–
7429	7163	–	7163	2888	1914	2400	1635	2034	30	8
20215	20227	–	20227	4468	2781	4301	2718	4354	–	–
13891	12686	–	12686	2822	1645	2506	1458	2500	3	–
12110	13597	–	13597	3414	1984	3192	1905	2885	40	–
7198	8502	–	8502	1770	1127	1742	1125	1830	7	–
14040	14892	–	14892	3586	2405	3291	2282	3233	22	4
10082	9527	–	9527	2391	1483	2260	1428	2060	28	9
7504	7016	–	7016	1868	1269	1827	1267	1642	9	–
16463	15761	–	15761	3777	2129	3273	1880	2997	–	–
7860	**8307**	**–**	**8307**	**2569**	**1704**	**2363**	**1597**	**1999**	**2**	**4**

初 中 基 本

省、市、县(市)区名称	校数(所)			班数(个)	毕业生数	招生数	在校		
	计	公办	民办				计	其中:寄宿生	一年级
河南省	919	695	224	23704	353481	386552	1175941	458877	386558
郑州市	199	137	62	4982	70616	81101	241578	96752	81107
中原区	33	22	11	564	7403	9035	26642	4924	9035
二七区	31	18	13	655	9315	10852	32308	10927	10852
管城回族区	17	13	4	375	4159	6151	17134	2666	6151
金水区	44	32	12	999	8867	16242	44899	8573	16242
上街区	3	3	—	96	1490	1617	5091	4780	1617
惠济区	7	5	2	206	2653	4181	10454	5474	4181
中牟县	—	—	—	—	—	—	—	—	—
巩义市	11	9	2	252	3881	4619	12942	6224	4619
荥阳市	6	5	1	209	3774	4048	11019	459	4048
新密市	13	10	3	294	5314	5016	15792	8366	5016
新郑市	13	13	—	321	4938	6220	17187	6022	6226
登封市	21	7	14	1011	18822	13120	48110	38337	13120
开封市	34	27	7	1117	16625	16678	51066	30159	16678
龙亭区	8	6	2	262	4279	4127	13439	4580	4127
顺河回族区	8	7	1	417	5147	5143	15571	12133	5143
鼓楼区	7	5	2	141	1884	2329	6740	3060	2329
禹王台区	2	2	—	59	1175	1044	3171	351	1044
祥符区	9	7	2	238	4140	4035	12145	10035	4035
杞县	—	—	—	—	—	—	—	—	—
通许县	—	—	—	—	—	—	—	—	—
尉氏县	—	—	—	—	—	—	—	—	—
兰考县	—	—	—	—	—	—	—	—	—
洛阳市	60	48	12	1429	20884	21690	65728	17313	21690
老城区	3	3	—	58	958	690	2184	—	690
西工区	8	7	1	237	3561	3325	10779	644	3325
瀍河回族区	7	6	1	102	1290	1139	3870	629	1139
涧西区	11	11	—	388	6230	6092	18748	110	6092
吉利区	3	2	1	50	624	705	2133	767	705
洛龙区	12	8	4	334	4481	5724	16253	10198	5724
孟津县	—	—	—	—	—	—	—	—	—
新安县	1	1	—	22	323	361	1121	983	361
栾川县	—	—	—	—	—	—	—	—	—
嵩县	—	—	—	—	—	—	—	—	—
汝阳县	—	—	—	—	—	—	—	—	—
宜阳县	—	—	—	—	—	—	—	—	—
洛宁县	—	—	—	—	—	—	—	—	—
伊川县	—	—	—	—	—	—	—	—	—
偃师市	15	10	5	238	3417	3654	10640	3982	3654
平顶山市	57	45	12	1191	18313	19433	59541	21200	19433
新华区	15	13	2	338	5363	4956	16573	370	4956
卫东区	10	8	2	221	3813	3680	11385	979	3680
石龙区	1	1	—	16	269	171	818	766	171

情　　况(城区)(一)

学生数 分年级 二年级	三年级	四年级	预计毕业生数	教职工(按办学类型) 计	其中:女	其中:专任教师 计	其中:专任教师 其中:女	教初中学生的专任教师	代课教师	兼任教师
393294	**386398**	**9691**	**385514**	**109961**	**77072**	**98593**	**71334**	**88457**	**3109**	**947**
80633	**79838**	**–**	**79838**	**24719**	**17223**	**21339**	**15779**	**18363**	**661**	**75**
9121	8486	–	8486	2562	1894	2298	1744	1997	51	26
11185	10271	–	10271	3202	2411	2707	2106	2369	54	15
5439	5544	–	5544	1741	1335	1644	1277	1495	23	–
14829	13828	–	13828	4878	3749	4376	3432	3948	315	8
1731	1743	–	1743	396	270	384	267	384	–	–
3496	2777	–	2777	986	720	884	672	811	–	–
–	–	–	–	–	–	–	–	–	–	–
4300	4023	–	4023	1818	1445	1636	1331	1231	–	–
3565	3406	–	3406	1107	795	1085	789	977	–	8
5383	5393	–	5393	1447	1019	1294	925	1196	–	–
5674	5287	–	5287	1314	955	1268	946	1234	198	–
15910	19080	–	19080	5268	2630	3763	2290	2721	20	18
17444	**16944**	**–**	**16944**	**4505**	**3306**	**3745**	**2795**	**3784**	**231**	**4**
4644	4668	–	4668	1396	1060	1184	921	981	143	–
5330	5098	–	5098	1153	852	865	616	1114	70	–
2238	2173	–	2173	668	501	578	449	515	18	4
1077	1050	–	1050	267	172	238	163	273	–	–
4155	3955	–	3955	1021	721	880	646	901	–	–
–	–	–	–	–	–	–	–	–	–	–
–	–	–	–	–	–	–	–	–	–	–
–	–	–	–	–	–	–	–	–	–	–
–	–	–	–	–	–	–	–	–	–	–
22380	**21658**	**–**	**21658**	**6345**	**4532**	**5970**	**4349**	**5906**	**137**	**–**
612	882	–	882	289	197	280	190	231	1	–
3794	3660	–	3660	1006	756	967	728	1081	32	–
1360	1371	–	1371	430	275	389	261	563	–	–
6406	6250	–	6250	1520	1099	1473	1082	1455	5	–
721	707	–	707	347	236	290	203	237	–	–
5468	5061	–	5061	1385	967	1268	910	1203	99	–
–	–	–	–	–	–	–	–	–	–	–
413	347	–	347	72	52	70	52	101	–	–
–	–	–	–	–	–	–	–	–	–	–
–	–	–	–	–	–	–	–	–	–	–
–	–	–	–	–	–	–	–	–	–	–
–	–	–	–	–	–	–	–	–	–	–
–	–	–	–	–	–	–	–	–	–	–
–	–	–	–	–	–	–	–	–	–	–
3606	3380	–	3380	1296	950	1233	923	1035	–	–
20273	**19835**	**–**	**19835**	**5532**	**3748**	**4992**	**3473**	**4431**	**129**	**–**
5686	5931	–	5931	1715	1157	1478	1041	1280	21	–
3947	3758	–	3758	1062	722	977	682	867	71	–
330	317	–	317	79	41	71	38	71	–	–

初 中 基 本

省、市、县(市)区名称	校数(所)			班数(个)	毕业生数	招生数	在校		
	计	公办	民办				计	其中:寄宿生	一年级
湛河区	9	7	2	163	2422	2608	7994	2611	2608
宝丰县	–	–	–	–	–	–	–	–	–
叶 县	1	1	–	33	357	600	1757	1757	600
鲁山县	–	–	–	–	–	–	–	–	–
郏 县	–	–	–	–	–	–	–	–	–
舞钢市	5	4	1	114	1868	2283	5837	3151	2283
汝州市	16	11	5	306	4221	5135	15177	11566	5135
安阳市	**61**	**48**	**13**	**1428**	**21797**	**23525**	**69679**	**13029**	**23525**
文峰区	11	10	1	324	5442	5677	17057	106	5677
北关区	9	6	3	225	3543	3591	10537	133	3591
殷都区	9	8	1	158	2773	2317	7586	292	2317
龙安区	5	3	2	65	1123	1260	3259	180	1260
安阳县	5	4	1	66	736	934	3048	567	934
汤阴县	–	–	–	–	–	–	–	–	–
滑 县	–	–	–	–	–	–	–	–	–
内黄县	–	–	–	–	–	–	–	–	–
林州市	22	17	5	590	8180	9746	28192	11751	9746
鹤壁市	**20**	**20**	**–**	**543**	**9725**	**9115**	**27537**	**7206**	**9115**
鹤山区	4	4	–	53	848	722	2270	1525	722
山城区	6	6	–	123	2097	1927	5655	895	1927
淇滨区	10	10	–	367	6780	6466	19612	4786	6466
浚 县	–	–	–	–	–	–	–	–	–
淇 县	–	–	–	–	–	–	–	–	–
新乡市	**62**	**50**	**12**	**1721**	**25685**	**26952**	**88396**	**42438**	**26952**
红旗区	13	10	3	243	4219	4020	12387	1979	4020
卫滨区	6	5	1	103	1388	1891	5212	–	1891
凤泉区	1	1	–	12	185	193	613	92	193
牧野区	9	7	2	103	1248	1677	5004	991	1677
新乡县	–	–	–	–	–	–	–	–	–
获嘉县	–	–	–	–	–	–	–	–	–
原阳县	–	–	–	–	–	–	–	–	–
延津县	–	–	–	–	–	–	–	–	–
封丘县	–	–	–	–	–	–	–	–	–
卫辉市	5	5	–	200	2206	4052	10161	1857	4052
辉县市	14	12	2	508	7312	6078	26334	8848	6078
长垣市	14	10	4	552	9127	9041	28685	28671	9041
焦作市	**47**	**33**	**14**	**855**	**12635**	**13646**	**40169**	**12401**	**13646**
解放区	10	9	1	261	3848	4057	12148	1693	4057
中站区	6	4	2	98	1361	1643	4784	2447	1643
马村区	4	3	1	79	1028	1143	3424	1786	1143
山阳区	7	7	–	138	2061	2126	6382	683	2126
修武县	–	–	–	–	–	–	–	–	–
博爱县	–	–	–	–	–	–	–	–	–
武陟县	–	–	–	–	–	–	–	–	–

情　　况（城区）（二）

学生数 分年级 二年级	学生数 分年级 三年级	学生数 分年级 四年级	预计毕业生数	教职工（按办学类型） 计	教职工（按办学类型） 其中：女	教职工（按办学类型） 其中：专任教师 计	教职工（按办学类型） 其中：专任教师 其中：女	教初中学生的专任教师	代课教师	兼任教师
2795	2591	–	2591	767	506	687	467	591	16	–
–	–	–	–	–	–	–	–	–	–	–
606	551	–	551	119	70	118	70	118	–	–
–	–	–	–	–	–	–	–	–	–	–
–	–	–	–	–	–	–	–	–	–	–
1771	1783	–	1783	411	292	397	285	397	3	–
5138	4904	–	4904	1379	960	1264	890	1107	18	–
22581	**23573**	**–**	**23573**	**6042**	**4217**	**5368**	**3816**	**4626**	**96**	**–**
5658	5722	–	5722	1124	761	1043	728	1121	23	–
3479	3467	–	3467	836	562	725	516	657	39	–
2442	2827	–	2827	735	492	649	462	530	9	–
954	1045	–	1045	348	241	318	224	212	2	–
910	1204	–	1204	299	212	280	203	299	–	–
–	–	–	–	–	–	–	–	–	–	–
–	–	–	–	–	–	–	–	–	–	–
–	–	–	–	–	–	–	–	–	–	–
9138	9308	–	9308	2700	1949	2353	1683	1807	23	–
8311	**10111**	**–**	**10111**	**2085**	**1352**	**1942**	**1302**	**1953**	**43**	**–**
734	814	–	814	249	139	223	132	213	–	–
1699	2029	–	2029	557	314	512	301	519	5	–
5878	7268	–	7268	1279	899	1207	869	1221	38	–
–	–	–	–	–	–	–	–	–	–	–
–	–	–	–	–	–	–	–	–	–	–
31609	**29835**	**–**	**29835**	**6538**	**4686**	**6055**	**4428**	**6227**	**786**	**78**
4207	4160	–	4160	1104	752	992	719	935	29	9
1783	1538	–	1538	376	267	349	249	575	16	–
220	200	–	200	96	71	96	71	244	6	–
1737	1590	–	1590	553	369	454	311	835	–	–
–	–	–	–	–	–	–	–	–	–	–
–	–	–	–	–	–	–	–	–	–	–
–	–	–	–	–	–	–	–	–	–	–
–	–	–	–	–	–	–	–	–	–	–
–	–	–	–	–	–	–	–	–	–	–
3215	2894	–	2894	547	395	542	394	497	–	–
10437	9819	–	9819	1648	1038	1616	1026	1309	590	69
10010	9634	–	9634	2214	1794	2006	1658	1832	145	–
13562	**12961**	**–**	**12961**	**4707**	**3439**	**4258**	**3225**	**3656**	**11**	**4**
4110	3981	–	3981	1447	1067	1344	1024	1145	6	–
1695	1446	–	1446	578	408	445	336	396	–	–
1152	1129	–	1129	546	400	534	396	349	–	–
2139	2117	–	2117	605	411	569	397	542	5	–
–	–	–	–	–	–	–	–	–	–	–
–	–	–	–	–	–	–	–	–	–	–
–	–	–	–	–	–	–	–	–	–	–

初 中 基 本

省、市、县(市)区名称	校数(所)			班数(个)	毕业生数	招生数	在校		
	计	公办	民办				计	其中:寄宿生	一年级
温　　县	–	–	–	–	–	–	–	–	–
沁 阳 市	12	6	6	171	3006	2960	8732	4094	2960
孟 州 市	8	4	4	108	1331	1717	4699	1698	1717
濮 阳 市	**30**	**29**	**1**	**1038**	**12919**	**15296**	**53213**	**10121**	**15296**
华 龙 区	28	27	1	958	11982	13766	49162	6070	13766
清 丰 县	–	–	–	–	–	–	–	–	–
南 乐 县	–	–	–	–	–	–	–	–	–
范　　县	1	1	–	54	784	902	2852	2852	902
台 前 县	–	–	–	–	–	–	–	–	–
濮 阳 县	1	1	–	26	153	628	1199	1199	628
许 昌 市	**83**	**54**	**29**	**1556**	**23818**	**25844**	**78120**	**46372**	**25844**
魏 都 区	21	17	4	435	7205	6819	21913	6923	6819
建 安 区	7	6	1	189	2815	3261	9720	9252	3261
鄢 陵 县	–	–	–	–	–	–	–	–	–
襄 城 县	1	–	1	20	189	398	987	987	398
禹 州 市	36	19	17	583	8569	9923	28700	21566	9923
长 葛 市	18	12	6	329	5040	5443	16800	7644	5443
漯 河 市	**28**	**26**	**2**	**711**	**11653**	**12422**	**36444**	**11024**	**12422**
源 汇 区	11	10	1	198	3139	3365	10273	1225	3365
郾 城 区	11	10	1	389	6734	7027	20002	7803	7027
召 陵 区	6	6	–	124	1780	2030	6169	1996	2030
舞 阳 县	–	–	–	–	–	–	–	–	–
临 颍 县	–	–	–	–	–	–	–	–	–
三门峡市	**32**	**23**	**9**	**620**	**8951**	**9927**	**28495**	**17208**	**9927**
湖 滨 区	11	7	4	201	2907	3003	8893	2545	3003
陕 州 区	6	4	2	104	1233	1564	4478	3335	1564
渑 池 县	–	–	–	–	–	–	–	–	–
卢 氏 县	–	–	–	–	–	–	–	–	–
义 马 市	7	5	2	72	873	976	2730	2024	976
灵 宝 市	8	7	1	243	3938	4384	12394	9304	4384
南 阳 市	**41**	**34**	**7**	**1661**	**25084**	**29006**	**86895**	**28102**	**29006**
宛 城 区	14	11	3	620	8985	10644	32443	12157	10644
卧 龙 区	9	9	–	518	8529	8866	27305	2246	8866
南 召 县	–	–	–	–	–	–	–	–	–
方 城 县	–	–	–	–	–	–	–	–	–
西 峡 县	–	–	–	–	–	–	–	–	–
镇 平 县	–	–	–	–	–	–	–	–	–
内 乡 县	–	–	–	–	–	–	–	–	–
淅 川 县	–	–	–	–	–	–	–	–	–
社 旗 县	–	–	–	–	–	–	–	–	–
唐 河 县	–	–	–	–	–	–	–	–	–
新 野 县	–	–	–	–	–	–	–	–	–
桐 柏 县	–	–	–	–	–	–	–	–	–
邓 州 市	18	14	4	523	7570	9496	27147	13699	9496

情　　况(城区)(三)

学生数 分年级 二年级	学生数 分年级 三年级	学生数 分年级 四年级	预计毕业生数	教职工(按办学类型) 计	教职工(按办学类型) 其中:女	其中:专任教师 计	其中:专任教师 其中:女	教初中学生的专任教师	代课教师	兼任教师
–	–	–	–	–	–	–	–	–	–	–
2964	2808	–	2808	954	697	821	632	832	–	4
1502	1480	–	1480	577	456	545	440	392	–	–
13842	**14384**	**9691**	**13500**	**4146**	**2996**	**3913**	**2909**	**3544**	**202**	**15**
12599	13106	9691	12222	3833	2734	3602	2648	3291	194	15
–	–	–	–	–	–	–	–	–	–	–
–	–	–	–	–	–	–	–	–	–	–
952	998	–	998	133	109	133	109	133	8	–
–	–	–	–	–	–	–	–	–	–	–
291	280	–	280	180	153	178	152	120	–	–
26679	**25597**	**–**	**25597**	**9443**	**6845**	**8350**	**6266**	**6375**	**89**	**–**
7560	7534	–	7534	1845	1298	1730	1248	1683	89	–
3413	3046	–	3046	938	639	923	636	960	–	–
–	–	–	–	–	–	–	–	–	–	–
445	144	–	144	87	50	74	44	150	–	–
9456	9321	–	9321	4166	3054	3481	2697	2123	–	–
5805	5552	–	5552	2407	1804	2142	1641	1459	–	–
11967	**12055**	**–**	**12055**	**3123**	**2236**	**2931**	**2134**	**2499**	**83**	**–**
3555	3353	–	3353	851	606	715	517	614	29	–
6299	6676	–	6676	1530	1066	1486	1054	1377	23	–
2113	2026	–	2026	742	564	730	563	508	31	–
–	–	–	–	–	–	–	–	–	–	–
–	–	–	–	–	–	–	–	–	–	–
9242	**9326**	**–**	**9326**	**3384**	**2324**	**3026**	**2109**	**2715**	**37**	**60**
2874	3016	–	3016	862	575	714	510	668	21	60
1555	1359	–	1359	776	557	664	472	556	–	–
–	–	–	–	–	–	–	–	–	–	–
–	–	–	–	–	–	–	–	–	–	–
944	810	–	810	591	425	519	370	397	–	–
3869	4141	–	4141	1155	767	1129	757	1094	16	–
29366	**28523**	**–**	**28523**	**6711**	**4880**	**6026**	**4468**	**5569**	**485**	**1**
10998	10801	–	10801	2305	1600	2045	1458	1891	67	1
9320	9119	–	9119	1861	1422	1837	1414	1923	156	–
–	–	–	–	–	–	–	–	–	–	–
–	–	–	–	–	–	–	–	–	–	–
–	–	–	–	–	–	–	–	–	–	–
–	–	–	–	–	–	–	–	–	–	–
–	–	–	–	–	–	–	–	–	–	–
–	–	–	–	–	–	–	–	–	–	–
–	–	–	–	–	–	–	–	–	–	–
–	–	–	–	–	–	–	–	–	–	–
–	–	–	–	–	–	–	–	–	–	–
–	–	–	–	–	–	–	–	–	–	–
9048	8603	–	8603	2545	1858	2144	1596	1755	262	–

初 中 基 本

省、市、县 (市)区名称	校数(所)			班数 (个)	毕业 生数	招生数	在 校		
	计	公办	民办				计	其中： 寄宿生	一年级
商丘市	**45**	**32**	**13**	**1460**	**21487**	**24726**	**75770**	**26357**	**24726**
梁园区	8	8	–	375	5195	6561	19532	3814	6561
睢阳区	15	10	5	175	2745	2984	9031	3191	2984
民权县	–	–	–	–	–	–	–	–	–
睢县	–	–	–	–	–	–	–	–	–
宁陵县	–	–	–	–	–	–	–	–	–
柘城县	–	–	–	–	–	–	–	–	–
虞城县	–	–	–	–	–	–	–	–	–
夏邑县	–	–	–	–	–	–	–	–	–
永城市	22	14	8	910	13547	15181	47207	19352	15181
信阳市	**25**	**22**	**3**	**744**	**11302**	**12106**	**38695**	**11015**	**12106**
浉河区	13	13	–	328	5487	5311	17419	2080	5311
平桥区	12	9	3	416	5815	6795	21276	8935	6795
罗山县	–	–	–	–	–	–	–	–	–
光山县	–	–	–	–	–	–	–	–	–
新县	–	–	–	–	–	–	–	–	–
商城县	–	–	–	–	–	–	–	–	–
固始县	–	–	–	–	–	–	–	–	–
潢川县	–	–	–	–	–	–	–	–	–
淮滨县	–	–	–	–	–	–	–	–	–
息县	–	–	–	–	–	–	–	–	–
周口市	**66**	**40**	**26**	**1697**	**27070**	**29067**	**87864**	**60841**	**29067**
川汇区	19	13	6	376	6392	6172	19436	8651	6172
淮阳区	15	8	7	472	7690	7531	23394	23351	7531
扶沟县	–	–	–	–	–	–	–	–	–
西华县	–	–	–	–	–	–	–	–	–
商水县	1	1	–	11	216	146	541	541	146
沈丘县	–	–	–	–	–	–	–	–	–
郸城县	5	2	3	68	932	1194	3221	3176	1194
太康县	–	–	–	–	–	–	–	–	–
鹿邑县	–	–	–	–	–	–	–	–	–
项城市	26	16	10	770	11840	14024	41272	25122	14024
驻马店市	**19**	**19**	**–**	**610**	**9402**	**10188**	**29909**	**3849**	**10188**
驿城区	19	19	–	610	9402	10188	29909	3849	10188
西平县	–	–	–	–	–	–	–	–	–
上蔡县	–	–	–	–	–	–	–	–	–
平舆县	–	–	–	–	–	–	–	–	–
正阳县	–	–	–	–	–	–	–	–	–
确山县	–	–	–	–	–	–	–	–	–
泌阳县	–	–	–	–	–	–	–	–	–
汝南县	–	–	–	–	–	–	–	–	–
遂平县	–	–	–	–	–	–	–	–	–
新蔡县	–	–	–	–	–	–	–	–	–
济源示范区	**10**	**8**	**2**	**341**	**5515**	**5830**	**16842**	**3490**	**5830**

情　　况(城区)(四)

学生数 分年级 二年级	学生数 分年级 三年级	学生数 分年级 四年级	预计毕业生数	教职工(按办学类型) 计	教职工(按办学类型) 其中:女	教职工 其中:专任教师 计	教职工 其中:专任教师 其中:女	教初中学生的专任教师	代课教师	兼任教师
25903	**25141**	**–**	**25141**	**5784**	**3622**	**5219**	**3435**	**5324**	**30**	**–**
6950	6021	–	6021	1520	938	1398	921	1669	30	–
3111	2936	–	2936	1152	749	1071	726	985	–	–
–	–	–	–	–	–	–	–	–	–	–
–	–	–	–	–	–	–	–	–	–	–
–	–	–	–	–	–	–	–	–	–	–
–	–	–	–	–	–	–	–	–	–	–
–	–	–	–	–	–	–	–	–	–	–
–	–	–	–	–	–	–	–	–	–	–
15842	16184	–	16184	3112	1935	2750	1788	2670	–	–
13807	**12782**	**–**	**12782**	**3459**	**2373**	**3333**	**2307**	**2962**	**46**	**–**
6217	5891	–	5891	1666	1146	1660	1145	1430	15	–
7590	6891	–	6891	1793	1227	1673	1162	1532	31	–
–	–	–	–	–	–	–	–	–	–	–
–	–	–	–	–	–	–	–	–	–	–
–	–	–	–	–	–	–	–	–	–	–
–	–	–	–	–	–	–	–	–	–	–
–	–	–	–	–	–	–	–	–	–	–
–	–	–	–	–	–	–	–	–	–	–
–	–	–	–	–	–	–	–	–	–	–
–	–	–	–	–	–	–	–	–	–	–
30635	**28162**	**–**	**28162**	**9228**	**6409**	**8146**	**5769**	**6986**	**41**	**706**
6714	6550	–	6550	2679	1790	2336	1592	1955	24	–
8455	7408	–	7408	2557	1758	1931	1370	2338	17	706
–	–	–	–	–	–	–	–	–	–	–
–	–	–	–	–	–	–	–	–	–	–
200	195	–	195	56	38	56	38	56	–	–
–	–	–	–	–	–	–	–	–	–	–
1043	984	–	984	264	158	245	149	184	–	–
–	–	–	–	–	–	–	–	–	–	–
–	–	–	–	–	–	–	–	–	–	–
14223	13025	–	13025	3672	2665	3578	2620	2453	–	–
9604	**10117**	**–**	**10117**	**2528**	**1713**	**2471**	**1702**	**2345**	**–**	**–**
9604	10117	–	10117	2528	1713	2471	1702	2345	–	–
–	–	–	–	–	–	–	–	–	–	–
–	–	–	–	–	–	–	–	–	–	–
–	–	–	–	–	–	–	–	–	–	–
–	–	–	–	–	–	–	–	–	–	–
–	–	–	–	–	–	–	–	–	–	–
–	–	–	–	–	–	–	–	–	–	–
–	–	–	–	–	–	–	–	–	–	–
–	–	–	–	–	–	–	–	–	–	–
–	–	–	–	–	–	–	–	–	–	–
5456	**5556**	**–**	**5556**	**1682**	**1171**	**1509**	**1068**	**1192**	**2**	**4**

初 中 基 本

省、市、县(市)区名称	校数(所)			班数(个)	毕业生数	招生数	在 校		
	计	公办	民办				计	其中:寄宿生	一年级
河南省	2275	1769	506	53216	815993	853043	2595916	1903989	853045
郑州市	118	103	15	2884	41186	51605	145443	117121	51605
中原区	10	7	3	408	6175	6726	20587	16164	6726
二七区	3	2	1	34	403	545	1477	657	545
管城回族区	10	7	3	271	3659	4961	13299	11022	4961
金水区	4	4	–	32	–	648	1357	–	648
上街区	–	–	–	–	–	–	–	–	–
惠济区	2	2	–	56	655	1134	2930	1434	1134
中牟县	22	20	2	705	9868	13082	36583	24066	13082
巩义市	13	13	–	204	3319	3648	10161	10139	3648
荥阳市	6	6	–	87	1267	1426	4239	3474	1426
新密市	19	18	1	295	4325	5127	14660	14505	5127
新郑市	16	13	3	520	7636	9559	26569	23232	9559
登封市	13	11	2	272	3879	4749	13581	12428	4749
开封市	111	72	39	2451	38691	41096	118285	93116	41096
龙亭区	–	–	–	–	–	–	–	–	–
顺河回族区	–	–	–	–	–	–	–	–	–
鼓楼区	–	–	–	–	–	–	–	–	–
禹王台区	–	–	–	–	–	–	–	–	–
祥符区	6	6	–	101	1306	1337	4630	4614	1337
杞县	28	13	15	712	11648	12228	35497	26232	12228
通许县	21	13	8	425	7320	6955	20823	14801	6955
尉氏县	24	19	5	607	9269	10501	29571	23301	10501
兰考县	32	21	11	606	9148	10075	27764	24168	10075
洛阳市	193	148	45	3812	56415	58584	178163	127041	58584
老城区	–	–	–	–	–	–	–	–	–
西工区	–	–	–	–	–	–	–	–	–
瀍河回族区	–	–	–	–	–	–	–	–	–
涧西区	4	4	–	63	754	934	2670	761	934
吉利区	–	–	–	–	–	–	–	–	–
洛龙区	11	8	3	260	3528	4286	12287	11232	4286
孟津县	17	15	2	325	5120	5388	16218	9444	5388
新安县	19	18	1	358	5481	5533	16813	10882	5533
栾川县	15	14	1	299	4177	4729	13820	13297	4729
嵩县	13	12	1	457	7329	6850	22192	17400	6850
汝阳县	17	12	5	389	5705	5996	18686	13652	5996
宜阳县	29	17	12	525	7420	7640	23129	15822	7640
洛宁县	23	17	6	285	4580	3916	12804	7255	3916
伊川县	36	24	12	739	10752	11741	34723	23604	11741
偃师市	9	7	2	112	1569	1571	4821	3692	1571
平顶山市	97	82	15	2475	41186	39725	126745	91281	39725
新华区	8	4	4	118	1666	1661	5277	1620	1661
卫东区	2	–	2	11	37	118	351	351	118
石龙区	–	–	–	–	–	–	–	–	–

情　　况(镇区)(一)

学生数 分年级 二年级	三年级	四年级	预计毕业生数	教职工(按办学类型) 计	其中:女	其中:专任教师 计	其中:专任教师 其中:女	教初中学生的专任教师	代课教师	兼任教师
866718	**871751**	**4402**	**871512**	**223236**	**150203**	**202999**	**139547**	**183655**	**4245**	**610**
49297	**44541**	**–**	**44541**	**10773**	**7720**	**10064**	**7326**	**10065**	**994**	**9**
7360	6501	–	6501	1217	970	1159	939	1504	73	–
472	460	–	460	122	81	115	78	111	–	–
4766	3572	–	3572	1017	794	944	755	1004	31	9
485	224	–	224	157	122	151	119	105	5	–
–	–	–	–	–	–	–	–	–	–	–
1083	713	–	713	240	184	236	184	236	–	–
12468	11033	–	11033	2638	1907	2426	1796	2189	384	–
3213	3300	–	3300	1038	675	1021	672	1021	–	–
1373	1440	–	1440	311	216	298	213	298	–	–
4879	4654	–	4654	1311	818	1228	758	1188	5	–
8401	8609	–	8609	1742	1317	1552	1199	1535	440	–
4797	4035	–	4035	980	636	934	613	874	56	–
36970	**40219**	**–**	**40219**	**10610**	**7417**	**9578**	**6901**	**8116**	**46**	**8**
–	–	–	–	–	–	–	–	–	–	–
–	–	–	–	–	–	–	–	–	–	–
–	–	–	–	–	–	–	–	–	–	–
–	–	–	–	–	–	–	–	–	–	–
1697	1596	–	1596	390	223	373	223	411	–	–
11680	11589	–	11589	3558	2580	3108	2345	2244	–	–
6615	7253	–	7253	2019	1370	1681	1178	1344	6	–
9101	9969	–	9969	2242	1502	2136	1471	2013	40	8
7877	9812	–	9812	2401	1742	2280	1684	2104	–	–
60454	**59125**	**–**	**59125**	**16691**	**11006**	**15032**	**10088**	**13391**	**247**	**244**
–	–	–	–	–	–	–	–	–	–	–
–	–	–	–	–	–	–	–	–	–	–
–	–	–	–	–	–	–	–	–	–	–
791	945	–	945	208	149	203	149	203	14	–
–	–	–	–	–	–	–	–	–	–	–
4172	3829	–	3829	911	593	803	527	887	47	–
5461	5369	–	5369	1857	1375	1606	1200	1264	–	–
5584	5696	–	5696	1455	1002	1366	957	1225	–	–
4636	4455	–	4455	1387	872	1129	731	939	86	–
7847	7495	–	7495	1545	969	1536	969	1546	66	158
6466	6224	–	6224	1547	994	1481	974	1303	23	–
7889	7600	–	7600	2349	1542	2074	1387	1700	–	86
4327	4561	–	4561	1592	1081	1327	910	1078	–	–
11637	11345	–	11345	3171	1965	2850	1821	2703	11	–
1644	1606	–	1606	669	464	657	463	543	–	–
42376	**44644**	**–**	**44644**	**9782**	**6764**	**8923**	**6370**	**7865**	**442**	**20**
1788	1828	–	1828	629	425	528	370	417	–	–
91	142	–	142	115	75	81	61	26	–	–
–	–	–	–	–	–	–	–	–	–	–

初 中 基 本

省、市、县(市)区名称	校数(所)			班数(个)	毕业生数	招生数	在 校		
	计	公办	民办				计	其中:寄宿生	一年级
湛 河 区	–	–	–	–	–	–	–	–	–
宝 丰 县	16	15	1	474	7976	7239	24426	14624	7239
叶 县	16	13	3	417	7798	7023	21145	14516	7023
鲁 山 县	19	17	2	627	9681	9746	33327	21465	9746
郏 县	19	16	3	433	7348	6724	21553	19700	6724
舞 钢 市	5	5	–	79	1194	1522	4106	3707	1522
汝 州 市	12	12	–	316	5486	5692	16560	15298	5692
安 阳 市	**105**	**87**	**18**	**2990**	**45971**	**51174**	**147514**	**110011**	**51174**
文 峰 区	4	2	2	248	3336	4977	12954	10327	4977
北 关 区	1	1	–	15	177	186	706	329	186
殷 都 区	17	16	1	286	4943	4500	14162	3401	4500
龙 安 区	2	2	–	24	408	300	1049	558	300
安 阳 县	6	6	–	198	3626	2720	9302	4659	2720
汤 阴 县	21	14	7	529	7753	8653	24404	23431	8653
滑 县	26	20	6	901	13500	17034	46002	40475	17034
内 黄 县	12	10	2	491	7443	8329	24718	14947	8329
林 州 市	16	16	–	298	4785	4475	14217	11884	4475
鹤 壁 市	**28**	**25**	**3**	**773**	**13490**	**14018**	**37656**	**28455**	**14018**
鹤 山 区	–	–	–	–	–	–	–	–	–
山 城 区	1	1	–	10	215	131	436	276	131
淇 滨 区	3	3	–	87	1063	1955	4163	1678	1955
浚 县	14	11	3	487	8655	8703	24006	22488	8703
淇 县	10	10	–	189	3557	3229	9051	4013	3229
新 乡 市	**127**	**105**	**22**	**2647**	**40887**	**38329**	**123722**	**89558**	**38329**
红 旗 区	5	5	–	143	2311	2367	7380	3338	2367
卫 滨 区	–	–	–	9	169	83	284	2	83
凤 泉 区	1	1	–	12	182	207	556	–	207
牧 野 区	–	–	–	–	–	–	–	–	–
新 乡 县	16	13	3	337	4813	5317	15159	11398	5317
获 嘉 县	17	16	1	311	5099	5304	15076	8798	5304
原 阳 县	20	17	3	503	7677	7245	23051	18123	7245
延 津 县	16	9	7	294	4790	3922	13238	9899	3922
封 丘 县	23	18	5	411	6788	5866	19300	12503	5866
卫 辉 市	5	5	–	194	2405	2801	9284	7440	2801
辉 县 市	12	10	2	251	3486	3021	11884	9559	3021
长 垣 市	12	11	1	182	3167	2196	8510	8498	2196
焦 作 市	**87**	**66**	**21**	**1375**	**18980**	**21116**	**61291**	**41685**	**21116**
解 放 区	–	–	–	–	–	–	–	–	–
中 站 区	–	–	–	–	–	–	–	–	–
马 村 区	1	1	–	5	42	26	91	57	26
山 阳 区	6	5	1	108	1275	1953	4821	4758	1953
修 武 县	12	9	3	162	2487	2576	7708	1874	2576
博 爱 县	17	10	7	257	3615	4110	12059	10734	4110
武 陟 县	19	15	4	423	5617	6892	19221	14076	6892

情　况（镇区）（二）

| 学生数 分年级 | | | 预计毕业生数 | 教职工（按办学类型） | | 其中：专任教师 | | 教初中学生的专任教师 | 代课教师 | 兼任教师 |
二年级	三年级	四年级		计	其中：女	计	其中：女			
–	–	–	–	–	–	–	–	–	–	–
8440	8747	–	8747	1536	1095	1469	1076	1389	186	–
6781	7341	–	7341	1958	1313	1864	1271	1732	–	–
12116	11465	–	11465	2309	1635	1909	1394	1554	161	–
6705	8124	–	8124	1963	1336	1854	1318	1488	41	20
1370	1214	–	1214	303	193	292	191	271	15	–
5085	5783	–	5783	969	692	926	689	988	39	–
47431	**48909**	**–**	**48909**	**10442**	**7392**	**9388**	**6877**	**9112**	**383**	**–**
4248	3729	–	3729	1001	656	806	626	717	53	–
229	291	–	291	54	35	44	35	44	8	–
4627	5035	–	5035	952	614	914	610	896	18	–
318	431	–	431	80	53	79	53	79	–	–
3222	3360	–	3360	541	355	521	353	521	67	–
7462	8289	–	8289	1849	1334	1607	1179	1549	13	–
14268	14700	–	14700	2756	2098	2565	1969	2648	203	–
8196	8193	–	8193	2205	1701	1898	1513	1704	21	–
4861	4881	–	4881	1004	546	954	539	954	–	–
9823	**13815**	**–**	**13815**	**2733**	**1809**	**2549**	**1721**	**2623**	**75**	**–**
–	–	–	–	–	–	–	–	–	–	–
139	166	–	166	70	28	69	28	69	–	–
1025	1183	–	1183	229	169	229	169	252	40	–
6254	9049	–	9049	1565	993	1399	910	1602	17	–
2405	3417	–	3417	869	619	852	614	700	18	–
40391	**45002**	**–**	**45002**	**9969**	**7075**	**9073**	**6593**	**8731**	**357**	**3**
2433	2580	–	2580	380	248	363	245	376	75	–
97	104	–	104	–	–	–	–	26	–	–
158	191	–	191	45	31	45	31	45	–	–
–	–	–	–	–	–	–	–	–	–	–
4869	4973	–	4973	1243	903	1160	871	1178	–	–
4464	5308	–	5308	1327	1001	1306	997	1117	–	–
7444	8362	–	8362	1664	1209	1525	1130	1626	–	–
4279	5037	–	5037	1599	1102	1248	879	1004	14	–
6496	6938	–	6938	1779	1338	1657	1266	1501	4	–
2822	3661	–	3661	363	203	357	203	556	–	–
4266	4597	–	4597	823	492	759	467	615	264	3
3063	3251	–	3251	746	548	653	504	687	–	–
20214	**19961**	**–**	**19961**	**6857**	**4910**	**6129**	**4460**	**5030**	**59**	**–**
–	–	–	–	–	–	–	–	–	–	–
–	–	–	–	–	–	–	–	–	–	–
36	29	–	29	62	40	53	35	24	–	–
1441	1427	–	1427	330	235	325	234	409	4	–
2522	2610	–	2610	795	573	722	543	633	–	–
3982	3967	–	3967	1942	1550	1604	1283	890	–	–
6310	6019	–	6019	1849	1270	1678	1180	1414	10	–

初 中 基 本

省、市、县(市)区名称	校数(所)			班数(个)	毕业生数	招生数	在校		
	计	公办	民办				计	其中:寄宿生	一年级
温　　县	15	11	4	257	3779	3731	11644	7478	3731
沁　阳　市	10	8	2	89	1261	1002	3219	1434	1002
孟　州　市	7	7	–	74	904	826	2528	1274	826
濮　阳　市	81	65	16	2270	33033	39076	108993	72141	39076
华　龙　区	14	12	2	312	3414	5330	15462	7709	5330
清　丰　县	11	10	1	386	5347	7024	18581	9022	7024
南　乐　县	16	10	6	387	5728	6861	18109	10515	6861
范　　县	9	9	–	263	4057	3957	12446	8772	3957
台　前　县	10	8	2	304	4848	5595	14841	10381	5595
濮　阳　县	21	16	5	618	9639	10309	29554	25742	10309
许　昌　市	70	51	19	1617	25488	26164	81050	73932	26164
魏　都　区	–	–	–	–	–	–	–	–	–
建　安　区	6	4	2	91	873	1895	4341	4336	1895
鄢　陵　县	18	13	5	510	7355	8061	25066	20385	8061
襄　城　县	16	10	6	542	9084	8937	28620	28341	8937
禹　州　市	22	16	6	311	5356	4691	14605	12556	4691
长　葛　市	8	8	–	163	2820	2580	8418	8314	2580
漯　河　市	52	48	4	995	15540	15866	48788	41143	15866
源　汇　区	–	–	–	–	–	–	–	–	–
郾　城　区	5	4	1	74	1329	1039	3610	3456	1039
召　陵　区	8	8	–	214	3714	2970	10540	9826	2970
舞　阳　县	15	14	1	305	4030	4956	14538	11441	4956
临　颍　县	24	22	2	402	6467	6901	20100	16420	6901
三门峡市	44	42	2	721	9638	10946	34114	23939	10946
湖　滨　区	1	1	–	42	616	705	2087	296	705
陕　州　区	2	2	–	20	241	198	573	445	198
渑　池　县	14	13	1	235	3566	3961	11722	6281	3961
卢　氏　县	16	15	1	273	2810	3815	12912	10241	3815
义　马　市	–	–	–	–	–	–	–	–	–
灵　宝　市	11	11	–	151	2405	2267	6820	6676	2267
南　阳　市	334	276	58	8982	128324	147018	438543	331625	147018
宛　城　区	17	11	6	415	4598	7466	19890	17065	7466
卧　龙　区	20	18	2	572	8533	9241	28069	23376	9241
南　召　县	19	16	3	421	5542	7158	20124	11928	7158
方　城　县	33	25	8	1057	17394	16882	51976	35940	16882
西　峡　县	27	26	1	489	7023	8010	23426	16497	8010
镇　平　县	31	29	2	840	10989	15188	41828	33835	15188
内　乡　县	22	18	4	703	10557	11789	36568	29490	11789
淅　川　县	21	17	4	619	9440	9350	29594	21424	9350
社　旗　县	25	19	6	610	8570	9936	28987	16646	9936
唐　河　县	40	30	10	989	13021	17437	49934	38096	17437
新　野　县	22	17	5	847	11068	13502	40729	34494	13502
桐　柏　县	21	18	3	518	7088	6986	24089	13818	6986
邓　州　市	36	32	4	902	14501	14073	43329	39016	14073

情 况(镇区)(三)

学生数			预计毕业生数	教职工(按办学类型)				教初中学生的专任教师	代课教师	兼任教师
分年级				计	其中:女	其中:专任教师				
二年级	三年级	四年级				计	其中:女			
3989	3924	–	3924	1004	698	928	667	937	45	–
1060	1157	–	1157	505	333	460	307	406	–	–
874	828	–	828	370	211	359	211	317	–	–
32240	**36210**	**1467**	**36103**	**9572**	**6869**	**8608**	**6418**	**8295**	**442**	**1**
4289	4376	1467	4269	1697	1291	1559	1221	1092	392	1
5490	6067	–	6067	1578	1137	1462	1099	1341	30	–
4709	6539	–	6539	1632	1149	1461	1079	1444	–	–
4687	3802	–	3802	826	585	798	573	911	3	–
4259	4987	–	4987	1467	1044	1314	959	1121	–	–
8806	10439	–	10439	2372	1663	2014	1487	2386	17	–
27449	**27437**	**–**	**27437**	**6409**	**4164**	**5877**	**3896**	**5470**	**–**	**–**
–	–	–	–	–	–	–	–	–	–	–
1392	1054	–	1054	425	286	379	268	280	–	–
8749	8256	–	8256	1819	1201	1700	1155	1648	–	–
9591	10092	–	10092	2085	1299	1880	1213	1820	–	–
4867	5047	–	5047	1387	913	1228	796	1058	–	–
2850	2988	–	2988	693	465	690	464	664	–	–
16223	**16699**	**–**	**16699**	**4960**	**3359**	**4491**	**3133**	**3581**	**180**	**–**
–	–	–	–	–	–	–	–	–	–	–
1161	1410	–	1410	327	185	296	176	288	2	–
3672	3898	–	3898	706	443	690	441	690	48	–
5061	4521	–	4521	1593	1166	1404	1045	996	63	–
6329	6870	–	6870	2334	1565	2101	1471	1607	67	–
10224	**10009**	**2935**	**9877**	**3457**	**2124**	**3170**	**2015**	**2899**	**29**	**–**
736	646	–	646	125	77	100	64	123	12	–
167	208	–	208	89	56	83	54	104	–	–
4021	3740	–	3740	1324	909	1185	824	937	14	–
3095	3067	2935	2935	1153	628	1048	621	981	2	–
–	–	–	–	–	–	–	–	–	–	–
2205	2348	–	2348	766	454	754	452	754	1	–
148066	**143459**	**–**	**143459**	**36122**	**24715**	**33779**	**23386**	**29813**	**534**	**238**
6816	5608	–	5608	1320	881	1189	825	1135	47	28
9339	9489	–	9489	1627	1041	1561	1026	1576	106	–
6765	6201	–	6201	1817	1161	1710	1116	1443	–	–
16891	18203	–	18203	3635	2294	3495	2253	3310	17	58
7755	7661	–	7661	1778	1176	1738	1159	1767	67	–
14722	11918	–	11918	3488	2434	3468	2433	3085	–	–
12793	11986	–	11986	3653	2703	2908	2094	2315	–	13
10147	10097	–	10097	3361	2405	3122	2232	2612	32	–
9285	9766	–	9766	2472	1739	2382	1711	2055	–	17
16837	15660	–	15660	4270	2903	4011	2803	3325	40	5
13686	13541	–	13541	3080	2104	2723	1914	2268	92	26
8513	8590	–	8590	2132	1601	2084	1582	1662	4	13
14517	14739	–	14739	3489	2273	3388	2238	3260	129	78

初 中 基 本

省、市、县(市)区名称	校数(所)			班数(个)	毕业生数	招生数	在校		
	计	公办	民办				计	其中:寄宿生	一年级
商丘市	190	138	52	4129	60885	63745	198875	141868	63745
梁园区	8	6	2	311	5074	5494	16121	14747	5494
睢阳区	8	8	–	111	1897	1594	5333	3860	1594
民权县	25	21	4	506	7324	6941	23052	15450	6941
睢县	27	19	8	442	5973	5881	19346	9467	5881
宁陵县	17	10	7	354	5038	5638	17336	11604	5638
柘城县	27	16	11	546	7732	7905	24883	16325	7905
虞城县	28	17	11	816	12961	13122	40534	33231	13122
夏邑县	28	21	7	646	9286	10886	32174	20791	10886
永城市	22	20	2	397	5600	6284	20096	16393	6284
信阳市	167	131	36	4348	73924	63294	218614	119153	63294
浉河区	5	5	–	105	1626	1742	5808	5808	1742
平桥区	11	11	–	240	3939	3582	12045	9097	3582
罗山县	20	16	4	499	7639	7467	25277	15754	7467
光山县	22	14	8	515	9795	7279	25971	16259	7279
新县	10	9	1	224	4174	3320	11338	6460	3320
商城县	15	13	2	365	6398	4855	18259	12817	4855
固始县	36	27	9	1047	17051	16714	51848	28861	16714
潢川县	16	13	3	450	7742	5664	22205	5900	5664
淮滨县	14	9	5	388	7272	5400	19576	7189	5400
息县	18	14	4	515	8288	7271	26287	11008	7271
周口市	247	151	96	4983	83346	80434	245976	201128	80434
川汇区	2	2	–	37	363	658	1730	1730	658
淮阳区	6	4	2	51	928	684	2260	2224	684
扶沟县	19	14	5	443	7660	6666	21583	16369	6666
西华县	20	15	5	397	7049	6867	21045	16965	6867
商水县	32	21	11	634	10751	9125	29991	21659	9125
沈丘县	47	27	20	848	13717	13895	40844	35089	13895
郸城县	30	11	19	907	17070	15576	49346	43420	15576
太康县	38	23	15	756	12161	13041	37720	33473	13041
鹿邑县	33	19	14	758	11522	12145	35631	24937	12145
项城市	20	15	5	152	2125	1777	5826	5262	1777
驻马店市	207	163	44	5588	86727	88398	275387	196064	88398
驿城区	10	10	–	306	4841	5078	14647	5001	5078
西平县	19	14	5	362	5636	5417	17445	12197	5417
上蔡县	32	25	7	857	14959	13350	42394	30014	13350
平舆县	24	16	8	715	11250	11780	37147	34210	11780
正阳县	16	12	4	484	6595	8632	24369	14305	8632
确山县	18	16	2	462	7267	7838	22580	18043	7838
泌阳县	25	21	4	681	10943	10082	33749	21392	10082
汝南县	19	16	3	467	7411	6385	22789	16355	6385
遂平县	15	15	–	386	5405	6076	19157	10373	6076
新蔡县	29	18	11	868	12420	13760	41110	34174	13760
济源示范区	17	16	1	176	2282	2455	6757	4728	2457

情　况（镇区）（四）

学生数 分年级 二年级	三年级	四年级	预计毕业生数	教职工（按办学类型）计	其中：女	其中：专任教师 计	其中：女	教初中学生的专任教师	代课教师	兼任教师
69905	**65225**	**–**	**65225**	**19856**	**13145**	**16474**	**11210**	**13924**	**24**	**4**
5555	5072	–	5072	973	671	757	535	1019	–	–
1903	1836	–	1836	454	213	447	213	447	–	–
8222	7889	–	7889	2514	1567	2337	1513	1863	1	–
7022	6443	–	6443	1936	1426	1740	1335	1547	14	–
6151	5547	–	5547	1679	1088	1466	986	1212	–	–
8633	8345	–	8345	3164	2182	2525	1780	1802	–	–
13978	13434	–	13434	5148	3510	3592	2486	2598	–	4
11323	9965	–	9965	2848	1869	2578	1765	2404	4	–
7118	6694	–	6694	1140	619	1032	597	1032	5	–
77729	**77591**	**–**	**77591**	**18277**	**10692**	**16884**	**10017**	**16392**	**335**	**20**
2155	1911	–	1911	506	297	502	297	502	–	–
4173	4290	–	4290	1020	579	1006	578	880	25	–
8835	8975	–	8975	1974	1164	1798	1091	1678	83	–
9127	9565	–	9565	2568	1591	2345	1471	1967	–	–
3736	4282	–	4282	1063	653	1060	653	909	9	–
6727	6677	–	6677	1733	1011	1563	894	1457	–	–
18078	17056	–	17056	3624	1842	3430	1768	3791	2	–
8246	8295	–	8295	1975	1135	1643	985	1865	43	8
6973	7203	–	7203	1543	1019	1443	958	1512	48	–
9679	9337	–	9337	2271	1401	2094	1322	1831	125	12
82136	**83406**	**–**	**83406**	**23919**	**16433**	**21949**	**15392**	**18202**	**7**	**52**
571	501	–	501	226	133	219	130	139	–	–
752	824	–	824	381	233	342	224	250	–	–
7443	7474	–	7474	2265	1588	2065	1470	1836	–	50
7033	7145	–	7145	2468	1769	2210	1614	1590	–	–
10345	10521	–	10521	3032	2213	2844	2095	2335	–	–
13359	13590	–	13590	4143	2852	3832	2668	3309	–	–
16719	17051	–	17051	3114	1897	2873	1801	2605	–	–
12377	12302	–	12302	3464	2477	3185	2335	2547	7	–
11682	11804	–	11804	3696	2440	3333	2274	2839	–	2
1855	2194	–	2194	1130	831	1046	781	752	–	–
93797	**93192**	**–**	**93192**	**22082**	**14171**	**20336**	**13310**	**19485**	**91**	**11**
4505	5064	–	5064	1104	807	1091	806	1131	1	–
6171	5857	–	5857	2314	1624	1914	1384	1548	6	8
14627	14417	–	14417	3045	1900	2937	1861	3105	–	–
13289	12078	–	12078	2642	1565	2333	1378	2327	–	–
7525	8212	–	8212	2103	1283	1944	1215	1706	40	–
6822	7920	–	7920	1648	1048	1622	1046	1710	7	–
11552	12115	–	12115	2906	1977	2651	1865	2593	22	3
8402	8002	–	8002	2023	1244	1903	1189	1703	3	–
6784	6297	–	6297	1694	1172	1654	1170	1469	9	–
14120	13230	–	13230	2603	1551	2287	1396	2193	–	–
1993	**2307**	**–**	**2307**	**725**	**438**	**695**	**434**	**661**	**–**	**–**

初 中 基 本

省、市、县 (市)区名称	校数(所)			班数 (个)	毕业 生数	招生数	在 校		
	计	公办	民办				计	其中: 寄宿生	一年级
河南省	1501	1290	211	18513	270446	261858	831798	700773	261861
郑 州 市	76	57	19	1022	14755	18137	54865	42736	18139
中 原 区	4	4	–	12	58	693	1025	293	693
二 七 区	4	3	1	51	668	1038	2734	1314	1039
管城回族区	3	3	–	38	641	875	1912	678	875
金 水 区	2	2	–	12	168	216	467	–	216
上 街 区	–	–	–	–	–	–	–	–	–
惠 济 区	3	–	3	25	182	226	2673	727	226
中 牟 县	17	16	1	272	4007	5004	14549	12887	5004
巩 义 市	3	3	–	40	748	806	2146	2144	806
荥 阳 市	11	8	3	177	2869	2346	8345	8169	2346
新 密 市	3	3	–	31	542	845	2022	2022	845
新 郑 市	11	10	1	154	1440	2880	8793	4889	2881
登 封 市	15	5	10	210	3432	3208	10199	9613	3208
开 封 市	84	73	11	1006	15581	13457	42551	40706	13457
龙 亭 区	3	2	1	40	646	508	1639	1027	508
顺河回族区	–	–	–	–	–	–	–	–	–
鼓 楼 区	–	–	–	–	–	–	–	–	–
禹王台区	1	1	–	33	526	368	1452	1449	368
祥 符 区	15	15	–	218	3180	2785	8906	8773	2785
杞 县	20	16	4	168	2932	1791	6762	6622	1791
通 许 县	8	7	1	73	1197	940	2964	2955	940
尉 氏 县	13	12	1	248	3836	4413	12706	12268	4413
兰 考 县	24	20	4	226	3264	2652	8122	7612	2652
洛 阳 市	70	60	10	728	9929	9777	30034	23031	9778
老 城 区	–	–	–	–	–	–	–	–	–
西 工 区	1	1	–	6	85	61	201	83	61
瀍河回族区	–	–	–	–	–	–	–	–	–
涧 西 区	3	3	–	32	482	475	1483	557	475
吉 利 区	–	–	–	–	–	–	–	–	–
洛 龙 区	6	6	–	63	874	1063	2940	1970	1063
孟 津 县	3	3	–	12	183	153	454	182	153
新 安 县	4	4	–	34	573	432	1408	1118	432
栾 川 县	2	2	–	10	105	140	362	362	140
嵩 县	7	7	–	110	1607	1675	5127	4789	1676
汝 阳 县	7	7	–	109	1580	1840	5363	3694	1840
宜 阳 县	8	8	–	79	1120	980	3012	2210	980
洛 宁 县	13	12	1	129	1773	1486	5125	4391	1486
伊 川 县	10	4	6	107	1139	1114	3277	2781	1114
偃 师 市	6	3	3	37	408	358	1282	894	358
平顶山市	84	70	14	1467	22589	21295	69429	67649	21295
新 华 区	–	–	–	–	–	–	–	–	–
卫 东 区	1	–	1	3	31	25	119	117	25
石 龙 区	–	–	–	–	–	–	–	–	–

情　况(乡村)(一)

学生数 分年级 二年级	学生数 分年级 三年级	学生数 分年级 四年级	预计毕业生数	教职工(按办学类型) 计	教职工 其中:女	其中:专任教师 计	其中:专任教师 其中:女	教初中学生的专任教师	代课教师	兼任教师
280070	**288853**	**1014**	**288581**	**83054**	**50994**	**76619**	**48154**	**68388**	**1220**	**241**
18337	**18389**	**–**	**18389**	**5754**	**3872**	**4967**	**3473**	**4139**	**339**	**171**
282	50	–	50	170	145	169	144	105	59	–
982	713	–	713	292	224	261	196	231	–	–
515	522	–	522	196	113	191	113	191	4	–
119	132	–	132	52	31	50	31	77	–	–
–	–	–	–	–	–	–	–	–	–	–
670	1777	–	1777	741	561	595	464	248	–	–
5056	4489	–	4489	1402	1020	1245	921	1132	147	–
651	689	–	689	233	151	228	149	203	–	–
2704	3295	–	3295	669	420	566	382	620	4	–
585	592	–	592	171	98	169	97	191	–	–
3218	2694	–	2694	739	513	723	510	618	74	149
3555	3436	–	3436	1089	596	770	466	523	51	22
13937	**15157**	**–**	**15157**	**4104**	**2538**	**3898**	**2485**	**3647**	**38**	**–**
542	589	–	589	215	129	183	111	149	–	–
–	–	–	–	–	–	–	–	–	–	–
–	–	–	–	–	–	–	–	–	–	–
561	523	–	523	75	46	74	46	74	–	–
2950	3171	–	3171	740	369	718	369	718	–	–
2419	2552	–	2552	817	506	767	496	621	–	–
908	1116	–	1116	406	262	367	256	338	–	–
4173	4120	–	4120	1070	720	1031	708	989	38	–
2384	3086	–	3086	781	506	758	499	758	–	–
10236	**10020**	**–**	**10020**	**3104**	**1869**	**2952**	**1818**	**2538**	**158**	**–**
–	–	–	–	–	–	–	–	–	–	–
55	85	–	85	23	9	21	9	21	1	–
–	–	–	–	–	–	–	–	–	–	–
541	467	–	467	127	70	125	70	105	–	–
–	–	–	–	–	–	–	–	–	–	–
972	905	–	905	324	197	315	197	187	141	–
157	144	–	144	60	39	58	39	58	–	–
452	524	–	524	137	90	129	90	129	–	–
125	97	–	97	51	28	45	25	45	–	–
1811	1640	–	1640	397	223	391	223	369	15	–
1777	1746	–	1746	415	248	413	248	413	1	–
973	1059	–	1059	343	178	329	178	329	–	–
1803	1836	–	1836	525	340	513	334	472	–	–
1098	1065	–	1065	412	245	348	215	241	–	–
472	452	–	452	290	202	265	190	169	–	–
23831	**24303**	**–**	**24303**	**5611**	**3835**	**5085**	**3519**	**4631**	**197**	**–**
–	–	–	–	–	–	–	–	–	–	–
46	48	–	48	31	15	22	11	10	–	–
–	–	–	–	–	–	–	–	–	–	–

初 中 基 本

省、市、县(市)区名称	校数(所)			班数(个)	毕业生数	招生数	在 校		
	计	公办	民办				计	其中:寄宿生	一年级
湛 河 区	1	1	－	41	692	569	2063	2063	569
宝 丰 县	5	4	1	68	1210	724	2950	2950	724
叶 县	9	7	2	199	3375	3431	10410	10410	3431
鲁 山 县	27	24	3	520	7727	5858	23723	22533	5858
郏 县	7	6	1	141	2261	1950	6485	6233	1950
舞 钢 市	3	3	－	53	609	971	2654	2654	971
汝 州 市	31	25	6	442	6684	7767	21025	20689	7767
安 阳 市	107	98	9	1346	19343	20868	64303	45192	20868
文 峰 区	1	1	－	8	95	112	386	143	112
北 关 区	2	1	1	31	174	212	700	478	212
殷 都 区	15	15	－	143	2311	1983	7088	2792	1983
龙 安 区	7	7	－	108	1717	1695	5235	1840	1695
安 阳 县	14	13	1	210	3115	2990	9778	6578	2990
汤 阴 县	4	3	1	43	574	735	2067	1883	735
滑 县	27	25	2	362	5181	6146	17641	15198	6146
内 黄 县	27	23	4	345	4722	5517	16985	13675	5517
林 州 市	10	10	－	96	1454	1478	4423	2605	1478
鹤 壁 市	15	8	7	119	2092	1679	5039	4588	1679
鹤 山 区	－	－	－	－	－	－	－	－	－
山 城 区	－	－	－	－	－	－	－	－	－
淇 滨 区	2	－	2	2	28	13	35	35	13
浚 县	10	5	5	78	1405	901	2928	2924	901
淇 县	3	3	－	39	659	765	2076	1629	765
新 乡 市	146	119	27	1636	25815	20773	73128	58300	20773
红 旗 区	3	3	－	11	254	158	684	－	158
卫 滨 区	－	－	－	－	－	－	－	－	－
凤 泉 区	5	5	－	46	668	795	2242	3	795
牧 野 区	1	1	－	7	123	60	248	－	60
新 乡 县	5	4	1	38	544	555	1552	1100	555
获 嘉 县	10	9	1	84	1380	968	3127	2703	968
原 阳 县	28	25	3	277	4080	3254	10907	8194	3254
延 津 县	19	12	7	225	4426	3594	12195	9643	3594
封 丘 县	28	19	9	329	4841	4648	15415	14887	4648
卫 辉 市	19	16	3	175	4174	2913	11208	7069	2913
辉 县 市	15	14	1	258	2326	2163	8418	7845	2163
长 垣 市	13	11	2	186	2999	1665	7132	6856	1665
焦 作 市	52	46	6	408	4403	4744	14134	10112	4744
解 放 区	－	－	－	－	－	－	－	－	－
中 站 区	1	1	－	10	89	220	501	495	220
马 村 区	3	2	1	32	368	416	1200	882	416
山 阳 区	4	4	－	32	316	447	1204	315	447
修 武 县	4	3	1	32	350	367	1186	533	367
博 爱 县	5	5	－	57	415	351	1064	958	351
武 陟 县	12	9	3	109	1236	1445	4359	3637	1445

情　况（乡村）（二）

学生数			预计毕业生数	教职工（按办学类型）				教初中学生的专任教师	代课教师	兼任教师
分年级				计	其中：女	其中：专任教师				
二年级	三年级	四年级				计	其中：女			
754	740	–	740	147	109	146	109	146	–	–
1029	1197	–	1197	217	146	206	142	206	–	–
3421	3558	–	3558	834	574	795	560	711	–	–
8946	8919	–	8919	1504	983	1396	922	1291	176	–
2244	2291	–	2291	708	477	641	437	557	–	–
906	777	–	777	152	87	148	87	230	–	–
6485	6773	–	6773	2018	1444	1731	1251	1480	21	–
20574	22861	–	22861	5235	3369	4839	3216	4453	145	–
101	173	–	173	29	14	29	14	29	4	–
212	276	–	276	95	63	67	47	50	14	–
2376	2729	–	2729	521	328	503	326	504	10	–
1763	1777	–	1777	439	249	434	249	399	–	–
3232	3556	–	3556	611	387	591	387	591	19	–
622	710	–	710	272	158	220	156	160	–	–
5198	6297	–	6297	1254	828	1203	813	1163	64	–
5630	5838	–	5838	1646	1118	1432	1001	1227	26	–
1440	1505	–	1505	368	224	360	223	330	8	–
1398	1962	–	1962	604	392	491	343	406	1	–
–	–	–	–	–	–	–	–	–	–	–
–	–	–	–	–	–	–	–	–	–	–
–	22	–	22	26	18	16	11	6	–	–
844	1183	–	1183	404	252	309	211	234	1	–
554	757	–	757	174	122	166	121	166	–	–
24679	27676	–	27676	7053	4622	6333	4234	5526	103	15
253	273	–	273	67	44	66	44	52	–	–
–	–	–	–	–	–	–	–	–	–	–
719	728	–	728	185	122	185	122	169	11	–
88	100	–	100	30	22	29	22	29	–	–
460	537	–	537	220	124	200	117	151	–	–
932	1227	–	1227	371	255	342	237	275	–	–
3549	4104	–	4104	935	615	898	596	955	5	–
3658	4943	–	4943	912	659	765	578	827	–	–
5632	5135	–	5135	1998	1374	1730	1221	1219	29	–
3712	4583	–	4583	885	480	844	462	772	–	–
3092	3163	–	3163	795	456	715	414	533	53	–
2584	2883	–	2883	655	471	559	421	544	5	15
4777	4613	–	4613	2182	1330	2014	1260	1706	21	–
–	–	–	–	–	–	–	–	–	–	–
189	92	–	92	95	62	69	52	46	–	–
407	377	–	377	286	199	236	166	132	–	–
369	388	–	388	160	100	159	100	159	–	–
401	418	–	418	172	93	152	84	140	–	–
342	371	–	371	154	79	152	79	127	–	–
1545	1369	–	1369	589	389	548	371	451	–	–

初 中 基 本

省、市、县(市)区名称	校数(所)			班数(个)	毕业生数	招生数	在校		
	计	公办	民办				计	其中:寄宿生	一年级
温　县	9	8	1	55	626	598	1965	1892	598
沁阳市	7	7	—	38	577	442	1329	834	442
孟州市	7	7	—	43	426	458	1326	566	458
濮阳市	**47**	**45**	**2**	**688**	**9405**	**11183**	**31258**	**22357**	**11183**
华龙区	7	5	2	132	1196	2921	7699	4838	2921
清丰县	10	10	—	150	1910	2356	6369	4680	2356
南乐县	6	6	—	110	1786	2089	5463	4301	2089
范　县	10	10	—	143	2205	1853	6019	4226	1853
台前县	4	4	—	40	662	664	1703	1145	664
濮阳县	10	10	—	113	1646	1300	4005	3167	1300
许昌市	**53**	**40**	**13**	**841**	**13655**	**11261**	**38214**	**34741**	**11261**
魏都区	—	—	—	—	—	—	—	—	—
建安区	12	9	3	274	5230	4209	14737	11681	4209
鄢陵县	6	4	2	70	1118	909	3041	3040	909
襄城县	8	7	1	222	2812	2292	7741	7740	2292
禹州市	18	12	6	177	2913	2483	8105	7733	2483
长葛市	9	8	1	98	1582	1368	4590	4547	1368
漯河市	**27**	**26**	**1**	**317**	**4922**	**5226**	**15826**	**15577**	**5226**
源汇区	4	4	—	82	1334	1347	4411	4411	1347
郾城区	2	2	—	6	90	165	269	228	165
召陵区	3	3	—	22	235	211	828	828	211
舞阳县	6	6	—	81	1196	1193	3917	3886	1193
临颍县	12	11	1	126	2067	2310	6401	6224	2310
三门峡市	**41**	**39**	**2**	**264**	**2858**	**3383**	**10304**	**9234**	**3383**
湖滨区	2	2	—	8	84	75	204	201	75
陕州区	9	9	—	35	286	228	706	642	228
渑池县	9	9	—	80	920	1240	3775	3054	1240
卢氏县	12	12	—	71	670	694	2591	2391	694
义马市	—	—	—	—	—	—	—	—	—
灵宝市	9	7	2	70	898	1146	3028	2946	1146
南阳市	**97**	**92**	**5**	**1646**	**22620**	**26168**	**79974**	**70429**	**26168**
宛城区	15	14	1	262	3873	4938	14309	14292	4938
卧龙区	6	6	—	74	1225	1217	3763	3631	1217
南召县	15	15	—	244	3484	3495	11562	10537	3495
方城县	10	9	1	234	2911	2773	8833	7121	2773
西峡县	4	4	—	40	383	358	1116	1112	358
镇平县	7	6	1	80	1039	1299	3680	3386	1299
内乡县	3	3	—	23	294	1042	2641	2641	1042
淅川县	4	4	—	48	738	554	1963	1934	554
社旗县	5	4	1	77	1076	1141	3968	3150	1141
唐河县	6	6	—	180	2737	3923	11041	7979	3923
新野县	3	3	—	52	732	586	2224	2153	586
桐柏县	6	6	—	83	1084	1157	3584	2901	1157
邓州市	13	12	1	249	3044	3685	11290	9592	3685

— 714 —

情　况(乡村)(三)

学生数 分年级 二年级	学生数 分年级 三年级	学生数 分年级 四年级	预计毕业生数	教职工(按办学类型) 计	教职工(按办学类型) 其中:女	教职工 其中:专任教师 计	教职工 其中:专任教师 其中:女	教初中学生的专任教师	代课教师	兼任教师
707	660	–	660	262	147	252	147	233	20	–
401	486	–	486	249	151	240	151	224	1	–
416	452	–	452	215	110	206	110	194	–	–
9530	**10241**	**304**	**9859**	**3227**	**2118**	**2936**	**1984**	**2724**	**12**	**–**
2499	1975	304	1593	871	657	703	543	537	9	–
1975	2038	–	2038	561	344	520	341	520	–	–
1360	2014	–	2014	579	370	554	362	554	–	–
2059	2107	–	2107	524	337	491	328	491	3	–
430	609	–	609	182	95	179	95	155	–	–
1207	1498	–	1498	510	315	489	315	467	–	–
13434	**13519**	**–**	**13519**	**3435**	**2205**	**3269**	**2124**	**3092**	**15**	**–**
–	–	–	–	–	–	–	–	–	–	–
5369	5159	–	5159	1226	834	1175	815	1243	15	–
1108	1024	–	1024	303	162	287	155	267	–	–
2654	2795	–	2795	609	342	592	338	592	–	–
2765	2857	–	2857	807	560	745	515	598	–	–
1538	1684	–	1684	490	307	470	301	392	–	–
4997	**5603**	**–**	**5603**	**1889**	**1217**	**1781**	**1197**	**1423**	**28**	**–**
1391	1673	–	1673	340	226	332	225	332	2	–
57	47	–	47	117	86	110	83	60	–	–
302	315	–	315	142	78	136	77	136	2	–
1360	1364	–	1364	379	223	369	223	283	24	–
1887	2204	–	2204	911	604	834	589	612	–	–
3239	**2972**	**710**	**3082**	**1487**	**825**	**1389**	**770**	**1287**	**15**	**–**
70	59	–	59	42	19	42	19	42	–	–
223	255	–	255	288	156	259	148	200	–	–
1368	1167	–	1167	377	214	375	213	385	6	–
587	600	710	710	276	116	262	113	262	2	–
–	–	–	–	–	–	–	–	–	–	–
991	891	–	891	504	320	451	277	398	7	–
27308	**26498**	**–**	**26498**	**6262**	**3978**	**5998**	**3853**	**5631**	**68**	**–**
4567	4804	–	4804	918	578	890	567	843	39	–
1227	1319	–	1319	214	131	213	131	213	1	–
4061	4006	–	4006	780	444	766	443	849	3	–
3011	3049	–	3049	854	621	747	541	587	–	–
366	392	–	392	114	69	114	69	114	–	–
1215	1166	–	1166	351	203	327	192	288	–	–
910	689	–	689	238	163	232	162	185	–	–
686	723	–	723	234	141	229	141	229	–	–
1351	1476	–	1476	301	195	295	195	286	–	–
3925	3193	–	3193	759	517	737	514	737	–	–
828	810	–	810	214	122	196	122	196	–	–
1226	1201	–	1201	412	230	412	230	289	–	–
3935	3670	–	3670	873	564	840	546	815	25	–

初 中 基 本

省、市、县(市)区名称	校数(所)			班数(个)	毕业生数	招生数	在校		
	计	公办	民办				计	其中:寄宿生	一年级
商丘市	189	172	17	1788	23690	24519	76489	57353	24519
梁园区	16	16	–	162	2107	2019	6616	5711	2019
睢阳区	16	14	2	174	2458	2143	7150	6541	2143
民权县	25	25	–	225	2901	3161	9315	5038	3161
睢县	30	30	–	286	4058	3875	12685	5155	3875
宁陵县	15	11	4	120	1547	1840	5053	4227	1840
柘城县	35	31	4	268	3309	2861	9624	8528	2861
虞城县	20	19	1	199	2789	3062	9359	8302	3062
夏邑县	15	14	1	138	1688	2327	6291	4716	2327
永城市	17	12	5	216	2833	3231	10396	9135	3231
信阳市	141	130	11	1817	29015	21751	80607	64395	21751
浉河区	5	4	1	47	718	816	2397	2394	816
平桥区	11	10	1	169	2380	2692	8628	6465	2692
罗山县	7	7	–	147	2154	2290	7572	6823	2290
光山县	21	21	–	221	3468	2132	8395	7446	2132
新县	12	12	–	71	966	715	2647	2038	715
商城县	16	16	–	218	3524	1755	8064	7652	1755
固始县	21	18	3	288	5261	3667	13447	11084	3667
潢川县	13	13	–	122	1649	1015	4615	2222	1015
淮滨县	13	13	–	181	3313	1924	7831	6322	1924
息县	22	16	6	353	5582	4745	17011	11949	4745
周口市	173	129	44	1806	28177	26775	80259	76446	26775
川汇区	4	4	–	25	410	796	1525	1525	796
淮阳区	29	22	7	87	2981	2491	7990	7820	2491
扶沟县	6	5	1	165	1470	1173	3855	3855	1173
西华县	12	12	–	303	2376	2746	7823	7810	2746
商水县	24	10	14	155	4965	4221	13396	13267	4221
沈丘县	18	18	–	248	2149	2031	6230	5724	2031
郸城县	20	16	4	207	4161	5086	13174	12572	5086
太康县	28	25	3	404	6739	5829	18443	17290	5829
鹿邑县	22	11	11	133	1772	1442	4609	3746	1442
项城市	10	6	4	79	1154	960	3214	2837	960
驻马店市	94	81	13	1572	21146	20466	64133	57003	20466
驿城区	5	5	–	86	1474	1169	3953	3730	1169
西平县	10	10	–	105	1449	1271	3835	3815	1271
上蔡县	20	16	4	396	5667	5070	16468	15211	5070
平舆县	5	5	–	40	532	529	1739	1320	529
正阳县	15	14	1	307	4460	5343	15313	12598	5343
确山县	2	2	–	30	500	474	1432	1432	474
泌阳县	8	8	–	255	2462	2191	7456	6643	2191
汝南县	6	6	–	103	1504	1170	4375	3951	1170
遂平县	4	4	–	44	655	657	2096	1947	657
新蔡县	19	11	8	206	2443	2592	7466	6356	2592
济源示范区	5	5	–	42	451	396	1251	924	396

情　　况(乡村)(四)

学生数 分年级 二年级	学生数 分年级 三年级	学生数 分年级 四年级	预计毕业生数	教职工(按办学类型) 计	教职工(按办学类型) 其中:女	教职工(按办学类型) 其中:专任教师 计	教职工(按办学类型) 其中:专任教师 其中:女	教初中学生的专任教师	代课教师	兼任教师
26814	**25156**	**–**	**25156**	**8592**	**4689**	**7873**	**4398**	**7123**	**5**	**–**
2269	2328	–	2328	656	285	581	280	581	–	–
2536	2471	–	2471	855	472	742	403	621	–	–
3132	3022	–	3022	1012	585	987	582	899	–	–
4460	4350	–	4350	1115	617	1091	615	1091	5	–
1827	1386	–	1386	863	550	680	410	489	–	–
3354	3409	–	3409	1383	690	1316	676	1197	–	–
3179	3118	–	3118	1069	535	971	518	971	–	–
2251	1713	–	1713	940	544	880	531	679	–	–
3806	3359	–	3359	699	411	625	383	595	–	–
29051	**29805**	**–**	**29805**	**8783**	**4497**	**8193**	**4359**	**7291**	**24**	**45**
865	716	–	716	251	148	230	137	220	–	–
3091	2845	–	2845	674	307	652	305	652	6	4
2599	2683	–	2683	459	217	445	216	445	5	–
2934	3329	–	3329	1007	477	987	477	885	–	–
872	1060	–	1060	583	326	577	325	421	–	–
2998	3311	–	3311	824	342	771	340	771	–	–
4619	5161	–	5161	1513	830	1468	819	1280	–	–
1898	1702	–	1702	758	363	619	331	619	1	–
2946	2961	–	2961	867	486	847	482	767	1	–
6229	6037	–	6037	1847	1001	1597	927	1231	11	41
26700	**26784**	**–**	**26784**	**9250**	**6008**	**8588**	**5671**	**7137**	**2**	**–**
412	317	–	317	185	101	183	101	215	–	–
2682	2817	–	2817	1254	822	1155	781	876	–	–
1282	1400	–	1400	448	291	428	289	395	–	–
2662	2415	–	2415	811	550	810	550	695	–	–
4646	4529	–	4529	1634	1121	1471	1002	1053	–	–
2057	2142	–	2142	877	531	876	531	876	–	–
4046	4042	–	4042	1042	663	953	624	898	–	–
6254	6360	–	6360	1615	1056	1471	997	1347	2	–
1620	1547	–	1547	939	579	842	531	483	–	–
1039	1215	–	1215	445	294	399	265	299	–	–
20817	**22850**	**–**	**22850**	**6320**	**3535**	**5854**	**3355**	**5488**	**49**	**10**
1177	1607	–	1607	314	162	307	161	307	–	–
1258	1306	–	1306	574	290	486	251	486	24	–
5588	5810	–	5810	1423	881	1364	857	1249	–	–
602	608	–	608	180	80	173	80	173	–	–
4585	5385	–	5385	1311	701	1248	690	1179	–	–
376	582	–	582	122	79	120	79	120	–	–
2488	2777	–	2777	680	428	640	417	640	–	1
1680	1525	–	1525	368	239	357	239	357	25	9
720	719	–	719	174	97	173	97	173	–	–
2343	2531	–	2531	1174	578	986	484	804	–	–
411	**444**	**–**	**444**	**162**	**95**	**159**	**95**	**146**	**–**	**–**

普 通 高 中

省、市、县 (市)区名称	校数(所)			班数 (个)	毕业 生数	招生数	在校		
	计	公办	民办				计	其中: 女	其中: 寄宿生
河 南 省	925	557	366	42170	690268	784377	2248585	1127538	1967440
郑 州 市	131	73	56	4192	64712	75624	213766	106150	192647
中 原 区	19	7	12	586	8386	9999	28630	13259	23365
二 七 区	18	12	6	552	8817	9844	28130	14231	21154
管城回族区	9	5	4	242	3412	4180	12105	5950	10773
金 水 区	26	12	13	688	9615	12113	32937	15317	26483
上 街 区	2	2	–	43	645	802	2115	1109	2115
惠 济 区	7	4	3	195	3255	3686	9859	5540	9787
中 牟 县	8	5	3	288	3734	5431	15220	7649	14960
巩 义 市	8	6	2	274	4897	4627	14383	7516	14383
荥 阳 市	8	5	3	251	4275	4926	13174	7165	13146
新 密 市	8	5	3	314	5501	6776	18927	9436	18927
新 郑 市	13	6	6	471	7367	7741	22327	10494	21604
登 封 市	5	4	1	288	4808	5499	15959	8484	15950
开 封 市	51	28	23	2325	36908	42565	126667	62386	110952
龙 亭 区	6	3	3	201	3491	3874	10755	5200	6401
顺河回族区	6	4	2	142	2091	2542	7173	3628	2969
鼓 楼 区	2	1	1	91	1490	1863	5011	2224	3786
禹王台区	3	2	1	141	2439	2509	7382	3471	5278
祥 符 区	8	3	5	311	5074	5977	16970	8554	16434
杞 县	8	5	3	515	6352	7230	24937	12009	23696
通 许 县	6	3	3	268	4020	5014	14261	6698	14261
尉 氏 县	7	4	3	329	5091	7172	19375	9959	18628
兰 考 县	5	3	2	327	6860	6384	20803	10643	19499
洛 阳 市	81	56	25	2817	46006	50751	149319	79334	139648
老 城 区	–	–	–	–	–	–	–	–	–
西 工 区	5	4	1	164	2692	2720	8157	4219	5493
瀍河回族区	6	3	3	147	2127	2129	6395	3275	5158
涧 西 区	9	6	3	310	4638	4877	14083	7230	10971
吉 利 区	2	1	1	33	395	542	1369	706	1181
洛 龙 区	13	6	7	308	4324	4954	14168	7210	13408
孟 津 县	5	4	1	175	3773	3277	10245	5342	10077
新 安 县	6	4	2	227	4023	3924	12133	6404	11289
栾 川 县	4	3	1	143	2351	2395	7203	3717	7105
嵩 县	5	4	1	204	3044	4262	11526	6459	11226
汝 阳 县	4	4	–	176	2845	3683	10871	6015	10871
宜 阳 县	8	6	2	276	4431	4837	14739	7860	14460
洛 宁 县	3	2	1	139	2826	3177	8988	5069	8988
伊 川 县	6	5	1	342	5175	6916	19914	10903	19913
偃 师 市	5	4	1	173	3362	3058	9528	4925	9508
平顶山市	44	30	14	2088	30334	40553	109311	56001	106084
新 华 区	6	3	3	252	3218	5015	12575	6259	11740
卫 东 区	2	2	–	84	1415	1468	4292	2154	3382
石 龙 区	2	1	–	30	124	703	1525	616	1525

— 718 —

基 本 情 况（总计）（一）

学 生 数			毕业班学生数	教 职 工				教高中学生的专任教师	代课教师	兼任教师
分 年 级				计	其中:女	其中:专任教师				
一年级	二年级	三年级				计	其中:女			
784384	747701	716500	716500	196853	116341	173106	105095	148095	2695	1512
75624	70970	67172	67172	20985	13004	18020	11602	16339	226	47
9999	9738	8893	8893	2994	1960	2551	1693	2045	101	–
9844	9326	8960	8960	2487	1536	2054	1340	2022	68	–
4180	3990	3935	3935	1121	678	872	571	780	42	11
12113	10536	10288	10288	3213	2020	2739	1769	2309	9	34
802	700	613	613	259	143	225	131	225	–	–
3686	3617	2556	2556	1159	675	925	607	906	–	–
5431	5054	4735	4735	1683	1127	1504	1036	1235	1	2
4627	4772	4984	4984	1392	853	1351	830	1351	–	–
4926	4165	4083	4083	1457	824	1206	715	1097	3	–
6776	6124	6027	6027	1464	859	1305	784	1264	2	–
7741	7453	7133	7133	2497	1553	2198	1420	2015	–	–
5499	5495	4965	4965	1259	776	1090	706	1090	–	–
42565	42323	41779	41779	8913	5321	7732	4758	6766	282	–
3874	3609	3272	3272	1019	719	821	587	551	–	–
2542	2364	2267	2267	812	465	735	430	431	21	–
1863	1594	1554	1554	359	247	273	179	246	2	–
2509	2360	2513	2513	578	329	509	294	474	–	–
5977	5381	5612	5612	1273	716	1007	602	948	–	–
7230	9032	8675	8675	1408	853	1347	846	1347	–	–
5014	4674	4573	4573	988	556	839	500	674	37	–
7172	6119	6084	6084	1127	661	978	594	872	214	–
6384	7190	7229	7229	1349	775	1223	726	1223	8	–
50751	49434	49134	49134	14948	9367	13352	8545	10941	51	–
–	–	–	–	–	–	–	–	–	–	–
2720	2752	2685	2685	867	571	822	556	612	8	–
2129	2148	2118	2118	1080	721	940	650	506	–	–
4877	4662	4544	4544	1348	873	1166	782	1055	5	–
542	444	383	383	139	72	118	63	118	–	–
4954	4717	4497	4497	2244	1617	1754	1270	1075	9	–
3277	3370	3598	3598	892	518	854	510	854	7	–
3924	3943	4266	4266	1124	560	1047	531	973	–	–
2395	2344	2464	2464	664	303	652	303	652	11	–
4262	4060	3204	3204	985	585	943	569	784	–	–
3683	3736	3452	3452	736	439	684	416	684	–	–
4837	4906	4996	4996	1430	910	1271	831	1054	4	–
3177	2890	2921	2921	666	398	595	369	595	7	–
6916	6266	6732	6732	1673	1092	1506	1042	1133	–	–
3058	3196	3274	3274	1100	708	1000	653	846	–	–
40553	36398	32360	32360	8818	5186	7893	4821	7416	31	–
5015	3986	3574	3574	881	512	788	480	727	–	–
1468	1421	1403	1403	383	232	340	212	340	4	–
703	501	321	321	96	55	78	46	78	–	–

普　通　高　中

省、市、县 (市)区名称	校数(所)			班数 (个)	毕业 生数	招生数	在　校		
	计	公办	民办				计	其中: 女	其中: 寄宿生
湛 河 区	2	2	–	126	2167	2270	6599	3319	6599
宝 丰 县	3	2	1	199	3279	2818	10366	5396	10366
叶 县	6	3	3	261	3913	5018	13652	7064	13652
鲁 山 县	5	4	1	380	5106	8422	20477	10650	19897
郏 县	5	4	1	186	3038	3682	9919	5445	9885
舞 钢 市	4	3	1	124	1808	2413	6219	3183	5352
汝 州 市	9	6	3	446	6266	8744	23687	11915	23686
安 阳 市	**59**	**31**	**28**	**2326**	**34661**	**45104**	**122640**	**62641**	**102379**
文 峰 区	4	2	2	162	2400	3587	8433	3976	3511
北 关 区	3	2	1	113	2214	2025	6174	3290	2976
殷 都 区	10	5	5	291	4721	5126	15030	7788	10481
龙 安 区	2	1	1	44	679	1105	2449	1207	2449
安 阳 县	7	4	3	217	2980	4153	11084	5677	10986
汤 阴 县	6	1	5	242	3351	4664	12834	6134	12834
滑 县	11	6	5	500	7192	9593	26331	13629	25717
内 黄 县	6	5	1	296	4449	5912	15993	8895	11092
林 州 市	10	5	5	461	6675	8939	24312	12045	22333
鹤 壁 市	**18**	**9**	**9**	**695**	**11267**	**12762**	**36778**	**17962**	**31241**
鹤 山 区	1	1	–	25	440	386	1283	623	1145
山 城 区	3	2	1	61	1007	1186	3161	1570	1711
淇 滨 区	7	2	5	300	4743	5761	15779	7394	11956
浚 县	5	3	2	214	3383	3731	11444	5631	11386
淇 县	2	1	1	95	1694	1698	5111	2744	5043
新 乡 市	**73**	**40**	**33**	**2542**	**37581**	**49480**	**135181**	**68077**	**117510**
红 旗 区	8	2	6	260	3624	4338	12933	6203	6455
卫 滨 区	5	4	1	96	1148	1664	4551	2247	1977
凤 泉 区	2	1	1	54	644	798	2458	1196	1620
牧 野 区	5	4	1	172	2922	2662	8301	4212	2130
新 乡 县	7	3	4	181	1866	3703	8456	4255	8360
获 嘉 县	6	4	2	137	1998	2408	7116	3798	7116
原 阳 县	8	5	3	301	4002	5649	15629	7848	15083
延 津 县	5	2	3	203	3346	4463	11651	5615	11651
封 丘 县	8	6	2	233	3731	5004	14594	7240	14594
卫 辉 市	3	2	1	173	2660	3997	8979	4881	8979
辉 县 市	7	5	2	330	4943	7446	18994	10154	18026
长 垣 市	9	2	7	402	6697	7348	21519	10428	21519
焦 作 市	**32**	**16**	**16**	**1392**	**25224**	**23895**	**72952**	**36502**	**65037**
解 放 区	4	2	2	121	2100	2122	6487	3299	4384
中 站 区	1	1	–	51	954	808	2592	1352	2493
马 村 区	1	–	1	11	115	204	496	222	496
山 阳 区	7	3	4	187	3430	3071	9709	4629	7820
修 武 县	2	1	1	132	2397	1962	6317	3062	6317
博 爱 县	4	2	2	120	2232	2119	6326	3084	5376
武 陟 县	4	2	2	257	4351	4358	13223	6532	13223

基 本 情 况 (总计)(二)

| 学生数 | | | 毕业班学生数 | 教职工 | | | | 教高中学生的专任教师 | 代课教师 | 兼任教师 |
| 分年级 | | | | | | 其中:专任教师 | | | | |
一年级	二年级	三年级		计	其中:女	计	其中:女			
2270	2204	2125	2125	527	278	473	256	473	–	–
2818	3640	3908	3908	768	473	706	444	706	–	–
5018	4530	4104	4104	1223	698	1073	622	943	–	–
8422	6908	5147	5147	1547	912	1297	813	1275	3	–
3682	3195	3042	3042	935	535	822	500	822	–	–
2413	1970	1836	1836	687	437	658	426	485	–	–
8744	8043	6900	6900	1771	1054	1658	1022	1567	24	–
45104	**40623**	**36913**	**36913**	**10707**	**6656**	**8920**	**5721**	**7615**	**312**	**11**
3587	2500	2346	2346	776	522	663	454	585	–	–
2025	2191	1958	1958	514	286	449	260	449	–	–
5126	5209	4695	4695	1467	850	1198	755	1087	–	–
1105	681	663	663	192	125	179	117	179	–	–
4153	3439	3492	3492	1113	654	906	546	831	–	–
4664	4191	3979	3979	1355	869	1015	677	761	36	–
9593	9178	7560	7560	2393	1533	1986	1306	1618	44	11
5912	5112	4969	4969	913	545	860	532	860	–	–
8939	8122	7251	7251	1984	1272	1664	1074	1245	232	–
12767	**12278**	**11733**	**11733**	**3507**	**2193**	**2740**	**1722**	**2201**	**89**	**31**
386	464	433	433	70	45	69	45	69	–	–
1186	986	989	989	250	126	235	120	219	–	–
5762	5453	4564	4564	1697	1113	1199	799	953	89	31
3735	3769	3940	3940	1124	695	893	553	616	–	–
1698	1606	1807	1807	366	214	344	205	344	–	–
49480	**45121**	**40580**	**40580**	**14191**	**8971**	**11792**	**7598**	**8552**	**343**	**310**
4338	4377	4218	4218	1431	907	1223	805	968	–	13
1664	1669	1218	1218	567	361	528	346	239	16	–
798	837	823	823	501	358	454	332	171	14	–
2662	2814	2825	2825	1149	657	976	583	521	18	169
3703	2587	2166	2166	1123	724	890	608	601	11	–
2408	2545	2163	2163	667	407	594	376	574	–	–
5649	5335	4645	4645	1687	1012	1498	913	1112	1	–
4463	3560	3628	3628	1304	827	1016	649	643	–	128
5004	4946	4644	4644	1001	577	899	532	880	4	–
3997	2901	2081	2081	767	442	750	440	551	–	–
7446	6158	5390	5390	1376	807	1221	733	1221	–	–
7348	7392	6779	6779	2618	1892	1743	1281	1071	279	–
23895	**24319**	**24738**	**24738**	**6764**	**4278**	**6000**	**3938**	**5147**	**27**	**250**
2122	2287	2078	2078	547	356	462	320	462	1	–
808	711	1073	1073	244	146	196	128	196	3	–
204	178	114	114	41	24	40	24	40	–	–
3071	3177	3461	3461	1082	722	965	652	742	–	–
1962	2197	2158	2158	530	350	495	336	495	–	153
2119	2025	2182	2182	647	400	604	379	499	23	–
4358	4294	4571	4571	1239	711	1155	678	1080	–	–

普 通 高 中

省、市、县(市)区名称	校数(所)			班数(个)	毕业生数	招生数	在校		
	计	公办	民办				计	其中:女	其中:寄宿生
温 县	3	1	2	204	3465	3333	10066	5165	10066
沁 阳 市	4	2	2	230	4475	4371	12970	6593	11055
孟 州 市	2	2	–	79	1705	1547	4766	2564	3807
濮 阳 市	**41**	**20**	**21**	**1686**	**26876**	**29752**	**85895**	**43781**	**65060**
华 龙 区	23	10	13	724	11937	12485	36015	18139	21720
清 丰 县	3	2	1	181	2145	3504	9353	5088	7605
南 乐 县	4	2	2	209	3499	3478	10128	5418	9719
范 县	3	1	2	231	3935	4179	12576	6221	12576
台 前 县	2	1	1	144	2306	2827	7793	3753	4148
濮 阳 县	6	4	2	197	3054	3279	10030	5162	9292
许 昌 市	**35**	**18**	**17**	**1622**	**24153**	**31547**	**87188**	**43531**	**80672**
魏 都 区	7	5	2	315	4452	5529	15382	7760	11003
建 安 区	6	2	4	216	3068	3645	10838	5290	10766
鄢 陵 县	5	3	2	145	2110	3262	8618	4343	8553
襄 城 县	6	3	3	296	4742	6855	17422	9140	17402
禹 州 市	6	2	4	378	5548	7355	20025	9876	20025
长 葛 市	5	3	2	272	4233	4901	14903	7122	12923
漯 河 市	**17**	**13**	**4**	**927**	**15616**	**16839**	**47936**	**24266**	**37898**
源 汇 区	3	2	1	188	3018	3258	9443	4724	4965
郾 城 区	3	3	–	218	4366	3730	11499	5715	9366
召 陵 区	3	2	1	125	1823	2319	6293	3133	3860
舞 阳 县	3	2	1	141	2213	2717	7272	3924	6769
临 颍 县	5	4	1	255	4196	4815	13429	6770	12938
三 门 峡 市	**21**	**17**	**4**	**871**	**13558**	**12802**	**39199**	**20905**	**36433**
湖 滨 区	6	4	2	192	2837	2740	8263	4488	5552
陕 州 区	3	3	–	103	1564	1365	4273	2243	4265
渑 池 县	3	2	1	151	2592	2638	8126	4517	8125
卢 氏 县	2	2	–	123	2202	2004	6136	3311	6099
义 马 市	1	1	–	46	612	501	1659	868	1659
灵 宝 市	6	5	1	256	3751	3554	10742	5478	10733
南 阳 市	**105**	**65**	**40**	**4850**	**72762**	**94347**	**252217**	**126498**	**238211**
宛 城 区	20	14	6	615	9106	11199	30621	14916	24258
卧 龙 区	17	8	9	492	6600	9183	24590	12613	21937
南 召 县	9	4	5	327	4640	5872	15358	7530	13926
方 城 县	6	4	2	341	4927	6488	18129	9562	17485
西 峡 县	4	3	1	290	6761	4870	14412	7143	14412
镇 平 县	5	3	2	344	6159	6961	18336	8518	18336
内 乡 县	5	4	1	330	4583	6759	17325	8503	17325
淅 川 县	7	5	2	399	7244	7556	20973	10314	20973
社 旗 县	5	3	2	269	3264	4914	14357	7743	13710
唐 河 县	5	3	2	337	4638	7369	18050	9184	17761
新 野 县	7	4	3	307	3973	6209	16099	8091	16099
桐 柏 县	3	2	1	212	2378	3965	10308	5343	9565
邓 州 市	12	8	4	587	8489	13002	33659	17038	32424

基　本　情　况(总计)(三)

学生数 分年级 一年级	二年级	三年级	毕业班学生数	教职工 计	教职工 其中：女	其中：专任教师 计	其中：专任教师 其中：女	教高中学生的专任教师	代课教师	兼任教师
3333	3530	3203	3203	1037	692	804	598	640	–	–
4371	4340	4259	4259	1029	658	920	607	634	–	97
1547	1580	1639	1639	368	219	359	216	359	–	–
29752	**29642**	**26501**	**26501**	**8593**	**5067**	**7218**	**4438**	**5676**	**208**	**322**
12485	12673	10857	10857	4107	2391	3524	2125	2875	208	29
3504	3161	2688	2688	789	512	559	394	559	–	293
3478	3274	3376	3376	624	374	527	324	527	–	–
4179	4479	3918	3918	1023	567	891	514	751	–	–
2827	2697	2269	2269	565	342	485	321	392	–	–
3279	3358	3393	3393	1485	881	1232	760	572	–	–
31547	**29343**	**26298**	**26298**	**8253**	**5148**	**7536**	**4741**	**6183**	**75**	**2**
5529	5229	4624	4624	1494	934	1335	848	1070	59	–
3645	3593	3600	3600	1591	1085	1496	1024	842	–	2
3262	2927	2429	2429	807	418	733	391	733	–	–
6855	5630	4937	4937	1522	962	1314	817	1053	16	–
7355	6888	5782	5782	1584	975	1464	912	1445	–	–
4901	5076	4926	4926	1255	774	1194	749	1040	–	–
16840	**15604**	**15492**	**15492**	**3865**	**2124**	**3404**	**1913**	**3213**	**29**	**3**
3258	3133	3052	3052	836	502	753	453	658	–	–
3730	3827	3942	3942	861	452	716	388	716	14	–
2320	2177	1796	1796	373	228	279	178	279	–	–
2717	2243	2312	2312	680	363	618	337	587	–	–
4815	4224	4390	4390	1115	579	1038	557	973	15	3
12802	**12966**	**13431**	**13431**	**4866**	**2908**	**4299**	**2519**	**3857**	**72**	**–**
2740	2769	2754	2754	851	524	759	473	710	72	–
1365	1389	1519	1519	658	392	592	363	468	–	–
2638	2580	2908	2908	1158	846	846	590	577	–	–
2004	2066	2066	2066	575	300	565	299	565	–	–
501	556	602	602	235	126	211	115	211	–	–
3554	3606	3582	3582	1389	720	1326	679	1326	–	–
94348	**83874**	**73995**	**73995**	**21299**	**12705**	**18992**	**11777**	**16273**	**212**	**37**
11200	10358	9063	9063	2929	1746	2716	1697	2266	128	5
9183	8075	7332	7332	2588	1699	2402	1603	1727	13	–
5872	4718	4768	4768	1685	1007	1287	776	993	4	–
6488	6577	5064	5064	1066	573	971	549	885	1	–
4870	4632	4910	4910	1428	961	1292	912	1077	–	–
6961	5693	5682	5682	1510	919	1460	906	1221	–	–
6759	5830	4736	4736	1241	671	1072	626	1072	–	–
7556	7386	6031	6031	1631	946	1552	937	1457	–	–
4914	4890	4553	4553	1050	686	1027	682	899	–	–
7369	5942	4739	4739	1527	826	1372	774	1266	–	–
6209	5202	4688	4688	1726	1074	1306	839	1001	–	–
3965	3459	2884	2884	672	390	595	360	595	–	32
13002	11112	9545	9545	2246	1207	1940	1116	1814	66	–

普 通 高 中

省、市、县 (市)区名称	校数(所)			班数 (个)	毕业 生数	招生数	在校		
	计	公办	民办				计	其中: 女	其中: 寄宿生
商丘市	**40**	**27**	**13**	**3014**	**50583**	**56904**	**161615**	**80446**	**132921**
梁 园 区	6	4	2	332	5243	6184	17129	8244	10223
睢 阳 区	6	3	3	419	7028	7573	21553	10690	18789
民 权 县	3	2	1	235	5330	5606	16139	8063	13570
睢 县	3	3	–	321	5091	5226	16579	8311	15988
宁 陵 县	2	2	–	156	2695	3050	8395	4316	6028
柘 城 县	5	3	2	339	5829	6050	17817	8367	14899
虞 城 县	3	2	1	402	6736	7031	21026	10655	18516
夏 邑 县	5	4	1	306	5480	5750	16454	8225	16454
永 城 市	7	4	3	504	7151	10434	26523	13575	18454
信阳市	**66**	**48**	**18**	**3555**	**60296**	**67981**	**196589**	**92378**	**149530**
浉 河 区	6	4	2	274	5746	5142	15777	7795	8114
平 桥 区	8	7	1	347	5050	7203	19661	9851	18222
罗 山 县	6	6	–	276	4896	5223	14705	6540	11826
光 山 县	8	5	3	435	9241	7903	23936	10889	17043
新 县	2	2	–	133	2389	2618	7733	3753	6535
商 城 县	8	7	1	358	6315	6865	20059	8842	19654
固 始 县	12	5	7	788	11791	14943	41772	18831	31011
潢 川 县	8	6	2	269	5013	4985	15063	6780	3403
淮 滨 县	5	3	2	277	5214	5142	15894	7794	14327
息 县	3	3	–	398	4641	7957	21989	11303	19395
周口市	**61**	**33**	**28**	**3956**	**77763**	**69386**	**223802**	**112042**	**208107**
川 汇 区	13	6	7	394	6367	6566	19068	9224	19047
淮 阳 区	6	4	2	401	9166	7043	23846	12049	23246
扶 沟 县	4	4	–	286	5612	4706	15935	7793	15935
西 华 县	4	3	1	291	5389	4557	15672	7959	15672
商 水 县	5	2	3	367	6136	5959	19015	10081	19015
沈 丘 县	5	3	2	455	7628	7251	22348	11292	22348
郸 城 县	8	3	5	518	11896	9703	34373	16328	30667
太 康 县	6	4	2	378	7888	8003	24220	13263	23307
鹿 邑 县	6	2	4	442	8090	7833	23745	11751	18364
项 城 市	4	2	2	424	9591	7765	25580	12302	20506
驻马店市	**43**	**28**	**15**	**3010**	**56684**	**58674**	**171759**	**86704**	**137396**
驿 城 区	8	5	3	448	8809	9811	27940	13524	10591
西 平 县	3	2	1	259	5082	4251	13968	6430	13806
上 蔡 县	6	2	4	461	9140	9442	26421	13602	26126
平 舆 县	4	2	2	289	5178	5188	15401	7440	15322
正 阳 县	4	3	1	225	4385	4652	13705	6870	9162
确 山 县	4	3	1	224	4035	4448	12763	6738	12324
泌 阳 县	3	3	–	294	5220	6082	17920	9486	14057
汝 南 县	3	3	–	206	4356	4367	13100	6533	11513
遂 平 县	3	2	1	178	3320	3186	9579	4982	8967
新 蔡 县	5	3	2	426	7159	7247	20962	11099	15528
济源示范区	**7**	**5**	**2**	**302**	**5284**	**5411**	**15771**	**7934**	**15714**

注:郑州市除公办、民办外还有两所具有法人资格的中外合作办学校。

基 本 情 况（总计）（四）

学生数			毕业班学生数	教职工				教高中学生的专任教师	代课教师	兼任教师
分年级				计	其中:女	其中:专任教师				
一年级	二年级	三年级				计	其中:女			
56904	**53233**	**51478**	**51478**	**12762**	**7015**	**11134**	**6306**	**9444**	**203**	**—**
6184	5712	5233	5233	2911	1952	2524	1708	1254	—	—
7573	7181	6799	6799	1903	1085	1753	1034	1557	102	—
5606	5370	5163	5163	714	355	614	308	587	—	—
5226	5898	5455	5455	1156	531	1033	507	1033	—	—
3050	2700	2645	2645	659	353	589	320	589	18	—
6050	5845	5922	5922	1132	553	923	472	923	—	—
7031	6814	7181	7181	1346	637	1112	550	994	83	—
5750	5366	5338	5338	1481	770	1226	653	1147	—	—
10434	8347	7742	7742	1460	779	1360	754	1360	—	—
67981	**64956**	**63652**	**63652**	**15606**	**7819**	**14385**	**7393**	**12686**	**287**	**20**
5142	4947	5688	5688	1213	664	1123	632	1092	—	—
7203	6876	5582	5582	1573	801	1419	764	1393	—	—
5223	4748	4734	4734	1203	531	1100	507	1100	—	—
7903	7752	8281	8281	2071	960	1660	749	1530	7	—
2618	2667	2448	2448	501	259	463	247	463	—	—
6865	6616	6578	6578	1369	491	1315	473	1315	—	—
14943	14078	12751	12751	2905	1516	2751	1468	2149	—	—
4985	4844	5234	5234	1478	703	1432	696	988	3	—
5142	5274	5478	5478	1722	930	1565	894	1099	277	20
7957	7154	6878	6878	1571	964	1557	963	1557	—	—
69386	**74644**	**79772**	**79772**	**18109**	**10234**	**16385**	**9508**	**14630**	**133**	**466**
6566	6170	6332	6332	1987	1207	1712	1078	1550	18	22
7043	7896	8907	8907	2958	1606	2563	1421	1639	73	443
4706	5423	5806	5806	1197	712	1107	684	1107	—	—
4557	5347	5768	5768	1015	577	898	533	898	—	—
5959	6243	6813	6813	1473	890	1382	857	1317	28	—
7251	7316	7781	7781	1975	1126	1740	1012	1731	—	—
9703	11652	13018	13018	2079	1178	1950	1137	1950	—	—
8003	7958	8259	8259	1585	865	1497	837	1394	14	1
7833	8022	7890	7890	2164	1237	1936	1144	1444	—	—
7765	8617	9198	9198	1676	836	1600	805	1600	—	—
58674	**56722**	**56363**	**56363**	**13344**	**7636**	**12093**	**7110**	**9945**	**115**	**13**
9811	9184	8945	8945	2210	1343	1960	1285	1835	—	—
4251	4709	5008	5008	912	528	841	500	784	—	—
9442	8572	8407	8407	2196	1370	1995	1267	1532	11	—
5188	5210	5003	5003	1412	725	1242	603	955	69	13
4652	4542	4511	4511	1012	500	957	488	777	1	—
4448	4101	4214	4214	816	483	776	474	584	24	—
6082	5749	6089	6089	1210	585	1094	552	1022	10	—
4367	4516	4217	4217	774	413	729	407	669	—	—
3186	3226	3167	3167	884	515	840	504	656	—	—
7247	6913	6802	6802	1918	1174	1659	1030	1131	—	—
5411	**5251**	**5109**	**5109**	**1323**	**709**	**1211**	**685**	**1211**	**—**	**—**

普 通 高 中

省、市、县 (市)区名称	校数(所)			班数 (个)	毕业 生数	招生数	在 校		
	计	公办	民办				计	其中: 女	其中: 寄宿生
河南省	**388**	**226**	**161**	**15940**	**260509**	**292484**	**834224**	**417225**	**666700**
郑 州 市	**99**	**57**	**41**	**3298**	**52608**	**58772**	**169188**	**84333**	**148732**
中 原 区	15	5	10	382	5251	6673	18766	8819	13508
二 七 区	18	12	6	552	8817	9844	28130	14231	21154
管城回族区	5	3	2	129	2088	2061	6585	3171	5296
金 水 区	24	10	13	682	9615	11824	32648	15181	26194
上 街 区	2	2	–	43	645	802	2115	1109	2115
惠 济 区	5	3	2	128	2416	2338	6590	3643	6518
中 牟 县	–	–	–	–	–	–	–	–	–
巩 义 市	7	5	2	259	4625	4398	13673	7181	13673
荥 阳 市	6	4	2	231	4275	3726	11974	6509	11946
新 密 市	7	5	2	308	5501	6615	18766	9366	18766
新 郑 市	6	5	1	357	5919	6186	17369	8462	16999
登 封 市	4	3	1	227	3456	4305	12572	6661	12563
开 封 市	**23**	**12**	**11**	**874**	**14205**	**16622**	**46682**	**22715**	**34259**
龙 亭 区	6	3	3	201	3491	3874	10755	5200	6401
顺河回族区	6	4	2	142	2091	2542	7173	3628	2969
鼓 楼 区	2	1	1	91	1490	1863	5011	2224	3786
禹王台区	3	2	1	141	2439	2509	7382	3471	5278
祥 符 区	6	2	4	299	4694	5834	16361	8192	15825
杞 县	–	–	–	–	–	–	–	–	–
通 许 县	–	–	–	–	–	–	–	–	–
尉 氏 县	–	–	–	–	–	–	–	–	–
兰 考 县	–	–	–	–	–	–	–	–	–
洛 阳 市	**34**	**21**	**13**	**1069**	**16711**	**17457**	**51273**	**26099**	**43482**
老 城 区	–	–	–	–	–	–	–	–	–
西 工 区	5	4	1	164	2692	2720	8157	4219	5493
瀍河回族区	6	3	3	147	2127	2129	6395	3275	5158
涧 西 区	7	5	2	286	4318	4543	13231	6827	10309
吉 利 区	2	1	1	33	395	542	1369	706	1181
洛 龙 区	9	5	4	255	3789	4074	12086	5968	11326
孟 津 县	–	–	–	–	–	–	–	–	–
新 安 县	1	–	1	22	238	391	1029	415	1029
栾 川 县	–	–	–	–	–	–	–	–	–
嵩 县	–	–	–	–	–	–	–	–	–
汝 阳 县	–	–	–	–	–	–	–	–	–
宜 阳 县	–	–	–	–	–	–	–	–	–
洛 宁 县	–	–	–	–	–	–	–	–	–
伊 川 县	–	–	–	–	–	–	–	–	–
偃 师 市	4	3	1	162	3152	3058	9006	4689	8986
平顶山市	**16**	**14**	**2**	**688**	**11242**	**13289**	**35836**	**18313**	**33224**
新 华 区	4	3	1	170	2253	3325	8647	4371	7812
卫 东 区	2	2	–	84	1415	1468	4292	2154	3382
石 龙 区	2	1	1	30	124	703	1525	616	1525

基　本　情　况（城区）（一）

学生数：分年级：一年级	学生数：分年级：二年级	学生数：分年级：三年级	毕业班学生数	教职工：计	教职工：其中：女	教职工：其中：专任教师：计	教职工：其中：专任教师：其中：女	教高中学生的专任教师	代课教师	兼任教师
292486	**278136**	**263602**	**263602**	**76829**	**46192**	**67010**	**41441**	**57884**	**1323**	**840**
58772	**56850**	**53566**	**53566**	**15156**	**9117**	**13138**	**8241**	**12640**	**120**	**34**
6673	6427	5666	5666	1509	917	1304	821	1304	41	–
9844	9326	8960	8960	2487	1536	2054	1340	2022	68	–
2061	2139	2385	2385	546	331	362	254	330	–	–
11824	10536	10288	10288	3061	1907	2637	1693	2250	9	34
802	700	613	613	259	143	225	131	225	–	–
2338	2548	1704	1704	834	451	632	391	613	–	–
–	–	–	–	–	–	–	–	–	–	–
4398	4548	4727	4727	1324	817	1284	794	1284	–	–
3726	4165	4083	4083	1123	603	998	558	998	–	–
6615	6124	6027	6027	1334	786	1223	739	1223	2	–
6186	5955	5228	5228	1693	1055	1585	1017	1557	–	–
4305	4382	3885	3885	986	571	834	503	834	–	–
16622	**15061**	**14999**	**14999**	**3917**	**2388**	**3258**	**2025**	**2601**	**23**	**–**
3874	3609	3272	3272	1019	719	821	587	551	–	–
2542	2364	2267	2267	812	465	735	430	431	21	–
1863	1594	1554	1554	359	247	273	179	246	2	–
2509	2360	2513	2513	578	329	509	294	474	–	–
5834	5134	5393	5393	1149	628	920	535	899	–	–
–	–	–	–	–	–	–	–	–	–	–
–	–	–	–	–	–	–	–	–	–	–
–	–	–	–	–	–	–	–	–	–	–
–	–	–	–	–	–	–	–	–	–	–
17457	**17107**	**16709**	**16709**	**5947**	**3938**	**5204**	**3520**	**3937**	**22**	**–**
–	–	–	–	–	–	–	–	–	–	–
2720	2752	2685	2685	867	571	822	556	612	8	–
2129	2148	2118	2118	1080	721	940	650	506	–	–
4543	4368	4320	4320	1192	766	1044	689	972	5	–
542	444	383	383	139	72	118	63	118	–	–
4074	4110	3902	3902	1483	1025	1233	861	910	9	–
–	–	–	–	–	–	–	–	–	–	–
391	296	342	342	166	118	126	91	52	–	–
–	–	–	–	–	–	–	–	–	–	–
–	–	–	–	–	–	–	–	–	–	–
–	–	–	–	–	–	–	–	–	–	–
–	–	–	–	–	–	–	–	–	–	–
–	–	–	–	–	–	–	–	–	–	–
–	–	–	–	–	–	–	–	–	–	–
3058	2989	2959	2959	1020	665	921	610	767	–	–
13289	**11880**	**10667**	**10667**	**2741**	**1586**	**2483**	**1484**	**2422**	**9**	**–**
3325	2947	2375	2375	617	363	531	331	470	–	–
1468	1421	1403	1403	383	232	340	212	340	4	–
703	501	321	321	96	55	78	46	78	–	–

普 通 高 中

省、市、县 (市)区名称	校数(所)			班数 (个)	毕业 生数	招生数	在 校		
	计	公办	民办				计	其中: 女	其中: 寄宿生
湛 河 区	2	2	–	126	2167	2270	6599	3319	6599
宝 丰 县	–	–	–	–	–	–	–	–	–
叶 县	–	–	–	–	–	–	–	–	–
鲁 山 县	–	–	–	–	–	–	–	–	–
郏 县	–	–	–	–	–	–	–	–	–
舞 钢 市	3	3	–	97	1808	1941	4974	2667	4107
汝 州 市	3	3	–	181	3475	3582	9799	5186	9799
安 阳 市	**23**	**11**	**12**	**852**	**13276**	**16359**	**44910**	**22168**	**30928**
文 峰 区	3	1	2	126	1797	2901	6553	3035	2029
北 关 区	3	2	1	113	2214	2025	6174	3290	2976
殷 都 区	5	3	2	163	2231	2795	8470	4271	4096
龙 安 区	2	1	1	44	679	1105	2449	1207	2449
安 阳 县	2	–	2	32	–	678	1532	671	1434
汤 阴 县	–	–	–	–	–	–	–	–	–
滑 县	–	–	–	–	–	–	–	–	–
内 黄 县	–	–	–	–	–	–	–	–	–
林 州 市	8	4	4	374	6355	6855	19732	9694	17944
鹤 壁 市	**7**	**4**	**3**	**260**	**4080**	**4784**	**13795**	**6416**	**9383**
鹤 山 区	1	1	–	25	440	386	1283	623	1145
山 城 区	3	2	1	61	1007	1186	3161	1570	1711
淇 滨 区	3	1	2	174	2633	3212	9351	4223	6527
浚 县	–	–	–	–	–	–	–	–	–
淇 县	–	–	–	–	–	–	–	–	–
新 乡 市	**31**	**17**	**14**	**1338**	**20516**	**24874**	**69833**	**35471**	**55656**
红 旗 区	6	2	4	177	2393	2935	8231	3939	4372
卫 滨 区	4	3	1	84	931	1468	3973	1959	1596
凤 泉 区	2	1	1	54	644	798	2458	1196	1620
牧 野 区	5	4	1	172	2922	2662	8301	4212	2130
新 乡 县	–	–	–	–	–	–	–	–	–
获 嘉 县	–	–	–	–	–	–	–	–	–
原 阳 县	–	–	–	–	–	–	–	–	–
延 津 县	–	–	–	–	–	–	–	–	–
封 丘 县	–	–	–	–	–	–	–	–	–
卫 辉 市	2	2	–	156	2196	3523	8180	4586	8180
辉 县 市	4	3	1	293	4733	6140	17171	9151	16239
长 垣 市	8	2	6	402	6697	7348	21519	10428	21519
焦 作 市	**13**	**8**	**5**	**534**	**10183**	**9695**	**29453**	**15156**	**22623**
解 放 区	4	2	2	121	2100	2122	6487	3299	4384
中 站 区	1	1	–	51	954	808	2592	1352	2493
马 村 区	–	–	–	–	–	–	–	–	–
山 阳 区	2	1	1	53	949	847	2638	1348	884
修 武 县	–	–	–	–	–	–	–	–	–
博 爱 县	–	–	–	–	–	–	–	–	–
武 陟 县	–	–	–	–	–	–	–	–	–

基　本　情　况(城区)(二)

学生数 分年级 一年级	学生数 分年级 二年级	学生数 分年级 三年级	毕业班学生数	教职工 计	教职工 其中:女	教职工 其中:专任教师 计	教职工 其中:专任教师 其中:女	教高中学生的专任教师	代课教师	兼任教师
2270	2204	2125	2125	527	278	473	256	473	–	–
–	–	–	–	–	–	–	–	–	–	–
–	–	–	–	–	–	–	–	–	–	–
–	–	–	–	–	–	–	–	–	–	–
–	–	–	–	–	–	–	–	–	–	–
1941	1535	1498	1498	409	231	383	220	383	–	–
3582	3272	2945	2945	709	427	678	419	678	5	–
16359	**15116**	**13435**	**13435**	**4008**	**2533**	**3303**	**2141**	**2731**	**232**	**–**
2901	1894	1758	1758	611	415	504	351	426	–	–
2025	2191	1958	1958	514	286	449	260	449	–	–
2795	2875	2800	2800	681	384	554	327	554	–	–
1105	681	663	663	192	125	179	117	179	–	–
678	402	452	452	263	174	161	118	86	–	–
–	–	–	–	–	–	–	–	–	–	–
–	–	–	–	–	–	–	–	–	–	–
–	–	–	–	–	–	–	–	–	–	–
6855	7073	5804	5804	1747	1149	1456	968	1037	232	–
4784	**4744**	**4267**	**4267**	**1408**	**889**	**1014**	**647**	**861**	**89**	**31**
386	464	433	433	70	45	69	45	69	–	–
1186	986	989	989	250	126	235	120	219	–	–
3212	3294	2845	2845	1088	718	710	482	573	89	31
–	–	–	–	–	–	–	–	–	–	–
–	–	–	–	–	–	–	–	–	–	–
24874	**23549**	**21410**	**21410**	**7252**	**4591**	**5918**	**3816**	**4293**	**311**	**182**
2935	2647	2649	2649	996	634	876	579	734	–	13
1468	1469	1036	1036	460	275	426	262	200	–	–
798	837	823	823	501	358	454	332	171	14	–
2662	2814	2825	2825	1149	657	976	583	521	18	169
–	–	–	–	–	–	–	–	–	–	–
–	–	–	–	–	–	–	–	–	–	–
–	–	–	–	–	–	–	–	–	–	–
–	–	–	–	–	–	–	–	–	–	–
–	–	–	–	–	–	–	–	–	–	–
3523	2576	2081	2081	502	249	485	247	485	–	–
6140	5814	5217	5217	1251	737	1111	672	1111	–	–
7348	7392	6779	6779	2393	1681	1590	1141	1071	279	–
9695	**9694**	**10064**	**10064**	**2428**	**1529**	**2147**	**1407**	**1861**	**4**	**97**
2122	2287	2078	2078	547	356	462	320	462	1	–
808	711	1073	1073	244	146	196	128	196	3	–
–	–	–	–	–	–	–	–	–	–	–
847	776	1015	1015	240	150	210	136	210	–	–
–	–	–	–	–	–	–	–	–	–	–
–	–	–	–	–	–	–	–	–	–	–
–	–	–	–	–	–	–	–	–	–	–

普 通 高 中

省、市、县 (市)区名称	校数(所)			班数 (个)	毕业 生数	招生数	在 校		
	计	公办	民办				计	其中: 女	其中: 寄宿生
温 县	–	–	–	–	–	–	–	–	–
沁 阳 市	4	2	2	230	4475	4371	12970	6593	11055
孟 州 市	2	2	–	79	1705	1547	4766	2564	3807
濮 阳 市	**19**	**8**	**11**	**495**	**8602**	**8680**	**25078**	**12350**	**12258**
华 龙 区	19	8	11	495	8602	8680	25078	12350	12258
清 丰 县	–	–	–	–	–	–	–	–	–
南 乐 县	–	–	–	–	–	–	–	–	–
范 县	–	–	–	–	–	–	–	–	–
台 前 县	–	–	–	–	–	–	–	–	–
濮 阳 县	–	–	–	–	–	–	–	–	–
许 昌 市	**23**	**12**	**11**	**1156**	**17512**	**21621**	**61628**	**30654**	**55269**
魏 都 区	7	5	2	315	4452	5529	15382	7760	11003
建 安 区	3	1	2	86	1237	1511	4340	2178	4340
鄢 陵 县	–	–	–	–	–	–	–	–	–
襄 城 县	2	1	1	105	2042	2325	6978	3718	6978
禹 州 市	6	2	4	378	5548	7355	20025	9876	20025
长 葛 市	5	3	2	272	4233	4901	14903	7122	12923
漯 河 市	**7**	**5**	**2**	**413**	**7193**	**7305**	**21101**	**10678**	**13172**
源 汇 区	3	2	1	188	3018	3258	9443	4724	4965
郾 城 区	2	2	–	171	3549	2928	9014	4516	6882
召 陵 区	2	1	1	54	626	1119	2644	1438	1325
舞 阳 县	–	–	–	–	–	–	–	–	–
临 颍 县	–	–	–	–	–	–	–	–	–
三门峡市	**12**	**10**	**2**	**481**	**7425**	**6675**	**20669**	**10838**	**17941**
湖 滨 区	5	3	2	129	1938	1835	5565	3024	2854
陕 州 区	2	2	–	90	1374	1276	3910	2057	3902
渑 池 县	–	–	–	–	–	–	–	–	–
卢 氏 县	–	–	–	–	–	–	–	–	–
义 马 市	1	1	–	46	612	501	1659	868	1659
灵 宝 市	4	4	–	216	3501	3063	9535	4889	9526
南 阳 市	**25**	**14**	**11**	**1059**	**14184**	**21553**	**56420**	**28299**	**47677**
宛 城 区	8	4	4	292	4700	4688	14345	6893	8968
卧 龙 区	9	5	4	279	2745	5964	13925	6904	11592
南 召 县	–	–	–	–	–	–	–	–	–
方 城 县	–	–	–	–	–	–	–	–	–
西 峡 县	–	–	–	–	–	–	–	–	–
镇 平 县	–	–	–	–	–	–	–	–	–
内 乡 县	–	–	–	–	–	–	–	–	–
淅 川 县	–	–	–	–	–	–	–	–	–
社 旗 县	–	–	–	–	–	–	–	–	–
唐 河 县	–	–	–	–	–	–	–	–	–
新 野 县	–	–	–	–	–	–	–	–	–
桐 柏 县	–	–	–	–	–	–	–	–	–
邓 州 市	8	5	3	488	6739	10901	28150	14502	27117

基　本　情　况(城区)(三)

学生数				教职工				教高中学生的专任教师	代课教师	兼任教师
分年级			毕业班学生数	计	其中：女	其中：专任教师				
一年级	二年级	三年级				计	其中：女			
–	–	–	–	–	–	–	–	–	–	–
4371	4340	4259	4259	1029	658	920	607	634	–	97
1547	1580	1639	1639	368	219	359	216	359	–	–
8680	**8871**	**7527**	**7527**	**3011**	**1791**	**2518**	**1543**	**1956**	**134**	**29**
8680	8871	7527	7527	3011	1791	2518	1543	1956	134	29
–	–	–	–	–	–	–	–	–	–	–
–	–	–	–	–	–	–	–	–	–	–
–	–	–	–	–	–	–	–	–	–	–
–	–	–	–	–	–	–	–	–	–	–
–	–	–	–	–	–	–	–	–	–	–
21621	**20962**	**19045**	**19045**	**5707**	**3632**	**5170**	**3316**	**4295**	**59**	**2**
5529	5229	4624	4624	1494	934	1335	848	1070	59	–
1511	1337	1492	1492	673	496	596	439	321	–	2
–	–	–	–	–	–	–	–	–	–	–
2325	2432	2221	2221	701	453	581	368	419	–	–
7355	6888	5782	5782	1584	975	1464	912	1445	–	–
4901	5076	4926	4926	1255	774	1194	749	1040	–	–
7306	**7085**	**6710**	**6710**	**1842**	**1052**	**1546**	**900**	**1451**	**–**	**–**
3258	3133	3052	3052	836	502	753	453	658	–	–
2928	3044	3042	3042	733	387	597	324	597	–	–
1120	908	616	616	273	163	196	123	196	–	–
–	–	–	–	–	–	–	–	–	–	–
–	–	–	–	–	–	–	–	–	–	–
6675	**6915**	**7079**	**7079**	**2553**	**1412**	**2368**	**1324**	**2270**	**20**	**–**
1835	1868	1862	1862	601	360	518	315	492	20	–
1276	1265	1369	1369	552	336	496	310	424	–	–
–	–	–	–	–	–	–	–	–	–	–
–	–	–	–	–	–	–	–	–	–	–
501	556	602	602	235	126	211	115	211	–	–
3063	3226	3246	3246	1165	590	1143	584	1143	–	–
21554	**18671**	**16195**	**16195**	**4724**	**2781**	**4273**	**2631**	**3628**	**107**	**–**
4689	4877	4779	4779	1242	657	1126	622	1025	74	–
5964	4368	3593	3593	1499	1020	1433	989	1000	5	–
–	–	–	–	–	–	–	–	–	–	–
–	–	–	–	–	–	–	–	–	–	–
–	–	–	–	–	–	–	–	–	–	–
–	–	–	–	–	–	–	–	–	–	–
–	–	–	–	–	–	–	–	–	–	–
–	–	–	–	–	–	–	–	–	–	–
–	–	–	–	–	–	–	–	–	–	–
–	–	–	–	–	–	–	–	–	–	–
–	–	–	–	–	–	–	–	–	–	–
–	–	–	–	–	–	–	–	–	–	–
10901	9426	7823	7823	1983	1104	1714	1020	1603	28	–

普 通 高 中

省、市、县 (市)区名称	校数(所)			班 数 (个)	毕 业 生 数	招生数	在 校		
	计	公办	民办				计	其中: 女	其中: 寄宿生
商 丘 市	**16**	**10**	**6**	**1165**	**18550**	**22486**	**60701**	**30506**	**43250**
梁 园 区	3	3	–	242	4371	4479	12625	6241	6007
睢 阳 区	6	3	3	419	7028	7573	21553	10690	18789
民 权 县	–	–	–	–	–	–	–	–	–
睢 县	–	–	–	–	–	–	–	–	–
宁 陵 县	–	–	–	–	–	–	–	–	–
柘 城 县	–	–	–	–	–	–	–	–	–
虞 城 县	–	–	–	–	–	–	–	–	–
夏 邑 县	–	–	–	–	–	–	–	–	–
永 城 市	7	4	3	504	7151	10434	26523	13575	18454
信 阳 市	**11**	**8**	**3**	**512**	**8831**	**10217**	**28988**	**14408**	**19886**
浉 河 区	5	3	2	250	5251	4674	14275	7028	6612
平 桥 区	6	5	1	262	3580	5543	14713	7380	13274
罗 山 县	–	–	–	–	–	–	–	–	–
光 山 县	–	–	–	–	–	–	–	–	–
新 县	–	–	–	–	–	–	–	–	–
商 城 县	–	–	–	–	–	–	–	–	–
固 始 县	–	–	–	–	–	–	–	–	–
潢 川 县	–	–	–	–	–	–	–	–	–
淮 滨 县	–	–	–	–	–	–	–	–	–
息 县	–	–	–	–	–	–	–	–	–
周 口 市	**20**	**9**	**11**	**1175**	**24674**	**20590**	**66104**	**32532**	**60430**
川 汇 区	9	3	6	301	4777	5032	13838	6755	13838
淮 阳 区	6	4	2	401	9166	7043	23846	12049	23246
扶 沟 县	–	–	–	–	–	–	–	–	–
西 华 县	–	–	–	–	–	–	–	–	–
商 水 县	–	–	–	–	–	–	–	–	–
沈 丘 县	–	–	–	–	–	–	–	–	–
郸 城 县	1	–	1	49	1140	750	2840	1426	2840
太 康 县	–	–	–	–	–	–	–	–	–
鹿 邑 县	–	–	–	–	–	–	–	–	–
项 城 市	4	2	2	424	9591	7765	25580	12302	20506
驻 马 店 市	**6**	**4**	**2**	**353**	**6948**	**7581**	**21080**	**10414**	**7045**
驿 城 区	6	4	2	353	6948	7581	21080	10414	7045
西 平 县	–	–	–	–	–	–	–	–	–
上 蔡 县	–	–	–	–	–	–	–	–	–
平 舆 县	–	–	–	–	–	–	–	–	–
正 阳 县	–	–	–	–	–	–	–	–	–
确 山 县	–	–	–	–	–	–	–	–	–
泌 阳 县	–	–	–	–	–	–	–	–	–
汝 南 县	–	–	–	–	–	–	–	–	–
遂 平 县	–	–	–	–	–	–	–	–	–
新 蔡 县	–	–	–	–	–	–	–	–	–
济源示范区	**3**	**2**	**1**	**218**	**3769**	**3924**	**11485**	**5875**	**11485**

基 本 情 况 (城区)(四)

学生数			毕业班学生数	教职工				教高中学生的专任教师	代课教师	兼任教师
分年级				计	其中:女	其中:专任教师				
一年级	二年级	三年级				计	其中:女			
22486	**19461**	**18754**	**18754**	**4767**	**2702**	**4462**	**2618**	**3926**	**102**	**—**
4479	3933	4213	4213	1404	838	1349	830	1009	—	—
7573	7181	6799	6799	1903	1085	1753	1034	1557	102	—
—	—	—	—	—	—	—	—	—	—	—
—	—	—	—	—	—	—	—	—	—	—
—	—	—	—	—	—	—	—	—	—	—
—	—	—	—	—	—	—	—	—	—	—
10434	8347	7742	7742	1460	779	1360	754	1360	—	—
10217	**9826**	**8945**	**8945**	**2366**	**1299**	**2192**	**1249**	**2135**	**—**	**—**
4674	4462	5139	5139	1128	618	1040	586	1009	—	—
5543	5364	3806	3806	1238	681	1152	663	1126	—	—
—	—	—	—	—	—	—	—	—	—	—
—	—	—	—	—	—	—	—	—	—	—
—	—	—	—	—	—	—	—	—	—	—
—	—	—	—	—	—	—	—	—	—	—
—	—	—	—	—	—	—	—	—	—	—
20590	**21831**	**23683**	**23683**	**6220**	**3376**	**5532**	**3069**	**4478**	**91**	**465**
5032	4227	4579	4579	1470	867	1276	782	1146	18	22
7043	7896	8907	8907	2958	1606	2563	1421	1639	73	443
—	—	—	—	—	—	—	—	—	—	—
—	—	—	—	—	—	—	—	—	—	—
—	—	—	—	—	—	—	—	—	—	—
750	1091	999	999	116	67	93	61	93	—	—
—	—	—	—	—	—	—	—	—	—	—
—	—	—	—	—	—	—	—	—	—	—
7765	8617	9198	9198	1676	836	1600	805	1600	—	—
7581	**6684**	**6815**	**6815**	**1846**	**1072**	**1616**	**1024**	**1531**	**—**	**—**
7581	6684	6815	6815	1846	1072	1616	1024	1531	—	—
—	—	—	—	—	—	—	—	—	—	—
—	—	—	—	—	—	—	—	—	—	—
—	—	—	—	—	—	—	—	—	—	—
—	—	—	—	—	—	—	—	—	—	—
—	—	—	—	—	—	—	—	—	—	—
—	—	—	—	—	—	—	—	—	—	—
3924	**3829**	**3732**	**3732**	**936**	**504**	**868**	**486**	**868**	**—**	**—**

普 通 高 中

省、市、县 (市)区名称	校数(所)			班数 (个)	毕业 生数	招生数	在 校		
	计	公办	民办				计	其中: 女	其中: 寄宿生
河南省	478	297	180	24610	415388	457951	1332633	668947	1220885
郑州市	20	9	10	646	9640	10831	32585	15465	32275
中原区	4	2	2	204	3135	3326	9864	4440	9857
二七区	–	–	–	–	–	–	–	–	–
管城回族区	3	1	2	81	870	1573	3897	1935	3854
金水区	–	–	–	–	–	–	–	–	–
上街区	–	–	–	–	–	–	–	–	–
惠济区	1	1	–	33	625	671	1952	1015	1952
中牟县	6	4	2	254	3734	4408	13487	6757	13227
巩义市	1	1	–	15	272	229	710	335	710
荥阳市	–	–	–	–	–	–	–	–	–
新密市	–	–	–	–	–	–	–	–	–
新郑市	5	–	4	59	1004	624	2675	983	2675
登封市	–	–	–	–	–	–	–	–	–
开封市	28	16	12	1451	22703	25943	79985	39671	76693
龙亭区	–	–	–	–	–	–	–	–	–
顺河回族区	–	–	–	–	–	–	–	–	–
鼓楼区	–	–	–	–	–	–	–	–	–
禹王台区	–	–	–	–	–	–	–	–	–
祥符区	2	1	1	12	380	143	609	362	609
杞县	8	5	3	515	6352	7230	24937	12009	23696
通许县	6	3	3	268	4020	5014	14261	6698	14261
尉氏县	7	4	3	329	5091	7172	19375	9959	18628
兰考县	5	3	2	327	6860	6384	20803	10643	19499
洛阳市	47	35	12	1748	29295	33294	98046	53235	96166
老城区	–	–	–	–	–	–	–	–	–
西工区	–	–	–	–	–	–	–	–	–
瀍河回族区	–	–	–	–	–	–	–	–	–
涧西区	2	1	1	24	320	334	852	403	662
吉利区	–	–	–	–	–	–	–	–	–
洛龙区	4	1	3	53	535	880	2082	1242	2082
孟津县	5	4	1	175	3773	3277	10245	5342	10077
新安县	5	4	1	205	3785	3533	11104	5989	10260
栾川县	4	3	1	143	2351	2395	7203	3717	7105
嵩县	5	4	1	204	3044	4262	11526	6459	11226
汝阳县	4	4	–	176	2845	3683	10871	6015	10871
宜阳县	8	6	2	276	4431	4837	14739	7860	14460
洛宁县	3	2	1	139	2826	3177	8988	5069	8988
伊川县	6	5	1	342	5175	6916	19914	10903	19913
偃师市	1	1	–	11	210	–	522	236	522
平顶山市	20	12	8	988	14541	18970	51704	26549	51139
新华区	2	–	2	82	965	1690	3928	1888	3928
卫东区	–	–	–	–	–	–	–	–	–
石龙区	–	–	–	–	–	–	–	–	–

基　本　情　况（镇区）（一）

学生数：分年级：一年级	学生数：分年级：二年级	学生数：分年级：三年级	毕业班学生数	教职工：计	教职工：其中：女	教职工：其中：专任教师：计	教职工：其中：专任教师：其中：女	教高中学生的专任教师	代课教师	兼任教师
457956	**444001**	**430676**	**430676**	**110234**	**63636**	**97683**	**57934**	**84191**	**1349**	**661**
10831	**10609**	**11145**	**11145**	**4143**	**2736**	**3501**	**2367**	**2689**	**103**	**13**
3326	3311	3227	3227	1485	1043	1247	872	741	60	–
–	–	–	–	–	–	–	–	–	–	–
1573	1329	995	995	442	262	379	232	319	42	11
–	–	–	–	–	–	–	–	–	–	–
–	–	–	–	–	–	–	–	–	–	–
671	647	634	634	157	107	150	106	150	–	–
4408	4344	4735	4735	1332	881	1185	809	1094	1	2
229	224	257	257	68	36	67	36	67	–	–
–	–	–	–	–	–	–	–	–	–	–
–	–	–	–	–	–	–	–	–	–	–
624	754	1297	1297	659	407	473	312	318	–	–
–	–	–	–	–	–	–	–	–	–	–
25943	**27262**	**26780**	**26780**	**4996**	**2933**	**4474**	**2733**	**4165**	**259**	**–**
–	–	–	–	–	–	–	–	–	–	–
–	–	–	–	–	–	–	–	–	–	–
–	–	–	–	–	–	–	–	–	–	–
–	–	–	–	–	–	–	–	–	–	–
143	247	219	219	124	88	87	67	49	–	–
7230	9032	8675	8675	1408	853	1347	846	1347	–	–
5014	4674	4573	4573	988	556	839	500	674	37	–
7172	6119	6084	6084	1127	661	978	594	872	214	–
6384	7190	7229	7229	1349	775	1223	726	1223	8	–
33294	**32327**	**32425**	**32425**	**9001**	**5429**	**8148**	**5025**	**7004**	**29**	**–**
–	–	–	–	–	–	–	–	–	–	–
–	–	–	–	–	–	–	–	–	–	–
–	–	–	–	–	–	–	–	–	–	–
334	294	224	224	156	107	122	93	83	–	–
–	–	–	–	–	–	–	–	–	–	–
880	607	595	595	761	592	521	409	165	–	–
3277	3370	3598	3598	892	518	854	510	854	7	–
3533	3647	3924	3924	958	442	921	440	921	–	–
2395	2344	2464	2464	664	303	652	303	652	11	–
4262	4060	3204	3204	985	585	943	569	784	–	–
3683	3736	3452	3452	736	439	684	416	684	–	–
4837	4906	4996	4996	1430	910	1271	831	1054	4	–
3177	2890	2921	2921	666	398	595	369	595	7	–
6916	6266	6732	6732	1673	1092	1506	1042	1133	–	–
–	207	315	315	80	43	79	43	79	–	–
18970	**17273**	**15461**	**15461**	**4257**	**2468**	**3735**	**2243**	**3543**	**19**	**–**
1690	1039	1199	1199	264	149	257	149	257	–	–
–	–	–	–	–	–	–	–	–	–	–
–	–	–	–	–	–	–	–	–	–	–

普 通 高 中

省、市、县(市)区名称	校数(所)			班数(个)	毕业生数	招生数	在校		
	计	公办	民办				计	其中:女	其中:寄宿生
湛 河 区	–	–	–	–	–	–	–	–	–
宝 丰 县	3	2	1	199	3279	2818	10366	5396	10366
叶 县	6	3	3	261	3913	5018	13652	7064	13652
鲁 山 县	3	2	1	279	3746	6012	15122	7805	14591
郏 县	4	3	1	104	1525	2420	5401	2797	5367
舞 钢 市	–	–	–	–	–	–	–	–	–
汝 州 市	2	2	–	63	1113	1012	3235	1599	3235
安 阳 市	31	18	13	1415	21385	26897	74713	38996	68651
文 峰 区	1	1	–	36	603	686	1880	941	1482
北 关 区	–	–	–	–	–	–	–	–	–
殷 都 区	4	2	2	125	2490	2266	6465	3485	6291
龙 安 区	–	–	–	–	–	–	–	–	–
安 阳 县	5	4	1	185	2980	3475	9552	5006	9552
汤 阴 县	6	1	5	242	3351	4664	12834	6134	12834
滑 县	10	6	4	486	7192	9297	25666	13320	25052
内 黄 县	4	3	1	274	4449	5491	14802	8279	10117
林 州 市	1	1	–	67	320	1018	3514	1831	3323
鹤 壁 市	10	5	5	407	6831	7486	21505	10769	20448
鹤 山 区	–	–	–	–	–	–	–	–	–
山 城 区	–	–	–	–	–	–	–	–	–
淇 滨 区	4	1	3	126	2110	2549	6428	3171	5429
浚 县	5	3	2	214	3383	3731	11444	5631	11386
淇 县	1	1	–	67	1338	1206	3633	1967	3633
新 乡 市	34	17	17	1093	16078	21642	59474	29539	55980
红 旗 区	2	–	2	83	1231	1403	4702	2264	2083
卫 滨 区	1	1	–	12	217	196	578	288	381
凤 泉 区	–	–	–	–	–	–	–	–	–
牧 野 区	–	–	–	–	–	–	–	–	–
新 乡 县	7	3	4	181	1866	3703	8456	4255	8360
获 嘉 县	5	3	2	90	1072	1662	4622	2407	4622
原 阳 县	7	4	3	275	4002	5149	14307	7134	13761
延 津 县	3	2	1	180	3346	3260	10448	5057	10448
封 丘 县	5	3	2	226	3731	4704	14084	6975	14084
卫 辉 市	1	–	1	17	464	474	799	295	799
辉 县 市	2	1	1	29	149	1091	1478	864	1442
长 垣 市	1	–	1	–	–	–	–	–	–
焦 作 市	19	8	11	858	15041	14200	43499	21346	42414
解 放 区	–	–	–	–	–	–	–	–	–
中 站 区	–	–	–	–	–	–	–	–	–
马 村 区	1	–	1	11	115	204	496	222	496
山 阳 区	5	2	3	134	2481	2224	7071	3281	6936
修 武 县	2	1	1	132	2397	1962	6317	3062	6317
博 爱 县	4	2	2	120	2232	2119	6326	3084	5376
武 陟 县	4	2	2	257	4351	4358	13223	6532	13223

基　本　情　况（镇区）（二）

学生数 分年级 一年级	二年级	三年级	毕业班学生数	教职工 计	其中：女	其中：专任教师 计	其中：女	教高中学生的专任教师	代课教师	兼任教师
–	–	–	–	–	–	–	–	–	–	–
2818	3640	3908	3908	768	473	706	444	706	–	–
5018	4530	4104	4104	1223	698	1073	622	943	–	–
6012	5411	3699	3699	1166	658	929	561	929	–	–
2420	1439	1542	1542	597	358	533	335	533	–	–
–	–	–	–	–	–	–	–	–	–	–
1012	1214	1009	1009	239	132	237	132	175	19	–
26897	**24822**	**22994**	**22994**	**6285**	**3850**	**5301**	**3351**	**4679**	**80**	**3**
686	606	588	588	165	107	159	103	159	–	–
–	–	–	–	–	–	–	–	–	–	–
2266	2304	1895	1895	610	321	511	309	511	–	–
–	–	–	–	–	–	–	–	–	–	–
3475	3037	3040	3040	850	480	745	428	745	–	–
4664	4191	3979	3979	1355	869	1015	677	761	36	–
9297	8963	7406	7406	2332	1509	1951	1282	1583	44	3
5491	4672	4639	4639	844	508	795	496	795	–	–
1018	1049	1447	1447	129	56	125	56	125	–	–
7491	**7138**	**6876**	**6876**	**2001**	**1237**	**1638**	**1014**	**1252**	**–**	**–**
–	–	–	–	–	–	–	–	–	–	–
–	–	–	–	–	–	–	–	–	–	–
2550	2159	1719	1719	609	395	489	317	380	–	–
3735	3769	3940	3940	1124	695	893	553	616	–	–
1206	1210	1217	1217	268	147	256	144	256	–	–
21642	**19868**	**17964**	**17964**	**5763**	**3530**	**4915**	**3068**	**3844**	**32**	**128**
1403	1730	1569	1569	435	273	347	226	234	–	–
196	200	182	182	107	86	102	84	39	16	–
–	–	–	–	–	–	–	–	–	–	–
–	–	–	–	–	–	–	–	–	–	–
3703	2587	2166	2166	1123	724	890	608	601	11	–
1662	1582	1378	1378	498	299	441	274	421	–	–
5149	4837	4321	4321	1392	796	1211	701	996	1	–
3260	3560	3628	3628	659	332	560	280	560	–	128
4704	4766	4614	4614	970	558	872	513	853	4	–
474	325	–	–	265	193	265	193	66	–	–
1091	281	106	106	89	58	74	49	74	–	–
–	–	–	–	225	211	153	140	–	–	–
14200	**14625**	**14674**	**14674**	**4336**	**2749**	**3853**	**2531**	**3286**	**23**	**153**
–	–	–	–	–	–	–	–	–	–	–
–	–	–	–	–	–	–	–	–	–	–
204	178	114	114	41	24	40	24	40	–	–
2224	2401	2446	2446	842	572	755	516	532	–	–
1962	2197	2158	2158	530	350	495	336	495	–	153
2119	2025	2182	2182	647	400	604	379	499	23	–
4358	4294	4571	4571	1239	711	1155	678	1080	–	–

普 通 高 中

省、市、县(市)区名称	校数(所)			班数(个)	毕业生数	招生数	在 校		
	计	公办	民办				计	其中:女	其中:寄宿生
温　县	3	1	2	204	3465	3333	10066	5165	10066
沁 阳 市	–	–	–	–	–	–	–	–	–
孟 州 市	–	–	–	–	–	–	–	–	–
濮 阳 市	**22**	**12**	**10**	**1191**	**18274**	**21072**	**60817**	**31431**	**52802**
华 龙 区	4	2	2	229	3335	3805	10937	5789	9462
清 丰 县	3	2	1	181	2145	3504	9353	5088	7605
南 乐 县	4	2	2	209	3499	3478	10128	5418	9719
范　县	3	1	2	231	3935	4179	12576	6221	12576
台 前 县	2	1	1	144	2306	2827	7793	3753	4148
濮 阳 县	6	4	2	197	3054	3279	10030	5162	9292
许 昌 市	**9**	**5**	**4**	**336**	**4810**	**7792**	**19062**	**9765**	**18977**
魏 都 区	–	–	–	–	–	–	–	–	–
建 安 区	–	–	–	–	–	–	–	–	–
鄢 陵 县	5	3	2	145	2110	3262	8618	4343	8553
襄 城 县	4	2	2	191	2700	4530	10444	5422	10424
禹 州 市	–	–	–	–	–	–	–	–	–
长 葛 市	–	–	–	–	–	–	–	–	–
漯 河 市	**9**	**8**	**1**	**500**	**8423**	**8881**	**26182**	**13306**	**24073**
源 汇 区	–	–	–	–	–	–	–	–	–
郾 城 区	1	1	–	47	817	802	2485	1199	2484
召 陵 区	1	1	–	71	1197	1200	3649	1695	2535
舞 阳 县	3	2	1	141	2213	2717	7272	3924	6769
临 颍 县	4	4	–	241	4196	4162	12776	6488	12285
三 门 峡 市	**6**	**6**	**–**	**350**	**5883**	**5636**	**17323**	**9478**	**17285**
湖 滨 区	1	1	–	63	899	905	2698	1464	2698
陕 州 区	1	1	–	13	190	89	363	186	363
渑 池 县	2	2	–	151	2592	2638	8126	4517	8125
卢 氏 县	2	2	–	123	2202	2004	6136	3311	6099
义 马 市	–	–	–	–	–	–	–	–	–
灵 宝 市	–	–	–	–	–	–	–	–	–
南 阳 市	**73**	**47**	**26**	**3745**	**58459**	**71454**	**193947**	**97352**	**188708**
宛 城 区	10	8	2	315	4406	6071	15836	7755	14850
卧 龙 区	7	3	4	203	3855	3079	10204	5542	9884
南 召 县	7	3	4	305	4586	5299	14663	7235	13255
方 城 县	5	3	2	341	4927	6488	18129	9562	17485
西 峡 县	4	3	1	290	6761	4870	14412	7143	14412
镇 平 县	5	3	2	342	6094	6961	18269	8484	18269
内 乡 县	5	4	1	330	4583	6759	17325	8503	17325
淅 川 县	7	5	2	399	7244	7556	20973	10314	20973
社 旗 县	5	3	2	269	3264	4914	14357	7743	13710
唐 河 县	5	3	2	337	4638	7369	18050	9184	17761
新 野 县	7	4	3	307	3973	6209	16099	8091	16099
桐 柏 县	3	2	1	212	2378	3965	10308	5343	9565
邓 州 市	3	3	–	95	1750	1914	5322	2453	5120

— 738 —

基　本　情　况(镇区)(三)

学生数 分年级 一年级	二年级	三年级	毕业班学生数	教职工 计	教职工 其中：女	其中：专任教师 计	其中：专任教师 其中：女	教高中学生的专任教师	代课教师	兼任教师
3333	3530	3203	3203	1037	692	804	598	640	–	–
–	–	–	–	–	–	–	–	–	–	–
–	–	–	–	–	–	–	–	–	–	–
21072	**20771**	**18974**	**18974**	**5582**	**3276**	**4700**	**2895**	**3720**	**74**	**293**
3805	3802	3330	3330	1096	600	1006	582	919	74	–
3504	3161	2688	2688	789	512	559	394	559	–	293
3478	3274	3376	3376	624	374	527	324	527	–	–
4179	4479	3918	3918	1023	567	891	514	751	–	–
2827	2697	2269	2269	565	342	485	321	392	–	–
3279	3358	3393	3393	1485	881	1232	760	572	–	–
7792	**6125**	**5145**	**5145**	**1628**	**927**	**1466**	**840**	**1367**	**16**	**–**
–	–	–	–	–	–	–	–	–	–	–
–	–	–	–	–	–	–	–	–	–	–
3262	2927	2429	2429	807	418	733	391	733	–	–
4530	3198	2716	2716	821	509	733	449	634	16	–
–	–	–	–	–	–	–	–	–	–	–
–	–	–	–	–	–	–	–	–	–	–
8881	**8519**	**8782**	**8782**	**1908**	**979**	**1747**	**920**	**1716**	**29**	**–**
	–	**–**	**–**	**–**	**–**	**–**	**–**	**–**	**–**	**–**
802	783	900	900	128	65	119	64	119	14	–
1200	1269	1180	1180	100	65	83	55	83	–	–
2717	2243	2312	2312	680	363	618	337	587	–	–
4162	4224	4390	4390	1000	486	927	464	927	15	–
5636	**5671**	**6016**	**6016**	**1558**	**891**	**1479**	**863**	**1404**	**52**	**–**
905	901	892	892	250	164	241	158	218	52	–
89	124	150	150	106	56	96	53	44	–	–
2638	2580	2908	2908	627	371	577	353	577	–	–
2004	2066	2066	2066	575	300	565	299	565	–	–
–	–	–	–	–	–	–	–	–	–	–
–	–	–	–	–	–	–	–	–	–	–
71454	**64953**	**57540**	**57540**	**15939**	**9504**	**14213**	**8806**	**12449**	**101**	**37**
6071	5481	4284	4284	1607	1029	1513	1016	1197	54	5
3079	3522	3603	3603	1033	645	925	588	683	8	–
5299	4653	4711	4711	1220	696	927	532	895	–	–
6488	6577	5064	5064	1066	573	971	549	885	1	–
4870	4632	4910	4910	1428	961	1292	912	1077	–	–
6961	5693	5615	5615	1510	919	1460	906	1221	–	–
6759	5830	4736	4736	1241	671	1072	626	1072	–	–
7556	7386	6031	6031	1631	946	1552	937	1457	–	–
4914	4890	4553	4553	1050	686	1027	682	899	–	–
7369	5942	4739	4739	1527	826	1372	774	1266	–	–
6209	5202	4688	4688	1726	1074	1306	839	1001	–	–
3965	3459	2884	2884	672	390	595	360	595	–	32
1914	1686	1722	1722	228	88	201	85	201	38	–

普 通 高 中

省、市、县(市)区名称	校数（所）			班数（个）	毕业生数	招生数	在 校		
	计	公办	民办				计	其中：女	其中：寄宿生
商 丘 市	**24**	**17**	**7**	**1849**	**32033**	**34418**	**100914**	**49940**	**89671**
梁 园 区	3	1	2	90	872	1705	4504	2003	4216
睢 阳 区	–	–	–	–	–	–	–	–	–
民 权 县	3	2	1	235	5330	5606	16139	8063	13570
睢 县	3	3	–	321	5091	5226	16579	8311	15988
宁 陵 县	2	2	–	156	2695	3050	8395	4316	6028
柘 城 县	5	3	2	339	5829	6050	17817	8367	14899
虞 城 县	3	2	1	402	6736	7031	21026	10655	18516
夏 邑 县	5	4	1	306	5480	5750	16454	8225	16454
永 城 市	–	–	–	–	–	–	–	–	–
信 阳 市	**49**	**35**	**14**	**2650**	**49775**	**50603**	**147668**	**67877**	**109852**
浉 河 区	–	–	–	–	–	–	–	–	–
平 桥 区	2	2	–	85	1470	1660	4948	2471	4948
罗 山 县	6	6	–	276	4896	5223	14705	6540	11826
光 山 县	7	4	3	399	8656	7290	22037	10010	15285
新 县	2	2	–	133	2389	2618	7733	3753	6535
商 城 县	7	6	1	336	5705	6375	18638	8134	18233
固 始 县	10	4	6	678	11791	12807	36321	16169	25560
潢 川 县	8	6	2	269	5013	4985	15063	6780	3403
淮 滨 县	5	3	2	277	5214	5142	15894	7794	14327
息 县	2	2	–	197	4641	4503	12329	6226	9735
周 口 市	**37**	**21**	**16**	**2678**	**51614**	**46886**	**152024**	**76751**	**142937**
川 汇 区	1	1	–	10	115	200	491	212	491
淮 阳 区	–	–	–	–	–	–	–	–	–
扶 沟 县	4	4	–	286	5612	4706	15935	7793	15935
西 华 县	4	3	1	291	5389	4557	15672	7959	15672
商 水 县	5	2	3	367	6136	5959	19015	10081	19015
沈 丘 县	5	3	2	455	7628	7251	22348	11292	22348
郸 城 县	7	3	4	469	10756	8953	31533	14902	27827
太 康 县	5	3	2	358	7888	7427	23285	12761	23285
鹿 邑 县	6	2	4	442	8090	7833	23745	11751	18364
项 城 市	–	–	–	–	–	–	–	–	–
驻 马 店 市	**37**	**24**	**13**	**2657**	**49736**	**51093**	**150679**	**76290**	**130351**
驿 城 区	2	1	1	95	1861	2230	6860	3110	3546
西 平 县	3	2	1	259	5082	4251	13968	6430	13806
上 蔡 县	6	2	4	461	9140	9442	26421	13602	26126
平 舆 县	4	2	2	289	5178	5188	15401	7440	15322
正 阳 县	4	3	1	225	4385	4652	13705	6870	9162
确 山 县	4	3	1	224	4035	4448	12763	6738	12324
泌 阳 县	3	3	–	294	5220	6082	17920	9486	14057
汝 南 县	3	3	–	206	4356	4367	13100	6533	11513
遂 平 县	3	2	1	178	3320	3186	9579	4982	8967
新 蔡 县	5	3	2	426	7159	7247	20962	11099	15528
济源示范区	**3**	**2**	**1**	**48**	**867**	**853**	**2506**	**1187**	**2463**

基 本 情 况 (镇区)（四）

学生数			毕业班学生数	教职工				教高中学生的专任教师	代课教师	兼任教师
分 年 级				计	其中:女	其中:专任教师				
一年级	二年级	三年级				计	其中:女			
34418	**33772**	**32724**	**32724**	**7995**	**4313**	**6672**	**3688**	**5518**	**101**	**−**
1705	1779	1020	1020	1507	1114	1175	878	245	−	−
−	−	−	−	−	−	−	−	−	−	−
5606	5370	5163	5163	714	355	614	308	587	−	−
5226	5898	5455	5455	1156	531	1033	507	1033	−	−
3050	2700	2645	2645	659	353	589	320	589	18	−
6050	5845	5922	5922	1132	553	923	472	923	−	−
7031	6814	7181	7181	1346	637	1112	550	994	83	−
5750	5366	5338	5338	1481	770	1226	653	1147	−	−
−	−	−	−	−	−	−	−	−	−	−
50603	**48726**	**48339**	**48339**	**11787**	**5648**	**10797**	**5284**	**9243**	**287**	**20**
−	−	−	−	−	−	−	−	−	−	−
1660	1512	1776	1776	335	120	267	101	267	−	−
5223	4748	4734	4734	1203	531	1100	507	1100	−	−
7290	7202	7545	7545	1984	922	1575	711	1445	7	−
2618	2667	2448	2448	501	259	463	247	463	−	−
6375	6145	6118	6118	1225	448	1172	430	1172	−	−
12807	12281	11233	11233	2518	1314	2408	1278	1894	−	−
4985	4844	5234	5234	1478	703	1432	696	988	3	−
5142	5274	5478	5478	1722	930	1565	894	1099	277	20
4503	4053	3773	3773	821	421	815	420	815	−	−
46886	**50674**	**54464**	**54464**	**11325**	**6488**	**10369**	**6110**	**9700**	**29**	**1**
200	163	128	128	46	26	37	23	37	−	−
−	−	−	−	−	−	−	−	−	−	−
4706	5423	5806	5806	1197	712	1107	684	1107	−	−
4557	5347	5768	5768	1015	577	898	533	898	−	−
5959	6243	6813	6813	1473	890	1382	857	1317	28	−
7251	7316	7781	7781	1975	1126	1740	1012	1731	−	−
8953	10561	12019	12019	1963	1111	1857	1076	1857	−	−
7427	7599	8259	8259	1492	809	1412	781	1309	1	1
7833	8022	7890	7890	2164	1237	1936	1144	1444	−	−
−	−	−	−	−	−	−	−	−	−	−
51093	**50038**	**49548**	**49548**	**11498**	**6564**	**10477**	**6086**	**8414**	**115**	**13**
2230	2500	2130	2130	364	271	344	261	304	−	−
4251	4709	5008	5008	912	528	841	500	784	−	−
9442	8572	8407	8407	2196	1370	1995	1267	1532	11	−
5188	5210	5003	5003	1412	725	1242	603	955	69	13
4652	4542	4511	4511	1012	500	957	488	777	1	−
4448	4101	4214	4214	816	483	776	474	584	24	−
6082	5749	6089	6089	1210	585	1094	552	1022	10	−
4367	4516	4217	4217	774	413	729	407	669	−	−
3186	3226	3167	3167	884	515	840	504	656	−	−
7247	6913	6802	6802	1918	1174	1659	1030	1131	−	−
853	**828**	**825**	**825**	**232**	**114**	**198**	**110**	**198**	**−**	**−**

普 通 高 中

省、市、县(市)区名称	校数(所)			班 数(个)	毕 业生 数	招生数	在 校		
	计	公办	民办				计	其中：女	其中：寄宿生
河南省	59	34	25	1620	14371	33942	81728	41366	79855
郑州市	12	7	5	248	2464	6021	11993	6352	11640
中原区	-	-	-	-	-	-	-	-	-
二七区	-	-	-	-	-	-	-	-	-
管城回族区	1	1	-	32	454	546	1623	844	1623
金水区	2	2	-	6	-	289	289	136	289
上街区	-	-	-	-	-	-	-	-	-
惠济区	1	-	1	34	214	677	1317	882	1317
中牟县	2	1	1	34	-	1023	1733	892	1733
巩义市	-	-	-	-	-	-	-	-	-
荥阳市	2	1	1	20	-	1200	1200	656	1200
新密市	1	-	1	6	-	161	161	70	161
新郑市	2	1	1	55	444	931	2283	1049	1930
登封市	1	1	-	61	1352	1194	3387	1823	3387
开封市	-	-	-	-	-	-	-	-	-
龙亭区	-	-	-	-	-	-	-	-	-
顺河回族区	-	-	-	-	-	-	-	-	-
鼓楼区	-	-	-	-	-	-	-	-	-
禹王台区	-	-	-	-	-	-	-	-	-
祥符区	-	-	-	-	-	-	-	-	-
杞县	-	-	-	-	-	-	-	-	-
通许县	-	-	-	-	-	-	-	-	-
尉氏县	-	-	-	-	-	-	-	-	-
兰考县	-	-	-	-	-	-	-	-	-
洛阳市	-	-	-	-	-	-	-	-	-
老城区	-	-	-	-	-	-	-	-	-
西工区	-	-	-	-	-	-	-	-	-
瀍河回族区	-	-	-	-	-	-	-	-	-
涧西区	-	-	-	-	-	-	-	-	-
吉利区	-	-	-	-	-	-	-	-	-
洛龙区	-	-	-	-	-	-	-	-	-
孟津县	-	-	-	-	-	-	-	-	-
新安县	-	-	-	-	-	-	-	-	-
栾川县	-	-	-	-	-	-	-	-	-
嵩县	-	-	-	-	-	-	-	-	-
汝阳县	-	-	-	-	-	-	-	-	-
宜阳县	-	-	-	-	-	-	-	-	-
洛宁县	-	-	-	-	-	-	-	-	-
伊川县	-	-	-	-	-	-	-	-	-
偃师市	-	-	-	-	-	-	-	-	-
平顶山市	8	4	4	412	4551	8294	21771	11139	21721
新华区	-	-	-	-	-	-	-	-	-
卫东区	-	-	-	-	-	-	-	-	-
石龙区	-	-	-	-	-	-	-	-	-

— 742 —

基　本　情　况(乡村)(一)

学生数 分年级 一年级	学生数 分年级 二年级	学生数 分年级 三年级	毕业班学生数	教职工 计	教职工 其中：女	教职工 其中：专任教师 计	教职工 其中：专任教师 其中：女	教高中学生的专任教师	代课教师	兼任教师
33942	**25564**	**22222**	**22222**	**9790**	**6513**	**8413**	**5720**	**6020**	**23**	**11**
6021	**3511**	**2461**	**2461**	**1686**	**1151**	**1381**	**994**	**1010**	**3**	**–**
–	–	–	–	–	–	–	–	–	–	–
–	–	–	–	–	–	–	–	–	–	–
546	522	555	555	133	85	131	85	131	–	–
289	–	–	–	152	113	102	76	59	–	–
–	–	–	–	–	–	–	–	–	–	–
677	422	218	218	168	117	143	110	143	–	–
1023	710	–	–	351	246	319	227	141	–	–
–	–	–	–	–	–	–	–	–	–	–
1200	–	–	–	334	221	208	157	99	3	–
161	–	–	–	130	73	82	45	41	–	–
931	744	608	608	145	91	140	91	140	–	–
1194	1113	1080	1080	273	205	256	203	256	–	–
–	**–**	**–**	**–**	**–**	**–**	**–**	**–**	**–**	**–**	**–**
–	–	–	–	–	–	–	–	–	–	–
–	–	–	–	–	–	–	–	–	–	–
–	–	–	–	–	–	–	–	–	–	–
–	–	–	–	–	–	–	–	–	–	–
–	–	–	–	–	–	–	–	–	–	–
–	–	–	–	–	–	–	–	–	–	–
–	–	–	–	–	–	–	–	–	–	–
–	–	–	–	–	–	–	–	–	–	–
–	–	–	–	–	–	–	–	–	–	–
–	**–**	**–**	**–**	**–**	**–**	**–**	**–**	**–**	**–**	**–**
–	–	–	–	–	–	–	–	–	–	–
–	–	–	–	–	–	–	–	–	–	–
–	–	–	–	–	–	–	–	–	–	–
–	–	–	–	–	–	–	–	–	–	–
–	–	–	–	–	–	–	–	–	–	–
–	–	–	–	–	–	–	–	–	–	–
–	–	–	–	–	–	–	–	–	–	–
–	–	–	–	–	–	–	–	–	–	–
–	–	–	–	–	–	–	–	–	–	–
–	–	–	–	–	–	–	–	–	–	–
–	–	–	–	–	–	–	–	–	–	–
–	–	–	–	–	–	–	–	–	–	–
–	–	–	–	–	–	–	–	–	–	–
–	–	–	–	–	–	–	–	–	–	–
–	–	–	–	–	–	–	–	–	–	–
8294	**7245**	**6232**	**6232**	**1820**	**1132**	**1675**	**1094**	**1451**	**3**	**–**
–	–	–	–	–	–	–	–	–	–	–
–	–	–	–	–	–	–	–	–	–	–
–	–	–	–	–	–	–	–	–	–	–

普 通 高 中

省、市、县 (市)区名称	校数(所)			班数 (个)	毕业 生数	招生数	在 校		
	计	公办	民办				计	其中: 女	其中: 寄宿生
湛 河 区	–	–	–	–	–	–	–	–	–
宝 丰 县	–	–	–	–	–	–	–	–	–
叶 县	–	–	–	–	–	–	–	–	–
鲁 山 县	2	2	–	101	1360	2410	5355	2845	5306
郏 县	1	1	–	82	1513	1262	4518	2648	4518
舞 钢 市	1	–	1	27	–	472	1245	516	1245
汝 州 市	4	1	3	202	1678	4150	10653	5130	10652
安 阳 市	**5**	**2**	**3**	**59**	**–**	**1848**	**3017**	**1477**	**2800**
文 峰 区	–	–	–	–	–	–	–	–	–
北 关 区	–	–	–	–	–	–	–	–	–
殷 都 区	1	–	1	3	–	65	95	32	94
龙 安 区	–	–	–	–	–	–	–	–	–
安 阳 县	–	–	–	–	–	–	–	–	–
汤 阴 县	–	–	–	–	–	–	–	–	–
滑 县	1	–	1	14	–	296	665	309	665
内 黄 县	2	2	–	22	–	421	1191	616	975
林 州 市	1	–	1	20	–	1066	1066	520	1066
鹤 壁 市	**1**	**–**	**1**	**28**	**356**	**492**	**1478**	**777**	**1410**
鹤 山 区	–	–	–	–	–	–	–	–	–
山 城 区	–	–	–	–	–	–	–	–	–
淇 滨 区	–	–	–	–	–	–	–	–	–
浚 县	–	–	–	–	–	–	–	–	–
淇 县	1	–	1	28	356	492	1478	777	1410
新 乡 市	**8**	**6**	**2**	**111**	**987**	**2964**	**5874**	**3067**	**5874**
红 旗 区	–	–	–	–	–	–	–	–	–
卫 滨 区	–	–	–	–	–	–	–	–	–
凤 泉 区	–	–	–	–	–	–	–	–	–
牧 野 区	–	–	–	–	–	–	–	–	–
新 乡 县	–	–	–	–	–	–	–	–	–
获 嘉 县	1	1	–	47	926	746	2494	1391	2494
原 阳 县	1	1	–	26	–	500	1322	714	1322
延 津 县	2	–	2	23	–	1203	1203	558	1203
封 丘 县	3	3	–	7	–	300	510	265	510
卫 辉 市	–	–	–	–	–	–	–	–	–
辉 县 市	1	1	–	8	61	215	345	139	345
长 垣 市	–	–	–	–	–	–	–	–	–
焦 作 市	**–**	**–**	**–**	**–**	**–**	**–**	**–**	**–**	**–**
解 放 区	–	–	–	–	–	–	–	–	–
中 站 区	–	–	–	–	–	–	–	–	–
马 村 区	–	–	–	–	–	–	–	–	–
山 阳 区	–	–	–	–	–	–	–	–	–
修 武 县	–	–	–	–	–	–	–	–	–
博 爱 县	–	–	–	–	–	–	–	–	–
武 陟 县	–	–	–	–	–	–	–	–	–

基　本　情　况(乡村)(二)

学生数：分年级：一年级	学生数：分年级：二年级	学生数：分年级：三年级	毕业班学生数	教职工：计	教职工：其中：女	教职工：其中：专任教师：计	教职工：其中：专任教师：其中：女	教高中学生的专任教师	代课教师	兼任教师
–	–	–	–	–	–	–	–	–	–	–
–	–	–	–	–	–	–	–	–	–	–
–	–	–	–	–	–	–	–	–	–	–
2410	1497	1448	1448	381	254	368	252	346	3	–
1262	1756	1500	1500	338	177	289	165	289	–	–
472	435	338	338	278	206	275	206	102	–	–
4150	3557	2946	2946	823	495	743	471	714	–	–
1848	**685**	**484**	**484**	**414**	**273**	**316**	**229**	**205**	**–**	**8**
–	–	–	–	–	–	–	–	–	–	–
–	–	–	–	–	–	–	–	–	–	–
65	30	–	–	176	145	133	119	22	–	–
–	–	–	–	–	–	–	–	–	–	–
–	–	–	–	–	–	–	–	–	–	–
–	–	–	–	–	–	–	–	–	–	–
296	215	154	154	61	24	35	24	35	–	8
421	440	330	330	69	37	65	36	65	–	–
1066	–	–	–	108	67	83	50	83	–	–
492	**396**	**590**	**590**	**98**	**67**	**88**	**61**	**88**	**–**	**–**
–	–	–	–	–	–	–	–	–	–	–
–	–	–	–	–	–	–	–	–	–	–
–	–	–	–	–	–	–	–	–	–	–
–	–	–	–	–	–	–	–	–	–	–
492	396	590	590	98	67	88	61	88	–	–
2964	**1704**	**1206**	**1206**	**1176**	**850**	**959**	**714**	**415**	**–**	**–**
–	–	–	–	–	–	–	–	–	–	–
–	–	–	–	–	–	–	–	–	–	–
–	–	–	–	–	–	–	–	–	–	–
–	–	–	–	–	–	–	–	–	–	–
–	–	–	–	–	–	–	–	–	–	–
746	963	785	785	169	108	153	102	153	–	–
500	498	324	324	295	216	287	212	116	–	–
1203	–	–	–	645	495	456	369	83	–	–
300	180	30	30	31	19	27	19	27	–	–
–	–	–	–	–	–	–	–	–	–	–
215	63	67	67	36	12	36	12	36	–	–
–	–	–	–	–	–	–	–	–	–	–
–	**–**	**–**	**–**	**–**	**–**	**–**	**–**	**–**	**–**	**–**
–	–	–	–	–	–	–	–	–	–	–
–	–	–	–	–	–	–	–	–	–	–
–	–	–	–	–	–	–	–	–	–	–
–	–	–	–	–	–	–	–	–	–	–
–	–	–	–	–	–	–	–	–	–	–
–	–	–	–	–	–	–	–	–	–	–
–	–	–	–	–	–	–	–	–	–	–

普 通 高 中

省、市、县 (市)区名称	校数(所)			班数 (个)	毕业 生数	招生数	在 校		
	计	公办	民办				计	其中: 女	其中: 寄宿生
温 县	－	－	－	－	－	－	－	－	－
沁 阳 市	－	－	－	－	－	－	－	－	－
孟 州 市	－	－	－	－	－	－	－	－	－
濮 阳 市	－	－	－	－	－	－	－	－	－
华 龙 区	－	－	－	－	－	－	－	－	－
清 丰 县	－	－	－	－	－	－	－	－	－
南 乐 县	－	－	－	－	－	－	－	－	－
范 县	－	－	－	－	－	－	－	－	－
台 前 县	－	－	－	－	－	－	－	－	－
濮 阳 县	－	－	－	－	－	－	－	－	－
许 昌 市	3	1	2	130	1831	2134	6498	3112	6426
魏 都 区	－	－	－	－	－	－	－	－	－
建 安 区	3	1	2	130	1831	2134	6498	3112	6426
鄢 陵 县	－	－	－	－	－	－	－	－	－
襄 城 县	－	－	－	－	－	－	－	－	－
禹 州 市	－	－	－	－	－	－	－	－	－
长 葛 市	－	－	－	－	－	－	－	－	－
漯 河 市	1	－	1	14	－	653	653	282	653
源 汇 区	－	－	－	－	－	－	－	－	－
郾 城 区	－	－	－	－	－	－	－	－	－
召 陵 区	－	－	－	－	－	－	－	－	－
舞 阳 县	－	－	－	－	－	－	－	－	－
临 颍 县	1	－	1	14	－	653	653	282	653
三 门 峡 市	3	1	2	40	250	491	1207	589	1207
湖 滨 区	－	－	－	－	－	－	－	－	－
陕 州 区	－	－	－	－	－	－	－	－	－
渑 池 县	1	－	1	－	－	－	－	－	－
卢 氏 县	－	－	－	－	－	－	－	－	－
义 马 市	－	－	－	－	－	－	－	－	－
灵 宝 市	2	1	1	40	250	491	1207	589	1207
南 阳 市	7	4	3	46	119	1340	1850	847	1826
宛 城 区	2	2	－	8	－	440	440	268	440
卧 龙 区	1	－	1	10	－	140	461	167	461
南 召 县	2	1	1	22	54	573	695	295	671
方 城 县	1	1	－	－	－	－	－	－	－
西 峡 县	－	－	－	－	－	－	－	－	－
镇 平 县	－	－	－	2	65	－	67	34	67
内 乡 县	－	－	－	－	－	－	－	－	－
淅 川 县	－	－	－	－	－	－	－	－	－
社 旗 县	－	－	－	－	－	－	－	－	－
唐 河 县	－	－	－	－	－	－	－	－	－
新 野 县	－	－	－	－	－	－	－	－	－
桐 柏 县	－	－	－	－	－	－	－	－	－
邓 州 市	1	－	1	4	－	187	187	83	187

基　本　情　况(乡村)(三)

学生数 分年级 一年级	学生数 分年级 二年级	学生数 分年级 三年级	毕业班学生数	教职工 计	教职工 其中：女	教职工 其中：专任教师 计	教职工 其中：专任教师 其中：女	教高中学生的专任教师	代课教师	兼任教师
–	–	–	–	–	–	–	–	–	–	–
–	–	–	–	–	–	–	–	–	–	–
–	–	–	–	–	–	–	–	–	–	–
–	–	–	–	–	–	–	–	–	–	–
–	–	–	–	–	–	–	–	–	–	–
–	–	–	–	–	–	–	–	–	–	–
–	–	–	–	–	–	–	–	–	–	–
–	–	–	–	–	–	–	–	–	–	–
–	–	–	–	–	–	–	–	–	–	–
–	–	–	–	–	–	–	–	–	–	–
2134	**2256**	**2108**	**2108**	**918**	**589**	**900**	**585**	**521**	**–**	**–**
–	–	–	–	–	–	–	–	–	–	–
2134	2256	2108	2108	918	589	900	585	521	–	–
–	–	–	–	–	–	–	–	–	–	–
–	–	–	–	–	–	–	–	–	–	–
–	–	–	–	–	–	–	–	–	–	–
–	–	–	–	–	–	–	–	–	–	–
653	**–**	**–**	**–**	**115**	**93**	**111**	**93**	**46**	**–**	**3**
–	–	–	–	–	–	–	–	–	–	–
–	–	–	–	–	–	–	–	–	–	–
–	–	–	–	–	–	–	–	–	–	–
–	–	–	–	–	–	–	–	–	–	–
653	–	–	–	115	93	111	93	46	–	3
491	**380**	**336**	**336**	**755**	**605**	**452**	**332**	**183**	**–**	**–**
–	–	–	–	–	–	–	–	–	–	–
–	–	–	–	–	–	–	–	–	–	–
–	–	–	–	531	475	269	237	–	–	–
–	–	–	–	–	–	–	–	–	–	–
–	–	–	–	–	–	–	–	–	–	–
491	380	336	336	224	130	183	95	183	–	–
1340	**250**	**260**	**260**	**636**	**420**	**506**	**340**	**196**	**4**	**–**
440	–	–	–	80	60	77	59	44	–	–
140	185	136	136	56	34	44	26	44	–	–
573	65	57	57	465	311	360	244	98	4	–
–	–	–	–	–	–	–	–	–	–	–
–	–	–	–	–	–	–	–	–	–	–
–	–	67	67	–	–	–	–	–	–	–
–	–	–	–	–	–	–	–	–	–	–
–	–	–	–	–	–	–	–	–	–	–
–	–	–	–	–	–	–	–	–	–	–
–	–	–	–	–	–	–	–	–	–	–
–	–	–	–	–	–	–	–	–	–	–
–	–	–	–	–	–	–	–	–	–	–
187	–	–	–	35	15	25	11	10	–	–

普 通 高 中

省、市、县(市)区名称	校数(所)			班数(个)	毕业生数	招生数	在校		
	计	公办	民办				计	其中:女	其中:寄宿生
商 丘 市	–	–	–	–	–	–	–	–	–
梁 园 区	–	–	–	–	–	–	–	–	–
睢 阳 区	–	–	–	–	–	–	–	–	–
民 权 县	–	–	–	–	–	–	–	–	–
睢 县	–	–	–	–	–	–	–	–	–
宁 陵 县	–	–	–	–	–	–	–	–	–
柘 城 县	–	–	–	–	–	–	–	–	–
虞 城 县	–	–	–	–	–	–	–	–	–
夏 邑 县	–	–	–	–	–	–	–	–	–
永 城 市	–	–	–	–	–	–	–	–	–
信 阳 市	6	5	1	393	1690	7161	19933	10093	19792
浉 河 区	1	1	–	24	495	468	1502	767	1502
平 桥 区	–	–	–	–	–	–	–	–	–
罗 山 县	–	–	–	–	–	–	–	–	–
光 山 县	1	1	–	36	585	613	1899	879	1758
新 县	–	–	–	–	–	–	–	–	–
商 城 县	1	1	–	22	610	490	1421	708	1421
固 始 县	2	1	1	110	–	2136	5451	2662	5451
潢 川 县	–	–	–	–	–	–	–	–	–
淮 滨 县	–	–	–	–	–	–	–	–	–
息 县	1	1	–	201	–	3454	9660	5077	9660
周 口 市	4	3	1	103	1475	1910	5674	2759	4740
川 汇 区	3	2	1	83	1475	1334	4739	2257	4718
淮 阳 区	–	–	–	–	–	–	–	–	–
扶 沟 县	–	–	–	–	–	–	–	–	–
西 华 县	–	–	–	–	–	–	–	–	–
商 水 县	–	–	–	–	–	–	–	–	–
沈 丘 县	–	–	–	–	–	–	–	–	–
郸 城 县	–	–	–	–	–	–	–	–	–
太 康 县	1	1	–	20	–	576	935	502	22
鹿 邑 县	–	–	–	–	–	–	–	–	–
项 城 市	–	–	–	–	–	–	–	–	–
驻马店市	–	–	–	–	–	–	–	–	–
驿 城 区	–	–	–	–	–	–	–	–	–
西 平 县	–	–	–	–	–	–	–	–	–
上 蔡 县	–	–	–	–	–	–	–	–	–
平 舆 县	–	–	–	–	–	–	–	–	–
正 阳 县	–	–	–	–	–	–	–	–	–
确 山 县	–	–	–	–	–	–	–	–	–
泌 阳 县	–	–	–	–	–	–	–	–	–
汝 南 县	–	–	–	–	–	–	–	–	–
遂 平 县	–	–	–	–	–	–	–	–	–
新 蔡 县	–	–	–	–	–	–	–	–	–
济源示范区	1	1	–	36	648	634	1780	872	1766

— 748 —

基　本　情　况（乡村）（四）

学生数 分年级 一年级	二年级	三年级	毕业班学生数	教职工 计	其中：女	其中：专任教师 计	其中：女	教高中学生的专任教师	代课教师	兼任教师
–	–	–	–	–	–	–	–	–	–	–
–	–	–	–	–	–	–	–	–	–	–
–	–	–	–	–	–	–	–	–	–	–
–	–	–	–	–	–	–	–	–	–	–
–	–	–	–	–	–	–	–	–	–	–
–	–	–	–	–	–	–	–	–	–	–
–	–	–	–	–	–	–	–	–	–	–
–	–	–	–	–	–	–	–	–	–	–
–	–	–	–	–	–	–	–	–	–	–
–	–	–	–	–	–	–	–	–	–	–
7161	**6404**	**6368**	**6368**	**1453**	**872**	**1396**	**860**	**1308**	**–**	**–**
468	485	549	549	85	46	83	46	83	–	–
–	–	–	–	–	–	–	–	–	–	–
–	–	–	–	–	–	–	–	–	–	–
613	550	736	736	87	38	85	38	85	–	–
–	–	–	–	–	–	–	–	–	–	–
490	471	460	460	144	43	143	43	143	–	–
2136	1797	1518	1518	387	202	343	190	255	–	–
–	–	–	–	–	–	–	–	–	–	–
–	–	–	–	–	–	–	–	–	–	–
3454	3101	3105	3105	750	543	742	543	742	–	–
1910	**2139**	**1625**	**1625**	**564**	**370**	**484**	**329**	**452**	**13**	**–**
1334	1780	1625	1625	471	314	399	273	367	–	–
–	–	–	–	–	–	–	–	–	–	–
–	–	–	–	–	–	–	–	–	–	–
–	–	–	–	–	–	–	–	–	–	–
–	–	–	–	–	–	–	–	–	–	–
–	–	–	–	–	–	–	–	–	–	–
–	–	–	–	–	–	–	–	–	–	–
576	359	–	–	93	56	85	56	85	13	–
–	–	–	–	–	–	–	–	–	–	–
–	–	–	–	–	–	–	–	–	–	–
–	**–**	**–**	**–**	**–**	**–**	**–**	**–**	**–**	**–**	**–**
–	–	–	–	–	–	–	–	–	–	–
–	–	–	–	–	–	–	–	–	–	–
–	–	–	–	–	–	–	–	–	–	–
–	–	–	–	–	–	–	–	–	–	–
–	–	–	–	–	–	–	–	–	–	–
–	–	–	–	–	–	–	–	–	–	–
–	–	–	–	–	–	–	–	–	–	–
–	–	–	–	–	–	–	–	–	–	–
–	–	–	–	–	–	–	–	–	–	–
–	–	–	–	–	–	–	–	–	–	–
634	**594**	**552**	**552**	**155**	**91**	**145**	**89**	**145**	**–**	**–**

中小学在校生中随迁子女

省、市、县 （市）区名称	高　中			初			
	随迁子女			随迁子女			进城务
	计	外省迁入	本省外 县迁入	计	外省迁入	本省外 县迁入	计
河南省	32591	3521	29070	254890	20947	233943	196996
郑州市	19358	2071	17287	95717	8423	87294	74197
中原区	1887	267	1620	14815	1317	13498	12048
二七区	5253	852	4401	13801	1058	12743	11357
管城回族区	2243	218	2025	13679	1546	12133	11311
金水区	2072	219	1853	17185	1056	16129	14722
上街区	414	34	380	2817	122	2695	2817
惠济区	413	18	395	5197	521	4676	3508
中牟县	2204	119	2085	7458	482	6976	3123
巩义市	50	2	48	1534	260	1274	1265
荥阳市	135	21	114	2050	234	1816	824
新密市	135	37	98	1334	253	1081	702
新郑市	4552	284	4268	14459	1042	13417	11616
登封市	－	－	－	1388	532	856	904
开封市	511	22	489	3280	278	3002	2642
龙亭区	284	－	284	1138	79	1059	699
顺河回族区	156	11	145	356	69	287	292
鼓楼区	－	－	－	553	9	544	553
禹王台区	－	－	－	29	6	23	17
祥符区	25	6	19	271	34	237	231
杞县	－	－	－	85	18	67	85
通许县	15	－	15	412	6	406	399
尉氏县	－	－	－	5	1	4	－
兰考县	31	5	26	431	56	375	366
洛阳市	2345	328	2017	19451	2158	17293	13311
老城区	－	－	－	481	35	446	330
西工区	662	107	555	5230	596	4634	3735
瀍河回族区	133	29	104	1339	166	1173	978
涧西区	173	30	143	5228	426	4802	4202
吉利区	258	23	235	760	178	582	349
洛龙区	705	63	642	3636	330	3306	2227
孟津县	－	－	－	294	65	229	189
新安县	26	25	1	466	58	408	311
栾川县	－	－	－	463	51	412	141
嵩县	100	10	90	185	75	110	14
汝阳县	115	－	115	161	10	151	81
宜阳县	22	－	22	520	36	484	321
洛宁县	25	15	10	176	40	136	58
伊川县	－	－	－	174	18	156	91
偃师市	126	26	100	338	74	264	284
平顶山市	1155	38	1117	11225	551	10674	8911
新华区	704	15	689	5356	217	5139	4458
卫东区	198	－	198	2225	108	2117	2153
石龙区	－	－	－	42	5	37	30

和农村留守儿童情况(一)

中			小学						
工人员随迁子女		农村留守儿童	随迁子女			进城务工人员随迁子女			农村留守儿童
外省迁入	本省外县迁入		计	外省迁入	本省外县迁入	计	外省迁入	本省外县迁入	
14551	**182445**	**550844**	**603508**	**57527**	**545981**	**478251**	**40308**	**437943**	**1178659**
6497	**67700**	**3650**	**243849**	**27069**	**216780**	**187765**	**19522**	**168243**	**2997**
895	11153	42	31060	3559	27501	24721	2838	21883	5
910	10447	212	28670	3221	25449	22760	2268	20492	77
1389	9922	10	35543	5552	29991	29236	3926	25310	6
920	13802	2	41615	4331	37284	33300	3204	30096	6
122	2695	–	7448	408	7040	7423	407	7016	–
352	3156	38	17988	1240	16748	8843	689	8154	84
232	2891	42	19716	1760	17956	14687	1255	13432	72
166	1099	93	2150	388	1762	1585	274	1311	275
96	728	108	5983	845	5138	4147	524	3623	497
111	591	305	2869	653	2216	1681	360	1321	575
842	10774	131	49068	4664	44404	38596	3479	35117	84
462	442	2667	1739	448	1291	786	298	488	1316
218	**2424**	**16169**	**14095**	**1468**	**12627**	**10397**	**1092**	**9305**	**42452**
72	627	105	4002	350	3652	2655	259	2396	198
48	244	6	2763	291	2472	2024	198	1826	112
9	544	–	1899	168	1731	1827	147	1680	80
–	17	5	1579	132	1447	1471	118	1353	38
31	200	1686	605	71	534	443	47	396	5282
18	67	5860	410	12	398	332	3	329	16001
–	399	1350	1200	102	1098	480	25	455	4870
–	–	3099	596	82	514	221	68	153	4716
40	326	4058	1041	260	781	944	227	717	11155
1207	**12104**	**12782**	**53099**	**5776**	**47323**	**37825**	**3433**	**34392**	**33091**
28	302	–	3381	228	3153	2733	168	2565	9
311	3424	1	8814	1034	7780	6753	564	6189	1
107	871	1	3846	446	3400	3115	259	2856	4
321	3881	43	13132	1279	11853	9422	793	8629	107
96	253	25	1403	170	1233	806	79	727	31
165	2062	383	16965	1600	15365	11880	1044	10836	947
42	147	470	501	107	394	315	56	259	861
20	291	327	947	172	775	713	121	592	639
23	118	641	1225	154	1071	603	86	517	1904
3	11	1966	528	107	421	246	46	200	4452
2	79	1276	336	74	262	62	12	50	5410
20	301	2725	502	46	456	213	7	206	5905
5	53	2830	307	141	166	101	51	50	5155
6	85	1793	217	18	199	61	–	61	6832
58	226	301	995	200	795	802	147	655	834
369	**8542**	**21159**	**20670**	**894**	**19776**	**17098**	**629**	**16469**	**48104**
185	4273	37	7022	164	6858	5842	125	5717	214
105	2048	17	6115	256	5859	5257	199	5058	143
5	25	–	522	18	504	396	16	380	203

中小学在校生中随迁子女

省、市、县(市)区名称	高中			初			
	随迁子女			随迁子女			进城务
	计	外省迁入	本省外县迁入	计	外省迁入	本省外县迁入	计
湛河区	–	–	–	1651	25	1626	1263
宝丰县	–	–	–	730	66	664	168
叶　县	82	–	82	370	4	366	370
鲁山县	–	–	–	179	21	158	60
郏　县	24	3	21	80	14	66	77
舞钢市	38	4	34	387	30	357	244
汝州市	109	16	93	205	61	144	88
安阳市	**379**	**97**	**282**	**8194**	**1381**	**6813**	**6948**
文峰区	30	–	30	3475	233	3242	3339
北关区	1	–	1	1543	358	1185	1164
殷都区	61	27	34	1424	156	1268	1408
龙安区	–	–	–	593	398	195	592
安阳县	–	–	–	74	20	54	28
汤阴县	7	–	7	265	12	253	24
滑　县	10	–	10	244	48	196	9
内黄县	–	–	–	3	1	2	–
林州市	270	70	200	573	155	418	384
鹤壁市	**106**	**13**	**93**	**1768**	**94**	**1674**	**1434**
鹤山区	–	–	–	110	25	85	73
山城区	–	–	–	479	11	468	352
淇滨区	16	2	14	975	31	944	865
浚　县	31	5	26	81	14	67	50
淇　县	59	6	53	123	13	110	94
新乡市	**256**	**17**	**239**	**8403**	**758**	**7645**	**6196**
红旗区	–	–	–	2043	157	1886	1788
卫滨区	6	3	3	1606	78	1528	1520
凤泉区	2	–	2	181	3	178	181
牧野区	–	–	–	1767	160	1607	1056
新乡县	7	1	6	921	128	793	338
获嘉县	79	7	72	44	14	30	20
原阳县	–	–	–	87	25	62	60
延津县	94	2	92	331	6	325	139
封丘县	–	–	–	20	3	17	6
卫辉市	12	1	11	181	28	153	113
辉县市	53	–	53	344	36	308	295
长垣市	3	3	–	878	120	758	680
焦作市	**1514**	**55**	**1459**	**5136**	**810**	**4326**	**4032**
解放区	–	–	–	1648	287	1361	1268
中站区	161	7	154	147	12	135	126
马村区	–	–	–	222	79	143	126
山阳区	–	–	–	2146	77	2069	2013
修武县	–	–	–	103	4	99	16
博爱县	293	14	279	57	23	34	40
武陟县	–	–	–	95	42	53	87

和农村留守儿童情况（二）

中			小			学			
工人员随迁子女		农村留守儿童	随迁子女			进城务工人员随迁子女			农村留守儿童
外省迁入	本省外县迁入		计	外省迁入	本省外县迁入	计	外省迁入	本省外县迁入	
7	1256	130	4183	103	4080	4027	48	3979	992
4	164	586	194	19	175	75	11	64	1878
4	366	4314	205	38	167	201	38	163	9999
9	51	6386	998	36	962	239	9	230	12592
11	66	5082	175	14	161	93	–	93	9749
2	242	547	586	24	562	536	16	520	1936
37	51	4060	670	222	448	432	167	265	10398
1186	**5762**	**8656**	**22628**	**2279**	**20349**	**19622**	**1964**	**17658**	**15997**
212	3127	40	9496	1042	8454	8981	978	8003	27
316	848	15	4012	497	3515	3622	374	3248	30
156	1252	221	5619	163	5456	4251	156	4095	317
398	194	146	1030	216	814	1008	216	792	331
10	18	2442	24	10	14	24	10	14	1521
–	24	987	253	8	245	153	3	150	1669
3	6	2206	902	82	820	755	50	705	5162
–	–	1742	246	3	243	157	–	157	5151
91	293	857	1046	258	788	671	177	494	1789
54	**1380**	**1572**	**4525**	**276**	**4249**	**3724**	**178**	**3546**	**4777**
6	67	137	180	23	157	97	11	86	240
6	346	19	849	45	804	652	36	616	99
19	846	61	3097	142	2955	2666	94	2572	239
12	38	1057	61	18	43	26	7	19	2920
11	83	298	338	48	290	283	30	253	1279
428	**5768**	**6081**	**19461**	**2005**	**17456**	**15383**	**1357**	**14026**	**12484**
103	1685	30	6629	464	6165	5800	373	5427	49
71	1449	7	2402	163	2239	2397	163	2234	50
3	178	10	254	14	240	244	11	233	10
99	957	–	3496	493	3003	3062	341	2721	–
24	314	159	1404	154	1250	1059	103	956	415
3	17	156	246	38	208	103	25	78	474
17	43	566	391	95	296	230	45	185	1461
–	139	1621	934	64	870	363	39	324	3115
–	6	2110	152	35	117	15	6	9	3591
20	93	401	433	50	383	281	25	256	1111
22	273	495	424	81	343	152	14	138	845
66	614	526	2696	354	2342	1677	212	1465	1363
557	**3475**	**1615**	**10551**	**1614**	**8937**	**8247**	**1124**	**7123**	**3629**
220	1048	36	3569	450	3119	2969	364	2605	–
12	114	42	148	20	128	120	17	103	38
45	81	22	439	118	321	345	88	257	19
76	1937	83	4047	545	3502	3333	358	2975	123
2	14	49	196	23	173	192	23	169	150
10	30	465	834	146	688	739	127	612	1230
42	45	389	128	62	66	120	61	59	1000

中小学在校生中随迁子女

省、市、县(市)区名称	高 中			初			
	随迁子女			随迁子女			进城务
	计	外省迁入	本省外县迁入	计	外省迁入	本省外县迁入	计
温　县	1060	34	1026	567	265	302	325
沁阳市	–	–	–	6	1	5	3
孟州市	–	–	–	145	20	125	28
濮阳市	**338**	**113**	**225**	**22931**	**1064**	**21867**	**19996**
华龙区	197	62	135	21777	746	21031	19195
清丰县	–	–	–	217	40	177	186
南乐县	–	–	–	171	88	83	148
范　县	141	51	90	478	127	351	272
台前县	–	–	–	31	16	15	19
濮阳县	–	–	–	257	47	210	176
许昌市	**301**	**78**	**223**	**3570**	**374**	**3196**	**2626**
魏都区	130	7	123	2217	163	2054	1849
建安区	135	70	65	544	41	503	206
鄢陵县	–	–	–	5	–	5	4
襄城县	–	–	–	199	12	187	107
禹州市	26	1	25	421	107	314	308
长葛市	10	–	10	184	51	133	152
漯河市	**175**	**11**	**164**	**6833**	**235**	**6598**	**4544**
源汇区	–	–	–	2334	52	2282	1712
郾城区	–	–	–	3159	81	3078	1924
召陵区	165	9	156	1025	77	948	703
舞阳县	10	2	8	212	14	198	175
临颍县	–	–	–	103	11	92	30
三门峡市	**742**	**185**	**557**	**5531**	**648**	**4883**	**4429**
湖滨区	88	35	53	3942	303	3639	3426
陕州区	173	12	161	190	10	180	157
渑池县	–	–	–	357	33	324	96
卢氏县	–	–	–	89	27	62	67
义马市	–	–	–	213	7	206	132
灵宝市	481	138	343	740	268	472	551
南阳市	**1929**	**185**	**1744**	**24074**	**982**	**23092**	**17712**
宛城区	133	7	126	8240	161	8079	7445
卧龙区	890	56	834	10069	272	9797	6882
南召县	8	4	4	310	38	272	145
方城县	60	22	38	123	26	97	123
西峡县	1	1	–	1066	60	1006	778
镇平县	–	–	–	235	13	222	213
内乡县	497	25	472	1137	58	1079	629
淅川县	4	–	4	651	64	587	180
社旗县	164	62	102	379	6	373	362
唐河县	–	–	–	432	55	377	296
新野县	19	8	11	199	72	127	101
桐柏县	–	–	–	526	42	484	190
邓州市	153	–	153	707	115	592	368

和农村留守儿童情况（三）

中			小　　学						
工人员随迁子女		农村留守儿童	随迁子女			进城务工人员随迁子女			农村留守儿童
外省迁入	本省外县迁入		计	外省迁入	本省外县迁入	计	外省迁入	本省外县迁入	
142	183	355	625	182	443	322	70	252	559
1	2	98	325	7	318	52	4	48	341
7	21	76	240	61	179	55	12	43	169
634	19362	13109	35176	1995	33181	30965	1592	29373	38466
447	18748	943	32737	1292	31445	29111	1062	28049	1693
13	173	947	205	63	142	141	35	106	2975
78	70	1720	546	137	409	310	69	241	5625
45	227	4134	544	114	430	421	60	361	7925
8	11	1594	276	232	44	261	218	43	3533
43	133	3771	868	157	711	721	148	573	16715
226	2400	14154	7819	747	7072	5301	430	4871	30118
88	1761	105	4579	320	4259	3833	248	3585	115
19	187	983	1772	77	1695	503	26	477	3527
–	4	2919	98	2	96	96	–	96	8162
11	96	7455	463	56	407	256	37	219	11747
70	238	2397	595	202	393	438	63	375	6063
38	114	295	312	90	222	175	56	119	504
124	4420	8543	11961	498	11463	10446	377	10069	23100
16	1696	404	1787	63	1724	1699	47	1652	1295
35	1889	300	6798	173	6625	6191	144	6047	1890
65	638	2564	2269	110	2159	1577	71	1506	8020
8	167	3211	874	124	750	831	103	728	6971
–	30	2064	233	28	205	148	12	136	4924
415	4014	1637	14564	2071	12493	11316	1476	9840	4923
192	3234	9	10577	868	9709	8624	621	8003	21
10	147	133	346	74	272	170	33	137	461
10	86	331	710	139	571	124	35	89	830
15	52	555	222	70	152	130	29	101	1434
3	129	–	1016	45	971	919	42	877	1
185	366	609	1693	875	818	1349	716	633	2176
576	17136	88610	61715	3106	58609	52271	2000	50271	201031
140	7305	2856	22718	795	21923	21183	675	20508	7866
145	6737	3196	28421	867	27554	23385	598	22787	5804
15	130	1583	609	124	485	570	95	475	6140
26	97	7653	88	1	87	87	–	87	19411
39	739	3369	1063	150	913	856	122	734	2547
13	200	6574	1465	38	1427	1359	8	1351	16770
42	587	8793	871	218	653	499	69	430	13648
13	167	5706	1605	153	1452	867	43	824	11830
–	362	7408	632	41	591	583	41	542	14205
23	273	11468	793	214	579	352	61	291	26913
46	55	8631	179	30	149	128	11	117	20854
29	161	3070	1083	168	915	708	124	584	5930
45	323	18303	2188	307	1881	1694	153	1541	49113

中小学在校生中随迁子女

省、市、县(市)区名称	高中			初			
	随迁子女			随迁子女			进城务
	计	外省迁入	本省外县迁入	计	外省迁入	本省外县迁入	计
商 丘 市	**961**	**43**	**918**	**2549**	**372**	**2177**	**1740**
梁 园 区	–	–	–	425	12	413	409
睢 阳 区	78	2	76	474	30	444	354
民 权 县	–	–	–	72	–	72	72
睢 县	756	22	734	–	–	–	–
宁 陵 县	–	–	–	40	1	39	39
柘 城 县	–	–	–	9	7	2	–
虞 城 县	43	3	40	443	44	399	165
夏 邑 县	–	–	–	131	3	128	110
永 城 市	84	16	68	955	275	680	591
信 阳 市	**289**	**50**	**239**	**7557**	**917**	**6640**	**6187**
浉 河 区	–	–	–	2053	370	1683	1730
平 桥 区	–	–	–	3154	89	3065	2987
罗 山 县	26	–	26	123	7	116	17
光 山 县	2	2	–	158	–	158	16
新 县	77	13	64	382	13	369	363
商 城 县	–	–	–	378	11	367	281
固 始 县	41	18	23	269	112	157	102
潢 川 县	2	–	2	268	12	256	211
淮 滨 县	22	–	22	604	196	408	423
息 县	119	17	102	168	107	61	57
周 口 市	**997**	**97**	**900**	**11933**	**842**	**11091**	**9263**
川 汇 区	444	20	424	6100	115	5985	4615
淮 阳 区	401	7	394	541	51	490	417
扶 沟 县	–	–	–	92	–	92	86
西 华 县	–	–	–	143	18	125	30
商 水 县	43	7	36	463	–	463	453
沈 丘 县	71	36	35	1464	135	1329	1440
郸 城 县	–	–	–	1413	256	1157	776
太 康 县	–	–	–	112	12	100	55
鹿 邑 县	38	27	11	295	3	292	136
项 城 市	–	–	–	1310	252	1058	1255
驻 马 店 市	**1232**	**118**	**1114**	**15275**	**580**	**14695**	**11983**
驿 城 区	578	77	501	12303	320	11983	9617
西 平 县	–	–	–	279	63	216	191
上 蔡 县	31	–	31	387	23	364	340
平 舆 县	436	34	402	934	46	888	630
正 阳 县	2	–	2	149	–	149	149
确 山 县	71	–	71	164	13	151	127
泌 阳 县	111	4	107	918	107	811	817
汝 南 县	3	3	–	112	5	107	112
遂 平 县	–	–	–	29	3	26	–
新 蔡 县	–	–	–	–	–	–	–
济源示范区	**3**	**–**	**3**	**1463**	**480**	**983**	**845**

和农村留守儿童情况（四）

中			小			学			
工人员随迁子女		农村留守儿童	随迁子女			进城务工人员随迁子女			农村留守儿童
外省迁入	本省外县迁入		计	外省迁入	本省外县迁入	计	外省迁入	本省外县迁入	
263	**1477**	**55964**	**8083**	**612**	**7471**	**5613**	**245**	**5368**	**131665**
7	402	1364	2268	146	2122	1937	97	1840	3080
28	326	1520	1634	47	1587	1626	45	1581	6206
–	72	4554	191	9	182	180	2	178	11206
–	–	5991	42	–	42	41	–	41	8713
–	39	5027	150	59	91	58	16	42	13878
–	–	5471	275	18	257	114	10	104	9477
24	141	9897	945	155	790	56	6	50	25261
3	107	11577	305	28	277	297	28	269	30395
201	390	10563	2273	150	2123	1304	41	1263	23449
588	**5599**	**101245**	**24573**	**3087**	**21486**	**19799**	**2211**	**17588**	**166741**
274	1456	1452	10135	1532	8603	8895	1109	7786	2000
84	2903	5531	10510	969	9541	8506	828	7678	9392
1	16	9760	140	3	137	81	–	81	16921
–	16	10721	28	7	21	3	–	3	14289
7	356	5714	199	2	197	134	–	134	7338
2	279	10102	660	72	588	556	8	548	17195
10	92	20266	641	213	428	341	104	237	32767
5	206	5445	685	68	617	593	32	561	15373
179	244	13152	1212	214	998	578	130	448	21926
26	31	19102	363	7	356	112	–	112	29540
618	**8645**	**107087**	**18877**	**1503**	**17374**	**14850**	**1047**	**13803**	**238193**
73	4542	457	11806	328	11478	9462	255	9207	2729
36	381	2059	800	72	728	727	63	664	15295
–	86	3024	278	27	251	192	16	176	6438
12	18	8795	252	25	227	69	22	47	16808
–	453	14787	617	–	617	616	–	616	32047
126	1314	15719	469	79	390	234	45	189	27597
126	650	28518	1365	422	943	786	202	584	44855
1	54	20942	269	145	124	174	68	106	50187
3	133	8223	362	7	355	129	3	126	24129
241	1014	4563	2659	398	2261	2461	373	2088	18108
380	**11603**	**88580**	**29543**	**1945**	**27598**	**25887**	**1176**	**24711**	**180355**
185	9432	3269	24262	1363	22899	21757	889	20868	4721
44	147	4556	495	115	380	315	31	284	10341
8	332	23933	822	41	781	612	19	593	44996
34	596	11212	556	151	405	384	92	292	18511
–	149	4557	241	12	229	195	2	193	11499
2	125	3338	221	60	161	157	18	139	6848
102	715	14018	1926	103	1823	1799	91	1708	27996
5	107	10087	626	19	607	542	15	527	23343
–	–	3560	391	81	310	126	19	107	6577
–	–	10050	3	–	3	–	–	–	25523
211	**634**	**231**	**2319**	**582**	**1737**	**1742**	**455**	**1287**	**536**

中 等 职 业 教

省、市、县(市)区名称	校数(所)			学 生				
	计	公办	民办	毕业生数	招生数	在 校		
						计	其中:女	其中:寄宿生
河南省	544	400	144	324853	409613	1149685	502041	837030
郑州市	110	55	55	95653	120211	345065	133119	231224
中原区	19	8	11	12670	10261	34589	11759	17078
二七区	11	4	7	9970	6755	23755	11933	17781
管城回族区	7	4	3	5685	7588	21432	9710	19261
金水区	28	21	7	33463	35016	113914	56202	65985
上街区	2	1	1	30	635	1752	1085	1752
惠济区	5	3	2	5284	14105	31542	12406	22611
中牟县	7	3	4	3417	6400	18171	4698	17716
巩义市	2	1	1	1370	1370	3928	1558	3814
荥阳市	5	3	2	3772	7901	19452	6505	18832
新密市	4	2	2	1798	1601	4580	1713	4474
新郑市	11	3	8	12098	14681	40719	13400	12734
登封市	9	2	7	6096	13898	31231	2150	29186
开封市	27	22	5	11454	14533	38395	19238	25260
龙亭区	4	4	–	3437	4203	10111	4663	5609
顺河回族区	5	3	2	2274	3507	9407	4969	6969
鼓楼区	1	1	–	135	80	304	92	89
禹王台区	–	–	–	–	–	–	–	–
祥符区	4	3	1	1744	1964	5400	2886	4837
杞县	2	2	–	545	651	1807	806	1207
通许县	5	3	2	2714	3221	8389	4537	3838
尉氏县	4	4	–	486	607	2146	823	1880
兰考县	2	2	–	119	300	831	462	831
洛阳市	36	28	8	27844	35912	97770	41707	81505
老城区	5	3	2	3469	7049	20681	10695	15973
西工区	–	–	–	680	–	–	–	–
瀍河回族区	1	1	–	1061	304	962	317	415
涧西区	3	3	–	2053	1325	3848	2104	3342
吉利区	–	–	–	–	–	–	–	–
洛龙区	5	3	2	7210	6112	17552	5427	16763
孟津县	5	3	2	2213	2424	7289	2716	1780
新安县	3	3	–	4292	8570	21524	8051	20900
栾川县	1	1	–	1198	1493	4119	1798	3370
嵩县	3	3	–	2578	3971	10017	5334	7514
汝阳县	1	1	–	689	899	2394	1221	2394
宜阳县	4	3	1	530	951	2508	1254	2508
洛宁县	1	–	1	664	550	1499	585	1499
伊川县	2	2	–	837	1254	3180	1257	3180
偃师市	2	2	–	370	1010	2197	948	1867
平顶山市	22	20	2	17745	18396	48749	26497	28418
新华区	2	2	–	155	128	440	66	440
卫东区	1	1	–	3331	3703	10440	7806	7198
石龙区	–	–	–	–	–	–	–	–

— 758 —

育 基 本 情 况 (一)

数				预计毕业生数	教职工数					聘请校外教师
学 生 数					计	校本部教职工		校办企业职工	其他附设机构人员	
一年级	二年级	三年级	四年级及以上			计	其中：专任教师			
409614	**395999**	**342259**	**1813**	**359769**	**56209**	**55692**	**46091**	**388**	**129**	**8082**
120211	**119023**	**105511**	**320**	**107421**	**13926**	**13926**	**10456**	–	–	**4630**
10261	14036	10292	–	10337	1658	1658	1098	–	–	367
6755	7209	9791	–	10038	960	960	728	–	–	119
7588	6824	7020	–	7122	684	684	553	–	–	150
35016	40318	38580	–	38583	4031	4031	3032	–	–	3715
635	781	336	–	336	52	52	23	–	–	12
14105	9718	7399	320	7420	1035	1035	894	–	–	79
6400	5992	5779	–	7265	585	585	525	–	–	54
1370	1345	1213	–	1213	288	288	269	–	–	12
7901	7827	3724	–	3724	1123	1123	925	–	–	24
1601	1585	1394	–	1394	367	367	320	–	–	31
14681	13008	13030	–	13036	1461	1461	824	–	–	65
13898	10380	6953	–	6953	1682	1682	1265	–	–	2
14533	**12805**	**11057**	–	**12149**	**2160**	**2137**	**1694**	–	**23**	**217**
4203	3434	2474	–	3041	350	350	268	–	–	99
3507	3119	2781	–	2824	597	597	421	–	–	38
80	112	112	–	112	80	80	72	–	–	–
–	–	–	–	–	–	–	–	–	–	–
1964	1939	1497	–	1497	307	307	252	–	–	–
651	600	556	–	556	142	142	133	–	–	12
3221	2746	2422	–	2904	376	376	288	–	–	29
607	663	876	–	876	233	210	189	–	23	–
300	192	339	–	339	75	75	71	–	–	39
35912	**34722**	**27136**	–	**31742**	**3555**	**3555**	**3074**	–	–	**352**
7049	6649	6983	–	7029	628	628	510	–	–	2
–	–	–	–	–	–	–	–	–	–	–
304	345	313	–	313	74	74	68	–	–	–
1325	1231	1292	–	1292	276	276	256	–	–	40
–	–	–	–	–	–	–	–	–	–	–
6112	6775	4665	–	4886	532	532	410	–	–	34
2424	2383	2482	–	2482	256	256	226	–	–	193
8570	8612	4342	–	8642	491	491	479	–	–	–
1493	1373	1253	–	1292	206	206	174	–	–	72
3971	3337	2709	–	2709	253	253	226	–	–	–
899	750	745	–	745	104	104	90	–	–	11
951	852	705	–	705	189	189	158	–	–	–
550	494	455	–	455	82	82	68	–	–	–
1254	1188	738	–	738	259	259	210	–	–	–
1010	733	454	–	454	205	205	199	–	–	–
18396	**15088**	**15265**	–	**15296**	**2024**	**2024**	**1636**	–	–	**162**
128	171	141	–	141	233	233	156	–	–	9
3703	3674	3063	–	3063	163	163	122	–	–	66
–	–	–	–	–	–	–	–	–	–	–

中 等 职 业 教

省、市、县(市)区名称	校数(所)			学生		在校		
	计	公办	民办	毕业生数	招生数	计	其中:女	其中:寄宿生
湛河区	3	3	–	1483	3605	8698	3214	8336
宝丰县	2	1	1	103	221	423	179	423
叶 县	2	2	–	582	774	2085	801	2085
鲁山县	2	2	–	1468	281	849	372	–
郏 县	3	3	–	150	452	824	245	726
舞钢市	2	2	–	828	917	2763	2010	2372
汝州市	5	4	1	9645	8315	22227	11804	6838
安阳市	**16**	**13**	**3**	**11582**	**16666**	**44023**	**20175**	**38010**
文峰区	1	1	–	3787	5481	14423	6911	11277
北关区	–	–	–	741	699	1050	868	1050
殷都区	3	2	1	1168	1476	3562	1637	2668
龙安区	–	–	–	–	–	–	–	–
安阳县	2	2	–	1351	1569	4844	2196	4844
汤阴县	2	2	–	864	1807	4208	1838	4200
滑 县	3	2	1	1611	2896	8423	3272	8423
内黄县	2	1	1	338	513	1142	520	1142
林州市	3	3	–	1722	2225	6371	2933	4406
鹤壁市	**5**	**5**	**–**	**5937**	**7154**	**21176**	**8359**	**14410**
鹤山区	1	1	–	680	418	2514	1268	2514
山城区	1	1	–	–	434	1324	537	732
淇滨区	1	1	–	3929	4149	11695	4044	7106
浚 县	1	1	–	567	988	2495	1253	2495
淇 县	1	1	–	761	1165	3148	1257	1563
新乡市	**27**	**22**	**5**	**17054**	**23271**	**61407**	**25156**	**45195**
红旗区	5	4	1	4778	5735	15863	7165	9452
卫滨区	2	2	–	911	741	2308	1868	1600
凤泉区	–	–	–	–	–	–	–	–
牧野区	1	1	–	109	235	1529	893	380
新乡县	1	1	–	364	410	1137	408	923
获嘉县	2	1	1	2005	3050	7759	2501	5319
原阳县	2	2	–	758	1710	4525	1614	3724
延津县	4	3	1	1518	1824	4612	1695	4612
封丘县	2	2	–	240	830	2300	940	920
卫辉市	4	2	2	312	1662	3123	1144	764
辉县市	2	2	–	1463	1973	5494	2515	4744
长垣市	2	2	–	4596	5101	12757	4413	12757
焦作市	**22**	**19**	**3**	**10508**	**9660**	**28730**	**13299**	**26138**
解放区	4	3	1	1746	1841	4768	2839	4052
中站区	1	1	–	8	21	41	16	15
马村区	–	–	–	–	–	–	–	–
山阳区	2	2	–	3122	2225	7065	2910	6469
修武县	2	2	–	230	226	750	231	726
博爱县	2	2	–	708	798	2369	828	2172
武陟县	3	2	1	1371	1817	4431	3103	3737

育 基 本 情 况 (二)

数					教 职 工 数					聘请校外教师
学 生 数				预计毕业生数	计	校本部教职工		校办企业职工	其他附设机构人员	
一年级	二年级	三年级	四年级及以上			计	其中：专任教师			
3605	3036	2057	–	2067	578	578	489	–	–	–
221	96	106	–	106	47	47	44	–	–	36
774	718	593	–	593	154	154	105	–	–	5
281	426	142	–	142	139	139	133	–	–	–
452	139	233	–	233	133	133	91	–	–	–
917	981	865	–	886	168	168	133	–	–	14
8315	5847	8065	–	8065	409	409	363	–	–	32
16667	**14620**	**12736**	**–**	**12736**	**2401**	**2401**	**2095**	**–**	**–**	**117**
5482	4750	4191	–	4191	588	588	374	–	–	25
699	171	180	–	180	–	–	–	–	–	–
1476	1188	898	–	898	341	341	316	–	–	32
–	–	–	–	–	–	–	–	–	–	–
1569	1728	1547	–	1547	320	320	312	–	–	7
1807	1430	971	–	971	242	242	232	–	–	50
2896	2651	2876	–	2876	462	462	441	–	–	–
513	438	191	–	191	144	144	131	–	–	3
2225	2264	1882	–	1882	304	304	289	–	–	–
7154	**7356**	**6137**	**529**	**6055**	**859**	**859**	**708**	**–**	**–**	**88**
418	1400	696	–	696	67	67	64	–	–	59
434	634	256	–	256	71	71	26	–	–	–
4149	3409	3608	529	3526	302	302	231	–	–	–
988	823	684	–	684	251	251	226	–	–	29
1165	1090	893	–	893	168	168	161	–	–	–
23271	**20479**	**17657**	**–**	**17657**	**2939**	**2922**	**2601**	**–**	**17**	**216**
5735	5395	4733	–	4733	591	591	528	–	–	94
741	1003	564	–	564	219	202	172	–	17	–
–	–	–	–	–	–	–	–	–	–	–
235	574	720	–	720	33	33	33	–	–	–
410	364	363	–	363	231	231	183	–	–	–
3050	2565	2144	–	2144	292	292	240	–	–	3
1710	1514	1301	–	1301	221	221	201	–	–	34
1824	1727	1061	–	1061	272	272	258	–	–	23
830	680	790	–	790	144	144	123	–	–	25
1662	1030	431	–	431	129	129	105	–	–	11
1973	1661	1860	–	1860	296	296	271	–	–	26
5101	3966	3690	–	3690	511	511	487	–	–	–
9660	**9735**	**9229**	**106**	**9231**	**2105**	**2042**	**1741**	**–**	**63**	**22**
1841	1416	1511	–	1513	257	257	124	–	–	20
21	7	13	–	13	–	–	–	–	–	–
–	–	–	–	–	–	–	–	–	–	–
2225	2555	2179	106	2179	517	517	442	–	–	–
226	268	256	–	256	74	74	67	–	–	–
798	831	740	–	740	202	202	191	–	–	–
1817	1391	1223	–	1223	387	324	297	–	63	2

中 等 职 业 教

省、市、县(市)区名称	校数（所）			学 生				
	计	公办	民办	毕业生数	招生数	在 校		
						计	其中：女	其中：寄宿生
温　县	2	2	－	563	619	1756	649	1756
沁阳市	4	3	1	1593	1426	4943	1630	4604
孟州市	2	2	－	1167	687	2607	1093	2607
濮阳市	**21**	**18**	**3**	**14111**	**13242**	**41100**	**18454**	**27695**
华龙区	9	7	2	6587	5457	17763	8050	12418
清丰县	3	2	1	1250	2363	6206	2874	5405
南乐县	2	2	－	402	866	2869	1320	1879
范　县	2	2	－	213	121	463	211	411
台前县	2	2	－	539	570	2008	755	1231
濮阳县	3	3	－	5120	3865	11791	5244	6351
许昌市	**25**	**18**	**7**	**9197**	**14473**	**37535**	**17447**	**31289**
魏都区	9	5	4	4518	7957	19551	9884	14444
建安区	4	3	1	460	229	525	196	525
鄢陵县	2	2	－	633	1276	3182	1315	2539
襄城县	3	2	1	1095	1139	3790	1525	3700
禹州市	3	3	－	1488	2615	7096	3109	6944
长葛市	4	3	1	1003	1257	3391	1418	3137
漯河市	**20**	**15**	**5**	**6864**	**12208**	**30820**	**12121**	**24427**
源汇区	4	4	－	1324	2272	4778	1656	2626
郾城区	5	3	2	4514	7786	19440	7144	15703
召陵区	2	1	1	466	1395	3754	2180	3375
舞阳县	5	4	1	388	361	1351	549	1226
临颍县	4	3	1	172	394	1497	592	1497
三门峡市	**18**	**15**	**3**	**4282**	**4527**	**12570**	**5589**	**9525**
湖滨区	7	6	1	2215	2302	6113	2749	4417
陕州区	2	2	－	435	781	1882	762	886
渑池县	2	2	－	633	311	841	385	519
卢氏县	3	2	1	432	342	1326	524	1308
义马市	1	1	－	－	－	－	－	－
灵宝市	3	2	1	567	791	2408	1169	2395
南阳市	**80**	**53**	**27**	**24966**	**37203**	**99747**	**47756**	**74837**
宛城区	15	8	7	4640	5366	14996	5282	11117
卧龙区	18	9	9	7084	8922	25367	12851	24322
南召县	5	4	1	429	898	2240	1156	2016
方城县	4	4	－	1008	2375	6488	2618	5714
西峡县	4	1	3	2732	3591	8602	2681	4573
镇平县	4	3	1	598	1784	4375	1929	4004
内乡县	6	6	－	1611	1929	5276	2729	1552
淅川县	4	3	1	806	769	2550	1153	869
社旗县	4	3	1	1049	2185	5402	2270	3891
唐河县	5	4	1	1144	1485	4639	2347	4639
新野县	4	2	2	191	579	1312	466	1312
桐柏县	5	4	1	579	1302	3315	1202	3230
邓州市	2	2	－	3095	6018	15185	11072	7598

— 762 —

育 基 本 情 况 (三)

数					教 职 工 数					聘请校外教师
学 生 数				预计毕业生数	计	校本部教职工		校办企业职工	其他附设机构人员	
一年级	二年级	三年级	四年级及以上			计	其中：专任教师			
619	659	478	–	478	179	179	163	–	–	–
1426	1843	1674	–	1674	248	248	230	–	–	–
687	765	1155	–	1155	241	241	227	–	–	–
13242	13840	13254	764	12686	2018	2018	1688	–	–	357
5457	5041	6501	764	5933	594	594	480	–	–	192
2363	2118	1725	–	1725	280	280	211	–	–	–
866	1167	836	–	836	277	277	254	–	–	–
121	163	179	–	179	104	104	93	–	–	–
570	834	604	–	604	126	126	126	–	–	62
3865	4517	3409	–	3409	637	637	524	–	–	103
14473	12659	10403	–	10552	2576	2244	2027	332	–	93
7957	6331	5263	–	5412	638	638	565	–	–	28
229	146	150	–	150	215	215	207	–	–	–
1276	1241	665	–	665	227	227	185	–	–	–
1139	1375	1276	–	1276	297	297	271	–	–	–
2615	2511	1970	–	1970	449	449	432	–	–	42
1257	1055	1079	–	1079	750	418	367	332	–	23
12208	11117	7495	–	7495	1932	1932	1692	–	–	250
2272	1760	746	–	746	243	243	208	–	–	67
7786	6717	4937	–	4937	966	966	864	–	–	171
1395	1249	1110	–	1110	257	257	215	–	–	–
361	553	437	–	437	258	258	229	–	–	2
394	838	265	–	265	208	208	176	–	–	10
4527	3971	4072	–	4120	1260	1260	1069	–	–	47
2302	1801	2010	–	2026	575	575	420	–	–	3
781	739	362	–	394	220	220	215	–	–	42
311	209	321	–	321	84	84	70	–	–	–
342	427	557	–	557	148	148	133	–	–	2
–	–	–	–	–	9	9	9	–	–	–
791	795	822	–	822	224	224	222	–	–	–
37203	33301	29149	94	29411	5330	5330	4437	–	–	451
5366	4707	4829	94	4894	712	712	542	–	–	99
8922	8929	7516	–	7620	970	970	731	–	–	173
898	809	533	–	533	235	235	186	–	–	2
2375	2428	1685	–	1764	489	489	451	–	–	14
3591	2217	2794	–	2794	310	310	193	–	–	8
1784	1502	1089	–	1089	328	328	317	–	–	23
1929	1789	1558	–	1558	368	368	309	–	–	14
769	829	952	–	952	252	252	199	–	–	6
2185	1944	1273	–	1273	351	351	310	–	–	–
1485	1683	1471	–	1471	513	513	446	–	–	3
579	470	263	–	263	104	104	98	–	–	–
1302	1142	871	–	871	303	303	291	–	–	21
6018	4852	4315	–	4329	395	395	364	–	–	88

中 等 职 业 教

省、市、县(市)区名称	校数(所)			学生				
							在 校	
	计	公办	民办	毕业生数	招生数	计	其中:女	其中:寄宿生
商 丘 市	**30**	**27**	**3**	**13355**	**19625**	**55357**	**26409**	**42113**
梁 园 区	5	5	–	2025	5124	13273	5922	11739
睢 阳 区	6	4	2	3629	3519	11606	7213	8820
民 权 县	2	2	–	1094	927	2680	1020	2680
睢 县	3	3	–	1225	1849	4490	1953	3776
宁 陵 县	2	2	–	393	310	1043	437	1043
柘 城 县	2	2	–	782	1561	3804	1605	–
虞 城 县	3	3	–	1121	1611	4761	2201	3346
夏 邑 县	3	3	–	1543	1998	6144	3082	6144
永 城 市	4	3	1	1543	2726	7556	2976	4565
信 阳 市	**26**	**20**	**6**	**24434**	**21803**	**68661**	**31209**	**52769**
浉 河 区	3	3	–	3338	2137	6513	2308	3919
平 桥 区	4	2	2	2315	4582	11486	4745	11486
罗 山 县	1	1	–	1297	1673	4734	2336	2350
光 山 县	2	2	–	461	1656	4464	1913	3980
新 县	2	2	–	2259	2109	7211	2904	5194
商 城 县	1	1	–	1464	643	1672	537	–
固 始 县	5	3	2	5220	3479	11535	5226	10663
潢 川 县	4	4	–	3207	2917	7424	4991	4936
淮 滨 县	2	1	1	3718	1290	8136	3491	5007
息 县	2	1	1	1155	1317	5486	2758	5234
周 口 市	**29**	**21**	**8**	**15109**	**17880**	**53383**	**25202**	**40446**
川 汇 区	8	3	5	7509	7848	24757	13246	20009
淮 阳 区	1	1	–	399	633	1887	741	–
扶 沟 县	1	1	–	706	605	1886	886	1886
西 华 县	2	2	–	1228	1892	4445	1502	3911
商 水 县	4	4	–	2314	2283	7029	3301	6807
沈 丘 县	1	1	–	417	333	1291	818	1291
郸 城 县	4	2	2	1518	1625	4801	2191	4676
太 康 县	2	2	–	205	821	2052	649	–
鹿 邑 县	5	4	1	362	816	1898	853	1506
项 城 市	1	1	–	451	1024	3337	1015	360
驻 马 店 市	**27**	**26**	**1**	**13306**	**20738**	**59943**	**28525**	**38587**
驿 城 区	7	7	–	7169	8021	20444	11489	17411
西 平 县	2	2	–	774	813	2236	615	1823
上 蔡 县	2	2	–	228	411	961	341	961
平 舆 县	2	2	–	279	689	1609	880	1609
正 阳 县	2	2	–	1278	2176	6371	2340	4762
确 山 县	2	2	–	198	462	1033	343	1033
泌 阳 县	2	2	–	993	4482	7615	4279	3645
汝 南 县	2	2	–	1006	1023	3092	732	–
遂 平 县	2	2	–	628	915	2219	768	1980
新 蔡 县	4	3	1	753	1746	14363	6738	5363
济源示范区	**3**	**3**	**–**	**1452**	**2111**	**5254**	**1779**	**5182**

注:本表不含技工学校。

育　基　本　情　况(四)

数					教职工数					聘请校外教师
学生数				预计毕业生数	计	校本部教职工		校办企业职工	其他附设机构人员	
一年级	二年级	三年级	四年级及以上			计	其中：专任教师			
19625	**17729**	**18003**	**–**	**18037**	**3045**	**3045**	**2594**	**–**	**–**	**348**
5124	4459	3690	–	3724	494	494	376	–	–	17
3519	3901	4186	–	4186	548	548	510	–	–	263
927	843	910	–	910	150	150	99	–	–	54
1849	1264	1377	–	1377	361	361	312	–	–	–
310	313	420	–	420	163	163	145	–	–	–
1561	1196	1047	–	1047	242	242	203	–	–	–
1611	1661	1489	–	1489	440	440	386	–	–	4
1998	1518	2628	–	2628	301	301	232	–	–	–
2726	2574	2256	–	2256	346	346	331	–	–	10
21803	**25056**	**21802**	**–**	**21914**	**3561**	**3561**	**3062**	**–**	**–**	**208**
2137	2446	1930	–	1930	184	184	159	–	–	17
4582	3727	3177	–	3177	400	400	345	–	–	24
1673	1675	1386	–	1386	379	379	358	–	–	–
1656	1617	1191	–	1191	184	184	174	–	–	–
2109	2392	2710	–	2710	391	391	374	–	–	14
643	670	359	–	359	143	143	126	–	–	62
3479	4672	3384	–	3496	814	814	695	–	–	–
2917	2245	2262	–	2262	612	612	439	–	–	23
1290	3561	3285	–	3285	355	355	326	–	–	–
1317	2051	2118	–	2118	99	99	66	–	–	68
17880	**17717**	**17786**	**–**	**18169**	**3656**	**3574**	**3132**	**56**	**26**	**309**
7848	7977	8932	–	9315	1089	1033	876	56	–	234
633	714	540	–	540	220	220	205	–	–	–
605	819	462	–	462	148	148	148	–	–	–
1892	1421	1132	–	1132	231	231	203	–	–	27
2283	2398	2348	–	2348	476	450	430	–	26	34
333	417	541	–	541	170	170	138	–	–	–
1625	1660	1516	–	1516	440	440	340	–	–	14
821	737	494	–	494	280	280	224	–	–	–
816	397	685	–	685	289	289	255	–	–	–
1024	1177	1136	–	1136	313	313	313	–	–	–
20738	**25135**	**14070**	**–**	**23601**	**2359**	**2359**	**2008**	**–**	**–**	**204**
8021	6135	6288	–	6320	559	559	424	–	–	39
813	807	616	–	616	218	218	189	–	–	–
411	261	289	–	289	215	215	203	–	–	–
689	562	358	–	358	145	145	132	–	–	14
2176	2324	1871	–	1871	251	251	245	–	–	25
462	331	240	–	240	133	133	123	–	–	–
4482	1906	1227	–	1726	317	317	288	–	–	–
1023	905	1164	–	1164	132	132	129	–	–	48
915	752	552	–	552	189	189	115	–	–	–
1746	11152	1465	–	10465	200	200	160	–	–	78
2111	**1646**	**1497**	**–**	**1497**	**503**	**503**	**377**	**–**	**–**	**11**

特 殊 教 育

省、市、县(市)区名称	校数(所)			班数(个)	特殊教育总计					毕业生数
	计	公办	民办		毕业生数	招生数	在校学生数			
							计	其中:女	其中:寄宿生	
河南省	149	145	4	1841	4297	10078	62990	23325	16045	1923
郑州市	13	13	–	147	392	736	4025	1426	1219	202
中原区	2	2	–	22	30	75	456	142	279	21
二七区	2	2	–	34	88	91	509	191	134	79
管城回族区	1	1	–	7	12	41	241	89	4	–
金水区	1	1	–	7	20	32	204	60	–	9
上街区	–	–	–	–	3	12	44	10	4	–
惠济区	–	–	–	–	1	22	86	36	–	–
中牟县	1	1	–	8	42	102	442	146	157	12
巩义市	1	1	–	20	49	78	359	141	131	25
荥阳市	1	1	–	9	15	20	171	54	38	14
新密市	1	1	–	14	33	108	465	167	193	20
新郑市	2	2	–	17	55	79	591	190	125	13
登封市	1	1	–	9	44	76	457	200	154	9
开封市	9	9	–	91	162	541	2716	1015	762	110
龙亭区	2	2	–	28	38	63	334	140	148	34
顺河回族区	1	1	–	2	3	9	95	33	3	–
鼓楼区	1	1	–	7	12	19	57	31	3	11
禹王台区	–	–	–	–	6	4	40	13	–	–
祥符区	1	1	–	9	24	169	692	233	177	6
杞县	1	1	–	6	10	64	192	69	150	10
通许县	1	1	–	4	5	54	326	111	92	5
尉氏县	1	1	–	11	5	25	294	112	68	–
兰考县	1	1	–	24	59	134	686	273	121	44
洛阳市	14	14	–	146	331	637	4305	1714	1325	132
老城区	1	1	–	9	3	12	60	31	–	1
西工区	2	2	–	24	75	58	297	118	184	67
瀍河回族区	1	1	–	2	–	8	55	25	4	–
涧西区	1	1	–	8	19	24	149	46	–	5
吉利区	–	–	–	–	–	5	17	9	–	–
洛龙区	–	–	–	–	11	37	194	78	21	–
孟津县	1	1	–	6	17	27	178	70	52	4
新安县	1	1	–	24	23	53	467	196	193	5
栾川县	1	1	–	10	25	52	351	110	210	12
嵩县	1	1	–	18	12	42	372	147	121	10
汝阳县	1	1	–	12	30	87	601	250	129	7
宜阳县	1	1	–	10	28	54	404	151	93	–
洛宁县	1	1	–	7	19	45	284	122	91	7
伊川县	1	1	–	7	52	101	665	282	129	3
偃师市	1	1	–	9	17	32	211	79	98	11
平顶山市	9	9	–	115	202	680	4163	1643	1222	67
新华区	1	1	–	6	13	25	193	77	7	4
卫东区	1	1	–	7	12	9	72	21	–	3
石龙区	–	–	–	–	5	4	37	17	9	–

基　本　情　况（一）

特殊教育学校（机构）				初中、小学随班就读学生					教职工		代课教师	兼任教师
招生数	在校学生数			毕业生数	招生数	在校学生数			计	其中:专任教师		
	计	其中:女	其中:寄宿生			计	其中:女	其中:寄宿生				
3228	24015	9095	10765	2056	5834	33252	12312	5280	4679	4287	211	193
291	1951	720	852	163	313	1646	568	367	490	453	6	4
41	352	108	278	7	24	91	31	1	77	71	–	–
82	417	164	134	9	9	88	26	–	133	119	–	–
9	86	35	–	12	23	131	42	4	25	25	3	–
11	76	30	–	11	21	125	30	–	23	23	–	–
–	–	–	–	2	8	30	8	4	–	–	–	–
–	–	–	–	1	10	60	27	–	–	–	–	–
23	108	34	82	29	61	266	93	75	24	23	3	4
46	206	90	90	22	19	128	43	41	25	22	–	–
14	142	47	34	–	3	20	5	4	41	37	–	–
49	228	85	107	12	39	181	57	86	56	53	–	–
10	220	70	76	30	45	257	91	49	52	49	–	–
6	116	57	51	28	51	269	115	103	34	31	–	–
287	1201	455	494	51	229	1363	512	268	211	190	11	–
54	246	100	146	4	8	75	34	2	61	58	11	–
–	54	18	–	3	9	39	15	3	10	9	–	–
18	42	20	–	1	1	15	11	3	7	6	–	–
–	–	–	–	5	3	33	10	–	–	–	–	–
70	122	35	55	18	94	529	186	122	36	29	–	–
63	186	67	150	–	–	2	1	–	30	29	–	–
–	78	26	30	–	40	205	72	62	15	13	–	–
18	191	82	54	5	6	101	29	14	26	25	–	–
64	282	107	59	15	68	364	154	62	26	21	–	–
225	1954	778	945	182	372	2096	854	380	351	334	6	–
7	47	27	–	2	5	13	4	–	10	10	–	–
54	263	113	184	8	4	30	5	–	84	80	–	–
3	18	8	–	–	5	36	16	4	5	4	–	–
9	38	15	–	14	15	106	29	–	10	10	–	–
–	–	–	–	–	5	17	9	–	–	–	–	–
–	–	–	–	10	36	189	78	21	–	–	–	–
9	78	23	38	11	16	86	44	14	19	19	–	–
21	308	131	150	18	32	156	65	43	34	33	–	–
26	193	61	108	13	25	157	49	102	27	26	–	–
36	346	137	116	2	5	19	9	5	40	36	–	–
8	148	66	62	21	73	432	179	67	23	23	–	–
–	125	44	62	24	50	260	104	31	16	16	–	–
13	124	51	76	11	32	156	70	15	27	21	6	–
17	131	53	62	42	59	375	166	67	29	29	–	–
22	135	49	87	6	10	64	27	11	27	27	–	–
240	1621	669	630	126	395	2288	883	592	233	224	30	–
–	22	11	–	9	14	99	35	7	3	3	–	–
2	33	10	–	6	7	36	10	–	6	5	–	–
–	–	–	–	4	4	30	15	9	–	–	–	–

特 殊 教 育

省、市、县(市)区名称	校数(所)			班数(个)	特殊教育总计					毕业生数
	计	公办	民办		毕业生数	招生数	在校学生数			
							计	其中:女	其中:寄宿生	
湛 河 区	1	1	–	19	21	30	235	116	144	17
宝 丰 县	1	1	–	27	9	100	483	195	142	–
叶 县	1	1	–	10	17	77	757	280	260	–
鲁 山 县	1	1	–	18	17	119	610	261	149	5
郏 县	1	1	–	5	22	106	500	197	156	6
舞 钢 市	1	1	–	9	23	30	201	83	108	20
汝 州 市	1	1	–	14	63	180	1075	396	247	12
安 阳 市	8	7	1	129	554	660	3881	1443	751	300
文 峰 区	1	1	–	26	55	69	389	153	208	48
北 关 区	1	1	–	9	10	22	118	37	–	8
殷 都 区	–	–	–	–	13	56	245	77	2	–
龙 安 区	–	–	–	–	15	22	129	44	–	–
安 阳 县	1	1	–	7	20	37	231	78	61	11
汤 阴 县	2	1	1	17	70	57	426	147	79	19
滑 县	1	1	–	35	222	226	1276	494	232	84
内 黄 县	1	1	–	26	132	85	617	236	132	130
林 州 市	1	1	–	9	17	86	450	177	37	–
鹤 壁 市	2	2	–	20	90	180	1153	410	229	28
鹤 山 区	–	–	–	–	8	18	93	40	1	–
山 城 区	–	–	–	–	3	13	72	26	–	–
淇 滨 区	1	1	–	15	46	53	322	91	114	28
浚 县	1	1	–	5	8	56	397	160	70	–
淇 县	–	–	–	–	25	40	269	93	44	–
新 乡 市	8	8	–	90	384	731	4698	1795	1132	137
红 旗 区	–	–	–	–	34	27	124	51	3	–
卫 滨 区	–	–	–	–	8	10	53	19	–	–
凤 泉 区	–	–	–	–	7	15	86	39	–	–
牧 野 区	–	–	–	–	13	24	104	36	–	–
新 乡 县	1	1	–	6	20	30	229	90	51	12
获 嘉 县	1	1	–	9	53	98	459	173	108	16
原 阳 县	1	1	–	7	13	91	600	227	124	–
延 津 县	1	1	–	10	24	62	468	175	129	8
封 丘 县	1	1	–	10	35	73	562	227	144	25
卫 辉 市	1	1	–	9	59	87	508	213	49	12
辉 县 市	1	1	–	21	27	70	669	249	257	13
长 垣 市	1	1	–	18	91	144	836	296	267	51
焦 作 市	8	8	–	97	197	287	2107	824	360	83
解 放 区	1	1	–	6	19	27	164	65	–	15
中 站 区	1	1	–	20	29	14	141	57	28	26
马 村 区	–	–	–	–	4	10	100	46	1	–
山 阳 区	–	–	–	–	11	29	151	59	10	–
修 武 县	1	1	–	15	16	9	208	79	36	15
博 爱 县	1	1	–	9	31	51	296	105	27	4
武 陟 县	1	1	–	19	16	36	289	118	62	7

基 本 情 况（二）

特殊教育学校（机构）				初中、小学随班就读学生					教职工		代课教师	兼任教师
招生数	在校学生数			毕业生数	招生数	在校学生数			计	其中：专任教师		
	计	其中：女	其中：寄宿生			计	其中：女	其中：寄宿生				
14	175	89	138	4	14	57	26	6	91	87	26	–
50	188	77	43	8	49	282	110	99	15	15	3	–
19	374	150	98	15	54	365	126	162	19	19	–	–
93	349	160	126	10	23	221	85	23	35	35	1	–
6	29	7	11	16	91	431	179	145	17	16	–	–
18	144	57	96	3	11	52	25	12	29	27	–	–
38	307	108	118	51	128	715	272	129	18	17	–	–
164	**1340**	**521**	**576**	**210**	**353**	**1876**	**677**	**175**	**268**	**219**	**57**	**–**
43	251	112	208	3	22	101	28	–	88	80	–	–
14	66	18	–	2	6	45	15	–	18	16	2	–
–	–	–	–	6	35	150	48	2	–	–	–	–
–	–	–	–	8	13	85	29	–	–	–	–	–
7	65	20	59	3	13	75	27	2	20	19	–	–
5	95	30	57	37	25	170	63	22	27	20	–	–
17	278	113	100	138	173	885	333	132	27	26	55	–
63	462	190	121	2	22	147	45	11	79	50	–	–
15	123	38	31	11	44	218	89	6	9	8	–	–
18	**157**	**51**	**111**	**43**	**115**	**708**	**262**	**118**	**56**	**46**	**9**	**–**
–	–	–	–	6	15	74	30	1	–	–	–	–
–	–	–	–	3	5	41	14	–	–	–	–	–
15	137	42	111	6	26	124	41	3	48	42	9	–
3	20	9	–	8	41	263	105	70	8	4	–	–
–	–	–	–	20	28	206	72	44	–	–	–	–
161	**1238**	**459**	**765**	**194**	**460**	**2731**	**1078**	**367**	**270**	**245**	**–**	**–**
–	–	–	–	18	17	79	30	3	–	–	–	–
–	–	–	–	5	8	40	12	–	–	–	–	–
–	–	–	–	4	10	47	20	–	–	–	–	–
–	–	–	–	5	14	63	25	–	–	–	–	–
17	126	51	44	8	11	88	35	7	23	23	–	–
42	192	69	60	34	55	262	103	48	17	17	–	–
2	82	30	82	12	72	421	162	42	19	16	–	–
2	90	31	90	9	48	321	123	39	16	15	–	–
19	124	48	100	9	46	326	135	44	21	19	–	–
15	97	34	49	40	60	299	136	–	18	16	–	–
3	217	83	217	12	54	360	141	40	87	70	–	–
61	310	113	123	38	65	425	156	144	69	69	–	–
89	**944**	**367**	**266**	**103**	**160**	**910**	**378**	**94**	**207**	**161**	**12**	**–**
9	66	27	–	3	13	77	31	–	20	20	1	–
8	119	45	27	3	6	17	10	1	84	51	–	–
–	–	–	–	2	7	60	30	1	–	–	–	–
–	–	–	–	5	19	123	48	10	–	–	–	–
2	156	55	36	1	7	51	24	–	18	16	–	–
9	49	16	7	25	31	157	61	20	14	14	–	–
22	185	81	34	9	12	89	37	28	34	29	–	–

特 殊 教 育

省、市、县(市)区名称	校数(所)			班数(个)	特殊教育总计					毕业生数
	计	公办	民办		毕业生数	招生数	在校学生数			
							计	其中：女	其中：寄宿生	
温　县	1	1	－	13	26	36	289	117	108	11
沁　阳　市	1	1	－	9	21	43	274	99	34	－
孟　州　市	1	1	－	6	24	32	195	79	54	5
濮　阳　市	7	6	1	92	121	322	2562	981	364	14
华　龙　区	2	1	1	25	26	78	518	208	108	13
清　丰　县	1	1	－	8	25	75	509	216	21	1
南　乐　县	1	1	－	14	2	9	182	70	25	－
范　县	1	1	－	15	42	59	418	155	56	－
台　前　县	1	1	－	10	15	36	282	102	15	－
濮　阳　县	1	1	－	20	11	65	653	230	139	－
许　昌　市	5	5	－	51	166	193	1506	532	471	40
魏　都　区	1	1	－	15	29	30	254	85	96	17
建　安　区	－	－	－	－	16	22	161	36	30	－
鄢　陵　县	1	1	－	5	20	42	297	110	62	－
襄　城　县	1	1	－	13	31	50	294	122	128	－
禹　州　市	1	1	－	14	30	22	299	118	99	13
长　葛　市	1	1	－	4	40	27	201	61	56	10
漯　河　市	6	4	2	61	111	368	1666	630	658	32
源　汇　区	2	2	－	29	35	52	261	89	211	25
郾　城　区	1	－	1	11	6	104	344	127	207	－
召　陵　区	1	－	1	3	28	66	282	118	88	2
舞　阳　县	1	1	－	9	11	48	293	100	66	4
临　颍　县	1	1	－	9	31	98	486	196	86	1
三门峡市	5	5	－	58	120	231	1416	551	441	45
湖　滨　区	1	1	－	8	8	17	114	46	13	4
陕　州　区	1	1	－	12	8	47	249	91	85	2
渑　池　县	1	1	－	16	20	51	303	130	54	5
卢　氏　县	1	1	－	9	31	42	278	106	151	10
义　马　市	－	－	－	－	6	7	73	24	3	－
灵　宝　市	1	1	－	13	47	67	399	154	135	24
南　阳　市	14	14	－	183	329	1034	7171	2745	2061	110
宛　城　区	2	2	－	18	53	72	563	243	179	31
卧　龙　区	1	1	－	5	27	71	463	155	81	－
南　召　县	1	1	－	8	16	103	581	237	138	－
方　城　县	1	1	－	18	1	45	217	70	149	－
西　峡　县	1	1	－	10	26	115	457	172	187	－
镇　平　县	1	1	－	24	12	108	631	193	247	3
内　乡　县	1	1	－	22	35	74	689	287	248	10
淅　川　县	1	1	－	12	31	118	796	294	211	15
社　旗　县	1	1	－	11	10	48	412	206	86	－
唐　河　县	1	1	－	11	36	45	484	188	114	32
新　野　县	1	1	－	11	16	33	308	110	143	13
桐　柏　县	1	1	－	13	12	61	323	115	80	－
邓　州　市	1	1	－	20	54	141	1247	475	198	6

基 本 情 况 (三)

特殊教育学校(机构)				初中、小学随班就读学生					教职工		代课教师	兼任教师
招生数	在校学生数			毕业生数	招生数	在校学生数			计	其中:专任教师		
	计	其中:女	其中:寄宿生			计	其中:女	其中:寄宿生				
18	199	74	86	15	18	89	43	22	15	13	10	–
11	77	30	32	21	25	145	54	2	13	10	–	–
10	93	39	44	19	22	102	40	10	9	8	1	–
131	1178	439	263	89	181	1210	490	101	206	185	22	2
57	349	141	101	12	20	136	57	7	114	96	–	2
19	134	42	–	18	49	308	152	21	7	7	4	–
–	99	37	20	2	9	50	26	5	20	20	13	–
22	148	54	27	34	35	242	92	29	4	3	5	–
11	101	39	–	14	25	169	59	15	27	27	–	–
22	347	126	115	9	43	305	104	24	34	32	–	–
45	382	138	262	107	134	956	338	209	121	109	–	–
23	154	50	95	12	6	75	26	1	58	56	–	–
–	–	–	–	9	15	132	27	30	–	–	–	–
–	19	8	–	20	42	278	102	62	7	7	–	–
6	60	25	41	26	41	226	92	87	10	8	–	–
9	108	50	96	15	13	124	45	3	33	27	–	–
7	41	5	30	25	17	121	46	26	13	11	–	–
136	582	181	453	72	175	853	351	205	165	134	6	–
47	221	74	196	10	5	38	14	15	73	71	–	–
55	179	47	174	6	35	144	72	33	37	22	–	–
22	49	15	27	25	37	202	90	61	33	19	–	–
6	59	18	15	7	37	210	71	51	16	16	–	–
6	74	27	41	24	61	259	104	45	6	6	6	–
71	564	231	305	53	129	672	261	136	121	117	7	–
8	65	26	12	3	9	46	20	1	15	15	1	–
21	150	55	54	6	25	97	36	31	25	22	–	–
13	90	41	37	12	34	173	76	17	20	20	2	–
14	146	61	123	13	23	106	37	28	37	36	–	–
–	–	–	–	3	7	52	17	3	–	–	–	–
15	113	48	79	16	31	198	75	56	24	24	4	–
347	2880	1135	1428	203	591	3753	1441	633	414	406	21	–
9	234	105	131	20	45	267	117	48	76	75	–	–
12	58	14	58	21	42	301	107	23	3	3	7	–
31	208	95	85	16	72	367	140	53	15	15	4	–
44	194	67	147	1	1	10	1	2	39	39	–	–
50	156	59	107	26	53	257	98	80	26	24	–	–
95	362	107	184	8	13	260	84	63	55	54	–	–
43	464	188	190	21	31	218	99	58	29	29	–	–
8	162	60	80	16	95	558	210	131	22	22	10	–
12	179	121	79	10	31	206	78	7	28	28	–	–
15	301	111	105	4	17	105	45	9	52	49	–	–
7	193	72	129	2	22	86	34	14	25	25	–	–
6	95	36	69	12	48	194	68	11	13	13	–	–
15	274	100	64	46	121	924	360	134	31	30	–	–

特 殊 教 育

省、市、县 (市)区名称	校数(所)			班数 (个)	特殊教育总计					
	计	公办	民办		毕业 生数	招生数	在校学生数			毕业 生数
							计	其中: 女	其中: 寄宿生	
商丘市	**10**	**10**	**—**	**149**	**289**	**702**	**4822**	**1771**	**977**	**220**
梁园区	2	2	—	27	48	70	538	173	174	42
睢阳区	1	1	—	26	100	83	589	241	83	95
民权县	1	1	—	12	6	30	143	53	51	5
睢县	1	1	—	13	17	53	536	204	92	—
宁陵县	1	1	—	12	24	97	445	114	87	24
柘城县	1	1	—	14	38	110	850	323	195	11
虞城县	1	1	—	14	24	130	847	336	198	18
夏邑县	1	1	—	19	27	43	367	153	33	25
永城市	1	1	—	12	5	86	507	174	64	—
信阳市	**10**	**10**	**—**	**91**	**211**	**726**	**4491**	**1548**	**715**	**82**
浉河区	1	1	—	11	19	109	240	94	50	12
平桥区	1	1	—	9	18	44	331	123	117	—
罗山县	1	1	—	9	27	82	464	149	47	13
光山县	1	1	—	16	12	61	465	110	70	11
新县	1	1	—	7	16	38	224	107	26	—
商城县	1	1	—	7	8	30	138	66	59	6
固始县	1	1	—	10	52	188	1073	323	116	38
潢川县	1	1	—	11	22	34	513	198	30	2
淮滨县	1	1	—	5	23	97	699	248	84	—
息县	1	1	—	6	14	43	344	130	116	—
周口市	**10**	**10**	**—**	**137**	**266**	**793**	**5310**	**1887**	**1450**	**153**
川汇区	1	1	—	9	4	27	205	78	22	—
淮阳区	1	1	—	10	13	117	664	243	105	3
扶沟县	1	1	—	17	23	22	330	109	141	13
西华县	1	1	—	10	18	77	406	136	161	6
商水县	1	1	—	10	23	113	747	289	302	19
沈丘县	1	1	—	34	22	111	884	325	238	14
郸城县	1	1	—	16	31	149	950	317	244	—
太康县	1	1	—	12	33	53	358	119	110	15
鹿邑县	1	1	—	10	77	49	345	110	80	69
项城市	1	1	—	9	22	75	421	161	47	14
驻马店市	**10**	**10**	**—**	**167**	**299**	**1131**	**6526**	**2235**	**1708**	**125**
驿城区	1	1	—	12	84	184	709	257	70	24
西平县	1	1	—	15	32	84	579	213	419	9
上蔡县	1	1	—	10	30	132	915	375	266	—
平舆县	1	1	—	16	17	126	766	288	181	11
正阳县	1	1	—	10	24	169	818	348	98	6
确山县	1	1	—	13	27	47	437	165	137	25
泌阳县	1	1	—	20	26	114	603	242	209	14
汝南县	1	1	—	15	27	78	367	121	71	10
遂平县	1	1	—	10	27	40	244	90	87	26
新蔡县	1	1	—	46	5	157	1088	136	170	—
济源示范区	**1**	**1**	**—**	**17**	**73**	**126**	**472**	**175**	**200**	**43**

基 本 情 况 （四)

特殊教育学校(机构)				初中、小学随班就读学生					教职工		代课教师	兼任教师
招生数	在校学生数			毕业生数	招生数	在校学生数			计	其中:专任教师		
	计	其中:女	其中:寄宿生			计	其中:女	其中:寄宿生				
253	**2196**	**859**	**788**	**62**	**395**	**2325**	**812**	**189**	**405**	**374**	**–**	**–**
38	316	107	157	5	20	194	54	17	84	82	–	–
31	335	127	58	5	51	249	112	25	50	50	–	–
25	115	39	49	1	5	22	12	2	39	39	–	–
4	119	43	70	16	36	297	123	22	20	20	–	–
58	247	88	74	–	39	198	26	13	37	36	–	–
36	298	126	139	25	69	520	189	56	39	38	–	–
7	288	136	153	6	123	557	200	45	30	29	–	–
43	363	151	33	2	–	3	2	–	62	43	–	–
11	115	42	55	2	52	285	94	9	44	37	–	–
241	**1453**	**482**	**532**	**113**	**435**	**2552**	**914**	**183**	**254**	**236**	**7**	**187**
104	179	71	39	7	4	45	18	11	54	51	–	–
11	105	43	90	10	25	154	58	27	27	27	–	–
16	81	21	25	12	54	279	99	22	23	18	–	–
53	395	86	69	1	7	53	18	1	41	37	–	–
5	34	19	16	13	23	123	58	10	8	8	–	–
23	109	56	56	1	7	25	9	3	26	23	–	–
29	113	31	82	14	156	851	269	34	23	22	–	–
–	283	104	21	20	34	230	94	9	13	11	7	187
–	56	17	36	21	85	588	210	48	9	9	–	–
–	98	34	98	14	40	204	81	18	30	30	–	–
207	**1953**	**669**	**761**	**102**	**521**	**2970**	**1091**	**689**	**476**	**450**	**–**	**–**
8	91	37	–	4	17	91	31	22	30	27	–	–
44	152	56	26	9	66	424	162	79	37	37	–	–
11	197	74	106	10	11	113	31	35	50	46	–	–
17	133	50	76	12	52	227	77	85	30	26	–	–
11	155	52	126	4	101	590	236	176	35	35	–	–
16	421	147	140	8	94	446	170	98	105	103	–	–
38	268	71	114	26	104	642	230	130	65	64	–	–
20	166	62	75	15	31	180	54	35	49	42	–	–
27	231	75	72	8	19	97	31	8	46	41	–	–
15	139	45	26	6	26	160	69	21	29	29	–	–
254	**2247**	**881**	**1160**	**167**	**843**	**4136**	**1319**	**548**	**373**	**346**	**17**	**–**
56	139	54	13	58	106	505	185	57	44	37	1	–
41	344	130	344	23	43	235	83	75	32	32	–	–
–	189	79	129	30	131	721	294	137	38	33	–	–
23	329	111	162	6	103	437	177	19	42	41	11	–
32	212	84	52	14	133	578	259	46	23	23	–	–
25	303	120	101	2	22	134	45	36	44	44	–	–
26	209	82	177	11	83	366	150	32	52	39	5	–
16	103	39	53	17	62	264	82	18	31	30	–	–
29	184	70	74	1	10	48	20	13	43	43	–	–
6	235	112	55	5	150	848	24	115	24	24	–	–
68	**174**	**60**	**174**	**16**	**33**	**207**	**83**	**26**	**58**	**58**	**–**	**–**

七、全国及各省区市教育基本情况

高等教育学校（机构）数

单位：所

地 区	普 通 高 校				成人高等学校		民办的其他高等教育机构
	计	其中：中央部门	本科院校	专科院校	计	其中：中央部门	
全 国	2738	118	1270	1468	265	13	788
北 京	92	39	67	25	23	8	64
天 津	56	3	30	26	13	－	－
河 北	125	4	61	64	6	1	38
山 西	85	－	34	51	9	－	55
内 蒙 古	54	－	17	37	2	－	－
辽 宁	114	5	63	51	18	2	54
吉 林	64	2	37	27	14	－	15
黑 龙 江	80	3	39	41	16	－	35
上 海	63	10	40	23	14	－	227
江 苏	167	10	78	89	8	1	－
浙 江	109	1	60	49	8	－	20
安 徽	120	2	46	74	6	－	7
福 建	89	2	39	50	3	－	－
江 西	105	－	45	60	8	－	13
山 东	152	3	70	82	11	－	60
河 南	151	1	57	94	10	－	50
湖 北	129	8	68	61	14	－	18
湖 南	128	3	52	76	12	－	27
广 东	154	4	67	87	14	－	29
广 西	82	－	38	44	4	－	－
海 南	21	－	8	13	1	－	－
重 庆	68	2	26	42	4	－	5
四 川	132	6	53	79	15	1	39
贵 州	75	－	29	46	3	－	－
云 南	82	1	32	50	1	－	－
西 藏	7	－	4	3	－	－	－
陕 西	96	6	57	39	14	－	－
甘 肃	50	2	22	28	5	－	32
青 海	12	－	4	8	2	－	－
宁 夏	20	1	8	12	1	－	－
新 疆	56	－	19	37	6	－	－
河南占全国比例(%)	5.51	0.85	4.49	6.40	3.77	－	6.35
河南居全国位次	4	19	9	1	13	－	6

高 等 学 校 （机

地 区	毕(结)业生数				授 予 学位数	招 生 数		
	合计	其中：女	博士	硕士		合计	其中：女	博士
全 国	728627	392730	66176	662451	767984	1106551	580484	116047
北 京	107084	55605	20064	87020	114046	143482	72665	29405
天 津	21741	12594	1965	19776	22294	28260	15814	3388
河 北	15916	8956	515	15401	16726	25264	13785	1095
山 西	11850	7040	554	11296	12493	17709	10102	825
内 蒙 古	7213	4726	263	6950	7976	11875	7159	510
辽 宁	36925	20784	2396	34529	37590	53727	28779	3772
吉 林	22647	14008	2051	20596	23308	29585	17493	3210
黑 龙 江	23099	11864	1884	21215	24243	35943	17896	4142
上 海	52202	28034	6061	46141	55873	74989	38497	11267
江 苏	56976	29053	5028	51948	61033	89512	43069	9006
浙 江	23743	12086	1951	21792	24779	43064	21515	4694
安 徽	18348	8843	1473	16875	18738	33955	15390	3284
福 建	15455	8423	1076	14379	16334	24985	13141	1974
江 西	13261	7136	368	12893	13325	20093	10522	857
山 东	32795	18678	1716	31079	34841	50518	28175	3346
河 南	16189	9246	495	15694	17070	28228	16479	1082
湖 北	44934	22577	4381	40553	48019	66049	33614	6904
湖 南	24815	13218	1972	22843	25846	34585	18236	3534
广 东	36011	19185	3393	32618	38350	59918	31113	6394
广 西	11137	6178	298	10839	11525	19857	10972	774
海 南	2132	1310	69	2063	2325	4236	2374	298
重 庆	19309	11070	1144	18165	21286	30724	17897	2107
四 川	33574	17092	2506	31068	34568	48199	24629	4472
贵 州	6942	4153	133	6809	7363	11078	6747	468
云 南	12872	7529	419	12453	13445	21243	12140	1017
西 藏	694	323	22	672	687	1432	819	74
陕 西	37388	19286	2942	34446	39391	59041	29217	5681
甘 肃	11861	6422	733	11128	12258	18377	9991	1479
青 海	1656	1061	16	1640	1754	3149	1968	133
宁 夏	2218	1397	47	2171	2293	4228	2568	209
新 疆	7640	4853	241	7399	8205	13246	7718	646
河南占全国比例(%)	2.22	2.35	0.75	2.37	2.22	2.55	2.84	0.93
河南居全国位次	17	16	21	17	17	17	15	20

构) 研 究 生 数

	在 校 生 数				预计毕业生数			
硕士	合计	其中:女	博士	硕士	合计	其中:女	博士	硕士
990504	**3139598**	**1599447**	**466549**	**2673049**	**1019619**	**522612**	**189744**	**829875**
114077	430285	209293	121730	308555	150579	73732	46292	104287
24872	83307	44847	12940	70367	28017	15105	5254	22763
24169	65959	35561	4299	61660	20324	10986	1849	18475
16884	45612	25996	3354	42258	14502	7569	1669	12833
11365	32057	18996	2066	29991	10572	6434	1080	9492
49955	146365	77752	17296	129069	47422	25694	8072	39350
26375	84974	50659	13576	71398	31198	18671	7410	23788
31801	93764	45926	17036	76728	30416	15228	6915	23501
63722	226180	112941	42631	183549	78044	39194	15823	62221
80506	266489	123856	37541	228948	84650	40657	16287	68363
38370	116610	56146	17173	99437	34734	16521	5530	29204
30671	87156	38234	11621	75535	25222	11268	3538	21684
23011	69470	36126	8281	61189	22734	11175	3412	19322
19236	52416	27433	2754	49662	16547	8717	1128	15419
47172	141783	76010	13391	128392	43236	23104	5456	37780
27146	**69359**	**39997**	**4017**	**65342**	**20419**	**11578**	**1460**	**18959**
59145	204459	98106	29637	174822	63711	31755	14335	49376
31051	112501	57294	16106	96395	39702	19534	8765	30937
53524	154748	78867	22127	132621	50667	25377	8454	42213
19083	47803	25933	2459	45344	14481	7874	870	13611
3938	11583	6422	788	10795	3234	1862	193	3041
28617	89768	51010	8139	81629	28119	16520	2815	25304
43727	144737	70233	18319	126418	46558	22818	8578	37980
10610	28750	16936	1469	27281	8490	4954	569	7921
20226	57604	32612	4132	53472	17863	10089	1880	15983
1358	3138	1736	200	2938	855	448	74	781
53360	173400	84543	24886	148514	56066	28574	8984	47082
16898	49852	26396	5456	44396	15692	8408	1923	13769
3016	7416	4586	413	7003	2276	1496	136	2140
4019	9561	5962	526	9035	3003	1612	98	2905
12600	32492	19038	2186	30306	10286	5658	895	9391
2.74	**2.21**	**2.50**	**0.86**	**2.44**	**2.00**	**2.22**	**0.77**	**2.28**
15	**18**	**16**	**21**	**17**	**18**	**16**	**22**	**18**

高 等 教 育 普 通

地　区	毕(结)业生数				授予学位数	招　生　数		
	合计	其中:女	本科	专科		合计	其中:女	本科
全　　国	**7971991**	**4237474**	**4205097**	**3766894**	**4169808**	**9674518**	**5354602**	**4431154**
北　京	150569	75825	124729	25840	124339	154652	81323	134757
天　津	142720	71566	84316	58404	84781	163162	82956	91443
河　北	385125	209468	192224	192901	191459	474328	269440	218306
山　西	218806	123957	129035	89771	127623	235652	133085	125742
内　蒙　古	130772	70980	64977	65795	63870	134292	75960	63462
辽　宁	255997	129518	168423	87574	167767	341587	153615	175147
吉　林	176893	92511	120607	56286	119495	189064	107698	122096
黑　龙　江	192631	98376	127638	64993	127007	231344	118207	138466
上　海	135605	71898	91637	43968	91041	142420	77923	98211
江　苏	512941	257618	281438	231503	277017	593204	319318	283020
浙　江	286558	155960	152455	134103	151402	308989	190842	155873
安　徽	326840	166507	166654	160186	165197	412458	214688	169449
福　建	207706	111970	124411	83295	123989	279875	152539	130517
江　西	309211	154816	134251	174960	133385	375714	205305	152986
山　东	605382	327497	274840	330542	275152	625464	380023	266708
河　南	**638155**	**344119**	**302728**	**335427**	**300535**	**718525**	**425210**	**292884**
湖　北	401779	197702	218641	183138	216120	464103	243952	223474
湖　南	376043	201715	175258	200785	173927	448669	247119	195665
广　东	550090	293524	274415	275675	273119	866140	446607	297074
广　西	262817	146617	119756	143061	116940	353979	199932	136187
海　南	51260	27711	27431	23829	26486	68733	35211	31530
重　庆	211567	115787	112852	98715	111015	273887	146700	119841
四　川	433106	238393	222385	210721	221481	538082	296331	242928
贵　州	194515	109142	84786	109729	82922	260195	148718	96401
云　南	235206	139225	117049	118157	115630	268331	194116	113741
西　藏	9846	5195	6020	3826	5779	11586	6088	7308
陕　西	291648	149590	167048	124600	165531	358026	185382	177512
甘　肃	133490	69339	71341	62149	70744	169398	94328	74031
青　海	19632	10566	9224	10408	9182	20555	11406	9806
宁　夏	34134	19142	18623	15511	18418	45657	24971	23121
新　疆	90947	51240	39905	51042	38455	146447	85609	63468
河南占全国比例(%)	**8.00**	**8.12**	**7.20**	**8.90**	**7.21**	**7.43**	**7.94**	**6.61**
河南居全国位次	**1**	**1**	**1**	**1**	**1**	**2**	**2**	**2**

本、专科学生数

	在校生数				预计毕业生数			
专科	合计	其中：女	本科	专科	合计	其中：女	本科	专科
5243364	**32852948**	**16741724**	**18257460**	**14595488**	**8540006**	**4332389**	**4442318**	**4097688**
19895	608866	304019	536068	72798	158765	78727	130796	27969
71719	572152	281886	368219	203933	149801	72522	89243	60558
256022	1604798	846863	874520	730278	416578	215678	203191	213387
109910	841986	446665	527382	314604	222680	118183	134483	88197
70830	486647	252559	271093	215554	136059	71906	68243	67816
166440	1140799	512630	712090	428709	267371	130207	173908	93463
66968	726957	368971	500763	226194	187613	95379	124354	63259
92878	825601	402576	560129	265472	199831	99231	133301	66530
44209	540693	278871	399984	140709	148574	74969	102253	46321
310184	2014698	983098	1174114	840584	550134	257642	292853	257281
153116	1148737	606307	661251	487486	312903	156283	166251	146652
243009	1368465	646584	710031	658434	333581	164095	171295	162286
149358	947187	486560	537206	409981	233055	121230	130754	102301
222728	1241984	603323	610232	631752	314016	155176	137740	176276
358756	2291483	1194886	1136995	1154488	632014	323939	286303	345711
425641	**2492185**	**1303237**	**1250704**	**1241481**	**692569**	**364126**	**311402**	**381167**
240629	1616873	784105	934013	682860	426751	200029	227013	199738
253004	1510332	788487	781798	728534	403412	208527	184929	218483
569066	2400227	1209001	1222533	1177694	598999	294741	294258	304741
217792	1184167	621153	560024	624143	303366	153290	136919	166447
37203	230062	114495	125661	104401	55607	28551	28903	26704
154046	915556	461453	488277	427279	224894	111537	117408	107486
295154	1800903	940347	993825	807078	475809	252665	239261	236548
163794	840249	462884	394044	446205	218567	118538	91958	126609
154590	964205	555432	499409	464796	265888	155309	130349	135539
4278	38556	19597	27012	11544	9073	4863	5852	3221
180514	1210048	584515	722213	487835	300472	150607	178483	121989
95367	581062	292793	307485	273577	143100	67287	73698	69402
10749	74111	40093	42470	31641	20876	10088	9896	10980
22536	146679	79242	89421	57258	35512	20051	20845	14667
82979	486680	269092	238494	248186	102136	57013	46176	55960
8.12	**7.59**	**7.78**	**6.85**	**8.51**	**8.11**	**8.40**	**7.01**	**9.30**
2	1	1	1	1	1	1	1	1

高 等 教 育 成 人

地　　区	毕(结)业生数				授予学位数	招　生　数		
	合计	其中:女	本科	专科		合计	其中:女	本科
全　　国	**2469562**	**1463672**	**1226385**	**1243177**	**153360**	**3637630**	**2089902**	**1896292**
北　京	49228	26643	32722	16506	7910	44375	22536	34179
天　津	21274	11344	11410	9864	246	20011	10847	10390
河　北	206444	116814	110408	96036	7372	161255	96762	79270
山　西	22476	13332	14266	8210	1462	45347	24608	32056
内 蒙 古	7984	5171	6771	1213	276	10097	5946	8102
辽　宁	68706	37101	33152	35554	4921	110112	57092	59723
吉　林	57472	35498	32573	24899	1566	108938	68011	61240
黑 龙 江	43233	24531	30090	13143	1727	45103	25148	32690
上　海	39701	22621	27441	12260	5574	51360	27361	36409
江　苏	211698	106451	116904	94794	16745	324983	155174	171073
浙　江	105132	61525	46907	58225	14782	167879	89344	76115
安　徽	79930	48495	46588	33342	5601	113948	71328	72872
福　建	24685	14929	12819	11866	1399	55712	34645	26098
江　西	51092	33310	26003	25089	16131	137222	78962	82538
山　东	223507	134383	137543	85964	9460	414972	251923	258837
河　南	**171093**	**113417**	**85921**	**85172**	**8158**	**295714**	**188399**	**141548**
湖　北	92249	50754	49370	42879	1467	170247	100474	94643
湖　南	191335	115713	87531	103804	1997	283165	156943	141529
广　东	265912	159651	75790	190122	6994	453516	258961	145135
广　西	126083	83865	55584	70499	25598	139279	86178	68451
海　南	6092	4873	2574	3518	145	9402	6551	4227
重　庆	39116	21717	9975	29141	687	17477	9837	8312
四　川	123125	77248	56251	66874	2455	160111	96564	78116
贵　州	33897	22923	20632	13265	498	35384	22823	23424
云　南	64532	38956	27842	36690	1605	87819	52432	53081
西　藏	4458	2850	3332	1126	641	5076	2574	3235
陕　西	73907	40358	32120	41787	4972	101297	48924	51697
甘　肃	22192	11357	10748	11444	105	27550	15087	17365
青　海	4448	2991	3495	953	2395	3932	2698	3197
宁　夏	12418	7619	6733	5685	–	10991	6677	6642
新　疆	26143	17232	12890	13253	471	25356	15093	14098
河南占全国比例(%)	6.93	7.75	7.01	6.85	5.32	8.13	9.01	7.46
河南居全国位次	6	5	5	6	6	4	3	4

本、专科学生数

	在校生数				预计毕业生数			
专科	合计	其中：女	本科	专科	合计	其中：女	本科	专科
1741338	**7772942**	**4506446**	**4051025**	**3721917**	**3030307**	**1688898**	**1488592**	**1541715**
10196	122605	62554	92997	29608	56645	25864	38136	18509
9621	36554	19585	17471	19083	15864	8595	6768	9096
81985	378724	222067	209882	168842	172826	94290	97967	74859
13291	114899	65149	83699	31200	28504	17163	20206	8298
1995	21444	12885	17661	3783	9542	5774	7789	1753
50389	230179	124746	124994	105185	89478	42119	41909	47569
47698	185588	114524	104849	80739	71413	43952	38372	33041
12413	91621	51957	66436	25185	39677	22682	27379	12298
14951	136747	75434	100192	36555	48463	24814	34487	13976
153910	666661	322344	351644	315017	280448	126510	144079	136369
91764	316497	169495	137893	178604	130073	70089	51240	78833
41076	264566	163621	160929	103637	113356	66930	59653	53703
29614	122109	75699	61058	61051	40146	23265	18893	21253
54684	303325	187000	186367	116958	71138	48482	41963	29175
156135	742379	442630	458772	283607	296608	164019	172106	124502
154166	**545677**	**347173**	**284743**	**260934**	**211132**	**131545**	**109187**	**101945**
75604	311221	177532	175076	136145	122215	56860	62421	59794
141636	555355	312342	282569	272786	241680	132491	113386	128294
308381	1103093	646284	341069	762024	340978	203611	97276	243702
70828	309231	197067	152142	157089	146781	87339	65153	81628
5175	19575	14764	10319	9256	6342	3912	3364	2978
9165	68850	35419	21549	47301	41161	20677	8566	32595
81995	361035	225142	178870	182165	151123	90636	67046	84077
11960	92726	58095	53328	39398	50898	31584	25609	25289
34738	264815	163632	162354	102461	87584	53914	49148	38436
1841	15487	8407	10904	4583	5193	2864	3510	1683
49600	218199	106259	105749	112450	85122	46041	44268	40854
10185	64413	35137	36598	27815	24523	11382	11297	13226
735	9637	6241	7327	2310	5286	3282	4017	1269
4349	30811	19191	17947	12864	16305	9562	9000	7305
11258	68919	44071	35637	33282	29803	18650	14397	15406
8.85	**7.02**	**7.70**	**7.03**	**7.01**	**6.97**	**7.79**	**7.33**	**6.61**
3	**5**	**3**	**4**	**5**	**5**	**4**	**4**	**5**

高等教育网络本科、

地区	毕（结）业生数				授予学位数	
	合计	其中：女	本科	专科		合计
全　　国	**2722497**	**1318190**	**866120**	**1856377**	**61239**	**2779128**
北　　京	1328240	650005	373790	954450	21642	1823863
天　　津	72292	34427	24245	48047	1348	31490
河　　北	–	–	–	–	–	–
山　　西	–	–	–	–	–	–
内 蒙 古	–	–	–	–	–	–
辽　　宁	137175	62907	61079	76096	6096	120006
吉　　林	72967	46665	32574	40393	760	72250
黑 龙 江	26933	10037	7045	19888	1356	21806
上　　海	48132	27686	18234	29898	3553	52652
江　　苏	47388	24484	20550	26838	1710	21858
浙　　江	6659	4512	5163	1496	1893	–
安　　徽	–	–	–	–	–	–
福　　建	52297	32589	21082	31215	553	43102
江　　西	–	–	–	–	–	–
山　　东	84245	37915	29496	54749	2799	25819
河　　南	**50204**	**26775**	**17427**	**32777**	**2266**	**30310**
湖　　北	99111	43765	26208	72903	1328	62083
湖　　南	32358	16878	13201	19157	528	–
广　　东	39477	26127	14278	25199	1135	42722
广　　西	–	–	–	–	–	–
海　　南	–	–	–	–	–	–
重　　庆	96521	42567	39848	56673	2021	63458
四　　川	261645	110078	83288	178357	5710	185744
贵　　州	–	–	–	–	–	–
云　　南	26065	13176	398	25667	–	44945
西　　藏	–	–	–	–	–	–
陕　　西	201845	87155	67730	134115	6425	112326
甘　　肃	38943	20442	10484	28459	116	24694
青　　海	–	–	–	–	–	–
宁　　夏	–	–	–	–	–	–
新　　疆	–	–	–	–	–	–
河南占全国比例(%)	**1.84**	**2.03**	**2.01**	**1.77**	**3.70**	**1.09**
河南居全国位次	**11**	**12**	**13**	**10**	**7**	**13**

专 科 生 学 生 数

招 生 数			在 校 生 数			
其中:女	本科	专科	合计	其中:女	本科	专科
1199278	**1072248**	**1706880**	**8464464**	**3715485**	**3111899**	**5352565**
767899	493474	1330389	5544975	2393114	1540605	4004370
15166	22327	9163	157929	72532	90253	67676
–	–	–	–	–	–	–
–	–	–	–	–	–	–
–	–	–	–	–	–	–
56728	91144	28862	396616	176500	247616	149000
38567	45225	27025	195067	108725	114727	80340
7865	12949	8857	44700	16368	25090	19610
29480	27495	25157	138210	73913	64724	73486
10619	13772	8086	79092	37976	53289	25803
–	–	–	13318	7696	11289	2029
–	–	–	128	21	128	–
26780	25431	17671	96684	56653	57864	38820
–	–	–	–	–	–	–
7760	17295	8524	162889	64224	89989	72900
15141	**30310**	**–**	**107432**	**52255**	**78829**	**28603**
24906	29193	32890	239200	94434	105738	133462
–	–	–	22847	11648	13664	9183
26838	22007	20715	125820	77610	61575	64245
–	–	–	–	–	–	–
–	–	–	–	–	–	–
27658	43254	20204	163957	70164	103390	60567
70295	106377	79367	454727	178095	232767	221960
–	–	–	–	–	–	–
15663	4748	40197	138750	55831	9539	129211
–	–	–	–	–	–	–
46077	71409	40917	310273	131882	169601	140672
11836	15838	8856	71850	35844	41222	30628
–	–	–	–	–	–	–
–	–	–	–	–	–	–
–	–	–	–	–	–	–
1.26	2.83	–	1.27	1.41	2.53	0.53
13	7	17	13	14	10	15

高等教育学校（机

地区	教职工					
	合计	校本部				
		计	专任教师			
			计	正高级	副高级	中级
全　国	**2701183**	**2593379**	**1851933**	**244005**	**556711**	**706607**
北　京	153385	134724	75495	22879	27228	21637
天　津	50342	49462	34710	5414	11202	13828
河　北	118505	116915	86010	10989	25471	33700
山　西	62306	61235	44227	3185	12328	18197
内蒙古	42298	41798	28240	3366	9312	11067
辽　宁	99994	98292	65209	9998	21975	27210
吉　林	65503	63944	42595	7209	14188	15211
黑龙江	77198	75268	50062	8419	17472	18569
上　海	80200	75730	48282	9367	15477	18490
江　苏	181702	174626	126554	18582	44199	49156
浙　江	104993	99878	70995	10796	20930	29240
安　徽	88020	85479	66106	6767	18235	26263
福　建	77569	74034	52231	6662	16565	20587
江　西	91432	88770	65867	5914	16591	25863
山　东	173289	166271	124992	14251	37620	50464
河　南	**172946**	**167925**	**133898**	**10491**	**33931**	**53491**
湖　北	135163	130195	89026	12413	30525	31442
湖　南	112673	109391	80273	8912	23280	31552
广　东	181090	171116	124396	16801	33489	47947
广　西	82994	74778	53886	5794	13903	19954
海　南	18154	18006	12015	1706	3356	4230
重　庆	67763	65995	50007	5905	14071	20086
四　川	136481	130796	96286	10940	26102	35441
贵　州	54383	53915	39509	3840	12291	12094
云　南	58192	57544	43410	4547	11994	15921
西　藏	3981	3912	2712	335	799	1061
陕　西	112511	107846	74742	10333	23914	29075
甘　肃	42792	41030	31416	4243	10263	11584
青　海	7405	7136	4978	724	1539	1420
宁　夏	12699	12354	9205	1533	2570	2638
新　疆	35220	35014	24599	1690	5891	9189
河南占全国比例(%)	**6.40**	**6.48**	**7.23**	**4.30**	**6.09**	**7.57**
河南居全国位次	**4**	**3**	**1**	**9**	**3**	**1**

构 ） 教 职 工 情 况

工　　数　　（人）					科研机构人员	校办企业职工	其他附设机构人员
教　　职　　工							
初级	未定职级	行政人员	教辅人员	工勤人员			
193048	**151562**	**382474**	**233146**	**125826**	**41288**	**21953**	**44563**
1923	1828	27757	19434	12038	8668	1123	8870
2503	1763	8774	4491	1487	553	134	193
7392	8458	15294	9517	6094	224	587	779
6798	3719	8389	5566	3053	111	169	791
2548	1947	7178	4286	2094	196	20	284
4163	1863	17703	9863	5517	734	538	430
4914	1073	10053	6818	4478	636	320	603
3604	1998	12527	7332	5347	1078	374	478
2981	1967	14915	9969	2564	2547	993	930
8985	5632	26349	14417	7306	2273	1017	3786
4581	5448	17684	9055	2144	2454	1344	1317
10220	4621	9755	6058	3560	1345	231	965
5669	2748	12951	6688	2164	703	2449	383
9055	8444	8342	11132	3429	939	1534	189
14990	7667	21486	14016	5777	4335	1661	1022
23744	**12241**	**16381**	**9333**	**8313**	**607**	**523**	**3891**
8195	6451	20962	12555	7652	2038	1505	1425
7538	8991	14887	9685	4546	1080	1066	1136
9006	17153	25114	14866	6740	6832	879	2263
3479	10756	10905	4967	5020	224	1011	6981
1093	1630	3170	1648	1173	66	1	81
5370	4575	9194	4292	2502	341	394	1033
16217	7586	17529	9999	6982	1050	2930	1705
6111	5173	7709	4635	2062	177	191	100
6003	4945	7079	4330	2725	323	115	210
295	222	704	324	172	13	–	56
7205	4215	16858	10890	5356	1104	697	2864
3260	2066	5005	2701	1908	190	28	1544
691	604	1057	747	354	259	–	10
1427	1037	1750	857	542	163	–	182
3088	4741	5013	2675	2727	25	119	62
12.30	8.08	4.28	4.00	6.61	1.47	2.38	8.73
1	2	10	13	2	17	16	3

专 任 教 师 学

地　　区	计	按　学　历　分			
		博士	硕士	本科	专科及以下
全　　国	**1851933**	**513874**	**687132**	**636608**	**14319**
北　京	75495	50900	16587	7844	164
天　津	34710	13158	12038	9392	122
河　北	86010	14844	35095	35461	610
山　西	44227	8971	18159	16723	374
内 蒙 古	28240	5008	10825	12049	358
辽　宁	65209	19279	23829	21526	575
吉　林	42595	12692	17067	12667	169
黑 龙 江	50062	13452	18687	17666	257
上　海	48282	27887	13903	6268	224
江　苏	126554	48603	41084	36495	372
浙　江	70995	26331	24663	19786	215
安　徽	66106	13879	29083	22653	491
福　建	52231	14400	18687	18804	340
江　西	65867	11087	23101	30616	1063
山　东	124992	33022	46167	45012	791
河　南	**133898**	**21387**	**55104**	**55836**	**1571**
湖　北	89026	28096	32365	27828	737
湖　南	80273	18292	28587	32714	680
广　东	124396	36334	45674	41304	1084
广　西	53886	8635	25205	19692	354
海　南	12015	2557	4624	4683	151
重　庆	50007	12646	20220	16689	452
四　川	96286	21004	37819	36534	929
贵　州	39509	6480	14626	18025	378
云　南	43410	7094	16543	19210	563
西　藏	2712	410	1404	884	14
陕　西	74742	25341	28475	20216	710
甘　肃	31416	6232	11449	13491	244
青　海	4978	882	1291	2743	62
宁　夏	9205	1722	3824	3603	56
新　疆	24599	3249	10947	10194	209
河南占全国比例（％）	7.23	4.16	8.02	8.77	10.97
河南居全国位次	1	9	1	1	1

历 、 职 称 情 况

		按 职 称 分		
正高级	副高级	中 级	初 级	未定职级
244005	**556711**	**706607**	**193048**	**151562**
22879	27228	21637	1923	1828
5414	11202	13828	2503	1763
10989	25471	33700	7392	8458
3185	12328	18197	6798	3719
3366	9312	11067	2548	1947
9998	21975	27210	4163	1863
7209	14188	15211	4914	1073
8419	17472	18569	3604	1998
9367	15477	18490	2981	1967
18582	44199	49156	8985	5632
10796	20930	29240	4581	5448
6767	18235	26263	10220	4621
6662	16565	20587	5669	2748
5914	16591	25863	9055	8444
14251	37620	50464	14990	7667
10491	**33931**	**53491**	**23744**	**12241**
12413	30525	31442	8195	6451
8912	23280	31552	7538	8991
16801	33489	47947	9006	17153
5794	13903	19954	3479	10756
1706	3356	4230	1093	1630
5905	14071	20086	5370	4575
10940	26102	35441	16217	7586
3840	12291	12094	6111	5173
4547	11994	15921	6003	4945
335	799	1061	295	222
10333	23914	29075	7205	4215
4243	10263	11584	3260	2066
724	1539	1420	691	604
1533	2570	2638	1427	1037
1690	5891	9189	3088	4741
4.30	**6.09**	**7.57**	**12.30**	**8.08**
9	3	1	1	2

资 产

地 区	占地面积（平方米）			图书（万册）		计算机数	
	计	其 中：绿化用地面 积	其 中：运动场地面 积	计	当年新增	计	其中：教计
全　国	**1882580535**	**617873836**	**140961153**	**288008.56**	**13754.78**	**13851314**	**10194370**
北　京	49307358	18273759	3826198	12122.98	295.96	837447	472267
天　津	40297641	11296819	2734755	5406.31	175.09	295310	205780
河　北	78395841	22653903	6912808	12394.87	813.48	491042	369950
山　西	34749860	8823594	2916496	5940.97	232.06	258555	192136
内　蒙　古	35174378	9567696	2696176	3919.92	123.56	220836	177290
辽　宁	70292088	22519724	5527340	10335.73	274.89	558543	399860
吉　林	42713444	12124555	2935193	6988.06	221.21	356887	256130
黑　龙　江	60067452	14791701	4150284	8254.84	238.30	356887	259857
上　海	36996391	13725543	2796529	8012.54	245.16	520583	329734
江　苏	135405765	47924221	10036726	19997.79	807.30	1211503	889853
浙　江	70150173	22928571	6031591	12680.85	621.05	649489	493605
安　徽	72778356	24996555	5698998	10375.46	544.34	481555	390109
福　建	54932018	18385481	3997954	8487.15	368.32	382328	292938
江　西	71466739	27883889	5736672	10867.37	643.61	417633	328743
山　东	143375522	49249227	10466446	19777.04	860.77	814094	624032
河　南	**120383359**	**35866080**	**9130995**	**19593.88**	**1389.28**	**805424**	**656295**
湖　北	92533274	35190915	6805435	14487.77	560.53	702542	490109
湖　南	77938681	26021455	5844446	12277.65	535.96	536963	395568
广　东	110562984	39483340	8250569	19252.15	960.75	951455	732870
广　西	69477537	17115349	3777934	8007.02	558.55	388654	316081
海　南	12325633	4492862	859855	1959.97	134.49	85724	67600
重　庆	52064809	16640073	3761424	7628.94	570.68	361912	272534
四　川	95933935	32171236	7557911	14435.60	802.71	608819	438988
贵　州	44005674	14941110	3120372	5508.71	357.30	236130	194922
云　南	47693737	17667952	3366346	7145.23	427.09	259652	200114
西　藏	3659417	1139143	335721	428.98	10.12	24160	15966
陕　西	66860715	20639446	5493349	12128.60	486.15	593520	403669
甘　肃	32884126	9074785	2482196	4341.44	195.03	188192	140249
青　海	5301135	1960459	413759	724.17	20.99	33781	27411
宁　夏	12303269	5203493	880361	1373.12	108.93	73227	52711
新　疆	42549224	15120899	2416314	3153.42	171.12	148467	106999
河南占全国比例（％）	**6.39**	**5.80**	**6.48**	**6.80**	**10.10**	**5.81**	**6.44**
河南居全国位次	**3**	**4**	**3**	**3**	**1**	**5**	**3**

情　　　　况（学校产权）

（台）学用计算机 其中：平板电脑	教室（间） 计	其中：网络多媒体教室	固定资产值（万元） 全国	其中：教学、科研仪器设备资产 计	当年新增	其中：信息化设备资产值 计	其中：软件
178521	**765524**	**449945**	**273748586.51**	**66648919.29**	**7457638.07**	**19562004.89**	**4763033.01**
12454	21142	15005	21333170.97	7414489.32	738928.75	1797820.27	519523.05
2789	12982	7052	7074227.03	1807443.08	149137.61	457569.36	131594.12
5056	34936	19312	9500593.81	1969325.17	173993.08	595448.40	137466.57
2772	20199	9617	4971508.83	1091403.69	108850.54	334037.65	72689.55
3114	14319	9396	4565569.95	1071021.28	123914.87	312781.97	101992.21
5334	28907	14731	10390679.98	2343191.00	193339.12	665506.88	134999.02
2879	14235	8157	6257318.93	1722456.12	138257.84	481151.60	110317.18
3252	23460	11443	7598428.93	1919634.26	163997.10	521658.32	141111.06
7014	18123	12030	11218835.01	4002201.28	522590.46	1031427.46	276449.97
23426	56537	33189	21959649.90	5329698.97	535695.17	1479595.03	316744.17
9619	29945	20541	14136235.42	3217627.89	391507.30	945738.31	244248.36
5332	30199	16633	8664995.70	2227558.83	253482.44	580115.92	135055.12
4331	19461	11932	8243885.40	2007705.38	255209.20	582756.37	140721.42
5309	29533	18955	7606718.59	1470737.81	186332.58	463687.49	111535.54
6973	52947	29904	16827779.85	3553625.32	541269.38	1118226.02	280266.98
10876	**54349**	**32237**	**12154500.65**	**3071820.93**	**354626.36**	**916177.46**	**230526.99**
7734	37541	22413	12564852.50	3223646.59	333575.09	827649.69	179658.94
11571	36503	21809	9437556.80	1945200.42	219040.46	648256.10	139237.43
13289	32150	23244	17984355.49	4706611.66	623406.81	1382007.89	325411.97
6085	21666	11786	6176218.67	1606968.28	209232.82	538551.69	135975.31
832	4934	2595	1837831.00	336155.21	52772.13	91568.96	21898.53
3279	20766	14600	7656259.17	1287970.37	153146.63	494301.59	111595.93
7362	36889	21518	11506958.06	2701087.40	265816.38	878787.27	234552.35
2973	23972	12683	4763606.60	866572.32	112869.54	316256.33	77009.54
2104	24235	10613	6626219.68	970515.18	118628.02	385449.43	81028.86
158	1025	811	429413.27	102368.18	12731.51	46148.40	12393.46
7184	28627	17113	13464798.18	2716003.39	287055.06	1055741.30	197725.17
3483	14401	8307	3968551.71	845340.83	102345.03	245827.12	53386.13
301	2022	1601	472670.53	195512.04	26939.23	59689.32	28722.19
547	5370	2680	1352714.23	330806.49	45315.05	123930.60	31426.11
1089	14149	8038	3002481.68	594220.60	63632.49	184140.71	47769.78
6.09	**7.10**	**7.16**	**4.44**	**4.61**	**4.76**	**4.68**	**4.84**
5	2	2	8	8	7	8	8

资　　产

地区	占地面积(平方米)			图书(万册)		
	计	其中：绿化用地面积	其中：运动场地面积	计	当年新增	计
全　国	**287514396**	**62721966**	**15512469**	**5941.89**	**537.73**	**347746**
北　京	6626123	1333549	479797	4.96	0.20	379
天　津	2757636	183573	173721	691.89	10.06	9692
河　北	9942239	1394070	460969	175.90	44.67	5119
山　西	6885537	1121376	698705	135.99	22.21	13672
内蒙古	2689313	438596	431271	19.52	0.74	1578
辽　宁	7237638	1681627	683092	229.05	7.70	18319
吉　林	8916128	1566418	363613	23.21	9.70	2372
黑龙江	6675732	1978335	1036150	171.87	–	9556
上　海	3592680	972026	248515	196.05	3.73	19046
江　苏	23540547	5301007	1545804	458.10	11.83	49422
浙　江	11649280	2625747	617842	476.43	42.29	33236
安　徽	7002280	1194925	371804	165.96	2.78	10436
福　建	11357877	2736165	617298	332.31	20.39	4803
江　西	11929447	2785748	448721	33.32	20.82	1615
山　东	16723310	4091572	490596	21.36	18.27	2347
河　南	**20990783**	**2930575**	**959008**	**813.30**	**40.01**	**34204**
湖　北	13215590	2307588	618284	258.82	4.15	11827
湖　南	9806690	1757247	339854	247.43	10.07	8230
广　东	29616051	8452515	1514322	745.37	93.97	55438
广　西	6177113	864723	319894	28.36	–	1523
海　南	2544537	463007	47119	13.40	1.20	650
重　庆	7178179	2088328	130105	87.52	40.70	11093
四　川	27861023	7238491	1339495	189.17	67.18	12197
贵　州	6100060	2333300	235355	93.60	–	6390
云　南	5919412	863801	241443	49.85	41.19	3232
西　藏	34167	–	–	1.32	–	–
陕　西	14154700	2711979	816353	220.23	13.73	17132
甘　肃	3763577	440296	135542	3.22	0.10	202
青　海	33333	–	–	–	–	–
宁　夏	662241	248028	56927	42.00	10.00	431
新　疆	1931174	617354	90869	12.41	0.05	3605
河南占全国比例(%)	**7**	**5**	**6**	**13.69**	**7.44**	**9.84**
河南居全国位次	**4**	**5**	**5**	**1**	**7**	**3**

情　　况(非学校产权独立使用)

计算机数(台)		教室(间)		固定资产值(万元)		
其中:教学用计算机		计	其中:网络多媒体教室	全国	其中:教学、科研仪器设备资产	
计	其中:平板电脑				计	当年新增
280830	**9334**	**131612**	**67251**	**18565893.78**	**1156316.88**	**245776.46**
235	–	1802	1041	42871.31	1732.47	27.18
8409	–	1730	1341	154614.22	14434.13	578.72
4418	30	3673	665	308955.60	28209.66	7611.84
9631	103	5359	1783	719632.33	33934.27	4316.09
1374	–	1257	681	192491.85	1213.16	34.70
13855	213	4628	1831	833744.97	57894.38	3208.23
1939	16	3059	1295	275897.16	14243.47	2828.34
6981	54	2070	1305	248459.92	25457.60	755.88
16306	3621	3080	2182	265274.93	55818.07	4446.26
40823	725	10746	7112	1325221.50	200464.63	78816.03
27801	742	5017	3289	1264370.33	73604.18	11501.09
8887	–	4121	2181	224197.30	25815.60	5459.41
4564	5	3660	2084	725310.00	15975.23	4855.61
1460	149	3613	1081	324621.57	16325.62	5897.90
1692	6	5962	2602	883594.84	43847.82	15455.90
28048	**1159**	**11962**	**4724**	**1512152.45**	**88459.45**	**13824.14**
9781	510	5411	2218	755926.87	52024.58	8997.62
6129	25	5217	2231	725289.05	38736.17	2477.39
44033	602	15770	10175	2507391.03	100330.13	10962.93
1456	–	2564	1583	351774.83	15693.57	1070.83
525	43	383	272	217414.02	4823.74	405.00
8165	364	1940	1093	372627.08	23101.74	3034.46
10084	459	10977	6713	2841842.15	133835.34	28271.72
5071	137	3844	1476	637817.26	26998.15	8025.35
2459	45	4121	2053	394940.05	11339.01	4513.84
–	–	11	11	608.50	–	–
13145	100	8022	3318	157379.34	35329.46	11600.10
142	80	350	184	67919.47	5528.85	2109.09
–	–	206	206	36019.86	986.00	–
372	52	432	112	25821.72	1955.51	1740.51
3045	94	625	409	171712.27	8204.90	2950.28
9.99	**–**	**9.09**	**7.02**	**8.14**	**7.65**	**5.62**
3	**–**	**2**	**4**	**3**	**4**	**4**

校 舍 情 况

单位:平方米

地　　区	学校产权建筑面积				正在施工面　积	独立使用非学校产权建筑面积
	计	其中:危　房	其中:当年新增校　舍	其中:被外单位借　用		
全　　国	**929256531**	**1158009**	**31907917**	**1731160**	**79004007**	**143549635**
北　京	43093081	129228	878047	146283	3005199	2798883
天　津	17565404	12801	298986	35946	1713237	1639390
河　北	39963506	11551	1186842	30323	1929011	4727202
山　西	19417191	11326	289886	156571	1502729	4183091
内 蒙 古	14669707	4400	231594	7779	1198007	1000670
辽　宁	33779211	32863	1167128	16021	2090302	4266969
吉　林	18209361	1497	227305	19858	1717621	2923037
黑 龙 江	28290420	11340	1083542	–	761791	2271756
上　海	23651348	–	232211	233102	2387650	2988571
江　苏	64471022	46824	1138441	215102	2149664	10722265
浙　江	38536246	16787	1651054	238976	2661611	7407713
安　徽	36419038	54225	1511075	23537	2509138	2710645
福　建	24754871	29675	953890	–	2329589	6061936
江　西	34143644	5867	2954460	13815	1786789	4066510
山　东	62450188	310748	2523771	18272	6523390	7797407
河　　南	**63227398**	**39949**	**1941619**	**152182**	**3936249**	**12272367**
湖　北	49313946	35797	858816	63227	3713874	7120465
湖　南	38893908	84595	1022942	–	2468675	4902097
广　东	48578766	26546	1803178	147533	7008159	18756505
广　西	27641888	20968	1343754	16000	4230936	3389579
海　南	5577966	14065	33246	7635	996326	1251137
重　庆	25211823	15955	383545	–	1545824	2697194
四　川	41853664	30376	735878	129835	4996016	13141368
贵　州	23140458	8888	877465	12410	1982196	3520494
云　南	19571657	91890	1434081	23067	3412933	3632476
西　藏	1503876	8576	179967	6265	241342	12745
陕　西	45803856	20742	3198692	17420	5355969	5504261
甘　肃	17619967	32084	720588	–	1949219	471571
青　海	2678608	–	30140	–	56422	131437
宁　夏	3978674	–	37377	–	242287	496817
新　疆	15245841	48446	978396	–	2601852	683078
河南占全国比例(%)	6.80	3.45	6.09	8.79	4.98	8.55
河南居全国位次	2	8	4	5	6	3

普通高中校数、班数

地　区	学　校　数　（所）				班　数　（个）			
	全国	完全中学	高级中学	十二年一贯制学校	计	一年级	二年级	三年级
全　国	**14235**	**5353**	**7202**	**1680**	**505851**	**177113**	**168365**	**160373**
北　京	321	172	34	115	5087	1859	1609	1619
天　津	185	104	68	13	3995	1413	1296	1286
河　北	707	233	401	73	29488	10892	9792	8804
山　西	518	220	244	54	14070	4729	4786	4555
内　蒙　古	305	114	161	30	9503	3277	3130	3096
辽　宁	425	53	340	32	13539	4598	4571	4370
吉　林	257	60	175	22	8664	3042	2972	2650
黑　龙　江	370	81	264	25	11395	3940	3859	3596
上　海	262	87	145	30	4759	1626	1587	1546
江　苏	585	85	443	57	24463	8823	8141	7499
浙　江	622	83	479	60	19312	6666	6478	6168
安　徽	661	274	302	85	22926	7897	7674	7355
福　建	550	432	76	42	14108	4856	4715	4537
江　西	519	260	159	100	21540	7572	7311	6657
山　东	682	95	500	87	37022	13132	12284	11606
河　南	**925**	**132**	**659**	**134**	**42170**	**14963**	**14043**	**13164**
湖　北	536	68	412	56	16969	5947	5637	5385
湖　南	660	220	353	87	24471	8614	8210	7647
广　东	1035	538	319	178	39176	13573	13061	12542
广　西	499	196	275	28	20240	7487	6604	6149
海　南	127	82	12	33	3784	1343	1251	1190
重　庆	264	226	30	8	11768	4084	3870	3814
四　川	792	526	156	110	27868	9460	9426	8982
贵　州	471	134	280	57	19142	6467	6209	6466
云　南	601	360	204	37	18241	6801	5949	5491
西　藏	38	6	29	3	1465	493	469	503
陕　西	464	195	230	39	13836	4522	4478	4836
甘　肃	364	145	202	17	10814	3610	3571	3633
青　海	106	35	60	11	2663	916	878	869
宁　夏	68	20	46	2	3063	1098	1008	957
新　疆	316	117	144	55	10310	3413	3496	3401
河南占全国比例（%）	6.50	2.47	9.15	7.98	8.34	8.45	8.34	8.21
河南居全国位次	2	16	1	2	1	1	1	1

普 通 高 中 学 生 数

地　区	毕业生数	招生数	在　校　生　数					预　计毕业生数
			合计	其中：女	一年级	二年级	三年级	
全　国	**7865315**	**8764435**	**24944529**	**12575092**	**8767742**	**8344822**	**7831965**	**7831965**
北　京	52094	61071	160152	80934	61423	51608	47121	47121
天　津	54729	62445	168573	86073	62456	53992	52125	52125
河　北	455028	560803	1517453	786434	560804	508378	448271	448271
山　西	227103	221156	654491	337181	221197	225969	207325	207325
内　蒙　古	142672	143101	405893	209714	143108	130104	132681	132681
辽　宁	208722	205370	594265	306919	205401	201579	187285	187285
吉　林	139803	151566	428406	220347	151569	148914	127923	127923
黑　龙　江	188363	194509	556509	286766	194509	189937	172063	172063
上　海	52293	59721	166407	84357	60165	54401	51841	51841
江　苏	311320	423390	1155411	552362	423685	385508	346218	346218
浙　江	255062	283392	809004	404751	283407	272417	253180	253180
安　徽	351280	390799	1133579	528816	390839	382485	360255	360255
福　建	195880	232939	664046	332611	233015	221930	209101	209101
江　西	332836	385087	1104548	498709	385395	374978	344175	344175
山　东	542034	636233	1759785	894802	636245	583603	539937	539937
河　南	**690268**	**784377**	**2248585**	**1127538**	**784384**	**747701**	**716500**	**716500**
湖　北	273954	313182	891704	428360	313284	301501	276919	276919
湖　南	385595	448890	1273403	622089	448920	430474	394009	394009
广　东	598362	671805	1903517	936682	671951	637939	593627	593627
广　西	336609	408710	1151497	610269	408797	385916	356784	356784
海　南	55721	65036	181850	89498	65060	60381	56409	56409
重　庆	208130	217321	626265	316483	217493	207512	201260	201260
四　川	455983	473766	1408814	726030	474070	480272	454472	454472
贵　州	340290	331313	975235	503385	331322	314869	329044	329044
云　南	283730	359998	971639	536375	360148	321279	290212	290212
西　藏	20335	26674	75004	40548	26719	23512	24773	24773
陕　西	241318	212548	654448	327161	212761	211120	230567	230567
甘　肃	181187	171813	515813	259915	171815	171582	172416	172416
青　海	41901	44908	129312	68262	45093	42288	41931	41931
宁　夏	49120	56778	160796	87220	56822	53462	50512	50512
新　疆	193593	165734	498125	284501	165885	169211	163029	163029
河南占全国比例(%)	**8.78**	**8.95**	**9.01**	**8.97**	**8.95**	**8.96**	**9.15**	**9.15**
河南居全国位次	**1**	**1**	**1**	**1**	**1**	**1**	**1**	**1**

— 796 —

普 通 中 学 教 职 工 数

地　　区	教　职　工　数						代课教师	兼任教师
	合计	专任教师	行政人员	教辅人员	工勤人员	校办企业职　工		
全　　国	**7451778**	**6636043**	**192025**	**277270**	**344400**	**2040**	**63167**	**17882**
北　京	92920	73715	7259	8980	2953	13	－	1296
天　津	57262	49577	3489	3266	926	4	161	447
河　北	416410	368039	13018	16490	18704	159	2580	670
山　西	227354	192452	6510	12821	15494	77	4857	900
内　蒙古	137043	109531	6475	14213	6796	28	581	514
辽　宁	204230	177143	17608	6350	3114	15	78	217
吉　林	139899	116828	7384	12504	3133	50	291	117
黑　龙江	175406	148704	8061	12089	6530	22	3425	342
上　海	93519	77613	5009	6795	4101	1	334	150
江　苏	404454	364809	6460	15403	17539	243	3984	492
浙　江	267861	240072	5785	9540	12413	51	－	244
安　徽	322028	287327	7519	7799	19379	4	3975	499
福　建	192807	172819	5003	7438	7511	36	2966	117
江　西	255777	243288	2033	4178	6251	27	601	1219
山　东	558935	517699	8605	18706	13910	15	2896	405
河　南	**613104**	**551317**	**14822**	**13232**	**33683**	**50**	**11269**	**3310**
湖　北	263534	229439	7525	10634	15718	218	5038	1017
湖　南	356161	327802	7017	9345	11994	3	4572	438
广　东	661340	571290	14996	25777	48707	570	384	401
广　西	262286	234665	3517	8210	15886	8	128	1347
海　南	60346	51487	1579	1493	5609	178	1164	147
重　庆	143330	131654	2987	3914	4701	74	1593	255
四　川	431477	393493	7679	9835	20456	14	4673	1460
贵　州	237403	213104	4792	3520	15953	34	104	334
云　南	241931	223997	2629	3832	11400	73	13	688
西　藏	19345	18802	146	180	217	－	6	－
陕　西	204272	177710	8902	9728	7922	10	1304	74
甘　肃	153314	144645	2030	3920	2717	2	1002	514
青　海	35420	32344	257	294	2522	3	528	51
宁　夏	36355	34496	358	824	677	－	1176	50
新　疆	186255	160182	2571	15960	7484	58	3484	167
河南占全国比例(%)	8.23	8.31	7.72	4.77	9.78	2.45	17.84	18.51
河南居全国位次	2	2	3	7	2	11	1	1

普 通 高 中 专 任 教 师

地 区	合计	其中：女	按 学 历 分		
			研究生毕业	本科毕业	专科毕业
全 国	**1933228**	**1075617**	**221734**	**1688101**	**23101**
北 京	21013	15085	7281	13693	38
天 津	16798	12104	3230	13519	47
河 北	115108	77926	11651	102410	1042
山 西	64331	41323	7411	56139	775
内 蒙 古	37519	24101	6288	30831	400
辽 宁	52434	36558	6425	45484	503
吉 林	32661	22038	3907	28552	202
黑 龙 江	43065	28462	4113	38567	374
上 海	19042	12764	5340	13698	4
江 苏	105467	54340	21599	83689	178
浙 江	73662	40310	10260	63217	185
安 徽	82054	35062	6802	74333	912
福 建	52750	26942	4909	47060	776
江 西	65211	31043	6566	55811	2806
山 东	148952	83203	19448	128090	1387
河 南	**148095**	**86611**	**17010**	**128529**	**2543**
湖 北	68470	29651	6894	60639	921
湖 南	89921	42968	6933	81388	1559
广 东	151802	85081	22256	128428	1110
广 西	71043	42687	4588	65152	1295
海 南	14306	8280	1089	12989	226
重 庆	40836	21048	4382	35992	454
四 川	102957	50495	8496	93695	765
贵 州	69086	33435	4068	63905	1079
云 南	72991	40739	3839	68387	746
西 藏	6080	3305	406	5597	77
陕 西	57224	31736	7901	48988	332
甘 肃	45994	19855	4502	40187	1296
青 海	10386	5696	744	9448	187
宁 夏	11615	6491	1224	10278	112
新 疆	42355	26278	2172	39406	770
河南占全国比例(%)	**7.66**	**8.05**	**7.67**	**7.61**	**11.01**
河南居全国位次	**3**	**1**	**4**	**1**	**2**

学 历 、职 称 情 况

		按　职　称　分					
高中阶段毕　　业	高中阶段毕业以下	正高级	副高级	中级	助理级	员级	未定职级
285	**7**	**5670**	**525902**	**695555**	**458681**	**20542**	**226878**
1	–	130	8282	6386	4364	79	1772
2	–	53	6570	6888	2428	84	775
5	–	251	24624	44068	23414	3024	19727
6	–	167	13259	22020	19532	441	8912
–	–	113	10848	14184	7979	266	4129
20	2	68	23168	18390	6173	159	4476
–	–	139	10587	12753	6026	164	2992
11	–	94	13165	18188	8929	306	2383
–	–	100	5579	8084	4040	48	1191
1	–	513	39522	38686	16657	192	9897
–	–	229	25044	25565	16110	232	6482
7	–	195	24998	28017	15675	1172	11997
5	–	150	16225	19746	12373	278	3978
28	–	116	20425	19202	13179	724	11565
26	1	359	30665	55159	42955	919	18895
13	**–**	**69**	**30521**	**47442**	**46559**	**1975**	**21529**
16	–	230	22054	28763	11758	939	4726
41	–	306	24972	31370	18980	2098	12195
8	–	398	37070	63735	35205	1518	13876
6	2	111	13771	24449	19253	1365	12094
2	–	47	3759	4911	3768	143	1678
8	–	208	10864	15075	12084	141	2464
1	–	346	32605	38896	23451	646	7013
33	1	297	15205	22781	20830	1168	8805
19	–	326	20902	20687	14730	331	16015
–	–	13	914	2224	2336	240	353
3	–	164	14567	21198	16214	346	4735
9	–	266	11481	19064	12543	75	2565
6	1	28	2652	3021	3103	324	1258
1	–	44	3334	4210	3112	106	809
7	–	140	8270	10393	14921	1039	7592
4. 56	**–**	**1. 22**	**5. 80**	**6. 82**	**10. 15**	**9. 61**	**9. 49**
8	**–**	**25**	**5**	**3**	**1**	**3**	**1**

普 通 高 中

地　　　区	校舍建筑面　　积	教　学　及		
		计	其	
			教　室	实验室
全　　　国	**600501073**	**219510290**	**129246438**	**36852845**
北　　京	11517363	4058594	2222544	638667
天　　津	5300880	1991925	1074237	350920
河　　北	30584368	10920632	6533658	2050262
山　　西	19268734	6594850	3997442	1160096
内　蒙　古	10778396	4339338	2508155	672292
辽　　宁	11675851	4046106	2150924	560837
吉　　林	6658075	2290110	1373713	297703
黑　龙　江	9015852	3429181	1927322	526202
上　　海	7779543	3491484	1603418	737667
江　　苏	32282320	13460145	6495835	2641338
浙　　江	28650483	10832354	5405701	1955144
安　　徽	28563347	10495387	6564990	1714479
福　　建	22520154	9195944	4797458	2061273
江　　西	22308529	8633761	5446632	1188632
山　　东	40468314	12969774	7104887	2534130
河　　南	**38285270**	**12885358**	**8730753**	**1846566**
湖　　北	20308145	6441577	3837689	1129225
湖　　南	28970509	9991543	5477331	1538711
广　　东	57010109	21994683	13246101	3400901
广　　西	21517266	7347770	4736517	1057370
海　　南	5989177	2185945	1336197	344378
重　　庆	15307225	6013148	3914430	872367
四　　川	34835919	13864313	9444411	1964921
贵　　州	20560175	6371704	3753922	1122120
云　　南	23610930	8051149	5037553	1247464
西　　藏	1681310	499726	276579	91262
陕　　西	16123430	5673871	3304340	1123102
甘　　肃	10114693	3669482	2239178	672838
青　　海	3147997	1240166	785435	209606
宁　　夏	3170160	1299971	685706	291429
新　　疆	12496551	5230300	3233380	850943
河南占全国比例（%）	**6.38**	**5.87**	**6.76**	**5.01**
河南居全国位次	**3**	**5**	**3**	**8**

办　学　条　件（一）

单位：平方米

辅　助　用　房				行政办公用房	
中				计	其中：教师办公室
图书室	微机室	语音室	体育馆		
19394579	**8646731**	**3260183**	**22109513**	**46225047**	**26324975**
320434	142719	30500	703731	1112003	541087
177380	76975	24606	287808	618591	370693
1054537	458272	164233	659670	2263700	1402651
663083	258757	95654	419819	1612532	976372
341856	154764	67065	595207	941488	608326
405075	152693	64091	712487	1075965	587637
155523	92386	37434	333352	663155	395165
251361	143168	59539	521590	878961	534816
305838	130503	47737	666320	818973	348314
1565879	739750	237160	1780183	2951336	1619281
1177102	351532	125928	1816947	2137873	1191494
902245	423740	141774	748158	2040971	1068785
1024124	278906	77430	956753	1619319	743167
797875	363063	143117	694441	1945887	1072994
1184884	601675	264506	1279692	3419214	2085658
1047785	**479342**	**163515**	**617397**	**3082783**	**1938555**
546950	248029	129979	549704	1575964	907033
942548	341469	150385	1541100	1828044	1027664
1693384	793683	389312	2471303	3724799	2092427
657579	231501	85997	578807	1164633	709175
182939	85211	22734	214487	356544	193050
410772	218602	86801	510175	980054	495233
877552	512958	193504	870967	2078843	1216529
590581	235427	92758	576897	1438060	751533
701360	395592	110840	558339	1577208	858593
38481	14782	8651	69971	102803	70088
503387	249517	112752	380772	1461026	897082
304792	172002	55826	224845	960377	632218
96438	44367	13308	91012	298992	147858
108612	66522	22721	124980	344473	216085
364224	188826	40325	552602	1150476	625412
5.40	5.54	5.02	2.79	6.67	7.36
6	5	6	14	3	3

普　通　高　中

地区	生活			
	计	教工宿舍		学生宿舍
		计	其中:教师周转宿舍	
全　国	**283910352**	**46458079**	**13585294**	**152812346**
北　京	3579163	475370	94712	1295376
天　津	1797939	137577	36532	761517
河　北	15222170	1711594	358925	8886077
山　西	8822819	1240178	175317	4881568
内蒙古	4455714	262806	74517	2560020
辽　宁	4967681	310175	52058	2661146
吉　林	2677578	90389	9687	1353454
黑龙江	3549550	140362	33659	1927182
上　海	2600439	141287	19432	1111009
江　苏	13029784	1727357	410847	6962633
浙　江	12934062	1696861	435634	7228082
安　徽	14285382	2569509	657585	7836935
福　建	9243241	2128083	638577	4705873
江　西	10186314	1669274	426113	5666199
山　东	19705728	1910658	718059	10565677
河　南	**20366615**	**3031202**	**580193**	**11858249**
湖　北	10918236	3013511	672242	5287972
湖　南	15190378	4260716	1338972	7180464
广　东	26089183	5607145	1004752	13414188
广　西	12242512	2873927	869497	6904168
海　南	3132374	889757	369190	1545326
重　庆	7355108	1299854	451888	4088807
四　川	17139114	2802284	1141109	9990911
贵　州	11246510	1832571	1119685	6683342
云　南	12385206	1568291	609325	6731534
西　藏	993428	309150	257991	441088
陕　西	7554442	1368663	374058	3901687
甘　肃	4162736	584856	215212	1979196
青　海	1426948	218178	113767	696887
宁　夏	1256984	86138	15348	734819
新　疆	5393017	500354	310409	2970962
河南占全国比例(%)	**7.17**	**6.52**	**4.27**	**7.76**
河南居全国位次	**2**	**3**	**11**	**2**

办 学 条 件 (一)续

单位：平方米

用　房			其他用房	校舍面积中	
食堂	厕所	其他		危房面积	当年新增校舍
49999461	**16496200**	**18144267**	**50855384**	**1550996**	**31055651**
762781	400892	644744	2767602	–	585808
371977	199028	327840	892425	–	285212
3001950	698590	923959	2177867	834	2655330
1739315	509185	452573	2238533	126406	1195423
912057	334587	386243	1041856	1093	388737
1140946	402891	452522	1586098	12110	410551
633865	243993	355877	1027232	19978	364386
708316	258242	515448	1158160	5110	81899
499056	302269	546819	868647	–	2314
2737797	788700	813296	2841055	–	1451051
2578877	784648	645594	2746195	–	1246154
2455503	729364	694070	1741608	20135	933946
1450576	526728	431982	2461650	9295	989111
1745950	647212	457680	1542568	69956	2825874
4124057	1302249	1803087	4373598	3235	1454780
3742067	**929095**	**806001**	**1950514**	**71836**	**2871269**
1676943	415013	524798	1372368	69666	932588
2409834	641683	697682	1960543	60316	880523
3775623	1678634	1613594	5201443	10477	1976554
1654508	473305	336604	762351	186896	1416981
423328	162321	111642	314315	11269	163712
1189489	351656	425303	958916	6885	96183
2928947	863465	553507	1753649	76620	2086629
1715200	561451	453945	1503902	–	1085739
2008267	741760	1335353	1597367	306487	2215920
146895	34903	61392	85353	960	110424
1261319	477843	544930	1434091	3537	1220829
696634	353790	548260	1322098	477896	413458
249035	147430	115417	181891	–	122688
254382	104144	77500	268732	–	124349
1003966	431128	486606	722758	–	467233
7.48	5.63	4.44	3.84	4.63	9.25
3	3	6	10	6	1

普 通 高 中

地 区	占地面积（平方米）			图 书（册）	计算机数	
	计	其 中			计	其中：教
		绿化用地面 积	运动场地面 积			计
全 国	1120864514	295129818	271474423	1026636999	6155857	5117913
北 京	16122132	3538857	4861729	21005166	243713	211453
天 津	9459017	1611831	2737138	13278690	77544	66983
河 北	56459296	11254072	13400710	55378730	281582	263918
山 西	36539125	6861566	7759105	26522313	160596	130292
内 蒙 古	24744774	4653117	6361947	15042143	104558	86127
辽 宁	24179299	4632280	6733184	17788625	132414	96617
吉 林	13067299	2801801	4187845	11509907	72952	51295
黑 龙 江	21398062	3154051	5330473	10964354	94834	66267
上 海	11016315	3751602	2688807	14960247	140910	111198
江 苏	57655956	20556086	13504260	57354696	353188	304370
浙 江	50780844	16428885	12083316	51439741	313092	265201
安 徽	54795861	13681009	11935619	39453484	328839	280582
福 建	40360418	10769775	10974243	51624594	251386	190287
江 西	45959658	13234278	10937755	43171654	206023	167108
山 东	78635285	22462280	17715827	65650040	397249	337570
河 南	72815321	15439705	13951992	39508556	249642	207418
湖 北	40530070	12098225	8098956	22263251	138675	114968
湖 南	53746838	15687615	11076710	42481866	208171	171345
广 东	93591265	29451524	24497388	114795076	766685	638358
广 西	37831952	9410659	8782156	41040742	177860	132720
海 南	11682855	3231174	2466166	8997980	58577	49706
重 庆	23777983	6854426	6959985	24049145	142359	118562
四 川	60456496	14128471	19922024	71735765	365575	305898
贵 州	39480462	10738022	9404144	38207684	172453	147777
云 南	49659832	14686416	11348093	39237090	213741	176954
西 藏	4046664	832240	656518	1838430	10352	6530
陕 西	28231280	6135799	7324718	37725956	188725	172511
甘 肃	19580064	4035460	5532144	20209373	106664	91211
青 海	6802914	1690298	1621264	6255332	34813	26203
宁 夏	8676634	2773551	1676819	6513586	43567	37652
新 疆	28780543	8544742	6943389	16632783	119118	90832
河南占全国比例（%）	6.50	5.23	5.14	3.85	4.06	4.05
河南居全国位次	3	6	4	11	9	9

办 学 条 件(二)

单位:平方米

（台）	教室（间）		教室中:普通教室（间）		固定资产总值（万元）		
学用计算机		其中：网络多媒体教室		其中：网络多媒体教室		其中:教学仪器设备资产值	
其中：平板电脑	计		计		计	计	其中：实验设备
573718	**1214820**	**887779**	**910532**	**773185**	**109070966**	**11818234**	**3412827**
30623	29487	26006	18472	17918	3323933	903166	168217
4438	12061	10029	8033	7693	996546	151121	31767
19641	62867	48514	53310	46155	4430600	404277	136619
8540	37227	26022	28673	23645	3405580	276172	105627
4559	20293	15262	14518	13459	2641626	254365	74765
11506	26219	17794	20947	16096	1893725	224265	70193
5566	18549	10355	13649	9224	1294738	125645	40089
4018	23810	14950	16215	13278	1512923	171121	50552
15116	17815	14404	10868	10021	2604000	406780	103647
25567	60115	44766	39035	35280	6896338	687497	196508
32689	45947	36906	29792	28386	5607773	690989	162241
96878	54248	38225	43702	35189	4591770	414036	135634
15666	47366	36156	31484	29537	3611458	514490	155677
13811	52594	39463	42341	36530	3132254	407317	111798
34292	80795	58528	57812	50409	8120363	667619	191220
18536	**75104**	**48980**	**65254**	**46267**	**5208863**	**367950**	**123824**
12553	37123	23723	28430	21809	3676520	347208	113584
12600	56343	37476	44434	34963	5225735	490854	175846
101373	107667	90577	79241	76261	9885556	1226670	319971
19434	36108	27293	30823	25756	2703571	297060	101535
5412	11840	8422	9059	7730	1062999	140662	37692
13173	29536	25307	22691	21682	2502092	240455	60309
22903	76575	53054	62264	48288	6644149	788846	235106
10553	38342	28681	29624	25974	4085550	357312	119083
6415	54272	32594	41337	30160	4599734	333511	80385
862	2233	1628	1842	1431	339981	17259	5173
11358	33528	27621	25994	23408	2959788	364240	152713
5365	24800	16639	14043	13324	2003907	179501	53398
2389	7032	3629	4790	3226	834391	59438	21444
4903	6300	4915	4428	4068	810542	80998	24769
2979	28624	19860	17427	16018	2463962	227411	53439
3.23	**6.18**	**5.52**	**7.17**	**5.98**	**4.78**	**3.11**	**3.63**
10	4	4	2	4	7	13	12

中 等 职 业 学

地 区	中等职业学校				普通中等专业学校			
	计	中央部门	地方部门	民办	中外合作办	计	中央部门	地方部门	民办
全　国	7473	21	5498	1953	1	3266	18	2407	841
北　京	84	8	57	19	–	29	7	21	1
天　津	67	–	61	6	–	37	–	35	2
河　北	607	3	432	172	–	258	3	106	149
山　西	340	–	246	94	–	88	–	76	12
内 蒙 古	231	–	168	63	–	72	–	34	38
辽　宁	267	–	182	85	–	102	–	92	10
吉　林	244	–	177	67	–	35	–	30	5
黑 龙 江	210	–	162	48	–	74	–	34	40
上　海	89	2	82	4	1	56	2	52	2
江　苏	198	–	176	22	–	147	–	134	13
浙　江	249	–	202	47	–	46	–	39	7
安　徽	298	–	198	100	–	236	–	157	79
福　建	166	–	147	19	–	166	–	147	19
江　西	320	1	231	88	–	98	1	83	14
山　东	397	1	287	109	–	249	–	180	69
河　南	544	1	399	144	–	131	1	112	18
湖　北	263	2	204	57	–	207	2	163	42
湖　南	494	–	272	222	–	40	–	33	7
广　东	396	–	296	100	–	299	–	220	79
广　西	230	–	171	59	–	230	–	171	59
海　南	64	–	35	29	–	26	–	19	7
重　庆	129	–	106	23	–	25	–	21	4
四　川	397	–	236	161	–	193	–	71	122
贵　州	184	–	143	41	–	63	–	59	4
云　南	369	–	322	47	–	88	–	71	17
西　藏	13	–	13	–	–	13	–	13	–
陕　西	230	–	151	79	–	31	–	29	2
甘　肃	184	–	153	31	–	96	–	89	7
青　海	33	–	27	6	–	31	–	26	5
宁　夏	29	–	23	6	–	12	–	7	5
新　疆	147	3	139	5	–	88	2	83	3
河南占全国比例（%）	7.28	4.76	7.26	7.37	–	4.01	5.56	4.65	2.14
河南居全国位次	2	6	2	4	–	10	6	8	11

注：本表不含技工学校校数。

校 （机 构） 数

单位:所

	成人中等专业学校					职业高中学校				
中外合作办	计	中央部门	地方部门	民办	中外合作办	计	中央部门	地方部门	民办	中外合作办
–	**991**	**1**	**891**	**99**	–	**3216**	**2**	**2200**	**1013**	**1**
–	11	1	9	1	–	44	–	27	17	–
–	16	–	16	–	–	14	–	10	4	–
–	162	–	156	6	–	187	–	170	17	–
–	25	–	25	–	–	227	–	145	82	–
–	53	–	53	–	–	106	–	81	25	–
–	–	–	–	–	–	165	–	90	75	–
–	69	–	69	–	–	140	–	78	62	–
–	27	–	25	2	–	109	–	103	6	–
–	10	–	8	2	–	23	–	22	–	1
–	10	–	9	1	–	41	–	33	8	–
–	13	–	13	–	–	190	–	150	40	–
–	21	–	18	3	–	41	–	23	18	–
–	–	–	–	–	–	–	–	–	–	–
–	85	–	85	–	–	137	–	63	74	–
–	27	–	20	7	–	121	1	87	33	–
–	**157**	–	**108**	**49**	–	**256**	–	**179**	**77**	–
–	5	–	2	3	–	51	–	39	12	–
–	83	–	69	14	–	371	–	170	201	–
–	3	–	3	–	–	94	–	73	21	–
–	–	–	–	–	–	–	–	–	–	–
–	1	–	1	–	–	37	–	15	22	–
–	42	–	39	3	–	62	–	46	16	–
–	14	–	9	5	–	190	–	156	34	–
–	5	–	5	–	–	116	–	79	37	–
–	120	–	119	1	–	161	–	132	29	–
–	–	–	–	–	–	–	–	–	–	–
–	3	–	3	–	–	196	–	119	77	–
–	16	–	14	2	–	72	–	50	22	–
–	1	–	1	–	–	1	–	–	1	–
–	2	–	2	–	–	15	–	14	1	–
–	10	–	10	–	–	49	1	46	2	–
–	**15.84**	–	**12.12**	**49.49**	–	**7.96**	–	**8.14**	–	–
–	**2**	–	**3**	**1**	–	**2**	**3**	**1**	–	**2**

中 等 职 业 学 校

地 区	毕业生数		招 生 数			其 中：五年制高职中职段
	计	其 中：获得职业资格证书	计	其中:应届毕业		
				计	其 中：初 中毕业生	
全 国	3834642	2579124	4846056	4425726	4325103	642382
北 京	17864	7759	15991	14750	14238	9040
天 津	29966	19264	26928	26530	25218	4393
河 北	267526	198578	344688	313241	300609	9049
山 西	100866	81645	109847	100396	97833	20507
内 蒙 古	56234	28015	67926	64746	63923	7971
辽 宁	97951	43924	94147	88254	87056	15057
吉 林	40411	15823	44765	41544	40590	15248
黑 龙 江	60499	19205	59782	48598	45266	2201
上 海	32552	24747	39646	33948	33676	9294
江 苏	208509	172596	225110	216474	212412	59615
浙 江	168308	155541	209668	205106	204946	43203
安 徽	256180	190796	328818	292850	277692	34971
福 建	98585	79712	132726	125850	125139	25915
江 西	107960	34738	177094	167098	166965	16175
山 东	233426	134605	297527	289913	284820	96747
河 南	324853	202421	409613	382590	372917	44171
湖 北	117794	85869	152287	149403	148645	12211
湖 南	207929	154130	248228	241900	238593	14185
广 东	266124	173277	313885	304300	300739	13947
广 西	191496	102092	270668	210548	198652	20602
海 南	37227	9164	48301	38761	36269	5868
重 庆	91948	69568	132293	130323	130081	42140
四 川	282042	236981	336741	313049	309675	28157
贵 州	134772	86762	145981	136974	133258	2240
云 南	151012	103444	265169	165927	164900	52985
西 藏	6272	486	14776	9158	8935	45
陕 西	73941	49960	107041	103846	101026	16715
甘 肃	57328	42280	81384	77249	76544	4220
青 海	20236	7183	32924	23609	20770	226
宁 夏	22446	11342	26444	25420	25316	7644
新 疆	72385	37217	85658	83371	78400	7640
河南占全国比例（%）	8.47	7.85	8.45	8.64	8.62	6.88
河南居全国位次	1	2	1	1	1	4

（机构）学生数

在 校 学 生 数					预计毕业生数	
计	一年级	二年级	三年级	四年级 及以上	计	其 中： 五年制高 职中职段
12678379	**4845876**	**4184754**	**3589796**	**57953**	**3851372**	**485606**
46376	15972	12708	14059	3637	14807	5465
78390	27156	24823	25764	647	26579	3600
837855	344754	277380	214105	1616	257585	7306
301205	109854	100352	88356	2643	91702	14055
175446	67934	56569	50391	552	51157	6298
256489	94185	81987	73679	6638	75570	8726
118915	44763	42010	31920	222	33552	9565
163552	59782	56584	45358	1828	46551	2451
104770	39771	33565	29328	2106	32385	7072
624464	224238	210117	185791	4318	189090	54319
569080	209763	193335	160292	5690	167149	34123
791146	328820	243209	217472	1645	262791	27501
358090	132753	121657	103680	–	104816	11641
445493	177256	147088	119329	1820	118025	13861
777416	297529	257433	221157	1297	223133	78722
1149685	**409614**	**395999**	**342259**	**1813**	**359769**	**45264**
420328	152219	142072	123643	2394	123841	11145
682951	248543	240101	187978	6329	206843	19136
866831	314031	291857	260404	539	261389	9298
699890	270699	229819	197946	1426	205908	12019
123339	48286	38358	35264	1431	35334	4095
342379	132293	113717	95593	776	95612	18462
817131	336781	253722	225242	1386	260117	13440
403573	145248	130142	128183	–	135953	449
599212	265181	177041	156673	317	203585	46621
32120	14915	9215	7929	61	9127	71
279787	107116	101931	70228	512	72655	11290
194601	81388	66972	45877	364	50807	1796
85922	32914	27061	22548	3399	21099	251
75524	26447	25663	23385	29	23830	1677
256419	85671	82267	85963	2518	90611	5887
9.07	**8.45**	**9.46**	**9.53**	**3.13**	**9.34**	**9.32**
1	1	1	1	13	1	4

中 等 职 业 学 校

地区	教职			
	计	校本部教		
		计	专任教师	行政人员
全　国	**803752**	**800986**	**648718**	**60705**
北　京	8928	8926	5765	1641
天　津	7541	7505	5520	1253
河　北	62927	62902	50330	4992
山　西	29490	29458	23572	2353
内蒙古	17941	17908	13535	1667
辽　宁	25157	25157	18889	3253
吉　林	17673	17673	13370	1780
黑龙江	16798	16730	12346	1848
上　海	11350	11323	7991	1807
江　苏	50639	50628	43503	2290
浙　江	40539	40525	36504	1232
安　徽	33762	33670	28830	2048
福　建	20094	20094	17004	1242
江　西	20905	20905	15573	1558
山　东	58824	58596	49169	3534
河　南	**56209**	**55692**	**46091**	**3826**
湖　北	26002	26002	20927	2068
湖　南	40486	40486	32384	3499
广　东	55946	55845	43848	4371
广　西	26867	26354	20554	2397
海　南	5653	5653	4062	620
重　庆	18573	18423	15417	1201
四　川	47261	46519	37902	2958
贵　州	20046	20046	16630	1533
云　南	24860	24776	20870	1168
西　藏	2668	2668	2544	88
陕　西	19741	19732	15190	1968
甘　肃	15824	15820	13686	797
青　海	2827	2752	2301	141
宁　夏	3733	3733	3028	380
新　疆	14488	14485	11383	1192
河南占全国比例(%)	**6.99**	**6.95**	**7.10**	**6.30**
河南居全国位次	**3**	**4**	**3**	**3**

（机构）教职工数

工数 职工 教辅人员	工数 职工 工勤人员	校办企业职工	其他附设机构人员	聘请校外教师
47339	**44224**	**789**	**1977**	**79098**
967	553	–	2	871
449	283	–	36	464
4405	3175	8	17	2235
1725	1808	–	32	3997
1680	1026	33	–	1101
1511	1504	–	–	1739
1903	620	–	–	1198
1401	1135	–	68	2229
998	527	5	22	1475
2405	2430	11	–	5208
1740	1049	8	6	4843
1171	1621	78	14	7113
1141	707	–	–	2608
2625	1149	–	–	2967
3492	2401	77	151	3146
3087	**2688**	**388**	**129**	**8082**
1569	1438	–	–	2256
2281	2322	–	–	2927
3475	4151	7	94	2956
1621	1782	72	441	2626
366	605	–	–	755
693	1112	–	150	2941
1937	3722	14	728	3650
531	1352	–	–	3503
890	1848	8	76	3475
8	28	–	–	170
1501	1073	9	–	859
567	770	–	4	791
61	249	71	4	747
169	156	–	–	534
970	940	–	3	1632
6.52	**6.08**	**49.18**	**6.53**	**10.22**
4	**4**	**1**	**5**	**1**

中等职业学校（机构）

地　区	合计	按　职　称　分			
		正高级	副高级	中级	初级
全　　国	**648718**	**3049**	**160019**	**244619**	**151408**
北　京	5765	37	1876	2268	1186
天　津	5520	24	2050	2332	957
河　北	50330	221	13204	20337	10089
山　西	23572	26	4512	8775	7033
内　蒙　古	13535	33	3845	4910	2690
辽　宁	18889	602	6316	7999	2300
吉　林	13370	106	4716	5474	2062
黑　龙　江	12346	85	4252	4465	2355
上　海	7991	40	1743	4064	1885
江　苏	43503	284	14734	16859	8539
浙　江	36504	88	10477	13730	9474
安　徽	28830	44	7647	9861	6450
福　建	17004	39	4113	6866	4368
江　西	15573	48	3664	4453	2718
山　东	49169	338	11551	19405	11549
河　南	**46091**	**130**	**9634**	**18132**	**12261**
湖　北	20927	71	4622	9080	5095
湖　南	32384	142	6148	11091	7859
广　东	43848	36	8016	18901	9579
广　西	20554	104	3661	7485	5421
海　南	4062	13	756	1362	1006
重　庆	15417	170	4063	5663	4090
四　川	37902	100	9491	12372	9981
贵　州	16630	59	2680	5383	5511
云　南	20870	69	7323	6521	3680
西　藏	2544	–	239	535	630
陕　西	15190	40	2876	5941	3942
甘　肃	13686	60	2753	5661	4035
青　海	2301	12	621	773	574
宁　夏	3028	11	663	921	832
新　疆	11383	17	1773	3000	3257
河南占全国比例（％）	7.10	4.26	6.02	7.41	8.10
河南居全国位次	3	7	5	4	1

专任教师职称、学历情况

未定职级	按 学 历 分				
	博　士研究生	硕　士研究生	本　科	专　科	高中阶段及　以　下
89623	**431**	**54815**	**547527**	**44408**	**1537**
398	34	998	4554	151	28
157	6	896	4507	105	6
6479	16	2808	43394	4060	52
3226	9	1485	20322	1715	41
2057	7	1113	11461	907	47
1672	9	1632	16296	897	55
1012	9	895	11756	702	8
1189	4	618	11045	663	16
259	49	1871	5944	113	14
3087	48	8323	34382	722	28
2735	13	3476	32221	784	10
4828	9	1996	25431	1373	21
1618	6	1214	15022	708	54
4690	–	615	11725	3108	125
6326	34	4744	41852	2363	176
5934	**23**	**3292**	**38505**	**4230**	**41**
2059	11	1468	17866	1496	86
7144	14	1673	26381	4266	50
7316	46	5257	36062	2288	195
3883	15	1954	16812	1682	91
925	4	207	3387	367	97
1431	6	1289	13105	976	41
5958	23	1761	32358	3741	19
2997	3	866	14128	1590	43
3277	2	1114	18178	1475	101
1140	–	168	2312	64	–
2391	8	1241	12890	1041	10
1177	10	727	11879	1053	17
321	5	74	1802	401	19
601	2	317	2571	133	5
3336	6	723	9379	1234	41
6.62	**5.34**	**6.01**	**7.03**	**9.53**	**2.67**
6	6	5	3	2	14

中 等 职 业 学 校

地　　区	学校占地面积（平方米）			图书（册）	
	计	其中： 绿化用地 面　　积	其中： 运动场地 面　　积	计	当年新增
全　　国	**432382543**	**106639896**	**69533714**	**318046712**	**17088919**
北　　京	3786591	850618	809741	4508339	8628
天　　津	2759291	484248	461902	3369108	53014
河　　北	23481338	4004482	4343958	20321389	1553899
山　　西	14398948	2334248	2099178	9537071	164337
内　蒙　古	9782045	1868709	1765498	5081026	172958
辽　　宁	9759587	1528146	1987965	7098098	106691
吉　　林	5395984	1144805	1028397	4874571	86026
黑　龙　江	7831458	1118227	1352386	3181863	144888
上　　海	3455046	1119812	671188	6027697	152466
江　　苏	29470144	10093149	4613520	22433316	486512
浙　　江	20263471	6150250	3959566	19845823	1471080
安　　徽	33087954	8060751	4105669	23590026	2907119
福　　建	11405412	2943296	2175221	9528618	146560
江　　西	15758055	4065036	2445098	10290728	1502812
山　　东	31755575	8233821	5333115	23252789	1369040
河　　南	**28476012**	**5813951**	**3900252**	**19612256**	**486522**
湖　　北	13909639	3823424	2352620	9406721	432340
湖　　南	21150528	5654108	3124577	13676913	1095536
广　　东	23539809	6963810	4447206	24921305	771843
广　　西	16096797	4392098	2092708	14927103	1221892
海　　南	2315427	530945	386142	1794110	60130
重　　庆	9592540	2675272	1571389	7427141	83273
四　　川	20143837	4695087	4195764	16123793	560254
贵　　州	16391549	4271488	2382872	8962557	482941
云　　南	16547131	4103170	2099122	8012373	168078
西　　藏	2815703	477321	188598	1055046	39359
陕　　西	9809164	2000723	1652128	8277336	251687
甘　　肃	8368954	1672518	1443426	4348497	241639
青　　海	2623319	618843	365600	1366276	51087
宁　　夏	4716747	1496536	480029	1564024	201094
新　　疆	13494487	3451004	1698878	3630799	615214
河南占全国比例（%）	**6.59**	**5.45**	**5.61**	**6.17**	**2.85**
河南居全国位次	**4**	**6**	**8**	**7**	**11**

（机构）资产情况（学校产权）

计算机数（台）			教室（间）		固定资产值（万元）		
计	其中:教学用计算机		计	其中：网络多媒体教室	计	其中:教学、实习仪器设备资产	
	计	其中：平板电脑				计	当年新增
3485414	**2872102**	**139951**	**381771**	**219753**	**41033669**	**9669684**	**1037042**
56500	48484	2080	5077	3148	910477	336446	13142
38940	31774	1757	3183	1879	442806	134520	5541
205323	169452	9210	25069	13882	1586229	366735	35374
97693	79883	5455	12914	5873	1076610	228349	23880
53677	42008	1256	7064	3522	815726	200581	25159
106710	80270	4665	8916	4682	1064792	264385	14911
51576	36955	1705	5208	2210	502871	157909	12371
51477	40936	1571	6203	3073	556203	147429	19588
94244	75169	3796	5536	4013	1545553	516669	67509
274056	227768	9893	26431	18016	3691551	785242	66384
203818	174916	8447	18211	14159	2459328	638767	77646
161615	137842	5650	25401	12040	2149355	412763	66952
114793	94260	3417	9802	6996	1111868	316513	27146
98883	81986	4151	11573	7255	952133	212955	35711
229943	187127	9069	28009	15305	3026872	664537	62005
200244	**162334**	**7974**	**27766**	**14101**	**1878957**	**386309**	**45359**
115641	96195	5321	12657	7033	1262854	279400	30047
171970	137655	13464	17667	10958	1774097	373011	55462
349981	302361	9805	21155	16314	2960578	873480	80663
128901	107292	6720	10397	6819	1254482	450676	42239
24898	20915	293	2036	1467	338618	103115	8859
90501	75591	5303	9359	6763	1172310	227711	17970
169319	142848	5672	24366	11712	2155160	440005	51665
86910	69628	1960	11511	6782	1281320	231237	21364
99408	83010	1991	14203	6494	1683420	240031	22701
6511	5032	234	1050	478	267515	24490	3919
64490	50948	4069	9294	4146	767137	147217	16489
48480	38890	1967	8011	3543	691662	145160	20072
17800	13927	358	1935	1094	386425	105050	20656
19873	16070	377	3040	1606	326494	71063	9346
51239	40576	2321	8727	4390	940266	187929	36910
5.75	**5.65**	**5.70**	**7.27**	**6.42**	**4.58**	**4.00**	**4.37**
6	**6**	**7**	**2**	**5**	**7**	**9**	**9**

中 等 职 业 学 校 (机 构)

地　区	学校占地面积(平方米)			图书(册)	
	计	其中： 绿化用地 面　积	其中： 运动场地 面　积	计	当年新增
全　国	**56274427**	**10985069**	**8348427**	**6257218**	**561973**
北　京	654864	228567	72015	10500	–
天　津	709778	123986	93764	85900	–
河　北	4011077	503915	761273	161530	9672
山　西	1360068	192499	308700	864742	–
内 蒙 古	1156693	188554	240152	12300	580
辽　宁	2201325	379535	397016	100049	3279
吉　林	1576609	142214	172431	87950	350
黑 龙 江	1242309	176516	175579	221050	26200
上　海	435253	54626	61886	–	–
江　苏	1056179	296271	125550	35800	12950
浙　江	1948147	283612	270982	230364	10007
安　徽	2762967	402804	220707	439660	282660
福　建	785981	260771	113512	18300	–
江　西	2346447	610443	422831	71792	2760
山　东	4225664	867600	605485	319092	1332
河　南	**3160978**	**594416**	**377262**	**1099938**	**55429**
湖　北	1210702	240473	161413	79636	13090
湖　南	4528761	978876	615798	196042	31775
广　东	4795413	1032414	758436	102328	1579
广　西	2848173	624711	263536	271037	30401
海　南	360301	122247	25442	31628	4678
重　庆	889011	205305	91800	38780	180
四　川	4304048	830635	747654	475420	21713
贵　州	2155024	507537	334413	198010	1750
云　南	2149351	474902	329969	164255	1687
西　藏	–	–	–	–	–
陕　西	1758364	359926	386142	626176	49901
甘　肃	1311513	199573	188785	313299	–
青　海	8717	617	370	1640	–
宁　夏	244801	85775	12864	–	–
新　疆	75909	15750	12661	–	–
河南占全国比例（%）	**5.62**	**5.41**	**4.52**	**17.58**	**9.86**
河南居全国位次	**6**	**7**	**9**	**1**	**2**

资 产 情 况（非学校产权中独立使用）

计算机数（台）			教室（间）		固定资产值（万元）		
计	其中:教学用计算机		计	其 中：网 络 多 媒体教室	计	其中:教学、实习仪器设备资产	
	计	其 中：平板电脑				计	当年新增
70056	**56348**	**2790**	**58659**	**27046**	**2758635**	**256751**	**40612**
183	68	–	428	161	4001	471	–
716	572	–	646	183	25040	3368	77
4856	3796	476	5334	2039	191118	13765	2374
2307	1487	185	1371	347	39057	6740	446
954	732	201	736	271	26573	2067	643
1739	1311	17	3417	1400	207746	8309	330
730	576	–	2440	902	16463	1300	784
3168	2726	10	1454	579	46185	7927	2194
135	110	–	563	264	14147	2339	836
1329	1156	–	1264	583	73243	6072	213
1303	1237	5	2488	1298	135621	8199	612
2847	2576	22	2188	984	105759	14536	9504
321	153	–	669	433	45851	2224	71
3260	2513	164	2112	1055	100373	12273	2651
4281	3498	97	3691	1734	264424	14291	1051
9457	**7533**	**155**	**3675**	**1247**	**121730**	**16642**	**1764**
1217	958	24	945	543	48891	3365	1195
3440	2852	392	3724	2411	172812	16757	3398
3090	2789	55	5149	3539	278155	29347	2107
3857	3368	92	2344	1392	150330	17204	3292
211	160	–	233	104	8911	674	51
880	604	360	671	429	57189	5415	151
5508	4621	27	4935	1782	206219	21037	2083
4720	2663	17	1843	708	53464	7531	1191
1274	1057	95	2937	1270	210083	10716	2240
–	–	–	–	–	–	–	–
3789	3288	61	1939	714	38354	7761	977
4446	3914	335	1241	582	111887	16113	377
–	–	–	147	81	378	44	–
–	–	–	4	1	3538	209	–
38	30	–	71	10	1092	56	–
13.50	**13.37**	**5.56**	**6.27**	**4.61**	**4.41**	**6.48**	**4.34**
1	1	8	6	10	10	5	10

中等职业学校（机构）校舍情况

单位：平方米

地　区	学校产权建筑面积				正在施工校舍建筑面积	独立使用非学校产权校舍建筑面积
	计	其中：危房	其中：当年新增校舍	其中：被外单位借用		
全　国	**212978547**	**470894**	**8428615**	**1191800**	**8675487**	**31892959**
北　京	2348971	9403	–	45301	22563	179820
天　津	1435607	–	17673	141	7100	279197
河　北	11350081	524	211253	109920	290708	2154764
山　西	6996344	37617	308759	14946	273940	626423
内　蒙　古	3540773	20041	43571	23105	107408	358346
辽　宁	4598158	17765	18809	14516	114651	1628837
吉　林	2228608	–	84868	18245	103629	1290515
黑　龙　江	2636289	4887	176873	16919	129954	581318
上　海	2838512	–	68985	23795	59436	292671
江　苏	16017465	–	401454	32952	444208	676632
浙　江	11728657	–	726382	18581	345317	1287267
安　徽	15656334	2389	602035	43416	434914	1296221
福　建	5784046	5339	353200	5664	359757	401532
江　西	6522977	2915	1113187	35037	186508	1180098
山　东	15085878	–	496815	102136	651639	2141238
河　南	**14172750**	**50051**	**648617**	**59754**	**636764**	**1596874**
湖　北	7716729	–	97386	12261	204929	635002
湖　南	10677652	–	869345	62579	263330	2717626
广　东	13208755	48240	172187	108346	667889	3404066
广　西	7849581	–	271749	25055	809778	1620797
海　南	1587590	7513	12680	9608	32973	168963
重　庆	5831888	–	13052	4088	214161	445568
四　川	11392979	8300	331244	76680	277678	2462365
贵　州	7583640	9056	280028	102061	451759	1199057
云　南	6833843	95978	277295	46150	598917	1521507
西　藏	868376	602	40672	2592	30543	–
陕　西	4869213	9896	57943	31884	113319	1001947
甘　肃	3685001	128425	116343	3879	182648	569214
青　海	1128840	–	24808	6480	74616	26620
宁　夏	1582450	–	31592	112076	472324	121378
新　疆	5220559	11950	559811	23632	112130	27098
河南占全国比例（%）	6.65	10.63	7.70	5.01	7.34	5.01
河南居全国位次	4	3	4	8	4	8

— 818 —

初 中 校 数 、 班 数

	学校数（所）				班　数　（个）				
	小计	初级中学	九　年一贯制学　校	职业初中	小计	一年级	二年级	三年级	四年级
全　　国	**52805**	**34895**	**17900**	**10**	**1073444**	**359186**	**356534**	**346493**	**11231**
北　京	335	190	145	–	10534	3687	3548	3264	35
天　津	345	290	55	–	7874	2666	2548	2417	243
河　北	2466	1856	610	–	61908	20765	20592	20549	2
山　西	1709	1142	567	–	26123	8337	8807	8979	–
内　蒙　古	711	470	241	–	15446	5182	5176	5049	39
辽　宁	1518	974	544	–	24175	8051	8210	7914	–
吉　林	1187	799	383	5	15393	4857	5177	5359	–
黑　龙　江	1414	852	562	–	21352	5988	6171	6572	2621
上　海	588	366	222	–	13875	3737	3577	3400	3161
江　苏	2258	1693	565	–	56579	19521	19071	17979	8
浙　江	1748	1235	513	–	39826	13436	13256	13082	52
安　徽	2846	1754	1092	–	50231	16998	17317	15916	–
福　建	1262	1027	235	–	31405	11118	10455	9832	–
江　西	2196	1371	825	–	46663	15071	16404	15188	–
山　东	3238	2176	1062	–	81166	26897	25539	24004	4726
河　南	**4695**	**3501**	**1194**	**–**	**97512**	**32172**	**32567**	**32448**	**325**
湖　北	2114	1522	592	–	35552	12182	11738	11613	19
湖　南	3384	2040	1344	–	53076	17634	17860	17582	–
广　东	3748	2023	1725	–	88522	30974	29634	27914	–
广　西	1754	1475	279	–	44215	15024	14915	14276	–
海　南	410	207	203	–	8038	2785	2642	2611	–
重　庆	868	656	212	–	24514	8188	8415	7911	–
四　川	3677	1694	1980	3	60108	20165	20160	19783	–
贵　州	2020	1470	550	–	37512	12534	11990	12988	–
云　南	1691	1413	276	2	38946	13042	12947	12957	–
西　藏	105	102	3	–	3036	1009	1020	1007	–
陕　西	1641	1085	556	–	25659	8826	8589	8244	–
甘　肃	1472	845	627	–	20286	6577	6896	6813	–
青　海	263	105	158	–	4820	1585	1593	1642	–
宁　夏	247	172	75	–	5987	1936	2026	2025	–
新　疆	895	390	505	–	23111	8242	7694	7175	–
河南占全国比例（%）	**8.89**	**10.03**	**6.67**	**–**	**9.08**	**8.96**	**9.13**	**9.36**	**2.89**
河南居全国位次	**1**	**1**	**4**	**–**	**1**	**1**	**1**	**1**	**4**

初 中

地 区	毕业生数	招生数	在	
			合 计	其中：女
全 国	**15352918**	**16320964**	**49140893**	**22814790**
北 京	88151	122123	330478	157685
天 津	94025	109837	321813	150327
河 北	967044	996825	3015526	1413735
山 西	370368	341588	1115602	535722
内 蒙 古	222230	219883	661608	316613
辽 宁	339121	327531	1002283	474775
吉 林	221110	188411	622419	295794
黑 龙 江	278094	231462	865371	413626
上 海	96016	134759	468062	224123
江 苏	747658	875007	2542608	1165398
浙 江	539436	553866	1636425	761273
安 徽	707454	749466	2239554	1020647
福 建	426977	517204	1452519	666838
江 西	686917	685748	2204109	988812
山 东	1125213	1239966	3727055	1708420
河 南	**1484618**	**1540534**	**4721421**	**2143103**
湖 北	526830	581140	1708335	775971
湖 南	786850	824305	2519696	1167683
广 东	1204191	1419625	4054670	1854514
广 西	707317	755489	2254893	1053099
海 南	116564	131833	381382	172463
重 庆	349464	380556	1149781	545424
四 川	868254	931693	2797872	1339163
贵 州	611113	593658	1780696	827814
云 南	625145	603950	1823665	862921
西 藏	44024	47983	142938	69891
陕 西	353880	399767	1168305	548116
甘 肃	285311	278517	874149	410632
青 海	74420	73923	224530	108406
宁 夏	97660	92407	292625	139451
新 疆	307463	371908	1040503	502351
河南占全国比例（％）	**9.67**	**9.44**	**9.61**	**9.39**
河南居全国位次	**1**	**1**	**1**	**1**

学 生 数

校	生	数		预　计
一年级	二年级	三年级	四年级	毕业生数
16324100	**16411553**	**15961570**	**443670**	**15934798**
122222	114985	92253	1018	92038
109846	104645	98456	8866	98875
996825	1005384	1013257	60	1013253
341605	379991	394006	–	394006
219901	223615	216432	1660	216693
327536	345068	329679	–	329679
188419	210894	223106	–	223106
231462	250263	274284	109362	275298
134902	124426	114157	94577	94647
875007	864226	803093	282	803102
553870	549028	531671	1856	531499
749479	782037	708038	–	708038
517256	484216	451047	–	451047
687016	771734	745359	–	745359
1239969	1175077	1102876	209133	1095570
1540545	**1579443**	**1585312**	**16121**	**1584060**
581179	565612	560809	735	560793
824305	853354	842037	–	842037
1420616	1363323	1270731	–	1270731
755510	761485	737898	–	737898
131844	125677	123861	–	123861
380656	397495	371630	–	371630
931693	943474	922705	–	922705
593670	564703	622323	–	622323
603967	608508	611190	–	611190
47984	48371	46583	–	46583
399856	392546	375903	–	375903
278519	300357	295273	–	295273
74032	74200	76298	–	76298
92466	99845	100314	–	100314
371943	347571	320989	–	320989
9.44	**9.62**	**9.93**	**3.63**	**9.94**
1	1	1	4	1

初 中 专 任 教 师

地　区	全国	其中：女	按　学　历　分			
			研究生毕业	本科毕业	专科毕业	高中阶段毕业
全　　国	**3860741**	**2270332**	**153485**	**3265589**	**437513**	**3950**
北　京	38079	29380	9120	28691	263	5
天　津	29208	21088	3450	25075	655	28
河　北	219810	159208	6195	191393	22173	49
山　西	108585	75847	3580	89200	15657	142
内　蒙　古	60849	42666	3872	52237	4738	2
辽　宁	98857	70081	4724	85679	8358	80
吉　林	67148	46802	3276	58543	5298	30
黑　龙　江	86893	57169	1879	74825	10032	157
上　海	44714	33190	8029	36386	299	－
江　苏	212577	118882	15311	194151	3077	37
浙　江	133141	81531	7639	122016	3481	5
安　徽	165538	74269	3610	141552	20336	40
福　建	107931	54339	3654	93833	10395	49
江　西	145462	73469	2517	113036	29810	98
山　东	304476	177748	15025	261591	27502	346
河　　南	**340500**	**224929**	**9201**	**272813**	**57382**	**1103**
湖　北	135046	66593	4295	104790	25484	469
湖　南	189015	108148	5561	151889	31206	357
广　东	300929	175639	15553	260970	24343	59
广　西	152003	86311	2231	125909	23536	317
海　南	27973	14669	659	23308	3950	50
重　庆	83469	44541	3763	74082	5533	79
四　川	218397	115393	5546	175985	36860	6
贵　州	128990	59586	1298	109305	18284	98
云　南	139305	73994	2119	122887	13952	236
西　藏	12371	6604	220	11195	947	8
陕　西	101110	62257	6204	88615	6264	27
甘　肃	81239	36649	2001	69021	10178	36
青　海	16833	9619	560	13976	2275	18
宁　夏	20679	11991	717	18715	1241	6
新　疆	89614	57740	1676	73921	14004	13
河南占全国比例（％）	**8.82**	**9.91**	**5.99**	**8.35**	**13.12**	**27.92**
河南居全国位次	**1**	**1**	**4**	**1**	**1**	**1**

学 历 、 职 称 情 况

高中阶段 毕业以下	按 职 称 分					
	正高级	副高级	中级	助理级	员 级	未定职级
204	**2392**	**784107**	**1522227**	**992514**	**56891**	**502610**
–	21	10677	13565	10555	194	3067
–	12	10152	13009	4270	104	1661
–	124	39193	84802	48386	5737	41568
6	68	13010	35504	39719	1298	18986
–	28	16876	24549	11330	462	7604
16	56	52846	30310	9434	456	5755
1	66	18109	25316	16726	588	6343
–	43	23137	39862	18542	476	4833
–	17	5346	21786	14160	201	3204
1	209	53297	91441	41544	1204	24882
–	91	33020	57182	32633	504	9711
–	72	32657	66118	36132	3434	27125
–	36	22936	44741	29755	880	9583
1	64	35731	48411	32491	2215	26550
12	337	46373	120417	92252	2649	42448
1	**63**	**58141**	**117769**	**101812**	**6026**	**56689**
8	100	27121	66125	27844	3069	10787
2	108	27543	79820	44833	6613	30098
4	192	42725	135154	65743	5656	51459
10	31	22839	66755	35429	3403	23546
6	16	5108	9935	8992	398	3524
12	71	13317	36144	26827	260	6850
–	95	45819	82488	65790	3824	20381
5	98	22907	52930	37502	1634	13919
111	99	51024	44677	28790	873	13842
1	4	1332	4602	4169	920	1344
–	31	14541	39324	34539	1408	11267
3	128	14350	31421	30099	471	4770
4	15	4219	6200	4636	249	1514
–	14	4671	7748	6824	212	1210
–	83	15090	24122	30756	1473	18090
–	2.63	7.41	–	10.26	10.59	11.28
–	18	1	–	1	2	1

初　　中　　办

地　区	校舍建筑面　积	教　学　及		
		计	教　室	实验室
全　　国	718426060	293530232	196412824	44698148
北　　京	4586379	1826871	1137285	303261
天　　津	3225206	1534481	1007919	214087
河　　北	33841047	13922100	9570982	2370098
山　　西	16727941	6025727	4296843	822625
内　蒙　古	10523519	4763064	2990550	652393
辽　　宁	15586649	6828083	4499581	1011960
吉　　林	9445163	4081046	2739422	623462
黑　龙　江	11441071	5365508	3676455	850394
上　　海	9013735	4738762	2556676	936741
江　　苏	45254081	21924153	12776438	3847313
浙　　江	36105975	15533031	9536637	2025801
安　　徽	34393517	15079956	10614686	1996051
福　　建	14340693	5751156	3527205	1166612
江　　西	25485315	10568783	7428607	1401468
山　　东	60380745	24353884	15157226	4445740
河　　南	62433384	22312373	16671777	2918016
湖　　北	28358940	9962444	6835240	1497130
湖　　南	38908020	14778309	9857410	2116234
广　　东	65696035	29178089	19577162	3919650
广　　西	28184096	10715289	7600487	1673668
海　　南	4788927	1852640	1323032	265127
重　　庆	13301249	4702020	3329391	705009
四　　川	39701830	17362288	12546594	2494615
贵　　州	25614356	8416336	5937833	1222888
云　　南	22882805	7858822	5339826	1255581
西　　藏	2628404	834359	581434	96795
陕　　西	17524109	6534259	4223741	1073342
甘　　肃	13210931	5176171	3452782	877212
青　　海	3987185	1778062	1137845	272801
宁　　夏	3822613	1732058	1082243	358246
新　　疆	17032143	8040110	5399516	1283825
河南占全国比例（%）	8.69	7.60	8.49	6.53
河南居全国位次	2	3	2	4

学 条 件 (一)

单位：平方米

辅 助 用 房				行政办公用房	
其 中				计	其中：教师办公室
图书室	微机室	语音室	体育馆		
18473898	**12740751**	**4497136**	**16707475**	**58187059**	**34813925**
112740	83109	15208	175267	580167	266629
98345	55196	22722	136211	440000	272782
870301	598308	177687	334723	2366164	1584691
402268	292365	93323	118304	1588468	1051940
270507	201133	65829	582651	1031682	672815
383412	350668	117501	464961	1818696	1052038
250466	203744	82916	181035	1039027	657780
227975	205303	113110	292271	1281218	824478
328025	191505	55900	669914	1061813	529674
1888365	1080531	387183	1944323	4311845	2200336
1073347	602119	191211	2103916	2910692	1608799
914911	742178	217895	594235	2879691	1664183
454732	224417	58047	320143	1205407	573611
697855	461272	183308	396273	2122785	1204174
1710050	1068896	409043	1562927	5354958	3301594
1165506	**841245**	**283612**	**432218**	**5637706**	**3584838**
610903	485041	224390	309740	2109109	1255415
938234	609870	308936	947626	2671426	1725828
1641372	1020378	463619	2555909	4325409	2608504
589399	398446	96416	356873	1269836	844249
110739	75999	27190	50554	257300	154626
229996	178561	50795	208268	904077	498748
962617	718103	228720	411639	2371116	1500139
509645	391170	92754	262045	1701305	947825
524099	466031	122197	151087	1305846	746775
34682	27665	14861	78921	149280	114790
457061	342719	206259	231137	1820036	1188260
364342	286573	74914	120349	1268853	860153
121115	77888	32108	136304	385021	199462
100128	96990	16000	78450	364649	213507
430758	363326	63481	499203	1653475	905281
6.31	**6.60**	**6.31**	**2.59**	**9.69**	**10.30**
4	4	5	11	1	1

初　中　办

地区	生活用			
	计	教工宿舍		学生宿舍
		计	其中:教师周转宿舍	
全国	**294973530**	**61710907**	**22129470**	**126644932**
北京	1070901	129596	8628	176696
天津	606273	53747	14395	66583
河北	14681970	1603528	568327	7937971
山西	6950401	1139530	231711	3332834
内蒙古	3710630	325466	187672	1812602
辽宁	4167958	218412	108279	1207996
吉林	2712749	127330	96016	860372
黑龙江	2933255	136368	85233	982099
上海	1896009	62122	7299	159826
江苏	14205668	1799054	485741	4661216
浙江	12566326	1938456	438827	4601623
安徽	13134180	3132220	1269152	5510647
福建	5341669	1824948	557680	1726844
江西	10521967	2601630	793456	4590293
山东	22578382	2669235	1070245	9429386
河南	**30035310**	**4879694**	**1406531**	**15192888**
湖北	13971499	5127745	1311923	5010693
湖南	18412613	5848132	2364982	6717244
广东	24634858	7424493	1213944	9280240
广西	15314481	3915379	1523613	8219745
海南	2356122	857442	371068	953670
重庆	6122372	1302913	481519	3070849
四川	17325953	4551235	2366867	7537235
贵州	13561282	2633541	1745597	7439513
云南	12652511	2668787	1149393	6299465
西藏	1550085	536665	505759	685671
陕西	7242064	1891003	492951	2687150
甘肃	5139564	1141996	502657	1840137
青海	1569958	278907	154683	617694
宁夏	1330927	179050	105257	631790
新疆	6675592	712282	510063	3403957
河南占全国比例(%)	**10.18**	**7.91**	**6.36**	**12.00**
河南居全国位次	**1**	**4**	**5**	**1**

学　　条　　件（一）续

单位：平方米

房			其他用房	校舍面积中	
食堂	厕所	其他		危房面积	当年新增校舍
57708536	**23351441**	**25557714**	**71735240**	**1720591**	**37286707**
280329	201696	282585	1108439	–	208742
147906	141470	196566	644453	–	206985
2914892	950807	1274772	2870813	–	3230498
1332273	555477	590288	2163345	16732	658926
764528	399923	408112	1018143	–	442849
1297007	572331	872210	2771911	15784	435631
744705	348153	632189	1612342	–	671267
587288	435109	792391	1861090	7884	87547
644627	411760	617673	1317152	–	171742
4226045	1389263	2130090	4812415	–	2724386
3373394	1150239	1502615	5095925	–	2430819
2603501	1040441	847371	3299689	39293	1817268
896875	428835	464166	2042461	4091	685156
2017002	831500	481542	2271779	39260	2508931
5351713	2419366	2708682	8093521	5573	2538592
6157720	**2084358**	**1720650**	**4447995**	**151878**	**3673481**
2254186	711807	867067	2315888	33870	1286406
3376233	1121259	1349746	3045671	144044	1465079
3496288	2060734	2373103	7557679	13538	2376908
2217947	636483	324927	884490	141171	1357979
319336	139419	86256	322864	4908	149895
1111642	337918	299049	1572781	16318	215975
3151432	1205471	880580	2642474	62531	2442784
2047028	879239	561962	1935433	1607	1594352
2149705	701867	832686	1065626	518967	572988
222201	37359	68190	94680	–	119746
1294686	620680	748545	1927749	–	1242678
908515	503692	745223	1626343	502637	750058
288140	195460	189758	254143	–	136338
258230	156845	105012	394979	–	171262
1273164	682480	603708	662966	502	911437
10.67	**8.93**	**6.73**	**6.20**	**8.83**	**9.85**
1	2	4	5	3	1

初　　中　　办

地　区	占地面积(平方米) 计	其中：绿化用地面积	其中：运动场地面积	图书(册)	计算机数 计	其中：教 计
全　国	**1711920866**	**356602891**	**504046727**	**1816745715**	**9567735**	**7993928**
北　京	9905778	1951625	3494853	10689395	119503	102194
天　津	9237291	1293865	3704854	11378891	61454	55387
河　北	84801625	10821592	27022214	117363871	433921	418475
山　西	38892557	5352000	9901924	33762684	224708	176760
内蒙古	34537427	6029975	9105359	20887764	142468	109436
辽　宁	45737331	6572404	18064185	53585426	320967	241296
吉　林	32560309	7011717	9500320	28489668	132108	99487
黑龙江	41610309	5289377	11574551	28304842	185452	140269
上　海	15444562	4796933	5091261	27409918	214443	173131
江　苏	101891775	28972151	31415504	110937518	657206	564201
浙　江	67719619	18766931	21553179	91246524	573493	497966
安　徽	92785890	16120540	23985399	75695427	587300	486704
福　建	34126390	8759977	9067673	35075894	187908	144412
江　西	66187737	13242571	21529180	61818418	250198	197515
山　东	153330584	34908509	47058753	161966525	847028	737083
河　南	**138475790**	**20754668**	**34783215**	**147302025**	**630958**	**531353**
湖　北	69636970	22379732	16525736	68749187	279587	236093
湖　南	96177314	17927083	21422973	86925690	327620	283835
广　东	131227318	33596528	42295260	157215534	1095190	905360
广　西	57438536	10120801	18400179	89759380	273016	200367
海　南	16868717	3777229	3356725	10654830	53303	45274
重　庆	22830676	4910249	6967305	20935892	131009	105970
四　川	79534181	14549252	30709732	87559772	462727	378980
贵　州	60273898	13324143	19625973	71521185	298722	264212
云　南	58357766	12866692	16333243	59452455	273550	225804
西　藏	7074186	1199160	1254542	3733129	23116	15641
陕　西	39389179	6397661	10326490	53408215	252255	233522
甘　肃	33037891	6222530	9419060	31999446	183391	156072
青　海	9226952	1715018	2477583	10987621	55770	41608
宁　夏	11597606	2514132	3688332	9542047	69883	59594
新　疆	52004701	14457848	14391171	38386542	219481	165927
河南占全国比例(%)	**8.09**	**5.82**	**6.90**	**8.11**	**6.59**	**6.65**
河南居全国位次	**2**	**5**	**3**	**3**	**4**	**4**

学　条　件(二)

（台）学用计算机 其中：平板电脑	教室（间）计	教室（间）其中：网络多媒体教室	教室中：普通教室（间）计	教室中：普通教室（间）其中：网络多媒体教室	固定资产总值（万元）计	固定资产总值（万元）其中：教学仪器设备资产值计	固定资产总值（万元）其中：教学仪器设备资产值其中：实验设备
758190	2068343	1479812	1518432	1275915	113017580	13930826	3721967
16921	15692	13256	9264	8763	1256100	369439	54984
5582	11451	8954	7929	7360	554984	94180	18835
22091	103062	74368	83281	70581	4391606	499002	172402
5751	47243	31720	35866	28895	2506114	235259	72658
7682	27767	21636	17983	17034	2031960	243976	60060
14419	56862	39903	42820	34525	2152447	402778	114589
3586	40970	19775	29677	17483	1539328	222422	64252
6261	50669	30968	30271	25383	1851291	297976	77807
28903	29815	26382	19117	18203	2727093	478062	90286
46755	125102	99614	83368	77463	9347740	973352	266221
66352	84827	71123	55753	54364	6507444	915780	158907
146953	100078	70118	77934	63918	4929974	566374	157531
8757	39040	29174	25450	23857	2045993	304611	80438
14003	80906	57129	60310	52337	2921123	443204	117237
37924	185615	141267	123700	113625	10382998	1103354	239361
42727	178134	116417	151761	109834	7716445	705623	232236
31149	72414	47516	55621	44016	4045211	426821	145792
10235	111230	62791	87201	59154	5735790	689705	213805
146179	177335	149398	132373	126877	9661909	1526019	409922
9167	63021	47039	49828	44025	3264569	429986	135313
2331	12552	7871	9360	7162	691239	98988	29403
10540	31997	27041	21858	20466	2005874	191244	42243
15165	119754	74165	94748	66787	6214684	862079	248445
17109	69413	50986	51663	45206	3605713	365784	93004
4323	64155	40388	48188	36628	4152596	328924	92276
407	4632	2936	3276	2618	554125	29701	8880
11783	48112	36404	37409	32235	2774623	337700	121425
7642	41491	28917	24940	23966	2401332	244840	72980
3408	11513	6687	7956	5912	913777	64994	19295
7492	11151	8831	7387	6967	764818	121137	35727
6593	52340	37038	32140	30271	3368680	357510	75654
5.64	8.61	7.87	9.99	8.61	6.83	5.07	6.24
5	2	3	1	3	4	6	5

小 学 校 数 、教

地　　区	学校数 （所）	教学点数 （个）	计	一年级
全　　国	**157979**	**90295**	**2860471**	**511033**
北　　京	934	–	29085	5564
天　　津	885	–	19574	3598
河　　北	11625	6712	182478	33038
山　　西	5153	2199	73403	12809
内　蒙　古	1652	661	36928	6575
辽　　宁	2827	698	54075	9518
吉　　林	3464	857	38960	6342
黑　龙　江	1407	730	36666	6111
上　　海	684	–	23329	4997
江　　苏	4144	333	137391	23381
浙　　江	3308	67	96742	16867
安　　徽	7464	3208	131503	23011
福　　建	5129	1613	84589	15529
江　　西	7199	8027	119411	22352
山　　东	9619	1600	188715	33628
河　　南	**17687**	**13307**	**286260**	**51228**
湖　　北	5386	3523	93743	16660
湖　　南	7245	7178	138225	25007
广　　东	10600	5701	271300	47836
广　　西	8000	10252	136116	25266
海　　南	1379	1042	23059	4154
重　　庆	2754	1208	52613	8830
四　　川	5679	6735	140386	23913
贵　　州	6855	2778	101608	17831
云　　南	10688	3044	111405	19689
西　　藏	827	54	9408	1713
陕　　西	4610	1869	74111	13444
甘　　肃	5252	5155	71391	12907
青　　海	733	695	13152	2489
宁　　夏	1149	484	15554	2865
新　　疆	3641	565	69291	13881
河南占全国比例（％）	**11.20**	**14.74**	**10.01**	**10.02**
河南居全国位次	**1**	**1**	**1**	**1**

学 点 数 及 班 数

班		数	（ 个 ）		
二年级	三年级	四年级	五年级	六年级	复式班
512620	**494720**	**464453**	**449996**	**421292**	**6357**
5202	5173	4584	4315	4247	–
3456	3418	3206	3137	2759	–
32986	30976	29296	28184	27601	397
12552	12388	11857	11744	11533	520
6631	6213	5777	5996	5719	17
9350	9250	8511	8641	8805	–
6449	6594	6333	6638	6604	–
6377	6560	6525	6901	4192	–
4879	4781	4406	4266	–	–
23722	23949	22534	22098	21707	–
16872	16861	15805	15258	15077	2
22822	22773	21632	20731	20256	278
15255	14635	13195	12957	12928	90
21877	20332	18761	17840	16884	1365
33443	33280	32180	31031	25149	4
51601	**49470**	**47082**	**45089**	**41702**	**88**
16448	16175	15163	14638	14457	202
24810	23818	22089	21446	20525	530
50362	48274	43725	42072	39014	17
25692	22881	21723	20324	19115	1115
4186	4066	3678	3527	3448	–
8997	8948	8547	8648	8632	11
24545	24056	22820	22520	22414	118
18201	17316	16459	16164	15549	88
19803	19183	18122	17551	16991	66
1661	1616	1551	1479	1388	–
13163	12911	12132	11471	10574	416
12737	12093	11527	10982	10157	988
2459	2244	2095	1996	1843	26
2822	2638	2511	2399	2300	19
13260	11848	10627	9953	9722	–
10. 07	**10. 00**	**10. 14**	**10. 02**	**9. 90**	**1. 38**
1	1	1	1	1	12

小　　学

地　　区	毕业生数	招生数		合计	其中：女
		计	其中：受过学前教育		
全　　国	**16403201**	**18080902**	**17986907**	**107253532**	**50037520**
北　京	136671	202157	202072	995046	477303
天　津	110370	133843	133029	730143	343582
河　北	1005247	1163298	1163125	6959229	3247093
山　西	347823	410415	407868	2352802	1133770
内　蒙　古	220333	239951	239654	1381519	661613
辽　宁	328314	347196	346914	1967439	940144
吉　林	189659	190858	189761	1187540	570234
黑　龙　江	235017	200964	198488	1244214	600653
上　海	142333	187712	187638	860960	407897
江　苏	886680	970944	968924	5808208	2690116
浙　江	569009	645931	645809	3727273	1722441
安　徽	740148	781418	780991	4682378	2150054
福　建	520960	616956	616297	3436133	1568777
江　西	682445	617763	603245	4063050	1846645
山　东	1251619	1296317	1295539	7432850	3371079
河　南	**1541747**	**1659936**	**1658979**	**10215856**	**4749740**
湖　北	579311	627097	625530	3808514	1737192
湖　南	812917	848870	848863	5342513	2484176
广　东	1469516	1770662	1758130	10571118	4864582
广　西	746774	859087	851973	5071781	2363976
海　南	132452	143363	141926	862133	388289
重　庆	371555	323449	320569	2024671	964816
四　川	922320	881239	878828	5529052	2660856
贵　州	581395	648934	643836	3972666	1851653
云　南	607950	649064	629948	3892241	1859951
西　藏	51570	63087	56344	352875	173170
陕　西	398105	514146	513160	2892019	1367646
甘　肃	279871	350883	348604	2009079	958427
青　海	74568	84241	80972	507745	247187
宁　夏	93604	100918	100606	592434	283824
新　疆	372918	550203	549285	2780051	1350634
河南占全国比例（％）	**9.40**	**9.18**	**9.22**	**9.52**	**9.49**
河南居全国位次	**1**	**2**	**2**	**2**	**2**

学　生　数

在　校　生　数						预　计 毕业生数
一年级	二年级	三年级	四年级	五年级	六年级	
18083414	**18692983**	**18673509**	**17670304**	**17466624**	**16666698**	**17163713**
202226	182893	183316	154061	138302	134248	135681
133891	128582	128846	118959	116867	102998	112376
1163306	1195543	1219611	1150684	1122421	1107664	1107735
410438	398904	402665	380617	384499	375679	375679
239984	245850	235452	215164	226042	219027	220749
347220	340201	342765	301315	312608	323330	323330
190858	197400	201758	189323	203675	204526	204526
200964	214791	221685	219647	242818	144309	244493
187834	184278	180908	158799	149141	—	149141
970944	1004248	1023200	955248	936077	918491	918491
645936	653560	660109	607906	585403	574359	576691
781461	798698	818706	777362	748628	757523	757523
617181	623140	608318	532444	526343	528707	528707
618609	662145	705602	682611	688460	705623	705623
1296319	1280114	1302687	1276878	1246298	1030554	1257163
1659942	**1736839**	**1744617**	**1712649**	**1708735**	**1653074**	**1657567**
627168	651398	665860	626215	617355	620518	621373
848870	894703	928810	885334	897856	886940	886940
1770664	1934407	1872622	1722322	1678971	1592132	1592929
859060	933180	858757	835792	812944	772048	772048
143369	151139	151570	141337	138060	136658	136658
323553	341157	343664	330454	341190	344653	344653
881239	934363	948647	912080	924566	928157	928157
648962	689694	681292	661426	657492	633800	633800
649111	670175	665038	633513	642755	631649	631649
63101	61829	60473	59063	56230	52179	52179
514400	510346	514150	480366	458549	414208	414208
350890	352096	343506	333484	322022	307081	307081
84602	90461	90504	85503	80759	75916	75916
101011	102689	100378	97116	96607	94633	94633
550301	528160	467993	432632	404951	396014	396014
9.18	**9.29**	**9.34**	**9.69**	**9.78**	**9.92**	**9.66**
2	2	2	2	1	1	1

小 学 教

地 区	教 职		
	合 计	专任教师	行政人员
全 国	**5966300**	**5592104**	**124110**
北 京	62495	56412	2962
天 津	48637	43909	3148
河 北	400701	374589	12678
山 西	166931	148748	3344
内 蒙 古	115789	94059	4629
辽 宁	127138	111891	11707
吉 林	104290	88281	7097
黑 龙 江	98420	84969	4498
上 海	54218	47609	2572
江 苏	314009	299112	3380
浙 江	196564	188669	2825
安 徽	228649	220690	2735
福 建	177135	170479	2678
江 西	212596	209618	528
山 东	400114	390014	3222
河 南	**553975**	**523856**	**9723**
湖 北	198871	183885	4842
湖 南	257148	251167	2470
广 东	490985	454869	13445
广 西	285338	270105	2718
海 南	48554	45120	589
重 庆	128610	123261	2127
四 川	285519	272716	4351
贵 州	216022	199984	3203
云 南	235654	225616	2292
西 藏	24334	24135	50
陕 西	173278	157708	6160
甘 肃	136828	133458	926
青 海	26311	23673	96
宁 夏	32286	31621	102
新 疆	164901	141881	3013
河南占全国比例（%）	**9.29**	**9.37**	**7.83**
河南居全国位次	**1**	**1**	**4**

职　工　数

工　　　数			代课教师	兼任教师
教辅人员	工勤人员	校办企业 职　工		
107630	**142075**	**381**	**163129**	**27084**
2292	827	2	–	1666
1068	512	–	505	129
5220	8214	–	11439	683
8927	5905	7	9527	453
11037	6063	1	1248	38
2826	709	5	308	39
7787	1122	3	700	13
6583	2353	17	2426	170
2202	1834	1	495	46
5422	6014	81	11019	790
2127	2943	–	–	197
1646	3578	–	7488	985
1666	2312	–	16950	448
981	1463	6	1884	478
3575	3303	–	7284	137
4492	**15881**	**23**	**28220**	**2051**
4978	5131	35	13196	1218
1059	2398	54	13982	571
5523	17102	46	979	1181
2423	10080	12	836	6535
421	2402	22	2038	370
1018	2186	18	3808	434
2349	6103	–	13064	3014
1259	11568	8	327	1145
1257	6450	39	87	2889
87	62	–	132	–
3416	5994	–	3133	409
1263	1181	–	2289	867
103	2438	1	1487	6
93	470	–	2619	58
14530	5477	–	5659	64
4.17	**11.18**	–	**17.30**	**7.57**
10	**2**	–	**1**	**4**

小 学 专 任 教 师

地　区	合计	其中：女	按　学　历　分			
			研究生毕业	本科毕业	专科毕业	高中阶段毕业
全　　国	**6434178**	**4578915**	**102583**	**4143762**	**2051722**	**134811**
北　京	71035	58175	7320	59969	3649	93
天　津	47480	37447	3514	36903	6585	463
河　北	407710	331297	3644	245800	153760	4495
山　西	168284	136730	1768	108562	54583	3349
内　蒙　古	105222	80314	1807	76744	25809	858
辽　宁	137743	107186	4092	87502	44351	1749
吉　林	105300	79929	2404	74791	26464	1624
黑　龙　江	103715	75034	1011	60806	39182	2695
上　海	61466	51340	5338	48391	7531	206
江　苏	345877	253293	10557	306494	27973	843
浙　江	221938	169304	5935	185741	29443	818
安　徽	260425	165216	2235	161121	93113	3956
福　建	182617	132296	1514	112229	61749	7091
江　西	242233	172208	727	131118	102215	8092
山　东	454285	309600	10913	327242	104838	11233
河　南	**586578**	**445184**	**4612**	**347324**	**219805**	**14837**
湖　北	209808	137894	3629	119074	79902	7139
湖　南	300033	217594	2852	175044	115864	6266
广　东	573428	426497	12076	407676	147348	6286
广　西	281724	198317	1213	144605	124757	10912
海　南	54328	33095	298	22445	27933	3643
重　庆	130610	84043	2694	80936	45302	1654
四　川	344855	227676	4170	184594	149057	7034
贵　州	215012	120764	483	125120	81999	7228
云　南	237317	138996	1253	138493	88225	9005
西　藏	24486	14003	66	13873	10305	235
陕　西	177084	132105	4381	131456	40237	1009
甘　肃	150870	83774	1065	102008	41567	6208
青　海	28798	17605	262	18179	9640	691
宁　夏	33823	23261	260	22250	10749	562
新　疆	170094	118738	490	87272	77787	4537
河南占全国比例(%)	**9.12**	**9.72**	**4.50**	**8.38**	**10.71**	**11.01**
河南居全国位次	**1**	**1**	**7**	**2**	**1**	**1**

学 历 、 职 称 情 况

高中阶段毕业以下	按 职 称 分					
	正高级	副高级	中 级	助理级	员 级	未定职级
1300	**1506**	**547254**	**2743979**	**1914042**	**185521**	**1041876**
4	16	6435	31482	24785	676	7641
15	12	4731	27071	10949	311	4406
11	63	29825	160702	126885	13380	76855
22	17	3256	63551	70272	3364	27824
4	26	21536	45103	22596	1970	13991
49	27	36699	69710	15005	4250	12052
17	25	21168	48821	23867	1064	10355
21	40	17578	50053	29399	1048	5597
–	11	2060	27785	25216	797	5597
10	129	25242	165213	94472	4504	56317
1	104	13274	109445	75613	1857	21645
–	61	21978	114884	71850	11473	40179
34	59	5517	90317	54773	5504	26447
81	40	10914	96504	70160	15827	48788
59	150	28529	159624	178962	10665	76355
–	**29**	**30733**	**225255**	**193839**	**14913**	**121809**
64	51	10410	111933	55133	8424	23857
7	41	22762	124094	80915	15906	56315
42	205	20481	282578	108529	17201	144434
237	27	17922	136261	68400	10690	48424
9	23	2573	21023	19667	1428	9614
24	47	10159	57886	51704	1162	9652
–	101	43420	128664	121466	11702	39502
182	38	11780	112577	58994	4548	27075
341	18	77480	84756	49907	3713	21443
7	6	2831	9037	7343	2643	2626
1	20	6988	66603	66272	4196	33005
22	85	17728	53917	63152	1314	14674
26	7	5082	12572	6498	639	4000
2	10	5306	13971	11828	492	2216
8	18	12857	42587	55591	9860	49181
–	1.93	5.62	8.21	10.13	8.04	11.69
–	16	4	2	1	4	2

小 学 办

地 区	校舍建筑面 积	教 学 及		
		计	教 室	实验室
全 国	**845772450**	**449653312**	**354251703**	**29272775**
北 京	7674382	3534012	2742947	205355
天 津	5263268	2923053	2339489	117097
河 北	47695283	27817836	22525765	1837805
山 西	19850709	9343345	7583674	550727
内 蒙 古	13618183	6986139	5447045	324700
辽 宁	13003706	6811371	5341165	376126
吉 林	9697474	5165175	4072289	354355
黑 龙 江	8715905	4726597	3770950	306902
上 海	6559560	4008969	2563468	552626
江 苏	48650271	28910975	20584066	2257597
浙 江	37915730	19782179	14383294	1329134
安 徽	34242320	21176476	16782724	1385237
福 建	27314548	13860725	10885070	861284
江 西	31579878	17557961	14374999	919486
山 东	55540219	29133190	21786625	2579775
河 南	**74605947**	**40106332**	**33427561**	**2205730**
湖 北	31640000	15556181	12185235	1187238
湖 南	42093715	21338087	16488468	1544899
广 东	75400725	40975226	32331762	2062336
广 西	42830251	25546837	21863364	1197381
海 南	6622243	3373974	2836023	177555
重 庆	20833040	10240475	8333643	575433
四 川	41559758	22851833	18678056	1455432
贵 州	30787258	13431258	10920373	834737
云 南	37185247	17149322	13358842	1244597
西 藏	5402577	1800227	1402852	80637
陕 西	23009469	10773129	8048596	763441
甘 肃	16010359	8380165	6658221	556455
青 海	4954119	2240996	1637715	122414
宁 夏	4902874	2787633	2166318	222800
新 疆	20613432	11363635	8731101	1083482
河南占全国比例（%）	8.82	8.92	9.44	7.54
河南居全国位次	2	2	1	3

学　条　件（一）

单位：平方米

| 辅 助 用 房 | | | | 行政办公用房 | |
| 其　中 | | | | 计 | 其中:教师办公室 |
图书室	微机室	语音室	体育馆		
25086443	**19200954**	**5623012**	**16218425**	**70927822**	**46075857**
186762	142429	15673	240845	900863	475826
141835	106196	41328	177108	660835	421176
1604172	1264163	295792	290137	3677656	2554711
531821	430805	119282	127036	2102975	1526226
315511	265196	83342	550345	1327684	897720
359897	324126	102551	307506	1231744	793544
313324	251515	78478	95213	978206	658280
177814	184953	85506	200472	904717	603860
259021	144032	36943	452879	845346	417315
1880817	1303097	388867	2496532	4594444	2433377
1067725	701482	219385	2081159	3191022	1778696
1217912	1049688	237290	503624	2889663	1915272
834858	555801	122692	601020	1930442	1131091
1051397	646313	225000	340766	2814649	1805358
1904125	1418125	434787	1009754	5104772	3277062
2108388	**1635304**	**447870**	**281479**	**7970853**	**5723868**
855452	718969	257581	351706	2330172	1494321
1113367	705773	372110	1113470	3264368	2290761
2070618	1576268	564964	2369279	5256750	3546946
1136056	787437	158966	403634	2146256	1652596
169410	119569	43700	27716	437666	286420
420663	338672	84301	487762	1729636	1027241
1186609	896025	258409	377301	2753865	1861688
753615	605675	123569	193289	2316564	1344422
1116029	1027841	209832	192181	2079775	1382416
71789	77078	20812	147058	326493	259411
752365	625200	372775	210753	2445536	1622629
557835	443034	76734	87887	1744494	1243853
146059	108977	34220	191610	385271	230485
148442	147006	28132	74935	463024	295107
632756	600207	82123	233966	2122084	1124175
8.40	**8.52**	**7.96**	**1.74**	**11.24**	**12.42**
1	1	2	17	1	1

小　　学　　办

地区	生活用			
	计	教工宿舍		学生宿舍
		计	其中:教师周转宿舍	
全　国	**220307067**	**59234835**	**23298888**	**43840163**
北　京	1361072	112013	12155	76519
天　津	798204	39040	7293	4531
河　北	10257683	1330605	405113	3021493
山　西	4998961	959214	195068	1385753
内蒙古	3993025	423167	289877	1522016
辽　宁	2256677	92100	44360	179224
吉　林	1703634	76745	47582	152731
黑龙江	1562820	74258	46634	241248
上　海	1120712	10584	1405	2191
江　苏	8881531	932334	364727	379185
浙　江	8752842	1724054	397307	648187
安　徽	6450786	1659723	769816	675238
福　建	5877629	2417741	812228	567456
江　西	7860084	2929548	975691	948059
山　东	10642974	1189457	495622	1047259
河　南	**19354255**	**3630125**	**1065441**	**5005757**
湖　北	10519806	4159725	1276265	1911613
湖　南	12876270	4399431	1654483	1840826
广　东	17439312	7437461	1064933	2084909
广　西	12430518	4643989	2146983	2905922
海　南	2264979	1274622	580749	432598
重　庆	5694624	2027845	905877	704135
四　川	13102101	4328360	2542961	3090186
贵　州	11640528	3446038	2509328	3618774
云　南	15649852	3960756	1603359	5553339
西　藏	3110218	1191290	1052512	1081171
陕　西	6318828	1700979	417042	1112724
甘　肃	4068082	1277679	343190	436309
青　海	1866680	427150	269905	684219
宁　夏	1004242	254812	152489	71581
新　疆	6448141	1103990	848494	2455011
河南占全国比例(%)	**8.79**	**6.13**	**4.57**	**11.42**
河南居全国位次	**1**	**7**	**7**	**2**

学　　条　　件 (一)续

单位：平方米

房			其他用房	校舍面积中	
食　堂	厕　所	其　他		危房面积	当年新增校　舍
48853172	**36212727**	**32166171**	**104884249**	**2237960**	**39642987**
357604	353093	461842	1878435	2631	154449
141706	286119	326807	881177	–	348658
1783633	2043465	2078488	5942108	2500	2959633
881778	854414	917802	3405428	29586	629559
764594	647195	636054	1311335	662	387770
770381	566529	648444	2703913	8065	529526
409828	449262	615068	1850459	8840	309944
252782	384239	610294	1521772	13228	132688
433779	311503	362655	584534	–	107897
3681173	1871414	2017424	6263321	–	3592204
3398749	1438622	1543230	6189687	–	2027639
1866879	1428002	820944	3725396	30469	1708249
678824	1208356	1005252	5645752	976	1151410
1824699	1410699	747078	3347184	70254	2724053
2771179	2969048	2666032	10659282	6184	2085205
4355522	**3848764**	**2514087**	**7174507**	**117332**	**3700253**
2211462	1093327	1143678	3233841	48413	998233
3236414	1606831	1792767	4614990	199120	1403237
1948609	2913979	3054353	11729437	26504	2281070
2191402	1648541	1040664	2706640	208818	1857670
194702	236611	126445	545624	4496	109095
1457655	750367	754622	3168306	24680	461519
3016268	1639859	1027427	2851960	62549	2813255
2216666	1361057	997993	3398908	2016	1731938
3358412	1428496	1348850	2306298	760615	1003818
546854	105371	185532	165640	74	267165
1380050	1064790	1060285	3471976	–	1930817
755592	912130	686373	1817618	609948	775443
332136	229010	194165	461172	–	269605
235840	282915	159093	647975	–	219210
1397998	868722	622421	679573	–	971778
8.92	**10.63**	**7.82**	**6.84**	**5.24**	**9.33**
1	1	3	3	5	1

小 学 办

地 区	占地面积（平方米）		图 书（册）	计算机数（台）		
	计	运动场地面 积		计	其中：教学用计算机	
					计	其中：平板电脑
全 国	**2380474352**	**765929840**	**2579218082**	**14905551**	**12597690**	**1131434**
北 京	14306885	5531774	28042267	258351	218692	37352
天 津	13321210	5370855	23686223	128230	114803	9274
河 北	164689731	56270115	193813555	937593	910024	28266
山 西	54559617	14510514	48605307	377515	292895	8904
内 蒙 古	53856500	13357659	28714794	219706	176120	8587
辽 宁	42682312	18036186	57563537	354349	286945	19557
吉 林	52862055	12148444	33995324	154335	120346	7005
黑 龙 江	31495513	10649601	22709163	181669	139958	8575
上 海	10825455	4164126	27080353	200083	163236	27189
江 苏	114973123	39552955	159019984	889680	767932	64381
浙 江	74553940	26691143	125289971	804693	704158	95567
安 徽	105226982	30941032	94320018	945883	804088	273286
福 建	56954788	19754391	90140752	474949	381822	19174
江 西	87299042	31297506	73046959	328494	243202	16269
山 东	179684589	65080591	205506646	1147150	997344	34172
河 南	**221564470**	**60198924**	**208825638**	**995116**	**843559**	**51174**
湖 北	95292477	24314158	98921119	436538	380543	37277
湖 南	109256688	26885974	120577871	440737	383551	12789
广 东	184734033	66300160	228085499	1721173	1432749	217544
广 西	111418771	47870233	159196863	581347	440206	17104
海 南	30449054	5796295	16164297	97630	82439	3156
重 庆	42259679	13456370	35885041	302721	244969	19053
四 川	89673339	38050785	93162698	633367	519286	28609
贵 州	77381528	28441776	93449203	423833	370655	27972
云 南	100566824	29548918	98549067	522865	423661	4596
西 藏	17391260	3273829	6458504	60474	43083	813
陕 西	57247928	16854216	90514645	481810	451306	22370
甘 肃	59913143	16405649	42512692	284894	244395	9061
青 海	15912118	3593708	12705174	77859	61322	4950
宁 夏	20093031	6371741	13061620	115455	97886	12907
新 疆	90028267	25210213	49613298	327052	256515	4501
河南占全国比例（%）	9.31	7.86	8.10	6.68	6.70	4.52
河南居全国位次	1	3	2	3	4	5

学　条　件（二）

教室（间）		教室中:普通教室（间）		固定资产总值（万元）		
计	其中:网络多媒体教室	计	其中:网络多媒体教室	计	其中:教学仪器设备资产值	
					计	其中:实验设备
4112699	**2762762**	**3164558**	**2448203**	**134139192**	**19402600**	**3486687**
35938	32172	25080	24159	2390923	837200	85593
26770	22210	19973	18824	935377	189491	17650
288169	190221	235427	181219	5809166	813341	223507
102387	64998	82390	60617	2721674	345232	66217
53646	41411	37437	34212	2721600	360075	42858
73911	52261	56549	45692	1718973	403761	59756
62935	27522	49182	25289	1552527	251676	47246
53271	34471	34538	28998	1351186	254048	39675
28887	26565	19542	19175	2163815	455408	60526
198479	160652	138542	128237	10594124	1319570	239240
132148	117283	89417	87998	7111420	1240702	152065
176439	125830	145188	118020	5255888	794898	148576
131906	94635	92466	82383	4414309	736901	108626
180202	115711	132680	106223	3690883	616605	103671
285401	222746	195666	181272	10281326	1251291	193774
420351	**206778**	**361226**	**195946**	**8169381**	**913505**	**218875**
138666	86409	112052	80715	4193620	565703	149991
196957	95472	159130	89589	5586840	703139	163944
322182	265254	249051	234529	10606493	1934162	407994
213778	127579	168437	120234	5800065	887970	165817
29449	15837	22659	14805	1125182	138916	26659
83386	69028	58878	53905	3152870	357313	40920
193512	108526	162112	98358	6922678	1084101	211895
142473	105520	112391	98358	4502921	523462	85397
181305	108630	144730	101856	7124169	674113	111272
15574	7191	10664	6454	1605641	63963	11905
102646	77342	82950	69882	3961180	584574	136593
97357	64868	71232	59136	2817142	363549	66344
20398	10720	15412	9360	1064535	68878	9052
25182	18780	17524	15494	1101273	182810	35456
98994	66140	62033	57264	3692010	486244	55591
10.22	**7.48**	**11.41**	**8.00**	**6.09**	**4.71**	**6.28**
1	3	1	2	4	6	4

工 读 学 校

地 区	学校数 （所）	班 数 （个）	离校人数
全 国	95	319	4031
北 京	6	27	218
天 津	2	–	–
河 北	–	–	–
山 西	1	13	131
内 蒙 古	–	–	–
辽 宁	10	10	121
吉 林	3	5	25
黑 龙 江	1	1	10
上 海	12	63	362
江 苏	1	12	116
浙 江	1	16	254
安 徽	3	–	–
福 建	–	–	–
江 西	1	12	199
山 东	–	–	–
河 南	3	13	63
湖 北	2	7	28
湖 南	3	19	25
广 东	3	20	265
广 西	3	2	6
海 南	–	–	–
重 庆	1	3	20
四 川	10	25	244
贵 州	21	53	1428
云 南	2	12	207
西 藏	–	–	–
陕 西	1	3	4
甘 肃	–	–	–
青 海	–	–	–
宁 夏	–	–	–
新 疆	5	3	305
河南占全国比例（%）	3.16	4.08	1.56
河南居全国位次	7	8	13

— 844 —

基　本　情　况

入校人数	在校生数	教　职　工　数	
		计	其　中：专任教师
3036	**6012**	**2901**	**2139**
198	452	270	217
–	–	28	17
–	–	–	–
185	509	76	66
–	–	–	–
59	169	253	182
14	35	41	31
–	10	18	10
255	688	391	307
150	225	57	45
296	443	78	65
–	–	48	30
–	–	–	–
177	280	45	42
–	–	–	–
65	**218**	**63**	**57**
9	19	43	38
81	558	85	56
158	326	196	131
14	14	44	40
–	–	–	–
18	36	25	23
201	472	245	186
989	1283	422	318
157	256	68	60
–	–	–	–
10	16	43	33
–	–	–	–
–	–	–	–
–	–	–	–
–	3	362	185
2.14	**3.63**	**2.17**	**2.66**
12	**12**	**12**	**11**

— 845 —

特　殊　教　育

地　区	学校数（所）	班数（个）	毕业生数	招生数	在				
					合计	其中：女	学前教育阶段	一年级	二年级
全　国	**2244**	**31220**	**121411**	**149046**	**880800**	**324217**	**4620**	**78076**	**98041**
北　京	20	344	1507	1218	7308	2477	5	592	635
天　津	20	330	634	595	4961	1727	95	346	631
河　北	163	2037	4595	5956	37728	14250	197	3667	4622
山　西	85	1029	2939	3667	20126	7882	186	1839	2469
内蒙古	53	712	2009	2170	13867	5406	241	1098	1457
辽　宁	86	986	2119	2638	15310	5273	111	1843	1669
吉　林	51	687	1554	2153	12442	4358	22	1024	1320
黑龙江	72	1150	1954	2355	16358	5896	10	1094	1524
上　海	31	567	1429	1323	8397	2942	295	396	481
江　苏	106	1570	5031	6389	37269	12956	611	3162	4375
浙　江	86	1141	3415	3450	21455	7544	175	1692	2061
安　徽	77	1248	3719	6048	40674	14638	241	3239	4137
福　建	74	1155	4366	5067	28130	9466	139	2641	3256
江　西	95	1506	7825	6743	40167	14509	202	3181	3969
山　东	152	2585	6210	7701	47976	17239	683	4030	5108
河　南	**149**	**1841**	**4297**	**10078**	**62990**	**23325**	**180**	**6932**	**8701**
湖　北	88	895	2889	4444	28871	9894	6	2603	3634
湖　南	95	1357	7332	8040	54119	19821	373	5124	5963
广　东	143	2286	6084	12550	63802	20763	267	7179	7852
广　西	83	1125	5140	7469	41627	14811	84	3718	4678
海　南	14	186	574	1102	5534	1797	–	603	680
重　庆	39	444	4107	4675	27006	10373	68	1743	2476
四　川	132	1561	13123	11867	64979	25197	51	4979	6577
贵　州	77	1251	6135	6948	42053	16082	28	3311	5008
云　南	70	1029	8759	7808	45984	18458	81	3408	4687
西　藏	7	89	939	1279	7096	3319	–	595	838
陕　西	70	739	3156	3185	19361	7422	122	1876	1940
甘　肃	44	559	2233	3676	21468	8325	24	1753	2198
青　海	15	152	1197	1393	7848	3301	2	718	857
宁　夏	15	186	1125	1319	7473	2992	33	583	686
新　疆	32	473	5015	5740	28421	11774	88	3107	3552
河南占全国比例(%)	**6.64**	**5.90**	**3.54**	**6.76**	**7.15**	**–**	**3.90**	**8.88**	**8.87**
河南居全国位次	**3**	**4**	**13**	**3**	**3**	**–**	**11**	**2**	**1**

基 本 情 况

校				生		数				
小 学 阶 段				初 中 阶 段				高 中 阶 段		
三年级	四年级	五年级	六年级	一年级	二年级	三年级	四年级	一年级	二年级	三年级及以上
108595	**114111**	**104850**	**100571**	**84837**	**88932**	**83777**	**2653**	**4366**	**3546**	**3825**
749	811	775	883	714	923	1061	2	39	52	67
543	583	495	462	480	445	475	15	153	110	128
5004	4634	3902	4313	3655	3813	3646	12	72	112	79
2147	2388	2375	2350	2008	2063	1854	–	151	179	117
1718	1971	1731	1753	1283	1236	1136	9	97	61	76
1576	1648	1631	1605	1517	1461	1514	–	252	232	251
1506	1391	1499	1528	1247	1388	1292	–	85	52	88
1916	2730	2246	1216	1650	1546	1797	495	42	57	35
627	766	792	–	898	1067	1108	1037	274	232	424
3996	5012	4480	4723	3252	3439	3170	12	392	363	282
2128	2359	2320	2442	2268	2289	2758	10	405	275	273
5084	5905	5196	5739	3702	3481	3532	–	115	131	172
3303	3484	3398	3760	2441	2579	2396	75	309	155	194
4752	5434	5174	4651	3944	4593	3822	–	176	144	125
7111	6446	5190	4264	4482	4727	4216	855	353	237	274
9678	**8734**	**7527**	**6404**	**4708**	**5200**	**4586**	**75**	**143**	**66**	**56**
3966	3410	3456	3215	2584	2838	2907	14	93	52	93
6998	7069	6353	5768	5028	5946	5375	–	38	51	33
8610	8140	7209	7188	5371	5370	5195	–	583	355	483
5434	5214	4994	4836	4247	4354	3853	3	82	72	58
799	679	596	521	567	476	478	–	47	53	35
2905	3384	3256	3518	3187	3526	2772	–	54	58	59
7183	8485	8865	7922	6997	7013	6560	–	131	133	83
5045	5448	5395	5276	4047	4123	4130	–	62	88	92
5042	6105	5343	5410	5056	5581	5241	30	–	–	–
818	894	755	883	721	809	732	–	–	–	51
2371	2536	2403	2141	1994	1975	1913	–	21	30	39
2580	2693	2658	2597	2160	2402	2223	–	60	94	26
965	1241	990	856	696	713	755	–	14	15	26
687	949	728	1054	939	870	776	9	67	31	61
3354	3568	3118	3293	2994	2686	2504	–	56	56	45
8.91	**7.65**	**7.18**	**6.37**	**5.55**	**5.85**	**5.47**	**2.83**	**3.28**	**1.86**	**1.46**
1	1	2	3	5	5	5	4	11	17	22

特 殊 教 育 学

地　区	教　　职		
	全　国	专任教师	行政人员
全　　国	**76415**	**66169**	**3491**
北　京	1278	1044	107
天　津	817	673	88
河　北	4126	3625	199
山　西	2402	2043	101
内 蒙 古	2062	1746	118
辽　宁	3022	2285	547
吉　林	1907	1648	153
黑 龙 江	2425	2128	141
上　海	1768	1415	150
江　苏	4305	3749	156
浙　江	3175	2933	70
安　徽	2167	1979	52
福　建	2586	2312	83
江　西	2136	1922	47
山　东	6496	5784	186
河　南	**4679**	**4287**	**123**
湖　北	2216	1950	80
湖　南	2911	2624	145
广　东	7461	5841	325
广　西	2407	2031	38
海　南	614	441	17
重　庆	1195	1072	49
四　川	3538	3220	107
贵　州	2236	1981	86
云　南	2720	2483	63
西　藏	325	297	12
陕　西	1912	1614	127
甘　肃	1273	1092	49
青　海	276	215	11
宁　夏	518	458	10
新　疆	1462	1277	51
河南占全国比例（%）	**6.12**	**6.48**	**3.52**
河南居全国位次	**3**	**3**	**11**

校 教 职 工 数

工　　数		代课教师	兼任教师
教辅人员	工勤人员		
2895	**3860**	**1767**	**566**
83	44	–	2
33	23	9	4
116	186	27	4
120	138	211	31
122	76	3	–
95	95	–	–
65	41	4	2
69	87	117	57
103	100	4	2
200	200	65	2
58	114	4	5
48	88	95	16
53	138	208	4
89	78	62	10
219	307	159	2
101	**168**	**211**	**193**
53	133	98	8
64	78	131	–
694	601	18	124
105	233	7	37
17	139	5	–
14	60	51	–
81	130	137	29
25	144	10	17
42	132	12	16
7	9	–	–
48	123	22	–
68	64	–	–
1	49	19	–
37	13	56	–
65	69	22	1
3.49	4.35	11.94	34.10
9	6	1	1

特殊教育学校专任

地　区	合计	其中：女	按　学　历　分			
			研究生毕业	本科毕业	专科毕业	高中阶段毕业
全　国	**66169**	**49373**	**1872**	**47790**	**15679**	**796**
北　京	1044	832	76	925	43	－
天　津	673	517	41	540	90	2
河　北	3625	2909	48	2511	1020	46
山　西	2043	1573	25	1451	524	40
内　蒙　古	1746	1269	51	1267	397	31
辽　宁	2285	1832	61	1680	529	14
吉　林	1648	1280	28	1312	291	17
黑　龙　江	2128	1506	16	1260	808	44
上　海	1415	1180	180	1125	109	1
江　苏	3749	2798	136	3187	406	19
浙　江	2933	2249	147	2361	410	14
安　徽	1979	1408	30	1403	514	32
福　建	2312	1825	30	1646	612	24
江　西	1922	1477	17	1049	836	20
山　东	5784	3819	212	4436	997	139
河　南	**4287**	**3216**	**40**	**2646**	**1533**	**68**
湖　北	1950	1335	32	1230	658	28
湖　南	2624	1960	62	1605	905	43
广　东	5841	4373	337	4484	918	99
广　西	2031	1650	33	1291	678	26
海　南	441	331	3	292	143	3
重　庆	1072	807	29	809	222	8
四　川	3220	2395	72	2250	883	15
贵　州	1981	1413	15	1480	472	11
云　南	2483	1819	36	1968	462	17
西　藏	297	199	3	228	57	9
陕　西	1614	1182	57	1096	450	11
甘　肃	1092	760	26	852	210	4
青　海	215	136	8	152	52	3
宁　夏	458	357	7	326	123	2
新　疆	1277	966	14	928	327	6
河南占全国比例（%）	6.48	6.51	2.14	5.54	9.78	8.54
河南居全国位次	3	3	14	4	1	3

教师学历、职称情况

高中阶段毕业以下	按 职 称 分					
	正高级	副高级	中级	助理级	员级	未定职级
32	**70**	**10616**	**27805**	**17293**	**2119**	**8266**
–	1	159	473	355	24	32
–	–	112	388	146	1	26
–	1	848	1719	768	22	267
3	1	109	743	755	56	379
–	–	437	668	356	50	235
1	1	544	1296	205	66	173
–	1	460	758	354	8	67
–	3	621	1021	377	36	70
–	1	84	801	461	9	59
1	2	622	1867	867	55	336
1	1	410	1189	925	90	318
–	3	335	765	475	137	264
–	2	179	1125	719	103	184
–	1	296	564	446	201	414
–	18	1036	2420	1423	109	778
–	**2**	**771**	**1968**	**1203**	**73**	**270**
2	2	336	1027	411	47	127
9	5	422	952	610	161	474
3	6	562	2105	1677	296	1195
3	1	107	932	502	90	399
–	–	40	121	138	84	58
4	1	141	492	359	5	74
–	5	655	1042	1043	74	401
3	1	174	920	676	73	137
–	5	546	757	334	47	794
–	1	39	78	87	37	55
–	–	150	626	506	46	286
–	3	168	454	411	11	45
–	–	61	75	39	7	33
–	–	67	188	135	6	62
2	2	125	271	530	95	254
–	2.86	7.26	7.08	6.96	3.45	3.27
–	9	3	3	3	12	12

特 殊 教 育 学

地 区	校舍建筑面 积	教 学 及 辅 助 用 房				
		计	其 中			
			普通教室	专用教室	实验室	微机室
全 国	**11419106**	**5113900**	**2689690**	**1888258**	**173469**	**163516**
北 京	162318	66338	28715	31253	879	3141
天 津	104769	48630	26134	17608	571	1466
河 北	563540	260644	113935	114760	8608	10129
山 西	258042	105791	53743	38899	3197	4245
内 蒙 古	256963	113003	58289	43515	3861	3972
辽 宁	291520	134418	47094	74121	3070	4448
吉 林	222266	106306	51883	44265	2533	3360
黑 龙 江	258615	122881	44193	68932	2584	3704
上 海	206890	100617	41768	39193	8152	3577
江 苏	697757	320155	151220	127216	18801	9939
浙 江	638282	232372	119643	96041	4415	5394
安 徽	451415	226713	131653	70577	5512	10373
福 建	435081	188757	94295	77895	4807	4383
江 西	418050	183669	102581	66018	3480	4764
山 东	954851	414491	212953	154511	18164	12442
河 南	**635098**	**288246**	**148594**	**102370**	**12829**	**11067**
湖 北	367596	166626	103194	47449	4309	5489
湖 南	489756	209177	131249	56878	5803	7801
广 东	1160967	497676	282579	160382	24180	13680
广 西	367634	179185	98417	65819	4096	4499
海 南	92039	34033	16815	14140	720	843
重 庆	203666	90202	59156	23211	2107	3255
四 川	540824	261087	152167	84718	7026	7735
贵 州	308998	145508	82370	51095	3075	4435
云 南	394557	200697	130460	49919	8923	5400
西 藏	74192	23962	19833	3415	104	267
陕 西	247890	110772	56168	41324	4652	3927
甘 肃	202595	84804	39180	35162	2641	3824
青 海	95286	42282	14851	23097	1136	1502
宁 夏	101674	53968	33366	17306	878	1290
新 疆	215974	100890	43193	47169	2361	3164
河南占全国比例（%）	5.56	5.64	5.52	5.42	7.40	6.77
河南居全国位次	5	4	5	5	4	3

校 办 学 条 件 (一)

单位:平方米

图书室	行政办公用房		生活用房	其他用房	校舍面积中	
	计	其中: 教 师 办公室			危房面积	当年新增 校 舍
198966	**1065095**	**577301**	**3311064**	**1929046**	**49509**	**607921**
2350	17476	7312	29041	49463	–	–
2851	10195	5812	20370	25573	–	4863
13213	51719	30135	152525	98652	–	31085
5706	28174	16524	75394	48684	4018	6706
3365	23058	13643	79143	41760	–	23934
5686	28085	15812	59391	69627	–	9925
4265	22156	14891	51929	41874	–	1316
3468	23510	15057	65692	46533	6398	15780
7927	27817	11069	53380	25075	–	–
12979	66141	30401	162027	149434	–	13731
6879	46606	25280	183911	175394	–	75428
8598	44130	24038	139005	41568	20475	54618
7378	38841	21101	125038	82445	–	21766
6826	39023	16424	131026	64332	–	29849
16420	112000	53735	282732	145627	–	54604
13386	**72098**	**46286**	**181264**	**93490**	**2220**	**4973**
6186	34215	17178	115875	50880	1955	2847
7445	45834	26021	163553	71192	5384	1307
16856	90058	57692	312447	260786	–	78897
6354	28499	15910	116729	43221	–	3292
1515	5165	3835	39117	13724	–	129
2472	19102	10991	65002	29360	–	4000
9440	42787	22682	180819	56132	1177	36514
4532	27528	15494	105341	30622	–	14158
5996	32037	15050	120163	41660	7882	58407
343	7322	2426	36050	6858	–	5737
4702	32213	14964	77859	27046	–	9385
3997	17284	11393	60976	39531	–	93
1695	10924	4932	32301	9780	–	12433
1129	6481	2612	30939	10285	–	4277
5003	14619	8602	62025	38440	–	27864
6.73	**6.77**	**8.02**	**5.47**	**4.85**	**4.48**	**0.82**
3	**3**	**3**	**4**	**6**	**6**	**20**

特殊教育学校办学条件(二)

地区	占地面积(平方米)			图书(册)
	计	其中		
		绿化用地面积	运动场地面积	
全国	**23528246**	**5080505**	**5781009**	**11177572**
北京	252727	29332	68141	304867
天津	205331	20112	63052	109429
河北	1293654	222437	339104	632466
山西	527742	71425	119325	262702
内蒙古	673233	124412	185680	187196
辽宁	696872	102339	231346	566646
吉林	567653	104110	171475	203283
黑龙江	615275	87628	214725	303134
上海	331832	124074	68910	402531
江苏	1404793	423333	325281	855204
浙江	1090925	327814	241322	450001
安徽	1003858	247652	220759	368678
福建	836769	220541	228178	419114
江西	818419	193279	249753	289314
山东	2323585	484872	580061	975876
河南	**1271602**	**214354**	**276234**	**549727**
湖北	751370	185807	182285	269304
湖南	1226164	379949	206091	457080
广东	1755032	386358	418371	874583
广西	639176	111515	161572	453308
海南	231569	51215	40213	96460
重庆	305533	61452	69215	131841
四川	844984	171248	249417	482447
贵州	762384	138202	227039	279999
云南	905661	205804	183972	484700
西藏	142604	31818	12947	35312
陕西	568066	83747	114021	291355
甘肃	393654	80491	117063	145293
青海	194262	39270	45784	73892
宁夏	220906	39766	52518	123298
新疆	672610	116146	117153	98532
河南占全国比例(%)	**5.40**	**4.22**	**4.78**	**4.92**
河南居全国位次	**5**	**9**	**5**	**6**

幼 儿 园 基 本 情 况

地　区	园数（所）		班数（个）	入园（班）人　数	在园（班）人　数	离园（班）人　数
	计	其中：少数民族幼儿园				
全　国	291715	7088	1772314	17914049	48182634	17794338
北　京	1899	9	18770	221767	525878	132884
天　津	2575	3	12615	124365	298628	92812
河　北	18057	43	104418	991472	2453149	940609
山　西	7165	–	43777	353263	997800	378281
内 蒙 古	4428	463	26481	201774	610972	221352
辽　宁	9470	54	42075	275215	860086	325931
吉　林	3848	63	20785	132911	406327	162074
黑 龙 江	5763	44	24558	216668	480119	202326
上　海	1678	2	20573	199906	571499	192965
江　苏	7903	1	79656	815536	2540686	887608
浙　江	8009	2	69364	685764	1985620	651859
安　徽	10876	10	75216	854121	2168103	803449
福　建	8756	12	59371	673855	1698963	607595
江　西	16330	14	69266	685861	1700285	601883
山　东	24701	43	139307	1460959	3808029	1190485
河　南	24274	37	166760	1265795	4255848	1622537
湖　北	9265	9	63627	608799	1784314	678368
湖　南	16285	192	84019	813618	2313877	1000295
广　东	20747	4	163927	1825885	4801766	1814323
广　西	13662	15	83193	1015024	2266184	893096
海　南	2699	31	14638	178375	398310	150685
重　庆	5704	–	34031	374319	1007833	351785
四　川	13752	655	91353	874843	2652303	937873
贵　州	11017	35	52240	699124	1588464	637090
云　南	13385	28	57056	832045	1672689	636509
西　藏	2199	51	6765	69058	150934	58060
陕　西	8204	5	51788	501347	1413426	508626
甘　肃	8089	151	36549	373547	958299	364905
青　海	1824	893	8557	97562	227074	84168
宁　夏	1464	18	8476	130730	256213	115587
新　疆	7687	4201	43103	360541	1328956	548318
河南占全国比例（％）	8.32	0.52	9.41	7.07	8.83	9.12
河南居全国位次	2	13	1	3	2	2

— 855 —

幼 儿 园 教

地 区	教 职		
	合 计	园 长	专任教师
全 国	**5198165**	**308380**	**2913426**
北 京	88467	3245	44740
天 津	43895	2695	23661
河 北	234949	18366	143120
山 西	106798	7253	65339
内 蒙 古	81738	4332	48066
辽 宁	129559	10566	75919
吉 林	57717	4465	29215
黑 龙 江	72756	6414	35711
上 海	80785	2040	44048
江 苏	297530	10742	167829
浙 江	264601	7993	142698
安 徽	189584	12058	112106
福 建	180830	9891	99453
江 西	181262	12627	111150
山 东	370027	26116	240294
河 南	**407690**	**27751**	**234130**
湖 北	209145	13003	102725
湖 南	258805	15681	122109
广 东	611347	29750	321477
广 西	199406	15259	102591
海 南	54025	3093	26415
重 庆	104131	6423	52482
四 川	242126	15781	132068
贵 州	164152	9355	94064
云 南	135035	9382	79349
西 藏	9159	419	7886
陕 西	178817	9894	98276
甘 肃	77466	5815	53466
青 海	21675	1206	12256
宁 夏	25760	1663	13857
新 疆	118928	5102	76926
河南占全国比例（%）	**7.84**	**9.00**	**8.04**
河南居全国位次	**2**	**2**	**3**

职　工　数

工　　　数			代课教师	兼任教师
保健医	保育员	其　他		
159998	**1085397**	**730964**	**154180**	**43458**
4392	14867	21223	–	1891
1689	7854	7996	1628	72
8603	38278	26582	16781	179
3185	16998	14023	11255	868
2586	12575	14179	3000	179
2824	22727	17523	226	998
2593	13264	8180	201	136
3696	15164	11771	5023	1774
3303	18510	12884	1651	125
10459	72010	36490	5893	365
9091	60063	44756	–	190
6561	39922	18937	6881	2330
4721	39654	27111	12338	328
2864	41219	13402	3707	3239
7657	57188	38772	23206	1479
13291	**86158**	**46360**	**14404**	**1263**
8444	50233	34740	8114	991
9420	70714	40881	5240	439
19000	136894	104226	331	686
5155	46958	29443	1035	4402
1893	12291	10333	107	155
3224	25054	16948	3357	281
7310	50432	36535	11865	7634
4225	38005	18503	1788	2839
3175	22093	21036	412	7298
29	364	461	781	1
6795	34538	29314	3990	443
1625	8890	7670	906	1667
195	4810	3208	356	36
774	4045	5421	3772	207
1219	23625	12056	5932	963
8.31	**7.94**	**6.34**	**9.34**	**2.91**
2	2	2	3	11

幼儿园园长、专任

地　区	合　计	按　学　历　分			
		研究生 毕业	本科毕业	专科毕业	高中阶段 毕　业
全　国	3221806	9678	893003	1859982	415266
北　京	47985	801	23750	21334	2095
天　津	26356	451	13360	9683	2550
河　北	161486	360	33552	94411	32195
山　西	72592	187	19393	40986	11299
内 蒙 古	52398	291	22670	25794	3555
辽　宁	86485	448	18942	51684	12990
吉　林	33680	224	10984	18468	3616
黑 龙 江	42125	128	12836	24839	3790
上　海	46088	756	36240	8437	653
江　苏	178571	620	99640	75121	2998
浙　江	150691	718	74944	72283	2729
安　徽	124164	155	30618	82322	10363
福　建	109344	125	30084	58279	19167
江　西	123777	83	15226	75206	26644
山　东	266410	686	65831	158246	34836
河　南	261881	448	40941	164326	50772
湖　北	115728	273	21443	65532	26426
湖　南	137790	177	19937	92611	23811
广　东	351227	897	70836	227904	48404
广　西	117850	122	22247	69448	19941
海　南	29508	80	6402	18266	4141
重　庆	58905	205	13067	39429	5809
四　川	147849	320	33080	100573	13868
贵　州	103419	63	31978	55408	15232
云　南	88731	192	26427	49656	10730
西　藏	8305	16	3950	4115	193
陕　西	108170	509	36046	61414	9892
甘　肃	59281	174	25809	28889	4215
青　海	13462	21	3719	7679	1858
宁　夏	15520	83	3351	10783	1236
新　疆	82028	65	25700	46856	9258
河南占全国比例（%）	8.13	4.63	4.58	8.83	12.23
河南居全国位次	3	9	5	2	1

— 858 —

教师学历、职称情况

高中阶段以下毕业	按 职 称 分					
	中学高级	小学高级	小学一级	小学二级	小学三级	未定职级
43877	**736**	**49679**	**264813**	**397832**	**125499**	**2383247**
5	23	1622	6899	10785	3966	24690
312	9	1164	4795	3195	415	16778
968	21	3390	19525	15925	3938	118687
727	24	469	7104	9443	1880	53672
88	11	2284	6022	9443	1620	33018
2421	25	2115	5488	3033	2159	73665
388	35	1663	3748	2305	444	25485
532	12	1862	4822	4710	880	29839
2	16	1149	13102	17008	1915	12898
192	38	3065	22968	46051	5929	100520
17	37	1822	21502	54396	13291	59643
706	24	1350	9369	12311	6786	94324
1689	27	792	10012	14415	5009	79089
6618	12	881	5240	6797	4848	105999
6811	22	3157	14101	22162	6541	220427
5394	**19**	**2339**	**13481**	**17953**	**5373**	**222716**
2054	34	1234	8352	8876	3877	93355
1254	7	960	5923	8308	3242	119350
3186	144	1480	18454	20877	17017	293255
6092	20	567	6381	7592	3192	100098
619	15	90	1175	2950	1150	24128
395	36	754	3038	4533	1229	49315
8	28	2888	9176	15706	5756	114295
738	10	1063	8838	17975	5199	70334
1726	18	6031	10316	8848	2881	60637
31	2	207	1031	2358	1848	2859
309	15	1022	8809	16011	3950	78363
194	14	2572	8386	15830	859	31620
185	10	144	657	715	771	11165
67	17	485	1280	860	134	12744
149	11	1058	4819	16461	9400	50279
12.29	**2.58**	**4.71**	**5.09**	**4.51**	**4.28**	**9.35**
4	16	7	6	6	8	2

幼 儿 园 校 舍

地　　区	校舍建筑面　　积	教　学　及　辅　助　用　房				
		计	其　　　　中			
			活动室	洗手间	睡眠室	保健室
全　　国	**424604973**	**295121188**	**173889180**	**29553911**	**71469098**	**8115775**
北　京	5672078	3382920	1831605	403177	969090	72335
天　津	3096812	1975463	1208555	233022	419677	49767
河　北	18116613	13085772	7883030	1251593	2851834	414664
山　西	8262103	5596467	3479256	590722	1136297	153729
内　蒙　古	7274987	4758942	2811245	477811	1174428	116708
辽　宁	8876703	6086624	3525678	615000	1484308	191046
吉　林	3730551	2563900	1502643	241586	629956	86152
黑　龙　江	5359766	3568804	2011494	352999	910828	138987
上　海	7173426	4680689	3185373	439601	855235	91719
江　苏	28796319	19576792	11951443	1983990	4502131	405222
浙　江	21455794	13703711	8223207	1409875	3420793	239816
安　徽	15673673	11385065	6869366	1169023	2444737	375456
福　建	15438602	10237980	6178118	1134058	2411301	202173
江　西	17282292	12555665	7051841	1179141	3257556	356354
山　东	32280064	22049843	13732969	2282684	4386937	649891
河　南	**30500235**	**22497657**	**13460897**	**2299216**	**4971133**	**741469**
湖　北	15582630	11236523	6362725	1148770	2876349	345175
湖　南	21141614	15409404	8260846	1570284	4340074	545755
广　东	44817815	30175024	18773324	2747566	6847536	624208
广　西	16359068	12113561	6644929	1232856	3484786	321392
海　南	4265402	2931186	1676037	308471	743200	87404
重　庆	7906002	5807994	3391379	541814	1509034	150538
四　川	19941856	14576442	8803691	1364624	3439139	344059
贵　州	13553741	9430487	4978753	984700	2780586	300862
云　南	13632161	9607128	5221680	955328	2740385	295283
西　藏	1791062	1054454	614311	92637	283454	38960
陕　西	13461955	9041716	5289363	940170	2150894	260980
甘　肃	6453710	4113605	2350001	444067	914919	169757
青　海	2019255	1351600	899394	117119	261376	32415
宁　夏	2637551	1788414	1036902	203950	439766	45591
新　疆	12051133	8777358	4679125	838058	2831360	267908
河南占全国比例（％）	**7.18**	**7.62**	**7.74**	**7.78**	**6.96**	**9.14**
河南居全国位次	**3**	**2**	**3**	**2**	**2**	**1**

及 其 他 情 况

单位：平方米

图书室	行政办公用房		生活用房		其他用房	校舍面积中	
	计	其中：教师办公室	计	其中：厨房		危房面积	当年新增校舍
12093225	**27961434**	**15685087**	**42759360**	**20957838**	**58762990**	**677842**	**27073155**
106712	451677	194873	681058	323916	1156423	838	155577
64442	232812	104833	322251	179653	566287	–	569058
684652	1198035	678708	1653005	799862	2179801	1198	2369960
236463	691264	430077	750461	370335	1223910	20395	360728
178750	496185	262166	878483	400693	1141377	325	769221
270592	601788	299805	884557	537966	1303733	6044	189857
103563	233652	137452	352106	201073	580893	3022	238067
154496	358484	196204	602983	314192	829495	40798	110665
108761	536236	195371	859408	355997	1097093	–	152407
734007	1765699	838942	2701125	1250031	4752703	–	1141818
410019	1339497	631754	2031768	1019386	4380818	–	1908787
526483	1094257	668963	1358268	717076	1836083	20177	1833725
312330	923846	516834	1375403	690056	2901373	16447	670896
710773	1365370	763275	1964170	746473	1397086	18410	2016569
997362	2160980	1297137	2882547	1578628	5186694	1892	1493886
1024942	**2267240**	**1386770**	**2665072**	**1485118**	**3070266**	**190970**	**529651**
503504	972205	548377	1588605	833786	1785297	18019	1040405
692444	1321145	825067	2075935	1031806	2335130	41965	573251
1182390	2323770	1224662	5239755	2119459	7079266	27019	1472741
429599	826869	527276	1662020	968689	1756618	28119	971000
116073	239977	132444	510793	241763	583447	5949	157572
215229	436501	253369	718343	384959	943164	92258	132277
624930	1199309	707352	1844258	983119	2321847	5510	2428405
385586	918488	530509	1423792	718759	1780974	3209	1983927
394452	882400	525810	1538093	780287	1604541	107847	765593
25092	138342	101204	379825	120260	218441	3035	166636
400310	1228294	687091	1325045	616062	1866900	750	1445718
234861	624462	409553	606258	276640	1109385	21404	371451
41296	146188	73914	284321	114586	237147	–	92809
62206	192789	98427	253109	140185	403239	–	519429
160907	793671	436868	1346544	657023	1133560	2242	441073
8.48	**8.11**	**8.84**	**6.23**	**7.09**	**5.22**	**28.17**	**1.96**
2	2	1	4	3	5	1	18

幼儿园办学条件

地区	占地面积(平方米)			图书(册)
	计	其中		
		绿化用地面积	运动场地面积	
全国	**724013787**	**126775812**	**244450193**	**468762292**
北京	8464752	1434902	2909837	7836688
天津	5194012	769324	1816544	3656187
河北	39149867	4699138	13532296	24634161
山西	15194694	1963265	5196625	9294701
内蒙古	16786646	2721647	5245537	6823423
辽宁	15515991	2207503	5835150	8794839
吉林	6653613	967229	2281937	4033595
黑龙江	9806016	1054749	3427764	3799908
上海	10093041	2890574	2491885	6451664
江苏	48307063	10938829	18672386	44466145
浙江	29749792	6538083	10568993	25220482
安徽	28724237	4744708	8951725	15976194
福建	18843572	3151832	7199627	10995483
江西	28560591	4601314	9749646	12629782
山东	65192536	11980680	23303582	35830317
河南	**57928018**	**8843412**	**18931115**	**30283767**
湖北	25700803	5304767	7630070	16952786
湖南	32190921	4980409	9109106	26014353
广东	55767604	10698656	21421453	54776249
广西	21357424	3310626	7577713	13907655
海南	6359134	1180266	2058931	4172521
重庆	10545079	1598824	3799041	8979614
四川	28730247	4433635	9516154	22168508
贵州	23975084	3867890	8604345	17082555
云南	24544910	4351205	7357908	14590233
西藏	4824580	699373	915333	834118
陕西	23966627	3547462	7664516	20915073
甘肃	14015859	2021000	4828025	8844935
青海	5322809	826332	1423318	1665663
宁夏	5338643	872381	1826290	2208536
新疆	37209623	9575796	10603339	4922157
河南占全国比例(%)	**8.00**	**6.98**	**7.74**	**6.46**
河南居全国位次	**2**	**5**	**3**	**4**